VIKTORIA LUISE

HOCHLEISTUNGS-MOTOREN

Karl Maybach und sein Werk

Wilhelm Treue
und
Stefan Zima
unter Mitarbeit von
Gustav Burr

KLASSIKER DER TECHNIK

VDI VERLAG

Vorderes Umschlagbild:
Karl Maybach gilt als Pionier der modernen Antriebstechnik. Das Titelbild nach einer Aufnahme um 1950 zeigt ihn zusammen mit einer Auswahl berühmter Fahrzeuge, die mit seinen Motoren und Getrieben ausgerüstet waren.

Hinteres Umschlagbild:
Maybach-Wagen Typ »Zeppelin«, karossiert von Spohn in Ravensburg als viertüriges Cabriolet. Der Wagen wurde 1932 in die Schweiz verkauft, wo er heute noch läuft. Mit der Bezeichnung »Zeppelin« wurde auf die Solidität dieses Wagentyps auf Grund der absoluten Betriebssicherheit und Leistungsfähigkeit der Maybach-Luftschiffmotoren hingewiesen. Einige Daten zu diesem Fahrzeug: Mit dem Zwölfzylinder-V-Motor, 147 kW (200 PS) bei 3200 min^{-1}, erreicht der Wagen trotz seiner Masse von rund 2800 kg eine Spitzengeschwindigkeit von 170 km/h. Er ist mit einem halbautomatischen Maybach-Doppelschnellgang-Getriebe ausgerüstet. Die vier Gänge werden durch einen kleinen Schalthebel am Lenkrad vorgewählt und durch kurzes Gaswegnehmen und wieder Gasgeben ohne zu kuppeln geschaltet. Photo: C. F. Layer, Tettnang

Vorderes Vorsatz:
Durch seine Antriebe für Land-, Luft- und Wasserfahrzeuge wurden Karl Maybach und sein »Motorenbau« in Friedrichshafen zu Wegbereitern unseres mobilen Jahrhunderts. Das große Photo zeigt eine Fertigungshalle des »MM« während des Zweiten Weltkrieges; die Zeichnungen machen deutlich, für welche Vielzahl von Fahrzeugen der Maybach-Motorenbau Motoren und Getriebe entwickelt und gebaut hat. Von links oben nach rechts unten: Fernbomber (»R-Flugzeug«); Dieseltriebwagen; Zeppelin-Luftschiff (LZ 6 VIKTORIA LUISE); Faun-Kraftomnibus und -Lkw; dieselmotorisch angetriebenes Forschungsschiff WALTER HERWIG; Luxus-Pkw DS 12 »Zeppelin«. – Alle Federzeichnungen stammen von Ing. Fritz Schönemann, Witten-Annen.

Hinteres Vorsatz:
Sieben Männer, die in Stuttgart und am Bodensee ein faszinierendes Kapitel deutscher Technikgeschichte schrieben. Von links oben nach rechts unten: Oberbaurat Dr.-Ing. E. h. WILHELM MAYBACH VDI (1846 bis 1929); GOTTLIEB DAIMLER (1834 bis 1900); Exz. Dr. mult. h. c. FERDINAND GRAF VON ZEPPELIN VDI (1838 bis 1917); Dr. mult. h. c. et E. h. LUDWIG DÜRR VDI (1878 bis 1956); Kommerzienrat Dr.-Ing. E. h. ALFRED COLSMAN (1873 bis 1955); Dr. HUGO ECKENER VDI (1868 bis 1954); JEAN RAEBEL (1900 bis 1985). – Hintergrundphoto: LZ 127 GRAF ZEPPELIN, »das glückhafte Luftschiff«, über Friedrichshafen, um 1930; dahinter das Alpenpanorama am jenseitigen Ufer des Bodensees. Zeichnungen: Ing. Fritz Schönemann, Witten-Annen.

Die Deutsche Bibliothek – CIP-Einheitsaufnahme

Hochleistungsmotoren : Karl Maybach und sein Werk /
Wilhelm Treue und Stefan Zima. Unter Mitarb. von Gustav
Burr. – Düsseldorf : VDI-Verl., 1992
(Klassiker der Technik)
ISBN 3-18-400905-X
NE: Treue, Wilhelm; Zima, Stefan

Das Lektorat der Reihe »Klassiker der Technik« wird von Siegfried Binder betreut.

Redaktionelle Mitarbeit: Dipl.-Ing. Heinz Gerlach, Mettmann
Schutzumschlag: Atelier Raith, Stuttgart/Wehrle-Repro, Freiburg
Vorsätze: VDI-Verlag/Rheinische Reprotechnik GmbH, Düsseldorf
Gesamtherstellung: Kösel GmbH & Co., Kempten/Allgäu

Printed in Germany

ISBN 3-18-400905-X

Vorwort

In den Morgenstunden des 5. August 1908 ankert das Zeppelin-Luftschiff LZ 4 zur Motorenreparatur bei Echterdingen südlich von Stuttgart. Am Nachmittag zieht ein Gewitter herauf. Plötzlich reißt eine unvermittelt einsetzende Sturmböe das Schiff aus seiner Verankerung. Es treibt ab, prallt am Boden auf und fängt Feuer. Wenige Minuten später ist das stolze Luftschiff nur noch ein ausgeglühtes Gerippe verkrümmter und zerschmolzener Träger.

Dieses Unglück rief einen Ingenieur auf den Plan, der bereits im Jahre 1900 – damals noch im Dienst der Daimler-Motoren-Gesellschaft (DMG) – die Motoren für das erste Zeppelin-Luftschiff konstruiert hatte: Wilhelm Maybach. Er schrieb Graf Zeppelin einen Brief mit dem Hinweis, daß sein Sohn Karl in Frankreich an einem neuen Automobilmotor arbeite – mit eben jenen technischen Charakteristika, auf welche die Luftschiffe angewiesen waren: hohe Leistung, geringe Masse und Brandsicherheit des Vergasers.

Mit diesem Brief beginnt ein bedeutendes Kapitel in der Geschichte der Motorentechnik. Schon einige Monate später kam es zur Gründung der »Luftfahrzeug-Motorenbau-Gesellschaft« (LMG) als Tochterfirma des Luftschiffbau Zeppelin (LZ). Karl Maybach wurde zum Technischen Geschäftsführer berufen. Noch während des Ersten Weltkrieges benannte der LZ das junge Unternehmen – in Würdigung der Ingenieurleistungen der beiden Maybachs – in »Maybach Motorenbau GmbH« (MM) um. Durch den Bau von Hochleistungsmotoren für Luft-, Land- und Wasserfahrzeuge erwarb sich das Werk schon bald über Deutschlands Grenzen hinaus Ruhm und Ansehen. Karl Maybach stand zunächst im Schatten seines berühmten Vaters, der als ehemaliger Chefkonstrukteur und Technischer Direktor der DMG neben vielen zukunftweisenden Motorkonstruktionen das erste »echte« Automobil, den Mercedes-Wagen, entwickelt hatte und damit als einer der Väter der weltweiten Motorisierung gilt. Für seinen Sohn Karl wurde Wilhelm Maybach zum großen Lehrmeister; beide arbeiteten bis zum Ende des Ersten Weltkrieges intensiv zusammen.

Im Laufe seines langen, schöpferischen Berufslebens wurde Karl Maybach zum Wegbereiter moderner Antriebstechnik – eine Tatsache, die heute kaum mehr bekannt ist. Zahlreiche technische Pionierleistungen verbinden sich mit dem Namen Karl Maybach und seinem »Motorenbau« in Friedrichshafen: Den Anfang machten Luftschiffmotoren; während des Ersten Weltkrieges kamen Flugzeugmotoren hinzu. Hier ist vor allem der 1917 entwickelte Mb-IVa-Motor zu nennen. Er war der erste überbemessene und überverdichtete Motor der Welt mit besonderer Höheneignung und wurde in Höhenaufklärer und die sogenannten Riesenflugzeuge eingebaut. Als der Versailler Vertrag 1919 deutschen Firmen die Herstellung von Flugzeugen und jeglichem Fluggerät, also auch Motoren, untersagte, mußte Karl Maybach sein Produktionsprogramm umstellen: Neben Benzinmotoren für Automobile und Nutzfahrzeuge entwickelte er den ersten schnellaufenden Dieselmotor hoher Leistung samt Getriebe für Triebwagen. So schuf er die Voraussetzungen dafür, daß in Deutschland Schnelltriebwagenstrecken eingerichtet werden konnten, die in der ganzen Welt als vorbildlich galten. Doch nicht nur der »Fliegende Hamburger« und die anderen schnellen Dieseltriebzüge sorgten in den dreißiger Jahren für Aufsehen. Es waren vor allem die von Maybach-Motoren angetriebenen Luftschiffe LZ 126 und LZ 127, welche die Zeitgenossen begeisterten: Besonders LZ 127 Graf Zeppelin wurde mit seiner Fahrt um den Globus im Jahre 1929 und dem ersten interkontinentalen Linienverkehr von Europa nach Südamerika weltberühmt. Unvergessen bleiben Karl Maybachs Automobile, die bis zum Ende der dreißiger Jahre für eine exklusive Kundschaft gebaut wurden; zunächst übrigens nur als »Verlegenheitslösung«, weil keine deutsche Automobilfirma bereit war, Maybach-Motoren in ihre Fahrzeuge einzubauen und ein ausländischer Großabnehmer in Zahlungsschwierigkeiten kam. Die Maybach-Wagen bestachen durch technische Spitzenleistungen sowie Größe und Komfort. Von manchen Maybach-Modellen wurden nur sehr wenige, insgesamt nicht mehr als 2200 Wagen, gebaut. Dies tut der Faszination, die von ihnen auch heute noch ausgeht, keinen Abbruch.

Durch ihre hohe Leistung boten sich die Pkw-Motoren auch für Nutzfahrzeuge, Omnibusse und für den Einbau in Heeresfahrzeugen der Reichswehr an. Es war gerade ihr Hochleistungscharakter, der die Maybach-Motoren den Militärs empfahl. Im Zweiten Weltkrieg fertigte man in Friedrichshafen und bei den Nachbaufirmen Tausende von Motoren für Halbketten-Zugmaschinen und Panzer der Wehrmacht. Diese Schlüsselstellung innerhalb der deutschen Heeresrüstung führte zwangsläufig dazu, daß Friedrichshafen zum Ziel schwerer alliierter Bombenangriffe wurde, welche die Stadt und das Werk weitgehend zerstörten.

Nach Kriegsende stand das Fortbestehen des »Motorenbaus« auf Messers Schneide; völlige Demontage und Schließung des Werkes schienen unabwendbar.

Doch schließlich wog für die Siegermächte – in diesem Fall die Franzosen – Maybachs technisches Können mehr als das Bedürfnis nach Vergeltung: Er sollte in Frankreich für den ehemaligen Kriegsgegner Panzermotoren bauen. Karl Maybach willigte unter der Bedingung ein, daß sein Werk in Friedrichshafen weiter Motoren bauen durfte. Der nunmehr 70jährige begann außerdem mit der Entwicklung einer neuen Dieselmotoren-Baureihe für die Schienentraktion und legte so das Fundament für das Weiterbestehen und den Erfolg seines Unternehmens in den fünfziger und sechziger Jahren.

Das vorliegende Buch über Karl Maybach und seinen »Motorenbau« schildert ein außergewöhnliches Ingenieurleben vor dem Hintergrund der bewegten Zeit 1900 bis 1960. Er war ein besessener Ingenieur, der im Konstruieren von Motoren und Getrieben seine Lebensaufgabe sah. Welche Auswirkungen seine Arbeit für die Politik, d.h. für die Rüstung in den beiden großen Kriegen dieses Jahrhunderts hatte, scheint ihm nie bewußt gewesen zu sein. Unabhängig von der jeweiligen Regierung wollte er seine »Staatsbürgerpflicht erfüllen«, wie er selbst es nannte. Karl Maybach, 1879 geboren, wuchs mit dem Automobil auf, das sein Vater damals zusammen mit Gottlieb Daimler entwickelte. Auf den ersten Motorkutschen durfte er als Sechsjähriger neben seinem Vater Platz nehmen. Gut 40 Jahre später baute er in seinem Friedrichshafener Werk den Maybach »Zeppelin«, mit Zwölfzylinder-Motor und halbautomatischem Doppelschnellgang-Getriebe, das exklusivste deutsche Automobil der dreißiger Jahre. Nicht weniger als 50 Jahre sollten vergehen, bevor sich die beiden deutschen Automobilfirmen BMW und Daimler-Benz wieder daran wagten, Zwölfzylinder-Automobile auf den Markt zu bringen. War es der Hang zu technischer Perfektion, der Karl Maybach zu seinen außergewöhnlichen Ingenieurleistungen antrieb, oder spielte auch die Rivalität zu Daimler-Benz eine Rolle? Karl Maybach bekannte im Alter, daß es ihm eine Genugtuung war, wenn er Chassis, Motoren und Getriebe entwickeln konnte, die denen aus Stuttgart technisch überlegen waren. Zeitlebens hatte er dafür gekämpft, daß die konstruktiven Leistungen, die sein Vater als erster Mitarbeiter Gottlieb Daimlers erbracht hatte, von den Technikhistorikern richtig dargestellt und gewürdigt wurden. Was hätte Karl Maybach dabei empfunden, wenn er noch hätte erfahren können, daß Daimler-Benz wenige Monate nach seinem Tod im Jahre 1960 die Mehrheit am »Motorenbau« erwarb? Sechs Jahre später wurde eine Firma mit dem Namen Maybach Mercedes-Benz Motorenbau GmbH gegründet, und 1969 stand schließlich der neue Name MTU über dem Werk in Friedrichshafen. Doch wahrscheinlich hätte sogar Karl Maybach diese Zusammenschlüsse gebilligt, wenn auch widerstrebend. Denn nur so ist gewährleistet, daß dort bis heute Hochleistungsmotoren gebaut und in alle Welt verkauft werden können und somit sein Erbe weiterlebt.

Die Idee für dieses Buch reicht in die Jahre 1985/86 zurück. In der Reihe »Klassiker der Technik« erschienen damals die Bücher »Die großen Zeppeline« von Peter Kleinheins und als Reprint »Zwei Männer – ein Stern«, ohne daß darin auf Wilhelm und Karl Maybachs Schaffen näher eingegangen wurde. Da im Gegensatz zu seinem Vater Wilhelm über Karl Maybach bisher keine Biographie existierte, lag es für den VDI-Verlag nahe, diesem großen deutschen Ingenieur und seinem »Motorenbau« in der Reihe »Klassiker der Technik« einen Band zu widmen.

In dem Wirtschaftshistoriker Wilhelm Treue und dem Technikhistoriker Stefan Zima fand man sachkundige Verfasser, die den umfangreichen Stoff in drei Teilen behandeln: einer Biographie, einer Unternehmensgeschichte sowie einer Darstellung der technischen Entwicklungen des Maybach-Motorenbaus. Daß es dabei zu Überschneidungen kam, war unvermeidlich.

Die MTU Friedrichshafen, Nachfolgefirma der Maybach-Motorenbau GmbH, hat den Verfassern ihr Firmenarchiv geöffnet und Zugang zu allen Unterlagen gewährt. Zahlreiche ehemalige Maybach-Mitarbeiter halfen durch Interviews, das Charakteristische an der Persönlichkeit Karl Maybachs herauszuarbeiten. Darüber hinaus hat die Familie Maybach den Autoren erstmals Karl Maybachs Privatarchiv zur Auswertung überlassen. So ist eine umfangreiche Text-/Bild-Dokumentation entstanden, die sich an ein breites Publikum wendet: an zeit- und technikgeschichtlich Interessierte ebenso wie Autoliebhaber oder Luftschiff-, Heeresfahrzeug- oder Eisenbahn-Kenner. Gerade am Beispiel Karl Maybachs und seines »Motorenbaus« wird deutlich, wie eng die Technikgeschichte auch immer mit der Zeitgeschichte verflochten ist.

Leverkusen und Haan/Rheinland,
im September 1992

Prof. Dr.-Ing. Kurt Mauel, VDI
Siegfried Binder, VDI

Inhalt

Erster Teil

Karl Maybach und sein Werk

Biographie eines Ingenieurs
von Prof. Dr. Dr. h. c. Wilhelm Treue VDI

Zweiter Teil

Von Maybach bis zur MTU

Geschichte eines Unternehmens
von Prof. Dr. Dr. h. c. Wilhelm Treue VDI

Dritter Teil

Hochleistungsmotoren

Die technischen Entwicklungen der Maybach-Motorenbau GmbH
von Prof. Dr.-Ing. Stefan Zima VDI

»Ein Konstrukteur muß auch etwas riskieren. Wenn er nichts riskiert, ist er kein Konstrukteur und nicht am richtigen Platz«.

Prof. Dr.-Ing. E. h. Karl Maybach
1879 bis 1960

Erster Teil

Karl Maybach und sein Werk

Biographie eines Ingenieurs

von

Prof. Dr. Dr. h. c. Wilhelm Treue VDI

Einführung

Bei wenigen Menschen standen persönliche Neigung und berufliche Tätigkeit so in Einklang wie bei Karl Maybach. Von seinem Vater, Wilhelm Maybach, hatte er die ingeniös-konstruktive Begabung geerbt. Das Umfeld, in dem er aufwuchs, die Anregungen und Förderung, die ihm durch den Vater zuteil wurden, vertieften seine Neigung zur Technik und richteten sie auf eine besondere Maschinenart, die Verbrennungsmotoren. Die Motorentechnik nahm Karl Maybach gefangen und ließ ihn nicht mehr los; sie bestimmte sein Leben mehr als alles andere.

Ferdinand Graf Zeppelin hatte ihm die Chance gegeben, Motoren eigenverantwortlich zu entwickeln, und Karl Maybach nutzte sie. Er wurde technischer Direktor und später auch Mitgesellschafter einer neu gegründeten Motorenfabrik, die seinen Namen trug und Weltruhm erlangte. Er war aber nie ein »Entrepreneur«, ein Unternehmer im eigentlichen Sinne. Stets erschienen Karl Maybach technische Belange wichtiger als wirtschaftliche: Die Technik hatte für ihn Vorrang vor allem anderen. Anspruchsvoll konzipierte und qualitativ hochwertige Motoren und Fahrzeuge, oft an der Grenze des technisch Möglichen, waren sein Ziel. Aus dieser Haltung erwuchsen nicht wenige Konflikte, innerhalb seines Unternehmens wie auch im Spannungsfeld zwischen Technik und Wirtschafts- bzw. Wehrpolitik. Gerade seine Erfolge auf dem Gebiet der Motoren und Antriebe zogen den Maybach-Motorenbau in den Mahlstrom der großen politisch-militärischen Katastrophen unseres Jahrhunderts. Andererseits war es aber eben das überragende technische Können Karl Maybachs, das seinem Werk das Überleben ermöglichte und diesem schließlich den Fortbestand sicherte.

1. Jugend-, Lehr- und Wanderjahre

Der Vater

Karl Maybach wurde am 6. Juli 1879 in Köln-Deutz als Sohn des Konstrukteurs August Wilhelm Maybach und seiner Ehefrau Bertha Wilhelmine, Tochter des Posthalters und Wirtes Karl Gottfried Habermaß, geboren. Die Familie Maybach war seit dem 16. Jahrhundert in Löwenstein bei Heilbronn ansässig. Bereits 1628 ist der Tod eines Michael Maybach urkundlich erwähnt. 1813 wurde Christian Karl Maybach, der Vater Wilhelm Maybachs und Großvater Karl Maybachs, in Löwenstein bei Heilbronn geboren. Der gelernte Schreiner starb aber schon 1856 durch einen Unfall. Damit wurden seine fünf Söhne, unter ihnen der am 9. Februar 1846 in Heilbronn geborene Wilhelm, Vollwaisen, da ihre Mutter Luise Barbara bereits drei Jahre zuvor, 1853, gestorben war.

Freunde der Familie suchten über einen Aufruf an »edle Menschenfreunde« im »Stuttgarter Anzeiger« Hilfe für die Kinder. Die Zeitung veröffentlichte am 20. März 1856 einen Aufruf mit der »herzlichen Bitte an wohlthätige Menschen, sich fünf armer vater- und mutterloser Knaben von zwölf bis vier Jahren durch Liebesgaben annehmen zu wollen«. Schon nach kurzer Zeit waren die Kinder untergebracht; Wilhelm wurde im Reutlinger Bruderhaus aufgenommen – bei Gustav Albert Werner (vgl. Tafel 1, S. 71), der 1840 dieses Unternehmen und drei Fabriken gegründet hatte. Er wurde als »Vater Werner« einer der Väter der Inneren Mission in Württemberg. Seine Fabriken sollten »Tempel Gottes« werden, Behinderte beschäftigen und die materielle Grundlage für die »Bruderhäuser« sein, deren es bei seinem Tode 1887 bereits 33 mit rund 1000 betreuten Menschen gab. Gustav Werner sollte den weiteren Lebensweg Wilhelm Maybachs nachhaltig beeinflussen. In einem Brief aus dem Jahre 1921 erinnerte sich Wilhelm Maybach:

»Zuhause wie auch im Bruderhaus wurde ich schon früh neben Unterrichtszeit und Spielen auch zur Arbeit angehalten, wie auch früh zu Bett gehen und früh wieder heraus, 15 Jahre alt kam ich in die Lehre und – weil im Zeichnen gut – im technischen Büro der zum Bruderhaus gehörenden Maschinenfabrik. Während der fünfjährigen Lehrzeit besuchte ich abends die Städtische Fortbildungsschule in Physik und Freihandzeichnen, in welch letzterem ich mit Hilfe meines technischen Zeichnens es zur Anfertigung perspektivistisch konstruierter Anlagen brachte. Am Ende meiner Lehrzeit durfte ich die mathematischen Fächer der Oberrealschule besuchen, was mir dann das Privatstudium technischer Werke ermöglichte. Sprachunterricht erteilte mir und meinen Freunden ein kaufmännischer Angestellter unserer Fabrik. In meinem letzen Lehrjahr befaßte ich mich schon mit Erfindungen. So habe ich u. a. im Geschäft die Vergolderpresse eines Buchbinders mit Petroleumheizung eingerichtet. Während meiner Lehrzeit durfte ich die Ausführung aller meiner Konstruktionen in der Werkstätte in der Ausführung verfolgen und auch ein halbes Jahr lang praktisch arbeiten. Im Jahr 1865 kam Herr Daimler als Vorstand in die Maschinenfabrik zum Bruderhaus. Im Jahre 1869 verließ ich nach 13jährigem Aufenthalt das Bruderhaus und ging nach Karlsruhe…«

Bild 1. Wilhelm Maybach (1846 bis 1929), der Vater Karl Maybachs, entwickelte und baute zusammen mit Gottlieb Daimler nicht nur den ersten schnellaufenden Benzinmotor; er ist auch der Schöpfer des Mercedes-Wagens.

Gottlieb Daimler (Bild 2) war die zweite Persönlichkeit, die Wilhelm Maybachs Leben beeinflussen sollte. 1834 in Schorndorf geboren, hatte dieser nach einer Lehre bei der renommierten Lokomotivfabrik in Grafenstaden/Elsaß praktische Erfahrungen gesammelt. Danach hatte er am Polytechnikum in Stuttgart studiert, mit Max Eyth in Paris den Lenoir-Motor kennengelernt, und dort ebenso wie in Leeds, Manchester und Coventry gearbeitet. Bei seiner Tätigkeit im Bruderhaus wurde er auf den zwölf Jahre jüngeren

Bild 2. Gottlieb Daimler *(1834 bis 1900) gilt als der Vater des schnellaufenden Verbrennungsmotors. Bei seiner Tätigkeit im Bruderhaus in Reutlingen wurde er auf den zwölf Jahre jüngeren Wilhelm Maybach aufmerksam und erkannte dessen außergewöhnliche Begabung.*

Wilhelm Maybach aufmerksam und erkannte dessen außergewöhnliche Begabung, so daß beide bald gute Freundschaft verband.

1869 trat Daimler bei der Maschinenbaugesellschaft Karlsruhe als Vorstand sämtlicher Werkstätten ein, und Wilhelm Maybach folgte ihm. Drei Jahre später engagierte die Gasmotorenfabrik Deutz bei Köln Daimler und übertrug ihm die Leitung der Werkstätten und der Zeichenbüros. Zehn Monate später folgte ihm Wilhelm Maybach neuerlich und wurde dort Chef des Konstruktionsbüros, Bild 3. Dieser Wechsel war eines der entscheidenden Ereignisse im Leben des jungen Ingenieurs, der – was in dieser Zeit noch die Regel war – nicht wissenschaftlich studiert, sondern ausschließlich eine vielseitige und intensive praktische Ausbildung absolviert hatte. Die mehr als elf Jahre bei Deutz waren angefüllt mit Entwicklungsarbeiten, zunächst auf dem Gebiet der atmosphärischen Gasmaschine von Nikolaus August Otto und Eugen Langen. 1876 bot sich Wilhelm Maybach die Möglichkeit, die Weltausstellung in Philadelphia (USA) zu besuchen. Hier erhielt er wertvolle Anregungen, wie sein mit vielen Zeichnungen versehenes Tagebuch zeigt.

Kurz nach seiner Rückkehr heiratete er am 5. September 1878 in Maulbronn, also in der Region seiner Herkunft und nicht im Rheinland, die Posthalters-

Bild 3. Die Gasmotorenfabrik Deutz im Jahre 1886. Gottlieb Daimler war dort 1872 eingetreten und leitete die Werkstätten und Zeichenbüros. Wilhelm Maybach folgte ihm wenige Monate später dorthin und wurde Chef des Konstruktionsbüros. Während seiner Kölner Zeit kam am 6. Juli 1879 sein Sohn Karl zur Welt. Als Gottlieb Daimler 1882 aus der Gasmotorenfabrik Deutz ausschied und sich in Cannstatt selbständig machte, folgte ihm Wilhelm Maybach auch diesmal.

Bild 4. In seinem Gewächshaus in Cannstatt ließ Daimler eine Werkstatt einrichten, in der Wilhelm Maybach den schnellaufenden Benzinmotor entwickelte. Die beschauliche Idylle des Bildes trügt: Hier wurden die Grundlagen unserer heutigen Motoren erarbeitet, die Voraussetzung für eine weltweite Motorisierung geschaffen.

Bild 5. Der zweizylindrige Phönix-Motor leistete 1,47 kW (2 PS) bei 750 min^{-1}. Das Neuartige an ihm war der von Wilhelm Maybach erfundene Spritzdüsenvergaser, der die Basis für weitere Leistungssteigerungen darstellte.

Tochter Bertha Habermass, die er bereits elf Jahre zuvor auf Daimlers Hochzeit kennengelernt hatte. Zehn Monate später wurde am 6. Juli 1879 *Karl Wilhelm Maybach* in Köln geboren.

Differenzen mit der Gasmotorenfabrik Deutz führten 1882 zum Ausscheiden des herzkranken Daimler aus diesem Unternehmen. Er übersiedelte nach Cannstatt und begann, selbständig und unabhängig von allen Zwängen einen kleinen schnellaufenden Benzinmotor zu entwickeln. Maybach wäre zwar gerne in Köln geblieben, wo er, ein vermögensloser Mann, gute Berufsaussichten zu haben glaubte. Doch folgte er schließlich auch diesmal Daimler, dem er sich zu Dankbarkeit verpflichtet fühlte und dessen bedeutende Fähigkeiten als Erfinder und Entwickler er hoch schätzte. Daimler sah für ihn eine Beteiligung an seiner Versuchswerkstätte vor, Bild 4. Aus dieser entstand eine Fabrik: die spätere Daimler-Motoren-Gesellschaft (DMG). Damit wurde Cannstatt zum dauernden Wohnsitz Wilhelm Maybachs und zur Heimat seines damals dreijährigen Sohnes Karl. Zunächst wohnte man in der Ludwigsburger Straße, dann in der Pragstraße, auf dem heutigen Firmengelände der Kolbenfabrik Mahle GmbH. Eine Gedenktafel erinnert an diese für die Technikgeschichte so bedeutsame Tatsache.

Lehrjahre

Karl Maybach (Bild 6) war ein eigenwilliges, nicht leicht erziehbares, stark auf den Vater fixiertes Kind, für dessen Arbeit er schon früh Interesse zeigte. In der Schule hingegen klagte man über ihn. Was der Junge zu Hause im Alltag einer streng protestantischen Familie mit einem Oberhaupt, das ganz und gar Erfinder und Entwickler war, mit wachsendem Verständnis aufnahm, wurde in den achtziger und neunziger Jahren des 19. Jahrhunderts in einer kleinstädtischen Realschule eher als vorzeitige und skurrile Belastung eines Kindes empfunden. Und was die Schule Karl Maybach bot bzw. abverlangte, stieß bei ihm auf Unverständnis und Ablehnung, beim Vater auf Gleichgültigkeit. Auch dürfte es in der Cannstatter »guten Gesellschaft« Befremden erregt haben, daß der Vater den siebenjährigen Sohn bei seinen ersten Probefahrten im Jahre 1886 in Motorkutschen mitnahm.

Mit 17 Jahren verließ Karl Maybach die städtische Realschule mit der Mittleren Reife. Das Privileg, mit diesem Schulabschluß nur ein Jahr dienen zu müssen, brauchte Karl Maybach nicht in Anspruch zu nehmen, weil er bei der Musterung für wehruntauglich befunden wurde. Es wird berichtet, daß er von Cannstatt zur Musterung nach Stuttgart im Eilschritt gegangen, dort überhitzt angekommen war und wegen seines unregelmäßigen Herzschlages als zum Wehrdienst ungeeignet eingestuft wurde. Da Karl Maybach nicht die Absicht hatte, am Polytechnischen Institut in Stuttgart zu studieren, trat er als Praktikant in die Daimler-Motoren-Gesellschaft ein, d. h. er wurde sozusagen ein »gehobener Lehrling« seines Vaters. Es zeigte sich, daß Karl Maybach komplizierte technische Zusammenhänge ebenso klar zu erkennen vermochte und daß er ebensogut zu zeichnen verstand wie sein Vater.

Im Herbst 1897 schickte ihn der Vater zu der angesehenen Maschinenfabrik Esslingen. Das war etwas ganz Neues: aus Daimlers kleinem, fast noch familiären Betrieb mit dem eigenen Vater als Chef und Lehrherrn kam er in ein Großunternehmen des Maschinenbaus mit rund 2500 Beschäftigten, von denen ihn keiner kannte und förderte. Hier blieb Karl Maybach als Eleve oder Volontär, gleichsam als Student der Praxis bis zum Frühjahr 1900. In den annähernd zweieinhalb Jahren arbeitete er je einen Monat in der Modellschreinerei, Schmiede, Kesselschmiede, Schlosserei, Dreherei und Montage sowie erstaunlicherweise 13 Monate in der elektrotechnischen Abteilung. Diese befand sich in Cannstatt, so daß er also rund die Hälfte dieser Zeit in enger täglicher Verbindung mit dem Vater blieb. Dagegen scheint er nicht einen einzigen Monat in einem der kaufmännischen Büros des Esslinger Betriebes tätig gewesen zu sein; diese für die Existenz eines Unternehmens so wichtige Seite der industriellen Tätigkeit hat er während seiner ganzen Ausbildungszeit nie kennengelernt – eine Lücke, die bis zum Ende seiner Lebensarbeit ihm selber und vielen Menschen, mit denen er zusammenarbeitete, erhebliche, zuweilen existenzgefährdende Schwierigkeiten bereiten sollte. Im April 1900 verließ Karl Maybach die Esslinger Maschinenfabrik. Das Zeugnis bescheinigte ihm, daß er »eifrig bemüht« gewesen war, »sich Kenntnisse zu erwerben«, und daß man mit seinen »Leistungen und seinem Betragen sehr zufrieden« gewesen war. Karl Maybach war jetzt 21 Jahre alt, Bild 8.

Vielleicht hatte er durch seine praktische Tätigkeit den Nutzen einer theoretischen Ausbildung erkannt, da

Bild 6. Die Familie Maybach um 1895. Von links nach rechts: Wilhelm und Bertha Maybach mit Tochter Emma; die Söhne Karl, damals etwa 16 Jahre alt, und Adolf.

Bild 7. 2,9-kW- (4-PS-) Wagen von Daimler mit Riemenantrieb aus dem Jahre 1895. An der Lenkkurbel Wilhelm Maybach *(ganz rechts), daneben* Gottlieb Daimler*; ihnen gegenüber Prokurist* Bernhard *und Direktor* Gross *von der Maschinenfabrik Esslingen.*

er anschließend auf die »Königliche Baugewerkschule, Abteilung Maschinenbau« in Stuttgart überwechselte. Die genauen Gründe für diesen Schritt kennen wir jedoch nicht. Hielt der Vater nach der Mittleren Reife von 1896 einen höheren, fast akademischen Abschluß für nötig? Empfand Karl Maybach selbst jetzt das Bedürfnis, durch ein Studium an diesem angesehenen Institut über seine praktische Lehr- und gewissermaßen Gesellenzeit hinauszukommen? Wie dem auch gewesen sein mag – im Jahre 1901 bestand er in Stuttgart die Diplomprüfung für Maschinentechniker mit der Gesamtnote »Gut«, Bild 9. Wenn dies auch nur die vierte von sechs erreichbaren Zeugnisstufen war, so hatte er doch sich selbst und dem Vater bewiesen, daß er auch in der Schule bestehen konnte. Im Kreise seiner Kommilitonen galt er als kenntnisreich, ehrgeizig und fleißig – wie der Vater, der inzwischen technischer Leiter und Chefkonstrukteur der Daimler-Motoren-Gesellschaft geworden war.

Am 6. März 1900 war Gottlieb Daimler wenige Tage vor seinem 66. Geburtstag in Cannstatt gestorben. Sein Name ist untrennbar mit der Entwicklung des Otto-Motors und des Kraftwagens verbunden, ähnlich wie der von Karl Benz, der als erster das als Einheit entwickelte Motorfahrzeug schuf. Gottlieb Daimler hatte einen entscheidenden Beitrag zur Motorisierung des Verkehrs geleistet. Für Wilhelm und Karl Maybach bedeutete Daimlers Tod einen schweren Verlust; beide hatten ihm viel zu verdanken.

Bild 8. Karl Maybach im Alter von 20 Jahren. Damals arbeitete er – gewissermaßen als Volontär – bei der angesehenen Maschinenfabrik Esslingen.

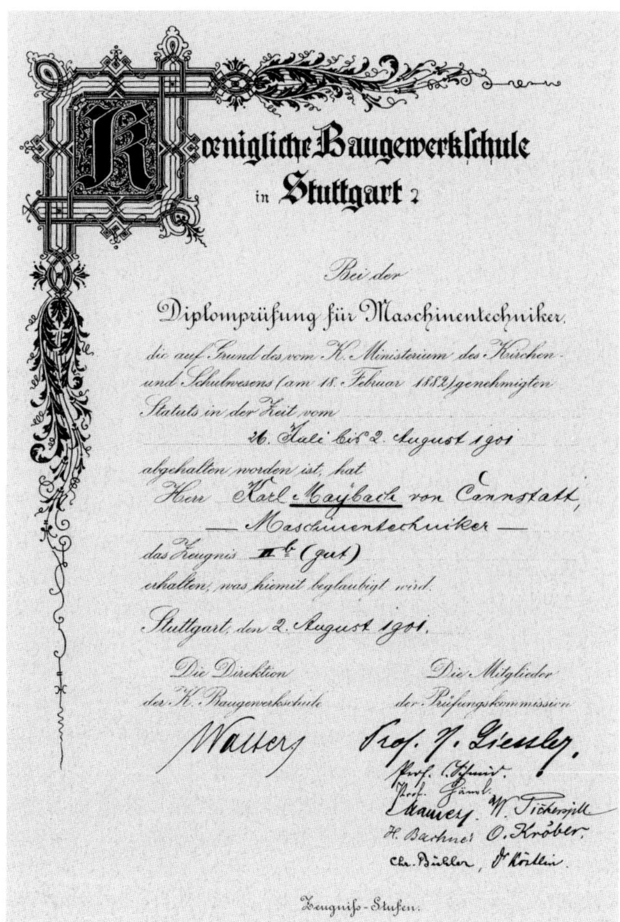

Kœnigliche Baugewerkschule in Stuttgart.

Bei der

Diplomprüfung für Maschinentechniker,

die auf Grund des vom K. Ministerium des Kirchen- und Schulwesens (am 18. Februar 1882) genehmigten Statuts in der Zeit vom

26. Juli bis 2. August 1901

abgehalten worden ist, hat

Herr Karl Maybach von Cannstatt,

— Maschinentechniker —

das Zeugnis IIb (gut)

erhalten, was hiemit beglaubigt wird.

Stuttgart, den 2. August 1901.

Die Direktion der K. Baugewerkschule

Die Mitglieder der Prüfungskommission

Zeugniß-Stufen:

Bild 9. Im Jahre 1901 bestand Karl Maybach in Stuttgart die Diplomprüfung für Maschinentechniker mit der Gesamtnote »Gut«.

Wanderjahre

Karl Maybachs Ausbildungszeit war mit der Diplomprüfung in Stuttgart noch nicht beendet. Zum Wesen des pietistischen Protestantismus gehört nicht nur eine ernste Frömmigkeit und das Gefühl der Verpflichtung, diese mit guten Werken für die Mitmenschen zu verbinden, sondern auch ein starkes Streben nach religiöser und beruflicher Erkenntnis. Mit diesem Verlangen nach stetiger Verbesserung der Berufsausbildung hing es wohl zusammen, daß Wilhelm Maybach damals nicht nach einer guten Anstellung für seinen Sohn suchte, sondern ihn noch einmal zur Fortbildung anhielt. Anfang 1901 verließ Karl Maybach zum ersten Mal seine schwäbische Heimat und ging für ein halbes Jahr nach Berlin, das bereits eine der europäischen Industriemetropolen war. Im Industriekonzern Ludwig Loewe & Co., einem im Maschinenbau und der Waffen- und Munitionsherstellung tätigen Unternehmen mit rd. 4000 Beschäftigten, arbeitete er als Konstrukteur. Dort konnte er einen Produktions- und Finanzkomplex kennenlernen, der hinsichtlich Größe, Arbeitsweise und Ergebnis in Deutschland einzigartig war. Der Ruf der Firma beruhte auf den unternehmerischen Fähigkeiten der Gebrüder Loewe, die sich große

Bild 10. Die Familie Maybach beim Halma-Spiel, 1902. Von links nach rechts: Sohn Karl, in die Lektüre der »Automobil-Zeitung« vertieft, Vater Wilhelm, Tochter Emma, Sohn Adolf und Mutter Bertha.

Verdienste um die Einführung einer durchrationalisierten Präzisionsfertigung nach amerikanischem Vorbild in Deutschland erworben hatten. Nach seiner sechsmonatigen Tätigkeit zog Karl Maybach in Preußens zweite Residenzstadt Potsdam, wo er ein halbes Jahr als Versuchsingenieur bei der 1898/99 gegründeten »Centralstelle wissenschaftlich-technischer Untersuchungen« in Neubabelsberg, einem Vorort von Potsdam, arbeitete. Diese war auf Betreiben des einflußreichen Waffen-, Munitions- und Pulverfabrikanten Max Wilhelm von Duttenhofer, dem Aufsichtsrats-Vorsitzenden der Daimler-Motoren-Gesellschaft, gegründet worden.

Bild 11. Der »Mercedes-Wagen« von 1900/1901, den Wilhelm Maybach auf Anregung des Konsuls Emil Jellinek entwickelt hatte, war eine technische Sensation. Fahrzeug und Antriebsanlage waren »aus einem Guß«, organisch konzipiert und sorgsam aufeinander abgestimmt.

Bis zu diesem Zeitpunkt war der nun 22 Jahre alte Karl Maybach noch nicht im Ausland gewesen. Nach seiner Potsdamer Tätigkeit ging er deshalb für einige Monate nach Lausanne und dann nach Oxford, hauptsächlich um sich Sprachkenntnisse anzueignen, ohne aber im eigentlichen Sinne zu studieren.

Nach Daimlers Tod war es bei der DMG zu Veränderungen gekommen. Gottlieb Daimlers Sohn Paul, der bisher unter der Leitung Wilhelm Maybachs an der Entwicklung des Mercedes-Wagens mitgearbeitet hatte, übernahm 1902 die technische Leitung der österreichischen Daimler-Motoren-Gesellschaft in Wiener Neustadt. Im Jahre 1903 errang die DMG mit dem Mercedes-Wagen im Gordon-Bennett-Rennen einen großartigen Sieg, der ihren Ruhm und ihre wirtschaftlichen Erfolge begründen sollte. Damit war auch Wilhelm Maybach als Motoren- und Automobilkonstrukteur berühmt geworden. In dieser Situation holte er 1903 seinen Sohn Karl nach Hause zurück. In Untertürkheim, wohin das Unternehmen inzwischen übergesiedelt war, schien sich für Karl Maybach eine aussichtsreiche berufliche Zukunft an der Seite seines Vaters abzuzeichnen.

Aber gerade jetzt begann eine Serie von Unglücksfällen, die solchen Überlegungen die Grundlage entzog. Zunächst verursachte ein Großbrand bei der Daimler-Motoren-Gesellschaft verheerende Verluste; in einer Zeit hervorragender Konjunktur waren damit Fertigungskapazitäten vernichtet. Dann starb überraschend gerade erst 60jährig Max Wilhelm von Duttenhofer,

Bild 12. Der Stolz auf die eigene Arbeit, die Identifikation mit dem Produkt war in der Zeit vorwiegend handwerklicher Fertigung stark ausgeprägt. Sichtbaren Ausdruck fand diese Haltung in den damals so beliebten Gruppenbildern, bei denen sich die Werktätigen mit ihren Erzeugnissen photographieren ließen.

von dessen politischen und wirtschaftlichen Verbindungen das Unternehmen ebenso profitiert hatte wie Wilhelm Maybach, der dessen Wertschätzung gewonnen hatte. Damit verringerte sich Maybachs Einfluß in der Gesellschaft. Und als dann auch noch im Jahre 1904 der Mercedes-Wagen beim Gordon-Bennett-Rennen nur auf den zweiten Platz kam, legte man diese Niederlage hauptsächlich ihm zur Last. All diese Ereignisse setzten dem erfolggewohnten Wilhelm Maybach zu. 1904 erkrankte er an einer Herz- und Nervenschwäche; am 28. Februar begab er sich zur Kur nach Arco nahe dem Gardasee. Als ihn der Sohn dort besuchte, begann man eine neue Zukunft zu planen. Denn inzwischen war es auch unter Daimlers Erben und deren Ratgebern zu Auseinandersetzungen gekommen.

Zunächst einmal arbeitete Karl Maybach als Assistent seines Vaters bei der DMG. Das Verhältnis zwischen beiden war und blieb bis zu Wilhelm Maybachs Tod fachlich und menschlich sehr eng. Gemeinsam unternahmen sie 1905/06 Fahrzeug-Versuchsfahrten sowie Erkundungsreisen – z. B. nach Clermont-Ferrand zum Gordon-Bennett-Rennen (vgl. Tafel 2, S. 71), wo sie durch die Leistungen der Konkurrenz angespornt wurden, einen völlig neuartigen Sechszylinder-Rennmotor zu konstruieren. Aus diesen gemeinsamen Interessen und Neigungen erwuchs in den folgenden Jahren gleichsam eine enge technische »Denk- und Konstruktions-Gemeinschaft«.

Wilhelm Maybach hat sich nach dem gesundheitlichen Zusammenbruch Anfang 1904 lange Zeit weder ganz erholt noch seine frühere Arbeitskraft zurückgewinnen können. Diese hätte er gerade jetzt um so mehr gebraucht, als die Gegensätze und Auseinandersetzungen an der Spitze der DMG zunahmen. Wiederholt mußte er seine Arbeit im Betrieb unterbrechen. Im Laufe des Jahres 1905 erkannten Vater und Sohn, daß sich durch die Situation im Unternehmen auch Karl Maybachs Zukunftsaussichten entscheidend verschlechtert hatten. Man beschloß deshalb, daß er die Gesellschaft verlassen sollte.

Die französische Automobilindustrie genoß in jenen Jahren international höchstes Ansehen. Der Salon de l'Automobile in Paris galt als das weithin bekannte »Schaufenster« dieser jungen Industrie. Die Namen Daimler und Maybach waren bekannt geworden, seit die beiden Männer 1889 auf der Weltausstellung den vielbestaunten Stahlradwagen (Bild 13) vorgestellt hatten. Wilhelm Maybach hatte fortlaufend Kontakte zu französischen Erfindern und Konstrukteuren – z. B. zu Panhard, Levassor sowie zum Comte Henri de Lavalette, der in der Nähe von Paris interessante Versuche unternahm. So kam es, daß Karl Maybach, der recht gut französisch sprach, zu einer eben erst gegründeten Studiengesellschaft in Paris überwechselte, die sich den Bau eines Motorwagens großer Leistung zum Ziel gesetzt hatte. Der damals 27jährige Jungingenieur konnte nicht ahnen, daß er nach dem Zweiten Weltkrieg im Alter von fast 70 Jahren wieder in Frankreich arbeiten würde – allerdings unter ganz anderen Umständen (s. Seiten 60f. und 212f.).

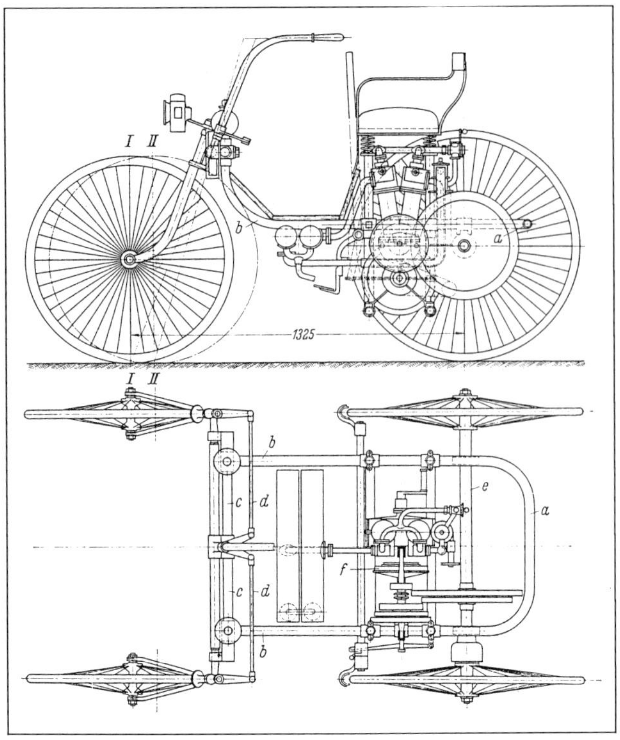

Bild 13. Wilhelm Maybachs Stahlrad-Wagen von 1889 war das erste Fahrzeug mit Zahnrad-Wechselgetriebe und Differential. Als »Quadricycle« wurde das Fahrzeug im gleichen Jahr auf der Pariser Weltausstellung gezeigt.

a, b, c Stahlrohrrahmen; d Lenkvorrichtung; e Hinterachse; f Reibkupplung.

Bild 14. Karl Maybach mit Freunden im Jahre 1905.

Am 1. April 1907 trennte sich auch Wilhelm Maybach aus menschlichen und gesundheitlichen Gründen von der Daimler-Motoren-Gesellschaft, obwohl man ihm die Position eines »Delegierten des Aufsichtsrates« angeboten hatte. Er war im Laufe der Jahre nicht zuletzt dank seiner Patente ein wohlhabender Mann geworden und konnte angesichts seiner bisherigen Leistungen darauf vertrauen, daß er mit seiner Familie den Rest seines Lebens als freischaffender Ingenieur in Unabhängigkeit würde verbringen können – in gemeinsamer Arbeit mit seinem Sohn Karl.

Karl Maybach in Frankreich 1906 bis 1908

Seit September 1906 arbeitete Karl Maybach bei der Société d'Atelier de Construction des Grafen de Lavalette in Saint-Ouen bei Paris. Er erhielt den Auftrag, einen Automobil-Motor mit 150 PS zu entwickeln – eine Aufgabe also, mit der sich sein Vater und er bereits in den letzten Jahren gedanklich beschäftigt hatten. Vom März 1907 bis zum Ende seines Frankreich-Aufenthaltes führten Vater und Sohn Maybach einen sehr intensiven Briefwechsel – nicht selten zwei oder gar drei Briefe aus Cannstatt und Paris am gleichen Tage –, der praktisch ausschließlich die Arbeit des Sohnes betraf. Der erste der erhalten gebliebenen Briefe des Vaters vom 23. März 1907 ist mehr als sieben Seiten lang, bestätigt zwei Schreiben des Sohnes vom 16. und 20. und beschreibt eingehend mit Hilfe detaillierter Zeichnungen eine Konstruktion, mit der der Vater sich seit längerer Zeit beschäftigte. Der nächste Brief folgte am 25., ein weiterer am 26. März – und beide bildeten gewissermaßen Fortsetzungen des Schreibens vom 23., gingen aber auch sehr genau auf das ein, was der Sohn inzwischen über seine Entwicklungsarbeit berichtet hatte. So ging es weiter und weiter, gelegentlich mit knappen Einschüben über die Mutter und andere Personen: Zwei ganz der Arbeit hingegebene Konstrukteure unterschiedlichen Alters arbeiteten gewissermaßen gemeinsam an einer großen Aufgabe in Paris und Cannstatt.

Da zwischen der Daimler-Motoren-Gesellschaft in Untertürkheim und der »Mercedes«-Gesellschaft in Paris geschäftliche Beziehungen bestanden, reisten Mitglieder der Geschäftsführung der DMG gelegentlich in die französische Hauptstadt. Vater Maybach konnte auch, nachdem er sich selbständig gemacht hatte, den Sohn über solche Geschehnisse unterrichten. Das gleiche geschah, nachdem er in einem Prozeß von Amerikanern gegen die DMG als Zeuge aufgetreten war. Da fügte er anderen Informationen hinzu, er habe dort Gelegenheit gehabt, festzustellen, »daß ich der Erfinder … der meisten heute in Gebrauch befindlichen Einrichtungen an Motorwagen bin und daß ich meine theoretische und praktische Ausbildung dem Privatinstitut verbunden mit Maschinenfabrik und Gießerei im Bruderhaus in Reutlingen verdanke«.

Liest man alle diese Briefe, von denen also fast täglich einer hier oder dort mit Neuigkeiten und Antworten geschrieben wurde (von denen des Sohnes sind nur einige wenige erhalten geblieben, Bild 15), dann gewinnt man den Eindruck, daß Wilhelm Maybach sich mit seinem Sohn schriftlich intensiver und engagierter unterhalten hat als mündlich mit seiner Familie daheim. Und wenn er verreiste, z. B. im April 1907 nach Lausanne, dann versuchte er, eine kurze Begegnung mit dem Sohn zu arrangieren. Die Mutter hängte gele-

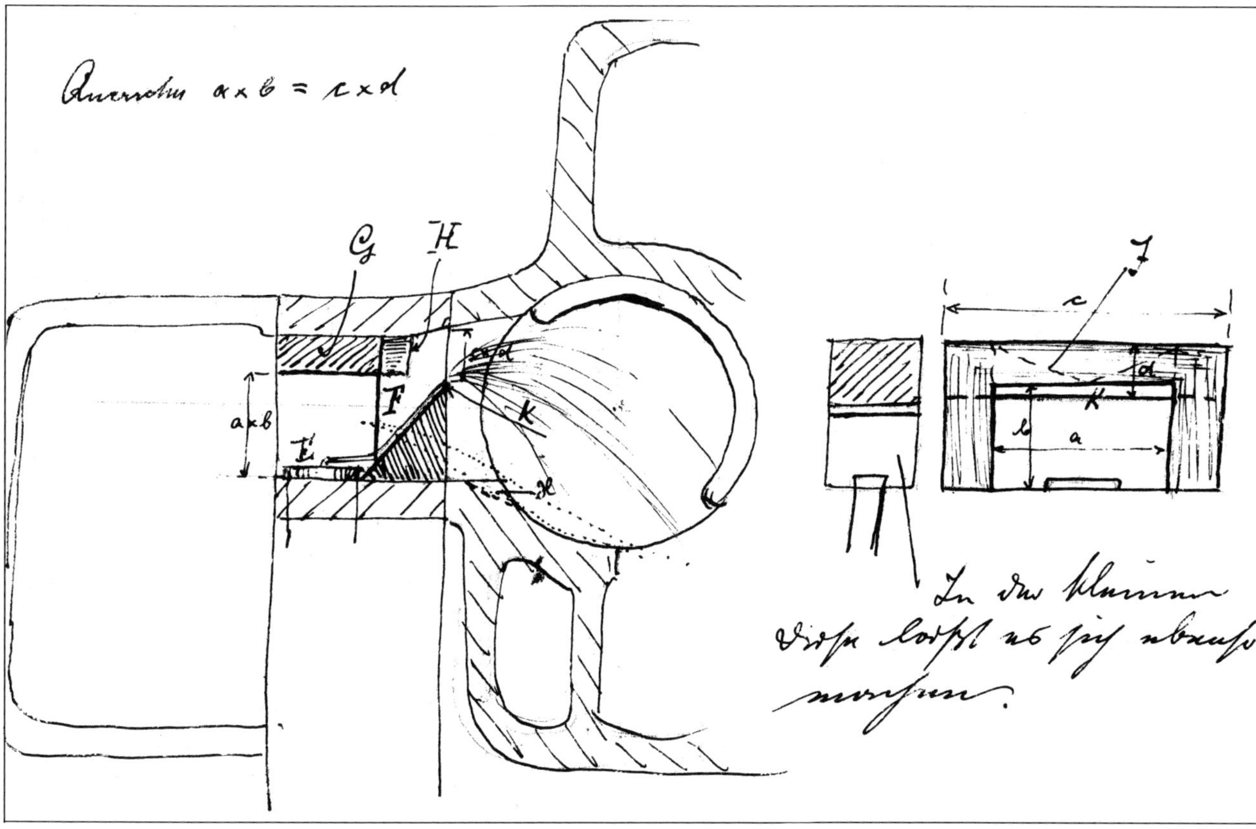

Bild 15. Das Verhältnis zwischen Wilhelm und Karl Maybach war eng und herzlich. Während Karls Aufenthalt in Frankreich führten beide eine ausgedehnte Korrespondenz, bei der es fast ausschließlich um die Arbeit des Sohnes ging. Die anstehenden technischen Probleme wurden bis ins Detail erörtert und häufig durch Skizzen verdeutlicht. Brief Karl Maybachs an seinen Vater vom 19. Februar 1908.

Seite 1

Paris, 19. Febr. 08

Lieber Vater!
Meinen Brief von gestern sowie die Drucksache wirst Du inzw. erhalten haben.
Betreffs Vergaser glaube ich nun heute die wichtigste u. wirksamste Abhilfe gefunden zu haben. Bestärkt durch die Tatsache daß seit Abschrägung der unteren Eintrittskante x vom Cyl. der vor dem erzielte Verbrauch nicht mehr erzielt wurde bin ich der festen Überzeugung daß es lediglich an der genügenden Vergasung der Mischung fehlt. Trotz der schmalen Platte wird das Benzin in der Hauptsache eben durch 2 od. 3 Lamellen hindurch … u. die übrigen sind

Seite 2

dann ohne Wirkung. Aus untenstehender Skizze wirst Du ersehen wie dem wirksam abzuhelfen ist. Zuerst wird die Benzindüse E mögl. weit nach außen u. tief angebracht so daß es möglich ist eine schräge Ebene in der Weise anzubringen daß das Benzin durch die zunächst eingeleitete horizontale Strömung mit Wucht darauf auftrifft um sich dort mögl. auszubreiten und was durch die bei E eintretende seitliche Strömung unterstützt wird; um diese seitliche Strömung möglichst zum Ausdruck zu bringen wird das Stück G bis H verlängert u. nach J entsprechend abgeschrägt.

Seite 3

Der Querschnitt c × d ist wieder so groß wie a × b so daß dort über die Kante K eine möglichst gleichm. Verteilung des Benzins in die Scheiden stattfindet. Ich bin fest überzeugt daß dadurch etwas zu erreichen ist da ja wie schon gesagt die Abschrägung bei x eine wesentliche Verschlechterung herbei geführt hat insofern als das Benzin wie … angegeben auf kürzerem Weg durch die Scheiden gelangen konnte. Durch die Abänderung wird nun zweierlei erreicht 1. eine bessere Verteilung in die einzelnen Scheiden u. 2tens ein längerer Weg durch dieselben. Die Abänderung wird 2 Tage in Anspruch nehmen.

Herzl. Gruß Karl

Seite 1 quer überschrieben:
Deinen Brief vom 18. habe erhalten. Der Weg x–y ist schon jetzt annähernd…

gentlich lange, klar formulierte und gut geschriebene familiäre Mitteilungen an die Briefe ihres Mannes an.

Dieser rege Briefwechsel zwischen Cannstatt und Paris und die gelegentlichen Begegnungen von Vater und Sohn im Ausland führten zu Spekulationen unter den privaten und beruflichen Bekannten der Maybachs. Im Mai 1907 z. B. schrieb der Vater, es ginge »das Gerede … überall herum, daß ich Geld zur Verfügung bekommen habe von einer französischen Gesellschaft zum Zweck, hier eine Auto-Fabrik zu errichten«. Sofort sei ihm daraufhin ein Bauplatz angeboten worden. »Ich sage aber allen, daß ich froh sei, aus dem Fabrikgetriebe heraus zu sein…« Nicht selten besuchten auch französische Konstrukteure Wilhelm Maybach – im Mai 1907 z. B. der Comte de Lavalette und Emil Jellinek, mit denen er und sein Sohn auch Briefe wechselten. Mitte 1907 war der Vater so sehr an den Konstruktionen des Sohnes beteiligt, daß er einmal schrieb: »Meinen Brief von heute früh habe ich etwas zu früh abgesandt, ich finde nach weiterem Studium, daß die

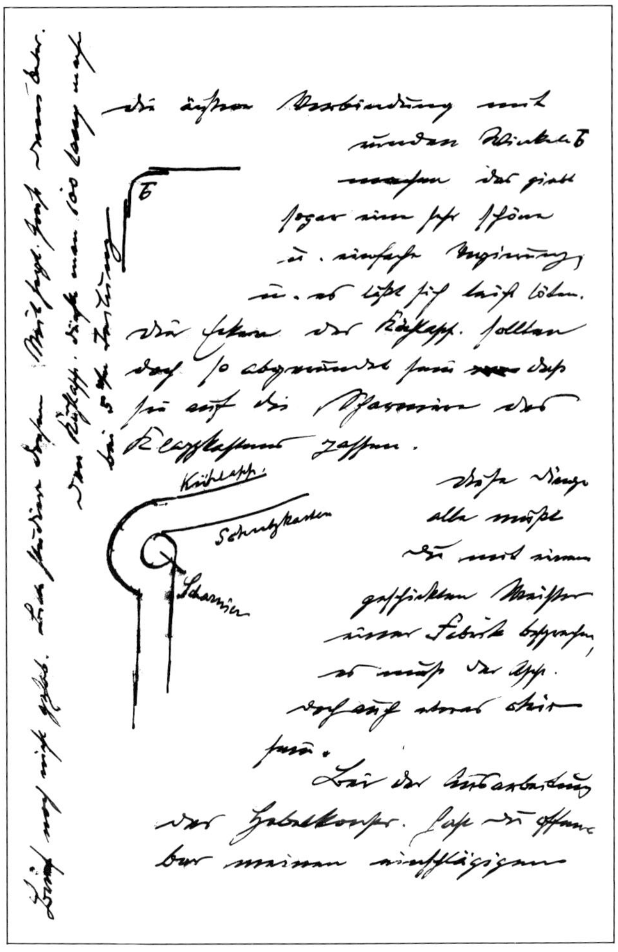

Bild 16. Brief Wilhelm Maybachs an den Sohn vom 24. Februar 1908.

obere Achse links innen einen Bund haben sollte wie in meiner Skizze angedeutet...« Und ein paar Tage später ähnlich: »... Ich finde nachträglich, daß die Auspuffdüsen nach beifolgender Skizze gemacht werden müssen.«

Während man so ständig an konkreten Projekten arbeitete, trug man sich darüber hinaus auch mit größeren Plänen. Als im Sommer 1907 nicht nur eine Geschäftsflaute, sondern nach Wilhelm Maybachs Auffassung auch Schwächen in der Geschäftsführung und namentlich das Fehlen eines guten Konstrukteurs die DMG zur Kürzung der Arbeitszeit und zu Entlassungen zwangen, fügte er dieser Mitteilung an den Sohn hinzu: *»Wir können demgegenüber etwas ruhiger der Zukunft entgegengehen, wenn wir uns auch vielleicht etwas viel Neues vorgenommen haben... Nur alles gut überlegen und auch gleich auswägen für den Fall, daß das eine oder das andere nicht gleich einschlägt. Je ruhiger wir dabei bleiben, um so besser, und wir können ruhig sein, wir werden ja nicht getrieben und haben auch keine Fabrik zu beschäftigen. Dein Vater.«*

Und als er dies geschrieben hatte, fügte er nachträglich zwischen »auch« und »keine« interessanterweise das Wörtchen »noch« hinzu! Plante man zu diesem Zeitpunkt, im Sommer 1907, bereits den Bau und Betrieb einer Motorenfabrik?

Im August 1907 machte das Ehepaar Maybach Ferien im Schweizer Ort Heiden am Bodensee. Die Ansichtskarte, mit der Wilhelm Maybach dies seinem Sohn in Paris, Pension de Famille, 85 avenue d'Orléans, am 6. August mitteilte, begann: »Gestern gut hier

---

Seite 1

Cannst. d. 29. Febr. 08

L. Karl! Brief nebst 2 Imprimé heute nachmittag erhalten. Vergaserversuche sind noch stets sehr langweilig [gemeint ist wohl langwierig] *gewesen. Benzindämpfe sind schwer zu mischen mit Luft weil sie einen sehr kleinen Raum einnehmen. Anders bei Steinkohlengas wo 1 Raumteil Gas und 8 Raumteile Luft zusammenkommen. Man sollte meinen, die größere Entfernung der Düse von der Mischkam̄er sollte schon eine bessere Wirkung hervorbringen, weil das Benzin beim Austritt aus der Düse in horizontaler Richtung keine Geschwindigkeit hat u. eine um so größere Geschwindigkeit erlangt, je weiter die Düse zurücksteht. Ich bin sehr begierig was Du mit der Mittelstellung der Benzin-Mündung erreichst.*

Seite 2

Ich habe mir auch schon gedacht ob das Benzin nicht besser verteilt würde wenn man direkt hinter der Benzindüse noch eine Luftdüse von etwa 7 m/m lichter Weite senkrecht in die Höhe richten würde, so daß dort das Benzin nicht in den Wirbel abwärts gezogen wird, dagegen durch den senkrechten Aufprall auf die horizontale Luftströmung eine Verteilung der Benzinschichten bewirkt. Bei Deinem Rennwagen-Vergaser hattest Du offenbar auch eine schlechte Verteilung, deñ dort war das Knallen sehr stark; aber auch die Entfernungen der Entnahmestellen verschieden lang

Seite 3

was dort ein Nachteil für sich war.

Meine Bemerkungen in einem meiner Briefe der vorigen Woche über den Kühlapparat hast Du, wie es scheint, außer Acht gelassen. Ich halte es für sehr ratsam die Vorder- u. die Hinterwand aus je einem Stück Blech zu machen, so daß eine richtige Versteifung entsteht. Wie man dañ diese mit den Verbindungsstreifen verbindet, ist eine Sache für sich. Man kañ diese Bleche auch ohne Bördel-Rand außen und iñen ganz glatt annehmen u. dañ die iñere Verbindung mit Winkeln a machen, die auch schon Verzierung sind u.
die äußere Verbindung mit runden Winkeln b machen das giebt sogar eine sehr schöne und u. einfache Verzierung u. es läßt sich leicht löten.
Die Ecken des Kühlapp. sollten doch so abgerundet sein daß sie auf die Scharniere des Klappkastens passen.
Diese Dinge alle mußt Du mit einem geschickten Meister einer Fabrik besprechen, es muß der App. durchlauf etwas...
Bei der Ausarbeitung der Gabelkonstr. hast Du offenbar meinen einschlägigen

Seite 4 quer überschrieben:
Brief noch nicht gehabt. Bitte studiere diesen. Mit herzl. Gruß Dein Vater.
Den Kühlapp. dürfte man 100 lang machen bei 5 m/m...

Seite 3 quer überschrieben:
Den iñeren Rahmen mit den Lamellen würde man am besten machen aus einem Stück u. so die Scheiben aufgelötet. Freilich können dann Hem̄ungen [Rest unleserlich].

Seite 2 quer überschrieben:
Ein Vergaser für alle Cyl. würde durch die längere Rohrleitung schon ... besser ... laufen u. köñte man in diese noch ein ... einbauen das das Gemisch ein Stück weit eine Wirbelbewegung macht.

angekommen. Cyl. Dichtung wird besser mit rundem Querschn. Besonders bei Anwendung der Zwinge. Wetter sehr schön, Luft angenehm...« Deutlich wurden die Briefe aus dem Feriendomizil von Tag zu Tag länger, auch enthielten sie mehr Zeichnungen als die aus Cannstatt, wohin man am 26. August wieder zurückkehrte. Dort hatte Wilhelm Maybach wenig später die Genugtuung, im Geschäftsbericht der DMG nach der Mitteilung seines Ausscheidens zu lesen: »Seine langjährige verdienstvolle Tätigkeit sichert ihm ein dankbares Andenken im Kreise unserer Gesellschaft wie in der Automobilindustrie überhaupt.« Nach einer kritischen Analyse des Geschäftsberichtes zögerte er nicht, seinem Sohn auch diesen Satz mitzuteilen. Am 22. Oktober 1907 schrieb der Vater nach Paris: »Beiliegend zwei Bilder des Zeppelin'schen neuen Ballons, mit dem *er* so aufsehenerregende Fahrten schon gemacht hat. Z. ist jetzt der Held des Tages.«

Weihnachten 1907 verbrachte Karl Maybach bei den Eltern in Cannstatt. Am 1. Januar 1908 schrieb er schon wieder aus Paris. Im Februar 1908 reiste der Comte de Lavalette nach Cannstatt, anschließend Wilhelm Maybach nach Paris, wo man zu dritt technische Fragen besprach. Nach seiner Rückkehr setzte Wilhelm Maybach die Arbeits-Korrespondenz mit seinem Sohn fort – Tag für Tag ein Brief und fast ausschließlich über Karl Maybachs Tätigkeit in Paris. Man kann sagen, daß von dem, was er während seines ersten Aufenthaltes in Frankreich leistete, ein wesentlicher Teil auf der Mitarbeit des Vaters beruhte. Deutlich lassen die mehr als 250 Briefe, die Wilhelm Maybach 1907/08 mit Hunderten von Zeichnungen nach Paris schickte, die Intensität dieser Mit- und Zusammenarbeit erkennen. Nur selten gab es in ihnen einmal ein paar Zeilen über das Leben der Familie in Cannstatt, über Einladungen, Begegnungen mit Verwandten, Gesundheit und Krankheit des Bruders oder der Schwester – und diese dann gewöhnlich in Form von kurzen Anhängen der Mutter an die vier oder sechs, zuweilen auch zwölf und vierzehn Seiten, die der Vater geschrieben hatte. In diesen Briefen findet man keine Zeile Klatsch oder Schwatz über den Alltag in Cannstatt und Stuttgart. Ihnen läßt sich auch nicht entnehmen, wie der Kreis von Menschen zusammengesetzt war, mit denen man verkehrte. Es waren wohl immer noch hauptsächlich jene Männer, mit denen Wilhelm Maybach bei der DMG zusammengearbeitet hatte, sowie deren Angehörige: gutsituierte, fleißige, ganz in ihren technischen und kaufmännischen Berufen und der Erziehung der Kinder aufgehende Familien. Politik, Wirtschaft, das Leben im Ausland – das alles interessierte Wilhelm Maybach anscheinend wenig und auch seinen Sohn nicht sonderlich.

Auch wenn sie reisten, ging es dabei immer um das Thema Motor und Auto sowie deren Fabrikation in Stuttgart und Paris, um Automobil-Rennen, Probefahrten – und um nicht ganz seltene schwere Unfälle, so daß denn auch Wilhelm Maybach von Zeit zu Zeit seinen Sohn zur Vorsicht ermahnte. Nicht ohne Grund: Im Firmenarchiv der Maschinenfabrik Alfing Keßler GmbH existiert eine »Polizeiliche Strafverfügung« gegen die Ingenieure Karl Maybach und Karl Keßler (Bild 19), derzufolge die beiden »mit einem Motorwagen (Rennwagen) in solch rasendem Tempo (weit über 200 m in der Minute)[1]) durch den hiesigen Ort gefahren, daß hiesige Leute die größte Mühe hatten, eine Anzahl kleine Kinder noch aus dem Weg zu bringen«. Die Mitteilung am Anfang des Briefes vom 30. März 1908, daß man »gestern eine schöne Confirmationsfeier« bei »prächtigem Wetter« und in »angenehmer Gesellschaft« gehabt habe, bildet unter all diesen technischen Schreiben eine ebenso seltene Ausnahme wie diejenige am 31. Mai 1908, daß die 55 Aktien der DMG, für die Wilhelm Maybach früher einmal 18000 Mark bezahlt hatte, nun 68000 Mark wert waren.

Und dies alles also Tag für Tag – nicht selten mehrfach – und viele Seiten lang. Noch einmal sei dafür ein Beispiel genannt: Am Mittag des 21. Februar 1908 schickte Wilhelm Maybach 14 Seiten mit mehreren Zeichnungen auf separaten Blättern nach Paris. Am Abend des gleichen Tages begann er den nächsten Brief mit dem Satz: »Meinen allzu langen Brief von heute mittag wirst Du inzwischen erhalten haben. Die lange Auseinandersetzung über den Unterschied unserer Anmeldung gegen die angeführten englischen Patente sind meiner Ansicht nach gar nicht verlangt...« Und

Bild 17. Luftschiff LZ 3, angetrieben von zwei Daimler-Motoren von je 63 kW (85 PS), auf dem Oberwiesenfeld in München im Jahre 1907. Mit LZ 3 gelang dem Grafen Zeppelin der Durchbruch, da es gegenüber seinen Vorgängern eine Reihe von Verbesserungen aufwies, besonders in bezug auf Steuerfähigkeit und Stabilität. Später wurde LZ 3 vom Heer übernommen und diente unter der Bezeichnung Z 1 als Schulschiff zur Ausbildung von Luftschiff-Besatzungen.

[1]) Anm. d. Verf.: Die Geschwindigkeit betrug demnach 12 km/h. Beide mußten je 12 Mark Strafe bezahlen.

Bild 18. Karl Maybach (links) am Steuer des Sechszylinder-Mercedes-Rennwagens, 1906.

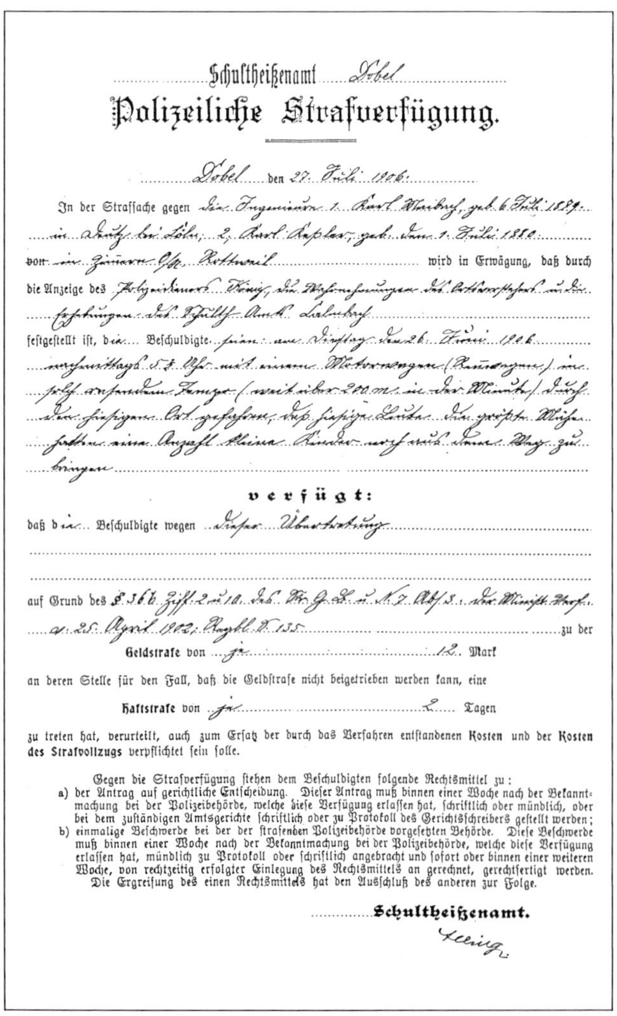

Schultheißenamt Dobel

Polizeiliche Strafverfügung.

Dobel den 27. Juli 1906.

In der Strafsache gegen die Ingenieure 1. Karl Maybach, geb. 6. Juli 1879 in Deutz bei Cöln, 2. Karl Keßler, geb. den 1. Juli 1880 ~~von~~ in Zimmern O/A. Rottweil wird in Erwägung, daß durch die Anzeige des Polizeidieners König, die Wahrnehmungen des Ortsvorstehers u. die Erhebungen des Schulth. Amts Calmbach festgestellt ist, die Beschuldigte[n] am Dienstag den 26. Juni 1906 nachmittags 5 ½ Uhr mit einem Motorwagen (Rennwagen) in solch rasendem Tempo (weit über 200 m in der Minute) durch den hiesigen Ort gefahren, daß hiesige Leute die größte Mühe hatten eine Anzahl kleiner Kinder noch aus dem Weg zu bringen

verfügt:

daß die Beschuldigte wegen dieser Übertretung

auf Grund des § 366 Ziff. 2 u. 10 des R. St. G. B. u. § 7 Abs. 3 der Minist. Verf. v. 25. April 1902, Regbl. S. 135 zu der

Geldstrafe von je 12. Mark

an deren Stelle für den Fall, daß die Geldstrafe nicht beigetrieben werden kann, eine

Haftstrafe von je 2 Tagen

zu treten hat, verurteilt, auch zum Ersatz der durch das Verfahren entstandenen **Kosten** und der **Kosten des Strafvollzugs** verpflichtet sein solle.

Gegen die Strafverfügung stehen dem Beschuldigten folgende Rechtsmittel zu:

a) der Antrag auf gerichtliche Entscheidung. Dieser Antrag muß binnen einer Woche nach der Bekanntmachung bei der Polizeibehörde, welche diese Verfügung erlassen hat, schriftlich oder mündlich, oder bei dem zuständigen Amtsgerichte schriftlich oder zu Protokoll des Gerichtsschreibers gestellt werden;

b) einmalige Beschwerde bei der der strafenden Polizeibehörde vorgesetzten Behörde. Diese Beschwerde muß binnen einer Woche nach der Bekanntmachung bei der Polizeibehörde, welche diese Verfügung erlassen hat, mündlich zu Protokoll oder schriftlich angebracht und sofort oder binnen einer weiteren Woche, von rechtzeitig erfolgter Einlegung des Rechtsmittels an gerechnet, gerechtfertigt werden.

Die Ergreifung des einen Rechtsmittels hat den Ausschluß des anderen zur Folge.

Schultheißenamt.

König

Bild 19. Der Strafzettel, heute jedem automobilen Verkehrsteilnehmer sattsam bekannt, war im Jahre 1906 als »polizeiliche Strafverfügung« eine unerhörte Begebenheit. Für die beiden Ingenieure Maybach und Keßler bedeutete die Anzeige des Polizeidieners König je 12 Mark Geldbuße oder ersatzweise 2 Tage Haft dafür, daß sie mit etwa 12 km/h durch den Ort gerast waren.

am Tage darauf: »Meine beiden gestrigen [Briefe] nebst Geschäftspapieren wirst Du inzwischen erhalten haben. Einliegend übersende ich Dir eine Skizze des Bremshebels…« Und am nächsten Tage, also am 24. Februar, begann der erste Brief: »Meine sieben Briefe der vorigen Woche wirst Du inzwischen erhalten haben«, am Nachmittag der zweite: »Meinen Brief von heute früh wirst Du erhalten haben.« Nicht selten sandte er hinter einem Brief wenige Stunden später eine Postkarte oder sogar ein Telegramm mit ergänzenden Notizen hinterher, aus denen deutlich hervorgeht, daß die Gedanken von Wilhelm und Karl Maybach ununterbrochen um Auto und Motor gekreist sind.

Als Folge dieser geradezu besessenen Tätigkeit erlitt Karl Maybach Mitte Mai 1908 einen Anfall akuter Erschöpfung, so daß die Eltern ihn dringend baten, nach Hause zu kommen und sich zu erholen. Aber er blieb in Paris. Durch seine engagierte Arbeit hatte er sich eine vorzügliche Position bei dem Pariser Unternehmen geschaffen – auf Kosten seiner Gesundheit, wie früher einmal auch sein Vater. Dieser schrieb am 4. Juni:

»Ich glaube, es wäre viel richtiger, wenn Du auf etwa acht Tage von Deinem Geschäft ganz weggingest und

kämst zu uns, um Dich zu erholen und zu besprechen. Man darf an ein und derselben Sache nicht immer fortmachen. Die Sache ist einmal etwas schwierig, und Du hast eine große Aufgabe zu lösen, und da muß man notwendig einmal wieder ganz weggehen. Ich habe das schon oft an mir bemerkt, und Anderen geht es kein Haar besser. So spannt sich Herr Lechler etwa alle Vierteljahr einmal aus und dadurch faßt dieser Herr immer wieder neuen Mut. Bespreche Dich darüber ganz offen mit Herrn Lavalette, er wird ja kein Barbar sein und wird Dir gerne zu Deiner Erholung zustimmen. Ich sehe aus Deinen Briefen Deine Mutlosigkeit und ganz gewiß liegt die Schuld nicht an vermeintlichen Fehlkonstruktionen, sondern ganz sicher in Deiner nervösen Abspannung. Mach also kurzen Prozeß und komm heraus, bespreche Dich aber offen mit Lavalette darüber...«

Offensichtlich war Karl Maybach gesundheitlich angeschlagen, und auch bei seiner Arbeit gab es gewisse Schwierigkeiten. Aber dann verlief eine mehrtägige Probefahrt mit »seinem« neuen Wagen von Paris zur Kanalküste zur vollen Zufriedenheit des Comte de Lavalette. Außerdem standen Vater und Sohn mit ihren eigenen Projekten kurz vor dem Abschluß. Wilhelm Maybach überlegte im Juli 1908, wem man die industrielle Verwertung für ein ganz neuartiges Automobil übertragen sollte. Er hatte volles Vertrauen zu Lavalettes Loyalität, der mit der DMG zusammenarbeitete und daher immer wieder nach Cannstatt kam, aber auch die Verhältnisse in England gut kannte. Wilhelm Maybachs Ehrgeiz war zu dieser Zeit, »über die DMG zu kommen ... und ich bin fest überzeugt, daß uns dies gelingt, wenn nur Lavalette die richtigen Leute zur Ausbeutung findet, und da wäre ja die Firma Oppel [er meinte Opel!] ganz recht: sie sind ja auch von hier aus leicht zu erreichen. Rüsselsheim liegt ja nicht allzu weit von Frankfurt entfernt. Nach dem Bild der Fabrik zu schließen, ist sie wenigstens noch einmal so groß wie die DMG«.

Im Sommer 1908 war der 62jährige Wilhelm Maybach also im Begriff, gemeinsam mit seinem 29jährigen Sohn Karl bei Opel in Rüsselsheim mit dem Bau eines Automobils zu beginnen, das in wesentlichen Teilen während der jüngsten Zeit von den beiden entwickelt worden war. Lavalette war kürzlich in Rüsselsheim gewesen: »die Oppelsche« Fabrik und die Menschen hatten ihm gefallen:

»Und wenn man in Betracht zieht, daß diese Firma noch andere Fabrikate hat, Nähmaschinen und Fahrräder, die ja nur durch raffinierte Fabrikation hergestellt werden können, um etwas dabei zu verdienen, so kann man annehmen, daß sie auch die Motoren und Wagen ebenso raffiniert herzustellen in der Lage sind. Was den Leuten noch fehlt, ist eine gute Construktion, und wenn unsere Constr. heute noch nicht in allen Teilen ganz fertig ist, so glaube ich doch ganz bestimmt, daß wir sie noch auf den höchsten Stand bringen werden, namentlich, wenn

Bild 20. 1907 in Paris: Karl Maybach am Steuer eines Wagens, der von der Société d'Atelier de Construction des Comte Henri de Lavalette in Saint-Ouen bei Paris entwickelt wurde. Bei den Fahrgästen dürfte es sich um Mitarbeiter des Konstruktionsbüros handeln.

Bild 21. Das Luftschiff LZ 4 hatte ein Gasvolumen von $15\,000\ m^3$ und wurde von zwei Daimler-Motoren mit je 77 kW (105 PS) angetrieben. Während einer 24-Stunden-Fahrt mußte es am 5. August 1908 bei Echterdingen wegen eines Motorschadens zwischenlanden. Bei einem aufkommenden Gewittersturm wurde das Luftschiff von einer Bö erfaßt, fing Feuer und wurde völlig zerstört.

Bild 22. Die rauchenden Überreste des LZ 4 nach der Katastrophe. Als Folge dieses Unglücks wurde die Luftfahrzeug-Motorenbau GmbH gegründet, Vorgängerin des späteren Maybach-Motorenbaus.

uns Gelegenheit gegeben würde, einen neuen Wagen zu konstruieren, bei dem die Mängel des jetzigen behoben sind... Die Hauptfrage ist nur die: sind wir auf dem rechten Wege betreffs Vergaser und Kupplung.«

Da ereignete sich am 5. August 1908 das Luftschiff-Unglück des Grafen Zeppelin bei Echterdingen. LZ 4 war am 4. August in Friedrichshafen zu einer 24-Stunden-Fahrt aufgestiegen (Bild 21) und über Basel, Straßburg und Mannheim nach Mainz gefahren. Am folgenden Tag, auf der Rückfahrt zum Bodensee, wurde wegen eines Motorschadens bei Echterdingen in der Nähe von Stuttgart eine Zwischenlandung notwendig. Bei einem aufkommenden Gewittersturm erfaßte eine Bö das Luftschiff und riß es vom Boden hoch. Dabei streifte es eine Baumgruppe, fing Feuer und verbrannte. Am Tage darauf berichtete Wilhelm Maybach seinem Sohn: »Soeben von dem vergeblichen Versuch, an die Zeppelin'sche Unglücksstätte zu gelangen, zurückgekehrt...«, Bild 22.

Werbeanzeige der Gothaer Waggonfabrik, die ein Flugzeug vom Typ Gotha G V zeigt. Dieser Typ war mit zwei Mercedes-D-IV-a-Motoren ausgerüstet. Einige der Gotha-Fernaufklärer vom Typ G VII und VIII hatten Maybach-Mb-IVa-Motoren.

2. Von der Luftfahrzeug-Motorenbau-Gesellschaft bis zum Ende des Ersten Weltkrieges

Die Idee

Graf Zeppelin stand vor dem finanziellen Ruin. Die Rettung kam vom deutschen Volk: Hunderttausende, die von seiner Idee begeistert waren, Vereine, Schulen, Unternehmen, Städte und Gemeinden spendeten spontan Geld, Bild 24. Am 8. August 1908 teilte WILHELM MAYBACH seinem Sohn mit, daß die Sammlung für Zeppelins Unternehmen schon über 200000 M. erbracht habe:

»*Es sind damit dem Grafen Mittel an die Hand gegeben, ein neues Luftschiff und auch zwei zu bauen. Wie Du wissen wirst, haben die Daimler-Motoren sich nicht bewährt und wird Zeppelin wohl an eine andere Fabrik herantreten*[2]*). Nun kam mir heute der Gedanke, daß ich mich durch Dich dem Grafen zur Construktion neuer entsprechender Motoren anbieten soll. Deine Sache müßte natürlich vorher an eine deutsche Fabrik vergeben sein (Opel), so daß man dem Grafen mit deutscher Waare dienen kann. Durch eine solche Gelegenheit könnte also La Valette an Opel herantreten u. ihm sagen, Du werdest Deine Sache Zeppelin anbieten und Oppel* [sic!] *könne sie dañ machen. Zeppelin hat mich ja in gutem Gedächtnis und würde er mir sicher das Vertrauen schenken daß ich Deine Sache richtig leite und controlliere. Das wäre eine Sache, mit der wir rascher auch mit den Wagenmotoren ans Ziel kämen. Man kōñte also nächste Woche mit dem Wagen nach Friedrichshafen fahren, den Motor zeigen und sagen, wie wir den Luftschiff-Motor bauen würden. Dafür habe ich nun schon meine bestim̄ten Pläne. Spreche also einmal mit L. V. darüber. Bevor aber mit Oppel* [sic!] *verhandelt würde, müßten wir mit dem Grafen sprechen.*«

Der Sohn sollte also mit Lavalette sprechen und dieser mit nach Friedrichshafen fahren, denn Zeppelin spreche »gerne französisch und kann es wie seine Muttersprache«. Karl antwortete, Lavalette sei ein paar Tage verreist gewesen, so daß er mit diesem erst am 11. August über »das Projekt Z.« habe reden können. Lavalette wäre für eine »derartige Componierung« Feuer und Flamme. Nach Karl Maybachs Ansicht müsse man sich jedoch erst überzeugen, »wie sich Zeppelin dazu stellt, und erst dann würde er an Oppel mit einem Auftrag herantreten und nicht mit einem Anerbieten, was ein großer Vorteil wäre. Für mich jedoch besteht der große Zweifel, ob sich Zeppelin auf eine neue Sache einlassen wird, ob er nicht sichere Wege vorzieht, das heißt bei DMG bleibt und einfach genauere Konstruktionsbedingungen stellt, namentlich in puncto Schmierung«. Ferner erwähnte er, daß die Firma Lanz in Mannheim 40000 M. für die Zeppelin-Spende gezeichnet hatte – »wahrscheinlich aus bestimmten Gründen« – und schloß: »So schön es ja wäre, für so unwahrscheinlich halte ich eine derartige Combination wenigstens für die nächste Zeit. Ehe Du mit Graf Zeppelin darüber sprichst, wird es wohl besser sein, zu warten, bis wir dort sind.«

Eine optimistische Einstellung auf der Seite des Vaters, Skepsis hingegen beim Sohn, der durch seine Arbeit mit Lavalette die Sache realistischer zu betrachten schien als jener. Mit diesem 198. Brief von Wilhelm Maybach und dem 56. erhalten gebliebenen Brief seines Sohnes schloß der Briefwechsel der beiden in den Jahren 1907/08.

GRAF ZEPPELIN konnte noch im selben Jahr sein Werk fortsetzen. Durch die Volksspende waren innerhalb weniger Wochen 6,25 Mill. Goldmark zusammengekommen. Am 8. September 1908 wurde die »Luftschiffbau Zeppelin GmbH« (LZ) gegründet (vgl. Tafel 3, S. 72), am 30. Dezember die »Zeppelin-Stiftung«, in

[2]) Anzumerken ist dabei, daß Wilhelm Maybach auf die Konstruktion der letzten DMG-Zeppelinmotoren bereits keinen Einfluß mehr gehabt hatte.

Bild 23. FERDINAND GRAF ZEPPELIN *(1838 bis 1917) in seinem Arbeitszimmer. Ungeachtet aller Rückschläge gab er nicht auf, seine Vision vom Luftschiff zu verwirklichen. Dabei hatte er zunächst weniger den Passagierverkehr, sondern mehr die militärische Nutzung der Luftschiffe im Auge.*

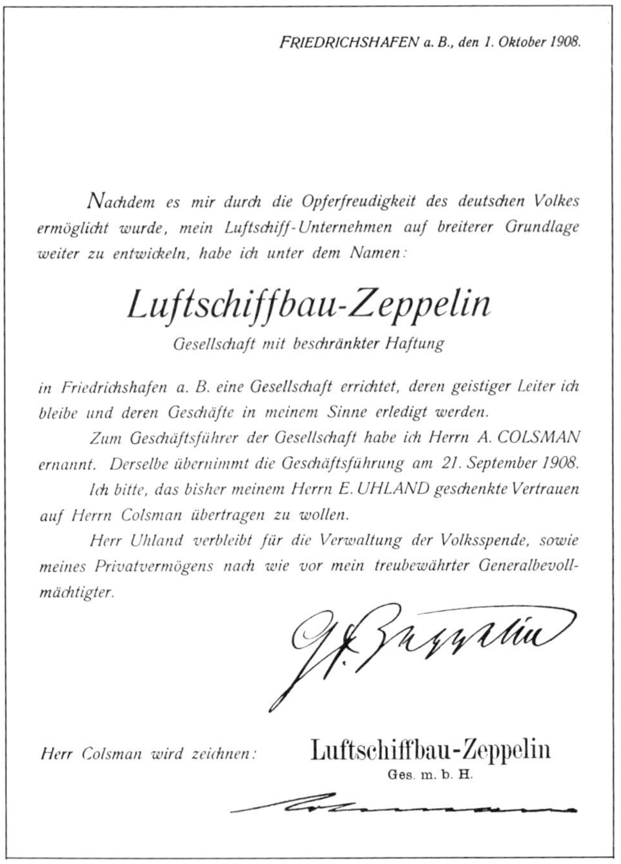

FRIEDRICHSHAFEN a. B., den 1. Oktober 1908.

Nachdem es mir durch die Opferfreudigkeit des deutschen Volkes ermöglicht wurde, mein Luftschiff-Unternehmen auf breiterer Grundlage weiter zu entwickeln, habe ich unter dem Namen:

Luftschiffbau-Zeppelin

Gesellschaft mit beschränkter Haftung

in Friedrichshafen a. B. eine Gesellschaft errichtet, deren geistiger Leiter ich bleibe und deren Geschäfte in meinem Sinne erledigt werden.

Zum Geschäftsführer der Gesellschaft habe ich Herrn A. COLSMAN ernannt. Derselbe übernimmt die Geschäftsführung am 21. September 1908.

Ich bitte, das bisher meinem Herrn E. UHLAND geschenkte Vertrauen auf Herrn Colsman übertragen zu wollen.

Herr Uhland verbleibt für die Verwaltung der Volksspende, sowie meines Privatvermögens nach wie vor mein treubewährter Generalbevollmächtigter.

Herr Colsman wird zeichnen: Luftschiffbau-Zeppelin Ges. m. b. H.

Bild 24. Neben der Gabe, hervorragende Fachleute mit der richtigen Aufgabe zusammenzubringen, war eine der wichtigsten Fähigkeiten des Grafen Zeppelin, sich über Spendenaufrufe immer wieder die finanziellen Mittel für sein Unternehmen zu beschaffen.

Bild 25. Neben Fahrzeugen und Fahrzeugmotoren entwickelte Wilhelm Maybach auch diesen NL-1-Motor (12 kW [16 PS]; NL = Normalleistung). Zwei davon trieben LZ 1, das erste Luftschiff des Grafen Zeppelin, an. Das gesonderte, kräftige Kegelradgetriebe mit Vorwärts- und Rückwärtsgang wirkte über Gelenkwellen auf jeweils zwei Propeller.

Bild 26. Kaiser Wilhelm II. *besucht am 10. November 1908 die Werksanlagen des* Grafen Zeppelin *(rechts, mit abgezogener Mütze) in Manzell bei Friedrichshafen.*

Bild 27. Friedrichshafen war die Sommerresidenz der württembergischen Könige. König Wilhelm II. von Württemberg *im Gespräch mit* Graf Zeppelin *vor dem Königlichen Schloß.*

die Graf Zeppelin den größten Teil des gespendeten Geldes einbrachte und deren Ertrag zur Förderung der Luftfahrt und der Wissenschaft verwendet werden sollte.

Karl und Wilhelm Maybach 1908 bis 1914

Karl Maybachs Zweifel, ob der Graf auf das Angebot seines Vaters eingehen würde, waren nicht unberechtigt. Die Bekanntschaft seines Vaters mit dem Grafen Zeppelin bestand anscheinend ausschließlich darin, daß Wilhelm Maybach dem Grafen einige Monate vor seinem Ausscheiden aus der DMG anläßlich der Ablieferung von Motoren in Friedrichshafen begegnet war und ein entsprechendes berufliches Gespräch mit ihm geführt hatte. Dabei schien der Graf Vertrauen zu ihm gewonnen zu haben. Aber durfte man auf dieser schmalen Grundlage hoffen, er werde sich nach dem Unfall bei Echterdingen nun sofort von der DMG mitsamt ihren erfahrenen Konstrukteuren und Arbeitern ab- und dem jungen Maybach zuwenden, der gute Motoren für Automobile, aber noch nicht einen einzigen Motor für Luftschiffe auf dem Papier konstruiert, geschweige denn gebaut und erprobt hatte? Und was sollte aus den so energisch betriebenen Plänen in bezug auf Opel werden?

Doch die beiden Maybachs hatten Erfolg. Am 22. August 1908, also elf Tage nach Karl Maybachs letztem Brief aus Paris und wahrscheinlich nach Gesprächen mit ihm und Lavalette, schrieb Wilhelm Maybach an den Grafen mit dem Pathos, das ihm bei dem großen Anliegen und der bedeutenden Persönlichkeit angemessen erschien: »... im Interesse der nationalen Sache erachte ich es nun als meine Pflicht, Euer Exzellenz Aufmerksamkeit auf eine Neuheit in Motoren zu lenken, die geeignet ist, in dieser Richtung die denkbar größte Sicherheit zu bieten.« Vor längerer Zeit habe er sich von der DMG getrennt und dabei verpflichten müssen, drei Jahre lang »nichts gegen die Interessen der DMG zu unternehmen, mein Sohn dagegen, den ich ganz zu meiner Unterstützung in der DMG ausgebildet habe und der kurz vor mir aus den Diensten der DMG ohne Vertragsverpflichtungen ausschied, hat sich einer französischen Studiengesellschaft angeschlossen«. Dort habe er einen Motorwagen »nach den neuesten Gesichtspunkten konstruiert und ausgeführt«. Dessen Motor sei »in allen Teilen so gut durchdacht und ausgeführt..., daß er sich für Dauerleistungen besonders eignet«. Er beschrieb den Motor und insbesondere die Stärken derjenigen Teile – »den Vergaser ohne Schwimmer« (vgl. S. 273, 284) –, von denen der Graf an den Daimler-Motoren enttäuscht war, und bat um die Möglichkeit zu einem ausführlichen Vortrag.

Graf Zeppelin beauftragte seinen soeben angestellten kaufmännischen Direktor, den 35jährigen Alfred Colsman (Bild 28), mit den beiden Maybachs zu sprechen. Colsman war mit der DMG unzufrieden und zeigte daher Interesse an den Vorschlägen des angesehenen Wilhelm Maybach. Gespräche und Verhandlungen seit dem September 1908 zwischen Graf Zeppelin, dem Luftschiff-Konstrukteur Ludwig Dürr sowie Ingenieuren, mit denen die beiden Maybachs in Stuttgart zusammenarbeiteten, führten am 23. März 1909 in Stuttgart zur Gründung der »Luftfahrzeug-Motorenbau-Gesellschaft m.b.H.« mit Sitz in Bissingen a.d. Enz (LMG) als Tochterunternehmen des »Luftschiffbau Zeppelin« in Friedrichshafen. Diese Gesellschaft sollte die Aufgabe haben, die Patente und Erfahrungen Karl Maybachs (und – unausgesprochen – auch die seines Vaters), »die sich auf einen neuen Explosionsmotor beziehen, ... für den Bau der Motoren für Luftschiffe (in Deutschland) nutzbar zu machen«. Maybach sollte eine Lizenzgebühr erhalten und das Recht haben, diese Motoren auch für »Kraftfahrzeuge zu Lande und zu Wasser« zu verwenden. Die Gesellschafter der sieben Monate nach Wilhelm Maybachs Brief an den Grafen Zeppelin gegründeten LMG waren mit einer Einlage von je 10000 M (d.h. je 20%):

Bild 28. Kommerzienrat Dr.-Ing. E. h. Alfred Colsman *(1873 bis 1955), der eigentliche Gründer des Luftschiffbau Zeppelin (1908) und des Zeppelin-Konzerns. 1909 war er auch an der Gründung der DELAG (Deutsche Luftschiffahrts-Aktiengesellschaft) und der Luftfahrzeug-Motorenbau GmbH (LMG) Bissingen beteiligt, der späteren Maybach-Motorenbau GmbH. Bis 1929 fungierte Colsman als Generaldirektor des Zeppelin-Konzerns.*

1. Wilhelm Deurer, Kaufmann, Königl. Württ. Konsul in Hamburg, namens der offenenen Handelsgesellschaft unter der Firma Deurer & Kaufmann in Hamburg;
2. die »Maschinenfabrik Bissingen a. d. Enz, G. F. Grotz«, die als Herstellerfirma des Sechszylinder-Motors nach den Konstruktionen von Karl Maybach, Type AZ, (mit einer Leistung von 103 kW [140 PS] bei 1200 min^{-1}) vorgesehen war;
3. Albert Stiewing, Ingenieur in Schleifmühle, Kreis Saarbrücken;
4. Karl Kessler, Ingenieur in Wasseralfingen;
5. die Luftschiffbau Zeppelin GmbH, Friedrichshafen.

Da Karl Maybach noch bis zum Herbst 1909 an seine französischen Arbeitgeber gebunden war, wurde zunächst Karl Kessler Geschäftsführer der neuen Firma. Mit Wirkung vom 1. November 1909 fungierte dann R. Haecker, Teilhaber der Firma Grotz in Bissingen, als kaufmännischer Geschäftsführer, während Karl Maybach zum »Geschäftsführer für den technischen Teil der Gesellschaft« bestellt wurde und am 27. Dezember 1909 auch den Gesellschafteranteil von Kessler übernahm.

Ab 1909 arbeitete Karl Maybach also an Luftschiffmotoren. Vormittags konstruierte er in seiner Stuttgar-

Bild 29. Der erste Motor (Typ AZ), den Karl Maybach für die LMG entwickelt hatte: ein wassergekühlter Sechszylinder-Reihenmotor mit brandsicherem Vergaser – angesichts der Wasserstoffüllung der Luftschiff-Gaszellen eine unabdingbare Forderung. Bohrung × Hub: 160 mm × 170 mm, Zylindervolumen 3,41 dm^3, 107 kW (145 PS) bei 1100 min^{-1}.

ter Wohnung; am Nachmittag überwachte er den Bau des ersten Motors mit der Bezeichnung AZ (Bild 29) in Bissingen. Dieser machte bereits im Oktober seine ersten Umdrehungen und wurde im Dezember 1909 in Bissingen dem »Luftschiffbau Zeppelin« (LZ) zur Abnahme vorgeführt. Nach einem achtstündigen Probelauf mit Volleistung wurde er vom Chefkonstrukteur des LZ, Ludwig Dürr (Bild 30), abgenommen. Der LZ bestellte daraufhin sofort zehn Motoren. Im Mai 1910 wurde der erste, von Karl Maybach konstruierte Luftschiffmotor in die vordere Gondel des Luftschiffes LZ 6 eingebaut, während sich in der hinteren Gondel zwei Daimler-Motoren befanden[3]).

Bei der dritten Probefahrt des LZ 6 fiel der Maybach-Motor aus: Die Kurbelwelle war gebrochen; die anläßlich des 75. Geburtstages von Kaiser Franz Joseph geplante Fahrt nach Wien konnte nicht durchgeführt werden. Weit schlimmer aber war, daß der Graf an den Fähigkeiten Karl Maybachs zu zweifeln begann und den Wechsel zu einem anderen Motorenlieferanten ins Auge faßte. Ungeachtet dessen soll Colsman den niedergeschlagenen Konstrukteur Karl Maybach aufgemuntert haben: *»Sie sitzen ja hier wie einst Scipio auf den Trümmern von Karthago. Trösten Sie sich, Herr Maybach, ich kann Ihnen die beruhigende Mitteilung machen, daß unsere Techniker und ich trotz dieses für seine Exzellenz ärgerlichen Zwischenfalles weiter Vertrauen zu Ihrem Motor haben.«* Für die Kurbelwelle sei er ja schließlich nicht verantwortlich. Er solle nur so schnell wie möglich eine neue, bessere beschaffen. Schließlich hatte sich dann auch herausgestellt, daß ein neuer Stahlband-Propellerantrieb für den Kurbelwellenbruch verantwortlich war (vgl. S. 275).

So bedeutete dieser Schaden nicht das Ende der Maybachschen Luftschiffmotoren-Entwicklung, sondern er wurde zum Ansporn für Karl Maybachs weitere Entwicklungsarbeit, während die Automobil-Motoren bis zum Ende des Ersten Weltkrieges für ihn keine Rolle mehr spielen sollten. Seit 1911 gab es Motorbestellungen auch von Schütte-Lanz, Parseval und Groß, die zwar in Konkurrenz zum LZ in Friedrichshafen standen, deren Belieferung durch seine Tochterfirma LMG dieser jedoch aus verständlichem Eigeninteresse duldete. Bei einer Gesellschafterversammlung am 26. Oktober 1910 hatte der LZ von seinem Recht Ge-

[3]) Zur Nomenklatur der Luftschiffe des Zeppelin-Luftschiffbaus: Alle vom LZ gebauten bzw. konstruierten Luftschiffe wurden durchlaufend numeriert, also LZ 1, LZ 2 usw. bis LZ 130. Die Heeresluftschiffe wurden anfangs mit Z und einer römischen Ziffer bezeichnet: von Z I bis Z XII. Ab Januar 1915 (ab LZ-Baunummer LZ 34) wurde beim Heer die Baunummer des LZ verwendet. Ab Mitte Juni 1915 wurden aus Tarnungsgründen dieser Baunummer 30 zugezählt (ab LZ 42, der die Heeresnummer LZ 72 erhielt). Die Marine bezeichnete ihre Zeppeline mit L und den Nummern von 1 bis 72, z. B. LZ 14 = L 1; LZ 114 = L 72.

Bild 30. Dr.-Ing. E. h. Ludwig Dürr *(1878 bis 1956), mit Ausnahme von LZ 1 der Konstrukteur aller Zeppelin-Luftschiffe.*

Bild 31. Ein Kurbelwellenschaden am AZ-Motor verhinderte die geplante Fahrt des LZ 6 nach Wien zum 75. Geburtstag Franz Josephs I. von Österreich *(links, zusammen mit dem König von Württemberg, bei seinem Besuch in Friedrichshafen im August 1909).*

brauch gemacht, alle Anteile der Mitbegründer an der »Luftfahrzeug-Motorenbau-Gesellschaft« aufzukaufen. Gleichzeitig machten Graf Zeppelin und sein kaufmännischer Direktor Alfred Colsman den von ihnen hochgeschätzten Wilhelm Maybach zu ihrem einzigen Mitgesellschafter bei der Luftfahrzeug-Motorenbau-Gesellschaft – nicht den Sohn, obgleich man um diese

Bild 32. Wilhelm Maybach (Mitte) vor seinem Haus in Cannstatt, um 1910; links Karl Maybach.

Bild 33. Der Prince of Wales, später König Edward VIII. und nach seiner Abdankung Herzog von Windsor, besichtigt 1913 während seines Besuches beim König von Württemberg das LZ 16 (Z IV) sowie die Zeppelin-Werft und den »Motorenbau«. Beim Betreten des Motorenbaus erwartet ihn Karl Maybach. Links neben dem Prinzen Graf Zeppelin, rechts dessen jüngerer Bruder, Graf Eberhard von Zeppelin.

Zeit unter dessen technischer Leitung bereits 80 bis 100 Motoren pro Jahr produzieren konnte. Angesichts solcher Zahlen wurde mit Karl Maybach ein neuer Lizenzvertrag auf der Grundlage nicht mehr von PS-, sondern von Motorstückzahlen geschlossen: Karl Maybach erhielt eine Lizenzgebühr in Höhe von 10% des Motoren-Verkaufspreises, der bei etwa 20000 M. lag. Die harte und verantwortungsvolle Arbeit begann sich für ihn jetzt auszuzahlen.

Noch 1911 beschloß man, die LMG nach Friedrichshafen zu verlegen, damit sie näher am LZ sei. Im Februar 1912 wurde der Umzug durchgeführt und der Firmenname in »Motorenbau GmbH Friedrichshafen« geändert. Noch im selben Jahr übersiedelte Karl Maybach von Cannstatt nach Friedrichshafen, wo er in einem schönen Park direkt am Bodensee eine Wohnung fand.

Im Jahre 1913 wurden mit Zustimmung des Grafen Zeppelin Lizenzen für den Bau des AZ-Motors nach Italien, Japan und England vergeben. 1913 gelang es Karl Maybach, mit einem neuen stärkeren Luftschiffmotor, Typ CX, eine Leistung von 154,5 kW (210 PS) zu erreichen. Voller Stolz führte er diesen Motor dem Grafen am 8. Juli 1913, dessen 75. Geburtstag, vor. Graf Zeppelin drückte Karl Maybach die Hand und sagte: *»Herr Maybach, Sie haben mir mit Ihrem Motor das schönste Geburtstagsgeschenk gemacht!«* In jenen Jahren begann sich Karl Maybach mit seinen zuverlässigen Luftschiffmotoren einen Ruf zu erwerben: Das LZ 10 Schwaben unternahm insgesamt 220 Passagierfahrten ohne Zwischenfall. Die Luftschiffe Viktoria Luise, Hansa und Sachsen, die von der 1909 gegründeten »Deutschen Luftschiffahrts-Aktiengesellschaft« (DELAG) betrieben wurden, beförderten mehr als 30000 Menschen. Karl Maybach stand mit seinem Vater weiterhin in engstem Gedankenaustausch und wechselte viele Briefe. Am 16. Februar 1913 schrieb er ihm aus Venedig, daß er die dortige Ballonhalle besichtigt habe und feststellen konnte, daß seine jüngsten Motoren dort gut liefen.

Im Herbst 1913 faßte Karl Maybach den Entschluß, mit einem neuen Motor an einem Wettbewerb für Flugzeuge, dem zweiten »Kaiserpreis«, teilzunehmen (siehe S. 277/80). Es handelte sich dabei um den Motorentyp DW, der bereits einen 50stündigen Dauerlauf absolviert hatte. Doch daraus wurde nichts: Wegen des Kriegsausbruches am 1. August 1914 fand dieser Wettbewerb nicht mehr statt. Auch der gemeinsam mit dem bekannten Flieger Hellmut Hirth und Direktor Gustav Klein von der Firma Robert Bosch entwickelte Plan, ein Riesenflugzeug zu bauen, mit dem man den Atlantik überqueren wollte[4]), zerschlug sich aus diesem Grund, Bild 36.

[4]) Als Langstreckenbomber lebte dieses Vorhaben während des Ersten Weltkrieges wieder auf, siehe S. 280.

Bild 34. Das Luftschiff LZ 11 Viktoria Luise beim Eindocken in die Luftschiffhalle Baden-Oos. Bereits diese frühen Luftschiffe beeindruckten die Menschen durch ihre gewaltigen Dimensionen: 148 m Länge, 14 m Durchmesser, ein Gasvolumen von 18 700 m³! Angetrieben wurde LZ 11 von drei Maybach-AZ-Motoren. Von 1912 bis zum Ausbruch des Krieges fuhr es im Passagierdienst der DELAG, danach diente es als Ausbildungsschiff für Heer und Marine.

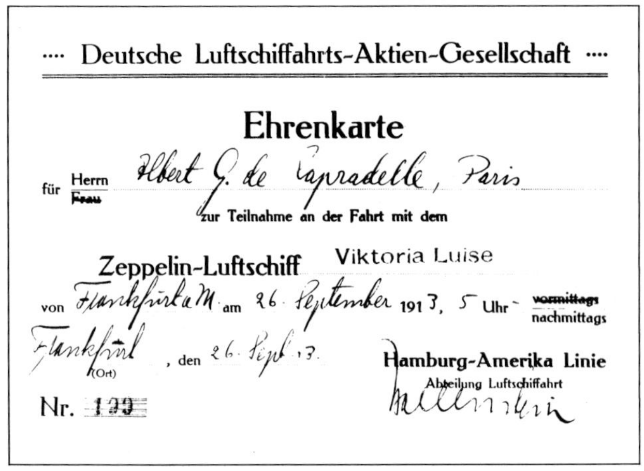

···· Deutsche Luftschiffahrts-Aktien-Gesellschaft ····

Ehrenkarte

für Herrn ~~Frau~~ Albert G. de Lapradelle, Paris

zur Teilnahme an der Fahrt mit dem

Zeppelin-Luftschiff Viktoria Luise

von Frankfurt a M. am 26. September 1913, 5 Uhr ~~vormittags~~ nachmittags

Frankfurt (Ort), den 26. Sept. 13.

Hamburg-Amerika Linie

Abteilung Luftschiffahrt

Nr. 199

Bild 35. Ehrenkarte für eine Fahrt mit dem LZ 11 Viktoria Luise am 26. September 1913.

Bild 36. Fernbomber vom Typ R XIVa der Zeppelin-Werke Staaken, 1918. Dieses Riesenflugzeug mit 47 m Spannweite wurde von fünf 191 kW (260 PS) starken Maybach-MB-IVa-Motoren angetrieben, die direkt, d. h. ohne Getriebe, auf die Holzpropeller wirkten. Abflugmasse max. 11 460 kg; Höchstgeschwindigkeit 130 km/h; Steigleistung 100 m/min; Dienstgipfelhöhe rd. 3800 m; Reichweite 800 km; Bewaffnung: je ein oder zwei 7,62-mm-MG manuell im Bug und hinteren Cockpit sowie eines hinten unten; Bombenzuladung max. 2000 kg (achtzehn 100-kg-Bomben oder eine 1000-kg-Bombe).

Bild 37. Um die eingerückten Facharbeiter zu ersetzen, mußte der »Motorenbau« zunehmend Frauen anlernen (die Aufnahme stammt aus dem Jahre 1917). Die Anlernwerkstatt bildete gewissermaßen den Grundstein für die 1919 gegründete Maybach-Lehrwerkstatt.

Bild 38. Das Marine-Luftschiff L 30 gehörte zu einem leistungsgesteigerten Typ mit sechs Maybach-HSLu-Motoren zu je 176 kW (240 PS). Bei 198 m Länge und einem Durchmesser von 23,9 m betrug sein Gasvolumen 55 200 m³. L 30 nahm 1916 an mehreren Angriffen auf England teil, darunter auch auf London.

Bild 39. Graf Zeppelin *(Mitte) und Dr.* Hugo Eckener *(links) mit Fregattenkapitän* Peter Strasser, *dem »Führer der Luftschiffe«, während des Ersten Weltkrieges.*

Im Ersten Weltkrieg

Obwohl viele Politiker und Militärs den Krieg schon seit Jahren für unvermeidlich gehalten, ja geradezu erwartet hatten, kam sein Ausbruch für die meisten Menschen überraschend, auch für den LZ und die beiden Maybachs: Es gibt keine Anzeichen dafür, daß sie ihre Arbeit als Motorenkonstrukteure oder ihre Fabrik auf ein solches Ereignis vorzubereiten versucht hätten. Plötzlich war alles ganz anders. Sofort nach Kriegsbeginn wurden viele der jetzt etwa 200 Mitarbeiter, die meisten Facharbeiter und hochspezialisierte Angestellte, zum Militärdienst eingezogen, so daß Karl Maybach mit seinem Unternehmen vorübergehend in Schwierigkeiten geriet. Erst nach einiger Zeit bekam man die Lage in den Griff – nicht zuletzt dadurch, daß immer mehr Frauen beschäftigt wurden, Bild 37. Karl Maybach war einer von wenigen, die bereits im Sommer 1914 mit Luftangriffen auf Friedrichshafen rechneten, vgl. Tafel 4, S. 72. Die Front im Südwesten verlief nicht sehr weit von der Stadt am Bodensee, und niemand vermochte besser als er die Leistungsfähigkeit von Luftschiffen und Flugzeugen einzuschätzen. So verabredete er mit seinem Vater, von allen wichtigen Zeichnungen Blaupausen anzufertigen und bei diesem in Cannstatt in Blechbüchsen sicher unterzubringen. Tatsächlich gefährdeten bereits am 21. November 1914 englische Flugzeuge das in Friedrichshafen im Bau befindliche Luftschiff L 7 (LZ 32). Im Januar 1915 erfolgten die ersten deutschen Luftschiffangriffe auf England, vgl. Tafel 5. Wegen ihrer extremen Verwundbarkeit gab das Heer 1916 den Einsatz von Luftschiffen auf; nur die Marine griff England noch über die Nordsee mit Luftschiffen an und setzte sie für die Seeaufklärung ein, Bilder 38 und 39.

Ungeachtet der Zeitumstände verlobte sich Karl Maybach am 2. August 1915 in Hamburg mit Käthe Lewerenz, Tochter des Exportkaufmannes und Gesellschafters der Firma Deurer & Kaufmann. Da Deurer & Kaufmann an der LMG in Bissingen beteiligt war, korrespondierte man miteinander. Aus den geschäftlichen Kontakten erwuchsen private; man kannte und besuchte einander also schon seit längerer Zeit, als die bürgerlich-ruhige Hanseatin sich in den fleißigen und nüchternen 35jährigen Schwaben verliebte, Bild 40. Wenige Tage später schrieb eine Frau Mathilde Bauhardt an Bertha Maybach, die Mutter des Bräutigams, daß sie sich sehr über die Verlobung freue, weil sich ihr Sohn keine Frau aus Friedrichshafen gewählt habe, denn hier herrsche ja so viel Falschheit. Die Adressatin hatte darunter geschrieben: »Brief gleich zerreißen!« Offenbar ist das nicht geschehen, denn dieser Glückwunsch hat die Zeit bis heute überdauert. Von den Kriegsereignissen überschattet, fand die Hochzeit am 26. Oktober 1915 in Hamburg-Altona statt, und Käthe Maybach übersiedelte von der Nordsee an den Bodensee. Gemeinsam konnte das Ehepaar am 9. Februar 1916 Wilhelm Maybach zum 70. Geburtstag und zum Doktor-Ingenieur ehrenhalber gratulieren. Im selben Jahr begann man, in Friedrichshafen in der Zeppelinstraße 21 ein Haus zu bauen. Am 17. November 1916 konnte man ein freudiges Ereignis feiern: die Geburt der ersten Tochter, die man auf den Namen Liselotte taufte. In den folgenden Jahren wurden dem Ehepaar vier weitere Kinder geboren: der Sohn Walter (1920), die Töchter Marianne (1922) und Irmgard (1923), schließlich im Jahre 1927 der Sohn Günter, Bild 41.

An Karl Maybachs Lebensweise änderten Ehe und Kinder nicht viel, seine Frau paßte sich ihm anscheinend weitgehend an. Wenn Maybach nicht in der Fabrik oder zu Hause arbeitete – und das tat er fast immer –, dann lebte man zurückgezogen. Geselliger Verkehr mit den Familien der engeren Kollegen Colsman, Eckener, Dürr, mit Dornier oder Graf von Soden, mit Friedrichshafener Honoratioren wie dem Bürgermeister oder mit der evangelischen Geistlichkeit hat anscheinend über Jubiläen und Feste hinaus kaum stattgefunden – und erst recht nicht mit den Militärs, die Maybach hauptsächlich in Berlin aus beruflichen Gründen kennenlernte. Fast möchte man sagen, daß

Bild 40. Karl Maybach und seine Verlobte Käthe Lewerenz, *kurz vor ihrer Heirat im Jahre 1915.*

Bild 41. Wilhelm Maybach *(Mitte) an seinem 80. Geburtstag im Kreise von Verwandten und Bekannten. Obere Reihe, von links nach rechts: Herr* Landenberger *(Direktor der Uhrenfabrik Schramberg), Karl Maybach,* Martha *und* Alfred Lewerenz *(Eltern von* Käthe Maybach*); mittlere Reihe: Frau* Landenberger, Käthe Maybach, Wilhelm *und* Bertha Maybach, Emma Maybach *(Schwester von Karl Maybach); untere Reihe: die Kinder* Marianne, Liselotte, Walter *und* Irmgard Maybach.

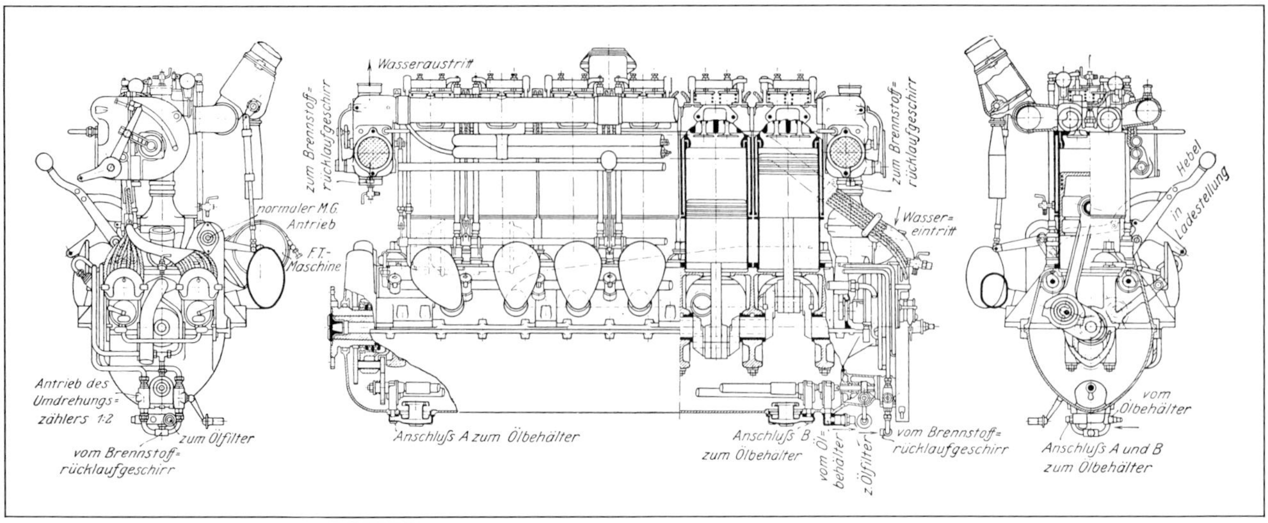

Bild 42. Sechszylinder-Reihenmotor Mb IVa. Bohrung × Hub: 165 mm × 180 mm, Zylindervolumen 3,85 dm^3, 191 kW (260 PS) bei 1400 min^{-1}. Dieser »überbemessene und überverdichtete« Motor war so ausgelegt, daß er – in Bodennähe gedrosselt – erst in der Höhe seine volle Leistung entfaltete. Damit konnte der Leistungsverlust durch die mit der barometrischen Höhe abnehmende Luftdichte ausgeglichen werden.

Bild 43. Am 8. März 1917 starb Ferdinand Graf Zeppelin, *voller Sorge um den Ausgang des Krieges und tief getroffen von den hohen Verlusten, welche seine Luftschiffe und ihre Besatzungen erlitten, an den Folgen einer Darmoperation. Der Schreibtisch des Luftschiffpioniers blieb nunmehr verwaist.*

Bild 44. Diese Aufnahme des »Motorenbaus« aus dem Jahre 1917 zeigt, wie stark das Unternehmen durch die Steigerung der Kriegsproduktion von Motoren wuchs. Fünf Jahre zuvor hatte es lediglich den Hochbau (rechts oben) gegeben.

Bild 45. Zweisitziges Aufklärungsflugzeug mit Maybach-DW-Motor, der eigens für den 2. Kaiserpreis-Wettbewerb entwickelt worden war. Nach Kriegsausbruch baute man die Motoren dieses Typs in Marine-Flugzeuge ein.

sich Karl Maybach auch in den Kriegsjahren mit seinem Vater in Cannstatt intensiver unterhalten hat als mit jedem anderen Menschen. Aus dieser Zeit sind mehr als 150 Briefe mit zahlreichen Skizzen und Zeichnungen erhalten geblieben, in denen nur sehr selten etwas anderes erwähnt wird als Motorenfragen: z. B. der Geburtstag der Mutter, ein Geschenk für die Schwester, ein Steuertermin – schließlich Gedanken über die Tätigkeit der Fabrik nach dem Kriege.

Der Bau von Luftschiffmotoren, Gründungszweck der Motorenbau GmbH, trat durch die sich beschleunigende technische Entwicklung des Ersten Weltkrieges immer mehr in den Hintergrund. Der Luftkrieg wurde bald fast ausschließlich von Flugzeugen geführt. Da immer größere Geschwindigkeit und Steighöhe verlangt wurden, brauchte man eine neue Art von Motoren. Karl Maybach entwickelte mit Mitteln seines Unternehmens den ersten Höhenflugmotor der Welt für Flugzeuge und Luftschiffe (Typ Mb IVa, Bild 42). Um den zuständigen Militärbehörden die physikalischen Zusammenhänge verständlich zu machen, baute er auf dem 1840 m hohen Wendelstein in den Bayerischen Alpen einen Prüfstand, auf dem er die Überlegenheit seines neuen Motors nachwies. Die Militärs zeigten sich beeindruckt, das Unternehmen erhielt nun Aufträge mit großen Stückzahlen. Für den Grafen Zeppelin, den die hohen Verluste seiner Luftschiffe und ihrer Besatzungen während des Krieges tief getroffen hatten, war dies der letzte Erfolg seines Konzerns, den er erleben durfte. Nach einer Darmoperation, in deren Folge er an einer Lungenentzündung erkrankt war, starb er am 8. März 1917 in Berlin, Bild 43.

Der »Motorenbau« in Friedrichshafen war in den Jahren des Ersten Weltkrieges zu einem wichtigen Rad in der Kriegsmaschinerie geworden, Bild 44. Das beeinflußte natürlich auch das Leben von Karl Maybach. Die Verantwortung lastete schwer auf ihm: Auf der einen Seite wurden hohe Stückzahlen verlangt, auf der anderen war höchste Qualität gefordert, hing doch das Leben der Flugzeugführer und Luftschiffbesatzungen von seinen Motoren ab, vgl. Tafel 5, S. 72. Karl Maybach hatte eine ganz persönliche Art entwickelt, als Erfinder und Konstrukteur zu denken. Ungeachtet dessen schickte er weiterhin viele seiner Zeichnungen zunächst dem Vater. Und dieser konnte zu seinem erwachsenen und erfolgreichen Sohn durchaus streng sein wie ein Lehrmeister: Gelegentlich bemängelte er die Flüchtigkeit, die Ungenauigkeit einer Zeichnung, die Unvollständigkeit eines Gedankens, so daß der Sohn ans Verbessern gehen mußte. Bezeichnend für die Denkweise Wilhelm Maybachs, aber auch seines Sohnes Karl, ist die folgende Bemerkung in einem Schreiben vom 20. August 1914: Wilhelm Maybach kritisierte, »daß das o. g. Getriebe zu schnell gezeichnet und nicht gründlich durchkonstruiert ist«; für die Ölfänge sei keine Einrichtung da, und das Gehäuse über dem größten Rad sei zu groß. Der Krieg könne zwar die Gedanken ablenken, jedoch sollte »eine so ernste Sache wie ein Getriebe nicht notleiden müssen«. Schließlich gelangten die fertigen zeichnerischen Entwürfe in die Modellschreinerei. Einer der dort Beschäftigten hat sich später erinnert, wie Karl Maybach, der den Besuch in der Modellschreinerei allen anderen Abteilungen vorzog, Anweisungen gab und mitarbeitete:

Bild 46. Gerade in der Motorenfertigung mit ihren komplizierten Gußteilen hat der Modellbau als Bindeglied zwischen Maschinenbau und Gießerei besondere Bedeutung. Karl Maybach erkannte dies schon früh und ließ im »Maybach-Motorenbau« eine Modellschreinerei einrichten. Dieses Bild, aufgenommen im Jahre 1939, zeigt einen 15jährigen Lehrling, der konzentriert die Maße eines Modells prüft.

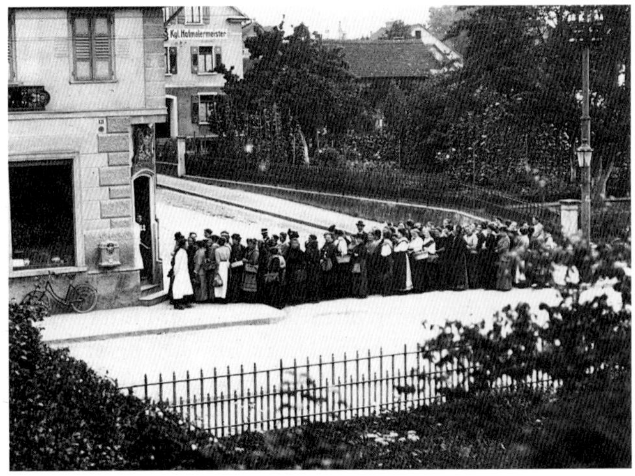

Bild 47. Die Hungerblockade der Entente (Sperrung der überseeischen Rohstoff-Zufuhren durch die britische Flotte) traf die deutsche Industrie und – vor allem nach der katastrophalen Mißernte von 1916 – die Lebensmittelversorgung der Zivilbevölkerung gleichermaßen. Je länger der Krieg dauerte, desto mehr wirkte sich dies auch in den ländlichen Gegenden aus: Warteschlange vor einer Metzgerei in Friedrichshafen.

»So war es nicht verwunderlich, daß Dr. Maybach höchstpersönlich damals häufiger Besucher in der Modellschreinerei [Bild 46] *gewesen ist, um auch die äußere Form der Teile festzulegen*[5]*). Es gehört zu den eindrucksvollsten Erinnerungen der Modellschreiner, diesen Gestaltungsvorgang mitzuerleben, wenn Dr. Maybach mit den Chefkonstrukteuren bei dem Modellschreiner an der Hobelbank stand. Der hohe Chef steckte dabei oft einmal seinen Finger in den Kragen, seine scharfen Augen blickten durch die Brille mit aller inneren Konzentration auf das Werkstück, sein Mund zog sich unter dem Schnurrbart fest zusammen, und dann konnte er z. B. sagen: ›Hier noch ein bißchen wegnehmen, hier noch etwas weicher verlaufen lassen‹, bis ihm die Form gefiel.«*

Die Ästhetik seiner Motoren war für Karl Maybach nicht Selbstzweck. Vielmehr war er sich bewußt, daß Form und Funktion einander bedingen und glatte und einfache Formen – dem Auge wohlgefällig – auch günstigen Kraftfluß und niedrigere Beanspruchung bedeuten.

Karl Maybach, Alfred Colsman und Dr. Hugo Eckener mußten bald nach Zeppelins Tod Überlegungen über das Schicksal des Konzerns nach dem Kriege anstellen. Auch die mehr als 40 Briefe, die Karl Maybach 1917 mit seinem Vater wechselte, lassen erkennen, daß sich die Lage verschlechterte. Gewiß, man entwickelte immer leistungsfähigere Motoren und verbesserte viele Einzelheiten. Aber man konnte über den katastrophalen Lebensmittelmangel, das Nachlassen der Arbeitsleistung und das persönliche Leid der Mitarbeiter und ihrer Familien auch in dem von der Natur begünstigten Südwesten des Reiches nicht mehr hinwegsehen, Bild 47.

Am 16. Mai 1918 änderte der LZ den Namen seines Tochterunternehmens in »Maybach-Motorenbau GmbH« um, wohl aus Anerkennung für die beachtliche Entwicklung des Unternehmens, die zu einem großen Teil auf der glänzenden Bewährung der Motorenbaureihe Mb IVa beruhte. Für die beiden Maybachs bedeutete dies noch einmal einen großen Erfolg. Ihr Name stand nun über der so erfolgreichen Motorenfabrik, fast neben dem des Grafen Zeppelin, und wie der von Daimler über der Fabrik von Untertürkheim. Innerhalb eines Jahrzehnts war man aus Cannstatt und Paris hoch aufgestiegen – freilich während der letzten Jahre in einem Weltkrieg, der sich im Sommer 1918 sichtlich seinem Ende – und Deutschlands Niederlage – zuneigte. Daran konnte für einen Mann wie Karl Maybach, der den immer größeren Mangel an Menschen und Material gegenüber einer »Welt von Feinden« im eigenen Betrieb erlebte, kein Zweifel mehr bestehen. Wenn der Vater ihm gerade in dieser Zeit, im Juli/August 1918 mitteilte, er wolle ihn zum Alleinerben aller seiner Stammaktien des »Motorenbaus« einsetzen – also offenbar seine Ehefrau und die Kinder Emma und Adolf von diesem Teil seiner Hinterlassenschaft ausschließen (um Karls Stellung im Konzern zu stärken?) –, so konnte das schließlich nur die Last vergrößern, die er jetzt zu tragen hatte: Selbstverständlich oblag ihm im Ernstfall die Sorge für die ganze Familie.

Am 30. August 1918 erhielt die Maybach-Motorenbau GmbH (MM) den letzten und zugleich größten Auftrag während des Ersten Weltkrieges. Bisher hatte

[5]) Zum beschriebenen Zeitpunkt war Karl Maybach noch nicht Dr.-Ing.; er wurde es am 16. Februar 1924 ehrenhalber (E. h.). Auch in späteren Jahren pflegte er übrigens regelmäßig die Modellschreinerei zu besuchen.

das Unternehmen insgesamt etwa 2000 Flugzeugmotoren hergestellt; nun sollte man so schnell wie möglich weitere 2700 Motoren des erfolgreichen Typs Mb IVa liefern. Das Friedrichshafener Unternehmen hatte es während der Jahre 1914 bis 1918 zwar nur auf einen Anteil von 2,6 % an der gesamten Flugmotorenproduktion im Deutschen Reich gebracht; gleichwohl aber bedeuteten diese Zahlen für das Unternehmen den Aufstieg von einer Werkstatt zu einem Großbetrieb mit 3600 Beschäftigten. Zuletzt verließen monatlich rund 200 Motoren die Werkshallen in Friedrichshafen. Karl Maybach war in dieser Zeit einer der angesehensten Motorenkonstrukteure Europas geworden: Berichte über erbeutete Mb-IVa-Motoren in englischen Fachzeitschriften lassen den unverhohlenen Respekt vor der Maybachschen Technik erkennen (vgl. S. 288).

Am 9. November 1918 wurde der Waffenstillstand unterzeichnet, Bild 50. Ein langer und blutiger Krieg war zu Ende. Doch den Frieden, wie ihn sich Millionen erhofft hatten, bedeutete das noch nicht.

Bild 48. Wegen seiner guten Höheneigenschaften wurde der Mb IVa bevorzugt in Höhenaufklärer wie diesen Rumpler C VII eingebaut. Dieser Flugzeugtyp war einer der besten deutschen Zweisitzer des Ersten Weltkrieges. Er wurde 1917/18 als Fernaufklärer in großen Höhen mit Kamera- und Funkausrüstung eingesetzt.

Bild 49. Im Ersten Weltkrieg mußten die Militärs feststellen, daß soldatische Fertigkeiten allein zur Kriegführung nicht mehr ausreichten. Neue Waffengattungen (Luftschifferkorps, Heeresfliegerei, U-Boot-Waffe) sowie die zunehmende Technisierung des Krieges überhaupt verlangten immer mehr technisch qualifiziertes Personal, das schnellstens ausgebildet werden mußte, bei den Motorenherstellern z. B. in eigens hierfür eingerichteten Schulungsstätten. Blick in die »Motorenschule« des Maybach-Motorenbaus mit Teilnehmern aus Heer und Marine. Vor allem die Wartungs- und Instandsetzungsarbeiten mußten geübt werden.

2. Extraausgabe Sonnabend, den 9. November 1918.

Vorwärts

Berliner Volksblatt.

Zentralorgan der sozialdemokratischen Partei Deutschlands.

Der Kaiser hat abgedankt!

Der Reichskanzler hat folgenden Erlaß herausgegeben:

Seine Majestät der Kaiser und König haben sich entschlossen, dem Throne zu entsagen.

Der Reichskanzler bleibt noch so lange im Amte, bis die mit der Abdankung Seiner Majestät, dem Thronverzichte Seiner Kaiserlichen und Königlichen Hoheit des Kronprinzen des Deutschen Reichs und von Preußen und der Einsetzung der Regentschaft verbundenen Fragen geregelt sind. Er beabsichtigt, dem Regenten die Ernennung des Abgeordneten Ebert zum Reichskanzler und die Vorlage eines Gesetzentwurfs wegen der Ausschreibung allgemeiner Wahlen für eine verfassungsgebende deutsche Nationalversammlung vorzuschlagen, der es obliegen würde, die künftige Staatsform des deutschen Volk, einschließlich der Volksteile, die ihren Eintritt in die Reichsgrenzen wünschen sollten, endgültig festzustellen.

Berlin, den 9. November 1918. **Der Reichskanzler.**
Prinz Max von Baden.

Es wird nicht geschossen!

Der Reichskanzler hat angeordnet, daß seitens des Militärs von der Waffe kein Gebrauch gemacht werde.

Parteigenossen! Arbeiter! Soldaten!

Soeben sind das Alexanderregiment und die vierten Jäger geschlossen zum Volke übergegangen. Der sozialdemokratische Reichstagsabgeordnete Wels u. a. haben zu den Truppen gesprochen. Offiziere haben sich den Soldaten angeschlossen.

Der sozialdemokratische Arbeiter- und Soldatenrat.

Bild 50. Mit der Abdankung Wilhelms II. und dem Waffenstillstand vom 9. November 1918 endete der Erste Weltkrieg. Der Maybach-Motorenbau konnte jedoch nicht wie andere Industriewerke ohne weiteres auf Friedensproduktion umstellen, weil sein Motorenprogramm ausschließlich auf militärische Bedürfnisse abgestellt war. Bei aller Erleichterung über das Ende des Krieges wuchs die Sorge um die Zukunft.

Bild 51. Während Arbeiter- und Soldatenräte in den Industriemetropolen die Macht übernahmen (Photo: Novemberrevolution in Berlin), blieb der Firmenalltag des Maybach-Motorenbaus hiervon weitgehend unberührt. Man hatte sogar noch einen großen Heeresauftrag abzuwickeln, an dessen Abbestellung in Berlin niemand dachte!

Zukunftssorgen nach dem verlorenen Krieg

Die Revolution ergriff das Bodenseegebiet nicht so heftig wie Berlin, Mitteldeutschland und das Ruhrrevier. Aber zu Unruhen, Arbeitsniederlegungen und Demonstrationen kam es auch im Südwesten Deutschlands. Am 15. November 1918 schrieb Wilhelm Maybach seinem Sohn nach Friedrichshafen, er hoffe, daß es dort ruhiger sei als in Stuttgart, wo »die Roten« es immer sehr eilig hätten mit ihren rotbeflaggten Lastwagen. Von Ulm sei Militär nach Ludwigsburg in Marsch gesetzt worden, um dagegen vorzugehen.

Wilhelm und Karl Maybach waren ganz und gar keine »politischen« Menschen, sondern fleißige und pflichtbewußte Mitglieder der schwäbischen bürgerlichen Gesellschaft, in die sie hineingewachsen und in der sie erzogen worden waren. Graf Zeppelin war für sie eine bedeutungsvolle Persönlichkeit gewesen, der sie nachtrauerten und die ihnen nun fehlte. Man findet in den vielen Briefen, die sie in jenen Jahren wechselten, jedoch nicht den geringsten Hinweis darauf, daß sie das Schicksal Hindenburgs und Ludendorffs oder der Hohenzollern bewegt hätte. Die Militärbehörden in der Reichshauptstadt waren solide, pünktlich zahlende Auftraggeber gewesen, die in den Grenzen ihres übersteigerten Selbstbewußtseins Respekt vor der Leistung der Zivilisten in Friedrichshafen gehabt hatten – vor allem, solange dort ein gräflicher General an der Spitze gestanden hatte. Vor diesem Hintergrund war das Rüstungsgeschäft abgelaufen: immer größer, immer schneller, immer aufwendiger – zunächst auch immer gewinnträchtiger. Aber seit Anfang 1918 mußte man sich Sorgen machen: Was sollte aus all den Fachkräften einerseits, den Gebäuden und Maschinen andererseits werden, wenn eines Tages nicht mehr weiter Tausende von Motoren für Kampf- und Bombenflugzeuge oder Luftschiffe gebraucht würden?

Ungeachtet dessen lief das Alltagsleben in Friedrichshafen weiter – auch während der Revolution, welche die großen Industriestädte und -regionen des Reiches erschütterte, Bild 51. Der Maybach-Motorenbau hatte einen Auftrag, dessen Erledigung ihn noch viele Monate beschäftigen konnte. Die Produktion wurde also fortgesetzt; man lieferte Motoren ab, die niemand mehr brauchte, aber auch nicht abbestellte. Auf den Konten gingen die entsprechenden Zahlungen ein, von denen man diejenigen Arbeiter entlohnen konnte, die noch nicht entlassen waren. Man mußte hohe Steuern zahlen, damit die Bürokratie einen Staat weiterverwalten und einigermaßen in Ordnung halten konnte, der sich nicht in Anarchie auflösen durfte, wenn man weiter existieren – d. h. weiter Motoren konstruieren, bauen und verkaufen wollte. Am 26. November 1918 versicherte Wilhelm Maybach seinem Sohn, er werde ihm auch jetzt, gerade in diesen wirren Zeiten, zur Seite stehen. Und alsbald setzte man den Briefwechsel mit Entwürfen und Zukunftsplänen fort.

Bei diesen Zukunftsüberlegungen waren Vater und Sohn allerdings unterschiedlicher Auffassung. Karl Maybach schrieb später:

»Alle die Firmen, die uns um diese Zeit in Tag- und Nachtarbeit als Unterlieferanten unterstützt hatten, konnten sofort ihre Friedensfabrikation, die bei Kriegsanfang unterbrochen worden war, wieder aufnehmen und einen Arbeiterstamm damit beschäftigen. Wir dagegen konnten unsere Friedensfabrikation und die Lieferungen von Luftschiff-Motoren an alle möglichen Firmen im In- und Ausland naturgemäß nicht fortsetzen, sondern waren gezwungen, neue Gebiete für unsere Fabrik zu erschließen, wenn man die Fabrikation in Friedrichshafen nicht ganz aufgeben wollte. Alle unsere Einrichtungen für den Flugmotorenbau wurden [von den Siegern] *zerstört und unsere neuen Fabrikationsabsichten besonders stark verdächtigt und bespitzelt.«*

Die erste Anzeige des Maybach-Motorenbaus aus dem Jahre 1919 stellte die Leistungen der Luftschiffmotoren heraus – ohne daß man wußte, ob man jemals wieder Luftschiffe würde bauen dürfen.

3. Karl Maybach und der »Motorenbau« von 1918 bis zum Zusammenbruch 1945

Zukunftspläne

Einige Zeit nach dem Kriegsende konnte Karl Maybach also den verbliebenen Rest der Mitarbeiterschaft noch beschäftigen und – schließlich vom Unternehmensvermögen – bezahlen. Aber dann mußte etwas geschehen. Bereits am 1. September 1918, also noch während des Krieges, hatte er Richard Lang (Bild 54), einen jungen Diplom-Ingenieur, eingestellt und damit beauftragt, den derzeitigen Stand der Technik auf dem Gebiet schnellaufender Dieselmotoren im Leistungsbereich von 120 bis 150 PS zu ermitteln. Karl Maybach hatte sich für den ganzen Komplex interessiert, weil er auf Grund gelegentlicher Beobachtungen und Veröffentlichungen den Eindruck gewann, daß sich hier ein neues Entwicklungs- und Anwendungsgebiet für sein Unternehmen auftat. Am 27. November 1918 legte ihm Lang einen »aus den neuesten Zeitschriften und sonstigen Werken« zusammengestellten ausgewerteten Bericht über »raschlaufende Diesel-Motoren (insbesondere Schiffs- und Fahrzeugmotoren)« vor. Der Bericht begann mit dem Satz: *»Aus allen neueren Veröffentlichungen ist zu entnehmen, daß man überall intensiv damit beschäftigt ist, den Dieselmotor (Gleichdruckmotor) oder besser allgemeiner gesagt den Rohölmotor so zu vervollkommnen, daß er auch da mehr und mehr eingeführt werden kann, wo bisher die Dampfmaschine oder der Benzin-Motor das Feld behauptete.«* Der Bericht zählte dann die Anwendungsmöglichkeiten für den raschlaufenden Dieselmotor auf, skizzierte den damaligen Stand des Dieselmotorenbaus für stationäre Anlagen, Automobile, Lokomotiven, Boote, Luftschiffe und Flugzeuge, nannte die zu erfüllenden Betriebsbedingungen und begann seine Schlußfolgerungen mit den Ende November 1918 wahrhaft weitblickenden Sätzen:

»Aus den bisher gemachten Angaben geht ohne Zweifel hervor, daß der Rohölmotor eine derartige Zukunft haben wird, daß eine Firma, welche Verbrennungsmotoren baut, nicht achtlos an ihm vorübergehen darf. Für unsere Fabrikation kommen natürlich nur Motoren in Betracht, welche verhältnismäßig leichte und kleine Teile haben. Es wird sich für uns also nur um raschlaufende Diesel-Motoren handeln können, deren Abmessungen in solchen Grenzen bleiben, daß sie unserer Einrichtung entsprechen. Gerade unsere Fabrikation, welche auf hohe Genauigkeit eingestellt ist, bietet uns eine Gewähr dafür, daß Diesel-Motoren, welche bekanntlich genaue Arbeit verlangen, mit Erfolg fabriziert werden können. Fernerhin werden unsere Erfahrungen im Flugmotorenbau uns befähigen, raschlaufende Diesel-Motoren mit der nötigen Betriebssicherheit und Sparsamkeit im Verbrauch zu konstruieren.«

Der Berichterstatter entwickelte auch gleich entsprechende Konstruktionsgedanken und erlaubte sich am Schluß seines Textes den Vorschlag, einen »3-Zylinder-4-Takt-Diesel-Motor für Versuchszwecke« zu bauen. Er schloß den Bericht mit der allgemeinen Feststellung, »daß die Vorarbeiten [für den schnellaufenden Dieselmotor] nunmehr soweit geschehen sind, daß mit dem Entwurf eines Versuchs-Motors begonnen werden kann«, Bild 53.

Der 72jährige Wilhelm Maybach zeigte sich hinsichtlich des Dieselmotors weniger optimistisch und interessierte sich in seinen letzten Lebensjahren nicht mehr sonderlich für diese Art von Motor. Sein Gespür für aussichtsreiche technische Entwicklungen scheint damals ebenso wie seine technische Kreativität nachgelassen zu haben.

Ein zweites Betätigungsfeld sah Karl Maybach im Automobilmotor. Im Jahre 1909 war er als Konstruk-

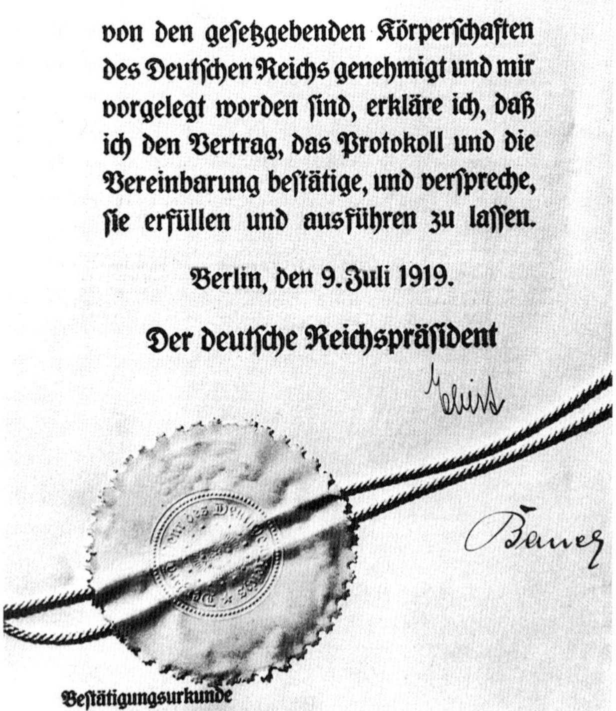
von den gesetzgebenden Körperschaften des Deutschen Reichs genehmigt und mir vorgelegt worden sind, erkläre ich, daß ich den Vertrag, das Protokoll und die Vereinbarung bestätige, und verspreche, sie erfüllen und ausführen zu lassen.

Berlin, den 9. Juli 1919.

Der deutsche Reichspräsident

Ebert

Bauer

Bestätigungsurkunde

zu dem Friedensvertrage zwischen Deutschland und den alliierten und assoziierten Mächten, zu dem dazugehörenden Protokolle und zu der Vereinbarung über die militärische Besetzung der Rheinlande.

Bild 52. Die einschneidenden Bestimmungen des Versailler Vertrages bedeuteten für Deutschland eine massive Abschöpfung der industriellen Produktion durch die drückenden Reparationsleistungen, aber auch bedeutende Gebietsverluste im Westen und Osten, den Verlust der früheren wirtschaftlichen Stellung, militärische Einschränkungen und starke soziale Erschütterungen des Landes.

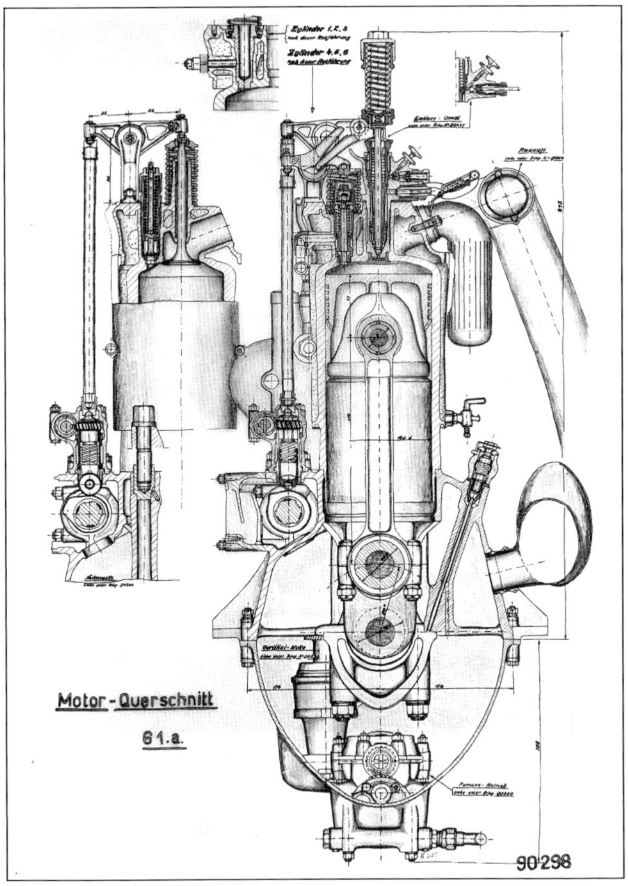

Bild 53. Querschnitt des ersten Dieselmotors der Maybach-Motorenbau GmbH, Typ G 1. Es handelte sich dabei um einen reinen Versuchsmotor, mit dem grundsätzliche Fragen der Entwicklung von schnellaufenden Dieselmotoren geklärt werden sollten.

Bild 54. Am 1. September 1918 hatte Karl Maybach den jungen Diplom-Ingenieur Richard Lang *(zweiter von links) eingestellt und damit beauftragt, den Stand der Technik auf dem Gebiet schnellaufender Dieselmotoren zu ermitteln. Lang wurde in den folgenden Jahrzehnten Maybachs wichtigster Konstrukteur von Dieselantriebsanlagen für Schnelltriebzüge. Das Bild zeigt ihn bei einer Versuchsfahrt im Jahre 1941.*

teur von Paris nach Cannstatt bei Stuttgart übergesiedelt, um mit einem neuentwickelten Automobilmotor ein Luftschiff anzutreiben. Dann hatte er ein Jahrzehnt lang immer stärkere und bessere Luftschiff- und Flugzeugmotoren entwickelt. Das wurde ihm 1918/19 durch die Bedingungen des Waffenstillstandes und des Versailler Vertrages für die Zukunft verboten, Bild 52. Nun hatte im selben Jahrzehnt, in dem die Zivil- und Militärfliegerei einen großen Aufschwung genommen hatte, auch das Automobil eine erstaunliche Entwicklung durchgemacht – gewissermaßen von den ersten Rennmaschinen des Gordon-Bennett-Rennens zum eleganten Pkw einerseits und zum vielseitigen Nutzfahrzeug andererseits. Und nachdem die USA mit riesigen Mengen von Automobilen »auf einer Woge von Öl« wesentlich zum Sieg der Alliierten im Ersten Weltkrieg beigetragen hatten, war anzunehmen, daß der Automobil-Verkehr auch in Europa einen gewaltigen Aufschwung nehmen würde, Bild 55. Für einen Motoren-Konstrukteur wie Karl Maybach lag es auf der Hand, statt Flugzeug- und Luftschiffmotoren nun wieder Au-

Bild 55. Das Verkehrsgedränge auf der Berliner Prachtstraße »Unter den Linden«, Anfang der zwanziger Jahre aufgenommen, erweckt einen falschen Eindruck von der Motorisierung in Deutschland: Auf dem Land war die Fahrzeugdichte sehr gering. Im ganzen Deutschen Reich gab es zu jener Zeit gerade 200 000 Personenkraftwagen und Lastkraftwagen sowie 100 000 Motorräder.

Bild 56. Karl Maybach um 1920. Die Niederlage Deutschlands im Ersten Weltkrieg und der daraus resultierende Versailler Vertrag zwangen den damals 40jährigen, sein Produktionsprogramm vollständig umzustellen; statt Benzinmotoren für Luftschiffe und Flugzeuge begann Karl Maybach nun mit dem Bau von Diesel- und Automobilmotoren.

Bild 57. Der Fahrzeugmotor W 2 leistete 51,5 kW (70 PS) bei 2200 min^{-1} und war damit Anfang der zwanziger Jahre einer der stärksten deutschen Pkw-Motoren. Auf Grund seiner robusten Auslegung konnte er auch in Nutzfahrzeuge und Boote eingebaut werden. Bohrung × Hub: 95 mm × 135 mm, Zylindervolumen 0,956 dm^3, Sechszylinder-Reihenbauart.

tomobilmotoren zu bauen, zumal ja ein Automobilmotor Ausgangspunkt für seine Luftschiffmotoren-Entwicklung gewesen war. Mit der Produktion von Dieselmotoren für die Schienentraktion und von Ottomotoren für den Straßenverkehr sollte der Maybach-Motorenbau (MM) unter der Leitung eines hochbegabten und mittlerweile auch erfahrenen Konstrukteurs einen neuen Aufschwung nehmen. Daß langfristig die Zukunft des MM bei den geplanten Dieselmotoren liegen würde, konnte damals noch niemand ahnen.

Karl Maybach hatte seit seinen Anfängen immer nach höchster Qualität gestrebt. Auch jetzt war er entschlossen, daß es sich, wie er selber schrieb, »um die Durchbildung eines erstklassigen Benzin-Fahrzeugmotors für alle möglichen Zwecke« handeln sollte. Der MM sollte sich in Anlehnung an die Arbeitsteilung, wie sie im Luftschiff- und Flugzeugbau üblich war und sich bewährt hatte, auf den Bau hochwertiger Motoren beschränken, die dann von den Automobilfirmen in ihre Fahrzeuge eingebaut werden würden. Mit aller Energie betrieb Karl Maybach die Entwicklung eines Diesel- und eines Ottomotors nebeneinander. Während sein Mitarbeiter Richard Lang noch mit den Recherchen über den Dieselmotor beschäftigt war, entstand bereits ein neuer Otto-Versuchsmotor: Anfang 1919 konnte dieser Typ W 1 auf dem Prüfstand getestet werden. Man sah optimistisch in die Zukunft. Einige kleine Änderungen waren noch notwendig – dann konnte Karl Maybach 1920 seinen ersten Fahrzeugmotor vom Typ W 2 – einen Sechszylinder-Reihenmotor mit 51,5 kW (70 PS) – in die Produktion gehen lassen, Bild 57.

Personenwagen- und Nutzfahrzeugbau

Maybach hatte auch schon einen Großabnehmer für diesen Motor gefunden: die niederländische Automobil- und Flugzeugfabrik Trompenburg. An anderer Stelle dieses Buches wird dargestellt, welche vorzüglichen Anfangsergebnisse Maybach bei der Zusamenarbeit mit diesem Unternehmen erzielte, welche Enttäuschungen er dann jedoch erleben mußte (vgl. S. 295). Und die Tatsache, daß praktisch alle Automobilbauer weiterhin eigene Motoren entwickelten, zwang ihn, in seiner Fabrik auch die Fertigung von Automobilen aufzunehmen. Auf der Automobil-Ausstellung 1921 in Berlin stellte er bereits den Maybach-Wagen W 3 vor, der Aufsehen erregte, weil er keine Schaltung besaß, sondern fast alles im direkten Gang bewältigte, Bild 58.

Wahrscheinlich sind die zwanziger Jahre die Zeit in Karl Maybachs Leben gewesen, die ihm als Konstrukteur am meisten Befriedigung, als Unternehmer jedoch die schwersten Sorgen sowie heftige Auseinandersetzungen mit den anderen Gesellschaftern des LZ gebracht haben. In den Jahren der Inflation (Bild 59), in der kurzen Zeit von zwei oder drei sogenannten »goldenen Jahren« und in der anschließenden Weltwirtschaftskrise ist Karl Maybach mit dem »Motorenbau« wie viele andere Firmen immer tiefer in wirtschaftliche Nöte geraten – bis an den Rand des Konkurses. Der Automobilbau des MM blieb bis zu seinem Ende im Jahre 1940 ein ständiges Verlustgeschäft, das auch für Karl Maybach persönlich wirtschaftliche Einbußen mit sich brachte, seinem Unternehmen allerdings zu einem legendären Ruf verhalf. Aber für einen Mann, der erstklassige Otto- und Dieselmotoren produzierte und ständig verbesserte, dessen Automobile gelobt und bewundert, aber nur in sehr kleinen Stückzahlen gekauft

Bild 58. Auf der Automobil-Ausstellung 1921 in Berlin wurden die ersten Maybach-Wagen (Typ W 3) gezeigt. Der Maybach-Motorenbau fertigte das Fahrgestell mit dem Antrieb; die Karosserie wurde nach den individuellen Wünschen der Kunden von Spezialfirmen gebaut.

Bild 59. Die verzweifelte wirtschaftliche Lage des Reiches führte 1923 zur Inflation. Die Gemeinden sahen sich gezwungen, eigenes Notgeld herauszugeben. Der Text auf der Rückseite dieses Friedrichshafener Geldscheins lautet:
»O lieber Seehas, spring wie einst / Laß ab von Streit und Putschen / Und laß den Welschen, wenn er schreit / Den Buckel runter rutschen.«

Bild 60. Ein Maybach-Wagen W 3 wurde Sieger bei der Süddeutschen Tourenfahrt im Jahre 1926. Das Bild zeigt das siegreiche Fahrzeug nach der Rückkehr ins Werk.

1 Karl Maybach; 2 Herr Lutz; 3 Prokurist Heim; 4 Direktor Rommel; 5 Herr Lindauer; 6 Herr von Buttlar; 7 Verkaufsleiter Schobinger; 8 Meister Zwick, Fahrer im Werkteam; 9 Herr Bergel; 10 Konstrukteur Glücker.

Bild 61. Der Maybach vom Typ Zeppelin, größter Maybach-Wagen überhaupt, wurde von 1930 bis 1939 gebaut. Er hatte einen Zwölfzylinder-Motor vom Typ DS 8 mit 147 kW (200 PS). Der Preis lag bei 50 000 Reichsmark, was damals dem Wert von fünf Siedlungshäusern oder 33 Opel des Typs P4 entsprach.

wurden, mußte es schließlich deprimierend und erbitternd sein, daß sich dennoch kein wirtschaftlich-unternehmerischer Erfolg einstellen wollte. Jahraus, jahrein berichteten die Fachzeitschriften und die Tagespressse, wie »der Maybach« immer größer und besser wurde, wie er mit der ersten Vierradbremse in einem deutschen Serienwagen, mit Schaltungsfreiheit und Doppel-Schnellganggetriebe, als Typ »Zeppelin« schließlich mit einem 200-PS-Zwölfzylinder-Motor von 8 dm^3 Hubvolumen »eine Klasse für sich« bildete (Bild 61) – »traditionsgemäß ausschließlich den Anspruchsvollsten unter den Anspruchsvollen vorbehalten«. Karl Maybach aber ging es nicht um Luxus, sondern um höchste Qualität, um den besten und um den konstruktiv elegantesten Motor und Wagen – was allerdings schließlich dazu führte, daß sein Unternehmen das teuerste deutsche Automobil in sehr wenigen Exemplaren und daher unwirtschaftlich produzierte. Bei solchen Ansprüchen des Konstrukteurs an sich selbst, an seine Produkte und schließlich an seine wenigen Käufer konnte man auch nicht versuchen, die wirtschaftlichen Ergebnisse durch »Rationalisierung« zu verbessern.

Von dem Ottomotor, der den Maybach-Pkw zu einem Spitzenprodukt machte, wurde eine abgewandelte Ausführung in Autobusse großer Verkehrsgesellschaften eingebaut, Bild 62. Da Maybach seine Motoren fortlaufend weiterentwickelte, die Kaufleute des Unternehmens ihm aber nicht genug Zeit ließen, diese technischen Fortschritte ausreichend zu erproben, trat die eigenartige Situation ein, daß man immer bessere Maybach-Motoren unausgereift verkaufte, diese also in gewisser Weise erst im Alltagsbetrieb des Autobus-Verkehrs erprobte. Unvermeidbare »Kinderkrankheiten« – dieses Wort begegnet dem Leser und Kritiker in allen Monats- und Jahresberichten wieder und wieder – konnten also nicht unauffällig im Friedrichshafener Werk überwunden werden, sondern unter hohen Garantiekosten beim Kunden, der zur Auffassung gelangen mußte, daß er nicht den ihm versprochenen vorzüglichen, sondern einen unausgereiften Maybach-Motor bzw. -Wagen erhalten hatte.

Das galt ebenso für den Dieselmotor in Triebwagen. Auch dort mußte alles unter den Augen der Öffentlichkeit erprobt werden. Daß die Erprobung letztlich beim Kunden stattfand, entsprach übrigens der damals üblichen Vorgehensweise. Und finanzielle Schwierigkeiten, die Karl Maybach bei seiner Arbeit so einengten, waren in jenen Jahren für die deutsche Automobilindustrie typisch (siehe S. 112 f.).

Motoren für Schienenfahrzeuge und Luftschiffe

Die Denkschrift von Richard Lang über die Dieselmotoren aus dem Jahre 1918 war nicht ohne Folgen geblieben. Nach einer fünf Jahre währenden, außeror-

Bild 62. Deutsche Vomag-Omnibusse mit Maybach-OS-5-Motoren kamen anläßlich einer Werbefahrt durch Europa zu Beginn der dreißiger Jahre auch nach Rom.

Bild 63. Zusammen mit der Eisenbahn-Verkehrsmittel-Aktiengesellschaft (E. V. A.), Wismar, entwickelte der Maybach-Motorenbau einen Dieseltriebwagen, der 1924 auf der Eisenbahnausstellung in Seddin der Fachwelt vorgestellt wurde und in den der Motor G 4a eingebaut war.

Bild 64. Das Luftschiff LZ 126 (ZR III) wurde als Reparationsleistung des Deutschen Reiches für die USA gebaut. Damit war es dem Geschäftsführer des LZ, Hugo Eckener, gelungen, das Verbot für den Bau von Luftschiffen zu umgehen.

dentlich aufwendigen, von mancherlei Rückschlägen begleiteten Entwicklung brachte der Maybach-Motorenbau 1924 als erstes Unternehmen der Welt einen schnellaufenden Triebwagen-Dieselmotor heraus und stellte der Fachwelt noch im selben Jahr einen mit der Waggonfabrik Wismar entwickelten Dieseltriebwagen auf der Eisenbahnausstellung in Seddin bei Berlin vor, Bild 63. Das technische Fachmagazin »Glasers Annalen« begann am 1. November 1924 den Bericht über diese Veranstaltung mit dem Satz:

»Von den in Seddin ausgestellten Triebwagen verdient derjenige der Waggonfabrik Wismar besondere Beachtung, weil er in wesentlichen Punkten von den übrigen Triebwagen abweicht. Während andere Firmen den Vergasermotor bevorzugen, hat die Waggonfabrik Wismar den für diesen Zweck besonders gebauten rasch laufenden Dieselmotor der Maybach-Motorenbau GmbH gewählt.«

Der Berichterstatter hob nachdrücklich die Qualität dieses Motors hervor, der 110 kW (150 PS) bei maximal 1300 min^{-1} leistete und in einem Triebwagen mit 70 Sitz- und 30 Stehplätzen eingebaut war. Er schloß seinen Bericht: »Die Deutsche Reichsbahn hat den auf der Ausstellung vorgeführten Triebwagen angekauft und einen weiteren mit geringen Änderungen der Inneneinrichtung in Bestellung gegeben.« Nicht viel später erfolgte eine weitere Bestellung auf sechs Triebwagen – das war in jener Zeit ein großer Auftrag und eine hohe Anerkennung für die Leistungsfähigkeit der Motoren. Damit hatte man nun einen zweiten Geschäftsbereich geschaffen, der zu einer tragenden Säule für den Maybach-Motorenbau werden sollte. Zunächst blieb das große Geschäft aber auch hier aus: Der Reichsbahn fehlte es nicht an Einsicht in die Bedeutung dieses technischen Fortschritts, sondern ganz einfach an Geld, um nach der Beseitigung der betriebsgefährdenden Schäden und Mängel aus den Kriegs- und Nachkriegsjahren auch noch teure Modernisierungen vornehmen zu können. Erst Mitte der dreißiger Jahre kam es zu einer »Verdieselung« des Bahnbetriebes im großen Stil. Maybach war also auf diesem Gebiet als Ingenieur sehr erfolgreich; als Unternehmer aber wartete er Jahr um Jahr vergeblich auf den wirtschaftlichen Durchbruch.

Durch den Versailler Vertrag war deutschen Firmen die Entwicklung und Herstellung jeglichen Fluggeräts untersagt worden. Je vier Mb-IVa-Motoren kamen noch in kleinen Passagier-Luftschiffen zum Einsatz, unter anderem in den Luftschiffen LZ 120 Bodensee und LZ 121 Nordstern, die der Luftschiffbau Zeppelin nach dem Krieg gebaut und betrieben hatte, um wenigstens einen kleinen Teil seiner Belegschaft weiterbeschäftigen zu können. Aber auch diesen rein zivilen Fahrbetrieb unterbanden schließlich die Alliierten. Beide Luftschiffe mußten als Reparationsleistungen an Italien bzw. Frankreich ausgeliefert werden. Die Ära der »Zeppeline« schien damit zu Ende zu sein.

Doch es sollte anders kommen. Dem Geschäftsführer

des Luftschiffbau Zeppelin, Dr. HUGO ECKENER, gelang es, die Amerikaner für die Idee zu gewinnen, im Rahmen der vom Deutschen Reich zu leistenden Reparationszahlungen ein Großluftschiff zu übernehmen. Die Vereinigten Staaten stellten allerdings die Bedingung, daß es auf dem Luftweg überführt werden müsse. Nach langen, zähen Verhandlungen stimmte auch die Reichsregierung dem Plan zu, nachdem sich Eckener bereit erklärt hatte, mit dem gesamten Vermögen des LZ für das risikoreiche Vorhaben zu haften.

So wurde in Friedrichshafen das Reparationsluftschiff ZR III (LZ 126) gebaut (ZR, [engl.] *Zeppelin Rigid*, Starrluftschiff). Der LZ hatte eine Bresche in das Bauverbot für Luftfahrzeuge geschlagen und war wieder im Geschäft. Das neue Luftschiff, groß wie ein Ozeandampfer, hatte eine Länge von 200 m, einen Durchmesser von 27,6 m und ein Gasvolumen von 70000 m^3, Bild 64.

Dem Maybach-Motorenbau oblag die verantwortungsvolle Aufgabe, die Motoren für dieses Luftschiff zu entwickeln. Noch im Jahre 1923 lief der erste Zwölfzylinder-Motor vom Typ VL 1 zum ersten Mal, Bild 65. Am 12. Februar 1924 begann ein 100-Stunden-Lauf auf dem Prüfstand. Am 3. August 1924 konnte Karl Maybach berichten, daß der endgültige Abnahmelauf aller Luftschiffmotoren erfolgreich gewesen war und »daß es nun bald losgehen könne«. Nach nur wenigen Probefahrten lag das Luftschiff am 11. Oktober 1924 startklar in der Halle. Am nächsten Tag, genau 432 Jahre nach der Entdeckung Amerikas durch Kolumbus, begann die Fahrt unter dem Kommando von Dr. Hugo Eckener, Bild 66. Mit an Bord waren 27 Mann Besatzung und vier amerikanische Abnahmeoffiziere, nicht aber Karl Maybach. 85 Stunden später hatte das Luftschiff den Atlantik überquert[6]) und landete unter dem bewundernden Jubel einer riesigen Menschenmenge in Lakehurst. Die ganze Welt hatte die Fahrt mit höchster Spannung verfolgt. In Friedrichshafen wurde die glückliche Landung durch 126 Böllerschüsse angezeigt. Eckener und seine Mannschaft wurden in den USA ebenso wie in Deutschland begeistert gefeiert. Auch für Maybach war die erfolgreiche Atlantiküberquerung ein persönlicher Triumph. Die Luftschiffmotoren trugen viel zu seinem Ruf und zu seiner Bekanntheit bei.

Fortan gestatteten die Siegermächte den Bau weiterer, noch größerer Luftschiffe. Aber erst nachdem eine Zeppelin-Eckener-Spende das dafür notwendige Geld eingebracht hatte, konnte der LZ in Friedrichshafen ein neues Luftschiff auflegen, Bild 67. Maybach entwickelte – ausgehend vom VL-1-Motor – den VL 2 mit vielen Neuerungen, wie z. B. Aluminium-Kolben (Leistung 419 kW [570 PS] bei 1600 min^{-1}). Am 8. Juli 1928, dem 90. Geburtstag des Grafen Zeppelin, konnte dessen Tochter Hella das neue Luftschiff LZ 127 auf den Namen GRAF ZEPPELIN taufen. In den folgenden

Bild 65. Die zwölfzylindrigen Maybach-VL-1-Motoren mit je 309 kW (420 PS) wurden eigens für das Reparationsluftschiff LZ 126 entwickelt. Sie enthielten die Summe aller Erfahrungen, die der Maybach-Motorenbau bis zu diesem Zeitpunkt auf dem Gebiet der Luftschiffmotoren gesammelt hatte.

Bild 66. Im Morgennebel des 12. Oktober 1924 startet ZR III (LZ 126) von Friedrichshafen aus zu seiner berühmten Amerikafahrt. Da das Luftschiff auf eigenem Kiel nach Amerika überführt werden mußte und keine Versicherung bereit war, das Risiko eines solch waghalsigen Unternehmens zu tragen, haftete der Luftschiffbau mit seinem gesamten Konzernvermögen für das Gelingen der Fahrt.

[6]) Nicht zum ersten Mal übrigens: Bereits 1921 hatte das englische Luftschiff R 34, ein Zeppelin-Nachbau, den Atlantik als erstes Luftfahrzeug überquert.

Bild 67. Bau der Führer- und Fahrgastgondel des Luftschiffs LZ 127 Graf Zeppelin. *Beide bildeten noch eine Einheit, im Gegensatz zu den späteren Luftschiffen, bei denen die Führergondel außen am Schiff angebaut wurde, während sich die Fahrgasträume im Inneren des Schiffes befanden.*

Bild 68. Einbau eines VL-2-Motors in eine der fünf Motorgondeln von LZ 127. Die Forderung nach extremem Leichtbau einerseits und absoluter Zuverlässigkeit andererseits zwang nicht nur den LZ, sondern auch die nahezu 100 Unterlieferanten zu Höchstleistungen. So brachte der Luftschiffbau die technische Entwicklung auf vielen Gebieten voran.

neun Jahren war dieses Luftschiff mit seinen fünf Motoren vom Typ VL 2 etwa 18000 Stunden in der Luft, wobei es 1695272 km zurücklegte und 13110 Passagiere beförderte. Im August 1929 trugen Maybachs Motoren das Luftschiff aus Friedrichshafen in 101 Stunden bis Tokio und anschließend weiter rund um die Welt nach Friedrichshafen zurück, wo man nach 20 Tagen wieder eintraf, Bild 69. In den folgenden zwei Jahren unternahm das Luftschiff zahlreiche Fahrten, u. a. nach Südamerika, Island, Moskau und in den Orient. Einen weiteren Höhepunkt stellte die Forschungsfahrt in die Arktis im Jahre 1931 dar (siehe hierzu auch Tafel 2, S. 261). Am 29. August desselben Jahres begann ein regelmäßiger Luftschiff-Fahrdienst für Passagiere, Fracht und Post nach Südamerika. Bis 1937 startete Graf Zeppelin insgesamt 74mal zur Fahrt nach Rio de Janeiro; immer war das Luftschiff voll ausgebucht, und stets kehrte es ohne Motorenstörungen zurück[7]).

Wann und wie oft Karl Maybach mit einem Zeppelin gefahren ist, d. h. sich von seinen eigenen Motoren hat über Land und Meer tragen lassen, wissen wir eigenartigerweise nicht. Bisweilen hat man sogar behauptet, das sei nie geschehen. Doch diese Ansicht ist falsch. Aus dem Sommer 1910 ist eine Ansichtspostkarte von Friedrichshafen erhalten geblieben, die Karl Maybach an seinen Vater in Cannstatt geschrieben hat. Auf ihr heißt es: »Diese Karte schreibe ich im Z III sie wäre aber in den See gefallen deshalb warf ich sie nicht herab. Gestern Donnerstag ging auch alles gut ich fuhr nicht mit, aus Platzmangel...«[8]) Ob er auch in den zwanziger und dreißiger Jahren Fahrten mit Luftschiffen unternommen hat, ist nicht bekannt.

Es ist bezeichnend, daß Karl Maybach auch auf dem Gebiet der Luftschiffmotoren, wo er so erfolgreich war, nach 1918 keine finanziellen Gewinne mehr erzielen konnte. Die Entwicklungskosten waren hoch, die Stückzahlen klein. Trotzdem mußten die Löhne und Gehälter vieler tüchtiger Fachleute bezahlt werden, die in Friedrichshafen nicht anders als im Ruhrgebiet, in Sachsen, Berlin oder Schlesien dazu beitrugen, daß das Deutschland der Weimarer Republik als Industrieland in der Welt hohes Ansehen genoß. Im Gegensatz zur politischen und wirtschaftlichen Entwicklung war die von vielen geschmähte Weimarer Republik in wissenschaftlicher und technischer Hinsicht außerordentlich

---

[7]) Der Fahrpreis für eine Fahrt von Friedrichshafen nach Pernambuco betrug in der Hochsaison 1550 RM, in der Vor- und Nachsaison 1400 RM; für die einfache Fahrt von Pernambuco nach Rio de Janeiro waren noch einmal 400 RM aufzuwenden.

[8]) Um welches Luftschiff es sich genau handelte, läßt sich nicht mehr ermitteln. Wahrscheinlich fuhr Karl Maybach mit dem LZ 6, in dem neben den beiden Daimler-Motoren sein erster AZ-Motor eingebaut war. Das Luftschiff Z III (LZ 12) machte seine Erstfahrt erst im April 1912.

Bild 69. Am 4. September 1929 kehrte das Luftschiff LZ 127 Graf Zeppelin *von einer 20-tägigen Fahrt rund um die Welt nach Friedrichshafen zurück. Dr. Eckener und seine Mannschaft wurden begeistert gefeiert. Auch für den Maybach-Motorenbau bedeutete die erfolgreiche Weltfahrt einen weiteren technischen Triumph, der allerdings keine nennenswerten Auswirkungen auf die angespannte wirtschaftliche Situation des Unternehmens hatte.*

Die Württembergische Technische Hochschule
zu Stuttgart
unter dem Rektorat des Professors Dr. H. Weizsäcker
verleiht durch diese Urkunde
auf den einstimmigen Antrag der Abteilung für Maschineningenieurwesen
und Elektrotechnik
dem Herrn
Karl Maybach
Direktor des Maybach-Motorenbaus in Friedrichshafen
die Würde eines Doktor-Ingenieurs
ehrenhalber
in Anerkennung seiner bedeutenden Leistungen auf dem Gebiet
des Motorenbaus und des Kraftfahrwesens.
Stuttgart, den 16. Februar 1924.
Rektor und Senat der Technischen Hochschule.

Bild 70. Bereits am 16. Februar 1924 war Karl Maybach, damals 45 Jahre alt, von der Technischen Hochschule Stuttgart die Würde eines Doktor-Ingenieurs ehrenhalber verliehen worden.

erfolgreich. Und Maybach gehörte zu den bekanntesten Ingenieuren in diesem Staat. Bereits im Februar 1924 – also noch vor der erfolgreichen Atlantiküberfahrt von LZ 126 – verlieh ihm die Technische Hochschule in Stuttgart die Würde eines Doktor-Ingenieurs ehrenhalber, und zwar »in Anerkennung seiner bedeutenden Leistungen auf dem Gebiet des Motorenbaus und des Kraftfahrwesens«, Bild 70.

Ein wesentliches Antriebsmoment für Karl Maybachs unermüdliche konstruktive Schaffenstätigkeit war sein gespanntes Verhältnis zur Daimler-Motoren-Gesellschaft, die seiner Meinung nach nicht nur seinem Vater übel mitgespielt hatte, was schließlich im Jahre 1907 zu dessen Ausscheiden geführt hatte, sondern auch dessen große konstruktive Leistungen nicht entsprechend würdigte. In einem Brief aus den fünfziger Jahren bekannte er, daß er sich bereits 1906 »dafür verschworen habe, das Ansehen meines Vaters durch eigenes Zutun eines Tages in das richtige Licht zu stellen«. Und dann folgten im selben Brief die bezeichnenden Sätze:

»Dass es mir dabei dann auch noch geglückt ist, Paul Daimler [der 1907 Wilhelm Maybach als Chefkonstrukteur bei der DMG abgelöst hatte] *im ehrlichen Kampf von Konstrukteur zu Konstrukteur zunächst durch den 6-Zyl.-Luftschiffmotor (AZ), dann durch den Höhenmotor (MB4A), und nach dem Krieg durch den ersten schnellaufenden Diesel [,] durch unseren Wagen, und schliesslich durch unser sogen. Schnellganggetriebe, schrittweise so zu schlagen, dass er in den 20-er Jahren zum Austritt aus der DMG gezwungen wurde, wobei es dann seinem Nachfolger Porsche später ebenso erging. – Jedenfalls führten die konstruktiven Mißerfolge von P. Daimler* [Bild 71] *zur bekannten Tatsache, dass man*

Bild 71. Paul Daimler *(1869 bis 1945) leitete von 1907 bis 1922 als Vorstandsmitglied und Chefkonstrukteur der DMG die Werke Untertürkheim, Marienfelde und das im Krieg gegründete Werk Sindelfingen. Von 1923 bis 1928 war er Technischer Direktor bei den Horch- bzw. Argus-Werken in Berlin. Unter seiner Leitung entstand dort der »Horch 8« mit einem von ihm konstruierten Achtzylinder-Reihenmotor.*

Bild 72. Dr. Hugo Eckener *(1868 bis 1954) war zunächst Leiter der Fahrabteilung der 1909 gegründeten DELAG (Deutsche Luftschiffahrts-Aktiengesellschaft), ab 1924 Vorsitzender des Zeppelin-Konzerns und somit Chef von Karl Maybach. Eckener erfüllte das Vermächtnis des Grafen Zeppelin, indem er die deutsche Luftschiffahrt zur Weltgeltung brachte. 1928 begann er mit den Fahrten des von ihm geführten Luftschiffes LZ 127* Graf Zeppelin *und eröffnete damit den ersten Weltluftverkehr.*

heute eigentlich im Ernst nur noch von Fabrikaten Mercedes-Benz spricht.«

Vor allem der erste, übrigens nicht vollständige und mit für Maybach völlig untypischen Begriffen gebildete Satz (Kampf, schlagen) verrät die innere Erregung, die ihn bei diesem Thema anscheinend auch noch Jahrzehnte später ergriff. Das schwierige Verhältnis zur DMG mag mit ein Grund dafür gewesen sein, daß Karl Maybach entgegen besseren ökonomischen Einsichten vom Ehrgeiz getrieben war, in seiner Friedrichshafener Fabrik die besten deutschen Automobile, in jedem Fall aber bessere als die aus Untertürkheim, zu bauen.

In der Zeit der Wirtschaftskrise

Weder mit den Luftschiff- noch mit den Eisenbahnmotoren konnte jedoch der technische Fortschritt in wirtschaftlichen Erfolg umgesetzt werden. Schon Ende 1923 hatte die Geschäftsführung des Konzerns immer energischer dagegen protestiert, daß Karl Maybach neben seinem Gehalt verhältnismäßig hohe Lizenzgebühren bezog, während das von seinen langwierigen Konstruktions- und Entwicklungsarbeiten schwer belastete Unternehmen ständig Verluste erlitt und Arbeiter und Angestellte entlassen mußte. Der Maybach-Motorenbau hat zwischen 1923 und 1933 viele Gespräche mit Bankiers in Friedrichshafen führen müssen: Man brauchte immer mehr Hypotheken, Kredite, Zinsstundungen und -senkungen, was das Verständnis und die Geduld der Banken arg strapazierte, die von einer gewissen Höhe der Schulden ab auch wählen mußten, ob sie durch Verweigerung weiterer Kredite die alten gefährden oder mit Maybach auf bessere Zeiten hoffen wollten. Keiner der Geschäftspartner zweifelte an der hohen Qualität von Maybachs Konstruktionen, an der Bedeutung des Unternehmens für die Wirtschaft und den Arbeitsmarkt sowie für das Ansehen der Stadt Friedrichshafen und ihrer Umgebung oder gar an der persönlichen Integrität dieses Mannes. Aber man fand es auf die Dauer wohl erbitternd, daß Karl Maybach keine Einsicht in die wirtschaftlichen Zwänge hatte. Seine Motoren waren ihm wichtig, nicht das Geld, das seine überaus sorgfältig durchgeführten und immer wieder verbesserten Konstruktionen verschlangen. Infolgedessen kam es auch bei Sitzungen mit Dr. Hugo Eckener (Bild 72), der als Vorstandsvorsitzender des LZ-Konzerns auch für das Tochterunternehmen Maybach-Motorenbau zuständig war, und seinen Mitarbeitern in den kaufmännischen und Konzernabteilungen zu immer heftigeren Auseinandersetzungen um Investitionen, Anschaffung von Maschinen, Zeitaufwand für Konstruktionen und Verbesserungen[9]). Karl Maybach mußte sich gewissen Kontrollen der Konzernleitung unterwerfen. Man ging dabei auf das höflichste mit ihm um: Er war ein bedeutender Ingenieur, dem man Dank und Respekt schuldig war. Fast widerspruchslos unterwarf er sich auch Einschränkungen seiner unternehmerischen Vollmachten. Doch ein paar Tage später tat er entweder wieder, was er wollte, oder brachte es fertig, mit klaren sachlichen Argumenten Eckener davon zu überzeugen, daß er für viel Geld neue Werkzeuge und Maschinen brauchte.

Man hatte es schwer mit diesem einfachen, ruhigen, aber zugleich auch starren Mann, der nur seine Arbeit, ihre Qualität und ihre Verbesserung kannte – zu Hause wie im Werk, Tag und Nacht, ohne Ferien. Am 6. Juli 1929 war er 50 Jahre alt geworden, und die Stadt Friedrichshafen hatte ihm das Ehrenbürgerrecht verliehen, Bild 73. Am 29. Dezember desselben Jahres starb Wilhelm Maybach 83jährig. Auf der Höhe seines Konstrukteurlebens hatte Karl Maybach nicht nur seinen Vater, sondern auch seinen Lehrmeister verloren,

---

[9]) Siehe hierzu ausführlich S. 116ff.

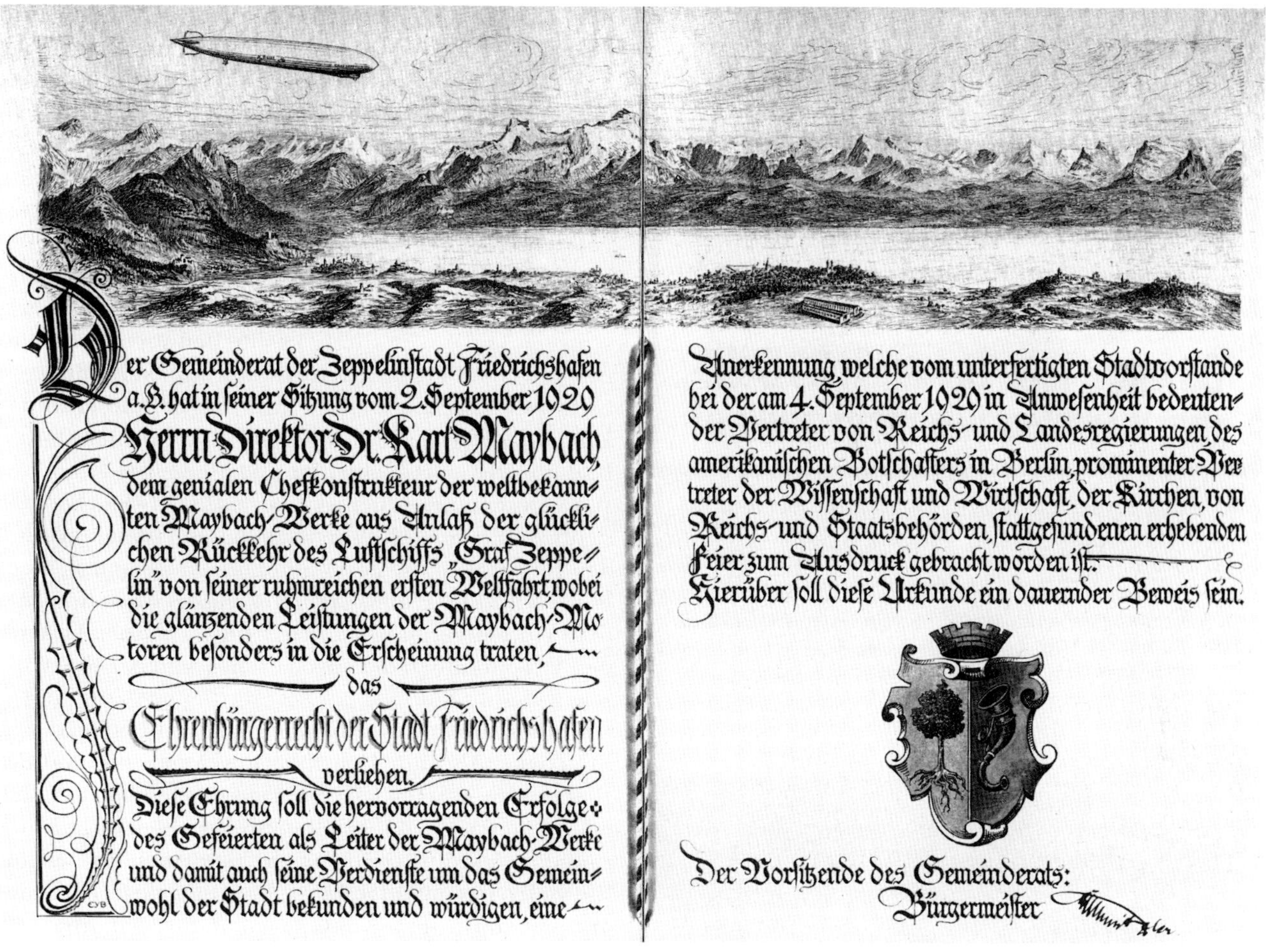

Der Gemeinderat der Zeppelinstadt Friedrichshafen a. B. hat in seiner Sitzung vom 2. September 1929

Herrn Direktor Dr. Karl Maybach

dem genialen Chefkonstrukteur der weltbekannten Maybach-Werke aus Anlaß der glücklichen Rückkehr des Luftschiffs „Graf Zeppelin“ von seiner ruhmreichen ersten Weltfahrt, wobei die glänzenden Leistungen der Maybach-Motoren besonders in die Erscheinung traten,

das

Ehrenbürgerrecht der Stadt Friedrichshafen

verliehen.

Diese Ehrung soll die hervorragenden Erfolge des Gefeierten als Leiter der Maybach-Werke und damit auch seine Verdienste um das Gemeinwohl der Stadt bekunden und würdigen, eine Anerkennung, welche vom unterfertigten Stadtvorstande bei der am 4. September 1929 in Anwesenheit bedeutender Vertreter von Reichs- und Landesregierungen, des amerikanischen Botschafters in Berlin, prominenter Vertreter der Wissenschaft und Wirtschaft, der Kirchen, von Reichs- und Staatsbehörden stattgefundenen erhebenden Feier zum Ausdruck gebracht worden ist.

Hierüber soll diese Urkunde ein dauernder Beweis sein.

Der Vorsitzende des Gemeinderats:
Bürgermeister

Bild 73. Aus Anlaß der glücklichen Rückkehr des Luftschiffs Graf Zeppelin *von der Weltfahrt verlieh die Stadt Friedrichshafen Karl Maybach am 4. September 1929 das Ehrenbürgerrecht. Die glänzenden Leistungen der Motoren seien bei der Fahrt, so die Begründung, besonders in Erscheinung getreten.*

mit dem er seit den Pariser Jahren intensiv korrespondiert hatte.

Ist Karl Maybach von seiner Arbeit besessen gewesen? Zuweilen hat der Betrachter seines Lebens diesen Eindruck. Sein ganzes Denken schien fast ausschließlich um Motoren und Getriebe für Luftschiffe, Automobile und Triebwagen zu kreisen. Um so mehr dürften ihn die ständige Kritik an seiner Arbeitsweise, die dauernde Beanstandung der Ausgaben seiner Entwicklungsabteilungen, die Beanspruchung durch die fast täglichen größeren und kleineren Sitzungen, die Lektüre der Statistiken und Denkschriften über die unverkäuflichen Automobil- und Motorenvorräte belastet haben. Daß er zu Hause häufig nicht merkte, was er aß, hatte man auch früher schon gelegentlich hinnehmen müssen. Aber nun ging er durch das Haus und verglich den Lauf der Uhren, korrigierte ihn und machte Aufzeichnungen darüber; im Werk fiel er durch seine immer stärker werdende Empfindlichkeit auf. Anscheinend befand er sich in jenen Jahren – bedingt durch die andauernde wirtschaftliche Misere seines Unternehmens – am Rande des physischen und psychischen Zusammenbruchs. Eckener aber, der gelegentlich mit anhören und lesen mußte, wie man Maybachs Arbeitsweise heftig kritisierte, und sich als oberster Chef hier und da auch selber entsprechende Bemerkungen nicht verkniff, behandelte Maybach weiterhin mit größter Hochachtung.

Da brach kurz nach dem berüchtigten New Yorker Börsenzusammenbruch, der als »Schwarzer Freitag« (24. Oktober 1929) in die Geschichte einging, die sich schon lange anbahnende Weltwirtschaftskrise auch über Deutschland herein. Mit dem wirtschaftlichen Niedergang nahm der politische Radikalismus zu; die Nationalsozialisten erhielten großen Zulauf. Das Reich, dessen Finanzlage allein schon durch die hohen Reparationsleistungen aus dem Versailler Vertrag kritisch war (Bild 74), glitt wie seine europäischen Nachbarn durch die internationale Verflechtung der Finanzmärkte, aber auch des Handels und der Industrie, immer schneller in die wirtschaftliche Katastrophe. Sie gipfelte am 13. Juli 1931 während der internationalen Bankenkrise in der dreitägigen Schließung sämtlicher deutscher Geldinstitute, Bild 75. In der Folge schnellte die Zahl der Arbeitslosen, die vor allem mit der Weltwirtschaftskrise immer schneller gewachsen war, noch

Bild 74. Die Pariser Konferenz 1929 arbeitete unter dem Vorsitz des Amerikaners Owen D. Young einen Plan zur Zahlung der deutschen Reparationen, die auf insgesamt 121 Mrd. Mark festgesetzt wurden, aus. Danach hätte Deutschland nach einem bestimmten Zahlungsplan bis zum Jahre 1986 jährlich durchschnittlich 2 Mrd. Mark zahlen müssen. Die Undurchführbarkeit des Planes bewirkte, daß 1932 mit dem Hoover-Moratorium seine weitere Durchführung praktisch eingestellt wurde.

Bild 75. Sturm auf die Bankschalter in Berlin auf dem Höhepunkt der Bankenkrise am 13. Juli 1931.

einmal in die Höhe und erreichte am 1. Februar 1932 die Rekordmarke von 6,128 Millionen.

Was hat Karl Maybach in den Jahren 1930/32 getan, als der Absatz der von ihm entwickelten Produkte praktisch zum Erliegen kam und das Unternehmen wie viele andere am Ende zu sein schien – unter strengen kaufmännischen Gesichtspunkten eigentlich sogar war? Er hat entwickelt und entwickelt. In den ersten Jahren des Dritten Reiches hat er gelegentlich zur Überraschung seiner Zuhörer gesagt, er habe Vorarbeiten für die Wiederaufrüstung Deutschlands betrieben. Karl Maybach war keineswegs ein Anhänger der NSDAP, wurde auch niemals Parteimitglied. Er war und blieb, wie sein Vater, bis zu seinem Ende ein patriotisch gesinnter württembergischer Großbürger. Aber wie die meisten Deutschen sah er in der Wiederaufrüstung Deutschlands den Hauptteil der Wiedererlangung der Souveränität für das durch den Versailler Vertrag gedemütigte Reich. Die Vorarbeiten dazu bestanden nicht zuletzt auch in der Entwicklung von leistungsstarken Fahrzeugmotoren.

Um 1930 haben sehr viele Deutsche erwartet, daß demnächst die Bestimmungen des Versailler Vertrages gelockert würden, daß die Weimarer Republik – alles in allem ein friedlicher, von Großmächten umgebener Staat – ihre 15000 Mann starke Marine vergrößern, schwere Artillerie besitzen, leichte Befestigungen anlegen und eine begrenzte Luftwaffe aufbauen dürfte – nicht zuletzt schon zur Verringerung der Arbeitslosigkeit und zur Verbesserung des innenpolitischen Klimas, Bild 76. Der »alte Hindenburg« und die Reichskanzler seit Stresemann schienen international eine Gewähr dafür zu bieten, daß es nicht zu einem Wiederaufleben des Imperialismus, des Wilhelminismus und des aggressiven Militarismus kommen würde. Auch brauchte man ein einigermaßen zufriedenes deutsches Volk für den Wiederaufbau des europäischen und des Weltwirtschaftsverbundes.

In diesem Zusammenhang hat Karl Maybach wohl mit Eckener und Colsman die Vergrößerung der Reichswehr in seine Überlegungen mit einbezogen. Da würde man eines Tages Motoren brauchen – für Flugzeuge, Lastkraftwagen, Panzer, Schnellboote –, Motoren vieler Typen und Stärken. Und dann kam es darauf an, die Konstruktionsunterlagen fertig in der Schublade, das eine oder andere schon erprobt zu haben, weiter zu sein als die Konkurrenz, deren Stärken und Schwächen man natürlich beobachtete und erlebte. Daimler und Benz hatten sich 1926 zu einem eindrucksvoll-gefährlichen Wettbewerber zusammengeschlossen – wie überhaupt Fusionen die Kräfteverhältnisse und Potentiale veränderten: bis hin zum Aufgehen der Disconto-Gesellschaft in der Deutschen Bank, auf deren großzügiges Verständnis man in jenen Jahren in Friedrichshafen angewiesen war.

Es gibt keine Anzeichen dafür, daß Karl Maybach Anfang der dreißiger Jahre bei seinen Entwürfen für die Reichswehr an eine mögliche Machtübernahme durch den Nationalsozialismus unter Adolf Hitler gedacht hat. Und es gibt auch keine Hinweise darauf, daß unter den Männern, mit denen er täglich zusammenarbeitete – von Eckener bis zu seinen eigenen engsten Mitarbeitern – überzeugte Nationalsozialisten gewesen wären. Der Motorenbau in Friedrichshafen war gerade durch die Luftschiffe auch zu einem nationalen deutschen Anliegen geworden, hatte man doch soeben durch die spektakuläre Atlantiküberquerung des LZ 126 (ZR III) in Amerika Sympathien für das neue Deutschland erweckt. Die aus jener Zeit erhalten gebliebenen Korrespondenzen und Berichte, die wissenschaftlichen Veröffentlichungen und auch die Werbeschriften lassen dies deutlich erkennen.

Bild 76. Zeitgeist! Heute kaum noch nachvollziehbar, war nach dem verlorenen Weltkrieg die Wiederaufrüstung für die meisten Deutschen nicht nur ein Symbol der Selbstbehauptung, sondern auch ein wesentliches Moment für die Wiedererlangung der nationalen Identität. An einen neuen Krieg dachten damals die wenigsten.

Bild 77. Reichspräsident PAUL VON HINDENBURG *(1847 bis 1934), rechts, ließ sich trotz schwerer Bedenken dazu bewegen, die Nationalsozialisten zur Macht zu berufen. Links: Generaloberst* HANS VON SEECKT *(1866 bis 1936), war in den Jahren 1920 bis 1926 als Chef der Heeresleitung Schöpfer der Reichswehr.*

Karl Maybach im Dritten Reich: Heeresmotorisierung, Triebwagen – und Luxusautos für die Prominenz

Als am 30. Januar 1933 Reichspräsident PAUL VON HINDENBURG (Bild 77) den »böhmischen Gefreiten« – wie er ihn nannte – ADOLF HITLER zum Reichskanzler ernannte, war klar, daß entweder die SA im Sinne einer Miliz massiv verstärkt oder die Reichswehr erheblich vergrößert und modernisiert werden würde. In beiden Fällen brauchte man Motoren für Landfahrzeuge, Flugzeuge und Schiffe, so daß ein scharfer Wettbewerb der Motorenproduzenten zu erwarten war. Dabei kam dem Maybach-Motorenbau das Ansehen zugute, welches er sich durch seine Luftschiff- und Automobilmotoren erworben hatte.

Während die Nationalsozialisten mit der Planung und Vorbereitung der Aufrüstung begannen, stand in Friedrichshafen der Bau von Eisenbahn-Dieselmotoren noch im Vordergrund. Der »Fliegende Hamburger«, ein Triebwagenzug, der seit 1933 mit seinen beiden Maybach-Dieselmotoren zwischen Hamburg und Berlin mit einer Geschwindigkeit von bis zu 160 km/h verkehrte, hatte eine neue Ära im Schienenverkehr eingeleitet, vgl. Tafel 6, S. 73. Am 17. Februar 1936 erreichte ein dreiteiliger Schnelltriebwagen der Bauart »Köln« zwischen Hamburg und Berlin 205 km/h und stellte damit den Weltrekord für serienmäßige Schienenfahrzeuge ein. Insgesamt fertigte der Maybach-Motorenbau bis zum Ausbruch des Zweiten Weltkrieges über 800 Triebwagen-Motoren für die Deutsche Reichsbahn und andere Bahngesellschaften in Europa.

Seit dem Jahre 1934 lieferte man Triebwerke mit den dazugehörenden Getrieben für Halbketten-Zugmaschinen des Heeres. Ausgehend von den schweren Pkw- und Nkw-Motoren entstanden jene Aggregate, mit denen ab 1936 die neuen leichten und mittleren Panzer der Wehrmacht ausgerüstet wurden. Wie sehr sich um diese Zeit Maybachs Zusammenarbeit mit dem Heer verstärkte, geht auch noch aus einem anderen Komplex hervor. Im Auftrag des Reichskriegsministeriums gründete der Maybach-Motorenbau am 18. Juli 1935 die Norddeutsche Motorenbau GmbH (»Nord-

Bild 78. Karl Maybach mit seinen Söhnen Walter *(links) und* Günter *(rechts), etwa 1932. Obwohl sein Unternehmen damals wirtschaftlich vor dem Ende stand, wurde es vom LZ nicht aufgegeben.*

Bild 79. Karl Maybach (Mitte) mit Dr. Hugo Eckener *und Wehrmachts-Offizieren auf der sogenannten »Panzerwiese« am Gehrenberg bei Friedrichshafen, wo während des Zweiten Weltkrieges Panzermotoren und -getriebe erprobt wurden.*

bau«) in Berlin-Niederschöneweide auf dem Gelände eines stillgelegten Unternehmens mit allen Werkzeugmaschinen, Werkzeugen und Vorrichtungen, die zur Fabrikation der Maybach-Benzinmotorentypen HL 35, HL 57 und HL 120 erforderlich waren. Geschäftsführer des Nordbau wurde Direktor Felix Zabel. Als Vorsitzender des Aufsichtsrates fungierte Dr. Hugo Eckener, sein Stellvertreter war anfangs Karl Maybach.

Maybach pflegte in den dreißiger Jahren eigene vielfältige und intensive Kontakte mit Motoren-Fachleuten bei der Bahn, den Militärbehörden, den Zulieferanten und Entwicklungsbüros, Bild 79. Für die Dieselmotoren-Entwicklungen in Friedrichshafen hat sich die Zusammenarbeit mit dem Schweizer Ingenieur Alfred Büchi[10]), für die von Otto-Motoren mit Ernst Kniepkamp[11]) als besonders fruchtbar erwiesen. Dagegen scheint es zu einer entsprechenden Kooperation Maybachs mit Politikern und Parteigrößen nicht gekommen zu sein, da der Maybach-Motorenbau bei den Militärbehören in Berlin hauptsächlich durch Direktor Zabel vertreten wurde.

Nach den vielen Kontroversen in den Jahren der Wirtschaftskrise über Entwicklungskosten, Unverkäuflichkeit der Luxus-Pkw sowie das Fehlen eines Mittelklasse-Wagens besserte sich innerhalb des Luftschiffbau Zeppelin – der Maybach-Motorenbau war ja eine Tochter des LZ – die Zusammenarbeit mit der Konzernspitze und überhaupt die Arbeitsatmosphäre merklich, als die Rüstungsaufträge zu einer Entspannung der finanziellen Situation führten und man beginnen konnte, die Bankschulden abzutragen. Das kam wohl auch Maybachs Gesundheit zugute. Im Jahre 1933 hatte der 54jährige nach dem jahrelangen Druck der ungünstigen Geschäfte und menschlichen Enttäuschungen unter Herzbeschwerden gelitten, so daß er sich in München von einem namhaften Mediziner behandeln lassen mußte. Der Arzt bestätigte ihm grundsätzlich eine vorzügliche Konstitution, empfahl ihm aber zur Wiederherstellung und Erhaltung seiner Gesundheit verschiedene Behandlungen und vor allem

---

10) Alfred Büchi (1879 bis 1959), Schweizer Ingenieur, wurde vor allem durch die Erfindung und Entwicklung der Abgasturboaufladung bekannt.

11) Der 1895 in Wuppertal geborene Dipl.-Ing. Ernst Kniepkamp hatte nach dem Ersten Weltkrieg an der TH Karlsruhe studiert und bei der MAN und in Rostock gearbeitet. 1926 begann er, sich beim Heereswaffenamt in Berlin mit Räder-, Halbketten- und Vollketten-Fahrgestellen, bald darauf auch – noch verbotenerweise – mit Panzerfahrzeug-Problemen zu beschäftigen. Im Jahre 1930 schuf er den ersten ortsfesten Prüfstand für Gleiskettenfahrzeuge; zwei Jahre später erarbeitete er zukunftweisende Konstruktionsforderungen der Reichswehr für Panzerkampfwagen und Halbketten-Zugmaschinen, die zum Bau der ersten Panzer und von mehreren Zugmaschinen-Baugrößen führten – von Fahrzeugen also, für die Karl Maybach Motoren entwickelte. Seit dieser Zeit hat Kniepkamp, der 1936 Regierungsbaurat wurde, eng mit Maybach zusammengearbeitet. Mitte der dreißiger Jahre regte Ernst Kniepkamp die Konstruktion eines 515-kW-(700-PS-) Zwölfzylinder-Ottomotors an, der noch zurückgestellt wurde, aber die Vorstufe für den »Panther«- und »Tiger«-Motor (Pz.-Kpfw. V und VI) von 1942 darstellte. Bis 1945 meldete Kniepkamp etwa 50 Patente auf dem Gebiet der Gleiskettenfahrzeuge an.

regelmäßig Ferien zu machen, was er bisher noch nie getan hatte. Karl Maybach befolgte den Rat des Arztes, soweit es möglich war, bis an sein Lebensende. Fortan fuhr er in jedem Sommer gemeinsam mit seiner Frau und einigen seiner fünf Kinder nach Garmisch, das er wegen seiner schönen Lage schon seit langer Zeit schätzte und wo er 1936 ein Haus erwarb. In den fünfziger Jahren verbrachte er hier gemeinsam mit seiner Frau seinen Lebensabend.

Wie viele andere unpolitische Unternehmer, die nun wieder mit Gewinn arbeiten und die in den letzten Jahren aufgelaufenen Schulden verringern konnten, wurde Karl Maybach auf Grund des »Gesetzes zur Ordnung der nationalen Arbeit« zum »Führer des Betriebes zum Nutzen von Volk und Staat« ernannt und mußte eine entsprechend schwülstige, ihm vorformulierte »Verfassung des Betriebes« erlassen. An der Jubiläumsfeier anläßlich des 25jährigen Bestehens des Unternehmens am 15. Dezember 1934 im Saalbau der »Zeppelin-Wohlfahrt« nahm eine mittlerweile wieder auf 1500 Mitarbeiter angestiegene Belegschaft teil. Natürlich waren auch die Spitzen des LZ-Konzerns anwesend, die Tochter des großen Mannes der deutschen Luftschiffahrt, Gräfin Hella von Brandenstein-Zeppelin, Vertreter der Stadt und des Kreises Friedrichshafen sowie des Landes Württemberg und ebenso Repräsentanten der NSDAP und ihrer Gliederungen. Dr. Ludwig Dürr, Direktor des LZ, hielt den Festvortrag über die Zusammenarbeit und gemeinsame Leistung von LZ und Maybach-Motorenbau. Er sagte: *»Wenn heute, vielleicht um diese Stunde, der* Graf Zeppelin [gemeint war das Luftschiff LZ 127] *seinen millionsten Kilometer zurücklegt, so kann der Maybach-Motorenbau und besonders Herr Dr. Maybach mit Fug und Recht stolz sein auf seine Maschinen, die unermüdlich diese Leistung geschaffen haben.«* Dann folgten Glückwünsche von namhaften Repräsentanten des Wirtschaftslebens und der Industrie, deren hervorragendster Robert Bosch war. Schließlich sprach Karl Maybach selbst – über die Geschichte des Unternehmens, an dessen Anfang sein Vater, Graf Zeppelin und er gestanden hatten, über die Ausbildung von etwa 1000 Lehrlingen in den letzten 15 Jahren, über die Entwicklung der Materialprüfung als Grundlage für die Qualität der Produkte. Auf die jüngste politische Entwicklung ging er nicht ein, sondern sprach die Hoffnung aus, *»daß nach all diesen auf den verschiedensten Gebieten von uns geleisteten Vorarbeiten die Zeit nicht mehr fern ist, wo wir in immer stärkerem Maße Lieferungen auch ins Ausland werden durchführen und dazu beitragen können, daß unser deutsches Vaterland sich wieder in immer steigendem Maße am Welthandel durch Qualitätsarbeit beteiligt«*. Dann dankte er seinen Mitarbeitern.

Der Antagonismus zwischen technischem Wollen und ökonomischer Wirklichkeit hatte immer wieder zu

Bild 80. Die Steigerung der Produktion verlangte auch mehr qualifizierten Nachwuchs. So wurde 1937 eine neue, größere Lehrwerkstatt eingerichtet. Sie gliederte sich in die Schlosserei (Bild) sowie die Maschinenabteilung (Dreherei, Fräserei, Bohrerei, mit einigen Hobelmaschinen). Die Ausbildung im elektrischen und autogenen Schweißen sowie im Schmieden und Härten wurde in den Betriebsabteilungen durchgeführt.

Bild 81. Die Lehrwerkstatt des Maybach-Motorenbaus genoß im Bodenseeraum einen ausgezeichneten Ruf, die Ausbildungsplätze waren begehrt. Das Bild zeigt einen Lehrling an der Spitzendrehbank.

Differenzen zwischen Karl Maybach und dem kaufmännischen Direktor des Maybach-Motorenbaus, Julius Bernhardt (Bild 82), geführt. Dieser war Karl Maybach im Jahre 1928 von der Konzernspitze an die Seite gestellt worden. In den schweren Jahren der Wirtschaftskrise hatten die beiden Männer häufig Meinungsverschiedenheiten miteinander. Bernhardt, ein etwas engstirniger, aber nichtsdestoweniger vorzüglicher Kaufmann, der naturgemäß am dauernden finanziellen Erfolg und weniger an der Forschung für eine entfernte Zukunft interessiert war und der sich deshalb am liebsten auf wenige marktsichere Erzeugnisse beschränkt hätte, sah seine Aufgabe darin, den Maybach-Motorenbau mit strengen finanziellen Maßnahmen vor dem Zusammenbruch zu retten. Andererseits war Karl Maybachs Interesse an kaufmännischen Fragen und die Einsicht in wirtschaftliche Notwendigkeiten sehr gering. So konnten heftige Auseinandersetzungen nicht

Bild 82. Julius Bernhardt *(links) und Karl Maybach. Die wirtschaftlichen Schwierigkeiten des »Maybach-Motorenbaus« in dieser Zeit führten zu scharfen Auseinandersetzungen zwischen Karl Maybach und dem kaufmännischen Direktor Julius Bernhardt.*

Bild 83. Jean Raebel *(rechts) trat 1935 an die Stelle von Julius Bernhardt als kaufmännischer Direktor. Da Raebel für Karl Maybachs Arbeit aufgeschlossener war, dabei aber immer das unternehmerisch Machbare im Auge behielt, kam es zu einer jahrzehntelangen harmonischen Zusammenarbeit zwischen dem Kaufmann und dem Ingenieur. Aufnahme vom Festzug am 1. Mai 1936. Links: Betriebsdirektor* Karl Rommel*; in der Mitte: Karl Maybach.*

ausbleiben. Maybach sprach später in diesem Zusammenhang von einem »Siebenjährigen Krieg«. Nachdem Bernhardt das Unternehmen im Jahre 1935 verlassen hatte, trat Jean Raebel an seine Stelle. Maybach hatte Raebel bereits einige Jahre zuvor von der Waggon- und Maschinenbau AG (WUMAG) in Görlitz nach Friedrichshafen geholt und als zugleich kaufmännisch hochbegabten und für seine eigene Entwicklungstätigkeit aufgeschlossenen Mitarbeiter schätzen gelernt. Mit diesem Schritt änderte sich für das letzte Vierteljahrhundert vieles in Karl Maybachs Leben. Raebel (Bild 83) hatte Verständnis für den »Hauch des Besonderen« des Unternehmens und befreite Maybach, der ihm gänzlich vertraute, von Arbeiten, die ihn um so schwerer belasteten, als er ihre Bedeutung nicht immer erkannte – oder nicht erkennen und damit von sich fernhalten wollte.

Auch nach dem Abflauen der Weltwirtschaftskrise blieben teure Luxus-Pkw schwer verkäuflich, so daß selbst sehr hohe Preise die Entwicklungs-, Produktions- und Werbungskosten nicht decken konnten. Aus diesem Grund hatte man Karl Maybach nahegelegt, einen »kleinen Maybach« zu entwickeln, natürlich wiederum ein erstklassiges Fahrzeug mit allen technischen Raffinessen. Diese Vorgaben mißfielen Maybach, der nicht gewohnt war, sich anderen als ihm einsichtigen technischen Bedingungen zu beugen. Es kam hinzu, daß man im Dritten Reich schon bald unter Devisenmangel litt, der Maybach-Motorenbau also nicht mehr wie früher nach eigenem Ermessen hochwertige Rohstoffe verwenden konnte, sondern nach »heimischen Werkstoffen« in Deutschland suchen mußte. Und außerdem geriet Karl Maybach unter Zeitdruck. Die Wehrmacht begann, weitreichende Wünsche zu äußern – und das nach der Art befehlsgewohnter Offiziere in Form von Forderungen und unter Hinweis auf preis- und termingünstige Angebote von Konkurrenten.

Die Automobil-Ausstellung im Herbst 1935 verlief für den Maybach-Motorenbau enttäuschend. Aber die Deutsche Wehrmacht erteilte ihm im Oktober dieses Jahres als Folge der Einführung der allgemeinen Wehrpflicht erstmals einen großen Auftrag: Sie bestellte 500 Motoren für Halbkettenfahrzeuge. So etwas hatte es seit 17 Jahren nicht mehr gegeben, und es würde, wie der Maybach-Motorenbau-Repräsentant in Berlin, Direktor Zabel, mitteilte, nur ein Anfang sein, wenn man gute Motoren schnell und zu vernünftigen Preisen lieferte. Das Rüstungsgeschäft lief an – mit aufwendiger Entwicklung von immer mehr Motoren für die verschiedensten Fahrzeuge, und das für einen so anspruchsvollen Monopolkunden wie die Wehrmacht. Gleichzeitig mußte man sich unter dem Druck des Finanzministeriums um die Steigerung des Exports zwecks Beschaffung von Devisen bemühen, um den Import wenigstens kleiner Mengen hochwertiger Rohstoffe für den Bau von Hochleistungsmotoren zu sichern.

Bild 84. Automobil-Ausstellung in Berlin 1934: vorne und links ein Maybach-Zwölfzylinder-Wagen, Typ »Zeppelin« DS 8, rechts davon ein Antriebsmotor GO 5 des Schnelltriebwagens »Fliegender Hamburger«, daneben ein Eisenbahnmotor GO 5h.

In den dreißiger Jahren entwickelte Maybach halbautomatische Mehrgang-Getriebe für Pkw und Omnibusse sowie neuartige Getriebesysteme für die Schienentraktion. Die Automobil-Ausstellungen der letzten Friedensjahre zeigten den hohen Entwicklungsstand Maybachscher Produkte. Adolf Hitler, Hermann Göring, Dr. Joseph Goebbels und andere hohe Parteifunktionäre und Militärs nahmen dort persönlich zur Kenntnis, was man in Friedrichshafen zu leisten vermochte. Photos zeigen, wie Hitler und sein Gefolge am Maybach-Stand beifällig betrachteten, was der »Führer des Betriebes« Maybach und seine »Gefolgschaft« nicht nur an elegant karossierten Luxus- und Sportwagen (vgl. Tafel 7, S. 73), an Nutzfahrzeugen und Omnibussen, sondern auch an Motoren und Getrieben für die verschiedensten Zwecke zu produzieren in der Lage waren. Als Anerkennung für diese Leistungen wurde Karl Maybach 1937 zum »Wehrwirtschaftsführer« ernannt. Es gelang ihm, die damit verbundenen Vorteile für sein Unternehmen – z. B. bei der Devisen- und Rohstoffzuteilung – wahrzunehmen, sich selber aber von allen

Bild 85. Die Nationalsozialisten ließen keine Möglichkeit aus, um ihre positive Einstellung zum Automobil und zur Motorisierung in der Öffentlichkeit zu zeigen. Auf der Automobil-Ausstellung Berlin 1937 besucht Reichspropagandaminister Dr. Joseph Goebbels mit »Gefolge« auch den Stand der Maybach-Motorenbau GmbH und läßt sich vom Firmenchef persönlich die Vorzüge der Maybach-Wagen erklären.

Bild 86. Automobil-Ausstellung Berlin im Jahre 1939: Reichskanzler Adolf Hitler *im Gespräch mit Karl Maybach, der sich trotz aller Distanz zur nationalsozialistischen Ideologie beeindruckt von Hitlers Sachverstand in technischen Fragen zeigte.*

Bild 87. Der Maybach SW 42 als zweisitziges Cabriolet mit Spohn-Karosserie hatte einen Sechszylinder-Reihenmotor (103 kW [140 PS] bei 4000 min^{-1}, Bohrung × Hub: 90 mm × 110 mm, Hubvolumen 4,2 dm^3) mit halbautomatischem Maybach-Vorwählgetriebe DSG 40. Die Höchstgeschwindigkeit dieser rund 2 t schweren Fahrzeuge lag bei etwa 150 km/h, wobei bis zu 19 l Kraftstoff in der Stunde verbraucht wurden.

Bild 88. Lakehurst, 6. Mai 1937: In einer glühenden Feuerwolke verbrennt LZ 129 HINDENBURG *und reißt 36 Menschen mit in den Tod. Nach dieser Katastrophe wurde der Passagierverkehr mit Luftschiffen eingestellt.*

Verpflichtungen zur Teilnahme an Konferenzen mit anderen Wehrwirtschaftsführern bis zum Kriegsende befreien zu lassen.

Mitten in diesen ständig zunehmenden Belastungen und Schwierigkeiten mußte man am 6. Mai 1937 das katastrophale Ende des »Zeppelin-Zeitalters« miterleben, Bild 88. Das Luftschiff LZ 129 HINDENBURG war nach einer planmäßigen Atlantik-Überquerung beim Landemanöver in Lakehurst explodiert[12]). Karl Maybach nahm die Nachricht von der Katastrophe, die ihm Eckener telefonisch nach Garmisch übermittelte, äußerlich mit Ruhe und fast unbewegt hin.

Noch immer war zu dieser Zeit der Maybach-Motorenbau ein mittelständisches Unternehmen – allerdings mit hervorragenden sozialen Einrichtungen und einer Lehrwerkstätte, die als erste in Württemberg das Leistungsabzeichen für vorbildliche Berufserziehung erhielt. Maybach durfte auf diese Auszeichnung stolz sein, denn sie war die Anerkennung für seine zwanzigjährigen Bemühungen um eine fortschrittliche Facharbeiter-Ausbildung. Jetzt ging der Maybach-Motoren-

[12]) Der Hergang des Unglücks ist durch Berichte von Augenzeugen und die weltberühmt gewordenen Ton- und Filmdokumente (US-Wochenschau) eindrucksvoll belegt, doch gibt es bis auf den heutigen Tag keine beweisbare Erklärung dafür, wie es zu der Katastrophe kommen konnte. Da kurz vor der Landung des LZ 129 ein Gewitter niedergegangen war (die Landung wurde deshalb aus Sicherheitsgründen um etwa zwei Stunden verschoben), lautet die wohl plausibelste Theorie, daß beim Annähern an den Ankermast eine Funkenentladung statischer Elektrizität zwischen dem Metallgerippe und der nassen Oberfläche der gut isolierenden Rumpf-Außenhülle in dem Augenblick zur Zündung eines explosiven Luft/Wasserstoff-Gemisches im Heckoberteil geführt hat, als abgeworfene Ankerseile den Boden berührten. Ungeklärt ist allerdings, wodurch sich dieses Gemisch bilden konnte. Für einen Sabotageakt von außen (durch Beschuß) oder von innen (durch eine im Heck angebrachte Bombe mit Zeitzünder), wie immer wieder behauptet worden ist, gibt es keine Beweise. Von den 97 Menschen an Bord konnten sich 62 retten, einige von ihnen mit schweren Brandverletzungen. 22 der 36 Toten (darunter auch ein Angehöriger der Landemannschaft) waren Besatzungsmitglieder, 13 Passagiere kamen ums Leben.

Bild 89. Reichsamtsleiter Prof. Dr.-Ing. ARNHOLD (dritter von links) besucht die neue Lehrwerkstatt. Karl Maybach (rechts) erklärt die Entwicklung seit der Gründung 1920. Die Aufnahme stammt aus dem Jahre 1939.

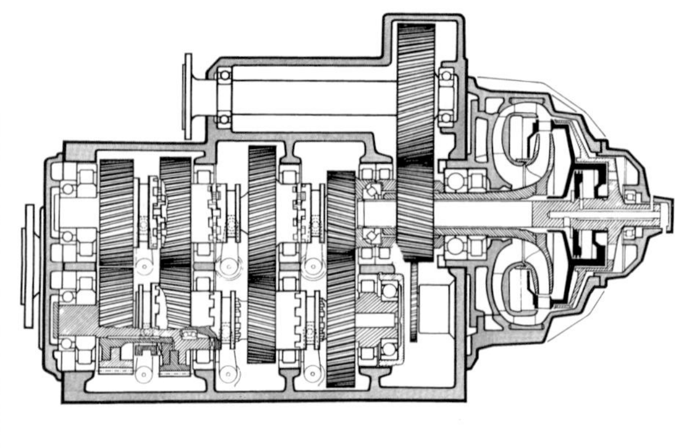

Bild 90. In der zweiten Hälfte der dreißiger Jahre entwickelte der Maybach-Motorenbau zusammen mit Voith und AEG das mechanisch-hydraulische Mekydro-Getriebe für Schienenfahrzeuge als einfache und gewichtsparende Alternative zur elektrischen Kraftübertragung: Schnittbild mit Drehmomentwandler und nachgeschaltetem Viergang-Wechselgetriebe.

bau daran, eine neue große Lehrwerkstatt mit je 90 Schraubstöcken, Werkzeugmaschinen und einem großen Vortragssaal nebst entsprechenden Nebenräumen einzurichten, Bild 89. Die Ausgaben für diesen großzügigen Komplex konnte man sich inzwischen leisten: Noch im Jahre 1937 wurden neue Verträge über Motorenlieferungen, -Preise und -Lizenzzahlungen mit dem Heereswaffenamt abgeschlossen sowie mit der Planung für eine Maybach-Getriebe-Fabrik in England begonnen. Um die gleiche Zeit unterschrieb Karl Maybach einen neuen Vertrag mit dem Maybach-Motorenbau, der seine Tantiemen- und Lizenzeinnahmen neben dem Monatsgehalt verbesserte, nachdem diese – wie auch die seiner Mitarbeiter – in der letzten Phase der Krisenzeit gekürzt worden waren.

Obwohl Karl Maybach ein seit Jahrzehnten höchst erfolgreicher und in Fachkreisen berühmter Konstrukteur war, konnte er äußerst empfindlich sein, wenn ihm ein Mißerfolg unterlief. Im Jahre 1938 arbeitete er an der Konstruktion des Mekydro-Getriebes[13]) für die Dieseltraktion (Bild 90), wobei er für die Steuerung nach einer möglichst einfachen Lösung suchte. Er rief seine Konstrukteure zur Beratung zu sich, und diese schafften es nach einiger Zeit, unter Verzicht auf nicht weniger als 23 von insgesamt 37 vorgesehenen Hauptteilen zu einem befriedigenden Ergebnis zu kommen. Maybach nahm dies zwar zur Kenntnis, verließ aber – von sich selbst enttäuscht – wortlos den Raum. Auch bei der Anmeldung von Patenten seiner Mitarbeiter hat er sehr strenge Maßstäbe angelegt – natürlich in erster Linie, weil die Ablehnung solcher Anträge auch das Unternehmen und schließlich ihn selbst trafen.

Karl Maybach war, wie man über sein ganzes Leben hinweg immer wieder feststellen muß, kein einfacher Chef. Er galt als streng und erwartete von seinen Mitarbeitern die gleiche Hingabe an die Arbeit, die ihm selbstverständlich war; im Betrieb lachte er selten, vertrug auch keine kritischen Fragen und Bemerkungen. Der Erfolg war ihm selbstverständlich und der Mißerfolg ein Fehler, den es eigentlich nicht geben durfte. Ständig ging es ihm um Leistungssteigerung – um die seiner Motoren und auch um die seiner Mitarbeiter. So erinnert sich einer seiner späteren Mitarbeiter in Vernon (vgl. S. 60f.) an den Ausspruch von Karl Maybach, als die Verfügung herauskam, daß am Samstag nicht mehr gearbeitet würde: »Ja sagen Sie, was machen denn dann die Leute den ganzen Tag, wenn sie nicht arbeiten dürfen. Die wissen ja gar nicht, was sie tun sollen.«

Im Frühjahr 1938 wurde Österreichs Anschluß als »Ostmark« an das Deutsche Reich vollzogen, ein Jahr darauf die Tschechoslowakei besetzt. Bei beiden Einsätzen mußte die Heeresführung feststellen, daß es der überhastet aufgestellten Truppe offensichtlich an Erfahrung im Umgang mit den neuen Fahrzeugen und Panzern mangelte. Trotz der unter nahezu friedensmäßigen Bedingungen durchgeführten Märsche waren viele Fahrzeuge auf dem Weg nach Prag mit Pannen liegengeblieben. Fragen wurden laut, warum die Fahrzeuge solchen normalen Belastungen nicht standhielten. Gerade Karl Maybach mußte dies als einen schweren Angriff auf seine Arbeit empfinden. Er ließ deshalb unverzüglich nach den Gründen für die Ausfälle suchen. Dabei stellte sich heraus, daß die meisten auf Bedienungsfehler der noch unerfahrenen Mannschaf-

13) Mekydro = Abkürzung für ein automatisches, mechanisch-hydraulisches Bahngetriebe. Technische Besonderheit: ein ausrückbarer Drehmomentwandler mit vier durch Maybach-Abweisklauen nachgeschalteten Gängen (vgl. S. 392f.).

Bild 91. Der 1935/36 entwickelte zwölfzylindrige V-Motor HL 120 leistete 220 kW (300 PS) bei 3000 min^{-1} und wurde zum Standard-Antrieb für die Panzer III und IV. Durch die »organische« Anordnung des Zubehörs war der Motor kompakt und raumsparend. Bohrung × Hub: 105 mm × 115 mm, Zylindervolumen 0,995 dm^3, Hubvolumen 11,9 dm^3.

ten, teilweise aber auch auf Kinderkrankheiten der Motoren, Getriebe und Fahrzeuge zurückzuführen waren. Die Ausbildungszeiten waren zu kurz für die Gewöhnung an Fahrzeuge, deren Motoren und Getriebe immer komplizierter wurden, die aber letztendlich die Handhabung und Lenkung der Fahrzeuge erleichterten. Noch vor einiger Zeit hatte Hitler einen Krieg erst für 1943/44 vorgesehen; nun aber sah er sich unter Zeitdruck, weil er seinen Rüstungsvorsprung durch die Bemühungen der potentiellen Gegner zu verlieren glaubte. Trotzdem produzierte der Maybach-Motorenbau im Sommer 1939 auf Grund eines von der deutschen Regierung genehmigten Vertrages 120 Einheiten eines 300-PS-Motors modernster Ausführung (Bild 91), wie sie in Deutschland in den Panzer III eingebaut wurden, für die Rote Armee, während das Oberkommando des Heeres (OKH) die Errichtung einer Fabrik für Maybach-Getriebe in England untersagte.

Im Zweiten Weltkrieg 1939 bis 1945

Mit dem Einmarsch der Deutschen Wehrmacht in Polen am 1. September 1939 begann der Zweite Weltkrieg. Der weitgereiste und welterfahrene Großunternehmer Dr. Hugo Eckener, der das Unheil schon lange hatte heraufziehen sehen, reagierte mit den für ihn bezeichnenden Worten zu Jean Raebel: *»Die Schweinerei ist passiert. Wir werden diesen Krieg verlieren. Sehen Sie zu, daß unsere Soldaten die bestmöglichen Motoren bekommen, damit wir vielleicht mit einem blauen Auge davonkommen.«* Dieser Krieg, der für die Menschen Europas und später fast auf der ganzen Welt unermeßliches Leid und Elend mit sich brachte und Wunden riß, die erst viele Jahre nach seinem Ende zu vernarben begannen – dieser Krieg brachte für den ganz in seinem Ingenieurschaffen aufgehenden Konstrukteur Karl Maybach eine Überfülle neuer technischer Herausforderungen. Ein weiterer anstrengender und arbeitsreicher Abschnitt seines Lebens lag vor ihm. Von Ferien und Erholung mit Frau und Kindern in seinem Haus in Garmisch konnte einstweilen nicht mehr die Rede sein, Bild 92.

Bild 92. Gäste beim 60. Geburtstag von Karl Maybach im Juli 1939 in Garmisch. Von links nach rechts: Karl Maybachs Assistent Carl Böttner, *Herr und Frau* Jenke *(die Schwester von Frau Maybach), Tochter* Liselotte Maybach, *Frau* Käthe Maybach, *Direktor* Jean Raebel, Karl Maybach, *Direktor* Karl Rommel.

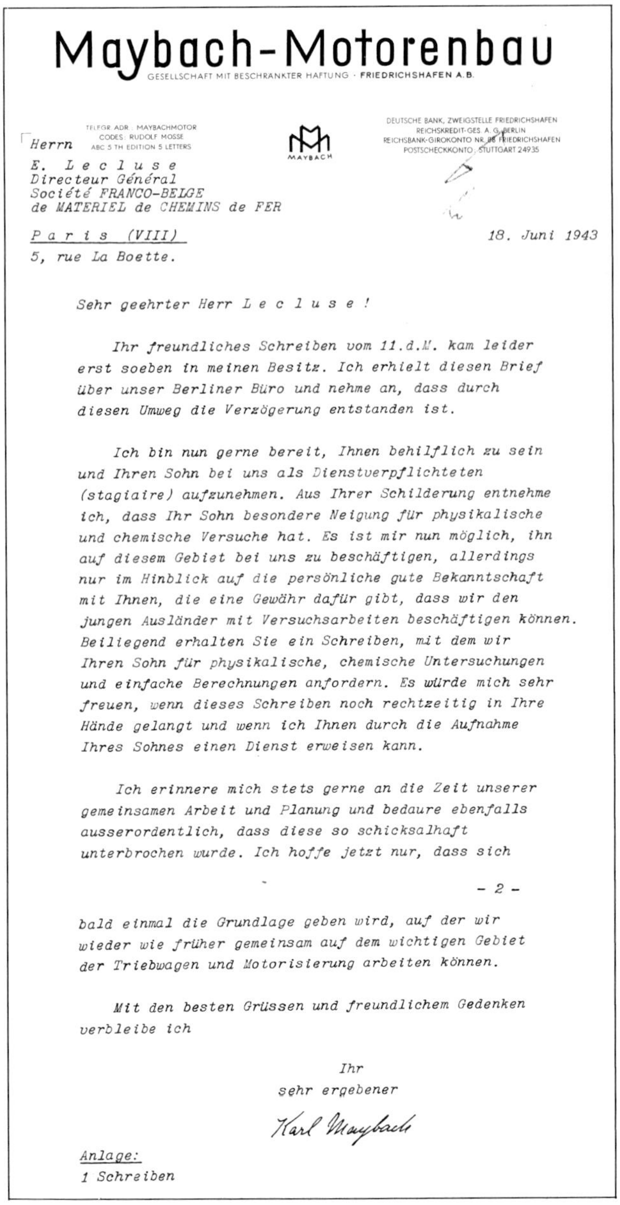

Maybach-Motorenbau
GESELLSCHAFT MIT BESCHRÄNKTER HAFTUNG · FRIEDRICHSHAFEN A.B.

TELEGR. ADR.: MAYBACHMOTOR
CODES: RUDOLF MOSSE
ABC 5 TH EDITION 5 LETTERS

MAYBACH

DEUTSCHE BANK, ZWEIGSTELLE FRIEDRICHSHAFEN
REICHSKREDIT-GES. A. G. BERLIN
REICHSBANK-GIROKONTO NR. 88 FRIEDRICHSHAFEN
POSTSCHECKKONTO: STUTTGART 24935

Herrn
E. Lecluse
Directeur Général
Société FRANCO-BELGE
de MATERIEL de CHEMINS de FER

Paris (VIII)
5, rue La Boette.

18. Juni 1943

Sehr geehrter Herr Lecluse!

Ihr freundliches Schreiben vom 11.d.M. kam leider erst soeben in meinen Besitz. Ich erhielt diesen Brief über unser Berliner Büro und nehme an, dass durch diesen Umweg die Verzögerung entstanden ist.

Ich bin nun gerne bereit, Ihnen behilflich zu sein und Ihren Sohn bei uns als Dienstverpflichteten (stagiaire) aufzunehmen. Aus Ihrer Schilderung entnehme ich, dass Ihr Sohn besondere Neigung für physikalische und chemische Versuche hat. Es ist mir nun möglich, ihn auf diesem Gebiet bei uns zu beschäftigen, allerdings nur im Hinblick auf die persönliche gute Bekanntschaft mit Ihnen, die eine Gewähr dafür gibt, dass wir den jungen Ausländer mit Versuchsarbeiten beschäftigen können. Beiliegend erhalten Sie ein Schreiben, mit dem wir Ihren Sohn für physikalische, chemische Untersuchungen und einfache Berechnungen anfordern. Es würde mich sehr freuen, wenn dieses Schreiben noch rechtzeitig in Ihre Hände gelangt und wenn ich Ihnen durch die Aufnahme Ihres Sohnes einen Dienst erweisen kann.

Ich erinnere mich stets gerne an die Zeit unserer gemeinsamen Arbeit und Planung und bedaure ebenfalls ausserordentlich, dass diese so schicksalhaft unterbrochen wurde. Ich hoffe jetzt nur, dass sich

- 2 -

bald einmal die Grundlage geben wird, auf der wir wieder wie früher gemeinsam auf dem wichtigen Gebiet der Triebwagen und Motorisierung arbeiten können.

Mit den besten Grüssen und freundlichem Gedenken verbleibe ich

Ihr
sehr ergebener
Karl Maybach

Anlage:
1 Schreiben

Bild 93. Der Leiter einer französisch-belgischen Lokomotivfabrik, E. Lecluse, wandte sich am 11. Juni 1943 mit der Bitte an Karl Maybach, etwas für seinen nach Deutschland deportierten Sohn zu tun. Ungeachtet der beruflichen Anspannung im Kriegsjahr 1943 nahm sich Karl Maybach bereits eine Woche später der Bitte seines französischen Geschäftspartners an. Sein Nachlaß belegt, daß es sich hierbei keineswegs um einen Einzelfall handelte.

Seit dem Oktober 1939 wertete man in Friedrichshafen die Erfahrungen mit den Maybach-Motoren im Polenfeldzug aus. Gleichzeitig mußte die Motorenproduktion gesteigert werden, denn für das Frühjahr 1940 war mit der Aufnahme der Kämpfe im Westen zu rechnen. Zu diesem Zweck wurden die Werksanlagen in Friedrichshafen erweitert – ebenso beim Nordbau in Berlin sowie bei anderen »Nachbauern« und natürlich auch bei vielen Zulieferern.

Nachdem Frankreich, die Niederlande und Belgien besetzt worden waren, profitierte die deutsche Industrie von den dortigen Arbeitskräften und Ressourcen. Dies galt auch für den Maybach-Motorenbau. Allerdings bemühte sich Karl Maybach, seinen alten Geschäftsfreunden in den nun besetzten Ländern beizustehen, als diese ihn baten, sich um ihre in deutsche Gefangenschaft geratenen Söhne zu kümmern. Im Maybachschen Nachlaß findet sich ein umfangreicher Schriftverkehr, dem zu entnehmen ist, wie Karl Maybach in solchen Fällen zu helfen versuchte, Bild 93. Diese Hilfe entsprach seiner pietistischen Grundhaltung und seinem sozialen Empfinden. Auch kam ihm und Raebel gewissermaßen das Glück zu Hilfe: Dem Maybach-Motorenbau wurden keine KZ-Häftlinge zugewiesen.

Als Hitler im Juni 1941 auch die Sowjetunion überfiel, was für Maybach, Raebel und Zabel, die im Heereswaffenamt Andeutungen gehört hatten, nicht so überraschend kam wie für die Öffentlichkeit, mußte die Panzerproduktion und damit auch die der Motoren laufend gesteigert werden. Aber bereits im September 1941 wußte man in Friedrichshafen, daß die Panzer in Rußland ganz anderen Bedingungen ausgesetzt waren, als man sie von den bisherigen Feldzügen kannte. Hatte man denn bei der Erprobung von Panzern durch die Reichswehr in Rußland in den zwanziger Jahren keine Erfahrungen gesammelt und keine Lehren für einen etwaigen Krieg gegen die Sowjetunion gezogen? Wußte man nichts über die sowjetische Panzerwaffe? Oder hatte man nur der deutschen Industrie nicht mitgeteilt, was man gesehen hatte? Was empfand der Konstrukteur Maybach wohl, als man 1942 beim Heereswaffenamt vorübergehend auf den Gedanken kam, den so einfachen, billigen und materialsparenden T-34 (Bild 94) nachzubauen, der den bis dahin eingesetzten deutschen Panzern in fast jeder Hinsicht überlegen war, vor allem in der Panzerung, der Waffe und auch der Reichweite? Wir wissen es nicht. Als Antwort auf den T-34 mußten schnellstens neue Panzer und entsprechende Motoren entwickelt werden – u. a. ein 700-PS-Motor, dessen Entwicklung 1936 zurückgestellt worden war.

Angesichts der schweren Verluste im Winter 1941/42 drängte das OKH auf schnellste Fertigstellung der Motoren für den neuen mittleren Panzer V »Panther« (Bild 95) und den schweren Panzer VI »Tiger«. Gleichzeitig wurden die Arbeitskräfte knapper und das Material bis hin zu den Schmierstoffen immer minderwertiger. Daß man die neuen Panzer unerprobt an die Front schickte, war ein Indiz für die sich verschlechternde militärische Lage an der Ostfront, aber auch für das Unverständnis der deutschen Führung technischen Sachverhalten gegenüber. Dies widersprach Maybachs Selbstverständnis als Mensch und Techniker ebenso wie die Forderung des Heereswaffenamtes, er solle seine Motoren nicht für die Ewigkeit bauen. Die Verluste der deutschen Panzerwaffe trafen Karl Maybach auch persönlich: Sein Sohn Walter, Offizier bei einer Panzereinheit

Bild 94. Im Sommer 1941 »erprobt« diese Gruppe deutscher Landser auf einer Waldlichtung in Rußland einen erbeuteten T-34. Das Photo stammt von Alois Fehrenbach, Maybach-Kriegswerkmeister und Leiter einer »Instandsetzungsstaffel«, die den vollkommen intakten Panzer entdeckte und – da die Besatzung das Fahrzeug im Stich gelassen hatte – zu ihrer Einheit fuhr, wo er nach einer Umbezeichnung wieder eingesetzt wurde. (Vgl. hierzu S. 176ff.).

in Nordafrika, fiel am 14. Februar 1943 in Tunesien, Bild 97.

Anderes kam hinzu. Das OKH bzw. das Heereswaffenamt verlangte unter Vorgabe der PS-Zahl stets Panzermotoren mit einer ganz bestimmten Leistung für eine ebenso vorgegebene Fahrzeugmasse. Wenn die Motoren aber geliefert wurden, dann mußten sie in die neuesten, mittlerweile schwerer gewordenen Panzer eingebaut werden, so daß diese nicht selten untermotorisiert waren, was man dann wieder dem Motorenlieferanten zur Last zu legen versuchte. Unter diesen Umständen gestaltete sich die Zusammenarbeit mit dem Heer nun häufig schlecht und zeitraubend. Die Militärs glaubten, auf Grund der Fronterfahrungen die »richtigen« Forderungen zu stellen; allein in Friedrichshafen aber wußte man um die konstruktiven Zusammenhänge von Motor, Getriebe und Schaltung, vom Nachlassen des Materials z. B. beim Stahl und dessen Wirkung auf Leistung und Lebensdauer der Motoren sowie um die abnehmende Qualität der Öle und Kraftstoffe. Weit besser waren die Beziehungen von Maybach, Raebel und anderen führenden Mitarbeitern des Maybach-Motorenbaus zu Rüstungsminister ALBERT SPEER (Bild 98), der die Selbstverwaltung der Industrie wieder einführte, also nicht nur nach militärischen Gesichtspunkten entschied, sondern auch unter den Zwängen der sich verschlechternden Kriegslage um eine sachliche Zusammenarbeit bemüht war. Raebel wurde von Speer zum Leiter des »Panzerausschusses Pz. VII« ernannt, während der 63jährige Maybach Speers »persönlichem Beirat« angehörte. Das schuf nicht nur – unter immer schwierigeren Reiseverhältnissen – zusätzliche verantwortungsvolle Arbeit in einem Milieu, das Maybach nicht lag, sondern auch innerhalb der Industrie eine unerwünschte Konkurrenz-Situation.

Bild 95. Ein Panzer V »Panther« bei der Erprobung auf der »Panzerwiese« am Gehrenberg bei Markdorf während des Zweiten Weltkrieges.

Bild 96. Karl Maybach mit seiner Frau KÄTHE *und den Söhnen* GÜNTER *und* WALTER *(rechts), um 1938.*

Bild 97. Karl Maybachs ältester Sohn WALTER *war Zugführer einer Panzereinheit im Afrika-Korps. Am 14. Februar 1943 wurde sein Panzer IV von einer amerikanischen Pak abgeschossen. Leutnant Maybach wurde dabei schwer verwundet und starb kurz darauf.*

Bild 98. Rüstungsminister Albert Speer *(Mitte) mit hohen Wehrmachtoffizieren 1943 auf der »Panzerwiese« am Gehrenberg, wo er nach einer Erprobung den Einsatz des Maybach-Olvar-Getriebes im Panzer VI »Tiger« anordnete. Links Karl Maybach (mit Mütze), rechts (mit Hand an der Mütze) der Mitkonstrukteur des »Tigers«, Prof.* Ferdinand Porsche.

Bild 99. Als Standort kriegswichtiger Industrie wurde Friedrichshafen in den Jahren 1943 bis 1945 von insgesamt elf Luftangriffen heimgesucht. Die Belegschaft fand in den auf dem Werksgelände errichteten Luftschutzbunkern Schutz. Karl Maybach war mit der Konstruktions- und Versuchsabteilung damals bereits nach Wangen im Allgäu umgezogen.

Seit Anfang 1943 mußte man in Friedrichshafen mit Luftangriffen rechnen, auf die man sich ungeachtet der steigenden Arbeitsbelastung vorzubereiten versuchte, Bild 99. Am 12. Juni 1943 erfolgte dann der erste Angriff. Er verursachte zwar beim Maybach-Motorenbau nur geringe Gebäude- und Maschinenschäden, aber man wußte, daß es dabei nicht bleiben würde. Nach weiteren Angriffen verlagerte man im April 1944 die Konstruktions- und Versuchsabteilungen nach Wangen im Allgäu, wo man in einem stillgelegten Textilveredelungsbetrieb unterkam. Das war nun ein in ländlicher Idylle gelegener Ort. Aber für Karl Maybach und seine engsten Mitarbeiter bedeutete die Auslagerung eine zusätzliche Erschwerung ihrer Tätigkeit. Die Familie Maybach fand eine behelfsmäßige Unterkunft in dem einige Kilometer entfernt gelegenen Dorf Wohmbrechts, wo Karl Maybach praktisch Tag und Nacht in häufig beklagter Einsamkeit arbeitete, wenn er sich nicht auf Reisen befand. Denn immer häufiger hatte er weite und beschwerliche Fahrten zu absolvieren, bei denen er z. B. Speer und Generaloberst Heinz Guderian einerseits, Prof. Ferdinand Porsche und anderen Firmenvertretern andererseits begegnete. Dagegen gab es keinerlei Verkehr mit dem »Führer« oder anderen Parteigrößen.

Jean Raebel hatte fortan in Friedrichshafen und bei seinen vielen Reisen zu Sitzungen mit den Militärs und Parteifunktionären eine noch schwerere Last zu tragen als Maybach. Er mußte die Auseinandersetzungen mit besserwisserischen Beamten und Offizieren durchhalten und Verdächtigungen sowohl gegen den Maybach-Motorenbau als auch gegen ihn selbst und Karl Maybach bei Minister Speer abwehren, während Maybach sich im wesentlichen auf seine Arbeit beschränken konnte. Da er sich in Wangen aufhielt, erlebte er die schweren Luftangriffe auf Friedrichshafen im April und Juli 1944 nicht persönlich, wenngleich die Maybachs dabei ihr Haus in der Zeppelinstraße verloren und Sohn Günter als Flakhelfer bei der Abwehr der feindlichen Flugzeuge ganz nahe dem Haus eingesetzt war. Aus diesen letzten anderthalb Kriegsjahren in Wangen wissen wir wenig über Karl Maybachs Leben. Trotz des Verlustes seines Sohnes Walter, der fortschreitenden Zerstörung seines Werkes und der sich abzeichnenden deutschen Niederlage arbeitete er mit äußerster Energie an der Entwicklung neuer Motoren.

Wie die meisten Menschen hatte auch Maybach im September 1939 mit einem kurzen Krieg gerechnet – und selbst bei Beginn des Rußlandfeldzuges im Sommer 1941 lediglich mit einem neuen »Blitzkrieg«. Bis Mitte 1942 hatte er noch intensiv an Eisenbahn-Motoren arbeiten lassen, weil er annahm, daß demnächst die Kämpfe beendet sein würden und er das zivile Eisenbahngeschäft weiterführen könne. Zudem trug er sich damals mit dem Gedanken, nach dem Krieg einen neuen Zwölfzylinder-Pkw herauszubringen. Doch dann nahm der Zweite Weltkrieg solche Ausmaße an, daß der Maybach-Motorenbau insgesamt bis zum Ende des Krieges 140 000 Panzermotoren liefern mußte. Was mag Maybach über diesen, *seinen* Anteil am Kriege gedacht haben? Es gibt keine Briefe aus dieser Zeit, und die wenigen Menschen, mit denen er über solche Fragen gesprochen haben mag, sind tot – in erster Linie seine Ehefrau Käthe und vielleicht auch noch Jean Raebel. Bei den vielen regelmäßigen Arbeitsgesprächen der Entwicklungs- und Konstruktionsabteilungen, an denen Karl Maybach nach Möglichkeit teilnahm, ist, wie ehemalige Mitarbeiter erklären, niemals ein Wort über Politik oder über den »Wehrmachtsbericht« gefallen – und erst recht nicht nach dem 20. Juli 1944. Um die Jahreswende 1944/45 soll Karl Maybach in engstem Kreise gesagt haben, Deutschland *dürfe* diesen Krieg gar nicht verlieren, jedenfalls nicht gegen die Sowjetunion. Am 25. April 1945 erlebten nun auch die Maybachs in Wohmbrechts für ein paar Tage eine SS-Einquartierung. Am 30. April zogen marokkanische Soldaten mit Panzern ins Dorf; am 2. Mai kam es zu Plünderungen. Bei wunderbarem Wetter, so notierte Käthe Maybach in ihr Tagebuch, ging der Krieg für Karl Maybach und seine Familie in einem friedlichen Allgäuer Dorf zu Ende. Der große Konstrukteur von Flugzeug- und Panzermotoren war in zwei Weltkriegen niemals auch nur für einen einzigen Tag an der Front gewesen. Am Tage nach dem Einzug der Franzosen sagte er zu seiner Frau, er müsse weiter konstruieren – »Neues«.

Bild 100. Nach den Luftangriffen 1944 bot die Innenstadt von Friedrichshafen ein trauriges Bild: Sie war zu 70 % zerstört.

4. Karl Maybach in der Zeit des Wiederaufbaus 1945 bis 1960

Zeit der Ungewißheit

Das Verhalten Karl Maybachs in der ersten Zeit unter der französischen Besatzung war verblüffend. Es hat den Anschein, als ob er die Tragweite des deutschen Zusammenbruchs und seiner Folgen gar nicht wahrgenommen hat. Man blieb in Wohmbrechts wohnen und versuchte zunächst also nicht, ins zerstörte Friedrichshafen zurückzukehren. In Wohmbrechts arbeitete Karl Maybach weiter wie bisher, als ob nichts geschehen wäre. Als er für seine Tätigkeit gewisse Unterlagen brauchte, die sich in seinem Wangener Büro befanden, schickte er ohne Zögern eine Mitarbeiterin per Fahrrad über die höchst unsicheren Straßen dorthin – sie folgte seiner Anordnung und kehrte – unbelästigt von marodierenden Soldaten – wieder zurück. Das Leben mit der Familie verlief wie vor dem 30. April ruhig und geordnet, ohne daß Maybach mehr Interesse als sonst an den Ereignissen in der Welt zeigte, in der Deutschland soeben als Staat aufgelöst wurde, bald Atombomben fallen sollten und ein neues Zeitalter begann. Mehr und mehr wurde die Ehefrau, die unter großen Schwierigkeiten für das Leben der Familie sorgen mußte, auch zu einer Gehilfin dieses Konstrukteurs. War er wirklich weltfremd – oder war es, wie schon früher, bequemer, sich in die Arbeit zurückzuziehen und seinen Neigungen nachzugehen?

Als eines Tages französische Besatzungsoffiziere erschienen und ihn, der wie immer korrekt gekleidet war, fragten, ob er Karl Maybach sei, fürchtete er nicht etwa die Verhaftung, die damals in allen Industriestädten viele Unternehmer, »Wehrwirtschaftsführer«, aber auch einfache Ingenieure, Chemiker usw. traf, sondern er soll selbstbewußt erwidert haben: Ja, er sei Karl Maybach, der Konstrukteur der deutschen Panzermotoren. Und wie reagierten die Offiziere? Sie behandelten den berühmten Maybach voller Respekt; pro forma verhafteten sie ihn, stellten ihn aber nur unter Hausarrest. Er durfte weiterarbeiten.

Karl Maybach war im Laufe seines Arbeitslebens ein wohlhabender Mann geworden. Natürlich wurden nun seine Bankkonten wie die aller »Kriegsverbrecher« von

Bild 101. Der Krieg war zu Ende, Friedrichshafen lag in Trümmern, doch das Leben ging weiter: eine kirchliche Prozession auf der Uferpromenade vor den Ruinen der Stadt, vermutlich im Juni 1948 aufgenommen. Der schwarze Tarnanstrich des Dampfschiffes links im Bild ist noch ein Relikt aus der Kriegszeit.

Bild 102. Die Stunde der Frauen. Wie schon in den Kriegsjahren lag die Hauptlast des Alltages nach der Stunde Null auf den Schultern der weiblichen Bevölkerung – beim Kampf um das tägliche Brot wie auch bei der Beseitigung der Trümmer.

Bild 103. Der Maybach-Motorenbau im Sommer 1945: zerstört, demontiert, geplündert. Die Hoffnung, daß hier jemals wieder Motoren gebaut würden, war damals gering.

den Siegern fast ganz und gar kontrolliert. Von seinen Ersparnissen und Einkünften durfte er für seine verhältnismäßig große Familie monatlich nur einen bescheidenen Betrag abheben. Die Maybachs richteten sich entsprechend ein.

Erstaunlicherweise beantragte aber der zuständige französische Besatzungsoffizier bei seinem Vorgesetzten, daß man den Betrag für einen so bedeutenden Erfinder erhöhen solle. Es ist nicht bekannt, ob es fortan im Maybach-Haushalt bequemer zuging. Das aber war für Karl Maybach selbst nicht das Entscheidende. Wann und wo auch immer er sich seit 30 Jahren aufhielt, da lebte er ausschließlich seiner Arbeit und seinen Gedanken – im übrigen aber schloß er die Welt mit allen ihren Angeboten und Anforderungen aus. Und »die Welt« akzeptierte das, man respektierte diese überaus anspruchsvolle Haltung des Mannes, der nun 65 Jahre alt war, seine Arbeit als Steckenpferd hatte, dieses Steckenpferd aber auch als Arbeit bezeichnete und nach wie vor wortlos von jedem Menschen äußerste Rücksichtnahme auf seinen Lebensstil erwartete. Dabei wirkte er nicht etwa wie ein in sich selbst versunkener, versponnener Mann, der nicht bemerkte, was um ihn herum vorging. Er *erwartete* den Respekt, mit dem man ihm begegnete; er vertrug keinen Widerspruch. Das abendliche Beisammensein der Familie wurde zur Schule, zur moralischen Veranstaltung. Karl Maybach formulierte ein meist pädagogisches Thema, und unter seiner Leitung führte man über dieses eine erbauliche Unterhaltung, bis der Vater sich, entsprechend seinem Stundenplan, wieder dem Reißbrett zuwandte.

Im Sommer 1945 änderte sich dieses Leben auf dem Dorfe. Von Zeit zu Zeit waren französische Offiziere zu Karl Maybach gekommen und hatten ihn »vernommen«, d. h. sich mit ihm über seine Arbeit und über die des Maybach-Motorenbaus unterhalten. In diesem Zusammenhang erfuhr er – sicher nicht überraschend –, daß die französische Militärregierung befohlen hatte, auf Grund dieser Informationen die Entwicklung der Diesel- und Benzinmotoren in Frankreich fortzusetzen. Käthe Maybach bat den Konstruktionschef des »Motorenbaus«, Obering. Richard Seifert, er möge doch nach Wangen kommen, um mit ihrem Mann, der so unleidig sei, über Motorenprobleme zu sprechen.

Als man dem Sohn Günter im Juli 1945 erlaubte, in Wangen als Praktikant in der Entwicklungsabteilung zu arbeiten – wie sein Vater einst beim Großvater in Cannstatt begonnen hatte –, fuhr Karl Maybach selbst nach Friedrichshafen und betrat nach langer Zeit wieder den schwer beschädigten Betrieb (Bild 103), in dem in einer halbwegs hergerichteten Halle aus Bauteilen Motoren für die Franzosen montiert wurden. Er besuchte Dr. Hugo Eckener in seinem Büro und sprach mit ihm über die Zukunft. Maybach meinte, man werde Lokomotiven und Dieseltriebwagen vom Maybach-Motorenbau brauchen. Eckener aber sah angesichts der Demontage, der zu 70% zerstörten Stadt, des menschlichen Elends und der politischen Lage sehr viel pessimistischer in die Zukunft. Er konnte sich nicht vorstellen, wie eine deutsche Panzermotoren-Fabrik, aus der täglich Maschinen und Dokumente abtransportiert wurden, in dieser von den französischen Siegern bestimmten Atmosphäre noch eine »Zukunft« haben sollte. Maybach jedoch wiederholte, was er in Wangen zu sagen pflegte: Ein Konstrukteur müsse auch in dieser Zeit Mut für eine neue, normale Zukunft haben. Seine Phantasie war so ausschließlich die eines kreativen Ingenieurs, daß er sich etwas anderes als die »normale« Arbeit an Motoren einfach nicht vorstellen konnte. Er arbeitete – und das Schicksal fügte sich ihm.

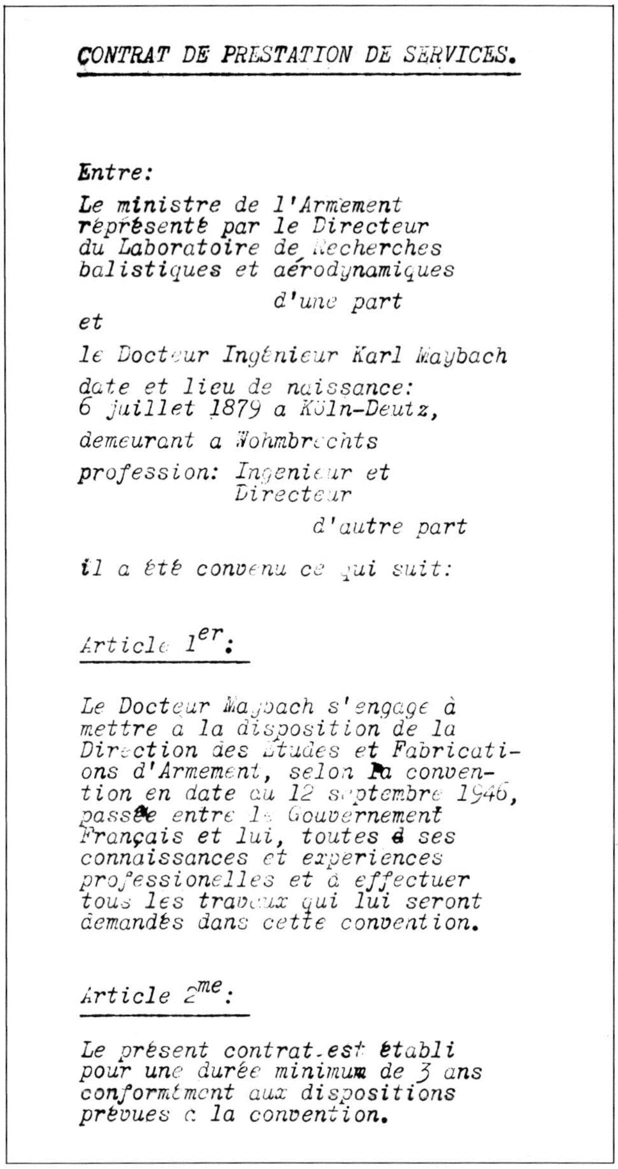

CONTRAT DE PRESTATION DE SERVICES.

Entre:

Le ministre de l'Armement
représenté par le Directeur
du Laboratoire de Recherches
balistiques et aérodynamiques
d'une part

et

le Docteur Ingénieur Karl Maybach
date et lieu de naissance:
6 juillet 1879 a Köln-Deutz,
demeurant a Wohmbrechts
profession: Ingenieur et
Directeur
d'autre part

il a été convenu ce qui suit:

Article 1er:

Le Docteur Maybach s'engage à
mettre a la disposition de la
Direction des Etudes et Fabrications
d'Armement, selon la convention
en date du 12 septembre 1946,
passée entre le Gouvernement
Français et lui, toutes ses
connaissances et experiences
professionelles et à effectuer
tous les travaux qui lui seront
demandés dans cette convention.

Article 2me:

Le présent contrat est établi
pour une durée minimum de 3 ans
conformément aux dispositions
prévues a la convention.

Bild 104. Diese »Convention« regelte die Bedingungen für die Arbeit Karl Maybachs in französischem Auftrag. Zieht man das Datum, nämlich September 1946, in Betracht, muß diese Vereinbarung als generös bezeichnet werden, zumal die Besatzungsmächte in ähnlichen Fällen ganz anders vorgingen.

Zwischenspiel in Vernon

Am 24. Oktober 1945 – drei Monate nach dem ersten Nachkriegsgespräch mit Eckener – wurde Karl Maybach wieder einmal von einer französischen Kommission befragt: nach Parteizugehörigkeit, Orden und Auszeichnungen. Ohne Zweifel war er seit 1912 in Friedrichshafen ein ganz und gar unpolitischer Ingenieur gewesen – sogar einer mit ein paar erfolgreichen Arbeiten für französische Automobilbauer. Sollte diese Bemerkung ein Angebot sein? Noch mußte er sich ein paar Monate gedulden. Dann erhielt er von den Franzosen das Angebot, mit seiner Entwicklungsabteilung in Frankreich zu arbeiten – »ohne Einschaltung des MM.« Karl Maybach lehnte dies jedoch ab und machte seine Zusage von der Bedingung abhängig, daß der Maybach-Motorenbau weiterarbeiten dürfe, wenn nötig unter Einschaltung einer neuen Firma. Als die Franzosen dies schließlich akzeptierten, schrieb Karl Maybach am 24. Mai 1946 an den für ihn zuständigen Besatzungsoffizier Colonel Roland, er sei nach Rücksprache mit Eckener bereit, als unabhängiger Ingenieur einerseits und oberster technischer Direktor eines zu gründenden Unternehmens andererseits, die Entwicklung von Motoren und Getrieben für den französischen Staat zu leiten.

Am 12. September 1946 schloß Karl Maybach mit der französischen Regierung unter Mitzeichnung von Jean Raebel, also des Maybach-Motorenbaus, eine »Convention«, *»welche die Bedingungen regelt, unter denen die Studien, die Verwirklichung und die Fertigstellung eines Benzinmotors von 1000 PS mit Hilfsmotor sowie eines Dieselmotors gleichen Hubvolumens und alle weiteren Entwicklungen dieser Motoren zu betreiben sind«* (Bild 104). Die Kosten dieser vertraglich festgelegten Entwicklung übernahm die französische Regierung. Alle daraus hervorgehenden Patente und Erfindungen wurden von vornherein Karl Maybach eigentumsmäßig zuerkannt mit der Einschränkung, daß die französische Regierung die Verwertung dieser Maybach-Konstruktionen für Zwecke ihrer nationalen Verteidigung lizenzfrei ausüben konnte. Das Abkommen sollte drei Jahre gelten. Der Ingenieur und Konstrukteur Karl Maybach hatte Mut bewiesen und Glück gehabt, weil seine französischen Verhandlungspartner ihn brauchten und ihm daher generös entgegenkamen. Durch diesen Schritt konnte er den Maybach-Motorenbau vor der vollständigen Demontage retten.

Die Konstruktions- und Versuchsabteilungen durften ihre Arbeit allerdings weder in Wangen noch in Friedrichshafen aufnehmen, sondern mußten nach Frankreich gehen. Karl Maybach konnte zwar mit seiner Familie seinen »ersten Wohnsitz« in Deutschland behalten, aber sein Hauptarbeitsplatz war in Vernon (Bild 105), einem Städtchen mit rund 22000 Einwohnern an der Seine im Département Eure in der Normandie – etwa 60 km von Paris entfernt, gut abgelegen also für geheime Arbeit und doch in der Nähe der Behörden, denen diese unterstellt war. Dort sollte Maybachs stellvertretender Direktor, Dipl.-Ing. Markus von Kienlin (Bild 106), mit etwa 60 Freiwilligen, also nicht dienstverpflichteten Ingenieuren, Facharbeitern, männlichen und weiblichen Hilfskräften, ständig tätig sein. Sofort ging man daran, diese anzuwerben sowie Maschinen, Geräte und weiteres Arbeitsmaterial zusammenzustellen. Arbeitsverträge wurden ausgearbeitet, Unterkünfte und Büros vorbereitet. Bereits am 6. Dezember 1946 verließ die erste Gruppe von Mitarbeitern Friedrichshafen.

Karl Maybach selber blieb einstweilen noch in Friedrichshafen. Er folgte der »Groupe M« – so nannte man die Projektgruppe und das Vorhaben nun – erst im Herbst des folgenden Jahres. Als er am 29. September 1947 mit seiner Familie in Vernon eintraf, fand er seine Leute in Baracken einer ehemaligen Pulverfabrik sehr dürftig untergebracht und schlecht versorgt. Man hatte im Winter 1946/47 hungern und frieren müssen, die zugesagten Gehälter und Urlaubsgelder nicht erhalten und die Familien nicht, wie zugesagt, nachkommen lassen können, Bild 107. Auch die Arbeitsverhältnisse im engeren Sinne waren schlecht, so daß man nicht auf die in Deutschland gewohnte Weise vorankommen und die Leistungen erbringen konnte, welche die Franzosen von den Deutschen erwarteten. So mußten in den geplanten Werkstätten wie auch in den Unterkünften erst einmal Elektro- und Wasserinstallationen von den Angehörigen dieser Gruppe durchgeführt werden.

Was die »Groupe M« in den folgenden Jahren in Vernon unter allmählich sich bessernden Umständen geleistet hat, wird an anderer Stelle dargestellt (siehe S. 212f., 334f.). Hier geht es allein um ihren Chef. Und da ist zweierlei festzuhalten. Zunächst einmal hatte Karl Maybach das Glück, als freier Konstrukteur genau da weiterarbeiten zu können, wo er im Frühjahr 1945 hatte aufhören müssen: an Otto- und Diesel-Panzermotoren, wie es sie bisher noch nicht gegeben hatte. In dieser Hinsicht ging es ihm sehr viel besser als den meisten anderen deutschen Wirtschaftsführern – weit besser auch als den Ingenieuren und Technikern, die nach England und USA zu gehen »überredet« oder gar in die Sowjetunion deportiert worden waren und dort praktisch als Gefangene, getrennt von ihren Familien, auf unabsehbare Zeit arbeiten mußten. Maybach reiste zwischen seiner Familie in Wohmbrechts, dem Werk in Friedrichshafen, dessen Demontage im Zusammenhang mit der »Convention« eingeschränkt worden war, und Vernon verschiedentlich hin und her – unbequem gewiß, aber doch als freier Mann.

Seine Mitarbeiter hatten es schlechter, obwohl er sich wiederholt bei den zuständigen französischen Dienststellen für sie einsetzte. Sie hatten ständig Grund zur Klage, so daß viele bald nach der Währungsreform begannen, die Rückkehr zu planen. In Friedrichshafen hatte man ihnen für diesen Fall vertraglich Arbeitsplätze zugesichert, und außerdem zeichnete sich in den drei Westzonen ein gewisser Aufschwung der Industrie ab. Maybach mußte fürchten, daß ihm wichtige Männer der »Groupe M« davonliefen.

Karl Maybach war immer ein eifriger Briefschreiber gewesen; er blieb es auch nach 1945. Geschäftlich korrespondierte er hauptsächlich mit Jean Raebel, der in Friedrichshafen zusammen mit Betriebsdirektor Carl Böttner bemüht war, die Demontage weiter zu verzögern und einzuschränken, ein paar hundert Facharbeiter beim Maybach-Motorenbau zu halten und für

Bild 105. Vernon, ein 60 km nordwestlich von Paris an der Seine gelegenes Städtchen mit 22000 Einwohnern. Nach Kriegsende errichteten die Franzosen hier mit deutschen Ingenieuren eine Raketenversuchsanstalt sowie eine Panzermotorenentwicklungsstätte. Der Arbeitsplatz und die Unterkünfte der »Groupe M« befanden sich im Wald links neben dem Kirchendach. Die offizielle Ortsbezeichnung dafür lautete »Cité des Bouches Mannons«.

Bild 106. Karl Maybach und sein »Vize«, Dipl.-Ing. Markus von Kienlin, *in Vernon im Jahre 1949. Rechts im Hintergrund die Baracke, in der sich das Konstruktionsbüro befand.*

Bild 107. In diesen Holzbaracken waren Karl Maybach und seine Mitarbeiter mit ihren Familien untergebracht.

Bild 108. Während Karl Maybach mit seinen Mitarbeitern in Vernon neue Panzermotoren für die französische Armee entwickelte, waren in Friedrichshafen die verantwortlichen französischen Besatzungsoffiziere und einige Deutsche damit beschäftigt, die Schließung und Totaldemontage des »MM« durchzusetzen. Die tatsächliche Schließung des Werkes am 13. August 1948 schien das endgültige Aus für den »Motorenbau« zu bedeuten (Bild). Doch für die französischen Militärbehörden in Paris galten die technischen Fähigkeiten Karl Maybachs und seiner Gruppe in Vernon mehr als das Bedürfnis nach Vergeltung, so daß am 25. September 1948 die Total- in eine Teildemontage umgewandelt wurde.

diese Arbeit und Lohn zu finden. Am 18. Juli 1948 sandte Maybach Raebel einen höchst interessanten, acht Seiten langen, handgeschriebenen Brief, in dem er die Beantwortung einer Anfrage Raebels, ob die Einstellung eines bestimmten Wissenschaftlers in Friedrichshafen zu vertreten sei oder nicht, zu einer grundsätzlichen Erörterung über die Entwicklung des Ingenieurberufes in den letzten 100 Jahren und die Zukunftsperspektiven dieses Berufes ausweitete. Warum beschäftigte sich der annähernd 70jährige plötzlich mit der Entstehung und Entwicklung seines Berufes? Er wollte sich anscheinend am Anfang eines neuen Lebensabschnittes – des letzten – über seine Position als Erfinder und Entwickler in Technik und Wirtschaft klar werden und über den Weg, der von seinem Vater und Gottlieb Daimler bis zu ihm selbst und weiter zu seinem Sohn Günter geführt hatte.

Maybach begann mit der Feststellung, daß es »vor nur wenig mehr als 100 Jahren ... überhaupt keine Ingenieure oder Techniker im heutigen Sinne« gegeben habe. Alles sei von »Schlosser-, Mechaniker- oder sonstigen Handwerkern« erfunden worden. Daneben habe es »reine Wissenschaftler« gegeben, »abgeschlossen in ihrer gesellschaftlich hochstehenden Kaste, ohne Berührung mit den Kreisen der Handwerker und der Parallel-Klasse der Krämer«. Den Handwerkern von Anfang an verschlossen war das Gebiet der Elektrotechnik: »Erst als z. B. der Wissenschaftler Siemens sich mit dem Mechaniker Halske zusammenfand, kam die Elektrizität neben dem Dampf als Kraftquelle in Frage.« Bei der Verbrennungskraftmaschine brauchte man damals noch keinen Wissenschaftler. Otto habe es sogar »ohne handwerkliche Kenntnisse« fertiggebracht, einen Gasmotor zu erfinden und zu bauen. Nachdem aber nun die drei Maschinenarten Verbrennungskraftmaschine, Dampfmaschine und Werkzeugmaschinen aller Art »*einen gewissen Höhepunkt in ihrer Entwicklung erreicht haben, muss zu anderen Mitteln gegriffen werden, die dem Handwerker nicht mehr zugänglich sind. Wehe dem verantwortlichen Techniker, der dies nicht rechtzeitig erkennt und sich diesem gewaltigen Umschwung in der Technik* [nicht] *anpaßt, ehe es zu spät ist. Aber nicht nur anpassen führt zum Erfolg und zu anderen Wegen, sondern im Zuvorkommen und Vorausdenken liegt das Gedeihen für alle weiteren Fortschritte in der Technik.*«

Für sich selbst nahm er in Anspruch, daß er »diese Wende schon im Jahre 1935 erkannte« und beim Maybach-Motorenbau in Markus von Kienlin einen reinen Wissenschaftler auf dem Gebiet der elektrischen Hochfrequenz[14]) und noch dazu »ohne jede Konstrukteur-Erfahrung auf unserem Gebiet für die Leitung unserer Versuche« angestellt hatte. »Heute [1948] ist ein Motorenversuch ohne die Praxis der elektrischen Hochfrequenz einfach undenkbar ... morgen wird es genauso sein mit dem Wissenschaftler auf dem Gebiet der mathematischen Physik für das Konstruktionsbüro einer Motorenentwicklung.« Dann würde man »leider« erkennen, »daß der reine Konstrukteur, auch wenn er Dipl.-Ing. ist, eben der ›Halske‹ ist, der ohne ›Siemens‹ allein nichts leisten kann«. Maybach folgerte, daß

»*die große Zahl der Techniker immer mehr einer Klasse gehobener Handwerker angehören* [wird], *wie ja auch schon jetzt begabte Handwerker immer mehr und zwar mit Recht in diese Klasse eindringen und sie ganz natürlich weiterhin befruchten werden. Auch rein äusserlich werden solche unentbehrlichen Kräfte immer mehr den Titel ›Ingenieur‹ erhalten und auch verdienen. Es wird in Deutschland nicht ausbleiben können, dass solchen Praktikern nach dem Vorbild von USA der Weg zum Aufstieg ganz anders geöffnet werden wird als bisher und dass er nicht mehr erschwert oder versperrt werden kann nur deshalb, weil sie kein Studium absolviert haben.*«

Ähnlich werde die Entwicklung bei Konstrukteuren und Wissenschaftlern verlaufen:

»*Beide Arten können aus genau demselben Dipl.Ing.-Studium hervorgehen und unterscheiden sich erst nach einer genügend langen Berufstätigkeit. Der eine besitzt*

14) für die Messung mechanischer Größen im und am Motor

dann Routine in der mathematischen Physik und besitzt wenig oder keine Erfahrung im Zeichnen, Entwerfen und konstruktiven Denken, beim andern ist es umgekehrt, man verlangt von ihm vor allem Routine in den 3 letzteren Punkten und weiss dabei genau, dass er die Routine des reinen Wissenschaftlers auch bei sonst bester Begabung und vollkommenem Studiengang mangels Übung garnicht besitzen kann. Es muss also geradezu Wert darauf gelegt werden, dass diese beiden Gebiete möglichst spezialisiert sind, genau so wie ein erstklassiger Versuchsmann kein ebenso bedeutender Konstrukteur sein kann und umgekehrt...«

In Zukunft müßten, so Maybachs Auffassung, die Kräfte für Versuch, Konstruktion und Wissenschaft im richtigen Verhältnis vorhanden sein und sich ergänzen. Dabei sei allerdings noch nicht gesagt, »wer dabei in der Führung des Unternehmens die Oberhand hat oder haben soll, zumal zum Gelingen des Ganzen je nach Grösse auch noch mehrere nicht technische Kräfte-Kategorien in Frage kommen, die je nach Veranlagung und Umständen genau so wie die technischen Kräfte gleich grosse Anwartschaft auf die oberste Leitung im Laufe der Zeit erwerben können«. Maybach folgerte daraus, daß man in Zukunft beim Maybach-Motorenbau erstklassige, wissenschaftliche Spezialisten brauchte – wie er kürzlich einen solchen in einem »angesehenen französischen Wissenschaftler und Professor einer Lehranstalt« kennengelernt hatte, der »den schwierigsten Problemen auf dem Motorengebiet mit erstaunlicher Planmäßigkeit auf rein theoretischem Wege auf den Grund geht«.

Waren solche modernen »Wissenschaftler und Professoren« etwa im Begriff, Karl Maybach selber zu überholen? Er ahnte wohl so etwas und fürchtete, daß »das französische Amt sich einmal unsere ›wissenschaftliche‹ Tätigkeit (immer im obigen Sinne) genauer ansieht und vermissen könnte, daß wir neben unseren neuen Meßmethoden die rein rechnerische Durchführung dieser Gebiete vernachlässigen«. Das war gewissermaßen Maybachs Analyse für die künftige Zusammensetzung der Entwicklungsabteilung eines Motorenherstellers, womit er die tatsächliche Entwicklung erstaunlich genau voraussagte.

Daneben kümmerte er sich, wo immer er sich aufhielt, um das Wohlergehen der Mitglieder seiner »Groupe M« in Vernon, um Krankheit, Geld- und Verpflegungsfragen, auch um familiäre Schwierigkeiten – unauffällig, auch hier mit wenigen Worten, aber deutlich mit mehr als pflichtgemäßer Anteilnahme. Beide Bereiche füllten ihn ganz aus – anderes kannte er nicht. Als 1948 einige Mitarbeiter aus Vernon nach Paris zu einem Furtwängler-Konzert fuhren und ihn einluden mitzukommen, ließ er sie wissen, daß er mit Musik »nichts anfangen« könne.

Über Weihnachten und den Jahreswechsel 1948/49 war er zu Hause in Deutschland, einige Tage später

Bild 109. Karl Maybach nimmt in einer der Versuchswerkstätten in Vernon die Glückwünsche der Mitarbeiter zu seinem 70. Geburtstag entgegen; rechts Dipl.-Ing. Markus von Kienlin.

wieder in Vernon. Dort feierte er auch am 6. Juli 1949 mit etwa 50 Mitarbeitern seinen 70. Geburtstag, Bild 109. Seine Dankesrede für die Feier schloß er mit den Sätzen: »Ihr seid hier meine Pioniere. Danke, daß Ihr mitgekommen seid.« Wissenschaftler, Pioniere – auch am Anfang seines achten Jahrzehnts blickte Karl Maybach in die Zukunft. Noch war die Bundesrepublik Deutschland nicht gegründet, waren nach der Währungsreform zwar die Anfänge der sozialen Marktwirtschaft, nicht aber Ansätze für ein »Wirtschaftswunder« zu erkennen, stand der Maybach-Motorenbau in Friedrichshafen aus Mangel an Aufträgen sogar vor dem Ruin. Aber Maybach dachte schon an den Bau von Eisenbahnantrieben – an die »Verdieselung«. Doch die alte Deutsche Reichsbahn war ein »Volkseigener Betrieb« der sowjetischen Besatzungszone bzw. der DDR geworden, der keine Aufträge an kapitalistische Unternehmen in Westdeutschland vergab. Die im Westen neugegründete Deutsche Bundesbahn dagegen hatte kein Geld für Modernisierungen, nicht einmal für Reparaturen größeren Ausmaßes. Und in Vernon begannen die Franzosen, denen das große Vorhaben zu teuer wurde, über die Langsamkeit von Maybachs Arbeit und das Ausbleiben spektakulärer Ergebnisse zu klagen. In der Tat: Viele Mitarbeiter liefen Maybach und von Kienlin davon – nach Friedrichshafen oder zur Konkurrenz. Im November 1951 drohte das Ende der Zusammenarbeit, die man vor mehr als vier Jahren voller Dankbarkeit und Optimismus begonnen hatte. Allerdings muß festgestellt werden, daß Maybach seinen Vertrag durchaus korrekt erfüllt hatte. Der Benzinmotor HL 295 mit Hilfsmotor HL 11 war mit den verlangten Leistungen abgeliefert worden, ebenfalls ein entsprechender Dieselmotor. Wenn die Franzosen Maybach persönlich vorwarfen, er arbeite nicht schnell und genau genug, dann betraf das die Teilefertigung in Friedrichshafen. Schließlich arbeitete man 1952 in be-

Bild 110. Nach 1945 nahm Frankreich die Entwicklung eigener Panzerfahrzeuge wieder auf. So entstand u. a. der schwere Panzer AMX 50, für den Karl Maybach in Vernon den Benzineinspritz-Motor HL 295 mit 735 kW (1000 PS) entwickelte. Dieses Bild aus dem Jahre 1989 zeigt einen fahrbereiten AMX 50 auf dem Gelände der Panzerschule Saumur (Loire).

scheidenem Umfange weiter – hauptsächlich an neuen Motoren und auf Wunsch der Franzosen an verschiedenen Versionen des HL-295-Motors.

Die letzten Jahre

Karl Maybach selbst blieb ab Mitte 1951 endgültig in Deutschland. Er lebte und arbeitete nun hauptsächlich in seinem Haus in Garmisch. Auch im Alter blieb er bescheiden und anspruchslos. Wenn er von Zeit zu Zeit nach Friedrichshafen kam, wohnte er nicht bei seinen Kindern, sondern im Gustav-Werner-Stift. Zuweilen assistierte ihm sein Sohn Günter, der kurz vor seiner Diplomprüfung an der TH Stuttgart stand, bei der Arbeit. Würde er ein »Wissenschaftler« im Maybach-Motorenbau werden? Der Großvater reiner Praktiker, der Vater nur zur Hälfte ein Studierter – und nun die »reine Wissenschaft«? Zunächst wollte sich Günter Maybach weiter in den USA ausbilden, wie der Vater einst in Frankreich. Auch zwischen Günter Maybach und seinem Vater gab es eine rege Korrespondenz. In Friedrichshafen wurde das zerstörte Haus wieder aufgebaut und von der Tochter Marianne und ihrem Mann Heinz Gessler, Juniorchef des Robert-Gessler-Verlages, nach der Hochzeit im Jahre 1951 bewohnt. Die Tochter Irmgard hatte dem Vater zuliebe auf ein Studium verzichtet und war seine Sekretärin geworden. 1957 heiratete sie den Arzt Dr. Friedrich W. Schmid und zog mit ihm nach San Francisco. Karl Maybachs älteste Tochter Liselotte hatte bereits 1941 den Rechtsanwalt Dr. Ludwig Hengstl geheiratet.

Pensionierte Mitarbeiter des Maybach-Motorenbaus, die in ganz unterschiedlichen Positionen tätig gewesen sind, erinnern sich, daß damals im Unternehmen allen Absatz- und Finanznöten zum Trotz eine gute Zusammenarbeit geherrscht hat – nicht zuletzt, weil man sich in der Bewunderung für Karl Maybach einig war. Man lebte in der Tradition seiner großen Leistungen, die vom Luftschiff über das Automobil und den Triebwagen in eine Zeit neuer Erfolge zu führen schien. Man wußte, daß auch der über 70jährige Tag für Tag arbeitete und Neues schuf, ja sogar einmal meinte, man könne in den Lokomotivbau einsteigen, da er sich wie bei den Automobil-Motoren den Konstrukteuren der anderen, alteingeführten Lokomotivfirmen überlegen fühlte.

Zwei Ereignisse in Karl Maybachs frühen Siebzigern müssen hier erwähnt werden, da sie für seinen Lebensabend und die Zukunft der Familie, ja des Namens, große Bedeutung erlangt haben: die Entwicklung des Sohnes Günter (Bild 111) und die Beteiligung von Friedrich Flick am Maybach-Motorenbau, der von Karl und Wilhelm Maybach vor rund 40 Jahren mitgegründet worden war. Günter Maybach war, 25jährig, im Begriff, sein Studium an der TH Stuttgart mit einer Diplomarbeit auf dem Gebiet der Abgasturboaufladung zu beenden, als sein Vater vorsorglich bereits am

3. September 1952 an den Research Consultant der General Motors Corporation (GMC) in Detroit, CHARLES FRANCIS KETTERING, den er 1930 kenngelernt hatte, schrieb, sein Sohn wolle nach dem Studium »für eine zunächst unbestimmte Dauer als Ingenieur in eine der bestrenommierten dortigen Motorenfabriken« eintreten. Er, der Vater, wähle daher eine regelrechte Anstellung als Ingenieur auf dem Motorengebiet mit Bevorzugung von schnellaufenden Dieselmotoren. Kettering reichte den Brief weiter an den zuständigen Vizepräsidenten der GMC, C. R. OSBORN, und dieser schrieb am 29. Oktober 1952 an Karl Maybach:

»Wenn Ihr Sohn die Absicht hat, seinen ständigen Wohnsitz in den USA zu nehmen..., bin ich überzeugt, daß wir für ihn in einer unserer großen Dieselabteilungen im beiderseitigen Interesse eine Stellung finden werden. Wenn er die Absicht hat, nach den Vereinigten Staaten zu einer Ausbildungszeit zu kommen, um nachher nach Deutschland zurückzukehren, so glaube ich nicht, daß wir in diesem Falle Wert darauf legen würden, ihn zu beschäftigen, weil es, von unserem Standpunkt aus gesehen, kaum vorteilhaft wäre...«

Karl Maybach brauchte fast drei Monate, um diese klare Absage zu verwinden. Erst am 16. Januar 1953 schrieb er Osborn:

»Ich glaube deshalb, daß mein Sohn besser daran tun wird, sich ohne jede feste Bindung zur gegebenen Zeit in USA persönlich umzusehen, zumal er aufgrund seiner Diplomarbeit... auch über ein Wissen verfügt, das sicherlich für die eine oder andere Firma in Ihrem Lande interessant sein kann.«

Günter Maybach blieb vorerst in Deutschland, volontierte beim Maybach-Motorenbau und assistierte dem Vater bei einer Arbeit über Abgasgegendrücke bei einem geplanten Zweitaktmotor. Erst am 29. Mai 1954 schrieb Karl Maybach einen zweiten Brief im Interesse seines Sohnes – diesmal an F. W. VON MEISTER, mit dem er wohl über ein Schweizer Unternehmen bekannt war, und der am State College in Bernards Ville, New Jersey/USA, lehrte. Diesmal wurde man sich sehr schnell einig: Günter Maybach reiste mit Hilfe eines Studentenvisums in die USA. In seinem ersten Brief an den Vater vom 13. September 1954 schrieb er begeistert über den Anfang seiner Arbeit bei Professor SCHWEITZER, der an der Pennstate University in State College, Pennsylvania, Maschinenbau lehrte. Interessant an diesem ersten Brief ist der Satz: »Über den Prozeß der Verdieselung in Europa sprach er sehr optimistisch – dieser Zeitpunkt sei sehr nahegerückt.« Günter Maybach blieb schließlich bis 1959 in den USA. Er war offenbar tüchtig und beliebt. Schweitzer schrieb über ihn bereits am 10. Dezember 1954: »Günter ist ein furchtbar netter Kerl und eine ganz außerordentliche Arbeitskraft.« Er sei als Forschungsassistent an der Universität angestellt, höre wöchentlich sechs Vorlesungen und sei außerdem »als Konstrukteur in unserem Ingenieur-Büro ungefähr 12 Stunden wöchentlich in den Abendstunden und am Wochenende tätig«. Innerhalb von drei Jahren wolle er promovieren. Schweitzer schloß den Brief mit den Worten, »daß Sie auf Ihren Sohn stolz sein können. Er paßt in die eminente Familie«.

Der 75jährige Vater war gewiß stolz auf seinen Sohn und ließ z. B. am 16. März 1955 JEAN RAEBEL, der am folgenden Tage in die USA reiste, wissen, »daß er voll Elan dort tätig ist«. Im Januar 1959 schloß Günter Maybach sein Studium an der Pennstate University mit einer Promotion bei Prof. HUSSMANN ab. Aus diesen Jahren sind 68 Briefe von ihm an die Eltern und 74 zum Teil seitenlange von Karl Maybach an den Sohn und die Schwiegertochter erhalten geblieben – fast durchweg spezielle »Ingenieur-Briefe«. Am 25. November 1954 schrieb daher Karl Maybach: »Ich lasse mir Deine Briefe in gewissen Abständen mehrere Male von Mama vorlesen, da ich sie dann erst gründlich in mir aufnehmen kann.« Am 4. Mai 1959 nahm Dr.-Ing. Günter Maybach – inzwischen seit 1957 mit einer Tochter des angesehenen amerikanischen Ingenieur-Professors de Juhasz verheiratet – im Maybach-Motorenbau seine Tätigkeit als Direktions-Assistent bei MARKUS VON KIENLIN auf. Nach langjähriger, sorgfältiger Ausbildung begann damit die dritte Generation der Maybachs die Karriere im eigenen Unternehmen, Bild 112.

Bild 111. Dr.-Ing. GÜNTER MAYBACH *(1927 bis 1963).*

Bild 112. Günter Maybach *trat nach seiner Promotion zum Dr.-Ing. 1959 in den Maybach-Motorenbau ein, zunächst als Assistent des Entwicklungschefs. Sein früher Tod verhinderte die Karriere eines Maybach als Motoreningenieur in der dritten Generation. Von links nach rechts: Karl Maybach im Gespräch mit* Jean Raebel *(links), Oberingenieur* Fritz Lutz *(zweiter von rechts) und Sohn Dr. Günter Maybach (rechts).*

Bild 113. Am Ende eines erfüllten Lebens: Karl Maybach und der kaufmännische Direktor des »Motorenbaus«, Jean Raebel, *bei einem Besuch im Hause Maybach in Garmisch, 1958. Raebel und Maybach verband über Jahrzehnte eine vertrauensvolle und erfolgreiche Partnerschaft.*

Ausführlich wird an anderer Stelle in diesem Buch (siehe S. 229f.) dargestellt, wie Jean Raebel den Kontakt zu Friedrich Flick suchte, um mit ihm einen finanzkräftigen Partner für den Wiederaufbau des Werkes und die Produktion der neuentwickelten MD-Motorenbaureihe zu bekommen. Nachdem Flick unauffällig auch vom Betriebsrat Informationen über Arbeitsklima, -tempo und -moral beim »Motorenbau« eingeholt hatte, führten er und seine Berater am 7. August 1952 in Düsseldorf das entscheidende Gespräch mit Raebel. Der im Jahre 1950 aus dem Gefängnis entlassene, durch Kombinieren und Fusionieren reich gewordene und trotz großer Verluste in der sowjetischen Besatzungszone reich gebliebene Unternehmer übernahm einen bedeutenden Teil des Kapitals des Maybach-Motorenbaus. Flick erhielt die Zustimmung von Karl Maybach und Raebel, der künftig als sein Treuhänder fungierte. Über Raebel konnte Flick entscheidenden Einfluß auf das Friedrichshafener Unternehmen ausüben, das von ihm zinsgünstige Kredite zum Auf- und Ausbau erhielt.

Der Einstieg von Flick beim Maybach-Motorenbau und das gleichzeitige Ausscheiden des Unternehmens aus dem LZ-Konzern war mit zahllosen Komplikationen und Auseinandersetzungen mit der Stadtverwaltung verbunden, wie im unternehmungsgeschichtlichen Teil dieses Buches nachzulesen ist, S. 228f. Diese führten sogar dazu, daß Dr. Hugo Eckener, Claude Dornier und auch Karl Maybach im September, Oktober und November 1950 nacheinander ihr Ehrenbürgerrecht zurückgaben. Erst mit der Neuordnung der Beteiligungsverhältnisse im August 1952 wurde der Rechtsstreit beigelegt. Nachdem der Friedrichshafener Oberbürgermeister Dr. Grünbeck versöhnliche Erklärungen abgegeben hatte, machten Eckener, Dornier und Maybach ihre Verzichte rückgängig.

Mit Flicks Eintritt in den Maybach-Motorenbau veränderte sich nicht nur die kapitalmäßige, sondern auch die personelle Führung des Unternehmens: Am 19. Dezmber 1952 schied Karl Maybach »auf eigenen Wunsch aus Altersgründen« als Geschäftsführer aus. Raebel, der Vorsitzender der Geschäftsführung wurde, versicherte zwar, daß sich durch Maybachs Ausscheiden »praktisch nichts weiteres geändert habe als die Verlegung seines Wohnsitzes«. Aber das entsprach natürlich nicht den Machtverhältnissen und Einflußmöglichkeiten. Wenngleich Maybach sich auch bemühte, eine verhältnismäßig enge Beziehung zu Raebel (Bild 113) und zum Entwicklungschef von Kienlin aufrecht zu erhalten, so war er doch seit Ende 1952 nur noch ein Gesellschafter, dessen Kapitalanteil mit jeder Kapitalerhöung relativ abnahm.

So nahm Karl Maybach also die »Verdieselung« der Bundesbahn, die Einführung von Schiffsdieselmotoren, den Aufbau der Bundeswehr seit der Gründung des »Amtes Blank«[15]) im Jahre 1953, das Anwachsen des Exports fast nur noch von Garmisch aus wahr. Dort arbeitete er intensiv an der Vervollkommnung seines MD-Motors (Baureihe 538). Dieser stellte seine letzte große Leistung dar. Der hohe konstruktive Aufwand, der so charakteristisch für die Maybachschen Motoren war und in den zwanziger und dreißiger Jahren zu den wirtschaftlichen Schwierigkeiten des Maybach-Motorenbaus beigetragen hatte, zahlte sich jetzt durch das große Entwicklungspotential aus, das im MD-Motor steckte, vgl. Falttafel 1. Noch über 40 Jahre nach seinem ersten Lauf wird er von der Nachfolgefirma, der Motoren- und Turbinen-Union Friedrichshafen GmbH (MTU) gebaut, und manche seiner Konstruktionsmerkmale gelten heute noch als unabdingbar für jeden modernen Dieselmotor.

[15]) des späteren Bundesministeriums der Verteidigung mit Theodor Blank als erstem Verteidigungsminister

Immer häufiger aber wanderten die Erinnerungen, Einfälle und Zukunftsüberlegungen des Alternden über die Realität und das Realisierbare hinaus. Bei seinen letzten Konstruktionen, z. B. einem Zweitakt-Dieselmotor, legte er seiner Phantasie keine Zügel mehr an. Außerdem wandte sich Karl Maybachs Interesse mehr und mehr der Vergangenheit zu: Er las Carl Ludwig Schleichs »Besonnte Vergangenheit«, Kügelgens »Jugenderinnerungen eines alten Mannes«, besonders gerne aber die Robert-Bosch-Biographie aus der Feder von Theodor Heuss und schrieb viele gleichsam historische Bemerkungen auf die Seitenränder. Neben seinem Bett lag ein kleines »Kopfkissenheft«, in das er Einfälle, die ihm in der Nacht kamen, auch Gedanken über die Beeinflussung der Entwicklung seines Sohnes als Konstrukteur und manches andere eintrug, das am folgenden Morgen vielleicht nicht mehr ganz so wichtig war.

Als er am 6. Juli 1954 mit vielen Menschen in Garmisch seinen 75. Geburtstag feierte, zeichnete ihn Bundespräsident Theodor Heuss mit dem »Großen Bundesverdienstkreuz« aus. Der 86jährige, schwer kranke Dr. Hugo Eckener wünschte, daß der Jubilar »in weiteren vielen Jahren frischer Gesundheit noch die volle Ausreife der motorischen Ideen erleben möge, an denen er jetzt arbeitet«. Als wenige Wochen nach diesem Jubiläums-Geburtstag Eckener starb, wählten die Gesellschafter des MM Karl Maybach zu ihrem Vorsitzer.

Der Luftschiffer Hugo Eckener

»Wie das Gerippe eines riesigen Walfisches liegt das Luftschiff vor uns. Mit Äxten und Sägen arbeitet man schonungslos an der schleunigen Zerstörung. Die Landung war, wenn auch schwierig, so doch glücklich gewesen. Nur das Hinterteil war an einem Baum hängengeblieben und stärker beschädigt worden. Aber am Abend hatte sich ein Wind erhoben und das Luftschiff ein paarmal heftig auf den Boden gestoßen. Da waren die Rippen gebrochen, und es war jetzt unmöglich, das etwa 9000 Kilogramm wiegende Schiff vom Fleck wegzubringen. Inmitten des Werkes der Zerstörung stand der alte Graf Zeppelin, aufrecht und ruhig, und erteilte hin und wieder Anordnungen. Wer kann nachfühlen, was den Erfinder in einer schlaflosen Nacht der Entschluß gekostet haben mag, den Befehl zur Zertrümmerung des Werkes zu geben, über das er ein Menschenalter nachgegrübelt, an dem er volle sieben Jahre gebaut hat...«

Der Mann, der diese Zeilen im Januar 1906 schrieb, ohne zu ahnen, daß sie für ihn zum Schicksal werden sollten, starb im August 1954, vier Tage nach seinem 86. Geburtstag, in Friedrichshafen am Bodensee, verbittert, einsam und beinahe schon vergessen: Dr. Hugo Eckener – der Mann, der sein Werk überlebte. Er schrieb diese Zeilen über die Strandung des zweiten Luftschiffes am 17. Januar bei Kisslegg und lernte durch sie Ferdinand Graf von Zeppelin kennen, dessen Lebenswerk er übernahm und mit dem Eifer eines Besessenen weiterführte.

Ein reiches Leben, auf das der 86jährige von seinem Konstanzer Alterssitz zurückblicken konnte – ein langes Leben seit dem Tage, da er als junger Doktor aus Flensburg, der soeben über Psychologie promoviert hatte und für die »Frankfurter Zeitung« schrieb, an den Bodensee kam, um eine volkswirtschaftliche Arbeit zu vollenden. Dort, am Bodensee, war es auch

Dr. Hugo Eckener am Fenster seines Konstanzer Heimes kurz vor seinem Tode. Täglich schweifte der Blick des alten Luftschiffers stundenlang über den Bodensee, wo seine Laufbahn so verheißungsvoll begonnen hatte.

gewesen, wo ihm eines Tages der Kavallerieoffizier Zeppelin gegenübertrat und wo der junge Geisteswissenschaftler dem »armen alten Grafen« versicherte: »Ich möchte Ihnen helfen, Herr Graf. Ich möchte Ihnen bei der Erreichung Ihres Zieles helfen, soweit ich das mit meinen bescheidenen Mitteln kann.« Das war der Wendepunkt im Leben Dr. Eckeners. Er verschrieb sich ganz dem Werk des »verrückten Gra-

fen«, wie ihn alle Welt in jenen Jahren nannte, einem Werk, das aus Traum und Romantik bestand – wie wir heute, im Abstand der Jahre, wissen. Aber Dr. Ekkener hat an die Sendung Zeppelins geglaubt, bis zu seinem letzten Atemzug; daß es umsonst gewesen war, hat er nie ganz einsehen können, auch dann nicht, als längst offenbar geworden war, daß Zweckmäßigkeit und Schnelligkeit alle Romantik besiegten – er träumte weiter von den »schimmernden Riesenleibern«, die stolz und majestätisch über Kontinente und Meere dahinfuhren... Das war die Tragik dieses reichen Lebens, das so still am Bodensee zu Ende ging. Und deshalb auch die Verbitterung im hohen Alter.

1911 erwarb Dr. Hugo Eckener das Luftschiffführerpatent Nr. 10. Vom Balkan aus unternahm er verwegene Kriegsvorstöße) – und führte nach dem Ersten Weltkrieg durch immer neue Katastrophen die junge Luftschiffahrt zu immer neuen triumphalen Erfolgen. Sein Name, den jedes Kind kannte, ist untrennbar mit einem Abschnitt der Zeitgeschichte verbunden, in dem deutscher Pioniergeist auf dem Gebiet der Technik Weltgeltung erlangte. Mit den Atlantiküberquerungen der Zeppeline, dem Flug um die Welt (1929), dem Vorstoß in die Arktis (1931) und den Deutschlandflügen schrieb er ein unvergeßliches Kapitel der Luftfahrtgeschichte. Aber nach den großen Triumphen wurde sein Werk auf tragische Weise zerstört. Das Leben hat Eckener nichts geschenkt. Es hat ihm viel genommen, fast alles – doch die Verehrung seiner Freunde in allen Kontinenten wird ihm über den Tod hinaus bleiben. Das Wirken des alten Nationalhelden als Botschafter des guten Willens in aller Welt war nicht umsonst!*

aus: Deutsche Chronik 1954, hrsgg. v. Wilhelm Schlösser. Stuttgart 1955, S. 255.

*) Anm.: Hier irrte der damalige Verfasser. Dr. Eckener blieb während des Ersten Weltkrieges Zivilist und machte lediglich Ausbildungs- und Überführungsfahrten. Es ist möglich, daß letztere ihn auch auf den Balkan führten.

Bild 114. Am 6. Juli 1959 hatte der »Maybach-Motorenbau« gleich zweimal Grund zum Feiern: Der Firmengründer wurde 80 Jahre alt, und das Unternehmen konnte sein 50jähriges Jubiläum begehen. Das Bild zeigt Karl Maybach bei seiner Dankesrede.

Nachdem nun Arbeitsplätze und Einkommen einer ständig wachsenden Zahl von Mitarbeitern wieder gesichert waren, sah Karl Maybach es als seine besondere Verpflichtung an, eine zusätzliche Gesellschaft zu gründen, die jene in besonderen finanziellen Notlagen unterstützen sollte. Zu diesem Zweck rief er zusammen mit Jean Raebel und dem Betriebsratsvorsitzenden Walter Beig am 22. Dezember 1958 die »Karl-Maybach-Hilfe« als Unterstützungskasse ins Leben. Er versah die Gesellschaft mit einem Stammkapital von 100000 DM – ein hoher Betrag, wenn man bedenkt, daß das Stammkapital der Maybach-Motorenbau GmbH zu diesem Zeitpunkt lediglich 6 Mill. DM betrug. In diesem Zusammenhang ist zu erwähnen, daß im MM während seines Bestehens viele soziale Einrichtungen geschaffen wurden, vgl. Tafel 10, S. 75.

Am 6. Juli 1959 feierte Karl Maybach seinen 80. Geburtstag, während die Maybach-Motorenbau GmbH auf ihr 50jähriges Bestehen zurückblicken konnte. Maybach erlebte dieses Fest in Gegenwart von mehr als 3500 Mitarbeitern, Politikern, Unternehmern, Repräsentanten von Bundesregierung, Bundesbahn und Bundesmarine sowie vielen anderen Gästen. Jean Raebel, den Maybach vor mehr als zwei Jahrzehnten nach Friedrichshafen geholt hatte, hielt natürlich den Festvortrag. Mit Recht erinnerte er an die »Convention«, die Maybach am 12. September 1946 mit dem französischen »Ministère d'Armement« geschlossen hatte – mit dem Ergebnis, daß der Maybach-Motorenbau nicht völlig demontiert wurde. Der Kaufmann Raebel konnte nicht über den Erfinder Maybach, auch nicht über dessen Bindung an den Vater Wilhelm und den langen Weg sprechen, der in fast 100 Jahren von Reutlingen nach Friedrichshafen geführt hatte. Aber er konnte darüber sprechen, daß Karl Maybach viele Beschwernisse auf sich genommen hatte, um der Belegschaft in Friedrichshafen nach dem Krieg Arbeitsplätze zu erhalten. Der baden-württembergische Ministerpräsident Kurt-Georg Kiesinger überreichte dem Jubilar das vom Bundespräsidenten verliehene Große Bundesverdienstkreuz mit Stern und ernannte ihn zum Professor ehrenhalber. Der Rektor der TH Stuttgart, Prof. Dr. Bredereck, erinnerte daran, daß beide Maybachs bereits 1916 bzw. 1924 von der gleichen Hochschule für »überragende Leistungen auf dem gleichen Gebiet, dem des Motorenbaus und des Kraftfahrwesens«, mit dem Ehrendoktor ausgezeichnet worden waren.

Maybach hat diese Tage im Kreise der Familie und der Mitarbeiter des Maybach-Motorenbaus, zu denen nun auch sein Sohn Günter gehörte, sehr genossen. Dann arbeitete er weiter, wie er es immer getan hatte. Anfang Februar 1960 hielt er sich aus beruflichen Gründen in Friedrichshafen auf. In der Nacht zum Sonntag, dem 6. Februar 1960, starb er. In einem Ehrengrab der Stadt Friedrichshafen wurde er in unmittelbarer Nähe von Hugo Eckener und Ludwig Dürr beigesetzt. Seinem Wunsch entsprechend wurden am Grabe keine Reden gehalten. Käthe Maybach, die ihrem Mann 45 Jahre lang treu und aufopferungsvoll zur Seite gestanden hatte, überlebte ihn um elf Jahre und starb am 13. Februar 1971 in Garmisch. Sie liegt ebenfalls in Friedrichshafen begraben.

Karl Maybach hat in seinen letzten Jahren gelegentlich seinem Sohn gegenüber die Meinung geäußert, daß Wirtschaft und Forschung weltweit in Größenverhältnisse wuchsen, in denen die relativ kleine Maybach-Motorenbau GmbH ihre Unabhängigkeit nicht würde behaupten können. Flicks wachsender Einfluß gab ihm recht. Maybach sprach es nicht aus, daß ihm die logische Konsequenz solcher Entwicklungen und Zukunftsaussichten eine Verständigung oder Vereinigung des Maybach-Motorenbaus mit Daimler-Benz in Stuttgart zu sein schien. Aber welches andere Unternehmen wäre für einen solchen Schritt mehr in Frage gekommen als dieses? So hätte wohl Karl Maybach, wenn er ihn noch erlebt hätte, den monatelang sorgfältig vorbereiteten Beschluß des Maybach-Motorenbaus und der Daimler-Benz AG vom 10. August 1960, auf dem Gebiet der schnellaufenden Großmotoren wirtschaftlich und technisch eng zusammenzuarbeiten, vielleicht nicht eben gewünscht und begrüßt, aber doch als unvermeidbar und damit als richtig anerkannt. Sein Sohn Günter äußerte sich jedenfalls am 11. Juni 1960 »voller Begeisterung für das Projekt«; allein könne der Maybach-Motorenbau »auf die Dauer gegen die großen Konzerne nicht aufkommen«.

Wie um 1908, so befand man sich auch ein halbes Jahrhundert später am Anfang eines wirtschaftlich-technisch neuen Zeitalters. Wilhelm und Karl Maybach hatten – wie Gottlieb Daimler und Karl Benz – wesentlich dazu beigetragen, daß dieser Beschluß vom August 1960 möglich und sinnvoll geworden war. Karl Maybach konnte nicht vermuten, daß sein Name in naher Zukunft nur noch im Untertitel des dann als »Motoren- und Turbinen-Union« firmierenden Unternehmens auftauchen und schließlich ganz wegfallen würde. Dies waren jedoch Zwänge, die nicht mit der Verbindung Daimler und Maybach in Zusammenhang zu bringen sind. Drei Jahre nach dem Vater starb auch Günter

Bild 115. Bei der Feier zum 80. Geburtstag: hintere Reihe, von links: Käthe *und* Karl Maybach, Gräfin Ursula *und* Graf Alexander Brandenstein, *der Enkel des Luftschiffpioniers; vordere Reihe: Frau* Friedl Raebel *und Aufsichtsrat Dr.* Hugo Wilhelm.

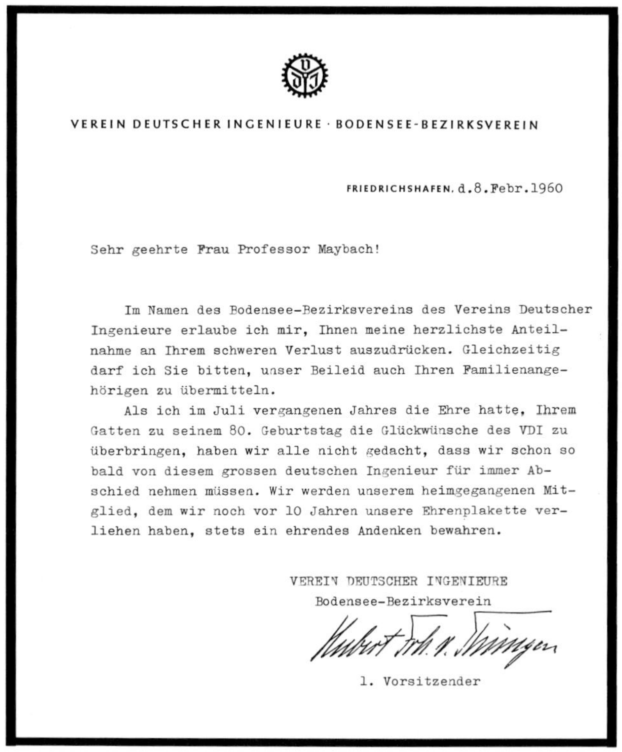

VEREIN DEUTSCHER INGENIEURE · BODENSEE-BEZIRKSVEREIN

FRIEDRICHSHAFEN, d. 8. Febr. 1960

Sehr geehrte Frau Professor Maybach!

Im Namen des Bodensee-Bezirksvereins des Vereins Deutscher Ingenieure erlaube ich mir, Ihnen meine herzlichste Anteilnahme an Ihrem schweren Verlust auszudrücken. Gleichzeitig darf ich Sie bitten, unser Beileid auch Ihren Familienangehörigen zu übermitteln.

Als ich im Juli vergangenen Jahres die Ehre hatte, Ihrem Gatten zu seinem 80. Geburtstag die Glückwünsche des VDI zu überbringen, haben wir alle nicht gedacht, dass wir schon so bald von diesem grossen deutschen Ingenieur für immer Abschied nehmen müssen. Wir werden unserem heimgegangenen Mitglied, dem wir noch vor 10 Jahren unsere Ehrenplakette verliehen haben, stets ein ehrendes Andenken bewahren.

VEREIN DEUTSCHER INGENIEURE
Bodensee-Bezirksverein

1. Vorsitzender

Bild 116. Nur wenige Monate nach seinem Geburtstag starb Karl Maybach am 6. Februar 1960 im Alter von 80 Jahren.

Bild 117. Karl Maybach bei der Arbeit am Reißbrett in seinem Heim in Garmisch, um 1956. Bleistift, Maßstab, Zirkel und Papier – die einfachen Arbeitsmittel eines großen Ingenieurs.

Maybach in Friedrichshafen – ebenfalls ein hochbegabter Ingenieur. Über drei Generationen hatte sich eine außerordentliche technische Begabung in der Familie Maybach erhalten. 98 Jahre zuvor waren in Reutlingen sein Großvater Wilhelm und Gottlieb Daimler einander begegnet.

Dieses große Kapitel deutscher Technikgeschichte war damit jedoch nicht zu Ende. Das Werk Wilhelm und Karl Maybachs verschmolz mit dem der Erben von Gottlieb Daimler und Karl Benz und schließlich auch von MAN zu einem neuen, größeren Unternehmen, das Geist und Wert des Vergangenen bewahrt.

Tafel 1. »VATER WERNER« *in einer romantisierenden Darstellung, wie sie im vorigen Jahrhundert beliebt waren: Die Jungen tragend und führend, den Alten stützend, das Bruderhaus im Hintergrund, hat das Bild fast den Charakter einer Allegorie, die das Wesen von Werners Arbeit und Wirken treffend zum Ausdruck bringt.*

Tafel 2. KARL *und* WILHELM MAYBACH *beim Gordon-Bennett-Rennen in Frankreich (1905).*

Tafel 3. Unter dem ersten Luftschiff LZ 1 in Friedrichshafen-Manzell stellen sich die Mitarbeiter des Grafen Zeppelin dem Photographen stolz zu einem Erinnerungsbild.

Tafel 4. Deutsche Luftschiffe bombardieren zu Beginn des Ersten Weltkrieges die französische Stadt Nancy. Aus Sorge, Friedrichshafen könne wegen seiner Nähe zur Westfront dasselbe Schicksal erleiden, schickte Karl Maybach seine wertvollen Konstruktionszeichnungen zum Vater in sichere Aufbewahrung.

Tafel 5. Auf Feindfahrt über England: Während Flakscheinwerfer das Luftschiff eingabeln, versucht ein Mechaniker, den durch ein abgeschossenes Drahtstag blockierten Propeller wieder klar zu bekommen, während sein Kamerad ihn mit der Fangleine sichert.

Tafel 6. Mit dem fahrplanmäßigen Einsatz des Schnelltriebwagens »Fliegender Hamburger« mit zwei Maybach-GO-5-Dieselmotoren wurde 1933 die Ära des Schienenschnellverkehrs eröffnet. Das Bild zeigt den »Fliegenden Hamburger« kurz vor der Abfahrt aus dem Lehrter Bahnhof in Berlin.

Tafel 7. »Transformations-Cabriolets« dieser Art wurden mit SW-38- und später mit SW-42-Fahrgestellen in ähnlicher Form von Spohn (Ravensburg), Erdmann & Rossi (Berlin) und Gläser (Dresden) karossiert.

Tafel 8. Nach Erprobung von fünf Vorauslokomotiven erteilte die Deutsche Bundesbahn 1954 einen ersten Auftrag über 50 Lokomotiven des Typs V 200 (spätere Bezeichnung Diesellok 220), von denen die Hälfte mit Maybach-MD-650-Motoren und Maybach-K-104-US-Mekydro-Getrieben ausgerüstet war. Die Motoren mußten mit den entsprechenden Mercedes-Benz- und MAN-Motoren, die Getriebe mit den entsprechenden Voith-Getrieben austauschbar sein.

Tafel 9. Werbung im Stil der fünfziger Jahre: die rollengelagerte Scheibenkurbelwelle als Herz der Maybach-MD- und GTO-Motoren.

Tafel 10. Der Maybach-Motorenbau im Jubiläumsjahr 1959. Rechts unten das neu erstellte »Karl-Maybach-Haus«, mit einer Kantine und Räumlichkeiten für Feste und Tagungen.

Zweiter Teil

Von Maybach bis zur MTU

Geschichte eines Unternehmens

von

Prof. Dr. Dr. h. c. Wilhelm Treue VDI

Einführung

Bild 1. Drei Generationen Maybach: WILHELM MAYBACH *mit seinem Enkel Walter und seinem Sohn Karl im Jahre 1924.*

Das Bild Karl Maybachs und seines »Motorenbaus« hat viele Facetten. Urteile und Bewertungen hängen vom Standpunkt des Betrachters ab. Der Wirtschaftshistoriker sieht manches anders als der Technikhistoriker. Was sich dem einen als unter Mühen und Überwindung großer Widerstände errungene technische Meisterleistung darstellt, beschreibt der andere an Hand von Korrespondenzen, Jahresberichten, Besprechungsprotokollen und Bilanzen als verhängnisvoll für den Geschäftsgang eines Gesamtunternehmens. Technischer Fortschritt und kaufmännischer Erfolg verlaufen selten synchron, oft stellt sich der wirtschaftliche Nutzen erst lange nach dem technischen Fortschritt ein.

Unser Eindruck von Vorgängen und Ereignissen ist auch ein Spiegelbild der Quellenlage. Zuverlässigkeit und Aussagekraft der Quellen können recht unterschiedlich sein; auch hängt es oft vom Zufall ab, welches Material die Wirren der Zeitläufte überstanden hat und was für aufbewahrenswert erachtet worden ist. Im Falle Maybach sind die wirtschaftlichen und technischen Unterlagen zwar keineswegs lückenlos, aber doch weit vollständiger erhalten geblieben als in vielen anderen Unternehmen.

Um die hier vorgelegte Wirtschaftsgeschichte des Maybachschen Motorenbaus zu verstehen, muß man sich den Gründungszweck dieses Unternehmens vergegenwärtigen: Es sollten »Erfahrungen und Patente für den Bau von Motoren für Luftschiffe nutzbar« gemacht werden. Erinnert man sich zudem, daß mit Karl Maybach – und anfangs auch mit seinem Vater, Wilhelm Maybach, als spiritus rector – zwei große Ingenieure das Herz des Unternehmens bildeten (Bild 1), dann wird deutlich, daß im Maybach-Motorenbau die Technik den Primat hatte; das kaufmännisch-wirtschaftliche wurde häufig als lästiger Begleitumstand angesehen. Es kam hinzu, daß das Unternehmensziel, nämlich der Bau von Luftschiff- und später von Hochleistungsmotoren weitreichende Folgen hatte. Die Herstellung dieser Triebwerksart setzte eine außerordentlich vielseitige, d. h. aufwendige Entwicklung voraus – anders ließen sich die geforderten Eigenschaften, z. B. hohe Leistung bei niedrigem Gewicht, nicht verwirklichen. Das verursachte natürlich bedeutende Kosten, die von einer kleinen Stückzahl produzierter Motoren getragen werden mußten. Denn selbst im günstigsten Fall, z. B. bei Belieferung auch anderer in- und ausländischer Luftschiff-Hersteller, würde die Zahl der Luftschiffe sehr begrenzt bleiben.

Dieser Zwiespalt zwischen den aus dem Verwendungszweck herrührenden hohen Anforderungen an Entwicklung und Fertigung und der wegen eben dieses Verwendungszweckes geringen Stückzahl sollte zu einem ständigen Problem des Maybach-Motorenbaus werden. Dies ist aber ein Problem des Motorenbaus größerer Leistungen an sich, auch international. Sieht man von Kriegszeiten ab, die als »force majeure« eigenen Regeln und Gesetzen folgen, so handelt es sich auch sonst bei den Abnehmern solch großer Motoren zu einem erheblichen Teil um staatliche oder kommunale Behörden, angefangen bei Bahnen und Omnibusgesellschaften bis hin zu örtlichen Energieversorgungsunternehmen. Diesen vielfältigen Interessenslagen ein ausgewogenes Motorenprogramm gegenüberstellen zu können, dazu bedarf es nicht nur technischen Könnens und kaufmännischen Wissens, sondern auch einer gewissen Unternehmensgröße.

Vorbemerkung des Verfassers

Das Manuskript dieses Teiles beruht zum größten Teil auf Akten, die sich im Archiv der MTU Motoren- und Turbinen-Union Friedrichshafen GmbH befinden. Auf Quellennachweise wurde deshalb verzichtet.

Wilhelm Treue

Bild 2. Eine der ersten Anzeigen des Maybach-Motorenbaus: Nachdem der Erste Weltkrieg vorbei war, warb die Firma in der Fachzeitschrift »Motor« (Mai/Juni 1919) für ihre Flugzeugmotoren. Der Versailler Vertrag mit seiner Bestimmung, daß deutsche Firmen kein Fluggerät mehr herstellen durften, zwang den »Motorenbau« dann zu einer völligen Neuausrichtung seines Produktionsprogramms.

1. Von den Anfängen bis zum Ende des Ersten Weltkrieges 1908 bis 1918

Der Raum

Friedrichshafen bestand bereits im Jahre 837 unter dem Namen »Buchhorn« als Sitz der Linzgauer Grafen, die sich seit der zweiten Hälfte des 11. Jahrhunderts auch GRAFEN VON BUCHHORN nannten. Nach ihrem Aussterben kam der Ort an die Welfen, 1191 an die Hohenstaufen. Im Jahre 1275 wurde er zur Reichsstadt unter dem Schutz von Überlingen erhoben. Im 15. Jahrhundert erwarb er Besitzungen in der Umgebung. Im Jahre 1802 wurde er Bayern, 1810 auf Grund der Hilfsleistungen des Königs für Napoleon Württemberg zugeschlagen, 1811 mit dem ehemaligen Priorat Hofen vereinigt und 1824 Sommerresidenz des Hofes. Seit 1811 heißt der Ort nach Friedrich I., der seit 1805 Napoleons Rheinbund angehörte und 1806 den Königstitel annahm, Friedrichshafen.

Bereits früh, nämlich im ersten Bauabschnitt der bis 1850 fertiggestellten Nord-Süd-Linie, wurde Friedrichshafen dem modernen Eisenbahnverkehr durch die Strecke Ulm–Friedrichshafen angeschlossen. Seitdem spielte die Vorstellung von der Bedeutung des Transits bei allen Verkehrsplanungen eine wichtige Rolle. Das galt insbesondere für die Bodensee-Schiffahrt. Gründung, Ausbau und Förderung von Friedrichshafen sowie die Errichtung einer Dampfschiffahrts-Linie, die weitgehend unter staatlicher Leitung stand, dienten der Verbesserung der Verbindung mit der Schweiz und darüber hinaus mit Italien.

An der Wende vom 19. zum 20. Jahrhundert wurde Friedrichshafen, nun auch an der Bodensee-Gürtelbahn gelegen, ein Haupt-Handels- und Speditionsplatz des Verkehrs mit der Schweiz und Italien, Sitz einer Hafendirektion, einer Eisenbahn-Betriebsinspektion, eines Hauptzollamtes sowie der Bodensee-Dampfschiffahrts-Verwaltung. Von seinen etwa 4600 Einwohnern waren annähernd 25 % Protestanten – und später sollten die Historiker sich Gedanken darüber machen,

Bild 3. Friedrichshafen war bis zum Beginn der Luftschiffahrt ein ruhiges Landstädtchen, das sich die württembergischen Könige als Sommerresidenz erkoren hatten. Dieses beschauliche Winterbild wurde um 1910 aus einem Luftschiff aufgenommen.

ob diese die wirtschaftlich Aktiveren des Ortes gewesen sind. Friedrichshafen unterhielt eine Latein- und Realschule, ein Paulinenstift für Mädchen, historische und naturkundliche Sammlungen des Bodensee-Vereins und war weithin bekannt durch seine See- und irisch-römischen Bäder sowie durch Molkenkur-Anstalten und ein schönes Kurhaus: ein beliebter Ferienort.

Neben ergiebigem Feld- und Obstbau mit bedeutenden Märkten gab es auch Industrie: Am Ort arbeiteten eine Maschinen-Reparaturwerkstatt, eine Schiffswerft und ein Dampftrajekt für Bahnzüge nach Romanshorn.

Die Gründung der Luftfahrzeug-Motorenbau Gesellschaft

Die Gründung des Maybachschen Unternehmens war eine indirekte Folge der Luftschiffkatastrophe von Echterdingen. Auf Verlangen des preußischen Kriegsministeriums startete das vierte Luftschiff des Grafen Zeppelin »LZ 4« vor der Übernahme durch den Staat am 4. August 1908 zu einer 24-Stunden-Fahrt von Friedrichshafen über Basel, Straßburg bis Mainz. Am Abend mußte man wegen einer Motorstörung auf dem Rhein bei Oppenheim landen. Gegen Mitternacht konnte man wieder aufsteigen und die Fahrt fortsetzen, bis in der Nähe von Mannheim einer der Motoren ausfiel. Am frühen Morgen gelangte man bis Echterdingen, landete glatt und verankerte das Schiff behelfsmäßig. Plötzlich kam ein Sturm auf und riß der Haltemannschaft das Schiff aus den Händen, das einen Baum streifte, Feuer fing und innerhalb weniger Sekunden verbrannte. Damit schien das Aus für die Luftschiffahrt gekommen zu sein, Bild 6.

Wilhelm Maybach versuchte vergeblich, an die Unglücksstätte zu gelangen. In den folgenden Wochen beschäftigte er sich mit dem künftigen Bau von Motoren für weitere Luftschiffe, den eine Spende des deutschen Volkes in Höhe von mehr als 6 Mill. Mark ermöglichte. Ihm schien ein Motor, den sein Sohn Karl seit zwei Jahren in Frankreich konstruiert hatte und ständig verbesserte, für Luftschiffe außerordentlich geeignet zu sein.

Wilhelm Maybach hatte vor seinem Ausscheiden aus der Daimler-Motoren-Gesellschaft (DMG) im Jahre 1907 anläßlich der Lieferung von zwei Motoren für Ferdinand Graf Zeppelins erstes Luftschiff das Vertrauen des Grafen erworben, Bilder 4 und 5. Er durfte nun nach dem Unglück mit dessen Interesse rechnen, wenn er ihm einen starken, leistungsfähigen Motor mit 110 kW (150 PS) Dauerleistung anbot. Am 8. August schrieb er an den Sohn:

»Wie Du wissen wirst, haben die Daimler-Motoren sich nicht bewährt und wird Zeppelin wohl an eine andere Fabrik herantreten. Nun kam mir heute der Gedanke, daß ich mich durch Dich dem Grafen zur Construktion neuer entsprechender Motoren anbieten soll. Deine Sache müßte natürlich vorher an eine deutsche Fabrik vergeben sein (Opel), so daß man dem Grafen mit deutscher Waare dienen kann.«

Bild 4. Erster Aufstieg des LZ 1 am 2. Juli 1900. Das Laufgewicht diente zum Steigen und Senken des Schiffes. Die beiden eingebauten Vierzylinder-Daimler-Luftschiffmotoren mit Leichtmetall-Kurbelgehäuse leisteten je 11,8 kW (16 PS) bei einer Drehzahl von 700 min^{-1}. Das Ergebnis der Fahrt war günstig, und das Luftschiff konnte mit Hilfe der beiden Motoren in jede gewünschte Richtung gelenkt werden. »Der Daimler-Motor war es«, schrieb Graf Zeppelin 15 Jahre später, »mit dem ich die erfolgreichen Fahrten meiner Luftschiffe begonnen habe«.

Bild 5. Das erste Zeppelin-Luftschiff LZ 1 wurde von zwei Motoren der Daimler-Motoren-Gesellschaft (DMG), die Wilhelm Maybach entworfen hatte, angetrieben.

An Graf Zeppelin aber schrieb Wilhelm Maybach am 22. August 1908 nach gewissenhafter Überlegung und eingehendem Gedankenaustausch mit dem Sohn:

»... im Interesse der nationalen Sache erachte ich es nun als meine Pflicht, Euer Exzellenz Aufmerksamkeit auf eine Neuheit in Motoren zu lenken, die geeignet ist, in dieser Richtung die denkbar größte Sicherheit zu bieten.«

Bild 6. Am 5. August 1908 verbrannte das Luftschiff LZ 4 bei einer Zwischenlandung in der Nähe von Echterdingen. Wenngleich dieses Unglück keine Menschenleben forderte, schien es das Aus für die Pläne des Grafen Zeppelin zu bedeuten. Doch eine Spende des deutschen Volkes in Höhe von über 6 Mill. Mark ermöglichte dem Grafen den Bau weiterer Luftschiffe.

Bild 7. Kommerzienrat Dr.-Ing. E. h. Alfred Colsman *wurde im Jahre 1908 als kaufmännischer Direktor von Graf Zeppelin angestellt. Nach dem Unglück von Echterdingen betrieb er zusammen mit Wilhelm und Karl Maybach die Gründung einer Firma für den Bau von Luftschiffmotoren.*

Er habe seit längerer Zeit »wenig und schließlich gar keinen Einfluß mehr« auf die Konstruktionen der DMG gehabt und sei daher vor eineinhalb Jahren aus dem Unternehmen ausgetreten. Zwar sei er »vom Tage meines Austritts an auf 3 Jahre vertraglich gebunden, nichts gegen die Interessen der D. M. G. zu unternehmen, mein Sohn dagegen, den ich ganz zu meiner Unterstützung in der D. M. G. ausgebildet habe und der kurz vor mir aus den Diensten der D. M. G. ohne Vertragsverpflichtungen ausschied, hat sich einer französischen Studiengesellschaft angeschlossen« (vgl. S. 10). Dieser habe einen Motorwagen »nach den neuesten Gesichtspunkten konstruiert und ausgeführt«. Sein Motor sei »in allen Teilen so gut durchdacht und ausgeführt..., daß er sich für Dauerleistung besonders eignet«.

Maybach ging auf die Qualität gerade der Teile ein, die sich bei den Daimler-Motoren als Schwachstellen erwiesen hatten, hob die Qualität des »neuen Vergasers ohne Schwimmer« hervor und bat um die Möglichkeit zu einem mündlichen Vortrag. Graf Zeppelin beauftragte deshalb seinen soeben angestellten 35jährigen kaufmännischen Direktor Alfred Colsman (Bild 7), der 10 Jahre zuvor selber in Verbindung mit Krupp an den Bau von Luftschiffen gedacht, dann aber den Weg zu Graf Zeppelin gefunden hatte, sich mit Vater und Sohn Maybach in Verbindung zu setzen. Colsman, der ohnehin die Trennung des »Luftschiffbau Zeppelin« von Daimler erwogen hatte, tat dies mit dem Ergebnis, daß man sich bereits zwei Monate nach der Katastrophe des 5. August in Friedrichshafen traf.

Das »Protokoll (aufgemacht durch H. Colsman)« über diese ersten »Besprechungen einer Gesellschaft für den Bau von Luftschiff-Motoren ... im Büro der Luftschiffbau Zeppelin GmbH Friedrichshafen«, an denen außer Wilhelm und Karl Maybach sowie Direktor Colsman zwei mit den Maybachs zusammenarbeitende Stuttgarter Ingenieure teilnahmen, ging davon aus, daß Karl Maybach Patente besaß, die sich auf einen neuen Explosions-Motor bezogen. Die Gesellschaft sollte den Zweck haben, »diese Erfahrungen und Patente für den Bau der Motoren für Luftschiffe (in Deutschland) nutzbar zu machen. Herr Maybach bedingt sich eine Lizenz (M 8 pro nominelle PS) auf die Dauer von 10 Jahren von der Gründung der Gesellschaft ab gerechnet«. Er durfte diese Motoren auch für »Kraftfahrzeuge zu Lande und zu Wasser« verwenden. »Es ist beabsichtigt, eine Gesellschaft mit 50000 M Kapital zu gründen. Diese Gesellschaft soll den Namen führen: ›Luftfahrzeug-Motorenbau-Gesellschaft mbH in Bissingen a. d. Enz‹« (LMG). Die Luftschiffbau Zeppelin GmbH (LZ) beteiligte sich mit 10000 M an der LMG unter der Bedingung, »daß mit der ganzen Arbeitskraft« der LMG »in erster Linie für den LZ ein

Bild 8. In der Maschinenfabrik Grotz in Bissingen a. d. Enz entstand 1909 der erste von Karl Maybach konstruierte Luftschiffmotor. Diese einfachen Gebäude waren die »Keimzelle« des Maybach-Motorenbaus und damit der heutigen MTU Friedrichshafen.

Motor geschaffen wird, welcher den Anforderungen des LZ entsprechen soll«. Weiter verpflichtete sich die LMG, »auch später in erster Linie den LZ anderen Abnehmern gegenüber bei Lieferungen der Motoren zu bevorzugen... Der Preis-Aufschlag für die Lieferungen an den LZ darf niemals mehr betragen, als die Selbstkosten einschließlich sämtlicher Geschäftssparten, ordnungsgemäße Abschreibungen und Abgaben, zuzüglich 20% Gewinn-Aufschlag« – mit Ausnahme des ersten Probemotors, der zum Preis von höchstens 24000 M zur Verfügung gestellt werden mußte. Es wurde vorgesehen, daß der LZ innerhalb von fünf Jahren »die Erfahrungen und Patente« der LMG erwerben konnte. Danach mußte der LZ für den Bau von Motoren 10 Jahre lang eine Lizenz von 10% je Brems-PS[1]) an Karl Maybach zahlen.

Allerdings zog sich die Gründung der »Luftfahrzeug-Motorenbau GmbH« (so der endgültige Name) in Bissingen noch mehrere Monate hin, da Karl Maybach zunächst einmal sein Verhältnis zur französischen Studiengesellschaft, das sehr freundschaftlich war, für die Zukunft regeln mußte. Inzwischen wurde nominell der Ingenieur Karl Kessler Gesellschafter der LMG, so daß Karl Maybachs Name nicht in der Gründungsurkunde vom 23. März 1909 mit dem 1. Januar 1909 als Gründungstag steht. Alleiniger Geschäftsführer der LMG war zunächst Kessler. Im Herbst 1909 wurden Karl Maybach zum technischen und R. Haecker, Teilhaber der Firma G. F. Grotz in Bissingen, welche die Motoren nach den Angaben und Zeichnungen der LMG bauen sollte, zum kaufmännischen Geschäftsführer bestimmt, während Kessler Ende Oktober 1909 ausschied. Karl Maybach übernahm außerdem vertragsgemäß Kesslers Anteile an der LMG.

Der Konstrukteur wird auch Unternehmer

Karl Maybach, 1879 geboren, 1909 also 30 Jahre alt, hatte sich während seiner Arbeit bei der Maschinenfabrik Esslingen, der Daimler-Motoren-Gesellschaft und bei dem befreundeten Grafen Henri de Lavalette in St. Ouen zu einem tüchtigen Konstrukteur entwickelt. Kaufmännisch-unternehmerisch war er dagegen bisher niemals tätig gewesen. Auch jetzt setzte er zunächst die Arbeit als Konstrukteur fort. Bereits vor Eintragung der Gesellschaft in das Handelsregister begann er ohne jede Hilfskraft in seiner Stuttgarter Wohnung mit der Umkonstruktion des Motors, den er in Frankreich entwickelt hatte. Wiederholt fuhr er nach Bissingen zur Firma Grotz (Bild 8), um mit dem zustän-

1) Mit Brems-PS ist die effektive Motorleistung gemeint – im Gegensatz zu den »Steuer-PS«, die mit der tatsächlichen Motorleistung nichts zu tun hatten. Vielmehr handelte es sich dabei um eine Steuer-Zahl, die häufig in Verbindung mit der PS-Leistung als Typ-Bezeichnung genannt wurde – z. B. Mercedes 8/38 – und sich deshalb unter dem Begriff »Steuer-PS« einbürgerte. Sie errechnete sich nach der Formel: Steuer-PS = $0{,}3 \cdot i \cdot d^2 \cdot s$, wobei i die Zylinderzahl, d die Zylinderbohrung in cm und s den Kolbenhub in m bedeuteten.

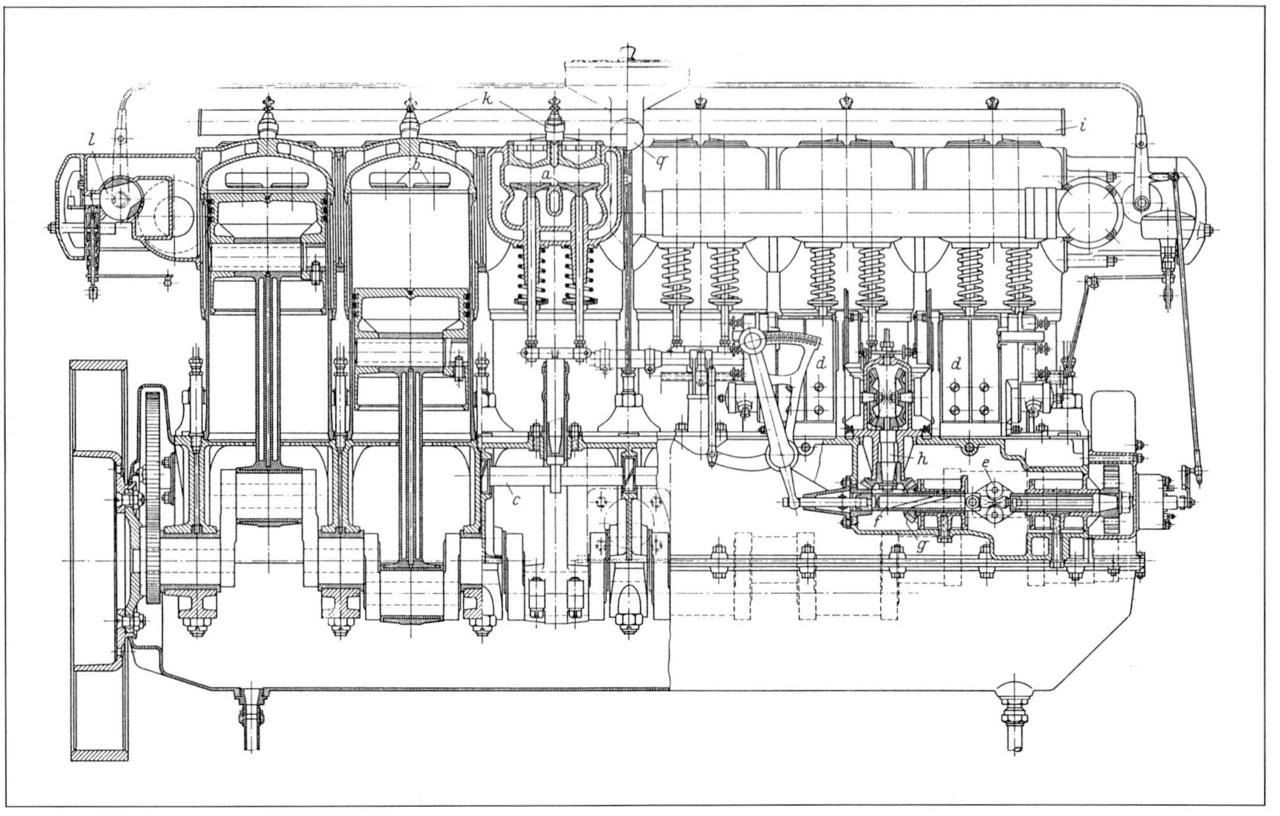

Bild 9. Längsschnitt des Maybach-Luftschiffmotors, Typ AZ, von 1909. Der von Karl Maybach konstruierte Motor leistete 107 kW (145 PS) bei 1100 min^{-1}. Bohrung und Hub lagen bei 160 bzw. 170 mm; das Zylindervolumen betrug 3,42 dm^3.

a Einlaßventile, c vordere Nockenwelle, d Zündmagnete, e Fliehkraftregler, f Wellenteil mit Steilgewinde, g Antriebskegelrad der Zündmagnete, h Zwischenwelle für die Zündzeitpunktverstellung, i Zündkabelrohre, k Zündkerzen, l Vergaser, q Anlaßhebel.

digen Ingenieur und dem Meister die Fertigung der betreffenden Teile zu besprechen oder um mit den Lieferanten der Zubehör-Aggregate zu verhandeln. Bereits im September 1909 konnte der neue Motor fertiggestellt und dem LZ als abnahmebereit gemeldet werden, Bild 9.

Nach erfolgreich bestandenem Abnahmelauf erhielt er nun seinen ersten Auftrag als *Unternehmer:* Der LZ bestellte zehn Maybach-Motoren. Die Dinge ließen sich gut an, doch ein halbes Jahr später erfolgte ein schwerer Rückschlag, als bei Probefahrten im Luftschiff LZ 6 der einzige Maybach-Motor (bei den anderen handelte es sich um Daimler-Motoren) durch einen Kurbelwellenbruch ausfiel: Die geplante Fahrt Graf Zeppelins nach Wien anläßlich des Geburtstages von Kaiser Franz Joseph mußte abgesagt werden. Dieser Schaden bedeutete einen schweren Schlag für das junge Unternehmen, wenngleich Alfred Colsman Maybach versicherte, daß er und seine Techniker weiterhin ihr Vertrauen auf ihn setzten. Denn nicht Maybachs Motor war schuld an dem Kurbelwellenbruch, sondern die neuartige, bei diesem Luftschiff in Erprobung befindliche Art der Kraftübertragung (siehe S. 275). Im August 1910 wurde der reparierte Motor wieder eingebaut. Im Auftrage der auf Betreiben von Colsman im Herbst 1909 gegründeten »Deutschen Luftschiffahrt AG« (DELAG) unternahm das Luftschiff (Bild 10) zahlreiche Passagierfahrten, bis es wenige Monate später durch die Unaufmerksamkeit eines Monteurs in Flammen aufging.

Während Karl Maybach im Jahre 1910 ständig mit der Verbesserung seines Motors beschäftigt war, erkannte er, daß er weder seine unternehmerischen Aufgaben noch alle technischen Arbeiten allein erledigen konnte. Er brauchte mindestens einen technischen Mitarbeiter. Aber vordringlich wurde im Herbst 1910 zunächst eine Änderung der Gesellschafter-Verhältnisse bei der LMG. Neben deren Gründungsvertrag existierte ein Sondervertrag, dem zufolge der LZ das Recht besaß, nach Ablauf eines Jahres nach der Lieferung des ersten Maybach-Motors alle Motoren selbst zu bauen. Im folgenden kaufte der LZ die Anteile der vier Mitbegründer zu den vereinbarten Bedingungen auf, so daß er alleiniger Gesellschafter war, und am 26. Oktober 1910 beschloß eine Gesellschafterversammlung, von diesem Recht Gebrauch zu machen. Das hing nicht zuletzt damit zusammen, daß Graf Zeppelin durch die Kurbelwellenpanne nicht nur verärgert, sondern auch verunsichert worden war. Zeitweise erwog er wohl, sich von Karl Maybach wieder zu trennen, denn er hatte ein Preisausschreiben für den besten Luftschiffmotor geplant. Erst als ihm nahezu der gesamte Vorstand seiner

Bild 10. Trotz seiner Länge von 158 m und des Durchmessers von 15 m wirkt das Luftschiff LZ 6 (hier beim Aufstieg in Friedrichshafen) leicht und zerbrechlich. LZ 6 war das erste Luftschiff, in dem neben zwei Daimler-Motoren ein Maybach-Motor eingebaut wurde.

Bild 12. LZ 10 SCHWABEN war das erste Luftschiff, mit dem fahrplanmäßige Passagierfahrten durchgeführt wurden. Während seiner einjährigen Betriebszeit beförderte es bei 218 Fahrten über 4000 Passagiere. Am 28. Juni 1912 wurde es bei einer unglücklichen Landung in Düsseldorf beschädigt und verbrannte.

Bild 11. WILHELM MAYBACH schied 1907 im Alter von 61 Jahren aus der Daimler-Motoren-Gesellschaft aus, blieb aber weiterhin als Automobil- und Motorenkonstrukteur tätig. 1909 war er maßgeblich an der Gründung der Luftfahrzeug-Motorenbau GmbH (LMG) beteiligt, die in Konkurrenz zu seinem früheren Arbeitgeber Motoren für Luftschiffe herstellen sollte. Mit seinem Sohn Karl stand er bis zum Ende des Ersten Weltkrieges in engem Briefkontakt und beeinflußte ihn maßgeblich bei seinen Konstruktionen.

Gesellschaft unter der Führung von Alfred Colsman und Dr. LUDWIG DÜRR versicherte, daß man im Maybach-Motor das bestmögliche Triebwerk besaß, ließ er von diesem Vorhaben ab.

Es kam hinzu, daß jetzt auch WILHELM MAYBACH (Bild 11) wieder in Erscheinung trat. Die drei Jahre der Enthaltsamkeit von eigener unternehmerischer Tätigkeit, zu der er sich 1907 beim Ausscheiden aus der DMG hatte verpflichten müssen, waren Ende 1910 abgelaufen. Graf Zeppelin aber hatte seine Sympathie für und sein Vertrauen zu Wilhelm Maybach nie verloren, und so kam es, daß gleichzeitig mit dem Erwerb aller Gesellschafter-Anteile der LMG durch den LZ am 26. Oktober 1910 bei einer Gesellschafter-Versammlung Wilhelm Maybach und nicht sein Sohn Karl als Mitgesellschafter berufen wurde.

Am 30. Januar 1911 wurde beschlossen, den Sitz der Gesellschaft nach Friedrichshafen zu verlegen, am 9. Mai 1912 der Name in »Motorenbau GmbH Friedrichshafen« geändert. Im Juni 1911 wurde das Luftschiff SCHWABEN mit drei Maybach-Motoren unter dem Kommando von Dr. HUGO ECKENER in Dienst gestellt (Bild 12): Die Zeit der Krise und Verunsicherung war beendet. Inzwischen hatte die LMG begonnen, eine eigene einstöckige Werkstatt in Friedrichshafen zu bauen, die im Februar 1912 mit drei »Beamten« (der damaligen Bezeichnung für Angestellte) und etwa 20 Arbeitern ihre Tätigkeit aufnehmen konnte. Während die Leistung des ersten Motor-Typs AZ von 104 kW (140 PS) auf 133 kW (180 PS) gesteigert wurde, konnte man ab 1912 auch Motoren für die Luftschiffe von Groß, Parseval (Bild 13) und Schütte-Lanz liefern und bald sogar Lizenzen nach Italien, Japan und England vergeben. Fortan erhielten alle Zeppelin-Luftschiffe bis zum LZ 127 Maybach-Motoren.

Bild 13. Weniger bekannt als die Zeppelin-Starrluftschiffe sind die Pralluftschiffe des Dr.-Ing. August von Parseval; hier das Marine-Luftschiff PL 25 im Jahre 1915. Die Parseval-Luftschiffe wurden wie die von Schütte-Lanz und verschiedener ausländischer Luftschiffbauer ebenfalls von Maybach-Motoren angetrieben.

Bild 14. Der »Hochbau I«, das erste Gebäude des »Motorenbaus« in Friedrichshafen, im Frühjahr 1913. Mit dem Bau des Mittelteils war 1911 begonnen worden, 1912 wurde er bezogen; Baubeginn für den westlichen und östlichen Teil war Herbst 1912. Im oberen Teil des Gebäudes befanden sich die Büros, während im Erdgeschoß die Werkstatt- und Montageräume mit sechs Wasserbremsen untergebracht waren. Links oben das Zeppelin-Luftschiff LZ 14.

Diese in- und ausländischen Erfolge bildeten die Grundlage für den Ausbau des Werkes, der sowohl finanziell wie baulich ohne fremde Hilfe gelang, Bild 14. Nun konnte man auch daran gehen, einen stärkeren Motor zu konstruieren, der 154 kW (210 PS) leisten sollte, nachdem man den AZ-Motor bis auf 133 kW (180 PS) gesteigert hatte. Von diesem ersten AZ-Motor wurden 1911 in Bissingen elf, 1912 in Friedrichshafen 22 und 1913 gleichfalls dort 47 Exemplare ausgeliefert. Der neue CX-Motor, der im Juni 1913 seine ersten Probeläufe absolvierte, brachte es bis 1915/16 auf etwa 90 Ablieferungen. Dann sollte man mit neuen Motoren in eine ganz andere Größenordnung aufsteigen.

Seit der Namensänderung in »Motorenbau GmbH« im Jahre 1912 liegen veröffentlichte Geschäfts- bzw. Jahresberichte sowie einige Bestandsberichte für das jeweilige Jahresende vor. Der Geschäftsbericht für 1912 stellt fest, daß nach der Errichtung der eigenen Werkstatt und der Beschaffung »erstklassiger Werkzeugmaschinen« begonnen wurde, die Motoren selbst zu montieren und »eine größere Anzahl von Motorenteilen selbst herzustellen«. Das ermöglichte die bereits genannte Verdoppelung der Ablieferungen: Der Luftschiffbau Zeppelin erhielt zwölf Motoren zu je 15 000 M = 180 000 M, die Luftfahrzeug GmbH Berlin sieben Motoren für insgesamt 156 000 M, das Luftschifferbataillon Nr. 2 in Berlin drei Motoren zu je 24 000 M = 72 000 M. Das ergab einen Durchschnitts-Verkaufspreis von 18 545 M je Stück und eine Gesamteinnahme von 408 000 M.

Nach »reichlich gewählten Abschreibungen« mit durchschnittlichen Gestehungskosten von 12 400 M je Motor verzeichnete man einen Gesamtgewinn von 134 696,92 M bzw. einen Durchschnittsgewinn je Motor von 6141 M. Man nahm an, daß der Gewinn je Motor um etwa 750 M steigen würde, sobald man sich ganz von der Firma Grotz in Bissingen getrennt hätte. Einstweilen verteilte man eine Dividende von 20 % und erhöhte den Reservefonds auf 50 000 M.

Die Aussichten für das Jahr 1913 bezeichnete man als »sehr günstig«, zumal man nun unter ständigem Ausbau der eigenen Werksanlage in dieser bereits 80 bis 100 Motoren produzieren konnte und in den ersten Monaten des Jahres 1913 schon 13 Motoren an den LZ, die Luftfahrzeug GmbH Berlin und einen Motor an die Marine geliefert hatte sowie Aufträge auf vier Motoren für Schütte-Lanz und 25 Motoren für den LZ vorlagen. Tatsächlich brachte das Jahr 1913 eine Weiterentwicklung des Unternehmens. Es wurden 47 Motoren zu einem Gesamtpreis von 887 170 M abgeliefert. Auf dieser Grundlage setzte man die Erweiterung der Anlagen und ihrer Einrichtung fort, kaufte moderne Maschinen (hauptsächlich aus Württemberg, aber auch aus Berlin, Chemnitz und Köln), beteiligte sich mit 10 000 M an der am 23. September 1913 gegründeten »Zeppelin-Wohlfahrt«, damit die Arbeiter und Beamten des »Motorenbaus« an diesen Wohlfahrtseinrichtungen teilhaben konnten, gab 24 000 M für Versuche aus und erzielte schließlich einen Gewinn von 315 410 M. Mit Karl Maybach wurde ein neuer Lizenzvertrag geschlossen. Dieser sah nicht mehr Zahlungen je PS, sondern je Motor vor, und zwar 10 % vom Verkaufspreis.

Bild 15. Dieser Maybach-Sechszylinder-Reihenmotor, Typ CX, leistete 154 kW (210 PS) bei 1250 min^{-1}, 47 kW (65 PS) mehr als die Vorgängertype AZ. Man kann heute gar nicht ermessen, welch enormen Fortschritt dies in der Zeit vor dem Ersten Weltkrieg bedeutete. Bohrung × Hub: 160 mm × 190 mm, Zylindervolumen 3,81 dm^3.

Schließlich konnte festgestellt werden, daß der am Geburtstag des Grafen Zeppelin (8. Juli 1913) erstmals vorgestellte 154-kW-(210-PS)-Luftschiffmotor (Bild 15) »ungeteilten Beifall« gefunden hatte und daher in der zweiten Jahreshälfte »gründlich durchprobiert« werden konnte. Außerdem arbeitete man an zwei weiteren neuen Motoren.

Die Jahre des Ersten Weltkrieges: Flugzeugmotoren – Höhenmotor – »Zahnradfabrik«

Seit der Indienststellung des Luftschiffes LZ 10 Schwaben im Juni 1911, das insgesamt 220 Passagierfahrten ohne Zwischenfall durchführte, und des LZ 11 Viktoria Luise im Februar 1912, das bis zum Kriegsausbruch über 1000 unfallfreie Fahrten unternahm, folgten die DELAG-Schiffe LZ 13 Hansa und LZ 17 Sachsen mit je drei Maybach-133-kW-(180-PS-)AZ-Motoren, so daß bis Anfang August 1914 rund 34 000 begeisterte Passagiere die Zuverlässigkeit der von Maybach-Motoren angetriebenen Zeppeline erlebt hatten.

Für den Herbst 1914 war die Beteiligung am »Kaiserpreis-Wettbewerb« für Flugzeuge mit dem neuen, kleineren Motorentyp DW (118 kW/160 PS) vorgesehen, da nur Motoren mit weniger als 148 kW (200 PS) zuge-

Extra-Blatt

Berliner Lokal-Anzeiger

1914.

Erzherzog Franz Ferdinand und Gemahlin ermordet.

Pistolenattentat in Sarajewo. – Meldung an Kaiser Franz Josef.

Ein entsetzliches Verbrechen von ganz unabsehbaren Folgen ist heute in Sarajewo, der Hauptstadt von Bosnien, verübt worden. Der Thronfolger der uns verbündeten Donaumonarchie, der Freund Kaiser Wilhelms, ist dort zusammen mit seiner Gemahlin einem Attentat zum Opfer gefallen. Ein Privattelegramm meldet uns:

Sarajewo, 28. Juni 1 Uhr 10 Minuten nachm. (Von unserem i.-Korrespondenten.) Heute vormittag wurde hier dicht **beim Bahnhof** auf den Erzherzog-Thronfolger **Franz Ferdinand** und seine Gemahlin, **Herzogin von Hohenberg** ein **Pistolenattentat** verübt. Der **Erzherzog und die Herzogin sind tot**. Die Täter wurden **verhaftet**. Dem **Kaiser** ist **Bericht erstattet** worden.

• • •

Erzherzog Franz Ferdinand hatte Ende voriger Woche sich von Konopischt aus nach Triest und von dort zur Teilnahme an den Gebirgsmanövern im Korpsbezirk Ragusa, die bis zum gestrigen Tage dauerten, nach Bosnien begeben. Daß er auf so furchtbare Weise seiner hohen Mission entzogen worden ist, wird in der ganzen Welt als eine schwere Heimsuchung des österreichischen Kaiserhauses beklagt werden.

Bild 16. Das Attentat auf den österreichischen Thronfolger Erzherzog Franz Ferdinand und seine Gemahlin am 28. Juni 1914 in Sarajewo durch einen bosnischen Studenten war das auslösende Moment für den Ersten Weltkrieg.

Bild 17. 1. August 1914: Deutschland erklärt Rußland den Krieg. Vor dem Berliner Schloß verabschiedet die Kaiserin einrückende Offiziere des I. Garde-Regiments mit Rosen.

Bild 18. Nach Kriegsausbruch konnten die Luftschiffe die in sie gesetzten Erwartungen in keiner Weise erfüllen. Sie stellten außerordentlich gefährdete Ziele dar; ein einziger Treffer genügte, um die wasserstoffgefüllten Auftriebskörper in einen Feuerball aufgehen zu lassen. Von dem bekannten Marinemaler Felix Schwormstädt, der als Sonderzeichner der »Leipziger Illustrirten« ein Luftschiff bei einer Feindfahrt begleitete, stammt dieses dramatische Bild von der Abwehr angreifender englischer Flugzeuge durch Besatzungsmitglieder eines Marine-Luftschiffes.

lassen waren; stärkere Motoren lehnte das Militär als gefährlich ab. Karl Maybachs DW-Motor mit einem Leistungsgewicht von 1,5 kg/PS war enorm leicht. Bei einem 50stündigen Dauerlauf im Juli 1914 ergaben sich keine Beanstandungen, so daß man dem Wettbewerb hoffnungsvoll entgegensehen konnte.

Da brach Anfang August 1914 der Krieg aus. Zu dieser Zeit beschäftigte der »Motorenbau« 22 Beamte und 180 Arbeiter, von denen viele sofort zum Kriegsdienst eingezogen wurden, so daß bei der Produktion für einige Wochen ein erheblicher Engpaß entstand; doch nach wenigen Monaten konnte man die meisten Mitarbeiter wieder in das Werk zurückholen. Von dem DW-Motor wurden nur wenige Exemplare gebaut; jetzt mußte man an die Konstruktion neuer, kriegstauglicher Motoren gehen. Aus dem DW wurde die Type IR abgeleitet, von diesem jedoch nur wenige Exemplare gebaut. Als alleiniger Hersteller von Luftschiffmotoren mußte man sich zunächst auf deren Fabrikation konzentrieren. Dem steigenden Leistungsbedarf der Luftschiffe wurde mit einem neu konstruierten Motor, dem HSLu (176 kW/ 240 PS), Rechnung getragen. Mit diesem gab es trotz einer für damalige Verhältnisse gründlichen Erprobung anfänglich im Kriegseinsatz erhebliche Schwierigkeiten, die nach und nach behoben werden konnten. Im Sommer 1915 baute man den HSLu-Motor erstmals in zwei Luftschiffe ein. Mit 493 Exemplaren in 55 Zeppelin- und anderen Luftschiffen bzw. als HS-Version in Flugzeugen wurde er zum meistverwendeten Luftschiffmotor.

Seit dem Jahre 1915 wurde es für Maybach schwierig, den Anforderungen von allen Seiten gerecht zu werden. Der LZ eröffnete zum Beispiel zur rascheren Fertigstellung von Luftschiffen in Potsdam eine zweite Werft, die 1916 nach Staaken verlegt wurde. Jede Werft konnte schließlich etwa alle vier Wochen ein Schiff abliefern. Und Heer und Marine steigerten ständig ihre Forderungen nach Luftschiff- und Flugzeugmotoren. Infolgedessen wurden auch bei Maybach 1914/15 mehrmals Neubauten mit entsprechenden Einrichtungen und die Einstellung von Arbeitskräften nötig.

Als auf Grund der hohen Verluste die Heeresluftschiffe vom Fronteinsatz zurückgezogen werden mußten (Bild 18; vgl. auch Tafel 1, S. 261), nahm Karl Maybach die Entwicklung eines leistungsstarken *Flugzeugmotors* mit besonderer Höheneignung in Angriff. Dabei hatte er aber große Mühe, die Militärbürokratie von der Richtigkeit seiner Ideen hinsichtlich der Höhenleistung zu überzeugen. Um nicht noch mehr kostbare Zeit zu verlieren, errichtete der »Motorenbau« auf eigene Kosten auf dem 1840 m hohen Wendelstein in den Bayerischen Alpen einen Prüfstand für seine Neukonstruktion, während die Behörde ihrerseits die Erprobung eines Motors der bisherigen Bauart eines anderen Fabrikats ebenfalls in dieser Höhe zusagte, Bild 19. So geschah es: Der neue Motor erbrachte die erwartete Leistung von 176 kW (240 PS), der Konkurrenz-Motor nur 141 kW (190 PS), siehe auch S. 283/86.

Damit war der erste überbemessene und überverdichtete Flugzeugmotor der Welt geschaffen: der Typ Mb IVa, Bild 20. Die Leistungswerte dieses Höhenmotors waren so überzeugend, daß dem »Motorenbau« sofort große Aufträge erteilt wurden. Bis Anfang 1918 mußte die monatliche Produktionszahl auf mehr als 200 Motoren gesteigert werden. Das war nur dadurch möglich, daß schließlich mehr als 3000 Mann in zwei Schichten arbeiteten und außerdem die Waffenfabrik Paul Mauser in Oberndorf/Neckar, die Neckarsulmer Fahrzeugwerke und andere Unternehmen Einzelteile lieferten.

Die in diesem Zusammenhang erzielten beträchtlichen Gewinne überstiegen zwar die hohen Entwicklungskosten, doch war es mit ihrer Hilfe nicht möglich,

Bild 19. Um die zweifelnden Militärbeamten von der Richtigkeit seiner Theorie, daß der mit steigender barometrischer Höhe eintretende Leistungsverlust eines Flugmotors am einfachsten durch größeres Hubvolumen und höhere Verdichtung auszugleichen ist, zu überzeugen, ließ Karl Maybach auf dem 1840 m hohen Wendelstein in den Bayerischen Alpen einen Motorenprüfstand errichten. Hier konnte sein neukonstruierter Flugmotor Mb IVa unter realistischen Höhenbedingungen geprüft werden. Der Prüfstand befand sich in der Holzbaracke in der Mitte des Bildes.

Bild 20. Die Leistungswerte des Höhenmotors Mb IVa waren so überzeugend, daß dem »Motorenbau« sofort große Aufträge erteilt wurden. Bis Anfang 1918 mußte die monatliche Produktionszahl auf ungefähr 200 Motoren gesteigert werden. Insgesamt wurden über 2000 dieser Flugmotoren gebaut.
Oben: Mb IVa, Vergaserseite; unten: Auspuffseite (ohne Schalldämpfer). Längs- und Querschnittzeichnung: siehe Bild 42, S. 26.

Bild 21. In der Tat: Bis die englische Blockade wirksam wurde, konnten die Teilnehmer an dieser offensichtlich fröhlichen Runde auch persönlich noch auf beträchtliche Reserven zurückgreifen. Doch was man sich im Frühsommer 1915 in Friedrichshafen mit seinem fruchtbaren Hinterland wohl noch nicht vorstellen konnte, sollte im Deutschland des Ersten Weltkrieges bald zur bitteren Realität werden: Hunger, Not und Elend!

Bild 22. Die Zahnradfabrik Friedrichshafen AG (ZF) wurde 1915 als zweite Konzernfirma des LZ in Friedrichshafen gegründet. Ursprünglich »Zackenbude« genannt (Bild), hat sie sich im Laufe der Jahrzehnte zur größten Getriebefabrik Europas entwickelt. Obwohl sie Schwesterfirmen waren, standen die Zahnradfabrik und der »Motorenbau« in Konkurrenz zueinander. Dies lag vor allem daran, daß Karl Maybach die Antriebsanlage als Einheit begriff und sich zeitlebens mit dem Getriebebau beschäftigte. Bis in die vierziger Jahre kam es wiederholt zu scharfen Spannungen zwischen den beiden Firmen.

das Werk im Sommer 1918 auf eine Friedensproduktion vorzubereiten. Einerseits war gar nicht abzusehen, welchen Wirtschaftsbereichen sich der »Motorenbau« nach dem Kriegsende zuwenden konnte; andererseits besteuerte der Staat die »Kriegsgewinne« immer höher.

Zwei wichtige Neuerungen sind aus diesen Kriegsjahren noch zu nennen. Am 20. August 1915 wurde als Tochterbetrieb des LZ die »Zahnradfabrik Friedrichshafen« (ZF) gegründet, Bild 22. Ihre Errichtung wurde nötig, da auch zu dieser Zeit die Übertragung der Motorkräfte auf die Luftschrauben noch nicht befriedigend gelang, wie Störungen und Mißerfolge wiederholt gezeigt hatten. Nun bot ein von dem Schweizer Ingenieur Max Maag entwickeltes Verfahren zur Herstellung hochwertiger gehärteter und geschliffener Zahnräder die Möglichkeit, komplette Getriebe in der erforderlichen Qualität herzustellen, so wie sie das Luftschiff brauchte. Daher erwarb der LZ von Maag eine Lizenz. Mit der Leitung der neuen Zahnradfabrik wurde Karl Alfred Graf von Soden-Fraunhofen (Bild 23) betraut, während Alfred Colsman zum Generaldirektor des Zeppelin-Konzerns aufstieg. Auch für Karl Maybach wirkte sich diese Entwicklung positiv aus. Das Ansehen seiner verschiedenen Motorentypen, die in immer größeren Serien für Flugzeuge und Luftschiffe hergestellt wurden, litt nun nicht mehr unter Mängeln, die mit den Motoren unmittelbar nichts zu tun hatten.

Die zweite Neuerung hing direkt mit der Qualität der Motoren zusammen. Als man 1917 insgesamt 473 Motoren ablieferte – darunter 166 HSLu-Motoren –, brauchte man auch entsprechend mehr Mitarbeiter. Die Zahl der unmittelbar beim »Motorenbau« Beschäf-

Bild 23. Dipl.-Ing. Alfred Graf von Soden-Fraunhofen war 1915 an der Gründung der ZF beteiligt und wurde deren Geschäftsführer. Nach der Umwandlung des Unternehmens in eine Aktiengesellschaft 1921 fungierte er bis zu seinem Tod im Jahre 1944 als Vorstandsvorsitzender.

Bild 24. Daß Frauen in Fabriken arbeiteten, war in Deutschland schon vor dem Ersten Weltkrieg nichts Ungewöhnliches mehr. Doch daß sie nun die Plätze qualifizierter Metallarbeiter einnehmen mußten, das war neu! Auch beim »Motorenbau« in Friedrichshafen wurde seit etwa 1917 verstärkt auf Arbeiterinnen zurückgegriffen und eine Anlernwerkstatt eingerichtet. Hier wird das Einstellen eines Drehstahls erklärt.

Bild 25. Im Frühjahr 1917 richtete auch der »Motorenbau« eine militärische »Motorenschule« ein. In zweimonatigen Kursen wurde Wartungspersonal für die Motoren von Flugzeugen und Luftschiffen »für das Feld« ausgebildet. Das Bild zeigt Lehrgangsteilnehmer mit zwei Ausbildern der Firma.

tigten stieg von 700 Ende 1915 auf 950 Arbeiter und 140 Angestellte ein Jahr später und auf annähernd 2000 Arbeiter, darunter mehr als 400 Frauen, und 217 Angestellte im Jahre 1917. Sie erarbeiteten im Jahre 1917 einen zahlenmäßigen Umsatz an Motoren, Reparaturen, Ersatzteilen und Materialien in Höhe von 15,7 Mill. M gegenüber 8,5 Mill. M im Jahre 1916. Das entsprach der Intensivierung des Krieges, insbesondere an der Westfront, nicht zuletzt durch die Hilfe, welche die USA England und Frankreich leisteten.

70 Jahre später, im Rückblick auf zwei Weltkriege, mutet es heute den Leser befremdlich an, wenn er liest: »Die Aussichten für das Jahr 1918 sind sehr günstig. Es liegt ein überaus reicher Auftragsbestand mit ungefähr 58 Mill. M vor, so daß also die Beschäftigung für das Jahr 1918 in vollem Umfange sichergestellt ist«. Aber: Der Reingewinn des Jahres 1917 stellte sich nach den normalen und den Kriegsabschreibungen, nach den normalen und den »Kriegsgewinnsteuern«, normalen Rücklagen und »Rückstellungen für die Friedenswirtschaft« in Höhe von 350000 M auf 242000 M gegenüber 291000 M im Jahre 1916. Das waren also etwa 2,5 % vom Umsatz gegenüber etwa 3,5 % im Jahre 1916 – obendrein im Rahmen einer langsam entstehenden Inflation. Immerhin schüttete man am 8. April 1918 für das Geschäftsjahr 1917 20 % Dividende auf das Stammkapital in Höhe von 1 Mill. M aus und überwies der Geschäftsführung einen Gewinnanteil von 42000 M, womit der Reingewinn aufgezehrt war.

An einem Ort und in einer Region, die bei Kriegsausbruch nicht sehr stark industrialisiert gewesen waren und aus denen inzwischen viele Männer zum Militärdienst hatten einrücken müssen, machte sich seit 1915 ein ständig wachsender Arbeitskräftebedarf bemerkbar: Maybach und der LZ-Konzern befanden sich scheinbar hilflos zwischen den Anforderungen des Krieges und dem Arbeitskräftemangel in der Heimat, so daß nicht nur fast alle anfangs zum Militärdienst eingezogenen Männer zurückgekehrt, sondern außerdem viele hundert Soldaten zum »Motorenbau« nach Friedrichshafen abkommandiert worden waren. In einem nächsten Schritt warb man mehrere hundert Frauen an, die – schnell angelernt – verschiedenen Abteilungen wie der Kontrolle, dem Labor oder der Materialprüfung als Hilfskräfte zugewiesen wurden, Bild 24.

Für die Betreuung der Motoren an der Front sorgten zunächst die zuständigen Militärbehörden. Aber auch die dort eingesetzten Soldaten mußten erst in mehrmaligen Kursen in sogenannten »Motorenschulen«, welche die Militärs in den Motorenfabriken hatten einrichten lassen, ausgebildet werden. Das zwang die Motorenhersteller, eigene Mitarbeiter für diese »unproduktive« Lehrtätigkeit abzustellen, Bild 25.

Im Mai 1917 kehrte Karl Maybach mit einem Großauftrag auf 2000 Mb-IVa-Motoren für Flugzeuge aus Berlin zurück. Da Luftschiffe, nachdem sie in annähernd vier Kriegsjahren rund 5000 Fahrten mit 2 Mill. km zurückgelegt hatten, infolge der immer wirksameren Abwehrkräfte der Gegner an der Front kaum noch eingesetzt werden konnten, brauchte man um so mehr und immer leistungsfähigere Flugzeuge. Während also der LZ zunehmend unter Auftragsmangel litt, konnten ihn die überbeschäftigten Töchter – der »Motorenbau« und die »Zahnradfabrik« – stützen. Ja, der »Motorenbau« mußte sogar am 16. Juli 1917 in Potsdam eine Tochterfirma hauptsächlich für Reparaturen gründen. Auch für diese brauchte man erfahrene, eingearbeitete Kräfte. Dieser Mangel an Arbeitskräften, aber auch an Werkstoffen, hauptsächlich Nicht-Eisen-Metallen und Legierungselementen sowie Kraft- und Schmierstof-

Bild 26. In Abnahmeläufen mußte bereits während des Ersten Weltkrieges nachgewiesen werden, daß die Motoren die vorgeschriebenen Kennwerte (Leistung, Verbrauch) erreichten. Die Belastung der Flugmotoren erfolgte durch den Propeller. Die Abnahme-Kommission bestand aus Militärbeamten und Werksangehörigen.

Bild 27. Um sich einen qualifizierten Nachwuchs an Facharbeitern zu sichern, richtete Karl Maybach schon 1919 eine Lehrwerkstatt ein, in der die Lehrlinge aller Zeppelin-Betriebe ausgebildet wurden und die in ganz Württemberg als vorbildlich galt. Die Maschinen wurden von einem großen Elektromotor über Transmissionen und Riemen angetrieben. Aufnahme um 1925.

fen, machte sich immer stärker bemerkbar und hemmte die Produktion wie die Entwicklung in gleichem Maße.

Zwar lieferte man 1918 bis zum Kriegsende noch 1365 Mb-IVa-Motoren (120 bis 200 im Monat bei 3300 Arbeitern und 350 Angestellten) für Aufklärungs- und Kampfflugzeuge. Die Konstruktionsarbeit stellte man aber fast ganz ein, so daß die dort Beschäftigten zu anderen Abteilungen versetzt werden konnten. Die zweite wichtige, auch für die Zukunft bedeutsame Neuerung bildete der Aufbau einer Lehrlingswerkstatt. Da nämlich auch weibliche Arbeitskräfte kaum noch zu finden waren, wurde es nötig, Jugendliche anzulernen, um sie möglichst früh als vollwertige Arbeitskräfte einsetzen zu können. Dem Maybach-Motorenbau (MM) – so der neue Firmenname ab Mitte 1918 – gelang es, die Gewerbeoberschulbehörde in Stuttgart für die Spezialisierung der Lehrlingsausbildung zu gewinnen. Der Maybach-Motorenbau stellte dafür alle Räumlichkeiten, die Mittel für den theoretischen Unterricht sowie die Lehrkräfte für die praktischen Fächer zur Verfügung, während die Schulbehörde die Lehrkräfte für den theoretischen Unterricht beschaffte. Außerdem bot der Maybach-Motorenbau natürlich Modelle, physikalische Demonstrations- und Projektionsapparate usw., so daß diese Ausbildungsstätte als eine der allerersten ihrer Art später zum Vorbild für ähnliche Institutionen wurde, Bilder 27 und 28. Seit diesen Kriegsjahren 1914 bis 1918 hat Maybach immer besonderen Wert auf einen leistungsfähigen Stamm von im Werk ausgebildeten Facharbeitern gelegt – was zwar Geld kostete, sich aber auch auszahlte.

Schließlich muß noch eine weitere durch den Krieg veranlaßte, aber gleichfalls zukunftsträchtige Maßnahme erwähnt werden. Die Beschäftigung von schnell Angelernten, die immer stärkere Inanspruchnahme von

Bild 28. Gut 10 Jahre später, Ende der dreißiger Jahre, waren auch in der Lehrwerkstatt die Werkzeugmaschinen auf Einzelantrieb umgestellt.

Unterlieferanten sowie der Rückgang der Qualität der Materialien, die beim »Motorenbau« verwendet werden mußten, machten es nötig, eine strenge physikalische und chemische Materialprüfung einzuführen. Deren Grundzüge hatte es bereits bei Kriegsausbruch gegeben. Aber nun wurde daraus eine eigene Abteilung, in der Spezialverfahren entwickelt wurden, von denen später das »Dehnungslinienverfahren« besondere Bedeutung erlangte, siehe S. 380.

Alle diese Verbesserungen und Neuerungen gerieten seit dem Frühsommer 1918 unter den Druck der Kriegsereignisse an den Fronten und deren Auswirkungen auf das Leben und die Stimmung in der Heimat. Das wirkte sich natürlich auch beim Maybach-Motorenbau aus: Die Entwicklung neuer Triebwerke wurde gehemmt, obwohl die Bauaufsicht insbesondere des Reichsmarineamtes immer schärfer auf Fortschritte drängte, zumal während des ganzen Krieges der »Moto-

Bild 29. Solche flachen, propellergetriebenen Boote wurden von der Lürssen-Werft im Ersten Weltkrieg gebaut und als Minensucher an der flandrischen Küste eingesetzt. Maybach-Luftschiffmotoren dienten zweckentfremdet als Antrieb.

Bild 30. Propeller-Prüfstand für Flugmotoren, um 1918. Die Motoren wurden nicht nur aus Kapazitätsgründen paarweise gefahren, sondern auch um den Propellerschub auszugleichen.

renbau« der einzige Hersteller von Luftschiffmotoren blieb. Denn die beiden damals bedeutendsten Motorenhersteller Deutschlands – Daimler und Benz – erklärten wiederholt, daß ihnen die Lieferung von Luftschiffmotoren neben denen für Flugzeuge allein schon mengenmäßig nicht möglich sei – ganz abgesehen davon, daß man dort auch nicht über den Stab verfügte, der für die entsprechenden Entwicklungsarbeiten nötig gewesen wäre.

Am 16. Mai 1918 wurde die Motorenbau GmbH, Friedrichshafen, in »Maybach-Motorenbau GmbH, Friedrichshafen« umbenannt, was die Bedeutung von Karl Maybach und seinem Vater für das Werk unterstrich. Die Protokolle der Gesellschafter-Versammlungen des »Motorenbaus« zeigen ab Mitte 1917 recht deutlich, daß die Lage in Deutschland immer angespannter wurde. Colsman unterstrich am 22. Mai 1917, »daß die innere Entwicklung des Motorenbaus mit seiner sonstigen Entwicklung nicht Schritt gehalten habe«. Infolge des dauernden Anstiegs der Arbeitsbelastung waren die kaufmännischen Abteilungen wie zum Beispiel Kalkulation und Unkostenermittlung nicht dem Wachstum auf der technischen Seite gefolgt: Während man im Mai 1917 30 Motoren produzierte, sollten, wie Karl Maybach berichtete, im August 1917 »und von dann an mindestens 50 Motoren herausgebracht werden. Die Anforderungen, die jetzt schon an die Firma seitens der Armee und Marine gestellt werden, sind so, daß man damit rechnen muß, von Januar 1918 ab monatlich mindestens 100 Motoren zur Ablieferung zu bringen«. Darauf müsse man sich sofort vorbereiten – zum Beispiel »noch eine Anzahl von Firmen zur Mitarbeit gewinnen«.

Als ein Jahr später, am 16. Mai 1918, derselbe Personenkreis versammelt war, stellte man fest, »daß der Umsatz bis Anfang Mai des Jahres 1918 bereits den Umsatz des ganzen letzten Jahres erreicht hat, und daß unter Zugrundelegung dieser Entwicklung mit 45–50 Mill. M Jahresumsatz gerechnet werden kann«. Der Auftragsbestand betrug zu diesem Zeitpunkt 82 Mill. M, womit man »bis Mitte nächsten Jahres« – 1919! – »beschäftigt sein wird«.

Das waren natürlich bereits inflationär belastete Beträge: Die Arbeit wuchs, während die Einnahmen in Wirklichkeit dem Aufwand nicht mehr folgten. Im Mai 1918 plante Karl Maybach für die »Friedenszeit« – allerdings ohne anzudeuten, wie er sich diese vorstellte: Er war mit der Vorbereitung der Produktion eines »doppelten Motors« mit der Bezeichnung IL 12 für schnelle Flugzeuge beschäftigt – »vielleicht als Ausfüllung für die erste Friedenszeit«.

Sorgen bereitete das Werk in Potsdam: Die Marine bezweifelte, daß es so genau arbeiten könne wie Friedrichshafen, und das Reichsmarineamt wollte daher nur mit Friedrichshafen arbeiten. Tatsächlich mußte Karl Maybach zugeben, daß die Verhältnisse im Potsdamer Werk sehr schwierig waren: Man hatte zu viele Aufträge übernommen, so daß man mit den Ablieferungen in Verzug geriet, zumal »das Material von hier aus häufig nicht rechtzeitig zugegangen« war, »da es eben auch hier mit Material sehr spanne«.

Noch einmal konnten 20 % Dividende ausgeschüttet werden. Aber Colsman bemerkte, »daß die jetzige Hochkonjunktur mäßig sei«, da man alle Gewinne in immer neue Erweiterungen stecken müsse, die man

Bild 31. Der Erste Weltkrieg beflügelte den Flugzeugbau wie keine andere Waffengattung. Ein »Spitzenprodukt« in diesem Sinne waren die »Riesenflugzeuge«, mit denen Angriffe weit in das feindliche Hinterland geflogen wurden. Dieser Fernbomber, Typ R XIVa der Zeppelin-Werke Staaken, hatte fünf Maybach-Mb-IVa-Höhenmotoren von je 180 kW (245 PS). Die Größenverhältnisse werden an dem Gruppenbild deutlich.

später vielleicht nicht würde mit Arbeit füllen können. Immerhin rechnete er angesichts der bedeutenden Aufträge mit einem »guten Gewinn für dieses Jahr«, kritisierte aber zugleich, daß die Selbstkostenberechnung immer noch nicht richtig funktioniere. Deutlich hatte das Unternehmen mit 120 bis 150 Zulieferbetrieben eine Größenordnung erreicht, der die kaufmännische Organisation nicht mehr gewachsen war. Colsman wollte in dieser Situation Potsdam ganz aufgeben und die Arbeit dieses Werkes nach Friedrichshafen verlagern.

Am 7. Juli 1918 fand anläßlich der Gesellschafterversammlung des Luftschiffbau Zeppelin eine zweistündige Konzernsitzung statt, an der unter Alfred Colsmans Leitung acht Personen teilnahmen – u. a. Dr. Ludwig Dürr, Karl Maybach und Dipl.-Ing. Claude Dornier. Eine Lösung der Organisationsprobleme war immer noch nicht gefunden worden. Seit Jahren hatte man die technische Arbeit weiter und weiter dezentralisiert und eigene Gesellschaften für Motoren, Zellen usw. errichtet sowie neue Zulieferer heranziehen müssen. Aber die Verwaltung, die dadurch immer teurer geworden war, hatte schließlich dieser tatsächlich kaum noch übersehbaren Vielfalt nicht mehr befriedigend folgen können: An der Spitze bzw. im Zentrum, nämlich beim LZ, hatte man die Übersicht über Planung, Zeiteinteilung und wirtschaftliche Entwicklung verloren und in dieser Notsituation ein »Zentrales Büro« geschaffen. Seine Aufgaben bestanden in der Berichterstattung, Prüfung der Buchhaltung und der Organisation sowie Übernahme von Verwaltungsarbeiten. Oberstes Ziel war jedoch die Vereinfachung der Organisation der Tochtergesellschaften und die Straffung ihrer Verbindung zur Konzernspitze: Vereinfachung des innerbetrieblichen Schriftverkehrs, Verbesserung der Statistik und ihrer Auswertung und Straffung und Vereinheitlichung der Tochterbilanzen für die Erstellung einer korrekten Konzernbilanz. »Erst dadurch ist ein richtiges und fortlaufendes Vermögensbild des ganzen Konzerns zu erlangen«, heißt es im Protokoll. Auch die »Bearbeitung des Lohn- und Gehaltswesens« mußte verbessert, die Gehaltsverhältnisse der Tochtergesellschaften mußten vereinheitlicht werden. »Das Konzerngefühl muß unbedingt gepflegt werden. Es ist zur Heranbildung eines tüchtigen Beamtenstandes von größter Wichtigkeit... Unbedingt erstrebenswert ist die Vereinheitlichung des Lohnwesens der Friedrichshafener Konzernfirmen.« Damit könne man »gar nicht weit genug gehen«.

Das Protokoll dieser Konzernsitzung wenige Wochen vor Ludendorffs Eingeständnis, daß der Krieg nicht mehr gewonnen werden könne und daher sofort Bemü-

Bekanntmachung.

3000 Mark

Belohnung!

Von unbekannter Seite wird ein Flugblatt mit der Ueberschrift

Die Lehren des großen Massenstreiks

das zur Arbeitsniederlegung am 1. Mai 1917 auffordert, ohne Angabe des Druckers und Verlegers verbreitet.

Selbstverständliche Pflicht jedes Deutschen ist es, zur Entlarvung der Landesverräter, die hinter diesem Erzeugnisse stehen, beizutragen.

Wer den Verfasser oder Hersteller des Flugblattes zur Strafverfolgung bringt, erhält obige Belohnung. Einen angemessenen Teil der Belohnung erhält ferner jeder, der den oder die Verbreiter des Flugblattes zur Strafverfolgung bringt.

Berlin, den 30. April 1917.

Oberkommando in den Marken.

Bild 32. Die katastrophale Versorgungslage und die Nachrichten von der Februarrevolution in Rußland führten am 16. April 1917 zu spontanen Massenstreiks, die sich, von Berlin ausgehend, bis Nürnberg ausbreiteten, und zur Bildung von Arbeiterräten. Von den Gewerkschaften nicht unterstützt, brach der Aufstand nach Androhung des Kriegsrechtes durch die Regierung rasch zusammen. Generalleutnant Wilhelm Groener verkündete am 27. April in einem Aufruf an alle Rüstungsarbeiter: »Ein Hundsfott, wer streikt, solange unsere Heere vor dem Feind stehen.«

hungen um Waffenstillstand und Friedensschluß aufgenommen werden müßten, zeigt, daß beim Friedrichshafener Konzern in jüngster Zeit chaotische Zustände geherrscht hatten. Das Auseinanderbrechen hatte offenbar nahe bevorgestanden. Und für den Historiker erhebt sich die nicht mehr zu beantwortende Frage, ob das Unternehmen im Jahre 1918 noch in jeder, also auch in technischer Hinsicht, optimal gearbeitet hat. Gewiß: Es wurden immer mehr Motoren geliefert, es wurde immer mehr Geld verdient und zumeist in Neubauten, für Erweiterungen und Verbesserungen angelegt. Aber ob man bei alledem richtig handelte, das Beste leistete, das erschien Colsman offensichtlich seit dem Frühjahr 1918 zweifelhaft. Und sein Mitarbeiter, Assessor Vetter, mußte am 7. Juli 1918 inmitten weiterer Produktionssteigerungen und immer größerer Schwierigkeiten bei der Arbeitskräfte- und Materialbeschaffung berichten, daß man sich mitten in einer Umstrukturierung des Konzerns befand, die bereits einige gute Ergebnisse erzielt, aber auch viel Arbeit verursacht und viele tüchtige Mitarbeiter gebunden hatte.

Am 1. Oktober 1918 fand eine »Besprechung betr. Lohnbewegung des Luftschiffbau Zeppelin« statt. Sichtlich wurden die Arbeiter wie in anderen Teilen Deutschlands, so auch am Bodensee, unruhig: Sie forderten angesichts der ständig steigenden Preise insbesondere auf dem Lebensmittel-Schwarzmarkt Lohnerhöhungen. Am 30. September 1918 hatte sich der Schlichtungsausschuß Ravensburg, in dem die Maybach-Motorenbau GmbH Friedrichshafen nicht vertreten war, dahingehend geeinigt, daß die Löhne der Bauarbeiter um 20 %, die für Arbeiter beim Motorenbau um etwa 10 % erhöht werden sollten, weil der »Maybach-Motorenbau schon 10 Pf. höhere Sätze als die zwischen Bauunternehmer und Bauhandwerker vereinbarten bezahle«. Daimler, wo man im Durchschnitt bereits höhere Löhne zahlte als bei Maybach, hatte entsprechende Forderungen zunächst einmal zurückgewiesen. Bei der Besprechung dieser Forderungen stellte sich heraus, daß der Maybach-Motorenbau im allgemeinen beim Verband der Württembergischen Metallindustriellen, dem dieser nicht angehörte, nicht sehr beliebt war: Seine Arbeiter empfanden sich wohl als eine kriegswichtige Elite, der man in bezug auf Löhne und Einschätzung der Arbeitsplätze besondere Rücksicht schuldig sei.

Am 8. Oktober besprach man die »Lohnbewegung« im Konzern erneut und beschloß ein Angebot für Einstell-Löhne (Löhne der Anfänger) je Stunde von 110 Pf. für Facharbeiter, 96 Pf. für Angelernte, 86 Pf. für Hilfsarbeiter und 60 Pf. für weibliche Arbeiter. Nach vier Wochen Zugehörigkeit sollten die Löhne um 15 bis 25 % steigen; alle Akkordlöhne sollten um 15 % erhöht werden.

Bei der wachsenden Unzufriedenheit unter den Arbeitern handelte es sich keineswegs nur um Lohnfragen im engen Sinne. Viele Männer, die von der Front zur Arbeit in Friedrichshafen abkommandiert worden waren, hatten ihren eigentlichen Wohnsitz weit entfernt vom Arbeitsort. Die langen Arbeitszeiten, die mangelhafte Versorgung mit Lebensmitteln, die häufig primitive Unterbringung und schließlich die Politisierung des Alltags führten zu einer Art von Unruhe, die durch Lohnerhöhungen kaum noch eingedämmt werden konnte, zumal sich nun auch in der Heimat ein deutlicheres Bild von der Situation an der Front und von der gesamten strategisch-politischen Lage abzeichnete. Man verlor die Hoffnung auf ein gutes Ende.

Im November 1918 ging der Erste Weltkrieg zu Ende. Einen Monat später erschien bereits die erste Maybach-Anzeige, in der die Kriegsleistungen des Mb-IVa-Motors herausgestellt wurden.

2. In der Zeit der Weimarer Republik 1919 bis 1932

Ein neuer Beginn 1918 bis 1923

Am 10. November 1918, dem ersten Tag nach dem Waffenstillstand, beschäftigte der Maybach-Motorenbau noch 3601 Angestellte und Arbeiter, unter ihnen 763 Frauen. Am Tag darauf wurden überall rote Fahnen gehißt, die Arbeit eingestellt. Viele Unterlieferanten konnten wieder ihre alte Friedensfabrikation aufnehmen. Der Maybach-Motorenbau aber war gezwungen, sich ein neues Arbeitsgebiet zu suchen bzw. zu schaffen. Zunächst einmal setzte Colsman rigoros die Belegschaft auf 844 Männer herab, wodurch er sich in weiten Kreisen unbeliebt machte. Insgesamt verließen in den folgenden Monaten etwa 75 % der Belegschaft, darunter viele ausgezeichnete Facharbeiter, nicht nur das Werk, sondern den Raum Friedrichshafen. Wer freiwillig kündigte, erhielt eine Entschädigung von mehreren tausend Mark.

Die Firma Maybach-Motorenbau begann, mitten in den Unruhen der Revolution und des Aufbaus eines neuen Staates, mit Fahrzeug- und Werkzeugmaschinen-Reparaturen. Überall waren Autos und Maschinen jahrelang ohne genügende Wartung bis zum äußersten beansprucht worden. Für einige Zeit fand man also auf diesem Gebiet Arbeit. Auch lieferte man im Lohnauftrag kleine Motoren für Mars-Motorräder. Zu Beginn des Jahres 1919 versammelte Karl Maybach die Leiter der Abteilungen Konstruktion, Versuch und Fertigung um sich und trug ihnen auch in Gegenwart führender

Bild 33. Das Ende: Zur Erfüllung der Vorschriften des Waffenstillstandsabkommens mußte alles Kriegsmaterial an die Sieger ausgeliefert oder vernichtet werden. Auch auf dem Gelände des Maybach-Motorenbaus wurden 1919 Flugmotoren und Prüfstände unter den Augen der Entente-Kommission zerstört.

Mitglieder der kaufmännischen Abteilung seine Zukunftsüberlegungen vor. Um die Weiterarbeit des Maybach-Motorenbaus sicherzustellen und Arbeit für die noch rund 800 Beschäftigten zu beschaffen, wollte er sich, mit Zustimmung des Hauptgesellschafters LZ, zwei neuen Vorhaben zuwenden:

»Auf Grund unserer Erfahrungen im Flugmotorenbau werden wir einen erstklassigen Fahrzeugmotor entwikkeln und diesen in verschiedenen Leistungen bauen. Wir werden diese Motoren den inzwischen zahlreich gewordenen Automobilfirmen im In- und Ausland zum Einbau in ihre Pkw, Lkw und sonstigen Fahrzeuge anbieten. Auf diese Weise sparen sich die betreffenden Firmen kostspielige Eigenentwicklungen.«

Maybach konnte bei diesen logischen und überzeugenden Ausführungen nicht ahnen, daß er mit diesem Vorhaben einen Mißerfolg erleiden würde, daß aber aus diesem wiederum ein bedeutender Erfolg hervorgehen sollte.

Darüber hinaus stellte er Überlegungen an, einen schnellaufenden Dieselmotor für die Schienentraktion zu entwickeln (siehe S. 32/33; 340). Tatsächlich hatte Karl Maybach bereits Mitte 1918 nach Gesprächen mit seinem Vater Wilhelm und dem Generaldirektor des LZ, Colsman, einen erst am 1. September 1917 eingestellten Mitarbeiter beauftragt, »in aller Stille« den derzeitigen Stand der Technik auf diesem Gebiet schnellaufender Dieselmotoren mit 120 bis 150 PS zu erkunden. Am 27. November 1918, als man also deutlich erkennen konnte, daß Pessimismus in bezug auf die Zukunft des Unternehmens durchaus angebracht war, legte dieser Mitarbeiter Karl Maybach einen Bericht im Umfang von 20 Seiten vor. Die Quintessenz: Es gab noch keinen schnellaufenden Dieselmotor mit hoher Drehzahl und der geforderten Leistung.

Maybach sah also zwei klare Ziele für den Motorenbau vor sich. Aber im ersten Halbjahr 1919 war die politisch-soziale Unruhe überall in Deutschland so groß, daß auch am Bodensee an geregelte Arbeit kaum zu denken war, Bild 34. Vielleicht wäre Maybachs Unternehmen wie so viele andere zusammengebrochen, wenn es nicht mitten im Chaos Inseln der Ordnung und Zuverlässigkeit gegeben hätte: die staatliche Bürokratie zum Beispiel. Deutschland hatte eine schwere militärische und wirtschaftliche Niederlage erlitten und wurde von revolutionären Aufständen erschüttert (Bild 35) – aber die Reichsbehörden beglichen korrekt die Rechnungen der Lieferanten, wie zum Beispiel für Flugzeugmotoren, die beim Militärfiskus über den Umsturz der Regierung am 9. November hinaus eingetroffen waren. Die Behörden entschädigten sogar die Firmen

Preis 10 Pfennig.

Die rote Seefahne

Mitteilungsblatt der Streikleitung Friedrichshafen.

1. Jahrgang. Donnerstag, den 3. April 1919. Nr. 2.

Zur Streiklage.

Motto:

Nicht zählen wir den Feind,
Nicht die Gefahren all.

Noch schlimmer wie zur Zeit des Kaiserreichs ergreift unsere „sozialistische" Regierung Maßnahmen, wenn sich Arbeiter erlauben Forderungen zu stellen. Für Stuttgart und Umgebung ist der Belagerungszustand verhängt worden. Trotz alledem wird diese Bewegung den Weg gehen, der ihr naturgemäß bestimmt ist. Die Maßnahmen werden auf alle Fälle die eine Wirkung haben, daß sie vielen Arbeitern, die bis heute noch zu der Regierung gestanden sind, die Augen öffnet. Tausende von Arbeitern werden aus diesen Maßnahmen klar ersehen, daß, wie vor und während dem Krieg noch immer dieselben Mittel angewandt werden, wenn es gilt, der Arbeiterschaft ein Entgegenkommen zu zeigen.

Heute herrscht noch ein gewalttätigeres Regiment in Deutschland wie vor dem Kriege. Weil Arbeiter Forderungen an die Regierung gestellt haben, werden in Stuttgart und anderen Industrieorten Maschinengewehre aufgestellt, werden der Arbeiterschaft verboten Flugblätter zu verteilen, darf sie keine Versammlungen unter freiem Himmel abhalten. Kurzum es wird ihr mit Gewalt verunmöglicht, zu Fragen, ihre Interessen betreffend Stellung zu nehmen.

Heute werden die Zeitungen der Regierung im ganzen Reiche von Greueln in Stuttgart und anderen Streikorten berichten. Die Reptile der sich sozialistisch nennenden Regierungen im freien Deutschland werden über Terror in Württemberg berichten, sie werden über Greuel berichten, die die württembergische Arbeiterschaft verübt hat, während im ganzen Land weiter nichts geschehen ist, als daß die Arbeiterschaft die Betriebe verlassen und da und dort eine Demonstration durchgeführt hat.

In Weimar-Berlin wird auf Ersuchen der württembergischen Regierung der Arbeiter-Noske Feldzugspläne gegen Württemberg entwerfen, wie seinerzeit gegen Berlin, Bremen, Leipzig, Braunschweig u. s. w. Das Verbrecherchor Haas in Münsingen wird seine historische Aufgabe, Arbeiterblut zu vergießen, erfüllen. Flammenwerfer und Minenwerfer werden wieder zu Ehren kommen und in die Reihen der Landesverteidiger und Helden von gestern Tod und Verderben speien! Offiziere und Studenten werden in den Kampf ziehen unter den Weisen: „Heil dir im Siegerkranz" und mit dem Feldgeschrei: „Hoch Hindenburg, hoch Ludendorf".

Das Bürgertum wird die Helden von heute aufstacheln und seine Vaterlandsliebe dadurch beweisen, daß es, wie am 10. Januar in Stuttgart die Helden mit Krankenwein und Schnäppschen aufmuntert, gegen die Helden von gestern Tod und Verderben zu speien. Wehrlose Gefangene wird das Bürgertum beschimpfen und verprügeln. Nach berühmtem Berliner Beispiel werden Dutzende von „Regierungstreuen" verschwinden, um nach Beendigung des Streiks wieder auf der Bildfläche zu erscheinen, sie werden nach den Berichten der bürgerlichen Presse zu dem Zwecke verschwinden, die Soldadeska gegen die Streikenden aufzuhetzen.

Alles das wird aber die Massen nicht abhalten, immer und immer wieder den Kampf gegen den Sozialismus aufzunehmen. Wie in Berlin, so erheben nun auch sich die Bergarbeiter zum wiederholtenmal mit der Parole: „Sozialisierung und Sechsstundentag". Genau so werden wir, wenn dieser Kampf nicht zum Ziele führt, uns wieder erheben u. den für das Proletariat eine Lebensfrage bedeutenden Kampf um den Sozialismus aufzunehmen.

Arbeiter, Genossen! Laßt Euch durch nichts beirren, haltet diesmal in Euerem eigenen Interesse durch!

K.

Der zweite Streiktag.

Wie am Dienstag, so sind auch am Mittwoch die Arbeiterbataillone im Massenschritt aufmarschiert! War am ersten Tag die Sache noch etwas zerfahren, so war zu sehen, daß gestern schon viel sachlichere Bahnen eingeschlagen wurden.

Die Streikleitung trat mit einem klar umschriebenen Programm von lokalen Forderungen auf den Plan und fand bei der Riesenversammlung hellige Zustimmung. (Selbst Herr Colsman mußte zustimmen.) Allerdings hätte eine Opposition nicht leicht begründet werden können, den es ist doch klar, daß, da die Stadtverwaltung auf dem Gebiete der Wohnungsführsorge sowie der Lebensmittelverteilung so gut wie nichts getan hat, die Arbeiterschaft die Sache endlich selbst energisch in die Hand nehmen muß. Das Recht hierzu kann ihr nicht abgesprochen werden, da ja sie es ist, die fast ausschließlich unter den mißlichen Verhältnissen zu leiden hat. Ueberdies bildet doch auch sie die überwiegende Mehrheit der Bevölkerung.

Lebhaft wurde auch das Vorgehen der Postverwaltung gegen den Arbeiterrat verurteilt, die diesem die Telefonverbindung abgeschnitten hat. Dieses Vorgehen wurde als

Bild 34. Auch in Friedrichshafen kam es durch den am 25. Februar 1919 ausgerufenen Generalstreik zu Unruhen, so daß an geregelte Arbeit kaum zu denken war. Die Verkündung des Versailler Vertrages und seine Folgen brachte die aufgewiegelte Arbeiterschaft jedoch rasch wieder zur Vernunft.

– so auch den Maybach-Motorenbau – für Schäden, die im Zuge der Revolution verursacht worden waren, und schließlich selbst für Reparations-Entnahmen – allerdings nun schon in Inflationsmark, so daß die Zahlungen nicht mehr voll den Leistungen entsprachen.

Von Kriegsgewinnen konnte also dabei ganz und gar keine Rede sein, obwohl es sich um gewaltige Aufträge, Materialmengen und Geldbeträge handelte. Der Maybach-Motorenbau erhielt zum Beispiel am 30. August 1918 einen Auftrag auf 2700 Motoren, die bis zum Oktober 1919 geliefert werden sollten. Diese Bestellung hatte einschließlich der vereinbarten Mengen von Reserveteilen einen Wert von 105 Mill. M. Davon gingen natürlich große Beträge an die rund 170 Unterlieferanten. Außerdem mußten zur Erfüllung des Auftrages die eigenen Anlagen wesentlich vergrößert werden. Sofort begannen die Motorlieferungen. Anfang November 1918 war der Krieg zu Ende, aber ein großer Teil des Rohmaterials lag in Friedrichshafen, und die Unterlieferanten hatten sich auf die Arbeit eingerichtet. May-

Bild 35. Ganz anders sah es dagegen in den großen Industriestädten des Reiches (hier in Berlin) aus, wo zwischen Regierungstruppen und Arbeiterschaft schwere Kämpfe ausbrachen, die etwa 1200 Tote forderten. Es kam zu dem berüchtigten Schießbefehl des sozialdemokratischen Reichswehrministers Gustav Noske: »Jede Person, die mit Waffen in der Hand gegen Regierungstruppen kämpfend angetroffen wird, ist sofort zu erschießen.«

bach hoffte, für die Motoren »in einiger Zeit« mit dem Ausland ins Geschäft zu kommen. Doch zunächst einmal brauchte man Geld – vom Auftraggeber, dem Militärfiskus. Die Behörden zahlten im Januar 1919 einen Vorschuß von 35 Mill. M. Ob es mehr geben würde, war fraglich. Doch die Inflation begann zu traben: Der Wert des Dollars stand bereits bei mehr als 20 M. Immerhin: Der Maybach-Motorenbau konnte sich mit solchen Restzahlungen, Reparaturaufträgen und Herstellung von kleineren Motoren im Lohnauftrag für die Motorradfabrik Mars Werke AG, Nürnberg, über Wasser halten und verhindern, daß für die Zukunft wichtige Facharbeiter abwanderten. Mitte 1919 beschäftigte man noch rund 600 Mitarbeiter, darunter viele Lehrlinge, die man für die Zukunft brauchte. Allerdings mußte auch manchem Lehrling nach Abschluß seiner Lehre gekündigt werden. Dabei zog man die sozialen Verhältnisse in Betracht.

Im Jahre 1918 blieb bei einem »Verkaufsumsatz« von annähernd 52 Mill. M für 111 Luftschiff- und 1283 Flugzeugmotoren nach Abzug der Kriegsgewinnsteuer in Höhe von mehr als 2,7 Mill. M schließlich ein »Reingewinn« von 3,1 Mill. M (also etwa 6 %), aus dem eine Dividende in Höhe von 20 % auf das voll eingezahlte Geschäftskapital in Höhe von 1,0 Mill. M ausgeschüttet werden konnte. Dagegen hatte die Neuanschaffung von Maschinen etwa 18,2 Mill. M gekostet.

Bild 36. Nach Kriegsende hoffte man in Deutschland, den Bau ziviler Flugzeuge aufnehmen zu können. So entstanden 1920 bahnbrechende Konstruktionen wie dieses »Riesen-Verkehrsflugzeug« E 4/20 in Leichtmetallbauweise, entworfen von Dipl.-Ing. Adolph Rohrbach, einem früheren LZ-Mitarbeiter, und gebaut auf der Zeppelin-Werft in Berlin-Staaken. Ausgerüstet war es mit vier Mb-IVa-Motoren. 1921 mußte es auf Befehl der Entente-Kontrollkommission zerstört werden.

Bild 37. Karl Maybach hatte zunächst nicht beabsichtigt, Automobile zu bauen; vielmehr sollte seine Fabrik Benzinmotoren für andere Automobilfabriken herstellen. Doch daraus wurde nichts, weil der wichtigste Kunde, die renommierte holländische Automobilfabrik Trompenburg, in Zahlungsschwierigkeiten kam. Als er für die große Zahl fertiggestellter Motoren für den Spyker-Wagen (Bild) keine Abnehmer fand, sah Maybach sich gezwungen, selbst Automobile zu bauen.

Bild 38. Damals hochmodern: Kurbelwellendrehmaschinen im Maybach-Motorenbau. Beschafft wurden diese Maschinen zur Herstellung der Kurbelwellen für die Motoren der Spyker-Wagen.

Im Jahre 1919 sank der Gesamtumsatz um rund 40 Mill. auf 12,5 Mill. M. Er erbrachte einen Reingewinn von 910000 M, aus dem wieder 20% (= 200000 M) Dividende gezahlt wurden, deren Wert allerdings gegenüber dem Vorjahr wesentlich gesunken war. Der Umsatz entstand im wesentlichen daraus, daß im Jahre 1919 noch 194 Flugzeug- und Luftschiffmotoren im Gesamtbetrag von 5,8 Mill. M sowie Ersatz- und Zubehörteile im Wert von 6,7 Mill. M insgesamt also 12,5 Mill. M ergaben. Der Maybach-Motorenbau lebte mitten im ersten Friedensjahr noch ganz von der Produktion, die dem Krieg gegolten hatte.

Karl Maybachs Optimismus in bezug auf den Absatz von Qualitäts-Motoren für Personenwagen und Nutzfahrzeuge an Automobilfabriken wurde schnell enttäuscht. Bei keiner der zahlreichen deutschen Automobilfirmen war man bereit, fremde Motoren, und mochten sie noch so gut sein, in die eigenen Fahrzeuge einzubauen. Jede Firma wollte – unter hohen Entwicklungskosten – ihren eigenen Motor herstellen. In dieser Situation erfuhr Maybach 1920, daß die niederländische Firma Trompenburg einen geeigneten Motor für ihren luxuriösen »Spyker«-Wagen (Bild 37) suchte. Der Maybach-Motorenbau trat daraufhin mit Trompenburg in Verbindung. Die Verhandlungen verliefen erfolgreich, und noch 1920 erteilte Trompenburg einen Auftrag über 1200 der neuen W-2-Motoren.

Ende 1920 waren außer der Vorrichtungs- und der Werkzeugkonstruktions-Abteilung die Fabrikationsabteilungen und die Montage nahezu ausschließlich mit der Fertigung dieser Automobil-Motoren beschäftigt. Allerdings wurde die »Kohlenfrage« infolge der weiten Entfernung von den Bergwerken überaus kritisch. Daher mietete man im März 1920, als der Kapp-Putsch für eineinhalb Tage einen Generalstreik verursacht hatte

Kundgebung!

Die bisherige Reichsregierung hat aufgehört zu sein. Die gesamte Staatsgewalt ist auf den mitunterzeichneten Generallandschaftsdirektor Kapp-Königsberg i. Pr. übergegangen. Zum militärischen Oberbefehlshaber und gleichzeitig als Reichswehrminister wird vom Reichskanzler der General der Infanterie Freiherr von Lüttwitz berufen. Eine neue Regierung der Ordnung, der Freiheit und der Tat wird gebildet.

Freiherr v. Lüttwitz
General der Infanterie

Kapp
Generallandschaftsdirektor

Bild 39. Die anhaltende rechtsradikale Sammlungsbewegung und in Verbindung mit dem Versailler Vertrag die Unsicherheit der Militärs angesichts der Truppenreduzierung auf ein 100000-Mann-Heer führten am 13. März 1920 zu dem dilettantisch durchgeführten Versuch von Wolfgang Kapp, eines rechtsgerichteten Beamten der ostpreußischen Provinzialverwaltung, die Reichsregierung zu stürzen. Der unblutig verlaufende Putsch scheiterte bereits am 17. März an der abwartenden Haltung der Reichsbehörden und weil ein sofort ausgerufener Generalstreik die »Gegenregierung« lahmlegte.

(Bild 39), zwei Torffelder bei Isny/Allgäu auf 10 Jahre, aus denen man jährlich etwa 200 Waggons Torf gewinnen wollte. Auch bei der Stromversorgung gab es oft Störungen, so daß man mit drei eigenen, von 191-kW-(260-PS-)Höhenmotoren angetriebenen Stromerzeugern zur Selbstversorgung überging, Bild 40. Alles in allem war man Ende 1920 zufrieden, da im Laufe des Jahres die Zahl der Arbeiter von 485 (darunter 77 Lehrlinge) auf 702 (112 Lehrlinge), die der Angestellten von 111 auf 145 (einschließlich Meister) gestiegen war. Angesichts des Auftrages von Trompenburg konnte man zuversichtlich in die Zukunft sehen.

Mitte Januar 1921 begann der Maybach-Motoren-

Bild 40. Um sich von den kriegswirtschaftlich bedingten Störungen in der Stromversorgung unabhängig zu machen, hatte der »Motorenbau« bereits 1917 eine Notstromanlage mit drei Mb-IVa-Motoren installiert, von denen zwei einen großen Drehstromgenerator von 475 kVA und einer einen kleinen Gleichstromgenerator antrieben.

bau mit den Lieferungen an Trompenburg; bis Juli wurden die Motoren korrekt bezahlt. Dann blieben die Zahlungen aus, da Trompenburg in Absatzschwierigkeiten geriet und die Produktion einschränken mußte. Zwar schien Trompenburg im Herbst 1921 wieder finanziell gesundet zu sein, aber statt 60 bis 100 Motoren monatlich nahmen die Niederländer nur noch 15 bis 20 ab. Um die inzwischen aufgebaute Fertigungskapazität zu kanalisieren, hatte man sich bereits zu dieser Zeit in Friedrichshafen entschlossen, »mit einem eigenen Wagentyp an die Öffentlichkeit zu treten und diesen im September 1921 auf der Berliner Automobilaustellung vorzuführen«.[2]) Aber die Schrumpfung bei Trompenburg und ein mehrmonatiger Streik bei der Motorradfabrik Mars zwangen Maybach zu etwa 60 Entlassungen. Und als dann im Laufe des Jahres Mars und Grade[3]) je 500 Motoren bestellten, verzögerte ein elfwöchiger Streik in Friedrichshafen alle Ablieferungen und führte zum Verlust einer »größeren Anzahl wertvoller Spezialarbeiter, da dieselben sofort in nicht bestreikte Gebiete abgewandert sind«. Ende 1921 sah man angesichts des Streiks in ganz Deutschland und der immer schneller steigenden Inflation recht pessimistisch in die Zukunft – mit Recht. Im Februar 1922 streikten die Eisenbahner im Rheinland und Westfalen sowie die Metallarbeiter in Süddeutschland – bei Maybach von Ende März bis Ende Juli, so daß der Automobilbau zum Stillstand kam und immer mehr Facharbeiter abwanderten. Die Automobilausstellung 1922 in Berlin fiel aus; von Trompenburg kamen weder Bestellungen noch Geld.

Der Präsentation der ersten Maybach-Automobile auf der Berliner Automobil-Ausstellung im September 1921 – es handelte sich dabei um den »Maybach 22/70« mit dem zuvor erwähnten W-2-Motor; das Fahrzeug selbst hatte die werksinterne Bezeichnung W 3 – und der Vorführung von zwei schnellen Motorbooten mit Maybach-Motoren auf den Berliner Seen war schließlich eine Reihe von Bestellungen gefolgt. Die Nachfrage nach dem Wagen wuchs; da jedoch die Fabrikation erst hierauf eingerichtet werden mußte, konnten nur langfristige Aufträge angenommen werden. Auch Bestellungen des Bootsmotors kamen aus dem In- und Ausland. Mars bestellte weitere 500 Motoren, und die Grade-Werke in Bork wollten einen Motor für ein Kleinauto haben.

Das Jahr 1923 brachte also eine steigende Nachfrage nach dem W-3-Pkw: Man gelangte zu 15 bis 20 Wagen je Monat. Auch arbeitete der Maybach-Motorenbau vorteilhaft mit Karosserie-Fabriken zusammen. Schließlich wurde die Nachfrage allein aus Deutschland so lebhaft, daß Käufer Lieferzeiten von 5 bis 6

[2]) Vgl. auch S. 295

[3]) Als der bekannte Flugzeugbauer Alfred Grade nach dem Ersten Weltkrieg keine Flugzeuge mehr bauen durfte, stellte er seine Produkion auf Motorräder und entsprechende Motoren um (Grade-Motorwerke GmbH).

Monaten hinnehmen mußten. In Berlin richtete man eine Vertretung mit Werkstatt, in Frankfurt ein Verkaufsbüro ein. Zusätzlich arbeitete man das ganze Jahr über am VL-1-Luftschiff-Motor. Mars bestellte weitere 855 Motoren, und nach der Tschechoslowakei wurden »in ziemlichem Umfange« Ersatzteile für ältere Luftschiff-Motoren geliefert.

Im Winter 1923/24 beteiligten sich drei und im Sommer 1924 stets mehrere Maybach-Wagen an Konkurrenzen und legten die Fahrten im allgemeinen strafpunktfrei zurück. Das gleiche galt für die Motorboot-Version des W-2-Motors. So erwarb sich dieser nach der Überwindung einiger Kinderkrankheiten bald einen vorzüglichen Ruf – trotz der Inflation, die seine Käuferschicht weniger traf als die kleinen Leute. Im November 1923 war endlich eine Währungsreform durchgeführt worden, nachdem »der anhaltende Zerfall der deutschen Währung ... die Verrechnung mit den Kunden sehr erschwert« hatte. Nach der Einführung der Rentenmark (1923) beschäftigte der Maybach-Motorenbau etwa 1000 Arbeiter und Lehrlinge sowie 184 Angestellte. Die Nachfrage nach den Maybach-Automobilen und -Bootsmotoren war »nach wie vor sehr rege«, der Export wurde vorbereitet.

Aber werfen wir, bevor wir uns den »goldenen Jahren« der Weimarer Republik nach der Beendigung der Inflation im Herbst 1923 zuwenden, einen Rückblick auf die Maybach-Motorenbau GmbH in den Nachkriegsjahren seit 1919. Wie hat man bei Maybach selber die wirtschaftliche Entwicklung in dieser Zeit voller Unruhen, Streiks, Besetzungen und ständig wachsender Armut erlebt?

Der Geschäftsbericht des Maybach-Motorenbaus begann für das Geschäftsjahr 1924 mit folgenden Sätzen: *»In den ersten Monaten des Berichtsjahres, nachdem eine kurze Periode durch die Umstellung auf Rentenmark bedingter Zurückhaltung der Käufer überwunden war, stieg die Nachfrage nach unseren Wagen an, so daß auf das in Aussicht genommene Programm von monatlich 20 Wagen weiterhin gearbeitet werden konnte. Infolge der von der Reichsbank im April getroffenen einschneidenden Maßnahmen zur Einschränkung des Kredits trat jedoch von da an trotz regem Interesse für unsere Wagen, deren Vorzüge voll anerkannt wurden, ebenso wie in allen anderen Industrien, eine ganz ungewöhnliche Zurückhaltung der Käufer ein, so daß trotz dauernden Besuchs aller in Frage kommender Interessenten mit Vorführung des Wagens durch die Herren unserer Verkaufsabteilung sowie unsere auswärtigen Vertreter plötzlich so gut wie keine Bestellungen mehr eingingen. Dazu kam, daß für weiterhin zur Ablieferung kommende Chassis[4]) von den Abnehmern die Restzahlungen nur unter außerordentlichen Schwierigkeiten einzubringen waren und diese Chassis deshalb zum Teil bei uns behalten werden mußten, zum Teil nur unter Vorbehalt unseres Eigentumsrechts abgeliefert werden konnten.«*

Bild 41. Die Auswirkungen der Inflation trafen vor allem den »Kleinen Mann«: In den großen Städten wurden die Lebensmittel knapp. Im Winter 1922/23 stehen Berliner Schlange vor einem Buttergeschäft.

Für den Maybach-Motorenbau war das insofern eine neue Erfahrung, als man es bisher mit dem LZ und durch diesen mit staatlichen Behörden als Geschäftspartnern zu tun gehabt hatte. Diese hatten immer prompt und korrekt gezahlt. Nun aber war mit einem Schlage das Geld so knapp geworden, daß die Fähigkeit und Bereitschaft zu zahlen auch in jenen Käuferkreisen nachließen, die für Maybachsche Fahrzeuge bei Preisen von mehr als 20 000 RM allein für das Fahrgestell in Frage kamen.

Diese W-3-Pkw wurden zwar von 1922 bis 1926 gebaut, die W-2-Motoren noch länger. Aber die Fertigung eines solchen Wagens, für den sich naturgemäß nur eine sehr beschränkte Anzahl von Käufern interessierte, bot keine ausreichende Basis für die Beschäftigung des Maybach-Motorenbaus. Die Aufnahme der Fabrikation eines kleineren Fahrzeuges mit entsprechend großer Stückzahl entsprach aber nicht der »technischen Philosophie« des Unternehmens, d. h. der Karl Maybachs. Er hat immer das Besondere, Erstmalige angestrebt, nicht die Großserie, die Massenproduktion. Nun mußte man im Juni 1924 den »Betrieb wesentlich einschränken«. Die Zahl der Arbeiter wurde von 813 auf 478, die der Angestellten von 191 auf 142 herabgesetzt.

Aber ebenso schnell, wie die Kaufkraft gesunken war, stieg sie auch wieder, so daß ab November bis einschließlich Frühjahr 1925 durchschnittlich 20 Wagen monatlich bestellt wurden. Und als mit ein paar Wochen Verspätung vom 16. bis 18. Dezember 1925 in Berlin die Automobilausstellung stattfand, wurden mit allen wichtigen Karosseriefabriken Abkommen ge-

[4]) Die Ablieferung »nackter« Chassis an den Käufer war damals durchaus üblich. Dieser ließ sich bei Spezialfirmen eine Karosserie nach seinem persönlichen Geschmack »schneidern«.

Bild 42. Maybach-Chassis auf dem Werksgelände kurz vor ihrer Überführung zu einer Karosseriefabrik (um 1925). Die Karosserien wurden nach den Wünschen der Kunden von Spezialfirmen hergestellt. Die Fahrt dorthin war für die Wagen gleichzeitig ein Teil des Einfahrprogramms.

Bild 43. Auf »Presse-Reklamefahrt« unterwegs nach Sizilien, hält dieser »Maybach W 3« auf einer Alpenstraße. 1924 war eine solche Fahrt noch etwas so Besonderes, daß darüber ausführlich in der Automobil-Fachpresse berichtet wurde.

schlossen, welche auf ihren Ständen Wagen mit Maybach-Chassis ausstellten, »was allgemein einen guten Eindruck machte und auch dem Geschmack der Käufer eine große Auswahl ließ, während andererseits die Finanzierung dieser Karosserien für uns günstig war«. So wurden denn auf der Ausstellung »verschiedene Verkäufe getätigt, die Mehrzahl der in Frage kommenden Kunden verzögerte jedoch die Erteilung der Aufträge zum Teil bis in das neue Jahr«.

Man spürt in den Formulierungen dieses Geschäftsberichtes die Atmosphäre des neuen Anfangs. Natürlich wußte man nicht, daß man sich am Anfang einer Scheinblüte, später von Zeitgenossen als »goldene Zwanziger« bezeichneter Jahre befand, denen eine Krise sondergleichen folgen würde. Die Verkaufs- und Umsatzzahlen stiegen, aber sie blieben klein: Die Tage im Monat und gar im Jahr, an denen ein Maybach-Wagen verkauft wurde, konnten im Kalender noch rot angestrichen werden. Natürlich kannte man jeden einzelnen »in Frage kommenden Kunden« und erst recht jeden Besteller – und seine wirtschaftlichen Verhältnisse, seinen Beruf, seine Seriosität ganz genau: Von solchem Kennen und Wissen hing die Existenz des Maybach-Motorenbaus ab. »Die Herren von der Verkaufsabteilung« waren also auf sorgfältige »Beobachtungen«, Menschenkenntnis und Psychologie angewiesen.

Bald zeigte sich, daß sich nächst der Wirtschafts- und Banken-Zentrale Berlin das rheinisch-westfälische Industriegebiet am schnellsten erholte – trotz der Besetzung durch Franzosen und Belgier. Also richtete man in Köln ein Verkaufsbüro ein. Auch Hamburgs Handel erholte sich, nachdem die Reichsmark ihre Festigkeit

Bild 44. Maybach-Sechszylinder-Dieselmotor G 4a. Leistung: 110 kW (150 PS) bei 1300 min^{-1}.

Bild 45. Das zentrale Problem des Einsatzes von Verbrennungsmotoren in der Schienentraktion war die Kraftübertragung, weil Motoren – anders als Dampfmaschinen – nicht unter Last anlaufen können und zudem Kennungswandler (Getriebe) benötigen. So mußte der Maybach-Motorenbau neben dem Motor auch ein Viergang-Schaltgetriebe (Typ T 1) mit Anfahrkupplung entwickeln.

bewiesen hatte; dementsprechend übertrug man einer Hamburger Firma die Vertretung für den dortigen Bezirk; ja sogar für die USA wurde gegen Ende des Jahres eine Vertretung mit einigen Einschränkungen vergeben.

Eine »Presse-Reklamefahrt« mit dem W 3 (heute würde man das als Testfahrt bezeichnen) nach Sizilien hatte sich als »außerordentlich günstig« erwiesen, Bild 43. In der Folgezeit schnitten W-3-Fahrzeuge auch bei Dauerfahrten und Bergprüfungen sehr gut ab. Nach Bootsmotoren bestand eine »rege Nachfrage«. Auch auf diesem Gebiet erzielte man Siege – z. B. bei der Meisterschaft von Holland. Das war also das eine Bein, auf dem man nun sicher zu stehen schien. Trompenburg und neuerdings auch Lohnaufträge von Mars mußten allerdings abgeschrieben werden.

Das zweite Bein sollte der Bau von Dieselmotoren für die Eisenbahn werden. Doch noch war es nicht so weit. Bei der Entwicklung eines Dieselmotors mit einer Leistung von 110 kW (150 PS) bei einer verhältnismäßig hohen Drehzahl von 1300 min^{-1} (Umdrehungen je Minute) für Eisenbahntriebwagen und Motorboote[5]) mußte Karl Maybach einen ähnlich großen Schritt tun, wie sein Vater und Gottlieb Daimler 35 Jahre zuvor, als sie den schnellaufenden Ottomotor schufen. Beide Male ging es um die Schnelläufigkeit. Es würde ein Buch füllen, wollte man alle Schwierigkeiten erörtern, die sich im Zuge der Entwicklung dieses ersten schnelllaufenden »Groß-Diesel-Motors« den Ingenieuren in den Weg stellten.

Schwierigkeiten gab es dabei auch mit einem alliierten Kontrolloffizier, der angesichts der Tatsache, daß dieser Dieselmotor ein Leichtmetall-Kurbelgehäuse hatte, argwöhnte, es handele sich um eine heimliche, weil verbotene Flugmotoren-Entwicklung. Das Leichtmetall-Gehäuse mußte zerschlagen werden; der Motor bekam ein Grauguß-Gehäuse. Nach vielen Rückschlägen war man Ende 1923 so weit, daß der neue Dieselmotor, Typ G 4a (Bild 44), auf dem Prüfstand zum ersten Mal seine Nennleistung abgab.

Bild 46. Die Eisenbahn-Verkehrsmittel-AG (E. V. A.), Wismar, und der Maybach-Motorenbau entwickelten gemeinsam einen Dieseltriebwagen und stellten diesen der Fachwelt erstmals auf der Eisenbahnausstellung in Seddin 1924 vor. Die Deutsche Reichsbahn kaufte den mit einem G-4a-Dieselmotor ausgerüsteten Wagen und unterzog ihn einer gründlichen Erprobung. Bei Anfahrversuchen am 12. September 1924 im oberschwäbischen Aulendorf (Bild) wurde dem Triebwagen eine Zugmasse von 428 t (einschließlich des Triebwagens) angehängt. Dieser Zug mit insgesamt 49 Achsen wurde dreimal ohne Schwierigkeiten in Bewegung gesetzt und auf etwa 10 km/h in der Ebene beschleunigt.

Da für den Einsatz dieses Motors eigens ein Triebwagen konzipiert werden mußte, der MM aber neben der Automobilproduktion nicht auch noch Triebwagen fertigen konnte, bemühte man sich um einen für seine Vorstellungen aufgeschlossenen Partner. Dieser wurde in der Waggonfabrik Wismar der Eisenbahn-Verkehrsmittel AG Berlin (E.V. A.) gefunden. Im Frühjahr 1924 traf der von der E.V. A. hergestellte Triebwagen in Friedrichshafen ein. In diesen wurde der schnellau-

[5]) Zum Vergleich: Die Drehzahlen der Lastwagenmotoren lagen zu dieser Zeit bei etwa 1000 min^{-1}.

Starten eines Eisenbahn-Dieselmotors

Der Fortschritt hat in der Motorentechnik viele Erscheinungsformen – solche, die man direkt erkennen oder messen kann, aber auch andere, die nicht direkt quantifizierbar sind. Zu den ersten gehören Leistung, Baugröße, Verbrauch u. a. mehr; zu den anderen kann man z. B. Zuverlässigkeit, Wartungs- und Reparaturfreundlichkeit oder leichte Bedienbarkeit zählen.

Welche Fortschritte gerade in der Bedienung von Hochleistungs-Dieselmotoren erreicht worden sind, zeigt am besten ein Vergleich von Bedienungsanleitungen. Als Beispiel seien die von Triebwagenmotoren aus den Jahren 1924 und 1977 angeführt. Allein die Länge des Textes der Anleitung von 1924 (Maschinenanlage des E. V. A.-Dieseltriebwagens mit Maybach-Motor G 4 a und Getriebe T 1) macht auch dem Laien klar, daß die ersten Motoren auf diesem Gebiet sehr viel empfindlicher und störungsanfälliger gewesen sein müssen. Denn die umständliche Prozedur beim Anlassen ist ein Indiz für – aus dem damaligen Stand der Technik begründete – Schwachstellen in Lagern, Kolben und Zylindern, bei Gemischbildung und Verbrennung, wie sie z. B. auch in dem Passus: »Während des Warmlaufens achtet man sorgfältig auf das Motorgeräusch, da sich Unregelmäßigkeiten oder beginnende Defekte hierbei am ehesten zeigen…« zum Ausdruck kommen.

1924

Anlassen des Motors.

Bevor man den Motor zum Warmlaufen anläßt, muß unbedingt darauf gesehen werden, daß die Handbremse angezogen ist, damit nicht durch eine unvorsichtige oder unbefugte Schaltung der Wagen sich in Bewegung setzen kann. Es empfiehlt sich, die Getriebekurbel während des Warmlaufens überhaupt nicht einzustecken, die Wendeschaltung soll in Mittelstellung stehen.

Zum Anlassen des Motors sind im normalen Betrieb folgende Maßnahmen zu treffen:

1. Abschlußventil am Brennstoffbehälter in der Leitung zum Motor öffnen,
2. Die Hauptventile für die beiden Betriebs-Anlaßflaschen genügend weit öffnen und hierauf den Flaschenkasten wieder sorgfältig schließen.
3. Mit Ueberschleußventil für Anlaßluft die Einblaseleitung mit Druckluft anfüllen.
4. Nachdem man sich davon überzeugt hat, daß das Einblaseluft- und Anlaßluft-Manometer genügend Druck anzeigt (zwischen 50 und 60 Atm.) wird der Motor durch Niederdrücken des Anfahrfußhebels am Führerschrank angelassen. Gleichzeitig wird die Motorkurbel etwa auf Mittelstellung gebracht. Sobald der Motor Zündungen aufgenommen hat, läßt man den Anfahrfußhebel los und geht mit der Motorkurbel auf Leerlaufstellung zurück.

Ist der Wagen längere Zeit gestanden oder wurde ein Einblaseventil herausgenommen oder eine Brennstoffleitung gelöst, so muß Brennstoff durchgepumpt werden. Hierzu wird die Motorhaube aufgehoben und solange durchgepumpt, bis an allen Entlüftungsventilen reiner Brennstoff austritt (siehe Beschreibung der Einblase-Ventile). Die Einblaseleitung darf natürlich zu diesem Zweck nicht unter Druck stehen. Ebenso wird die Entlüftungsleitung von der Brennstoffpumpe zum Brennstoffbehälter geschlossen, damit sich Druck im Brennstoffpumpen-Saugraum bilden kann. Nach dem Durchpumpen wird die Entlüftungsleitung wieder geöffnet.

Man läßt nun den Motor je nach der Außentemperatur 5 bis 10 Minuten mit langsam zunehmender Drehzahl warmlaufen. Währenddessen wird die Holz- und Blechhaube geöffnet, damit man besser den Motor beobachten und sämtliche Leitungen auf Dichtheit prüfen kann. Wenn der Motor in der Drehzahl infolge zunehmender Erwärmung etwas höher geht, so kann die höchst zulässige Motor-Drehzahl überschritten werden und der Maximalregler für die Brennstoffpumpe tritt in Tätigkeit, was an dem eigentümlichen schwankenden Motorgeräusch erkenntlich ist. Eine Ablesung der augenblicklichen Motordrehzahl am Geschwindigkeits-Instrument ist nicht möglich. Doch ist die Höhe des Einblasedruckes am Manometer (bei geschlossenem Ueberschleußventil) ein Anhalt über die augenblickliche Motordrehzahl. In diesem Fall muß die Motorkurbel noch etwas weiter zurückgestellt werden.

Während des Warmlaufens achtet man sorgfältig auf das Motorgeräusch, da sich Unregelmäßigkeiten oder beginnende Defekte hierbei am ehesten zeigen.

Man gibt auf sämtliche Reguliernocken sowie auf den Brennstoffbetätigungsnocken etwas Schmieröl, denn diese Teile haben keine besondere Schmierung.

Zum Anzeigen der Kühlwassertemperatur muß der Hauptschalter an der Schalttafel im Maschinenraum eingeschaltet werden.

Wird die Motorkurbel beim Anlassen des Motors über die Leerlaufstellung hinaus ausgelegt, so muß sie stets mit leichtem Druck niedergedrückt werden, da sonst die automatische Abstellvorrichtung (Totmannskurbel) in Tätigkeit tritt. Dieselbe funktioniert derart, daß die unter der Motorkurbel eingesetzte Feder die Achse in die Höhe drückt, wodurch ein Auslöseventil in der Hauptluftleitung geöffnet wird und so eine Entspannung verursacht, welche eine langsame Bremsung zur Folge hat. Dies ist allerdings nur dann möglich, wenn der Hauptluftbehälter gefüllt ist. Im weiteren Verlauf wird dann die Motorkurbel durch das Bremsgestänge zwangsweise auf Leerlaufstellung zurückgeführt. Die Luft tritt mit einem starken Blasen aus der Bohrung an der Motorschaltplatte aus und der Führer wird infolgedessen sofort darauf aufmerksam, wenn die Abstell-Vorrichtung in Tätigkeit tritt. Bei Leerlauf oder Nullstellung wird diese Abstellvorrichtung nicht ausgelöst, da in dem Konus auf der Achse der Motorkurbel ein entsprechender Schlitz für diese Stellungen ausgespart ist.

Während des Warmlaufens des Motors wird die zum Anlassen verbrauchte Druckluft durch Oeffnen des Ueberschleußventils von der Einblaseleitung zur Anlaßflasche wieder ersetzt, wobei man jedoch darauf achten muß, daß der Druck in der Einblaseleitung nicht unter 60 Atm. sinkt, damit die Verbrennung im Motor nicht benachteiligt wird. Außerdem kann man mit dem anderen Ueberschleußventil den Hauptluft-Behälter auf den vorgeschriebenen Druck auffüllen.

Sollte der Druck in der Anlaßflasche beispielsweise infolge einer Undichtheit so nieder sein, daß der Motor nicht genügend auf Drehzahl kommt, um Zündung aufnehmen zu können, so ist zuerst die etwaige Undichtheit zu beseitigen und dann bei geschlossenen Anlaßflaschen die Reserveflasche zu öffnen. Es muß jedoch streng darauf geachtet werden, daß diese Flasche für den normalen Betrieb nicht verwendet wird. Außerdem darf diese Flasche auch nur dazu benützt werden, den Motor in Gang zu bringen, damit die Anlaßflaschen wieder aufgefüllt werden können. Vorher muß selbstverständlich der Grund dieses Luftverlustes in den Anlaßflaschen beseitigt worden sein. Das Anfahren mit der Druckluft der Reserveflasche ist unzulässig. Jeder Luftverbrauch aus der Reserveflasche ist sofort wieder zu ersetzen. Das Hauptventil dieser Flasche immer gut schließen.

Obwohl das Warmlaufen des Motors ebenso von dem Führerstand des Gepäckraumes aus bewerkstelligt werden kann, so empfiehlt es sich doch, mit Rücksicht auf die bessere Ueberwachung der Maschinenanlage, dies auf dem Führerstand des Maschinenraumes vorzunehmen. Die Beobachtung des Geräusches von Motor, Kompressor und Getriebe läßt am besten erkennen, ob alle Teile der Maschinenanlage in Ordnung sind. Die Anlaßflaschen sollen nicht über 65 Atm. gefüllt werden, damit kein unnötiges Abblasen des in dieser Leitung am Anfahrventil eingebauten Sicherheitsventiles eintritt. Der Einblasedruck des Motors soll am Einblase-Manometer nicht höher als bis etwa 105 Atm. steigen. Der Druckregler am Kompressor ist so eingestellt, daß bei voller Drehzahl das Ansaugdrosselventil des Kompressors bei Erreichung dieses Druckes abgeschlossen wird. Der Hauptluftbehälter für die Druckluftbremse wird auf einen Höchstdruck von 8 Atm. gefüllt. Es ist besonders darauf zu achten, daß nicht unnötig Druckluft in den Hauptluftbehälter übergeschleußt wird, wo sie durch das dort angebrachte Sicherheitsventil doch nur verloren geht (deshalb Ueberschleußventil immer wieder gut schließen).

Bezüglich des Füllens ist zu bemerken, daß der Motor am raschesten Luft fördert, wenn er bei möglichst hoher Drehzahl läuft, da der Kompressor dabei mehr Luft fördert und der Motor selbst verhältnismäßig wenig Luft braucht.

Wenn das Kühlwasser im Kühl- und Heizkreislauf (sofern derselbe im Sommer nicht abgeschlossen ist), eine Temperatur von etwa 20 bis 25 Grad erreicht hat, kann der Motor zur Vornahme etwaiger Rangierbewegungen langsam belastet werden, jedoch soll der Motor nicht gleich voll belastet werden. Ist dann die Kühlwassertemperatur auf etwa 40 bis 50 Grad gestiegen, so kann der Motor abgestellt werden und der Wagen ist fahrbereit, wenn die Druckluftbehälter auf den vorgeschriebenen Druck gefüllt worden sind.

1977

Anlassen des Motors

Sind die Vorbereitungsarbeiten durchgeführt, kann der Motor angelassen werden.

BEACHTE: Der Motor darf grundsätzlich nur in unbelastetem Zustand und bei vorhandenem Motorenöldruck angelassen werden. Vorwärmeinrichtung vor dem Starten ausschalten.

Anlaßschalter betätigen.

Die Motorenöl-Vorpumpe wird eingeschaltet. Sie saugt Öl aus der Ölwanne des Motors und fördert es durch außenliegende Leitungen zum Triebwerks-Ölkreislauf. Ist der zur Startfreigabe notwendige Motorenöldruck erreicht, gibt der Motorenöl-Druckwächter den Anlaßvorgang frei.

Anlaßschalter so lange betätigen, bis der Motor regelmäßig zündet.

Nimmt der Motor nach ca. 10 Sekunden bei elektrischer Anlassung bzw. ca. 3 Sekunden bei Druckluftanlassung die Zündung nicht auf, ist der Anlaßvorgang zu unterbrechen und nach kurzer Pause zu wiederholen. Spricht der Motor nach wiederholten Startversuchen nicht an, ist die Ursache festzustellen und zu beheben.

Anlaßschalter loslassen.

Der Anlaßvorgang ist beendet, die Motorenöl-Vorpumpe wird zusammen mit der Anlaßeinrichtung ausgeschaltet, die eigene Ölversorgung setzt ein.

BEACHTE: Der Motor soll erst ab ca. 60 °C Öltemperatur mit Vollast betrieben werden.

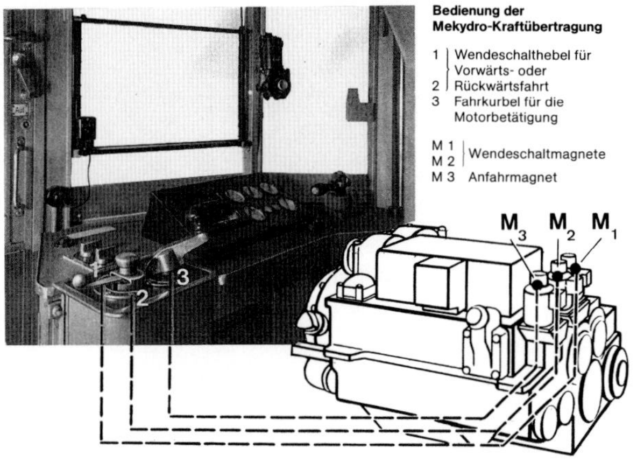

Bild 1. Blick auf den Führerstand eines Eiltriebwagens in den dreißiger Jahren. Das Schemabild zeigt die Bedienung des Maybach-Mekydro-Getriebes K 104.

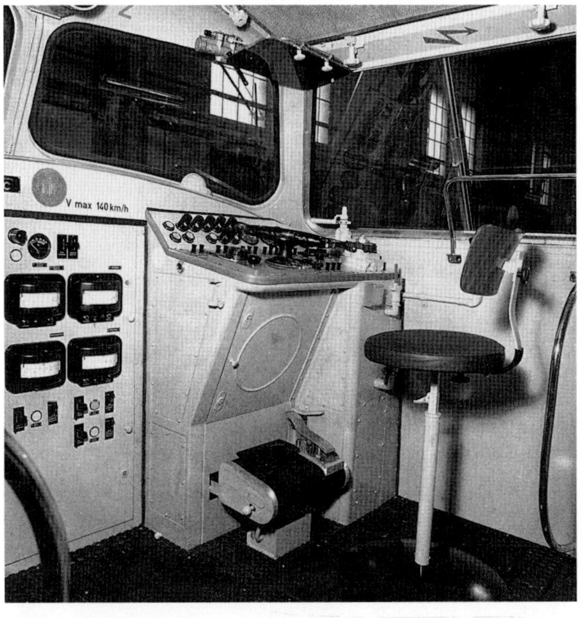

Bild 2. Führerstand einer V-200-Diesellokomotive, etwa 20 Jahre später.

Bild 47. Das Reparationsluftschiff LZ 126 (ZR III) in der Luftschiffhalle in Friedrichshafen vor seiner Überführung nach den USA 1924. Mit ihm begann ein neues Kapitel in der Geschichte der Luftschiffahrt.

Bild 48. Der Luftschiff-Motor VL 1 wurde eigens für LZ 126 entwickelt – eine gelungene Synthese aus Kraft und Ästhetik. Für das Unternehmen lohnte sich die Entwicklung nicht: Fünf Motoren kamen im Luftschiff zum Einsatz; die Ersatzmotoren wurden teilweise in schnelle Boote eingebaut. V-Zwölfzylinder; Bohrung × Hub: 140 mm × 180 mm, 309 kW (420 PS) bei 1400 min^{-1}, Zylindervolumen 2,77 dm^3.

fende Dieselmotor mit einem ebenfalls vom MM entwickelten mechanischen Viergang-Getriebe eingebaut, Bild 45. Da die Zeit drängte, konnten nur wenige Probefahrten durchgeführt werden. Dann wurde der Wagen auf der Eisenbahn-Ausstellung in Seddin bei Berlin im September und Oktober 1924 mit Erfolg vorgeführt, Bild 46. Anschließend gab die Deutsche Reichsbahn zwei Wagen in Auftrag. Sowohl das Ausland als auch die deutschen Eisenbahnbehörden zeigten starkes Interesse an solchen Triebwagen.

In dieser durch umfangreiche Entwicklungsarbeiten geprägten Situation kam eine zusätzliche Aufgabe auf den Maybach-Motorenbau zu. Um einen Teil der Belegschaft weiterbeschäftigen zu können, hatte der Luftschiffbau Zeppelin (LZ) nach dem Kriege mit Erlaubnis der Siegermächte noch zwei kleine Passagier-Luftschiffe, LZ 120 Bodensee und LZ 121 Nordstern, gebaut und bis 1921 betrieben. Dann hatten die Alliierten die Einstellung dieses rein zivilen Unternehmens verlangt und beide Schiffe als Reparationsleistungen an Italien bzw. Frankreich ausliefern lassen.

Der LZ mußte sich nun nach Beschäftigung für seine Facharbeiter umsehen, und Dr. Hugo Eckener gelang es, die USA für ein Groß-Luftschiff zu interessieren, das im Rahmen der ihnen zustehenden Reparationsleistungen geliefert werden sollte, Bild 47. Nun brauchte man einen neuen 400-PS-Motor für dieses mit Wasserstoffgas gefüllte 70000-m^3-Luftschiff, das auf dem Luftweg in die USA überführt werden mußte. Keine Versicherung war gewillt, sich an diesem Risiko zu beteiligen. Der LZ erklärte sich bereit, mit dem gesamten Konzernvermögen für das Vorhaben zu haften.

Seit dem Kriegsende hatte Karl Maybach nicht mehr mit einer solchen Aufgabe gerechnet. Nun galt es, einen Zwölfzylinder-Motor zu bauen, allerdings zunächst fast ganz auf eigene Kosten. Denn die Reichsregierung, die den Auftrag an den LZ erteilte, wollte diesen angeblich erst nach geglückter Landung in den USA rechtsverbindlich formulieren.

Bei dieser Konstruktion eines 309-kW-(420-PS-) Zwölfzylinder-Motors, der die Typenbezeichnung VL 1 erhielt (Bild 48), ging Karl Maybach neue Wege.[6]) Am 29. Juni 1923 kam der erste der fünf Motoren erstmals auf den Prüfstand und absolvierte danach ohne Beanstandungen einen 10-Stunden-Lauf unter Vollast bei 1400 min^{-1}. Beim vorgeschriebenen 100-Stunden-Abnahmelauf am 12. Februar 1924 traten Brüche an den Pleuelstangen auf, deren Ursachen schnell erkannt und beseitigt werden konnten. In den folgenden Monaten wurden die Motoren in die Gondeln des Luftschiffes eingebaut, Bild 49. Am 27. August 1924 stieg das »Reparations-Luftschiff« LZ 126 (ZR III) zu seiner Jungfernfahrt auf. Weitere Probefahrten folgten. Da die Motoren auf keiner dieser Fahrten Unregelmäßigkei-

[6]) Vgl. auch S. 311 f.

Bild 49. Dr.-Ing. Ludwig Dürr, *hier in einer Motorgondel des LZ 126 (1924), hat die Konstruktion der Zeppelin-Luftschiffe vor und nach dem Ersten Weltkrieg maßgeblich beeinflußt.*

ten zeigten, startete das Luftschiff am 12. Oktober 1924 unter der Führung von Dr. Eckener zur Überführungsfahrt nach den USA.

Nach einer Fahrt von 85 Stunden, also nach rund dreieinhalb Tagen, landete es, nach einer Ehrenrunde über New York, in Lakehurst. Die Erleichterung beim LZ und beim Maybach-Motorenbau war groß, der Jubel in Friedrichshafen grenzenlos. Zum ersten Mal nach dem Kriege erhielt Deutschland für diese technische Meisterleistung wieder positive Schlagzeilen in der internationalen Presse. Der Luftschiffbau Zeppelin und der Maybach-Motorenbau wurden in der ganzen Welt bekannt, Dr. Eckener wurde zum Ehrenbürger von New York ernannt. Die deutsch-amerikanischen Beziehungen erfuhren durch die erfolgreich durchgeführte Fahrt eine spürbare Verbesserung; noch wichtiger aber war, daß man auf dieser Grundlage mit einiger Ruhe dem künftigen Luftschiffbau entgegensehen konnte. Denn Eckener hatte während der Überführungsfahrt erkannt, daß ein regelmäßiger Luftschiff-Passagierverkehr über den Atlantik möglich sein würde (Bild 50), zumal die Alliierten nach der geglückten Überfahrt alle Behinderungen für den Bau von Luftschiffen aufhoben.

Bild 50. Dr. Hugo Eckener *(links) gelangte in den zwanziger und dreißiger Jahren als Kommandant der Luftschiffe LZ 126 (ZR III), LZ 127* Graf Zeppelin *und LZ 129* Hindenburg *in der ganzen Welt zu Ruhm und Ansehen.*

Bild 51. Holländische Spyker-Wagen zu Besuch beim Maybach-Motorenbau, um 1921. Neugierig umstehen zahlreiche Werksangehörige die zur Parade aufgefahrenen Fahrzeuge. Rechts neben der Fabrikstraße der im Ersten Weltkrieg fertiggestellte Hochbau II.

Bild 52. Die Zylinderbohrwerke in der mechanischen Fertigung Ende der zwanziger Jahre hatten schon Einzelantrieb. Das Riemengewirr auf diesem Bild dient dem Antrieb anderer Maschinen.

Allerdings fehlten Eckener noch die finanziellen Mittel. Er begab sich deshalb mit den Offizieren des Luftschiffes auf Vortragsreisen durch Deutschland. Sie riefen zu einer »Zeppelin-Eckener-Spende« auf, die 2,5 Mill. Reichsmark, also gutes Geld der neuen Währung, einbrachte. Die Reichsregierung gab 1 Mill. RM dazu, und den fehlenden Rest beschaffte Eckener aus den Reserven seines Konzerns.

Der Maybach-Motorenbau in den »goldenen Jahren« der Weimarer Republik

Ende 1924 beschäftigte der Maybach-Motorenbau 569 Arbeiter, nicht weniger als 231 Lehrlinge sowie 143 Angestellte und Meister, insgesamt 943 Personen, und seit dem Herbst war es möglich, wieder Arbeitereinstellungen vorzunehmen. Der Lohn bei der Einstellung eines gelernten Arbeiters über 25 Jahre betrug zu dieser Zeit 47 Rpf. je Stunde.

Als der Geschäftsbericht, aus dem dieses hervorging, im Juni 1925 vorgelegt wurde, konnte man ganz zuversichtlich in die Zukunft sehen: »Bezüglich des Wagens macht sich immer mehr bemerkbar, daß die Nachfrage nach solchen ausgesprochenen Reisewagen in dieser Stärke im Rahmen unserer Produktionsmöglichkeiten reichlich vorhanden ist, sofern nicht allzu große Lieferzeiten in Frage kommen.« Übrigens war der Verkauf der Maybach-Wagen keineswegs billig. Der Buchwert der Vorführwagen betrug Ende 1924 annähernd 160000 RM, ihr Bilanzwert dagegen gleichzeitig nur 59000 RM. Das entsprach bei einem Betriebskapital (Material und Fabrikation) von 2,8 Mill. RM mehr als 5% bzw. 2% dieser Summe. Es kam hinzu, daß der Omnibusverkehr schnell wuchs. Hier ergab sich ein neuer Markt, da der Motor, der für den Pkw konstruiert worden war, nach einer Modifizierung »sich für die an Omnibusse gestellten Anforderungen gegenüber den bisher verwandten langsam laufenden Lastwagenmotoren besonders gut eignet«.

Auch die Versuche mit Triebwagen verliefen in der ersten Hälfte des Jahres 1925 erfolgreich. Da es solche »Eisenbahn-Wagen« noch nicht gab, bestand die Aussicht, daß, sobald die an die Deutsche Reichsbahn-Gesellschaft gelieferten Triebwagen sich im Betrieb bewährten, weitere Aufträge von der Reichsbahn sowie auch von Privatbahnen und ausländischen Bahngesellschaften eingehen könnten. Und da dieser Motor auch für Boote und Schiffs-Hilfsmaschinen mit Erfolg verwendbar war, mit niedrigem Verbrauch, nicht feuergefährlichem, billigem Kraftstoff arbeitete und geringeren Raumbedarf gegenüber den bisher mit solchem Kraftstoff betriebenen Motoren erforderte, schien sich eine gute Zukunft abzuzeichnen.

In diesen Jahren wurden an Personenwagen höhere Anforderungen in bezug auf Bequemlichkeit, Geräuscharmut, Beschleunigungsvermögen sowie die Verringerung und Erleichterung der Schaltvorgänge gestellt. Auch hatte die Durchschnittsgeschwindigkeit bei großen Reisestrecken zugenommen. Das aber schuf neue Probleme: Die bis dahin üblichen Höchstgeschwindigkeiten wurden wesentlich überschritten, so daß sich hohe Motordrehzahlen und damit starke Geräusche und Abnutzungen ergaben. In diesem Zusammenhang führte Karl Maybach eine neuartige, einfache

Bild 53. Der 1925 gebaute Triebwagen VT 852 der Deutschen Reichsbahn, Direktion Schwerin, erreichte im fahrplanmäßigen Streckendienst eine Tagesleistung von 325 km. Da die Durchschnittsgeschwindigkeit deutlich niedriger als 60 km/h lag, bedeutete dies eine beachtliche Auslastung je Tag.

und betriebssichere Verbesserung ein: ein als »Schnellgang« bezeichnetes Zusatzgetriebe. Es brachte u. a. durch die Herabsetzung der Motordrehzahl besonders bei langen Fahrten eine erhebliche Kraftstoffersparnis. Dieses »Maybach-Schnellganggetriebe« war ein großer Fortschritt. Als besonders angenehm wurde empfunden, daß sich damit große Fahrzeuge leicht und einfach schalten und fahren ließen, weil die Gangbetätigung durch einen Hebel am Lenkrad erfolgte, und somit die Hand des Fahrers stets am Lenkrad bleiben konnte (siehe auch S. 123; 385f.).

Karl Maybach modifizierte dieses Getriebe mehrfach mit Erfolg, so daß es auch in Nutzfahrzeuge eingebaut werden konnte. Mehrere große Firmen bauten nun in ihre Personen- und Lastwagen sowie Omnibusse Maybach-Schnellganggetriebe ein, die sie aus Friedrichshafen bezogen oder in Lizenz selbst fertigten. Einmal mehr zeigte sich die vom Vater ererbte konstruktive Begabung. Allerdings war eine solche Entwicklung kostspieliger, und bei den vergleichsweise niedrigen Verkaufszahlen hielt sich der Ertrag in Grenzen. Das führte dazu, daß der Maybach-Motorenbau, dessen Kapital bei Einführung der Rentenmark auf 2 Mill. RM umgestellt worden war, im Jahre 1925 (ohne Abschreibungen) einen Verlust in Höhe von mehr als 750000 RM hinnehmen mußte. Aber Maybach ließ sich nicht beirren. 1926 brachte er einen Sechszylinder-Motor mit 7 dm^3 Hubvolumen und 88 kW (120 PS) Leistung (W 5) heraus. Die stabile Bauweise und die dadurch erreichte praktisch unbegrenzte Lebensdauer, die Möglichkeit, einerseits sehr geräumige und schwere Karosserien für lange Strecken aufbauen zu können, andererseits auch für schnittige und leichte Sportfahrzeuge hohe Geschwindigkeiten zu erreichen, verschaffte dem Maybach-W-5 einen für die damaligen Verhältnisse einzigartigen Ruf. Er verkörperte den Begriff des großen Reisewagens für lange Strecken und galt als bestes deutsches Fahrzeug auf diesem Gebiet.

Hatte man bis zum Erscheinen dieses W-5-Wagens rund 400 22/70-PS-Wagen (werksinterne Bezeichnung: W 3) verkauft, so erwartete man nun eine erhebliche Absatzsteigerung. Sie trat jedoch kaum ein. Die gesamte Presse lobte den W 5 (mit Schnellgang W 5 SG), aber die Zahl der Käufer stieg nicht. Vielleicht lag das daran, daß Karl Maybach sich strikt weigerte, seine Wagen an Automobilrennen teilnehmen zu lassen, obwohl bekanntermaßen gerade durch Siege bei solchen Konkurrenzen aus Interessenten, die selber niemals einen Rennwagen gesteuert hatten, schließlich Kunden wurden. Die Gesamtproduktion dieses Typs betrug bis zu seiner Ablösung 1929 durch die Zwölfzylinder-Wagen des Typs »Zeppelin« (Bild 56) nicht mehr als 300 Fahrzeuge. Das teuerste Exemplar des W-5-SG-Wagens erhielt übrigens im Jahre 1928 Kaiser Haile Se-

Bild 54. Blick in die Maybach-Montagehalle (um 1933): vorne DSH-Chassis, die nur in geringer Stückzahl gebaut wurden; im Hintergrund Sechszylinder-Dieselmotoren vom Typ GO 5h, die in Nahverkehrstriebwagen und Schiffen zum Einsatz kamen.

Bild 55. In den zwanziger und dreißiger Jahren waren sportliche Automobil-Wettbewerbe auf öffentlichen Straßen außerordentlich beliebt. Der Maybach-Motorenbau nahm mit Werksfahrern nur an Rennen teil, bei denen die Zuverlässigkeit der Wagen und Motoren im Vordergrund stand. Bild: die Maybach-Werksmannschaft, die auf einem W-3-Wagen (links) und zwei W-5-Wagen (rechts) bei der 24stündigen Süddeutschen Tourenfahrt im Jahre 1926 siegreich blieb.

LASSIE von Äthiopien: Es kostete 186000 RM. Dafür war aber auch das kaiserliche Emblem, der »Löwe von Juda«, in purem Gold auf den beiden Scheinwerfern aufmontiert, und Rubinsteine stellten die Augen der Löwen dar. Den Kühlerverschluß bildete eine massiv goldene Krone. Thronsessel und Polster waren aus Saffianleder hergestellt: ein wahrhaft »kaiserliches« Fahrzeug mit dem besten deutschen Motor, Bild 57.

Die Absatzstagnation in den »goldenen Jahren« hatte auch noch eine ganz andere, tiefer liegende Ursache. Im Gesamtbereich der deutschen Maschinenbau-Industrie, die seit 1924 schnell ihre einstige Weltgeltung zurückgewann, verharrte die Automobilindustrie in einer Dauerkrise, so daß noch 1930 Hilfe für diesen Industriezweig gefordert wurde. Kennzeichen dieser Krise waren Insolvenzen und Sanierungen, bescheidene Aktienkurse und hohe Anteile ausländischer Marken bei den Neuzulassungen.[7])

Als Krisenherd innerhalb der Automobilindustrie wurde die Produktion der Pkw ermittelt, genauer: die Fehlleitung von Kapital, das für falsche Rationalisierungsmaßnahmen eingesetzt worden war. In techni-

[7]) Diese Stagnation, ja Depression war so auffällig und erschien zunächst so unerklärlich, daß sich seit 1924 zahlreiche Arbeiten, Spezialstudien, Dissertationen und Denkschriften mit ihr beschäftigt haben: »Der Irrweg der deutschen Automobil-Industrie seit der Stabilisierung der Mark« hieß eine solche Veröffentlichung, »Das Zusammenschlußproblem in der deutschen Automobil-Industrie unter besonderer Berücksichtigung eines angesehenen mitteldeutschen Unternehmens« eine andere.

Bild 56. Der Maybach DS 8 »Zeppelin« wurde von 1930 bis 1939 gebaut. Mit seinem 8-l-Zwölfzylinder-Motor von 147 kW (200 PS) und einer Fahrzeugmasse von 3,5 t (!) war er der größte Maybach-Wagen, der je gebaut wurde und einer der größten deutschen Personenkraftwagen überhaupt. Eine technische Besonderheit war das Maybach-Doppelschnellgang-Getriebe DSG 80. Trotzdem brachte das Wagengeschäft dem Maybach-Motorenbau keine Erträge – die Stückzahlen waren zu klein, die Produktion nicht wirtschaftlich.

scher Hinsicht war es den deutschen Produzenten durchaus gelungen, den in der Kriegs- und ersten Nachkriegszeit entstandenen Vorsprung der westeuropäischen und nordamerikanischen Konkurrenten aufzuholen. Aber die Rationalisierung war nicht so weit gegangen, daß man die Zahl der den Interessenten angebotenen Wagentypen verringerte. Das große Typenprogramm verursachte einen hohen Kapitalaufwand für Fertigung und Ersatzteillager und ließ nur die Produktion von geringen Stückzahlen zu, die man kaum als »Serien« bezeichnen konnte. Das bedeutete, daß die verhältnismäßig hohen Stückkosten die Rentabilität vieler Betriebe in Frage stellten, da infolge des scharfen Wettbewerbs der ausländischen Anbieter die Verkaufspreise für Pkw ständig sanken, während die Löhne, die Material- und Energiekosten eher stiegen.

Nach Auffassung der zeitgenössischen Beobachter verschuldete diese Entwicklung der in der deutschen Automobilindustrie herrschende »Partikularismus«, »jener Über-Individualismus in ihrer Wirtschaftsstruktur«, jener »starrköpfige Eigenwille, der ... sich einer planmäßigen Produktionspolitik ... nicht unterordnen« wollte, der »Zustand der zersplitterten Kleinproduktion«, das »Bestreben der Einzelunternehmen ..., jedes von sich aus ein sehr reichhaltiges Verkaufsprogramm zu bieten«, wie es in der zeitgenössischen Literatur, zum Beispiel 1927 im »Deutschen Volkswirt« hieß. Und in dieser Situation beschäftigte sich Karl Maybach seit 1919 mit dem Gedanken, als Spezialfabrik für Motoren die Fahrzeughersteller zu beliefern!

Weiter wurde den Produzenten vorgehalten, daß sie noch »viel zu sehr auf die Spezialwünsche der Käufer« eingingen und einer »unwirtschaftlichen Neuerungs- und Verfeinerungssucht« nachgäben. Und schließlich verschwendeten sie viel Kapital durch ihren »eingefleischten Hang zum Experimentieren«, da in der deutschen Automobilindustrie seit eh und je der Techniker und nicht der Kaufmann die Richtlinien der Geschäftspolitik bestimme, was obendrein noch dadurch gefördert werde, daß fast alle Automobilfirmen Aktiengesellschaften seien, in denen der Techniker vom Vorstand leichter Mittel für seine Versuche erhalte, als wenn ein einzelner Besitzer das Geld aus seiner eigenen Tasche nehmen müsse und sofort erkenne, was ihn die Experimentierfreudigkeit seiner Mitarbeiter koste. Die Banken förderten obendrein die Kreditaufnahme für teure Experimente eher, als daß sie diese bremsten. Ob wohl Karl Maybach solche Sätze gelesen und auf sich selber bezogen hat?

Im Jahre 1929 wurden in Deutschland 21441 große und 17502 Luxuswagen hergestellt. Das waren insgesamt mehr als 40 % der Gesamtproduktion von 91936 Pkw. Am Bau der 17502 Luxuswagen waren die Werke Adler, Audi, Brennabor, Hansa-Lloyd, Horch, Maybach mit dem »Zeppelin«-Zwölfzylinder-Wagen, Daimler-Benz, NAG, Simson Supra und Stoewer beteiligt. Der Maybach »Zeppelin« gehörte mit 29700 RM allein für das Chassis zu den teuersten Luxuswagen, Bild 59. Selbst der bereits fertig karossiert gelieferte Daimler-Benz SS lag mit 35000 RM preislich noch deutlich niedriger. Das »Trumpf-As« von Hansa-Lloyd in Bremen kostete 24500 RM, alle anderen Fabrikate lagen weit unter 20000 RM.

Bild 57. Dieser Maybach W 5 in einer Sonderausführung für Kaiser Haile Selassie von Äthiopien war mit 186000 RM der teuerste Wagen, den der Maybach-Motorenbau je gebaut hat. Bei den beiden »Leibwächtern« hinten handelt es sich um zwei Maybach-Lehrlinge.

Bild 58. Pleuelbohrwerk in der Maybach-Fertigung, um 1930.

Die 34 Pkw-Haupttypen wurden von insgesamt 17 Produzenten hergestellt. Bei den Luxuswagen gab es 18 Haupttypen (bei Daimler-Benz allein vier), also mehr als 50 % aller Haupttypen. Die einseitige Ausrichtung auf die »schweren« Wagen spiegelte sich auch in der Ein- und Ausfuhr: Exportchancen hatte die deutsche

Bild 59. Dieses DS-8-»Zeppelin«-Sportcabriolet mit 8-l-Zwölfzylinder-V-Motor und Maybach-Doppelschnellgang-Getriebe DSG 80 zeigt, daß Maybach-Wagen mit einer entsprechenden Karosserie auch sportlich-elegant wirken konnten – trotz ihrer Größe und der Masse von über drei Tonnen.

Industrie nur bei den großen und den Luxuswagen; importiert wurden hauptsächlich Wagen der unteren Mittelklasse sowie Kleinwagen. Im übrigen produzierten die meisten deutschen Unternehmen nicht mehrere Wagen verschiedener Klassen. Von den insgesamt 17 Produzenten stellten zwölf ausschließlich Modelle für eine einzige Hubraumklasse her, neun sogar nur einen einzigen Wagentyp. Aber auffallend ist jenes auf den ersten Blick unerklärliche Bestreben, vorwiegend große und luxuriöse Wagen zu produzieren, die keine Fließbandfertigung für große Serien erlaubten.

Diese Häufung bei den großen und den Luxuswagen beruhte durchaus auf logischen wirtschaftlichen Überlegungen. Die Bevölkerungskreise, in denen man sich einen Luxuswagen leisten konnte, betrachteten diesen nicht so sehr als Transportmittel, als vielmehr in erster Linie als Repräsentationsobjekt – gewöhnlich für ein Wirtschaftsunternehmen. Diese Käuferschicht war relativ klein, aber im Gegensatz zum Mittelstand war ihre Substanz durch die Inflation nicht zerstört worden, so daß nach 1923 im allgemeinen der Wiederaufbau bei ihr viel schneller möglich war, als der von kleinen Sparvermögen. Dazu kamen aus der Kriegs- und Nachkriegszeit »Kriegsgewinnler« und »Schieber«, mit deren Nachfrage nach teuren und schweren Wagen die Produzenten ganz bewußt rechneten – für Opel und Wanderer ist dies 1935 und 1937 nachgewiesen worden.

Der Maybach-Motorenbau hatte große Probleme, sich als Automobilproduzent in diesem Milieu zu behaupten. Daran war nicht zuletzt die Tatsache schuld, daß in der Geschäftsleitung ein begabter und ideenreicher Konstrukteur entscheidenden Einfluß ausübte und dabei obendrein von seinem ihm ähnlichen Vater bis zu dessen Tod im Jahre 1929 unterstützt wurde. Karl Maybach hatte, wie gezeigt, eine lange Techniker-Lehrzeit bei führenden Unternehmen des Maschinenbaus in Deutschland und Frankreich absolviert; aber er hatte niemals auch nur einen Monat lang die kaufmännische Seite des Unternehmertums wenigstens in einer untergeordneten Position kennengelernt. Sein Interesse an wirtschaftlich-kaufmännischen Fragen war und blieb immer gering. Die technischen Erfolge der Luftfahrzeug-Motorenbau-Gesellschaft unter seiner Leitung beruhten auch auf einem kostspieligen Entwicklungsaufwand. Leistungsstarke, leichte und – nach dem Stand der Technik – zuverlässige Motoren bildeten die Voraussetzung für die Luftschiffahrt überhaupt. Angesichts dieser Tatsache spielten Kosten eine nur untergeordnete Rolle. Dasselbe galt auch für die Motorenentwicklung im Kriege, als große Serien hergestellt werden mußten und zu Preisen verkauft werden konnten, welche den Konstruktions- und Fertigungsaufwand deckten. Daß es in der Hektik einer technischen Entwicklung im Kriege zu Fehlern und Ausfällen kam, war nicht zu vermeiden gewesen, besonders wenn es an Zeit für die Erprobung gefehlt, ja, wenn es in der Endphase des Krieges nicht einmal genug Kraftstoff für die Probeläufe gegeben und wenn für die Wartung an der Front nicht genügend Fachpersonal und Betriebsmittel zur Verfügung gestanden hatten.

1919 hatte sich das geändert. Und als der Maybach-Motorenbau mit seinem Luxuswagen auf den Markt kam, den man eigentlich gar nicht hatte bauen wollen, sondern bauen müssen, weil der für Trompenburg teuer entwickelte und auch schon in großer Zahl vorbereitete und gebaute Motor verkauft werden sollte, existierten bereits Konkurrenten, die Erfahrung besaßen. Ihnen mußte man also Marktanteile abjagen. Und das war neben und sogar vor der technischen auch eine kaufmännische Aufgabe. Da aber zeigten sich die Schwächen des Maybach-Motorenbaus sehr bald. Man konnte diese während der Inflation übersehen, unterschätzen, weil Kosten-Kalkulationen schließlich kaum noch möglich waren. Teure Versuche, die im Januar 1922 angestellt wurden, schlugen kaum noch zu Buche, wenn sie im Dezember den Preis des Wagens beeinflußten: Man konnte sie vergessen.

Aber vom 1. Januar 1924 ab war das alles ganz anders, und nun zeigte sich, daß das Autogeschäft beim »Motorenbau« über große Anerkennung und kleine Verkaufszahlen zu sehr hohen Preisen nicht hinausgelangte. Und dennoch ließ Karl Maybach eine teuer entwickelte Verbesserung der anderen folgen – er mußte es vielleicht, denn die reiche Kundschaft wurde immer anspruchsvoller, und die Konkurrenz schlief nicht – sie wurde sogar stärker, wie zum Beispiel Daimler-Benz nach der Fusion im Jahre 1926. Andererseits saß der Käufer eines teuren Wagens aber auch nicht gerne in einem Fahrzeug, das nach sechs Monaten schon wieder hier und da »veraltet« war.

Offensichtlich bestanden bei Maybach auf der kaufmännischen und auf der technischen Seite Schwächen, die z. T. schon früh erkannt wurden. Sie wurden sogar unübersehbar in den Geschäftsberichten genannt, in Notizen zu diesen und auch in den Prüfungsberichten der Steuerprüfer erwähnt. Man las sie, der eine oder andere Leser unterstrich sie, machte Ausrufungszeichen, verband die Zusammenhänge dieser Schwächen mit den Verlusten des Unternehmens, sah Gefahren heraufziehen. Trotzdem schien niemand in der Spitze des LZ-Konzerns gewillt zu sein, sich bei Maybach durchzusetzen, so daß vor 1926/27 Verbesserungen hätten vorgenommen werden können.[8])

Betrachten wir ein paar Beispiele aus den Jahren seit 1927: Anfang Februar 1927 stand man unter dem Druck der Notwendigkeit einer für die Zukunft der Maybach-Motorenbau GmbH sehr wichtigen Entscheidung. Offenbar hatte man sich bei der Muttergesellschaft Luftschiffbau Zeppelin GmbH Gedanken über die Verluste der Tochter gemacht, und Dr. Hugo Eckener hatte einen Bericht angefordert. Am 12. Februar 1927 schickte die »Konzernabteilung« des LZ, nicht der Maybach-Motorenbau selber, »Finanzübersicht & -bericht für die Zeit vom 1. 2.–31. 12. 1927« (so die Formulierung) im Umfang von vier Seiten an Eckener. Darin hieß es:

Bild 60. Eine Gruppe von Maybach-Wagen ist zur Karossierung bei Erdmann & Rossi nach Berlin überführt (etwa 1926) und vor dem Maybach-Verkaufsbüro in der Budapester Straße geparkt worden. Die 700 km lange Fahrt vom Bodensee in die Reichshauptstadt über teilweise ungeteerte Straßen war für Fahrer und Wagen gleichermaßen ein Härtetest.

Bild 61. Um 1930: Drei ablieferbereite Maybach-Wagen, Typ »Zeppelin«, vor der neuen Luftschiffhalle in Friedrichshafen.

»Nach den von uns gemachten Wahrnehmungen würde bei einer Einschränkung im Maybach-Motorenbau diese zweckmäßigerweise in erster Linie bei den W-5-Wagen einsetzen, da diese bisher immer noch nur mit Verlust abgesetzt werden können. Der bisher erzielte Absatz erfordert eine Verkaufsorganisation, deren Kosten im

[8]) Hier handelt es sich also nicht um die postmortale Besserwisserei des Historikers, der in aller Bequemlichkeit ohne Verantwortung für seine Kritik Wirtschafts-*Geschichte* schreibt, sondern um Kenntnisse von Zeitgenossen – zugegeben: von »untergeordneten« Mitarbeitern, die aber bestens mit der Materie in all ihren Details vertraut waren, und deren Darlegungen die Unterschriften ihrer Chefs trugen.

Bild 62. Maybach-E. V.A.-Triebwagen Nr. 860 im fahrplanmäßigen Betrieb bei der Deutschen Reichsbahn-Gesellschaft, 1928. Der Triebwagen mußte nicht nur seine Eigenmasse von 41 t, sondern – je nach Einsatz – zusätzlich Anhängewagen von je 14 t mit 68 Sitzplätzen befördern, und das auf Strecken mit bis zu 12,5‰ Steigung.

Jahre 1926 wiederum auf ca. RM 583.000 kommen, welche hauptsächlich durch den Verkauf der W-5- und W-3-Wagen entstanden sind. Die tagtäglich eingehenden Reklamationen, betreffend den W-5-Wagen, sind so zahlreich, daß es auch aus diesem Grunde sich wohl empfiehlt, mit der Fabrikation dieses Wagens zurückzuhalten.

Wenn in Zukunft in erster Linie die Fabrikation des Triebwagens, des Rohöl-Motors und des Omnibus-Motors forciert wird, so läßt sich die Verkaufsorganisation erheblich einschränken, da diese Erzeugnisse, von denen namentlich der Triebwagen und der Rohöl-Motor einen schönen Nutzen abwerfen würden, eine Verkaufsorganisation im bisherigen Umfange weitaus nicht erfordern.«

Es ging also um das Paradepferd, den Luxuswagen, und damit letzten Endes auch um das Prestige und den Einfluß von Karl Maybach. Der Luxuswagen war schwer verkäuflich – nicht allein wegen des Preises, sondern wegen seiner Qualität! Er war im Sinne von Karl Maybach eigentlich nie ganz ausgereift und wurde daher ständig teuer verbessert – was nicht zuletzt die Kundschaft verunsicherte, ja geradezu verärgerte.

Die Konzernabteilung ging noch weiter: Sie empfahl die Unterstellung der Verkaufsabteilung des Maybach-Motorenbaus unter die kaufmännische Leitung des LZ. »Bei allen Ausgaben, besonders bei der Festsetzung von Gehältern, Provisionen und dergleichen, sollte u. E. ebenfalls unter allen Umständen die Genehmigung der kaufmännischen Leitung des LZ eingeholt werden.« Darüber hinaus wollte man die gesamte Korrespondenz der Verkaufsleitung gegenzeichnen. Und schließlich sollte die Einkaufsabteilung angewiesen sein, daß sie Bestellungen nicht ohne vorherige Genehmigung der kaufmännischen Leitung herausgehen lassen durfte. Der Leiter der kaufmännischen Abteilung sollte stets bei Bestellungen die zweite Unterschrift leisten.

Dazu ist zunächst einmal festzustellen, daß Eckener diese Beanstandungen für berechtigt hielt: Als zum Beispiel im Oktober 1927 der Maybach-Motorenbau Eckener gegenüber die Anschaffung einzeln aufgeführter Maschinen für nötig erklärte, erwiderte er als Vorsitzender der Gesellschafter des LZ, er sei »damit einverstanden«, daß die »in den ersten beiden Positionen« des Schreibens genannten »dringend benötigten Maschinen alsbald angeschafft werden«, fügte aber hinzu, daß die »Anschaffung der unter III und IV genannten Maschinen erst für einen Zeitpunkt in das Auge gefaßt werde, wenn eine etwas bessere Liquidität des MM und das Vorliegen genügender Aufträge für die Ausnutzung dieser Maschinen solche zulässig erscheinen läßt. Hochachtungsvoll...«

Die Konzernabteilung hatte also die Kontrolle über Karl Maybach und den »Motorenbau« erreicht. Sie erreichte noch mehr: Zum Jahreswechsel 1927/28 wechselte der kaufmännische Direktor Julius Bernhardt vom LZ in die Tochtergesellschaft Maybach-Motorenbau über, wo er als Geschäftsführer für deren kaufmännischen Bereich zuständig war. Drei Monate später wurde der Beitrag des MM zu den Konzernkosten so beträchtlich erhöht, daß Karl Maybach protestierte. Doch er erhielt am 20. April 1928 von der Konzernabteilung die knappe, verletzende Antwort, »daß uns die bisher geübte Art der Umlage nicht zusagte, weil sie uns nicht gerechtfertigt erschien«.

Es kam zu einer kleinlichen Korrespondenz zwischen der Mutter- und der Tochtergesellschaft sowie der Konzernabteilung und Dr. Eckener, die erst etwas sachlicher wurde, als Maybach am 4. September 1928 »feststellen« konnte, daß der Maybach-Motorenbau vom 1. Januar bis zum 31. Juli 1928 plötzlich 306 000 RM Reingewinn nach Abschreibungen – hauptsächlich durch den Abbau von etwa 300 Personen (zu mindestens 2000 RM = 600 000 RM) – erzielt hatte und die Produktion gegenüber dem Vorjahr um etwa 45 % durch allmähliche Verbesserung des Maschinenparks und sonstige Maßnahmen gesteigert worden war. Das sprach nicht für eine optimale Organisation beim »Motorenbau«.

Der Komplex des jährlich vorzulegenden Geschäftsberichtes des MM bestand aus mehreren Teilen: einem »vorläufigen Abschluß« zum 31. Dezember; den Berichten der Treuhandgesellschaft über diesen sowie über den endgültigen Geschäftsbericht, einer »Aktennotiz zu diesem zweiten Revisionsbericht« und schließlich dem »Geschäftsbericht + Bilanz nebst Gewinn- und Verlustrechnung«, der im Juni des folgenden Jahres maschinenschriftlich (den Gesellschaftern, dem Konzern, nicht der Öffentlichkeit) vorgelegt wurde. Betrachten wir diesen Komplex für das Jahr 1927. Zwar ist der »vorläufige Abschluß« für dieses Jahr als Ganzes nicht erhalten geblieben, aber die Berichte Nr. 15 und Nr. 16 über Revisionen des »vorläufigen Abschlusses

Bild 63. Blick in die Endrüste für Eisenbahn-Dieselmotoren (Typ G 4a und G 4b), um 1927. Die Eisenbahnmotoren waren in den zwanziger und dreißiger Jahren wie auch später in den fünfziger und sechziger Jahren das wichtigste Anwendungsfeld für den Maybach-Motorenbau.

auf 31. Dezember 1927« zitieren ihn so häufig, daß durchaus ersichtlich ist, was er im einzelnen aufgeführt hat.

Der »Entwurf der Bilanz« hatte einen Verlust von 1,45 Mill. RM ausgewiesen. Der Bericht vom April stellte weiter fest: »Die Produktion wurde im Jahre 1927 in der Hauptsache auf Motoren umgestellt.« Tatsächlich waren 1927 304 Motoren von insgesamt acht Typen gebaut worden, davon 180 des Typs S 5 (Bild 64), im Jahr 1926 dagegen nur 61 Motoren. Im Jahre 1927 wurden 222 neue und 16 gebrauchte Wagen verkauft, im Jahre 1926 196 bzw. zwei. Aber interessanter als diese Globalzahlen war die Tatsache, daß 1926 100 W-5-Chassis mit und ohne Karosserie verkauft worden waren, 1927 dagegen nur 71. Der Aprilbericht erklärte diesen Rückgang mit den »im Jahre 1927 ... aufgetretenen Kinderkrankheiten«. Der Umsatz an Omnibus-Motoren war wesentlich gestiegen und »scheint auch mit der Zeit einen immer größeren Teil unserer Fabrikation auszufüllen«.

Für das Jahr 1927 war die Produktion von 318 WE (Wageneinheiten) vorgesehen gewesen. Wirklich produziert hatte man 282,5 WE. Nun wurde als Ursache für diese Minderleistungen nicht nur die Beseitigung von Kinderkrankheiten genannt, sondern es wurden auch nachträgliche Änderungen und »Neuerungen« erwähnt. Dann folgte der Satz: »Diese Minusproduktion konnte allerdings durch eine Mehrlieferung in Boots- und Dieselmotoren etwas verbessert werden.« Schon das war nicht ganz überzeugend. Und wenn die

Bild 64. Die leistungsstarken Maybach-Motoren boten sich auch zum Antrieb von schnellen Booten und Yachten an. Die von der Lürssen-Werft gebaute Motoryacht ATLANTIS *war mit zwei S-5-Benzinmotoren, der maritimen Ausführung der W-5-Fahrzeugmotoren, ausgerüstet.*

Bild 65. Der Maybach-Motorenbau besaß für Kunden und Gäste zwei Vorführboote, die hier an der Friedrichshafener Uferpromenade mit der Schloßkirche vorbeischießen: im Vordergrund DONNERWETTER *mit einem auf 220 kW (300 PS) leistungsgesteigerten SDS-8-Motor, dahinter* SEETEUFEL *mit dem Luftschiffmotor VL 1 mit 301 kW (410 PS).*

Angabe folgte, »daß die OS-5-Motoren-Monatsfabrikation von 30 im März auf 75 im September bei sonst gleichbleibender übriger Monatsproduktion gesteigert werden konnte, ohne daß Neueinstellungen notwendig wurden«, dann mußte der unbefangene Leser sich fragen, was die inzwischen entlassenen Arbeiter und Angestellten im ersten Halbjahr 1928 getan hatten.

Da man den Verkaufspreis für den S-5-Bootsmotor zu hoch angesetzt, die Preise der Konkurrenz also nicht richtig beachtet hatte, erwies er sich im In- wie im Ausland als unverkäuflich. Auch hier sowie beim Dieselmotor war die Rede von der Notwendigkeit der »restlosen Beseitigung der verschiedenen technischen Schwierigkeiten, die noch zu überwinden sind«. Sie wurden im einzelnen aufgeführt und erweckten den Eindruck, daß man den VL-Zwölfzylinder- (Bild 66) und den G-4a-Dieselmotor zu früh für den Verkauf freigegeben hatte. Die Entwicklung dieser Motoren war allerdings mühsam und aufwendig. Von dem VL-

Bild 66. Maschinenraum eines »Expreß-Kreuzers« mit zwei Maybach-Luftschiffmotoren, Bauart VL 2. Auch für diesen Motor gab es außer in den drei Luftschiffen GRAF ZEPPELIN, MACON *und* AKRON *kaum eine Anwendungsmöglichkeit. Die meisten wurden unter Wert an die Lürssen-Werft in Bremen-Vegesack verkauft, die sie vornehmlich in Yachten für amerikanische Kunden einbaute. Insgesamt wurden etwa 70 VL-2-Motoren produziert.*

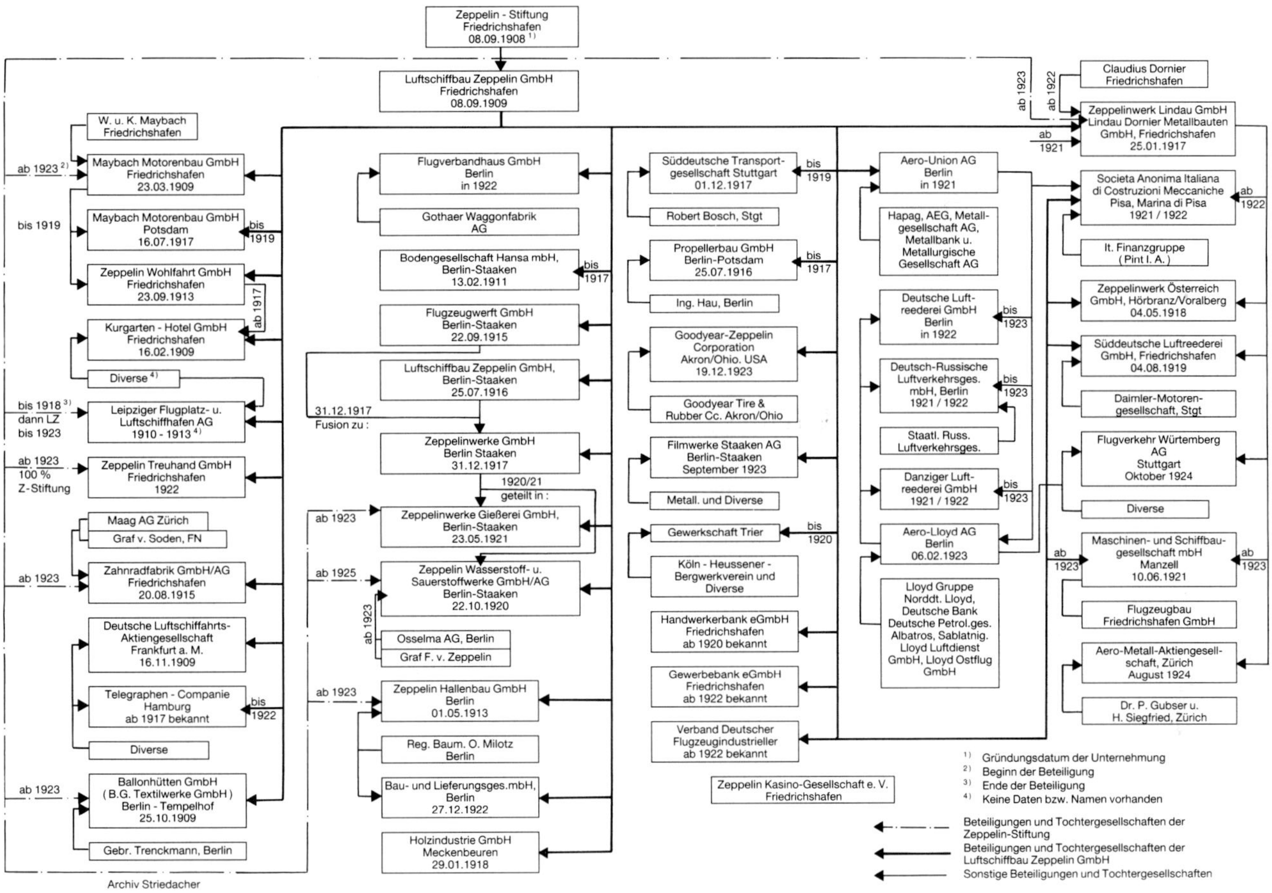

Bild 67. Organisationsschema des Zeppelin-Konzerns, von seinen Anfängen bis in die zwanziger Jahre. Man kann daraus ersehen, daß der Luftschiffbau viele Betriebe nach sich gezogen hat und dabei selbst immer mehr in den Hintergrund trat. Die wichtigsten Nachfolgebetriebe waren Dornier, der Maybach-Motorenbau und die Zahnradfabrik Friedrichshafen.

Zwölfzylinder-Luftschiffmotor wurde verlangt, daß er seine hohe Leistung ununterbrochen über eine lange Laufzeit (etwa 100 Stunden Vollastbetrieb!) abgab. Beim G-4a-Triebwagendiesel bereitete anfangs die Triebwerkslagerung besondere Schwierigkeiten. Mit 1300 min^{-1} drehte er schneller als die kleineren Lastwagenmotoren.

Schließlich folgte der Geschäftsbericht vom 30. Juni 1928, der auf einer einzigen Textseite alle die genannten Einzelheiten ausließ, die naturnotwendig sehr kritische Fragen der Konzernabteilung hätten auslösen müssen, und sich auf die Behauptung beschränkte, im Jahre 1927 sei ein »ordentlicher Verlust« von 885000 RM entstanden, der um 511000 RM unter dem vergleichbaren im Jahre 1926 liege. »Dieser Erfolg ist in der Hauptsache auf das zweite Halbjahr 1927 zu verbuchen.« Und zwar beruhe er auf den Entlassungen einerseits und den trotzdem erzielten Produktionssteigerungen andererseits. *Alle* diese Schriftstücke müssen der Konzernabteilung im ersten Halbjahr 1928 zu Gesicht gekommen sein. Sie haben dann auch zu der erwähnten Verschlechterung der Beziehungen zwischen Mutter- und Tochtergesellschaft im Laufe des Jahres 1928 geführt.

Nun existiert außer diesen Angaben über die Zeit von Anfang 1927 bis Ende 1928 auch noch eine für die wirtschafts- und technikgeschichtliche Beurteilung der Leistung und Position der Maybach-Motorenbau GmbH entscheidend wichtige undatierte »Aktennotiz zum Entwurf des Abschlusses auf 31. Dezember 1928«. Darin wurde festgehalten, daß das Gesellschaftskapital 1916 von 300000 M auf 1 Mill. M, im Jahre 1921 auf 5 Mill. M erhöht, 1924 auf 2 Mill. RM umgestellt und 1926 auf 3 Mill. RM erhöht worden war.

Daran war der LZ mit	63% = 1,89	Mill. RM,
die Zeppelin-Stiftung mit	17% = 0,510	Mill. RM,
Karl Maybach mit	20% = 0,6	Mill. RM

beteiligt.

Vom gleichen Tage liegt schließlich ein gleichfalls von Karl Maybach unterzeichneter Geschäftsbericht über das Geschäftsjahr 1928 vor. Er beginnt mit der Erklärung, das Jahr 1928 habe »für die gesamte deutsche Wirtschaft und besonders für die Automobil-Industrie ... einen Abschnitt des Konjunkturabfalls« bedeutet. Einfuhrzollermäßigungen hätten »eine Überschwemmung Deutschlands mit ausländischen Kraftfahrzeugen zur Folge« gehabt. Maybachs Bericht überging die Tatsache, daß dies und die »enormen Absatzschwierig-

Bild 68. Ein Symbol für technische Innovation und unternehmerischen Wagemut in schwieriger Zeit war das Flugschiff DO X mit seinen zwölf Tandem-Motoren (zunächst luftgekühlte Siemens-Jupiter-, später leistungsstärkere wassergekühlte Curtiss-Conqueror-Motoren), das Claude Dornier in Altenrhein auf der Schweizer Seite des Bodensees Ende der zwanziger Jahre gebaut hat.

keiten und Preiskämpfe« die Luxusfahrzeuge, wie zuvor erwähnt, kaum betraf. Und wenn er auf die Zusammenbrüche von NSU, Adler, Mannesmann-Mulag, Fuchswaggon, Faun, Stoewer, Dürkopp hinwies, dann hatte von diesen Firmen nur Stoewer in der Gruppe der Luxuswagen produziert – Fahrzeuge, die mit 12500 bis 14300 RM halb so teuer waren wie die Maybach-Wagen. Auch erwähnte er nicht die Tatsache, daß das jüngst durch Fusion entstandene Unternehmen Daimler-Benz sich ständig in großen Schwierigkeiten befand.

Nach einer optimistischen Beurteilung insbesondere des Omnibus-Motoren-Geschäftes mit den »größten deutschen Verkehrsgesellschaften« (Berlin, Sachsen, Reichspost, Plauen, Ulm, Aachen) errechnete dieser von Maybach gutgeheißene Geschäftsbericht einen

Bild 69. Claude Dornier *(1884 bis 1969) begann 1910 als junger Ingenieur bei Graf Zeppelin, der ihm die Sonderabteilung DO in einem kleinen Gaswerk, dem sogenannten »Carbonium«, am Rande des LZ einrichtete. Nachdem Dornier zunächst statische Untersuchungen durchgeführt hatte, bekam er im August 1914 von Graf Zeppelin den Auftrag, ein Riesenflugboot zu bauen. So entstanden die Flugboote RS 1 bis RS 4, die alle mit Maybach-Motoren ausgerüstet waren. Nach 1918 gab es zwischen Maybach und Dornier keine Berührungspunkte mehr, da Maybach den Flugzeugmotorenbau einstellen mußte und später nicht wieder aufnahm.*

»Nettogewinn« von 0,641 Mill. RM im Jahre 1928 gegenüber einem Verlust von 1,5 Mill. RM im Jahre 1927. Nachdem man 1924 bis 1927 insgesamt 4,1 Mill. RM Verluste erlitten hatte, sei durch den Gewinn von 641000 RM im Jahre 1928 der Gesamtverlust auf 3,446 Mill. RM gesenkt worden. Aufträge lagen bis April/Mai 1929 vor. Man hoffte, »daß es uns gelingt, auch im Jahre 1929 ohne Verluste durchzukommen und vielleicht auch bescheidene Erfolge zu erzielen«.

So widersprüchlich waren also die Urteile von MM und LZ, von Eckener, Colsman und Maybach über die Entwicklung der Maybach-Motorenbau GmbH in der jüngsten Zeit und über den Stand des Unternehmens zur Jahreswende 1928/29.

Bild 70. Arbeitslose beim Kartenspiel. Photo von Friedrich Seidenstücker, 1929.

Der »MM« während der großen Wirtschaftskrise 1929 bis 1932

Als in den Jahren 1929 bis 1931 die Arbeitslosigkeit ständig wuchs (Bild 70), wurde schließlich durch Firmenzusammenbrüche und die internationale Bankenkrise im Sommer 1931 auch diejenige Bevölkerungsschicht getroffen, die Luxusautomobile zu kaufen pflegte.

»Auch unser Werk blieb von dieser Depression nicht verschont« (Bild 71), endete der erste Absatz des Geschäftsberichtes für 1929, der am 10. Juni 1930 vorgelegt wurde. Da der Zwölfzylinder-Wagen »Maybach 12« (»Zeppelin«) erst gegen Ende des Jahres 1929 verkaufsfertig war, »fiel in der Verkaufssaison des Jahres 1929 das Wagengeschäft fast vollkommen aus. Wir mußten uns darauf beschränken, die vorhandenen Bestände unserer alten W-5-Type auszuverkaufen«. Das Schnellganggetriebe »wurde weiter vervollkommnet«. Daimler-Benz erwarb eine Lizenz für dieses Getriebe. Da das Luftschiff Graf Zeppelin erfolgreiche Fahrten gemacht hatte, bestand »im In- und Ausland Interesse« an Luftschiff-Motoren, Bild 72. Ende 1929 gab es daher »noch einen Auftragsbestand von 11 Stück«. Die Aussichten für 1930 waren »nicht ungünstig«. Das Geschäft mit Omnibus-Motoren war hingegen »erheblich zurückgegangen«, was nach vielen Beanstandungen im Jahre 1928 nicht erstaunlich war. Immerhin errechnete der Maybach-Motorenbau sich dennoch einen Nettogewinn von 15000 RM.

Bild 71. Die Kursverluste an der New Yorker Börse betrugen am »Schwarzen Freitag« und den folgenden Tagen über 15 Mrd. Dollar (oben: erregte Menschen in der Wall Street). Zahlreiche Privatpersonen und Firmen waren ruiniert. Der Börsenkrach weitete sich zu einer allgemeinen Weltwirtschaftskrise aus, die das durch die Kriegsniederlage wirtschaftlich und moralisch geschwächte Deutschland härter als alle anderen Industrienationen traf.

Dem niedrigen Motorisierungsgrad in Deutschland entsprach der schlechte Straßenzustand. Schnelle Verbindungen in Form von Durchgangsstraßen fehlten gänzlich; zahlreiche Ortsdurchfahrten behinderten besonders in den industriellen Ballungsgebieten den Verkehr – dort, wo die Interessenten für teure Automobile arbeiteten und wohnten. Die vorhandenen Straßen aber waren seit langer Zeit vernachlässigt worden. So hatten zum Beispiel die preußischen Provinzial-Landstraßen eine »Unterhaltslänge« von 27600 km, von denen nur 1357 km mit einer Asphaltdecke versehen waren und weitere 3000 km wenigstens Pflasterungen aufwiesen – der Rest war recht und schlecht geschottert und für Pferdefuhrwerke angelegt. Erst seit 1925 entwickelte man in Deutschland Material, das für die Asphaltierung der großen Straßen geeignet und nicht allzu teuer war, Bild 73. Die Durchschnittsgeschwindigkeit auch von Automobilen mit starken Motoren war deshalb recht bescheiden. Der schlechte Straßenzu-

Bild 72. Da die amerikanischen Militärs am Luftschiff Interesse zeigten, wurden unter der System-Beratung von LZ-Ingenieuren die Luftschiffe AKRON *und* MACON *in den USA gebaut. Als Antrieb dienten je acht Maybach-VL-2-Motoren. Da diese Luftschiffe das inerte Helium an Stelle des brennbaren Wasserstoffes als Auftriebsgas hatten, konnten die Motoren im Inneren des Schiffes installiert werden, was den Luftwiderstand verminderte. Die beiden von der US-Navy betriebenen Luftschiffe verunglückten 1933 bzw. 1935 infolge von Bedienungsfehlern.*

Bild 73. Für jüngere Leser kaum noch vorstellbar, hatte ein Großteil der Straßen – auch in den Außenbezirken der Städte – in der Zeit zwischen den beiden Weltkriegen noch keine feste Fahrbahndecke. Das Aufbringen einer Teerschicht (Bild) galt daher Ende der zwanziger Jahre vielerorts als unerhörter Luxus. Photo von Friedrich Seidenstücker, 1927.

Bild 74. Serienfertigung von Maybach-Sechszylinder-Dieselmotoren (G 4a/b), um 1926. Im Vordergrund sind die Einblaseluft-Kompressoren (K 2a) aufgereiht, durch die der Kraftstoff in die Zylinder geblasen wurde. Die G-4a/b-Motoren wurden von 1924 an in Dieseltriebwagen eingebaut. Außerdem kamen sie als Bordaggregate von Schiffen der Reichsmarine sowie als Hauptantrieb von Motoryachten zum Einsatz.

stand wirkte sich auch auf den Kraftstoffverbrauch, die Reparaturanfälligkeit und die Unfallgefahr aus. Dazu kamen hohe Kraftfahrzeugsteuern und die Unsicherheit in bezug auf Polizeivorschriften, da es in Deutschland keine reichseinheitliche Verkehrsordnung gab. Das alles erschwerte das Automobilgeschäft außerordentlich.

Auf der anderen Seite besaß Deutschland eines der besten Eisenbahnsysteme der Welt. Die Deutsche Reichsbahn verfügte über ein engmaschiges Schienennetz mit vergleichsweise niedrigen Personen- und Gütertarifen. Durch den Einsatz von Fernverkehrszügen mit langen, aufenthaltslosen Fahrten stellte sie schnelle Verbindungen quer durch Deutschland her. Viele Geschäftsreisen konnten daher mit der Bahn nicht nur billiger, sondern auch schneller, sicherer und bequemer durchgeführt werden als mit dem Pkw. So gab es also theoretisch einen breiten Markt für Eisenbahn-Triebwagenmotoren. Aber auch die Reichsbahn litt unter der Wirtschaftskrise. Betrachtet man etwa die Verkehrsentwicklung in Deutschlands menschen-, arbeitsreichster und großräumigster Stadt, der Reichshauptstadt Berlin, dann zeigt sich, daß zwar die Eisenbahn mit Vorortbahnen relativ einen immer größeren Prozentsatz des Personenverkehrs an sich zog, daß aber natürlich die Arbeitslosen und ihre Familien fast gar keine Verkehrsmittel benutzten und auch von den Glücklichen, die noch Geld verdienten, immer mehr auf das Fahrrad umstiegen oder zur Arbeitsstätte marschierten und am Feierabend ihre Schuhe selber besohlten: Niemals war der Absatz von »Dreifüßen« so hoch wie in den Jahren 1930/32. Unter solchen Umständen fehlten der Reichsbahn die Mittel für Modernisierungen auch dann, wenn diese auf lange Sicht Betriebs-Verbilligungen einbringen mochten. Im Geschäftsbericht des Maybach-Motorenbaus hieß es daher auch nur: »Die technische Entwicklung unserer G-4a-150-PS-Dieselmotoren ist abgeschlossen. Durch die Empfehlung seitens der Deutschen Reichsbahn konnten wir diesen Motor nach Dänemark, Norwegen, Schweden und Belgien liefern.«

Anfang 1929 hatte sich Karl Maybach aus Prestigegründen entschlossen, einen Zwölfzylinder-Pkw als besonderen Repräsentationswagen herauszubringen. Es entstand zunächst der Maybach 12 (DS 7) mit einem neukonstruierten Zwölfzylinder-V-Motor von 110 kW (150 PS) und einem Hubvolumen von 7 dm^3 mit Dreigang-Handschaltgetriebe und Maybach-Schnellganggetriebe, Bilder 75 und 76. Ihm folgte der DS 7 »Zeppelin« mit DSG-(Doppelschnellgang-)Getriebe. Dieser wurde aber nur ein Jahr gebaut. Dann kam 1931 ein DS 8, Typ »Zeppelin«, der wohl exklusivste Luxuswagen, der je in Deutschland hergestellt wurde, Bild 77. Er hatte einen 8-l-Motor von 147 kW (200 PS) und als Getriebe das neue Doppel-Schnellgang-Getriebe (DSG) mit vier geräuschlosen Gängen, die wiederum ohne zu kuppeln vom Lenkrad aus geschaltet werden konnten. Dieser Wagen kostete je nach Karosserie 40000 bis 50000 RM. Es war schnell zu erkennen, daß man von ihm nicht mehr als zwei bis drei Exemplare je Monat, 25 bis 30 pro Jahr verkaufen konnte: Tatsächlich wurden innerhalb eines Jahrzehnts rund 300 Stück verkauft. Allerdings muß angemerkt werden, daß der 200-PS-Motor gleichzeitig im Hinblick auf den Einsatz in Nutzkraftwagen (Nkw) konzipiert worden war. Angesichts dieser Mißerfolge drängte die kaufmännische Geschäftsleitung darauf, daß wieder ein Sechszylinder-Wagen gebaut wurde, der sich natürlich billiger herstellen ließ.

An diesem Punkt stellen sich einige Fragen. Konnte sich also nach Jahren hoher Verluste in einer deutlich erkennbaren schweren allgemeinen Wirtschaftskrise und nach heftigen Auseinandersetzungen zwischen dem Maybach-Motorenbau und der Konzernabteilung der große Konstrukteur (Bild 78) noch immer ohne jede Kontrolle selbständig zu einem solchen Schritt entschließen? Durfte er nach dauernden Verlusten seit 1924 im Jahre 1929 an die Konstruktion eines Wagens, des »Zeppelin« von 1930 und 1931 gehen, dessen Verkauf niemals die Kosten, die er verursachte, wieder einbringen würde? Hatte Maybach, der nur einer von zwei Geschäftsführern war und als solcher der Muttergesellschaft Verantwortung schuldete – die schließlich mit einem nicht unerheblichen Kapital am Maybach-Motorenbau beteiligt war – letzten Endes doch als überragender Motoren-Konstrukteur die Möglichkeit, zu tun, was er wollte? Und dies, obwohl das Unternehmen sein eigenes Kapital längst aufgebraucht hatte und nur noch mit Leihkapital arbeitete! Kümmerten sich auch die Banken nicht um das Schicksal ihres Geldes?

Diese selbstverständlichen Fragen sind heute nicht mehr genau zu beantworten. Deutlich zu sehen ist allerdings, daß zwischen Karl Maybach einerseits und Dr. Hugo Eckener und Alfred Colsman andererseits ständig Spannungen bestanden, böse Briefe hier, unterwürfige dort geschrieben wurden und Maybach dann anscheinend doch meistens ohne Rücksicht auf die Kosten, die Garantieverpflichtungen und die Reparaturanfälligkeit Motoren und Automobile baute, die er bauen wollte – bis hin zum »exklusivsten Luxuswagen« auf der Höhe der Weltwirtschaftskrise. Allerdings stand Maybach mit seinem »Zeppelin«-Wagen in Deutschland nicht allein da – auch die Renommierfirma Horch brachte 1931 einen Zwölfzylinder-Wagen auf den Markt und mußte die Produktion nach wenigen Jahren einstellen: Gerade 81 Wagen waren verkauft worden.

Verständlich ist das alles nicht. Aus einem Brief des Maybach-Motorenbaus vom 22. September 1928 geht eindeutig hervor, daß – entsprechend dem alten Wunsch der Konzernabteilung – Eckener Mitgliedern der Geschäftsleitung des »Motorenbaus« Unterredungen gewährte und die Anschaffung von sieben Maschinen im Gesamtwert von annähernd 35000 RM bewil-

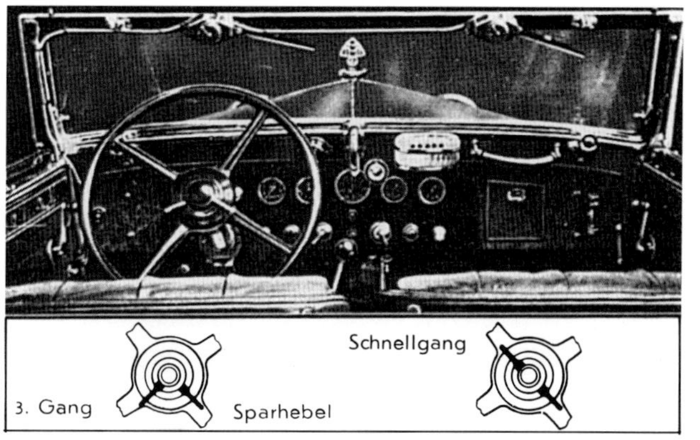

Bild 75. Schaltschema des Maybach-Schnellganggetriebes, des modernsten Getriebes in den zwanziger Jahren. Es wurde übrigens nicht nur in Maybach-Automobilen verwendet: Die ZF Friedrichshafen baute es in Lizenz, und Mercedes-Benz integrierte den Schnellgang für den Typ »Stuttgart« in ein eigenes Schaltgetriebe – gegen einen Aufpreis von 600 RM. Von den knapp 24000 produzierten »Stuttgart«-Wagen waren rund 2500 mit dem Maybach-Getriebe ausgerüstet.

Bild 76. Maybach-Schnellganggetriebe älterer Art (rechts), an ein Handschaltgetriebe angeflanscht. Mittels Schaltstock und Totpunktfeder wurden die Abweisklauen mechanisch ein- bzw. ausgekuppelt.

Bild 77. In den zwanziger und dreißiger Jahren setzte sich die Erkenntnis durch, daß der Luftwiderstand schneller Fahrzeuge großen Anteil am Gesamtfahrwiderstand hat. Vorkämpfer für Stromlinienformen im Fahrzeugbau war der Ingenieur Paul Jaray, Aerodynamiker des Luftschiffbau Zeppelin. Neben den technisch begründeten Jaray-Karosserien entstanden damals auch unsinnige Formen. Als Beispiel dafür kann dieser strömungstechnisch mißlungene und formal umstrittene Maybach DS 8 »Zeppelin« mit Spohn-Karosserie dienen, der auf dem Pariser Auto-Salon von 1932 gezeigt, aber nie verkauft wurde.

Bild 78. Karl Maybach um 1930. Er zählte damals zu den erfolgreichsten deutschen Konstrukteuren, doch der wirtschaftliche Erfolg blieb aus. Die Gründe hierfür lagen in der damals katastrophalen Wirtschaftslage, aber auch in unternehmerischen Fehlentscheidungen.

Bild 79. Amerikanische Motoryacht Moana II *mit zwei 110-kW-(150-PS-)Maybach-Dieselmotoren G 4b. Gebaut wurde die 24,4 m lange und 13 kn (24 km/h) schnelle Yacht von der Lürssen-Werft in Bremen-Vegesack.*

ligte, die Tochter also anscheinend fest an der Hand hatte. Aber zwei Monate später mußte der MM am 28. November 1928 im Monatsbericht warnen:

»Die Aussichten für den Monat Oktober [also für den *Vor*-Monat] *sind nicht gut. Ein Teil unserer Omnibusmotoren-Abnehmer versucht, die gegebenen Aufträge teilweise zu annullieren, teilweise bis Frühjahr 1929 zu sistieren. Die großen Ausfälle wegen Lagerschwierigkeiten in unseren Dieselmotoren beeinträchtigen auch den Verkaufsumsatz in dieser Type und kosten uns vor allen Dingen immense Beträge schon im voraus* [!], *die jeden Verdienst im Monat Oktober* [!] *so gut wie unmöglich machen.«*

Wenige Tage darauf war erneut von den »großen und bis heute noch nicht voll zu übersehenden Hublagerschwierigkeiten bei unseren G 4a« die Rede; auch wurde erkannt, »daß die allgemeine Lage unseres Unternehmens« sich durch die beiden Monate November und Dezember »nicht bessern wird«, nachdem man im Oktober 47 000 RM Verlust erlitten hatte, weil ein Drittel des Umsatzes Typen von Motoren betraf, »die so gut wie gar keinen Nutzen übriglassen«.[9])

In einem Schreiben vom 21. Dezember 1928, das die Geschäftsführung des Maybach-Motorenbaus an Eckener, Colsman und die Konzernabteilung des LZ richtete, war zwar die Rede von einem Gewinn von 539 000 RM in den ersten elf Monaten des Jahres, dann aber hieß es mit vernichtender Selbstkritik weiter:

»Wie den Herren Gesellschaftern bereits bekannt ist, besteht die Absicht, im Jahre 1929 mit einem neuen Motor bzw. mit einer neuen Wagen-Type herauszukommen... Der neue Motor ist gleichzeitig als Omnibusmotor in Aussicht genommen. Für diesen neuen Motor, wie auch für die neue Wagen-Type ist besonders wichtig, daß, um konkurrenzfähig zu sein, der Preis möglichst niedrig gehalten werden muß. Die Konkurrenz, namentlich in amerikanischen Omnibusmotoren, aber auch in erstklassigen amerikanischen und sonstigen Kraftwagen ist so groß und die Preise dieser Konkurrenz-Fabrikate sind im Vergleich zu den unsrigen so billig, daß wir auf ein Geschäft nur rechnen können, wenn wir etwas ganz hervorragend Gutes zu sehr billigen Preisen herausbringen. Wir dürfen uns auch nicht verhehlen, daß die Neuauflage einer Wagenserie wieder sehr große Betriebsmittel erfordert, die aufzubringen uns im Augenblick nicht gerade leicht würde. Wenn außerdem mit dem Herauskommen des neuen Wagens dann wieder langwierige Versuche verbunden wären und die bisher noch immer aufgetretenen Rückschläge auch diesmal eintreten würden, so wäre das ein bei unserer allgemeinen Lage nicht ungefährliches Experiment. Der Bau des neuen Wagens kann also nur dann in Frage kommen, wenn die zunächst durchzuführenden Versuche mit den in Aussicht genommenen 5–6 Versuchs-Motoren bzw. Versuchs-Wagen die absolute Sicherheit bieten, daß langwierige Entwicklungsarbeiten und damit verbundene große Entwicklungskosten ausgeschlossen sind.«

Nach diesen Ausführungen, denen dann schließlich die Entwicklung des teuersten Luxuswagens folgte, ohne daß Eckener und die Konzernabteilung mit einem

[9]) Diese nicht enden wollenden Anstände mit der Triebwerkslagerung bekam man schließlich in den Griff: durch beharrliche teure Forschungsarbeit und daraus resultierende Verbesserungen Schritt um Schritt und später durch neue, unkonventionelle konstruktive Lösungen.

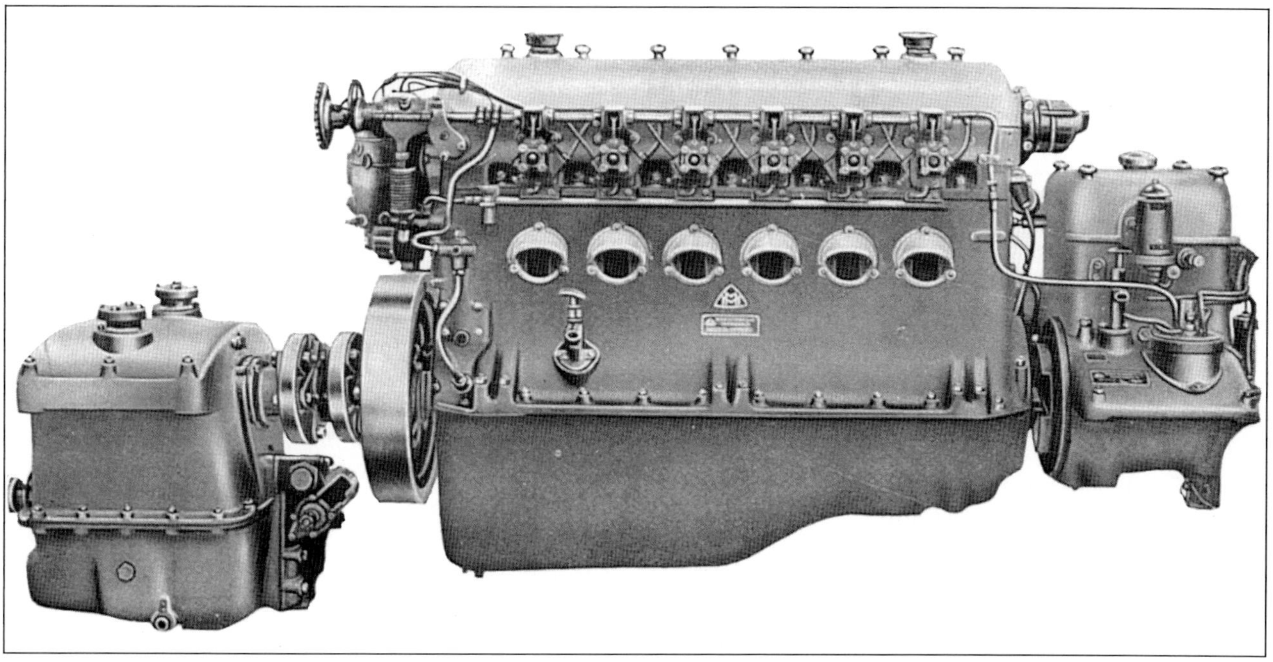

Bild 80. Maritime Ausführung des Maybach-Triebwagen-Dieselmotors G 4b mit Einblaseluft-Kompressor K 2b (rechts) und Maybach-Schiffs-Wendegetriebe UR 1/2. Sechszylinder-Reihenmotor; Bohrung × Hub: 140 mm × 180 mm, 110 kW (150 PS) bei 1300 min⁻¹.

Wort der Mahnung oder gar des Verbotes eingriffen, kam im gleichen Schreiben die Offenlegung der verzweifelten Lage des Maybach-Motorenbaus: Man hatte 40 G-4a-Motoren »in Fabrikation und auf Lager«, die unverkauft waren »und deren Verkauf wir zunächst auch nicht forcieren können, so lange die Hublagerungs- und Pleuelstangen-Schwierigkeiten nicht beseitigt sind«. Auch danach würde es wohl »für absehbare Zeit schwer halten«, größere Verkaufserfolge zu erzielen, da bei »den in Frage kommenden Abnehmerkreisen allmählich ein gewisses Mißtrauen entstanden ist«. Mit den Einnahmen aus dem Verkauf gerade dieser Type hätten aber die Mittel für den neuen Wagen freigemacht werden sollen. Denn »die seinerzeit gegebenen bestimmten Zusicherungen der Dieselmotor-Konstrukteure, daß die Entwicklungsarbeiten nunmehr beendet seien und in die Serienfabrikation ... und in das Verkaufsgeschäft ... ohne Bedenken eingetreten werden könne, haben sich als unrichtig erwiesen ...«

40 Motoren des Typs VL, der »ebenfalls große Entwicklungskosten verursachte«, hatte man gleichfalls auf Lager. Er »scheint nun die Betriebssicherheit in ausreichendem Maße erlangt zu haben«. Aber über den Verkauf von 32 Motoren nach Spanien verhandelte man bereits seit 18 Monaten. Dennoch: »Die in diesen Motoren festgelegten Mittel hoffen wir ebenfalls im Laufe der Zeit wieder ohne Verlust freimachen zu können ... Vor allem hoffen wir, mit diesem Motor nach Amerika Geschäfte zu machen« – wo bekanntlich die Motoren sehr billig waren. Weiter hieß es: Das »Geschäft mit unseren OS-5-Omnibus-Motoren ist leider etwas ins Stocken geraten«, Bilder 81 und 82. Daher werde man »mit Zustimmung des Herrn Gesellschaftsvorsitzenden«, also Eckeners, statt 75 Motoren im Januar 1929 und 100 in den folgenden Monaten einstweilen nur 50 Exemplare monatlich herstellen. Auch das lag daran, daß die aufgetretenen Schwierigkeiten mit dem Motor »in den betr. Abnehmerkreisen begreiflicherweise bekannt« geworden waren – »und die Besitzer der Omnibus-Motoren, die schlechte Erfahrungen machen, halten mit ihrer Kritik natürlich auch nicht zurück«. Tatsächlich hatte eine spektakuläre Schadenserie ihre Ursache in einem neuen Kolbentyp, der – abweichend von der bislang vom Maybach-Motorenbau bevorzugten Ausführung – von einem Unterlieferanten, einer Kolben-Spezialfabrik, bezogen worden war. Die Kolben dieser Bauart fielen durch Dauerbrüche aus, d. h. erst nach einer mehr oder weniger langen Betriebszeit, so daß schon viele Motoren damit ausgerüstet und geliefert worden waren, bevor die Schäden bemerkbar wurden. Dementsprechend hoch fielen die Umrüstungs- und Garantiekosten aus. Mehrere Beispiele wurden angeführt; von ihnen seien zwei zitiert:

»KVG Sachsen an MM 21/12/28: ... es handelt sich ... um die sattsam bekannten Kolben- und Kolbenring-Defekte. Diese mehren sich ja gerade seit einigen Wochen derartig, daß unbedingt ein Mangel vorliegen muß, den zu beheben Ihnen vorläufig noch nicht gelungen ist ...«

Mit dem Reichspostministerium einigte man sich auf *»hälftige Teilung der nicht unter Garantie fallenden Schadensfälle, welche auf Übertouren bzw. Unterkühlung zurückzuführen sind, weil wir keinen Schnellschlußregler an unseren Motor angebracht hatten ..., so wie dies jetzt bei dem Vakuum-Regler der Fall ist. Wir*

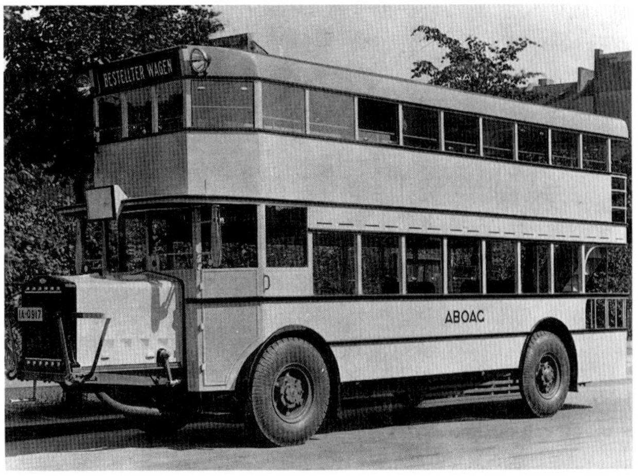

Bild 81. Die Firma Voran Automobilbau AG baute 1928 diesen Doppeldecker-Omnibus nach Patenten von R. Bussien und Obering. Garstka. Der Vorderradantrieb, für Nutzfahrzeuge etwas ganz Ungewöhnliches, ermöglichte die Tieflage des Einstieges hinten, erleichterte also das Einsteigen. Als Antrieb diente ein Maybach-Ottomotor OS 5 mit 77 kW (105 PS), der aus dem W-5-Motor speziell für Nutzfahrzeuge entwickelt worden war. Der Maybach-Motorenbau konnte davon zwar größere Stückzahlen verkaufen, doch war auch hier der Entwicklungsaufwand sehr hoch, da man wiederum technisches Neuland betrat.

mußten uns also erneut zur Tragung der nicht unerheblichen Entwicklungskosten bei Verwendung unseres schnellaufenden Motors ... bereitfinden. Es muß nun befürchtet werden, daß bei dem Lauf der Dinge und speziell bei der Entwicklung, die der Omnibusverkehr bei der KVG auch weiterhin nehmen wird, diese Aufwendungen nicht die letzten sein werden, sofern wir nicht technischerseits einen solchen vollkommenen schnellaufenden robusten Motor herausbringen, der diesen außergewöhnlichen Beanspruchungen standhält... Soviel dürfte jedoch sicher sein, daß unsere seitherige Einstellung, nur auf Grund der in der Praxis gemachten Feststellungen und der damit notgedrungen erfolgten Entwicklung unsere Motoren zu vervollkommnen, uns sehr teuer zu stehen kommt«.

Die häufige Erwähnung von technischen Schwierigkeiten in dem wirtschaftlichen Teil der Maybach-Motorenbau-Firmengeschichte muß verwundern, gilt doch der Name Maybach heute noch als Synonym für technisch anspruchsvolle und hochwertige Motoren, Getriebe und Fahrzeuge. Das hat damit zu tun, daß Maybach stets – schon vom eigenen Selbstverständis her – »an den Grenzen« des jeweiligen Standes der Technik arbeitete, wie ein solcher Sachverhalt in der Jubiläums-

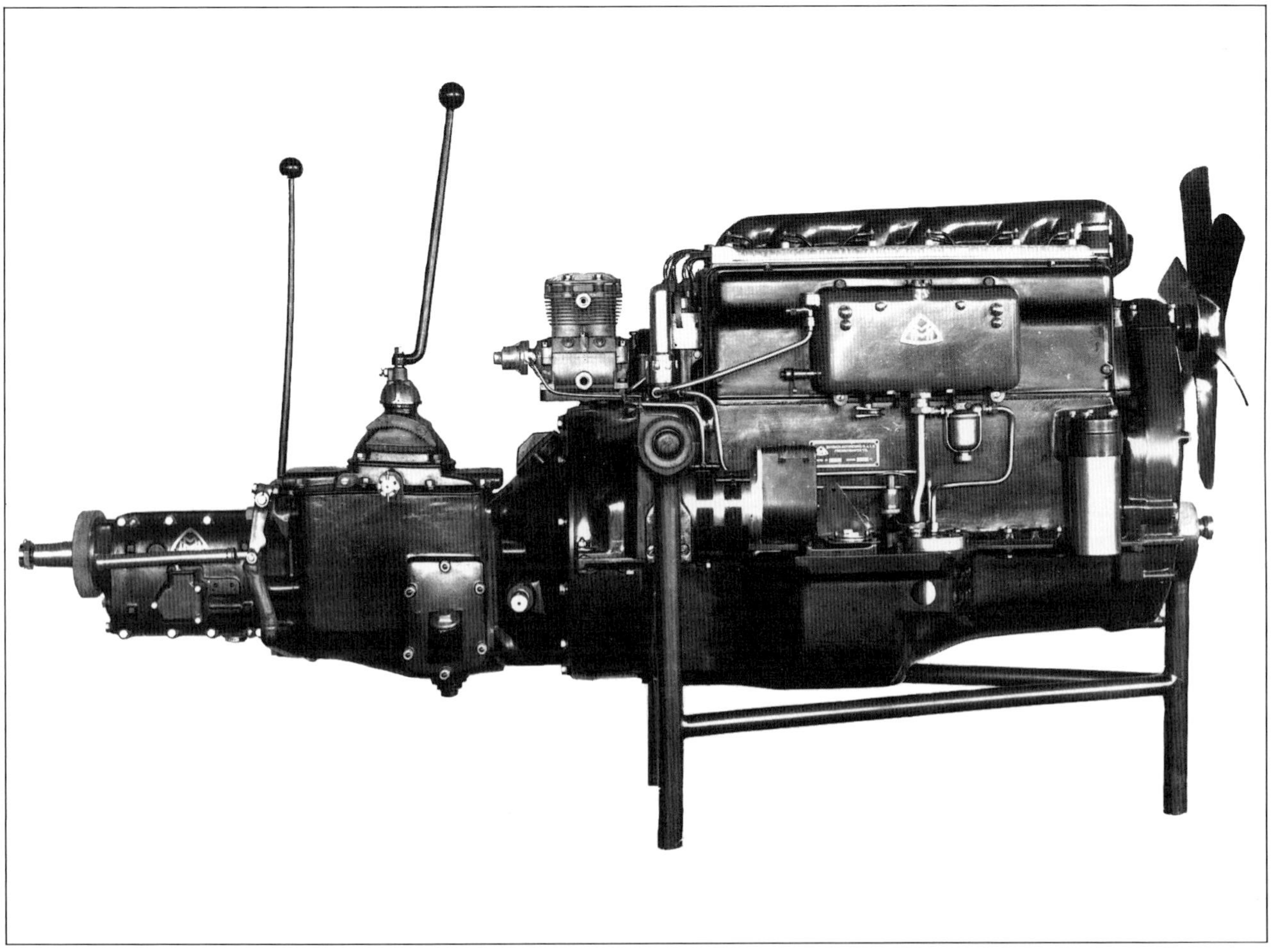

Bild 82. OS-5-Motor mit Dreigang-Handschaltgetriebe und angeflanschtem Maybach-Schnellganggetriebe. Sechszylinder-Reihenmotor; Bohrung × Hub: 94 mm × 168 mm, 73 kW (100 PS) bei 1900 min^{-1}, Hubvolumen 1,15 dm^3.

schrift eines Motorzubehör-Herstellers anschaulich bezeichnet wird. Man muß deshalb die erwähnten Schwierigkeiten und Schäden relativieren, sie in Bezug zum damaligen Stand der Technik bringen. Und: In gewisser Weise gilt auch hier die Maxime, daß Nachrichten meist schlechte Nachrichten sind. Das heißt, vorwiegend das Negative, sei es die gebrochene Kurbelwelle, sei es das gefressene Lager mit den sich daraus ergebenden Ärgernissen, schlägt sich in Reklamationen, Versuchsberichten, Kostenaufstellungen usw. nieder. Dankes- und Anerkennungsschreiben sind nicht Gegenstand technischer oder kaufmännischer Berichte; allenfalls die Werbeabteilung interessiert sich dafür.

Am 27. Juli 1929 stellte man schließlich fest, daß man im ersten Semester 121000 RM Nettogewinn erzielt habe, aber neuerdings die Aufträge sehr spärlich eingingen. »Die Situation ist daher nichts weniger als günstig, vielmehr müssen wir bis zum Jahresschluß mit einem erheblichen Verlust wieder rechnen.« Man habe sich leider viel mit »unproduktiven Arbeiten wie Reparaturen, Konstruktionsänderungen u. dgl. befassen« müssen. Auch habe man die »Verkaufspreise fast sämtlicher Erzeugnisse wiederholt erheblich herabgesetzt, so daß bei einzelnen Erzeugnissen ein Gewinn überhaupt nicht und eine Unkostendeckung nur in bescheidenem, teilweise kaum ausreichendem Umfange verbleibt«. Aber das sei immer noch besser, »als wenn wir auf unseren Erzeugnissen lange Zeit sitzenbleiben und dann, nachdem wir die darin investierten Kapitalien lange Zeit verzinst haben, doch noch zu einer Preisermäßigung gezwungenermaßen schreiten müssen«. Zu näherem Aufschluß über einzelne Punkte sei man jederzeit gerne bereit.

Das war eigentlich bereits Mitte 1929 die Bankrotterklärung. Die Konzernabteilung erkannte natürlich, daß die Zahlenangaben der Monats- und Vierteljahresberichte den Behauptungen widersprachen, der Maybach-Motorenbau habe Gewinne erzielt. Sie forderte am 20. September 1929 Aufklärung über die beiden ersten Semester. Es kam zu einer Besprechung mit Eckener am Monatsende, zu einer Durchleuchtung der Liquidität am 28. November, die mit der Erklärung schloß, »der Verkauf des neuen 12-Zylinder-Motors werde in nächster Zeit mit Nachdruck aufgenommen«, so daß man hoffe, »das nächste Jahr mit besseren Auspizien beginnen und die Verluste des laufenden Jahres wieder ausgleichen zu können«.

Anfang März 1930 beschäftigte man sich tatsächlich mit der Frage der Liquidation zum 31. Dezember 1929. Eckener machte Maybach zum Vorwurf, diese sei eigentlich schon Ende 1927 fällig gewesen, und Maybach behauptete, sie wäre damals nicht weniger unvorteilhaft verlaufen als zwei Jahre später. Beim LZ machte man sich also Sorgen um das Fortbestehen des Maybach-Motorenbaus, nachdem im Jahre 1929 ein Verlust in Höhe von 1,3 Mill. RM entstanden war. Der kaufmännische Leiter des »Motorenbaus«, Julius Bernhardt, behauptete zwar im Einverständnis mit dem technischen Leiter Karl Maybach in einem Schreiben vom 6. März 1930, dadurch sei keine Vermögensverringerung entstanden, weil durch die inzwischen geschaffenen Fertigprodukte weit höhere Werte entstanden seien. Aber er verschwieg, daß diese teils unverkäuflich waren, teils unter ihrem Material- und Produktionswert verkauft werden mußten.

Am Tage darauf, dem 7. März, fand eine Gesellschafterversammlung des Maybach-Motorenbaus statt, an der Eckener, Maybach und Bernhardt teilnahmen. Sie beschlossen, daß im Laufe des Jahres 1930 noch insgesamt 100 Omnibusmotoren, 70 Zwölfzylinder-Wagen und 30 VL-Motoren gebaut werden dürften. »Die Finanzlage war so angespannt«, daß in der zweiten Jahreshälfte möglicherweise ein »Bedarf von ca. 500000 RM auftreten« werde, wenn man nicht genügend Produkte verkaufte. Eckener stellte diese Mittel in Aussicht; Maybach versprach, die Kinderkrankheiten am Zwölfzylinder-Wagen »in tunlichster Bälde« und »mit allen Mitteln« die noch bestehenden Anstände am Wagen zu beheben. Er werde auf seiner Amerikareise einen solchen Wagen mitnehmen, um in den USA die Wirkungsweise des Schnellganggetriebes mit Vakuumschaltung demonstrieren und auf diese Weise vielleicht Interessenten für eine Lizenz finden zu können. Eckener war mit alldem unter der Bedingung einverstanden, daß beim Maybach-Motorenbau eine »erste technische Kraft« als »Assistent des Technischen Direktors«, also Maybachs, und eine »erste Kraft zur Unterstützung des Betriebsleiters ... angestellt werde« – also eine Art von Kontrolle durch Personen, die von außen kamen.

Am 17. April machte man sich beim »Motorenbau« Gedanken über den Fall, daß die Reichsversicherungsanstalt zum 31. Dezember 1930 ihr Darlehen in Höhe von 590000 RM kündigte. Zum ersten Male dachte man u. a. daran, Maybach durch Verzicht auf Lizenzeinnahmen in Höhe von 20% = 260000 RM zu der Deckung des 1929 entstandenen Verlustes in Höhe von 1,3 Mill. RM heranzuziehen, den er als technischer Direktor mitverursacht hatte. In dieser Situation teilte der Maybach-Motorenbau Eckener im Juni 1930 mit, man erwäge, die Fabrikation von Motorrad-Motoren aufzunehmen und darüber hinaus den großen Bestand an Omnibus-Ottomotoren auf das Dieselverfahren umzurüsten.

Ende Juni plante der »Motorenbau« den Verkauf von Wohnhäusern, die jährlich etwa 30000 bis 40000 RM Verluste verursachten. Um die gleiche Zeit erfuhr Karl Maybach vom Präsidenten der Hauptverwaltung der Deutschen Reichsbahngesellschaft, Hammer, daß diese 1930 keine Triebwagen-Motoren kaufen werde, aber hoffe, »daß der neue Triebwagen von 400 PS [gemeint ist der GO-5-Motor] ein Erfolg sein wird, so daß für

Bild 83. Einer der drei ersten Eiltriebwagen (100 km/h) der Deutschen Reichsbahn mit dieselelektrischem Antrieb. Der zwölfzylindrige Maybach-GO-5-Motor leistete 301 kW (410 PS). Diese Triebwagen (VT 872 bis 874), 1932 von der E. V. A. Wismar gebaut, wurden im Städte-Nahverkehr Frankfurt/M.–Wiesbaden eingesetzt.

diese Type Aussicht auf weitere Nachbestellung vorhanden ist«. Im übrigen rechnete die Reichsbahn für 1930 mit einem Verlust von 375 Mill. RM.

Inzwischen hatte Eckener sich mit den Lizenzeinnahmen von Karl Maybach beschäftigt. Diese hatten 1924 bis 1929 insgesamt 392000 RM betragen – davon in den Verlustjahren 1927/29 214000 RM. Dieser beachtlichen Einnahme stand gegenüber, daß der Maybach-Motorenbau im Juli 1930 vom LZ 1,3 Mill. »Entwicklungskosten«-Zuschuß erbat und erhielt. Beim LZ begann man, eine Änderung des Lizenzvertrages zu erwägen. Außerdem stellte sich jetzt heraus, daß die Herstellung des DSO-8-Motors, eines aus dem DS-8-Pkw-Motor abgeleiteten Nutzfahrzeugmotors, die kalkulierten Kosten weit überstieg und man andererseits den Verkaufspreis erheblich senken mußte, wenn man diesen Motor überhaupt – etwa an Büssing – absetzen wollte. Im Dezember 1930 wußte man, daß der Verlust trotz der starken Einschränkung der Produktion vom 1. Januar bis zum 31. Oktober 258000 RM betrug. Die Omnibusmotoren mußten, um überhaupt noch Verkaufsumsätze zu erzielen, fast durchweg ohne jede Unkostendeckung verkauft werden. »Bei der außerordentlichen Krise des Jahres 1930« ließen die Kunden nur das »Allernotwendigste« erneuern und reparieren und »manche Generalüberholung ... zurückstellen«. Mit einem »Lieferungsumsatz« von 254000 RM im November 1930 konnte »nur ein ganz geringer Teil unserer Unkosten gedeckt werden«. Eine Aufstellung der auf Lager befindlichen Motoren, Chassis, Kompressoren, Getriebe usw. ergab einen – fiktiven – Wert von 2,4 Mill. RM – darunter von älteren, praktisch unverkäuflichen Motoren. Ein Versuch, etwa 100 Omnibusmotoren monatlich an Büssing zu verkaufen, scheiterte daran, daß die dabei entstandenen Verluste zu hoch gewesen wären.

Unter diesen Umständen kam es am 31. Januar 1931 zu einer Besprechung über Sanierungsmöglichkeiten des Maybach-Motorenbaus. Eckener erklärte, »daß der LZ zur Zeit gar nicht in der Lage sei, eine Sanierung ... aus eigenen Mitteln durchzuführen«. Um die Banken nicht zu beunruhigen, müsse man den Abschluß 1930 frisieren und keinen Verlust über 50000 bis 100000 RM ausweisen. Darüber hinaus entschloß man sich, zum Bau des W-5-Wagens zurückzukehren, konnte sich aber nicht darüber einigen, ob dieser Wagen angesichts der Konkurrenz von Achtzylinder-Wagen 22000 bis 23000 RM kosten dürfe oder 15000 bis 16000 RM kosten müsse.

Nun gab Maybach plötzlich bekannt, daß man noch »nicht annähernd« wußte, wie man den Dieselmotor weiterentwickeln wollte, und daß entsprechende »Untersuchungen sehr kostspielig sind und erhebliche Zeit in Anspruch nehmen« – man stelle sie daher zurück. Wenn man aber an die Arbeit gehen wolle, dann brauche man Dieselmotoren in der Stärke von 175 und 250

PS. In der nächsten Zeit werde man die Betriebsbeamten von gegenwärtig 69 auf 51, die im Konstruktionsbüro von 38 auf 30 reduzieren.[10])

Maybach ging bei allen diesen Besprechungen von der Behauptung aus, daß das Werk eigentlich mit Gewinn arbeite. Verluste entstünden nur dadurch, daß man alte Verluste aus den zwanziger Jahren verzinsen müsse. Hätte man das Unternehmen 1927 liquidiert, dann hätte man 4,1 Mill. RM Schulden zu verzinsen gehabt. Da man das Unternehmen fortgeführt hatte, »gelang es bis heute, diese Zinsen zwar nicht in vollem Umfange aufzubringen, aber immerhin den Betrag von 562000 RM«. »Wir arbeiten schon seit Jahren mit Schulden von ca. 6,0 Mill., die nicht verursacht sind durch die Geschäftsführung der letzten Jahre, sondern durch die Mißerfolge der vor dem Jahre 1928 liegenden Geschäftsjahre.« Er vergaß oder überging, daß auch diese *seine* Geschäftsjahre gewesen waren. Er behauptete, mit der »abnormal« geringen Produktion der Gegenwart könne man nicht die Unkosten decken; aber er überging die Tatsache, daß man selbst die wenigen fertiggestellten Wagen nicht verkaufen konnte, sondern auf ständig wachsenden Lagern von unverkäuflichen Motoren, Wagen und Getrieben saß. Er überging die Kosten der Umkonstruktionen, die Garantie- und Reparaturkosten und stellte vielmehr das Anwachsen der Reparaturleistungen als Positivum dar. Letzen Endes verlangte er die mindestens vorläufige Streichung der Schulden und ihrer Verzinsung mit der Behauptung, daß man dann mit Gewinn arbeiten und diesen zur Schuldendeckung verwenden könne. Er schloß mit dem Satz:

»Die Frage, ob heute schon der Zeitpunkt für die Sanierung unseres Unternehmens gekommen ist, scheint uns deshalb in bejahendem Sinne beantwortet werden zu sollen, weil ohne eine Sanierung eine Gesundung unseres Werkes unter den heutigen Verhältnissen kaum möglich erscheint. Daß die Weiterführung des Betriebes aber im Interesse der Gesellschafter liegt, dürfte aus den vorhergegangenen Ausführungen ersichtlich sein.«

Beim LZ dagegen fand man, angesichts der hohen Verluste des Maybach-Motorenbaus sollte das Lizenzabkommen mit Karl Maybach dahingehend geändert werden, daß dieser einen persönlichen Beitrag zur Sanierung des Unternehmens leistete.

Mitte April 1931 war die Geschäftslage schlechter denn je: teils wegen »wiederholter Rückschläge auf technischem Gebiet, hauptsächlich aber weil wir fast nur sogenannte Spitzenerzeugnisse herstellen. Es zeigt sich immer mehr, daß nicht nur in Deutschland, sondern in der ganzen Welt diejenige Käuferschicht, die sich teuere Spitzenerzeugnisse leisten kann, immer mehr zurückgeht.« Die Spekulation auf Gewinnerzielung durch die Herstellung kleinster Mengen von teuersten Autos war also durch die Weltwirtschaftskrise fehlgeschlagen – außerdem aber auch durch andere selbst

Bild 84. Die Werkseingänge des Maybach-Motorenbaus und des Luftschiffbau Zeppelin lagen direkt nebeneinander. Links die Betriebskrankenkasse mit einem Maybach-Wagen, rechts das Pförtnerhaus mit dem Eingang zum LZ, im Hintergrund die große Luftschiffhalle (um 1935). Das Gleis im Vordergrund diente für den Gütertransport vom Stadtbahnhof zum LZ und Maybach-Motorenbau.

verschuldete Schwächen wie Konstruktionsmängel und hohe Reparaturkosten, die nun schon gar nicht mehr erwähnt wurden.

So verschleuderte man im April 1931 die Omnibusmotoren, von denen »noch über 300« auf Lager waren, »zu Preisen, die kaum mehr Material plus Produktions-Kosten decken«. Gleichzeitig müsse man unter hohen Kosten

»Vorsorge treffen, daß im Moment des Ausverkaufs dieser Motoren ein anderer Omnibusmotor einfach, robust, betriebssicher, konstruktiv in verschiedenen Stärken vorhanden ist, denn ohne das Omnibusgeschäft, in dem wir uns wenigstens bis zu einem gewissen Grade den Absatzmarkt erobert haben und weiter günstige Aussichten, auch im Ausland bestehen, werden wir niemals genügende Beschäftigungsmöglichkeiten haben. Ähnlich liegt es im Bootsmotoren-Geschäft.«

Ob der Dieselmotor sich auf Dauer durchsetzen würde, sei noch ungewiß. Der geringe Verkauf des Zwölfzylinder-Pkw brachte ständig »einen nicht unerheblichen Verlust«. Beim Eisenbahn-Triebwagenmotor werde »vielleicht das laufende Geschäftsjahr uns doch noch ein zufriedenstellendes Verkaufsgeschäft bringen«.

Am 22. August 1931 wies die Deutsche Bank- und Disconto-Gesellschaft darauf hin, daß das Kapital des Maybach-Motorenbaus aufgezehrt war und darüber hinaus »eine ungedeckte Unterbilanz« von 589000 RM bestand. Sie sprach auch deutlich aus, daß das Unternehmen seit der Umstellung auf Goldmark Ende 1924 »in jedem Jahr einen erheblichen Verlust ausweisen mußte – von 1925 bis 1930 insgesamt 3,9 Mill. RM«.

[10]) Mit »Beamte« bezeichnete man früher die Angestellten im Gegensatz zu den Arbeitern. Die Leitenden Angestellten wurden »Oberbeamte« genannt. Ein Übergang zwischen zwei Verwaltungsgebäuden wurde beim Maybach-Motorenbau deshalb scherzhaft »Beamtenlaufbahn« genannt.

1928 habe man »durch energische Angleichung des Arbeiterstammes an die tatsächlichen Bedürfnisse« den Verlust um etwa 0,5 Mill. RM verringern können – und 1929 noch einmal um 15000 RM. Dazu käme ein »Gesamtbestand der fremden Mittel« von 7,2 Mill. RM.

»Als letzte Möglichkeit, das Unternehmen wenigstens in einen Zustand des Ausgleichs der Einnahmen mit den Ausgaben zu bringen, erscheint uns eine Drosselung der Ausgaben durch die rigorosesten Sparmaßnahmen.« Man forderte die »Aufnahme einer festen Hypothek seitens der Gesellschaft oder ... Zuführung neuer Mittel durch die Muttergesellschaft«. Aber bereits vor der Aufnahme eines hypothekarisch gesicherten Darlehens verlangte man die Reduktion »der in Anspruch genommenen Kredite auf dasjenige Maß ..., welches angesichts der nahezu dauernd rückläufigen

Bild 85. Für den Zeitungs-Zustelldienst des Ullstein-Verlages entwarf Edmund Rumpler diesen Dreiachser. Karossiert wurde das Fahrzeug von Luchterhand & Freytag (Berlin), der Antrieb erfolgte durch einen sechszylindrigen Maybach-OS-5-Motor, der später durch einen Zwölfzylinder-Motor DSO 8 ersetzt wurde, um die Geschwindigkeit zu erhöhen.

Bild 86. Straßenreinigungsfahrzeug der Stadt Stettin mit Maybach-OS-5-Motor. Die Gasflasche unterhalb des Fahrerhauses zeigt, daß der Wagen, wie viele Kommunalfahrzeuge Ende der dreißiger Jahre, auf Flüssiggasbetrieb umgestellt worden war.

Bild 87. Luftaufnahme des Maybach-Motorenbaus, um 1935. Vom Ende des Ersten Weltkrieges bis Anfang der vierziger Jahre gab es keine baulichen Veränderungen. In der Bildmitte die beiden 1919 gebauten Maybach-Wohnblöcke.

Entwicklung des Unternehmens sowohl vom Standpunkt des letzteren als vom Standpunkt der Bank aus tragbar erscheint«.

Doch in den Jahren 1931/32 geschah nichts mehr. In den folgenden Monaten wurden zwischen Februar und Anfang Mai 1932 sechs W-6-Chassis verkauft und vier hergestellt. Am 9. Mai 1932 erschien es Maybach geboten, »eine neue Serie aufzulegen«. Eckener gestattete am 10. Mai die »Auflage von zehn W-6-Chassis«. Man wußte, daß dies zwar Arbeit schaffen, aber auch die Verluste erhöhen würde. Im Juni 1932 bestellte die belgische Staatsbahn 14 Triebwagen-Maschinenanlagen. Weitere Bestellungen aus Belgien, Luxemburg und Belgisch-Kongo auf Eil- und Schnelltriebwagen mit 410-PS-Dieselmotor standen in Aussicht. Erleichtert konnte der LZ am 6. Juli feststellen, »daß das bisherige Gesamtergebnis [beim Maybach-Motorenbau bis 31. Mai 1932] mit einem nur ganz geringen Verlust abschloß«. Allerdings hatten die Arbeiten an einem neuen Luftschiff-Dieselmotor für LZ 129 HINDENBURG bisher 450000 RM gekostet. Sie dürften »keinesfalls über den von uns angesetzten Höchstbetrag von 780000 RM hinausgehen«. Die Sorge war um so berechtigter, als das Reich im Sommer 1932 vor dem Bankrott stand und der Reichsverkehrsminister keine Zuschüsse mehr für die Entwicklung dieses Luftschiffmotors aufbringen wollte. Er wollte am 25. Oktober erst einmal über das Gelingen der Entwicklung des Luftschiffmotors ein klares Urteil haben und verschob daher seine Entscheidung auf einen späteren Zeitpunkt.

In den dreißiger Jahren stand der Name Maybach nicht nur für Hochleistungstriebwerke in Luftschiffen und schnellen Booten, sondern vor allem auch für luxuriös karossierte, aufwendig konstruierte Personenwagen mit starken, leistungsfähigen Motoren.

Bild 1. Das Luftschiff LZ 127 Graf Zeppelin nach seiner Landung am 6. November 1928 in Friedrichshafen. Hinter dem Luftschiff die Werksanlagen des LZ, rechts oben das Zeppelindorf und rechts unten die Hallen des Maybach-Motorenbaus.

Die große Zeit der Passagier-Luftschiffahrt

Die Jahre von 1928 bis 1936 waren die große Zeit der Passagier-Luftschiffe. LZ 127 Graf Zeppelin, *das »glückhafte Luftschiff« und LZ 129* Hindenburg *führten zuverlässig fahrplanmäßige Fahrten nach Nord- und Südamerika durch. Unvergessen bleibt auch die große Weltumfahrung des LZ 127 im Jahre 1929 und die Forschungsfahrt in die Arktis vom 24. bis 31. Juli 1931 (siehe Tafel 2, S. 261). Das Reisen im Luftschiff dauerte zwar länger als in unseren heutigen Jets, ist ansonsten damit aber nicht zu vergleichen. Die Passagiere hatten geradezu luxuriös viel Platz. Sie konnten frei an Bord herumgehen, sich an einer gepflegten Gastronomie erfreuen und bei der im Vergleich zu heute niedrigen Fahrhöhe und Geschwindigkeit in Ruhe Landschaften und Meere betrachten.*

Bild 2. LZ 127 bei der Landung in Friedrichshafen, um 1930. Da das Schiff noch zu schwer ist und zum Durchsacken neigt, läßt es Wasserballast ab. Im Hintergrund sieht man die Gebäude des Maybach-Motorenbaus.

Bild 3. Eine der fünf Motorgondeln des LZ 127. In den Gondeln befanden sich vorne und hinten Öffnungen für die Zu- und Abfuhr der Kühlluft. Die Luftschrauben, als Druck-Propeller ausgebildet, erzeugten Schub. Jede dieser Gondeln war rund um die Uhr von einem Maschinisten besetzt. Tagsüber war alle zwei, nachts alle drei Stunden Wachablösung, wobei die Maschinisten über eine offene Leiter (oben) im Fahrtwind in und aus den Gondeln klettern mußten.

Bild 4. Am 29. August 1931 begann die LZ-Tochter DELAG einen regelmäßigen Luftschiff-Fahrdienst nach Südamerika. Bis 1937 startete GRAF ZEPPELIN insgesamt 74mal nach Rio de Janeiro. Das Bild zeigt LZ 127 vor der imposanten Kulisse des Zuckerhuts. Immer war das Luftschiff voll ausgebucht, und stets kehrte es ohne Motorschaden zurück.

Bild 5. Was die Ausstattung an Bord anging, mußten sich die Betreiber der Luftschiffe an den Luxusdampfern orientieren. Auch wenn sie deren Komfort nie erreichen konnten, galt das Fahren im Luftschiff als die schönste Form des Reisens. Dieses Fahrvergnügen hatte allerdings seinen Preis: Die einfache Fahrt von Friedrichshafen nach Pernambuco kostete in der Hochsaison 1550 RM; für die Weiterfahrt nach Rio waren noch einmal 400 RM aufzuwenden.

Bild 6. 1936 wurde LZ 129 HINDENBURG in Dienst gestellt. Die Dimensionen dieses Luftschiffs waren gigantisch: 245 m lang, 41,2 m Durchmesser, 200 000 m^3 Gasvolumen. Die maximale Geschwindigkeit lag bei 131 km/h. Die vier Antriebsmotoren kamen allerdings nicht mehr von Maybach: Auf Grund der Forderung des LZ nach einem Dieselmotor hatte Daimler-Benz einen solchen mit 772 kW (1050 PS) entwickelt. Der Maybach-Motorenbau hatte ebenfalls mit der Entwicklung begonnen, mußte sie dann aber einstellen, weil er mit den Dieselmotoren für die Triebwagen zu stark beschäftigt war. Es ist erwiesen, daß die Dieselmotoren an der Katastrophe von Lakehurst keine Schuld trugen, vgl. Bild 88, S. 51.

Bild 7 (links). Am 6. Mai 1940 kam das endgültige Aus für die Luftschiffahrt: Reichsmarschall Hermann Göring ließ die Luftschiffe LZ 127 und LZ 130 verschrotten und die beiden Hallen in Frankfurt a. M. sprengen. Dies hing mit dem am 10. Mai beginnenden Frankreichfeldzug zusammen: Der Flughafen Frankfurt wurde Einsatzflughafen für die Luftwaffe, die Luftschiffhallen standen im Weg. Außerdem stellten die Hallen einen Orientierungspunkt für feindliche Flugzeuge dar.

3. Die Jahre der Aufrüstung 1933 bis 1939

Der Maybach-Motorenbau im Jahre 1933

Am 30. Januar übernahmen die Nationalsozialisten unter Adolf Hitler die Regierung, Bild 88. Damit änderte sich vieles. Zwar hatte sich schon vorher in der Wirtschaft eine gewisse Trendwende angedeutet, doch es war augenfällig, daß es den Nationalsozialisten gelang, wirtschaftlichen Optimismus zu verbreiten. Diese Aufbruchstimmung kam auch dem Maybach-Motorenbau zugute. Das Dritte Reich war zunächst auf die Revision des Versailler Vertrages sowie die Wiederherstellung der Wehrhoheit Deutschlands ausgerichtet. Hierfür bedurfte es der Aufrüstung. Mit ihr entsprach Hitler nicht nur dem Wunsch seiner unmittelbaren Anhänger, sondern breiter Teile der deutschen Bevölkerung, welche die Bestimmungen des Versailler Vertrages zutiefst ablehnte.[11]) Zudem war die Erinnerung an die Besetzung des Ruhrgebietes durch Franzosen und Belgier im Jahre 1923 noch frisch.

Bild 88. Reichspräsident Paul von Hindenburg *und* Adolf Hitler, *damals gerade seit drei Monaten Reichskanzler, am 1. Mai 1933 in Berlin.*

Bereits zwei Monate nach Hitlers Machtergreifung legte Karl Maybach am 28. März 1933, als der Maybach-Motorenbau dem Bankrott nahe war, der Muttergesellschaft eine Denkschrift »betr. Erweiterung des Fabrikationsprogramms« vor. Darin hieß es, die Berliner Automobil-Ausstellung im Herbst 1932 habe »eklatant gezeigt«, daß während der letzten Jahre, in denen Karl Maybach immer größere Automobilmotoren entwickelt und teurere Wagen gebaut hatte, »in der Entwicklung des mittleren und kleinen Automobils sehr große Fortschritte gemacht wurden. Wollen wir uns aus dem Automobilgeschäft nicht ausschalten lassen, so müssen wir in *allerkürzester* Zeit ebenfalls mit einem erstklassigen mittelstarken Wagen herauskommen.«

Der Maybach-Motorenbau hatte offensichtlich die technische Entwicklung bei der Konkurrenz ebensowenig beachtet wie die des Marktes. Nun tat Karl Maybach so, als ob nicht er, sondern andere an diesem Fehler schuldig waren, und drängte in eine Richtung, die er selber stets für falsch gehalten hatte: Man könne die Fortsetzung der Automobilfabrikation und des Automobilverkaufs auf der *gegenwärtigen* Grundlage, also mit den großen Wagen allein, auf die Dauer nicht mehr verantworten. Bisher hatten Produktion und Verkauf großer Wagen einschließlich Schnellganggetriebe, Ersatzteilen und Reparaturen 46 bis 48 % des Gesamtumsatzes ausgemacht. Außerdem hatte man gerade größere Aufträge im Eisenbahntriebwagen-Motorengeschäft erhalten – doch das war in der Hauptsache ein Sondergeschäft mit Holland und, wie sich bald herausstellte, ein sehr schwieriges. Maybach zweifelte daran, daß das Triebwagengeschäft »allein in Zukunft für unser Werk *ausreichende* Beschäftigung bringen wird; jedenfalls regt sich bereits jetzt schon von allen Seiten die Konkurrenz mächtig« – ganz besonders die von MAN und Daimler-Benz.

---

[11]) Diese Befürwortung einer starken »Wehrmacht« entsprang natürlich nicht dem konkreten Wunsch, die 1919/20 verloren gegangenen Gebiete unter Einsatz von Waffengewalt zurückerobern zu wollen. Vielmehr herrschte – unter den damaligen weltpolitischen Verhältnissen verständlich und damit weitverbreitet – die Ansicht vor, daß nur ein mit der nötigen Militärmacht ausgestattetes, starkes und souveränes Deutschland imstande sei, den »verloren gegangenen Platz in der Völkergemeinschaft« wieder einzunehmen (und damit auch möglicherweise die neuen Grenzen zu revidieren). Die Meinungen darüber, wie das auf diplomatischem Wege geschehen könnte, waren, je nach politischem Standort, außerordentlich diffus.

Bild 89. Automobilausstellung Berlin 1933: Im Vordergrund ein Maybach-Zwölfzylinder-Wagen, Typ »Zeppelin« DS 8 mit einer Stromlinienkarosserie von Spohn, rechts daneben ein Schnelltriebwagen-Dieselmotor GO 5. Karl Maybach hatte bereits ein Jahr zuvor feststellen müssen, daß mit den großen Wagen allein kein Geschäft zu machen war. Man entschloß sich deshalb zum Bau eines kleineren Maybach-Wagens, der 1935 vorgestellt wurde.

Es erschien Maybach »nicht angängig« zu hoffen, daß das Geschäft mit Nutzfahrzeug-Motoren in kurzer Zeit schon einen ausreichenden Ausgleich für einen eventuellen Fortfall des Wagengeschäftes bieten könne. Auch hier hatte man den Markt offenbar nicht sorgfältig genug beobachtet. Nun mußte Maybach feststellen, »daß wir zur Zeit aus dem früher noch erheblichen Nutzfahrzeugmotorengeschäft so ziemlich ausgeschaltet sind«. Erst auf der Berliner Automobilausstellung hatte sich für Maybach »klar gezeigt, daß die Nutzfahrzeug-Fabriken inzwischen allgemein zur Verwendung von Dieselmotoren übergegangen sind«. Er nannte Faun, Büssing, Magirus, die Berliner Verkehrs-AG, teilweise auch die Post und deren Lieferanten Daimler-Benz, Henschel, Krupp und viele ausländische Firmen und fuhr fort:

»Leider war es uns nicht möglich, so rechtzeitig mit Fahrzeug-Dieselmotoren auf dem Markt zu erscheinen, daß man wenigstens bei dem einen oder anderen unserer früheren Abnehmer den Einbau nicht von uns stammender Fahrzeug-Dieselmotoren bzw. die Aufnahme des Dieselmotorenbaues hätte verhindern können. Es wird jetzt für uns sehr schwierig sein, unsere alten Abnehmer dazu zu bringen..., einen Fahrzeug-Dieselmotor unseres Fabrikates zu verwenden.«

Eben hatte er jedoch festgestellt, daß man gar keinen konkurrenzfähigen Dieselmotor für Nutzfahrzeuge anbieten konnte, und auch jetzt fügte er hinzu, er sei der Meinung, daß man 40-, 60- und 100-PS-Fahrzeug-Dieselmotoren mit allen Mitteln und so rasch wie möglich weiterentwickeln müsse, »wenn wir unseren Ruf als *Motorenfabrik* beibehalten und die verlorene Position wieder gewinnen wollen«. Und schließlich sei die »raschestmögliche Entwicklung des Luftschiffmotors« nötig. Eine Anlage zu dieser Denkschrift schloß mit dem Satz: »Die Zeiten der ganz großen Luxuswagen scheinen wohl, zum mindesten auf Jahre hinaus, vorbei zu sein, und man wird es nicht verantworten können, eine allein für den Absatz von etwa 200 großen Luxuswagen [pro Jahr] vorgesehene Verkaufsorganisation auf die Dauer aufrechtzuerhalten.«

Bild 90. Präzisionsarbeit! Aufmerksam verfolgt der Facharbeiter die Bearbeitung einer Nockenwelle auf der Nockenwellen-Drehmaschine (etwa 1935).

Ein kaufmännischer Bericht von Direktor Julius Bernhardt über das erste Vierteljahr 1933 unterstrich, daß die Bestellungen der Niederländischen Eisenbahn auf 80 Triebwagenanlagen bzw. Teile dazu und der Deutschen Reichsbahn auf etwa 40 Triebwagen-Motoren als »außerordentliche, nicht als laufende Aufträge« zu bewerten seien. Es bestehe durchaus »die Gefahr, daß weitere Aufträge ausbleiben, wenn es uns nicht gelingt, raschestens die noch bestehenden Kurbelwellen- und Lagerschwierigkeiten« bei den Triebwagen-Motoren zu beseitigen. Diese Gefahr darf absolut nicht unterschätzt werden. Die Konkurrenz arbeitet mit allen Mitteln gegen uns: Überall, auch in den USA, kenne man »die unliebsamen Vorkommnisse bei den in Betrieb befindlichen Triebwagen-Motoren ...«

Der für die Entwicklung der Triebwagen-Dieselmotoren zuständige Dipl.-Ing. Richard Lang schrieb später in der »Werkzeitschrift der Zeppelin-Betriebe«, es sei unvermeidlich, »daß bei Triebwagenentwicklungen in aller Öffentlichkeit Schwierigkeiten auftreten. Bei dem ersten Auftrag in Holland war die Lage dadurch noch besonders erschwert, daß wir uns nicht im eigenen Land, sondern im Ausland befanden, wo es gar nicht möglich war, die internationalen Fachkreise von den Vorkommnissen fernzuhalten ...« Diese Schwierigkeiten mit den Triebwagenmotoren rührten jedoch zum Teil auch daher, daß die Bahngesellschaften und deren an die robuste und zu dieser Zeit bereits ausgereifte Dampftechnik gewöhntes Personal sich erst in die komplizierte und vergleichsweise empfindliche Motorentechnik hineinfinden mußten, Bild 91. Erfahrungen mit den Motoren mußten gewonnen, die Einflüsse der Fahrzeugbauteile, z. B. Schwingungen, auf die Motoren überhaupt erst erkannt werden. Da die Erprobung der neuen Fahrzeuge im planmäßigen Fahrdienst – also öffentlich – erfolgte, machten sich Störungen und Schäden besonders auffällig bemerkbar.[12])

Bild 91. Im Ausbesserungswerk Haarlem der Niederländischen Staatsbahn werden Wartungs- und Reparaturarbeiten an GO-5-Motoren der dieselelektrischen Triebwagen vorgenommen. Wie die Deutsche Reichsbahn richteten auch ausländische Bahngesellschaften Ausbesserungswerkstätten für die Triebwagen und deren Antriebsanlagen ein.

Weiter heißt es in dem oben angeführten Bericht über das erste Vierteljahr 1933, daß sich der im Auftrag des Reichsverkehrsministeriums in der Entwicklung begriffene 735-kW- (1000-PS-)Luftschiffmotor »erst im Vorstadium der Konstruktion« befinde, dieses habe aber bereits 600 000 RM der bewilligten Mittel von 780 000 RM verbraucht. Man mache sich große Sorgen um die weiteren Entwicklungskosten, »damit es uns nicht jetzt wie seinerzeit« geht, als die Marine 350 000 RM für die Entwicklung eines Dieselmotors bewilligt hatte und diese aufgebraucht waren, »bevor von diesen Marinemotoren etwas zu sehen war«. Wahrscheinlich werde die Entwicklung des Luftschiffmotors weit über 1 Mill. RM kosten.

Schließlich kam Bernhardt zu dem Ergebnis, es müsse beim Maybach-Motorenbau entschieden schneller gearbeitet werden, da sonst die Entwicklungskosten zu hoch würden. Die bekannten Schwächen der Geschäftsführung wurden noch dadurch verstärkt, daß Karl Maybach und sein kaufmännischer Direktor Julius Bernhardt außerordentlich schlecht miteinander auskamen. Manche Spitze und Unfreundlichkeit in den Berichten und Memoranden muß sicher unter diesem Aspekt gesehen werden.

Natürlich fand Maybach in seiner Erwiderung vom 12. Juli 1933 zur Widerlegung aller Beanstandungen plausible Erklärungen. Aber die anschließende schriftliche Auseinandersetzung der kaufmännischen mit der technischen Abteilung führte dann doch zu dem Ergebnis, daß die Techniker unter Maybachs Führung zu viel Zeit brauchten und sich um Kosten und Preise, Kunden und Leistungen der Konkurrenz nicht genügend kümmerten.

In der Frühzeit des Nationalsozialismus

Auf der Höhe der Wirtschaftskrise in Deutschland, in den Jahren 1931/32, war der Maybach-Motorenbau als selbständiges Unternehmen, nicht zuletzt durch seine unzeitgemäße Modellpolitik, durch die hohen Kosten für die technisch aufwendigen Entwicklungen und durch »Management«-Fehler theoretisch zusammengebrochen. Als 80prozentige Tochter des Luftschiffbau-Zeppelin-Konzerns wurde er von der Konzernmutter mühsam am Leben erhalten. Es stellt sich die Frage, welche Motive den LZ bewogen haben mögen, den Maybach-Motorenbau trotz dessen desolater finanzieller Lage zu stützen und zu erhalten. Billiger wäre zweifellos eine Liquidation gewesen. War es Verständnis für

[12]) Daran hat sich bis heute nichts geändert, wenn man an die Einführung neuer Eisenbahnsysteme in unserer Zeit denkt.

Bild 92. Dr. HUGO ECKENER *(rechts) mit seinem Dienstwagen, einem Maybach »Zeppelin«, vor der Luftschiffhalle in Friedrichshafen (links der Ankermast). Eckener war als Chef des gesamten LZ-Konzerns auch Maybachs Vorgesetzter. Er schätzte diesen als Konstrukteur und hielt auch in der wirtschaftlich schwierigen Zeit der Weimarer Republik zu ihm, obwohl der Maybach-Motorenbau einige Jahre mit Verlust arbeitete.*

die immensen technischen Schwierigkeiten, mit denen der »Motorenbau« konfrontiert wurde, war es das Wissen um die Problematik technisch anspruchsvoller Entwicklungen, die erst nach vielen Experimenten und manchen Rückschlägen auch in wirtschaftlicher Hinsicht gute Ergebnisse bringen konnten (damit war der LZ von seiner eigenen Tätigkeit her vertraut), war es Respekt vor den beiden großen Ingenieuren Wilhelm und Karl Maybach, oder war es ein Gefühl sozialer Verantwortung für den MM, der in der damals noch industriearmen Bodenseeregion einen wichtigen Wirtschaftsfaktor bildete? Wahrscheinlich spielten all diese Momente zusammen. Jedenfalls hat sich die Entscheidung des LZ für den MM als richtig erwiesen, sowohl im Hinblick auf die Technik als auch für die wirtschaftliche Entwicklung Friedrichshafens.

Seit wann Maybach und die Konzernleitung hofften, die seit den späten zwanziger Jahren entwickelten Sechs- und Zwölfzylinder-Ottomotoren mit 74 bis 148 kW (100 bis 200 PS) für Omnibusse später einmal »für Heereszwecke, insbesondere Panzerwagen« weiterentwickeln zu können, ist nicht genau festzustellen. In einer Aufzeichnung vom 25. Oktober 1940 heißt es hierzu:

»Diese Entwicklung konnte man vor der Machtergreifung nur aus den Anforderungen entnehmen, welche von ausländischen Stellen gestellt wurden, die den Motor mit Kühlanlage zu erhalten wünschten. Interesse oder gar Aufträge seitens des deutschen Heeres waren damals ausgeschlossen, da der Bau solcher Fahrzeuge vor der Machtergreifung verboten war. Nach der Machtergreifung hatte die Firma auf Grund dieser früheren Überlegungen und Vorarbeiten Baumuster zur Verfügung, die diesem Sonderzweck von allen in Deutschland bis dahin gebauten Motoren am besten entsprachen und ... an der Spitze standen. Die von der Firma in den Jahren vor der Machtergreifung unter großen finanziellen Opfern entwickelten derartigen schnellaufenden Otto-Motoren bildeten den Grundstock für eine Weiterentwicklung, die dann erst nach der Machtergreifung Unterstützung durch das Heer fand.«[13]

Daher intensivierte man alsbald nach der »Machtergreifung« Hitlers am 30. Januar 1933 die Beziehungen zur Reichswehr und zur neuen Regierung, Bild 93. In

[13]) Die spätere Erklärung Karl Maybachs, man habe den Motor des Luxuswagens über die Möglichkeiten des zivilen Automobilbaus hinaus »für die Verwendung in Heeresfahrzeugen aller Art« entwickelt, muß man zeitbedingt sehen. Tatsächlich waren die leistungsstarken Ottomotoren ursprünglich für rein zivile Zwecke entwickelt worden. Die militärischen Varianten wurden erst später davon abgeleitet.

Bild 93. Die politischen Vertreter des späteren »Großen Auftraggebers« des Maybach-Motorenbaus: das Kabinett Hitler nach dessen Ernennung zum Reichskanzler. Von links nach rechts: LAMMERS, DARRÉ, FRANZ SELDTE, FRANZ GÜRTNER, *Dr.* JOSEPH GOEBBELS, PAUL FREIHERR VON ELTZ-RÜBENACH, ADOLF HITLER, HERMANN GÖRING, *(unbekannt), Generalleutnant* WERNER VON BLOMBERG, WILHELM FRICK, KONSTANTIN FREIHERR VON NEURATH, HJALMAR SCHACHT, LUTZ GRAF SCHWERIN VON KROSIGK. *Rechts außen:* MEISSNER, *daneben* FRANZ VON PAPEN; *halb verdeckt:* POPITZ.

Bild 94. Die Bewährung der Triebwagen im fahrplanmäßigen Betrieb veranlaßte die Deutsche Reichsbahn, das Triebwagennetz zügig auszubauen. Ein Eiltriebwagenzug in Mehrfachtraktion, ausgerüstet mit Maybach-GO-5-Dieselmotoren, überquert die Dresdner Elbbrücke (1937).

einem längeren Manuskript über »Entstehung und Werdegang der Maybach-Motorenbau GmbH« anläßlich des 25jährigen Firmenjubiläums Anfang 1934 heißt es nach der Aufzählung der Luftschiff-, Flugzeug-, Automobil-, Boots- und Triebwagen-Motoren, die in einem Vierteljahrhundert entwickelt und ständig verbessert, insbesondere mit größerer Leistung versehen worden waren: »In den letzten Monaten wurden ... die Entwicklung und Versuche mit schnellaufenden Diesel-Fahrzeugmotoren von 120, 80 und 60 PS mit 6, 4 und 3 Zylindern *abgeschlossen*, so daß diese demnächst für Lastwagen, Boote, Omnibusse auf den Markt kommen werden.« Die gleichzeitige Entwicklung verschiedener ganz neuartiger Produkte seit Kriegsende habe bedeutende finanzielle Mittel in Anspruch genommen, was bis vor kurzem die Bewegungsfreiheit des Maybach-Motorenbaus bis zu einem gewissen Maße beengt habe. »Nachdem sich aber heute nicht nur die Deutsche Reichsbahn, sondern auch eine große Anzahl ausländischer Bahnen fast gleichzeitig auf Triebwagen höherer Leistung einstellen, findet namentlich der neu entwickelte 410-PS-Triebwagen-Motor sehr guten Absatz«, Bild 94. Dazu kamen neue Benzin- und Dieselmotoren-Typen, so daß »die durch diese Fabrikate gegebenen Liefermöglichkeiten der letzten Zeit« dazu geführt hätten, daß der Maybach-Motorenbau von der vorübergehenden Bankkreditbelastung sich schon jetzt freimachen konnte«. Auch von in Vorbereitung und Versuch befindlichen noch stärkeren Typen war die Rede.

Für den Historiker ergeben sich aus dieser Darstellung einige wichtige Fragen. In den Jahren 1929/32 geriet der Maybach-Motorenbau in immer größere Schwierigkeiten, so daß die Banken unruhig wurden und die Muttergesellschaft über Entlassungen und Einschränkungen sowie über die Heranziehung von Karl Maybachs Lizenz-Einnahmen hinaus eine radikale Lösung bedenken mußte. Aus diesen Jahren – in denen der Vertrag von Versailles noch gültig war – findet der Historiker kein Wort, nicht einen einzigen Satz in einer der vielen Erklärungen und Rechtfertigungen von Karl Maybach, daß ein großer Teil der Verluste der Tochtergesellschaft auf der politischen Spekulation beruhte, man werde demnächst durch die Beteiligung an der Wiederaufrüstung in eine große Konjunktur geraten. Es ist zudem kaum anzunehmen, daß man im »Motorenbau« politisch so weit dachte, um sich eine Vorstellung von dem Ausmaß auch nur einer »normalen« Rüstungsmodernisierung eines 100000-Mann-Heeres und etwa dessen Verdoppelung zu machen. Auch auf Seiten der »Mutter«, bei Eckener persönlich, findet man keine entsprechenden Überlegungen. Und nun, 1933/34, schrieb man plötzlich beim Maybach-Motorenbau unwidersprochen, seit Jahren habe man – offensichtlich heimlich und entgegen allen Berichten und Besprechungen – unter hohen Verlusten und Schulden auf eben diese Zukunft hingearbeitet, die nun im Begriff war, Gegenwart zu werden. Weiter heißt es:

»Durch diese zahlreichen durchgeführten Entwicklungsarbeiten verfügt der Maybach-Motorenbau über einen umfänglichen Stab von besonders erfahrenen Fachleuten, Konstrukteuren, Versuchsingenieuren und anderen Spezialisten, wodurch es dem Maybach-Motorenbau möglich ist, Neuentwicklungen in der jeweils kürzest möglichen Zeit durchzuführen und mit seinen Produkten nicht nur an der Spitze zu bleiben, sondern einen gewissen Vorsprung zu behalten.«

Noch vor wenigen Monaten hatte man der Konzernabteilung des LZ gegenüber die ständigen Entlassun-

Bild 95. Einbau von Maybach-GO-6-Motoren in einen Triebwagen der Niederländischen Staatsbahn bei der Firma Werkspoor in Holland, um 1938. Bei diesen Motoren handelt es sich um die ersten schnellaufenden Dieselmotoren großer Leistung mit Abgasturboaufladung. Die Motoren mit den Generatoren wurden hier nicht wie bei den Triebwagen der Deutschen Reichsbahn im Drehgestell, sondern im Wagenkasten eingebaut.

Bild 96. Der abgasturboaufgeladene Maybach-Motor GO 6 mit Servoregler für Vielfach-Zugsteuerung. Wenn bei größerem Platzbedarf mehrere Triebwagen zu einer Zugeinheit zusammengekuppelt wurden, mußten die Triebwagen vom vordersten Fahrstand aus bedient werden können. Dies ermöglichte die Vielfach-Zugsteuerung, die der Maybach-Motorenbau zusammen mit der Reichsbahn entwickelt hatte. Direkteinspritzender V-Zwölfzylinder; Bohrung × Hub: 160 mm × 200 mm, 441 kW (600 PS) bei 1400 min^{-1}, Zylindervolumen 4,02 dm^3.

gen und Arbeitszeitverkürzungen bei gleichzeitiger Leistungssteigerung unterstrichen. Nun verwies man auf den »umfangreichen Stab«, den man erhalten hatte. War das eine übertrieben oder das andere – oder beides richtig? Das Manuskript, aus dem hier zitiert wird, war vermutlich für die Veröffentlichung gedacht. Wollte man sich damit bei den künftigen militärischen Auftraggebern einen Vorsprung vor der Konkurrenz verschaffen, ohne es mit der Wahrheit ganz genau zu nehmen?

Neben solchen dem Zeitgeist entsprechenden Manuskripten gab es im Jahre 1933 natürlich auch die üblichen Berichte und Korrespondenzen zwischen Tochter- und Muttergesellschaft. Da war in einem Bericht »betr. Erweiterung des Fabrikationsprogramms« vom 28. März 1933 recht pessimistisch die Rede davon, daß es »bei den derzeitig und wohl noch länger bestehenden geringen Absatzmöglichkeiten für große Wagen« ausgeschlossen sei, »dieses Geschäft allein ohne große Verluste weiterzuführen«. Man müsse mittlere und kleinere Wagen bauen. Man dürfe nicht glauben, »daß das Geschäft in Nutzfahrzeugmotoren allein in kurzer Zeit schon einen ausreichenden Ausgleich für einen eventuellen Fortfall des Wagengeschäfts« bringen werde. So ging es weiter: Auf sechs Seiten nicht ein Wort über das zu erhoffende Aufrüstungsgeschäft.

Schließlich kam es zu einer heftigen Auseinandersetzung über einen »internen kaufmännischen Bericht« über das Jahr 1933, die sich bis weit in das Jahr 1934 hinzog und erst Ende Januar 1935 in einem »allgemeinen Bericht« eine Art Abschluß fand. Der besagte interne kaufmännische Bericht vom 6. Januar 1934 begann mit der Feststellung:

»Bei Beginn des Jahres 1933 hatten wir Veranlassung, recht hoffnungsvoll in die Zukunft zu blicken, standen uns doch große Aufträge auf Diesel-Triebwagen aus Holland [Bild 95] und dem sonstigen Ausland sowie seitens der Deutschen Reichsbahn in Aussicht, die eine volle Beschäftigung unseres Betriebes fast für das ganze Jahr 1933 und einen schönen Gewinn erwar-

Bild 97. Um den Luftwiderstand zu verringern, entwickelte der Maybach-Motorenbau mit dem Luftschiffbau Zeppelin an Hand von Modellen die entsprechenden Triebwagenformen im Windkanal des LZ.

ten ließen.« Dann seien »technische Schwierigkeiten konstruktiver Art von solchen Auswirkungen« aufgetreten, »daß unsere Berechnungen vollständig über den Haufen geworfen wurden und wir noch froh sein können, wenn es möglich ist, das Jahr 1933 ohne Verluste abzuschließen«. Der Kernsatz lautete: »Die Kosten für Entwicklungsarbeiten, Konstruktionsänderungen, Garantiearbeiten u. dgl. sind ... so hoch, daß sie uns einfach auffressen...« Die Entwicklungskosten seien gegenüber dem Vorjahr »um nicht weniger als ca. 40 % gestiegen«.

Die praktische Erprobung mußte, wie bereits bemerkt, größtenteils beim Kunden stattfinden, da die erforderliche Vorauserprobung im Werk bzw. auf der Schiene finanziell überhaupt nicht tragbar gewesen wäre. Dazu noch einmal Richard Lang:

»Auch an diesen ersten Schnelltriebwagen [Anm. d. Verf.: Es handelte sich um den Fliegenden Hamburger, Bild 98] *mußten wir schwere und kostspielige Entwicklungsarbeit leisten. Es war ein Fehler, daß nur ein einziges derartiges Fahrzeug bestellt worden war... Mancher kann nicht verstehen, daß man die Erprobung von solchen Triebwagen nicht soweit durchführt, daß nach der Inbetriebnahme schwere Rückschläge nicht mehr vorkommen können... Bei Triebwagen ist es ganz ausgeschlossen, reine Erprobungsfahrten mit entspre-*

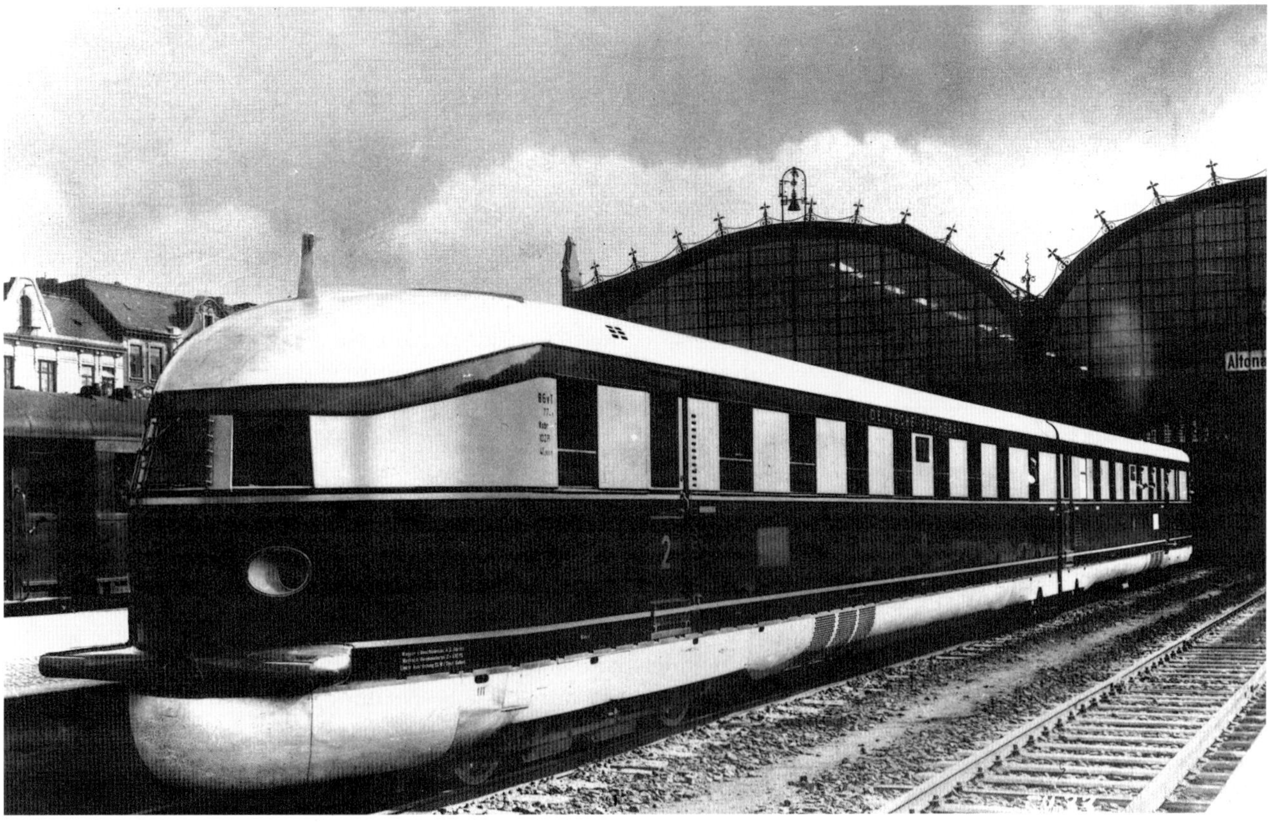

Bild 98. Das Ergebnis der Windkanal-Versuche ist am Schnelltriebzug VT 877 »Fliegender Hamburger« zu sehen, hier im Bahnhof Hamburg-Altona. Dank seiner strömungsgünstigen Form konnte dieser »ICE der dreißiger Jahre« die Strecke Hamburg–Berlin mit einer mittleren Geschwindigkeit von 125 km/h und Höchstgeschwindigkeiten von bis zu 160 km/h zurücklegen.

chender Ausdehnung durchzuführen. Wenn es uns gelang, unsere Probefahrten bis zu 10000 km für einen neuen Triebwagen durchzuführen, so war damit das Äußerste erreicht, was mit Rücksicht auf die Kosten und mit Rücksicht auf die Freihaltung der Versuchsstrecke erreicht werden konnte...«

Es waren also technische Probleme, deren Lösung den finanzschwachen Maybach-Motorenbau bis an die Grenze seiner Leistungsfähigkeit und noch darüber hinaus belasteten. Jene hatten u. a. eine längere »Zahlungssperre« der Niederländischen Eisenbahnen verursacht.

Wo ein Markt bestand, etwa bei Fahrzeug-Dieselmotoren, da standen diese nicht zur Verfügung: Die Entwicklung der Triebwagen-Dieselmotoren (Bild 99) lastete die Entwicklungskapazitäten des Maybach-Motorenbaus so aus, daß die Dieselmotoren-Entwicklung für Nutzkraftwagen nicht mit dem nötigen Nachdruck betrieben werden konnte. Im internen kaufmännischen Bericht vom 6. Januar 1934 heißt es, daß es zwar seit der zweiten Hälfte des Berichtsjahres ein »Arbeitsbeschaffungsprogramm der deutschen Reichsregierung« mit von der Deutschen Reichsbahn und der Reichspost vergebenen großen Aufträgen für Omnibusse gebe, der Maybach-Motorenbau aber von einer Angebotsabgabe habe Abstand nehmen müssen, »weil die technische [!] Leitung dem Bau der jetzt in der Entwicklung befindlichen Fahrzeug-Dieselmotoren leider viel zu spät zustimmte«. Zwei Jahre nach dem Beschluß, den Dieselmotortyp FD 88 zu bauen, bestünde »im günstigsten Falle Liefermöglichkeit« in der zweiten Jahreshälfte 1934. Es bestehe »weiter die Gefahr, daß wir auch bei den großen Frühjahrsbeschaffungen im Jahre 1934 der Deutschen Reichsbahngesellschaft und der Deutschen Reichspost wiederum wegen Unmöglichkeit einer Angebotsabgabe ausscheiden und damit *vielleicht für immer.* Denn es wird für uns, die wir keine kompletten Fahrzeuge liefern, mit der Zeit immer schwerer werden, mit Fahrzeug-Dieselmotoren noch Fuß zu fassen, wenn alle Fahrzeugfabriken längst selbst über eigene Motoren verfügen...«

Zum ersten Male wurde damals ein Geschäft mit der Reichsmarine erwähnt. Diese schien Absatzchancen zu bieten; aber die vom Maybach-Motorenbau bisher gelieferten großen Bootsmotoren hatten »fortwährend Betriebsstörungen« oder befanden sich wegen Verspätung der Lieferung »zur Zeit bereits wieder zur Modernisierung auf *unsere* Kosten im Werk«.

Das Ergebnis war, daß der bereits erwähnte allgemeine Bericht über das Jahr 1933, der erst am 23. Januar 1935 vorgelegt wurde, feststellte, daß »der Umsatz in Fertigfabrikaten auf dem freien Markt monatlich im Durchschnitt auf nur rund RM 165000 gelangt« und »in dieser Höhe naturgemäß ganz ungenügend« war. Mit anderen Worten: Seit 1933 lebte der Maybach-Motorenbau bereits ohne große »Aufrüstung« nicht

Bild 99. GO-5-Motoren für Schnelltriebwagen vor dem Versand, um 1935. Karl Maybach und sein Mitarbeiter Dipl.-Ing. Richard Lang trugen mit ihren Ingenieurleistungen auf dem Gebiet schnellaufender Dieselmotoren entscheidend dazu bei, daß die Deutsche Reichsbahn in den dreißiger Jahren ein Schnellbahnnetz einrichten konnte, das in der ganzen Welt als vorbildlich galt.

mehr vom freien Markt, sondern von Staatsaufträgen verschiedener Art. Der Bericht fuhr fort, es sei nach den im Jahre 1934 erreichten Umsätzen »anzunehmen, daß auch im Jahre 1935 die Umsätze aus Behörden-Geschäften einschließlich Reichsbahn den Hauptteil bilden. Jedenfalls ist die Voraussetzung hierzu in dem zu Beginn des Jahres 1935 vorhanden gewesenen Auftragsbestand, der sich in allen Erzeugnissen ... auf insgesamt 8477526 RM stellt, gegeben«.[14]) Das bedeutete, daß Anfang 1935 Reichsbahn und »Spezial«-Auftraggeber mit Aufträgen in Höhe von 7,6 Mill. RM den Maybach-Motorenbau »bis zum Spätfrühjahr« am Leben erhielten.

Inzwischen waren neue Spezialaufträge eingegangen: auf 690 Spezialfahrzeug-Motoren im Werte von 3,8 Mill. RM. Ein neuer Personenwagen, Typ SW 35, sollte im zweiten Halbjahr 1935 in 60 Exemplaren zum Endpreis in Höhe von je 16500 RM abgesetzt werden.

Das Jahr 1934 bildete gewissermaßen noch ein normales Aufbaujahr. Die Privatwirtschaft erholte sich allmählich von der Weltwirtschaftskrise und stellte sich vorsichtig darauf ein, daß Hitler und seine nationalsozialistische Partei entgegen den Erwartungen vieler Menschen eine Dauererscheinung sein würden. Für die Wirtschaft des Reiches liefen die beiden ersten Vierjahrespläne an, welche hauptsächlich die Land- und die Bauwirtschaft betrafen und dort Arbeit und Erträge schufen. Im Hintergrund aber bereitete man auch bei der Reichswehr die Aufrüstung vor. Bis Ende 1933 verhielt sich das zuständige Ministerium vorsichtig und

[14]) Davon entfielen 6,1 Mill. RM auf Reichsbahnaufträge, 1,5 Mill. RM auf sog. »Spezialaufträge« (der Reichswehr?), 0,6 Mill. RM auf Auslandsaufträge und nur 0,3 Mill. RM auf »sonstige Inlandsaufträge«.

Bild 100. Reichswehrminister Generalleutnant Werner von Blomberg *im Gespräch mit Reichskanzler* Adolf Hitler *und Vizekanzler* Franz von Papen *am »Tag von Potsdam«, 1933. Knapp ein Jahr später begann die Reichswehrführung auf Veranlassung der Nationalsozialisten mit den Vorbereitungen einer massiven Aufrüstung, bei welcher der »Motorenbau« eine bedeutende Rolle spielen sollte.*

Bild 101. Der Nutzfahrzeug-Hersteller Magirus fertigte für sein Programm W-2-Motoren in Lizenz. Darüber hinaus wurden Magirus-Nkw auch mit anderen Motortypen von Maybach ausgerüstet, wie diese Feuerwehrfahrzeuge. Um ein solches »Fahrzeug« ging es auch, als beim »MM« vermutlich die Reichswehr im Januar 1934 die Entwicklung eines Ottomotors größerer Leistung ins Spiel brachte.

Bild 102. Drei der militärischen Vertreter des »Großen Auftraggebers«: links (zu Pferde) Generaloberst Werner Freiherr von Fritsch, *von 1935 bis zu seiner Absetzung auf Grund einer Verleumdung 1938 Oberbefehlshaber des Heeres; ganz links: Generaloberst* Heinz Guderian. *Rechts: General* Walter von Brauchitsch, *OBH von 1938 bis 1941.*

zurückhaltend, begann dann aber Anfang 1934, Forderungen zu stellen. Schließlich waren aus dem Reichswehrminister und seinem Ministerium ein Reichskriegsminister VON BLOMBERG und sein Reichskriegsministerium geworden, Bild 100. Diesen Wechsel empfand und vertrat sehr schnell jeder Beamte in dieser Behörde.

Auch beim Maybach-Motorenbau verspürte man diesen Wechsel, so daß man nun wirklich zu hoffen begann, daß gegen Ende des Jahres alle alten Schulden abgedeckt sein würden. Bei einer Besprechung der Geschäftsführung am 8. Januar 1934 stand noch ganz das Triebwagen-Motoren-Geschäft im Vordergrund.

Aber bei einer entsprechenden Sitzung vier Tage später, also am 12. Januar 1934, stand letztlich der »neue Wagen« mit einem 66,5-kW-(90-PS-)Motor an der Spitze, dessen Entwicklung bis zur Reife für die »Schnellbahnen«, also Hitlers Reichsautobahnen, viel Zeit und Geld in Anspruch nehmen würde. Am gleichen Tage begann die Vorbereitung auf die Berliner Automobil-Ausstellung im März 1934. Zugleich wurde der Berliner Vertreter von Maybach, FELIX ZABEL, aufgefordert, »sich zu erkundigen, ob eine Möglichkeit besteht, zu erreichen, daß auch wir in der Studiengesellschaft für Schwerölmotoren vertreten sind«. Das waren die ersten Worte über das erhoffte Dieselmotoren-Geschäft mit der Reichswehr: Man war dabei, einen 88-kW-(120-PS-)Motor zu entwickeln. Am 23. Januar 1934 war außerdem die Rede von einem Feuerwehrfahrzeug mit einem 184-kW-(250-PS-)Benzinmotor, wobei der Interessent nicht genannt wurde. An den Rand des Berichtes über diese Sitzung machte ein Teilnehmer »!?«. Am Tage darauf wurde die Möglichkeit der Entwicklung eines Dieselflugmotors erwähnt, worauf der kaufmännische Direktor Bernhardt erklärte, »daß die Aufnahme dieser Entwicklung nicht zu verantworten sei, solange die Entwicklung des Luftschiffmotors nicht abgeschlossen ist, so sehr ich es auch bedauere, eventuelle Flugmotorenaufträge nicht zu bekommen«. Bei dem erwähnten Luftschiffmotor handelte es sich um den 735-kW-(1000-PS-)Dieselmotor GO 7 für LZ 129 HINDENBURG, dessen Entwicklung man jedoch bald einstellte.

Der »Große Auftraggeber« tritt auf den Plan

Vier Wochen später, am 21. Februar 1934, erwähnte Karl Maybach zum ersten Mal, daß Zabel in Berlin »mit Herrn Major Streich« über die Entwicklung eines 220-kW-(300-PS-)Vergasermotors für »Tankwagen« gesprochen[15]) und dieser erklärt hatte, ein solcher »sei ebenso wichtig wie die Entwicklung von Flugmotoren«. Spätestens mit diesem Satz begann in aller Form und schriftlich fixiert die Beteiligung des Maybach-Moto-

Bild 103. Auf dem Gebiet der Kettenfahrzeuge kam es zu einer engen Zusammenarbeit des Maybach-Motorenbaus mit Dipl.-Ing. ERNST KNIEPKAMP vom Heereswaffenamt in Berlin, der bereits 1932 Konstruktionsforderungen für künftige Panzer und Halbketten-Zugmaschinen erarbeitet hatte und bis 1945 selbst etwa 50 Patente auf diesem Gebiet anmeldete (vgl. auch Fußnote 11 auf S. 46). Das Bild zeigt Kniepkamp (rechts) zusammen mit dem Leiter der Panzermotorenerprobung beim Maybach-Motorenbau, Dipl.-Ing. MARKUS VON KIENLIN (links), und Dipl.-Ing. CARL BÖTTNER, Karl Maybachs Assistent, bei einer Fahrzeugerprobung auf der »Panzerwiese« am Gehrenberg.

Bild 104. Dipl.-Ing. FELIX ZABEL war Geschäftsführer des »Nordbau« in Berlin-Niederschöneweide von dessen Gründung im Jahre 1935 bis zum März 1943. Bis Kriegsende fungierte er als Aufsichtsrat. Im »Nordbau« wurden im Auftrag des Reichskriegsministeriums Maybach-Motoren für die Wehrmacht gefertigt.

[15]) Bei dem besagten »Tankwagen« handelte es sich um einen Panzerkampfwagen. Die damals verbreitete und z. T. heute noch geläufige Bezeichnung »Tank« für ein voll gepanzertes Fahrzeug mit Kettenfahrgestell über die gesamte Länge des Fahrzeuges stammte aus der Zeit des Ersten Weltkrieges, als in Großbritannien unter diesem Tarnnamen der erste fronteinsatzfähige Kampfpanzer entwickelt wurde.

Bild 105. Drehgestell eines Schnelltriebwagens der Belgischen Staatsbahn mit dem abgasturboaufgeladenen Maybach-GO-6-Motor und elektrischer Kraftübertragung.

renbaus an der Aufrüstung. Zabel teilte mit, »daß mit mehreren hundert Motoren pro Jahr zu rechnen ist...« Bisher sei es beim Reichswehrministerium (RWM) allerdings immer bei ganz kleinen Stückzahlen geblieben. Jetzt sei anzunehmen, »daß es zu Aufträgen komme«. Wenige Tage später forderte das RWM ein Preisangebot für drei bis sechs Motoren an. Karl Maybach rechnete mit 190000 RM für drei und 220000 RM für sechs Motoren. Im März bestellte das RWM prinzipiell drei, vielleicht sechs, »evtl. auch neun Motoren«.

Diese künftigen Geschäfte wurden von Tag zu Tag wichtiger: Denn die Maybach-Pkw galten nun in Erwartung des Autobahnbaus bereits als veraltet. Die kaufmännische Abteilung erklärte am 5. März 1934, daß die Privatwirtschaft modernere Wagen, z. B. mit Schwingachsen, verlange, und fuhr fort: »Auch bei Behördengeschäften, mit denen bei der autofreundlichen Einstellung unserer Regierung zu rechnen ist, dürften wir mit der Zeit so gut wie ganz ausscheiden, wenn wir nicht in der Lage sind, einen geeigneten mittleren Wagen der Mittelpreisklasse von hoher Leistung, unbedingter Zuverlässigkeit und mit einer modernen Schwingachskonstruktion anzubieten.« Das ganze sei sehr dringend, »da die Beschaffungsprogramme zum größten Teil bereits ausgearbeitet sind und in Kürze zur Konkurrenz freigegeben werden dürften. Man erwartete vom Bau der Autobahnen ein gutes Geschäft für einen starken Mittelklassewagen mit einer Geschwindigkeit von etwa 160 km/h.

Aber der Maybach-Motorenbau kam weder mit dem Bau von Pkw noch mit dem von Triebwagenmotoren voran, und am 11. Mai 1934 erklärte Dr. Eckener nach einer längeren Sitzung, daß ihm die unbefriedigende Sachlage Sorge bereite. Das richtete sich allein gegen Karl Maybach und seinen »Motorenbau«. So gelangte man mit Mühe und Not über den Sommer 1934. Am 17. September stellte sich heraus, daß nicht nur die Niederländer – und seit einiger Zeit auch die Belgier – über die Nichteinhaltung der Liefertermine für die Triebwagen-Motoren und über deren Mängel klagten, sondern daß in Deutschland sogar das große Reichswehr-Geschäft gefährdet war, bevor es noch wirklich begonnen hatte. Maybach selbst berichtete über eine Besprechung beim RWM und die Wünsche der Behörde bezüglich größerer Leistung. Das RWM habe zwar »eine Anzahl Motoren vom Typ unserer neuen Wagen-Motoren in Auftrag gegeben«, und es waren nun »zehn Motoren schnellstens zu liefern«. Aber als jetzt größere Stückzahlen in Frage kamen, wollte das RWM plötzlich diese »nicht allein uns bauen lassen, sondern Firmen heranziehen, welche dieselben nach unseren Zeichnungen bauen sollen«.

Da entstand also überraschend ein Problem, das in den folgenden zehn Jahren für Maybach beträchtliche

Bedeutung erhalten sollte: das des »Nachbaus« in Verbindung mit Geheimhaltung der Forschung und Entwicklung sowie auch der Beeinträchtigung der Gewinne. Einstweilen konnte man drei Motoren auf der Basis derselben Grundkonstruktion anbieten. Aber die Konkurrenz würde das bald merken. Und Eckener machte sich weiter Sorgen, zumal außerdem Karl Maybach mehrfach die Befürchtung äußerte, »das RWM könnte infolge unserer verhältnismäßig hohen Preise zur Konkurrenz übergehen«.

Am 25. September 1934 wurde bekanntgegeben, »daß wir mit den Motorlieferungen an das RWM im April 1935 beginnen sollen, ohne daß bis heute eine Bestellung im Hause ist«. Einstweilen hatte man weder Vorrichtungen und Werkzeuge noch das Material besorgt, so daß von der Aufnahme der Fertigung noch lange nicht die Rede sein konnte. Weiter heißt es im Protokoll: »Maybach betont, daß in den Auflagen größerer Serien für das RWM ein gewisses Risiko liegt, weil die Gefahr von Umdispositionen jederzeit besteht«. Jean Raebel, der neue kaufmännische Leiter des Maybach-Motorenbaus[16]) und schon damals ein für das Unternehmen wichtiger und von Karl Maybach hoch geschätzter Mitarbeiter (vgl. S. 48), dachte dagegen für die drei erwähnten Motorentypen an Stückzahlen von 500 pro Jahr bzw. wesentlich mehr. Doch alles in allem ergab sich an diesem Tage beunruhigenderweise, daß man »vorerst keinerlei schriftliche Unterlagen über den Auftrag in die Hand bekommen« hatte, andererseits aber für die Einhaltung des Lieferbeginns im April/Mai 1935 sofort mit der Materialbeschaffung anfangen mußte. So entschloß man sich, auf eigenes Risiko mit dem Bau von 50 Exemplaren von jedem der drei Motorentypen zu beginnen.

Unter dem Druck dieser eiligen Beschäftigung mit der Aussicht auf große Bestellungen von Seiten der Reichswehr gerieten die zivilen Aufträge in den Hintergrund – und zwar nicht nur zeitlich, sondern auch quantitativ. Ein Beispiel: Am 2. November bezeichnete Maybach die Belieferung der Firma »Westwaggon« als »zunächst von untergeordneter Bedeutung«. Sofort widersprach der kaufmännische Direktor: Maybach sei offenbar bereit, »jetzt [GO-5-Reichsbahn-] Motoren einzubauen, von denen man heute schon wisse, daß man sie später wieder ausbauen müsse«. Maybach gab zu, daß man die Waggonfabriken mit sieben Motoren beliefern wolle, damit diese keine Regreßansprüche wegen Terminüberschreitung stellen konnten; man habe vor, Probefahrten mit den GO-5-Motoren zu machen und die Wagen dann in den Reichsbahn-Ausbesserungswerken stehen zu lassen, bis der Austausch mit den endgültigen Motoren möglich sei. So sei es in Dessau mit den Herren von der zuständigen Reichsbahnstelle besprochen worden.

Und schließlich ergaben sich grundsätzliche Unterschiede bei den Anforderungen der Reichswehr und der

Bild 106. Ein Monteur des Maybach-Motorenbaus nimmt Einstellarbeiten an einem GO-6h-Motor vor (1936). Die »Maybächler« waren nicht nur hochqualifizierte Fachkräfte, sondern stolz auf ihre Tätigkeit als Motorenbauer. Sie identifizierten sich mit ihren Produkten und ihrem Werk, ein Plus, das der Firma immer wieder zugute kam.

zivilen Kunden an Chassis und Motoren: Die Reichswehr verlangte »radikale Dauerleistung« der von ihr bestellten Motoren (z. B. für Panzer), der Herrenfahrer u. a. »Geräuschlosigkeit« des ganzen Wagens. Schließlich diskutierte man im November 1934 die Möglichkeit, infolge der vielen Mängel an den Pkw der nächsten Automobilausstellung fernzubleiben, wozu einer der Kaufleute einfach erklärte, »daß man aus dem Automobilgeschäft ausscheide, wenn wir in Berlin nicht ausstellen«. Die Ausstellungs-Leitung verlangte aber, »daß ausgestellte Typen bis spätestens 1. Juli 1935 zu liefern« seien, und drohte mit einer »Konventionalstrafe, die in Höhe von 10 000 bis 50 000 RM an das Winterhilfswerk zu zahlen ist«.

Immerhin: Ende 1934 war man bei der DE-DI-Bank (der fusionierten Deutschen Bank und Disconto-Gesellschaft) schuldenfrei, und der zu Beginn des Geschäftsjahres vorhandene Auftragsbestand in Höhe von 6,3 Mill. RM war durch neue Behörden-Großaufträge weiter angestiegen, so daß man Ende 1934 1360 Perso-

[16]) Der bisherige kaufmännische Direktor Julius Bernhardt war inzwischen aus dem LZ und damit auch aus dem Maybach-Motorenbau ausgeschieden, vgl. S. 47/48.

nen beschäftigte gegenüber 638 Ende 1932 bzw. 932 Ende 1933. Die Betriebsanlagen mußten ausgebaut werden. Der Aufstieg war gesichert. Denn die Aufrüstung hatte zur Folge, daß Waffen, Gerät und Fahrzeuge der Reichswehr ständig modernisiert werden mußten, jeder Auftrag also Folgeaufträge mit sich brachte – sofern man nicht aus dem Geschäft gedrängt wurde.

25 Jahre Maybach-Motorenbau

In dieser wirtschaftlichen Situation hatte der Maybach-Motorenbau allen Grund, am 15. Dezember 1934 sein 25jähriges Bestehen mit Optimismus zu feiern. Als das Unternehmen zehn und zwanzig Jahre alt geworden war, hatte es vor dem Zusammenbruch, mindestens vor sehr großen Schwierigkeiten der Anpassung an ganz neue politische, soziale und wirtschaftliche Entwicklungen gestanden. Im Dezember 1934 lebte man bereits seit annähernd zwei Jahren im Dritten Reich mit seinen Vierjahresplänen, die sichtlich eine erhebliche Verringerung der Arbeitslosigkeit und einen wirtschaftlichen Aufschwung gebracht hatten.

Karl Maybach fuhr gelegentlich nach Berlin und traf dort auch mit Offizieren und höheren Beamten des Reichskriegsministeriums zusammen. Es hat den Anschein, als sei ihm die ganz im Zeichen der Aufrüstung stehende Atmosphäre im Kreise dieser Männer unheimlich erschienen. Denn eigenartigerweise begann er seinen Vortrag vor der Festversammlung in Friedrichshafen mit dem nachdenklichen Satz: »Dem Charakter der Zeit entsprechend, haben wir uns auf eine einfache Werkfeier beschränkt und deshalb nur unsere Freunde aus der nächsten Umgebung eingeladen.« So begrüßte er keinen Vertreter des Staates, auch nicht einen solchen der Partei, sondern allein »die Tochter des von uns allen hoch verehrten Grafen Zeppelin, Frau Gräfin Brandenstein-Zeppelin«. Maybachs Festrede im Jahre 1934 war so nüchtern und unpolitisch, daß man sie noch im Mai 1946 als Grundlage für einen gegen die Demontage-Gefahr gerichteten Arbeitsvorschlag für die Zukunft verwenden konnte.

Bild 107. Eine Kolonne der uniformierten »Werkschar« marschiert durch das Werkstor des Maybach-Motorenbaus. In der Zeit des Dritten Reiches mußte jeder Betrieb eine solche Werkschar aus freiwilligen Mitarbeitern aufstellen, die den Betrieb bei öffentlichen Veranstaltungen repräsentierte.

Der Maybach-Motorenbau in den ersten Jahren der Aufrüstung

Die Automobilausstellung im Februar 1935 hatte gezeigt, daß der Maybach-Motorenbau mit dem SW 35 nicht so konkurrenzfähig war, »wie wir dies erwartet hatten für ein richtig aufgezogenes Geschäft«. Der Wagen sei »erheblich zu teuer…« und habe eine Anzahl Mängel, die behoben werden müßten, bevor man ins Geschäft komme. Die kaufmännische Leitung befürchtete, daß man in die gleichen Schwierigkeiten geriet wie bei den Triebwagen, für die man viele Hunderttausende aufgebracht hatte. Ja, es standen sogar die nächsten Hindernisse im Wege: Man hatte »außerordentliche Schwierigkeiten…, die Devisen für eine so große Menge Lagermetall zu beschaffen« – für 2½ Tonnen mit hohem Zinngehalt.

Zweifellos ist das Jahr 1935, das nicht nur für die Automobilindustrie das erste Expansionsjahr war, zugleich auch wirtschaftlich sehr schwierig gewesen. Von den Behörden waren beträchtliche Bestellungen zu erwarten. Aber um diese Aufträge bewarb sich auch eine große Zahl von Firmen, die alle nach vielen schlechten Jahren endlich einmal ihre Verluste verringern, vielleicht sogar Gewinne erzielen wollten. Die Konkurrenz war also groß und, wie der Maybach-Motorenbau im Sommer 1935 feststellen mußte, nicht immer fair. Auch war man plötzlich gezwungen, an vielen Motorentypen gleichzeitig zu arbeiten, da die taktischen und strategischen Ideen der Militärs sich überstürzten und die technisch-wirtschaftlichen Vorstellungen der Ministerialbeamten, die in bezug auf ihr Verständnis für industrielle Möglichkeiten und Grenzen deutlich überfordert waren, diesen Ideen nicht folgen konnten.

Das führte u. a. dazu, daß beim »Motorenbau« viel Zeit verging und hohe Kosten entstanden, bevor man mit auch nur einem einzigen wirklich konkurrenzfähigen Motor auf den Markt kam – bei Automobilen ebenso wie bei solchen für Militärfahrzeuge. Darüber klagte die kaufmännische Abteilung fast bei jeder der im Abstand von wenigen Tagen stattfindenden langen Sitzungen der Abteilungsleiter. Devisen für Materialbeschaffungen aus dem Ausland wurden immer knapper. Es erwies sich in mehr als einer Hinsicht als sehr nachteilig, daß man in Friedrichshafen weit entfernt saß von Berlin, wo über die meisten Bestellungen entschieden wurde. Dadurch entstanden lange, gefährliche Zeitverluste.

Im Sommer 1935 – Maybach bezeichnete am 29. Juni

die Aussichten für das laufende Geschäftsjahr als »an sich nicht ungünstig, was in dem momentanen Auftragsbestand im Werte von rund 11,5 Mill. RM seinen Ausdruck findet« – ergab sich ein neuer, ganz unerwarteter Komplex von Schwierigkeiten. Alle Automobilproduzenten hatten sich von Hitlers Vorliebe für die Motorisierung und insbesondere vom Autobahnbau einen gewaltigen Anstieg des allgemeinen Interesses für das Auto schlechthin erhofft. Die Erfolge der Automobilausstellungen bestätigten sie in dieser Erwartung. Aber dann kam – und gewiß nicht nur beim Maybach-Motorenbau – im Sommer 1935 die erste Enttäuschung: Die vorhandenen Automobile waren nicht autobahnreif und die Autobahnen nicht automobilreif.

Karl Maybach selber fuhr zwischen dem 19. und 24. Juli 1935 nach Frankfurt und von dort auf der Autobahn nach Darmstadt.[17]) Im Protokoll über die Besprechung am 25. Juli 1935 heißt es:

»Die bis jetzt auf dieser Strecke fahrenden Fahrzeuge der bisherigen normalen Ausführung sollen alle nach kurzer Zeit unbrauchbar werden. Eine Geschwindigkeit von 100 km/h kommt dem Fahrer auf der Autobahn als schleichend vor. Die Begrenzung der Geschwindigkeit ist heute noch die Bereifung, abgesehen von den Motoren, welche durch entsprechende Änderung der Hinterachse auf die zulässigen Drehzahlen gebracht werden können. Die Autobahnstrecke selbst ist seit dem 3. Tage dauernd in Reparatur. Es befanden sich überall Flicke, bei der Fahrt sind zahlreiche Teerkarren zu sehen, welche die Ausbesserungen vornehmen. Auch Senkungen sind vorgekommen.«

Aber auch die Fahrer selbst waren durchaus noch nicht »autobahnreif«; insbesondere die Omnibusfahrer fanden die Fahrbahnen im Verhältnis zur Breite der Wagen und zu deren Geschwindigkeit zu schmal. Sie wurden ängstlich, fuhren bei hohen Geschwindigkeiten auf dem Trennungsstrich und gefährdeten dadurch die Überholer. Als Maybach wegen schlecht gekennzeichneter Baustellen gezwungen war, »bei einer Geschwindigkeit von etwa 140 km/h sehr scharf zu bremsen, wurde der Wagen verschiedentlich quergestellt«. Die Lenkung erwies sich als unruhig, die Stoßdämpfer waren zu schwach, die Chassis schüttelten, die Kühler fingen an zu wackeln, bei der Kupplung traten erhebliche Schwächen zutage. Offenbar zeigten auch die einzelnen Aggregate der Versuchswagen auf der Autobahn ein ganz unterschiedliches Verhalten. Bei allen Wagen aber genügten die Bremsen schon nach kurzer schneller Fahrt nicht mehr der Beanspruchung. Die »Brennstofftanks« waren zu klein, die Ölstandmesser wurden ungenau. Die Türverriegelungen waren zu schwach, die Türen rüttelten, und schließlich versagten die Schlösser. Das alles bedeutete, daß die Wagen völlig überarbeitet und den neuen Straßen angepaßt werden mußten, die selbst auch noch nicht verkehrsreif waren.

Während man sich hier also ganz neuen Schwierig-

Bild 108. Im September 1933 hatten die Arbeiten an den »Straßen des Führers« begonnen; im Mai 1935 wird das erste Teilstück der Reichsautobahn zwischen Frankfurt am Main und Darmstadt im Beisein einer großen Menschenmenge übergeben (Bild). Hitler bezeichnete das Projekt als eine monumentale Maßnahme zur Arbeitsbeschaffung. Innerhalb von zwei Jahren gelang es ihm, die Arbeitslosigkeit von 6 Mill. Anfang 1933 unter die 2-Mill.-Grenze zu drücken und damit das nationalsozialistische System innenpolitisch zu stabilisieren.

Bild 109. Blick auf ein Teilstück der Autobahn Berlin–München im Jahre 1938. Der Eindruck von idealen Fahrverhältnissen, den das Bild vermittelt, trügt: Weder die Fahrbahnen noch die Fahrzeuge erlaubten damals Geschwindigkeiten, wie sie heute üblich sind.

[17]) Das erste vollendete Teilstück des neuen Reichsautobahnnetzes zwischen Frankfurt a. M. und Heidelberg war am 19. Mai eröffnet worden.

Bild 110. Dieser Jaray-Stromlinienwagen mit Maybach-SW-35-Chassis sollte der deutsche Autobahnpolizei-Wagen werden. Obering. Paul Jaray arbeitete bis 1924 als Aerodynamiker für den Luftschiffbau Zeppelin.

Bild 111. Titelblatt eines Maybach-Prospektes für den SW-35-Wagen. Insgesamt wurden etwa 1200 Fahrzeuge vom Typ SW (Schwingachswagen) verkauft.

keiten mit einem entsprechenden Kosten- und Zeitaufwand gegenübersah, drängte die Wehrmacht[18]) ständig mit neuen Wünschen, ohne daß man in Friedrichshafen mit einiger Sicherheit wußte, ob deren teurer Erfüllung angemessene Bestellungen folgen würden. Das Jahr 1935 war also mit viel Zuversicht begonnen worden, erwies sich aber für den Maybach-Motorenbau als äußerst arbeitsreich und gewinnarm. Karl Maybach konstatierte am 3. Oktober 1935 mit Blick auf den SW-35-Pkw, von der tatsächlich vorhanden gewesenen hohen Spitzenleistung habe man Stück für Stück opfern müssen. Diese Einschätzung erwies sich allerdings als etwas zu pessimistisch, denn in den letzten Friedensjahren entwickelte sich auch das Pkw-Geschäft für die damaligen Verhältnise erfreulich. Die »Abteilung Wagenverkauf« betonte im Geschäftsbericht für 1935 die »belebende« Wirkung der Förderung des Kraftfahrwesens durch die Steuerfreiheit neuer Kraftfahrzeuge und deren sofortige Abschreibungsmöglichkeit: Der Maybach-Motorenbau habe im Jahre 1935 mit dessen Hilfe 86 neue Fahrzeuge verkauft – gegenüber 38 im Vorjahr. Man hätte noch mehr verkaufen können, wenn genügend Produktionsmöglichkeiten vorhanden gewesen wären. In den ersten fünf Monaten des Jahres 1936 waren bereits mehr als 100 Wagen verkauft worden, und der Umsatz des Motorenverkaufs stieg von 9,2 Mill. RM 1934 auf 14 Mill. RM im Jahre 1935. Damit entstand eine Situation, welche einzelne Abteilungsleiter in ihrem Bericht mit Besorgnis betrachteten:

»... daß die Beschäftigung unseres Werkes nahezu ausschließlich von den durch die Aufrüstung bedingten großen Beschaffungen des RKM abhängig ist, während der Absatz bei der Reichsbahn stark zurückging, der Umsatz mit den sonstigen Abnehmern sehr bescheiden ist und das Auslandsgeschäft im argen liegt.«

Am 31. Mai 1936 lagen 75 Chassis-Bestellungen auf den Pkw SW 35/38 vor (Bild 111) – zum Preis von 12600 RM, also ein Auftragsbestand in Höhe von fast 1 Mill. RM; rechnete man elf größere Wagen hinzu, dann kam man sogar auf 1,2 Mill. RM. Besonders hervorgehoben wurde, daß wieder ein gewisser Export einsetzte. Bei den Automobilen handelte es sich um ein ganz individuelles, gewissermaßen internes Geschäft: In Friedrichshafen führte man genau Buch über jeden einzelnen Besteller. An der Spitze der 24 Bestellungen aus Berlin stand z. B. Carl Friedrich von Siemens. Fast durchweg handelte es sich um Industrielle oder ihr Unternehmen, so z. B. die Solvay-Werke, Thyssen-Rheinstahl, die Maschinenfabrik Esslingen, Reemtsma oder mehrere Versicherungen. Auf den ganz großen und sehr teuren Wagen DS 8 lagen acht Bestellungen vor: Allein das Chassis kostete 21250 RM.

[18]) Die Deutsche Wehrmacht wurde am 16. März 1935 gegründet, die Verbände der bisherigen Reichswehr gingen in ihr auf. Die Auflösung erfolgte am 9. Mai 1945.

Bild 112. Einbau von HL-38-Motoren in SW-Fahrgestelle (1937). Wegen der geringen Stückzahlen war an eine moderne Serienfertigung nicht zu denken. Sechszylinder-Reihenmotor; Bohrung × Hub: 90 mm × 100 mm, 103 kW (140 PS) bei 4000 min^{-1}, Zylindervolumen 0,636 dm^{3}.

Gegen Ende des Jahres 1935 wurde das Reichskriegsministerium (RKM) immer mehr zu einem, wenn auch unsicheren und anspruchsvollen, Großkunden. Im Oktober kam es zu Bestellungen auf 500 HL-57-Motoren. Auf Umwegen erfuhr man aus dem Reichskabinett, daß im Laufe von drei Jahren »etwa 3000 bis 4000 Stück gebraucht würden, und bezüglich der anderen Motoren läge es ähnlich. Jedenfalls sei für den Bedarf im Frieden der Motorenbau in Friedrichshafen und der Nordbau [der 1935 auf Veranlassung des OKH zur Herstellung von Maybach-Motoren gegründet worden war, vgl. S. 183f.] zusammengenommen ohnedies zu klein.« »Im Frieden«! Man dachte also im Oktober 1935 im Reichskriegsministerium bereits über diesen hinaus.

Als Hauptobjekt für die langfristige künftige Entwicklung bezeichnete Maybach immer wieder den vom RKM gewünschten 600-PS-Motor. Für dieses Geschäftsjahr 1935 rechnete man bei einem Gesamtumsatz von 15 Mill. RM mit einem finanziellen Überschuß von 2,3 Mill. RM. Aber: »Es bedarf dringend der Anschaffung neuer Maschinen und Fabrikationseinrichtungen«, nicht zuletzt für die Erreichung der »behördlicherseits verlangten Leistungskapazität für Spezialfahrzeugmotoren«. Das würde 0,9 Mill. RM kosten, nachdem man »seit dem Jahre 1930 Anschaffungen von Belang nicht mehr vorgenommen« hatte. Auch waren die Zahl der Arbeiter und die allgemeinen Kosten für die Entwicklung der Produkte um 400 %, die Löhne der in der Produktion Beschäftigten dagegen nur um 100 % gestiegen. Bis Mai 1935 erwartete man eine Steigerung der Arbeiterzahl auf 1300. Die staatliche Arbeitsbeschaffungspolitik und Rüstungskonjunktur hatte also den Maybach-Motorenbau, der im richtigen Augenblick die richtigen Motoren anbieten konnte, gerettet.

Anfang 1935 genehmigte Eckener nach den vielen Enttäuschungen in früheren Jahren Maschinen- und Werkzeugbestellungen mit den Worten, »daß er wohl wisse, daß eine der wichtigsten Bedingungen für ein Werk sei, daß der Maschinenpark stets in bester Ordnung sich befinde. Er habe »deshalb auch bisher stets in großzügigster Weise derartige Werkzeugmaschinen-Beschaffungen und dergleichen genehmigt«.

Bild 113. Nicht nur wo gehobelt, sondern auch wo gedreht wird, fallen Späne! Drehbänke in der mechanischen Fertigung des Maybach-Motorenbaus, um 1935.

Bild 114. Schnelltriebwagenzug, Bauart Köln, mit zwei abgasturboaufgeladenen Maybach-GO-6-Motoren, kurz vor dem Verlassen des Anhalter Bahnhofs in Berlin. Auf dem Schnellfahrnetz der Deutschen Reichsbahn konnten die Reisenden an einem Tag die Hin- und Rückreise von jeder größeren Stadt in Deutschland (z. B. Köln, Stuttgart, München) nach Berlin bewältigen.

Seit dem Jahre 1935 wurde, wie bereits bemerkt, die Zusammenarbeit mit dem Heer innerhalb der Deutschen Wehrmacht immer enger. Diese ging daran, eine »heereseigene Zweigfirma [Nordbau in Berlin] auf Grund der Fabrikationserfahrungen der Firma [MM] durch diese vollständig einrichten zu lassen. Die Gründung dieser Zweigfirma und die Ausbauten derselben in verschiedenen Stufen sind erfolgt, wie wenn die Firma ein eigenes Tochterunternehmen ingangsetzen wollte«.

Doch blieb der Anteil des Maybach-Motorenbaus an der Aufrüstung im Vergleich zu anderen Unternehmen bis zum Ausbruch des Zweiten Weltkrieges im September 1939 alles in allem verhältnismäßig gering. Im Vordergrund stand seit 1932 der Bau von Motoren für Schnelltriebwagen – z. B. den »Fliegenden Hamburger«.

Firmenintern ist für 1936 ein Ereignis hervorzuheben: Bei der Gesellschafter-Versammlung am 14. Februar 1936 wurde der bisherige Prokurist und kaufmännische Leiter, Jean Raebel, Friedrichshafen, zum Geschäftsführer (kaufmännischen Direktor) ernannt.

Bild 115. Blick in das Maschinendrehgestell eines Schnelltriebwagens mit GO-5-Motor und Mekydro-Getriebe. Direkteinspritzender V-Zwölfzylinder-Motor; Bohrung × Hub: 150 mm × 200 mm, 301 kW (410 PS) bei 1400 min^{-1}, Zylindervolumen 3,53 dm^3.

Das war eine zukunftsträchtige Entscheidung, denn Raebel hat in der Folgezeit mehr als ein Vierteljahrhundert lang eine entscheidende Rolle gespielt. Karl Maybach konnte sich nun noch mehr als bisher auf die technisch-innovative Seite des Unternehmens beschränken.

Lizenzen

Daß die Einnahmen aus Lizenzen für das Einkommen von Karl Maybach eine beträchtliche Rolle spielten, wurde bereits erwähnt. Während der Maybach-Motorenbau jahrelang hohe und schließlich existenzgefährdende Verluste erlitt, mußte er den Verträgen entsprechend seinem Gesellschafter und Angestellten Karl Maybach bedeutende Lizenzgebühren zahlen. Andererseits spielten aber auch die Einnahmen aus der Vergabe von Lizenzen an Unternehmen im In- und Ausland für den Maybach-Motorenbau selber zeitweise eine beachtliche Rolle. Aus diesem umfangreichen und nicht immer ganz übersichtlichen Komplex sei hier beispielhaft der englische Teil herausgegriffen und skizziert.

Gegen Ende des Jahres 1935 begannen Verhandlungen mit Ernst Schneider, London, dem »sole agent« der Maybach-Motorenbau GmbH in Großbritannien, über den Vertrieb eines automatischen Schaltgetriebes mit sechs Gängen für Pkw in England, nachdem man bereits nach 1931 versucht hatte, Lizenzen für das Doppelschnellgang-Getriebe dorthin zu vergeben. In Deutschland hatte man 1935/36 einen entsprechenden Vertrag mit Daimler-Benz abgeschlossen. Auch gab es schon Lizenznehmer in der Schweiz, in Österreich und Frankreich mit Unterlizenznehmern u. a. in Italien, Polen und Spanien. Nach einem intensiven Briefwechsel über technische Einzelheiten und die Wünsche und Bedürfnisse der englischen, insbesondere der Londoner Autofahrer, ging man im Februar 1936 an die Gründung der »Maybach Gears Ltd.« mit einem Kapital von 10000 £, die gegen Ende des Monats in das englische Handelsregister eingetragen wurde. Zum Geschäftsführer der Gesellschaft wurde Jean Raebel bestellt, während Schneider der »sole agent« des Maybach-Motorenbaus blieb. Die Maybach Gears Ltd. schloß einen Lizenzvertrag mit dem »Motorenbau«, der am 18. März 1936 unterzeichnet wurde. Er betraf die Fabrikation von Getrieben für Automobile und Triebwagen. Anschließend ging Schneider an die Verhandlungen mit englischen Getriebefabriken. Der Verkaufspreis, nach dem die Lizenzgebühr von 5% berechnet werden sollte, betrug Fabrikationsselbstkosten-Preis plus 10% Nutzen. Der Lizenzvertrag betraf Großbritannien, Irland sowie die Kolonien und Dominions. Im Juli 1936 verfügte man über einen Personen-Vorführwagen für England; dagegen konnte man wegen der

Bild 116. Diese Werbeanzeige, erschienen im Oktober 1939, zeigt, welche Bahngesellschaften Triebwagen mit Maybach-Motoren ausgerüstet hatten. Bis zum Ausbruch des Zweiten Weltkrieges lieferte der Maybach-Motorenbau über 800 Dieselmotoren für Triebwagen.

Auslastung in Friedrichshafen dort keine Vorführgetriebe für vier Lastwagen herstellen und empfahl daher die Herstellung derselben in England auf Grund von Zeichnungen, die der Maybach-Motorenbau zur Verfügung stellte. Im November interessierte sich die Firma Leyland Motor Ltd. für eine Unterlizenz, im Februar 1937 auch die Firma Dennis Brothers.

Im Frühjahr 1937 trug man sich anscheinend in Friedrichshafen mit dem Gedanken, eine eigene Getriebefabrik in England mit einem Produktionsvolumen von etwa 25 Getrieben in der Woche zu errichten. Schneider schätzte im Sommer die Investitionskosten für ein solches Unternehmen auf 150000 £. Da die Lieferzeit für Maschinen in England sehr lang war, rechnete Schneider mit dem Beginn der Produktion frühestens in zwei bis zweieinhalb Jahren. Im Jahre 1938 brach Dr. Hugo Eckener nach der Sudetenkrise alle entsprechenden Überlegungen ab, da »alle ... Betriebe zur Erfüllung vaterländischer Aufgaben herangezogen werden. Es scheint mir, als ob eine Änderung dieser Lage nicht so bald erwartet werden darf.« In einer Antwort aus London hieß es am 25. Oktober 1938, man hoffe, daß der Maybach-Motorenbau »nicht daran denken wird, seinen vertraglichen Verpflichtungen aus Gründen der deutschen Aufrüstung nicht mehr nachzukommen«. Jedenfalls werde man künftig nur noch die eigenen Interessen wahrnehmen. In einem Brief

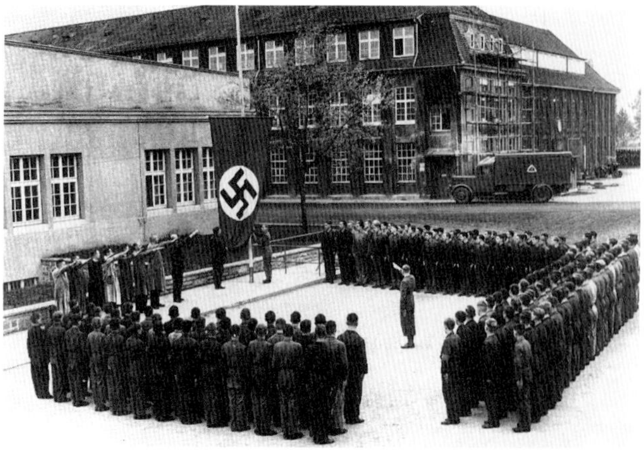

Bild 117. Die staatlich gelenkte Jugenderziehung im Dritten Reich machte auch vor den Toren des Maybach-Motorenbaus nicht halt: Am Montagmorgen mußten die Lehrlinge zum Wochenappell mit Flaggenhissung antreten.

Bild 118. Jeden Morgen 20 Minuten Frühsport: Lehrlinge des Maybach-Motorenbaus auf dem Sportplatz des Werkes; im Hintergrund die Luftschiffhallen des LZ.

vom 26. Oktober 1938 bedauerte Eckener: »Man muß ja in seinen schriftlichen Ausführungen ein wenig ›seiltänzern‹.« Anschließend kam es zu einem heftigen Briefwechsel zwischen den ausländischen, insbesondere Schweizer Großaktionären von »Maybach Gears« und Eckener über die Verlängerung der Geltungsdauer des Lizenzvertrages. Plötzlich erklärte Schneider in einem sehr scharfen Brief im Namen der Großaktionäre von »Maybach Gears« am 29. November 1938, sie (die Gesellschaft) habe »all das Geld, mit dem sie als ›Studiengesellschaft‹ versehen war, um das Maybachgetriebe über das Versuchs- und Einführungsstadium hinauszubringen, verbraucht, und wir stehen nun vor der plötzlichen Notwendigkeit, frisches Kapital zu beschaffen«. In England könne man dieses nicht auftreiben, da der Lizenzvertrag in sechs Jahren abliefe. Erst müsse also dieser verlängert werden.

In dieser Situation schaltete sich das Reichswirtschaftsministerium ein. Und nun stellte sich heraus, daß der Maybach-Motorenbau gar nicht mehr mit »Maybach Gears« zusammenarbeiten durfte. Denn Karl Maybach mußte dem Reichswirtschaftsministerium gestehen, daß man die jüngsten Entwicklungen von Getrieben nicht mehr nach London weiterreichen konnte, »da wir der englischen Gesellschaft auf keinen Fall die neuesten Erfahrungen auf dem Gebiete der Getriebe für Heeresfahrzeuge übermitteln dürfen und ihr Vorschläge machen müßten, die als überholt anzusehen sind und den Anforderungen an derartige Getriebe nicht voll entsprechen«. Das Ministerium, das um seine Genehmigung gebeten werden mußte, lehnte eine Verlängerung des Lizenzvertrages unter allen Umständen ab: Jeder Deutsche müsse sich »in die große politische Linie des Führers einfügen« und sich über gewisse geschäftliche Verluste hinwegsetzen, »um unter allen Umständen in der politischen großen Linie zu bleiben«. Infolgedessen schrieb der Maybach-Motorenbau am 5. Dezember 1938 nach London, man habe »zu unserer nicht geringen Überraschung in Berlin feststellen müssen, daß man im gegenwärtigen Zeitpunkt angesichts des Verhaltens der englischen Firmen und insbesondere der Regierungsstellen bezüglich der Deutschland interessierenden Patentfragen überhaupt nicht geneigt ist, irgendeiner vorzeitigen Vertragsverlängerung zuzustimmen ...«

Bei einer Besprechung von Maybach mit Schneider in Friedrichshafen am 3. Januar 1939 ergab sich, daß Schneider »wegen der Einstellung der Engländer gegen ihn als Deutschen« daran dachte, »die Sache aufzugeben und nach Deutschland zurückzugehen ...« Am 11. Mai war Schneider erneut in Friedrichshafen und sprach von einer »Kriegspsychose in England«. Am 27. Juni 1939 teilte das Oberkommando des Heeres dem Maybach-Motorenbau mit: »Mit Rücksicht auf den technischen Vorsprung, den die deutschen Kampfwagen durch die Verwendung Ihrer Getriebe ... besitzen, muß es Ihnen versagt werden, der Firma Maybach Gears Ltd. Aufklärungen über die speziellen Erfahrungen ... zu geben. Das gleiche gilt von Ihrer Anfrage betr. Polen.« Das war gewissermaßen ein Anerkennungsschreiben, wie man es auf Wunsch wahrscheinlich nicht erhalten hätte.

Ein englisches »Notgesetz« vom Oktober 1939 bestimmte, daß britische Firmen »unter bestimmten Verhältnissen ... ein feindliches Warenzeichen auf sich selber übertragen« konnten. Und das war etwas Ähnliches.

Nachbau von Maybach-Motoren bei anderen Firmen

Im Herbst 1935 trat ein neues Problem für Maybach auf: der Nachbau von Maybach-Motoren bei anderen Firmen. Am 23. Oktober 1935 teilten zwei Beamte des RKM dem Berliner Repräsentanten des Maybach-Mo-

Bild 119. Dr. Robert Ley, Reichsarbeitsminister und Leiter der Deutschen Arbeitsfront, besucht am 17. Februar 1937 den »Motorenbau« und überreicht Karl Maybach das Leistungsabzeichen für vorbildliche Berufserziehung.

Bild 120. Zur Einweihung der neuen Maybach-Motorenbau-Lehrwerkstätte am 5. Mai 1939 spricht Reichsamtsleiter Prof. Dr.-Ing. Arnhold im Ausstellungs- und Unterrichtsraum der neuen Lehrwerkstatt zu Lehrlingen und Ausbildern.

torenbaus, Zabel, mit, »daß das RKM darauf bestehen müsse, die vom Maybach-Motorenbau entwickelten Motorensysteme auch noch bei einer oder zwei weiteren Firmen nachbauen zu lassen«. Das RKM habe sich sowohl in bezug auf Zugmaschinen als auch Panzerkampfwagen ganz auf Maybach-Motoren eingestellt. Es könne der Fall eintreten, daß die Kapazität von Friedrichshafen und des Nordbau in Niederschöneweide (bei Berlin) gänzlich für Panzermotoren in Anspruch genommen werde, »so daß die Belieferung für die Zugmaschinen in Frage gestellt würde«. Die Forderung nach dem Nachbaurecht sei nach Ansicht des RKM keine Härte, da das Ministerium außer beträchtlichen Entwicklungskosten bisher noch den außergewöhnlich hohen Unkostenzuschlag von 400 % bezahlen müsse. Dieser sei für die Dauer untragbar. Auch liefe die Konkurrenz, die aus Angeboten die Maybach-Preise kenne, Sturm gegen diese und biete »gleichwertige Motoren zu bedeutend niedrigeren Preisen an«. Daimler-Benz z. B. habe die Entwicklung von zwei Motoren-Typen für Zugmaschinen kostenlos angeboten. Das Ministerium legte dem »Motorenbau« einen Vertragsentwurf über die Entwicklung von Motoren für Heereszwecke vor, in dem das Nachbaurecht Bedingung war. Für die Entwicklung von Zugmaschinen habe das Ministerium einen entsprechenden Vertrag mit einer Fahrzeugfirma bereits abgeschlossen. Es würden »für das Nachbaurecht auf keinen Fall Lizenzen gezahlt werden, sondern ... als Entschädigung hier die Firma bevorzugt mit Lieferungen bedacht werden«. Als Nachbaufirmen wurden reine Motorenfirmen »wie Junkers, Deutz und vielleicht BMW« genannt, und beim Maybach-Motorenbau fügte man noch hinzu: »Magirus!«. »Streng vertraulich« erfuhr Zabel, man werde Motoren für 10000 Panzerkampfwagen plus 10 % Ersatz pro Jahr bestellen. Am gleichen 24. Oktober 1935 verlangte der Chef der Heeresleitung vom Maybach-Motorenbau, »dringend ... Vorschläge« für die »Neukonstruktion einer 600- bis 700-PS-Maschine« vorzulegen. Bereits einen Tag später forderte die gleiche Behörde den »Motorenbau« auf, noch einen weiteren Motor zu entwickeln.

In den folgenden Wochen verhandelte man sehr eilig mit der Heeresleitung über den Nachbau-Vertrag, den 600- bis 700-PS- und den »weiteren« Motor. Dabei wurden in Protokollen Entwicklungskosten für verschiedene Motoren in Höhe von 150000 bzw. 60000 RM genannt. Auch war die Rede davon, daß für den Nachbau evtl. zwei Firmen »Lehraufträge« in Höhe von 10 % der Gesamtherstellung erhalten sollten – zunächst aber sollte Junkers fünf Motoren liefern. Bis dahin »würden ca. 1½ Jahre vergehen«. Erst danach würde Junkers einen Auftrag auf eine bestimmte Stückzahl je Monat erhalten. Am 14. Dezember 1935 lag ein »Entwicklungsvertrag RKM« vor, der auch einen »Lehrauftrag« für ein etwaiges Nachbaurecht des RKM für eine oder zwei Firmen vorsah. Als Entgelt sollte der »Motorenbau« an Lieferungen, »die auf Grund der Entwicklung vergeben werden, bevorzugt bis zur vollen

Bild 121. Ravensburger Mitarbeiter des »Motorenbaus« beim Festzug am 1. Mai 1938 in Ravensburg hinter einem SW-Chassis, das als Festwagen diente.

Bild 122. Der ungarische Reichsverweser, Admiral Miklós Horthy *(Mitte, mit Mütze), bei einem Besuch im Maybach-Motorenbau 1937. Karl Maybach (rechts) erklärt Admiral Horthy Arbeitsstücke der Lehrlinge.*

Bild 123. 1-t-Zugkraftwagen (Halbketten-Zugmaschine), Bauart Demag D 7, mit Maybach-HL-42-TRKM-Motor, der aus dem Wagenmotor HL 35 im SW-35-Wagen weiterentwikkelt wurde. Seit 1934 lieferte der »Maybach-Motorenbau« Motoren mit den dazugehörenden Getrieben für Halbketten-Zugmaschinen des Heeres, ab 1936 auch für leichte und mittlere Panzer. Grundlage hierfür waren die leistungsstarken Pkw- und Nkw Motoren von Maybach.

Bild 124. Ottomotor Maybach HL 42 TU (die Buchstaben TU bedeuten »tiefes Unterteil«), wie er ab 1939 in die 1-, 3- und 5-t-Halbketten-Zugmaschinen von Demag, Adler, Saurer und Büssing-NAG eingebaut war. Außerdem diente der Motor als Antrieb für den »schweren Wehrmacht-Schlepper« (sWS) von Büssing-NAG und Tatra 1943 bis 1945 sowie den »leichten gepanzerten Beobachtungskraftwagen« (Sd.-Kfz. 253) D 7P von Wegmann 1940 bis 1941. Sechszylinder-Reihenmotor; Bohrung × Hub: 90 mm × 110 mm, 73,5 kW (100 PS) bei 3000 min^{-1}, Zylindervolumen 0,699 dm^3.

Inanspruchnahme Ihrer Leistungsfähigkeit beteiligt werden«. Am 30. Dezember 1935 stellte das RKM Aufträge in Höhe von je 100 Motoren auf Zugmaschinen und »Tankmotoren« in Aussicht. Nun war die Entwicklung des 600- bis 700-PS-Vergaser-Motors plötzlich »nicht so dringend«, da man noch gar nicht wußte, ob ein 30-t-Panzer gebaut werden sollte, für den der Motor vorgesehen war. Von einer zielgerichteten, in sich schlüssigen Konzeption für die Panzerentwicklung konnte also zu dieser Zeit nicht die Rede sein.

Von Jahr zu Jahr wurde die Position der Wehrmacht als Geschäftspartner stärker. War der Maybach-Motorenbau Anfang 1935 noch ein Verhandlungs*partner* der Wehrmachtsbehörden gewesen, so verschärften diese fortan ständig ihre Bedingungen und duldeten keinen Widerspruch. Das Urheber- und Erfindungsrecht der Entwicklungsergebnisse mit etwaigen Patenten und Gebrauchsmustern mußte z. B. nun dem »RKM und der Firma Maybach-Motorenbau gemeinsam gehören, sofern diese ... nur für die Zwecke der Deutschen Wehrmacht in Frage kamen«. Das RKM nahm sich auch das Recht der »ausschließlichen uneingeschränkten und abgabefreien Benutzung«. Es konnte allerdings darauf hinweisen, daß es zur Beschleunigung der Arbeit in Friedrichshafen immer mehr Geld für Konstruktionskosten hergab. Dafür mußte der Maybach-Motorenbau dann aber auch vor dem Versuch des Exports gewisser Motoren erst die Erlaubnis des RKM einholen. Briefe, in denen solche Erklärungen von seiten des RKM enthalten waren, schlossen nun mit dem eindeutigen Satz: »Es erscheint wesentlich, die völlig voneinander abweichenden Mengen Ihrer Firma und des Heereswaffenamtes in einer gemeinsamen Besprechung in Berlin zu klären.« Und da derartige Briefe einen roten Aufkleber erhielten, der sie zum »Staatsgeheimnis« erklärte, mußte der Empfänger hinter ihrem Text undefinierbare Drohungen empfinden. Am 12. Juni 1937 nahm man denn auch alle Bedingungen der Wehrmacht an.

Am 16. September 1937 waren drei Verträge unterschriftsreif, am 22. September unterschrieben der Maybach-Motorenbau und Krauss-Maffei. Aber nun befand sich der zur Unterzeichnung zuständige General Liese wochenlang in Italien. Schließlich kehrte er Anfang November 1937 nach Berlin zurück und unterschrieb den Vertrag am 6. November 1937.

Über die Typen, Zahlen und Preise der Motoren, die in den folgenden Jahren im Zusammenhang mit dem genannten Vertrag vom November 1937 abgeliefert wurden, befinden sich im Archiv von MTU keine Angaben. Aus einem geheimen Schreiben aus Friedrichshafen an das Oberkommando des Heeres (OKH) vom 9. April 1940 geht nur hervor, daß für »einen Satz Betriebsmittel für die Fertigung von 70 HL-66-Motoren in 500 Arbeitsstunden monatlich«, den der Maybach-Motorenbau auf Grund einer Aufforderung des

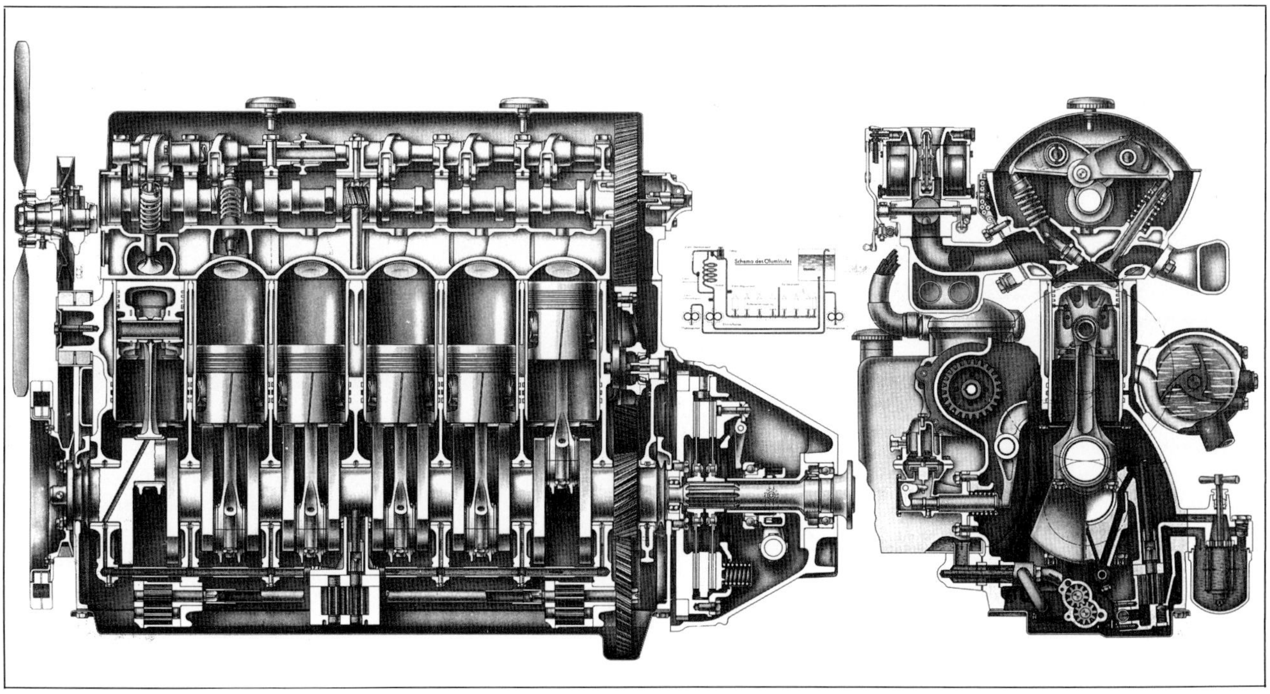

Bild 125. Maybach-Motor vom Typ NL 38 TRKM/HL 42 TRKM (NL = Normalleistung, HL = Hochleistung). Die nahezu baugleichen Motoren wurden in der Ausführung TRKM (Trockensumpfschmierung, Kupplung und Schnapper-Magnetzündung) vor allem in leichten Halbketten-Zugmaschinen und leichten Halbketten-Schützenpanzerwagen eingebaut. Der NL 38 wurde auch für den Panzer I verwendet.

OKH anbot, ein »Gesamtrichtpreis von RM 400377« verlangt wurde. Es wurde hinzugefügt: »Dieser verhältnismäßig hohe Aufwand für die Betriebsmittel ergibt sich dadurch, daß die Betriebsmittelzeichnungen ... für eine rationelle serienmäßige Fertigung der HL-66-Motoren in 200 Stunden monatlich ausgeführt werden sollen ...«

Im Sommer 1940 wollte das OKH einen »Einheitsvertrag für Entwicklungs- und Erprobungsarbeiten« erstellen, der die Einzelverträge – z. B. mit Maybach – ersetzen sollte. Die Wirtschaftsgruppe Fahrzeugindustrie hielt diesen Vertrag für so wichtig, daß sie die Verhandlungen über ihn, der Pkw, Lkw und Krafträder betraf, »zentral« führen wollte. Dazu ist es anscheinend nicht gekommen. Viel wichtiger wurden nun, ohne Rücksicht auf unrealistische Lizenz- und Patentprobleme, die Lieferkapazitäten vieler Unternehmen. Da handelte es sich um ständig steigende Zahlen, an die man bei den Verhandlungen über den Vertrag niemals zu denken gewagt hatte.

Als z. B. am 2. September 1941, also kurz nach dem Beginn des Krieges gegen die Sowjetunion, ein Hauptmann Niebuhr beim »Motorenbau« auftauchte, erklärte er, »für 1943 [!!] sei ein Bedarf von insgesamt 4600 Zgkw. und Pz.-Kpfw.[19]) monatlich ermittelt worden«. Die Kapazität des Maybach-Motorenbaus »einschließlich des neuen Werkes Nordbau, Krauss-Maffei, Adler und Auto-Union« betrage aber nur 3100 Motoren. Wenige Tage später wurde daher auch Borgward zum Nachbau von Maybach-Motoren herangezogen. Da die Sache eilig war, schlug Niebuhr vor, keine besonderen Verträge mit Borgward abzuschließen, »sondern die Angelegenheit wie den Fall Auto-Union zu behandeln«. Der »Motorenbau« zögerte, aber die Ereignisse an der Front schoben solche Papierfragen einfach beiseite: Als man endlich zu einer sehr allgemein gehaltenen schriftlichen Absprache gelangte, war sie längst überholt. In einem Schreiben des OKH vom 7. Januar 1942 an den Maybach-Motorenbau über den Nachbau des HL 62 durch Saurer in Wien hieß es denn

[19]) Die Wehrmacht-üblichen Bezeichnungen für »Zugkraftwagen« (i. d. R. Halbketten-Zugmaschinen) und »Panzer-Kampfwagen«, d. h. Kampfpanzer.

Bild 126. 12-t-Halbketten-Zugmaschine von Daimler-Benz, Typ DB 10, Nachbau Krauss-Maffei. Maybach-HL-85-TUKRM-Motor (136 kW/185 PS bei 2600 min^{-1}), zul. Gesamtmasse: 14700 kg, Höchstgeschwindigkeit: 51 km/h, Fahrbereich: 250 km, Besatzung: elf Mann.

Bild 127. Die stärkste Ausführung der deutschen Halbketten-Zugmaschinen war der 18-t-Zugkraftwagen Famo F 3 mit Maybach-HL-108-TUKRM-Motor (169 kW/230 PS). Haupt-Einsatzzweck dieser »Elefanten« war das Abschleppen liegengebliebener Panzer III und IV sowie von Radfahrzeugen, die z. B. dem russischen Schlamm nicht gewachsen waren.

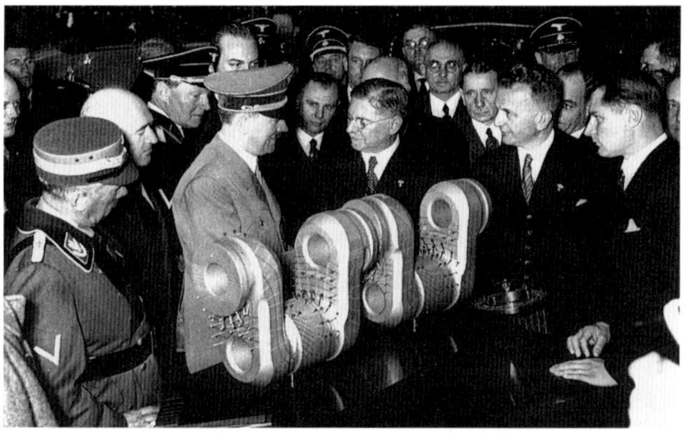

Bild 128. Auf der Automobil-Ausstellung 1938 in Berlin besucht ADOLF HITLER *mit seinem Gefolge auch den Stand des Maybach-Motorenbaus, wo er sich mit Karl Maybach vor dem Modell einer Kurbelwelle über das Maybach-Dehnlinienverfahren unterhält. Rechts neben Maybach Direktor* JEAN RAEBEL *und Dipl.-Ing.* CARL BÖTTNER, *damals Maybachs Assistent und später Betriebsdirektor.*

auch, »daß es die Lage« auf dem Motorengebiet »verbietet, den Nachbau ... von kleinlichen Erwägungen bzw. Firmeninteressen abhängig zu machen ... OKH erwartet, daß seitens Ihrer Firma der Firma Saurer ... ohne Verzögerung jegliche Unterstützung zuteil wird.« Saurer fing an zu arbeiten; beim Maybach-Motorenbau und Nordbau begann man gleichzeitig, durch innerbetriebliche Umstellungen ohne bauliche Erweiterungen ab Januar 1943 die Produktion zu steigern.

Für den Maybach-Motorenbau und den Nordbau bedeutete das monatlich 2780 Motoren sowie Ersatzteile entsprechend 278 Motoren, ab Juli 1943 eine Gesamtstückzahl einschließlich Ersatzteile von 3500 Motoren monatlich. Gleichzeitig fügte man hinzu, daß die Zulieferer dieses Tempo nicht würden mithalten können. Schließlich wünschte man vom Heer eine Planung bis Januar 1944 zu erhalten, was in Berlin nur als blanker Hohn empfunden werden konnte.

Karl Maybach wird Mitglied des »WWiFü-Korps«

Doch zunächst wieder zurück in die dreißiger Jahre. Auch wenn die Wehrmacht einen Geschäfts-»Partner« gut behandeln und auszeichnen wollte, hatte sie dafür einen strengen Stil. Hätten Adolf Hitler oder sein Stellvertreter oder der »Beauftragte für den Vierjahresplan«, Hermann Göring, an Karl Maybach persönlich einen Brief geschrieben, dann hätten sie diesen wohl mit »Sehr geehrter Herr Dr. Maybach« oder so ähnlich begonnen.

Nicht so die Wehrmacht, wenigstens nicht ihre »Wehrwirtschafts-Inspektion V«. Von ihr, die in Stuttgart N, Adolf-Hitler-Straße 1 (Akademie) domizilierte, erhielt Maybach einen am 29. April 1937 geschriebenen Brief. Dem Briefkopf des Absenders folgten rotgedruckt Befehle:

»1. Dies ist ein Staatsgeheimnis im Sinne des § 88 R. St. G. B.
2. Weitergabe nur verschlossen, bei Postbeförderung als ›Einschreiben‹ [ein besonders strenger Schreiber hatte das letzte Wort noch extra unterstrichen].
3. Aufbewahrung unter Verantwortung des Empfängers unter gesichertem Verschluß.«

Diesem Befehl folgte auf einer besonderen Zeile die nicht sehr überraschende Anweisung: *»Vertraulich!«* Dann las Karl Maybach seine korrekt formulierte Geschäftsadresse. Und danach kam der Schreiber (ein Oberstleutnant mit unleserlicher Unterschrift) ohne einen Anflug von Höflichkeit zur Sache:

»Sie sind für die Übernahme in das Wehrwirtschaft-Führer-Korps ausersehen. Zur Einreichung des Vorschlags der Übernahme Ihrer Person in das WWiFü-Korps bittet die Wehrwirtschafts-Inspektion V, den beiliegenden Fragebogen auszufüllen und mit den 20 genannten Unterlagen, für die z. T. Vordrucke beigefügt sind, herzureichen.

8 Anlagen.

Heil Hitler!«

Das Wörtchen »bittet« war natürlich ein Stilbruch. Aber das künftige Mitglied des »WWiFü-Korps« nahm das Schreiben der Inspektion dennoch sehr ernst. Erst am 25. Mai 1937 hatte Maybach den Fragebogen mit seinen 20 Fragen und ebensovielen Unterfragen (z. B. »Die Berechtigung zur Führung akademischer Titel ist nachzuweisen«, »Verwundungen«, »Angaben über Militärdienstzeit mit Daten«) ausgefüllt und einen nur 30 Zeilen langen Lebenslauf im letzten Augenblick handschriftlich hinzugefügt, die Zeugnisabschriften und Nachweise beisammen, so daß er »die obigen Angaben

Bild 129. Betriebsappell in der Reparaturhalle, um 1936. Bei solchen Anlässen traten der Werkschor und die Werkskapelle in Erscheinung.

... nach bestem Wissen und Gewissen« unterschreiben konnte.

In einem besonderen Schreiben – natürlich »geheim« und »Einschreiben« – machte Karl Maybach, ein ungedienter bald 60jähriger Zivilist, den Versuch, sich als der Mitgliedschaft im WWiFü-Korps unwürdig hinzustellen, indem er darauf hinwies:

»daß ich aus Gründen überaus starker geschäftlicher Inanspruchnahme, nicht nur durch meine Tätigkeit als Geschäftsführer meiner Firma, sondern auch durch die Leitung der Entwicklungsarbeiten und Versuche und insbesondere der Konstruktion zahlreicher Motoren- und Getriebetypen für das Heereswaffenamt, derart in Anspruch genommen bin, daß ich mich für die in dem Fragebogen unter Punkt 20 erwähnten Übungen nicht verpflichten kann. Ich kann deshalb auch aus gesundheitlichen Gründen das Amt eines W. Wi. Fü. nur unter diesem Vorbehalt annehmen.«

Vergeblich: Vom Herrn Oberstleutnant Klett wurde »zugestanden, daß ich zu diesen Übungen nicht zugezogen werde...« Aber man legte »Wert darauf«, daß Maybach »als Betriebsführer ... das Amt eines W. Wi. Fü.« übernahm.

Immerhin nahm der wichtige Vorgang viel Zeit in Anspruch. Erst am 30. Januar 1938, gewissermaßen im Rahmen der Feiern zur Erinnerung an die »Machter-

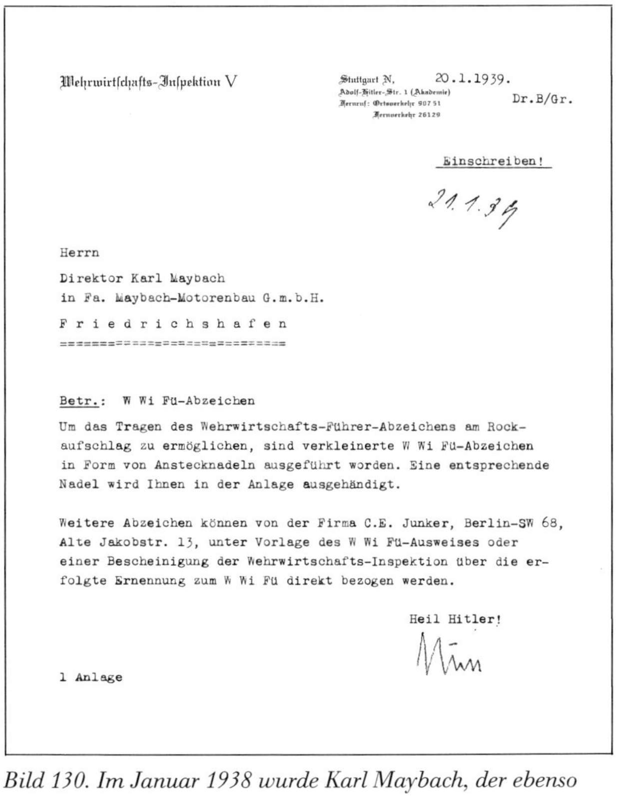

Wehrwirtschafts-Inspektion V

Stuttgart N, 20.1.1939.
Adolf-Hitler-Str. 1 (Akademie)
Fernruf: Ortsverkehr 907 51
Fernverkehr 26129

Dr.B/Gr.

Einschreiben!

21.1.39

Herrn
Direktor Karl Maybach
in Fa. Maybach-Motorenbau G.m.b.H.
F r i e d r i c h s h a f e n

Betr.: W Wi Fü-Abzeichen

Um das Tragen des Wehrwirtschafts-Führer-Abzeichens am Rockaufschlag zu ermöglichen, sind verkleinerte W Wi Fü-Abzeichen in Form von Anstecknadeln ausgeführt worden. Eine entsprechende Nadel wird Ihnen in der Anlage ausgehändigt.

Weitere Abzeichen können von der Firma C.E. Junker, Berlin-SW 68, Alte Jakobstr. 13, unter Vorlage des W Wi Fü-Ausweises oder einer Bescheinigung der Wehrwirtschafts-Inspektion über die erfolgte Ernennung zum W Wi Fü direkt bezogen werden.

Heil Hitler!

1 Anlage

Bild 130. Im Januar 1938 wurde Karl Maybach, der ebenso wie Jean Raebel nie Mitglied der NSDAP war, zum Wehrwirtschaftsführer ernannt.

Bild 131. Das Wehrwirtschaftsführer-Abzeichen. Der Aufwand, der um dieses Abzeichen getrieben wurde (vgl. vorheriges Bild) erscheint uns heute absurd, ist aber typisch für die Bedeutung, welche totalitäre Regime ihren Insignien beimessen.

greifung« fünf Jahre zuvor, mit der dies alles begonnen hatte, schrieb der gleiche Oberstleutnant, natürlich wieder ohne Anrede: »Gemäß beiliegender Verfügung des Oberbefehlshabers des Heeres [das war noch der eine Woche später, am 5. Februar, von Hitler davongejagte Werner Freiherr von Fritsch] wie der beigelegten Urkunde sind Sie mit Wirkung vom heutigen Tage zum Wehrwirtschaft-Führer ernannt worden.« Man werde Maybach am Samstag, den 5. Februar 1938 vormittags »in Ihrem Werk besuchen«. Das Schreiben schloß: »Eine Veröffentlichung Ihrer Ernennung zum Wehrwirtschaft-Führer hat aus Gründen der Geheimhaltung und im Interesse der Landesverteidigung zu unterbleiben.« Außer der Urkunde erhielt Karl Maybach auch ein »Abzeichen«. Korrekt, wie Karl Maybach war, bat er um eine »Aufstellung« über »Aufgaben und Pflichten der Wehrwirtschaft-Führer«. Er erhielt sie unter dem 21. Februar 1938. Sie bestand aus einem einfachen Briefbogen, war aufgeteilt in sechs Aufgaben im Frieden und zwei im Kriege und enthielt keine Überraschungen oder Geheimaufträge. So oblag Maybach z. B. im Frieden die »Ausbildung von Facharbeitern« und im Kriege »die Führung der Rüstungsbetriebe unter Wahrung der Belange der Landesverteidigung«. Ein paar Monate später schrieb ihm immer noch der gleiche Oberstleutnant, er habe »*jede* Änderung der Personalien [... Todesfälle in der Familie] unverzüglich nach hier zu melden«.

Das war dann alles – bis zu einer Art Wiederaufnahme des Verfahrens im Rahmen der »Entnazifizierung« durch die Franzosen vom Oktober 1945 bis zum Herbst 1948.

Die letzten Jahre vor dem Krieg

Die Aufträge für Motoren von Ketten- und Halbkettenfahrzeugen nahmen ab Mitte der dreißiger Jahre immer größeren Umfang an. Die Entwicklung wurde nun immer mehr von den Großaufträgen bestimmt, die behördlicherseits ins Haus kamen. Gleichzeitig ging das Geschäft auf dem freien Markt erheblich zurück. An den Rüstungsaufträgen in den letzten Friedensjahren war bei weitem nicht so viel zu verdienen, wie verschiedene Historiker heute voraussetzen, ohne sich

Bild 132. Für Schreibarbeiten im Büro standen bis in die fünfziger Jahre nur mechanische Schreibmaschinen zur Verfügung. Da es noch keine Kopierer gab, konnten lediglich einige Durchschläge gemacht werden. Die Fakturiermaschine dieser Kontoristin hat immerhin schon ein elektromotorisch angetriebenes mechanisches Rechenwerk.

Bild 133. Markt vor dem alten Rathaus in Friedrichshafen in den dreißiger Jahren. Die kleinstädtische Kulisse läßt nicht erahnen, daß hier Luftschiffe und Flugboote, Luxusautomobile und Hochleistungsmotoren für Schnelltriebwagen erdacht, hergestellt und erprobt wurden.

der Mühe des Aktenstudiums in Unternehmens-Archiven zu unterziehen. Der größte Teil der Bruttogewinne ging in neue Anlagen und ihre Einrichtung sowie in die ständig sich fortsetzende Modernisierung der Maschinen und Werkzeuge, die den neuen Motoren angepaßt werden mußten. Man rechnete mit einem Aufwand von 3 Mill. RM in den folgenden drei Jahren. Die Gesellschafterversammlung am 1. Juli 1936 besprach »besonders die Höhe des Unkostensatzes, dessen Senkung allgemein als dringend erforderlich bezeichnet wird«. Der Auftragsbestand und die Aussichten bis 1937 wurden als günstig bezeichnet, man rechnete nun z. B. fest mit einem Absatz von 150 Pkw pro Jahr. Aber die Gesellschafterversammlung am 3. Juli 1937 rechnete auch dann noch mit einem Verlust von 87000 RM für den Pkw-Sektor, der also ein reines Prestigegeschäft war und blieb, Bild 134.

So stieg zwar ständig der Anlagewert des Unternehmens; aber was für ein »Wert« blieb das noch, wenn man plötzlich einmal von der Aufrüstung zur einfachen Ersatzbeschaffung übergehen mußte – etwa wenn dem Reich das Geld ausging – oder wenn gar an Hitlers Stelle ein demokratischer Zivilist mit einem soliden Finanzminister trat? Das hielt man 1935/36 in der Wirtschaft durchaus noch für möglich – z. B. Robert Pferdmenges, alterfahrener Senior-Partner im Bankhaus Sal. Oppenheim & Co. in Köln.

Einstweilen blieb nichts anderes übrig, als die beeindruckenden Zahlen des »voraussichtlichen Lieferungsumsatzes für 1937« zur Kenntnis zu nehmen: 3,8 Mill. für Wagen, 13,6 Mill. für Benzinmotoren, 1,4 Mill. bei Dieselmotoren, fast 4 Mill. bei »Sonstiges« – insgesamt 22,4 Mill. RM. Durch solche Geschäfte sank der Verlustvortrag aus den zwanziger Jahren bis Mitte 1937 auf 2,0 Mill. RM. Das war nun nicht mehr besorgniserregend, denn zu diesem Zeitpunkt lag der Auftragsbestand bereits bei annähernd 31 Mill. RM, also um rund 40 % über der Schätzung zu Beginn des Jahres. Aber nun begannen die »Materialschwierigkeiten«, Bild 135. Die Beschaffung sogenannter »Sparstoffe« (Werkstoffe, die – weil importiert – nur begrenzt verfügbar waren) wurde immer schwieriger. Ende 1937 beschäftigte der »Motorenbau« 2200 Personen, davon 467 Angestellte.

Das Jahr 1938 war das letzte »Friedens«- und »normale« Aufrüstungsjahr. In der Mitte dieses »Normal«-Jahres fand am 22. Juni 1938 eine Gesellschafterversammlung statt. Im Jahre 1937 hatte man einen Gewinn von 1,2 Mill. RM gemacht. Davon benutzte man 1,0 Mill. zur Verringerung des Verlustvortrages und 0,2 Mill. RM als Rücklage für die im Konzern geplante »Altersfürsorge der Gefolgschaft«. Die Geschäftsführung erklärte, daß »eine volle Beschäftigung des Werkes bis Ende 1939 bereits gesichert ist. Programme, die die volle Beschäftigung in den Jahren 1940 und 1941 sichern, sind bereits vom Auftraggeber aufgestellt«.

Bild 134. Maybach SW 38, Karosserie Autenrieth. Das flach nach hinten abfallende Heck entsprach der neuesten stilistischen Richtung, die vor dem Krieg aus den USA kommend auch in Deutschland Fuß faßte, so z. B. beim Opel Kapitän.

Bild 135. Schon vor Kriegsbeginn trat durch Boykotte und infolge knapper Devisen in der deutschen Industrie ein empfindlicher Mangel an hochwertigen Werkstoffen ein, dem man durch Bewirtschaftung bestimmter Rohstoffe, aber auch durch Sammelaktionen (Bild) zu begegnen versuchte.

Und dieser »Auftraggeber« war die Wehrmacht, letztlich also Hitler!

Im Rückblick sah man einen im Lauf dieses Jahres von 33,3 auf 46,2 Mill. RM gestiegenen Auftragsbestand, von dem anfangs 2,4, am Ende 5 % aus dem Ausland stammten. Die durchschnittliche Mitarbeiterzahl war von 2200 auf 2373 gestiegen. Man hatte nur noch 180 Pkw verkauft – gegenüber 229 im Vorjahr, weil, wie man zugab, die Konkurrenz die »früheren

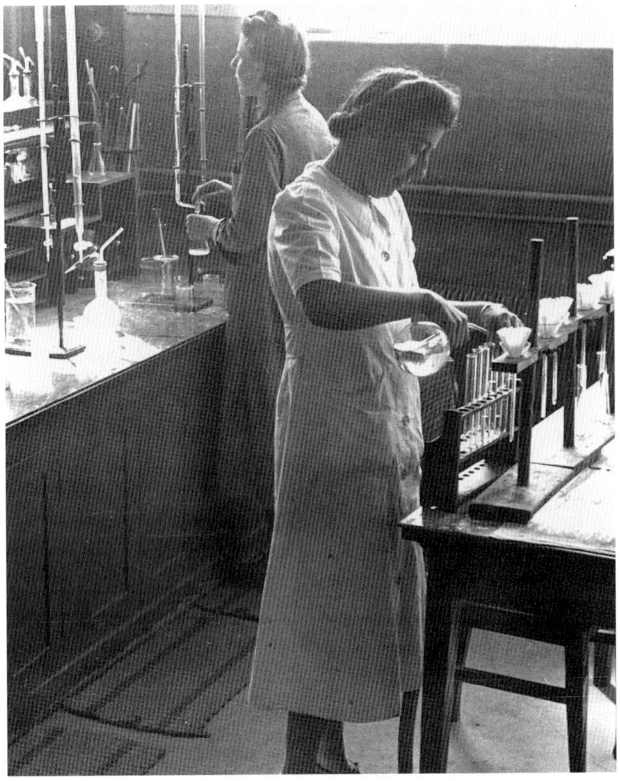

Bild 136. Das Labor des Maybach-Motorenbaus. Von jeder Werkstoffcharge wurde die Zusammensetzung geprüft.

Mängel der Wagen ... gebührend ausgeschlachtet« hatte, insbesondere aber wegen des Fortfalls von Steuerbegünstigungen. Und dann folgte eine politisch interessante Bemerkung: »... sowie durch die gerade in unseren Käuferschichten durch die politischen Geschehnisse verursachte Zurückhaltung.« Sahen also Maybachs Käuferschichten pessimistischer in die Zukunft als die anderen Deutschen?

Wie dem auch gewesen sein mag: Der Maybach-Motorenbau gab im Laufe des Jahres 1939 den Weiterbau des »Zeppelin« (Zwölfzylinder-V-Motor Typ DS 8) auf, vgl. Tabelle 1. Dahinter stand allerdings auch ein politischer Druck: die sogenannte »Schell-Typenbereinigung« durch Görings Beauftragten Oberst Schell. Von insgesamt 15 Benzinmotor-Typen hatte man 1938 3950 Exemplare verkauft – im Werte von 21,4 Mill. RM, das Stück also im Durchschnittswert von etwa 5500 RM. Dabei waren die Aufträge der Behörden, die immer größere Stückzahlen verlangten, wieder ausschlaggebend gewesen. Die Produktionsmöglichkeiten beim Maybach-Motorenbau waren ebenso wie beim Nordbau restlos ausgenutzt, so daß auf Wunsch des Auftraggebers Krauss-Maffei und Kämper (Berlin) am Jahresende mit dem Nachbau beginnen mußten.

Dieser »Große Auftraggeber« erwies sich als ein strenger Herr: Er prüfte die Preise und erzwang deren

Bild 137. Dieser »Maybach 12« erhielt beim Concours d'Élégance in Budapest den Publikumspreis.

Tabelle 1. »Alle Maybach-Typen, die es gab«: Zusammenstellung der technischen Daten sämtlicher Fahrzeuge des Maybach-Motorenbaus 1922 bis 1941.

Typ	Baujahr	Zylinderzahl	Hubvolumen dm³	Leistung kW/PS / bei min⁻¹	Bohrung / Hub mm	Vorwärtsgänge	Radstand mm	Länge×Breite×Höhe mm	Reifen	Fahrgestellmasse kg
W 3	1922 bis 1928	6	5,740	51,5/70 / 2200	95 / 135	2	3660	5000×1760×1950	33×6,75	1650
W 5	1927 bis 1928	6	6,995	88,3/120 / 2400	94 / 168	2	3660	5000×1760×1950	33×6,75	1750
W 5 SG	1928 bis 1929	6	6,995	88,3/120 / 2400	94 / 168	3	3660	5000×1760×1950	33×6,75	1750
»12«	1929	V 12	6,962	110,3/150 / 3000	86 / 100	3	3660	5100×1820×1700	32×6,75	1850
Zeppelin	1930 bis 1933	V 12	6,962	110,3/150 / 3000	86 / 100	5	3660/3735	5370/5500×1845×1540	7,00/7,50–20	1900
Zeppelin	1931 bis 1937	V 12	7,973	147,1/200 / 3200	92 / 100	5	3660/3735	5370/5500×1845×1540	7,00/7,50–20	1900
DSH	1930 bis 1937	6	5,184	95,6/130 / 3200	100 / 110	5	3660/3735	5370/5500×1845×1540	7,00/7,50–20	1850
W 6	1930 bis 1933	6	6,995	88,3/120 / 2800	94 / 168	4	3660/3735	5370/5500×1845×1540	7,00/7,50–20	1850
W 6 DSG	1934 bis 1935	6	6,995	88,3/120 / 2800	94 / 168	5	3735	5500×1845×1540	7,00/7,50–20	1830
Zeppelin	1938 bis 1939	V 12	7,973	147,1/200 / 3200	92 / 100	7	3735	5500×1845×1540	210–20	2100
SW 35	1935	6	3,435	103/140 / 4500	90 / 90	4	3100/3500	4500/4900×1850×1650	6,50–17	1300
SW 35	1936	6	3,435	103/140 / 4500	90 / 90	5	3380/3680	4600/5000×1850×1650	6,50–17	1300
SW 38	1936 bis 1939	6	3,790	103/140 / 4000	90 / 100	5	3380/3680	4600/5000×1850×1650	6,50/7,00–17	1400
SW 42	1940 bis 1941	6	4,197	103/140 / 4000	90 / 110	5	3380/3680	4600/5000×1850×1650	6,50/7,00–17	1400

weitere Senkung. Darauf hatte man sich allerdings vorbereitet. Man konnte die in den bewilligten Festpreisen vorgesehenen Arbeitsstunden jeweils unterschreiten, und zwar »durch die allmählich immer mehr zur Aufstellung kommenden modernen Bearbeitungsmaschinen und den besseren Arbeitsfluß«.

Am 2. Mai 1939 lagen OKH-Bestellungen in Höhe von etwa 3700 Motoren und 5500 Schaltreglern für Getriebe im Gesamtwert von 22,8 Mill. RM vor. Vor diesem Hintergrund fand am 17. Mai 1939 im Verwaltungsgebäude des LZ die Gesellschafterversammlung statt. Man hatte 1938 einen Reingewinn von 1,4 Mill. RM erzielt, aus dem man nun vier Monate vor dem Ausbruch des Krieges endlich den seit genau einem Jahrzehnt bestehenden, zeitweise existenzgefährdenden Verlustvortrag abschließen und zum ersten Male wieder eine Dividende ausschütten konnte: 6 %. Auch die Tantiemen und Gehälter wurden erhöht.

Und dann kam das Jahr 1939, der Zweite Weltkrieg begann, Bild 141. Erst am 21. Mai 1940 wurde der Geschäftsbericht vorgelegt – also mitten während der siegreichen Feldzüge in Skandinavien und Westeuropa. Der Bericht begann mit dem Satz: »Für das Geschäftsjahr 1939 können wir trotz verstärkter Personal-

Bild 138. Fünfteilige Schnelltriebzüge der Niederländischen Staatsbahn mit je drei Maybach-GO-6-Motoren (je 478 kW/ 650 PS) und elektrischer Kraftübertragung. Die Niederländische Staatsbahn war der wichtigste ausländische Kunde des Maybach-Motorenbaus vor dem Zweiten Weltkrieg.

Bild 139. Als letzte Schöpfung vor dem Zweiten Weltkrieg stellte der Ingenieur Franz Kruckenberg einen dreiteiligen Schnelltriebwagen vor, an dem er seit 1931 gearbeitet hatte. Angetrieben wurde er von zwei abgasturboaufgeladenen GO-6-Motoren. Am 23. Juni 1939 wurde mit diesem Zug eine Rekordfahrt durchgeführt und eine Spitzengeschwindigkeit von 215 km/h erreicht – Weltrekord für ein Serienfahrzeug des öffentlichen Schienenverkehrs! In den betrieblichen Einsatz kam der Kruckenberg-Zug wegen des Krieges nicht mehr, diente aber nach 1945 beiden deutschen Eisenbahngesellschaften als Vorbild für die neuen Schnelltriebzüge. Das Photo entstand unmittelbar nach der Rekordfahrt auf dem Bahnhof Wittenberge.

und Materialbeschaffungsschwierigkeiten und der mit Kriegsbeginn teilweise notwendig gewordenen Fertigungsumstellungen wieder nachstehenden befriedigenden Abschlußbericht vorlegen.« Von Ende 1938 bis Ende 1939 war der Auftragsbestand von 46,2 auf 64,7 Mill. RM, also um 40 % angewachsen, der »Gefolgschaftsstand« im Jahresdurchschnitt von 2373 auf 2634 Personen, also nur um 11 % gestiegen. Der Verkauf von Pkw war von 180 auf 142 zurückgegangen, auf weniger als 12 Wagen im Monat. Insbesondere seit der Jahresmitte ging der Absatz »rapid zurück, und zwar einmal durch die schon vor dem Krieg eingetretene Beunruhigung und zum anderen durch die mit Kriegsausbruch angeordnete fast vollkommene Zulassungssperre für Personenwagen über 2,5 Liter... Vereinzelt *wünschten* Kunden Annullierung bzw. Lieferung ihrer Wagen nach Kriegsende. Wir streben hier freundschaftliche Verständigung an«.

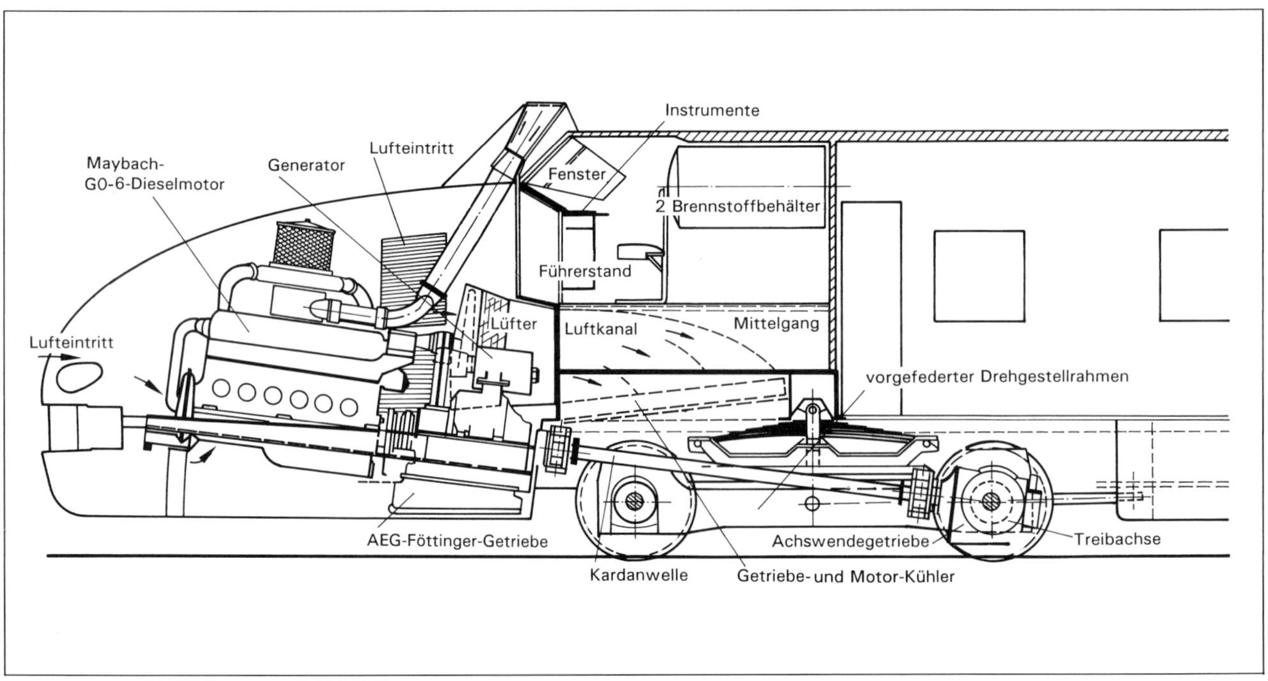

Bild 140. Im Kruckenberg-Schnelltriebwagen waren der Dieselmotor und das angeflanschte hydraulische Getriebe im Fahrzeugaufbau gelagert.

Im übrigen hatte der Staat inzwischen »ab 31. Mai 1940 eine vollkommene Liefersperre verhängt und die Verwendung und Weiterfertigung der vorhandenen Bestände lediglich für Export und heereswichtigen Bedarf verordnet«. Das brachte gewisse Verluste. Auf der anderen Seite hatte man 1939 insgesamt 6781 Benzinmotoren (14 Typen) im Betrag von 32 Mill. RM abgesetzt – fast 72 % mehr als im Vorjahr, während der Wert nur um annähernd 50 % gestiegen war. Man sprach von »in jeder Hinsicht befriedigenden Betriebsergebnissen mit unseren Benzinfahrzeug-Motoren im Polenfeldzug«.

»Das Privatgeschäft in diesem Fabrikationszweig« war nach wie vor unbedeutend, es konnten aber »beachtliche Exportaufträge für die türkische, brasilianische, bulgarische und schwedische Wehrmacht abgeschlossen werden«. Allerdings zu spät, denn sie konnten »durch den Krieg größtenteils nicht zur Ausführung kommen«.

Auch die Reichsbahn mußte kriegsbedingt auf »große Projekte« verzichten. Die Lieferung von hundert 650-PS-Dieselmotoren nach Spanien fiel ebenso aus wie eine solche nach Holland. Der Bericht meinte, daß ein Reichsbahnauftrag in Höhe von 10 Mill. RM »allerdings nach Kriegsende eine willkommene Beschäftigung für unsere Werkstätten darstellt«. Andererseits »verbleiben noch so viele Reichsbahnmotoren im Kriegsdringlichkeitsprogramm, daß wir auch 1940 wiederum den Umsatz von 1939 halten können«, falls man die Erlaubnis erhielt, neun Motoren an die norwegische und sechs an die holländische Bahn zu liefern. Hier wie bei einem neuen sich anbahnenden Spanien-Geschäft war man allerdings pessimistisch und versuchte, vorzusorgen: »Wir bemühen uns deshalb, den Abschluß für die Nachkriegszeit zu sichern«.

Aus dem ganzen Bericht geht sehr deutlich hervor, daß man in Friedrichshafen wie im ganzen Reich Ende Mai 1940 mit einem baldigen Ende des Krieges rechnete. Schon versandte man »Maybach-Mitteilungen« an alte Kunden und setzte Anzeigen in die inländische und neutrale Fachpresse, um damit »Vorarbeit für das künftige Friedensgeschäft« zu leisten. Der kriegsbedingten Konjunktur standen also durchaus massive Nachteile gegenüber. Und bevor die Hoffnungen auf die künftige Friedenskonjunktur sich erfüllten, wurden »sehr störende Eingriffe in die Motorenserienfabrikation nötig«, weil die Anforderungen an Ersatzteilen für die Wehrmacht außerordentlich groß waren. Überhaupt verlagerten sich die Ersatzteil- und Reparaturgeschäfte »auf den Bedarf des Heeres«, was unerfreuliche und lästige Umstellungen und Kooperationen »mit fremden Vertragswerkstätten« zur Folge hatte. Aber alles in allem war das Jahr 1939 befriedigend gewesen: Man hatte einen Nettogewinn von 1,5 Mill. RM erarbeitet, konnte wieder 6 % Dividende ausschütten und einen Gewinnvortrag von 385000 RM vornehmen. Falls keine unvorhergesehenen Ereignisse eintraten, war für

Münchener Ausgabe

VÖLKISCHER BEOBACHTER

Die ersten Kriegsziele der polnischen Angreifer

Vor einem Ueberfall auf Schlesien

Neue schwere polnische Grenzverletzungen

Ein drittes deutsches Verkehrsflugzeug am Freitag beschossen

Rasche Uebernahme der deutschen Gebiete vorbereitet

Bild 141. Mit dem Einmarsch der Deutschen Wehrmacht in Polen begann am 1. September 1939 der Zweite Weltkrieg. Wenige Tage zuvor versuchte die nationalsozialistische Presse noch, Polen die Verantwortung für den Ausbruch der Feindseligkeiten zuzuschieben.

Bild 142. Blick in die Arbeitsvorbereitung (Planung und Vorkalkulation) des Maybach-Motorenbaus während des Zweiten Weltkrieges. Hier wurden die einzelnen Arbeitsgänge für die Werkzeugmaschinen geplant und die Fertigungszeiten ausgerechnet, um die Werkzeugmaschinen mit rationellen Stückzahlen belegen zu können und um Unterlagen für die Preisbildung zu erhalten.

1940 mit einem entsprechenden Ergebnis und »über das Jahr 1941 hinaus« mit Vollbeschäftigung zu rechnen – und zwar in Friedenszeiten. Denn die letzten Sätze des Berichtes vom 17. Mai 1940 rechneten bereits damit, daß »die Umstellung auf Friedenswirtschaft ... beachtliche Mittel verzehren wird«. Daher »brauchen wir dringend eine Fortsetzung der Entwicklung der letzten Jahre, um schließlich auf solider Grundlage allmählich an eine Rückzahlung der in schlechten Entwicklungsjahren aufgenommenen Darlehen denken zu können«. So sah an diesem 17. Mai 1940 für Karl Maybach, der diesen Bericht unterschrieb, die Welt aus. Fünf Jahre *zuvor* hatte allmählich die Rüstungskonjunktur begonnen. Fünf Jahre *später* bemühte er sich, die Reste seines in den letzten Jahren gewaltig expandierten und dann in kurzer Zeit fast gänzlich zerstörten Unternehmens zu retten.

Am 29. August 1931 richtete die DELAG einen regelmäßigen Fahrdienst von Friedrichshafen nach Südamerika ein. Es war die erste interkontinentale Luftverkehrsverbindung. Der Vertrieb dieser Fahrten oblag der HAPAG.

4. Im Zweiten Weltkrieg 1939 bis 1945

Der Maybach-Motorenbau vom Herbst 1939 bis zum Frühjahr 1945

Die Umstellung auf die Kriegswirtschaft und die Zeit der »Blitzkriege«

Die einzelnen Kriegsereignisse fanden in den bei Maybach erhalten gebliebenen Akten keinen Niederschlag – weder in den Protokollen über meist lange Besprechungen der Oberbeamten, an denen fast immer Karl Maybach und nicht selten auch Hugo Eckener teilgenommen haben, noch bei den weniger häufigen Gesellschafterversammlungen. Mit dieser Feststellung ist nicht gemeint, daß der Historiker so naiv ist, Äußerungen der Begeisterung oder der Befürchtung, des Patriotismus oder des Defätismus zu erwarten. Aber der Krieg wirkte sich vom ersten Tag an für den Maybach-Motorenbau technisch und wirtschaftlich in allen Bereichen aus.

Bereits seit 1938 war es schwierig, genug Arbeitskräfte zu finden, um die großen Aufträge für die Wehrmacht termingerecht zu erfüllen. Beim Beginn des Polenfeldzuges und beim Aufmarsch am Westwall, spätestens am 10. Mai 1940[20]) mußte man sich fragen, wie man der vorauszusehenden Produktionssteigerung gerecht werden wollte, wenn ein Großteil der Männer zur Wehrmacht eingezogen wurde. Gewiß: Die Älteren konnten sich erinnern, daß seit 1915 zum Ersatz der Männer Frauen und Mädchen freiwillig oder gleichfalls »eingezogen« zum »Motorenbau« gekommen waren. Würde das auch jetzt wieder geschehen? Noch machte man sich in Deutschland keine Gedanken darüber, weil man glaubte, daß mit dem Frankreichfeldzug der Krieg zu Ende sein würde.

Im Jahre 1935 war einmal in einer Besprechung der Mangel an Devisen für den Import von Metallen für den »Motorenbau« kurz erwähnt worden. Seit dem Mai 1940 fehlten nicht nur die Devisen, sondern auch die Importe: England verhinderte sie. Natürlich eroberte die Wehrmacht im ersten Augenblick – hauptsächlich in den holländischen, aber auch in belgischen, französischen, dänischen und norwegischen Häfen – Schiffe mit wertvollen Ladungen aus Übersee und in der Industrie der besetzten Länder zum Teil recht große Lagerbestände. Im Spätsommer 1940 machten sich sofort Abteilungen der Waffenstillstands- und Friedenskommissionen daran, die Bestände entweder nach Deutsch-

Bild 143. Die Beschäftigung von Frauen in der Industrie entsprach nicht den Vorstellungen der Nationalsozialisten. Anders als zum Beispiel in Großbritannien oder gar in der Sowjetunion zögerte man in Deutschland zu Beginn des Zweiten Weltkrieges, Frauen in der Rüstungsproduktion einzusetzen. Erst als zu viele Männer eingezogen und die Lücken anders nicht mehr zu schließen waren, griff man in großem Umfang auf Frauen zurück: Maybach-Mitarbeiterin an der Revolverdrehbank (1942).

Bild 144. Blick in die Abteilung Disposition und Fertigungssteuerung, um 1940. Während des Zweiten Weltkrieges wurde mit verhältnismäßig einfachen Hilfsmitteln wie Plantafeln das Material für die 1000 HL-230-Motoren je Monat disponiert und die Teile bis zum fertigen Motor durch den Betrieb gesteuert. Daß viele Fertigungsabteilungen aus dem »Motorenbau« ausgelagert waren, erschwerte die Arbeit.

[20]) Nach monatelangem »Sitzkrieg«, in dem die Wehrmacht entlang der deutsch-französischen Grenze in Stellung verharrte, begann an diesem Tag der sog. »Westfeldzug«.

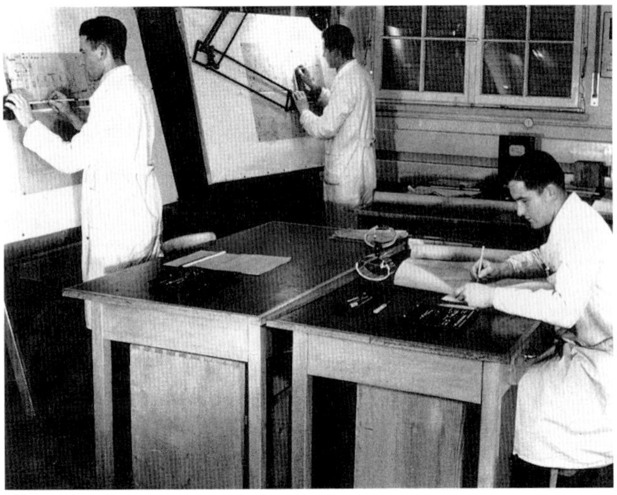

Bild 145. Im Vorrichtungsbüro wurden Vorrichtungen konstruiert, um die Teile auf den Werkzeugmaschinen rationell und einwandfrei fertigen zu können. Spartanisch nach heutigen Maßstäben: Zeichenbrett, Rechenschieber, Bleistift und Papier als einzige Hilfsmittel der Konstrukteure!

Bild 146. Der Einsatz von Kriegsgefangenen und aus den besetzten Gebieten deportierten Zivilpersonen – letztere im NS-Jargon verharmlosend als »Fremdarbeiter« bezeichnet – nahm in der deutschen Rüstungsindustrie schon bald beträchtliche Ausmaße an. Zwei Jahre später kamen mit Beginn des Rußlandfeldzuges auch sowjetische Kriegsgefangene in die Betriebe – und entgingen damit oftmals einem ungewissen Schicksal, das sie in den von Seuchen und Hungertod erfüllten Lagern für russische Gefangene erwartete. Bild: Auf einem Fabrikhof im Osten stehen nach einer der großen Kesselschlachten im Sommer 1941 russische Soldaten unter dem »Kommando« eines deutschen Werkmeisters bereit zum Abtransport. Die Behandlung der Kriegsgefangenen und Fremdarbeiter beim »Motorenbau« war – von einigen Übergriffen abgesehen – im großen und ganzen korrekt.

land zu überführen oder z. B. in Frankreich mit Hilfe französischer Arbeiter, Maschinen, Energie und Transportmittel unter deutscher Aufsicht für die deutsche Rüstung verarbeiten zu lassen. Das gleiche geschah in Jugoslawien. Und die Sowjetunion transferierte korrekt bis zum Sommer 1941 Rohstoffe wie Kautschuk und Nickel. Ja, sogar ein paar deutsche U-Boote, denen die Fahrt nach Japan und zurück gelang, beteiligten sich durch den Transport von ein paar Tonnen knappster Rohstoffe an dieser Versorgung des Großdeutschen Reiches. Das konnte aber nur ein Tropfen auf den heißen Stein sein und stand im krassen Mißverhältnis zu der Materialüberlegenheit der Alliierten.

Von alledem findet der Chronist in den Akten des Maybach-Motorenbaus unmittelbar keinen Satz, sondern nur Reflexionen darüber, daß die Arbeit ständig zunahm. Die abgelieferten Motoren entsprachen zahlenmäßig niemals ganz den Anforderungen und – es wird darauf einzugehen sein – bald auch nicht den Gelände- und Klima-Bedingungen, unter denen die Halbkettenfahrzeuge und Panzer eingesetzt wurden.

Friedrichshafen, diese schöne Stadt für Urlauber aus dem In- und Ausland (vgl. Bild 133, S. 158), hatte sich seit 1914 mehr und mehr zu einer Industrie- und Transitstadt entwickelt. Das hatte ihr Äußeres verändert. Außer stattlichen Hotels und Kurhäusern gab es immer mehr Arbeiterwohnungen, aber auch Villen von hohen Angestellten und Beamten. Noch immer lag die Stadt am Bodensee im südwestlichen Winkel des alten Reiches, doch ohne wirkliche Anbindung an die Schwerindustrie, an Handel, Finanzen, Verkehr und Nachrichtenwesen der Gegenwart des Dritten Reiches. Das brachte manchen Vorteil für den Einzelnen und die Gesamtheit. Österreichs »Anschluß« hatte die Friedrichshafener bewegt. Der Überfall auf Polen, dann auf Dänemark und Norwegen geschah weit entfernt von ihnen. Von Luftangriffen blieben sie vorerst verschont. Das mag dazu beigetragen haben, daß das Leben beim Maybach-Motorenbau alles in allem etwas anders verlief als etwa in Stuttgart oder gar in Essen. Allerdings konnte man auch beim MM die ständig wachsende Arbeit für den Krieg nur mit Hilfe von freiwilligen und hauptsächlich unfreiwilligen Fremdarbeitern und von Kriegsgefangenen erledigen, Bild 146. Die Zahl lag im Schnitt bei 2000 Beschäftigten. Daß beim »Motorenbau« keine Häftlinge aus Konzentrationslagern beschäftigt wurden, kann zwar bloß Zufall gewesen sein; sicher ist jedenfalls, daß der MM – anders als viele andere Firmen – keine Häftlinge angefordert hat. Zweifellos hat das die Atmosphäre im Werk beeinflußt und später auch das Verhalten der Besatzer gegenüber dem MM, bei dem keine KZ-Häftlinge befreit werden mußten.

Die Unterbringung und Verpflegung der Fremdarbeiter und Kriegsgefangenen oblag der Deutschen Arbeitsfront. Die Behandlung durch das Aufsichtspersonal sowie die Vorgesetzten beim »Motorenbau« war laut Aussage heute noch lebender Maybach-Mitarbeiter im großen und ganzen korrekt. In einigen Abteilungen lag der Anteil der Deutschen bei lediglich 10 %, alle anderen waren Fremdarbeiter oder Kriegsgefangene. Die größte Gefahr ging für sie wie für die deutschen Arbeitskollegen von den alliierten Luftangriffen aus, denen auch beim Maybach-Motorenbau Kriegsgefangene zum Opfer fielen. Interessant erscheint in diesem Zu-

Bild 147. Blick in eine Maybach-Maschinenhalle während des Zweiten Weltkrieges: Bereits damals wurden Werkstücke, die sich für eine Gruppenfertigung anboten, in »Inseln« mit Bohr-, Horizontal- und Vertikalfräsmaschinen gefertigt. Transmissionen und Riemen gab es zu dieser Zeit nicht mehr.

Bild 148. Der leichte Panzer II, ausgerüstet mit Maybach-HL-57/62-Motor, war bereits zu Beginn des Krieges veraltet. Gefechtsmasse: 7600 kg, Höchstgeschwindigkeit: 40 km/h, Fahrbereich: 180 km, Bewaffnung: eine 2-cm-KwK 30, ein MG 34; Besatzung: drei Mann.

sammenhang die Aussage eines ehemaligen Betriebsingenieurs, der mit 300 bis 400 Arbeitskollegen nach Gottmadingen ausgelagert war, daß bei den Nachtangriffen im Jahre 1944 durchschnittlich ein Zehntel der Fremdarbeiter in die nahegelegene Schweiz zu fliehen versuchten. Diejenigen, die die Schweizer Grenzbehörden wieder zurückschickten, wurden jedoch nicht bestraft, da man beim »Motorenbau« um jede zusätzliche Arbeitskraft froh war.

Bei den sogenannten Kriegsverbrecherprozessen in Rastatt 1945/46 wurden insgesamt 16 Mitarbeiter des Maybach-Motorenbaus wegen schlechter Behandlung von Fremdarbeitern angeklagt, wobei sich selbst im Urteil die Einschränkung findet, »ohne daß diese schlechte Behandlung jemals den äußerst schwerwiegenden Charakter wie in den Konzentrationslagern angenommen hätte«. Sechs Mitarbeiter wurden freigesprochen, die restlichen zehn zu Freiheitsstrafen zwischen ein und vier Jahren verurteilt. Diese Urteile wurden von vielen in Friedrichshafen als problematisch empfunden, da sie die besonderen Zeitumstände zu wenig berücksichtigten. Abgesehen davon, daß einige Maybach-Mitarbeiter bewußt falsch belastet wurden bzw. die Belastungszeugen Lappalien aufbauschten, gaben einige Angeklagte offen zu, daß sie sich angesichts der schwierigen Situation, in die sie sich plötzlich gestellt sahen – hohe Produktionsforderungen, eine verständlicherweise häufig unmotivierte ausländische Arbeiterschaft, zu wenig Wachpersonal – oftmals völlig überfordert fühlten und deshalb zu unüberlegten Handlungen hinreißen ließen. Auch sollte an dieser Stelle der Hinweis nicht fehlen, daß seit den fünfziger Jahren zahlreiche ehemalige Fremdarbeiter und Kriegsgefangene nach Friedrichshafen gereist sind, um das Maybach-Werk zu besuchen und ihre deutschen Meister und Vorarbeiter zu treffen.

Bild 149. Der Panzer III mit Maybach-HL-120-Motor und Maybach-Variorex-Getriebe war das »Arbeitspferd« der deutschen Panzerwaffe und wurde von 1937 bis Kriegsende gebaut. Gefechtsmasse: rd. 20 000 kg, Höchstgeschwindigkeit: 40 km/h, Fahrbereich: rd. 160 km, Bewaffnung: eine 3,7-cm-KwK, zwei MG 34; Besatzung: fünf Mann.

Bei Beginn des Zweiten Weltkrieges beschäftigte der Maybach-Motorenbau in Friedrichshafen etwa 2600 Personen. Daneben baute man auf Veranlassung der Reichsregierung in Berlin den »Nordbau« aus, der von Friedrichshafen aus geführt wurde und nach einiger Zeit etwa ebensoviele Menschen beschäftigte.[21])

Sehr schnell kam es nun zu einer völligen Umstellung der Produktion, Bild 147. Im Jahre 1939 waren etwa 90% der »Dieselzüge großer Leistung« der Deutschen Reichsbahn mit Maybach-Dieselmotoren ausgerüstet. In einer Aufzeichnung aus den fünfziger Jahren heißt es über diese Zeit: »Die bedeutendsten kontinentalen Eisenbahnen verwendeten in ihrer Personen-Dieselzug-

[21]) Zur Geschichte des Nordbau siehe S. 182, 183f.

Bild 150. Panzer IV, Ausführung H oder J, aufgenommen in der Gegend von Caen/Frankreich nach der Invasion der Alliierten in der Normandie im Sommer 1944. Die Wagen dieses Typs waren mit dem Maybach-HL-120-TRM-Motor und ZF-Aphon-Getriebe (sechs Vorwärtsgänge, ein Rückwärtsgang) ausgerüstet und hatten eine Gefechtsmasse von 25 000 kg. Die Schürzen seitlich der Wanne und am Turm dienen als Schutz vor Hohlladungsgeschossen, der pastos aufgetragene »Zimmerit«-Schutzanstrich soll das Anbringen von Haftminen erschweren. Höchstgeschwindigkeit: 38 km/h, Fahrbereich 250 km, Bewaffnung: eine 7,5-cm-KwK L/48, zwei MG 34; Besatzung: fünf Mann.

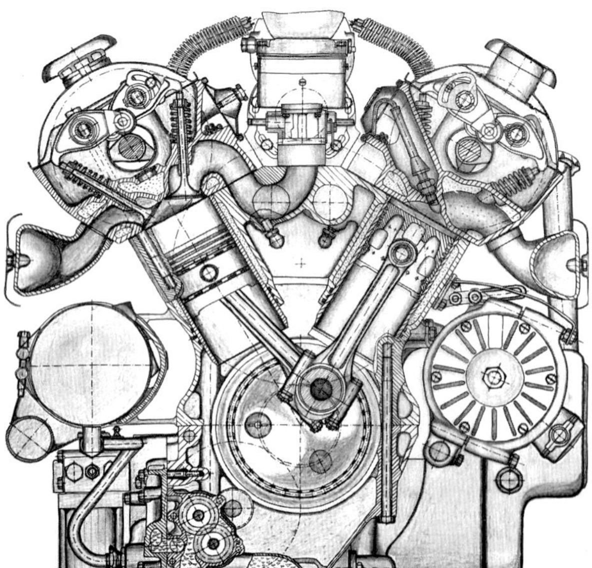

Bild 151. Der 220 kW (300 PS) starke Maybach-HL-120-Motor (hier: Querschnittt) war der Standard-Antrieb der Panzer III und IV: ein kompakter Zwölfzylinder-V-Motor, wobei das Motorzubehör geschickt am und im Motor integriert war.

beförderung Maybach-Diesel-Motoren« – etwa 865 Sechs- und Zwölfzylinder-Motoren. Mit Kriegsbeginn kam die Dieselzugförderung in Europa aus Kraftstoffmangel zum Erliegen – und damit auch die Produktion von Eisenbahnmotoren.

Andererseits wurde bereits vor Kriegsausbruch »die Verwendung von Maybach-Vergaser-Motoren ... auf verschiedene Militärfahrzeuge ausgedehnt«. Diese Tatsache und eine gewaltige Erweiterung der Produktion, wobei die Leistung der Motoren laufend erhöht werden mußte, zwang ständig zu einer Umorganisation und Verlagerung aller Arbeiten. Man baute nun ausschließlich Benzinmotoren der HL-Bauart von 73,5 bis 515 kW (100 bis 700 PS) sowie Vielgang-Getriebe für militärische Zwecke vom Typ »Variorex« und »Olvar«. Von Maybach selbst und seinen Lizenznehmern, die also den »Nachbau« betrieben – zu ihnen gehörten fast alle namhaften deutschen Automobilhersteller – wurden von diesen Motoren bis zum Kriegsende insgesamt 130 000 (nach anderer Quelle 140 000) Stück abgeliefert, davon

- 45 000 Stück 300-PS-Motoren und
- 14 000 Stück 700-PS-Motoren,

- ferner 30000 Getriebe,
- davon etwa 4000 für eine Übertragungsleistung von 700 PS.

Auch die Entwicklungsarbeiten liefen auf Hochtouren: Die Leistung der Motoren wurde gesteigert, gleichzeitig aber der Aufwand an Material und Arbeitszeit dafür verringert, Sparstoffe mußten durch »heimische« Werkstoffe ersetzt werden. Von den Hochleistungs-Ottomotoren wurden Diesel-Varianten abgeleitet. Neben den Motoren entwickelte der Maybach-Motorenbau auch Getriebe. In diesem Zusammenhang gab es Reibereien mit der Zahnradfabrik Friedrichshafen (ZF), die verschiedene Maybach-Getriebe in Lizenz fertigen mußte. Ein Briefwechsel zwischen Maybach und Graf Soden-Fraunhofen, dem Leiter der Zahnradfabrik, beschäftigte sich z. B. hauptsächlich mit strittigen Prioritätsfragen der Entwicklung von Einzelheiten für Sonderfahrzeuge, der Automobilproduktion und Getriebeentwicklung seit etwa 20 Jahren. Gegen Ende des Krieges beschäftigte der Maybach-Motorenbau etwa 6000 Personen, die monatlich rund 1000 Stück 515-kW-(700-PS-)Motoren herstellten; etwa ebensoviele 220-kW-(300-PS-)Motoren lieferte der Nordbau. In den zehn Jahren von 1935 bis 1945 stieg der jährliche Umsatz allein im Stammhaus von 13 auf 112 Mill. RM.[22])

Der am 29. Mai 1941 abgeschlossene Geschäftsbericht über das erste volle Kriegsjahr erscheint einem Leser mit der Kenntnis der weiteren Entwicklung bis zum Frühjahr 1945 als eine eigenartige Mischung von Krieg und Frieden. Er beginnt wenige Wochen vor dem Überfall auf die Sowjetunion – von dessen Planung Eckener, Maybach und insbesondere der Repräsentant des Maybach-Motorenbaus in Berlin, Zabel, beim täglichen Verkehr mit dem RKM im Zusammenhang mit Lieferterminen und Planungen einiges gehört haben müssen – mit dem Satz: »Trotz Krieg und der dadurch bedingten Schwierigkeiten konnten wir ... für das Geschäftsjahr 1940 ein den gehegten Erwartungen entsprechendes durchaus befriedigendes Ergebnis erzielen.« »Trotz Krieg«! Während doch jeder, der die Geschäfte verfolgt hatte, genau wußte, daß man durch Aufrüstung und Krieg dieses »befriedigende« Ergebnis erzielt hatte. Alles war gestiegen: der Auftragsbestand bis Ende 1940 auf 76,3 Mill. RM (um 18% gegenüber 64,7 Mill. 1939), die »Gefolgschaft« im Jahresdurchschnitt auf 3092 (+ 10,3%), die Zahl der abgelieferten Benzin-Fahrzeugmotoren auf 7948 (+ 17,2%), ihr Wert auf 32,8 Mill. RM (+ 2,3%). Diesen Angaben folgte der Satz:

»Die entscheidende Bedeutung, welche dem Panzer in den Feldzügen dieses Krieges zukam [!], *und die weiterhin zutage getretene Überlegenheit der Halbkettenfahrzeuge (Zugkraftwagen)* [Bild 152] *über allradangetriebene führte, nachdem diese Fahrzeuge (ausgenommen die tschechischen) restlos mit unseren sich bestens bewährten Motoren ausgerüstet sind, zu einer weiteren beachtlichen Steigerung der Auftragseingänge.«*

Der Nachbau bei Nordbau und Krauss-Maffei reichte nicht mehr[23]) – man vergab eine Lizenz an Adler in Frankfurt und modernisierte die eigenen Anlagen, was »eine beachtliche Umsatzsteigerung und trotz zahlreicher kriegsbedingter Mehraufwendungen wiederum eine Senkung der Herstellungskosten« brachte. Dann folgten die Sätze: »Unser Auftraggeber anerkannte diese Leistung besonders ... Das Privatgeschäft erlangte auch in diesem Geschäftsjahr keine besondere Bedeutung.« Man hatte die Exporte nach Schweden ganz und die nach Bulgarien »teilweise« durchführen, nach Brasilien allerdings nur eine »Probelieferung« schicken dürfen, dagegen das »Türkengeschäft nach wie vor zurückstellen« müssen: Die Türkei war ein politisch unsicherer Kunde. Aber auch aus der Sowjetunion hatte man nach ersten 1938/39 durchgeführten Lieferungen von Panzern III und HL-120-Motoren 1940 noch einen Auftrag erhalten: auf zwei 250-PS-Schiffsmotoren.

Zum ersten Mal wurde »Brennstoffmangel« erwähnt, der zur Einschränkung von Versuchen führte – wie man das auch im Ersten Weltkrieg kennengelernt hatte. Die Auftraggeber verlangten die Vergabe von Getriebe-Lizenzen an weitere Firmen. Nach dem Ende des Westfeldzuges »setzte Mitte des Jahres 1940 eine außerordentlich umfangreiche [!] Instandsetzungsaktion ein«, die sowohl den Maybach-Motorenbau selber wie Außen- und Vertragswerkstätten »sehr stark in Anspruch nahm«.

Geld begann nun bei der Deutschen Wehrmacht keine Rolle mehr zu spielen. Sie nahm die Erhöhung von Serienpreisen hin, übernahm »den Aufwand zur Verzinsung«, stellte eigene Lagerhallen, das sogenannte »Wehrmachtsersatzteillager« für in die Millionen gehende Bestände zur Verfügung: »Wir sparen dadurch einmal die Investierung erheblicher Mittel und vermeiden zum anderen das ... außergewöhnlich große Risiko, das im Kriege für Wehrmachtslieferungen besonders unübersichtlich ist.« Man erzielte auf diese

22) Im Zuge dieser Entwicklung kam es auch zu Veränderungen unter den Gesellschaftern. Am 14. Juli 1942 wurde das Kapital von 3 Mill. RM (seit 1926) auf 6 Mill. RM verdoppelt. Gleichzeitig wurden die Geschäftsanteile von Karl Maybach um 1,020 Mill. RM auf 2,220 = 37% erhöht.

Jean Raebel	um 0,340 Mill. RM auf	0,420 =	7%,
Dr. Eckener	(nicht erhöht)	0,300 =	5%,
Gräfin Brandenstein	(nicht erhöht)	0,420 =	7%,
der Zeppelin-Stiftung	um 0,510 Mill. RM auf	1,020 =	17%,
des LZ	um 0,410 Mill. RM auf	1,500 =	25%,
Graf Brandenstein-Zeppelin	erhielt Geschäftsanteil in Höhe von	0,120 =	2%
insgesamt Mill. RM		6,000 =	100%

23) Vgl. hierzu S. 152ff.

Bild 152. Dieser 8-t-Zugkraftwagen HL 11m von Borgward mit Maybach-HL-62-TUK-Motor zieht einen Opel-Blitz durch den Schlamm einer Rollbahn im Osten.

Bild 153. Motorenmontage in Friedrichshafen: Einbau einer rollengelagerten Scheibenkurbelwelle in das Kurbelgehäuse eines HL-120-Panzermotors.

Weise 1940 einen Nettogewinn von 1,7 Mill. RM, schüttete 6% Dividende aus und konnte erhebliche Rücklagen machen. Die »in schlechten Jahren aufgenommenen Darlehen« waren Ende 1940 vollständig zurückgezahlt: Der Maybach-Motorenbau war zwischen dem Frankreichfeldzug und dem Krieg in Rußland schuldenfrei geworden und hatte außerdem den Nordbau ganz aus eigenen Mitteln eingerichtet.

Vom europäischen Krieg zum Weltkrieg

Wenige Wochen, nachdem die Gesellschafter diesen Bericht über das Jahr 1940 recht befriedigt und mit hoffnungsvollen Gedanken an eine friedliche Zeit verabschiedet hatten, eine Zeit, in der das »Großdeutsche Reich« Mittel- und Westeuropa von der Grenze der stalinistischen Sowjetunion, d. h. vom »Generalgouvernement« (Polen) bis zu den Pyrenäen, vom nördlichen Norwegen über Frankreich bis Südtirol (und mit Hilfe von Mussolini bis Sizilien) beherrschen würde, überfiel die Deutsche Wehrmacht auf Hitlers Befehl die mit ihm durch einen Nichtangriffspakt verbundene Sowjetunion, Bild 154. Hatte die Wehrmacht in Polen, Frankreich, Dänemark, Norwegen und auf dem Balkan »Feldzüge« geführt, so begann jetzt ein Krieg mit unabsehbarer räumlicher, aber auch technischer und damit rüstungsindustrieller Dimension.[24])

Im T-34 (Bild 155) und in den schweren KW-Panzern traf die Wehrmacht, deren Vorgängerin, die Reichswehr, viele Jahre im Frieden ihre Fahrzeuge und Waffen in der Sowjetunion hatte erproben dürfen[25]), völlig überrascht auf hochmoderne, den deutschen überlegene Panzer. Waffentechnisch bildete das für Hitler und seine militärischen Planer, Konstrukteure und Erprober eine schwere Niederlage – ebenso wie sie sich produktionstechnisch als eine solche für die deutsche Industrie erweisen sollte. Diese Aspekte wurden von der deutschen Geschichtsschreibung mit ihrer Vorliebe für das politische, militärstrategische und »soziale« Geschehen bisher übersehen: Sie bleibt bei der Militärgeschichte im Herkömmlichen befangen, anstatt in den Unternehmensarchiven nach anderen, neuen Seiten der Kriegsgeschichte zu forschen.

Der am 15. Mai 1942, also schon nach dem Menetekel des Rückzuges von Moskau, abgeschlossene Entwurf des »Berichtes zur Bilanz auf 31. Dezember 1941« beginnt in einem – aus heutiger Sicht – erstaunlichen Unverständnis für die damals gegenwärtige Situation mit dem Satz: »Die im Bericht für das Geschäftsjahr 1941 erwartete Geschäftsausweitung hat sich hinsichtlich des Lieferungsumsatzes und Auftragseinganges in beachtlichem Ausmaß ergeben, ebenso auch ein befriedigender Geschäftsabschluß...« Der Auftragsbestand war von Ende 1940 bis Ende 1941 von 76 auf 102 Mill. RM, d. h. um mehr als ein Drittel gestiegen, woran der Export nun nur noch mit 0,4% beteiligt gewesen war. Das alles zeigt, wie unpolitisch in Friedrichshafen gedacht wurde und wie wenig man diesen Krieg und seine Auswirkungen zu erkennen wußte. Oder hat man sich nur bemüht, keine Befürchtungen anklingen zu lassen, bzw. diese mindestens zu tarnen?

Trotz Krieg hatte man 1941 79 Pkw verkauft, jedoch nur zwei abgeliefert. Unter den Bestellungen befand sich auch »ein größerer Behördenauftrag, der wie alle anderen zur Abwicklung nach Beendigung des Krieges vorgemerkt ist«. Einstweilen wurde »die Weiterentwicklung dieser Erzeugnisse ... restlos« eingestellt. Hatte man 1940 4413 Benzin-Fahrzeugmotoren abgeliefert, so waren es 1941 7573 Stück, d. h. 71,6% mehr, und man hatte die Preise gegenüber der Kontrolle des »Großen Auftraggebers« (Bild 158) einigermaßen be-

Bild 154. Am 22. Juni 1941 beginnt ohne Kriegserklärung der Krieg gegen die Sowjetunion.

Bild 155. Das erste Auftreten des sowjetischen T-34-Panzers, dessen Vorhandensein nicht einmal vermutet worden war, erwies sich für die Deutsche Wehrmacht im Sommer 1941 als böse Überraschung. Der T-34, von den Konstrukteuren Koschkin und Morozow entwickelt und in gewaltigen Stückzahlen gefertigt, war ein homogen durchgebildetes Fahrzeug mit günstiger Formgebung der Panzerflächen, schwerer Bewaffnung, hoher Beweglichkeit und hervorragender Geländegängigkeit (auf Grund des breiten Kettenlaufwerkes und seiner günstigen Leistungsmasse). Er hatte einen kompakten, leistungsstarken und robusten Dieselmotor, dessen Gehäuse aus einer Al-Legierung bestand – in jenen Tagen genauso eine Neuheit wie die weitgehende Elektroschweißung bei der Montage des Panzers. Gefechtsmasse: 26 300 kg, Höchstgeschwindigkeit: 50 km/h, Fahrbereich: 400 km, Bewaffnung: eine 7,62-cm-Kanone, zwei 7,62-mm-MG; Besatzung vier Mann. – Das Erscheinen dieses Panzers zwang die deutsche Führung, schnellstens etwas Ebenbürtiges zu entwickeln. Zuerst war daran gedacht, den T-34 mit wenigen Änderungen nachzubauen. Aus verschiedenen Gründen, u. a. weil einige für den Turm des T-34 verwendete Stahllegierungen in Deutschland knapp waren, nahm man davon Abstand. Statt dessen ging man daran, den Panzer V »Panther« (als Gegenstück zum T-34) und den Panzer VI »Tiger« – jedoch wiederum mit Benzinmotoren – zu bauen.

---

[24]) Der auch ideologisch motivierte Krieg Hitlers gegen die gleichfalls totalitär geführte ehemalige Sowjetunion unter JOSEF STALIN, zunächst »nur« als »Rußlandfeldzug« bezeichnet, erreichte als »Großer Vaterländischer Krieg« (wie er in der Sowjetunion genannt wurde) sehr schnell ein bisher nicht dagewesenes Ausmaß auch in anderer Hinsicht: durch die unvorstellbar hohen Menschen- und Materialverluste auf beiden Seiten. Dabei trafen erstere in weit größerem Umfang als bei den vorangegangenen Feldzügen die Zivilbevölkerung. Das aus dem millionenfachen menschlichen Leid beider Seiten erwachsene Trauma, vor allem in der ehemaligen Sowjetunion, hat dann fast ein halbes Jahrhundert lang das Verhältnis zwischen Russen und Deutschen schwer belastet.

[25]) Der Versailler Vertrag verbot dem Deutschen Reich den Besitz voll gepanzerter Kampffahrzeuge. Um den technischen Anschluß nicht zu verlieren, ließ die Reichswehr ab 1926 unter strengster Geheimhaltung verschiedene als »Traktoren« bezeichnete Panzer-Versuchsfahrzeuge bauen, die in der Kampfwagenschule Kama bei Kasan praktisch erprobt wurden.

Bild 156. Dieses Bild eines Panzers III läßt den unendlichen Raum und zugleich die ganze Tristesse des Vormarsches durch das schlammige, leicht überfrorene Gelände an der Ostfront erahnen.

Bild 157. Schlamm erhöht nicht nur den Fahrwiderstand, er treibt auch den Verschleiß an Gleisketten und Laufwerk in die Höhe. Unschwer läßt sich vorstellen, was es unter diesen Bedingungen bedeutete, eine Kette oder ein Laufrad zu wechseln.

haupten können: Der Wert der Ablieferungen war gegenüber dem Vorjahr immerhin um 63,6% auf 35,6 Mill. RM gestiegen. Das hing hauptsächlich damit zusammen, daß das Heer immer stärkere Motoren brauchte. Auch hatten die Aufträge für Panzermotoren im Verhältnis mehr zugenommen als für Zugkraftwagen.

Schon lange konnte der Maybach-Motorenbau allein nicht mehr alle Forderungen des Heeres erfüllen. Der Nordbau in Berlin mußte stärker herangezogen werden, und weitere Nachbaufirmen waren »bestellt worden«. Die Verteilung der Produktion von Motorentypen und -teilen wurde immer komplizierter. Beim »Motorenbau« war man im Mai 1942 im Begriff, die monatliche Motorenproduktion von 631 auf 700 bis 800 anzuheben, danach wollte man sie auf 1400 steigern. Der Krieg hatte eine neue Größenordnung erreicht. Ein Jahr später sollte man an noch ganz andere Zahlen denken. Das Geschäft mit Dieselmotoren kam vollkommen zum Erliegen – fast vollkommen, denn »der Lieferungsumsatz beschränkte sich noch auf die ... Abwicklung des ersten Rußlandgeschäfts, das allerdings durch den inzwischen eingetretenen Kriegszustand nur noch

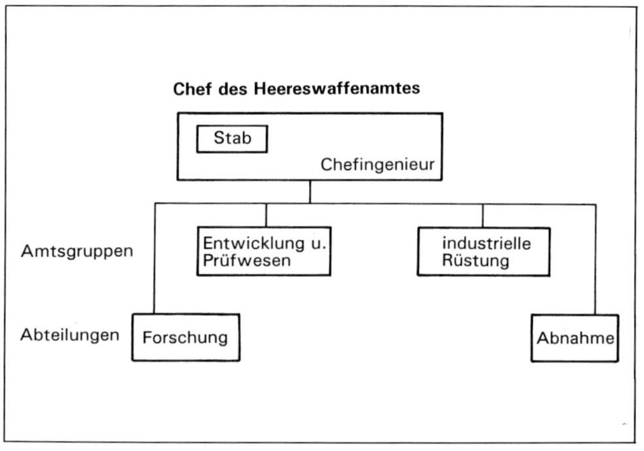

Bild 158. Gliederung des Heereswaffenamtes von 1938 bis 1940.

teilweise abgewickelt werden konnte, d. h. Bezahlung war nicht mehr zu bekommen«. Das Dritte Reich zahlte 80% des Ausfalls, »während die restlichen 20% als uneinbringlich anzusehen sind. Ein zweiter Auftrag aus Rußland, der im April 1941 einging, konnte noch rechtzeitig in der Produktion abgestoppt und somit ein Ausfall vermieden werden«. Das Ersatzteil-Verkaufsgeschäft hatte, nicht überraschend, »eine bedeutende Ausweitung erfahren«: im Auftragseingang um 148%, im Lieferungsumsatz allerdings nur um 40% – man kam mit den Anforderungen des Krieges nicht mehr mit. »Der durch den Verlauf des Feldzuges im Osten hervorgerufene außerordentlich große Ersatzteilbedarf konnte nicht sofort im vollen Umfang befriedigt werden, obwohl die Ersatzteilfertigung mit besonderer Aufmerksamkeit intensiv betrieben wurde.« Was das zur Folge hatte, wurde sehr elegant formuliert: »Es ergaben sich eine Reihe von Engpässen, die zu Schwierigkeiten in der Versorgung der Bedarfsstätten führten.« Im übrigen aber hatten sich das »wehrmachtseigene Ersatzteillager und die damit zusammenhängende Organisation bewährt«. Auch war in einem besonderen Abkommen mit dem OKH geregelt worden, daß es selbst die Lagerkosten übernahm und der Maybach-Motorenbau nur die Verwaltung des Lagers »mit der üblichen Sorgfalt« betrieb. An alle Fronten mußte man Montagepersonal schicken – »auch zum Afrikakorps sind Monteure abgestellt worden, wovon leider zu Beginn d. J. zwei Mann in englische Gefangenschaft kamen«, Bilder 159 und 160.

Das OKH bezahlte die präsentierten Rechnungen »innerhalb eines Zeitraumes von sechs bis acht Wochen«. So geriet man nicht in Geldschwierigkeiten und konnte auch die »Gefolgschaft« anständig bezahlen, die durch die Heranziehung von Frauen und »ausländischen Zivilkräften« sowie die immer größere Zahl von Wehrfähigen, die vom Kriegsdienst freigestellt wurden, ständig anwuchs. Die Arbeitszeit betrug in dieser Zeit in der Regel 57 Stunden. Schwierigkeiten bereitete die

Bild 159. Vorstoß des deutschen Afrika-Korps auf Kairouan: vorne ein schweres Motorradgespann und ein Spähwagen mit HL-42-Motor, dahinter ein Panzer IV (HL-120-Motor) und ganz hinten ein Panzer VI »Tiger« mit HL-230-Motor. Karl Maybachs ältester Sohn Walter, Zugführer einer Panzereinheit, fiel bei diesem Feldzug am 14. Februar 1943.

Bild 160. Eine Instandsetzungsgruppe für Maybach-Motoren beim Afrika-Korps.

Unterbringung der von auswärts zugewiesenen Arbeitskräfte. Für sie mußte man in benachbarten Gemeinden Unterkünfte mieten, was Geld kostete. Für jedes Gefolgschaftsmitglied wendete man im Jahresdurchschnitt 240 RM an freiwilligen sozialen Leistungen auf.

Und wie sah man in die Zukunft? Vorsichtig optimistisch, was das Geld anbetraf. Der Große Auftraggeber hatte erneut durch eine Festlegung der Preise eine »merkliche Verdienstschmälerung« herbeigeführt. Es bedurfte also – zum wiederholten Male – »aller Anstrengungen..., die Fertigungskosten weiter zu senken. Aus der verbreiterten Produktionsbasis ist jedoch auch im Jahre 1942 ein annehmbares Ergebnis zu erwarten«.

So sah die Lage Mitte 1942 aus. Am Ende dieses Jahres hatte man beim Maybach-Motorenbau einen Auftragsbestand in Höhe von 186 Mill. RM (davon 0,17% für den Export), was eine bedeutende Steigerung über den Vorjahresbestand hinaus bedeutete, ob-

Bild 161. Versuchs-Vollkettenfahrzeug VK 901 (Bauart MAN mit Maybach-HL-45-P-Motor), gefolgt von einer 1-t-Halbketten-Zugmaschine, bei der Fahrt durch Markdorf, unterwegs zur »Panzerwiese« am Gehrenberg, wo Motoren und Getriebe erprobt wurden.

Bild 162. Soldaten der Flak-Stammbatterie von Friedrichshafen besichtigen die Erprobung auf der »Panzerwiese«. Im Hintergrund ein »Tiger«-Fahrgestell.

gleich davon für fast 3 Mill. RM Aufträge »sistiert« worden waren. Die Mitarbeiterzahl lag bei 4089, davon 772 Angestellte. Der Auftragssteigerung von 82,1% stand also eine solche der Belegschaft von nur 17,5% gegenüber. Das war nicht nur auf eine stark rationalisierte Fertigung zurückzuführen, sondern auch auf Standardisierung und Typenvereinheitlichung. Nun konnte man natürlich den Betrieb nicht mehr so stark rationalisieren, daß dadurch eine solche Spanne hätte ausgeglichen werden können. Schon längst waren die Motoren ebenso wie die Waffen und Geräte anderer Unternehmen, für die der Große Auftraggeber Stückpreise festgelegt hatte, immer einfacher geworden, so daß Arbeitsstunden und Materialkosten eingespart werden konnten. Das Automobilgeschäft kam 1942 fast völlig zum Erliegen: Man verkaufte im ganzen Jahr nur noch elf Wagen.

Im Jahre 1942 hatte der Maybach-Motorenbau (also ohne Nordbau und andere Nachbauer) 13302 Benzinmotoren im Werte von 120 Mill. RM verkauft (d.h. rund 1000 Motoren im Monat), davon 11028 Motoren der Typen HL 210/230. Das bedeutete gegenüber dem Vorjahr dem Wert nach eine Steigerung von 130%, der Stückzahl nach nur um 24%, so daß also einige Motorentypen außerordentlich teuer geworden waren. Die HL-210/230-Motoren waren größer und lagen in der Leistung doppelt so hoch wie die nächst kleinere Type HL 120. Auch ist zu beachten, daß dem »Verkauf« dieser 13302 nur eine »Ablieferung« von 8325 gegenüber stand. Es klaffte also eine beachtliche Lücke zwischen den Forderungen des OKH und den Produktionsmöglichkeiten in Friedrichshafen, obgleich dort ständig erweitert und rationalisiert wurde und nicht nur die Zahl der Mitarbeiter, sondern auch deren Arbeitszeit dauernd stieg. Den Zahlenangaben folgte der Satz:

»Die weiterhin beste Bewährung unserer Motoren an der Front und der Umstand, daß wir uns mit unserem neuen, für die sogen. Tiger- und Panther-Fahrzeuge bestimmten leistungsgesteigerten 650-PS-Motor Type HL 210[26]) gegen den von höchsten Stellen mit allen Mitteln geförderten Porsche-Motor und den Daimler-Benz-Diesel durchsetzen konnten, festigten unsere führende Stellung im Bau von Motoren für Panzer- und Zugkraftwagen wiederum und führte zu so außergewöhnlichen Bedarfssteigerungen an Maybach-Motoren, daß noch weitere Nachbaufirmen eingeschaltet werden mußten, so daß wir nach vollem Ausbau monatlich bauen können...«:

Und nun folgte eine Liste, die von Maybach, Friedrichshafen, mit »bis zu 1500 Motoren von 750 bis 1000 PS« bis zu insgesamt zehn Firmen reichte und eine Gesamtproduktionsmöglichkeit von 7550 Motoren monatlich umfaßte, Tabelle 2. Da zeichneten sich also weitere Neubauten und ein Anwachsen der Belegschaft an allen Orten ab: am Bodensee, in Berlin, Siegmar, Nordhausen, Nürnberg, München, Wien, Bremen, Frankfurt/Main und Zwickau – und plötzlich auch schmerzliche Verluste durch die zahlenmäßig und in ihrer Wirkung immer stärker werdenden Bombenangriffe.

Zu beachten ist weiter, daß zur angegebenen Produktionsmöglichkeit automatisch 20% Ersatzteile gehörten, je fünf Motoren also gewissermaßen ein Ersatzmotor hinterhergefahren wurde. Das waren bei 8325 Ablieferungen immerhin 1661 Motoren zusätzlich, so daß man 1942 insgesamt 10000 Motoren abgeliefert hatte. Das bedeutete eine erhebliche Belastung der Produktion, denn der Auftraggeber nahm mit seinen Forderungen auf diese Konsequenzen keine Rücksicht. Daher mußten für »ausschließliche Ersatzteilfertigung im größeren Umfange« ganze Abteilungen bei Henschel in Kassel und Simmering-Graz-Pauker in Wien eingeschaltet werden.

[26]) Vgl. hierzu auch S. 323.

Tabelle 2. Motorenfertigung beim Maybach-Motorenbau und den Nachbaufirmen. Kapazitätsplanung nach dem Geschäftsbericht vom 31. Dezember 1942.

Hersteller	bis zu [Motoren]	Leistung [kW/PS]
Maybach, Friedrichshafen	1500	552 bis 736/750 bis 1000
Nordbau, Berlin	1000	552/750
Auto-Union, Werk Siegmar	1000	552/750
MBA, Nordhausen	500	221/300
MAN, Nürnberg	500	221/300
Krauss-Maffei, München	150	103/140
Saurer, Wien	550	103/140
Borgward, Bremen	250	103/140
Adler, Frankfurt a. M.	1000	74/100
Auto-Union, Zwickau	1600	74/100
zusammen monatlich:	7550	(zuzüglich 20% Ersatzteile v. Motorenwert)

Da man sich gegenüber Porsche und Daimler-Benz durchgesetzt hatte (vgl. auch Tafel 11), konnte man befriedigt feststellen: »Unsere Entwicklungsarbeiten in Richtung Leistungssteigerung können wir frei von Hemmungen weiterführen.« Das war ein beachtliches Stück Freiheit (dasselbe galt übrigens auch für die von der Wehrmacht geforderte Entwicklung »leistungsgesteigerter« Dieselmotoren), und als einen zusätzlichen Erfolg verzeichnete man, daß Karl Maybach »neben seiner Tätigkeit in den Panzer- und Kraftfahrzeug-Kommissionen« von Albert Speer, dem »Reichsministerium für Bewaffnung und Munition«, in dessen »persönlichen Beirat für die Beratung in allen grundsätzlichen Fragen der Kraftfahrt« berufen worden war, nachdem Jean Raebel schon seit längerer Zeit Leiter des Panzerausschusses Pz. VII war. Damit war die Führung durch den Maybach-Motorenbau »auch im Rahmen der Selbstverantwortung der Industrie und bei der Zusammenarbeit mit den verschiedenen Nachbaufirmen sichergestellt«. An der Ostfront hatte man in verschiedenen Gebieten »Panzerinstandsetzungs- und Wartungs-Werke« errichtet[27]) (Bild 163) und dorthin Spezialisten mit der Bezeichnung »Sonderführer« oder »Kriegswerkmeister« geschickt. Es handelte sich hierbei um Werksangehörige (Fachkräfte, Monteure und Meister), die in die »Organisation Todt« integriert worden waren. Das Wort »Sonderführer« ist durch ähnliche Bezeichnungen in den Gliederungen von Partei, SA und SS negativ belegt. Kriegswerkmeister waren ebenfalls Werksangehörige, die von der Wehrmacht eingezogen und den direkt hinter der Front wirkenden Instandsetzungsstaffeln der Truppe zugeteilt wurden. In Deutschland stieg die Zahl der »ausländischen Anlernkräfte« stark an. Auch der Einsatz deutscher Frauen half die Schwierigkeiten mildern, Bild 164.

Schließlich konnte man mit Genugtuung feststellen, daß Speer und Robert Ley, der Leiter der Deutschen Arbeitsfront, Anerkennungsurkunden, Kriegsverdienstkreuze und -medaillen geschickt hatten; das hatte auch eine innenpolitische Bedeutung. »Politische Zuverlässigkeit« spielte eine immer größere Rolle – nicht zuletzt bei der Zuteilung von Material und Erfüllung von Wünschen. So erlebte man z. B. gerade in diesem Jahr (1942), daß nicht das Finanzamt, sondern

[27]) Vgl. hierzu S. 176ff., 328/29.

Bild 163. Motorenreparatur in Frontnähe irgendwo im Osten: Mit primitiven Mitteln mußten verschlissene und beschädigte Motoren wieder instandgesetzt werden, da sie wegen der gefechtsbedingten hohen Ausfallraten und des schleppenden Nachschubs dringend an der Front benötigt wurden.

Bild 164. Auch beim Maybach-Motorenbau waren ab 1942 Frauen verstärkt in der Produktion eingesetzt. Hier bedient eine Arbeiterin eine Rundtischfräsmaschine, auf der Schwinghebel für HL-Motoren gefräst werden.

der Reichskommissar für die Preisbildung und sogar das OKW das Unternehmen von der Gewinnabführung für die Jahre 1939 und 1940 hatten befreien können.

Zum Schluß kam man am 25. Mai 1943 auf eine Sorge zu sprechen:

»Der derzeitig außerordentlich hohe Auftragsbestand von rund 230 Mill. RM [also 44 Mill. über dem vom 31. Dezember 1942 und mehr als doppelt so hoch wie am 1. Januar 1942] *ist auf den überwiegenden Anteil schwerer Panzermotoren zurückzuführen. Er ist in etwa zwei Jahren* [das wäre Ende Mai 1945 gewesen!] *dann abzuwickeln, wenn nicht größere Störungen in Fabrikation bei uns oder unseren Unterlieferanten eintreten.«*

»Größere Störungen« – die kamen Mitte 1943 immer häufiger in Form von Luftangriffen vor – bisher noch nicht auf Friedrichshafen, aber auf viele Zulieferbetriebe. Doch konnten auch andere Störungen auftreten. Ganz nebenbei stand im vorletzten Absatz des Berichtes noch: »Vorausgesetzt, daß wir auch mit unseren ohne umfassende Erprobung an die Front gehenden neuen Typen keine größeren Rückschläge erleiden, was wir nach den bisherigen Ergebnissen hoffen dürfen...«, rechnete man für 1943 mit 100 Mill. RM Umsatz und einem entsprechenden Netto-Ertrag, »wenn auch die bestehenden und wohl noch steigenden Steuerlasten eine weitere Schmälerung zur Folge haben werden.« Nicht nur das – der allerletzte Satz stellte fest, daß das OKH die bisher üblichen »Vorauszahlungen« eingestellt hatte, so daß man teils die Zahlungen an die Zulieferer verzögern, teils Bankkredite in Anspruch nehmen mußte.

Panzer-Instandsetzung in Rußland

Ein »Motorenbau«-Ingenieur erinnert sich

Bekanntlich wurden bei der Aufrüstung der Wehrmacht sämtliche Kettenfahrzeuge (Panzer und Halbketten-Zugmaschinen) mit Maybach-Motoren und die Masse dieser Fahrzeuge mit Maybach-Schaltgetrieben ausgerüstet. Bei der Vielzahl der vollmotorisierten Einheiten war es erforderlich, die Werkstattkompanien dieser Panzerregimenter durch qualifizierte Monteure des Maybach-Motorenbaus zu unterstützen, wobei sich deren Aufgaben auf Motoren und Getriebe beschränkten. Hinzu kam, daß mit der Einführung des Panzers III, des Standardpanzers der Wehrmacht, nicht nur diese Fahrzeuge mit dem 300-PS-Motor HL 120, sondern auch mit einem von Maybach entwickelten halbautomatischen vakuumgesteuerten Zehn-Gang-Schaltgetriebe mit Gangvorwähler (Variorex) ausgerüstet wurden, Bild 1.

Diese Konstruktion beruhte auf dem im großen Maybachwagen Typ »Zeppelin« verwendeten Sieben-Gang-Getriebe. Das zur Ansteuerung notwendige Vakuum wurde aus dem Ansaugrohr des Motors entnommen. Der für die jeweilige Fahrtstufe gewünschte Gang wurde an einem Schaltsegment vorgewählt, und die Schaltung erfolgte lediglich durch Antippen des Kupplungspedals. Die Synchronisierung wurde durch die sogenannte Bremse und Beschleunigungskupplungen im Getriebe erzielt. Das Ankuppeln der Hauptkupplung (im Getriebe eingebaut) geschah dann selbsttätig, wie auch der gesamte Synchronisierungsvorgang automatisch ablief. Nach Beendigung des Schaltvorganges wurde die Hauptkupplung automatisch wieder kraftschlüssig. Dadurch wurden auch bei extrem schweren Bedingungen sehr kurze Schaltzeiten (4/10 s) erzielt, Bild 2.

Zusammen mit anderen neuentwickelten Waffen und Geräten kam der sogenannte Tiger-Panzer zum Einsatz, der anfangs mit dem Maybach-Motor HL 210, aber bald mit dem HL 230 und dem Maybach-Schaltgetriebe Olvar ausgerüstet war. Dieses war eine Weiterentwicklung des Variorex und wurde durch Öldruck gesteuert. Seine Entwicklung machte es erst recht erforderlich, den betreffenden Truppenteilen geschulte Spezialmonteure zur Verfügung zu stellen, die dann bei eventuell auftretenden Schaltstörungen an Hand eines Schaltschemas in der Lage waren, die Störungsursache sofort zu ermitteln und zu beseitigen. Diese Monteure wurden im Einvernehmen mit dem OKH den jeweiligen Werkstattkompanien zugeteilt. Da sie als Zivilisten nicht mit der Truppe in den Einsatz gehen konnten, wurden sie als sogenannte Kriegswerkmeister eingesetzt und auch eingekleidet,

Bild 1. Perspektivische Darstellung des halbautomatischen Maybach-Variorex-Panzergetriebes für 100 bis 130 PS Übertragungsleistung. Dieses vakuumgesteuerte Vorwahlgetriebe wurde in drei Versionen in den Panzer III, die D-7-Halbkettenzugmaschinen sowie in Mannschaftstransport- und Panzerspähwagen eingebaut.

1 Anschlag im 3. Gang, 2 Stellung des 7. Ganges, 3 Hebel für vorwärts, Leerlauf, rückwärts; 4 Mittelstellung des Richtungshebels, 5 Kupplungsbremse, 6 einer der drei Schaltzylinder, 7 Schaltkasten, 8 Vorwärtshebel, 9 Schaltauslöseventil, 10 Rückschlagventil, 11 eine der verschiedenen Schaltmuffen, 12 Gummimembrane zur Betätigung der Kupplungsbremse, 13 Gestänge zum Schaltauslöseventil.

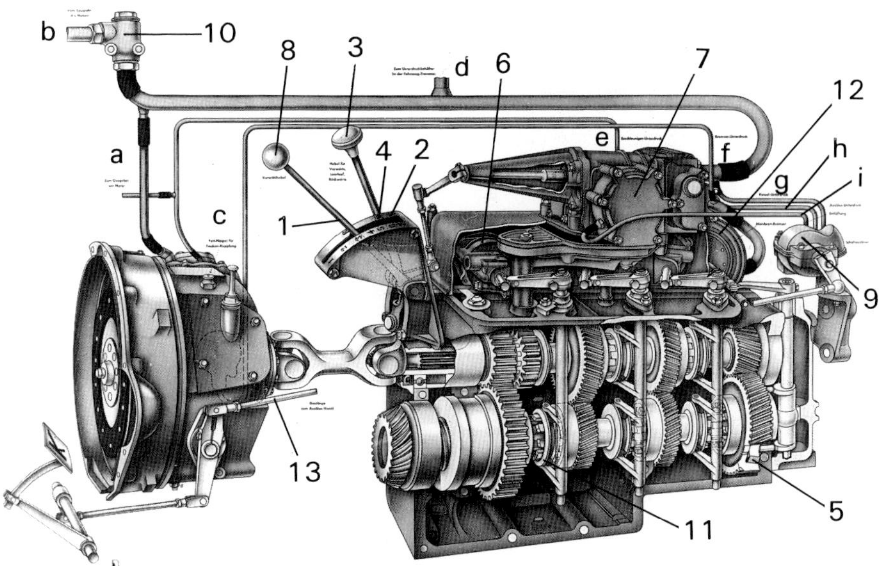

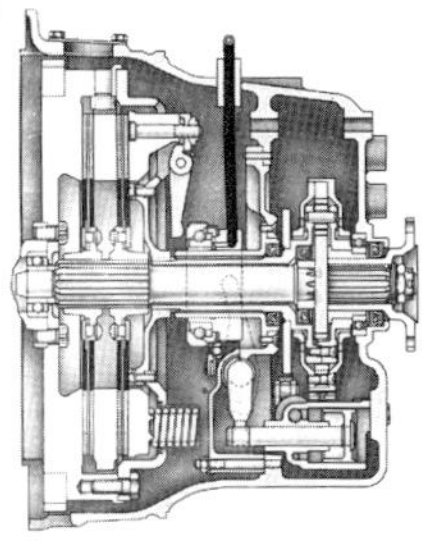

a zum Gasgeber am Motor, b vom Saugrohr des Motors, c Fettnippel für Trockenkupplung, d zum Unterdruckbehälter (in der Fahrzeug-Traverse), e Beschleuniger-Unterdruck, f Bremser-Unterdruck, g Kessel-Unterdruck, h Auslöse-Unterdruck, i Entlüftung.

Bild 2. Maybach-Variorex-Getriebe, an einen HL-Motor angeflanscht.

Bild 3. Die Maybach-HL-Motoren waren so konzipiert, daß die wichtigsten Wartungsarbeiten, wie z. B. das Einstellen der Ventile (Bild), leicht durchgeführt werden konnten.

blieben jedoch Werksangehörige der Firma Maybach.)*

Zwischen dem Stammwerk und den Monteuren fand ein reger Informationsaustausch statt. Die Monteure waren verpflichtet, laufend an das Stammwerk über die Erfahrungen mit Motoren und Getrieben zu berichten. Diese Berichte wurden von der Außenabteilung des Stammwerkes ausgewertet und den Konstruktions- und Versuchsabteilungen zur Verfügung gestellt. Diese veranlaßten dann die erforderlichen Maßnahmen, z. B. Änderungen der Betriebsvorschrif-

*) Nichtsdestoweniger wurden die Monteure häufig auch den sog. »I-Staffeln« beigegeben, welche die Aufgabe hatten, als »fliegende Werkstatt« kleinere Schäden und Störungen an den während des Gefechtes ausgefallenen Fahrzeugen zu beseitigen und sie sofort wieder einsatzbereit zu machen. Diese Aufgabe erforderte unmittelbares Arbeiten im Kampfgebiet, und die unter solchen Umständen provisorisch aufgebauten Reparaturplätze waren zum Teil derart unsicher, daß das Personal neben dem Schraubenschlüssel auch den Karabiner griffbereit haben mußte. Zahlreiche Monteure erhielten Tapferkeitsauszeichnungen.

Bild 4. Die Steuerzeiten ließen sich an den HL-Motoren problemlos kontrollieren bzw. neu einstellen.

ten oder gar Umkonstruktionen. Die daraus resultierenden Einzelheiten wurden den Monteuren mitgeteilt, ebenso, ab welcher Motor- oder Getriebenummer die Änderungen eingeführt wurden und ab wann die notwendigen Ersatzteile für die Truppenteile zur Verfügung standen. Denn die Änderungen wurden natürlich vorrangig in die laufende Produktion eingeführt. In gleicher Weise wurde mit dem in den sogenannten Front-Hauptinstandsetzungsbetrieben eingesetzten Personal verfahren. Im Gegensatz zu den Truppenteilen, die nur Kleinreparaturen einschließlich Motor- und Getriebeaustausch ausführen und kleinere Mängel beseitigen konnten, führten die hinter der Front aufgebauten Instandsetzungswerke Hauptreparaturen, z. B. Generalüberholungen von Motoren und Getrieben, aus. In diesem Instandsetzungsdienst waren Fachkräfte von sämtlichen Firmen vertreten, wie Monteure, Meister und Montageinspektoren. Diese Männer wurden genauso von ihren Firmen betreut, so daß ein reibungsloser Instandsetzungsdienst gewährleistet war.

Spezialmonteure wurden nur den Truppenteilen, die auch mit Maybach-Schaltgetrieben ausgerüstet waren, zugeteilt, weil nur diese sich bei Getriebestörungen an Hand des Schaltschemas helfen konnten. Der Außendienst funktionierte dank der Unterstützung der zuständigen Wehrmachtsdienststellen, vor allem des Generalinspekteurs der Panzertruppen, HEINZ GUDERIAN, *ausgezeichnet.*

Hauptsächliche Probleme an den Motoren waren anfangs die Ölundichtheiten an Kurbelwelle und Lüftergetriebe wegen des hohen Überdrucks im Kurbelgehäuse. Die Folge waren Fahrzeugbrände. Je mehr Motoren zum Einsatz kamen (auch im Panzertyp Panther, wo ebenfalls der HL 230 eingebaut war), häuften sich auch die Brüche von Pleuelstangen. Es hat lange gedauert, bis es mir in Rußland gelang, die

Bild 5. Abgeschossene und liegengebliebene Panzer auf einer Sammelstelle an der Ostfront. Je nach Schwere des Schadens wurde die Reparatur in einem der Instandsetzungswerke im Kriegsgebiet oder in einer Fabrik im Reich durchgeführt.

Ursache zu ermitteln. Bei voll aufgetankten Fahrzeugen lag der max. Kraftstoffspiegel im Tank wesentlich höher als der Vergaser-Schwimmerstand. Bei undichten Schwimmernadelventilen lief dann der Kraftstoff in die Zylinder. (Bei einem 12-Zylinder-Motor sind ja immer einige Einlaßventile offen.) Beim Starten des Motors gab es dann sog. Flüssigkeitsschläge, wobei der schwächste Teil, die Pleuelstange, sich verbog und nach ganz kurzem Motorlauf brach. Die Übersetzung vom Anlasserritzel zum Schwungrad-Zahnkranz war so groß, daß der Anlasser den Motor ohne ein Warnzeichen durchdrehte.

Wir schufen Abhilfe, indem wir vor den Vergasern (vier zweistufige Doppelvergaser je Motor) ein öldruckbelastetes Ventil in die Kraftstoffzuleitung schalteten, d. h. bei stehendem Motor gab es keinen Öldruck und somit auch keinen Kraftstoffdurchgang. Nach diesen Erkenntnissen gab es außer normalem Verschleiß keine Motorenprobleme mehr.

Mein Eindruck vom Entwicklungsstand der Maybach-Motoren im Vergleich mit den Triebwerken unserer damaligen Gegner war, daß die Motoren des Maybach-Motorenbaus sich hoch überlegen zeigten. Ein großer Nachteil war jedoch, daß wir viel zu wenig Panzer hatten. Dies hatte z. B. zur Folge, was ich selbst erlebt habe, daß eine Kampfeinheit russische T-34-Panzer sammelte, reparierte und dann mit deutschen Hoheitsabzeichen gegen die Russen einsetzte.

Bild 6. Auch beim Afrika-Korps wurden die Motoren im Feld unter primitivsten Voraussetzungen instandgesetzt. Im Vordergrund ein HL-120-Panzermotor.

Der Ersatzteilnachschub funktionierte im großen und ganzen gut, wenn es auch durch Bombenzerstörungen eine Reihe von Engpässen in der Produktion oder beim Transport gab. Alles, was mit der Panzerproduktion und dem Nachschub hierfür zu tun hatte, war vorrangig. Durch die Verlagerung vieler wichtiger Produktionsanlagen in wenig oder nicht gefährdete Gegenden war doch eine laufende Produktion und Nachschubversorgung gewährleistet.

Ing. Walter Häring

Die Wende

Einen Monat später erlitt Friedrichshafen am 21. Juni 1943 seinen ersten Luftangriff. Beim Maybach-Motorenbau entstanden »verhältnismäßig geringe Gebäude- und Maschinenschäden, dagegen ausgedehnte Glasschäden, die kurz darauf beseitigt wurden«. Gleichfalls »kleinere Schäden« entstanden bei einem Angriff am 8. Oktober 1943: »Eine merkliche Beeinträchtigung der Produktion hat sich hieraus jedoch nicht ergeben.« So konnte man also während des ganzen Jahres 1943 in dieser Hinsicht »normal« arbeiten, d. h. die Produkion trotz Arbeiter- und Materialmangel ständig steigern. Doch das Menetekel war nicht mehr zu übersehen.

Wenn gleichwohl Bilanz, Gewinn- und Verlustrechnung sowie der Bericht über das Geschäftsjahr 1943 erst am 7. Dezember 1944 abgeschlossen diskutiert wurden, dann lag das an den zwei schweren Luftangriffen im April und Juli 1944. Im Geschäftsbericht über das Jahr 1943 hieß es:

»Dagegen ist durch den Terrorangriff vom 27./28. April und den Tagesangriff vom 20. Juli 1944 eine gänzlich veränderte Lage entstanden, was schon der mit mindestens 30 Mill. RM zu beziffernde Kriegsschaden beweist. Wenn es uns auch gelungen ist, unser so schwer getroffenes Werk und verschiedene daraufhin eingerichtete Verlagerungsstätten innerhalb außergewöhnlich kurzer Zeit wieder in Gang zu bringen, so daß wir neben erheblichen, schon wenige Tage nach den Angriffen einsetzenden Teilelieferungen für Ersatzzwecke und Nachbaufirmen bereits im Oktober wieder einen Ausstoß von 800 Motoren erreichen konnten, so sind doch ertragsvermindernde Auswirkungen auf das Jahr 1944 unvermeidlich.«

Diese letztere Überlegung sollte schon wenige Wochen später Karl Maybachs geringste Sorge sein. Einstweilen stand fest, daß der Maybach-Motorenbau den seit der Gründung schwersten Schlag erlitten hatte, der auch die Wehrmacht und das Dritte Reich traf, Bild 165. Wer im Juli 1944 wußte, wie groß der Anteil an der Versorgung mit Panzermotoren aus Friedrichshafen war, der konnte nicht darüber hinwegsehen, daß diese Schläge – neben so vielen anderen vom Rheinland über Berlin bis Schlesien – von der rüstungswirtschaftlichen Seite her das baldige Ende des Krieges, die Niederlage des Dritten Reiches bedeuteten – allen Menschenopfern zum Trotz, die Hitler und seine Gefolgsleute dem deutschen Volk weiterhin abverlangten.

Der Maybach-Motorenbau mit seinen damals mehr

Bild 165. Am 21. Juni 1943 erlitt Friedrichshafen den ersten schweren Luftangriff. Doch erst die Angriffe vom 27./28. April und 20. Juli 1944 wirkten sich spürbar auf die Produktion des Maybach-Motorenbaus aus.

Bild 166. Maybach-Motor HL 230, eingebaut im mittleren Panzer V »Panther«, im schweren Panzer VI »Tiger« und im Panzer VI Ausführung B »Tiger II« (»Königstiger«). Zwölfzylinder-V-Bauart mit vier Solex-Doppel-Fallstrom-Geländevergasern; Bohrung × Hub: 130 mm × 145 mm, 515 kW (700 PS) bei 3000 min^{-1}, Zylindervolumen 1,92 dm^3.

Bild 167. Schwerer Panzer »Tiger« mit HL-230-Motor und Olvar-Getriebe von Maybach. Gefechtsmasse: 56900 kg, Höchstgeschwindigkeit: 38 km/h, Fahrbereich: 90 km, Bewaffnung: eine 8,8-cm-KwK 36 L/56, zwei MG; Besatzung: fünf Mann. Während die Deutsche Wehrmacht bis 1945 etwa 2000 »Tiger« erhielt, standen der Roten Armee 43000 T-34-Panzer zur Verfügung.

als 5700 Mitarbeitern konzentrierte sich völlig auf den Bau von Benzin-Fahrzeugmotoren, von denen man zwar im Laufe des Jahres 1943 9131 Stück im Wert von 78 Mill. RM ablieferte, aber 20000 Stück im Wert von 172 Mill. RM »verkaufte«. Der Auftragsbestand war auf 322 Mill. RM angewachsen. Dabei standen nun die Typen HL 120 mit 3579 und HL 210/230 (Bild 166) mit 4346 abgelieferten Einheiten im Mittelpunkt der Produktion. Das hatte seinen wichtigen Grund:

»Dieser Geschäftszweig wurde im Berichtsjahr ausschlaggebend beeinflußt von der auf Verlangen der zuständigen Stellen trotz fehlender abschließender Versuchsergebnisse notwendig gewordenen vorzeitigen Einführung der Großserienfertigung des 700-PS-Motors Type HL 230. Daraus resultierende und von uns vorausgesagte technische Schwierigkeiten konnten, da nicht grundsätzlicher Natur, nach und nach behoben werden. Eine in diesem Zusammenhang vom Reichsminister für Rüstung und Kriegsproduktion eingesetzte technische Kommission mußte nach eingehenden Untersuchungen die Richtigkeit unserer Konstruktionsprinzipien bestätigen.«

Der HL 230 hatte unter dem Druck der schweren Kämpfe an der Ostfront in kürzester Zeit aus dem HL 210, mit dem die ersten 250 ganz neuen schweren »Tiger«-Panzer (Pz.-Kpfw. VI, Bild 167) ausgerüstet waren, entwickelt werden müssen.[28]) Praktisch ohne Erprobung wurde er in den übrigen Wagen dieses Panzertyps und dem mittleren Pz.-Kpfw. V »Panther« (Bild 168) an der Front eingesetzt – zunächst in Nordafrika und dann in der Schlacht bei Kursk. »Die Erprobung findet an der Front statt«, hatte der Befehl des OKH gelautet. Entsprechend waren die »Versuchsergebnisse«. Die erforderlichen Verbesserungen an den Motoren machten beim Maybach-Motorenbau »zeitweise einen besonders umfangreichen Einsatz« in diesem Bereich nötig. Das schuf natürlich auch Ersatzteil-Probleme.

Im Jahre 1944 konnten nur noch 6318 Benzin-Fahrzeugmotoren abgeliefert werden – 3635 HL 120[29]) und 2973 HL 210/230. Verkauft waren weitere 7007 Einheiten. Daß sich der Krieg seinem Ende näherte, konnte man schon an der wirtschaftlichen Entwicklung erkennen: Überall in Deutschland gingen die Produktions- und Beschäftigtenzahlen zurück. Ausdrücklich wurde berichtet: »Von entscheidender Bedeutung ... waren eine gegen Ende des Berichtsjahres eingeleitete Annulierung von Aufträgen der Panzermotoren Type HL 120 und auch einige sonstige grundsätzliche Umstellungen. Entgegen dem Willen alter erfahrener Fachleute unseres Auftraggebers sollten künftig für Panzer Dieselmotoren Verwendung finden« (vgl. S. 332f.).

[28]) Vgl. hierzu S. 323.

[29]) Der HL 120 diente als Antriebsaggregat der beim Heer am weitesten verbreiteten Pz.-Kpfw. III und IV sowie der 18-t-Halbketten-Zugmaschine (Sd.-Kfz. 9).

Bild 168. Mittlerer Panzer »Panther« mit Maybach-HL-230-Motor und ZF-Getriebe AK 7. Das AK-7-Getriebe (sieben Vorwärtsgänge, ein Rückwärtsgang) war im Gegensatz zum Olvar-Getriebe des »Tiger« ein reines Handschaltgetriebe. Der »Panther« wurde als direktes Gegenstück zum russischen T-34 von MAN entwickelt und ging Ende 1942 in Serie. Technisch und im Gefechtswert war er dem russischen T-34 klar überlegen. Insgesamt wurden bis zum Kriegsende rund 6000 »Panther« in verschiedenen Ausführungen gebaut. Gefechtsmasse: 45 500 kg, Höchstgeschwindigkeit: 46 km/h, Fahrbereich: 160 km, Bewaffnung: eine 7,5-cm-KwK L/70, drei MG; Besatzung: fünf Mann.

Bild 169. Drei Ausführungen des Olvar-Getriebes mit 220 kW (300 PS), 294 kW (400 PS) und 515 kW (700 PS) Übertragungsleistung, von denen allerdings nur die Ausführung 294 kW (400 PS) im »Tiger« eingebaut wurde; die beiden anderen liefen erst im Versuch. Die tatsächliche Übertragungsleistung im »Tiger« lag dann allerdings doch bei 515 kW (700 PS).

Bild 170. Antriebstechnische Panzererprobung durch Maybach-Mitarbeiter auf der »Panzerwiese« am Gehrenberg bei Markdorf. Bei dem gezeigten Fahrzeug handelt es sich um das Fahrgestell des Panzers VI »Königstiger«.

Bild 171. Schwere Panzer »Königstiger« im August 1944 in der Champagne. Die ersten 50 Wagen dieses Typs hatten den nach seinem Mitkonstrukteur benannten stromlinienförmigen, jedoch fertigungstechnisch aufwendigen »Porsche«-Turm mit walzenförmiger Rohrblende. (Vgl. auch Tafel 11, S. 266/67).

Bild 172. Nach den schweren Luftangriffen im August 1944 lag die Altstadt von Friedrichshafen in Trümmern. Ein Trupp Soldaten marschiert mit geschulterten Schaufeln zu Aufräumungsarbeiten durch die Karlstraße, eine der Hauptstraßen der Stadt.

Die Verbindung mit dem Nordbau[30]) wurde im Jahre 1944 »durch Einflüsse von behördlichen Stellen immer mehr beeinträchtigt, so daß gegen Ende des Jahres 1944 eine vollständige Lösung von diesem Unternehmen geplant war, die dann aber durch die eingetretenen Ereignisse nicht mehr durchgeführt werden konnte«. Das Unternehmen in Berlin arbeitete bis Ende März 1945 – abgesehen von den Unterbrechungen durch Luftangriffe – einigermaßen normal. Dann brach allmählich die Material- und Stromversorgung zusammen. Am 15. April setzte der Artilleriebeschuß durch die Russen ein. Am 22. wurde eine Verlagerung nach Grimmen bei Greifswald an der Ostsee und von dort in die Gegend von Lübeck durchgeführt. Am 3. Mai nahmen amerikanische Truppen die restlichen 80 Personen gefangen.

Die letzten Monate des »totalen Krieges«

Das Durcheinander wurde schnell immer größer. Während man auf der einen Seite den Übergang zum Diesel befahl, wurden »unabhängig davon ... die Entwicklungsaufträge für Benzinmotoren aufrechterhalten und von uns bis Kriegsende für die HL-230-Type eine solche Leistungssteigerung erzielt, daß Dieselmotoren wiederum für Kampfwagen ausgeschieden wurden«. Schließlich beschränkte man sich auf die Produktion von HL-230- und HL-120-Motoren.

Alles in allem sank 1944 der Lieferumsatz um 12% auf 99 Mill. RM, während die Herstellungskosten um 11% auf 75 Mill. RM stiegen. Der »Erlöswert« der Benzinmotoren betrug 53,4 Mill. RM. Am wichtigsten aber war, daß der »Anlagenwert« durch die Luftangriffe »um nahezu 50% verringert worden war«. Ersatzbeschaffungen waren kaum noch möglich, so daß es gar nicht leicht war, die 15,5 Mill. RM Vorauszahlung auf die Erstattung für die Kriegsschäden auszugeben.

Im letzten Vierteljahr 1944, als Stadt und Werk Friedrichshafen zu etwa 70% zerstört waren (Bild 172), begann sich die Rüstungswirtschaft des Dritten Reiches aufzulösen. Die »Behörden« – was immer das war: die Wehrmacht, die SS, das Ministerium Speer, die Reichsbahn, Görings Dienststellen mit ihren zahllosen Außenstellen, die ständig auseinandergenommen, zusammengelegt, ausgelagert und umbenannt wurden – verloren die Übersicht über das, was sie heute noch verwalteten oder kommandierten und was morgen zerbombt wurde und in Flammen aufging. Zu diesem Wirrwarr gehörte auch, daß dem Maybach-Motorenbau die Arbeitskräfte ausgingen. Einerseits fehlte es nach den Zerstörungen durch die Luftangriffe an Arbeitsplätzen für Facharbeiter, andererseits an Menschen für die Aufräum- und Wiederaufbauarbeiten.

In dieser Situation gegen Ende des Jahres 1944 begann man darüber nachzudenken und zu flüstern, wie man den Siegern begegnen und was man nach dem Kriegsende tun wollte, um den Maybach-Motorenbau zu erhalten. Worauf sollte oder konnte man sich also vorbereiten? Gespräche über diese gefährliche Frage haben stattgefunden. Sie fanden ihren Niederschlag in dem letzten Satz des Geschäftsberichtes für das Jahr 1944, der erst am 18. März 1951, also sechs Jahre nach dem Kriegsende von jenen Männern geschrieben und unterschrieben wurde, die vom ersten bis zum letzten Tage des Krieges dabeigewesen waren und weiterhin an

[30]) Siehe auch S. 183.

der Spitze dieses Unternehmens standen. Dieser letzte Satz ist sicher aufs sorgfältigste mit dem Blick auf die neue politische Situation im Mai 1951 formuliert worden. Er lautet:

»Soweit es möglich war, sind Anpassungen an die jeweilige Kriegslage durchgeführt worden, jedoch war es nur beschränkt möglich, grundlegende Voraussetzungen für eine erforderlich werdende Umstellung vorzubereiten, da die von dem Auftraggeber eingesetzten Aufsichtsorgane schon zu großen Einfluß hatten.«

Aber zunächst war der Krieg ja auf der Wende von 1944 zu 1945 durchaus noch nicht beendet, Bild 173. Und an jenem 18. Mai 1951 hat man auch eine Bilanz und einen Bericht zu ihr »auf 31. Dezember 1945« vorgelegt und verabschiedet. Er beginnt im genauen Anschluß an den letzten Satz des Berichtes über 1944: »Trotz des bei Beginn dieses Geschäftsjahres sich immer mehr abzeichnenden Verfalls konnten bis Ende April 1945 noch über 2000 Benzinmotoren, insbesondere der 700-PS-Type HL 230, sowie Ersatzteile gefertigt und zusammen mit den weitergeführten verrechnungsfähigen Entwicklungsarbeiten ein Umsatz von RM 31839067,27 erzielt werden.« Mit dieser Zahl endete gewissermaßen am 22. April 1945 beim Maybach-Motorenbau die Arbeit für den Krieg. Denn an diesem Tage erhielt man den Befehl zur Einstellung der Produktion. Tags darauf traf der »Führerbefehl« zur Sprengung des Werkes ein. Sofort holte man bei Speers Beauftragtem Scheerer telefonisch den Gegenbefehl ein, so daß die Sprengung unterblieb.

Das Ende des Krieges in Friedrichshafen

Dann herrschte fünf Tage Ruhe. Am 28. April marschierten die französischen Truppen in die »Verlagerungsorte« Schornreute, Weingarten und Wangen ein, wohin man am 28. April 1944 die Konstruktionsbüros und die Versuchsabteilung, die für die Fortexistenz des Maybach-Motorenbaus ab 1946 entscheidende Bedeutung erhalten sollten, mit etwa 250 bis 300 Personen ausgelagert hatte; am Tage darauf wurde auch Friedrichshafen besetzt. Im Bericht heißt es lakonisch:

»Anschließend Plünderungen und Diebstähle durch Ausländer und Deutsche nicht zu vermeiden. Lebhafte Informationsbesuche alliierter, in Offiziersuniform erscheinender Ingenieure und Wirtschaftler, Abtransport von Material und Fertigteilen sowie Werkzeugmaschinen von Friedrichshafen und allen Verlagerungsstellen, ausgenommen dem nur von Amerikanern besetzten Blaubeuren. Verhaftung von Oberbeamten und Wachpersonal wegen angeblicher Ausländermißhandlungen u. a., wobei trotz größter Anstrengungen erst im Februar 1948 vom französischen Militärgericht in Rastatt der Freispruch aller verhafteten Oberbeamten und vieler der übrigen Angeklagten erreicht werden konnte.«

Bild 173. Am 16. Dezember 1944 beginnt die Ardennen-Offensive, mit der Hitler noch einmal das Gesetz des Handelns an sich reißen will. Die Panzer und Fahrzeuge der deutschen Verbände müssen sich ihren Kraftstoff beim Feind holen, denn die Reserven sind erschöpft. Nach Anfangserfolgen bricht der auf Brüssel gerichtete Angriff jedoch schon in den ersten Januartagen 1945 zusammen. Bild: Frierende »Volksgrenadiere«, auf einem »Panther« aufgesessen, rollen durch den verschneiten Wald in die Kampflinie.

Das »Ausscheiden der für eine Wiedereinstellung nicht mehr in Frage kommenden, vor der Besetzung bei uns tätig gewesenen Arbeitskräfte wickelte sich ohne Schwierigkeiten ab, rückständige Löhne und Gehälter wurden ordnungsgemäß ausbezahlt. Neueinstellungen nach der Besetzung erfolgten zu den alten Tariflöhnen und Gehaltssätzen.« Denn bereits Ende Mai 1945 begann man mit der Einrichtung einer Großreparaturstelle für Personenwagen der Besatzungsmacht (siehe Bild S. 206) und im Juni mit der Fortführung »unserer Diesel- und Benzinmotoren-Entwicklung in Wangen für Rechnung der französischen Regierung«. Anfang 1945 waren 3724 Arbeiter und 780 Angestellte beschäftigt gewesen, am 22. April waren es noch 3500 und 700 Angestellte. Vor der Besetzung hatte man einen Umsatz von 15,5 Mill. RM an Benzinmotoren und 16,1 Mill. RM an Ersatzteilen, Reparaturen usw. erzielt. Anfang 1945 hatte man einen Auftragsbestand von 230 Mill. RM verzeichnet. Der allerletzte Satz des Berichtes stellte lakonisch fest: »Hoffnungen für die Zukunft bestanden seinerzeit so gut wie keine.«

Der »Nordbau«

Ein Maybach-Tochterunternehmen eigener Art war die »Nordbau, Norddeutsche Motorenbau GmbH« in Berlin-Niederschöneweide, Bild 174. Am 18. Juli 1935 wurde die Gesellschaft als eine hundertprozentige Tochter des Maybach-Motorenbaus auf Grund eines Mantelvertragsabkommens zwischen dem »Reichsfiskus Heer« (OKH) und dem MM gegründet – und zwar

Bild 174. Das einzige bekannte Bild des »Nordbau« in Berlin-Niederschöneweide entstand in den frühen vierziger Jahren. Nach Kriegsende hat der Besitzer des Photos die NS-Parolen, die auf dem Dach und an der Wand des Nordbaus angebracht waren, aus Furcht vor der Besatzungsmacht retuschiert.

auf einem Grundstück der »Verwertungsgesellschaft für Montanindustrie GmbH« (Montan), die als »Beauftragte des OKH« handelte. Gebäude, Maschinen, Werkzeuge und alle sonstigen Einrichtungsgegenstände wurden aus Mitteln des OKH beschafft, der Montan zur Verfügung gestellt und von dieser an die Firma »Nordbau« verpachtet. Allerdings geschah das erst durch mehrere Verträge zwischen Februar und Dezember des Jahres 1940. Der Gründungsvertrag des Nordbau bezeichnete im Jahre 1935 als Zweck der Gesellschaft »die Herstellung von Fahrzeugmotoren für Land-, Luft- und Wasserfahrzeuge und deren Zubehör und den Vertrieb dieser Erzeugnisse«. Das Kapital der Gesellschaft betrug 20000 RM, von denen der Maybach-Motorenbau 19000 RM übernahm und ein Viertel einbezahlte. Zu Geschäftsführern wurden die beiden Maybach-Mitarbeiter Felix Zabel und Erich Häussler ernannt. Vorsitzender des Aufsichtsrates war Dr. Hugo Eckener.

In dem Mantelvertrag, der im August 1940, also nach den Erfahrungen des Frankreichfeldzuges, zwischen dem OKH und dem Maybach-Motorenbau geschlossen wurde, hieß es, der Nordbau solle der Herstellung und Hauptüberholung von Maybach-Motoren sowie der »Fertigung von Schaltreglern für Maybach-Schaltgetriebe für das Heer dienen« – zunächst der Fertigung der Motorentypen HL 42, HL 62 und HL 108/120. Die für den Betrieb der Anlagen erforderlichen Umlaufmittel in Höhe von 0,5 Mill. RM gab der Maybach-Motorenbau der Tochtergesellschaft in Form eines Darlehens. Weiter hieß es: »Damit tritt die Firma in das für heereseigene Industriebetriebe geltende ... Vertragssystem ... ein.« Es sollten je Monat 240 Motoren und 150 Schaltregler »betriebsbereit gehalten« und 160 Motoren überholt werden. Das bedeutete gegenüber der bisher gebotenen Leistung eine Verstärkung in nicht mehr feststellbarer Höhe; »die Möglichkeit des Ausbaus des Werkes« blieb »vorbehalten«.

Für den »Vollausbau« des Nordbau wurden zunächst 6,3 Mill. RM vorgesehen, für eine 1936/37 geplante Erweiterung noch einmal 3,0 Mill. RM und danach noch einmal 6 Mill. RM bis zum 1. April 1938. Während dieser Zeit kam es mehrmals zu Veränderungen der Aufgaben, da die Produktion einiger Motorentypen eingestellt und die von anderen Typen begonnen wurde. Am 6. Juli 1938 war vorgesehen: Reparatur von 40 Motoren wöchentlich, fakultativ von 400 Schaltreglern monatlich und Ersatzteilfertigung für 500 Motoren monatlich. In diesem Rahmen arbeiteten 240 Angestellte, 1100 Arbeiter und 20 Lehrlinge, insgesamt 1360 Personen. Bis Ende November 1939 wurden für den »Ausbau des Werkes Nordbau« einschließlich Maschinen, Betriebsmaterial und Betriebseinrichtungen 11,8 Mill. RM »genehmigt«.

»Nachbau«

Im Laufe des Krieges spielte der »Nachbau« eine ständig wachsende Rolle.[31]) Das führte u. a. zu technischen und finanziellen Problemen. Die nachbauenden Firmen mußten gewissermaßen angelernt werden. Sie erhielten Zeichnungen und Geräte, mußten einige »Lehrstücke« herstellen und wurden in die eigentliche

[31]) Vgl. hierzu auch S. 192ff.

Produktion erst eingeschaltet, wenn diese zur Zufriedenheit des MM ausgefallen waren, denn die Verantwortung für die Qualität blieb prinzipiell beim »Motorenbau«.

Zu den finanziellen Fragen gehörten hauptsächlich die Zahlungen, welche die nachbauenden Firmen mit Einwilligung der Deutschen Wehrmacht an den Maybach-Motorenbau zu leisten hatten. Die Wehrmacht konnte fast nach Belieben die Preise drücken. Der »Motorenbau« versuchte, Lizenzpreise aus der Vorkriegszeit zu behaupten, was angesichts der Produktionsgröße unmöglich war – auch wenn man auf die ständig steigenden Kosten in vielen Bereichen hinwies. Seit 1943 wagte wohl kein Unternehmer, der das Geschehen an den Fronten so deutlich miterlebte wie die Leitung des Maybach-Motorenbaus, auf »Kriegsgewinne« zu hoffen, die nach dem Ende des Krieges erhalten bleiben konnten. Vollends, als die Westfront sich auch Süddeutschland näherte, konnte man kaum noch hoffen, daß das Unternehmen seine Existenz werde behaupten können. Was am Ende des Nachbaus übrig bleiben würde, war überhaupt nicht abzuschätzen.

Über einen ersten Nachbau-Vertrag wurde seit Ende 1935/Januar 1936 zwischen dem Maybach-Motorenbau und der Lokomotivfabrik Krauss-Maffei[32]) sowie dem »Wehrmachtsfiskus« verhandelt. Dabei ging es zunächst um einen »Lehrauftrag«, danach um die Einrichtung einer Fertigungsstätte für Maybach-Benzinmotoren im Werk Allach von Krauss-Maffei, deren Kosten Krauss-Maffei tragen mußte, ohne daß das OKH »zur Erteilung von Lizenzaufträgen verpflichtet« war. Es wünschte aber im Dezember 1936 den »sofortigen Beginn der Fertigung ohne Unterzeichnung des Vertrages«. Im April 1937 war der »Dreiecksvertrag« OKH–MM–Krauss-Maffei immer noch nicht unterzeichnet. Aber nun verhandelten die beiden Firmen über einen zweiseitigen Vertrag. Der Entwurf begann: »Es ist Maybach bekannt, daß Krauss-Maffei Aufträge vom OKH auf Lieferung von Benzin-Fahrzeug-Motoren Type Maybach NL 38 und HL 62 erhalten soll.« Im weiteren ging es um Fabrikationsunterlagen sowie die Ausbildung von Ingenieuren und Monteuren (Lehrpersonal) bei Maybach innerhalb von zwei Jahren nach Vertragsabschluß: 1938 wurden die Motorentypen, die Krauss-Maffei bauen sollte, vom OKH mehrfach geändert. Dann ergaben sich im Herbst 1939 neue Fragen im Zusammenhang mit der Behandlung und Verantwortung der »Unterlieferanten«. Im Mai 1940 entstanden Differenzen über die »Facharbeiterfrage«. Krauss-Maffei erklärte eine Produktionssteigerung für undurchführbar, da man für eine solche nicht genug Facharbeiter habe.

Von politisch-historischem Interesse ist, daß auf Befehl der Wehrmacht im Juli 1940 zwei Zugkraftwagen KM m11, deren Motoren vom Nordbau hergestellt worden waren, an die Sowjetunion geliefert wurden. Vor der Übergabe hatte man die Nordbau- und Krauss-Maffei-Firmenschilder durch solche des Maybach-Motorenbaus ersetzt. Zwei Ersatzmotoren sollten folgen.

B e k a n n t m a c h u n g

Der Herr Reichsminister S p e e r , Reichsministerium für Bewaffnung und Munition, hat unserer Betriebsgemeinschaft eine kostenlose Sonderzuteilung von

S a l z s a r d e l l e n

zukommen lassen. Aus der nunmehr eingetroffenen Sendung kann jedem deutschen Gefolgschaftsmitglied (auch Jugendlichen) etwa 1 kg zugeteilt werden. Um die Verteilung bestmöglichst durchführen zu können, ist es erforderlich, dass die Gefolgschaftsmitglieder Einschlagpapier von zu Hause mitbringen. Ausgabezeit und Ort wird in den einzelnen Abteilungen bekanntgegeben.

Die Spende soll uns erneut ein Ansporn sein, uns für die Erfüllung der uns gestellten Aufgaben einzusetzen.

Friedrichshafen a.B. Der Betriebsführer:
den 2. Dezember 1942 Maybach Raebel Rommel

Bild 175. Die Aussichtslosigkeit eines Krieges fast gegen die ganze Welt zeigt sich gerade an Marginalien: Der Reichsminister für Bewaffnung und Munition, Albert Speer, läßt an die Belegschaft des Maybach-Motorenbaus eine Sonderration Salzsardellen als Belohnung verteilen.

Ein weiterer Nachbauvertrag ist mit der Firma »Kämper-Motoren AG Berlin-Marienfelde« im Januar/Februar 1939 geschlossen worden. Im Februar 1942 waren am Nachbau des Motors HL 62 auch Borgward, Krupp und Saurer in Wien beteiligt. Im April 1942 wurde über die Verlagerung des Nachbaus von Krauss-Maffei zu Saurer nach Wien verhandelt. Das hing offenbar mit einer vorgesehenen Steigerung des »Adolf-Hitler-Panzerprogramms« im Jahre 1943 und damit zusammen, daß Krauss-Maffei Ende 1942, vielleicht infolge des Fehlens von Material durch Verzögerung von Bestellungen für dieses, sein Fertigungsprogramm nicht mehr erfüllen konnte. Schließlich wurde die »Einrichtung neuer Instandsetzungs-Werkstätten« zwar nötig, doch hatte sie, wie Jean Raebel am 14. August 1941, also mitten in der großen Rußlandoffensive erklärte, »so lange keinen Sinn, bis genügend Ersatzteile für die Belieferung aller dieser Instandsetzungsfirmen aufgestockt« seien.

In diesem Zusammenhang kam es auch zu kuriosen Ereignissen. So hatte die erfahrene Reparaturfirma Dau »ein Bauvorhaben zur Erhöhung ihrer Leistungsfähigkeit ohne Genehmigung durchgeführt«. Dafür sollten sie und die ausführende Baufirma mit 50 000 RM bestraft werden. Das wurde aber von einer anderen Abteilung des OKH rückgängig gemacht, die ihrerseits »Herrn Dau für die Verleihung des Kriegsverdienstkreuzes vorschlug, da … die Firma keine Strafe, sondern eine Auszeichnung« verdiene. Am 6. oder 7. September 1941 beschloß das OKH, »die Firma Borgward

[32]) Vgl. hierzu auch S. 187.

Bild 176. Maybach-HL-42-TR-Motor für Halbketten-Zugmaschinen. TR steht für Trockensumpf-Ausführung, d. h. der Motor hat statt einer Ölwanne einen flachen Boden. Das vom Triebwerk ablaufende Öl wird in einen Sammelbehälter gepumpt und von dort aus dem Motor wieder zugeführt. Auf diese Art ist sichergestellt, daß der Motor auch bei extremen Schräglagen des Fahrzeuges im Gelände ausreichend Öl erhält.

Bild 177. Eine Ju 52 der Luftwaffe wird mit Motorenteilen für die Ostfront beladen (um 1942).

mit dem Nachbau unserer Motoren-Type HL 42 [Bild 176] für die Normalausführung der 3-to-Zugmaschinen zu beauftragen« – und zwar mit 125 Stück monatlich. Drei Tage später sollte es die Motoren-Type HL 62 sein. Drei Wochen später war von der »baldmöglichsten Einschaltung« von Borgward »in die Ersatzteilfertigung« für den Motor HL 62, am 9. Oktober von der »Fertigung einzelner Teile *verschiedener* Motorentypen« die Rede – schließlich Anfang Februar 1942 doch vom Nachbau dieses Motors.

So und so ähnlich ging es weiter und weiter – ein Spiegelbild der chaotischen Zustände in der deutschen Rüstungsplanung und -lenkung, das um so bizarrer wirkt, wenn man es mit der gleichzeitigen Fertigung entsprechender Fahrzeugtypen durch mehrere – im Frieden heftig miteinander konkurrierende – Firmen in den USA vergleicht.

Am 17. November 1941 betonte Raebel, »daß unbedingt die *Fa. Saurer* auch für die HL-120-Ersatzteile eingesetzt werden müßte, daß er aber natürlich bereit sei, falls später die Fa. Saurer den ganzen Motor HL 62 nachbauen soll, diesem Nachbau bei Saurer zuzustimmen«.[33]) Ob Raebel tatsächlich die Möglichkeit gehabt hätte, *nicht* zuzustimmen, mag dahingestellt bleiben. Wichtiger war, daß bei dieser Besprechung die Ersatzteilfrage an der Front und die Instandsetzung der Motoren unmittelbar hinter der Front zur Sprache kam. Die Reise einer Kommission an die Front hatte ergeben: Der Mangel an Ersatzteilen war in der Hauptsache auf Transportschwierigkeiten zurückzuführen, Bild 177. »Über 200 Waggons Ersatzteile« waren steckengeblieben, »da die Strecken vollkommen verstopft sind«. Das OKH begann jetzt, im November 1941, daran zu denken, »an einer oder zwei Stellen Instandsetzungswerkstätten einzurichten, die unter Verantwortung von MM und mit Hilfe der an der Front befindlichen MM-Monteure die Instandsetzungsarbeiten durchführen«. Raebel begrüßte diesen Vorschlag; aber es gab auch »Bedenken gegen die Zusammenziehung unserer Monteure, die z. Zt. bei den Panzerregimentern bzw. Instandsetzungskolonnen sind«. Die beiden Werkstätten sollten so groß werden, daß jede monatlich 300 bis 500 Motoren überholen konnte. Man dachte an die Beschäftigung »russischer Facharbeiter«.

Ein paar Wochen später, seit dem 16. Dezember 1941, wußte man im OKH, daß im Jahre 1942 rund 800 Motoren monatlich fehlen würden, während die Motorenbauer schon in der Gegenwart den Anforderungen an Serien- und Ersatzmotoren nicht nachkommen konnten. Der »Führer« hatte erklärt, es dürfe »im nächsten Jahr unter gar keinen Umständen die gleiche ›Motorenpleite‹ wie in diesem Jahr eintreten«. Raebel erhob »entschiedenen Einspruch« gegen diesen Ausdruck. Die Motorenhersteller seien nicht schuld an dieser Situation:

»Einerseits sind die eingetretenen großen Ausfälle durch Umstände bedingt gewesen, die mit der Motorenqualität nichts zu tun haben, andererseits hat sich MM seinerzeit, als es sich gezeigt hatte, daß die Kapazität von MM und Nordbau für die Deckung des Gesamtbedarfs nicht ausreicht, sofort bereiterklärt, Adler und Auto-Union das Nachbaurecht zu übertragen. Wenn der Anlauf sich bei diesen beiden Firmen so stark verzögert hat, so kann MM hierfür nichts.«

Und Raebel, dieser furchtlose Mann, der sich innerhalb von zwei Sätzen nicht nur mit dem OKH, sondern geradezu mit Hitler selbst anlegte, fuhr tapfer fort:

---

[33]) Es handelt sich hierbei um die österreichischen Saurer-Werke, nicht zu verwechseln mit der Adolph Saurer AG in Arbon/Schweiz.

Was den gegenwärtigen Mangel an Motoren anbetrifft, so sei dies darauf zurückzuführen, daß auf Grund der Erfahrungen des Ostfeldzuges ganz unverhältnismäßig hohe Forderungen auf Ersatzmotoren vom Amt geltend gemacht werden. Das war der Hinweis auf den Winter 1941/42, der eben erst angefangen hatte. Raebel schloß zum Entsetzen der Gesprächsteilnehmer: »Über die bisher bekannten Stückzahlen hinaus kann MM erst dann weitere Zusagen machen, wenn der Ausbau [von MM] zum Tragen kommt. Ausstoßmäßig wird dies jedoch nicht vor Ende 1943/Anfang 1944 der Fall sein« – ganz abgesehen von einem bereits bestehenden und sich ständig verstärkenden »Kurbelwellen-Engpaß«. Kaum hatten die OKH-Leute diese Mitteilungen ebenso schlucken müssen wie Raebels Nebenbemerkung, man brauche für *jede* Umstellung oder Umsatzsteigerung mehr als ein Jahr Vorbereitungs- und Anlaufzeit, da »bat« er auch schon, »von der beabsichtigten Bestellung weiterer 5880 Pz.-Kpfw.-Ersatzmotoren Abstand zu nehmen, da nach Lage der Dinge mit einer Auslieferung dieser Motoren in absehbarer Zeit nicht zu rechnen ist«. Sein Gesprächspartner sagte ihm zu, daß »keinerlei Bestellungen erteilt werden sollen, deren Auslieferung sich länger als über zwei Jahre erstreckt«.

Es war also an diesem 16. Dezember 1941 beim »Sonderausschuß« des OKH sehr deutlich abzusehen, daß die Versorgung des Heeres mit Zugmaschinen (Bild 178) und Panzern in den folgenden zwei Jahren relativ immer schlechter werden mußte. Und Raebel hatte die Ursachen dafür genannt: die Verluste durch die Kampfhandlungen, die Ausfälle durch Kälte sowie die Schwerfälligkeit der OKH-Bürokratie. Dort aber bemühte man sich natürlich, die Verzögerungen bei der Beauftragung von Saurer mit dem Nachbau des ganzen Motors wie einzelner Teile »mit kleinlichen Erwägungen und Firmeninteressen« beim Maybach-Motorenbau zu begründen. Man teilte der Geschäftsleitung mit, daß »seitens Ihrer Firma ... ohne Verzögerung jegliche Unterstützung« geleistet werde. Raebel leistete sachlichen Widerstand: Erst müsse die Kurbelwellenbeschaffung gesichert sein, dann müsse Saurer mit dem Nachbau von Teilen beginnen, und erst danach käme der Nachbau des ganzen Maybach-Motors HL 62 in Frage. Was aber die »kleinlichen Erwägungen« anbetraf, so schickte Raebel am 12. Januar 1942 ein sieben Seiten langes Schreiben über »die Entwicklung des Nachbaues unserer Motoren« seit dem Vertrag vom 21. September/4. November 1937 an das OKH.

Inzwischen hatten der Maybach-Motorenbau und Nordbau ihre Kapazitäten so vergrößert, daß bis Ende 1942 »von beiden Werken zusammen mit Krauss-Maffei eine Jahreskapazität von rund 19000 Motoren erreicht wird« – *vorausgesetzt*, daß man genügend Personal, Maschinen und nicht zuletzt Zulieferungen erhielt.

In dem zuvor genannten Brief vom 12. Januar 1942 kam Raebel erneut auf die »durch den Russenfeldzug

Bild 178. Zwei schwere »Zugkraftwagen« (Sd.-Kfz 9) – es handelt sich um die 18-t-Halbketten-Zugmaschine mit Maybach-HL-108-Motor (169 kW/230 PS bei 2600 min^{-1}) – beim Durchqueren eines Flusses im Osten.

bedingten, ganz abnormal hohen Anforderungen von Ersatz-Motoren und -Teilen« zu sprechen, »... die eine Steigerung des Ersatzmotorenanteils an den Serien von 20% auf 50% und für Zugmaschinen von 10% auf 25% veranlaßten«. Und: Über diese 19000 Motoren hinaus wurde »uns erstmals am 2. 12. 1939 ein voraussichtlicher künftiger Gesamt-Motorenbedarf von 1725 Motoren monatlich = 20700 jährlich genannt«. Über die Erfüllung der Voraussetzungs-Bedingungen für eine solche Steigerung war bis zu diesem 12. Januar 1942, also innerhalb von drei Jahren, noch keine »endgültige Festlegung« erfolgt. »Im Herbst 1940 wurden von Ihnen dann neue, noch höhere Zahlen (2000–2500 monatlich) genannt.« Dann erfolgte die Vergabe des Nachbaurechts an Adler im September/Oktober 1940 sowie der Beginn »der Errichtung eines weiteren Montan-Werks auf Nordbau-Basis«, im Oktober 1940 eine Erweiterung der Nachbauvereinbarung mit der Auto-Union. Es folgten die »Errichtung eines Montan-Werks und die Vergabe weiterer Aufträge für Ersatzteile an Borgward, Saurer, Krupp-Fross-Büssing«. Saurer begann den Motoren-Nachbau.

In der Gegenwart sei man im Begriff, fuhr Raebel fort, das Stammhaus für weitere 500 Sechs- und Zwölfzylinder-Motoren monatlich zu vergrößern. Man sei bereit, in Lochbrücke bei Friedrichshafen ein zweites Werk zu errichten, und denke bei diesem an »mehrere tausend Motoren pro Monat«. Allerdings müßten auch entsprechende Mengen von Wohnungen gebaut werden. Bevor man aber mitten im Kriege an die Ausführung derartig großer Projekte herangehe oder auch nur weitere Lizenzen vergebe, solle man erst einmal »die Unterlieferer- und sonstigen Schwierigkeiten« beseitigen. »Gelingt dies«, dann könnte ein »Volleinsatz jährlich« von 43000 Einheiten zur Verfügung stehen, Tabelle 3.

Durch Typen- und Konstruktionsvereinfachung könne man in den folgenden drei Jahren auf eine Steigerung um 15%, also auf »rund 50000 Motoren pro Jahr«

Tabelle 3. Fertigungs-Plandaten für das Jahr 1942.

Maybach	15 000	Sechs- und Zwölfzylinder-Motoren
Nordbau	9 000	Sechs- und Zwölfzylinder-Motoren
Krauss-Maffei	1 200	Sechszylinder-Motoren
Adler	6 000	Sechszylinder-Motoren
Auto-Union	12 000	Sechszylinder-Motoren
insgesamt	43 200	Motoren

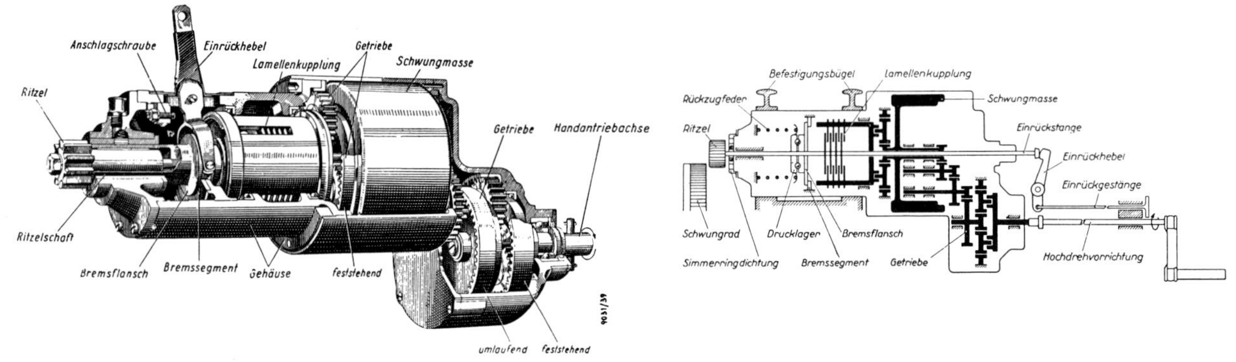

Bild 179. Eine heute kaum noch bekannte, für den Betrachter unserer Tage geradezu »ingeniöse« Besonderheit des HL-230-Motors in den »Panther«- und »Tiger«-Panzern war eine zweite bordeigene Startvorrichtung: der Bosch-Schwungkraftanlasser (links: Schnittzeichnung; rechts: Funktionsschema). Bei entladener Starterbatterie konnte der Motor durch diesen Anlasser im Handbetrieb gestartet werden.

Wirkungsweise: Über die Hochdrehvorrichtung (etwa 70 min^{-1}) und das Planetengetriebe (Übersetzung ins Schnelle) wird das Schwungrad des Anlassers in sehr schnelle Umdrehung (etwa 10 000 min^{-1}) versetzt. Dadurch wird in der Schwungmasse ein großes Arbeitsvermögen in Form kinetischer (= Bewegungs-) Energie gespeichert, das ausreicht, um den Motor einige Male durchzudrehen. Nach dem Hochdrehen wird das Ritzel durch Schwenken des Einrückhebels eingespurt, und jetzt wird die Energie von der Schwungmasse des Anlassers über das Getriebe (Übersetzung ins Langsame), die Lamellenkupplung und das Ritzel auf das Schwungrad des Motors übertragen und dreht diesen mit einer Drehzahl durch, die zum Anspringen ausreicht.

kommen. Aber dem stünden die Zulieferer-Schwierigkeiten im Wege.

Raebel selber sehe »schon allein die Ermöglichung der Ausweitung der Unterlieferer-Leistungen von 13 711 auf 50 000 pro Jahr für eine derart große Aufgabe an, daß z. Z. weitere Ausweitungen der Motorenfabriken oder neue Lizenzvergebungen verfrüht sind, solange alles dies nicht gelöst ist«. Damit wandte Raebel sich gegen seinen eigenen Vorschlag, die »auch vom Herrn Reichsstatthalter für Württemberg in jeder Hinsicht befürwortete Errichtung eines weiteren Werkes in Lochbrücke«. Schließlich empfahl er eine enge Zusammenarbeit der Firmen, die neue Motoren konstruierten – womit nicht zuletzt Saurer gemeint war. Soweit Raebel in seinem Schreiben vom 12. Januar 1942.

Wenige Monate, nachdem man so nachdrücklich die Situation geschildert und kritisiert hatte, erhielt Saurer, Wien, vom Chef der Amtsgruppe Waffen und Gerät im Heereswaffenamt im Mai 1942 den »Auftrag..., im Anschluß an Ihr Werk ein heereseigenes Motorenwerk in kürzester Zeit zu errichten«, und zwar für den Nachbau des Motors HL 230. Der Maybach-Motorenbau stellte ohne Zögern die dafür nötigen Zeichnungen zur Verfügung. Das Vorhaben »Lochbrücke« in Friedrichshafen wurde in der Folgezeit von der Regierung fallengelassen.

Aus dem erhalten gebliebenen Aktenmaterial geht in keinem Fall hervor, was die Nachbauer geleistet haben – weder beim Bau ganzer Motoren verschiedener Typen noch bei dem von Ersatzteilen und Reservemotoren. Da Maybach nur für das Ingangsetzen der Produktionen im Rahmen der Lieferung von Zeichnungen und Werkzeugen *mit*verantwortlich war, nicht aber für die Leistungen und Schwächen der Nachbauer selber, dem OKH auch an der Geheimhaltung solcher Angaben sehr gelegen war, läßt sich zwar gelegentlich feststellen, wieviele Motoren und Ersatzteile das OKH zu brauchen behauptete, nicht aber, wieviele es wirklich haben wollte, und schon gar nicht, wieviele es dann erhielt.

Für den Maybach-Motorenbau war eigentlich nur die Entlastung des eigenen Werkes und ein möglichst großes Maß an Erhaltung der Selbständigkeit und Unabhängigkeit wichtig. Es kam hinzu, daß sich Raebel im Laufe des Krieges, wohl seit Ende 1942, durch seine Tätigkeit in der Industrie einen Namen gemacht hatte, der es ihm ermöglichte, einerseits für die ganze motorenproduzierende Industrie zu sprechen, andererseits seinem eigenen Unternehmen eine Spitzen- und Ausnahmeposition zu sichern. Er war dabei wesentlich unternehmender und einflußreicher als Karl Maybach, der bei all diesen Verhandlungen offenbar nur selten in Erscheinung trat.

Typhus in Friedrichshafen

Am 7. Oktober 1943 schrieb RAEBEL, der inzwischen »Vorsitzer des Sonderausschusses Pz. VII Motorenfertigung für Panzerwagen und Zugmaschinen im Hauptausschuß Panzerwagen« beim Rüstungsminister geworden war, in einem Brief, es habe am 30. September bei Karl Maybach zwischen dem Gesamtvorstand der Firma Maybach sowie einem Medizinalrat und dem Betriebsarzt eine »Besprechung stattgefunden, in welcher wir die Herren angesichts unserer großen Verantwortung für die hier laufende Rüstungsfertigung baten, uns Aufklärung darüber zu geben, ob mit einer Ausbreitung der in hiesigen Lagern ausgebrochenen Typhusfälle zu rechnen sei« und welche Vorbeugungsmaßnahmen nötig erschienen. Es stellte sich heraus, »daß eine Impfung der Gesamtbelegschaft nicht mehr zu umgehen« war, mit der der Betriebsarzt beim LZ auch bereits begonnen hatte. Aber natürlich könne dieser nicht allein 10000 Mann Belegschaft beim LZ und Maybach impfen. Man begann also, andere Zivil- sowie Militärärzte von der Flak in Friedrichshafen heranzuziehen. Aber es fehlte auch an Impfstoff, mit dem man »haushälterisch« umgehen müsse. In aller Eile reiste ein Arzt – zur Überraschung des Betriebsarztes ein »Professor« – mit Impfstoff aus Berlin nach Friedrichshafen.

Nun wurde also im Laufe von drei Tagen die »gesamte Gefolgschaft« mit Hilfe von Medizinstudenten und eines Truppenarztes geimpft, ohne daß der Berliner Professor Dr. med. SEITZ einzugreifen brauchte. Seitz war aber, wie der Beauftragte für das Gesundheitswesen und Chef des Sanitätswesens OT (Organisation Todt) im Reichsministerium Speer am 13. Oktober 1943 schrieb, »mein Hygieniker«, und damit erhielt die Angelegenheit eine Bedeutung, die über die der Typhus-Fälle hinausging. Dieser Beauftragte, DR. POSCHMANN, erklärte kurzerhand:

»Jegliche Diskussion über die Vorkommnisse in Friedrichshafen erübrigt sich im Hinblick auf die Tatsache, daß die Entsendung von Herrn Prof. Seitz zum Segen Ihrer Arbeiterschaft und zur Sicherung der Produktion Ihres Werkes entscheidend positiv mitgewirkt hat... Unsere Tätigkeit ist in jeder Hinsicht auf das Wohl der deutschen Arbeiterschaft ausgerichtet und hat insbesondere die Sicherung der Kriegsproduktion im Auge. Desto mehr erstaunt und befremdet mich, wenn meine zur Wahrung dieser Richtlinien eingesetzten Herren mißverständlich als Kontrollorgane aufgefaßt werden.« Am 20. Oktober stand, wie Poschmann am folgenden Tage schrieb, *»fest, daß ein Ausbreiten der Epidemie über den Tag seines Eingreifens* [des Berliner Professors] *hinaus nicht erfolgt ist und alle angeordneten Maßnahmen auch materialmäßig nur auf Grund eigener Depots von hier aus getroffen werden konnten«.*

Im Januar 1944 stellte sich heraus, daß in Stuttgart genügend Hilfspersonen und Impfstoffe vorhanden und die Anreise von Seitz nicht nötig gewesen war. Seitz hatte sich im übrigen nicht einmal die Typhus-Baracken angesehen. Die Typhus-Epidemie griff auf den Maybach-Motorenbau nur ganz geringfügig über: Zwei Arbeiter erkrankten.

Eine Leistungbilanz mitten im Kriege

Am 6. August 1942 schrieben der »Kreisobmann der Deutschen Arbeitsfront« und der »Kreisamtsleiter für Technik« der »Kreisleitung Friedrichshafen« der NSDAP an die Geschäftsleitung des Maybach-Motorenbaus: »Von unseren vorgesetzten Dienststellen, dem Wehrkreisbeauftragen V und der Gauverwaltung der Deutschen Arbeitsfront, wurde uns der Auftrag zuteil, Betriebe in Vorschlag zu bringen, die der Auszeichnung ›Kriegsmusterbetrieb‹ würdig sind.« Man bat darum, über den »Arbeitskräfteeinsatz« und die Fertigung im weitesten Sinne Auskunft zu geben.

Karl Maybach nahm die Anfrage so ernst wie seinerzeit die für seine Aufnahme in das »WWiFü-Korps« und ließ sich mitten in der angespanntesten Produktions-Situation Material für eine zehn Seiten lange, durch Diagramme und Statistiken ergänzte Ausarbeitung zusammenstellen, die er einen Monat später, am 8. September, dem Kreisamtsleiter für Technik, einem Angestellten bei den Dornier-Werken, vorlegte. Er betonte, daß es sich dabei zum Teil um Angaben handelte, die den Geheimhaltungsbestimmungen unterlagen,

Bild 180. Bohren der Zylinderkopf-Befestigungslöcher sowie der Kühlwasser- und Ölübertrittsbohrungen für Panzermotoren im Zweiten Weltkrieg.

Tabelle 4. Personalentwicklung des Maybach-Motorenbaus vom 1. Juli 1939 bis 1. Juli 1942.

Gesamtbelegschaft	am 1. Juli 1939	am 1. Juli 1941	am 1. Juli 1942
angestellt, männlich angestellt, weiblich	433 120	427 205	459 232
Facharbeiter, männlich Facharbeiter, weiblich	767 –	802 –	1011 –
angelernte Arbeiter, männlich angelernte Arbeiter, weiblich	534 33	742 64	903 172
Hilfsarbeiter, männlich Hilfsarbeiter, weiblich	229 167	323 196	453 284
Lehrlinge, männl. und weibl.	202	194	166
ausländische Arbeitskräfte	–	112	679
Kriegsgefangene	–	–	102
von der Belegschaft arbeiteten über 48 bis 54 Stunden	377	474	432
über 54 bis 60 Stunden	673	1297	1130
über 60 Stunden	–	–	505

und daß er diese Zahlen »Ihnen persönlich, als Vertreter des Wehrkreisbeauftragten V, Stuttgart ... mit der Bitte« überreiche, »dieselben nach Kenntnisnahme und Beurteilung an den Wehrkreisbeauftragten weiterzuleiten«.

Unter anderem war Maybachs Bericht auch die Zusammensetzung der »Gefolgschaft« und deren Arbeitszeit zu entnehmen, Tabelle 4.

Bei der Beurteilung der Facharbeiterzahl sei zu berücksichtigen, »daß wir vielfach Personal bei der Truppe und zur Unterrichtung von Nachbaufirmen und Zulieferern benötigen«. Die Gehaltssumme war von 1936 bis zum ersten Halbjahr 1942 um etwa 75%, die Lohnsumme um etwa 140% gestiegen.

»Die ... für Automobile, Benzin- und Rohölmotoren usw. für die private Wirtschaft freigehaltene Kapazität unseres Werkes haben wir mit Ausbruch des Krieges nahezu vollständig auf Wehrmachtsfertigung umgestellt, so daß der Anteil der ... Friedens- und Exportfertigung zur Zeit kaum 1% beträgt ... Fast alle Panzer- und Zugkraftwagen der Deutschen Wehrmacht sind mit Motoren unserer Bauart ausgerüstet ...; die in den verschiedenen Feldzügen teils unter schwierigen Verhältnissen von den Schnellen Truppen vollbrachten ungeheuren Leistungen geben mittelbar auch ein Zeugnis ab von der Bewährung dieser Motoren.«

Die »Güte« der Panzerkampfwagen hänge »zu einem wesentlichen Teil davon ab, ob es gelingt, eine größtmögliche Antriebsleistung (PS) auf kleinstem Raum darzustellen«. Es sei in den letzten Jahren gelungen, »im Endergebnis im Durchschnitt je m^3 Maschinenraum etwa die doppelte Leistung unterzubringen«. Seit Kriegsbeginn, »insbesondere auch veranlaßt durch den Führerauftrag vom 30. Januar 1942 ›Schafft mehr Waffen und Munition‹, bemühen wir uns weiter laufend, alle Möglichkeiten zur intensivsten Leistungssteigerung auszunutzen«. Einem beigefügten Diagramm über die »Fertigungssteigerung« von 1936 bis Ende 1941 war zu entnehmen, daß die Zahl der Mitarbeiter um 80%, der Umsatz um etwa 170% und die Motorleistung um etwa 430% gestiegen war (Zahlen wurden nicht genannt). Ausführlich und mit Selbstbewußtsein wurde über eine »Anlernwerkstatt« für »neu hinzukommende Gefolgschaftsmitglieder« berichtet sowie dabei erwähnt, daß man »in der nächsten Zeit noch über 1000 ausländische Arbeitskräfte« erwarte, die diese Anlernwerkstatt »nach einem fest umrissenen Schulungsplan« passieren würden.

Man habe sich ganz auf »Fließmontage« umgestellt. Dies und die allgemeine Rationalisierung sowie die Verbesserung der Werkzeuge habe dazu geführt, daß man bei der Gehäusefertigung monatlich 3600 Stunden = »18 Gefolgschafter und neun Bohrwerke« einspare, bei der Zylinderkopf-Fertigung 1600 Stunden = acht Gefolgschafter und vier Radialbohrmaschinen, in anderen Bereichen 17700, bzw. 4585 Stunden sowie

Bild 181. Montagelinien des 220 kW (300 PS) starken Panzermotors HL 120, von dem während des Zweiten Weltkrieges etwa 30 000 Stück vom Maybach-Motorenbau und dessen Lizenznehmern gebaut wurden.

große Materialmengen und Geldbeträge – bei der »Montage unserer Motoren« schließlich 24 400 Stunden oder 120 Gefolgschafter. Durch das Hinzuziehen verschiedener Nachbaufirmen wurde es möglich, »unsere Fertigung in Zukunft auf nur wenige Typen zu beschränken«. Man habe auf eine »gefällige Aufmachung« der Produkte ganz zu Gunsten des »Zweckmäßigkeitsstandpunktes« verzichtet. Der Erfahrungsaustausch mit den Nachbaufirmen sei »rege«.

Ausführlich wurde über das »betriebliche Vorschlagswesen« berichtet: Die Zahl der Verbesserungsvorschläge sei in den letzten Monaten um das Fünffache gestiegen; ihr Brauchbarkeitswert liege bei 71%. Außerdem gelange man dabei »zu einer engen Zusammenarbeit zwischen dem Mann in der Werkstatt und dem Mann in Konstruktion und Arbeitsplanung ... zur wirklich schaffenden Betriebsgemeinschaft«. Die »Kostenentwickung je PS« war von 1936 (= 100) bis Ende 1941 auf 70, die von Lohn- und Fertigungs-Gemeinkosten auf etwa 48 gesunken. Der letzte Absatz von Maybachs historisch höchst wertvollem Schreiben lautete:

»Wir möchten diesen Bericht nicht abschließen, ohne darauf hinzuweisen, daß wir schon vor dem Kriege einen gut eingerichteten Außendienst (Kundendienst) unterhielten, der im Kriege noch bedeutend ausgebaut wurde und der sich auf allen Kriegsschauplätzen bestens bewährt hat. Direkt bei der Truppe, in ›Fliegenden Werkstätten‹, teils mit eigenen mit Ersatzteilen und Spezialwerkzeugen

Bild 182. Eine der »Maybach-Kundendiensttruppen« im Einsatz mit einem zum Kastenwagen umgebauten Maybach W 5 (in der Mitte) und einem Faun-LKW mit Maybach-Dieselmotor FD 88. Das Photo stammt aus der Anfangszeit des Krieges.

ausgerüsteten Werkstattwagen unmittelbar hinter der kämpfenden Truppe [Bild 182] *und neuerdings auch in Großreparaturwerkstätten des besetzten feindlichen Gebietes sind eine große Anzahl Maybach-Monteure am Werk, ausgefallene Motoren sofort wieder instand zu setzen und damit die Schlagkraft der kämpfenden Truppe zu erhöhen. Außerdem werden im Stammhaus zusätzliche Unterrichtskurse, an denen Soldaten, militärisches Werkstattpersonal, technische Angestellte und Offiziere auf Grund von Beorderungen ihrer vorgesetzten Dienst-*

stelle teilnehmen, laufend durchgeführt. Auch diese Einrichtung hat die volle Anerkennung der Militärbehörde gefunden.«[34])

Raebel in Schwierigkeiten

»Im Zusammenhang mit der Ersatzteilaktion für die Panzerwaffe (mein heutiger Erlaß) ist es erforderlich, daß sowohl die bestehenden Fertigungsstätten für Panzermotoren als auch die im Anlauf begriffenen Kapazitäten und die Frage der Schaffung von Ausweichstellen mit besonderem Nachdruck betrieben wird. Zur Durchführung dieser Aufgaben ernenne ich Herrn Direktor Ochel *zum Sonderbevollmächtigten für alle Motorenfragen des Panzerprogramms.«*

So begann am 20. Dezember 1943 ein Schreiben des »Reichsministers für Rüstung und Kriegsproduktion«, Albert Speer, Bild 183. Weiter hieß es in dem Schreiben: Über die Zuständigkeit des Sonderausschusses Panzermotoren hinaus »erhält Ochel, Direktor der Firma Maschinenbau und Bahnbearf AG in Berlin, das Recht, unmittelbar in meinem Namen im Zuge der Dringlichkeit des Programms Anweisungen zu erteilen« – und zwar in bezug auf »Umsetzung von Arbeitskräften, zweckmäßigen Einsatz von Maschinen, Steuerung des Materials und des Transportes ...«[35]) Raebel bekam eine »Copie zur Kenntnisnahme«. Sie muß ihn arg getroffen haben. Bereits am 29. und 30. Dezember 1943 fanden Besprechungen mit Ochel statt. Am 31. Dezember bestätigte Raebel dem neuen mächtigen Mann »die Ihnen gemachten Ausführungen«: »Da der Sonderausschuß Pz. VII durch mich, also einen Kaufmann, geleitet wird, kann ich verstehen, wenn die zuständigen Stellen klargestellt wissen wollen, ob nicht durch Ihre Einschaltung als Fertigungsfachmann der notwendige Panzermotorenausstoß auch ohne Erfüllung bzw. unter wesentlicher Einschränkung der von mir vertretenen Arbeitskräfte-, Werkzeugmaschinen- und Betriebsmittelanforderungen erreicht werden kann.« Er werde »das Amt des Vorsitzers abgeben«, wenn eine Prüfung der von ihm getroffenen Maßnahmen »ergeben werde, daß sich durch bessere fertigungstechnische Dispositionen und zweckmäßigeren Einsatz *vorhandener* Produktionsmittel Mehrleistungen erzielen lassen, die ... auch nur einigermaßen ins Gewicht fallen.«. Offensichtlich tief verletzt, rechtfertigte Raebel mehr als fünf Seiten lang seine bisherige Tätigkeit als Vorsitzer des Ausschusses und die Leistungen des Unternehmens Maybach sowie die der Nachbaufirmen. Allein bei Maybach und Nordbau sei die Motorenausbringung von 5000 Motoren mit 800000 PS im Jahre 1939 auf 19000 mit 6,5 Mill. PS im Jahre 1943 gesteigert worden. Er rechtfertigte auch den von ihm für angemessen gehaltenen Bedarf an Werkzeugmaschinen: »Mit Zu- oder Nichtzuteilung der Maschinen ... stehen und fallen die Programme.« Im Augenblick fehlten 820 Maschinen, »die das Rückgrat der Fertigung bilden«. »Minderlieferungen« an Motoren seien vorhanden und würden steigen, wenn Zulieferer ausfielen. Nicht ohne Ironie erklärte er zum Schluß: »Dankbar werde ich ... jede Unterstützung entgegennehmen, die Sie – sei es bei der Vermittlung von Werk-

Bild 183. Dr.-Ing. Fritz Todt *(links) und* Albert Speer *(rechts) vor einem Modell für den Ausbau von Berlin als Reichshauptstadt. Nach Todts Tod wurde Speer Reichsminister für Bewaffnung und Munition (1943 für Rüstung und Kriegsproduktion) und war somit die oberste Instanz für alle Firmen, die Kriegsmaterial herstellten.*

[34]) Siehe hierzu auch S. 92.

[35]) Der hier beschriebene Eingriff gehörte zu einer Maßnahme, auf die zum besseren Verständnis kurz näher eingegangen werden muß. Albert Speer hatte als Rüstungsminister das Amt von seinem unter bis heute ungeklärten Umständen am 8. Februar 1942 tödlich verunglückten Vorgänger, dem »Reichsminister für Bewaffnung und Munition«, Dr.-Ing. Fritz Todt, übernommen. Er hatte die Aufgabe erhalten, »mit allen Kräften« die Produktionsreserven der deutschen Rüstungsindustrie zu mobilisieren und besser auszunutzen. Dies sollte durch äußerste Rationalisierung, d. h. streng koordinierte und massierte Teilfertigung an unterschiedlichen Produktionsstandorten, zur Massenfertigung der Endprodukte führen. Für diese Koordination wurden 1942 Ausschüsse (für die Betriebe der Endfertigung) und Ringe (für die Zulieferindustrie) eingerichtet, deren Leiter für bestimmte Waffengattungen zuständig waren. Diese Maßnahmen hatten Erfolg. Obwohl Speer bei seinen Reorganisationsbemühungen mit harten Widerständen der miteinander konkurrierenden Dienststellen (z. B. Wirtschaftsministerium, Vierjahresplan-Behörde, OKW und OKH) zu kämpfen hatte und es ihm bis zum Schluß nicht gelang, sich den Zugriff auf die Rohstoffbeschaffung und den Arbeitskräfteeinsatz zu verschaffen, erreichte die Produktion der deutschen Rüstungsindustrie im Sommer 1944 trotz des Mangels an Arbeitskräften und der alliierten Luftangriffe einen Höchststand. So stieg z. B. die Produktion von Panzerkampfwagen von 3250 (1941) auf 8339 im Jahre 1944 und bei Flugzeugen sogar von 12234 auf 38122.

Bild 184. Ab 1944 wirkten sich die massiven Luftangriffe der Alliierten nachhaltig auf die deutsche Rüstungsproduktion aus; zudem führte die neue Front im Westen als Folge der anglo-amerikanischen Invasion zu einem Aderlaß an Material, der nicht mehr gedeckt werden konnte. Bild: Panther (Ausführung G) auf dem Rückzug in Frankreich nach der Landung der Alliierten im Sommer 1944.

Bild 185. Die imposante Frontsilhouette dieses »Tigers«, Ausführung E (mit HL-230-Motor und Olvar-Getriebe), ebenfalls aufgenommen beim deutschen Rückzug in Frankreich 1944, vermittelt einen Eindruck von der Massigkeit dieses mit rund 57 000 kg zweitschwersten deutschen Panzers.

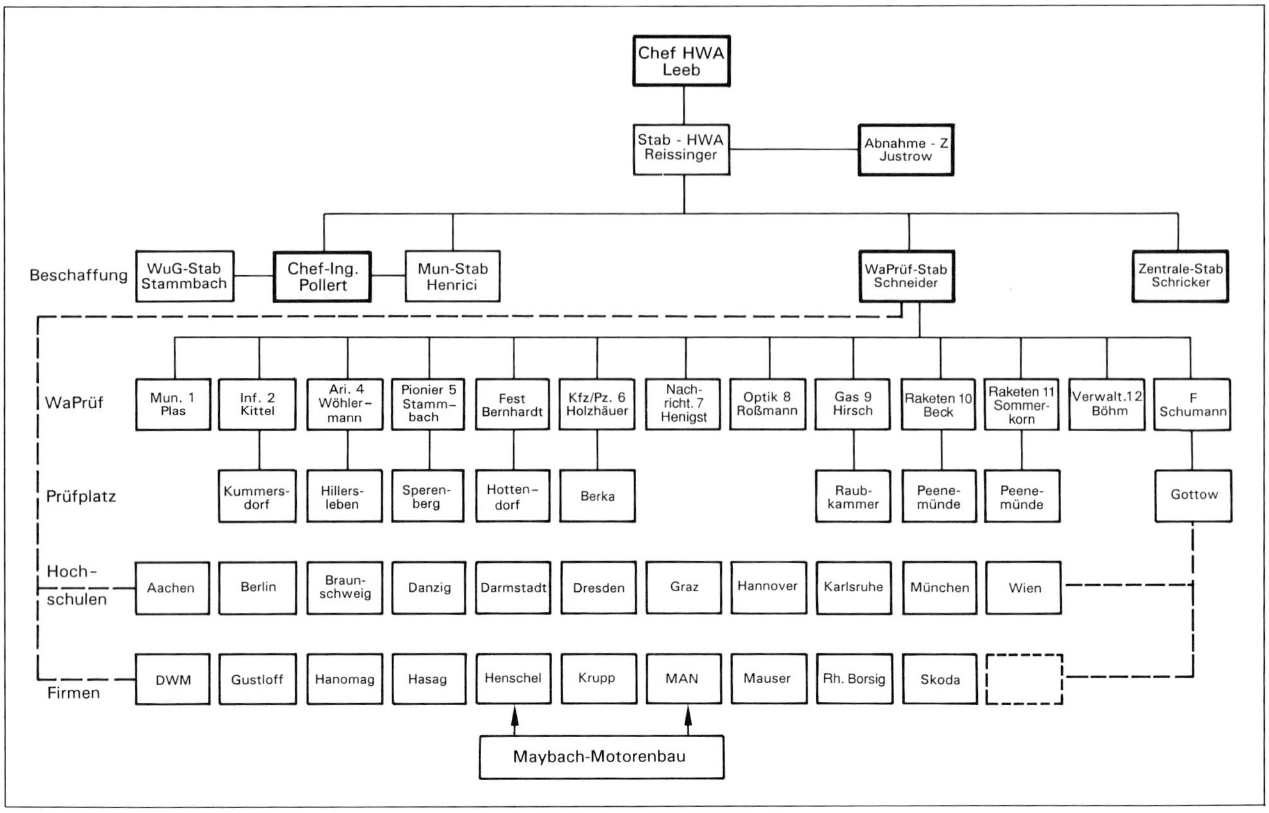

Bild 186. Gliederung des Heereswaffenamtes ab 1944. Der Maybach-Motorenbau würde in diesem Organigramm als Zulieferbetrieb der Herstellung von Endprodukten wie Henschel (Tiger), MAN (Panther) u. a. in einer weiteren Reihe unter den genannten Firmen erscheinen.

zeugmaschinen, Betriebsmittelbeschaffung usw. – für die Panzermotorenfertigung zu leisten imstande sind.« Er hoffe auf eine »nicht nur vorübergehende, sondern für die Dauer kameradschaftliche und für alle Teile erfolgreiche Bekanntschaft«.

Bereits am 21. Februar 1944 schrieb Raebel an Speer »in großer Sorge über die Auswirkungen einer Reihe von Maßnahmen, die ... bezüglich des von mir verantwortlich geführten Sonderausschusses Pz. VII getroffen werden«, und bat um eine kurze persönliche Unterredung: »Ich glaube, damit der Erhaltung der Schlagkraft der von Ihnen getroffenen Selbstverantwortungsorganisation der deutschen Rüstungswirtschaft zu dienen.« Anfang März hatte er noch keine Antwort; am 10. März führte er ein Telefongespräch mit Ochel, das er mit den Worten begann: »Zwei Leute können nicht disponieren, es kann nur einer führen. Die Sachen laufen so, daß meine Autorität restlos untergraben würde.« Darauf Ochel: »Selbst wenn Sie sagen, daß Sie Ihren Posten hinwerfen, ich mache die Sache aber auch nicht.« Raebel: Er säße jetzt »als Popanz da«. Man traf keine Entscheidung. Raebel schloß: »Also dann auf Wiedersehen! Heil Hitler.«

Am 26. April 1944 bat Raebel um Entbindung »von meiner Tätigkeit als Vorsitzender des Sonderausschusses Pz. VII und Bezirksbeauftragter des Hauptausschusses Panzerwagen«. Am gleichen Tage machte Ochel ihm und Karl Maybach heftige Vorwürfe über den Mangel an Hilfsbereitschaft für seine eigene Berliner Firma, über zu geringe Leistungen im Verhältnis zur Zahl der Arbeitskräfte – Vorwürfe, durch die man leicht in den Verdacht der Sabotage geraten konnte. Karl Maybach protestierte noch am gleichen Tage gegenüber dem Ministerium Speer. Am 7. Mai teilte Raebel den Mitgliedsfirmen des Sonderausschusses mit, »daß der Sonderbevollmächtigte für Panzermotoren, Herr Direktor Ochel, in freundschaftlicher Vereinbarung mit sofortiger Wirkung an meiner Stelle die Leitung des Sonderausschusses Pz. VII übernommen hat«.

Der Chef des Technischen Amtes des Speer-Ministeriums, Saur, bedankte sich am 13. Mai bei Raebel, »der in Jahren sein Letztes und Bestes geleistet« habe, ausnehmend höflich. Raebel versicherte Saur am 22. Mai, daß er sich »auch weiterhin restlos für die Erfüllung der uns gestellten Aufgaben einsetzen« werde. Solche Versicherungen von und nach allen Seiten waren mehr als nur ein Ausdruck gegenseitiger Hochachtung: Für den Fall ungünstiger Berichte oder gar Denunziationen konnten sie von großem Wert sein.

Dahin gehörte schließlich auch Speers Brief vom 7. August 1944 – also mitten in der Welle der Verdächtigungen, Verhaftungen und Ermordungen im Anschluß an das Attentat vom 20. Juli 1944 –, der Raebel von seinem Amt entband und schloß: »Durch Ihre Leistungen haben Sie bewiesen, daß Sie sich der übernommenen Verantwortung stets bewußt waren. Für Ihre wertvolle Mitarbeit spreche ich Ihnen hiermit meinen besonderen Dank aus.«

Für OCHEL aber war die Angelegenheit damit immer noch nicht erledigt. Er ließ durch einen Mitarbeiter feststellen, daß, wie Raebel am 30. Oktober 1944 schrieb, »kurz nach Erhalt der Anerkennung unserer Leistungen durch Herrn Reichsminister Speer ... in Nürnberg«, »bei Maybach nicht mit genügender Begeisterung gearbeitet wird«, und den Maybach-Betriebsdirektor KARL ROMMEL »wissen, daß, wenn wir das Oktober-Programm von 800 Motoren nicht erfüllen, etwas passiere«. Auch ließ Ochel eine seiner Mitarbeiterinnen »bei ihrem Eintreffen hier den Unterzeichneten in Ihrem Auftrag eröffnen, daß Ihnen das Versagen von Maybach schwere Sorge und schlaflose Nächte bereite, während die Nachbaufirmen zu Ihrer vollsten Zufriedenheit arbeiteten«. Damit war bereits eine für den Maybach-Motorenbau gefährliche Situation eingetreten!

KARL ROMMEL hielt es, zweifellos im Einverständnis mit Karl Maybach und Jean Raebel, für nötig, in dieser prekären Lage den Ablauf der Geschehnisse seit der Friedrichshafener Katastrophe[36]) niederzulegen:

»Trotz der allseitig anerkannten Schwere des Angriffs setzten wir, neben der Abstellung von Gefolgschaftern, bereits am 4.5.44 mit der Teilbelieferung an die Nachbaufirmen ein und trugen damit ausschlaggebend dazu bei, wesentlich mehr Motoren, als den Firmen von sich aus möglich gewesen wäre, auszustoßen... Als unser Werk am 20.7. nochmals schwer angegriffen wurde (es fielen etwa 100 Sprengbomben ins Werk), haben Sie bei Ihrem Besuch am 26.7. festgestellt, daß wir für längere Zeit aus der Fertigung kompletter Motoren überhaupt ausscheiden sollen und man uns Ruhe lassen müsse. Sie seien vollständig befriedigt, wenn wir durch Belassung unserer Leute und soweit möglich Leistung von Zulieferungen an die Nachbaufirmen letztere in den Stand setzen, weiterhin über ihr eigentliches Programm hinaus zu liefern.«

Dann wurde in Berlin am 20. August 1944 der Nordbau so schwer bombardiert, daß OCHEL die MAN und eine andere Firma sowie den Maybach-Motorenbau »zur beschleunigten Wiederaufnahme der HL-120-Montage« verlanlaßte. Diese Festlegungen seien, so ROMMEL, »im besten Einvernehmen erfolgt«. Wenige Wochen später kam es in Friedrichshafen zum »Stillstand unserer Montagebänder« an 22 Tagen im September und Oktober – im wesentlichen, weil ein Zulieferer keine Kurbelgehäuse schickte, auch weil man Personal anderen Firmen hatte überlassen müssen »und wir schließlich noch 252 Gefolgschafter an die

[36]) Gemeint ist der schwere alliierte Luftangriff vom 28. April 1944.

Bild 187. Ein zum Wrack geschossener »Tiger«, aufgenommen am 13. Juni 1944 in Villers-Bocage/Frankreich. Die beiden halbrunden Schürzen am Heck des Fahrzeuges dienen als Schutz vor Beschädigungen und Verbrennungen an den Auspuffrohren, die wegen des vorwiegend auf der Vollastkennlinie gefahrenen Triebwerkes meist rotglühend waren. Die runde Luke in der Turmrückwand ist der Notausstieg des Ladeschützen, der (z.B. beim Panzer V) keinen eigenen Einstieg in den Turm besaß – der sicherste Ort für das »Ausbooten« bei bewegungsunfähigem Fahrzeug.

Wehrmacht und 125 zeitweise zum Schanzen abgeben mußten«. Nach einem Angriff auf das Werk in Siegmar am 11. September habe man mit aller Kraft auch noch weiteren Nachbauern geholfen. In der Folge sei man immer stärker zu Teilarbeiten einerseits, zur Abtretung von Teilefertigungen an andere Firmen andererseits gezwungen worden, so daß offensichtlich ein allgemeines Durcheinander hauptsächlich beim Maybach-Motorenbau und der Auto-Union entstand, indem ständig Aufträge gestrichen, verändert und verlegt wurden. Maybach habe seit dem 4. Mai 1944 die Nachbaufirmen »bei der vorgenommenen Steigerung der Ausstoßziffern« mit Material und Arbeitsstunden im Werte von 15,25 Mill. RM unterstützt. »Dem gegenüber haben wir für unseren Anlauf bzw. gesteigerte Fertigung erhalten Material von Auto-Union, Nordbau, MAN und MBA im Werte von 890000 RM und ›Arbeitskräfte: keine‹.« ROMMEL (und RAEBEL) setzten diese Aufstellung im Detail fort und schlossen mit der Feststellung: »Es sind eingesetzt... 4183 Mann. Dazu kommen 1246 bei Fahr [in Gottmadingen] für uns eingesetzte Kräfte.«

»Zum Schluß möchten wir feststellen: Wir wissen, daß Ausführungen vorstehender Art in der heutigen Zeit, wenn irgend möglich, vermieden werden sollen. Wenn wir uns trotzdem dazu entschieden haben, so deswegen, weil einmal unsere bisherigen wiederholt abgegebenen mündlichen Erklärungen ohne jeden wirklichen Erfolg geblieben sind, und zum anderen diese Angelegenheit endlich einmal so bereinigt werden muß, daß der leistungshemmende Druck der plötzlichen Stempelung zur Minderwertigkeit, wie er zur Zeit zu Unrecht besteht, durch richtige Erkenntnis der wirklichen Verhältnisse endgültig beseitigt wird.«

OCHEL hatte inzwischen von Mitarbeitern, die in Friedrichshafen gewesen waren, günstige Berichte erhalten. Er lenkte bereits am folgenden Tage ein, verringerte seine Forderungen und schloß sein Fernschreiben an ROMMEL: »Einen guten Erfolg wünscht Ihnen sowie den Angestellten und Arbeitern Ihres Betriebes Ihr Ochel.« An Karl Maybach schickte er am 2. November ein Fernschreiben ähnlichen anerkennenden Inhalts über die Leistungen, in dem der sonderbare Satz stand: »Ich freue mich um so mehr darüber, als damit offenkundig wird, daß die Härte des Durchhaltens im Süden genauso stark ist wie im Norden.« Zweifelte man daran in Berlin? Jedenfalls sprach er »höchste Anerkennung und Dank« aus. »Ich hoffe, daß auch die nächsten Monate, so schwer sie auch sein mögen, uns in gleicher Leistungsgemeinschaft sehen...« Schrieb der ebenso mächtige wie gefährdete Ochel im November 1944, als

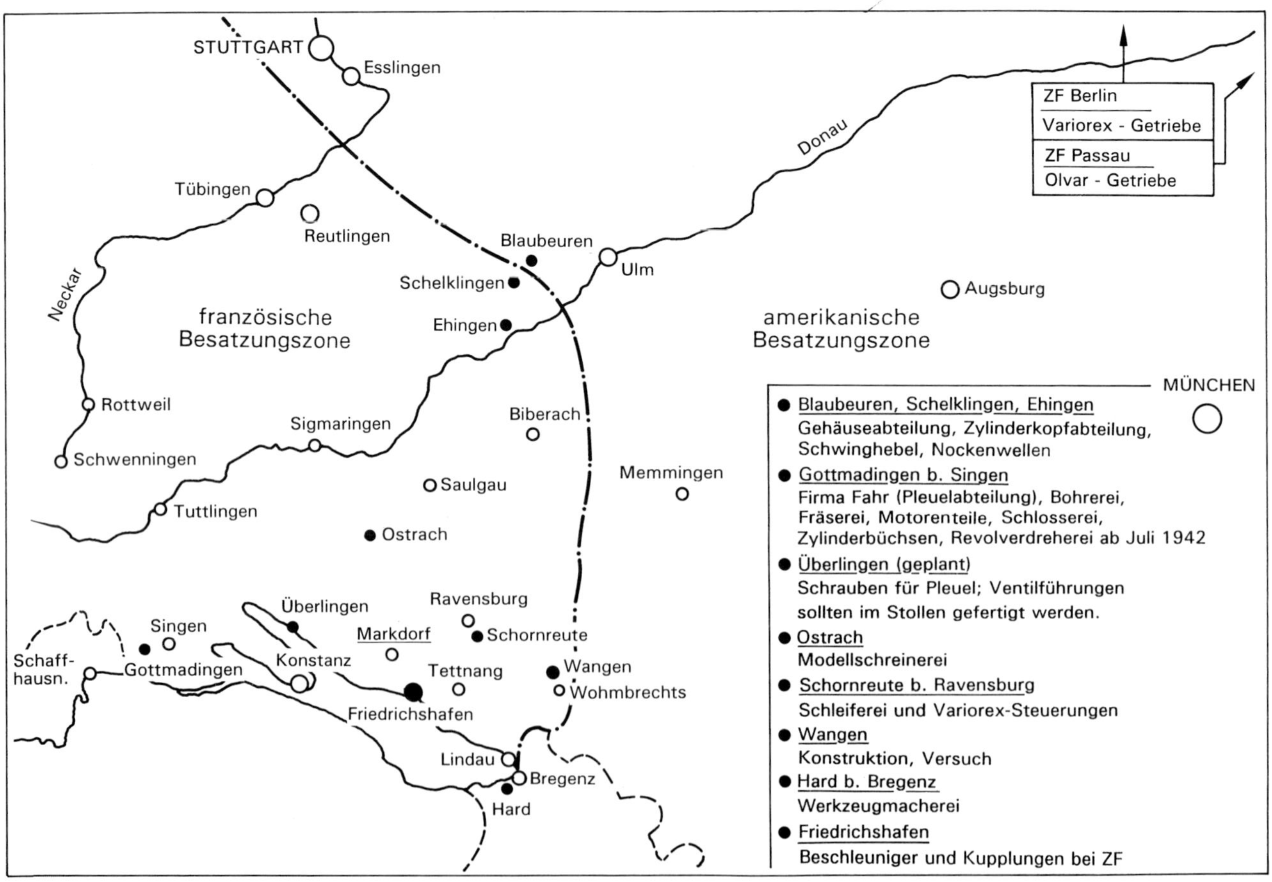

Bild 188. Auslagerungsstandorte des Maybach-Motorenbaus in der Umgebung von Friedrichshafen während des Zweiten Weltkrieges.

Bild 189. Blick auf den »Motorenbau« bei Kriegsende im Mai 1945.

die Fronten immer näher rückten und zwischen ihnen immer mehr »Saboteure« gehenkt und erschossen wurden, mehr für die eigene Sicherheit als für die Erhaltung der »Leistungsgemeinschaft«? Speer hat später schriftlich behauptet, daß er sich um diese Zeit ständig in Lebensgefahr gefühlt habe. Karl Maybach beeilte sich, schon am nächsten Tage »auch namens der Herren Raebel und Rommel und der Gefolgschaft« zu danken und zu versichern, »daß unsererseits alles nur Menschenmögliche geschehen wird«.

Als der Maybach-Motorenbau sich ab Ende Dezember 1944 am Bau luftgekühlter Dieselmotoren beteiligen sollte, lehnte das Unternehmen dies am 28. November ab, »da wir über keinerlei Erfahrung ... verfügen«. Das war anscheinend das Ende der Korrespondenz mit Ochel. Man hatte jetzt andere Sorgen.

5. Die Nachkriegsjahre 1945 bis 1949

Ende oder neuer Anfang?

Am 9. Mai 1945 hatte das Deutsche Reich kapituliert und war in militärische Besatzungszonen aufgeteilt worden. Nach dem Einmarsch der Franzosen in Friedrichshafen herrschte etwa einen Monat lang Ruhe auf dem weiten Werksgelände mit den Ruinen und Trümmern, den gesperrten Straßen und Wegen, Bild 190. Ende Mai/Anfang Juni wurde auf Geheiß der französischen Besatzungsmacht eine Großreparaturstelle für Pkw der Franzosen eingerichtet; im Juni/Juli kam ein Abschluß über die Fortführung der Diesel- und Benzinmotoren-Entwicklung in Wangen auf Rechnung der französischen Regierung zustande. Darüber hinaus mußten die HL-230-Motoren noch weiter gebaut werden. Auch das französische Heer konnte die berühmten Panzermotoren aus Friedrichshafen brauchen – gerade ein Vierteljahr, nachdem die letzten an das deutsche geliefert worden waren.

Natürlich lief die neue Arbeit nur langsam an. Die Wohnungs- und Verkehrsverhältnisse – durch die Luftangriffe ohnehin außerordentlich erschwert – wurden durch Passierschein-Beschaffung, Kontrollen und Vorschriften aller Art sowie Lebensmittelnot zusätzlich belastet. Man sollte wieder arbeiten, aber die Arbeitsstätten durften nur provisorisch instandgesetzt werden, rechnete doch jeder damit, daß bald, wie bereits vor Wochen im Rheinland und in Westfalen, Demontage-Befehle eintreffen würden, so daß dann auch noch die Ruinen gesprengt und die letzten Arbeitsplätze verloren sein würden. Als man am 18. Mai 1951 den Teil des Geschäftsberichtes für diese Wochen des Jahres 1945 formulierte, hieß es etwas umständlich: »Der Wirkungsgrad im Arbeitseinsatz war ausgesprochen schlecht.«

Aber warum wurden wohl vom Juni 1945 ab ungeachtet erheblicher Transportschwierigkeiten die verlagerten Betriebsteile »mit Genehmigung der Besatzungsmacht«, d. h. letzten Endes auf ihren Befehl und unter ihrer Aufsicht, nach Friedrichshafen zurückverlegt und nicht an Ort und Stelle demontiert, d. h. entweder zerstört oder wie in so vielen anderen Orten beschlagnahmt, enteignet und als Reparationsgut irgendwohin abtransportiert, z. B. nach Frankreich? Da man in Friedrichshafen die Produktion von Benzinmotoren wieder aufgenommen hatte, sollte also wohl doch weitergearbeitet werden. Hoffnung erwachte bei Hunderten, Tausenden der arbeitslos gewordenen Bevölkerung in Friedrichshafen und Umgebung.

Am 29. November 1945 gab Dr. Hugo Eckener dem Maybach-Motorenbau bekannt, daß zwar die Geschäftsführer bisher ihr volles Gehalt, »bezogen auf die 48-Stunden-Woche« ausbezahlt erhalten hatten, daß dies aber rückwirkend nur bis zum 15. Juni 1945 Geltung haben solle. Vom 16. Juni ab sollte es nur noch 60% der bis dahin gezahlten Beträge geben. Für das Geschäftsjahr 1944 sollten »Tantiemen im Betrage von ⅔ der ... für 1943 bezogenen Tantieme ausbezahlt werden«. Alles schien seine – reduzierte – Ordnung zu haben.

Aber Ende 1945 wurde bekannt, daß die französische Besatzungsmacht die Absicht hatte, das gesamte Werk

Bild 190. Wegen der Bedeutung der wichtigsten Friedrichshafener Firmen Dornier, LZ, Maybach und Zahnradfabrik wurde die Stadt zum Ziel massiver Bombenangriffe. Nach dem schwersten, im Juni 1944, waren Friedrichshafen wie auch der Maybach-Motorenbau zu 70% zerstört.

Bild 191. Ein alltägliches Bild im Deutschland der Stunde Null: Passierscheinkontrolle. An der Grenze zur US-Besatzungszone überprüft dieser GI die Papiere eines jungen Mannes, der – offensichtlich vor Stunden noch Soldat – sich rasch Zivilkleidung beschafft hat.

Bild 192. Englische Luftaufnahme des zerstörten Friedrichshafen vom 19. März 1945. Links oben ist – hufeisenförmig – der Friedhof zu erkennen, rechts daneben der Lagerbereich, in dem die Fremdarbeiter des Maybach-Motorenbaus und LZ untergebracht waren, und wiederum rechts (zur Bildmitte hin) die Ruinen des Maybach-Motorenbaus.

entsprechend dem Pariser Abkommen dem Kontrollrat zur Verfügung zu stellen. Damit erhoben sich »erstmals ernsthafte Bedenken für den Weiterbestand der Firma«. Ende 1945! So friedlich-zivilistisch hatte man bis dahin in Friedrichshafen gedacht – ganz anders als im Rheinland, wo sofort nach dem Eintreffen der Sieger, der Einrichtung englischer Behörden und der Ernennung bzw. Einsetzung deutscher Ausführungsorgane und Personen deutlich wurde: daß nicht nur der Geist des gefürchteten »Morgenthau-Plans« regieren[37]), d. h. wirtschaftlich wie geistig demontieren, sondern auch die Sozialisierungs-Politik der Londoner Labour-Regierung zugleich das deutsche Großkapital zerschlagen und jede Möglichkeit künftiger Konkurrenz auf dem Weltmarkt so weit vernichten sollte, wie mit der Erreichung dieser Ziele nicht eine Steigerung der Besatzungskosten für das arm gewordene England verbunden war.

Solche Befürchtungen gab es am Bodensee zunächst nicht. Man hoffte hier, unter französischer Kontrolle oder Herrschaft glimpflich aus dem Krieg in den Frieden davonzukommen. Ja, für einen solch relativ glatten Übergang hatte man sogar – unter den Augen der mißtrauischen SS-Überwacher – gewisse Vorkehrungen treffen können: »Von besonderer Bedeutung für die Weiterführung des Betriebes war, daß es uns durch Sondermaßnahmen gelungen war, kurz vor Kriegsschluß noch größere Zahlungen von den OKH-Dienststellen hereinzubekommen, so daß wir mit flüssigen Mitteln ausreichend versorgt waren.«

Der Leser erinnert sich: 1919/20 hatte die halbrevolutionäre sozialdemokratische Regierung noch Flugzeugmotoren abgenommen und korrekt bezahlt, die

[37]) Als gegen Ende des Zweiten Weltkrieges die Niederlage Deutschlands abzusehen war, entwickelte Henry Morgenthau jr. (1891 bis 1967), von 1934 bis 1945 unter der Roosevelt-Administration US-Finanzminister, den nach ihm benannten und später berüchtigt gewordenen Plan zur endgültigen Sicherung vor möglichen deutschen Aggressionen. U. a. sollte Deutschland in seinem Staatsgebiet stark verkleinert, bis zur praktischen Zerstückelung föderalisiert und durch radikale Demontage seiner Industrie, Zerstörung der Bergwerke u. ä. in einen Agrarstaat umgewandelt werden. Roosevelt billigte diesen Plan zunächst, ließ ihn aber Ende 1944, nicht zuletzt unter dem Einfluß seiner Staatssekretäre Cordell Hull und Stimson, wieder fallen.

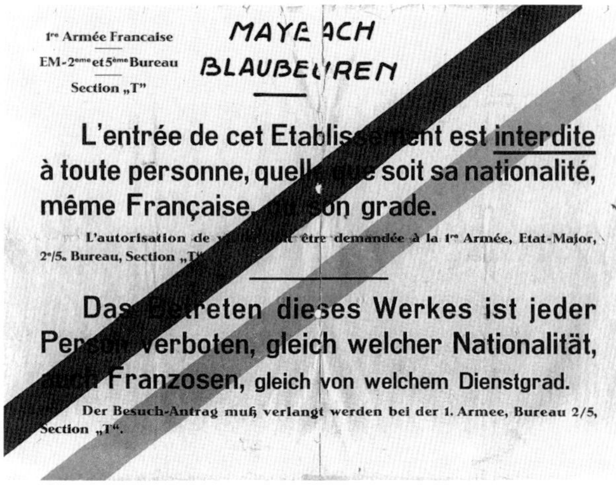

Bild 193. Plakat der Franzosen am Werkseingang der »Württembergischen Leinenindustrie« in Blaubeuren 1945, wo Teile für HL-230-Motoren gefertigt wurden. Blaubeuren lag zwar in der amerikanischen Besatzungszone, doch die Franzosen durften das Werk wahrscheinlich deshalb sperren, weil sich dort Maschinen von Maybach befanden.

Bild 194. Der deutsche Industrielle Friedrich Flick *bei der Urteilsverkündung in Nürnberg. Das Urteil des US-Militärtribunals lautete auf sieben Jahre Haft.*

von der OHL des Kaiserreiches bestellt worden waren. Entsprechendes war ein Vierteljahrhundert später zwar nicht möglich, da es eine Reichsregierung nicht mehr gab, aber der Maybach-Motorenbau hatte immerhin reichlich Geld. So konnte man alle Schulden an Lieferanten decken, die bis Kriegsende entstanden waren. Der Maybach-Motorenbau hatte das Dritte Reich schuldenfrei überstanden und nicht mit leeren Kassen. Das stellte man noch im Mai 1951 mit deutlich spürbarer kaufmännischer Genugtuung fest. Man durfte sogar noch das ganze Jahr 1945 hindurch über dieses Geld frei verfügen, wenngleich es kaum noch Wert besaß. Deswegen war das deutsche Geld den Franzosen gleichgültig. Dagegen wurden sämtliche Sachgüter der Kontrolle eines französischen Offiziers unterworfen, Bild 193.

Waren bei Einstellung der Fabrikation noch 3500 Arbeiter und 780 Angestellte beschäftigt gewesen, so waren es im ersten Monat des Wiederanlaufs nur insgesamt 50, am Ende des Jahres 1945 jedoch schon wieder 680 Arbeiter und 250 Angestellte. Und mit diesen hatte man seit der Besetzung des Werkes nicht nur bei Entwicklungsarbeiten, Ersatzteilen, Reparaturen und sonstigen Leistungen 870000 RM umgesetzt, sondern in dieser Zeit auch einen Auftragsbestand von 3,0 Mill. RM hereingeholt – das waren etwa 1,5% des Auftragsbestandes zu Beginn des Geschäftsjahres 1945!

Sorgen des ehemaligen »Wehrwirtschaftsführers« Karl Maybach

Karl Maybach mußte im Sommer 1945 natürlich wie alle erwachsenen Deutschen den berüchtigten »Fragebogen« ausfüllen, der ihrer »Entnazifizierung« zugrunde gelegt wurde. Diese Fragebögen wurden von den Behörden der Siegermächte mehr oder weniger sorgfältig zur Kenntnis genommen und mehr oder weniger voreingenommen zur Beurteilung oder Verurteilung der Person herangezogen, die ihn ausgefüllt hatte. Solche Urteile waren also weitgehend vom allgemeinen Temperament der »Richter«, von ihren Erfahrungen mit und Vorstellungen von den Deutschen, aber auch von der augenblicklichen Stimmung der Richter abhängig. Karl Maybach hatte grundsätzlich den Vorteil, daß das französische Kriegsministerium ihn für die Rüstung brauchen konnte und benutzen wollte. Außerdem war er kein Parteigenosse (Pg.) gewesen. So hatte er nicht das äußerste zu befürchten: Als Kriegsverbrecher wie Krupp, Flick und andere Industrielle würde man ihn nicht verurteilen (Bild 194), mit langjähriger Haft nicht bestrafen. Aber immerhin stand in seinem Fragebogen, daß er seit 1937 Wehrwirtschaftsführer gewesen war. Das warf natürlich Fragen auf. Infolgedessen mußte sich Maybach am 24. Oktober 1945 in Wangen/Allgäu verantworten, wo sich der gegen Ende des Krieges ausgelagerte Entwicklungsbereich des Maybach-Motorenbaus befand. Dieser sollte teils demontiert, teils nach Frankreich geschafft und dort für Frankreich nutzbar gemacht werden. Maybach bemühte sich in einem Brief an den französischen Militärgouverneur von Wangen, Commandant Rousselet, wahrheitsgemäß auseinanderzusetzen, daß er nie den Wunsch gehabt hatte, in das »Korps« der Wehrwirtschaftsführer aufgenommen zu werden und auch niemals »Wirtschaftsführung« betrieben habe, sondern stets Konstrukteur und als solcher für Wirtschaftsführung ungeeignet gewesen war. Das hatte er so deutlich bis zu diesem Zeitpunkt noch nie zum Ausdruck gebracht. Doch wer die Geschichte des Maybach-Motorenbaus in den zwanziger Jahren kannte, mußte dieser Selbsteinschätzung vollkommen zustimmen. Der Gouverneur kannte sie nicht, und Maybach skizzierte ihm daher seine berufliche Entwicklung seit dem Jahre 1909. Er schloß:

»Meine Ernennung zum Wehrwirtschaftsführer war also nur eine reine Formsache, was übrigens auch für die beiden anderen Direktionsmitglieder (Raebel und Rommel) zutraf.« Dann erwähnte Maybach, daß Speer ihn auch in den »Beirat für Motorisierung beim Generalbevollmächtigen für Rüstungsaufgaben im Vierjahresplan« berufen habe: »Ich nahm nur der Form halber an, drückte aber gleichzeitig mein Bedenken dagegen aus, daß mir eine solche Tätigkeit die mir für meine Konstruktions- und Entwicklungsarbeiten erforderliche Zeit zu sehr beschränken werde.« Außerdem hatte sein Arzt ihn vor vielen Reisen, »namentlich im Flugzeug«, gewarnt. Tatsächlich habe man diese Ernennung anscheinend wieder zurückgenommen, »denn ich wurde niemals aufgefordert, an den fraglichen Arbeiten teilzunehmen, so daß ich auch die Mitglieder dieses Beirats gar nicht kennenlernte und nicht einmal weiß, ob derselbe noch Bestand hatte«.

Maybach war niemals Mitglied der Partei, der SA oder SS gewesen, er hatte lediglich »das übliche Kriegsverdienstkreuz I. und II. Klasse« erhalten. In der Tat: Für einen Mann in seiner Position war er vom Nationalsozialismus erstaunlich wenig in Anspruch genommen worden und offenbar selber ganz »unpolitisch« insofern, als er seit 1909 unentwegt ein »Patriot«, ein »guter Deutscher« gewesen war, der seine Staatsbürgerpflicht erfüllen wollte. Er hatte Wilhelm II., Reichspräsident Ebert, Hindenburg und schließlich auch Hitler »gehorcht«, d. h. nicht widersprochen, ihren Anordnungen und Befehlen, Gesetzen und Verordnungen keinen Widerstand geleistet. Und er war bereit, mit einer solchen Einstellung seine Arbeit fortzusetzen: für den Maybach-Motorenbau, für Deutschland, für das französische Kriegsministerium. Daher schrieb er denn auch in aller Offenheit gegen Ende dieser Erklärung, in gewisser Weise der Selbstcharakteristik eines unpolitischen Bürgers, der Tag und Nacht nichts anderes als Motoren- und Getriebe-Konstrukteur war:

»Was meine gegenwärtige Arbeit betrifft, so bin ich wieder ausschließlich mit Entwicklungsarbeiten beschäftigt. Ich konnte diese Tätigkeit mit Beginn der Besatzung wieder aufnehmen und zwar aus zwei Gründen:
1) da ich schon vorher bei mir zu Hause neue Projekte vorbereitet hatte, um so bald als möglich die gemeinsamen Arbeiten mit der französischen Industrie auf dem Gebiet des Eisenbahn-Dieselbetriebs wieder aufnehmen zu können,
2) da uns wichtige Konstruktions- und Entwicklungsaufgaben sehr bald vom französischen Ministerium in Auftrag gegeben wurden.«

Das war zeitlich nicht ganz logisch, aber der französische Offizier, dem Maybach auch einen Protest gegen die Sperrung seines zahlenmäßig nicht geringen Vermögens von etwa 780000 RM an Geld, Forderungen und Versicherungen schickte, tat zunächst einmal etwas Erstaunliches: Er schrieb an seine vorgesetzte Dienststelle, Maybach dürfe z. Z. für sich, seine Ehefrau und drei Kinder nur 300,– RM von der Bank abholen. »Es ist ganz klar, daß dieser Zehrpfennig *(faible viatique)* nicht dem Lebensstandard des Interessenten entspricht.« Commandant ROUSSELET war also der Meinung, daß der »Interessent« Maybach im Herbst 1945 auf Grund seiner Tätigkeit einen gerechtfertigten Anspruch auf eine standesgemäße Lebenshaltung hatte. Er setzte sich mit Nachdruck dafür ein, daß man *rapidement* dafür Sorge trüge, daß Maybach wieder »legal über die Früchte seiner Arbeit verfügen könne«. Soviel Respekt vor dem technischen Können eines deutschen Ingenieurs im Herbst 1945 ist in der Tat mehr als erstaunlich.

Am 27. November 1945 schien Karl Maybachs Stellung so stark und sicher zu sein, daß er der deutschen Landesdirektion in Tübingen schreiben konnte:

»Wenn hier nicht bald etwas Grundsätzliches geschieht, muß unsere im besten Gange befindliche technische Zusammenarbeit mit Frankreich auf sehr wichtigen Gebieten auch zum Schaden Frankreichs notleiden. Um dies zu verhindern werde ich mich dieser Tage an M. le Colonel Roland, Chef de la Mission DEFA[38]) du Ministre de la Défence National, unseren Auftraggeber in Paris, wenden, um evtl. auch von dort aus Unterstützung zu bekommen.«

Er sprach von einer »vermeidbaren Störung des guten Einvernehmens zwischen Deutschland und Frankreich«. Ging er nicht ein wenig zu weit? Von Zeit zu Zeit fragten die württembergischen Behörden Maybach, ob er nicht einen Befürworter seiner Forderungen nach Freigabe seines Vermögens nennen könne. Das würde die Arbeit erleichtern. Dann wies er stets auf seine enge »Zusammenarbeit« mit dem französischen Kriegsministerium hin. In der Tat konnte es deutschen Behörden gegenüber im allgemeinen keine bessere Empfehlung geben als eine Art Drohung mit der Besatzungsmacht – besonders nachdem am 12. September 1946 in Paris der »entscheidende Vertrag mit dem Ministerium« abgeschlossen worden war.

Am 23. Dezember 1947 gab das Staatsministerium über die »Ergebnisse der politischen Säuberung« bekannt, daß u. a. der Betriebsleiter BÖTTNER ohne Maßnahmen »gesäubert«, ECKENER zu 100000 RM und »Untersagung jeder leitenden Tätigkeit«, Karl Maybach zur Geldbuße von 200000 RM und der gleichen Untersagung, Direktor ROMMEL zu 100000 RM Geldstrafe und der gleichen Untersagung und »Fabrikdirektor« RAEBEL zu 25000 RM Geldstrafe und der gleichen Untersagung verurteilt worden waren. Maybach protestierte am 20. Januar 1948, man müsse die Militärregierung falsch informiert haben: »Bis zur Klarstellung

[38]) Abk. für »Direction des Études et Fabrications d'Armement«, Studien- bzw. Forschungsgesellschaft für die Fabrikation von Wehrtechnik des französischen Verteidigungsministeriums, vgl. auch S. 212ff.

Bild 195. Besichtigung des LZ-Geländes am 10. Mai 1948. Von links nach rechts: ein Vertreter der württembergischen Staatsregierung, Dr. Ludwig Dürr, *Direktor* Schiele *vom LZ und Stadtrat* Bernhard Lieb. *Im Hintergrund die zerstörte Halle III, die 1942 am Friedrichshafener Flugplatz Löwental abmontiert und im LZ für die Fertigung der A-4-(V-2-) Raketen etwas niedriger wieder aufgebaut worden war.*

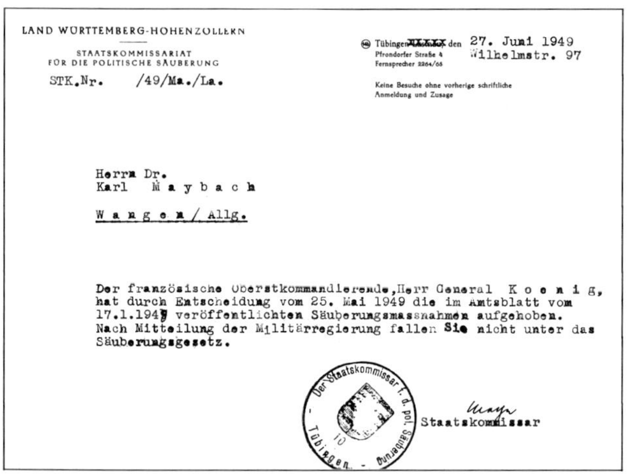

LAND WÜRTTEMBERG-HOHENZOLLERN
STAATSKOMMISSARIAT FÜR DIE POLITISCHE SÄUBERUNG
STK.Nr. /49/Ma./La.

Tübingen, den 27. Juni 1949
Pfrondorfer Straße 4 Wilhelmstr. 97
Fernsprecher 2264/65

Keine Besuche ohne vorherige schriftliche Anmeldung und Zusage

Herrn Dr.
Karl M a y b a c h

W a n g e n / Allg.

Der französische Oberstkommandierende, Herr General K o e n i g, hat durch Entscheidung vom 25. Mai 1949 die im Amtsblatt vom 17.1.1949 veröffentlichten Säuberungsmassnahmen aufgehoben. Nach Mitteilung der Militärregierung fallen Sie nicht unter das Säuberungsgesetz.

Der Staatskommissar f. d. pol. Säuberung Tübingen

Staatskommissar

Bild 196. In diesem Schreiben teilte der »Staatskommissar für die politische Säuberung« in Baden-Württemberg Karl Maybach mit, daß er nicht unter das Säuberungsgesetz der Militärregierung falle und sich somit für seine Tätigkeit als Ingenieur und Unternehmer im Dritten Reich nicht zu verantworten brauchte.

werde ich insbesondere auch meine Tätigkeit als Geschäftsführer des MM ausüben, wozu mich nicht zuletzt auch die Verantwortung zwingt, die ich in einer mit dem französischen Staat abgeschlossenen Convention übernommen habe.« Er handele damit wohl auch »im Sinne der Militärregierung Tübingen«. Gleichzeitig informierte er das Verteidigungsministerium in Paris und kündigte dort seinen Besuch zum 2. Februar an. Der Betriebsrat des Maybach-Motorenbaus protestierte gleichfalls bei dem für die deutschen und österreichischen Angelegenheiten zuständigen Ministerium in Paris im Interesse der etwa 500 Arbeiter und bat, »die veröffentlichten Maßnahmen einer nochmaligen Überprüfung unter wohlwollender Würdigung unserer Darlegungen unterziehen lassen zu wollen«. Das war ein Gesuch im Interesse eines Unternehmens, das ein wichtiges Rad in Hitlers Rüstungsindustrie gewesen war.

Im Oktober 1948 – die Schließung des Maybach-Motorenbaus war eben aufgehoben worden – erklärte sich, wie das Ministerium in Tübingen Maybach mitteilte, die französische Militärregierung bereit, »in neue Überprüfung der ... von ihr befohlenen Sanktionen einzutreten...« Am 25. Mai 1949 hob General Koenig »die im Amtsblatt vom 17. 1. 1949 veröffentlichten Säuberungsmaßnahmen« auf, Bild 196. Der »Staatskommissar für die politische Säuberung« in Württemberg-Hohenzollern teilte Maybach mit: »Nach Mitteilung der Militärregierung fallen Sie nicht unter das Säuberungsgesetz.« Vier Jahre nach einem total geführten und total verlorenen Krieg wog die Bedeutung des Panzermotoren-Konstrukteurs Karl Maybach für Frankreich schwerer als der Wunsch verschiedener Deutscher und Franzosen, ihn zur Verantwortung zu ziehen.

Am Beginn der Nachkriegszeit

Doch kehren wir noch einmal ins Jahr 1946 zurück. In völlig ungesichertem Zustand begann der Maybach-Motorenbau das erste volle Jahr der Nachkriegszeit. Der Bericht über dieses Nachkriegsjahr wurde ebenfalls erst am 18. Mai 1951 unterschrieben. Er begann:

»Leider haben sich die Ende 1945 gehegten Befürchtungen durch die im Jahre 1946 eingetretenen Ereignisse in vollem Umfange bestätigt. Gleich zu Beginn des Jahres mußte man auf Beschluß des Kontrollrates mit dem Abtransport sämtlicher Maschinen, Werkstatt- und Büroeinrichtungen und Versuchsaggregate der Entwicklungsabteilung anfangen.«

Es drohte also die volle Stillegung. In dieser Situation gelang es Maybach und Raebel, eine Verbindung zu einer »hohen Regierungsstelle in Paris« herzustellen und Anfang September 1946 von dieser eine »wenn auch unverbindliche schriftliche Zusicherung« zu erhalten, man werde bei den »zuständigen Stellen alles versuchen..., um eine Weiterbeschäftigung der alten Belegschaft in Friedrichshafen zu ermöglichen«. Schließlich mußte es dem französischen Heer verlockend erscheinen, die Erfahrungen und die Fachkräfte des Maybach-Motorenbau zu engagieren – so, wie das die Sowjetunion, Großbritannien und die USA in ihren Zonen mehr oder weniger gewaltsam taten.

Am 30. April 1946 traf daher Dr. Hugo Eckener als Vorstand des LZ mit Karl Maybach neue Vereinbarungen über Schutzrechte. Maybach verzichtete auf alle

Restansprüche aus einer alten Vereinbarung vom 30. April 1936 in bezug auf Lizenzen, Tantiemen usw., und der Maybach-Motorenbau überließ ihm dafür »sämtliche bis zum 30. April 1946 auf den Namen der Firma angemeldeten und erteilten Schutzrechte«. Auch erhielt Maybach »hinsichtlich seiner künfigen Konstruktionen und Schutzrechte unabhängig von MM völlige Verwertungsfreiheit«. Mit einem Schlag war Karl Maybach ein höchst attraktiver Besitzer von Patenten.

Am 12. September 1946 schloß er persönlich mit der französischen Regierung eine »Convention« hinsichtlich der Weiterführung der Entwicklungsarbeiten in Frankreich[39]), die einmal erhebliche Beschäftigung für das Werk und zum anderen Ende im September 1948 die Wiederinbetriebnahme des am 13. August 1948 ganz stillgelegten Werkes ermöglichte. Von dieser Konvention durfte der Maybach-Motorenbau allerdings »lediglich die für Frankreich durchgeführten Konstruktionen und fabrikatorischen Entwicklungsarbeiten« ausführen, »weil hierfür besondere Beauftragte zuständig waren, mit deren Hilfe sich manche allgemeine Beschaffung und Disposition leichter bewerkstelligen ließ«. Mit jenem Abkommen vom 30. April 1946 hatte man also ohne Frage die Grundlage für diese »Convention« gelegt, deren Inhalt mithin mehr oder weniger vorauszusehen war. Auch heißt es obendrein im Geschäftsbericht, daß diese Zusammenarbeit »schon im Jahre 1945 bezüglich Weiterführung unserer Entwicklungsarbeiten für Rechnung der französischen Regierung (DEFA)« eingeleitet worden sei. Daher wurde denn auch der Maybach-Motorenbau von dem im April/Mai 1946 für die gesamte Friedrichshafener Großindustrie erlassenen »Anhaltebefehl« (Stillegung) zunächst ausgenommen und erst am 14. Juni 1946 der Zwangsverwaltung »mit allen ihren erschwerenden Begleitumständen« unterworfen. Ende Juli 1946 wurde ein Administrateur/Liquidateur (Commandant FRÉDÉRIC) bestellt. Er bestimmte, was produziert und was nicht produziert werden durfte, verhinderte z. B. eine große Ersatzteillieferung an die Deutsche Bundesbahn,

Bild 197. Nach dem Kriege setzten die Franzosen erbeutete deutsche Panzer in ihren Streitkräften ein. Dieser Panzer V »Panther« mit der Silhouette Frankreichs und dem Lothringer Kreuz steht im Musée des Blindes (Panzermuseum) in Saumur/Loire.

[39]) Siehe hierzu auch S. 60ff.

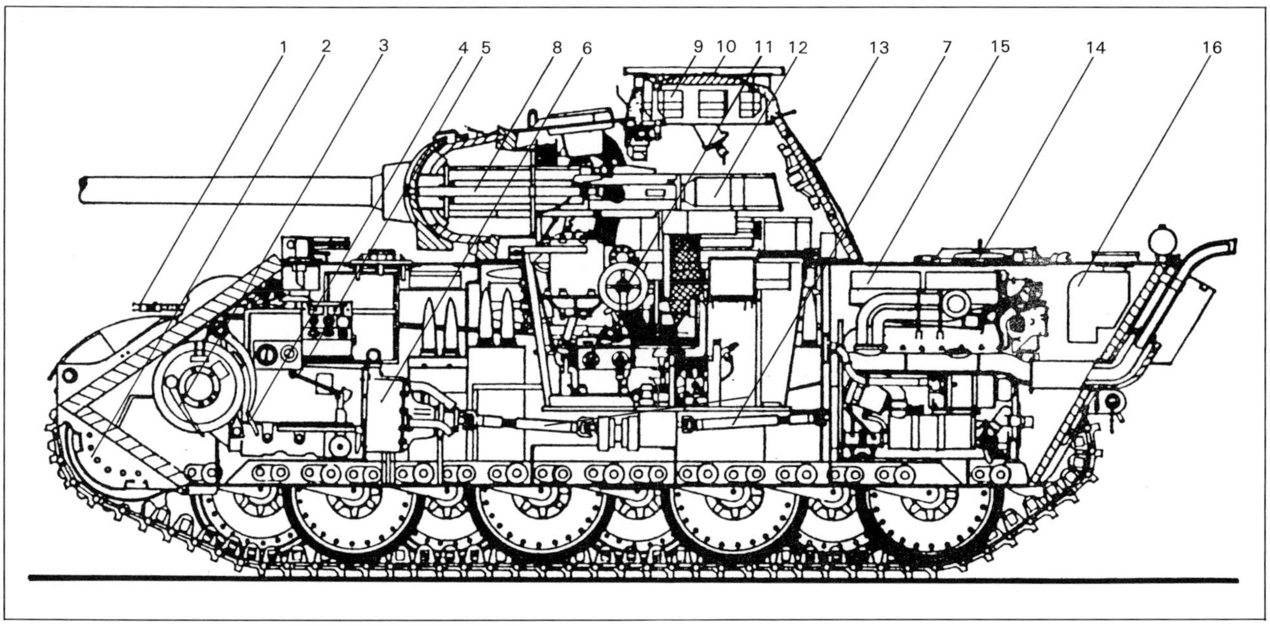

Bild 198. Längsschnitt des Panzerkampfwagens V »Panther«, Ausf. G, wie er nach dem Zweiten Weltkrieg von der französischen Armee noch eine Zeitlang aus Beutebeständen eingesetzt wurde.

1 Funker-MG, 2 Einradien-Lenkgetriebe, 3 Bremshebel, 4 Kupplungshebel, 5 Schalthebel, 6 Sechsgang-Handschaltgetriebe (Kulissenschaltung), 7 Kardanwelle, 8 Richtoptik, 9 Winkelspiegel (sechs Stück) für Kommandanten, 10 Ausstiegluke für Richtschützen und Kommandanten, 11 Höhenrichtmaschine, 12 Verschluß, 13 Ausstiegluke für Ladeschützen, 14 Lüfter, 15 Kühler, 16 einer der drei Kraftstofftanks.

die in der sowjetischen Besatzungszone ihren Sitz und von welcher der Maybach-Motorenbau im Mai 1946 einen Auftrag erhalten hatte.

Frédéric kontrollierte alles, hauptsächlich aber das allgemeine Finanzwesen; insbesondere betrieb er die »restlose Erfassung der zur Demontage bestimmten Maschinen und Einrichtungen«. Da wurden sogenannte »Brüsseler Reparationslisten« aufgestellt – und betrachtete man diese, dann war zu befürchten, daß »mit dem restlosen Verlust aller noch vorhandenen Werte zu rechnen« war – und zwar unter Bewertungen, »die in keiner Weise den tatsächlich mitgenommenen Werten« entsprachen. Nebenher wurde laufend Beutegut vom Schrott bis zu Panzermotoren nach Frankreich abtransportiert. Denn die Franzosen hatten deutsche Panzer, insbesondere solche der Bauart »Panther«, erbeutet, unter dem Zeichen des Lothringer Kreuzes in Dienst gestellt und brauchten nun natürlich entsprechende Ersatzmotoren, Bilder 197 und 198.

Drei Bereiche sind also in der folgenden Darstellung voneinander zu trennen:

a) die von Frédéric kontrollierte Produktion in Friedrichshafen,
b) der Abtransport von »Beutegut« und die Demontage,
c) die Überführung von Personal und Material der Entwicklungsabteilungen nach Frankreich und deren Tätigkeit in Vernon bis 1953.

Produktion in Friedrichshafen ab Ende Juli 1946

Die Produktion wurde naturgemäß durch die Ungewißheit über das Schicksal von Maybach-Motorenbau und LZ beeinträchtigt – ganz abgesehen vom Mangel an Heizmaterial und Strom im Werk sowie von den schlechten Wohnungs-, Heizungs- und Ernährungsverhältnissen, welche die Arbeitsfähigkeit und Arbeitslust der Mitarbeiter beeinträchtigten. Außerdem waren 1946 zeitweise die Transportschwierigkeiten sehr groß – ganz besonders, wenn Zonengrenzen passiert werden mußten. Die französischen Behörden waren in ganz Westdeutschland für die Abschirmung ihrer Zone gegen »Exporte« berüchtigt. Immerhin konnte man so viel arbeiten, daß eine »ausgesprochene Vermögenseinbuße aus dem laufenden Geschäft« vermieden wurde. Auch durfte man hoffen, daß die Lage sich bessern würde, da im Laufe des Jahres 1946 alle kriegsbedingten »Auslagerungen« bis auf die in Blaubeuren, das in der US-Zone lag, und Ostrach nach Friedrichshafen zurückgeführt wurden – falls die Siegermacht nicht überhaupt die Schließung des Unternehmens verfügte. Diese Befürchtung verstärkte sich, als am 1. Juli 1946 die Betriebskrankenkasse geschlossen werden mußte. Im Laufe des Jahres ging zwar die Zahl der Arbeiter von 680 auf 613 und die der Angestellten von 250 auf 190 zurück, aber der Umsatz stieg auf 4,3 Mill. RM, wobei die Entwicklungsarbeit für die DEFA und die Produktion von Motorenteilen für Frankreich mit 2,5 Mill. RM an der Spitze standen. Der Auftragsbestand betrug am Anfang des Jahres 2,1, am Ende 3,8 Mill. RM. Sah man vom Verlust für »Reparationsentnahme« in Höhe von 3,3 Mill. RM ab, dann ergab sich aus einem Gewinnvortrag von 6,4 Mill. RM aus dem Jahre 1945 und einem Verlust von 3,3 Mill. RM beim Jahresergebnis 1946 immer noch ein »Bilanz-Abschluß-Gewinn« von 3,1 Mill. RM. Bei allen diesen Zahlen mußte berücksichtigt werden – und der Bericht wies ausdrücklich auf diese Tatsache hin –, daß die Entwertung der Reichsmark sich »empfindlich störend« bemerkbar machte und die zu erwartende Währungsreform die allgemeine wirtschaftliche Unsicherheit vergrößerte. So erschienen die Aussichten auch für 1947 »denkbar ungünstig«.

Der Bericht über die Tätigkeit im Jahre 1947, der gleichfalls am 18. Mai 1951 vorgelegt wurde, begann mit dem Hinweis darauf, daß die auch jetzt noch immer wieder von Zeit zu Zeit ausgesprochene Drohung, das Werk werde demnächst geschlossen werden, »geradezu hemmend auf alle« wirkte:

»Unsere, nicht zuletzt auf Grund der in der Dr. Maybach'schen Convention liegenden Chance der Belegschaft gegenüber immer wieder gezeigte, manchmal auch regelrecht vorgetäuschte optimistische Haltung und die unentwegte Weiterführung der Planungen für den Wiederaufbau des Werkes zwecks Fertigung neuer Motoren und Kraftübertragungen, ganz gleich, wie schlecht die jeweiligen Nachrichten auch sein mochten, wurden als ›Märchenerzählungen‹ und ›Luftschlösser‹ bezeichnet, waren doch zu diesem Zeitpunkt der LZ und Dornier schon der restlosen Auflösung verfallen.«

Der Winter war außerordentlich hart, die Kohlenzuteilung »völlig ungenügend«, Bild 199. Auch häufige Stromsperren und die Verschlechterung der Ernährungslage beeinträchtigten die Arbeitsleistung. Und der Administrateur/Liquidateur verhinderte »immer mehr Auftragsannahmen« mit dem Argument »der bevorstehenden Schließung«. Diese Einwirkung auf das laufende Betriebsgeschehen wurde vom März 1947 ab durch den neuen »Administrateur/Sequester«[40]) Commandant Deudon »noch viel mehr verschärft und der Wunsch zur restlosen Vernichtung des Werkes immer rückhaltloser ausgesprochen«.

Nun kam es auch hier zu Erscheinungen, die man an Rhein, Ruhr und Main bereits seit 1945 kannte: Sozialistische Kreise in Frankreich strebten »gegen die Wünsche unseres französischen Auftraggebers« danach, »Maybach zu vernichten, mindestens aber durch Beseitigung der Führungskräfte so zu schwächen, wie ihnen

[40]) Der Maybach-Motorenbau war am Kriegsende von der französischen Besatzungsmacht unter Sequestur (Zwangsverwaltung) gestellt worden.

Bild 199. In der akuten Notsituation des Winters 1946/47 trifft eine Kältewelle in den vier deutschen Besatzungszonen auf die Bevölkerung, die ohne ausreichendes Heizmaterial und mit einem täglichen Kaloriensatz von weniger als 1300 dem Winter ausgeliefert ist. Die industrielle Produktion kommt zum Stillstand. Kohlenzüge und -Lkw werden geplündert. Mit der Kamera hielt der Kölner Photograph Walter Dick diese Szenen vom »Fringsen« in der Domstadt fest.

dies bei einer Reihe von anderen Unternehmungen zum Teil unter tatkräftiger Mithilfe Deutscher bereits gelungen war«. Deutsche Kommunisten erklärten, wenn man die Leitung des Unternehmens auswechsle, also diejenigen absetze, die dem »Großen Auftraggeber« voller Hingabe gedient hatten, wenn man auch einen neuen Betriebsrat wähle, da der alte »angeblich Direktor Raebel verfallen sei«, dann bestünde Aussicht auf weitere Arbeit. Aber der alte Betriebsrat wurde wiedergewählt, womit die Belegschaft »ihre Treue zur Geschäftsführung« bewies.

Zwei Ereignisse schufen ein wenig Zuversicht: Einmal reisten im Dezember 1946 die Versuchsabteilung und im Juni 1947 die »Wangener Konstruktionsgruppe« nach Vernon ab, wo nun im Rahmen der »Convention« die Arbeiten »voll zum Anlaufen kamen«. Karl Maybach hatte zur Bedingung für diese Tätigkeit im Dienste Frankreichs die Erhaltung des Maybach-Motorenbaus gemacht. Und am 18. Juli 1947 gab General Pierre Koenig durch die Verfügung Nr. 232 bekannt, daß die Firma rückwirkend vom 1. September 1946 ab unter Zwangsverwaltung stand. Damit gingen alle Befugnisse zur Verwertung der Firma auf den Zwangsverwalter über. Am 18. Februar 1948 fand eine entsprechende Eintragung in das Handelsregister statt – offiziell ohne Wissen der Firma, weil man deren deutsche Leitung weiter unter dem Druck der Ungewißheit halten wollte. Solche Maßnahmen, so meinte man, hätten wenig Sinn, wenn der Maybach-Motorenbau »demnächst« aufgelöst werden sollte.

Es gab auch beunruhigende Ereignisse. Die Regierung von Südwürttemberg-Hohenzollern löste am 28. Januar 1947 mit Wirkung vom 1. März 1947 die Zeppelin-Stiftung, die ein wichtiger Teilhaber des LZ war, auf und übertrug das Vermögen auf die Stadt Friedrichshafen. Deren Stellung zur Frage von Weiterarbeit oder Auflösung des Maybach-Motorenbaus war nicht so ein-

Bild 200. Im Rahmen der »Aktion Liebesgaben« nahmen Schweizer Bürger im Jahre 1947 Kinder aus dem zerbombten Friedrichshafen für einige Wochen bei sich auf. Das Bild zeigt die Kinder in neuen Kleidern und Schuhen bei ihrer Rückkehr im Hafen der Zeppelinstadt.

Bild 201. Auf alliierten Beschluß sollte der LZ 1947 liquidiert werden. Durch Verhandlungen gelang es jedoch, in dem zerstörten Werk zwei Reparaturbetriebe einzurichten, einen für das französische Heer und einen für die französische Luftwaffe.

Bild 202. Nach 1945 sprengten die Franzosen einen Teil der Luftschiffhallen mit Prüfständen, auf denen während des Zweiten Weltkrieges V-2-Raketen erprobt worden waren.

deutig wie die der Belegschaft. Geschah dies am Anfang des Jahres, so wurde am Jahresende erstmals inoffiziell bekannt, daß Maybach und Raebel durch »Säuberungsmaßnahmen« ihre Stellung verlieren sollten. Auch die Entnahme von Maschinen, Vorräten, Werkzeugen, Zeichnungen und Arbeitsplänen wurde mit den verschiedensten Begründungen fortgesetzt[41]) – dabei handelte es sich hauptsächlich um die Panzermotoren-Typen HL 120 und HL 230.

Aber es wurde auch weitergearbeitet – hauptsächlich an Entwicklungsaufträgen und bei der »Großwagenreparatur« für die Besatzungsmacht, Bild 201. Allerdings war bereits seit Anfang 1947 zu erkennen, daß das Militär einen eigenen Betrieb einrichten wollte. Eckener und Raebel erreichten schließlich, daß Ende 1947 dessen Produktion vom Maybach-Motorenbau zum LZ verlegt wurde. Damit erhielt man diesen Tätigkeitsbereich für etwa 120 Fachkräfte, die vom deutschen Arbeitsamt für die französische Dienststelle dienstverpflichtet wurden, und verzögerte zumindest die Sprengung von Hallen beim LZ, der nun auch die gleich nach dem Kriege eingerichtete Karosserie-Reparaturwerkstatt für die beim Maybach-Motorenbau reparierten Chassis fortsetzen konnte. Das rettete auch dort Arbeitsplätze. In dem »zivilen« Sektor hätte man weit mehr Ersatzteile herstellen und absetzen können, wenn nicht der *Sequester* unter Hinweis auf die zu erwartende Schließung immer wieder die Annahme von Aufträgen verhindert hätte. Er verbot auch die Wiederaufnahme des Zahlungsverkehrs. Das führte zu erheblichen Schäden, woraus direkte Verluste entstanden. Denn zum Zeitpunkt der Währungsreform, am 21. Juni 1948, existierten noch Verbindlichkeiten des Maybach-Motorenbaus im Verhältnis 10:1, während die verfügbar gewesenen Bankguthaben im Verhältnis 10:0,65 umgestellt wurden.

Es gab noch mehr Schwierigkeiten. Am 31. Oktober 1947 fand im »Schulgebäude Friedrichshafen«, einberufen vom Gouverneur Albert Merglen, eine Versammlung statt, an welcher der Landrat, der Bürgermeister, einige Stadträte, Geistliche, Vertreter der Industrie- und Handelskammer und des Arbeitsamtes teilnahmen. Die französische Besatzungsmacht – Militär wie Zivil – war, ebenso wie die englische und amerikanische, vom ersten Tage an über einige Ziele der Besatzung nicht einig gewesen. »Entnazifizieren« und »zur Demokratie« erziehen, auch streng behandeln und bestrafen – dafür wurden Behörden geschaffen, z. B. in Rastatt. Aber darüber hinaus wollten die einen den Sozialismus fördern oder einführen (worunter man Verstaatlichung der Industriebetriebe oder Umwandlung in Genossenschaften verstand), die anderen den Vorkriegskapitalismus, gereinigt von NS-Elementen wiederherstellen. Merglen neigte wohl zur Förderung der Sozialisten genossenschaftlicher Richtung. Er bestätigte dabei, was man seit längerer Zeit – wenn auch nicht definitiv – wußte: Seit vielen Monaten sei festgelegt, daß von den vier großen Firmen Dornier, LZ, Maybach und Zahnradfabrik allein Dornier die Arbeit einstellen sollte – Maybach könne wenigstens bis Mitte 1948, vielleicht auch darüber hinaus dringende Ersatzteilaufträge fertigen. Wer, verkleinert oder aufgeteilt, weiterarbeiten dürfe, könne dies tun, »natürlich nicht mit dem alten Kopf«. Daher dürfe die Zahnradfabrik jetzt »weiterarbeiten, und sogar schon wieder aufbauen«. Dagegen sei auf seine frühere Anregung bezüglich Maybach noch nichts erfolgt, und er habe keine Vorschläge erhalten. Zwar sei eine Genossenschaft für einen so großen Betrieb nicht zweckmäßig, »doch ließe sich in der besagten Richtung bestimmt eine Lösung

[41]) Siehe hierzu S. 211f.

finden«. Schuld daran, daß keine Vorschläge kamen, sei »der große Kreis untertäniger Anhänger von Herrn Dr. Maybach und zwar nicht nur im Betrieb selbst, sondern auch bei den Gewerkschaften«. Man müsse also abwarten und später weitersehen. Das war deutlich und entsprach einer Erscheinung vom ersten Besatzungstage an: Weitaus der größte Teil der Belegschaft und des Betriebsrates hielt zum Vorstand des Unternehmens. Die Mitarbeiter waren während des Krieges so gut wie möglich behandelt worden – auch im Zusammenhang mit den Luftangriffen. Man hatte beobachtet, daß auch die Ausländer – mit ganz wenigen Ausnahmen – nicht schikaniert und nicht der Polizei oder gar der Gestapo ausgeliefert worden waren, wenn sie bei der Arbeit gebummelt, gestohlen und Widerstand geleistet hatten. Und man hatte das Glück gehabt, keine KZ-Häftlinge bei Maybach beschäftigen zu müssen. So war das Betriebsklima im Rahmen des Möglichen gut gewesen und geblieben – ganz besonders in bezug auf den von jedermann bewunderten großen Konstrukteur Karl Maybach. Das gefiel Merglen und manchen anderen Franzosen ganz und gar nicht. Er hoffe, so fuhr er fort, daß bis zum Ende der vorhandenen Aufträge »vielleicht Vernunft in die Arbeiterschaft« komme. Mitläufern Hitlers könne man verzeihen, aber den eigentlichen Schuldigen könne man nicht vergeben. Er denke »hierbei vor allem an die großen Techniker – Sie wissen schon, auf wen ich anspiele –, die bis zum letzten mit aller Kraft ihres Geistes mitgemacht« hätten, »selbst wenn die ganze Stadt kaputt ginge«. In der anschließenden Diskussion erklärte der Landrat die »Industrie-Führer« für die »einzigen Kriegsschuldigen«; sie müßten »für alle Zeiten aus der Führung ausgeschaltet werden«. Merglen ergriff noch einmal das Wort und führte aus, daß bei Maybach zwei verschiedene Richtungen bestünden, wovon die eine und zwar weitaus stärkere Richtung mit Herrn Dr. Maybach zusammenginge, gegen die er immer sein werde, und zwar aus ganz prinzipiellen Gründen. Es sei nämlich ganz unmöglich, Vertrauen zu haben zu diesen Herren da oben, die schon lange vorher gewußt hätten, daß es zum Kriege komme, und das Letzte aus ihrem Geist herausgeholt hätten für Hitler und das auch noch bis zum letzten Tage, obwohl die Aussichtslosigkeit offensichtlich gewesen sei. Eines sei sicher: Wenn in der Industrie wieder etwas werden könne, dann keinesfalls durch solche Personen. Merglen unterstellte Maybach, er habe bekanntlich bereits 1936 Panzermotoren für Spanien gebaut, wobei er auf die deutsche »Legion Condor« in Spanien anspielte. Daß Karl Maybach ihm gegenüber die Gründung einer »Maschinenfabrik Buchhorn« – ohne den Ortsnamen zu nennen – an Stelle des demontierten Maybach-Motorenbaus vorgeschlagen hatte, erwähnte er mit keinem Wort.

Aber auch diese Ermahnung des Gouverneurs änderte nichts an der Stimmung der Maybach-Belegschaft. Dazu trug vielleicht bei, daß die Arbeiter längst wußten, daß Maybach und Raebel sehr gute Beziehungen zum französischen Kriegsministerium unterhielten und Karl Maybach mit der »Groupe M« in Vernon wertvolle Arbeit für Frankreich leistete.[42]) Sie taten es ja, wie vereinbart, in engem Zusammenwirken mit dem Werk in Friedrichshafen. Das hatte eine geradezu groteske Folge. Am 23. Dezember 1947 entschied und am 17. Januar 1948 veröffentlichte die Regierung von Süd-württemberg-Hohenzollern jene zitierte Erklärung, daß Karl Maybach und Jean Raebel fünf Jahre lang keine leitende Tätigkeit mehr ausüben dürften, also den Maybach-Motorenbau sofort verlassen müßten. Aber die französische Besatzungsmacht brauchte die beiden Männer gerade in ihrer Funktion bei Maybach. Also schrieb am 10. Februar 1948 die Militärregierung der französischen Besatzungszone in Tübingen ihrem Delegierten für den Kreis Tettnang:

»Die technische Zusammenarbeit mit diesen Herrn erfordert jedoch unter den augenblicklichen Umständen notwendigerweise den Fortbestand von MM – insbesondere im Verfolg verschiedener Studien technischer Art, die im höchsten Maße die französische Regierung interessieren. Es wird infolgedessen gemäß Circular ... bestimmt, daß die bisherigen Betriebsleiter, des Rechts der Betriebsleitung beraubt, verpflichtet werden, ihre Mitarbeit bei wichtigen Produktionen für die Wirtschaft der Zone oder für französische Interessen fortzusetzen.«

Maybach und Raebel erhielten alle Rechte der technischen und kaufmännischen Leitung und Entscheidung, die für die Zusammenarbeit mit Frankreich nötig waren, d. h. sie blieben in ihren Positionen, so daß beim Maybach-Motorenbau auch keine Nachfolger für sie bestellt wurden. Natürlich sollte das nicht öffentlich bekannt werden. Deshalb bestimmten die französischen Behörden weiter:

»Der eine wie der andere darf unter keinen Umständen Titel führen oder Funktionen ausüben, die den Eindruck erwecken, daß er bei MM eine führende Tätigkeit ausübt... Ich sehe jedoch nur Vorteile, wenn man sie erkennen läßt, daß für den Fall befriedigender technischer Zusammenarbeit und befriedigender Haltung die getroffene Entscheidung zur eventuellen Revision dem General-Kommandanten vorgelegt werden könnte. Ich füge hinzu, daß die Säuberung von Dr. M. und J. R. Maßnahmen politischer Art sind, die nur diese Personen betreffen und die nicht ohne weiteres eine Änderung der inneren Organisation der Firma Maybach nach sich ziehen müssen...«

Einstweilen blieb also alles beim alten: Karl Maybachs Entschluß zur Zusammenarbeit mit dem französischen Kriegsministerium hatte sich bisher bewährt. Die Zahl der beim Maybach-Motorenbau Beschäftigten ging im Jahre 1947 von 613 Arbeitern und 190

[42]) Siehe hierzu S. 212ff. und 334f.

Bild 203. In den zerbombten Städten nahm das Leben nur langsam wieder geregelte Gestalt an. Straßenbahnen, Busse und Eisenbahn waren, wenn auch ständig überfüllt, hochgeschätzte Fortbewegungsmittel. Aufnahme von Friedrich Seidenstücker, 1946.

Bild 204. Karl Hänsler, *Betriebsratsvorsitzender des Maybach-Motorenbaus von Dezember 1945 bis April 1953, bewies Zivilcourage. Als die Franzosen verlangten, daß die Geschäftsführung des Maybach-Motorenbaus wie bei der Zahnradfabrik zurücktreten solle, wehrte sich der Betriebsrat vehement dagegen. Wenn die Intelligenz eines Dr. Maybach für die französische Regierung gut sei, dann könne sie auch für Deutsche gut genug sein, argumentierte Hänsler bei einer Betriebsversammlung im Februar 1948 im Beisein von Gouverneur Albert Merglen. Die Belegschaft unterstützte den Betriebsrat bei dieser Forderung und sprach damit der alten Führung des Maybach-Motorenbaus das Vertrauen aus.*

Angestellten auf 418 Arbeiter und 180 Angestellte zurück. Dennoch wurden alles in allem 3,7 Mill. RM umgesetzt, davon 1,7 Mill. RM bei der Entwicklung von Motorenteilen und 1,0 Mill. RM bei Reparaturen. Trotz des behindernden Eingreifens des Sequesters Jean Deudon war der Auftragsbestand am Ende des Jahres mit annähernd 3,7 Mill. RM praktisch ebenso groß wie am Anfang. Auch der Lieferumsatz betrug 3,7 Mill. RM. Durch einen Verlust in Höhe von 1,2 Mill. RM schrumpfte der Bilanz-Abschluß-Gewinn auf 1,9 Mill. RM.

Das Jahr 1948 erhielt in mehrfacher Hinsicht große Bedeutung für den Maybach-Motorenbau. Am 17. Januar wurden Sanktionen über alle verantwortlichen Industriellen verhängt, also auch über Maybach, Raebel und andere leitende Mitarbeiter. Man verbot ihnen für fünf Jahre jede leitende Tätigkeit. Am 31. Januar forderten die Kreisdelegierten den Betriebsrat auf, Vorschläge für eine Neubildung der Direktion aus der Belegschaft heraus zu machen. Am gleichen Tage wurde Maybach und Raebel ihre Stellung zum 14. Februar gekündigt – unter Fortzahlung ihrer Gehälter bis zum Monatsende. Aber dies alles wurde nicht in die Tat umgesetzt – wenigstens nicht in so scharfer Form, weil nämlich das zuständige Ministerium in Paris den weiteren »beratenden« Einsatz der beiden verfügte.

In einer Betriebsversammlung am 16. Februar 1948 verteidigte sich der Betriebsratsvorsitzende Karl Hänsler (Bild 204) gegen die schweren Vorwürfe von Gouverneur Merglen, die Mitglieder des Betriebsrates handelten hinter dem Rücken der Belegschaft und seien »Kreaturen der Herren Maybach, Böttner und Raebel«. Der Betriebsrat habe in der Sorge um die Zukunft stets an ein Produkt gedacht, das volkswirtschaftlich einen Sinn habe. Zu solchen Produkten brauche man aber die schöpferischen Köpfe, die es schaffen können. Nachdem Herr Dr. Maybach einen Vertrag mit der französischen Regierung abgeschlossen habe, habe man sich gesagt,

»wenn die Intelligenz eines Dr. Maybach für die französische Regierung gut ist, dann kann sie auch für uns als Deutsche gut genug sein. Wir ließen uns nicht etwa aus Sympathie oder aus Anhänglichkeit zu diesen Personen leiten, sondern aus rein wirtschaftlichen Überlegungen. Wenn man diesen Leuten vorwirft, sie seien politisch belastet, so hat dies wohl politisch-moralisch eine gewisse Berechtigung, aber wo in Deutschland finden wir die Männer von Intelligenz und Größe, die politisch und moralisch unbelastet sind. Deshalb sagten wir uns, wir können es uns nicht leisten, diese Leute auf den Scheiterhaufen zu werfen oder in Pension zu schicken. Um überhaupt wieder einmal vorwärts zu kommen, müssen wir alle Kräfte einschalten, ob Arbeiter oder Intelligenz. ...Nachdem Herr Maybach im Vertrag das Recht hat, Lizenzen für seine Konstruktionen in Deutschland zu geben, ist es wohl nicht angängig, daß wir jetzt sagen, wir

Bild 205. Der »Motorenbau« in der frühen Nachkriegszeit: Wo vor kurzem noch Panzermotoren in großen Stückzahlen produziert wurden, schneidet jetzt ein Mitarbeiter Bretter zu Brennholz. Als Antrieb dient ihm ein Panzermotor HL 120. An der Wand des Gebäudes sind weitere, nicht mehr benötigte Motoren für Halbkettenfahrzeuge und Panzer abgestellt.

brauchen Sie nicht mehr, und auf der anderen Seite kommen wir mit der Bitte: Geben Sie uns Ihre Lizenzen, damit wir weitermachen können. Da wir ein Produkt suchen, das auch für die Zukunft Wert haben muß, haben wir uns für diesen Weg entschieden. Wenn er falsch war, so liegt es jetzt bei Ihnen, dies zu beurteilen. Wenn ihr glaubt, daß unser Weg falsch war, dann sagt es uns, und wir treten ab.«

Dazu kam es allerdings nicht – die Belegschaft sprach dem Betriebsrat und damit auch der Führung des Maybach-Motorenbaus das Vertrauen aus.

Die Existenz auf Messers Schneide

Doch diejenigen Franzosen und Deutschen, die den Maybach-Motorenbau als ehemaligen Rüstungsbetrieb auf jeden Fall schließen, mindestens aber seine Produktion verändern und Karl Maybach vertreiben wollten, gaben nicht nach. Am 8. August 1948 fand im Rathaus eine erneut von Gouverneur Merglen einberufene Besprechung statt, an der auch der Administrateur Knipper sowie von deutscher Seite der Landrat, der Bürgermeister, drei Stadträte, ein Gewerkschaftsvertreter, der Regierungspräsident, vom Maybach-Motorenbau Direktor Carl Böttner und der gesamte Betriebsrat sowie einige Werksangehörige, die nicht dem Betriebsrat angehörten, teilnahmen. Merglen erinnerte an seine Ausführungen vom 31. Oktober 1947, griff erneut Maybach an, kam einigermaßen empört darauf zurück, daß Anfang 1948 der Maybach-Betriebsrat den zuständigen Minister um Aufhebung des Berufsverbots für Maybach und Raebel gebeten hatte, und unterstrich, daß der Vertrag zwischen der französischen Regierung und Dr. Maybach nur diesen als Privatmann und nicht auch die Firma betreffe. Das war richtig, aber insofern auch falsch, als die unter Maybachs Leitung in Vernon arbeitende Gruppe auf die Existenz des Maybach-Motorenbaus in Friedrichshafen angewiesen war. Merglen erklärte nach wie vor richtig, er habe »immer gesagt, wenn eine neue Direktion komme, dann werde man versuchen, das Werk weiterbestehen zu lassen, sonst

Bild 206. Amtseinführung von Oberbürgermeister Dr. Max Grünbeck in Friedrichshafen am 13. Januar 1949. In der Mitte (stehend) der Landrat des Landkreises Tettnang, Emil Münch; *rechts daneben Stadtrat und Maybach-Betriebsrat* Anton Sommer *und neben ihm Dr.* Grünbeck; *links vom Redner der französische Gouverneur* Albert Merglen.

komme es weg. Durch die Machenschaften einer bekannten Person seien die Arbeiter die ganze Zeit an der Nase herumgeführt worden«. Dem Betriebsrat warf er vor, daß dieser zu Maybach und Raebel halte. Er trage daher die Verantwortung, »wenn jetzt die Maschinen wegkommen«. Das Werk werde geschlossen; es werde sehr schwer sein, für die 170 betroffenen Arbeiter Plätze zu finden. Übrigens gehöre das Werk nur zu 20% Karl Maybach. Bei den Vorschlägen in bezug auf die Gebäude, das Gelände usw. »sei es natürlich entscheidend, von welcher Seite sie kämen«. Merglen schloß ganz eindeutig: »Es bliebe nichts übrig, als die Firma zu schließen und das Personal zu entlassen, alle Maschinen abzuliefern und das Personal sofort anderweitig unterzubringen.« Und so geschah es.

Die von der französischen Regierung am 5. August 1948 befohlene Entnahme aller Maschinen, Schließung des Maybach-Motorenbaus und Einstellung aller produktiven Arbeiten am 7. August ließ etwa 100 Personen »zur Durchführung der Säuberungsarbeiten und Demontage der Maschinen sowie das Wach- und Instandhaltungs-Personal« in Anstellung. Carl Böttner schrieb noch am gleichen 5. August an Knipper, das durch die Schließung verursachte »soziale Elend« sei »so außergewöhnlich groß, daß die Direktion der Firma Maybach ihre Hilfe für diese Maßnahmen (die Schließung usw.) nicht bieten kann und Sie deshalb bitten muß, die Ihnen notwendig erscheinenden Schritte als Administrator unseres Werkes selber durchzuführen«. Das konnte seine sofortige Verhaftung zur Folge haben. Böttner berief auch noch am gleichen Tage für 15.45 Uhr eine Betriebsversammlung ein. Bei dieser gab er den französischen Beschluß bekannt und wies außer auf die Arbeit in Vernon auch auf die für die Eisenbahnen in Deutschland hin, die nun fortfallen müßten.

Am 6. August, 7.30 Uhr, hielt der Betriebsratsvorsitzende Karl Hänsler eine weitere Betriebsversammlung ab. Am gleichen Tage begann Maybach in Frankreich mit seinen Bemühungen um die Aufhebung des Schließungsbefehls. Bei den weiteren Bestrebungen dieser Art von seiten der Direktion, des Betriebsrates und Karl Maybachs kam es zu Spannungen mit der Stadt Friedrichshafen, die mit ihrer Zeppelin-Stiftung direkt und indirekt zu 80% am Maybach-Motorenbau beteiligt war und an den Bemühungen um die Aufhebung des Schließungsbefehls beteiligt werden wollte. Am 11. August ließen Raebel und Böttner »zugleich im Namen von Herrn Dr. Maybach« der Belegschaft durch eine Bekanntmachung mitteilen, daß sie ihre Tätigkeit »jederzeit niederzulegen bereit sind, wenn dadurch eine verbindliche Zusage für die Weiterbeschäftigung unserer Belegschaft erreicht werden kann«. Tatsächlich schieden Raebel und Böttner am 13. August aus der Firma Maybach-Motorenbau aus, nachdem am Tage zuvor, also am 12. August – mithin nach der Währungsreform –, die französische Militärregierung noch einmal die endgültige Durchführung der Gesamtdemontage und Schließung des Werkes ab Freitag, den 13. August verfügt hatte. Die Stillegung wurde auch tatsächlich durchgeführt.

Aber nach sechs Wochen »mit allen ihren schlimmen Folgen« gelang es der Geschäftsführung schließlich mit Hilfe der von Karl Maybach mit der französischen Regierung am 12. September 1946 abgeschlossenen »Convention«, die an einem Weiterbestehen des Maybach-Motorenbaus interessierten maßgebenden französischen Stellen dazu zu bewegen, den Betrieb wieder anlaufen zu lassen. Am 8. September hob General Pierre Koenig, wie bereits erwähnt, die Sanktionen gegen Maybach, Raebel und andere leitende Mitarbeiter in aller Form wieder auf: Sie wurden als vom Entnazifizierungsgesetz nicht betroffen bezeichnet. Natürlich mußte nun auch der Sequester ausgewechselt werden. In diese Position rückte André Gérin, ein Beauftragter der Abteilung »Production industrielle«, mit dem auch ein anderer Geist nach Friedrichshafen kam. Am 25. September 1948 wandelte General Koenig die Anordnung der Totaldemontage in eine Teildemontage um. Am 26. September gratulierten Raebel und seine Frau der Familie Maybach »zur Rettung Ihres Lebenswerkes... Wir dürfen dabei Sie, liebe Frau Dr. Maybach, die Sie so großen Anteil an dem Erfolg haben, nicht vergessen. Herzlich danken wir Ihnen Allen für das laufende Opfer ›Vernon‹, das *wir* wohl am besten zu werten wissen«. Die Teildemontage wurde am 1. März 1949 nach Entnahme von weiteren rund 500 Werkzeugmaschinen, aber auch Rettung von 164 Werkzeugmaschinen und 170 verschiedenen Ausrüstungsteilen und Gegenständen, »die für die Durchführung der Arbeiten notwendig sind«, durch General Koenig persönlich für beendet erklärt. Aber erst am Jahresende 1949 hob der französische Hochkommissar für Deutschland die Zwangsverwaltung auf, wodurch die gesetzlichen deutschen Vertreter wieder in ihre alten Rechte eintraten. Das waren also sechs aufregende Wochen gewesen, in denen sich Maybachs gute Zusammenarbeit mit den zuständigen Ministerien in Paris und die Unterstützung durch die Belegschaft bewährt hatten.

Gérin erleichterte die Finanzgebarung des Maybach-Motorenbaus und erlaubte Vergleichsverhandlungen mit Lieferanten, die meist zu einer Halbierung der Schulden führten – allerdings nicht bei solchen Gläubigern, die in der Ostzone ansässig waren. Unsicher blieb bis zum letzten Augenblick, was mit den 4,7 Mill. Barmitteln geschehen würde, für die man keine Vorsorge hatte treffen können. Schließlich gelang es, den Umstellungsverlust aller Konten zusammen von 10,2 auf 7,1 Mill. RM herabzudrücken. Die Zahl der beschäftigten Arbeiter und Angestellten blieb das Jahr 1948 über praktisch unverändert bei annähernd 600 Personen. Umgesetzt wurden bei DEFA-Entwicklung und Motorenteilen 1 Mill. RM, bei Ersatzteilen 0,5 Mill. RM, insgesamt 1,8 Mill. RM. Der Auftragsbestand ging im Laufe des Jahres von 3,7 auf 3,0 Mill. RM zurück. Zum ersten Male machte man wieder einen Jahresgewinn. Da er 2,7 Mill. RM betrug, stieg der Bilanz-Abschluß-Gewinn auf 4,6 Mill. RM.

Die »Convention« der französischen Regierung mit Karl Maybach bildete auch weiterhin die Hauptgrundlage für die Beschäftigung des Maybach-Motorenbaus bis etwa Mitte 1950. Sie war nicht nur auf technisch-konstruktive, sondern auch auf wirtschaftliche Fragen abgestellt und bildete somit die Basis des gesamten neuen Fabrikationsprogramms. Sie rettete den »Motorenbau« nicht nur vor der Demontage, sondern auch als Firma überhaupt.

Der Abtransport von Beutegut und die Demontage

Über dieses Thema ließe sich allein für den Maybach-Motorenbau ein ziemlich umfangreiches Buch schreiben – mit vielen Zitaten von bitteren Formulierungen aus der Zeit zwischen dem 1. Mai 1945 und dem Jahre 1956. Denn so lange hat dieser Komplex und seine Bereinigung in der Bundesrepublik Deutschland gedauert.

Doch dies soll hier nicht geschehen. Einmal haben diese »Entnahmen« vieler Art letzten Endes den Maybach-Motorenbau weniger geschädigt, als es nach den Wertangaben erscheint. Viele Maschinen und Geräte waren bei Kriegsende praktisch verbraucht und entsprachen nicht mehr den Angaben über ihre Anschaffungs- und Zeitwerte. Zweitens waren weitaus die meisten Maschinen usw. für eine Produktion angeschafft worden, die nicht fortgeführt oder wiederaufgenommen werden konnte: Sie waren also praktisch wertlos, zumal auch ihr Verkauf nicht in Frage kam. Darüber hinaus ist eine genaue Aufstellung der Entnahmen und der durch sie entstandenen Verluste trotz der vielen erhalten gebliebenen Dokumente nicht möglich. Man könnte häufig nur Aufstellungen, die beim »Motorenbau« entstanden sind, solchen französischer Instanzen gegenüberstellen, die einmal mehr, einmal weniger von jenen abweichen. Und schließlich handelte es sich bei Anschaffung und Entnahme um RM-Werte, bei der Aufrechnung ein Jahrzehnt später um DM-Werte von Maschinen, die längst überholt und vergessen waren.

Kurz und ohne die finanziellen und politischen Ursachen zu behandeln, die zu jenen verschiedenen Angaben geführt haben: Der Maybach-Motorenbau verlor nach dem Kriege den größten Teil seiner Maschinen, und was nicht »entnommen« wurde, war gewiß zum großen Teil eine solche Mitnahme nicht mehr wert.

Bild 207. Demontage! Das Schreckgespenst der völligen Ausplünderung durch die Siegermächte geisterte jahrelang durch die Produktionshallen der deutschen Industrie, traf aber vor allem die Betriebe in der sowjetischen Besatzungszone (Bild). Auch der Maybach-Motorenbau wurde teilweise demontiert. Doch schließlich gelang es, die Franzosen davon zu überzeugen, daß für die erfolgreiche Tätigkeit der Maybach-Entwicklungsabteilung im französischen Vernon ein funktionsfähiges Werk in Friedrichshafen unabdingbare Voraussetzung war.

Tabelle 5. Demontage. Quelle: MTU-Archiv.

		(DM oder RM?)	(DM oder RM?)
1–136	Frankreich t 256,7	1027436	1037675
137–457	Jugoslawien t 204,6	558093	549822
458–640	Großbritannien t 346,3	1176487	1153523
641–708	Norwegen t 69	282733	283013
709–768	Griechenland t 63,4	206911	206911
769–813	Holland t 88,6	365875	366405
814–867	Tschechoslowakei t 48,9	243924	244510
868–869	Albanien t 0,6	4200	4200
870–873	Belgien t 3,8	31528	31528
874–876	Neuseeland t 5,4	17715	17715
	t 1087,3	3914905	3895302

Wer erhielt nun diese Beute? Die Vermutung liegt nahe, daß Frankreich, ein seit 1940 vom Krieg aufs schwerste in Mitleidenschaft gezogenes Land, sie nicht aus der Hand gab. Doch diese Vermutung trifft nicht zu. In den Akten des MTU-Archivs befindet sich eine handschriftliche, weder signierte noch datierte Notiz mit der Überschrift »Demontage«. Sie mag Anfang der fünfziger Jahre entstanden sein und gibt nicht an, ob es sich um RM oder DM handelt – wahrscheinlich bei beiden Kolumnen um DM unter verschiedenen Bewertungen, Tabelle 5.

Eine erstaunliche Liste! Zunächst einmal ist ihre Gesamtsumme nur wenig mehr als halb so groß wie die der Entnahme-Liste aus dem Jahre 1955. Sodann steht eindeutig nach Gewicht und Wert Großbritannien an der Spitze. Daß dies bei der Verteilung der deutschen Handelsmarine so war, ist bekannt und durchaus verständlich: England verlor weitaus die meisten Schiffe, und die Zuteilung aus den relativ wenigen deutschen Reparationsschiffen ersetzte nur einen sehr bescheidenen Teil davon. Aber warum behielt Frankreich, welches das »Unternehmen Vernon« aufzog und in dessen Besatzungszone der Maybach-Motorenbau lag, nicht den größten Teil der Demontage-Güter? Es findet sich keine Begründung dafür. Immerhin ergibt sich andeutungsweise ein Bild der Verteilung der »Beute« – bis hin zu zwei Stücken im Werte von 4200 (RM oder DM?), die nach Albanien, und drei offenbar schweren Stükken, die bis ins ferne Neuseeland geschickt wurden. War ein solcher Verlust für den Maybach-Motorenbau – und das gilt im Grunde für die gesamte deutsche Wirtschaft – weniger schwerwiegend, als man zunächst annahm, so war der Nutzen für die Empfängerstaaten noch geringer. Viele der demontierten Maschinen und Geräte wurden auf dem Transport beschädigt, verrotteten und verkamen bei Zwischenlagerungen, wurden unsachgemäß behandelt, so daß sie letztendlich nur noch Schrott darstellten.

Die Überführung der Maybach-Entwicklungsabteilung nach Frankreich und ihre Tätigkeit in Vernon

Als die beiden Direktoren Raebel und Böttner, der erst nach dem Kriege zu dieser Position aufgestiegen war, am 12. August 1948 der Belegschaft »mit tiefem Schmerz erfüllt ... die heute vom Herrn Administrator Knipper veröffentlichte schwerwiegende Entscheidung über das Schicksal unseres Motorenbaus« bekanntgaben, »die trotz aller unserer im besten Einvernehmen mit dem Betriebsrat und der gesamten Belegschaft gemachten Anstrengungen nicht verhindert werden konnte«, fügten sie den Satz hinzu: »Unser hochverehrter Herr Dr. Maybach, der mit seinen 69 Jahren durch seine Zusammenarbeit mit Frankreich einen Beweis für unseren guten Willen zur europäischen Zusammenarbeit von außerordentlicher Größe gegeben hat, nimmt an unserem Schmerz sicher ebensolchen Anteil.«[43])

Bereits am 5. August 1948 hatte der »Administrateur/Liquidateur Knipper« an die Direktion des Maybach-Motorenbaus geschrieben: »Die Entscheidung der Alliierten, die Maschinen zu Reparationszwecken abzuliefern, auferlegt die Schließung der Werke Maybach-Motorenbau innerhalb der kürzesten Frist, und jede produktive Arbeit muß am 7. August aufhören«, Bild 208. Dann war am 12. August 1948 der Befehl zur Schließung ab 13. August, 16.00 Uhr, gefolgt. Dem Personal wurde bis auf etwa 100 Personen zum gleichen Zeitpunkt gekündigt. Karl Maybach befand sich an diesem Tage in Vernon (Département Eure), einer kleinen Stadt, 70 km nordwestlich von Paris an der Seine gelegen und bekannt als »Porte de Normandie«.

[43]) Zu den in Vernon geleisteten technischen Entwicklungen siehe S. 333 bis 336.

Am 26. November 1949 veröffentlichte »Die Welt« ein Interview ihres Mitarbeiters Wolfgang Hempel mit Hugo Eckener. Hempel bemerkte: »Die Maybach-Werke arbeiten doch jetzt unter französischer Leitung.« Eckener erwiderte:

»Gewiß, kurz nach dem Einmarsch der Franzosen stellte ich Herrn Maybach – Sie wissen vielleicht, daß ich seit Jahrzehnten bei Maybach im Aufsichtsrat sitze – vor die Alternative: entweder Aufgabe und Abbruch des Werkes oder Zusammenarbeit mit den Franzosen. Mein Vorschlag, letzteren Weg zu beschreiten, wurde befolgt. Heute arbeitet das Werk wieder mit einem Viertel seiner früheren Belegschaftsstärke. Die Arbeiter verdienen ihr Brot, und in Friedrichshafen hält das Leben wieder seinen Einzug. Die hiesigen Maybach-Werke stellen Motoren für Triebwagen im Auftrage Frankreichs her, während sich in Frankreich selbst nur eine sogenannte ›Entwicklungsstelle‹ befindet.«

Der Interviewer fragte, ob diese Entwicklungsstelle nicht »in absehbarer Zeit wieder nach Friedrichshafen zurückgeführt werden« solle. Eckener:

»Nein, davon ist mir nichts bekannt. Auch glaube ich nicht daran, denn letzten Endes bleibt das Tochterwerk, die französische Filiale, auf die Mutterfirma angewiesen. Ich stehe auf dem Standpunkt, daß Europas Zukunft nur durch eine sehr enge deutsch-französische Zusammenarbeit gesichert werden kann.«

Diese Sätze in der Zeit der Gründung der Bundesrepublik, die Eckener sehr stark in den Vorder- und Maybach in den Hintergrund stellten, werden den Tatsachen nicht ganz gerecht, finden auch in keinem anderen Dokument im MTU-Archiv eine Bestätigung. Als die »Fachgemeinschaft Kraftmaschinen« zwei Tage später, am 28. November 1949, sofort beim Maybach-Motorenbau anfragte, ob Eckeners Bemerkung über Triebwagenmotoren den Tatsachen entspräche, erhielt sie auch keine Antwort. Und Karl Maybach selber dürfte den Aufsatz in der »Welt« kaum gelesen haben: Er leitete zu dieser Zeit in Vernon die deutsch-französische Zusammenarbeit der von Eckener unterbewerteten »Entwicklungsstelle«, die auch keineswegs eine »Tochtergesellschaft« des Maybach-Motorenbaus war, sondern vom französischen Kriegsministerium finanziert und dirigiert wurde. Die Situation stellte sich anders dar, als sie von Eckener und dem »Welt«-Reporter in drei Sätzen skizziert wurde.

Um diesen Komplex klar darstellen zu können, muß noch einmal kurz zurückgegriffen werden. Nachdem Hitler am 22. April 1945 den Befehl zur Produktionseinstellung und Sprengung gegeben und Speer am folgenden Tage den Sprengungsbefehl aufgehoben hatte, besetzten französische Truppen am 28./29. April 1945 Friedrichshafen. Anfang Juni 1945 bestimmte das französische Gouvernement in Tettnang den Maybach-Motorenbau zum Großreparaturbetrieb für alle Fahrzeuge der Besatzungsmacht und genehmigte für diese

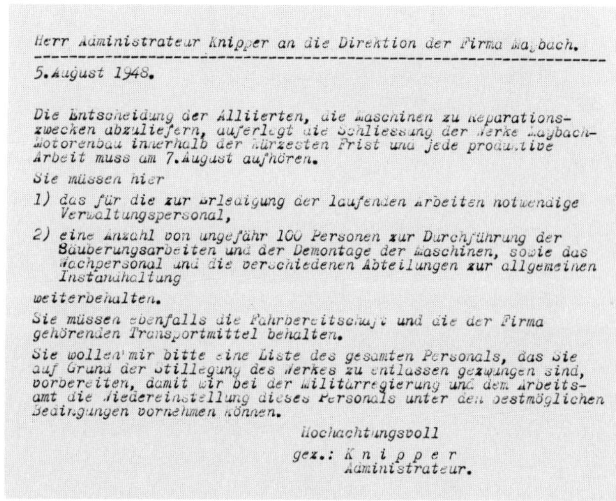

Herr Administrateur Knipper an die Direktion der Firma Maybach.

5. August 1948.

Die Entscheidung der Alliierten, die Maschinen zu Reparationszwecken abzuliefern, auferlegt die Schliessung der Werke Maybach-Motorenbau innerhalb der kürzesten Frist und jede produktive Arbeit muss am 7. August aufhören.

Sie müssen hier

1) das für die zur Erledigung der laufenden Arbeiten notwendige Verwaltungspersonal,

2) eine Anzahl von ungefähr 100 Personen zur Durchführung der Säuberungsarbeiten und der Demontage der Maschinen, sowie das Wachpersonal und die verschiedenen Abteilungen zur allgemeinen Instandhaltung

weiterbehalten.

Sie müssen ebenfalls die Fahrbereitschaft und die der Firma gehörenden Transportmittel behalten.

Sie wollen mir bitte eine Liste des gesamten Personals, das Sie auf Grund der Stillegung des Werkes zu entlassen gezwungen sind, vorbereiten, damit wir bei der Militärregierung und dem Arbeitsamt die Wiedereinstellung dieses Personals unter den bestmöglichen Bedingungen vornehmen können.

Hochachtungsvoll

gez.: K n i p p e r
Administrateur.

Bild 208. Am 5. August 1948 schien das Ende des Maybach-Motorenbaus gekommen zu sein: Der französische Administrateur Knipper ordnete die Schließung und totale Demontage des Werkes an.

Aufgabe die Wiederingangsetzung des Betriebes. Bereits wenige Wochen später beauftragte die DEFA die nach Wangen ausgelagerte Entwicklungsabteilung mit der Weiterentwicklung des HL-234-Einspritzmotors – des modernsten Entwicklungsobjektes des Maybach-Motorenbaus – mit allen verfügbaren technischen Kräften. Gleichzeitig erhielt das Stammhaus in Friedrichshafen den Auftrag, alle bei Kriegsschluß noch in Arbeit gewesenen HL-120- und HL-230-Motoren fertigzustellen. Wenig später aber begann im Juli die Entnahme von Maschinen und sonstigen Einrichtungen in Friedrichshafen sowie die Verhaftung von einigen Oberbeamten und Wachpersonal, dem Mißhandlung von Ausländern vorgeworfen wurde. Im Dezember 1945/Januar 1946 wurde der Maybach-Motorenbau dem Kontrollrat in Potsdam zur Verfügung gestellt, was praktisch Teildemontage und Auflösung des Unternehmens bedeuten mußte.

Ostern 1946 erhielt Karl Maybach die Mitteilung, daß die Entwicklungsabteilung Wangen innerhalb von zwei Monaten nach Frankreich verlegt werden müsse. Er selbst wurde *gebeten*, die Entwicklung auf Kosten der Direction des Études et Fabrications d'Armement (DEFA) dort weiterzuführen. Er und Raebel erklärten sich unter gewissen Voraussetzungen der Unterbringung, Behandlung und Honorierung der Mitarbeiter dazu bereit, weil sie hofften, auf diese Weise die Entwicklungsabteilung, mindestens aber die von ihr gesammelten Erfahrungen und erlangten Kenntnisse für die Zukunft zu erhalten.

Am 30. April 1946 übertrug der Maybach-Motorenbau, wie erwähnt, alle Patent- und Lizenzrechte auf Karl Maybach als Einzelperson. Am 17. Mai ließ der französische Oberst Roland Karl Maybach mitteilen, er wolle ihn allein sprechen. Im Gespräch »versuchte er Herrn Dr. Maybach in liebenswürdigster Weise zur

Bild 209. Was in Sekunden zerstört worden war, mußte in langwieriger und anstrengender Arbeit wieder aufgebaut werden. Jeder Mitarbeiter, der sich beim »Motorenbau« zurückgemeldet hatte, mußte zunächst etwa vier Wochen »Steine klopfen« und Schutt wegräumen.

Übernahme der Leitung der Weiterentwicklung in Frankreich ohne Einschaltung des MM zu gewinnen«. Karl Maybach hatte dies bereits früher abgelehnt und wiederholte jetzt seine Weigerung. Am folgenden Tage erklärte Maybach sich bereit, »von Deutschland aus die Leitung der Entwicklung in Frankreich zu übernehmen, wenn die nach Frankreich gehende Gruppe von Herrn Dipl.-Ing. von Kienlin geführt werden kann und für diese Bereitwilligkeit von den Herren Zusicherungen gegeben werden könnten, daß MM entgegen dem Kontrollratsbeschluß, wenn auch im bescheidenen Umfange, weiterarbeiten dürfte, wenn nötig, evtl. auch durch Einschaltung einer neuen Firma«. Die Franzosen wiesen wiederholt darauf hin, daß so große Motoren, wie sie für Triebwagen und Lokomotiven gebraucht wurden, »keinesfalls mehr in Deutschland gebaut werden dürften«, akzeptierten aber schließlich einen Tag später die eventuelle Einschaltung einer neuen Firma und den Vertrieb unter dem Namen »Maybach«, »wenn Herr Dr. Maybach die Leitung der französischen Weiterentwicklung bisheriger Maybach-Erzeugnisse von Deutschland aus übernehmen und Herr von Kienlin für die technische Leitung der in Frankreich tätigen Herren eingesetzt werde«.

Am 24. Mai 1946 schrieb Karl Maybach an Colonel Roland: Nach Rücksprache mit dem Vorsitzenden des Maybach-Motorenbaus, Dr. Eckener, teile er ihm mit, daß er »grundsätzlich bereit« sei, »die Entwicklungsarbeiten an Motoren und Getrieben sowie zusätzliche Aufgaben ähnlichen Charakters, wie ich sie bis jetzt für den MM geleistet habe, zugunsten des französischen Staates als freier Ingenieur und oberster technischer Direktor zu leiten, wobei ich die gleichen Verantwortlichkeiten eingehe, wie ich sie bisher meiner Firma gegenüber in dieser Beziehung übernommen habe. Mein Wohnsitz bleibt dabei in Deutschland... Herr von Kienlin wird die Leitung der in Frankreich tätigen Gruppe übernehmen. Im Zusammenhang mit ihm werde ich die für diese Gruppe in Frage kommenden Ingenieure und Fachkräfte des MM aussuchen und denselben nahelegen, Ihr Angebot, in Frankreich zu arbeiten, anzunehmen«. Für diese Annahme könne er »jedoch ... zunächst keine Gewähr übernehmen«. Auch müsse er sich »Personaländerungen, sei es durch Entlassungen oder Neueinstellungen von deutschen oder ausländischen Kräften ... vorbehalten«. Schließlich müßten »die gesamten von hier abtransportierten Maschinen und Einrichtungen in einwandfreiem Zustand für die Durchführung der Arbeiten der Gruppe in Frankreich unter allen Umständen sichergestellt werden«. Die »zuständigen Stellen des französischen Staates müßten ihn »autorisieren, zusammen mit ... Eckener und Raebel eine Gesellschaft mit noch näher festzulegendem Arbeitsprogramm zu gründen«. Diese Gründung bilde »auch eine wesentliche Voraussetzung für eine erfolgversprechende Ausübung meiner Tätigkeit für Sie...«. Das war im Jahre 1946 für einen »freien« Ingenieur in der Besatzungszone einer Siegermacht, über dessen bisherige Tätigkeit ebenso wie über seine Zukunftsabsichten durchaus Klarheit bestand, und dem Kriegsministerium eben dieser Siegermacht ein erstaunlicher Vertrag, sowohl dem Inhalt als auch der Form nach: Karl Maybach vergab sich nichts und rettete, stillschweigend, denn das war die Voraussetzung dieses Schreibens, die Existenz des Maybach-Motorenbaus. Am folgenden Tage, dem 25. Mai, einigte Maybach sich mit Colonel Roland dahin, daß aus formalen Gründen der Vertrag über die Gründung einer Gesellschaft und die Verwirklichung des Arbeitsprojektes nur zwischen ihm allein und »dem französischen Staat« unterzeichnet werden sollte.

Am 30. Mai hieß es nach diesen Vereinbarungen in einer 14 Seiten umfassenden, den Vertrag begründenden Niederschrift:

»Auf Grund der außergewöhnlich hohen Literleistung und des niedrigen Brennstoffverbrauchs, die Herr Dr. Maybach... den Vertretern des französischen Kriegsministeriums, Section T der Mission DEFA für den nach seinen grundlegenden Gedanken entwickelten HL-232/234-Motor bei Weiterführung dieser Entwicklung in Aussicht stellen konnte, war es dem Maybach-Motorenbau bereits kurze Zeit nach der Besetzung gelungen, neben einem beachtlichen Auftrag auf Fertigmontage von HL-120- und HL-230-Motoren auch einen solchen auf Neuentwicklung eines auf die französischen Verhältnisse zugeschnittenen Benzinmotors von etwa 1000 PS [später Type HL 295] *zu erhalten.«*

Das bot also Beschäftigung und Fortexistenz; auch erreichte man, daß im wesentlichen nur noch im Einverständnis mit der »Section T« demontiert und abtransportiert wurde.

Teilweise erhielt man für diese Arbeit sogar bereits nach Frankreich geschaffte »wertvolle Apparate und Versuchsmotoren ... wieder zurück«. Insgesamt wurden in mindestens 37 Eisenbahnwaggons und drei Lkw mindestens 1100 Kisten mit Material der verschiedensten Art aus Wangen abtransportiert. Am 14. Juni 1946 wurde der Vertrag paraphiert, am 12. September 1946 endgültig unterzeichnet – und zwar in Paris von Raebel, Maybach und dem Unterstaatssekretär des französischen Kriegsministeriums. Karl Maybach übersiedelte nach Vernon erst nach dem 18. Juni 1947; an diesem Tage erhielt er vom Landratsamt Lindau die Bescheinigung, daß er von der französischen Regierung zur »Arbeitsaufnahme in Frankreich« verpflichtet wurde. Am 2. Juli 1946 besaß Karl Maybachs Stellvertreter in Vernon, Markus von Kienlin, genaue Vorstellungen über die Arbeiten, die in Vernon durchgeführt werden konnten. Es bestanden drei Möglichkeiten:

1) Fertigstellung des HL 295 (1000 PS) »ohne jegliche Weiterentwicklung und ohne Versuche hinsichtlich Leistungssteigerung«.
2) Zu Fall 1 zusätzlich auch noch Fertigstellung des Motors HL 295 R. Das war die Diesel-Version des HL 295.
3) Fall 1 und 2 sowie Konstruktion und Entwicklung eines Getriebes für Triebwagen bzw. Diesellokomotiven, des Mekydro-Getriebes.

Dafür brauchte man im ersten Fall 48 deutsche Mitarbeiter (15 Konstrukteure und Techniker, elf Ingenieure und 15 Schlosser) sowie 49 französische Mitarbeiter (15 Konstrukteure und Techniker, vier Ingenieure, 20 Schlosser); im zweiten Fall 59 deutsche Mitarbeiter (je 15 Konstrukteure und Ingenieure und 20 Schlosser), 53 französische Mitarbeiter (15 Konstrukteure, 22 Schlosser); im dritten Fall 77 deutsche Mitarbeiter (25 Konstrukteure, 17 Ingenieure, 24 Schlosser), 66 französische Mitarbeiter (25 Konstrukteure, 6 Ingenieure, 23 Schlosser).

Als ungefähre Termine für die drei Fälle wurden angegeben: für den ersten Fall 23 Monate, für Fall 2 zusätzlich 22 Monate und für Fall 3: »Für das Getriebe kann kein Termin angegeben werden, da sich dieses noch in reinen Entwürfen befindet«. Am 21. September wurden in einer Liste 65 deutsche Mitglieder der Gruppe mit Namen und Beruf zusammengestellt – z. B. »von Kienlin, Markus, Stellvertretender Technischer Direktor« und »Häfele, Karl, Zeichner«. Auch eine Gehaltsliste lag zu dieser Zeit vor. Kienlin erhielt 47500 Franc jährlich, sein Vertreter 25000, die Ingenieure 20000 bis 22000. Den niedrigsten Lohn erhielt eine Zeichnerin und Listenführerin mit 9600 Franc. Es gab Listen über das Alter, die bisher geleisteten Dienstjahre (»nach Arbeitsbuch«), die Stundenlöhne, den Wohnungsbedarf für die Familien, Alter der Söhne und Töchter.

In der »Convention« die Karl Maybach am 12. September mit der französischen Regierung geschlossen hatte, hieß es, Maybach habe sich in seinem persönlichen Namen und im Namen einer Gruppe deutscher Techniker, der »Gruppe M« (Groupe M), zu folgendem verpflichtet:

»Gegenstand der Konvention ist, der französischen Regierung die Mitarbeit der Gruppe M zu sichern:
- *für die Studien, die Verwirklichung und Fertigstellung eines Benzinmotors von 1000 PS und eines Hilfsmotors, unternommen unter dem Titel des Auftrages DEFA M 3, der nicht mehr fortzusetzen ist in der bisherigen Weise;*
- *für die Studien, die Verwirklichung und die Fertigstellung eines Dieselmotors gleichen Hubvolumens;*
- *für alle weiteren Entwicklungen dieser Motoren.*

Zu diesem Zweck werden die die Gruppe M bildenden Techniker sobald als möglich nach Frankreich überführt werden.«

Die Arbeiten dieser Gruppe M sollten in den Werkstätten und Büros, die zu diesem Zweck von der französischen Regierung in den »Ateliers de Chargement de

Bild 210. Karl Maybach hatte am 12. September 1946 mit der französischen Regierung eine »Convention« geschlossen, nach der er einen Benzin- und Dieselmotor für französische Panzer entwickeln und bauen sollte. Noch im Dezember 1946 traf die erste Gruppe von Maybach-Mitarbeitern in der französischen Stadt Vernon ein und fand sowohl hinsichtlich der Unterkünfte (Bild) als auch der Arbeitsstätten trostlose Verhältnisse vor. In der ersten Zeit war deshalb an Konstruieren oder gar das Durchführen von Versuchen nicht zu denken – Aufbau hieß die Parole!

Vernon« eingerichtet wurden, ausgeführt werden. Die Gesamtheit dieser Werkstätten und Büros werde den Namen »Atelier M«‹ erhalten. Die allgemeine Leitung des Atelier M übernahm ein Generaldirektor, der vom Ministre de l'Armement ernannt wurde. Ihm unterstanden »alle Mitglieder« der Groupe M. Karl Maybach wurde »Technischer Direktor«. Ihn vertrat ein »Stellvertretender Technischer Direktor« – Dipl.-Ing. Markus von Kienlin. Bis zur Fertigstellung der Unterkünfte und Arbeitsstätten sollte die Gruppe in Friedrichshafen arbeiten. »So weit dies ohne Beeinträchtigung des Hauptzieles möglich ist, soll die Gruppe außerdem mit sonstigen Entwicklungaufgaben für in- und ausländische Interessenten beschäftigt werden, ferner mit der Einzelherstellung von Meß-Instrumenten und Forschungsuntersuchungen für wissenschaftliche Institute und Industriefirmen, wie dies beim MM schon bisher als anerkannte Spezialität (Maybach-Verfahren) der Fall war.«

Da öffnete sich nun ein sehr weites und recht unübersichtliches Feld: Sollte ein französischer Maybach-Motorenbau entstehen, der den deutschen schließlich überholte und überflüssig machte? Sollte in absehbarer Zeit eine französische Filiale des Maybach-Motorenbaus in Friedrichshafen in enger Zusammenarbeit mit dem französischen Kriegsministerium existieren? Der französische Staat übernahm alle Kosten. Maybach überließ ihm dafür »die Verwertung der aus diesem Vertrag hervorgehenden Erfahrungen und Patente im gesamten In- und Ausland«. Das war von Maybachs Seite sehr großzügig: Er verzichtete auf erhebliche Aussichten – letzten Endes aber zugunsten des Maybach-Motorenbaus in Friedrichshafen.

Karl Maybach selber schloß seine »Convention« mit dem französischen Verteidigungsministerium für die »Mindestdauer von drei Jahren«. Die Höhe seiner »Vergütung« wurde darin nicht genannt. In bezug auf die Zuteilung von Lebensmitteln, Kleidung und »allgemeinen Gütern« wurde er den »citoyens français« gleichgestellt. Ihm und seiner Familie wurde eine Wohnung zur Verfügung gestellt und zugesichert, »daß die Wohnung und der Besitz des Herrn Dr. Maybach, die sich in der französischen Besatzungszone befinden, nicht den Gegenstand irgendeiner Beschlagnahme bilden« werden. Frankreich übernahm die Übersiedlungskosten in beiden Richtungen. Am 27. September schloß man einen Zusatzvertrag in bezug auf Arbeitsrecht, Kranken-, Unfall- und Sozialversicherung.

Die Mitglieder der Groupe M, die bisher beim Maybach-Motorenbau gearbeitet hatten, wurden dort »als ohne Entschädigung beurlaubt« geführt. Die Zeit der Beurlaubung zählte als Dienstzeit. In Frankreich wurden auch diese Personen den »citoyens« gleichgestellt. Mittlerweile lagen die Bestimmungen über die Bedingungen vor, unter denen die Deutschen in Frankreich arbeiten sollten. Dabei ging man davon aus, daß sie sich mehrere Jahre in Frankreich aufhalten würden. Es gab also Bestimmungen über Urlaubslänge, Reisen in die Heimat, Nachführung der Familien und deren Wohnungen, Überweisung von »etwa bis zu 70% des Verdienstes« in die Heimat, die Sozialleistungen, den Schulbesuch, Ersparnisse usw. Das alles ergab eine eigenartige Situation: Während Panzersoldaten, die im Kriege ihr Leben in von Maybach-Motoren angetriebenen Panzern hatten einsetzen müssen, als Gefangene in französischen Kohlengruben teilweise unter schlimmsten Lebensbedingungen arbeiten mußten, wurden die Konstrukteure jener Motoren, die Ingenieure usw., deren Dasein im Kriege weit weniger gefährdet gewesen war als das der kämpfenden Truppe, den »citoyens« gleichgestellt und als Angestellte des französischen Staates behandelt und bezahlt und erwarben sich zudem noch Rentenansprüche an den französischen Staat sowie im Rentenalter das Recht auf eine Freifahrt im Jahr mit der französischen Eisenbahn SNCF.[44])

Schließlich reiste die Versuchsabteilung der Groupe M in den ersten Tagen des Dezember 1946 über Paris nach Vernon und begann zu arbeiten, Bild 210. Über die Tätigkeit in Vernon bis 1952 liegen viele und zum Teil umfangreiche Briefe und Berichte vor. Als Quelle für die folgenden Ausführungen dienen vor allem die an und von Karl Maybach.

Zeigen schon die zahlreichen Arbeitsberichte, wie langwierig, kompliziert und verwirrend die Tätigkeit in Vernon und der ständige Kontakt mit Karl Maybach waren, so traten menschlich-berufliche Komplikationen immer wieder hinzu. Am 29. August 1947 schrieb z. B. von Kienlin an Maybach: »Als Hauptschwierigkeit besteht hier zur Zeit die Nichtbezahlung der Gehälter bzw. Prämien für die Arbeiter.« Am 15. September hätten die Gehälter für die Zeit von Anfang Juli eintreffen sollen. Sie waren nicht angekommen. Von den vereinbarten Prämien wisse die auszahlende Stelle »überhaupt nichts«. Die Aufregung war groß, was sich auch auf den Arbeitseifer auswirkte. Am 30. Oktober 1947 lag ein »Versuchsprogramm« für den HL 295 vor. Aber gerade in diesen Tagen befürchtete Maybach eine »schwere Beeinträchtigung unserer Zusammenarbeit«, weil die Besatzungsbehörde in Baden-Baden Ersatzteillieferungen für Triebwagen behinderte. Auch setzte der französische Direktor in Vernon entsprechend Merglens Drohungen in Friedrichshafen von Kienlin unter Druck: »Der Kopf von MM« müsse »beseitigt« werden, wie das bei der Zahnradfabrik geschehen sei – dann werde die Demontage eingestellt und die Weiterarbeit erlaubt werden. Von Kienlin erwiderte, wenn der Vorstand ausgewechselt werde, dann würde Raebel und ihm selber jeder Einfluß auf die Arbeiten in Vernon entzogen werden. Die technischen Aussichten der Arbeiten in Vernon stünden besonders günstig.

Es konnte nicht ausbleiben, daß zwischen den Friedrichshafener und den Vernoner Maybach-Motorenbau-Mitarbeitern Eifersüchteleien und Neid aufkamen. Während man in Vernon stolz war, durch die Arbeit der »Groupe M« das Werk in Friedrichshafen gerettet zu haben, führten die »Häfler« das auf ihre eigene Arbeit für die Bundesbahn zurück. In Vernon wurde befürchtet, daß nach Beendigung der Tätigkeit in Frankreich kein Unterkommen mehr beim Maybach-Motorenbau in Friedrichshafen sei. Karl Maybach und Jean Raebel besänftigten wiederholt die Mitarbeiter in dieser Hinsicht. Nach entsprechenden Versicherungen beruhigte man sich in Vernon. Es kam hinzu, daß einerseits die französischen Auftraggeber, insbesondere die SNCF, Mitte November 1947 deutlicher als bisher ihre Zufriedenheit, ja Respekt zeigten und sowohl auf Intensivierung der Arbeit als auch auf Zusammenarbeit der Gruppe mit einzelnen französischen Fabriken drängten, andererseits die Lohn- und Gehaltszahlungen korrekter als bisher gehandhabt wurden.

Dennoch: Nachdem sich das Leben in der neugegründeten Bundesrepublik einigermaßen normalisiert hatte, wollte ein Teil der in Vernon Beschäftigten möglichst schnell wieder zurück nach Friedrichshafen, zumal ihre Frauen und Familien nicht hatten nach Frankreich nachkommen dürfen.

Erst am 12. März 1950 war Maybach wieder in Vernon. Am 15. März planten er und französische Beauftragte die »Fertigstellung von HL 295 bis zum November 1950«. Deutlich wurde den Franzosen der ganze Komplex Vernon allmählich zu teuer. Am 24. März lag ein »Vorschlag über die Weiterführung der Versuche in Friedrichshafen und Vernon« vor. Sein Inhalt war: »Die Werkstatt kommt unter französische Leitung« – nach Entlassung von sechs deutschen Mitarbeitern, die von Kienlin als »sowieso nicht mehr zu halten« bezeichnete. »Die Kosten würden verringert werden, indem der HL 338 auf Kosten der DEFA über die SFM (Société Française Maybach) in Friedrichshafen fertig entwickelt wird.« Dadurch könne man »sowohl die Werkstatt als auch das Büro wesentlich« verkleinern. »Diese Lösung hätte den Vorteil, daß die Gruppe in Vernon sich speziell auf die Benzin-Motoren konzentrieren« und die Arbeit beschleunigen könnte. Damit begann die – sehr langsame – Auflösung der Groupe M, zumal auch die Behörden »keine weiteren Kredite für Deutschland« mehr zur Verfügung stellten.

Am 11. August 1950 teilte die französische Leitung mit, daß man im Januar 1951 mit der Serienfertigung des HL 295 beginnen wolle, wenn dieser »wirklich serienreif« sei. Am 19. August 1950 war in Vernon »unser Programm keineswegs kleiner... Leider ist der

[44]) Markus von Kienlin als Chef der Groupe M hatte sich mit Erfolg darum bemüht, deutsche Kriegsgefangene als sog. »Freiarbeiter« in der Groupe M unterzubringen.

Bild 211. Die ersten Mitarbeiter von Karl Maybach, die 1946/47 nach Vernon gingen und dort die »Groupe M« bildeten. Karl Maybach bezeichnete sie als »seine Pioniere«.

Personalmangel ein großes Hemmnis für die rasche Durchführung all dieser interessanten Aufgaben. Ich bin mir klar, daß Ihr persönlicher Einfluß hier von entscheidender Bedeutung ist...«, hieß es in einem Brief an Maybach.

Am 9. Oktober 1950 erschien in »Le Figaro« ein illustrierter Artikel über den »neuen französischen Panzer, der seine erste Ausfahrt gemacht hat«. Er bilde »un progrès sensible« gegenüber seinem Vorläufer, der dem englischen Centurion und dem amerikanischen Patton nachgebaut worden sei. Er habe einen 1000-PS-Motor (gegenüber 720 PS des Centurion, aber es wurde nicht angegeben, ob Benzin- oder Dieselmotor). Dieser neue Panzer könne sich mit allen bekannten Fahrzeugen dieser Art »messen«. Natürlich wurde nicht erwähnt, daß es sich um einen von Maybach in Vernon entwikkelten Motor handelte.

In den folgenden Monaten fanden wiederholt Besuche von hohen Ingenieur-Offizieren mit leitenden Persönlichkeiten französischer Motorenbau-Fabriken in Vernon statt, die sich über die Möglichkeit des Serienbaues des HL 295 unterrichten wollten. Schließlich wurden die Arbeiten in Vernon auch noch im Jahre 1952 fortgesetzt – insbesondere am HL 295.

Inzwischen waren in Friedrichshafen große Veränderungen eingetreten, auf die noch einzugehen sein wird: Friedrich Flick hatte sich beim Maybach-Motorenbau engagiert[45]). Er war an diesem Unternehmen insofern interessiert, als er mit ihm, der Auto-Union und Daimler-Benz den größten europäischen Automobil-Konzern aufbauen wollte. Vernon war für ihn belanglos und stand damit auch für seinen Verhandlungspartner beim Maybach-Motorenbau, Raebel, nicht mehr an der Spitze aller Zukunftspläne. Daher betrieb Karl Maybach Anfang September 1952 die »Abschluß-Regelung meiner dortigen Einkommensteuer« und schrieb Abschiedsbriefe an einige Franzosen. In Vernon selber war nur noch eine »kleine Gruppe«. Von Kienlin war nicht mehr dort, sein Stellvertreter/Nachfolger Dipl.-Ing. Kurt Gartner im Begriff sich »neuen Aufgaben« zuzuwenden. Maybach schrieb ihm am 9. September 1952: »Wir im Motorenbau fühlen uns nach wie vor mit Ihnen und der kleinen Gruppe verbunden, und ich selbst hoffe nur, daß diese Verbundenheit sich in der Zukunft, namentlich in bezug auf Ihre Tätigkeit, immer mehr auswirken wird.« Die Abwicklung des DEFA-Unternehmens in Vernon kostete die französische Regierung zwischen dem 21. Juni 1945 und dem 31. Dezember 1949 an Konstrukteur-Stunden 665000 DM, an Planerstunden 635000 DM, an Lohnstunden 1,7 Mill. DM, insgesamt in dieser Zeit 7,6 Mill. DM.

[45]) Siehe hierzu S. 228ff.

Bereits am 6. Mai 1949 vereinbarten in Paris das »Kommissariat für deutsche Angelegenheiten, die Direction des Études et Fabrications d'Armement (DEFA), der Präsident und Generaldirektor der Société Franco-Belge de Matériel de Chemin de Fer, Maybach und Raebel« folgendes:

»1) Die Sequestur des MM wird aufgehoben und die Gesellschaft autorisiert werden, ihre zivile Fabrikation frei auszuüben.

2) Die Société Française Maybach (SFM) wird gegründet werden. Die SFM wird an MM mit 15% beteiligt werden – auch bei allen künftigen Kapitalveränderungen.

3) Von den Kapitalanteilen des MM erhalten außerdem Maybach 20%, ›Gruppe Maybach/Raebel‹ 31%, SFM 15% [1951 war gelegentlich von 25% die Rede], *nach Möglichkeit die Familie Graf Brandenstein-Zeppelin 8%, die rechtmäßigen Erben der Zeppelin-Stiftung 26%.*

4) Die SFM wird die bestehenden und künftigen MM-Patente verwenden und Erzeugnisse auf ihrer Grundlage in Frankreich und der französischen Union, Benelux, Italien, Spanien, Schweiz, Argentinien und ›ihren überseeischen Besitzungen‹ vertreten.

[...]

7) Dr. Maybach wird an MM alle Rechte zurückgeben, die ihm am 30. April 1945 überlassen wurden, sowie alle inzwischen auf seinen Namen angemeldeten und alle künftigen Konstruktionen und Erfindungen zur Patentanmeldung überlassen.«

Als Gegenleistung übernahm der Maybach-Motorenbau die Zahlung von Gehalt und Tantiemen an Karl Maybach »auf Lebenszeit«, »so wie wenn er als Geschäftsführer tätig wäre. Er selbst auf Lebenszeit und seine Erben zehn Jahre nach seinem Tode werden 15% der Einnahmen aus allen künftigen Lizenzeinnahmen erhalten«.

Von den 31% der Gruppe Maybach/Raebel gingen schließlich 5% an Eckener »für die vom Genannten Dr. Maybach in langjähriger Zusammenarbeit gewährte außerordentliche Unterstützung in der Förderung seiner technischen Bestrebungen«, 2% an die Familie Graf Brandenstein-Zeppelin »im Gedenken an die großen Verdienste des Grafen Zeppelin«, 7% an Jean Raebel »für seine unerläßliche Mitarbeit« (gemeint war vermutlich »unermüdliche«), 17% an Karl Maybach. Außerdem besaß Maybach bereits 20% Anteile. Für diese 51% sollte »das Stimmrecht immer einheitlich ausgeübt werden«. Daher wurde ihr gesamtes Stimmrecht auf Maybach übertragen. Maybach bestimmte, daß nach seinem Tode zunächst Raebel das Stimmrecht der 51% ausüben solle, nach dessen Tod die Maybach-Erben: seine Ehefrau, dann der Sohn, schließlich die Töchter. Nur zu ihrer »Beratung« sollten sie einen»Beirat« einsetzen, dessen Mitglieder festgelegt wurden.

Der Entwurf für diesen Vertrag lag am 29. Mai 1949 vor. Dann entstanden auf der französischen Seite einige Schwierigkeiten; am 27. Dezember 1949 erfolgte jedoch die Unterzeichnung des 19 Seiten langen Vertrages durch den Maybach-Motorenbau, Karl Maybach und die SFM; am 18. Januar sowie am 15. September 1950 folgten Zusätze, die hauptsächlich Geschäfte mit den USA betrafen: Der Maybach-Motorenbau und Karl Maybach behielten sich »ausdrücklich das Recht auf eigene Verhandlungen, zu Lizenzabschlüssen und Lieferungen in dieses Gebiet«, vor – mit Ausnahme ganz bestimmter genannter Motoren und Teile.

Die französische Regierung erhielt für 20 Jahre die Lizenz der kostenlosen Anwendung

1) für alle Sachen, die im Gebiet der Französischen Union im Interesse der nationalen Verteidigung gebaut werden, der gesamten gegenwärtigen und künftigen Patente und Erfindungen von Dr. Karl Maybach und Maybach-Motorenbau.
2) »Für alle Sachen«, die für gewisse Eisenbahnen gebaut werden »von den gegenwärtigen und künftigen Patenten und Erfindungen, die sich beziehen auf
   a) die beiden in Vernon entwickelten 1000-PS-Benzin- und Diesel-Motoren HL 295 und HL 338,
   b) einen 800-PS-GO-6B-Motor, der gegenwärtig in Deutschland für die Reichsbahn in Entwicklung ist« (der später mit GTO bezeichnete Motor).

Der französische »Hohe Kommissar für deutsche und österreichische Angelegenheiten« erklärte sich mit der »neuen Gestaltung des Kapitals der Gesellschaft Maybach-Motorenbau« am 24. Dezember 1949 einverstanden. Schließlich wurde am 18. Januar 1950 ein Vertrag zwischen dem Maybach-Motorenbau und Dr. Maybach abgeschlossen, der am 21. Dezember 1950 eine Detail-Änderung erfuhr. In einem Schreiben vom 25. Mai 1950 an das französische Verteidigungsministerium, das den Dieselmotor HL 338 betraf, erwähnte der Maybach-Motorenbau (Raebel und Böttner) ausdrücklich die »ausgezeichnete Zusammenarbeit mit der Organisation DEFA...«. Und um diese Zeit begann eine lebhafte Zusammenarbeit von DEFA, SNCF sowie der Pariser Omnibusgesellschaft und SFM.

Im Jahre 1952 kam es zwischen dem französischen Verteidigungsministerium und Karl Maybach zu Meinungsverschiedenheiten über Maybachs Behauptung, die »Convention« vom 12. September 1946 sei nicht mehr gültig, vielmehr »gekündigt«. Es ging um die Lizenzrechte für die in Vernon entwickelten Motoren. Der Vertreter des Ministeriums erhob »schärfste Einwände. Ich bin tatsächlich der Ansicht, daß der französische Staat als Lohn für die sehr bedeutenden Aufwendungen, die er ausgeworfen hat, um die in Vernon konstruierten Prototypen fertigzuentwickeln – wovon lezten Endes Ihre Firma der wirkliche Nutznießer ist – durch die Convention von 1946 festgelegt hat, sich die diesbezüglichen Lizenzrechte auf eine unbeschränkte

Bild 212. Im Juni 1947 entwickelte der US-Staatssekretär George Marshall den später nach ihm benannten Plan eines »European Recovery Programme« (ERP). Dieses umfassende Hilfsprogramm für die durch den Zweiten Weltkrieg schwer erschütterten europäischen Staaten einschließlich der deutschen Westzonen wurde zur Triebfeder für den europäischen Wiederaufbau, und die aus dem ERP fließenden Mittel sind einer der Schlüssel für das deutsche »Wirtschaftswunder« der fünfziger Jahre.

Zeitdauer vorzubehalten«. Er verlangte die Bestätigung, daß der Vertrag vom 27. Dezember 1949 diese Bestimmung klar und deutlich festlege und nach wie vor gültig sei. Das führte zu einem längeren heftigen Briefwechsel. Am 22. Juli 1952 schloß Maybach einen Brief an die DEFA mit den Sätzen: »Ich würde es außerordentlich bedauern, wenn nach der erfolgreichen technischen Arbeit der vergangenen sieben Jahre, die stets im Geiste eines guten Einverständnisses, auch bezüglich der Zukunft, geleistet wurde, jetzt kurz vor dem Ablauf der Convention evtl. juristische Streitigkeiten sich ergeben würden ...«. Die ganze Angelegenheit schien im Herbst damit zu schließen, daß die SFM sich 1952 aus dem Maybach-Motorenbau zurückzog, zumal dieser erreichte, daß die Stadt Friedrichshafen mit der Zeppelin-Stiftung und der »Luftschiffbau Zeppelin GmbH« in Liquidation als Gesellschafter des Maybach-Motorenbaus ausschieden und schließlich Flick an ihre Stelle trat.

Sowohl bei der französischen Besatzungsmacht wie bei Banken in der englisch-amerikanischen »Bi-Zone« fanden sich »Interessenten«, die den Block von 63% aufteilen und den Maybach-Motorenbau von Friedrichshafen fortverlegen wollten. Andererseits hofften Maybach und Raebel zeitweise, das Werk mit Marshallplan-Mitteln weiterbetreiben, d. h. erhalten zu können. Auch die Beteiligung einer Zürcher Gruppe wurde im März/April 1949 erwogen, und schließlich drohte die Möglichkeit, daß die französische Seite, sofern sie über genug Geld verfügte, selber daranging, die Majorität von der Maybach-Motorenbau GmbH an sich zu ziehen, indem eine französische Gruppe 45%, eine französisch-belgische Gesellschaft 25% und eine deutsche »Gruppe Dr. Maybach« 30% (mit Eckener, Zeppelin und Raebel) des Kapitals übernehmen könnten. In dieser Situation schrieb Raebel aus Friedrichshafen an Maybach, der sich in Vernon und Paris aufhielt, im Augenblick sei man »vollständig ohne Mittel«, da die Reichsbahn und andere Auftraggeber nicht zahlten. Mitte Mai führte Raebel mit französischen und deutschen Behörden erste Gespräche über die Entflechtung des Zeppelin-Konzerns, durch die u. a. der Maybach-Motorenbau verselbständigt werden sollte, während Karl Maybach mit seiner Gruppe in Vernon sich bemühte, für die Zukunft des Werkes die existierenden Motorentypen zu verbessern und neue zu entwickeln.

Bei einem Treffen Raebels und anderer Vertreter mit den Franzosen am 29. Oktober 1952 ergab sich, daß die SFM »an der 15%igen Beteiligung an Maybach-Motorenbau desinteressiert« war. Man trennte sich von einander unter Betonung der Tatsache, »daß die in dieser Aussprache herbeigeführte freundschaftliche Regelung der offensichtlich bestandenen Meinungsverschiedenheiten erfreulich ist«. Am 10. November erklärte sich die SFM »mit dem Verkauf der Anteile einverstanden«. Daraufhin kam es am 14. März/9. Juni 1953 zu einem entsprechenden Vertrag. Am 24. Mai 1962 wurde die Firma SFM nach Liquidation im zuständigen Handelsregister in Paris gelöscht. Anschließend zahlte der Maybach-Motorenbau am 29. Mai der französischen Vertretung der SFM »eine einmalige Vergütung von 30 000 DM. Damit war die Angelegenheit SFM von beiden Seiten offiziell abgeschlossen.

Der Komplex »Vernon«, der hier als ein Geflecht von Beziehungen zwischen Karl Maybach (der seit seiner Jugend gut französisch sprach und Verbindungen zur französischen Automobilindustrie besaß)[46]) mit seiner »Convention« sowie dem Maybach-Motorenbau, vertreten hauptsächlich durch Jean Raebel einerseits, französischen Ministerien, Besatzungsbehörden und Industrieunternehmen andererseits, aber auch als eine Beziehung zwischen der Siegermacht Frankreich und einem für diese militärisch und privatwirtschaftlich höchst interessanten Industrie-Unternehmen in ihrer nicht sehr industriereichen Besatzungszone skizziert wurde – dieser Komplex Vernon stand für Frankreich

[46]) Vgl. hierzu auch S. 9; 10f.

auch noch in größeren politischen und wirtschaftlichen Zusammenhängen:[47])

Da schien sich also im Sommer 1947, während in Vernon die französisch-Friedrichshafener Kooperation hauptsächlich mit militärischen Zielen in Gang kam, auch eine, alles in allem natürlich viel breitere, deutsch-französische Zusammenarbeit aus der Erkenntnis anzubahnen, daß beide Seiten durch sie gewinnen könnten, allerdings erst nach der Marshallplan-Rede, die schließlich der wirtschaftlichen Entwicklung in Westdeutschland – von der »Bizone« her auch im Süden – eine ganz andere Richtung gab.

Der Kölner Bankier Robert Pferdmenges, Senior-Teilhaber des Kölner Bankhauses Sal. Oppenheim jr. & Cie., enger persönlicher Freund und wirtschaftlicher Berater Konrad Adenauers, stand im November 1947 an der Spitze deutscher Industrieller – unter ihnen Hermann Reusch (Gutehoffnungshütte), Hermann Wenzel (Vereinigte Stahlwerke), Günter Henle (Klöckner) –, welche die französische Stahlindustrie für den Plan einer 50prozentigen Kapitalbeteiligung an den damals unter der Kontrolle der britischen Besatzungsmacht in dieser Zone stehenden Bergbau- und Industrieunternehmen gewinnen wollten. Zwar gaben die meisten Rheinländer schon einige Monate später amerikanischen Investitionen den Vorzug. Aber Adenauer, Pferdmenges und andere waren auch an Frankreich interessiert, das sich allerdings einstweilen in innenpolitischen Schwierigkeiten befand. Doch gerade während der beiden Londoner Konferenzen über Deutschland in der ersten Hälfte des Jahres 1948 bestand in Frankeich großes Interesse an der Zusammenarbeit mit der deutschen Industrie – nicht zuletzt zur Verhinderung der Labour-Absicht, diese zu verstaatlichen, d. h. unter sozialistische Kontrolle zu stellen. Adenauer vertrat im Frühjahr 1948 durchaus Pferdmenges' Gedanken. Und nachdem das unter dem Druck der USA zustande gekommene Gesetz Nr. 75 vom 10. November 1948 die Sozialisierung erst einmal mindestens hinausgeschoben hatte, wandten sich sowohl die deutschen Industriellen als auch die französische Regierung am 30. November 1948 erneut dem Plan deutsch-französischer gemischter Gesellschaften zu.

Diese Kontakte wurden auch lebhaft fortgesetzt, als die Bedeutung des Marshall-Planes immer klarer in Erscheinung trat (Bild 212) und die Londoner Ruhrvereinbarungen getroffen worden waren. Im Sommer und Herbst 1948 hielten sich wiederholt französische Politiker, Industrielle, Gewerkschafter und Wissenschaftler in Düsseldorf und Frankfurt bei Henle, Stinnes jr., Pferdmenges u. a. ebenso auf wie andere französische Besucher nach Vernon kamen und die Chance weiterer Kooperationen abschätzten. Im April 1949 wurde nach der Bildung eines Studienausschusses für die deutsch-französischen Wirtschaftsbeziehungen in Düsseldorf ein »Arbeitskreis Frankreich« auch in Frankfurt gegründet. Und schließlich entwickelte man nach vielen weiteren bilateralen Gesprächen, in die auch der Kölner Bankier Waldemar von Oppenheim eingeschaltet wurde, 1950/51 den Schuman-Plan als »Zähmungsinstrument« für die Deutschen. Als er im Januar 1952 ratifiziert und damit ein großer wirtschafts- und allgemeinpolitischer Abschluß erreicht wurde, erlahmte naturgemäß und endete schließlich das französische Interesse an teuren Einzelunternehmen, zumal Maybach in Vernon längst die Panzer- und Eisenbahnmotoren entwickelt hatte, um die es anfangs im Jahre 1946 gegangen war.

Das alles spielte sich für Frankreich und die Politiker und Großindustriellen an Rhein und Ruhr also in großen Zusammenhängen ab. Vernon–Friedrichshafen bildete dabei für die Franzosen nur ein hauptsächlich militärisches Anhängsel, und den Industriellen in Nordrhein-Westfalen war es wohl gar nicht genau bekannt. Aber andererseits ist es zwischen diesen und französischen Unternehmen niemals zu wirklich produktiver wirtschaftlicher Zusammenarbeit gekommen, wie sie – dank Karl Maybach und seiner »Convention« – mit guten Erfolgen für beide Seiten in Vernon–Friedrichshafen betrieben wurde.

---

[47]) Diese sind von der Geschichtsschreibung bisher nicht beachtet worden und sollen daher hier wenigstens knapp angedeutet werden. Es handelt sich um Frankreichs »Ruhrpläne zwischen Abtrennung, Internationalisierung und Produktionsverlagerung«, (vgl. *Bührer, W.:* Die französische Ruhrpolitik und das Comeback der westdeutschen Schwerindustriellen 1945–1952. In: *Hüttenberger, P.,* u. *H. Molitor:* Franzosen und Deutsche am Rhein 1789–1918–1945. Essen 1989, S. 27ff.). – Im Juli 1947 stellte der schnell einflußreich werdende Jean Monnet fest: »Die 70 Millionen Deutschen müssen in einem wohlhabenden Europa ihre Rolle als Produzenten und Kunden spielen.« Und die »Wirtschaftsvereinigung Eisen- und Stahlindustrie« antwortete im August gewissermaßen mit einer Denkschrift, die in ein Plädoyer für eine dauerhafte und faire Lösung des Ruhr-Lothringen-Problems auf der Basis eines »wirtschaftlich vernünftigen Wirtschaftsaustausches« einmündete.

6. Die Zeit des Wiederaufbaus 1949 bis 1960

Zukunftshoffnungen

Seit Ende 1948 konnte man langsam mit der Instandsetzung und dem Wiederaufbau des Werkes (Bild 213) sowie mit der Durchführung des auf der »Convention« beruhenden Fabrikationsprogramms beginnen – »langsam und mit größter Vorsicht«. Denn noch immer waren einflußreiche, ja »maßgebliche« französische Kreise (auch deutsche Industrielle) am Werk, die gegen das Weiterbestehen des Maybach-Motorenbaus eingestellt blieben. Auch bereitete die Finanzierung eines so großen Vorhabens gleich nach der Währungsreform erhebliche Schwierigkeiten, »da wir als der Demontage verfallener Rüstungsbetrieb nach den seinerzeitigen Bestimmungen keine langfristigen Wiederaufbaukredite bekommen konnten, ohne Gefahr zu laufen, evtl. durch öffentliche Kritik eine neuerliche Gefährdung zu riskieren«.

Die Gründung der Bundesrepublik Deutschland am 7. September 1949 (Bild 214), d. h. dic Erlangung der Teilsouveränität des westdeutschen Staates, mit dem CDU-Kanzler Konrad Adenauer und dem Repräsentanten der sozialen Marktwirtschaft Ludwig Erhard an ihrer Spitze sowie die langfristigen Pläne der Besatzungsmächte, vornehmlich der USA, im Hinblick auf einen Beitrag der Bundesrepublik zur Verteidigungsfähigkeit Europas, schließlich Frankreichs Absicht, seine Panzerwaffe qualitativ der englischen und amerikanischen anzugleichen, erleichterten den Aufstieg des Maybach-Motorenbaus.

Bild 213. Nach den schweren Zerstörungen im Krieg war der Maybach-Motorenbau zunächst nur notdürftig repariert worden. Mit dem eigentlichen Wiederaufbau fing man erst zu Beginn der fünfziger Jahre an.

Das Jahr 1949, das 41. von Karl Maybachs »Motorenbau« in Friedrichshafen, war eines der schwierigsten in der Geschichte des Unternehmens. Nachdem die Währungsreform im Sommer des Vorjahres zwar eine Klärung der Finanzverhältnisse, aber auch eine tiefgreifende Geldverknappung gebracht hatte, schleppte man noch immer die rechnerischen Folgen der Luftangriffe im Kriege und der »Entnahme«, Beschlagnahme, Demontage mit durch die Bilanzen, während die Aufträge kaum ausreichten, um den Betrieb aufrechtzuerhalten und die Arbeit in Vernon unter schwierigsten Verhältnissen nur eben das Fortbestehen des Maybach-Motorenbaus sicherte. In dieser Lage überlegte man am 7. Februar 1949, wie man den Fortbestand des Unternehmens sichern könne, an dessen Weiterarbeit prinzipiell einerseits die Bundesbahn und ausländische Eisenbahnen, andererseits Henschel, Krauss-Maffei und andere Firmen für das Dieseltriebwagen- und Diesellokomotiv-Programm der Bundesbahn interessiert waren. Zu dieser Zeit waren am Maybach-Motorenbau die »Mutterfirma« Luftschiffbau Zeppelin (LZ) GmbH (»gegenwärtig vertreten durch den französischen Administrateur«) mit 63%, die Stadt Friedrichshafen als Erbin der Zeppelin-Stiftung mit 17% und Karl Maybach persönlich mit 20% beteiligt.

Am 2. Juni 1949 befand man sich in Friedrichshafen in einer tiefen Finanzkrise. Die Bundesbahn war außerstande, die gelieferten Ersatzteile zu bezahlen, und erst recht, weitere Bestellungen vorzunehmen. Zwar machte man Raebel Hoffnungen für 1950 und 1951, aber es war sicher, daß man dann nicht mehr verbesserte alte Motoren akzeptieren, sondern neue Typen verlangen würde. Raebel schloß an diesem Tage ein Schreiben an Karl Maybach:

»Wir stehen also im Augenblick in einer schweren Finanzkrise, weil unsere Hauptabnehmer Reichsbahn [Bundesbahn] *und DEFA weder ihre rückständigen Verpflichtungen erfüllen, noch eine Gewähr für ordnungsgemäße Abnahme und Bezahlung unserer noch laufenden Fabrikation bieten können, darüber hinaus in einer Beschäftigungskrise, weil die vorliegenden Ersatzteilbestellungen in der Hauptsache im August/September zur Auslieferung kommen, ohne daß wir, wie beabsichtigt und ursprünglich von der Reichsbahn* [Bundesbahn] *geplant, als Übergang zu der Einheitsausführung MD 20 Ersatzmotoren alter Ausführung GTO in Auftrag erhalten können, welch letztere wir natürlich hätten rasch in die Fertigung nehmen und auch aus den laufenden Ersatzteildispositionen jetzt von der Reichsbahn* [Bundesbahn]

Bild 214. Unter dem Vorsitz von Dr. Konrad Adenauer *erarbeitete ab dem 1. September 1948 der Parlamentarische Rat das Grundgesetz und bereitete damit die Gründung der Bundesrepublik Deutschland am 7. September 1949 vor (Bild). In seiner ersten Regierungserklärung als Kanzler am 20. September 1949 stellte Adenauer das wirtschaftspolitische Konzept der sozialen Marktwirtschaft heraus, verbunden mit der Hoffnung auf ein Ende der Demontage.*

nicht gebrauchte Teile dafür hätten aufbrauchen können. Die Finanzkrise konnten wir bis jetzt meistern, und ich hoffe, gerade auch nach meiner heutigen Besprechung [bei der Bundesbahn in München], *daß es möglich wird, auch weiterhin Überbrückungsmöglichkeiten zu finden, wobei mir den Banken gegenüber der tatsächliche Abschluß des Millionen-Einheitsmotoren-(MD-) und Mekydro-Getriebe-Geschäfts natürlich sehr helfen würde.«*

Bereits im Mai 1950 gelangte man neben dem wachsenden Ersatzteilgeschäft zu einem größeren Auftrag der Bundesbahn für neue Zwölfzylinder-Dieselmotoren, Mekydro-Getriebe und Achstriebe, die nach ihrer Auslieferung die für das Auslandsgeschäft dringend notwendige Empfehlung abgeben sollten.[48]) Das war um so wichtiger, als man zum einen bis Ende 1948 nicht in das Neubaugeschäft hatte gelangen können und die Konkurrenz in der US-Besatzungszone in dieses früher fast ganz vom Maybach-Motorenbau beherrschte Gebiet erheblich hatte eindringen können, und zum anderen die Bundesbahn infolge von Kapitalknappheit nicht einmal ein Viertel der Aufträge erteilte, die dem »Motorenbau« für mehrere Jahre Beschäftigung gesichert hätten. Dieser Ausfall bedeutender Bundesbahn-Aufträge brachte das Werk noch einmal in große Schwie-

Bild 215. Nach dem Zweiten Weltkrieg begann die Deutsche Bundesbahn zusammen mit der Industrie mit dem Bau von Diesselloks. Mit der vierachsigen V 80 sollte das Diesellokomotiven-Konzept der Bundesbahn – schnellaufende Motoren, hydraulisch-mechanische Kraftübertragung und Gelenkwellenantrieb – erprobt werden. Diese V 80 war mit dem damals neuen Maybach-Motor MD 650, dem Maybach-Mekydro-Getriebe K 104 und Maybach-Achstrieben ausgerüstet.

[48]) Vgl. hierzu S. 357/58; 360.

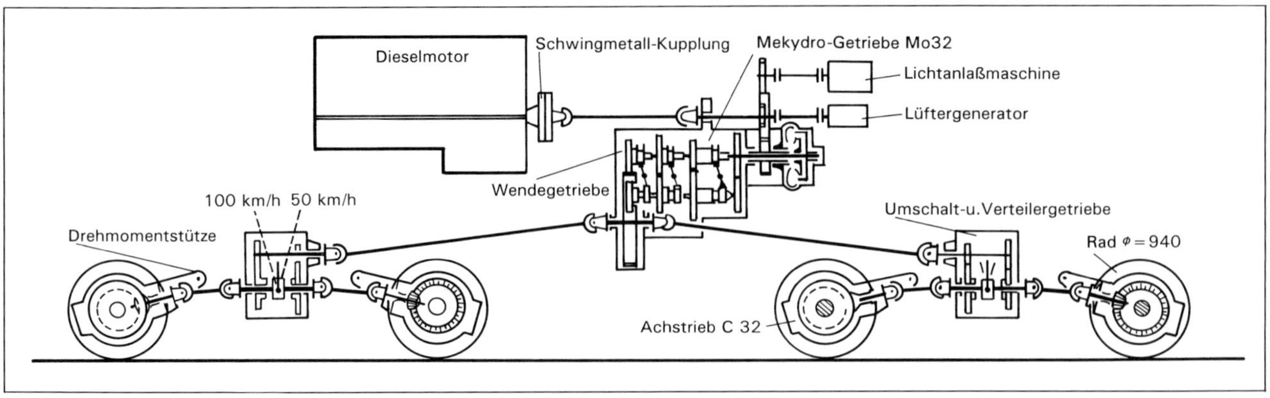

Bild 216. Antriebsanlage aus einer Hand: Das Schemabild zeigt den leistungsführenden Triebstrang von Maybach-Dieselmotor MD 650 (alternativ: Daimler-Benz-MB-820-Motor), Maybach-Mekydro-Getriebe (alternativ: Voith-Getriebe) sowie Maybach-Gelenkwellen und -Achstrieben in der Diesellokomotiv-Baureihe V 80 (280) der Deutschen Bundesbahn.

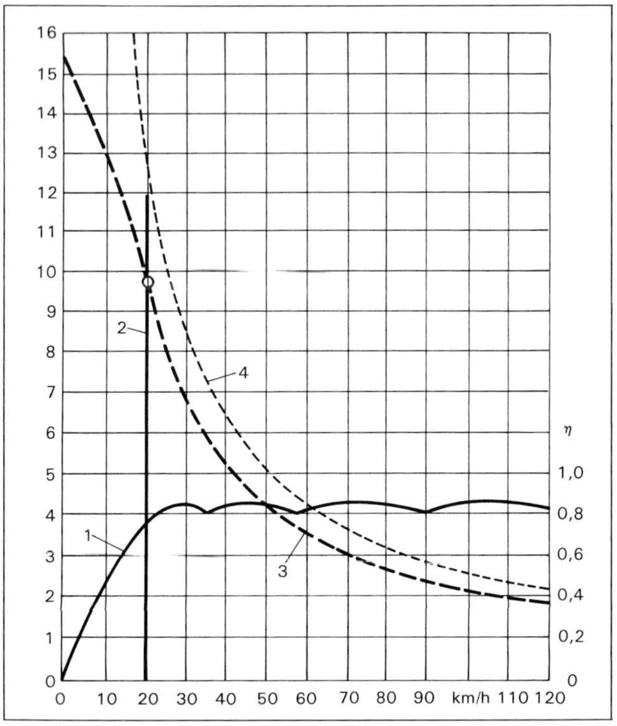

Bild 217. Das mechanisch-hydraulische Maybach-Mekydro-Getriebe besteht aus einem Hochtrieb (Übersetzung ins Schnelle), dem hydraulischen Drehmomentwandler und einem nachgeschalteten mechanischen Wechselgetriebe. Das Diagramm zeigt, wie gut sich mit dieser Getriebe-Konfiguration die ideelle Zugkraftlinie annähern ließ.

1 Wirkungsgrad, 2 Dauerzugkraft, 3 Zugkraft, 4 ideelle Zugkraft.

Bild 218. Mekydro-Getriebe mit angebautem Drehmoment-Ausrückwandler. Für die Eisenbahnanwendung wurde es in den drei Hauptvarianten K 184 (1324 kW/1800 PS), K 104 (735 kW/1000 PS), K 64 bzw. KL 64 (441kW/600 PS) angeboten.

Bild 219. Explosionsdarstellung des Drehmoment-Ausrückwandlers.

1 Pumpenrad, 2 Vorwärtsbeschaufelung, 3 Rückwärtsbeschaufelung des Turbinenrades, 4 Turbinenrad, 5 Leitschaufeln.

rigkeiten. Nur durch Kurzarbeit kam man über die Gefahr der totalen Arbeitseinstellung hinweg. Immerhin konnte man bald nach der Gründung der Bundesrepublik und dem Einsetzen des »Wirtschaftswunders« mit Befriedigung und Beruhigung feststellen, »daß der Name Maybach auch heute noch viel bedeutet, unsere Konstruktionen größtes Aufsehen erregen und wir zweifellos beachtliche Geschäfte werden abschließen können, sobald wir auch noch gute praktische Betriebsergebnisse werden nachweisen können«. Nun machten sich auch die Kriegs- und Demontageschäden mit ihrem vollen Gewicht bemerkbar. Daher sei, so stellte der Bericht zur DM-Eröffnungsbilanz auf den 21. Juni 1948[49]) fest, die am 18. Mai 1951 vorgelegt wurde, »dem zu erwartenden Lastenausgleich eine wesentliche Bedeutung beizumessen, obwohl es noch völlig unge-

[49]) Dem Tag der Währungsreform in den drei Westzonen.

wiß ist, inwieweit eine Aufrechnung von solchen Vermögensverlusten gegen das verbliebene und den zu erwartenden Abgaben unterliegende Vermögen zugelassen werden wird«.

Schließlich sollte sich herausstellen, daß die neuen Leistungen seit 1949/50 für den Maybach-Motorenbau wie für die gesamte Wirtschaft in der Bundesrepublik weit bedeutender waren, als die Entschädigungen für alte Schäden und Verluste im Rahmen des Lastenausgleichs. Ähnliches galt für die Marshallplan-Hilfe: Sie war eine sehr willkommene zusätzliche Hilfe für das, was man aus eigener Kraft zu leisten im Stande war.

Die DM-Eröffnungsbilanz des Maybach-Motorenbaus ging schließlich von 2,8 Mill. DM Grund- und beweglichem Anlagevermögen, 0,8 Mill. DM Warenvorräten, 3,3 Mill. DM Demontage- und Reparationsgütern, 171000 DM Warenforderungen, 248000 DM Kassenbestand usw. und 70000 DM Bankguthaben, insgesamt einem »Reinvermögen« von 8,666 Mill. DM aus. Das Stammkapital von 6 Mill. RM wurde im Verhältnis 1:1 auf DM umgestellt. Dazu kamen Rücklagen im Werte von annähernd 2,5 Mill. DM.

Als man am 18. Mai 1951 den Bericht zur Bilanz für die Zeit vom 21. Juni 1948 bis zum 31. Dezember 1949, also für mehr als 18 Monate, vorlegte, begann dieser nach ein paar begründenden Worten mit dem Satz: »Der ganze Berichtszeitraum war voll Sorge um den Bestand unseres Unternehmens überhaupt.« Noch immer wurde man durch Vermögenssperre und Zwangsverwaltung behindert, bis zum 13. August 1948 von der Demontage bedroht. Dann war die Schließung erfolgt, deren Aufhebung man nach sechs Wochen hatte erreichen können. Den »Hauptteil der Beschäftigung« bildeten der französische Entwicklungsauftrag und die Ersatzteilaufträge »der deutschen Bahnen«, also der Reichsbahn in der sowjetisch besetzten Zone und der westdeutschen Bundesbahn. Aber auch da gab es 1949 einen Schock, der dem der Schließung ähnlich war: Nachdem die Produktion sich seit dem Oktober 1948 ganz gut entwickelt hatte, geriet im Frühjahr 1949 plötzlich die Deutsche Bundesbahn in »finanzielle Schwierigkeiten von solchem Ausmaß..., daß völlig überraschend eine Sistierung der erhaltenen Ersatzteilaufträge einseitig verfügt wurde, die, bezeichnet als ›Liefersteuerung‹, eine finanzielle Entlastung bei der Bundesbahn herbeiführen sollte«. Davon wurde der Maybach-Motorenbau »außerordentlich hart getroffen«, da man inzwischen das Geschäft »überwiegend auf die Bundesbahn abgestellt« hatte. Schließlich fand man mühsam Mittel und Wege, den Betrieb aufrechtzuerhalten. Bemerkenswerterweise stieg der Export, der während des Krieges praktisch ganz zum Erliegen gekommen war, auf 1,1 Mill. DM = 16,2% des Gesamt-Lieferumsatzes. Das trug wesentlich zur Überwindung der von der Bundesbahn verursachten Krise bei.

Bild 220. Einbau eines Maybach-Mekydro-Getriebes K 184 in die sechsachsige Diesel-Lokomotive ML 3000 von Krauss-Maffei.

Bild 221. Berliner Autoschau 1949: Ernst Reuter, *Regierender Bürgermeister von Berlin, Prof. Dr.-Ing.* Udo Augustin, *Inhaber des Lehrstuhls für Kraftfahrzeugbau an der TH Berlin, und* Richard Peters, *Inhaber der Karosseriefabrik Erdmann & Rossi (rechts), vor einem Maybach-Wagen SW 42. Erdmann & Rossi besaß nach Kriegsende noch ein Maybach-Chassis, das vom stellvertretenden Ministerpräsidenten der DDR, Prof. Dr. Hermann Kastner, gekauft und mit dieser Karosserie versehen wurde. Da die DDR-Regierung kein Westgeld zum Bezahlen hatte, lieferte sie Erdmann & Rossi fünf BMW-Automobile für diesen SW 42. Über den Verbleib des Wagens ist nichts bekannt. Der Maybach-Motorenbau selbst nahm nach 1945 den Automobilbau nicht wieder auf.*

Allmählich konnte man auch den inneren Fertigungsverbund, den Bombenschäden und Demontagen zerrissen hatten, den neuen Zielen entsprechend wiederherstellen. Besonders dringend aber brauchte man neue leistungsstarke Werkzeugmaschinen. Dieses Problem konnte nur mit Hilfe langfristiger Kredite gelöst werden – und da zögerten die Banken, die durch die Zerschlagung der Großbanken selber viel von ihrem Potential eingebüßt hatten.

Die Unsicherheit der Situation spiegelte sich auch in der Begrenzung der Mitarbeiterzahl. Zu Beginn der

Bild 222. 1951 nahm der »Motorenbau« erstmals an der Internationalen Bodenseemesse in Friedrichshafen teil. Die Aufnahme zeigt den Friedrichshafener Oberbürgermeister Dr. MAX GRÜNBECK *(rechts) mit zwei Maybach-Mitarbeitern vor der Attrappe eines Motors der neuen MD-Baureihe, die Karl Maybach mit seinen Mitarbeitern 1949/50 in Vernon und Friedrichshafen entwickelt hatte.*

Berichtszeit (21. Juni 1948 bis 31. Dezember 1949) beschäftigte man 613 Arbeiter und 190 Angestellte, an ihrem Ende nur noch 418 bzw. 180 Personen, so daß also die Zahl der Mitarbeiter um rund ein Drittel zurückging. Das hatte ein um so größeres Gewicht, als die Unternehmensleitung sich dauernd bemühte, Heimkehrer aus der Kriegsgefangenschaft nicht nur wieder aufzunehmen, sondern auch so bald wie möglich auf ihrem früheren Arbeitsgebiet zu beschäftigen. Den Druck von Flüchtlingen und Vertriebenen aus dem Osten auf den Arbeitsmarkt, der insbesondere in der britischen Besatzungszone zeitweise sehr stark war, empfand man anscheinend am Bodensee nicht so schwer.

Beim Umsatz von insgesamt 6,9 Mill. DM spielten nach wie vor Entwicklungsarbeiten und Motorenteile für die DEFA mit 2,2 und Ersatzteile Inland mit 2,4 Mill. DM die Hauptrolle, gefolgt vom Ersatzteil-Export mit 1,1 Mill. DM. So erzielte man zwar einen Betriebsgewinn von mehr als einer halben Million DM, aber diesem standen Verluste für Demontage und Reparationsentnahmen in Höhe von 3,3 Mill. DM gegenüber. Die Unternehmensleitung bezeichnete dieses Ergebnis unter Berücksichtigung der genannten Schwierigkeiten »noch als befriedigend ... Es bedarf äußerster Anstrengungen, um die noch besonders schwierige Aufbauperiode der nächsten Jahre zu überwinden.« Immerhin: Am 18. Mai 1951 sprach man, zu Beginn des »Wirtschaftswunders«, von einer »Aufbauperiode«. Die Gesellschafterversammlung am 31. Mai 1951, in der die Geschäftsberichte über die Zeit seit dem Kriegsende diskutiert wurden, ließ dies deutlich erkennen.

Der Maybach-Motorenbau zu Beginn der fünfziger Jahre

Am 31. Mai 1951 fand eine Gesellschafterversammlung der Maybach-Motorenbau GmbH statt, die große Bedeutung für das Unternehmen haben sollte. Aus diesem Grunde nahmen auch nicht weniger als neun Gesellschafter, Gesellschaftervertreter bzw. Geschäftsführer an ihr teil: für die LZ GmbH Direktor ÖSTERLE, für die Zeppelin-Stiftung die Direktoren Dr. HUGO ECKENER und Dr.-Ing. LUDWIG DÜRR, für die Stadtverwaltung Friedrichshafen deren Oberbürgermeister Dr. GRÜNBECK (Bild 222) und Bankrat HEIZMANN, für GRAF ALEXANDER und GRÄFIN HELENE BRANDENSTEIN-ZEPPELIN der Graf, ferner KARL MAYBACH und JEAN RAEBEL sowohl als Gesellschafter wie auch in ihrer Funktion als Geschäftsführer, und außerdem CARL BÖTTNER als stellvertretender Geschäftsführer. Der Vorsitz wurde auf Maybachs Vorschlag Eckener übertragen. Dieser wollte schnell zum Hauptpunkt gelangen, indem er erklärte, daß die vor 1948/49 schließenden Berichte für die heute zu treffenden Entscheidungen bedeutungslos seien »und nur als historische Dokumente anzusehen sind... Die Grundlage für die heutigen Entscheidungen könne nur die Umstellungsbilanz sein.«

Nach längeren, anscheinend zeitweise recht heftigen Auseinandersetzungen über augenblicklich bestehende Rechts- und damit Stimmverhältnisse gelangte man zur gegenwärtigen Situation, die RAEBEL als eine »geradezu gefährliche Umsatz- und Finanzkrise bezeichnete«. Der Geschäftsgang sei so schlecht, daß der in der nächsten Zukunft nötige Aufwand »kaum zu decken« sei. Ein endgültiges Durchhalten würde nur dann möglich sein, wenn man einen langfristigen Wiederaufbau-Finanzierungs-Kredit in der Höhe mehrerer Millionen sowie einen laufenden Bankkredit bis zur Höhe von etwa 1 Mill. DM so lange erhalte, bis befriedigende Ergebnisse der ab Juli 1951 zu erwartenden Ablieferungen von Aggregaten vorlägen »und zu entsprechenden Großabschlüssen führen werden«. Man bräuchte mithin Geld und Arbeit. Aufträge seien durchaus zu erwarten, da man »seit Kriegsende ... nach den Ideen von Herrn Dr. Maybach« vorzügliche, von Fachleuten anerkannte neue Erzeugnisse geschaffen habe. Raebel dankte Maybach dafür, »daß Sie trotz Ihrer seinerzeit 68 Jahre es auf sich genommen haben, in Frankreich unter schwierigsten Verhältnissen mit Ihrer Gruppe zu arbeiten, und damit den Grundstein zur Rettung unserer Firma überhaupt legten«. Er dankte auch Frau Maybach und schließlich der ganzen »Gruppe M«.

Er dankte weiter ECKENER dafür, »daß Sie als Vorsitzender unserer Gesellschafter die Durchführung dieses Vorhabens auf rechtlich einwandfreier Basis überhaupt möglich machten und uns, ganz besonders aber mir persönlich, durch Ihre weisen Ratschläge immer wieder die Kraft gaben, auch die schlimmsten Geschehnisse zu überstehen«. Schließlich dankte er BÖTTNER für seinen »Anteil an dem guten Gelingen« und dem Betriebsrat, den Oberbeamten, Angestellten und Arbeitern. Diese Ausführungen bildeten gewissermaßen die Abschlußbemerkung über die Arbeit unter dem Zwang, gegen Ende nur noch unter dem Einfluß der Besatzungsmacht.

Dann wandte Raebel sich der Zukunft zu, die schwer sein würde, »bis wir die neuerdings von Herrn Dr. Maybach getroffenen und unserem Werk im Rahmen besonderer Vereinbarungen überlassenen genialen Konstruktionen zur letzten Reife gebracht [haben] und schließlich auch wieder zur Vollbeschäftigung und entsprechenden finanziellen Erfolgen zum besten aller Werksangehörigen, der Gesellschafter und nicht zuletzt auch der Stadt Friedrichshafen gelangen können«.

Man nahm zur Kenntnis, daß das Stammkapital 6 Mill. DM betrug und Rücklagen in einer Gesamthöhe von 1,66 Mill. DM existierten. Dann berichtete MAYBACH über die technische Entwicklung seit 1918. Er hob hervor, daß er selber, Raebel und der Betriebsrat während der Verhandlungen über die Verlagerung nach Vernon Staatsrat CARLO SCHMID besucht hatten und dieser »im deutschen Interesse« zum Abschluß des Vertrages mit Frankreich geraten hatte, nur um die Entwicklung fortzuführen, während man für den materiellen Ersatz hoffen könne, in drei bis vier Jahren »von Staats wegen Mittel zur Verfügung stellen zu können«. Mit Raebels Hilfe sei es dann in Frankreich »zu diesem außerordentlich günstigen Vertragsabschluß« gekommen.

Man sprach über »die grundlegende Bedeutung« des Patentvertrages, der dem Maybach-Motorenbau den Franzosen gegenüber eine »kräftige« Verhandlungsposition geschaffen habe. Das sei nötig gewesen, unterstrich Eckener, »denn die Kräfte, die das Verschwinden des Maybach-Motorenbaus zum Ziele hatten, waren so stark, daß noch zwei Jahre nach engster Zusammenarbeit von Dr. Maybach mit Frankreich das Werk für sechs Wochen geschlossen wurde«. Maybach bemerkte, daß man das Werk Friedrichshafen letzten Endes wohl nur dadurch gerettet habe, daß er selber von Anfang an Friedrichshafen »als Stützpunkt für Vernon« für »unerläßlich« erklärt habe. Raebel unterstrich die enge Zusammenarbeit mit der Regierung in Tübingen in dieser Zeit.

Anschließend besichtigte man Motoren, »die den Eindruck der grundsätzlichen Neukonstruktion für höhere Leistungen ohne Heraufsetzung der Beanspruchung vermitteln«. Maybach bemerkte dazu: »Wir könnten für Friedrichshafen schon eine Export-Industrie hinstellen, aber dazu gehört Verständnis und Vertrauen«. Er bat den Oberbürgermeister um »vorbehaltlose Unterstützung des Motorenbaus« durch die Stadt. So weit diese Sitzung am 31. Mai 1951.

Zu dieser Zeit verfügte Maybach über 55% des Stammkapitals (20% alte Anteile, 17% vom 21. Dezember 1950 und 18% vom 18. Januar 1951), Raebel seit dem 21. Dezember 1950 über 7%, Eckener seit diesem Tage über 5%, Graf Brandenstein-Zeppelin über 2%, die Gräfin über 7%, der LZ seit je über 7% und die Zeppelin-Stiftung über 17%.

Über die von Maybach in der Gesellschafterversammlung am 31. Mai 1951 vorgestellten neuen Produkte wurden bald darauf Prospekte verschickt und einige Anzeigen in einschlägigen Fachzeitschriften aufgegeben, technische Abhandlungen veröffentlicht, auch Briefe an potentielle Interessenten geschrieben. Das »weckte bereits ein so außerordentlich großes Interesse, daß unsere in Europa betriebene starke persönliche Verkaufstätigkeit rascher als urspünglich vorgesehen auch auf eine Reihe von Überseeländern ausgedehnt werden mußte«. Außerdem gelangen einige beachtliche Abschlüsse in Schiffsmotoren sowie Schiffs-Wende- und Untersetzungsgetrieben, deren Produktion man Ende 1951 »mit gutem Erfolg« wieder aufnahm. Auf der nächsten Gesellschafterversammlung am 31. Dezember 1951 konnte man bekanntgeben, daß man mit Ansaldo, Genua, Liefer- und Lizenzabkommen im Werte von über 2,5 Mill. DM abgeschlossen und in diesem Zusammenhang technische Verbesserungen vorgenommen hatte. Die Deutsche Bundesbahn litt noch immer unter finanziellen Schwierigkeiten und beschränkte sich daher auf den Umbau mehrerer Motoren und auf Ersatzteilbeschaffungen, die auch aus dem Ausland vermehrt hereinkamen. Die DEFA, Paris, bestellte zehn Sätze Motorenteile des in Vernon entwickelten 735-kW-(1000-PS-)Benzin-Motorentyps HL 295 mit Hilfsmotor HL 11, anschließend Ersatzteile – »alles in allem mit einem Auftragswert von rund 1,8 Mill. DM zu auskömmlichen Preisen und verhältnismäßig günstigen Bedingungen«. Die amerikanische Besatzungsmacht bestellte Ersatzteile für Triebwagenmotoren, andere Firmen gaben »Bearbeitungsaufträge«. Das bot eine Art »Ausfüllbeschäftigung«.

Man stellte fest, daß 1951 im Vergleich zum Vorjahr »eine beachtliche Steigerung des Auftragseingangs« gebracht hatte, »während der Lieferumsatz in Auswirkung der noch nicht abgeschlossenen Entwicklung und der sonstigen ungünstigen Umstände in keiner Weise ausreichend war, um die Kosten zu decken«. Der Verlust im Jahre 1951 belief sich auf mehr als 1 Mill. DM und lag damit um 140000 DM höher als 1950. Andererseits erhielt man gegen Ende des Jahres »endlich ... nach langwierigen Verhandlungen« Investitionskredite in Höhe von 1,1 Mill. DM – allerdings zu 7,5% Zinsen –, von denen 0,9 Mill. DM für die Beschaffung von Werkzeugmaschinen zur Sicherung der Produktion verwendet wurden.

»Im ganzen«, so stellte man an diesem 31. Dezember 1951 fest, »hat sich das Liquiditätsbild erheblich verschlechtert«. Der Lieferumsatz im Berichtsjahr er-

Bild 223. Angesichts des Zuspruches, den die Schnelltriebwagen vor dem Kriege gefunden hatten, lag es für die Deutsche Bundesbahn nahe, wieder ein Netz schneller Verbindungen einzurichten. Neue Triebzüge mit neuen Motoren wurden entwickelt, so wie dieser Schnelltriebzug VT 12 mit je zwei Maybach-MD-650-Motoren und Mekydro-K-104-Getrieben, zumal mit der Elektrifizierung damals erst begonnen wurde.

reichte 4,5 Mill. DM. An diesem war die Bundesbahn mit 74%, der Export mit 11,5% beteiligt. Bei dem gegenüber den Kriegsjahren auf ein Minimum geschrumpften Umsatz war also die Bundesbahn – die MD-Motoren und Mekydro-Getriebe samt Achstrieben waren ja für den Eisenbahnbetrieb entwickelt worden – der »Große Auftraggeber« geworden – erneut und immer wieder der Staat – was letztendlich am Produkt lag. Der Auftragsbestand, Anfang 1951 3,9 Mill. DM, betrug am Ende des Jahres 6,3 Mill. DM, nachdem im Laufe des Jahres Aufträge im Werte von 6,9 Mill. DM eingegangen waren. Der Bilanzabschluß auf den 31. Dezember 1951 verzeichnete zusammen mit einem Verlustvortrag aus dem Vorjahr in Höhe von 3,9 Mill. DM einen Gesamtverlust von 4,9 Mill. DM.

Als am 27. Oktober 1952 dieser Geschäftsbericht für 1951 vorgelegt wurde, hoffte man, »basierend auf der zu erwartenden Umsatzsteigerung« bereits für das laufende Jahr »keine weitere Erhöhung des Verlustes in Aussicht stellen zu können, wenn auch noch manche Schwierigkeiten auftreten werden und die finanzielle Beanspruchung noch geraume Zeit außerordentlich hoch sein wird«. War man also wie nach 1920 und 1935 wieder einmal »über den Berg«? Die Tatsache, daß seit dem 14. August 1952 ein neuer Großgesellschafter an der Maybach-Motorenbau GmbH beteiligt war, wurde nicht erwähnt.

Weichenstellung für die Zukunft: Die Friedrich Flick KG wird Gesellschafter

Als am 5. August 1908 das Luftschiff LZ 4 bei Echterdingen verbrannt war, hatte das deutsche Volk in spontaner Hilfsbereitschaft und Bewunderung für den Grafen Zeppelin mehr als 6 Mill. Mark für die Fortführung seines Luftschiffbaus gesammelt. Ein Teil dieses Geldes war zur Gründung der »Zeppelin-Stiftung« verwendet worden. Diese hatte sich 1909 am Stammkapital des Maybach-Motorenbaus beteiligt und am Ende des Zweiten Weltkrieges 17% von diesem gehalten.

Unter dem Druck der französischen Militärregierung erließ am 28. Januar 1947 das Staatsministerium in Tübingen eine »Rechtsanordnung«, auf Grund deren das gesamte Vermögen des LZ-Konzerns und der Zeppelin-Stiftung entschädigungslos der Stadt Friedrichshafen zugesprochen wurde. Die Gesellschafter des Maybach-Motorenbaus wollten diese Sozialisierung durch die Siegermacht, d. h. die Umwandlung ihres Unternehmens in einen Kommunalbetrieb, nicht einfach hinnehmen. Sie verhandelten also mit der Stadt über einen »Loskauf des Unternehmens«. Die Gespräche verliefen zunächst nicht ungünstig, da die Stadt Friedrichshafen, wie ihre Vertreter wiederholt betonten, am Maybach-Motorenbau gar nicht interessiert war, »wenn man nicht herrschen« könne. Aber am Ende konnte man sich verständlicherweise nicht über den gegenwärtigen Wert der »loszukaufenden« 17% einigen. Die Verhandlungen zogen sich so lange hin, bis der französische »Liquidateur« des LZ, Administrateur KNIPPER, am 28. Januar 1950 31% der Anteile des LZ am Maybach-Motorenbau auf die Gruppe Maybach/Raebel und 18% auf die SFM übertrug und dabei auch gleich den Preis dieser Anteile festsetzte. Die Stadt bezeichnete diesen Preis als unannehmbar. In der Folge kam es zu heftigen Auseinandersetzungen, schließlich sogar zu Rechtsstreitigkeiten, in deren Verlauf DR. HUGO ECKENER und KARL MAYBACH ihre Ehrenbürgerrechte an die Stadt Friedrichshafen zurückgaben. Sie sahen die Darstellung, die der Oberbürgermeister in der Presse gegeben hatte, als unzutreffend an und fühlten sich durch den Vorwurf, eigennützig zu handeln, beleidigt. Eckeners, Maybachs und Raebels Ziel war es, einen kapitalkräftigen Interessenten zu finden, der, nachdem man in Vernon ebenso wie im Werk Friedrichshafen bereits aussichtsreiche Forschungs- und Entwicklungsarbeiten geleistet hatte, bereit war, die zur Diskussion stehenden Anteile zu erwerben und dem Unternehmen so die Fortführung seiner Existenz zu ermöglichen. Interesse zeigten Linke-Hofmann-Busch für den Flick-Konzern einerseits und Ferrostaal in Essen andererseits. Am 11. Juni 1952 erklärte Raebel Dr. WEINHARDT von Linke-Hofmann-Busch, der ihn in Friedrichshafen besuchte, daß Eckener und Maybach bereit seien, in Verhandlungen einzutreten.

Wie schon 1947 war es auch jetzt nicht leicht, den Gegenwartswert dieser Anteile festzustellen. Schließlich einigten sich Raebel sowie die Vertreter des LZ bzw. der Zeppelin-Stiftung und der Stadt Friedrichshafen auf einen Verkaufspreis von »rd. 1 Million DM« für die 42% Anteile von LZ und Stiftung. Daraufhin führte Raebel am 23. und 24. Juli 1952 in Friedrichshafen Verhandlungen hauptsächlich mit dem Vertrauten von Flick, KONRAD KALETSCH, zeigte ihm und seinen Begleitern das Werk und verlangte angesichts des deutlichen Interesses der Besucher für eine Zusammenarbeit mit dem »Motorenbau« für die zu verkaufenden Anteile einen Kurswert von 50%, der schließlich auch als Diskussionsgrundlage anerkannt wurde. Man einigte sich auf strengste Vertraulichkeit und dahin, daß der Flick-Konzern zunächst nicht in Erscheinung treten, sondern Karl Maybach den Kauf auf treuhänderischer Basis tätigen solle. Am 31. Juli 1952 fand in Heidelberg eine weitere Besprechung statt: FLICK, der zunächst auf Rat von Kaletsch eine »klare Mehrheit« verlangt hatte, begnügte sich mit 50% Anteil am Maybach-Motorenbau und erklärte sich bereit, »den ja bei der bestehenden finanziellen Situation viel zu hohen Kurs von 50% zu bezahlen ...« Im übrigen wäre er bereit, angesichts der in Kapitalveränderungen liegenden Schwierigkeiten durch entsprechende Gesellschaftsdarlehen einzuspringen – in erster Linie für die Beschaffung neuer Werkzeugmaschinen.

Bild 224. Der Großindustrielle FRIEDRICH FLICK *(1883 bis 1972) baute zwischen 1950 und 1970 das größte Industrie-Imperium der Bundesrepublik Deutschland mit den verschiedensten Produktionszweigen auf.*

Flick brauchte also über die 42% des LZ und der Zeppelin-Stiftung hinaus weitere acht, die durch Abtretungen von Maybach, Gräfin Helene und Graf Alexander Brandenstein-Zeppelin, Eckener und Raebel zusammenkamen. Bei einer abschließenden Besprechung am 7. August in Düsseldorf, an der neben FRIEDRICH FLICK (Bild 224) dessen Generalbevollmächtigter KONRAD KALETSCH, ein weiterer Repräsentant der Flick KG sowie zwei Herren von Linke-Hofmann-Busch (LHB) teilnahmen, versicherte Raebel, daß Flick »in dem Augenblick, wo weder Dr. Eckener, noch Dr. Maybach noch der Unterzeichnete [Raebel] noch leben, unbedingt die klare Mehrheit bekommt«. Raebel versprach für seine Erben – und legte später vertraglich fest –, daß sie seine 6% dem Flick-Konzern »zu einem angemessenen Preis« überließen. Andererseits wurden die 7% Anteile von Gräfin Brandenstein und ihrem Sohn mit den 43% von Maybach, Eckener und Raebel gepoolt, so daß auch auf dieser Seite 50% vereinigt waren. Außerdem wurde bei dieser Besprechung über die Möglichkeit der Zusammenarbeit des MM mit LHB »auf dem Gebiet des Triebwagen-, Lok-, Schienenomnibus-, Schwerlastwagen- und Schlepper-Baues« konferiert. Raebel erklärte, »daß der Maybach-Motorenbau bezüglich Triebwagen- und Lok-Antrieben heute führend sei und nur noch die letzten Kinderkrankheiten unserer nach dem Kriege neu herausgebrachten Produkte auszumerzen seien«. Er erwähnte einen »voraussichtlichen Umsatz« beim Maybach-Motorenbau von rund 8 Mill. DM und für 1953 von »etwa 12 Mill. DM«. Das würde für 1952 eine Deckung der Abschreibungen bedeuten und für 1953 einen »bescheidenen Überschuß über diese hinaus«. Das alles sei nur möglich, wenn man

»nach wie vor« Kredit erhielte, »größere Exportgeschäfte nach Indonesien, Spanien etc.« zum Abschluß kämen und deren Finanzierung ermöglicht werde. Angesichts der darin liegenden Unsicherheit bat Raebel um die Zusage, daß er notfalls auf den Flick-Konzern mit einem Gesellschafterdarlehen bis zu 2 Mill. DM zurückgreifen könne, worauf ihm die Bereitstellung bis zu dieser Summe von Flick persönlich zugesichert wurde. Dabei wurde darauf hingewiesen, daß in dieser Summe lediglich der Aufwand für eine allmähliche bescheidene Verbesserung der baulichen Anlagen enthalten sei, während die bei einer Fertigungsausweitung benötigten Mittel für Maschinen, Werkzeuge, Betriebsmittel, Einrichtungen sowie bauliche Erweiterungen usw. nicht verplant wären. Man kam überein, daß deren Beschaffung auf üblichem Wege über Staat und andere Stellen unter Bürgschaftsübernahme des Flick-Konzerns, die zugesagt wurde, wenn nötig, durchgeführt werden sollte. Daraufhin wurde der von Raebel ausgearbeitete Entwurf eines Vertrages zwischen der Stadtgemeinde, dem LZ und den übrigen Beteiligten von Friedrich Flick überlesen und sein Einverständnis zur Führung von Abschlußverhandlungen »in etwa auf dieser Basis« gegeben.

Anschließend begannen am 13. August 1952 die Verhandlungen mit der Stadt Friedrichshafen und der Stiftung, mit der man am Tage darauf zu einer Einigung gelangte. Der Kaufpreis, den Flick zu zahlen hatte, betrug 1,620 Mill. DM. Außerdem kam es zu einer allgemeinen Aussöhnung: Dr. Grünbeck gab im Namen der Stadt öffentlich bekannt, daß die Streitigkeiten beendet seien und Eckener und Maybach sich zu keiner Zeit unkorrekt verhalten hätten. Eckener und Maybach nahmen ihrerseits das Ehrenbürgerrecht der Stadt wieder an und zogen ihre Klagen beim Bundesverfassungsgericht und beim Staatsgerichshof gegen die Rechtsverordnung vom 28. Januar 1947 und Dr. Eckener und Raebel ihre Zivilklagen gegen den Rechtsberater der Stadt wegen verleumderischer Äußerungen zurück.

Am Abend des 14. August 1952 unterrichtete Raebel alle Betroffenen, darunter auch die SFM, über den Vertrag. Alle waren damit einverstanden. Am 18. August wurden Betriebsrat und Belegschaft informiert. Raebel sagte dabei u. a.: »Heute freue ich mich von Herzen, Ihnen Gutes berichten zu können.« Die Verhältnisse beim Maybach-Motorenbau seien nun nach annähernd zweijähriger Vorbereitung »auf das beste geordnet«. Er streifte die Verständigung zwischen der Stadt und Eckener sowie Maybach und fuhr dann mit den Worten fort: »Eine einzige, wie ich weiß, Sie alle befriedigende Richtigstellung [einer Pressemeldung] muß ich jedoch vornehmen. Der neue Partner ist rein deutsch! Wir sind in keiner Weise von ausländischen Interessenten abhängig! Durch seine Einschaltung werden wir finanziell auch derart gestärkt, daß wir, auch basierend auf unseren hervorragenden technischen Leistungen, der Zukunft in Ruhe entgegensehen können.« Er stellte eine Erweiterung des Fabrikationsprogramms sowie entsprechende Personaleinstellungen in Aussicht.

Am 23. August traf Flicks Kaufpreis von 1,260 Mill. DM für die 42% Anteile bei Karl Maybach ein, der den Betrag am gleichen Tage an den LZ und die Stiftung weiterleitete.

Am 25. August fand in Wildbad Kreuth eine Begegnung von Maybach und Raebel mit Flick statt, der sich praktisch als Mehrheits-Gesellschafter des Maybach-Motorenbaus fühlen konnte, wobei eine einheitliche Auffassung über die Art der Geschäftsführung und die Verwirklichung der verschiedenen Pläne festgestellt werden konnte. Da Flick weiterhin Wert darauf legte, zunächst nicht als Gesellschafter zu erscheinen, wurde seinem Wunsch entsprochen, die Treuhandschaft durch Raebel an Stelle von Karl Maybach ausüben zu lassen, da man diesen entlasten wollte.

Auf der nächsten Gesellschafterversammlung am 5. November 1952 übernahm traditionsgemäß Hugo Eckener den Vorsitz. Jean Raebel nahm als Gesellschafter, aber auch »gleichzeitig als Treuhänder, 50% des Gesellschaftskapitals der neu eingetretenen Gruppe vertretend«, teil. Raebel war also hoch aufgestiegen: Als Treuhänder und Gesellschafter verfügte er über eine sichere Majorität. Eckener gab »mit Zustimmung aller Beteiligter seiner Freude über den Eintritt dieses neuen Partners und dem Wunsche Ausdruck, daß die Zusammenarbeit eine für alle Beteiligten recht befriedigende werden möge«. Sowohl er wie Herr Dr. Maybach hätten jedenfalls bei einem persönlichen Zusammentreffen den Eindruck mitbekommen, daß diese neue, von Herrn Raebel zustandegebrachte Verbindung sich zum besten auch der Familie Brandenstein-Zeppelin auswirken würde. Raebel teilte mit, er werde in wenigen Tagen in die USA reisen, um mit der Baldwin-Lima-Hamilton Corp. über »künftige Ingenieurs- und Fertigungs-Zusammenarbeit« zu verhandeln. Er gab bekannt, daß die SFM (Société Française Maybach) auf eine Beteiligung am Maybach-Motorenbau »keinen Wert mehr lege«.

Der wichtigste Punkt, der auf dieser Gesellschafterversammlung erledigt wurde, betraf die Neuverteilung des Kapitals.[50]) Die Gesellschafter genehmigten, daß Maybach die Geschäftsanteile im Nennbetrag von 2,7 Mill. DM = 45% des Stammkapitals an Raebel abtrat, »der diese Geschäftsanteile als Treuhänder für eine von ihm vertretene Gruppe erwirbt«. Gleichzeitig erklärten die Gesellschafter, daß Raebel alle diese Geschäftsanteile im Gesamtbetrag von 3,0 Mill. DM »zu jeder Zeit an seine Treugeber abzutreten« berechtigt sei: Flick besaß 50% des Stammkapitals der Maybach-Motorenbau GmbH.

Am 19. 12. 1952 beschlossen die Gesellschafter

1) »dem Wunsche von Herrn Dr. Karl Maybach, auf Grund früherer Festlegungen nunmehr mit Wirkung ab 31. Dezember 1952 als Geschäftsführer aus dem Maybach-Motorenbau auszuscheiden, zu entsprechen« – Maybach war damals 73 Jahre alt;
2) ab 1. Januar 1953 Jean Raebel zum Vorsitzenden der Geschäftsführung zu bestellen;
3) Direktor Carl Böttner zum ordentlichen Geschäftsführer zu ernennen;
4) den bisherigen Prokuristen und Oberingenieur Dipl.-Ing. Markus von Kienlin zum Direktor und stellvertretenden Geschäftsführer zu ernennen.

Am 17. November 1953 lag der Geschäftsbericht für das Jahr 1952 vor. Über Flicks Beteiligung am Maybach-Motorenbau hieß es, er sei der »Geldgeber, mit dessen Hilfe die von interessierter Seite ursprünglich gewünschte Beteiligung einer ausländischen Finanzgruppe verhindert und der Wiederaufbau unseres Werkes beschleunigt fortgeführt werden konnte«.

In den erhalten gebliebenen Dokumenten findet man keine Andeutung über die Personen oder Institutionen dieser ausländischen Finanzgruppe, und Raebels Protokolle über seine Gespräche mit Flick und dessen Repräsentanten erwecken nicht den Eindruck, daß sie sich sehr stark interessiert oder gar Flicks Engagement gefährdet hat. Im Gegenteil, erst *nach* Flicks Beteiligung erwähnte Raebel zweimal amerikanisches Interesse an einer Beteiligung, die aber nicht zustande kam.

Bild 225. Zwei ideale Partner über mehr als dreißig Jahre hinweg: Jean Raebel und Karl Maybach. Bereits während des Zweiten Weltkrieges war Raebel aus dem Schatten Maybachs getreten und eine bedeutende Unternehmerpersönlichkeit geworden. In den fünfziger und sechziger Jahren fand Raebel in der Friedrich Flick KG und der Daimler-Benz AG die passenden Partner für den Maybach-Motorenbau und stellte so die Weichen für die weitere erfolgreiche Entwicklung des Unternehmens.

Andererseits kann man deutlich feststellen, daß, bei aller Betonung des wirklich vorhandenen oder aus politischen Überlegungen geäußerten Wunsches nach enger Zusammenarbeit mit Frankreich insbesondere durch Hugo Eckener, aber auch durch Karl Maybach, die Zusammenarbeit in Vernon letzten Endes der Wiederherstellung der Position ihres Unternehmens hatte dienen sollen. Und es ist durchaus möglich, daß Raebel Flick nicht nur als einen bedeutenden, einflußreichen Unternehmer schätzte, sondern auch als einen *deutschen* Unternehmer. Die Furcht vor einem nichtdeutschen Eigner rührte wahrscheinlich weniger von nationalen oder gar nationalistischen Gefühlen her als vielmehr von einer ausschließlich auf Gewinn ausgerichteten ausländischen Geschäftsführung. Wäre Gewinn das entscheidende Kriterium für die Geschäftsleitung des Maybach-Motorenbaus gewesen, hätte das Unternehmen bereits Ende der zwanziger Jahre liquidiert werden müssen.

Und Jean Raebel, ein Manager, der bereits in den Kriegsjahren aus Maybachs Schatten hervorgetreten war (Bild 225) und ein Unternehmer von Format wurde, bewährte sich jetzt mehr denn je. Er hatte Flick versprochen, daß der Maybach-Motorenbau im Jahre 1952 keine Verluste mehr machen würde – und er behielt recht: »Erstmalig nach der Währungsreform ließ sich sogar ein bescheidener Gewinn erzielen, nachdem es gelungen ist, neben der Durchführung wertvoller, aber auch kostspieliger weiterer Entwicklungsarbeiten den Umsatz gegenüber dem Vorjahr zu verdoppeln.« Raebel hatte es fertiggebracht, den Wiederaufbau voranzutreiben, Prioritäten zu setzen und dem Unternehmen eine Perspektive zu geben. Er hatte auch erreicht, daß der Maybach-Motorenbau für die »Sofort-

---

[50]) Die Gesellschafterversammlung beschloß bzw. bestätigte, daß Karl Maybach als Treuhänder für eine von ihm vertretene Gruppe erworben hatte:

a) von der LZ in Liquidation 4 Geschäftsanteile im Nennbetrag

	von je	DM 4000 =	DM 16000
1 Geschäftsanteil im Nennwert	von	DM 80000 =	DM 80000
1	"	DM 224000 =	DM 224000
1	"	DM 770000 =	DM 770000
1	"	DM 410000 =	DM 410000

b) von der Stadtgemeinde Friedrichshafen-Zeppelin-Stiftung

1	"	DM 510000 =	DM 510000
1	"	DM 510000 =	DM 510000

c) von Hugo Eckener

1	"	DM 60000 =	DM 60000

d) von Jean Raebel

1	"	DM 60000 =	DM 60000

e) von Graf Brandenstein-Zeppelin

1	"	DM 60000 =	DM 60000

Jean Raebel hatte als Treuhänder für eine von ihm vertretene Gruppe von Maybach erworben

1	"	DM 300000 =	DM 300000
			DM 3000000

hilfeabgabe« in Höhe von mehr als einer Viertelmillion eine unbefristete Stundung erhielt. Unter seiner Leitung konnte das Inlandsgeschäft um 100%, der Export um 140% gesteigert werden – »trotz der langen durch die Demontage bedingten Ausschaltung vom Markt«. Und dieser Aufstieg hatte sich das ganze Jahr 1953 hindurch fortgesetzt. Anfang 1952 hatte der Maybach-Motorenbau 554 Arbeiter und 255 Angestellte beschäftigt, am Ende des Jahres 1953 waren es 658 bzw. 272, insgesamt 930 – eine Steigerung um annähernd 20%. An der Spitze des »Lieferungsumsatzes« im Jahre 1952 standen Motoren, Getriebe und Zubehörteile für das Inland mit 3,9 Mill. und mit 2,6 Mill. DM für das Ausland. Diesen Posten folgten dem logischen Zusammenhang entsprechend Ersatzteillieferungen mit 1,0 Mill. bzw. 0,5 Mill. DM, so daß dieser Komplex 8,0 Mill. von 9,1 Mill. DM erbrachte (1951: 4,5 Mill. DM). Der Exportanteil war nun größer als die Liefermengen an die Bundesbahn: 38% gegenüber 37%. Der Auftragsbestand – aus dem Ausland im wesentlichen aus Italien (2,6 Mill.) und Finnland (1,9 Mill.) – war Ende 1952 mit 12,3 Mill. DM fast doppelt so groß wie am Jahresanfang mit 6,3 Mill. DM. Der Auftragseingang betrug 1952 15 Mill. DM (1951: 7 Mill. DM). So hatte man denn einen Gewinn von annähernd 200000 DM erzielt – eine Verzinsung des Stammkapitals in Höhe von 3,3%, der freilich der bis zum Vorjahr auf 4,7 Mill. DM angewachsene Verlust gegenüberstand.

So lange der Maybach-Motorenbau eine Tochter des LZ-Konzerns gewesen war, hatte Dr. ECKENER als Vorsitzender bei Gesellschafter-Versammlungen in den zwanziger und zu Beginn der dreißiger Jahre häufig sehr energisch das Wort ergriffen und Maybach, meistens ohne ihn beim Namen zu nennen, ermahnt, die wirtschaftlichen Notwendigkeiten im Auge zu behalten. Man erinnert sich der barschen Worte der Konzernabteilung, der strengen Urteile von COLSMAN, der Auflage, schon für relativ geringe Ausgaben Eckeners persönliches Einverständnis einzuholen. Das war nun vorbei. Vorsitzender der Geschäftsführung mit viel Vollmacht war RAEBEL; der Konzern war aufgelöst, der LZ befand sich in Liquidation, und Maybach war nur noch Gesellschafter – mit allerdings etwa einem Drittel des Kapitals. Auf welche Weise, wie eng Raebel mit FLICK zusammenarbeitete, wußte wohl außer Maybach niemand ganz genau. Jedenfalls griff Flick nicht, wie einst Eckener, unmittelbar in die Geschäftsführung ein, so daß Raebel sehr selbständig arbeiten konnte.

Die Verhältnisse hatten sich also grundlegend geändert, und am 3. Mai 1954 wurde auch die Organisation dieser Veränderung angepaßt: Maybach, Eckener, Graf Brandenstein-Zeppelin, Raebel, dieser »handelnd zugleich als Treuhänder für die 50% Anteile am Stammkapital der durch ihn vertretenen Gruppe sowie als Vorsitzender der Geschäftsführung«, sowie die beiden Geschäftsführer Carl Böttner und Markus von Kienlin vollzogen eine »Abänderung des Gesellschaftsvertrages«. Fortan waren die Organe der Gesellschaft die Geschäftsführer, die Gesellschafterversammlung und über beiden ein Aufsichtsrat. Dieser bestand aus drei Mitgliedern, von denen zwei von der Gesellschafter-Versammlung und, entsprechend dem noch sehr jungen Betriebsverfassungsgesetz, eines als Vertreter der Belegschaft zu wählen waren. Zum Zeitpunkt dieser Abänderung waren am Stammkapital in einer Gesamthöhe von 6 Mill. DM beteiligt: die Gruppe Flick mit 3 Mill. DM, Raebel selber mit 360000 DM, also mit insgesamt 56%, Maybach mit 1,920 Mill. DM, also mit 32%, Gräfin und Graf Brandenstein-Zeppelin mit 8% und Eckener mit 4%.

Vor dieser Änderung hatte am gleichen Tage eine Gesellschafter-Versammlung unter dem traditionellen Vorsitz von Eckener stattgefunden, der »u. a. seine Anerkennung für den ausgezeichneten Geschäftsbericht« zum Ausdruck brachte. Man erörterte den Geschäftsbericht für das Jahr 1952 und genehmigte die Bilanz, insbesondere den Gewinn in Höhe von 269097 DM.

Raebel wies auf die erstarkende Konkurrenz hin, namentlich auf Daimler-Benz und MAN. »Auch sei zu beachten, daß beinahe sämtliche bisher langsamlaufende Dieselmotoren bauenden Firmen nunmehr auch den Bau von Schnelläufern aufnehmen. Da der größte Teil dieser – in der US-Zone ansässigen – Firmen nach Kriegsende nicht die große Behinderung und Demontageverluste hatte wie der Maybach-Motorenbau, würde der Konkurrenzkampf immer schwerer. Preisnachlässe und langfristige Ziele (um wenigstens für eine gewisse Zeit den Langsamläufer noch zu halten) seien an der Tagesordnung.« Er erinnerte an die entscheidende Festlegung mit Karl Maybach in Vernon auf die neue MD-Bauart, »ohne die wir heute praktisch vom Geschäft ausgeschaltet wären«. Drei- bis 16-Zylinder-Motoren von 147 kW (200 PS) bis 1838 kW (2500 PS) – Bild 226 – sowie Mekydro-Getriebe und Achstriebe waren mit sehr großem Aufwand entwickelt worden und hatten den Maybach-Motorenbau technisch vorangebracht[51]) – allerdings unter »kostspieligen Rückschlägen und Kinderkrankheiten«. Man hatte das überstehen können »durch Erzielung entsprechender Preise«. Nun, so Raebel, »käme es auf die Bewährung im praktischen Betrieb an, um mit der Zeit wieder zu einem normallaufenden Geschäft mit entsprechenden Verdienstmöglichkeiten zu kommen«. Man befand sich also mitten in einer Phase wichtiger technischer Entwicklungen und Wettbewerbsveränderungen. Raebel betonte, schwierig sei dabei, »daß bei Großgeschäften langjährige umfangreiche Referenzen gewünscht werden, die wir zur Zeit noch nicht bieten können. Um für die Zukunft gewappnet zu sein, würden unsere neuen Entwicklungen insbesondere auch in Richtung Verbil-

[51]) Siehe hierzu S. 357ff.

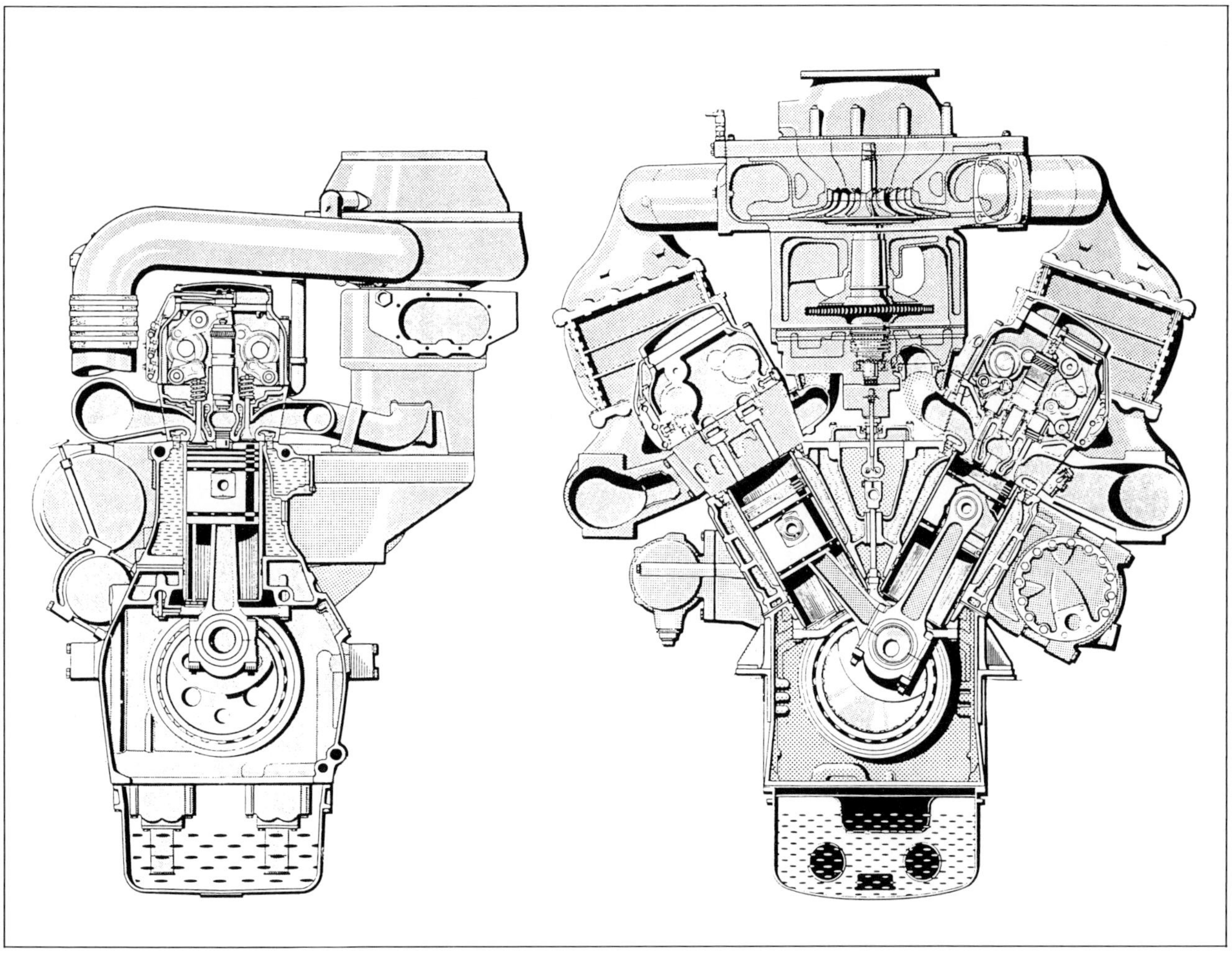

Bild 226. Um trotz der kleinen Stückzahlen die Motoren rationell fertigen zu können, wurde bei den MD-Motoren das Baureihenprinzip konsequent angewendet. Drei-, Vier- und Sechszylinder-Reihenmotoren und Acht-, Zwölf-, und 16- und später auch noch 20-Zylinder-V-Motoren bildeten eine breite Palette mit einem durch Aufladung und Ladeluftkühlung erweiterten Leistungsbereich. Der Querschnitt der Reihen- und V-Version läßt die große Zahl an Gleichteilen erkennen.

ligung betrieben.« Trotz solcher Schwierigkeiten rechnete Raebel an diesem 3. Mai 1954 für das Jahr 1953 mit einem »beachtlichen Gewinn«, da der Umsatz um 50% auf 14 Mill. DM gestiegen sei und die Firma Baldwin eine erhebliche Lizenzzahlung geleistet habe.

Aber im laufenden Jahr 1954 war bereits ein Auftragsrückgang um 50% eingetreten, so daß man Kurzarbeit (32 Stunden je Woche) hatte einführen müssen. Schuld daran war in erster Linie die Bundesbahn, die im Zuge ihrer Sanierungsvorhaben fast alle Beschaffungen einstellte. Das wirkte sich auch auf das Auslandsgeschäft aus. Raebel: »Die daraus resultierenden finanziellen Belastungen könnten nur durch weitere Inanspruchnahme der Süddeutschen Bank [das war eine der durch die Auflösung der Deutschen Bank entstandenen Regionalbanken] und mit Unterstützung unseres Hauptgesellschafters«, die dankbar anzuerkennen sei, »überbrückt werden«. Die in den ersten vier Monaten des laufenden Jahres entstandene Lücke war bereits so groß, daß sie nicht mehr geschlossen werden konnte, so daß man mit einem Verlust zu rechnen hatte.

Bild 227. Erst nachdem die Friedrich Flick KG 50% des Maybach-Motorenbaus erworben hatte, ging es mit dem Unternehmen wieder aufwärts. Dank Flicks Krediten konnten neue Maschinen wie diese Köllmann-Portalfräsmaschine für die Fertigung der MD-Baureihe beschafft werden. Hier sieht man, wie an einem 16-Zylinder-MD-Gehäuse die Balkonsitze gefräst werden.

Bild 228. Um 1955/56, also gerade fünf Jahre nach den Trümmerbildern, symbolisieren die vor einem Fabrikgebäude aufgenommenen MD-870- (rechts) und MD-650-Motoren (links) den Wiederaufbau des Maybach-Motorenbaus.
MD 650: Vorkammer-Dieselmotor mit Abgasturboaufladung in Zwölfzylinder-V-Bauart; Bohrung × Hub: 185 mm × 200 mm, 735 kW (1000 PS) bei 1500 min^{-1}, Zylindervolumen 5,38 dm^3.
MD 870: Vorkammer-Dieselmotor mit Abgasturboaufladung und Ladeluftkühlung in 16-Zylinder-V-Bauart; Bohrung × Hub: 185 mm × 200 mm, 1937 kW (1900 PS) bei 1500 min^{-1}, Zylindervolumen 5,38 dm^3.

Bild 229. Versandfertige GTO-6-Dieselmotoren für die Rangierlokomotive V 60 der Deutschen Bundesbahn. Direkteinspritzender V-Zwölfzylinder mit Abgasturboaufladung; Bohrung × Hub: 160 mm × 200 mm, 478 kW (650 PS) bei 1400 min^{-1}, Zylindervolumen 4,02 dm^3.

Als hilfreich erwies sich auch hier der Marshallplan. Die Bundesbahn hatte nämlich ERP-Mittel[52]) erhalten und konnte damit 300 Rangierlokomotiven beschaffen. Davon sollten 280 mit dem Maybach-Motor des Typs GTO ausgerüstet werden. Dieser Auftrag erstreckte sich über drei Jahre und hatte einen Wert von rund 20 Mill. DM, Bilder 229 bis 232. Natürlich werde von der Konkurrenz alles getan, um diese vorläufige Entscheidung nicht Tatsache werden zu lassen, die eine gute Grundauslastung für den Maybach-Motorenbau bieten würde. An größeren Geschäften nannte Raebel weiter Aufträge in Höhe von 2,0 und 2,5 Mill. DM aus Israel und Jugoslawien. Ein Spanien-Geschäft über 4 Mill. DM sei von dem Unternehmen unterschrieben, aber noch nicht von den Ministerien. Weitere Abschlüsse seien in der Schwebe. Alle diese Geschäfte brächten aber, solange sie nicht endgültig abgeschlossen seien, keine Anzahlung, und damit keine finanzielle Entlastung. Hierdurch verschärfe sich »unsere Liquiditäts- und Ertragskrise immer mehr«. Die Gesellschafter erkannten die gefährliche Situation und baten Raebel, den für die Beschäftigung des Maybach-Motorenbaus wichtigen Bundesbahn-Auftrag »auch nicht an einem schlechten Preis scheitern zu lassen, da selbst dann immer noch eine beachtliche Unkostendeckung und damit Erleichterung für das ganze übrige Geschäft bleibe«.

Bild 230. Mit der Rangierlokomotive V 60 (später 260) mit dem Maybach-GTO-6-Motor gelang es der Deutschen Bundesbahn, den Rangierbetrieb nachhaltig zu rationalisieren und zu verbilligen.

Man befand sich also in einer schwierigen Situation. Erhielt man den Bundesbahnauftrag und weitere der von Raebel erwähnten Aufträge nicht, dann verschärfte sich die Krise. Erhielt man sie, dann konnte man insbe-

[52]) ERP »European Recovery Programme«, Marshallplan.

Bild 231. Blockzylinder für den GTO-Motor. Je zwei Zylinder sind mit den Zylinderköpfen und Wassermänteln in einem Stück gegossen.

Bild 232. Mechanische Fertigung im Maybach-Motorenbau: Fräsen der Auflageflächen von Blockzylindern für GTO-Motoren.

Bild 233. Die von der Werft Camper & Nicholson 1952 gebaute Schoneryacht Creole *in voller Fahrt. Als Hauptantrieb standen zwei Maybach-MD-655-Motoren von je 882 kW (1200 PS) mit KS-12-Getrieben zur Verfügung. Zwei MD-215-Motoren mit 150 kW (204 PS) trieben die Bordnetz-Aggregate an. Eigner war der griechische Reeder Stavros Niarchos.*

Bild 234. Im Sommer 1954 stellten die Oberzolldirektionen Hamburg und Kiel zwei schnelle Streifenboote in Dienst. Diese von der Schiffswerft Theodor Buschmann im Querspanten-System gebauten Boote hatten zwei Maybach-MD-655-S-Motoren (je 1103 kW/1500 PS) und Maybach-KS-12-Schiffsgetriebe.

Bild 235. Die Küstenminensuchboote der sogenannten Städteklasse – im Bild die Paderborn *– waren die ersten Minensuchboote der Bundesmarine, gebaut von 1958 bis 1962. Angetrieben wurden sie von zwei MD-871um-Motoren (2 × 1580 kW/2150 PS) sowie zwei Maybach-KS-3030-Getrieben. Motoren und Getriebe waren weitgehend unmagnetisch.*

Bild 236. Das Seebäderschiff Bunte Kuh, *von der Norderwerft Köser & Meyer gebaut, wurde 1957 in Dienst gestellt. Die dieselelektrische Fahranlage bestand aus fünf zwölfzylindrigen Maybach-MD-655-Motoren mit AEG-Gleichstromgeneratoren und E-Motoren. Ein Sechszylinder-Reihenmotor Maybach MD 330 trieb das Bordnetzaggregat an.*

sondere den Bundesbahnauftrag mit dem vorhandenen Bestand an Werkzeugmaschinen nicht termingerecht ausführen – was sich auf künftige Geschäfte nachteilig auswirken würde. Also mußte man auf Verdacht einen von der Wiederaufbaubank angebotenen Investitionskredit in Höhe von 800000 DM hauptsächlich zur Anschaffung von Maschinen verwenden, für die man möglicherweise keine Arbeit erhielt.

Immer noch lag die Last der Demontage-Verluste auf dem Maybach-Motorenbau. Die Bilanz wies einen Gesamtverlust von 4,9 Mill. DM aus – 3,2 Mill. davon, also 75%, waren auf die Demontage zurückzuführen, »während der eigentliche Betriebsverlust« bereits Ende 1953 abgedeckt gewesen wäre (man erinnert sich der Schuldensituation in den zwanziger Jahren). Neun Jahre nach Kriegsende bedrohte also das große Ausmaß der Demontage noch immer die Existenz des ehemals an Reichsmark reichen Betriebes – allerdings nicht nur ihn. Eben erst hatte man im März/Juni 1953 den Vertrag mit der SFM gelöst. Man befand sich also mitten in einer großen Umbruchphase, die wohl durch Maybachs technisches und Raebels unternehmerisches Können gemeistert wurde, ungeachtet wegen der starken Konkurrenz aber viel Geld kostete.

Am 14. August 1954, vier Tage nach seinem 86. Geburtstag, und gerade ein Vierteljahr nach dieser Gesellschafterversammlung, starb Dr. Hugo Eckener. Jahrzehntelang hatte er für den Maybach-Motorenbau eine bedeutende Rolle gespielt – zunächst als energischer Konzernchef, nach dem Kriege als ein von den Franzo-

Bild 237. Um den Nachweis zu erbringen, daß schnellaufende Dieselmotoren auch für den Einsatz in der Seeschiffahrt geeignet sind, veranlaßte der Bundesminister für Verkehr eine Dauererprobung solcher Motoren. Durchgeführt wurde sie im Pumpwerk Minden, mit dem Wasser aus der Weser in den Mittellandkanal gefördert wird. Nachdem der zu untersuchende Maybach-Motor vom Typ MD 330 (316 kW/430 PS) bereits im Sommer 1954 einen Dauerlauf über 3500 Stunden bestanden hatte, mußte er anschließend einen Prüflauf mit Marine-Dieselkraftstoff von 2500 Stunden absolvieren. Beide Läufe zeigten, daß der MD-Motor dieser Betriebsart voll gewachsen war.

sen respektierter Industrieller mit viel Erfahrung, in der letzten Zeit durch seine Überlegungen und Empfehlungen. An seine Stelle als Vorsitzer wählte die Gesellschafterversammlung nun Karl Maybach.

In der Zeit des »Wirtschaftswunders«

Das Hauptgewicht des Geschäftsberichts für 1953, der im März 1955 zur Beschlußfassung vorgelegt wurde, bildete der bedeutende Verlust von fast 2 Mill. DM »durch den außerordentlichen Auftragsmangel«. Nun aber konnte »die Beschäftigungskrise ... als endgültig überwunden angesehen werden..., verfügten wir doch per 28. Februar 1955 über einen Auftragsbestand von rund 30 Mill. DM, der uns für etwa zwei Jahre Beschäftigung bietet«. Man hatte ein Krisental mühevoll überwunden, und nach Raebels Ausführungen durften die Gesellschafter annehmen, daß es ein zweites dieser Art nicht geben würde, zumal von dem per Ende 1953 verbliebenen Verlustvortrag von nahezu 4 Mill. DM immer noch 3,2 Mill. DM Demontageverluste bildeten und andererseits seit der Währungsumstellung, also in fünf bis sechs Jahren, für den Wiederaufbau und die Schaffung neuer Produkte 18 Mill. DM aufgebracht worden waren – davon 11 Mill. »über Unkosten« und nur 2,2 Mill. mit Hilfe langfristiger Kredite, von denen bereits 12% wieder zurückgezahlt worden waren. Dazu kamen schließlich noch 1,5 Mill. DM Rückstellungen. Raebel exemplifizierte die Situation am Geschäft mit der Bundesbahn. Der Umbau von 441-kW-(600-PS-) Dieselmotoren vom Typ GO in die GTO-Ausführung hatte sich vorzüglich bewährt: Der im Vorjahr erhoffte Auftrag für 90% von 300 zu bauenden V-60-Lokomotiven war eingegangen. Die neuen Zwölfzylinder-Motoren vom Typ MD 650 (12 V 538) mit 735 kW (1000 PS) hatten sich bewährt und wurden jetzt noch verbessert. Gegen Ende 1953 hatte die Bundesbahn offiziell bekanntgegeben, sie beabsichtige, alle zur Beschaffung anstehenden 1397-kW-(1900-PS-)V-200-Lokomotiven mit dem MD-Motor des Maybach-Motorenbaus auszurüsten; er sei weit und breit derjenige mit dem »geringsten Wartungsaufwand«. Allerdings wurde damit die ganze deutsche Dieselindustrie in Bewegung

Bild 238. 1953 begann der »Motorenbau« mit dem Bau kompletter Aggregate. Allerdings war die Stückzahl so gering, daß dieses Geschäft betriebswirtschaftlich bedeutungslos blieb. Hier ein 441 kW (600 PS) starkes Notstromaggregat im Rheinkraftwerk Reckingen, angetrieben von einem Sechszylinder-MD-325-Motor.

gebracht, der es gelang, durch niedrigste Preise, langfristige Kredite und den Bau ganz neuartiger Motoren wenigstens einen Teil dieses Großauftrages zu retten. Das Getriebegeschäft mit der Bundesbahn war gut bis befriedigend. Die Betriebsergebnisse mit Schiffsgetrieben waren »in jeder Hinsicht befriedigend«. Der Lizenznehmer Ansaldo, Genua, sei »in eine beachtliche Eigenproduktion eingetreten«. Außerdem hatte Ansaldo seit dem Abschluß des Lizenzabkommens im Oktober 1952 MD-(538)-Motoren- und Einzelteil-Aufträge in Höhe von nahezu 4 Mill. DM erteilt. Baldwin-Lima-Hamilton halte sich noch zurück »wegen der schwierigen Lokomotiv-Situation in Amerika«, habe aber immerhin bereits für Entwicklungsaufträge 225000 Dollar gezahlt. Und dann kam Raebel auf das »Amt Blank« zu sprechen, also auf die entstehende Bundeswehr der Bundesrepublik Deutschland. Er bemerkte: »In den Planungen des Amtes Blank sind wir für Schnell-, Minen- und Räumboote vorgesehen, und zwar mit dem Sechs-, Zwölf-, 16- und evtl. 20-Zylinder-Motor, doch ist nicht abzusehen, wann hier wirklich Geschäfte zustande kommen.« Darüber hinaus faßte man auch auf dem Gebiet der Arbeitsmaschinen Fuß (Antriebe für Generatoren, Pumpwerke, Erdölbohranlagen), Bilder 238 und 239; siehe auch Tafel 14, S. 268.

Nachdem sich der Maybach-Motorenbau einigermaßen konsolidiert hatte, mag sich der Leser fragen, ob die Firmenleitung daran gedacht hat, den Automobilbau wieder aufzunehmen. Dies wurde jedoch zu keinem Zeitpunkt mehr in Erwägung gezogen. In der unmittelbaren Nachkriegszeit war an den Bau von Luxusautomobilen nicht zu denken. Als es dann in den fünfziger Jahren wirtschaftlich wieder aufwärts ging, hatte sich der »Motorenbau« so sehr auf Antriebsanlagen spezialisiert, daß weder die Fertigungsanlagen noch das Entwicklungspotential vorhanden waren; beides hätte komplett neu aufgebaut werden müssen. Zu diesem Zeitpunkt zeigte sich auch, daß die Zeit der Einzelfertigung selbst hochwertiger Fahrzeuge endgültig vorbei war.

Ein anderer Aspekt trat nun stärker ins Blickfeld, nämlich die Modernisierung und Rationalisierung der Fertigung. Mit dem erweiterten Maschinenpark konnte sehr viel wirtschaftlicher gefertigt werden, so daß die Zahl der Arbeitsplätze weit weniger zunahm als die Produktionsleistung. So beschäftigte man im Durchschnitt des Jahres 1953 706 Arbeiter und 291 Ange-

Bild 239. Aggregat für den Erdölbohrbetrieb mit achtzylindrigem Maybach-MD-435-Motor (588 kW/800 PS), Maybach-K-81-Getriebe und Maybach-Kühlergruppe KG 20. Das Getriebe K 81 wurde speziell für den Erdölbohrbetrieb konstruiert. Es besteht aus einem Ausrückdrehmomentwandler und starrer Untersetzung.

stellte, deren Anteil an der Gesamtbelegschaft ständig wuchs. Der Lieferumsatz wurde ganz und gar durch Motoren, Getriebe, Zubehör und Ersatzteillieferungen bestimmt – und zwar hauptsächlich im Exportgeschäft. Prozentual war der Exportanteil von 38% im Jahre 1952 auf 47% gestiegen, der Bundesbahnanteil von 37 auf 29% gesunken. Beim Auftragseingang hatte man einen schweren Rückschlag hinnehmen müssen: von 14,9 Mill. DM auf 6,6 Mill. DM am Jahresende 1953. Da man in diesem Jahr einen Gewinn von 740000 DM erzielt hatte, betrug der Verlustvortrag nur noch 3,9 Mill. DM.

Am 27. Oktober 1955 konnte die Gesellschafterversammlung unter dem Vorsitz von Karl Maybach den Geschäftsbericht und die Bilanz für das Jahr 1954 besprechen. Raebel begann mit der Feststellung: »So bedauerlich der im Geschäftsjahr 1954 ausgewiesene, auf Auftragsmangel zurückzuführende Verlust auch ist, so kann heute doch mit Genugtuung festgestellt werden, daß sich unsere Technik sowohl bei Motoren wie Getrieben durchgesetzt hat, was am besten dadurch zum Ausdruck kommt, daß sich der Auftragsbestand gegenüber der letzten Gesellschafterversammlung, wo er rund 30 Mill. DM betrug, per Ende September 1955 um weitere rund 14 Mill. erhöhte und damit fast 44 Mill. DM erreicht hat.« Davon entfielen nun nicht weniger als 75% auf die Bundesbahn, die die erhoffte große Beschaffung von V-200-Lokomotiven (Bilder 241 und 242) vorgenommen und beim Maybach-Motorenbau 50% des Gesamtbedarfs, d. h. 60 Motoren und Getriebe sowie 100% (= 240 Stück) aller Achstriebe zu normalen Zahlungsbedingungen bestellt hatte, obwohl die Konkurrenz weit günstigere Lieferbedingungen angeboten hatte. Der Grund für diesen Schritt der Bundesbahn lag darin, daß mit den 478-kW-(650-PS-) GTO-Motoren in Schnelltriebwagen mittlerweile bis zu 700000 km ohne Hauptüberholung erreicht wurden und man bei der Bahn überzeugt war, daß man auch mit den neuen MD-Motoren die Unterhaltungskosten ebenso niedrig halten könne. Raebel meinte, daß man zunächst die Entwicklung im Werk auf den Prüfständen, dann die »draußen mit den ersten Versuchsanlagen« durchgestanden habe und in der Gegenwart die aus dem praktischen Betrieb bei den verschiedensten Anwendungsgebieten auftretenden Mängel behebe, die aber »nach der heutigen Kenntnis nicht grundsätzlicher Art« seien.

Allerdings machte der große Auftragsbestand, der

BERLINER MORGENPOST

15 Pf.

DONNERSTAG, 5. MAI 1955

58. Jahrgang – Nummer 104

Anderthalb Millionen Amerikaner wollen Europa besuchen

Bundesrepublik heute souverän

Um 12 Uhr mittags tritt der Deutschlandvertrag in Kraft

Feierliche Regierungserklärung des Bundeskanzlers

Saarklage wurde abgewiesen

Neuer Vorstoß von PMF

Differenzen um Wiener Öl

SSD-Oberst droht

Gespräch Kanzler–Ollenhauer

Wilder Streik in Bremen

Arbeiter im Ausstand

Mit 9 Mann abgestürzt

Bild 240. Am 5. Mai 1955, fast auf den Tag genau zehn Jahre nach dem Zusammenbruch 1945, endete die Besatzungszeit in der Bundesrepublik und damit die unmittelbare Kontrolle durch die Siegermächte des Zweiten Weltkrieges. Nach einem enttäuschenden Geschäftsjahr 1954 brachte das Jahr der Souveränität dem »Motorenbau« eine beachtliche Besserung der Geschäftslage, und 1956 verfügte man gar über einen Auftragsbestand von 47 Mill. DM.

Bild 241. Die Mehrzweck-Diesellok V 200 der Deutschen Bundesbahn wurde in wenigen Jahren zum Vorbild für den Diesellokomotivbau in Europa und Übersee. Die Deutsche Bundesbahn hatte bei der V 200 zwar mit Daimler-Benz, MAN und Maybach alle in Frage kommenden Motorenhersteller berücksichtigt, doch mußten die Motoren untereinander austauschbar sein. Dasselbe galt für die Maybach- und Voith-Getriebe. So kam es nicht selten vor, daß eine Lok von Motoren verschiedener Fabrikate angetrieben wurde.

Ende 1956 abgewickelt sein mußte – die Bundesbahn stellte kurze Fristen und drohte mit hohen Konventionalstrafen – neue Investitionen von 3 Mill. DM notwendig. Und obendrein drohte die Gefahr, daß man weder die neuen Werkzeugmaschinen noch das ganze Material termingerecht würde erhalten können: Die ganze Bundesrepublik lebte und arbeitete im Sog des Wirtschaftswunders. Man hoffte, daß die Lokomotivfabriken bei ihrer Materialbeschaffung auf ähnliche Schwierigkeiten stoßen würden.

Auch mit ausländischen Geschäftspartnern kam man voran: Der amerikanische Lokhersteller Baldwin erwarb eine Lizenz für die MD-Motoren. Außerdem hatten amerikanische Eisenbahngesellschaften zehn Motoren und fünf Getriebe im Werte von 1,4 Mill. DM bestellt. Mehr noch: Man führte Lizenzverhandlungen mit den englischen Firmen Bristol-Siddeley (Motoren) und Stone (Getriebe). Diese waren insofern aussichtsreich, als die englischen Eisenbahnen vor der Durchführung eines großen »Motorisierungsprogramms« standen.

Im Jahre 1955 trat eine »beachtliche Besserung der Gesamtsituation« ein, und im April 1956 erreichte der Auftragsbestand eine Spitze mit 47 Mill. DM, von dem rund die Hälfte auf die Bundesbahn entfiel. Im September waren es noch 43 Mill. DM, und Raebel setzte seinen Bericht mit den Worten fort, er werde »aber erheblich ansteigen, da in Kürze innerhalb von drei Jahren abzuwickelnde Marine-Aufträge in der Größenordnung von rund 40 Mill. DM vergeben werden sollen und auch andere aussichtsreiche Geschäfte schweben«.

Alles dies betrachtete der große Teilhaber Flick offenbar mit Wohlwollen und Zustimmung. Er war außerdem gut verdienender Großaktionär beim Konkurrenten Daimler-Benz. Dachte er jetzt schon daran, daß dieses Unternehmen sich auch am Bodensee etablieren könne?

Raebel rechnete seinen Zuhörern vor, daß die vom Maybach-Motorenbau nach dem Ende des Krieges gelieferten Motoren insgesamt weit mehr als 48 Mill. km geleistet hatten. Aber er ermahnte die Gesellschafter auch, sich die »Kinderkrankheiten«, Entwicklungskosten und Garantieaufwendungen für die neuen Konstruktionen vor Augen zu halten. Auf die neuen Konstruktionen ging Raebel näher ein. Deren Export barg auch Gefahren. In Übersee mußte man mit ungünstigen Betriebsbedingungen, häufig schlechter Wartung und unfachmännisch durchgeführten Reparaturen rechnen: »Die von uns im Garantiewege kostenlos durchzuführenden Modernisierungs- und Instandsetzungsarbeiten würden daher enorme Kosten erfordern. Dazu muß man, nachdem es sich ja durchweg um Einführungsgeschäfte handelt, selbst wenn die Schuld beim Kunden liegt, erhebliche Zugeständnisse im Kulanzweg machen, um sich die Möglichkeit späterer größerer Abschlüsse, die ja den Ausgleich für die ersten

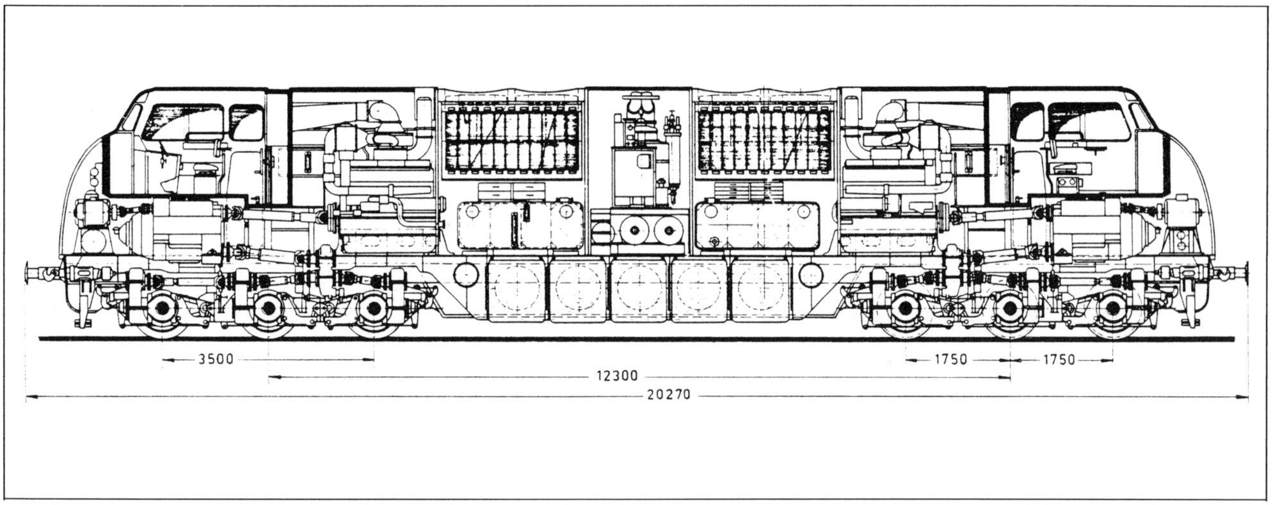

Bild 242. Die zweimotorige ML 3000 von Krauss-Maffei war eine gelungene Konstruktion, deren geringe Leistungsmasse von 49 kg/kW (36 kg/PS) durch schnellaufende Motoren und hydraulisch-mechanische Kraftübertragung überhaupt erst möglich wurde. Diese Schnittzeichnung zeigt die Anordnung der Maybach-MD-655-Motoren und der Maybach-K-184-Mekydro-Getriebe.

Bild 243. Serienmontage von GTO-Motoren (links) und MD-Motoren (rechts), um 1958. Hierbei handelte es sich um »Großserien«, wenngleich die Stückzahlen nicht mit dem Automobilbau zu vergleichen sind.

Bild 245. Zwölf- und 16-Zylinder-MD-Motoren, vornehmlich für Lokomotiven, wurden in den sechziger Jahren in Lizenz bei Bristol Siddeley Engines Ltd., England, gebaut. Dazu fertigte, ebenfalls in Lizenz, die Firma Stone K-104- und K-184-Getriebe.

Bild 244. Dieselhydraulische Normalspurlokomotiven, Bauart Krauss-Maffei ML 4000, für die Denver & Rio Grande Western Railroad Company und für die Southern Pacific Company, mit zwei Maybach-MD-870-(16V-538-)Motoren. Diese Loks waren wegen der hohen Ausfallquote anderer Dieselloks beschafft worden. Sie inspirierten die amerikanischen Lokhersteller auch zu einer leichteren Bauweise, konnten sich selbst aber wegen technischer und logistischer Probleme in den USA nicht durchsetzen. Ihre Bedienweise blieb den amerikanischen Lokführern, die an die einfachen Mittelschnelläufer gewöhnt waren, fremd.

Bild 246. Deutsches Schnellboot Bussard *mit MD-872-16-Zylinder-Motoren und KS-41-/20-Getrieben von Maybach.*

Bild 247. Montieren der Gegengewichte und Auswuchten der Scheibenkurbelwellen für MD- und GTO-Motoren.

Bild 248. Der Maybach-Motorenbau im Jahre 1957, in dem das Unternehmen auf einen Auftragsbestand von immerhin 65 Mill. DM blicken konnte. Der Wiederaufbau war damals weitgehend abgeschlossen. An der Fabrikstraße hatte man ein neues Verwaltungsgebäude errichtet (links oben). Die früheren Hochbauten I und II, die auf der rechten Seite (an der Stelle des ebenerdigen Gebäudes) standen, wurden in ihrer ursprünglichen Form nicht mehr aufgebaut.

Verlustgeschäfte bringen müssen, offenzuhalten.« Mit Sorge betrachtete Raebel auch die Arbeitszeit- und Lohnentwicklung. Soeben war man mit dem sogenannten »Bremer Abkommen« bei 45 Wochenstunden und einer Lohnerhöhung angelangt, was im Schnitt etwa 8% Lohnerhöhung bedeutete. Um das verkraften zu können, brauchte man noch leistungsfähigere Werkzeugmaschinen, und diese wurden – nicht zuletzt infolge der Lohnerhöhungen – immer teurer.

Als die Gesellschafter am 12. Oktober 1957 den Geschäftsbericht für 1956 besprachen, konnten sie zufrieden sein. Der Maybach-Motorenbau hatte einen Gewinn von annähernd 1 Mill. DM erzielt, und aus diesem erhielten sie eine Dividende von 6%. Aber Raebel dämpfte die Freude: Für das laufende Jahr 1957 sei Ähnliches nicht zu erwarten. Man hatte, wie vorgesehen, auf Vorrat gearbeitet und damit Kapital festgelegt, »da zunächst die mit den Marine-Aufträgen verbundenen Anlaufschwierigkeiten überwunden werden mußten und erst im Jahre 1958 durch serienmäßige Lieferung ein Ausgleich erfolgen kann«. Aber: »Für beide Jahre könnten günstige Abschlüsse in Aussicht gestellt werden, wenn, was wir hoffen, programmgemäße Abwicklung möglich wird und sich der Aufwand für konstruktive Änderungen und Garantiearbeiten in einem tragbaren Rahmen, d.h. innerhalb der Vorkalkulation, bewegt. Dies gilt insbesondere für die Marine-Aufträge, wo wir bekanntlich mit den hohen Motorleistungen und der zum Teil unmagnetischen Ausführung große Risiken eingegangen sind«. Für Minensuchboote mußte man eine »unmagnetische« Version entwickeln, so daß beim Minensuchen der Zündmechanismus der Minen nicht ausgelöst wurde. Mit den seit längerer Zeit laufenden Auslandsgeschäften (England, USA) war Raebel im großen und ganzen zufrieden. Darüber hinaus wurden »aussichtsreiche Lizenzverhandlungen mit dem Mitsubishi-Konzern in Japan und mit dem Birla-

Bild 249. Nach dem Zweiten Weltkrieg gewann das Anwendungsfeld Schiffahrt für den »Motorenbau« zunehmend an Bedeutung. Im Bild Schnellboote vom Typ S 148 der Deutschen Bundesmarine, die von der französischen Werft CMN sowie der Lürssen-Werft gebaut wurden. Antrieb: je vier MD-872-Motoren und KS-41/20-Getriebe.

Bild 250. Maschinenfahrstand eines Schnellbootes S 148; dahinter ein MD-872-Motor.

Bild 251. Das Schiffs-Wende- und Untersetzungsgetriebe, Bauart Maybach KS, wurde in verschiedenen Leistungen und Untersetzungen angeboten, um ein möglichst breites Spektrum von Anwendungsfällen abzudecken. Variationen dieses Getriebes waren: Anflanschen am Motor direkt (KS), freistehend am Motor und mit Wellenverbund (KSS).

Bild 252. Die Maybach-»Abweisklaue« ist ein einfaches Schaltelement, das sich in Automobil-, Bahn-, Panzer- und Schiffsgetrieben gleichermaßen bewährte. Sie wurde von Karl Maybach konstruiert und bereits 1927 patentiert. Später erhielt sie eine sogenannte Riegelklaue, mit der die Schaltzuverlässigkeit nochmals erhöht wurde.

Bild 253. Am 6. Juli 1959 feierte Karl Maybach seinen 80. Geburtstag; gleichzeitig konnte man auf 50 Jahre Motorenbau in Friedrichshafen zurückblicken. Von links: Friedl *und* Jean Raebel, Günter Maybach *(im Hintergrund), Frau* Kiesinger, Karl *und* Käthe Maybach *und der baden-württembergische Ministerpräsident Dr.* Kurt Georg Kiesinger.

Konzern in Indien geführt«. Die Finanzlage war »zur Zeit für längere Sicht in jeder Hinsicht befriedigend«. Zwar hatte es bei der Entwicklung neuer Motoren und Getriebe Schwierigkeiten gegeben, die »enorme Summen verschlingen werden«, doch glaube er, daß man es »auch diesmal wie bisher schaffen werde«.

Wie sehr man sich 13 Jahre nach Ende des Zweiten Weltkrieges im »Wirtschaftswunder« befand und mit guter Hoffnung in die Zukunft sehen konnte, geht daraus hervor, daß Karl Maybach im Dezember 1958 für die Mitarbeiter des Maybach-Motorenbaus, die sich nun wieder sicherer Arbeitsplätze und verhältnismäßig guter Einkommen erfreuen konnten, eine »Karl-Maybach-Hilfe GmbH« gründete. Mit einem Stammkapital von 100000 DM, damals ein hoher Betrag, wenn man bedenkt, daß das Stammkapital der Maybach-Motorenbau GmbH zu diesem Zeitpunkt lediglich 6 Mill. DM betrug, sollte die neue Gesellschaft in der Lage sein, neben dem allgemeinen Versorgungswerk, d. h. der Altersversorgung (Betriebsrente) in Fällen besonderer Not Mitarbeitern und Rentnern sowie deren Angehörigen schnell und unbürokratisch zu helfen. Welchen Umfang diese Leistung schließlich annahm, geht aus der Tatsache hervor, daß die Gesellschaft in den folgenden 30 Jahren insgesamt 17,3 Mill. DM an Mitarbeiter und Rentner sowie deren Angehörige als freiwillige Beihilfen ausgezahlt hat.

Im Jahre 1959 konnte die Maybach-Motorenbau GmbH ihr 50jähriges Bestehen und den 80. Geburtstag von Karl Maybach festlich begehen, Bilder 253 und 254. Dazu gehörte auch, daß bei der Gesellschafterversammlung am 2. November 1959 für das Jahr 1958 die Ausschüttung von 12% Dividende beschlossen werden konnte, da der Gewinn annähernd 1,6 Mill. DM betrug. Aber im laufenden Jahre 1959 lagen die Großabschlüsse um 50% niedriger als im Vorjahr, so daß der Auftragsbestand von 100 Mill. DM auf 80 Mill. zurückgegangen war. Mit der Bundesbahn hatte man Ärger gehabt. Diese hatte »neuerdings unser Mekydro-Getriebe wegen der Zugkraftunterbrechung [beim Schalten] ganz abgelehnt«. Der Maybach-Motorenbau hatte sich deshalb zur Neuentwicklung eines anders arbeitenden Getriebes entschlossen und hoffte, »damit wieder ins Geschäft zu kommen«. Weiter hatte es bei der »Abwicklung der Marine-Aufträge ... verschiedene besorgniserregende Schwierigkeiten gegeben, welche auch heute noch nicht restlos behoben« waren – am 7. Juni 1960. Auch hier bedeutete der Dieselmotoren-Betrieb in schnellen Schiffen wieder Neuland, das man erst einmal zu beherrschen lernen mußte.[53]) Die Bundesbahn hatte 140 Motoren bestellt, und auch das Auslandsgeschäft war befriedigend, so daß der Auftragsbestand »wieder etwa die Höhe wie zu Beginn des Vorjahres, nämlich 82 Mill. DM erreicht« hatte. Von der Bundesmarine waren beachtliche Ersatz- und Anschlußaufträge zu erwarten. So konnte für das Geschäftsjahr 1960 mit einer entsprechenden Umsatzsteigerung gerechnet werden, die Liquidität war »außerordentlich günstig«.

[53]) Vgl. hierzu S. 365.

Bild 254. Auch das Fernsehen interessierte sich für das Firmenjubiläum: Dr. Gerd Schneider interviewt Karl Maybach.

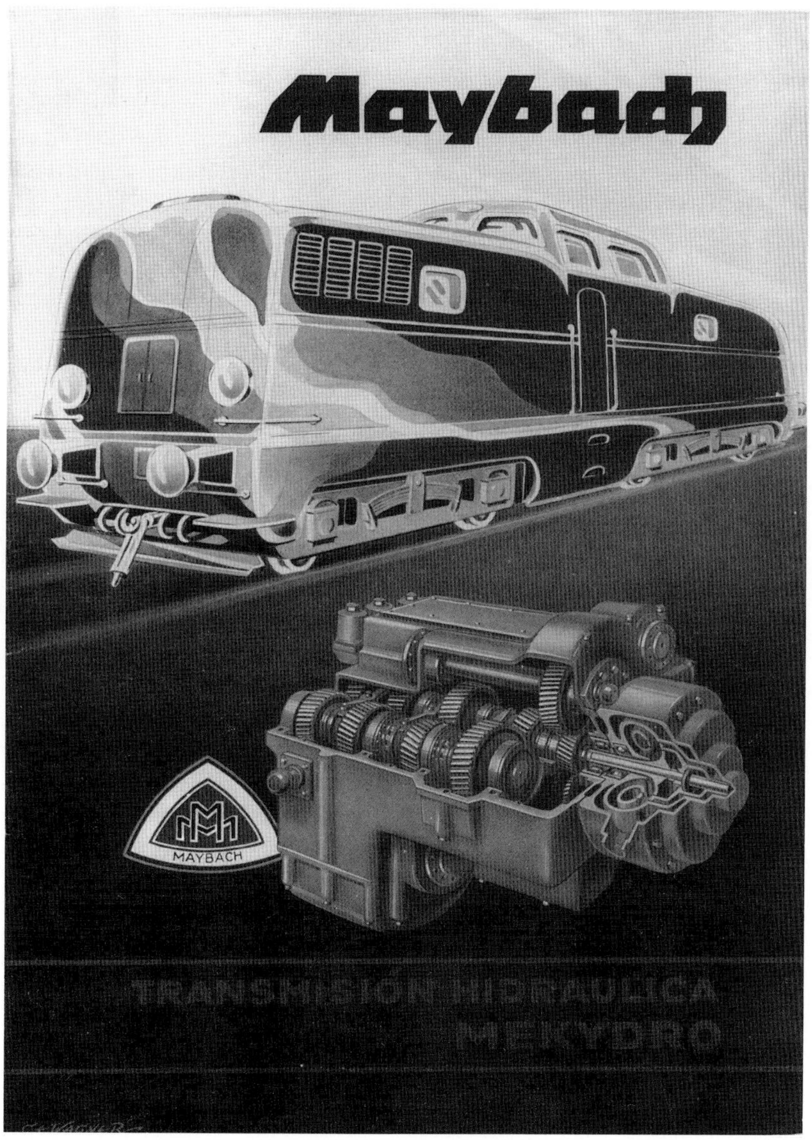

Maybach-Werbeanzeige in spanischer Sprache für das Mekydro-Getriebe.

7. Auf dem Weg zur MTU 1960 bis 1969

Beginn der Zusammenarbeit mit der Daimler-Benz AG

Am 6. Februar 1960 starb Karl Maybach im Alter von 80 Jahren, nachdem er an diesem Tag wie immer gearbeitet hatte. Er sollte somit die grundlegenden Veränderungen, die das von seinem Vater und ihm vor einem halben Jahrhundert begonnene Werk im Jahre 1960 erfuhr, nicht mehr erleben.

Am 9. Dezember 1960 konnte Raebel bei einer Betriebsversammlung über die am 10. August dieses Jahres begonnene Zusammenarbeit des Maybach-Motorenbaus mit Daimler-Benz berichten. Beide Unternehmen hatten beschlossen, auf dem Gebiet der schnellaufenden Großmotoren in Zukunft wirtschaftlich und technisch eng zusammenzuarbeiten. Flick, Großgesellschafter bzw. Großaktionär bei beiden Firmen, sah die Notwendigkeit, daß man auf dem zwar aussichtsreichen, aber technisch anspruchsvollen und hart umkämpften Markt der Großmotoren in Zukunft in größeren unternehmerischen Einheiten operieren müsse, als es bis dahin in Deutschland der Fall gewesen war. Da beide Firmen zusätzliche Fertigungskapazitäten benötigten und die Daimler-Benz-Werke sich in Untertürkheim nicht mehr ausdehnen konnten, beschloß man, durch eine Ausweitung des Maybach-Motorenbaus in Friedrichshafen einen »Schwerpunkt der Großmotorenfertigung« zu schaffen. Daß dies einer organischen Entwicklung entsprach, sollte der Hinweis darauf unterstreichen, daß damit das gemeinsame Werk von Gottlieb Daimler und Wilhelm Maybach eine sinnvolle Fortführung finde.

Erst nach Karl Maybachs Tod war, so Raebel, »das Problem der Zusammenarbeit« mit Daimler-Benz »akut« geworden. Doch fügte er hinzu: »Eine Frage übrigens, die ich wiederholt mit ihm angesichts des rasanten, enorme Aufwendungen erfordernden Fortschrittes der Technik erörterte.« Auch Karl Maybach hätte – »wie ich Ihnen versichern kann« – das »grundsätzliche Übereinkommen« mit Daimler-Benz »mit Freude begrüßt«. Raebel hatte das dringende »Bedürfnis«, die Verwirrung in der Belegschaft zu beseitigen, die dadurch entstanden war, »daß es zu solchen Vereinbarungen unmittelbar nach dem Ableben von Herrn Maybach gekommen ist«.

Tatsächlich hatte Karl Maybach im Briefwechsel mit

Bild 255. Prof. Dr.-Ing. E. h. Karl Maybach und seine »Kinder« beim Betriebsjubiläum 1959. Links: Maybach-Pkw SW 42; Mitte: dieselhydraulische Krauss-Maffei-Lokomotive ML 3000 der Deutschen Bundesbahn mit je zwei Maybach-MD-Motoren, Mekydro-Getrieben sowie sechs Maybach-Achstrieben; rechts: Maybach-Dieselmotor MD für schnelle Boote.

seinem Sohn Günter schon seit längerer Zeit wiederholt bemerkt – ohne den Namen Daimler-Benz zu nennen –, daß der Maybach-Motorenbau sich eines Tages mit einem anderen Unternehmen werde zusammentun müssen. Der Sohn war sich klar darüber, daß es sich nur um das Stuttgarter Unternehmen handeln konnte. Auch Raebel kannte diese Überlegungen von Karl Maybach. Und so bildete es eine Art logische Fortführung solcher Gedankengänge, wenn er nun versicherte, daß dem »von vielen Seiten bewunderten grandiosen Aufstieg unseres Werkes« seit 1945 »auch eine zweite Phase mindestens gleichen Ausmaßes folgen« werde.

Dann griff Raebel in seiner Ansprache vor der Belegschaft das zentrale Thema noch einmal auf: »Weil ich immer wieder von allen möglichen Seiten in dem Sinne angesprochen werde, daß wir dieser Verbindung doch sicherlich nur unter dem Druck unseres Hauptgesellschafters zugestimmt hätten, möchte und kann ich Ihnen heute wenigstens sagen, daß dies nicht der Fall ist.« Und nun wurde der längst erwartete Name endlich genannt: »Da aber eine Begründung dieser Behauptung notwendig ist, muß ich auch folgendes ausführen, obwohl ich genau weiß, daß Herr Dr. Flick keine Herausstellung seiner Verdienste wünscht, mir dies vielmehr, hätte ich ihn vorher gefragt, ausdrücklich untersagt haben würde«. Dann folgten eingehende Erläuterungen über die Hilfe, die Flick der Maybach-Motorenbau GmbH geleistet hatte, seitdem er 1952 »auf unsere Bitte« sich bereit erklärt hatte, »für die ihm angebotenen Geschäftsanteile einen mit im MM vorhandenen realen Werten nicht zu begründenden Kaufpreis zu bezahlen«. Raebel betonte weiter, daß Flick »im Vertrauen auf das Können Dr. Maybachs und seiner Mitarbeiter einen Wechsel auf die Zukunft gezogen« und damit »einen gar nicht hoch genug einzuschätzenden Beitrag zur Rettung unseres Werkes« geleistet habe.

Im Juli 1960 hatte Friedrich Flick deshalb seine Maybach-Anteile (50% = 3 Mill. DM) der Daimler-Benz AG angeboten, der die Beteiligung an diesem Unternehmen hochwillkommen war. Daimler-Benz übernahm, ohne lange zu zögern, die ihr angedienten Papiere und brachte sogleich weitere Mittel in Form einer Erhöhung des Stammkapitals von 6,0 auf 12,0 Mill. DM bei Maybach ein. Da die Maybach-, Eckener- und Zeppelin-Erben größtenteils auf den Bezug neuer Anteile verzichteten, konnte Daimler-Benz von den nominell 6,0 Mill. DM aus der Kapitalerhöhung 5,88 Mill. übernehmen. Zusammen mit den 3,0 Mill. von Flick besaß die Gesellschaft – genauer gesagt: eine eigens dafür gebildete Zwischenholding, die Industriemotorenbau GmbH – 8,88 Mill. DM Maybach-Anteile, d. h. 74 Prozent des Stammkapitals.

Für die Gesellschafterakte hat Raebel im Jahre 1961 noch eine 17 Seiten lange »stichwortartige Erfassung der wesentlichen Gesichtspunkte, die zu dem Übereinkommen bezüglich der Zusammenarbeit im Großmotorenbau mit der Daimler-Benz AG führten«, geschrieben. Aus ihr seien ergänzend einige Daten mitgeteilt.

Am 10. Juni 1960 informierten Flick und einer seiner Mitarbeiter ihn, Raebel, »über ihre Gedankengänge«. Danach habe die Daimler-Benz AG ein sehr gutes Geschäft in Personen- und Lastkraftwagen, während das Großmotorengeschäft verlustbringend sei. »Man halte es deshalb für richtig, die für Großmotoren erforderliche Fabrikationskapazität für den Pkw- und Lkw-Bau freizumachen und das Großmotorengeschäft nach Friedrichshafen zu verlegen mit dem Ziel, dort eine Typenbereinigung durchzuführen und durch rationelle Fertigung in Friedrichshafen eine Stärkung der MM-Position herbeizuführen.« Daimler-Benz sei »mit der Aufgabe des 16- und 20-Zylinder-Diesels bereits einverstanden. Man werde aber auch noch weiterkommen, und mit der Zeit könne man auch an eine Verlagerung der Strahltriebwerke denken. »Voraussetzung ... sei jedoch, daß die jetzt von Flick innegehaltene Beteiligung am MM auf die Firma Daimler-Benz AG übertragen werde.«

Raebel hielt das Zusammengehen für »durchaus richtig«, zumal Flick ihm versicherte, »daß die Selbständigkeit der Firma Maybach voll erhalten bleiben solle«. Am 11. Juni, also bereits am folgenden Tage, war Dr. Günter Maybach »voller Begeisterung für das Projekt«. Allein könne der Maybach-Motorenbau »auf die Dauer gegen die großen Konzerne nicht aufkommen«. Am 12. Juni 1960 stimmte auch Knut Eckener, der Sohn von Dr. Hugo Eckener, zu. Am 13. meinten die leitenden Mitarbeiter beim Maybach-Motorenbau, »daß es ein großes Glück wäre, wenn wir zu einer solchen Zusammenarbeit kommen könnten«. An diesem Tage stimmten auch die Gräfin und ihr Sohn, Alexander Graf von Brandenstein-Zeppelin, der Vereinbarung zu.

Dann folgten Verhandlungen. Am 27. Juli 1960 teilte Prof. Dr.-Ing. Hans Scherenberg, Vorstandsmitglied und Leiter des Gesamtbereiches Forschung und Entwicklung der Daimler-Benz AG, Raebel mit, »daß in der Aufsichtsratsitzung alles bestens gelaufen sei«. Am 1. August 1960 kam die Behauptung von Daimler-Benz zur Sprache, der Daimler-Benz-Aufsichtsrat habe nur einer Teilverlagerung nach Friedrichshafen zugestimmt, der »von uns lebhaft widersprochen wurde«. Am 22. August 1960 stellte sich heraus, »daß Herr Dr. Scherenberg und angeblich der ganze Vorstand von DB die Auffassung vertreten, daß MM letzten Endes nur Produktionsstätte für DB werden solle, und die ganze Entwicklung und der Verkauf mit der Zeit nach Untertürkheim verlagert werden solle, dem ich auf das Energischste widersprach«. Es folgten »langwierige, immer wieder ergebnislos gebliebene Verhandlungen«, die erst nach Hitzingers Eintritt in den Vorstand von DB am 1. Juli 1961 »zum Abschluß eines, dem MM bezüglich Erhaltung seiner Selbständigkeit gegebenen Zusagen beinhaltenden Vertrages führten, der später ... durch einen Lizenzvertrag ohne Präambel ersetzt wurde«. Raebel schrieb in seinen Aufzeichnungen, daß die Zusammenarbeit erst von diesem Tage ab »praktisch wirksam gemacht werden konnte«.

Während dieser für die weitere Zukunft des Maybach-Motorenbaus entscheidenden Monate ging es im Werk selbst erkennbar aufwärts. Der Umsatz wurde um 4 Mill. DM = 6,4% gesteigert, der Auftragseingang lag sogar um 23 Mill. DM, d. h. um 57% über dem des Vorjahres, die Neuinvestitionen konnten ohne Inanspruchnahme langfristiger Fremdmittel durchgeführt werden. Mehr als eine halbe Million DM Remontagekredite konnten vorzeitig zurückgezahlt werden: Alle Fabrikgrundstücke waren frei von schuldrechtlichen Belastungen.

Am 3. November 1961 fand eine außerordentliche Gesellschafterversammlung sowie eine Aufsichtsratsitzung des Maybach-Motorenbaus statt. Raebel hielt dabei einen kleinen Vortrag über die Entwicklung des Unternehmens nach dem Zweiten Weltkrieg. Er hob Karl Maybachs Verdienste um die Zusammenarbeit mit dem französischen Kriegsministerium hervor und sprach vom »Wiederaufbau ... nahezu aus eigenen Mitteln« und von den Dividendenzahlungen ab 1956, die bis 1960 von 6% auf 18% gesteigert werden konnten. Danach kam er auf Flick – und zwar erst seit dem Jahre 1960, also in der allerjüngsten Zeit – zu sprechen:

Bild 256. Wo sich ursprünglich der Hochbau II befand, wurde für die Entwicklungsabteilungen dieses Gebäude errichtet und 1963 eingeweiht. Im Vordergrund zwei Maybach-Wagen, Typ SW 42, die der Geschäftsführung des Maybach-Motorenbaus als Dienstfahrzeuge dienten: Wenn man schon keine Automobile mehr baute, war man dies der Firmentradition schuldig. Die Karosserien stammten aus den fünfziger Jahren.

»Wenn die Geschäftsführung dennoch im Jahre 1960 der Konzeption des Herrn Dr. Flick zustimmte, die Großmotorengeschäfte der DBAG und des MM in Friedrichshafen zu konzentrieren, so habe sie sich von der Überlegung leiten lassen, daß eine Zusammenfassung der geistigen und materiellen Kräfte beider Häuser insbesondere in Anbetracht der raschen technischen Entwicklung und der schwerer werdenden Konkurrenz auf dem Weltmarkt zu größeren Erfolgen führen müsse«. Ein solcher Konkurrent war z. B. Daimler-Benz geworden. In der Tat: Von einem Auftragsbestand in Höhe von rund 100 Mill. DM beim Maybach-Motorenbau Ende Oktober 1961 betrafen bereits 35 Mill. die Motorentype MB 835 der DBAG.

Bei der Aufsichtsratsitzung am 22. November 1962 wurde Dr. Günter Maybach, Sohn von Karl Maybach, Gesamtprokura erteilt. Nur sieben Monate später starb er nach schwerer Krankheit am 18. Juni 1963. In der Aufsichtsratsitzung am 17. Juli 1963 gedachte man seiner und des »schweren Verlustes für die Familie und für unser Haus«. Im Nachruf auf den erst 36jährigen hieß es, der Verstorbene habe nach Studium und mehjährigem Auslandsaufenthalt

»schon in wenigen Jahren seiner Tätigkeit in unserem Hause durch seinen vorbildlichen Charakter und seine fundierten Fachkenntnisse unser aller Wertschätzung und verdiente Zuneigung gefunden. Sein allzu früher Tod ist für uns ein um so schmerzlicherer Verlust, als ihm, dem Sohn und Enkel der Mitbegründer und schöpferischen Gestalter unseres Unternehmens, der Herren Prof. Dr. Karl Maybach und Oberbaurat Dr. Wilhelm Maybach, nun nicht mehr beschieden ist, das Lebenswerk seiner großen Vorfahren weiterzuführen ...«

Bei den Aufsichtsratsitzungen und Gesellschafterversammlungen am 17. Juli und 28. November 1963 sowie am 17. Juli 1964 wurde betont, daß nun die Zusammenarbeit der DBAG mit dem Maybach-Motorenbau die angestrebte Vollständigkeit erreicht habe. Es herrschte allgemein Zufriedenheit. Diese Feststellung war prinzipiell ebenso wichtig wie das gute Geschäftsergebnis, das neben der Ausschüttung von 18% Dividende über diese hinaus noch mehr als 3,9 Mill. DM Reingewinn verzeichnete.

Denn jetzt lag mit beiden Ergebnissen die Rechtfertigung der Firmenpolitik vor, die Raebel und Flick seit mehr als einem Jahrzehnt systematisch betrieben hatten. Doch die Frage lag nahe, warum es nur bei einer engen Zusammenarbeit bleiben sollte und ob es nicht genug Gründe für eine Fusion beider Gesellschaften gab, nachdem im Jahre 1962 am Auftragsbestand des Maybach-Motorenbaus per 31. Dezember 1962 Daimler-Benz mit 48% beteiligt gewesen war – in der Hauptsache mit Großaufträgen der Deutschen Bundesbahn auf die Typen MB 835 und MB 839 (12 und 16 V 652), die eines Tages aus mehreren Gründen ihr Ende erreichen würden.

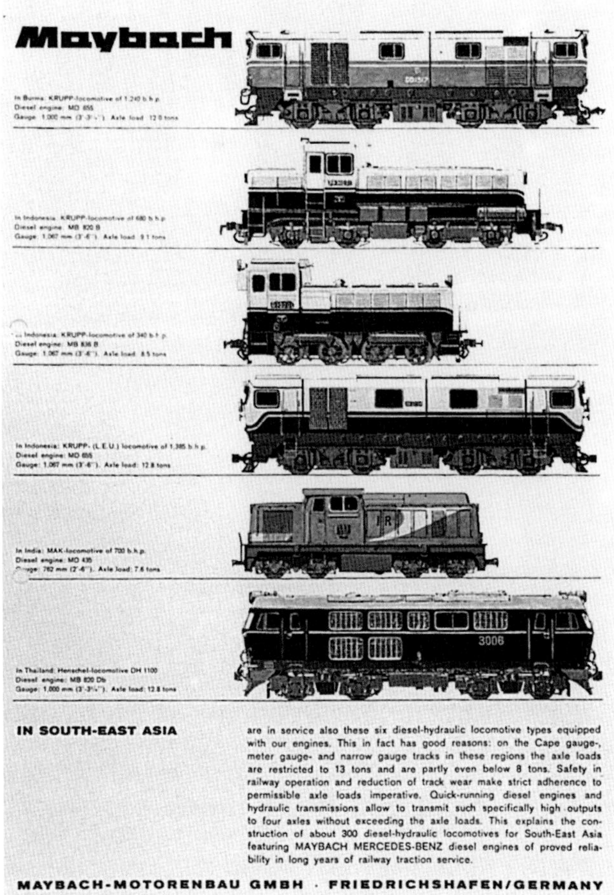

In den sechziger Jahren gewann der Export nicht nur für den Maybach-Motorenbau, sondern für die deutsche Industrie allgemein an Bedeutung. Ein wesentliches Plus deutscher Unternehmen im Ausland war und ist ein zuverlässiger Kundendienst. Auch der »Motorenbau« konnte mit Stolz darauf verweisen, daß jeder ausgelieferte Motor über Jahre bzw. Jahrzehnte betreut wurde, wenn der Kunde dies wünschte.

Als nächsten Schritt übernahm die Daimler-Benz AG zunächst 50 Prozent des Stammkapitals der Porsche-Diesel-Motorenbau GmbH, einer Tochter der Mannesmann AG, die bis 1963 in Friedrichshafen-Manzell Traktoren und Motoren für allgemeine Landwirtschaftszwecke gebaut hatte. Am 23. Juli 1963 gründete Daimler-Benz dann die Firma Mercedes-Benz Motorenbau GmbH Friedrichshafen (MBM) und verlegte einen Teil des Großmotorenbaus in das Werk in Friedrichshafen-Manzell. Der Maybach-Motorenbau wurde an dieser Gesellschaft nicht beteiligt. Die Mercedes-Benz Motorenbau GmbH übernahm die Mitarbeiter der Porsche-Diesel-Motorenbau GmbH. Zum 31.12. 1964 hatte die neugegründete Gesellschaft bereits eine Bilanzsumme in Höhe von 28,7 Mill. DM. Sie stellte in erster Linie Panzermotoren, aber auch Ersatzteile für die vom Maybach-Motorenbau gebauten Mercedes-Benz-Motoren her. In den folgenden Jahren wurden die Fusionsverhandlungen zwischen dem Maybach-Motorenbau und Daimler-Benz fortgesetzt.

Der Zusammenschluß der Mercedes-Benz Motorenbau GmbH mit der Maybach-Motorenbau GmbH im Jahre 1966

Am 21. Dezember 1965 fand eine außerordentliche Gesellschafterversammlung des Maybach-Motorenbaus statt. Raebel erklärte den Gesellschaftern, um auch in Zukunft in dem immer schwerer werdenden Konkurrenzkampf bestehen zu können, solle zur Intensivierung der Zusammenarbeit mit der Daimler-Benz AG die Zusammenlegung weiterer Motorentypen angestrebt werden. Damit könne man eine noch weitergehende Rationalisierung der Entwicklungsarbeiten, der Fertigung sowie des Vertriebs und Kundendienstes und damit eine bessere Ausnutzung der vorhandenen Kapazitäten erreichen. »Dieses Ziel soll durch Fusion des MM mit der der DBAG zu 100% gehörenden Mercedes-Benz Motorenbau GmbH, Friedrichshafen-Manzell, erreicht werden, wobei die Maybach-Motorenbau GmbH die übernehmende und die Mercedes-Benz Motorenbau GmbH die abgebende Gesellschaft ist. Nach der Fusion wird mit ›Maybach Mercedes-Benz Motorenbau GmbH‹ firmiert«. Dabei sei eine Erhöhung des Stammkapitals der Maybach-Motorenbau GmbH von 12 Mill. DM um 8 Mill. DM auf nominell 20 Mill. DM vorgesehen. Die neuen 8 Mill. DM (Sacheinlagen) sollte ausschließlich die DBAG übernehmen.

Raebel hatte also erneut, wie einst beim Zusammengehen mit Flick, in aller Stille eine Entscheidung vorbereitet, die für die Zukunft des Maybach-Motorenbaus von entscheidender Bedeutung war. Nun beauftragte ihn die Gesellschafterversammlung »mit der Klärung aller zur Durchführung der vorgesehenen Fusion notwendigen Einzelheiten«. Der »Motorenbau« sollte also in einer Tochtergesellschaft der Daimler-Benz AG aufgehen, aus mehreren Gründen aber noch an der Spitze des Namens dieser Neugründung stehen.

Am 28. Juni 1966 faßte der Vorstand der DBAG den entsprechenden Beschluß über die »Verschmelzung zwischen MM und MBM«. Tatsächlich vollzogen wurde die Fusion im Oktober 1966. Die nächste Aufsichtsrats- und Gesellschafterversammlung sollte die endgültige Beschlußfassung durchführen.

Am 28. Oktober 1966 fand unter dem Vorsitz von Prof. Dr. Zahn eine außerordentliche Aufsichtsratsitzung statt, die sich ausschließlich mit der Zusammenführung der beiden Firmen Maybach-Motorenbau und Mercedes-Benz Motorenbau befaßte. Zahn konnte feststellen, »daß alle Mitglieder des Aufsichtsrates zustimmen und damit der Gesellschafterversammlung empfehlen, ... die Geschäftsführung zu ermächtigen, alle für die ordnungsgemäße Durchführung erforderlichen Maßnahmen zu treffen«. Die Gesellschafterversammlung tat dies einstimmig.

Schließlich wurde an diesem 28. Oktober 1966 den Geschäftsfreunden und der Presse bekanntgegeben,

Bild 257. Blick in die Maybach-Montage: im Vordergrund ein zwölfzylindriger MB-820-Motor, dahinter am Kran hängend ein neu entwickelter, hubraumgrößerer Motor mit der Bezeichnung MC 1060, der in wenigen Exemplaren gebaut und erprobt wurde, aber nicht mehr in Serie ging. Von Daimler-Benz wurde für diesen Motor vor allem die obere Partie (Zylinderköpfe), vom Maybach-Motorenbau der untere Teil (Triebwerk) übernommen. Fallengelassen wurde der Motor zu Gunsten der Baureihe 23/23, die die MAN bei Gründung der MTU im Jahre 1969 in das neue Unternehmen einbrachte.

Bild 258. Bereits seit Beginn der sechziger Jahre arbeitete Daimler-Benz auf dem Gebiet der Großmotoren mit dem Maybach-Motorenbau zusammen. 1963 erwarb Daimler-Benz ein Werk in Friedrichshafen-Manzell, gründete die Firma Mercedes-Benz-Motorenbau GmbH und verlagerte den Panzermotorenbau dorthin. Bild: Montage von MB-838-CaM-Dieselmotoren für den Kampfpanzer Leopard I, um 1965.

Bild 259. Blick auf das Maybach-Werk in Friedrichshafen, 1965. Ein Jahr später kam es zum Zusammenschluß der Maybach-Motorenbau GmbH mit der Mercedes-Benz-Motorenbau GmbH zur Maybach Mercedes-Benz Motorenbau GmbH.

daß nach mehrjähriger ausgezeichneter Bewährung der Zusammenarbeit der Daimler-Benz AG und der Maybach-Motorenbau GmbH auf dem Gebiet des Großmotorenbaus »der Zusammenschluß des in Friedrichshafen-Manzell gelegenen Werkes Mercedes-Benz Motorenbau GmbH mit der Maybach-Motorenbau GmbH vereinbart worden« sei. Zu diesem Zweck habe die Gesellschafterversammlung der Maybach-Motorenbau GmbH am 28. Oktober 1966 das Gesellschaftskapital von 12 auf 20 Mill. DM erhöht. Die neuen Stammanteile wurden von der Daimler-Benz AG gegen Einbringung des Werkes Friedrichshafen-Manzell, der bisherigen Mercedes-Benz Motorenbau GmbH, übernommen. Die Gesellschaft erhielt entsprechend dieser Zusammenfassung zu einer fabrikatorischen Einheit den Firmennamen »Maybach Mercedes-Benz Motorenbau GmbH«.

In beiden Werken zusammen waren jetzt etwa 4500 Menschen beschäftigt. Die Geschäftsführung setzte sich aus den bisherigen Geschäftsführern der beiden Gesellschaften zusammen. Von Seiten des Maybach-Motorenbaus waren dies JEAN RAEBEL, CARL BÖTTNER und MARKUS VON KIENLIN, die seit 1945 gemeinsam einen langen Weg zurückgelegt hatten. Von der Mercedes-Benz Motorenbau GmbH gehörten die bisherigen Geschäftsführer Dr. HANS F. SCHAEFER und ERNST KÜNKELE der neuen Geschäftsführung an.

Das Programm des neuen Unternehmens umfaßte schnellaufende Dieselmotoren mit Einzelleistungen bis 3675 kW (5000 PS) und hierfür entwickelte Getriebe. Zum Jahresende 1967 wechselte JEAN RAEBEL nach 38jähriger Tätigkeit beim Maybach-Motorenbau aus der Geschäftsführung in den Aufsichtsrat über, dessen stellvertretender Vorsitzender er wurde.

Siebzig Jahre Motorenentwicklung in Friedrichshafen

In welch rasanter Weise sich die Motorentechnik innerhalb nur eines Menschenalters weiterentwickelt hat, läßt sich sehr gut durch die Gegenüberstellung von Maschinenelementen darstellen.

Vergleicht man die Fertigungszeichnungen von Motorbauteilen – weil charakteristisch, wurde die Kurbelwelle gewählt – aus verschiedenen Zeiträumen, dann wird man feststellen, daß die Fertigungsvorschriften im Laufe der Zeit immer umfangreicher geworden sind, Tabelle 1. Höhere Genauigkeiten werden verlangt, und zwar nicht nur engere Fertigungstoleranzen, sondern auch innerhalb der Toleranzen eine Einschränkung der zulässigen Form- und Lageabweichungen. Aus der Zusammenstellung ersieht man schon an der Länge des Textes, wie die Anforderungen gestiegen sind. Dabei muß noch erwähnt werden, daß sich hinter der Bezeichnung »Ausführung und Lieferung nach DBL 8805« bei der modernen Kurbelwelle ein umfangreiches Konzern-internes Normenwerk verbirgt.

Auch die Werkstoffqualitäten, wie sie sich in Legierungs-Zusammensetzung und Festigkeitswerten niederschlagen, sind deutlich angestiegen. Die Gegenüberstellung solcher Werte einiger markanter Motorbauteile aus der Zeit des Ersten Weltkrieges und Ende der siebziger Jahre zeigt Tabelle 2.

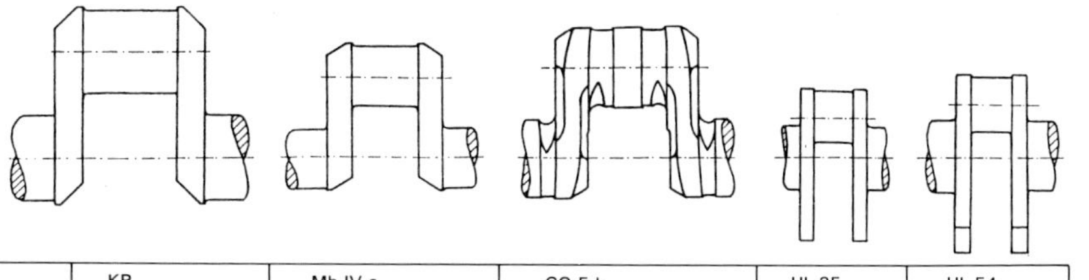

Motortyp		KP	Mb IV a	GO 5 h	HL 35	HL 54
Jahr		1915	1917	1931	1934	1937
Formzahl	Hubzapfen α_B/α_T	11,27/1,71	8,55/1,68	7,63/2,54	8,29/2,00	11,64/2,06
	Grundlagerzapfen α_B/α_T	10,38/1,71	7,78/1,68	7,30/2,54	10,53/1,03	13,97/0,93

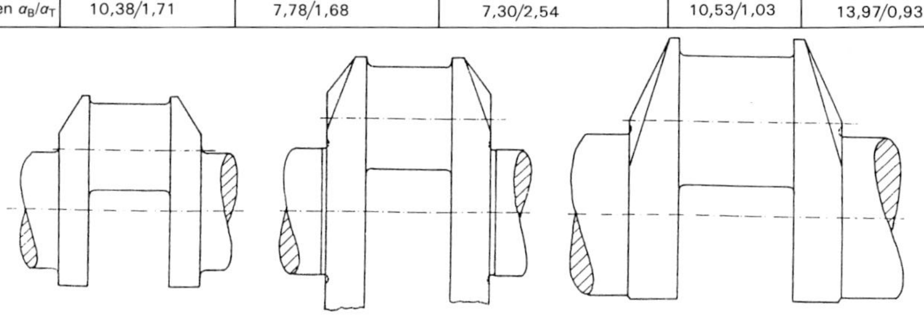

Motortyp		331	652	956-02
Jahr		1972	1969	1975
Formzahl	Hubzapfen $\alpha_B/_T$	5,9/2,02	6,31/1,81	5,76/1,95
	Grundlagerzapfen α_B/α_T	5,69/0,88	9,02/1,08	5,93/1,02

Bild 1. Entwicklung der Kurbelwellen-Formzahlen.

Tabelle 1. Vergleich der Werkstoffe und Fertigungsvorschriften für die Kurbelwellen von Hochleistungsmotoren 1918 bis 1972.

Mit der Steigerung der spezifischen Leistung werden auch höhere Anforderungen an die Fertigung gestellt. Man kann daher direkt aus den Zeichnungsvorschriften für ein bestimmtes Bauteil, z. B. die Kurbelwelle, den Entwicklungsfortschritt ablesen.

Jahr	1918	1931	1943	1972
Motortyp	Mb IV a	GO 5h	HL 230	BR 331 / 396
Motorart	Otto-Motor	Diesel-Motor	Otto-Motor	Diesel-Motor mit Aufladung
Anwendung	Flugzeug	Triebwagen	Panzer	Bahn, Boot, Aggregat u. Schwer-Kfz.
Bauteil	Kurbelwelle	Kurbelwelle	Kurbelwelle	Kurbelwelle
Sach-Nr.	9943	66 500	021 B42502-111	550 031 07 01
Werkstoff und Fertigungsvorschriften	St 30 sämtliche Hub- und Lagerzapfen saubergeschliffen Hub- und Lagerzapfentoleranz: IT 8 bis 9 Bei den voraus zu bohrenden 3 Gewindelöchern in der Kurbelwelle ist die Lage gegenüber dem Kurbelarm »k« genau zu beachten	St 30 sämtliche Eindrehungen auf Hochglanz polieren Grund- und Hubzapfen: Unrundheit unter 0,02 Toleranzen: Hubzapfen »eH« (Edelhaftsitz) [entspricht IT6] Grundzapfen »G« (Gleitsitz) [entspricht IT6] (d. h. Feinschlichtbearbeitung, riefenlos, Riefen mit dem bloßen Auge nicht mehr sichtbar) Die Wangen der Kurbelwelle müssen so beschaffen sein, daß der Kontroll-Innenlaufring übergestreift werden kann	wie Marke DMV von DEW oder Marke CM 25 von Krupp Zugfestigkeit: 80–85 kg/mm^2 Streckgrenze: 55% Dehnung: 8s = 7% Einschnürung über 16% Lagerstellen gehärtet nach Doppelduro-Verfahren der Fa. Deutsche Edelstahlwerke Härtetiefe mind. 2mm auf HRC 56 ± 2 Lagerflächen geschliffen und poliert. Alle Lagerflächen ballig (R 2000) Ölbohrungen gut ausgerundet und poliert Hubzapfen-Toleranz IT6 ▽▽▽ Grundlager(Wangen)-Toleranz IT5 ▽▽▽	34 Cr Ni Mo 6 V 100 bis115 Induktionsgehärtet. Härtebild nach Zeichnung. Lager- und Hubzapfen HRC 55 ± 3, HV 610 ± 50. Härte der Lagerstellen in 3mm Tiefe HRC ± 52 sämtliche Hohlkehlen und Ausrundungen poliert; R_t = 4 µm Alle Eintrittsstellen von Ölbohrungen in die Hohlbohrungen sind bestmöglich gerundet Rauhtiefe an Lager- und Hubzapfen R_t = 1 µm zul. Unparallelität zwischen Hubzapfen und Kurbelwellenachse 0,01 mm auf 85 mm Länge Für alle Grundzapfen: zul. Konizität 0,01 und Hubzapfen: zul. Unrundheit 0,01 Rundlaufabweichung der Grundzapfen 0,03 der Konen 0,02 Hub- und Lagerzapfentoleranz IT6 Größte zul. Schiefstellung der Gewindeachsen zur Senkrechten auf der Auflagefläche 0,2 mm auf 100 mm Länge Jedes Gewinde nach dem Härten geprüft Nach dem Härten darf die Welle zum Richten nur noch in den Grundlagerzapfen 2 und 6 abgestützt werden Ausführung und Lieferung nach DBL 8805

Die von den Kolben über die Pleuelstangen auf die Kurbelwellenkröpfung übertragenen Kräfte müssen über die Kurbelwangen in den Grundlagerzapfen und von dort über die anderen Kröpfungen zum Kurbelwellen-Antrieb geleitet werden. Nun ist eine solche Umlenkung des »Kraftflusses«, wie man das in Anspielung auf Strömungsvorgänge nennt, grundsätzlich von Übel! Durch diese formbedingten Umlenkungen treten örtlich hohe Spannungsspitzen auf, die im Verhältnis zur Nennspannung (der nach den Regeln der klassischen Festigkeitsrechnung ermittelten Spannung) die »Formziffer α_k« ergeben. Je höher die Belastung der Kurbelwelle ist, desto mehr muß man sich bemühen, die Spannungsspitzen, d. h. die Formziffer

Tabelle 2. Werkstoff-Festigkeitswerte 1914 und 1977 im Vergleich.

Hohe spezifische Leistungen sind ohne intensive Werkstoffausnutzung nicht denkbar, wie der Vergleich der Werkstoffkennwerte zweier Hochleistungsmotoren, eines Flugmotors aus dem Ersten Weltkrieg und eines modernen Dieselmotors zum Antrieb schwerer Fahrzeuge, zeigt.

	Zugfestigkeit der Werkstoffe des Maybach-Motors 165 PS*) 1914 bis 1918				MB 873 1977			
	Werkstoff	Zugfestigkeit kp/mm^2	Elastizitätsgrenze kp/mm^2	Dehnung %	Werkstoff	Zugfestigkeit kp/mm^2	Elastizitätsgrenze kp/mm^2	Dehnung %
Zylinder (Schaft)	Cr Ni-Stahl	85	60	20	GZG Cr Mo 260 DBL 4403	HB 260 ≥ 20		
Kolben	Gußeisen	16 bis 20			Al Si 12 Cu Ni Mg	30 bis 37	28 bis 34	1 bis3
Zylinderkopf	Gußeisen	16 bis 20			G-Al Si 10 Mg wa DBL 4903	> 22	19	1
Kolbenbolzen	Einsatzmaterial	52 bis 66		27 bis 19	31 Cr Mo V 9	100 bis140 Kernfestigkeit min 690 HV 10		
Kolbenringe	Einsatzmaterial	18 bis 24			GGG GG	≥ 60 HB**) 270 bis 360 – HB 200 bis 260		
Pleuelstangen	SM-Stahl	50 bis 60		20 bis 15	34 Cr Ni Mo 6	100 bis 115	85	
Kurbelwellen	Cr Ni-Stahl	110	95	10	34 Cr Ni Mo 6	100 bis 115	85	
Kurbelgehäuse	Al-Guß	18 bis 26			G-Al Si 10 Mg wa DBL 4903	> 25		

*) *Motortyp vermutlich AZ. – Angaben entnommen aus:* Gilles, J. A.: *Flugmotoren 1910 bis 1918.*
**) *GGG 270 bis 360 HB; GG 200 bis 260 HB.*

α_k, zu senken. In einer Auflistung von Kurbelwellen von 1915 bis 1975 sind die α_k-Werte für Biegung und Verdrehung (Torsion) zusammengestellt, Bild 1. Immerhin gelang es, die Werte z. B. für die Biegung von 10 bis 11 auf 5 bis 6 zu verringern.

Auch ohne mit den Gesetzmäßigkeiten der Festigkeitslehre vertraut zu sein, kann der Laie beim Vergleich von Bauteilen allein schon an der Materialanhäufung auf niedrige oder höhere Belastung schließen. Besonders anschaulich ist dies bei Kolben aus den Jahren 1916 und 1977 der Fall, Bild 2.

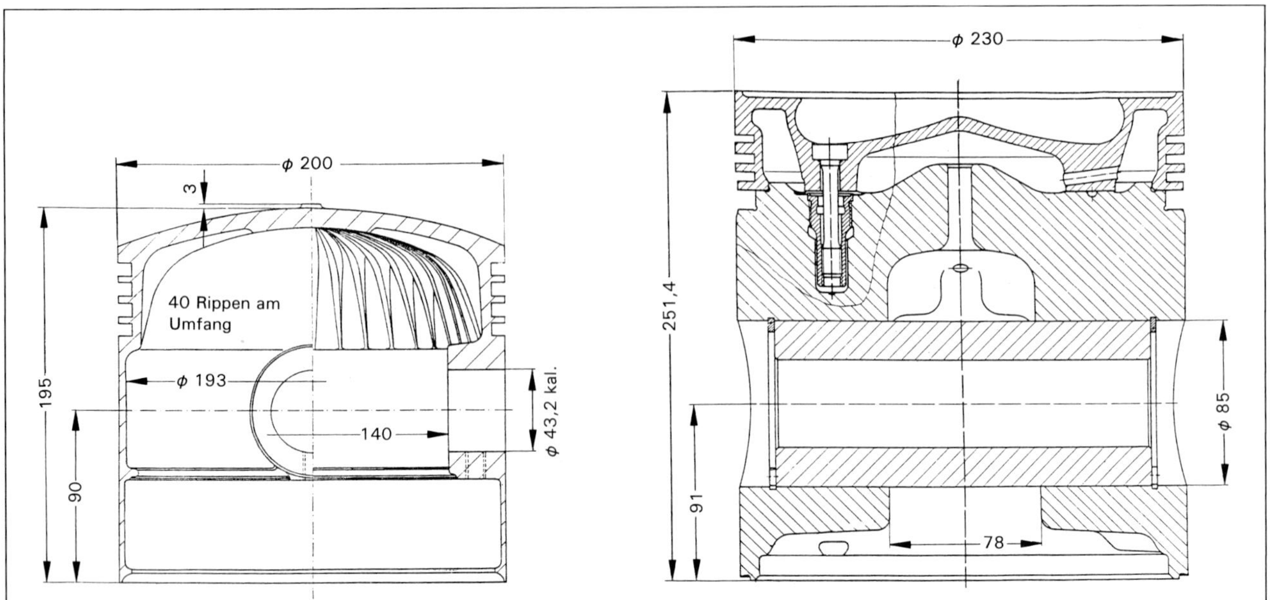

Bild 2. Kolbenentwicklung, gezeigt am Beispiel eines Flugmotors von 1916 (links) und eines gebauten Kolbens für einen Hochleistungs-Dieselmotor 1977 (rechts).
1916: Viertakt-Ottomotor-Kolben, Typ KP; Bohrung × Hub: 200 mm × 240 mm, Werkstoff: Gußeisen, Zylinderleistung: vermutlich 29,4 kW (40 PS).
1977: Kolben für Hochleistungs-Dieselmotor BR 956–02; Bohrung × Hub: 230 mm × 230 mm, Werkstoff: Stahl-Oberteil, Al-Unterteil; Zylinderleistung: 220,6 kW (300 PS).

Mehr als drei Jahrzehnte hat Raebel mit seinen überragenden kaufmännischen Fähigkeiten die Geschicke des »Motorenbaus« in Friedrichshafen bestimmt und das Unternehmen durch die schwierigen Kriegs- und Nachkriegsjahre gesteuert. Durch die Verbindung mit der Friedrich Flick KG im Jahre 1952 bzw. der Daimler-Benz AG 1960 hat Raebel den Fortbestand des Unternehmens gesichert und sich damit auf kaufmännischem Gebiet für den Motorenbau in Friedrichshafen ähnliche Verdienste erworben wie Karl Maybach auf technischem Gebiet.

Im Jahre 1982 brachte Jean Raebel seine Anteile am Unternehmen in die von ihm gegründete Jean-Raebel-Stiftung ein. 1985, nach dem Tod des Ehepaares Raebel, erhielt die Stiftung nahezu dessen gesamtes Privatvermögen.

Die Gründung der MTU im Jahre 1969

Der Konzentrationsprozeß im deutschen Großmotorenbau war mit dem Zusammenschluß von 1966 allerdings noch nicht beendet. Bei der nächsten Stufe kam der Anstoß von der Bundesregierung. Als das Verteidigungsministerium im Jahre 1967 ein Baugruppenprogramm für fortschrittliche Triebwerkskomponenten initiierte, beteiligten sich die Firmen MAN Turbo GmbH sowie die Daimler-Benz AG an dieser Ausschreibung. Dem Wunsch des Ministers nach Zusammenarbeit folgend, erzielten die beiden Unternehmen 1968 Einigkeit über ein gemeinsames Vorgehen: Am 27. November 1968 gründeten sie die »Entwicklungsgesellschaft für Turbomotoren mbH« mit Sitz in München. In der ersten Hälfte 1969 gingen die Gespräche über eine Zusammenarbeit zwischen MAN und Daimler-Benz weiter. Sie führten schließlich am 11. Juli des gleichen Jahres zur Gründung eines neuen Unternehmens mit dem Namen »Motoren- und Turbinen-Union München GmbH (MTU)«, Bild 260. Die Vertragspartner kamen dabei überein, den Zusammenschluß nicht auf den Bereich der Flugtriebwerke in München zu beschränken, sondern auch die schnellaufenden Dieselmotoren in Friedrichshafen einzubeziehen. Die Entwicklung und Fertigung der Flugzeuggasturbinen wurde im Werk München-Allach der ehemaligen MAN Turbo GmbH – die ihrerseits aus dem traditionsreichen BMW-Triebwerkbau hervorgegangen war – konzentriert. Ferner beschloß man, die schnellaufenden Hochleistungs-Dieselmotoren der MAN AG künftig ebenfalls in Friedrichshafen zu bauen. MAN gab damit die Fertigung von Schienenfahrzeug- sowie kleineren Schiffsmotoren an das Friedrichshafener Unternehmen ab, produzierte jedoch weiter größere Schiffsdiesel. Das Leistungsspektrum der in Friedrichshafen produzierten Dieselmotoren sollte zwischen 735 und 7400 kW (1000 bis 10000 PS) liegen, oder, technisch ausgedrückt, das Hubvolumen je Zylinder sollte nicht weniger als 3 l und nicht mehr als 12 l betragen.

Das Stammkapital der neuen Firma wurde auf 65 Mill. DM erhöht und die Anteile der Daimler-

Bild 260. Am 11. Juli 1969 wurde im Gilmer Schloß in München-Allach u. a. der Vertrag über die Gründung der neuen MTU Motoren- und Turbinen-Union Friedrichshafen GmbH durch die Vorstände von Daimler-Benz und MAN unterzeichnet. An der Gründung nahmen Vorstände und Geschäftsführer der Firmen Daimler-Benz (DB), MAN und Maybach Mercedes-Benz Motorenbau (MMB) teil.

Obere Reihe, von links nach rechts: *Günter Welsch, DB; Werner Niefer, MMB; Dr. Hans Dinger, MMB; Dr. Karl Schott, MAN; Dr. Hanns-Martin Schleyer, DB; Dr. Walter Naumann, DB; Professor Dr. Joachim Zahn, DB; Dr. Karl-Adolf Müller, MAN Turbo; Rolf Breuning, MMB; Carl Böttner, MMB; Martin Diener, MAN.*
Mittlere Reihe: *Dr. Rolf Reuter, DB; Dr. Gerhard Schröder, MAN; Professor Dr. Hans Scherenberg, DB; Professor Dr. Siegfried Meurer, MAN; Otto Voisard, MAN Turbo; Rudolf Hasenzahl, DB (halb verdeckt); Hugo-Berthold Saemann, MAN; darüber Markus von Kienlin, MMB;*
Vorne: *Dr. Gerd Wollburg, MAN.*

Benz AG an der Maybach Mercedes-Benz Motorenbau GmbH in die Neugründung eingebracht. Damit waren Daimler-Benz und die MAN je zur Hälfte an der erweiterten MAN Turbo GmbH beteiligt. Die bisherigen Firmennamen wurden wie folgt umgewandelt:

MAN Turbo GmbH in »Motoren- und Turbinen-Union München GmbH«, MAN Maybach Mercedes-Benz (kurz: MTU München);

Maybach Mercedes-Benz Motorenbau GmbH in »Motoren- und Turbinen-Union Friedrichshafen GmbH«, MAN Maybach Mercedes-Benz (kurz: MTU Friedrichshafen).[54])

Damit erschien der Name Maybach zwar nur noch im Untertitel der Firmenbezeichnung, doch die Richtig-

Bild 261. Wenn es Nacht wird in Friedrichshafen, dann gehen keineswegs alle Lichter aus: Das Gebäude mit den Entwicklungsabteilungen der MTU ist hell erleuchtet.

[54]) Zum Sprecher der Geschäftsführung der MTU Friedrichshafen wurde Rolf Breuning bestellt. Außerdem gehörten Dipl.-Ing. Carl Böttner, Dipl.-Ing. Markus von Kienlin, Dr.-Ing. Hans Dinger und Werner Niefer der Geschäftsführung der MTU Friedrichshafen an.

keit der Entscheidung für die Zusammenschlüsse 1966 und 1969 wurde von niemandem in Frage gestellt und durch die weitere Entwicklung der MTU Friedrichshafen ebenso wie der MTU München bestätigt. Der Umsatz der MTU Friedrichshafen stieg von 270,2 Mill. DM im Jahre 1970 auf 1,33 Mrd. DM im Geschäftsjahr 1990 (MTU-Gruppe 3,66 Mrd. DM). Selbst bei Berücksichtigung der Inflationsrate stellt dieses Wachstum eine beachtliche reale Umsatzsteigerung dar, wenn man in Betracht zieht, daß die MTU Friedrichshafen auf einem Markt tätig war und ist, der weltweit durch Überkapazitäten und einen scharfen Wettbewerb geprägt ist. Dieser Umsatzsteigerung war es auch zu verdanken, daß die Beschäftigtenzahl über den Zeitraum von 20 Jahren in etwa gehalten werden konnte (1970: 6070; 1990: 6200), obwohl während dieser Zeit fortlaufend Rationalisierungsmaßnahmen durchgeführt werden mußten. Die wichtigsten unternehmerischen Aufgaben bestanden für die neugegründete MTU Friedrichshafen in der Schaffung eines einheitlichen Motorenprogramms sowie in der Ausrichtung des Unternehmens auf den Weltmarkt, nachdem der Bedarf der deutschen Behörden ab Mitte der siebziger Jahre weitgehend gedeckt war. Daß dies gelungen ist, zeigt die Tatsache, daß im Geschäftsjahr 1990 rund drei Viertel der Erzeugnisse der MTU Friedrichshafen in den Export gingen.

Karl Maybachs Erbe: Hochleistungsmotoren heute

An der Stelle, wo Karl Maybach vor etwa acht Jahrzehnten am Bodensee begann, steht heute das Werk 1 der MTU Friedrichshafen – und dort, wo zum ersten Mal ein Zeppelin-Luftschiff startete, liegt das Werk 2.

Doch so groß der Unterschied zwischen damals und heute auch sein mag, der Grundsatz Karl Maybachs gilt über die Jahrzehnte hinweg bis in unsere Zeit: nur Erzeugnisse zu schaffen, die eine Spitzenposition einnehmen und sich im Markt behaupten können.

Getreu diesem Vorbild entwickelt, fertigt, vertreibt und betreut die MTU Friedrichshafen Antriebsanlagen mit Dieselmotoren, Gasturbinen, Kraftübertragungen, elektronischen Überwachungs- und Steuerungssystemen für die Schiffahrt, die Eisenbahn, für Schwerfahrzeuge sowie für stationäre und bewegliche Arbeitsmaschinen aller Art und für Generatoraggregate.

Hier werden die neuesten Erkenntnisse moderner Technologie genutzt: MTU-Antriebssysteme sind anerkannte Spitzenerzeugnisse, die in alle Welt gehen.

Bild 262. Die Schiffsanwendung wurde zum wichtigsten Umsatzträger der 1969 gegründeten MTU Friedrichshafen. Die kompakten, leistungsstarken Motoren bieten sich für alle Boote und Schiffe an, bei denen Bauraum und Geschwindigkeit eine besondere Rolle spielen. Hierzu gehören auch schnelle Passagierboote, wie dieser in Norwegen gebaute und im Schwarzen Meer eingesetzte Katamaran, der 300 Passagieren Platz bietet und eine Reisegeschwindigkeit von 36 kn (66,7 km/h) erreicht. Die beiden zusammen 4000 kW (5440 PS) starken MTU-Motoren sind in den Rümpfen untergebracht.

Bild 263. In Ländern, deren Bahnstrecken noch nicht elektrifiziert sind, kommen weiterhin Dieseltriebzüge zum Einsatz: Triebzug der koreanischen Staatsbahn, angetrieben von zwei 1570 kW (2135 PS) starken MTU-Motoren.

Bild 264. Das 60 m lange Patrouillenboot BG 21 Bredstedt *des Bundesgrenzschutz-See ist mit dem 7400 kW (10 060 PS) starken MTU-Diesel 25 kn (46,3 km/h) schnell.*

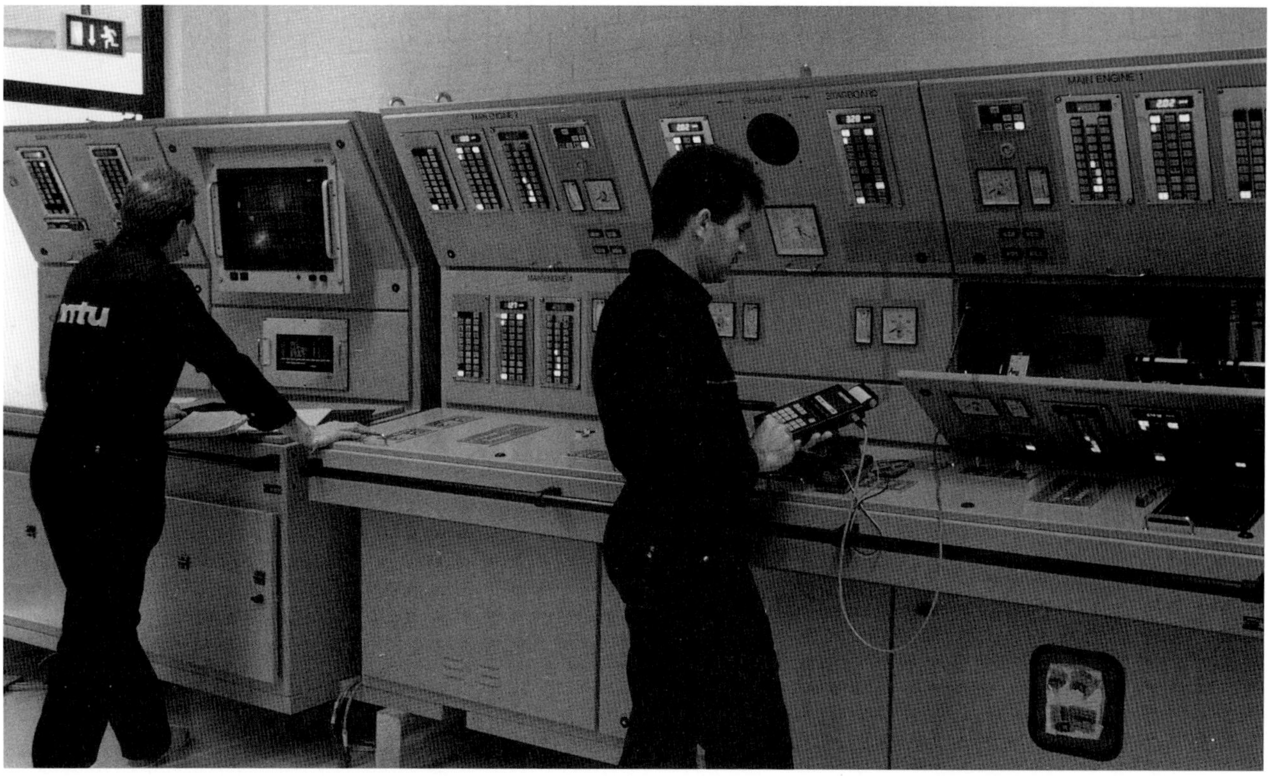

Bild 265. Aus einer Meßgruppe des Maybach-Motorenbaus ging bei der MTU eine eigene Produktgruppe hervor, die elektronische Überwachungs- und Steuerungssysteme für Dieselmotoren, Gasturbinen und kombinierte Antriebsanlagen entwickelt und herstellt. Hier überwachen zwei Mitarbeiter einen computersimulierten Prüfablauf an einem Fregatten-Maschinenfahrstand.

Bild 266. Viele Korvetten und Fregatten sind heute mit kombinierten Antriebsanlagen ausgerüstet, wobei die Dieselmotoren für die Marschfahrt und die Gasturbinen für hohe Geschwindigkeiten eingesetzt werden. Auch die Fregatten F 122 der Deutschen Bundesmarine haben eine solche Antriebsanlage mit zwei MTU-Dieselmotoren und zwei General-Electric-Gasturbinen. Bei zahlreichen Marinefahrzeugen trägt die MTU als Generalunternehmer die Gesamtverantwortung für das Antriebs- und Bordenergiesystem sowie für die elektronische Steuerung und Überwachung der Anlagen.

Bild 267. Die Stahlguß-Kurbelgehäuse der 16- und 20-Zylinder-MTU-Motoren konnten bis Ende der achtziger Jahre wegen ihrer Größe nicht gegossen werden. Spezialisten schweißten sie deshalb aus Einzelsegmenten millimetergenau zusammen.

Bild 268. Der deutsche Kampfpanzer Leopard II wird von einem MTU-Motor mit 1100 kW (1500 PS) angetrieben und ist damit mehr als doppelt so stark motorisiert wie der »Tiger« im Zweiten Weltkrieg. Technische Daten: Mehrstoff-Vorkammer-Dieselmotor in V-Zwölfzylinder-Bauart, Typ MB 873-Ka 501 mit zwei Abgasturboladern; Bohrung × Hub: 170 mm × 175 mm, Zylindervolumen 3,97 dm^3; Gefechtsmasse: 55 150 kg, Höchstgeschwindigkeit: 70 km/h, Fahrbereich: 480 km, Bewaffnung: eine 12-cm-Glattrohr-Panzerkanone, zwei MG; Besatzung: vier Mann. Nahezu alle in Deutschland hergestellten Kettenfahrzeuge fahren mit MTU-Motoren. Insgesamt lieferte das Unternehmen bis 1990 rund 20 000 Dieselmotoren für die Kettenfahrzeuge der Bundeswehr sowie verbündeter Armeen.

Bild 269. Blick in die Kurbelgehäusefertigung. Im Vordergrund das Kurbelgehäuse eines 7400-kW-(10060-PS-)Schiffsmotors.

Bild 270. Auch für schwere Muldenkipper eignen sich MTU-Motoren auf Grund ihrer Kompaktheit und hohen Leistung. Dieses Fahrzeug einer australischen Eisenerzmine mit einer Eigenmasse von 150 t und einer Ladekapazität von 240 t hat als Antrieb einen 16-Zylinder-Motor der MTU-Baureihe 396 mit 1840 kW (2500 PS).

Bild 271. Montage eines Schiffsdieselmotors der Baureihe 1163, wie sie in größere schnelle Behördenschiffe und Yachten eingebaut werden.

Bild 272. 1990 stellte die MTU die neue Baureihe 595 vor (5,95 dm^3 Volumen je Zylinder), deren Motoren sowohl für den Hochleistungseinsatz als auch für die Daueranwendung konzipiert wurden. Die MTU hat in diese neue Baureihe die Summe der technischen Entwicklungs- und Forschungsergebnisse der letzten Jahrzehnte einfließen lassen. Hier absolviert ein 3240 kW (4400 PS) starker Zwölfzylindermotor einen Prüfstandslauf.

Bild 273. MTU-Großdieselmotoren, fertig zum Versand: links in Kisten verpackt Motoren, die für Industrietraktoren in der damaligen Sowjetunion bestimmt waren; rechts Schiffsmotoren der Baureihe 538 (5,38 dm^3 Zylindervolumen), die 1949/50 von Karl Maybach und seinen Mitarbeitern entwickelt, im Laufe der Jahrzehnte optimiert und von der MTU noch in den neunziger Jahren verkauft werden.

Tafel 1. An Bord von Luftschiffen durfte im Ersten Weltkrieg nicht photographiert werden. Um den Lesern trotzdem einen Eindruck vom Geschehen an Bord zu vermitteln, ließ die Leipziger »Illustrirte Zeitung« den Marinemaler Felix Schwormstädt an einer Feindfahrt im Luftschiff teilnehmen. Der Titel dieser Zeichnung lautet: »In der Führergondel eines Zeppelin-Luftschiffes während einer Angriffsfahrt über England«.

Tafel 2. Vom 24. bis 31. Juli 1931 führte LZ 127 Graf Zeppelin *eine Forschungsfahrt in die Arktis durch. Das Ölgemälde von Alex Kirchner aus dem Jahre 1931 zeigt das Treffen von LZ 127 und dem sowjetischen Eisbrecher* Malygin*, mit dem Philatelistenpost ausgetauscht wurde.*

Tafel 3. Dieser sechszylindrige Maybach W 5 (Karosserie Friedrichs/Frankfurt a. M., Baujahr 1926) ist der älteste noch existierende Maybach-Wagen. Erstbesitzer war Dr. Vogler, ein Leibarzt des Sängers Enrico Caruso. Der Wagen nimmt heute noch an den Treffen des Maybach-Clubs teil.

Tafel 4. Ein »kleiner« Maybach! Schwingachswagen SW 38, Baujahr 1937, in einer Ausführung als viertüriges Cabriolet, Karosserie Reutter/Stuttgart.

Tafel 5. Auch dieser Maybach »Zeppelin«, Baujahr 1930, mit Spohn-Karosserie ist heute noch fahrtüchtig. Von den 2300 Fahrzeugen, die von Maybach gebaut wurden, existieren noch etwa 150.

Tafel 6. Ein technisch wie zeitgeschichtlich bemerkenswertes Exemplar der Maybach-Wagen ist dieser Zwölfzylinder DS 8 »Zeppelin«. Karosserie Spohn/Ravensburg, Baujahr 1928/29. Erstbesitzer war Reichsaußenminister Joachim von Ribbentrop.

Tafel 7. Ein Zwölfzylinder DS 8 »Zeppelin«, Baujahr 1934, Karosserie Spohn/Ravensburg, beim Maybach-Club-Treffen 1989 in Schramberg/Schwarzwald.

Tafel 8. c_w-Wert hin, c_w-Wert her! Welches unserer heutigen Automobile kann mit einer solchen Frontpartie aufwarten?

Tafel 9. Einfach und übersichtlich: das Armaturenbrett eines Maybach-SW-Wagens.

Tafel 10. Bei einer Panzererprobung am Gehrenberg 1943 entschied Reichsminister ALBERT SPEER *(vorne), daß das Olvar-Getriebe von Maybach in den »Tiger« eingebaut werden sollte. Mit im Fahrgestell (von links nach rechts): Dipl.-Ing.* MARKUS VON KIENLIN, *Leiter der Panzererprobung beim Maybach-Motorenbau; Generaloberst* HEINZ GUDERIAN *(?); ein Maybach-Monteur; Dipl.-Ing.* ERNST KNIEPKAMP *vom Heereswaffenamt sowie Prof.* FERDINAND PORSCHE, *Mitkonstrukteur des »Tiger«.*

Einzelheit X

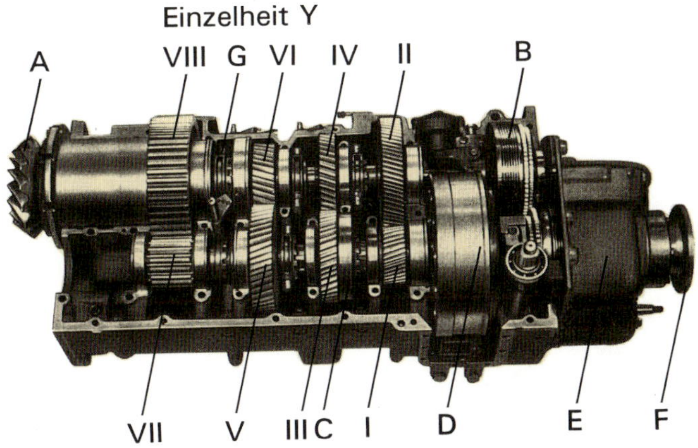

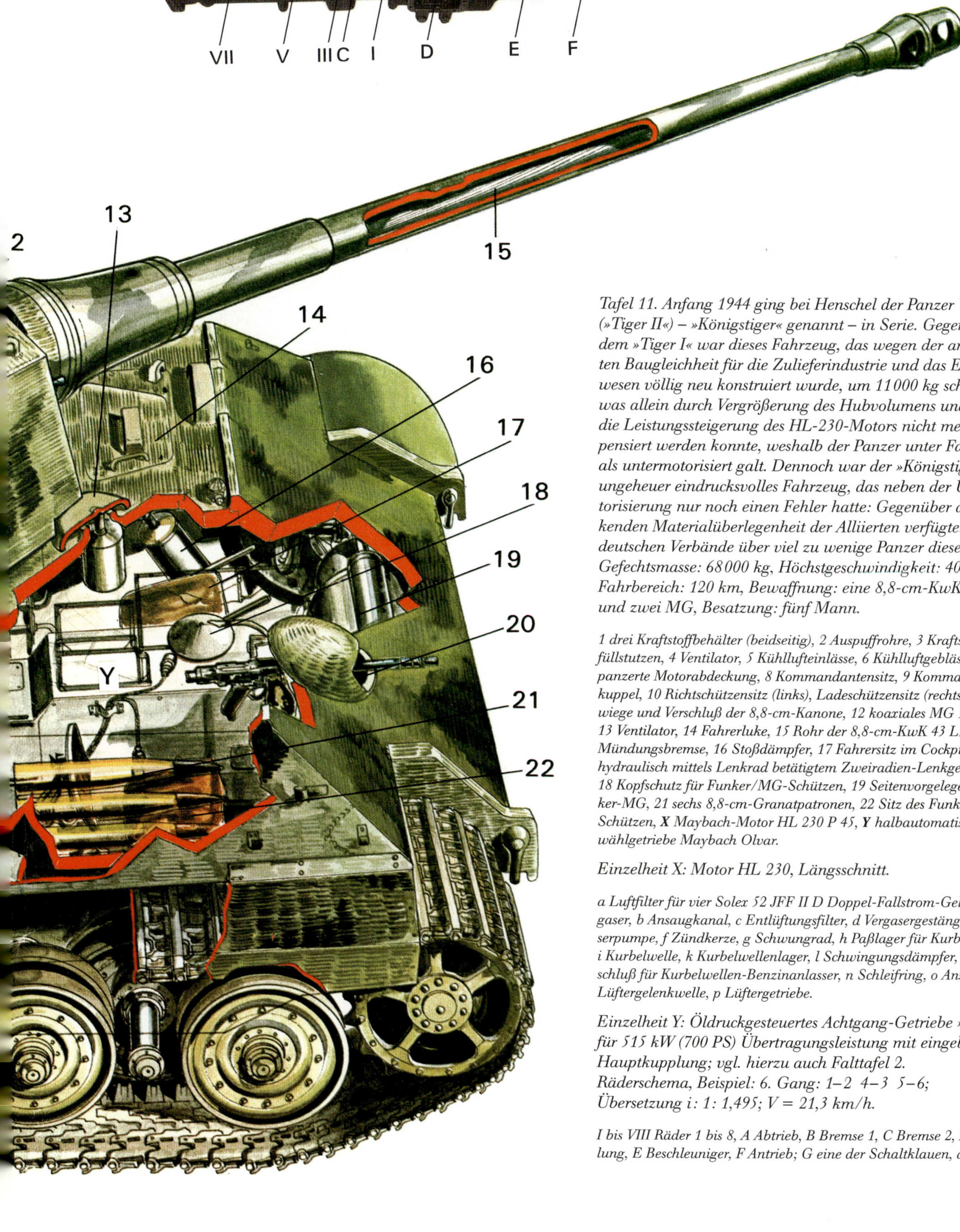

Tafel 11. Anfang 1944 ging bei Henschel der Panzer VI Ausf. B (»Tiger II«) – »Königstiger« genannt – in Serie. Gegenüber dem »Tiger I« war dieses Fahrzeug, das wegen der angestrebten Baugleichheit für die Zulieferindustrie und das Ersatzteilwesen völlig neu konstruiert wurde, um 11 000 kg schwerer, was allein durch Vergrößerung des Hubvolumens und mithin die Leistungssteigerung des HL-230-Motors nicht mehr kompensiert werden konnte, weshalb der Panzer unter Fachleuten als untermotorisiert galt. Dennoch war der »Königstiger« ein ungeheuer eindrucksvolles Fahrzeug, das neben der Untermotorisierung nur noch einen Fehler hatte: Gegenüber der drükkenden Materialüberlegenheit der Alliierten verfügten die deutschen Verbände über viel zu wenige Panzer dieses Typs. Gefechtsmasse: 68 000 kg, Höchstgeschwindigkeit: 40 km/h, Fahrbereich: 120 km, Bewaffnung: eine 8,8-cm-KwK 34 L/71 und zwei MG, Besatzung: fünf Mann.

1 drei Kraftstoffbehälter (beidseitig), 2 Auspuffrohre, 3 Kraftstoff-Einfüllstutzen, 4 Ventilator, 5 Kühllufteinlässe, 6 Kühlluftgebläse, 7 gepanzerte Motorabdeckung, 8 Kommandantensitz, 9 Kommandantenkuppel, 10 Richtschützensitz (links), Ladeschützensitz (rechts); 11 Rohrwiege und Verschluß der 8,8-cm-Kanone, 12 koaxiales MG 34, 13 Ventilator, 14 Fahrerluke, 15 Rohr der 8,8-cm-KwK 43 L/71 mit Mündungsbremse, 16 Stoßdämpfer, 17 Fahrersitz im Cockpit mit hydraulisch mittels Lenkrad betätigtem Zweiradien-Lenkgetriebe, 18 Kopfschutz für Funker/MG-Schützen, 19 Seitenvorgelege, 20 Funker-MG, 21 sechs 8,8-cm-Granatpatronen, 22 Sitz des Funkers/MG-Schützen, ***X*** *Maybach-Motor HL 230 P 45,* ***Y*** *halbautomatisches Vorwählgetriebe Maybach Olvar.*

Einzelheit X: Motor HL 230, Längsschnitt.

a Luftfilter für vier Solex 52 JFF II D Doppel-Fallstrom-Geländevergaser, b Ansaugkanal, c Entlüftungsfilter, d Vergasergestänge, e Wasserpumpe, f Zündkerze, g Schwungrad, h Paßlager für Kurbelwelle, i Kurbelwelle, k Kurbelwellenlager, l Schwingungsdämpfer, m Anschluß für Kurbelwellen-Benzinanlasser, n Schleifring, o Anschluß für Lüftergelenkwelle, p Lüftergetriebe.

Einzelheit Y: Öldruckgesteuertes Achtgang-Getriebe »Olvar« für 515 kW (700 PS) Übertragungsleistung mit eingebauter Hauptkupplung; vgl. hierzu auch Falttafel 2. Räderschema, Beispiel: 6. Gang: 1–2 4–3 5–6; Übersetzung i: 1: 1,495; V = 21,3 km/h.

I bis VIII Räder 1 bis 8, A Abtrieb, B Bremse 1, C Bremse 2, D Kupplung, E Beschleuniger, F Antrieb; G eine der Schaltklauen, ausgerückt.

Tafel 12. 1957 wurden von der Deutschen Bundesbahn neuentwickelte TEE-Züge vom Typ VT 11.5 (später Baureihe 601) in Dienst gestellt. Wie bei den V-200-Lokomotiven mußten die Motoren der Firmen Daimler-Benz, MAN und Maybach gegeneinander austauschbar sein. Jeder Zug hatte zwei 809 kW (1100 PS) starke Motoren und erreichte eine Höchstgeschwindigkeit von 160 km/h.

Tafel 13. Titelblatt eines der ersten Maybach-Prospekte zu Beginn der fünfziger Jahre. Mit der »neuen Art der Dieselzugförderung« waren sogenannte Schlepptriebwagen gemeint, die man aus den Triebwagen der dreißiger Jahre ableiten und Personen- und Güterzügen vorspannen wollte. Sie sollten das »Kernstück« der künftigen Dieselzugförderung bilden. Das Hauptanwendungsgebiet der reinen Diesellokomotive, die damals ganz neu entwickelt wurde, sah man fälschlicherweise ausschließlich im Rangierdienst.

Tafel 14. In den fünfziger Jahren fand der schnellaufende Dieselmotor wegen seiner geringen Masse Eingang in den Erdölbohrbetrieb. Die kompakten Aggregate, bestehend aus Motor, hydraulischem Getriebe und darüber angeordneter Kühlergruppe, waren gut transportabel, eine wichtige Eigenschaft für diesen Anwendungsfall.

Dritter Teil

Hochleistungsmotoren

Die technischen Entwicklungen der Maybach-Motorenbau GmbH

von

Prof. Dr.-Ing. Stefan Zima VDI

Einführung

In den Veranstaltungen, Vorträgen und Veröffentlichungen anläßlich des hundertjährigen Jubiläums des Automobils wurde auch die Erinnerung an den Namen Maybach wieder wachgerufen, an WILHELM MAYBACH, den Schöpfer des modernen Autos, den »König der Konstrukteure«, wie er von Zeitgenossen genannt wurde, und an seinen Sohn KARL MAYBACH, Erbauer exklusiver Luxusfahrzeuge.

Anders als heute war früher, in der Zeit zwischen den beiden Weltkriegen, der Name Maybach in Deutschland in aller Munde, nicht nur weil er als Synonym für Spitzenleistungen im Automobilbau galt, sondern wegen der im wahren Sinne des Wortes »Aufsehen« erregenden Fahrten der Luftschiffe und der Geschwindigkeitsrekorde der Schnelltriebwagen. Doch es war das Vordergründige, das Spektakuläre, worauf sich hier die Perspektive verkürzte, denn die Antriebsanlagen jener Fahrzeuge, die Maybach-Motoren und -Getriebe, verborgen in Motorgondeln und Motorräumen, sah man nicht. Als dann zu Beginn des Zweiten Weltkrieges der Bau von Maybach-Fahrzeugen aufgegeben werden mußte, für immer, wie sich später herausstellte, verblaßte die Erinnerung an den großen Namen. Motoren und Getriebe vermögen nun einmal nicht die Phantasie so zu beflügeln, wie es Automobile tun.

Karl Maybach hatte sich schon während seiner Ausbildung und mit Beginn seiner beruflichen Tätigkeit dem schnellaufenden Verbrennungsmotor verschrieben. Zuerst entwickelte er einen Kraftwagenmotor, dann wandte er sich auf Anraten und mit Unterstützung seines Vaters größeren Aufgaben zu.

Die technischen Entwicklungen der später nach ihm benannten Maybach-Motorenbau GmbH haben sich folgerichtig, ja zwangsläufig aus dem Gründungszweck des Unternehmens ergeben, nämlich »Erfahrungen und Patente für den Bau von Motoren für Luftschiffe« auszuwerten. Diese Formulierung ist eigentlich ein Euphemismus, denn Motoren für Luftschiffe konnte man nicht einfach »bauen«, sie mußten zuvor entwickelt werden! Heute eine triviale Feststellung, war diese Erkenntnis – besser gesagt: Erfahrung – in der zweiten Dekade unseres Jahrhunderts neu.

Wie so oft bei gängigen Begriffen, ist die Schnelläufigkeit, ein Charakteristikum Maybachscher Motoren, eine Chiffre für tiefgreifende und verwickelte physikalisch-technische Zusammenhänge; man denke nur an den Komplex der Gestaltfestigkeit oder des Schwingungsverhaltens. Solche Zusammenhänge galt es in ihrem Wechselspiel überhaupt erst einmal zu durchschauen. Hinzu kommt, daß mit Hochleistungsmotoren Widerstrebendes vereint werden soll: große Leistungen und niedriges Gewicht. Daß der Bau solcher Motoren deshalb ein anderes Vorgehen als im allgemeinen Maschinenbau verlangte, dessen war sich Karl Maybach durchaus bewußt. Hochleistungsmotoren zu entwickeln hieß (und heißt) Grenzen, wie sie der Stand der Technik setzt, durch Grundlagenarbeit in der Thermodynamik und Verbrennungstechnik, der Strömungsmechanik und der Maschinendynamik oder der Festigkeit und der Werkstofftechnik zu erweitern. Solchermaßen mußte die Entwicklung in die Tiefe gehen, aber auch in die Breite, weil der Motor als »thermisches Kraftwerk« für seine Funktion verschiedene, sorgsam auf die jeweiligen Bedingungen und den speziellen Verwendungszweck abgestimmte Hilfseinrichtungen benötigt. Dieses Zubehör muß nicht weniger aufwendig entwickelt werden als der Motor selbst. Doch auch damit ist es noch nicht getan: Die hohe Drehzahl, Voraussetzung für Fahrzeugmotoren, verhindert gleichzeitig den direkten Antrieb der Fahrzeuge durch den Motor. Damit schnellaufende Motoren und Fahrzeuge miteinander arbeiten können, bedarf es sogenannter Kennungswandler (Getriebe). Kurzum, der erfolgreiche Einsatz schnellaufender Hochleistungsmotoren verlangt eine in ihrer Grundkonzeption schlüssige Antriebsanlage. Das hatte Karl Maybach von Anfang an erkannt und die »Schaffung einer organisch kompletten Antriebsanlage« im Auge gehabt.

Der Erfolg der Maybachschen Antriebsanlagen beruht auch und vor allem auf der aufwendigen Arbeit am Detail und der hohen Fertigungsqualität, doch wußte Karl Maybach aus Intuition und später auch aus Erfahrung, daß stetes Weiterentwickeln allein auf die Dauer nicht genügte, sondern daß – an einem bestimmten Entwicklungsstand angelangt – neue, grundsätzlich andere Lösungen gefunden werden mußten. Phantasievoller Ingenieur und begabter Konstrukteur, der er war, brachte er stets Vision und Realität unter der Prämisse des jeweils Möglichen in Einklang.

1. Luftschiff- und Flugzeugmotoren 1909 bis 1918

Der Anfang

Das Unglück von Echterdingen am 5. August 1908, bei dem das Luftschiff LZ 4 von Ferdinand Graf Zeppelin nach einer bis dahin erfolgreichen Rundfahrt durch eine Sturmböe von seiner Verankerung losgerissen wurde und in Flammen aufging, löste in Deutschland spontan eine Woge der Sympathiebekundungen und der Unterstützung für das Werk des Grafen aus. Wilhelm Maybach, der bereits während seiner Tätigkeit bei der Daimler-Motoren-Gesellschaft (DMG) mit dem Grafen Zeppelin zu tun gehabt hatte, wandte sich nach dem Unglück von Echterdingen mit einem Schreiben an den Grafen. Darin lenkte er dessen Aufmerksamkeit auf einen neuen, von seinem Sohn Karl Maybach für eine französische Studiengesellschaft entwickelten Motor. Dieser Motor sei auf Grund seiner Bauart und Leistungsstärke zum Antrieb besonders von Luftschiffen geeignet. Der Graf ging auf diesen Vorschlag ein, nahm Kontakt mit den Maybachs auf, und so kam es schließlich am 23. März 1909 zur Gründung der »Luftfahrzeug-Motorenbau-Gesellschaft m.b.H« mit Sitz in Bissingen a. d. Enz (LMG). Später schilderte Graf Zeppelin die Situation so:

»... *Es ist sehr erschwerend für die Entwicklung der Luftschiffahrt gewesen, daß es sich für die Motorenbauer nicht lohnte, Aufwendungen an Zeit und Geld an die Herausbringung einer für die Luftschiffahrt durch Betriebssicherheit, leichte Zugänglichkeit und geringes Gewicht zur PS besonders geeigneten Maschine zu wenden. Es blieb nichts übrig, als zur Selbstanfertigung von Motoren zu schreiten, was durch Ausführung der von den Herren Maybach Vater und Sohn erdachten und allmählich vervollkommneten Type in glücklichster Weise gelang*...« [1].

Welches Vertrauen der Graf in das Können der Maybachs setzte, ersieht man daraus, daß er die Verbindung zur damals schon renommierten DMG zugunsten eines noch nicht existierenden Unternehmens aufgab. Vielleicht sah er Parallelen zu seinem eigenen Lebenswerk; schließlich hatte ja auch er unmöglich Scheinendes möglich gemacht. Da das junge Unternehmen noch nicht über eine eigene Fertigungsstätte verfügte, wurde Bissingen a. d. Enz (Württemberg) Firmensitz, wo einer der Mitgesellschafter, G. F. Grotz, eine kleine Maschinenfabrik besaß, in der u. a. Kurbelwellen für Automobilmotoren hergestellt wurden.

Mit den Vorentwürfen für den Luftschiffmotor hatte Karl Maybach schon vor dem Gründungstermin der LMG begonnen (Bild 1); als Konstruktionsbüro diente seine Wohnung in Stuttgart. Bei der Ausführung der Zeichnungen in Bissingen half ihm ein Bekannter, der Ingenieur (und Mitgesellschafter) Karl Kessler. Täglich pendelte Maybach zwischen Stuttgart und Bissingen, abwechselnd konstruierend und sich um die Fertigung und um die Beschaffung der Motorteile kümmernd. Die Arbeiten gingen zügig voran; schon im September 1909 kam der neue Motor, Typ AZ, auf den Prüfstand[1]) und machte seine ersten Umdrehungen. Wie die Erprobung des AZ vonstatten ging, beschreibt der erste Versuchsbericht der LMG:

»... *Nachdem der Motor in seinem Aufbau Anfang August fertiggestellt war, wurde derselbe zu eingehenden Versuchen auf die Probierbank genommen. Zu diesem Zweck wurde in der Maschinenfabrik G. F. Grotz ein Fundament hergestellt, das Motor und Bremsvorrichtung aufnahm. Zunächst wurde der Motor mehrere Tage und Nächte an der Fabriktransmission ohne eigene Kraftabgabe angetrieben, um alle seine beweglichen Teile gut ineinander laufen zu lassen... Seine Dauerproben hat der Motor an einem 2-armigen Windflügel von 2,2 m Durchmesser geleistet, der so zugeschnitten wurde, daß der Motor bei seiner größten Kraftentfaltung 1100 Touren macht. Hierbei ist der Benzinverbrauch ein sehr günstiger... Leider konnte nicht mit Sicherheit konstatiert werden, welche Kraft der Motor effektiv leistet. Unsere hierfür gebaute Bremsvorrichtung, als sogenannte Zaumbremse* [Anmerkung: gemeint ist ein Pronyscher Zaum] *ausgebildet, hat dieser Kraft des Motors nicht standgehalten und ist unter der außergewöhnlich hohen Anstrengung in Trümmer gegangen*...« [2].

Die aus unserer Sicht unglaublich kurze Zeitspanne von den ersten konstruktiven Entwürfen bis zum lauffähigen Motor erklärt sich zum einen daraus, daß sich Karl Maybach in der Konzeption, d. h. im Grundaufbau, auf den – im regen Gedankenaustausch mit seinem Vater Wilhelm Maybach – für den Comte de Lavalette in Frankreich konstruierten Fahrzeugmotor stützen konnte und zum anderen aus der Arbeitsweise eines Kleinbetriebes im ersten Jahrzehnt dieses Jahrhunderts. Der Konstrukteur brachte die Zeichnungen in die Werkstatt, besprach das Nötige mit dem Meister, woraufhin mit der Fertigung begonnen wurde. Es gab keine Betriebsorganisation, Arbeitsvorbereitung, Normenabteilung oder Wertanalyse, wie sie heute unverzichtbar für eine moderne Serien- und Präzisionsfertigung sind. Entsprechend kurz war die Durchlaufzeit von der Erstellung der Zeichnung bis zum fertigen Teil.

---

[1]) Der Ausdruck »Prüfstand« ist, denkt man an die schallisolierten, automatisch überwachten und rechnergesteuerten Prüfstände von heute, ein Euphemismus.

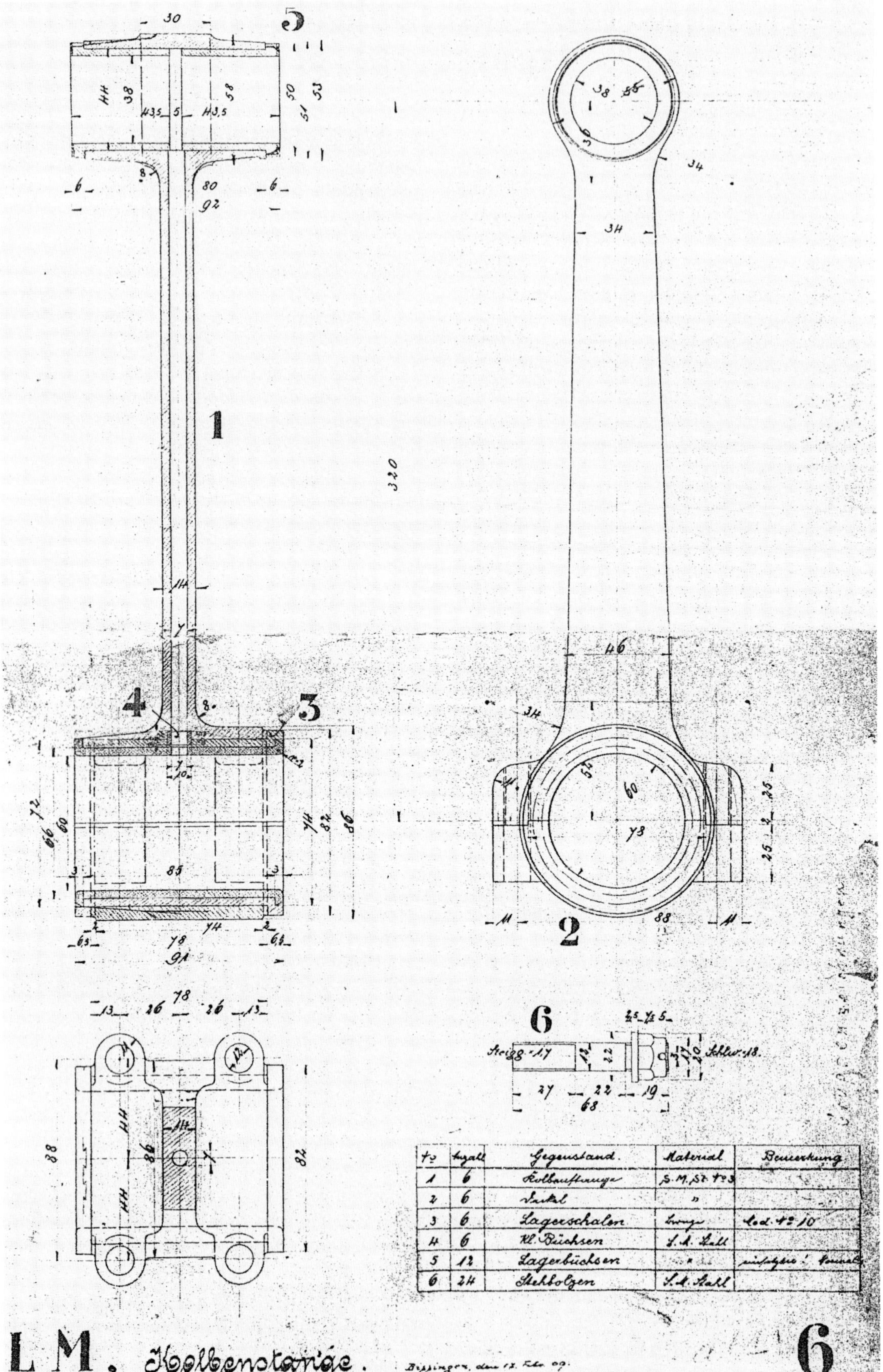

Bild 1. Die Zeichnung dieser Pleuelstange (»Kolbenstange«) mit der Nr. 6 ist auf den 17. Februar 1909 datiert; sie ist eine der ersten Zeichnungen der »Luftfahrzeug Motorenbau« überhaupt und wurde noch vor deren offizieller Gründung erstellt.

Man mußte sich mit sehr beschränkten Mitteln behelfen und viel improvisieren. Der Ingenieur G. Burr, ein Mitarbeiter Karl Maybachs seit 1912, hat später die Arbeitsbedingungen und Arbeitsweise der frühen Jahre des Maybachschen Motorenbaus anschaulich geschildert:

»Während des ersten Halbjahres kamen sämtliche Motorenteile von Grotz-Bissingen und von Ziemann-Stuttgart. Unsere Arbeit bestand im Be- und Nachbearbeiten von Versuchsteilen und Auswärtsteilen. Da wir noch keine Meßwerkzeuge, außer unser eigenen, hatten, mußten alle Paßarbeiten mit der Schieblehre und dem Loch- und Greifzirkel gemessen werden. Die Toleranzen wurden nach Erfahrungswerten angesetzt. Als erstes Meßwerkzeug bekamen wir einen Außenmikrometer zum Messen von Kolben. Die Kontrolle wurde von den Monteuren vorgenommen.

Schwierigkeiten machte das Ausgießen der ersten Pleuel (sie hatten noch keine Lagerschalen). Da die Teile eilten, hatte ich keine Zeit zum Anfertigen von Gießvorrichtungen. Ich machte mir eine Vorrichtung von Harthölzern und strich sie mit Lehm aus. Eine solche Vorrichtung reichte für einen Satz Pleuel, dann war sie verbrannt, aber es ging. ... Werkzeuge waren damals sehr teuer, und das Geld war knapp. Wir benötigten dringend einen Spiralbohrer mit ca. 30 mm Durchmesser zum Bohren der Löcher für die Ventilstößel. Ich besorgte mir ein Stück Werkzeugstahl, schmiedete das Profil heraus und verdrehte das Stück im warmen Zustand. Darauf überdrehte ich das Werkzeug auf Schleifmaß, feilte das Profil aus und härtete den Bohrer. Inzwischen hatten wir eine richtige Schmiede-Esse bekommen. Der Bohrer wurde nun auf Maß geschliffen und angespitzt. Wir haben den ganzen Ersten Weltkrieg mit diesem Bohrer gearbeitet, er hatte sich rentiert...« [3].

Nachdem in mehreren Versuchsläufen die Leistung und der Verbrauch des AZ-Motors gemessen worden waren, kleinere Unzulänglichkeiten beseitigt und der Motor seine Standfestigkeit für die geforderte Leistung bewiesen hatte, wurde im Dezember 1909 der Abnahmelauf beim Luftschiffbau Zeppelin (LZ) in Friedrichshafen durchgeführt. Der AZ absolvierte diesen Lauf störungsfrei; eine in den Abnahmebedingungen zugestandene Unterbrechung von 15 Minuten brauchte nicht in Anspruch genommen werden, so daß der LZ den Lauf um zwei Stunden verkürzte. Anschließend wurde der Motor demontiert und die einzelnen Teile begutachtet, »befundet« wie es in der Ausdrucksweise der Techniker heißt.

Mit sechs Zylindern von 160 mm Bohrung und 170 mm Hub leistete der AZ-Motor 107 kW (145 PS) bei 1100 min^{-1}. In seinem konstruktiven Aufbau weist er jene Merkmale auf, die auch für die folgenden Maybachschen Flugmotoren charakteristisch sind: wassergekühlter Viertakt-Ottomotor in Sechszylinder-Reihenbauweise. Auf das niedrige zweiteilige Aluminium-Kurbelgehäuse sind die einzelnen Stahlzylinder aufgesetzt. Zylinderkopf und -Buchse sind miteinander verschraubt. Die Kurbelwelle ist siebenfach im Kurbelgehäuse-Oberteil und in den angehängten Lagerbrücken gleitgelagert, Bild 2. Im Vergleich zu den Luftschiffmotoren anderer Hersteller fällt der AZ durch seine klare, ruhige Linienführung und durch seinen übersichtlichen Aufbau auf, bedingt durch gleiche Zylinderabstände und durch die »organische« Anordnung des Motorzubehörs, auf die Karl Maybach auch später stets großen Wert legte. Der Gaswechsel wurde durch zwei stehende Ein- und Auslaßventile je Zylinder gesteuert. Diese für die Brennraumform ungünstige Ventilanordnung erklärt sich aus der Forderung, daß während der Fahrt die Möglichkeit gegeben sein mußte, am stillgesetzten Motor Wartungs- und Reparaturarbeiten durchzuführen. Die Gemischbildung erfolgte durch zwei Vergaser, bei denen Haupt-, Nebenluft und Kraftstoffmenge abhängig von der Drehzahl und der Belastung gesteuert wurden.

Diese Vergaser waren »brandsicher«, weil eine Überlaufvorrichtung für gleichbleibenden Kraftstoffspiegel sorgte und der von der Kraftstoffpumpe über den Bedarf des Motors geförderte Kraftstoff in ein sogenanntes Rücklaufgeschirr abfloß, vgl. auch Kasten auf S. 281f. Bei Vergasern mit der üblichen Schwimmerregelung der Kraftstoffzufuhr lief bei Hängenbleiben der Schwimmernadel die Schwimmerkammer voll, so daß der überschüssige Kraftstoff aus der Düse austrat. Das konnte dann einen Flammenrückschlag und, dadurch ausgelöst, einen Vergaser- und Motorbrand zur Folge haben. Für einen Luftschiffmotor barg das ein unkalkulierbares Risiko. Wegen der Brandgefahr waren auch die Abgasleitungen wassergekühlt. Das Gemisch wurde durch zwei Zündkerzen je Zylinder, aus unabhängigen Zündstromanlagen gespeist, gezündet. Die Zündung wurde von einem Regler automatisch in Abhängigkeit von der Drehzahl verstellt. Dies war keineswegs eine Selbstverständlichkeit; bei den Fahrzeugmotoren mußte die Zündung z. T. noch bis in die zwanziger Jahre von Hand verstellt werden. Bei Überschreiten der Höchstdrehzahl wurde die Zündung unterbrochen, so daß der Motor nicht durchgehen konnte. Kraftstoff-, Schmierstoff- und Kühlmittelversorgung des Motors waren sorgfältig – und für damalige Verhältnisse aufwendig – gestaltet, denn Mängel an diesen Systemen waren Ursache für manche Motorstörung, was so von vorneherein ausgeschlossen werden sollte. Eine Sicherheitsvorrichtung sorgte dafür, daß bei Abfall des Öldruckes die Zündung kurzgeschlossen wurde. Für das Anlassen der Motoren – bei Luftschiffen insofern schwieriger als bei Flugzeugen, weil die Propellerböcke so hoch angeordnet waren, daß die Propeller nicht mehr von Hand durchgedreht werden konnten – fand Karl Maybach eine originelle Lösung solcherart, daß über eine Vorrichtung alle Ventile angehoben, die Ab-

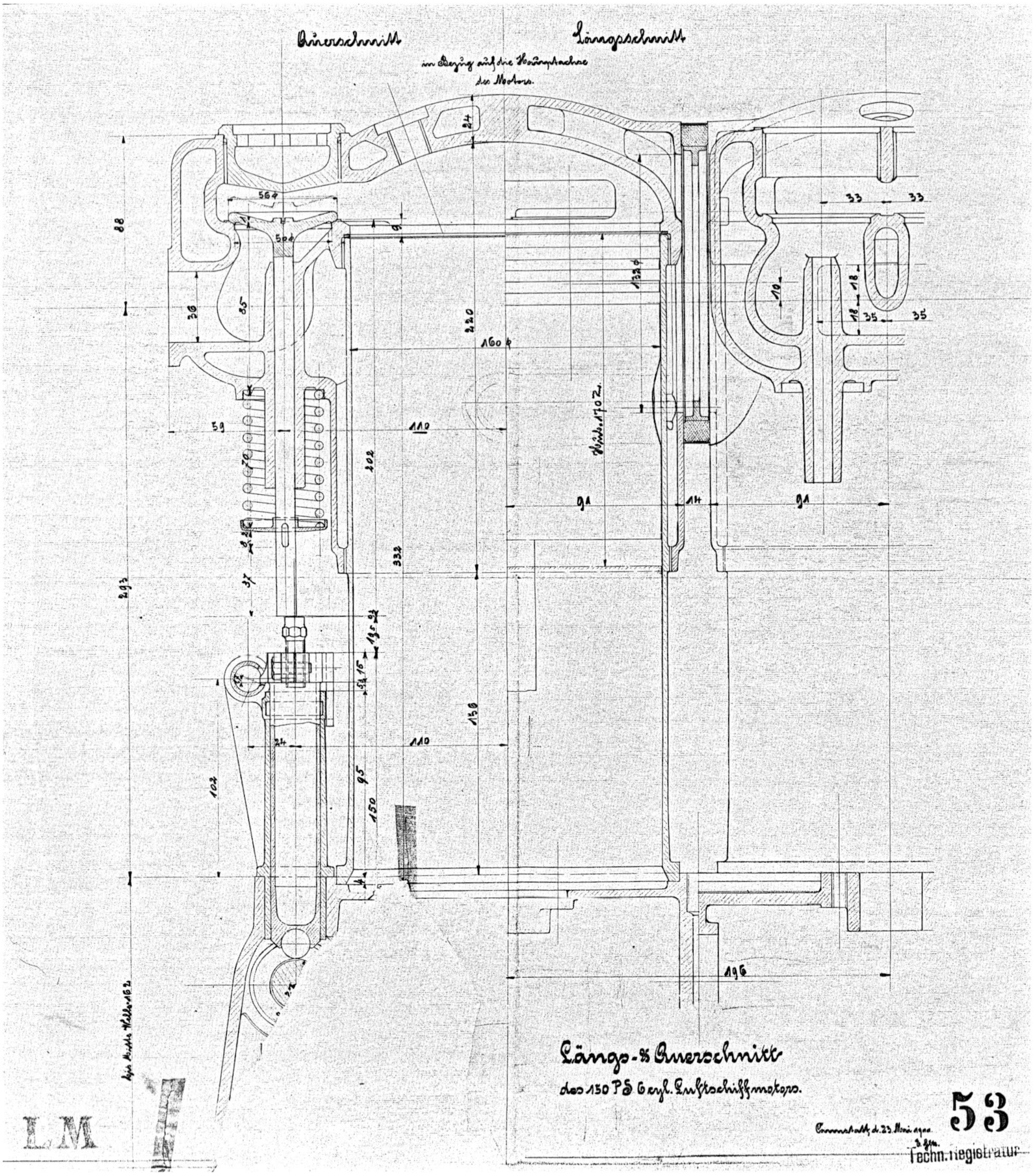

Bild 2. Querschnitt des Luftschiffmotors AZ, Ausführung von 1911. Wassergekühlter Viertakt-Ottomotor in Sechszylinder-Reihenbauart; Bohrung 160 mm, Hub 170 mm, Leistung 107 kW (145 PS) bei 1100 min^{-1}.

Bild 3. Luftschiff LZ 10 Schwaben (hier mit pastoralem Vordergrund) über dem Gelände des Luftschiffbau Zeppelin. LZ 10 wurde durch drei AZ-Motoren von zusammen 320 kW (435 PS) angetrieben.

gasleitung geschlossen und die Saugleitung mit einer von Hand zu betätigenden Kolbenpumpe verbunden wurde. Mit dieser Handpumpe wurde dann zündfähiges Gemisch aus dem Vergaser in die Zylinder gefördert. Nach Schließen der Ventile und Öffnen der Abgasleitung konnte der Motor durch Betätigen des Anlaßmagneten (Kurbelinduktor) gestartet werden. Auf Grund des erfolgreichen Abnahmelaufes erteilte der Luftschiffbau Zeppelin der LMG den ersten Auftrag über zehn Motoren. Im Mai 1910 wurde der AZ in die vordere Gondel des Luftschiffes LZ 6 eingebaut; die hintere Gondel war mit zwei Daimler-Motoren bestückt.

Zusammen mit dem AZ sollte eine neue Kraftübertragung erprobt werden: Statt durch Kegelräder wurde die Motorleistung über einen Stahlband-»Riementrieb« und eine entsprechend lange Antriebswelle auf den Propeller übertragen. Dadurch veränderte sich das Drehschwingungsverhalten der Maschinenanlage mit der Folge, daß nach der dritten Fahrt die Kurbelwelle des AZ brach. Für Karl Maybach war das eine Katastrophe: Die Kaiser Franz Joseph anläßlich seines 75. Geburtstages versprochene Fahrt nach Wien mußte abgesagt werden, weil keine Ersatzkurbelwelle vorhanden war. Wenngleich man den Stahlbandantrieb als Ursache für den Kurbelwellenbruch erkannt hatte, so blieb doch ein gewisses Mißtrauen gegenüber dem neuen Motor, wie aus einer Notiz in der »Zeitschrift des Vereines Deutscher Ingenieure« (VDI) vom 18. Juni 1910 hervorgeht:

»... Das Luftschiff LZ VI hat seine ersten Probeflüge gemacht... In der vorderen Gondel ist ein Motor der Grotz'schen Maschinenfabrik in Bissingen a. E. aufgestellt, während die beiden Daimler-Motoren jetzt in der hinteren Gondel stehen... Die Schrauben werden wieder durch Kegelradwellen angetrieben, da man mit dem Stahlbandantrieb keine genügende Betriebssicherheit erreichen konnte... Die bisherigen Fahrten haben jedoch ergeben, daß der neue Motor für Dauerfahrten noch nicht genügend erprobt ist; infolge dessen mußte die seit langem geplante Wiener Fahrt vorläufig aufgegeben werden...« [4].

Mit diesem Kurbelwellenbruch wurde die LMG gleich an ihrem ersten Erzeugnis mit einem Phänomen konfrontiert, das ihren Ingenieuren noch große Sorgen bereiten sollte, nämlich dem Drehschwingungsverhalten von Antriebsanlagen mit schnellaufenden Kolbenmotoren. Nachdem eine Ersatzkurbelwelle beschafft und die Kraftübertragung umgebaut worden war, wurde der Motor im August 1910 erneut in das LZ 6 eingebaut und lief danach zufriedenstellend. Weitere Aufträge folgten; 1911 wurden die Luftschiffe LZ 9 und LZ 12 der Preußischen Heeresverwaltung mit AZ-Motoren ausgerüstet, ebenso die Luftschiffe LZ 10 Schwaben (Bild 3) und LZ 11 Viktoria-Luise. Der AZ wurde weiterentwickelt; vor allem durch Änderung der Steuerzeiten – und dadurch Verbesserung des Ladungswechsels – konnte die Leistung bis 1912 stufenweise auf 132 kW (180 PS) bei 1300 min^{-1} gesteigert werden. In dieser Version wurde er in mehrere Heeres- und Marine-Luftschiffe verschiedener Bauart (Zeppelin, Parseval, Groß, Schütte-Lanz) eingebaut. 1913 wurde eine Lizenz an Wolseley nach England vergeben. Mit den Parseval-Luftschiffen (sogenannte unstarre oder Prall-Luftschiffe, d. h. Luftschiffe ohne starres Gerüst) gelangten AZ-Motoren nach Japan (PL 13), Rußland (PL 14), Italien (PL 15) und auch nach England (PL 18).

Neben höherer Leistung stellte geringerer Kraftstoffverbrauch ein vorrangiges Entwicklungsziel dar, nicht nur aus Gründen der Wirtschaftlichkeit, sondern weil mit jedem Kilogramm Kraftstoff, den die Motoren weniger verbrauchten, die Reichweite oder die Nutzlast des Luftfahrzeuges zunahmen. Einen Ansatzpunkt für die Verbesserung des Verbrauches bot die Gemischbildungs-Vorrichtung, also der Vergaser. Mit einer sogenannten Sparvorrichtung, wie sie 1913 beim AZ eingeführt wurde, konnte die Gemisch-Zusammensetzung besser an die Bedürfnisse des Motors angepaßt werden, wodurch besonders bei Teillast der Verbrauch merklich gesenkt wurde. Auch die Überfettung des Gemisches, wie sie mit zunehmender barometrischer Höhe auftritt, konnte mit dieser Vorrichtung einigermaßen ausgeglichen werden.

Nachdem am 17. Oktober 1913 das mit vier AZ-Motoren ausgerüstete Marine-Luftschiff L 2 (LZ 18) in Brand geraten und abgestürzt war, wurde experimentell überprüft, ob der Maybach-Vergaser auch tatsächlich »brandsicher« war. In einem Bericht hierzu heißt es:

»*... Es wurde hierbei versucht, während des vollen Ganges des Motors, sowie bei Leerlauf den Vergaser in Brand zu setzen, wodurch höchstenfalls die oben erwähnten Rückschläge erfolgten, die immer sofort wieder erloschen, ohne dass der Motor in seiner Gangart wesentlich beeinflußt wurde. Des Weiteren wurde schließlich der Düsenkörper mit Benzin übergossen und angezündet, während durch denselben der normale Benzinkreislauf stattfand. Das künstlich erzeugte Feuer erlosch sofort, nachdem das ausgegossene Benzin verbrannt war* [5].

Neue Motoren

Größere Reichweiten der Luftschiffe, eine Forderung der Militärbehörden, setzten wegen der mitzuführenden Kraftstoffmenge eine höhere Tragkraft, d. h. größere Volumina der Auftriebskörper voraus, und dementsprechend natürlich auch stärkere Motoren. Da sich die Leistung des AZ kurzfristig nicht mehr in dem gewünschten Maße steigern ließ, wurde 1912 mit der Arbeit an einem Motor mit größerem Hubraum von sonst gleichem Aufbau begonnen. Das Zylindervolumen, 3,14 dm^3 beim AZ, wurde durch Verlängern des Hubes um 20 mm auf 3,81 dm^3 vergrößert. Gleichzeitig

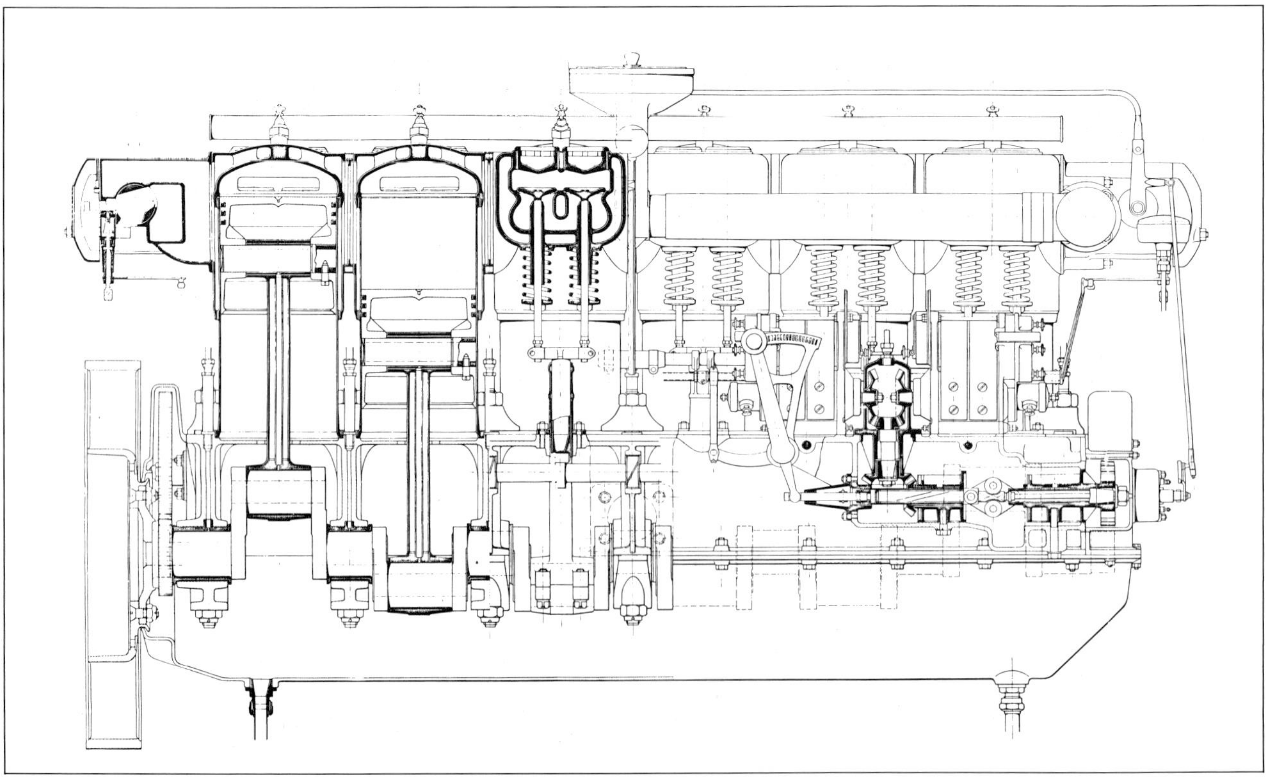

Bild 4. Längsschnitt des Luftschiffmotors CX: wassergekühlter Viertakt-Ottomotor in Sechszylinder-Reihenbauart; Bohrung 160 mm, Hub 190 mm, Leistung 154 kW (210 PS) bei 1250 min^{-1}.

verstärkte man das Kurbelgehäuse und vor allem die Motoraufhängung, wobei es gelang, die Motormasse (»Gewicht«) von 425 kg (AZ) auf 414 kg zu senken. Durch den »organischen« Anbau des Zubehörs verringerte sich die Motorbreite von 660 mm (AZ) auf 540 mm, was den beengten Einbauverhältnissen in den Luftschiffgondeln sehr entgegenkam. Der neue Motor, Typ CX, leistete 154 kW (210 PS) bei 1250 min^{-1} und war mit einer Leistungsmasse von 2,7 kg/kW (2 kg/PS) zweifelsohne ein Spitzenerzeugnis, Bilder 4 und 5. Aber nicht nur die Vollast-Leistung, sondern auch das Betriebsverhalten waren verbessert worden. Neben der drehzahlabhängigen bekam der CX auch eine Handverstellung des Zündzeitpunktes, die zusammen mit der Vergaser-Sparvorrichtung betätigt und somit an die jeweilige Gemischzusammensetzung angepaßt wurde. Es gelang, den neuen Motor rechtzeitig zum 75. Geburgstag des Grafen Zeppelin am 8. Juli 1913 fertigzustellen; dieser war völlig überrascht und hoch erfreut, als ihm der Motor vorgeführt wurde. Karl Maybach war es ein besonderes Anliegen, dem Grafen mit dem neuen Motor für dessen Vertrauen in die LMG zu danken, Bild 6.

Der CX-Motor wurde in die Luftschiffe LZ 24 bis LZ 47 eingebaut und später im Ersten Weltkrieg als erster Typ Maybachscher Motoren zum Antrieb von Schnellbooten verwendet.

Der »Motorenbau«²) hatte natürlich keine eigene Gießerei und mußte deshalb alle Gußteile auswärts gießen lassen. Dabei gab es immer wieder Beanstandungen, weil die Gießerei Wanddicken und Toleranzen nicht in dem Maße einhielt, wie es für die unter dem Gesichtspunkt des Leichtbaus ausgelegten Motorteile erforderlich war.

Um hier nachhaltig Abhilfe zu schaffen, aber auch um den Informationsfluß zwischen Konstrukteur und Gießer zu verbessern, richtete der »Motorenbau« 1913 eine eigene Modellschreinerei ein. Nun konnten die Gußteile schon beim Entwurf sowohl nach funktionalen und festigkeitsmäßigen als auch unter gießtechnischen Gesichtspunkten gestaltet werden. Gerade die zentralen Motorteile wie Kurbelgehäuse und Zylinderkopf stellen an die Gießtechnik nicht minder hohe Anforderungen als an die Festigkeit. Die Gießerei brauchte jetzt nur noch nach den vom »Motorenbau« gelieferten Modellen abzugießen.

Die Sorge des Grafen Zeppelin, daß die deutsche Fahrzeug-Industrie kein sonderliches Interesse an der Entwicklung von Flugmotoren zeigte, teilten auch die Militärs, um so mehr, als in Frankreich auf diesem Gebiet bedeutende Anstrengungen unternommen wurden. Um hier nicht ins Hintertreffen zu geraten, hatte der Kaiser – auf Anregung des Kriegsministeriums – einen Preis (an dem sich auch noch andere Gremien beteiligten) für den besten deutschen Flugmotor gestiftet (»Kaiserpreis«). Die Bedingungen für den Wettbewerb um diesen Preis schrieben vor, daß die Motoren ausschließlich aus in Deutschland hergestellten Teilen bestehen mußten. Zur Durchführung dieses Wettbewerbs wurde eigens eine Institution ins Leben gerufen, die »Deutsche Versuchsanstalt für Luftfahrt (DVL)« in Adlershof. Der erste Kaiserpreis-Wettbewerb fand 1912 statt. Der »Motorenbau« wollte sich an dem zweiten, für 1914 vorgesehenen Wettbewerb beteiligen. Nun schrieb das Teilnahme-Reglement für Motoren für Heeresflugzeuge einen Leistungsbereich von 59 bis 92 kW (80 bis 125 PS) und für Marineflugzeuge 92 bis 147 kW (125 bis 200 PS) vor. Unschwer hätte man die Leistung des CX auf 147 kW (200 PS) drosseln können.

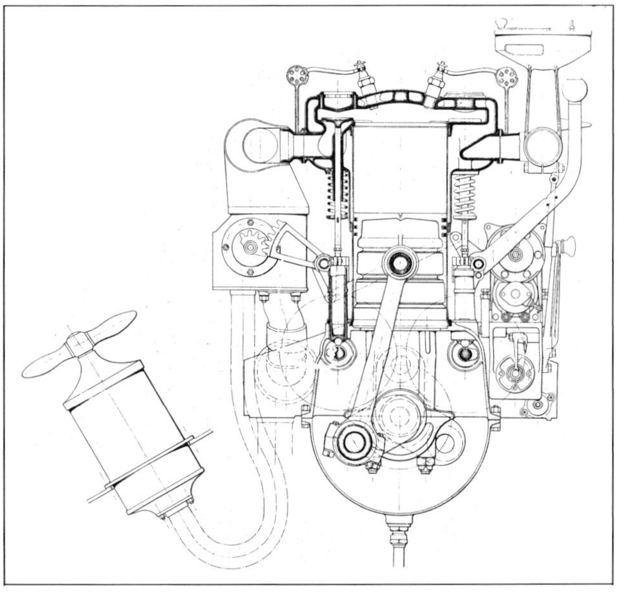

Bild 5. CX-Motor, Querschnitt.

Bild 6. Der Luftschiffmotor CX auf dem Prüfstand der »Motorenbau GmbH« (1913). Der Motor wird durch eine Wasserwirbelbremse, Bauart Liebel, belastet (»gebremst«).

²) Nach der Umsiedlung nach Friedrichshafen im Jahre 1912 wurde die »Luftfahrzeug-Motorenbau GmbH« in »Motorenbau GmbH« umbenannt.

Leistung und Hochleistung: Begriffe und Zusammenhänge

Der Maybach-Motorenbau hatte sich von Anfang an auf Hochleistungsmotoren spezialisiert, eine Motorenart, mit deren Entwicklung man in allen Bereichen an Grenzen stößt, die zu verschieben oder zu überwinden Ziel der Bemühungen war. Um den Verlauf der Maybachschen Motoren-Entwicklung zu verstehen, muß man sich einige grundsätzliche Zusammenhänge klarmachen. In der Motoren-Entwicklung werden grundsätzlich drei Ziele verfolgt:

- *Steigerung der absoluten Leistung (kW) durch: Erhöhung der Leistungsdichte, größere Zylinderabmessungen, mehr Zylinder;*
- *Steigerung der spezifischen Leistung (»Leistungsdichte«), d. h. der auf die Motormasse und auf das Hubvolumen bezogenen Leistung (kW/kg und kW/dm³) und*
- *Erhöhung der Lebensdauer, Zuverlässigkeit und Wirtschaftlichkeit.*

Auf Grund physikalischer Zusammenhänge lassen sich alle drei Ziele nicht gleichermaßen gut erreichen; zu Gunsten des einen Punktes müssen Zugeständnisse zu Lasten der anderen gemacht werden. Es ist auch für den technischen Laien einsehbar, daß sich bei einem Motor, ja ganz allgemein bei einer Maschine, Leistung und Lebensdauer gegenseitig beeinflussen. Je höher der Motor belastet wird, desto kürzer wird seine Lebensdauer sein. Im Motorenbau wird nun versucht, die Leistung – sprich: Belastbarkeit – eines Motors zu erhöhen, gleichzeitig aber die Lebensdauer zu halten und – in weiteren Schritten – anzuheben. In diesem Spannungsfeld spielt sich die Entwicklung ab.

Aus der Leistungsformel (siehe unten) ist zu ersehen, daß man die Motorleistung durch Verändern einer, einiger oder aller darin enthaltenen Größen steigern kann. Allerdings sind diese Größen nicht unabhängig voneinander, sondern durch physikalische Gesetzmäßigkeiten (»Ähnlichkeitsgesetze«) miteinander verknüpft. Diese Ähnlichkeitsgesetze geben Auskunft, wie sich – und unter welchen Voraussetzungen – die Veränderung einer dieser Größen auf die anderen auswirkt. Für die Entwicklung von Hochleistungsmotoren stellen sich folgende Forderungen:

- *hohe effektive Literarbeit;*
- *hohe mittlere Kolbengeschwindigkeit;*
- *hohe Drehzahl,*
- *viele Zylinder.*

Der Leistungssteigerung auf diesen Wegen sind aber enge Grenzen gesetzt (anderenfalls bedürfte es keiner so aufwendigen Entwicklung),

- *der effektiven Literarbeit durch den Stand der Technik: Das Erhöhen der in ihr enthaltenen Größen wie der verschiedenen Wirkungsgrade und des Liefergrades ist außerordentlich mühsam und kann allenfalls minimale Verbesserungen bringen. Die einzige Größe, die sich nachhaltig erhöhen läßt, ist die Luftdichte (Aufladung);*
- *der mittleren Kolbengeschwindigkeit durch die mit der Drehzahl quadratisch zunehmenden Massenwirkungen, durch die höhere Wärmebelastung in-*

Die Leistung eines Hubkolbenmotors errechnet sich zu:

$$P = V_H \cdot w_e \cdot n_a$$

$$n_a = \frac{n}{a}$$

$$w_e = \eta_v \cdot \eta_g \cdot \eta_m \cdot \lambda_l \cdot (H_u \cdot \varrho_0 / \lambda \cdot L_{min})$$

$$V_H = z \cdot V_h = z \cdot (\pi/4) \cdot d^2 \cdot s$$

$$P = C \cdot c_m \cdot w_e$$

$$c_m = 2 \cdot s \cdot n$$

$$\varrho_0 = p_0/(R \cdot T_0)$$

Hierbei sind:

V_H	Hubvolumen (Motor)	n	Motordrehzahl	H_u	Heizwert des Kraftstoffes
z	Zylinderzahl	a	Taktzahl	$\lambda \cdot L_{min}$	stöchiometrisches Luftverhältnis
V_h	Hubvolumen (Zylinder)	η_v	Wirkungsgrad des »vollkommenen Motors«	λ	Luftzahl
d	Bohrung				
s	Hub	η_g	Gütegrad	ϱ_0	Dichte der Luft vor Zylinder
w_e	effektive Literarbeit	η_m	mechanischer Wirkungsgrad	p_0	Druck der Luft vor Zylinder
n_a	Arbeitsspiel-Frequenz	λ_l	Liefergrad	T_0	Lufttemperatur vor Zylinder
C	Konstante	c_m	mittl. Kolbengeschwindigkeit	R	Gaskonstante

folge besseren Wärmeüberganges und durch den sich schwieriger gestaltenden Ladungswechsel und

- *der Zylinderzahl durch die nötige Steifigkeit von Kurbelwelle und Kurbelgehäuse, außerdem durch die Forderung nach einfacher Wartung und Instandsetzung.*

Da die Leistungsdichte, wie sie sich durch die effektive Literarbeit (Bild 1) und die mittlere Kolbengeschwindigkeit (Bild 2) ausdrückt, durch den jeweiligen Stand der Technik begrenzt ist, muß man, will man darüber hinaus höhere Leistungen darstellen, die Zylinderabmessungen vergrößern.

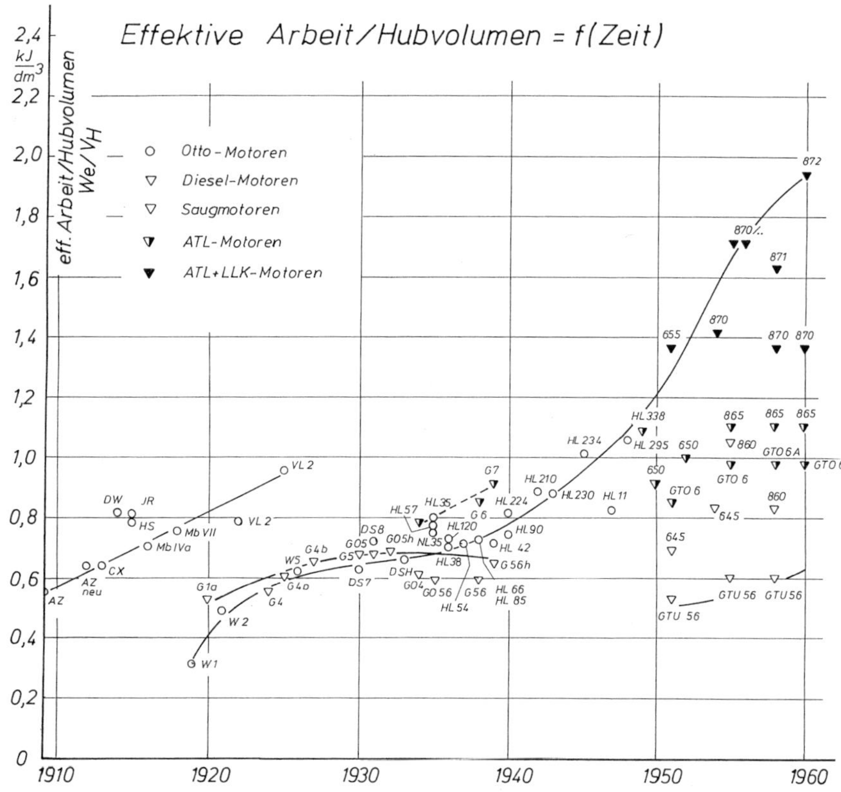

Bild 1. Leistungsentwicklung der Maybach-Motoren 1909 bis 1959: effektive Arbeit/Hubvolumen (»effektive Literarbeit«). Die Leistungsdichte der Ottomotoren liegt deutlich über der der Dieselmotoren des gleichen Zeitraumes; die Aufladung und vor allem die Hochaufladung lassen die Werte der Literarbeit steil ansteigen.

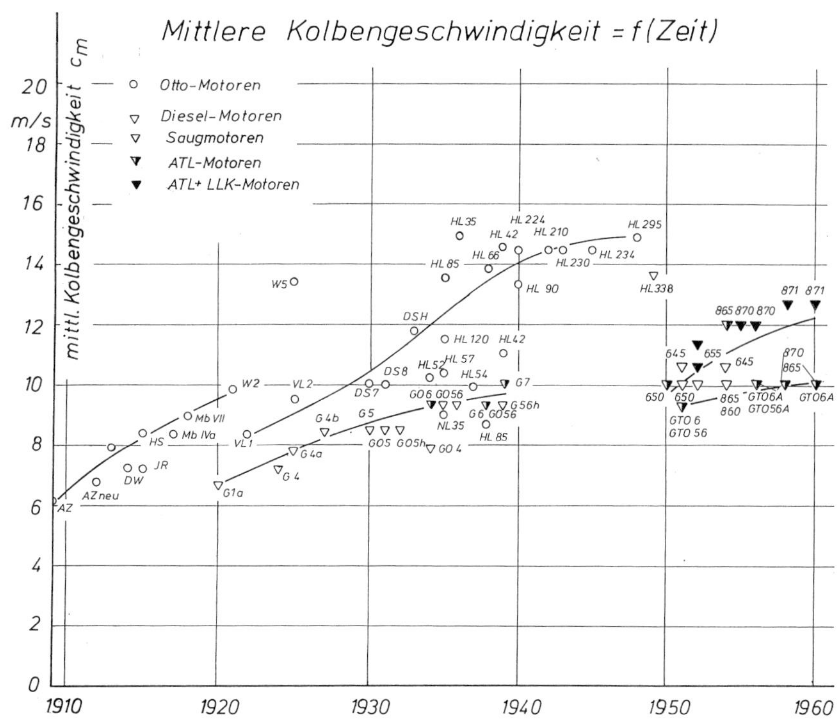

Bild 2. Leistungsentwicklung der Maybach-Motoren 1909 bis 1959: mittlere Kolbengeschwindigkeit. Deren Anstieg verläuft flacher als der der effektiven Literarbeit, ein Indiz für die mit Steigerung der mittleren Kolbengeschwindigkeit verbundenen Probleme (Massenwirkungen, Ladungswechsel, thermische Belastung).

Aber die ebenfalls in den Bedingungen vorgeschriebene detaillierte Beschreibung, vornehmlich »... *falls sich der Motor in Wirkungsweise, Aufbau oder Bedienung wesentlich von den gebräuchlichen Arten unterscheidet*...« [6] scheute der »Motorenbau« aus Furcht, der Prüfungskommission Einblick in den Entwicklungsstand seiner leistungsstarken Luftschiffmotoren zu geben. Karl Maybach beschloß deshalb, speziell für den Wettbewerb einen kleineren Flugzeugmotor zu bauen. So entstand der DW, ein Sechszylinder-Reihenmotor, wassergekühlt natürlich, wie alle Maybach-Motoren, von 130 mm Bohrung und 160 mm Hub mit 118 kW (160 PS) Leistung bei 1350 min^{-1}.

Die Anforderungen des Flugzeugbetriebes erforderten besondere konstruktive Maßnahmen:

- Die Ventile wurden jetzt hängend angeordnet, weil bei einem Flugzeug die Forderung nach Tausch eines Zylinders während des Fluges gegenstandslos war. Somit ergab sich eine verbrennungstechnisch günstigere Brennraumform.
- Der Propellerschub bzw. -zug wurde durch ein kombiniertes axiales und radiales Wälzlager auf der Kupplungsseite der Kurbelwelle aufgefangen.
- Übertouren des Motors, bei Flugzeugen im Sturzflug leicht möglich, wurde nicht wie bei den Luftschiffmotoren durch Unterbrechen der Zündung, sondern der Kraftstoffzufuhr verhindert, um sicherzustellen, daß die Zündkerzen nicht verölten.

Doch der zweite Kaiserpreis-Wettbewerb fand nicht mehr statt. Die internationale Krise nach dem Attentat auf das österreich-ungarische Thronfolgerpaar führte im August 1914 zum Ersten Weltkrieg. Die für den Wettbewerb vorgesehenen DW-Motoren wurden an die Brandenburgischen Flugzeugwerke überstellt und in Wasserflugzeuge eingebaut. Im Dezember 1914 nahmen Flugzeuge mit DW-Motoren an Bombenangriffen auf Dover teil. Später wurde der DW in verschiedenen Punkten konstruktiv vereinfacht (»entfeinert«) und als Typ IR an die Reichsmarine geliefert. Einem Bericht über die Erfahrungen mit den DW/IR-Motoren ist folgendes zu entnehmen:

»... *Die bis jetzt in der Front befindlichen Maybach-Motoren haben sich im allgemeinen gut bewährt, wenn geeignetes Personal vorhanden war und die Motoren entsprechend sorgfältig beaufsichtigt und kontrolliert wurden. Die Sparvorrichtung hat hervorgerufen, daß der stündliche Verbrauch im günstigsten Fall 40 Liter betrug, d. h. bei spezifischem Gewicht von 700 und 150 PS 185 gr pro Stunde und PS. Das ist ein besonders gutes Resultat. Die Betriebssicherheit des Motors ist teilweise sehr gut, manchmal ließ sie zu wünschen übrig, dies muß aber mehr auf Unkenntnis und Fehler in der Behandlung von Seiten des Bedienungspersonales zurückgeführt werden*...« [7].

Im Frühjahr 1914 hatten der bekannte Flieger Hellmuth Hirth, Direktor Gustav Klein von der Firma Robert Bosch und Karl Maybach Pläne für ein Transatlantik-Flugzeug[3]) erwogen, für das der »Motorenbau« einen leistungsstarken Motor entwickeln und – zunächst in einem Rennboot auf dem Bodensee – erproben sollte. Karl Maybach begann sogleich mit den Arbeiten an einem solchen Motor, der gemäß der Maybachschen Nomenklatur[4]) die Bezeichnung HS erhielt. Als dann der Krieg diese Pläne zunichte machte, griff Graf Zeppelin den Gedanken, ein solches Groß-Flugzeug (»Riesenflugzeug«) zu bauen – nun aber als Langstrecken-Bomber – auf und setzte ihn mit der ihm eigenen Zielstrebigkeit in die Tat um. Unter der Leitung von Direktor G. Klein wurde in den Hallen der Gothaer Waggonfabrik (Versuchsbau Gotha Ost, VGO) das erste dieser Riesenflugzeuge in Deutschland mit einer Spannweite von 43 m (die Spannweite eines Jagdflugzeuges betrug damals 10 m!) und einer »Nutzlast« von 3000 kg gebaut. Angetrieben wurde dieses Flugzeug mit der Bezeichnung VGO I (RML I) durch drei Maybach-Motoren der neuen Type HS, Bild 7.

Bild 7. Das vom Versuchsbau Gotha-Ost des LZ nach Kriegsbeginn 1914 in kurzer Zeit entwickelte »Riesen-Flugzeug« VGO 1 (RML 1) wurde von drei HS-Motoren mit einer Gesamtleistung von 551 kW (750 PS) angetrieben. Der erste Probeflug fand schon im Frühjahr 1915 statt.

Mit sechs Zylindern von 150 mm Bohrung und 180 mm Hub leistete der HS 176 kW (240 PS) bei 1400 min^{-1}. Bei einer Motormasse von 350 kg ergibt sich damit eine Leistungsmasse von 2 kg/kW (1,46 kg/PS). Mit HS-Motoren wurden die »Riesenflugzeuge« VGO II (drei Motoren), RML I (fünf Motoren), RS I (drei Motoren) und RS II (vier Motoren) ausgerüstet.

Da sich schon kurz nach Beginn des Krieges gezeigt hatte, daß Geschwindigkeit und Steighöhe der Luft-

[3]) Mit diesem Flugzeug wollte man zu der für 1915 geplanten Weltausstellung in San Francisco fliegen.

[4]) Die ersten Flugmotoren wurden mit zwei Buchstaben bezeichnet, der erste vom Anfang, der zweite vom Ende des Alphabetes zählend, also AZ, (BY hat es nicht gegeben), CX, DW, EV, IR und HS.

schiffe für militärische Zwecke nicht ausreichten, wurden dringend stärkere Motoren verlangt. So wurde von dem HS eine Luftschiff-Version abgeleitet, der HSLu. Nach erfolgreichem 30-Stunden-Dauerlauf wurden je ein HSLu-Motor in ein Heeres- und in ein Marine-Luftschiff (LZ 77 und L 14 [LZ 46]) eingebaut und über Laufzeiten von 120 bzw. 240 Stunden erprobt. Die Betriebsergebnisse waren zufriedenstellend, so daß die Militärbehörden den neuen Motortyp für den Einbau in Luftschiffe freigaben. Aus Kapazitätsgründen wurde daraufhin die Fertigung des CX zugunsten des HSLu eingestellt.

Nachdem eine größere Zahl von HSLu-Motoren ausgeliefert und in Betrieb genommen worden waren, traten Schäden auf, erst vereinzelt, dann häufiger, so daß die Einsatzbereitschaft der Luftschiffe in Frage gestellt wurde und in einem – nicht restlos geklärten – Fall zum Verlust eines Luftschiffes führten. Es handelte sich hierbei um das L 19 (LZ 54), dessen Untergang als »King-Stephen-Affäre« einst die Gemüter erregte[5]).

Die Art dieser Motorschäden und ihre Ursachen sind für den damaligen Stand der Technik bezeichnend, und sie beleuchten die besonderen Probleme bei der Entwicklung von Hochleistungsmotoren. Im Vergleich zu heute war die Entwicklungszeit sehr kurz, einige Monate nur. Ausgehend von einer Grundkonzeption wurde der Motor konstruiert, wobei durchaus verschiedene Lösungen für einzelne Bauteile und Funktionsgruppen erarbeitet wurden, doch eine zuverlässige rechnerische und experimentelle Absicherung war nicht möglich. Im Grunde hatte man keine andere Möglichkeit als den Motor zu bauen, auf dem Bremsstand und im Luftfahrzeug zu fahren und dabei zutage tretende Mängel zu beheben.

Unser heutiges Wissen stand noch nicht zur Verfügung: Die Gefährdung des Motors durch Drehschwingungen und die Einflüsse auf das Drehschwingungs-Verhalten waren ebenso wenig bekannt wie das Festigkeits- und Verformungsverhalten nicht nur spezieller Motorenteile, sondern auch scheinbar einfacher Maschinenelemente wie Schrauben, Federn, Zahnräder und Lager. Ja, man wußte z. T. noch nicht einmal, welche die für Funktion und Betriebssicherheit wichtigen Kriterien waren.

Es gab weder spezielle Versuchstechniken noch die Meßgeräte, um das Verhalten der zu untersuchenden Teile quantitativ zu erfassen. Motorrelevante Werkstoffeigenschaften mußten erst noch als solche erkannt werden.

Dann ging es darum, welche Werkstoffwerte erforderlich und welche Beanspruchungen nicht mehr zulässig waren; diese mußten gemessen und die Lieferanten dazu gebracht werden, die vorgeschriebenen Qualitäten auch einzuhalten. Die für die sichere Funktion nötigen Spiele und Passungen mußten ermittelt, d. h. aus den Betriebserfahrungen bestimmt werden. Zwischen nötiger und realisierbarer Genauigkeit mußten unter der Prämisse wirtschaftlicher Fertigung Kompromisse gefunden werden.

Bild 8. Triebwerkschaden eines HSLu-Motors. Kolben- oder Lagerfresser, meist Folge von scheinbar geringfügigen Mängeln in Konstruktion, Werkstoff oder Fertigung bzw. von betrieblichen Unregelmäßigkeiten, führten oft zum Totalschaden des Motors.

Eine leistungsfähige, spezialisierte Motorzubehör-Industrie, auf deren Können und Erfahrung man sich hätte stützen können, gab es noch nicht. Der Motorhersteller mußte praktisch den gesamten Motor entwikkeln; diese Arbeit in die Breite ging natürlich zu Lasten der Arbeit in die Tiefe. Kurzum, die »Entwicklung«, d. h. die Vorgehensweise, die Versuchs- und Prüfeinrichtungen und die Meßgeräte für die Motoren-Entwicklung mußten erst noch geschaffen werden.

Die Schwierigkeiten beim HSLu traten an den motortechnisch neuralgischen Stellen auf: Festgehen der Kolbenringe, Lagerfresser im Triebwerk, Lockerung der Pleuelschrauben, Kurbelwellenbrüche u. a. mehr, Bild 8.

---

5) Nachdem L 19 wegen Ausfalls dreier Motoren über Holland an Höhe verloren hatte, wurde es durch Beschuß beschädigt und mußte auf der Nordsee niedergehen. Die Besatzung des englischen Fischdampfers King Stephen weigerte sich, die Schiffbrüchigen aufzunehmen, weil sie befürchtete, von ihnen überwältigt zu werden. Die Männer des L 19 gaben mit einer Flaschenpost Nachricht; keiner von ihnen überlebte.

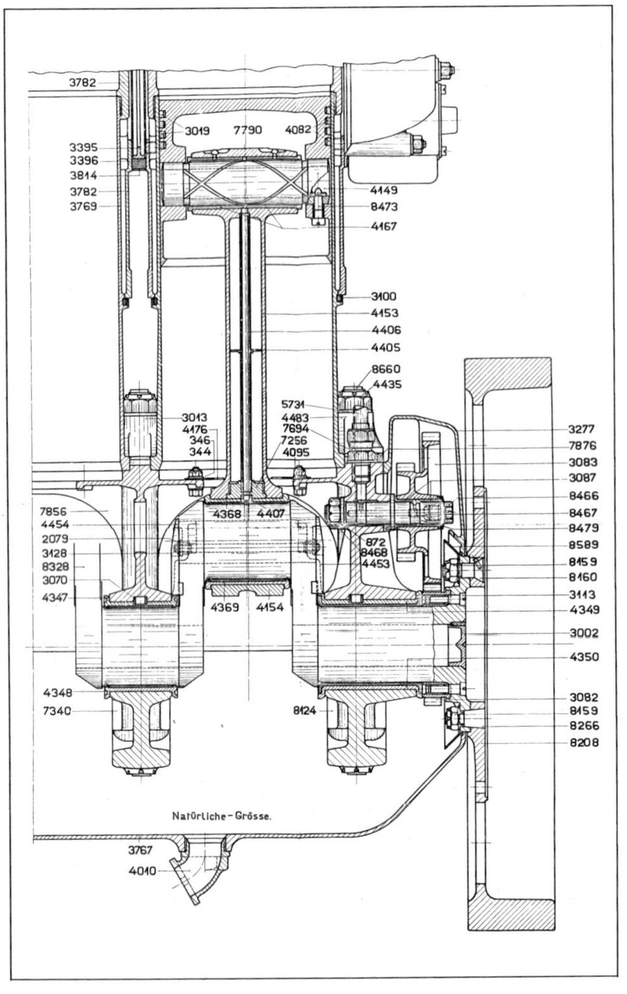

Bild 9. Teilschnitt des Motors »HSLu neu«: Verschiedene Schäden hatten zu einer Umkonstruktion der HS-/HSLu-Motoren geführt. Die Änderungen betrafen vor allem das Triebwerk (Kolbenbolzenlager, Pleuellager) und die Zylinder, deren Wassermäntel tiefer herabgezogen wurden, um die Lauffläche der Kolben über eine größere Länge zu kühlen. Zur Kühlung des Motoröls leiteten seitliche Hutzen den Fahrtwind in das Kurbelgehäuse.

Durch eine Reihe von konstruktiven Maßnahmen konnte der Motor in kurzer Zeit standfest gemacht werden: Die Kolbenbolzen wurden schwimmend in Graugußbüchsen gelagert, die Pleuel erhielten Bronzelager mit Weißmetall-Laufschicht statt des bisherigen direkten Weißmetall-Ausgusses. Eine Ursache der Lagerschäden waren die Axialkräfte, die vom Propeller her in den Motor eingeleitet wurden. Als Abhilfe baute man – analog zu den Flugzeugmotoren – ein kombiniertes axiales und radiales Wälzlager ein, so daß die Kurbelwellen-Gleitlager entlastet wurden.

Ein weiteres Übel lag in den hohen Öltemperaturen als Folge der gesteigerten Leistung (die Motoren hatten keine Ölkühler). Man senkte die Temperatur, indem man den Motor seine Verbrennungsluft durch das Kurbelgehäuse hindurch ansaugen ließ. Das wiederum führte zu erhöhtem Ölverbrauch, weil die Luft Öl mitriß. Durch Abscheidesiebe konnte das Öl zurückgehalten werden.

Als ein sehr schwieriges Problem sollte sich die Sicherung der Pleuelschrauben gegen Lockerung herausstellen. Durch die Vibrationen im Motorbetrieb lösten sich die Muttern der Pleuelschrauben, was schwere Folgeschäden nach sich zog. Die Sicherung von Schraubenverbindungen gehört zu jenen Problemen, die ein technischer Laie gar nicht als Problem zu erkennen vermag, deren Lösung aber außerordentliche Anstrengungen erforderte.

Nicht minder heikel sind die Kolbenringe; sie arbeiten unter extrem ungünstigen Bedingungen. Vor allem der oberste (»erste«) Ring ist im Bereich des oberen Totpunktes der hohen Temperatur und dem Druck der Verbrennungsgase ausgesetzt; trotz schlechter Schmierverhältnisse sollen die Ringe den Verbrennungsraum gegen den Kurbelraum abdichten (und umgekehrt) und dabei einen Großteil der Wärme vom Kolben an die Zylinderbüchse übertragen. Die Ringe setzten sich in den Nuten fest, wurden »brandig«[6]) und fielen schließlich durch Fresser aus. Man erkannte, daß die Temperaturen in den Ringnuten des Kolbens gesenkt werden mußten, um zu verhindern, daß das Öl darin verkokte und die Ringe ihre Beweglichkeit verloren. Das wurde erreicht, indem man die Kühlmäntel der Zylinder verlängerte (Bild 9); die Kolben konnten jetzt mit engerem Spiel gefahren werden, was die Ringe – zusätzlich zu den niedrigeren Temperaturen – entlastete.

Große Sorgen bereitete auch das Schwingungsverhalten der Maschinenanlagen in den Luftschiffen, offensichtliche Ursache verschiedener Kurbelwellenbrüche. Drehschwingungen mit ihren oft weitreichenden Folgen waren seit der Jahrhundertwende zunehmend an Schiffsmaschinen-Anlagen beobachtet worden. Sie waren ein Problem, für das man keine allgemein gültige Lösung finden konnte, an dessen theoretischer Durchdringung aber von verschiedenen Stellen intensiv gearbeitet wurde.

Berechnungsverfahren wurden von L. Gümbel, H. Holzer und M. Tolle geschaffen; auf dem Gebiet der experimentellen Untersuchungen hatten sich H. Frahm und J. Geiger einen Namen gemacht. Da der Luftschiffbau Zeppelin (LZ) selbst die Ursache nicht finden konnte, drängten die Verkehrstechnische Prüfungskommission und das Reichsmarineamt darauf, daß der LZ zur Klärung dieser Erscheinungen namhafte Wissenschaftler heranzog. Die experimentellen Untersuchungen wurden von Dr. J. Geiger (MAN Augsburg), die theoretischen von Hofrat Prof. M. Tolle (TH Karlsruhe), einem Nestor der Schwingungstechnik, durchgeführt. Sie ergaben, daß die heckseitigen

[6]) Unter »brandig werden« versteht man einen partiellen Freßvorgang bei Kolbenringen.

Propeller infolge unterschiedlicher Abströmungsverhältnisse zwischen der dem Luftschiff zu- und der abgewandten Seite zu Schwingungen angeregt wurden, welche dann auf die Kurbelwelle zurückwirkten.

Nachdem man das erkannt hatte, war es verhältnismäßig einfach, durch Umkonstruktion der Kraftübertragung vom Motor zur Luftschraube Besserung zu schaffen. Die Erfahrung, daß der Motor Einflüssen von der Kraftübertragung und der anzutreibenden Maschine ausgesetzt ist, hatte man schon bei dem allerersten Maybach-Motor, dem AZ im LZ 6, machen müssen. Nun wurde klar, daß es sich damals nicht um ein einmaliges, isoliertes Ereignis gehandelt hatte, sondern daß der Motor als ein Teil eines komplexen Ganzen, eines »Systems« mit allen seinen Wechselwirkungen anzusehen ist. Das bedeutete, daß der Motorhersteller nicht nur motorische Probleme zu lösen hat; er muß sich auch um die der Fahrzeugbauer und der Motorenbetreiber kümmern.

Was den Motoren abverlangt wurde, ersieht man aus den Bedingungen, unter denen sie in den Luftschiffen im Kriegseinsatz arbeiteten, vgl. Tafel 1, S. 407. Hier eine kurze Schilderung:

»... Während Scheinwerfer und Kampfflieger nach dem unsichtbaren Angreifer suchen, treibt L 45 vor einem jäh aufkommenden Nordweststurm schon über dem Kanal... Der Sturm schwillt an und braust daher mit 100 Kilometern in der Stunde, die Maybach-Motoren kommen gerade noch gegen ihn auf. Die Luftschiffe sind wie angenagelt an dem schwarzen Himmel. Sie gehen tiefer in der Hoffnung, daß der Wind unten schwächer weht, Leuchtraketen zischen von Patrouillenbooten und Zerstörern auf... Das jagt die Luftschiffe zurück auf 6000 Meter. Es ist drei Uhr Morgens, seit acht Stunden tun sie angestrengtesten Dienst in der dünnen und eiskalten Luft... Mit klammen Fingern quälen sich die Mechaniker an störrischen Motoren...« [8].

Neben den beschriebenen Änderungen an den HSLu-Motoren schuf man Besserung auch durch organisatorische Maßnahmen: Die Abnahmeläufe wurden von 5 auf 15 bis 20 Stunden Vollast verlängert; die Inspektion der Luftschiffer-Truppen und die Marine richteten eigene Reparaturwerkstätten ein, was den »Motorenbau« spürbar entlastete, denn zeitweise war fast die Hälfte seiner Belegschaft in Friedrichshafen mit Reparatur-Aufträgen beschäftigt. Darüber hinaus wurde eine eigene Motoren-Bauaufsicht eingerichtet, die auch die Zulieferteile überprüfte. Der Erfolg dieser Maßnahmen blieb nicht aus: Die solchermaßen überarbeiteten und überprüften HSLu-Motoren liefen anstandslos 30 bis 60 Stunden auf dem Prüfstand; die Zeit bis zur ersten Hauptüberholung konnte auf 120 Betriebsstunden ausgedehnt werden. Ihre Zuverlässigkeit stellten HSLu-Motoren insbesondere im LZ 104 (L 59) auf dessen 6700 km langen, 95 Stunden dauernden Afrikafahrt unter Beweis.

Der Mb IVa – der erste überbemessene und überverdichtete Höhenmotor

Das Luftschiff stellte schon wegen seiner Größe, sowie der geringen Geschwindigkeit und Wendigkeit ein geradezu ideales Ziel für jede gegnerische Abwehr dar, zudem es durch die Wasserstoff-Füllung des Auftriebskörpers extrem verwundbar, d. h. leicht zu vernichten war. Dementsprechend nahmen die Verluste zu, so daß Ende 1915 der Luftschiffbau für das Heer aufgegeben und für die Marine eingeschränkt wurde. Der »Motorenbau« richtete daher seine Kräfte auf die Entwicklung eines leistungsstarken Flugmotors. Die Bedenken, welche die Militärs noch zu Beginn des Krieges gegen Flugzeugmotoren höherer Leistungen gehegt hatten, waren durch die rasante Entwicklung der Flugzeuge und deren Bewaffnung gegenstandslos geworden.

Ausgehend von dem HS/HSLu konzipierte Karl Maybach einen Motor speziell für die Bedingungen, unter denen er arbeiten sollte, nämlich für die Höhe. Mit steigender barometrischer Höhe nimmt die Luftdichte und damit die Motorleistung ab, wobei die Leistung aus mehreren Gründen stärker abfällt als die Luftdichte. Um diesen Leistungsverlust zu kompensieren, wurde der Motor mit größerem Hubvolumen und höherer Verdichtung als es der projektierten (Boden-) Leistung entsprach, ausgelegt: daher die Bezeichnung »überbemessener und überverdichteter Motor«. Mit den Konstruktionsarbeiten an diesem Motor, einem Sechszylinder-Reihenmotor mit 165 mm Bohrung und 180 mm Hub, militärische Bezeichnung Mb IVa[7]), wurde im April 1916 begonnen; im Sommer kam der Motor auf den Prüfstand (»Bremse«) und wurde gründlich erprobt, Bild 10. Die Höhenbedingungen wurden durch Drosseln der Ansaugluft und Absenken des Ab-

[7]) (Mb Maybach; IV Leistungsklasse 150 bis 220 kW (200 bis 300 PS); a Abweichung vom Grundmuster)

Bild 10. Die Flugmotoren des »Motorenbaus« wurden nach der Endmontage auf dem Prüfstand eingefahren. Anschließend fand der »Abnahmelauf« im Beisein einer Abnahmekommission, der Bauaufsicht, statt. Hier ist ein Mb-IVa-Motor auf dem Propellerprüfstand mit der Abnahmekommission zu sehen.

Gemischbildung bei Ottomotoren: Vergaser und Benzin-Einspritzung

Für Vergaser von Luftschiffmotoren war die Forderung nach Brandsicherheit, d. h. daß beim Zurückschlagen der Flamme der Vergaser nicht in Brand geriet, vordringlich. Karl Maybach hatte diese Aufgabe mit dem »schwimmerlosen Vergaser« ebenso elegant wie einfach gelöst. Eine Kraftstoff-Förderpumpe förderte den Kraftstoff aus dem Vorratsbehälter in einen Ausgleichsbehälter. Ein Überlaufrohr (Bild 1) sorgte dafür, daß der Flüssigkeitsstand darin stets gleich blieb. Aus dem Ausgleichsbehälter lief der Kraftstoff in einen zweiten, nach oben hin offenen Behälter; durch ein in diesen Behälter hineinragendes Saugrohr gelangte der Kraftstoff dann zur Kraftstoff-Düse. Wurde mehr Kraftstoff gefördert als verbraucht, dann lief er in das sogenannte Rücklaufgeschirr ab; erreichte dort der Kraftstoffpegel eine bestimmte Höhe, so sperrte ein schwimmergesteuertes Ventil (nicht zu verwechseln mit der Schwimmer-Regelung in herkömmlichen Vergasern!) die Zulaufleitung vom Kraftstoff-Vorratsbehälter ab. Die Förderpumpe pumpte den Kraftstoff ab, bis das mit sinkendem Schwimmer öffnende Ventil die Zulaufleitung wieder freigab. Charakteristisch für die Vergaser (Karl) Maybachscher Konstruktion war die Steuerung von Hauptluft, Nebenluft und Gemisch durch Flach- bzw. Walzenschieber, deren Bewegung durch eine ausgeklügelte Mechanik aufeinander abgestimmt war, Bild 2. Die – von Hand zu betätigende – »Sparvorrichtung« zum Abmagern des Gemisches mit der barometrischen Höhe bestand in einer konisch angeschliffenen Nadel, welche – in die Kraftstoffdüse hineingeschoben – deren Querschnitt verengte.

Das Prinzip der zwangsläufigen mechanischen Steuerung der Luft-, Gemisch- und Kraftstoff-Querschnitte wurde auch bei den Vergasern der Luftschiffmotoren VL1/2 und Kfz-Motoren W2/3 (Bild 3) und W5 nach dem Ersten Weltkrieg beibehalten. Der Kraftstoff-Zufluß im VL-1/2-Vergaser wurde nun allerdings mit einem Schwimmer gesteuert; der im wahren Sinne des Wortes »überflüssige« Kraftstoff floß über einen Überlauf ab. Der Schwimmer selbst war mit Rücksicht auf die möglichen Schräglagen des Luftschiffes ringförmig ausgebildet. Ende der zwanziger Jahre gab der Maybach-Motorenbau den Bau eigener Vergaser auf, weil diese mit ihrer aufwendigen Mechanik zu teuer geworden waren, und weil es mittlerweile eine leistungsfähige Zulieferindustrie auf diesem Gebiet gab. Dessen ungeachtet beschäftigte man sich nach wie vor mit Entwicklungsfragen der Vergaser; die Vergaser für die größten Maybach-Vergaser-Motoren HL 210/HL 230 (Bild 4) wurden vom Maybach-Motorenbau entwickelt; gefertigt wurden sie von der Deutschen Vergaser-Gesellschaft.

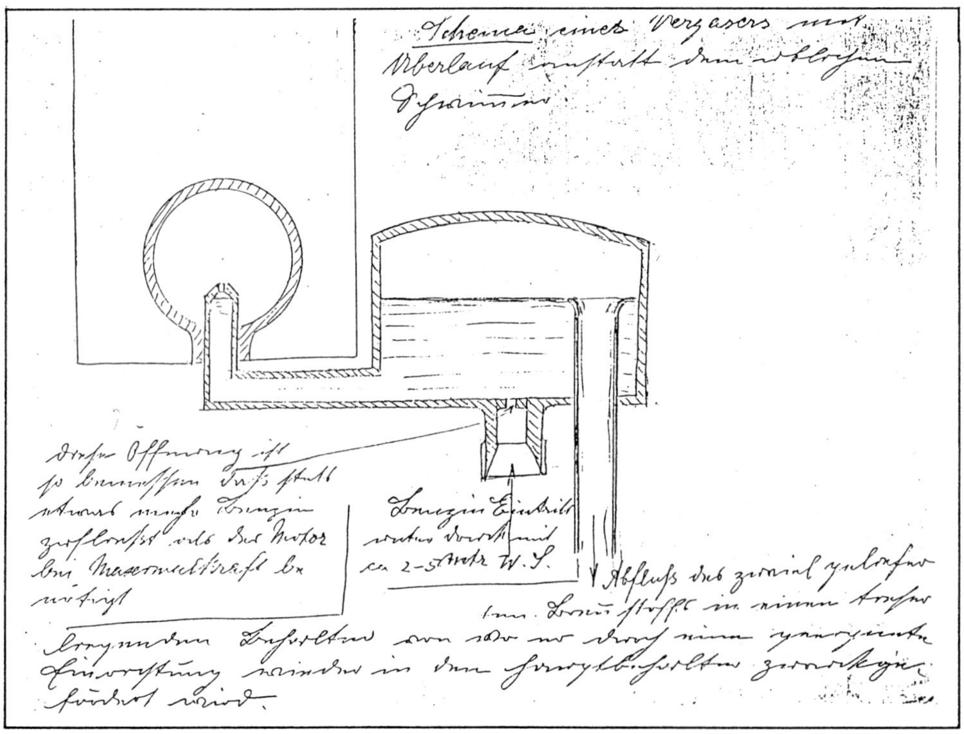

Bild 1. Prinzip des schwimmerlosen Vergasers. Skizze von Karl Maybach, um 1910.

Im Zuge der Steigerung der Leistung dieser Motoren ging man zur Benzin-Einspritzung über; Pumpen und Düsen wurden von Bosch bezogen. Bemerkenswert ist die Regelung der Kraftstoffmenge abhängig von Drehzahl und Drosselklappen-Stellung durch einen exzentrisch gelagerten konischen Nocken, ein Konstruktionselement, das schon im Vergaser der W-5-Motoren zu finden ist.

Die Nachkriegsmotoren HL 295 und HL 11 hatten gleichfalls eine Benzin-Einspritzung, wobei man am Ende dieser Entwicklung – aus Kostengründen – Versuche mit Vergasern machte.

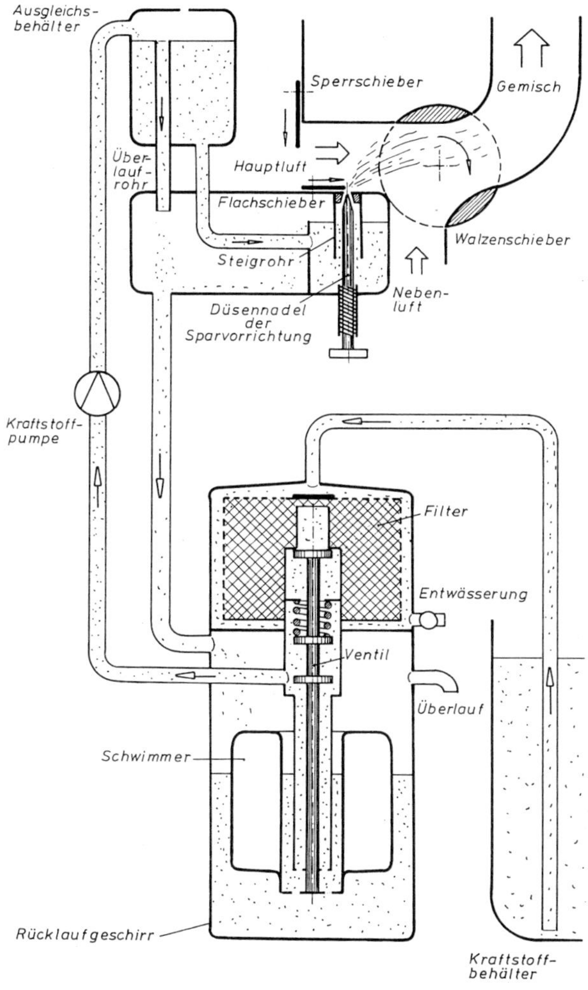

Bild 2. Prinzipieller Aufbau und Funktionsschema des schwimmerlosen Vergasers, Bauart Maybach, für den Maybach-Flugmotor Mb IVa (1916). Überlaufkammern steuerten die Kraftstoffzufuhr zur Spritzdüse, wodurch ein Vollaufen des Vergasers bzw. Überlaufen in das Saugrohr ausgeschlossen wurde. Außerdem war dieser Vergaser von der Kraftstoffdichte unabhängig.

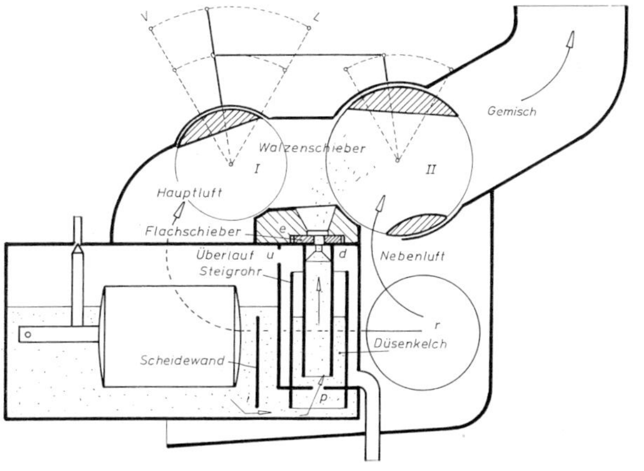

Bild 3. Aufbau und Funktion des Vergasers für den Fahrzeugmotor W 2 (1920). Auch bei diesem Vergaser mit Schwimmer verhinderte das Überlauf- und Steigrohr ein Überlaufen des Vergasers. Die Querschnitte für Haupt- und Nebenluft sowie für das Gemisch wurden durch Walzenschieber, der Querschnitt für den Kraftstoff durch einen Flachschieber gesteuert.

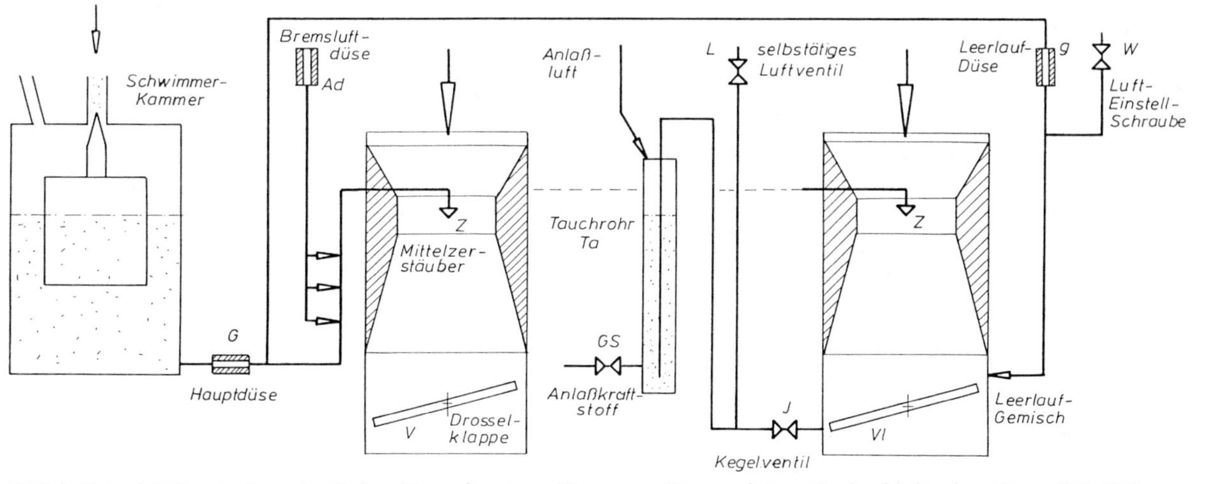

Bild 4. Prinzipieller Aufbau des Solex-Doppelregister-Vergasers (Konstruktion Maybach) für den Motor HL 230 (1943).

gasgegendruckes simuliert. Die Militärbehörden waren gegenüber dem neuen Motor skeptisch. Sie bezweifelten, daß der Motor in der Höhe die vorausberechnete Leistung erbrächte und hegten die Befürchtung, er könne in Bodennähe überlastet werden. Da der Motorpreis nach der Leistung bei der Typenprüfung in Adlershof festgelegt wurde, womit in diesem Fall der Höhenleistung nicht Rechnung getragen worden wäre, richtete der »Motorenbau« auf dem Wendelstein[8]) einen – im wahren Sinne des Wortes – Höhenprüfstand mit einer Wasserwirbelbremse ein. Die Typenprüfung fand 1917 vom 7. bis zum 12. März statt; dabei wurde der Motor Nr. 1204 insgesamt 60 Stunden störungsfrei und mit einer Leistung von 180 kW (245 PS) bei 1415 min^{-1} gefahren. Der spezifische Kraftstoffverbrauch wurde mit 310 g/kWh (228 g/PSh) ermittelt. Indes, die Vorbehalte der Abnahmebeamten waren noch nicht ausgeräumt, wie aus einem Bericht vom 17. März 1917 über diesen Typenlauf hervorgeht:

»... Der Motor hat an Tagen ohne Schneefall in ruhiger und gleichmäßiger Weise die Prüfung bestanden... Da die Leistung bei gedrosseltem Vergaser erzielt wurde, so ist bisher ein einwandfreies Bild über die zu erzielende Leistung noch nicht zu geben... Die höhere Leistung soll nur bei größeren Höhen heraus kommen, um den Abfall zu vermeiden... Ein abschließendes Urteil ist erst zu geben, wenn die Höhenversuche auf dem Wendelstein neben die jetzigen Versuchsergebnisse gestellt werden können...« [9].

Derselbe Motor, Nr. 1204, wurde nochmals im Mai 1917, nun im Vergleich zu einem Mercedes-Motor D IV, Nr. 28311, auf dem Wendelstein gefahren. Dabei leistete der Mb IVa 178,7 kW (243 PS) bei 1400 min^{-1}, wohingegen der andere Motor auf 146 kW (199 PS) abfiel. Bei einer Flugerprobung konkretisierten sich diese abstrakten Leistungsangaben zur Zeitdauer, in der eine bestimmte Flughöhe erreicht werden konnte. Ein Rumpler-C-VII-Höhenaufklärer mit Mb-IVa-Motor kam auf die Steighöhe von 5000 m[9]) in 24,5 Minuten; mit einem anderen, am Boden gleichstarken Wettbewerbsmotor benötigte das Flugzeug 42 Minuten dazu.

Die Entwicklung des Mb IVa wurde von dem »Motorenbau« unter großen finanziellen Opfern betrieben, weil die Flugzeugmeisterei einen Auftrag von 30 Motoren erst nach erfolgreich absolviertem Typenlauf erteilen wollte, der »Motorenbau« aber, um sofort mit der Lieferung der an der Front dringend benötigten Motoren beginnen zu können, eine Serie von 130 Stück auf eigene Rechnung und Gefahr aufgelegt hatte.

Mit der Überbemessung und Überverdichtung hatte Karl Maybach für das Problem der mit der Höhe abnehmenden Motorleistung eine sofort realisierbare Lösung gefunden. Natürlich wußte man, daß langfristig das Aufladen der Motoren, sei es mechanisch, sei es durch Abgasturboaufladung, wie sie Rateau in Frankreich versuchte, aussichtsreicher war, aber dafür brauchte man Zeit, die im Kriege nicht zur Verfügung stand. Deshalb forderte die Inspektion der Fliegertruppen alle Motorenhersteller per Rundschreiben vom 28. August 1917 wie folgt auf:

»... Die mit überkomprimierten Motoren bisher erzielten Leistungen berechtigen zu der Annahme, dass eine gewisse Leistungsverbesserung in der Höhe bei den derzeitigen Motoren noch möglich ist. Ich ersuche daher, bei neuen Motorentypen (auch Schnelläufern) gleich von vorneherein zu Versuchszwecken einen überkomprimierten Motor herzustellen und Versuchsläufe auf dem Stand vorzunehmen...« [10].

Der Mb IVa erwies sich aber nicht nur wegen seiner besonderen Höheneignung als ein hervorragender Motor, sondern auch weil in ihm die Erfahrungen mit dem HSLu berücksichtigt worden waren, so z. B. mit dem kombinierten Wälzlager zur Aufnahme der Propellerkräfte, mit der Ölkühlung mittels der durch das Kurbelgehäuse angesaugten Verbrennungsluft oder mit der Ausführung der Triebwerkslager. An Stelle der schrägen Ölwanne hatte der Mb IVa ein flaches Unterteil, aus dem das Öl abgesaugt und in einen gesonderten Ölbehälter gedrückt wurde (»Trockensumpf-Schmierung«), so daß der Motor unempfindlich gegen extreme Schräglagen war. Auch an der Kraftstoffversorgung und am Vergaser waren Verbesserungen durchgeführt worden. Weiterhin trugen die erwähnten organisatorischen Maßnahmen durch Verbesserung der Fertigungsqualität zum Erfolg des Mb IVa bei.

1917 richtete der »Motorenbau« eine Werkstoff-Prüfabteilung ein, in der alle Rohmaterialien, Halbzeuge und zugelieferten Fertigteile chemisch, metallurgisch und auf Festigkeit überprüft wurden – heute eine Selbstverständlichkeit, damals aber ein großer Fortschritt!

Nachdem die Richtigkeit der Mb-IVa-Konzeption auf dem Wendelstein nachgewiesen worden war, gab der »Motorenbau« diesen Prüfstand auf, weil die Versuche dort umständlich und teuer waren. Nun wieder in Friedrichshafen, wurde das Betriebsverhalten des Mb IVa unter Variation wichtiger Einflußgrößen wie des Verdichtungsverhältnisses, des Ansaug-Unter- und des Abgas-Gegendruckes untersucht. Später bediente man sich des vom LZ eingerichteten Höhenprüfstandes, einer Unterdruck-Kammer, in welcher der komplette

[8]) Der Wendelstein (1840 m ü. M.) in den bayerischen Alpen war ausgewählt worden, weil zu seinem Gipfel eine Zahnradbahn führte. Der »Motorenbau« errichtete diesen Prüfstand übrigens auf eigene Kosten, so wie auch der ganze Motor in eigener Regie entwickelt und gebaut worden ist. Der Mb IVa war der erste überbemessene und überverdichtete Motor der Welt.

[9]) Die 5000 m waren die Gipfelhöhe des Vergleichsflugzeuges; das Rumpler-Flugzeug mit dem Mb IVa erreichte 6000 m!

Bild 11. Nachdem die Serienfertigung des überbemessenen und überverdichteten Motors Mb IVa angelaufen war, wurden diese Motoren 1918 in großen Stückzahlen in Höhenaufklärer vom Typ Rumpler C VII und auch in andere Flugzeuge eingebaut.

Motor dem – veränderbaren – Unterdruck ausgesetzt wurde.

Wegen seiner guten Höhen-Eigenschaften wurde der Mb IVa hauptsächlich in Höhenaufklärer eingebaut, Bild 11. Auch in den »Riesenflugzeugen« bewährte er sich, weil größere Flughöhen mehr Sicherheit vor der feindlichen Abwehr boten, wie aus einem Schreiben der Flugzeugwerft Staaken an Karl Maybach hervorgeht:

»*... Flieger-Abteilung 501, die mit unseren Flugzeugen die ersten Angriffe auf England mit Erfolg ausgeführt hat. Ich freue mich, dabei sagen zu können, daß das mit Maybach-Motoren ausgerüstete Flugzeug befriedigt hat, seiner Höhenleistung wegen. Während die Daimler-Flugzeuge bei der vorhandenen Überlastung nur bis 3000 m Höhe erreichen, konnte das Maybach-Flugzeug wenigstens in 3800 m Höhe Angriffe ausführen ...*« [11].

Es lag auf der Hand, den Mb IVa auch in Luftschiffe einzubauen, waren diese doch weit mehr auf größere Höhen für ihre Einsätze angewiesen. So wurde eine entsprechende Motoren-Version, der Mb IVaL gebaut, der sich in mehreren Punkten von der Flugzeug-Ausführung unterschied.

Kriegsprobleme

Die Flugzeugmeisterei gab ihre anfangs ablehnende Haltung gegenüber dem Höhenmotor auf; nun konnten gar nicht genug dieser Motoren geliefert werden. So forderte die Flugzeugmeisterei:

»*... Herr Major Wagenführ hat heute der Firma Maybach einen neuen Auftrag von 2700 Mb-IVa-Motoren erteilt. Durch Heranziehung des Werkes N.S.U., sowie der Heranziehung der Gewehrfabrik Mauser in Oberndorf, tritt eine erhebliche Erhöhung der Motoren-Produktion ein. Die in der Anlage von Maybach angegebene Steigerung muss unter allen Umständen eingehalten werden, da mit Beginn des nächsten Jahres die 260 PS Merc. Motoren für nicht vollwertig ausscheiden und dieser Ausfall durch Maybach-Motoren gedeckt werden muss. Ich bitte die Firma Maybach nunmehr bei der Belieferung mit Rohstoffen unter allen Umständen zu unterstützen ...*« [12].

1918 erreichte die Fertigung der Mb-IVa-Motoren durch Ausbau und Erweiterung der Produktionsstätten in Friedrichshafen mit 200 Stück im Monat ihren Höchststand. Diese Aufträge hatten den »Motorenbau« gezwungen, die Belegschaft auf über 3000 Mitarbeiter zu vergrößern. Das warf viele Schwierigkeiten auf, zum einen weil die Forderung der Front nach Soldaten Vorrang hatte, zum anderen weil im ländlichen Oberschwaben, in dem es damals praktisch kaum Industrie gab, Fachkräfte ohnehin nicht zu bekommen waren. So sah sich der »Motorenbau« 1917 gezwungen, eine Werkstatt speziell zum Einarbeiten von ungelernten Arbeitern (und Arbeiterinnen, denn in Kriegszeiten galten die Vorbehalte gegen Frauen im Beruf nicht mehr) einzurichten.

Karl Maybach war sich stets des Wertes und der Bedeutung hochqualifizierter Fachkräfte in allen Ebenen der Firma bewußt gewesen. Es war deshalb nicht mehr als folgerichtig, daß der »Motorenbau« die Ausbildung des Arbeiter-Nachwuchses selber in die Hand nahm. Die besagte Anlernwerkstatt wurde 1920 zu einer Lehrwerkstatt ausgebaut, in welcher die Lehrlinge entweder eine einjährige Ausbildung zum Maschinenarbeiter oder eine vierjährige zum Facharbeiter erhielten, Bilder 12 und 13. Zusätzlich wurden sie von Meistern und Ingenieuren in Spezialfächern unterrichtet, was schon deswegen nötig war, weil die Lehrlingsausbildung in den Gewerbeschulen vorwiegend auf die Bedürfnisse des Handwerks ausgerichtet war. Auf Vorschlag des mittlerweile in »Maybach-Motorenbau GmbH« (MM) umbenannten »Motorenbau« wurde eine Werkschule für alle Industrielehrlinge des LZ-Konzerns, also nicht nur für die des Maybach-Motorenbaus, eingerichtet. Die Räume dafür stellte der Maybach-Motorenbau zur Verfügung. Auf sein Betreiben wurden ab 1927 zu den Gesellenprüfungen auch Vertreter der Industrie in die Prüfungskommissionen übernommen.

Doch nun wieder zurück in das Jahr 1918: Selbstverständlich untersuchten die Kriegsgegner jeweils die erbeuteten Waffen, Gerätschaften, Fahrzeuge, Flugzeuge, Schiffe usw. genau, sowohl um sich über den Stand der Technik auf der anderen Seite zu informieren, als auch um das Know-how des Gegners – wenn möglich – für eigene Zwecke zu nutzen: »*... and the idea presumably is that all aviation engine builders will find something helpful in this close study of the latest German designs...*« [13].

Das geschah auch mit den Maybach-Motoren. Ausführliche Berichte, in denen detailliert die Konstruktionen beschrieben (mit Zeichnungen), Maße und Toleranzen, Werkstoffe und deren Zusammensetzung angegeben sind, zeugen davon, wie gründlich man sich mit diesen Motoren befaßt hatte. Zwei Beispiele dafür:

- »Zeppelin Power Plant Engineering« in The Automobile vom 18. Januar 1917 (Beschreibung des HSLu) und
- »Report on the 300 H.P. Maybach Aero Engine«. Ministry of Munitions: Technical Department, Aircraft Production, May 1918 (Beschreibung des Mb IVa).

Im letztgenannten Bericht heißt es bezeichnenderweise:

»*... The 300 H.P. Maybach represents several unusual and interesting details... The quality of workmanship of every part, including the exterior finish throughout, is exceptionally good, and the working clearances are carried to very fine limits. Compared with any of the types of enemy engines, the workmanship is undoubtedly of a very much more finished nature: every part, nevertheless, shows the usual German characteristics of strength and reliability, combined with standardization of parts and ease manufacturing, in preference to saving weight...*« [14].

Mit dem Ausdruck 300 HP ist der Mb IVa gemeint, den die Alliierten in Extrapolation seiner Höhen- auf die Bodenleistung als 300-PS-Motor bezeichneten.

Im Laufe des Krieges verschlechterte sich die Situation immer mehr zu Ungunsten des Deutschen Reiches

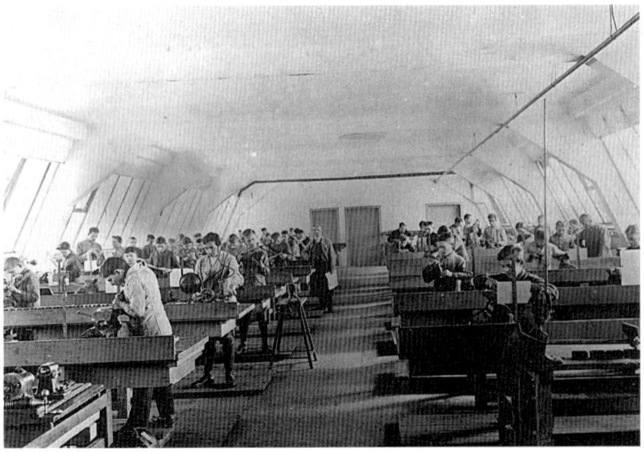

Bild 12. In der 1920 gegründeten Maybach-Lehrwerkstatt erhielten die Lehrlinge des gesamten LZ-Konzerns ihre Grundausbildung. Wie auch heute nicht anders, stand am Beginn der drei bis vier Jahre dauernden Ausbildung das Arbeiten am Schraubstock.

Bild 13. Auf Grundtätigkeiten wie z. B. das Feilen folgte die Ausbildung an verschiedenen Werkzeugmaschinen wie Drehbank, Fräs- und Schleifmaschine. Diese Maschinen wurden damals zentral von einem Elektromotor über Transmissionswellen und Flachriemen angetrieben.

Bild 14. Mit dem Motor Mb VII sollte der Leistungsvorsprung, den die Alliierten durch ihre zwölfzylindrigen V-Motoren errungen hatten, aufgeholt werden. Um Entwicklungszeit zu sparen, wurde der Mb VII als Doppelreihenmotor, bestehend aus zwei Mb-IVa-Motoren mit einem gemeinsamen Kurbelgehäuse, ausgeführt. Seine Leistung betrug 367 kW (500 PS) bei 1500 min^{-1}.

und seiner Verbündeten, nicht nur durch die zahlenmäßige Überlegenheit der Gegner, sondern auch – um bei den Flugmotoren zu bleiben – durch qualitative Verbesserungen im Motorenkonzept und auch in manchen Details.

Um die Leistung zu steigern und die Leistungsmasse (kg/kW) wirksam zu verringern, bedurfte es schnelldrehender, vielzylindriger (Acht- und Zwölfzylinder-V)-Motoren. Renault, Hispano-Suiza und Rolls-Royce hatten diesen Weg eingeschlagen; auch in Deutschland arbeitete man an solchen Motoren, so die Firmen Benz, BMW und Körting. Unseligerweise lehnte der damalige Leiter der Motorenentwicklung in der Inspektion der Fliegertruppen diese Bauart ab und bestand auf dem Sechszylinder-Reihenmotor. Das war eine krasse Fehlentscheidung, denn die Gesetze der Ähnlichkeitsmechanik verlangen für eine geringe Leistungsmasse vielzylindrige Motoren mit hohen Drehzahlen; außerdem war es in so kurzer Zeit, wie sie der Krieg nun einmal erforderte, nicht möglich, die bisherige Zylinderleistung von 30 bis 38 kW (40 bis 50 PS) zu verdoppeln. Erst nach Ablösung jenes Beamten wurde die unerfüllbare Forderung fallengelassen; aber diese Verzögerung in der deutschen Flugmotoren-Entwicklung verschaffte den Alliierten einen beträchtlichen Vorsprung. Der »Motorenbau« hatte zwar mit der Konstruktion eines hubraumstarken Sechszylinder-Reihenmotors von 200 mm Bohrung und 240 mm Hub, dem KP, begonnen, aber dessen Entwicklung wegen der Arbeiten am HSLu und am Mb IVa zurückgestellt. Als dann der Mb IVa 1917 seinen Typenlauf erfolgreich absolviert hatte, entschloß man sich, die geforderten 367 kW (500 PS) mit einem Zwölfzylinder-Motor dergestalt darzustellen, daß man zwei komplette Mb-IVa-Triebwerke, um 10° zueinander geneigt, in ein gemeinsames Kurbelgehäuse einbaute. Die beiden Kurbelwellen dieses Motors Mb VII arbeiteten über ein Vorgelege mit Untersetzung auf die Propellerwelle. Der Vorteil einer solchen Lösung bestand darin, daß man die bewährte Triebwerkslagerung des Mb IVa unverändert übernehmen konnte, wodurch erheblich an Entwicklungszeit gespart wurde, Bild 14.

Nachdem sich das Prinzip der Überbemessung und Überverdichtung so gut bewährt hatte, lag es nahe, es weiterzuführen. Das geschah mit dem HLv (180 mm Bohrung und 200 mm Hub), der aber über das Ver-

Tabelle 1. Luftschiff- und Flugzeugmotoren 1909 bis 1930.

Motor-Typ	Jahr	Bauart	Bohrung / Hub (mm / mm)	Zylinder-Volumen (dm^3)	Leistung / Drehzahl (kW/PS / min^{-1})	effektive Literarbeit (kJ/dm^3)	mittlere Kolben-Geschwindigkeit (m/s)
AZ	1909	6 R	160 / 170	3,41	107/145 / 1100	0,57	6,23
CX	1913	6 R	160 / 190	3,81	154/210 / 1250	0,65	7,9
DW IR	1914	6 R	130 / 160	2,12	118/160 / 1350	0,82	7,2
HS HSLu	1915	6 R	150 / 180	3,18	176/240 / 1400	0,79	8,4
Mb IVa / Lu	1916 1918	6 R 6 R	165 / 180	3,85	191/260 / 1400	0,71	8,4
Mb VII	1918	2 × 6 R	165 / 180	3,85	367/500 / 1500	0,68	8,4
VL 1	1924	12 V	140 / 180	2,77	309/420 / 1400	0,79	8,4
VL 2	1927	12 V	140 / 180	2,77	419/570 / 1600	0,95	9,6

Anmerkungen:

Mittlere Kolbengeschwindigkeit c_m. Der Kolben eines Hubkolbenmotors führt bei einer Kurbelwellenumdrehung eine ungleichförmige Bewegung aus, in deren Verlauf er zweimal von Null auf den Maximalwert der Geschwindigkeit beschleunigt, um dann wieder auf Null zu verzögern. Die mittlere Kolbengeschwindigkeit ist ein Rechenwert, der sich als Produkt aus dem Kolbenweg bei einer Kurbelwellen-Umdrehung und der Drehzahl ergibt. Belastung durch die Massenkräfte, mechanischer Verschleiß, Ladungswechsel und gasseitiger Wärmeübergang (thermische Belastung) werden von der mittleren Kolbengeschwindigkeit beeinflußt.

Effektive Literarbeit w_e. Die effektive Literarbeit w_e ist die Arbeit eines Zylinders je Arbeitsspiel, bezogen auf sein Hubvolumen. Da in dem Ausdruck für die effektive Literarbeit die verschiedenen Wirkungsgrade enthalten sind, die der Konstrukteur und Versuchsingenieur durch die Gestaltung von Verbrennung und Wärmeübergang, aber auch mittels Verringerung von hydraulischen und mechanischen Verlusten beeinflussen kann, ist sie besonders gut zur Beurteilung des Entwicklungsstandes eines Motors geeignet. Sie ist auch ein Maß für die thermische und mechanische Beanspruchung der Maschine. Die kräftige Steigerung der effektiven Literarbeit in den letzten Jahrzehnten ist vor allem auf die Abgasturboaufladung zurückzuführen.

suchsstadium nicht hinauskam. Da beim Doppelreihenmotor, dem Mb VII, ohnehin ein Vorgelege gebraucht wurde, entfiel der Zwang, die Motordrehzahl mit Rücksicht auf die Propellerdrehzahl zu wählen. Den Forderungen des Leichtbaus konnte jetzt durch höhere Motordrehzahl besser Rechnung getragen werden. Man begann mit den Arbeiten an einem Schnellläufer, der – um die mittlere Kolbengeschwindigkeit im Bereich der üblichen Werte von 8 bis 9 m/s nicht zu übersteigen – »überquadratisch«[10]) als Doppelreihenmotor mit 165 mm Bohrung und 100 mm Hub (s/d = 0,384!) für 2600 min^{-1} ausgelegt wurde. Dieser Motor, Typ HLs 12 (Bild 15), wurde zwar durchkonstruiert, aber nicht mehr gebaut, weil nach dem Waffenstillstand im November 1918 jegliche Entwicklung von Flugmotoren in Deutschland verboten war. Eine andere Fehlentscheidung der Militärbehörden, die den deutschen Flugmotorenbau wertvolle Entwicklungszeit

[10]) Überquadratisch bedeutet, daß die Bohrung größer als der Hub ist.

kostete, war die Ablehnung des Aluminium-Kolbens. Die frühen Motoren waren mit Graugußkolben ausgerüstet. Grauguß (GG) hat zwar sehr gute Laufeigenschaften und eine hohe Festigkeit; seine große Dichte (spez. Gewicht) begrenzt aber wegen der Massenkräfte die Drehzahlen. Nachteiliger noch ist geringe Wärmeleitfähigkeit, die zu hohen Kolbentemperaturen führt und das Klopfen (eine Unregelmäßigkeit der ottomotorischen Verbrennung) begünstigt.

Seinerzeit wollte die Firma Basse & Selve, Altena/Westf., einen Motor mit Aluminium-Kolben zum zweiten Kaiserpreis-Wettbewerb anmelden. Das wurde aber mit der Begründung abgelehnt, bei Verbrennungstemperaturen um 2000 °C könnten Kolben aus Aluminium mit einem Schmelzpunkt um 600 °C nicht zugelassen werden. Erst 1916, nachdem die ersten Rolls-Royce- und Hispano-Suiza-Motoren mit Aluminium-Kolben erbeutet worden waren, fand ein Umdenken statt; nun wurden die Motorenhersteller zur Verwendung von Aluminium-Kolben geradezu gedrängt. Der »Motorenbau« führte 1918 Aluminium-Kolben bei den Mb-IVa/L-Motoren ein; dadurch konnten das Verdichtungs-Verhältnis von 6,01 auf 6,3 und die Höhenleistung des Mb IVa bei 2500 m – ausgehend von der unveränderten Bodenleistung – um 10% erhöht werden. Der Doppelreihenmotor Mb VII hatte von Anfang an Aluminium-Kolben.

Einerseits forcierte der Krieg die Motorenentwicklung, andererseits behinderte er sie. Die ungünstige geostrategische Lage des Deutschen Reiches ermöglichte den Alliierten eine wirksame Blockade. Schon bald wirkte sich der Mangel an Rohstoffen, namentlich an Legierungselementen, aber auch an Treib- und Schmierstoffen auf Entwicklung und Fertigung gleichermaßen aus. Immer mehr mußten nickelarme bzw. nickelfreie Stähle für hoch beanspruchte Triebwerksteile wie Kurbelwellen oder Kolbenbolzen verwendet werden. Gravierender noch machte sich der Nickelmangel auf die Produktion von Zündkerzen bemerkbar, für deren Mittelelektrode Nickel unverzichtbar war. Auch Kupfer, Zinn und sogar Aluminium wurden knapp; der »Motorenbau« konnte seine Kolben nur mit großer Verzögerung auf Aluminium umstellen, weil das für die hierfür verwendete hochkupferhaltige Aluminium-Legierung nötige Kupfer fehlte. Aus einer zeitgenössischen Dokumentation geht hervor, daß der »Motorenbau« nur mit Unterstützung des Reichs-Marine-Amtes 600 kg des dringend benötigten Kupfers zugeteilt bekam. Ähnlich sah es mit den Lagermetallen aus:

»... *Die immer größer werdende Zinn-Knappheit wird in absehbarer Zeit dazu führen, dass die benötigte Zinnmenge nicht mehr voll zur Verfügung gestellt werden kann. Versuche mit Ersatzlagermetallen werden daher zur zwingenden Notwendigkeit*...« [15].

Die Qualität des Kraftstoffes verschlechterte sich; das bereitete Schwierigkeiten bei Ventilen und Ventilsitzen. Gegen Ende des Krieges mußte sogar die Dauer der Prüfstandläufe verkürzt werden, um Kraftstoff zu sparen. Benzin wurde zum Teil durch Benzol ersetzt, was anfangs Probleme bereitete. Aber man machte die Erfahrung, daß mit Benzol vermischtes Benzin klopffester als herkömmlicher Ottokraftstoff ist.

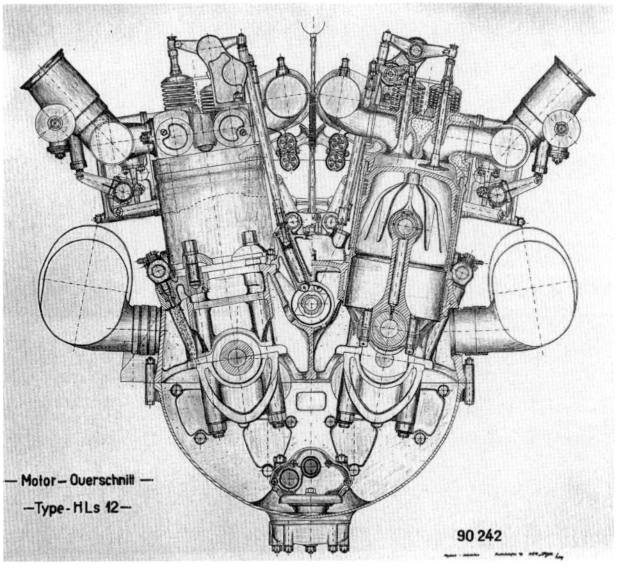

Bild 15. Der Flugzeugmotor HLs 12 war gleichfalls ein 2 × 6-Zylinder-Reihenmotor, wobei die Leistung beider Kurbelwellen wie beim Mb VII durch ein Untersetzungsgetriebe auf den Propeller übertragen werden sollte. Im Hinblick auf die Leistungsmasse betrug die Motordrehzahl 2600 min^{-1}*; um die mittlere Kolbengeschwindigkeit in beherrschbaren Grenzen zu halten, wählte man den Hub zu 100 mm. Bei einer Bohrung von 165 mm war der HLs 12 stark überquadratisch. Dieser Motor wurde aber nicht mehr gebaut.*

2. Personenwagen- und Nutzfahrzeug-Motoren 1920 bis 1939

Neue Aufgaben

Das Ende des Ersten Weltkrieges bedeutete auch das Ende für die Maybachschen Flugmotoren, weil die Waffenstillstandsbedingungen und später der Versailler Vertrag (1919) die Entwicklung und den Bau von Flugzeugen und Flugmotoren untersagten. Vorhandene Motoren mußten an die Siegermächte abgeliefert oder zerstört werden (Bilder 16 und 17), ebenso die Propellerprüfstände. Schwerer noch traf den Maybach-Motorenbau die Anordnung, daß auch sieben Wasserwirbelbremsen zu zerstören seien. Die Ausführung dieser Anweisungen wurden von Kontroll-Komissionen der Entente argwöhnisch überwacht. Der Maybach-Motorenbau GmbH, wie die Firma seit 1918 hieß, war die Existenzgrundlage genommen!

Wenngleich man diese Entwicklung nicht vorausgesehen hatte, war es Karl Maybach und den anderen Verantwortlichen des Maybach-Motorenbaus doch klar gewesen, daß in Friedenszeiten ein solcher Bedarf an Flugmotoren nicht mehr bestehen würde, mithin also neue Anwendungsgebiete gefunden werden mußten. Als naheliegend boten sich da die Kraftfahrzeuge an. Karl Maybach hatte schon 1914 beabsichtigt, auch Kfz-Motoren zu entwickeln, war aber durch den Ausbruch des Krieges daran gehindert worden. Der Aufschwung des gesamten Kraftfahrwesens im Kriege hatte den Bedarf an leistungsstarken und zuverlässigen Motoren ansteigen lassen. Hiervon versprach sich der Maybach-Motorenbau ein weites Betätigungsfeld. Ein anderes zukunftsträchtiges Gebiet sah Karl Maybach in der Schienentraktion. Aus diesem Grunde wurde schon vor dem eigentlichen Kriegsende mit der Planung für eine Diversifikation des Motorenprogramms begonnen. Dabei wollte sich der Maybach-Motorenbau ausschließlich auf sein ureigenes Gebiet, den Motorenbau, beschränken. Die Grundzüge seiner Firmen-»Politik« erläuterte Karl Maybach Anfang 1919 seinen engsten Mitarbeitern:

Bild 16. Vorher (1918): ein Teil der Monatsproduktion an Mb-IVa-Motoren.

»... darf ich Sie heute mit unserem neuen Fabrikationsprogramm bekanntmachen, von dem ich mir für die Zukunft einen Erfolg verspreche. Aufgrund unserer Erfahrungen im Flugmotorenbau werden wir einen erstklassigen Fahrzeugmotor entwickeln und diesen in verschiedenen Leistungen bauen. Wir werden diese Motoren den inzwischen zahlreich gewordenen Automobil-Firmen im In- und Ausland zum Einbau in ihre PKW, LKW und sonstigen Fahrzeuge anbieten. Auf diese Weise sparen sich die betreffenden Firmen kostspielige Eigenentwicklungen. Mein zweites Vorhaben betrifft den Eisenbahnverkehr. Sie alle wissen, daß seit nahezu einem Jahrhundert, trotz ihres schlechten Wirkungsgrades, die Dampflokomotive diesen Verkehr beherrscht. Versuche zur Motorisierung des Bahnverkehrs sind schon da und dort unternommen worden. Aber diese Versuche, meist auf den vom Lastkraftwagen her bekannten Elementen basierend, hatten keinen Erfolg, konnten auch keinen haben. Einen Einbruch in den Dampfbetrieb kann man nur mit einem Fahrzeug erzielen, in dem auch in Bezug auf die Zubehör-Einrichtungen die Grundgedanken einer »arteigenen« Maschinenanlage verwirklicht sind. Und ich bin willens, eine solche Maschinenanlage zu entwickeln und zu bauen. Dabei bin ich mir klar darüber, daß wir mit der Inangriffnahme dieses Problems völliges Neuland betreten. Denn, meine Herren, allein aus wirtschaftlichen Gründen kann der Antriebsmotor einer derartigen Maschinenanlage nur ein Dieselmotor sein. Und schnellaufende und entsprechend kleinbauende Dieselmotoren der hier erforderlichen Leistungsklasse gibt es bis heute noch nicht. Das hat mir eine Expertise, mit deren Ausarbeitung ich schon vor Monaten einen Ihrer Kollegen beauftragt hatte, eindeutig bewiesen. Wahrscheinlich werden wir auch ein passendes Getriebe konstruieren müssen und beide, Motor und Getriebe, müssen so bemessen sein, daß sie in einem normalen, zweiachsigen Drehgestell eines ebenfalls noch zu bauenden Eisenbahn-Triebwagens untergebracht werden können. Für Entwicklung und Bau des Letzteren müssen wir eine Waggonfabrik finden, die gleich uns bereit ist, einen Beitrag für die Motorisierung des Schienenverkehrs zu leisten. Die Zubehöreinrichtungen, wie Luftzuführung, Auspuffableitungen, Brennstofftanks, Mess- und Überwachungsinstrumente, Ausbildung des Führerstandes u.s.w. müssen in engster Zusammenarbeit mit dieser Waggonfabrik ge-

Bild 17. Nachher (1919): Nach dem Waffenstillstand vom November 1918 mußte der Maybach-Motorenbau, überwacht von alliierten Kontrollkommissionen, die vorhandenen Flugmotoren zerstören und sogar deren Prüfstände demontieren. Das Bild dokumentiert die Ausführung dieser Anweisungen.

schaffen werden. Da die Entwicklung dieser Maschinenanlage und die Erprobung eines solch neuartigen Fahrzeuges längere Zeit in Anspruch nehmen wird, ehe an seine Einführung bei den Bahngesellschaften und eventuell auch im Ausland gedacht werden kann, müssen wir in der Zwischenzeit versuchen, die Belegschaft, deren weiteren zahlenmässigen Abbau ich Sie alle mitzubetreiben bitte, mit anderen Aufgaben beschäftigen. Solche Arbeiten zu finden, wird ebenfalls nicht leicht sein, doch ich bin entschlossen, hier jedes Erzeugnis des zivilen Bedarfs zu fertigen, das einigermaßen in Einklang mit unseren Fabrikationseinrichtungen zu bringen ist. Auf Sie alle werden hier einige Probleme zukommen. Wir werden sie gemeinsam lösen und gemeinsam bestrebt sein, unserem Werk seinen guten Ruf zu erhalten.« [16].

Vom Motor zum Fahrzeug

Nach Kriegsende wurde unverzüglich mit den Arbeiten an dem Fahrzeug-Motor begonnen; es entstand der W 1 (W = Wagenmotor), ein Versuchsmotor, der noch 1919 auf den Prüfstand kam und bei 2000 min^{-1} 34 kW (46 PS) abgab. Nach verschiedenen konstruktiven Änderungen wurde aus dem W 1 der W 2, der erste betriebsreife Maybach-Fahrzeugmotor. Mit sechs Zylindern von 95 mm Bohrung und 135 mm Hub leistete er 51,5 kW (70 PS) bei 2200 min^{-1}.

In diesem Motor vereinten sich in bemerkenswerter Weise bewährte Baugrundsätze der Flugmotoren mit neuen konstruktiven Vorstellungen; nicht mehr höchste Leistung unter Inkaufnahme begrenzter Laufzeit und aufwendiger Wartung wurden jetzt verlangt, sondern Robustheit, einfache Bedienbarkeit und lange Lebensdauer. Von den Flugmotoren war das Prinzip der Überbemessung übernommen worden; damit ergab sich ein Drehmoment-Verhalten, das den Motor nicht nur zum Antrieb von Pkw, sondern auch von Nutzkraftwagen (Nkw) geeignet machte.

Die sechs Zylinder waren in einem Block zusammengefaßt (»Blockzylinder«), welcher aus den Laufbuchsen, Wassermänteln und Zylinderköpfen bestand. Dieser kompakte Blockzylinder wurde in das zweiteilige Aluminium-Kurbelgehäuse eingesetzt und mit diesem zu einem steifen Verband verschraubt, Bild 18. Vergleicht man den W 2 mit Fahrzeugmotoren anderer Hersteller jener Zeit, dann springt der Gegensatz zwischen dem in sich geschlossenen, glatten W 2 und den anderen Motoren in Einzel- und Doppel-Zylinder-Bauweise ins Auge, Bild 19.

In Anbetracht der – im Vergleich zu den Flugmotoren – niedrigen spezifischen Leistung verzichtete man bei dem W 2 darauf, die Kurbelwelle nach jeder Kröpfung zu lagern; auch wurde der Motor seitengesteuert, d. h. die seitlich neben den Zylindern stehend angeordneten Ventile wurden von der im Kurbelgehäuse-Ober-

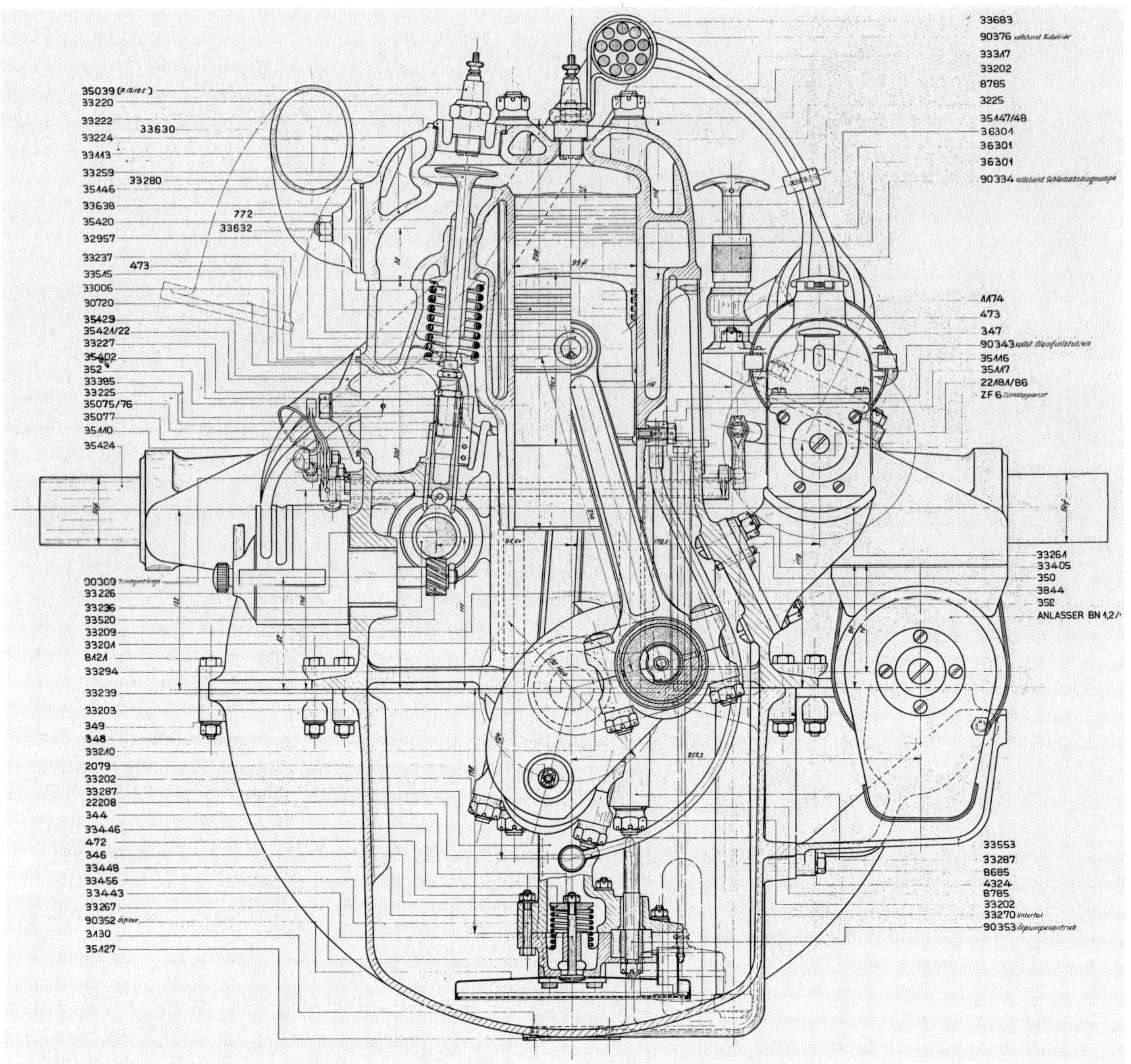

Bild 18. Querschnitt des Fahrzeugmotors W 2 (1921): wassergekühlter Viertakt-Ottomotor in Sechszylinder-Reihenbauart; Bohrung 95 mm, Hub 135 mm, Leistung 51,5 kW (70 PS) bei 2200 min^{-1}. Eine Besonderheit dieses Motors ist der in das Leichtmetall-Kurbelgehäuse eingehängte Grauguß-Zylinderblock. Dieser Block mit seinen sechs Zylindern, Wassermänteln und Zylinderköpfen ist als ein Teil gegossen.

Bild 19. Der Fahrzeugmotor W 2 für den holländischen Spyker-Pkw. Auffallend ist die einfache, klare Linienführung dieses Motors, die sich deutlich von vielen anderen Konstruktionen ihrer Zeit abhebt.

teil gelagerten Nockenwelle direkt betätigt. Die Gemischaufbereitung besorgten zwei Vergaser Maybachscher Bauart mit zwangsläufiger Steuerung der Luft-, Kraftstoff- und Gemisch-Querschnitte; für je drei Zylinder war ein Vergaser vorgesehen. Durch Verstellen von Hand konnte die Gemisch-Zusammensetzung (»arm-reich«-Verstellung) verändert und an die jeweiligen Fahrbedingungen angepaßt werden. Gezündet wurde durch zwei Kerzen je Zylinder, wobei eine von der Batterie, die andere von einem Magnetzünder gespeist wurde. Das gewährleistete ein sicheres Zünden über den gesamten Drehzahlbereich.

Obwohl sich die Arbeitsteilung zwischen Flugzeug- und Motorenherstellern gut bewährt hatte, weil sich jeder dadurch auf seine speziellen Aufgaben konzentrieren konnte, ließen sich die Automobil-Produzenten nicht auf dergleichen ein; sie zogen es vor, ihre Motoren selber zu entwickeln und zu fertigen, was auch durch den damals noch geringen Entwicklungsaufwand möglich war. Das Kalkül des Maybach-Motorenbaus ging deshalb nicht auf; es fanden sich kaum Abnehmer für die Fahrzeugmotoren. In dieser mißlichen Lage erfuhr man, daß die niederländische Automobil- und Flugzeugfabrik Trompenburg einen geeigneten Motor für ihren »Spyker«-Wagen suchte. Verhandlungen wurden aufgenommen, in deren Verlauf die Maybachsche Maxime, wie sie im folgenden Zitat aus einem Schreiben vom 11. Oktober 1919 an Trompenburg zum Ausdruck kommt, akzeptiert wurde:

»... Ausschlaggebend für uns ist, dass es sich um hochwertige Motoren handelt, bei denen unsere gewohnte, äusserst präzise Ausfertigung, insbesondere auch in Bezug auf Auswechselbarkeit zur Geltung und entsprechender Bezahlung gelangt. Des weiteren ist für uns bestimmend, dass es sich um einen 6-Zylinder-Motor handelt, an dem wir eine Reihe neuer in Bearbeitung befindlicher Konstruktionseinzelheiten auf dem Gebiete des Automobilmotorenbaues ...« [17].

Die Verhandlungen verliefen erfolgreich, und 1920 erteilte Trompenburg dem Maybach-Motorenbau einen Auftrag über 1000 W-2-Motoren. Im Oktober desselben Jahres wurde ein erster W-2-Motor in ein Spyker-Fahrgestell eingebaut und mit diesem Fahrzeug im Schwarzwald Probefahrten, auch im Vergleich zu einem Rolls-Royce-Motor, durchgeführt. Auf Grund des guten Abschneidens des W 2 beschloß Trompenburg, einen von Rolls-Royce gehaltenen Dauerfahrt-Rekord über 20000 km anzugreifen, wobei im Vertrauen auf die Zuverlässigkeit des W 2 die Marge auf 30000 km erhöht wurde und gleichzeitig die Bedingungen dahingehend verschärft wurden, daß der Motor ununterbrochen laufen, also auch beim Tanken und bei Reifenwechsel nicht abgestellt werden sollte. Diese denkwürdige Fahrt fand unter der Aufsicht des Königlich-Niederländischen Automobil-Clubs statt, dauerte 37 Tage und wurde erfolgreich abgeschlossen. Für den Maybach-Motorenbau schien somit alles zum besten zu stehen: Der W 2 hatte sich glänzend bewährt, und man hatte einen – für damalige Verhältnisse – Großauftrag im Hause, Bild 20. Aber nachdem 150 Motoren ausgeliefert worden waren, geriet Trompenburg in finanzielle Schwierigkeiten und konnte nicht nur die restlichen der bestellten Motoren nicht abnehmen, sondern blieb auch für einen Teil der gelieferten Motoren die Bezahlung schuldig. Jetzt befand sich der Maybach-Motorenbau in einer noch kritischeren Lage: Für den Trompenburg-Auftrag waren Vorrichtungen und Fertigungseinrichtungen geschaffen, Aufträge an Unterlieferanten (u. a. mehrere Kurbelwellen-Drehmaschinen) erteilt worden. Wollte man nicht alles verlieren, mußten die Motoren produziert werden. Mangels anderer Abnehmer entschloß man sich, die für die Motoren nötigen Fahrzeuge selber zu bauen.

Bild 20. Auf Grund des »Großauftrages« von Trompenburg lief die Serienfertigung von W-2-Motoren an. In das zweite Kurbelgehäuse von vorne ist bereits das Triebwerk mit dem Schwingungsdämpfer montiert. Dieser Schwingungsdämpfer wurde erst nachträglich konstruktiv vorgesehen, als sich gezeigt hatte, daß im mittleren Drehzahlbereich eine Eigenfrequenz der Kurbelwelle lag.

In Anbetracht der Leistung des W 2 – 51,5 kW (70 PS) stellten 1921 für einen Pkw eine gewaltige Leistung dar – konnte es sich nur um große Fahrzeuge handeln, Pkw der Luxusklasse. In kürzester Zeit wurde ein Fahrzeug, Typenbezeichnung W 3[11]), entwickelt. Der Öffentlichkeit wurde der W 3 auf der Deutschen Automobil-Ausstellung 1921 in Berlin vorgestellt, wo er große Beachtung fand, wie aus diesem Bericht hervorgeht:

»... Auf der Ausstellung hat dieser Wagen, dessen Einzelheiten auch durch ihre glatte Formgebung und ihre schönen Linien auffallen, begreifliches Aufsehen erregt ...« [18].

Fahrzeug und Motor waren sorgsam aufeinander abgestimmt und wiesen eine Reihe interessanter Merkmale auf. Der Motor, da »überbemessen«, d. h. für die abgegebene Leistung überdimensioniert, entwickelte auch bei niedrigen Drehzahlen ein so großes Drehmoment, daß im direkten Gang noch Fußgängertempo gefahren, aber auch Steigungen bis zu 10% genommen werden konnten.

Das Zweigang-Getriebe war ein Umlaufgetriebe (»Planeten-Getriebe«), bei dem die Gänge durch Festbremsen der einzelnen Komponenten gewechselt wurden, ohne daß die Zahnräder wie bei herkömmlichen

[11]) Die Maybachsche Nomenklatur ist verwirrend, weil die Motoren teilweise wie die Fahrzeuge mit denselben Buchstaben-Zahlen-Kombinationen benannt wurden. Die Verkaufsbezeichnung dieses Fahrzeuges lautete »22/70-PS-Personenkraftwagen« (22 = Steuer-PS; 70 = Brems-PS). Die Motoren wurden firmenintern mit W 2 bezeichnet, die Fahrzeuge mit W 3.

Getrieben verschoben werden mußten. Das erleichterte die Bedienung beträchtlich, weil der Drehzahlausgleich durch Zwischengas, damals der Schrecken jedes weniger geübten Fahrers, entfiel. Gestartet wurde der W 3 durch einen elektrischen Anlasser, dessen Moment ausreichte, das Fahrzeug auf die Geschwindigkeit zu bringen, bei welcher der Motor ansprang. Nach Loslassen des Anlasser-Fußhebels und Betätigen des Gaspedals fuhr der Wagen. Wollte man in den Berggang wechseln, trat man den Fußhebel ganz durch. Zum Rückwärtsfahren wurde ein zweiter Hebel niedergetreten, wodurch das Sonnenrad des Getriebes festgebremst wurde und der Drehsinn der Abtriebswelle sich umkehrte (bei der ersten Ausführung des W 3 gab es diesen Rückwärtsgang noch nicht, da wurde der Anlasser umgepolt und das Fahrzeug mit Hilfe des Anlassers rückwärts bewegt.)

Eine weitere Besonderheit stellte die Bremsanlage dar, die auf alle vier Räder wirkte, wobei außerdem durch ein Hebelsystem nach dem Waagebalken-Prinzip ein Bremskraft-Ausgleich bewirkt wurde, Bild 21. Die gleichmäßige Bremskraft-Einstellung für alle vier Räder konnte an Hand der Stellung von vier Zeigern am Ausgleichssystem überprüft werden. Der W 3 war der erste deutsche Pkw mit Vierradbremse!

Das Fahrgestell bestand aus U-förmigen Längsträgern von hohem Widerstandsmoment, die mit den eingeschweißten Traversen einen steifen Verband bildeten. Die Vorderachse war als Faust-, die Hinterachse als Banjo-Achse ausgebildet. Der Maybach-Motorenbau stellte nur das Fahrgestell mit Motor, Getriebe und Differential her; die Karosserie wurde – wie es bei Fahrzeugen dieser Preiskategorie damals üblich war – nach Vorstellungen des Käufers von hierauf spezialisierten Firmen wie Spohn in Ravensburg, Erdmann & Rossi in Berlin oder Gläser in Dresden gefertigt.

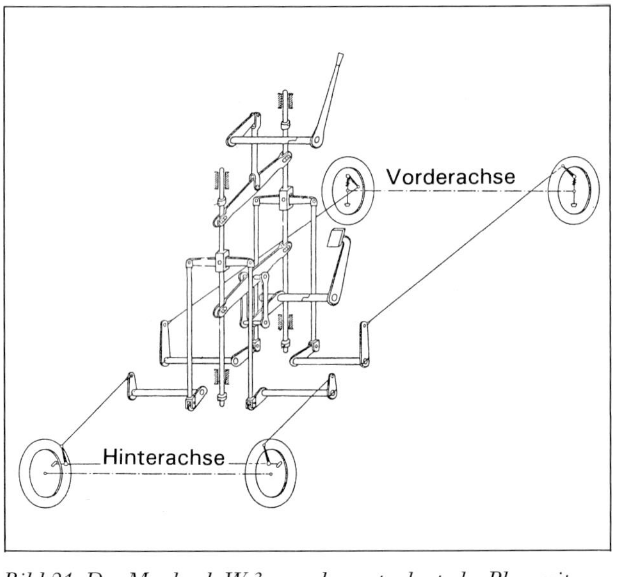

Bild 21. Der Maybach W 3 war der erste deutsche Pkw mit Vierradbremsen. Ein mechanischer, nach dem Waagebalken-Prinzip arbeitender Mechanismus übertrug die Bremskraft gleichmäßig auf alle vier Räder (»Bremskraftausgleich«).

Der W 3 erwarb sich – ungeachtet einiger Kinderkrankheiten – bald einen vorzüglichen Ruf, Fahrzeug wie Motor, was auch aus der emphatischen Beschreibung einer Fahrt nach Sizilien in der *Der Motorfahrer* aus dem Jahre 1924 hervorgeht:

»... Man hatte wirklich oft kaum das Gefühl, daß man fuhr. Vom arbeitenden Motor keine Geräusche, kaum eine leise vibrierende Erschütterung! Die mühsame und lärmvolle Schaltung fiel gänzlich fort, da der Maybach-Wagen eine solche überhaupt nicht besitzt, sondern fast alles im direkten Gang bewältigt. Reichte dieser nicht aus, so wurde geräuschlos die Untersetzung eingekuppelt, ohne daß diese Änderung bemerkbar wurde. Da ich meist neben dem Fahrer saß und jede Handlung genau beobachtete, sah ich aber, daß selbst bei schwierigsten Steigungen diese nur in den seltensten Fällen, vielleicht drei- oder viermal am Tag, in Aktion zu treten brauchte... Ein weiteres glänzendes Zeugnis für die Maybach-Wagen dürfte der Umstand gelten, daß, obwohl wir die 90 km-Grenze niemals überschritten, wir dennoch einen Durchschnitt von etwa 55 km durchhalten konnten... Man wird nun sicher sagen, daß die Wagen, die 22 Steuerpferde und 70 Effektiv-PS besitzen, gewiß ungeheure Mengen von Benzin verschluckt hätten. Aber auch in dieser Beziehung stellte sich das ziemlich überraschende Ergebnis heraus, daß die Wagen auf 100 km durchschnittlich 16–18 l verbraucht hatten...« [19].

Der W-3-Wagen (Bild 22) wurde von 1922 bis 1926 gebaut, die W-2-Motoren hingegen noch länger, insbesondere deren Bootsvarianten S 1 und S 2.

Als die Firma C. D. Magirus AG in Ulm einen leistungsstarken Sechszylinder-Motor zum Antrieb ihrer Nutzkraftwagen (Nkw) suchte (Magirus hatte seinerzeit keinen solchen im Programm), wandte sie sich auf Anraten von Prof. Buschmann[12]) an den Maybach-Motorenbau und nahm eine Lizenz auf den W 2. Dieser Motor wurde ab 1929 in die Magirus-Nutzfahrzeuge der Baureihen MLA und MLO eingebaut.

Dem W-3-Wagen folgte 1926 der W 5 (einen W 4 hat es nicht gegeben). Mit dem W-5-Pkw sollte der Wunsch der anspruchsvollen Kunden nach höherer Leistung und Geschwindigkeit erfüllt werden, wobei wieder besonderer Wert auf die Elastizität des Motors gelegt wurde. Gegenüber dem W 3 weist der W 5 einige bemerkenswerte Unterschiede auf. Das Zylindervolumen des – ebenfalls mit W 5 bezeichneten – Motors wurde durch längeren Hub (168 mm) vergrößert, die Bohrung um einen Millimeter auf 94 mm verkleinert. Bei sechs Zylindern ergibt das ein Hubvolumen von 7 dm^3; mit

12) Prof. H. Buschmann lehrte an der Staatlichen Maschinenbauschule Esslingen und gründete 1939 (zusammen mit Prosper L'Orange) die renommierte »Motortechnische Zeitschrift« (MTZ).

Bild 22. Der W 3 wurde als »schaltungsloser Maybach-Wagen« bezeichnet. Er galt als komfortables und mit seinem 70 PS starken W-2-Motor als außerordentlich leistungsstarkes Fahrzeug.

88 kW (120 PS) bei 2400 min^{-1} war der W 5 der siebtstärkste Pkw der Welt; sein Hub machte ihn zum langhubigsten deutschen Pkw-Motor überhaupt.

Die gegenüber dem W 3 um das 1,7fache höhere Leistung wurde zu 22% über das größere Hubvolumen, zu 9% über die Drehzahl und zum größten Teil, 28%, über die effektive Literarbeit (»effektiver Mitteldruck«) dargestellt. Das ist insofern bemerkenswert, als die effektive Literarbeit ein Maß für die »Ausgefeiltheit« eines Motors ist; sie zu erhöhen verlangte größte Anstrengungen, weil hierzu u. a. subtile Größen wie der thermodynamische Wirkungsgrad (Wirkungsgrad des »vollkommenen Motors«), der Gütegrad, der mechanische Wirkungsgrad und der Liefergrad verbessert werden mußten. Bei dem W-5-Motor erreichte man das hauptsächlich über die Gemischbildung, Verbrennung und den Liefergrad.

Zur Erläuterung muß ein wenig weiter ausgeholt werden: Seitengesteuerte Motoren (wie der W 2/3), die übrigens – nicht nur in Deutschland – bis in die fünfziger Jahre gebaut wurden, sind zwar konstruktiv einfach, haben aber eine ungünstige, weil zerklüftete Brennraumform; sie neigen daher zum Klopfen[13]). Der englische Ingenieur Harry Ricardo (später Sir Ricardo) hatte sich schon vor dem Ersten Weltkrieg intensiv mit diesen Vorgängen im Motor befaßt und Anfang der zwanziger Jahre die Bedeutung der Brennraumform für diesen Effekt erkannt: Zerklüftete Brennräume, in denen die von der Zündkerze ausgelöste Flammenfront lange und ungleiche Wege zu durcheilen hat, begünstigen das Klopfen. Diese Erkenntnisse wurden bei der Konzeption des W-5-Motors berücksichtigt:

»*... Der Verbrennungsraum hat genau die Form einer Halbkugel, die nach den Forschungen Ricardos den besten Wirkungsgrad bei der Verbrennung ergibt...*« [20].

Ein solcher Brennraum setzte eine andere Ventilanordnung voraus als die der Seitensteuerung. Weil aber der Grundaufbau des W-2-Motors beibehalten werden sollte, wurden die Ventile einander gegenüberliegend angeordnet, so daß der Ladungswechsel im Querstrom erfolgen konnte. Betätigt wurden die Ventile durch große, balancierartige Kipphebel direkt von den beiderseits im Kurbelgehäuse-Oberteil gelagerten Nockenwellen, Bild 23. Das Gemisch wurde in zwei neuartigen Maybach-Gleichdruck-Vergasern, wiederum mit zwangsweiser Steuerung der Luft-, Kraftstoff- und Gemisch-Querschnitte und einer ausgeklügelten Sparvorrichtung (»arm-reich«-Verstellung) gebildet; für die Zündung sorgten zwei Kerzen je Zylinder.

Als extremer Langhuber (mit den entsprechenden Steuerzeiten) war der W 5 ein elastischer Motor mit großem Durchzugsvermögen; im direkten Gang konnte er Steigungen bis zu 15% nehmen! Das Fahrzeug W 5 (Bild 24), entsprach dem des W 3, ebenso das Getriebe und die Bremsen, mit dem Unterschied jedoch, daß letztere mit einer Kraftverstärkung betätigt wurden. Überhaupt wurde auf leichte Bedienbarkeit des Fahrzeuges großer Wert gelegt:

»*... Dr. Maybach hat die Bedienung dieser Organe der Muskelkraft des Fahrers abgenommen und überläßt sie einer Öldruck-Kraftzentrale, die vom Fahrer durch kleine Hebelbewegungen in Tätigkeit gesetzt wird, und die doch so sanft und abgestuft arbeitet, als ob alle Organe gefühlsmäßig vom Fahrer bedient würden, und insbesondere bezüglich der Bremsen dem Fahrer das zuverlässige Gefühl für die ausgeübte Bremswirkung gibt... Der größere, bequeme Wagen kann von jeder Dame bestiegen und mit Sicherheit gelenkt werden...*« [21].

Die erwähnte »Drucköl-Zentrale« bestand aus drei Zahnradpumpen, von denen eine den Motorölkreislauf bediente, während die anderen beiden den Druck für die Kraftverstärkung der Schaltkupplungen und der Vierradbremsen erzeugten.

Hier sei noch auf eine Besonderheit der Maybach-Kfz-Motoren eingegangen: die Motor-Hilfseinrichtungen, die ungeachtet der untertreibenden Bezeichnung »Zubehör« eine große, damals aber vielfach unterschätzte Bedeutung für die Funktion und die Betriebssicherheit des Motors haben. Zu einer Zeit, als das alles andere als selbstverständlich war, hatten Maybach-Kfz-Motoren eine Zwangsumlaufschmierung, der W 5 sogar eine Ölschlamm-Absaugpumpe, Luft-, Kraftstoff- und Schmierölfilter. Wie wenig das in den zwanziger Jahren üblich war, ersieht man auch daraus, daß in der einschlägigen technischen Literatur der frühen zwanzi-

[13]) Das »Klopfen«, eine spontane, außerordentlich heftige Selbstzündung nach der eigentlichen Zündung durch die Zündkerze in dem noch unverbrannten Gemisch mit hohen Drücken und steilem Druckanstieg, war das zentrale Problem der Ottomotoren-Entwicklung in den zwanziger und dreißiger Jahren, das höheren Leistungen, Wirkungsgraden und längerer Lebensdauer gleichermaßen im Wege stand.

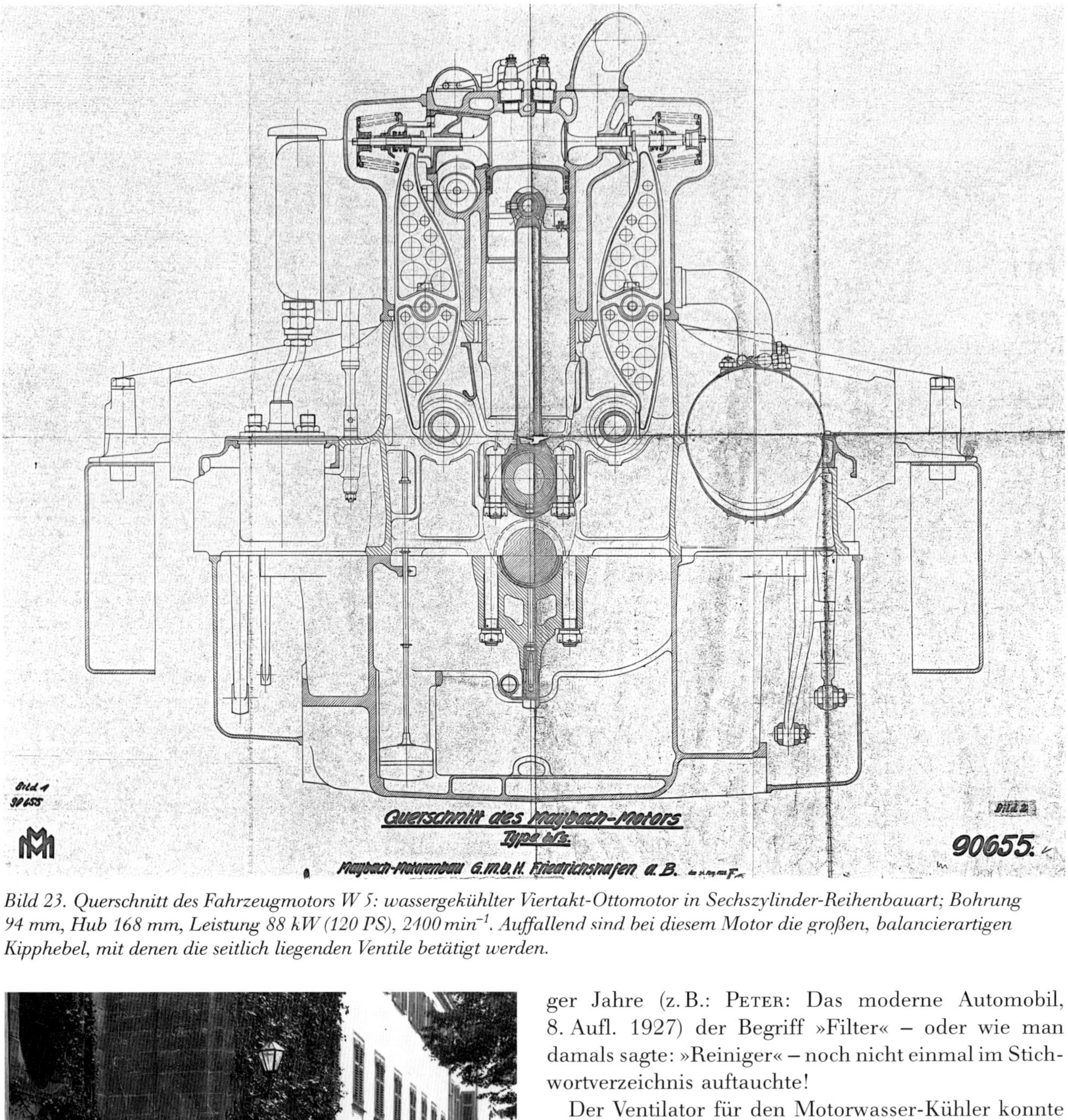

Bild 23. Querschnitt des Fahrzeugmotors W 5: wassergekühlter Viertakt-Ottomotor in Sechszylinder-Reihenbauart; Bohrung 94 mm, Hub 168 mm, Leistung 88 kW (120 PS), 2400 min^{-1}. Auffallend sind bei diesem Motor die großen, balancierartigen Kipphebel, mit denen die seitlich liegenden Ventile betätigt werden.

Bild 24. W-5-Wagen mit Schnellgang- (SG-) Getriebe. Die Karosserie stammt von Auer (Bad Cannstatt). Der Preis für das Fahrzeug betrug etwa 34 000 RM.

ger Jahre (z. B.: Peter: Das moderne Automobil, 8. Aufl. 1927) der Begriff »Filter« – oder wie man damals sagte: »Reiniger« – noch nicht einmal im Stichwortverzeichnis auftauchte!

Der Ventilator für den Motorwasser-Kühler konnte über eine Reibungskupplung entsprechend dem jeweiligen Kühlluftbedarf zu- und abgeschaltet werden. Die Nkw-Versionen hatten einen Drehzahlregler, der bei Überschreiten der Höchstdrehzahl die Brennstoffkammer des Vergasers mit dem Unterdruck im Saugrohr beaufschlagte, so daß kein Kraftstoff mehr aus der Düse austreten konnte.

Die Entwicklung des Automobilbaus in Deutschland hatte in der zweiten Hälfte der zwanziger Jahre kräftige Impulse nicht zuletzt durch die technisch überlegene amerikanische Konkurrenz erfahren; und weil sich der Straßenbau nach den Bedürfnissen des motorisierten Verkehrs zu richten begann, konnten allmählich die Geschwindigkeiten auch stärker motorisierter Fahrzeuge ausgefahren werden. Bei Fahrzeugen mit groß gewählter Hinterachsübersetzung, damit noch Schritt-Tempo im direkten Gang gefahren werden konnte, bestimmten nun nicht mehr das Drehmoment, sondern die Achsuntersetzung und die Höchstdrehzahl des Motors die relativ niedrige Höchstgeschwindigkeit. Es wäre jetzt ein leichtes gewesen, den Geschwindigkeitsbereich durch einen zusätzlichen Gang zu erweitern. Dem standen aber die Schwierigkeiten entgegen, welche das Schalten unsynchronisierter Getriebe bereitete; weniger geübte Fahrer taten sich schwer damit und versuchten deshalb, das Schalten nach Möglichkeit zu vermeiden. Der Maybach-Motorenbau löste den Zielkonflikt zwischen elastischem Motor und hoher Endgeschwindigkeit mittels eines Schnellganggetriebes[14]), mit dem durch eine zusätzliche Übersetzung (1:1,58) der Wagen bei gleicher Motordrehzahl schneller lief.

Das Schnellganggetriebe besteht aus zwei schrägverzahnten, dauernd im Eingriff befindlichen Radpaaren. Der Kraftschluß zu dem jeweils kraftübertragenden Zahnradpaar wird durch eine Klauenkupplung (Maybach-»Abweisklauen-Kupplung«) hergestellt. Bei Einschalten des Schnellganges wird die Klauenkupplung des einen Radpaares getrennt und die des anderen in Verbindung gebracht. Das Besondere dieses Getriebes ist die Abweisklauen-Kupplung, eine Kombination einer normalen, nur im Stillstand schaltbaren Klauenkupplung und einer Überholkupplung mit Sägezahnprofil, Bild 25. Bei positiver Drehzahl-Differenz bewegen sich die Klauen in Richtung der ansteigenden Stirnflächen, die Kupplungshälften werden »abgewiesen«; verkehrt sich jetzt die Drehzahldifferenz, dann gleiten die Kupplungshälften aufeinander ab und rasten ein. Diese Abweisklauen erleichterten den Schaltvorgang ungemein: Der gewünschte Gang wurde vorgewählt, das Gas kurz weggenommen, und anschließend wurde wieder Gas gegeben, der Schnellgang war eingeschaltet. Heute, da synchronisierte, halb- und vollautomatische Getriebe selbstverständlich sind, kann man kaum noch ermessen, wie sehr die Bedienung des Fahrzeuges durch das Schnellganggetriebe erleichtert wurde. In einem Aufsatz in der Zeitschrift »Motor« vom September 1928 wird das anschaulich geschildert:

»... *Das Schalten wird allgemein als lästig empfunden. Bei hohen Tourenzahlen ist es ja auch nicht so ganz leicht, den Gangwechsel so auszuführen, daß weder ein Zahnradgeräusch entsteht, noch das Tempo eine mehr oder weniger plötzliche Beschleunigung bzw. Verzögerung erfährt. Beides erfordert Übung, Gefühl und einige Kunstgriffe. Speziell die letzteren sind nicht jedermanns Sache*...« [22].

Die Wirkung des Schnellganggetriebes wird an einigen Zahlen deutlich: Im direkten Gang erreichte der W 5 bei Höchstdrehzahl von 2400 min^{-1} eine Geschwindigkeit von 85 km/h; nach Einschalten des Schnellganges wurde dieselbe Geschwindigkeit schon mit 1500 min^{-1} erreicht (Drehmoment stand ja reichlich zur Verfügung), mit 2400 min^{-1} konnten dann 135 km/h gefahren werden.

Entstehung:

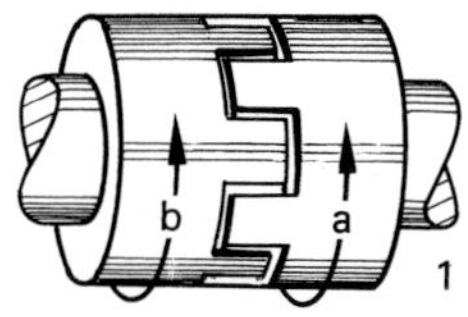

Bekannte Klauenkupplung: Einfache, lösbare Verbindung zweier umlaufender Teile, aber nur bei Stillstand einrückbar.

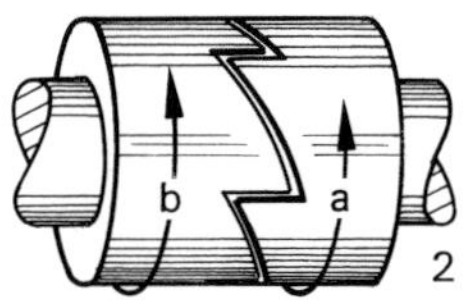

Bekannte Überholungskupplung: Sobald »b« sich schneller zu drehen beginnt als »a«, rückt »b« von selbst aus.

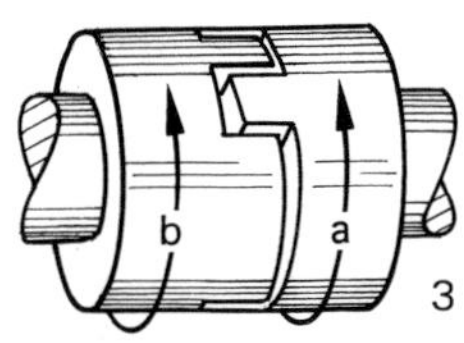

Maybach-Abweisklauenkupplung: Klauenkupplung wie 1, jedoch Stirnflächen wie 2, so daß Einrücken während des Betriebes möglich. Siehe 4, 5, 6.

Wirkungsweise:

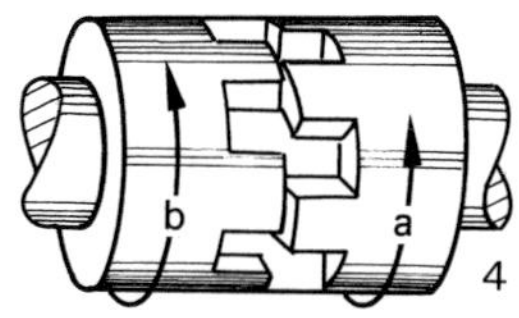

Läuft »b« schneller um als »a«, so kann kein Eingriff erfolgen, weil die Klauen sich gegenseitig abweisen, und zwar verschleißlos – auch bei höchsten Drehzahlen.

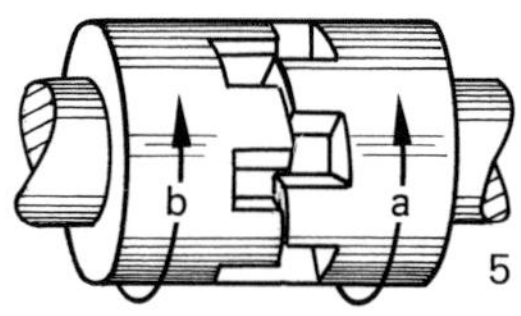

Auch bei Drehzahlgleichheit, erzielbar durch Verzögern von »b« auf Drehzahl von »a« oder Beschleunigen von »a« auf Drehzahl von »b«, noch kein Eingriff.

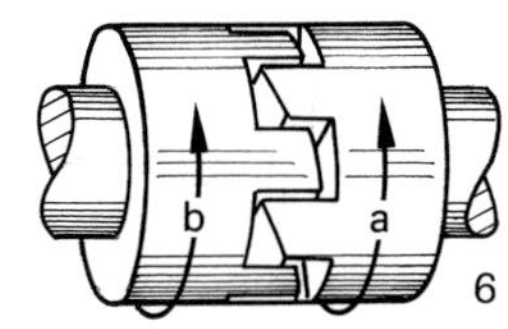

Jeder noch so geringe weitere Drehzahlabfall von »b« oder Drehzahlanstieg von »a« führt zum Eingriff. Voll eingerückter Zustand siehe 3.

Bild 25. Funktions-Schema der Maybach-Abweisklauenkupplung, die für das Maybach-Schnellganggetriebe entwickelt worden war.

Vom W-5-Motor wurden mehrere Nkw-Versionen abgeleitet, die sich durch das Motorzubehör und die mit Rücksicht auf den rauhen Nkw-Betrieb reduzierten Leistungen und Drehzahlen von den Pkw-Motoren unterschieden:

- OS 5 74 kW (100 PS) bei 2200 min^{-1},
- OS 6 66 kW (90 PS) bei 2000 min^{-1},
- OS 7 51 kW (70 PS) bei 1400 min^{-1}.

Es gab auch navalisierte Abarten, S 5, S 6 und S 7 mit angeflanschten (Maybach-) Wende- und Untersetzungsgetrieben, die in Yachten und schnellen Booten (»Expreß-Boote«) eingebaut wurden. Der OS 5 erwies sich als ebenso leistungsstarker wie robuster Motor, der

[14]) DRP 532 386

sich im Nkw-Betrieb gut bewährte. Er wurde für Lastkraftwagen, Kommunal-, sonstige Spezial-Fahrzeuge und Schienen-Triebwagen (VT 720) verwendet; sein Haupteinsatzgebiet waren jedoch Omnibusse zahlreicher Verkehrsgesellschaften wie der Reichspost, der Kraftverkehr Freistaat Sachsen AG (KVG) oder der Berliner Verkehrs AG (ABOAG).

Besonders eindrucksvoll waren die doppelstöckigen ABOAG-Busse mit ihren weit über die Vorderachse hinausragenden Motoren. Bis 1933 kamen bei der ABOAG 100 zweiachsige NAG-Doppelstock-Busse mit OS-5-Motoren zum Einsatz (NAG D2 [May]); 1934 wurden 17 Büssing-Busse (Bü D2 [May]) mit OS5 ausgerüstet. Ursprünglich auf 74 kW (100 PS) eingestellt, wurden die Motoren später im Zuge der Umstellung auf Flüssiggasbetrieb auf 51 kW (70 PS) bei 1800 min^{-1} zurückgenommen. Im Zweiten Weltkrieg wurden einige dieser Busse sogar mit Generatorgas betrieben. Sowohl Büssing- als auch NAG-Busse waren bei der BVG (West) noch bis 1953 in Betrieb. Ein Exemplar der NAG-D2-(May)-Busse, Baujahr 1927/28 dient der BVG (wie die ABOAG heute heißt) als Museumswagen.

Neue Motor-Konzeptionen

In der zweiten Hälfte der zwanziger Jahre geriet die deutsche Kfz-Industrie von der technischen wie von der wirtschaftlichen Seite gleichermaßen in Bedrängnis. Die Konkurrenz der ausgereifteren und – dank einschlägiger Zollerleichterungen – preiswerten amerikanischen Fahrzeuge machte ihr ebenso zu schaffen wie die sich verschlechternde wirtschaftliche Lage, für die der 29. Oktober 1929 als »Schwarzer Freitag« zum Fanal werden sollte.

Um seine Stellung behaupten zu können, mußte der Maybach-Motorenbau einen moderneren, leistungsstärkeren Motor anbieten. Nun wurde aber offensichtlich, daß es nicht mehr damit getan war, die eine oder andere Größe zu verändern, die eine oder andere Baugruppe umzukonstruieren, sondern daß es einer neuen Konzeption bedurfte. Stichwortartig läßt sich das wie folgt umreißen:

Aufteilung des Arbeitsraumes (Hubvolumen) auf kleine Zylinder-Einheiten, was – abhängig von der gewünschten Leistung – mehr Zylinder bedeutete; hohe Drehzahlen, dennoch wegen der kleinen Zylinderabmessungen mäßige mittlere Kolbengeschwindigkeiten, weitgehende Modul-Bauweise, Verwendung von Fremdfabrikat-Zubehör.

Vielzylindrige Motoren kleiner Zylinder-Abmessungen erlauben höhere Drehzahlen und somit leichtere Motoren. Wegen des gleichmäßigeren Drehmomentenverlaufs läuft der Motor ruhiger, der Massenausgleich gestaltet sich einfacher. Außerdem lassen sich kleine Zylindervolumina verbrennungstechnisch besser beherrschen.

Eine Modul-Bauweise (Aufteilung einer Baugruppe oder eines Bauteiles in mehrere Einzelteile) stellt an die Fertigung zwar höhere Anforderungen, weil die Toleranzen eingeschränkt werden müssen, ermöglicht dafür aber eine rationellere Fertigung und wirtschaftlicheren Motorbetrieb, weil bei Verschleiß oder Schaden nur noch das direkt davon betroffene Teil ausgewechselt werden muß. Der Fremdbezug des Zubehörs (Vergaser, Filter, Pumpen usw.), soweit in gewünschter Ausführung und Qualität erhältlich, war mittlerweile günstiger geworden als eine Eigenentwicklung und -fertigung, und auch die Ersatzteilversorgung gestaltete sich einfacher. Diese Gesichtspunkte waren bei der Auslegung und Konstruktion des Nachfolgemodells für den W-5-Motor bestimmend.

Der neue Motor wurde als Zwölfzylinder-V-Motor konzipiert; mit 86 mm Bohrung und 100 mm Hub hatte er zwar das gleiche Hubvolumen wie der W5, nämlich 7 dm^3, aber das Volumen eines Zylinders (»Zylindervolumen«) betrug nur noch die Hälfte des W5. Die Typenbezeichnung des neuen Motors lautete DS 7[15]). Trotz der auf 3000 min^{-1} erhöhten Drehzahl lag die mittlere Kolbengeschwindigkeit mit 10,0 m/s deutlich unter den 13,4 m/s des W5.

Das Kurbelgehäuse aus Leichtmetall war zweiteilig. Das Unterteil diente als Ölwanne, das Oberteil war bis zum oberen Totpunkt (oT) der Kolben hochgezogen und nahm die einzelnen, trockenen Grauguß-Laufbuchsen auf. Die Zylinderköpfe, für jede Motorreihe einer, wurden mit dem Kurbelgehäuse verschraubt. Die Ventile, jetzt hängend angeordnet, wurden über Kipphebel und Stoßstangen von der im Motorsattel gelagerten Nockenwelle betätigt. Statt Grauguß-Kolben, welche sich immer mehr als leistungsbegrenzend erwiesen (das schlechte Wärmeleitvermögen des Graugusses ließ die Kolbentemperaturen so ansteigen, daß das Öl in den Ringnuten verkokte und die Ringe festgingen; außerdem löste der heiße Kolbenboden Glühzündungen aus), kamen jetzt Aluminium-Kolben (Nelson-Bohnalite-Kolben) zum Einbau. Die Entwicklung und Fertigung eigener Vergaser wurde zugunsten fremdbezogener aufgegeben. Die nach dem Solex-Prinzip mit Luftkorrektur arbeitenden Vergaser waren konstruktiv einfacher und billiger als die Maybach-Motorenbau-Vergaser mit ihrer aufwendigen mechanischen Steuerung; sie hatten auch den Vorzug, daß die »arm-reich«-Regelung selbsttätig erfolgte. Dadurch wurde der Fahrzeugführer entlastet; auch die Gefahr einer Fehlbedienung ließ sich auf diese Weise ausschließen. Wenn z. B. das Gemisch zu lange auf »reich« eingestellt blieb, wurde durch das Zuviel an Kraftstoff der Schmierfilm vom

---

[15]) DS 7: Doppel-Sechszylinder (= zwölf Zylinder); 7 dm^3 Hubvolumen.

Zylinder abgewaschen, mit üblen Folgen für den Kolbenlauf.

Das kleinere Zylindervolumen, 0,58 dm^3 (W 5: 1,165 dm^3), war verbrennungstechnisch günstiger und kam deshalb mit einer Zündkerze je Zylinder aus. Gleichzeitig mit dem Zwölfzylinder-V-Motor wurde ein neues Fahrzeug entwickelt, der Maybach 12 (-Wagen). Der Rahmen bestand aus Längsträgern (U-Profil) mit Traversen, die Vorderachse war als Faust-, die Hinterachse als Banjo-Achse ausgebildet. Beide stützten sich über Halbelliptik-Federn in Rollenböcken am Rahmen ab. Statt des Planetengetriebes wurde jetzt ein dreigängiges, von Hand zu schaltendes Stirnradgetriebe mit Zweischeiben-Trockenkupplung verwendet. Das pneumatisch (mit Hilfe des Saugrohr-Unterdruckes) betätigte Schnellganggetriebe war im Kardan-Schubrohr untergebracht. Die Vierradbremsen wurden durch Seilzug, ohne Bremsausgleich, betätigt. Neu war, daß der Maybach-Motorenbau nun – in Zusammenarbeit mit Spohn/Ravensburg – das komplette Fahrzeug, also Fahrgestell mit Karosserie, anbot. Selbstverständlich konnten sich die Käufer das Fahrzeug auch nach eigenen Wünschen karossieren lassen.

Angesichts der Masse des »Maybach 12« (immerhin rund 3500 kg) wollte man noch mehr Motorleistung haben. Da das moderne Konzept des DS 7 eine Leistungssteigerung ohne weiteres zuließ, wurde der Motor in der Leistung durch Aufbohren auf 92 mm und Anheben der Drehzahl auf 3200 min^{-1} von 110 kW (150 PS) auf 147 kW (200 PS), d. h. um ein Drittel, erhöht. Typ: DS 8, Bild 26.

Das Fahrzeug mit dem leistungsstärkeren DS 8 und dem Doppel-Schnellganggetriebe (DSG) erhielt die Zusatz-Bezeichnung »Zeppelin«[16]). Damit wurde werbewirksam der Bezug zu dem Luftschiff GRAF ZEPPELIN hergestellt, dessen Motoren ebenfalls vom Maybach-Motorenbau entwickelt und gebaut worden waren. In einem Prospekt heißt es:

»... Die Typenbezeichnung »Zeppelin« wurde gewählt, um auch äußerlich zum Ausdruck zu bringen, daß der Zwölfzylinder-Motor dieses außergewöhnlichen Fahrzeuges auf Grund der Erfahrungen mit den Maybach-Luftschiffmotoren konstruiert ist. Dieser Name soll auch Symbol sein für die Grundsätze, nach denen Maybach-Wagen gebaut werden: Nur Bestes aus Bestem zu schaffen, von dauerndem Wert, in höchster Vollendungsform neuen Entstehens ...« [23].

Der »Maybach-Zeppelin«-Pkw war in der Tat ein imposantes Fahrzeug (Bild 27); die Fahrgestell-Masse betrug 1900 bis 2320 kg, die zulässige Belastung 1680 kg, zusammen also bis zu 4000 kg! Länge über alles: 5,52 m, Breite (ohne Kotflügel): 1,75 m, die Höhe richtete sich nach der jeweiligen Karosserie. Gleiches galt für die Höchstgeschwindigkeit, die zwischen 140 und 170 km/h lag. Mit einer strömungsgünstigen Jaray-Karosserie sollen sogar 190 km/h erreicht worden sein. Der Kraftstoffverbrauch war dementsprechend hoch, es wurden 28 l/100 km angegeben. Man muß diesen Wert allerdings mit den Verbrauchswerten der Autos jener Zeit vergleichen; außerdem wurde damals mit Kraftstoffen gefahren, deren Klopfempfindlichkeit zu niedrigen Verdichtungs-Verhältnissen (5,6 : 1) zwang. Die Vorstellung, daß ein solches Fahrzeug auf den gewölbten, basaltgepflasterten Vorkriegsstraßen, auf denen sich arglos Pferdefuhrwerke, Radfahrer und Fußgänger tummelten, seine Geschwindigkeit voll ausfuhr, läßt einen nachträglich noch erschaudern.

Der »Zeppelin« war das größte Fahrzeug, das der Maybach-Motorenbau baute; es gab auch eine Sportwagen-Version davon, die über drei Tonnen wog! Heute kann man sich über den Optimismus des Maybach-Motorenbaus nur wundern, zur Zeit der Weltwirtschaftskrise (1929/30) ein Fahrzeug wie den »Zeppelin« herauszubringen. Nun waren die Entwicklungsarbeiten noch vor der Krise angelaufen, und eine Änderung des Konzeptes wegen der aktuellen wirtschaftlichen Lage war nicht möglich. Zudem ließ sich die Firmen-Philosophie, denselben Motortyp für Pkw und Nkw zu verwenden, nur mit leistungsstarken Motoren verwirklichen, und das bedeutete im Pkw-Bereich schwere und damit luxuriöse Fahrzeuge.

Der Preis von 27000 RM für das Fahrgestell und 40000 bis 50000 RM für das komplette Fahrzeug engte in einer Zeit, da in Deutschland Millionen keine Arbeit hatten, den Käuferkreis stark ein. Um die Größenordnung der Preiskategorie aufzuzeigen: Ein Einfamilien-Haus war damals für rund 10000 RM zu haben; oder um einen anderen Vergleich zu wählen: für den Preis eines »Zeppelin« bekam man 33 Opel-P4-Wagen.

Vom DS-8-Motor wurden wiederum Nkw- und Bootsversionen abgeleitet, der DSO 8 und der SDS 8[17]). Wenngleich die Maybach-Kfz-Motoren als Pkw-Motoren berühmt geworden sind, so wurden doch wesentlich mehr in Nutzfahrzeuge eingebaut. Nun galten Motorleistungen in dieser Größenordnung nicht nur für Pkw, sondern auch für Nkw als sehr hoch; auch herrschte gegenüber der vielzylindrigen Bauart und hohen Drehzahlen ein beträchtliches Mißtrauen. Der Maybach-Motorenbau mußte deshalb bei manchem Motorenbetreiber zählebige Vorurteile wie diese ausräumen:

»... Allgemein dürfte heute die Ansicht vorherrschen, daß bei Omnibussen eine Vermehrung der Zylinderzahl über 6 Zylinder hinaus nicht zweckmäßig ist ... jedenfalls für den rauhen Gebrauchswagen nicht als gerechtfertigt erscheint. Ein weiterer Grund für die bisherige Ablehnung von mehr als 6 Zylindern wird wohl auch darin liegen, daß man durch diese Vermehrung der Teile eine Kompli-

16) Mit »Zeppelin« wurde aber auch der DS 7 mit dem DSG-Getriebe bezeichnet.

17) Das O steht für »Omnibus«, das S vor den Buchstaben DS für »Schiff«.

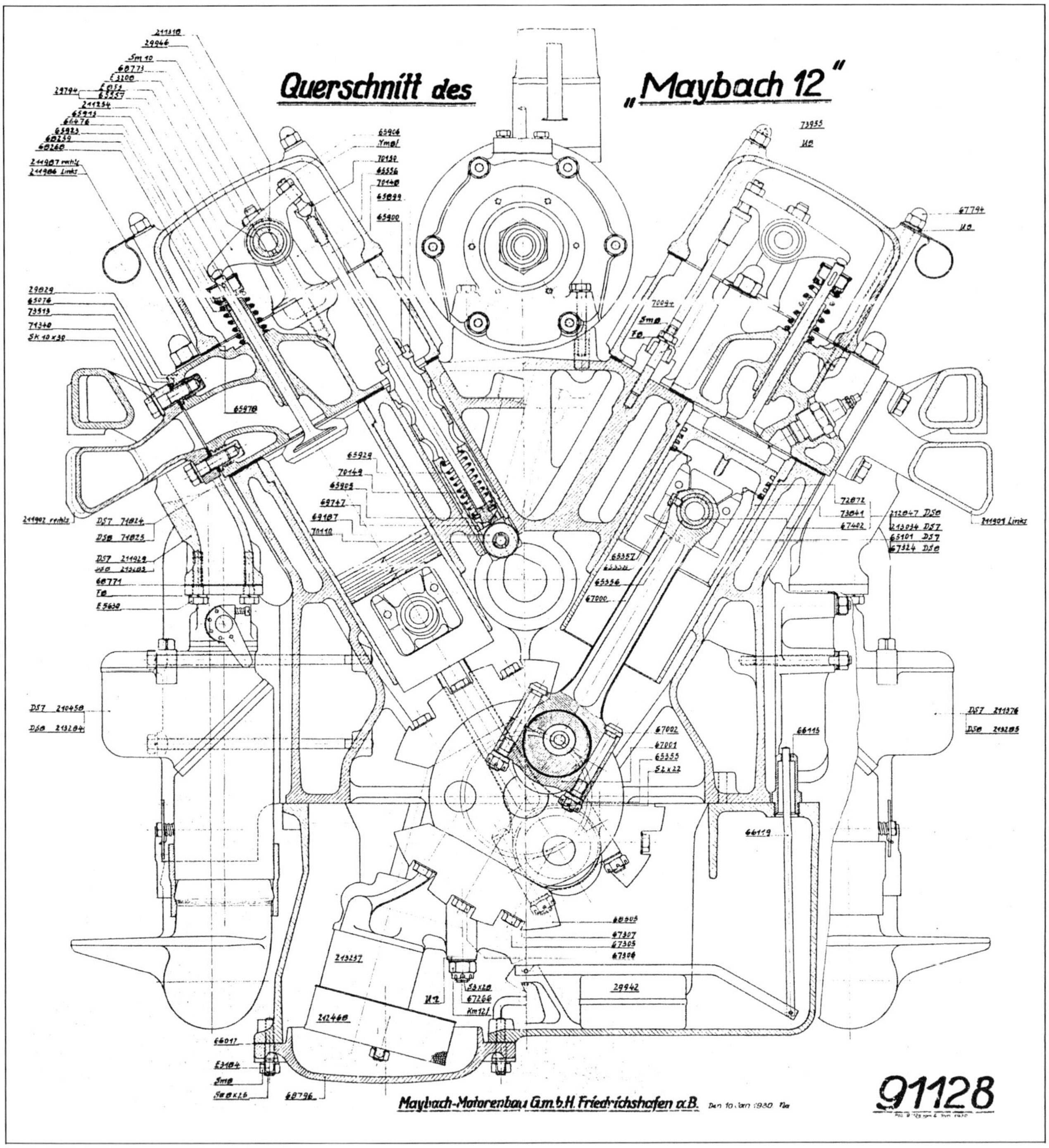

Bild 26. Querschnitt des Motors DS 8 für den Pkw Maybach 12 »Zeppelin«: wassergekühlter Viertakt-Ottomotor, Zwölfzylinder-V-Bauart; Bohrung 92 mm, Hub 100 mm, Leistung 147 kW (200 PS) bei 3200 $\min^{-1}$. Der DS 8 war ein kompakter, leistungsstarker Motor, der sich zum Antrieb von luxuriösen Pkw, Nutzkraftwagen und geländegängigen Militärfahrzeugen gleichermaßen eignete.

kation und Verringerung der Betriebssicherheit herbeizuführen glaubt ...« [24].

Doch gab es auch große Verkehrs-Gesellschaften wie die Kraftverkehr Freistaat Sachsen AG (KVG), welche die Dinge anders sahen und die hohe Leistung der Maybach-Motoren für ihren Anwendungsbereich zu schätzen wußten:

»... Die Automobil-Industrie baut heute noch im allgemeinen für Lastkraftwagen und Omnibusse ein und denselben Motor. Es werden also Personen mit den gleichen Maschinen befördert wie Güter. Die KVG hat versucht, statt Lastkraftwagen-Maschinen Personenwagen-Motoren zu erhalten [Anmerkung: man achte auf die feine sprachliche Unterscheidung zwischen Maschinen und

Bild 27. Sport-Cabriolet Maybach »Zeppelin« mit Karosserie von Balogh (Budapest). Das Fahrgestell allein hatte eine Masse von 1900 kg.

Motoren!]. *Das ist bei etwa 170 Fahrzeugen erreicht worden, in welche Sechszylinder- und Zwölfzylinder-Maybach-Motoren eingebaut werden konnten...«* [25].

Der DSO wurde in die Busse vieler Verkehrsgesellschaften wie auch von kleinen Unternehmen eingebaut, (Bild 28); in einer Sonderausführung als DSO 8 spez. wurde er in Halbketten-Zugmaschinen der Typen Krauss-Maffei KMZ 100, Daimler-Benz DB s 7 (Bild 29) und DB s 8 eingebaut und somit zu einem der »Ahnherren« der deutschen Panzermotoren.

Der Anbruch der vierten Dekade unseres Jahrhunderts war durch die Weltwirtschaftskrise geprägt. Die wirtschaftliche Lage war, nicht nur in Deutschland, katastrophal. Der Absatz der Pkw ging zurück; auch orderten die großen Fahrzeugbetreiber keine neuen Fahrzeuge mehr, sondern legten Teile ihres Fuhrparkes still. Um trotz dieser Situation den Kundenkreis für seine Pkw zu erweitern, entschloß sich der Maybach-Motorenbau, eine einfachere und weniger teure (das Wort »billig« verbietet sich bei den Preisen der Maybach-Fahrzeuge von selbst) Version des »Maybach Zeppelin« herauszubringen, bestehend aus dem gleichen Fahrgestell, jedoch mit einem Sechszylinder-Motor. Vorsichtig formuliert, heißt es in einer Werbeschrift:

»... Der Konstruktion des Maybach-Sechszylinder-Wagens war die Aufgabe zugrunde gelegt, entsprechend den Anforderungen der gegenwärtigen Zeit ein Fahrzeug großer Leistungsdichte und mit möglichst geringen Anschaffungs- und Unterhaltungskosten zu schaffen...« [26].

Bild 28. In der Nutzkraftwagen-Ausführung (DSO 8) auf 110 kW (150 PS) bei 2300 min^{-1} reduziert, wurde der Motor des Maybach-»Zeppelin«-Wagens bevorzugt in Omnibusse für hohe Geschwindigkeiten oder für steigungsreiche Strecken eingebaut, wie in diesen Vomag-Bus.

Weil kein anderer Sechszylinder zur Verfügung stand, mußte man auf den technisch nicht mehr ganz neuen W-5-Motor zurückgreifen. Auch im Getriebe unterschied sich dieses Fahrzeug, der W 6, vom »Maybach Zeppelin«, denn es hatte ein Dreigang-Handschaltgetriebe mit zusätzlichem Schnellgang. Der Preis des solchermaßen vereinfachten Fahrzeuges (Fahrge-

Bild 29. Der »schwere Zugkraftwagen 12 to«, Bauart Daimler-Benz DB s 7, wurde von 1934 bis 1935 als Zugmaschine (Zuglast 12 t) für Geschütze und Pioniergerät (Brücken) gebaut. Als Antrieb diente der Motor DSO 8 spez. mit 110 kW (150 PS) bei 2300 min^{-1}.

stell) betrug mit 16 800 RM etwas mehr als die Hälfte dessen, was für den »Maybach-Zeppelin« bezahlt werden mußte (29 500 RM). 1934 erhielt der W 6 das Doppel-Schnellganggetriebe (Bezeichnung: W 6 DSG). Der W 6 war sicher ein gediegenes Fahrzeug, auf dessen »Verwandtschaft« zum »Zeppelin« hinzuweisen man nicht versäumte:

»... *Die Erfahrung einer viele Jahre umfassenden Automobilfabrikation, die in den bekannten Maybach-Zwölfzylinder-Wagen, Type ›Zeppelin‹ gipfelt, kam diesen Bestrebungen außerordentlich zugute, als für viele Teile der neuen, etwas kleineren Type bereits erprobte und bewährte Konstruktionselemente vorlagen* ...« [27].

Doch der W 6 entsprach nicht mehr dem Stand der Technik: Der W-5-Motor war konstruktiv veraltet, das Fahrzeug vergleichsweise schwer und teuer. Im Grunde mußten Motor und Fahrgestell neu konzipiert und entwickelt werden, wobei der Motor die dringendere Aufgabe darstellte. Mochte der W-5-Motor für einen Pkw noch genügen, für Nutzkraftwagen (Nkw) brauchte man einen modernen, fertigungs-, wartungs- und reparaturfreundlicheren Motor, der mindestens dem Entwicklungsstand des DS 8/DSO 8 entsprach. In kurzer Zeit schuf der Maybach-Motorenbau einen solchen Sechszylinder-Motor, der ab 1934 als DSh[18]) in das nun als DSh bezeichnete Fahrzeug (ex: W 6), Bild 30, eingebaut wurde. Die Konzeption des DSh-Motors war mehr an den Forderungen des Nkw- denn des Pkw-Betriebes orientiert: robustes Grauguß-Gehäuse mit auswechselbaren nassen Zylinderbuchsen und gegenüber dem DS 8 / DSO 8 größeren Zylinderabmessungen (Bohrung: 100 mm, Hub: 110 mm, Hubvolumen: 5,2 dm^3). Die Leistung wurde entsprechend dem Einsatzprofil festgelegt, im Pkw 95 kW (130 PS) bei 3200 min^{-1} (DSh), für Nkw im Normalbetrieb, z. B. Lastkraftwagen und Omnibusse, 66 kW (90 PS) bei 2000 min^{-1} (DSh 90) oder 81 kW (110 PS) bei 2400 min^{-1} (DSh 110). Für Sonderfahrzeuge mit intermittierendem Betrieb (Feuerwehr und ähnliches) wurde er mit 95 kW (130 PS) bei 2800 min^{-1} angeboten. Diese Ausführung erhielt die Bezeichnung HL 52[19]). Hier erschienen zum ersten Mal die Buchstaben HL als Abkürzung für »Hochleistung«, die später eine ganze Gattung Maybachscher Motoren kennzeichnen sollten. In welchem Maße der DSh/HL 52 auf die Belange des rauhen Nkw-Betriebes ausgerichtet war, geht aus der Motormasse hervor: Der 7-l-Motor W 5 wog 410 kg, der HL 52 mit 5,2 l Hubvolumen hingegen 430 kg! Es ist deshalb von Interesse,

[18]) DSh bedeutet: »Doppel-Sechszylinder, halbe«. Die Maybachsche Motoren-Nomenklatur mutet in der Tat etwas seltsam an, zudem wieder einmal Motor und Fahrzeug dieselbe Bezeichnung erhielten.

[19]) HL = Hochleistung, 52 = 10 · 5,2 (dm^3 Hubvolumen)

Bild 30. Das DSh-Cabriolet hatte einen neu konzipierten sechszylindrigen 95-kW-(130-PS-)Motor und ein DSG-Getriebe.

auf die Zielsetzung des Maybach-Motorenbaus bei der Entwicklung dieses Motors einzugehen:

»... *so läßt sich das, was man heute von einem neuzeitlichen Nutzfahrzeug-Motor verlangen muß, wie folgt zusammenfassen: hohe Literleistung, großer Drehzahlbereich und sehr hohes Drehmoment, bezogen auf die Einheit des Hubvolumens, insbesondere bei niedrigen Drehzahlen*...« [28].

Neben hohen spezifischen Leistungswerten, die von diesem Motor verlangt wurden, sollte er außerdem robust und wartungsfreundlich sein. Das sind Entwicklungsziele, die sich nicht so ohne weiteres vereinen lassen:

»... *Entsprechend seinem Charakter als Hochleistungsmotor ist die Konstruktion des HL 52 in allen Teilen zielbewußt verfeinert, gleichzeitig jedoch von Gesichtspunkten des praktischen Betriebes und wirtschaftlicher Überlegungen getragen*...« [29].

Wie der DSO 8 spez. wurde der HL 52 u. a. in Halbketten-Zugmaschinen von Krauss-Maffei (KM m 8) eingebaut, wo er auf 88 kW (120 PS) bei 2600 min^{-1} eingestellt war.

Ende 1932 begann sich die Wirtschaft (nicht nur in Deutschland) langsam zu erholen, was auch der Kfz-Industrie zugute kam. Dieser Trend verstärkte sich nach der Machtübernahme der Nationalsozialisten 1933, als diese, wenn auch aus anderen Gründen als sie vorgaben, das Kraftfahrwesen nachhaltig förderten. Der Maybach-Motorenbau konnte vorerst nicht vom Aufschwung der Kfz-Industrie profitieren, weil sein Produktionsprogramm nicht mehr den Erfordernissen des Marktes entsprach. Es wurden kleinere und weniger teure Fahrzeuge verlangt, als der Maybach-Motorenbau anbieten konnte. Deshalb mußte schnellstens ein neuer, besser geeigneter Fahrzeugtyp geschaffen werden. Außerdem zeichnete sich ab, daß sich das bisherige Konzept, einen leistungsstarken Motortyp zum Antrieb gleichermaßen von Pkw und Nkw zu verwenden, überlebt hatte. Mit der »kompressorlosen Einspritzung«[20]) fand der Dieselmotor Eingang in die Nutzkraftwagen und schickte sich an, die Ottomotoren hier zu verdrängen.

Nun stellt sich natürlich die Frage, warum der Maybach-Motorenbau dieser Entwicklung nachhinkte. Der Grund lag darin, daß – wie in den anderen Kapiteln beschrieben wird – die Entwicklungskapazität des Maybach-Motorenbaus stark angespannt war, denn neben den Kfz-Motoren und – nolens volens – den Kraftfahrzeugen entwickelte er Triebwagen-Dieselmotoren und (in den zwanziger Jahren) auch Luftschiff-Ottomotoren. Um den Vorsprung der Wettbewerber aufzuho-

[20]) Hierauf wird noch im Zusammenhang mit den Triebwagen-Dieselmotoren eingegangen.

Tabelle 2. Übersicht der FD-Motoren-Baureihe.

Typ	Zylinderzahl	Hubvolumen dm³	Drehzahl min⁻¹	Leistung kW/PS
FD 44	3	4,4	2000	44/60
FD 60	4	5,9	2000	59/80
FD 88	6	8,8	2000	88/120

len, hatte der Maybach-Motorenbau Anfang der dreißiger Jahre mit der Entwicklung einer Baureihe von Nkw-Dieselmotoren begonnen. Diese Baureihe der Fahrzeug-Diesel-(FD-)Motoren[21]) bestand aus Drei-, Vier- und Sechszylinder-Reihenmotoren von 110 mm Bohrung und 155 mm Hub, Tabelle 2.

Die je nach Motortyp verwendeten Zwei- bzw. Dreizylinder-Blöcke wurden auf das Leichtmetall-Kurbelgehäuse aufgesetzt und mit diesem und den Lagerbrükken mittels langer, durchgehender Zuganker verspannt. Der Ladungswechsel wurde durch hängende Ventile, betätigt über Kipphebel und Stoßstangen von der seitlich im Kurbelgehäuse gelagerten Nockenwelle, gesteuert. Das Triebwerk war gleitgelagert, die Kolben hatten als Schutz für die in Dieselmotoren hoch beanspruchten Nutflanken Ringträger für die oberen beiden Verdichtungsringe. Die FD-Motoren waren – anders als die Motoren der meisten Wettbewerber – aus folgenden Gründen Direkteinspritzer:

»... *So z. B. war es möglich, auf die Komplikation einer Vorkammer zu verzichten und mit direkter Strahlzerstäubung eine bei allen Drehzahlen gute Verbrennung, einen besseren Verbrauch, sowie ein sicheres Anspringen des kalten Motors ohne Zuhilfenahme von Glühkerzen, Zündpatronen und sonstigen Hilfsmitteln zu erzielen*...« [30].

Bild 31. Dieselmotor FD 88: wassergekühlter Viertakt-Direkteinspritzer, in Sechszylinder-Reihenbauart; Bohrung 110 mm, Hub 155 mm, Leistung 88 kW (120 PS) bei 2000 min⁻¹. Neben dieser Sechszylinder-Version waren auch eine Dreizylinder- (FD 40) und eine Vierzylinder-Ausführung (FD 66) projektiert.

Die Einspritzausrüstung, Blockpumpen und Mehrlochdüsen, kam von Bosch. Der Verbrauch der FD-Motoren wurde mit 245 bis 272 g/kWh (180 bis 200 g/PSh) angegeben. Es wurden nur einige Prototypen dieser Motoren gebaut, von denen ein FD 60 in ein Daimler-Benz- und ein FD 88 in ein Faun-Fahrzeug eingebaut und erprobt worden sind. Zur Serienfertigung kam es nicht, weil der Maybach-Motorenbau zu dieser Zeit mit anderen Motoren in Entwicklung und Fertigung ausgelastet war, Bild 31.

Die Arbeiten an den neuen, kleinen Personenkraftwagen (was man so bei Maybach als »klein« bezeichnete) liefen Ende 1932 an, und erst 1934 war der Maybach-Motorenbau so weit, eine Vorserie von sieben Pkw im Fahrbetrieb auf der Strecke zu erproben. Auf der Berliner Automobil-Ausstellung 1935 wurde dann das neue Fahrzeug der Öffentlichkeit vorgestellt, wo es reges Interesse hervorrief:

»... *Der Maybach-Stand dürfte in diesem Jahr in besonderem Maße das Interesse der Besucher auf sich lenken. Der in früheren Jahren schon oft geäußerte Wunsch, im Maybach-Programm eine kleinere Type mit allen Vorzügen der bewährten großen Modelle zu finden, ist Wirklichkeit geworden. Also ein neuer Maybach: Type ›SW 35‹ – 3,5 Liter – 140 PS – mit Doppelschwingachsen, Doppelfederung und einem verwindungsfreien Tiefbettkastenrahmen. Der Wagen ist zweifellos eine der interessantesten Neukonstruktionen des Jahres*...« [31].

Fahrgestell wie Motor waren Neukonstruktionen. Der kröpfungslose Tiefbett-Kastenrahmen war durch Traversen und im Hinterachsenbereich durch ein Querträgerrohr versteift. Die Starrachsen hatte man zugunsten einer Einzelrad-Aufhängung aufgegeben. Die hinteren Schwingachsen waren durch das Querträger-Rohr geführt und über Schraubenfedern an dem hochgelagerten Blattfederpaket angelenkt, Bild 32. Die Vorderräder waren an dreieckförmigen Parallelogramm-Lenkern am Rahmen angelenkt und stützten sich gleichfalls über Schraubenfedern gegen eine querliegende Blattfeder ab, Bild 33. Die mechanisch über Seilzug betätigte Vierradbremse wurde in ihrer Wirkung durch den Saugrohr-Unterdruck verstärkt (Servo-Bremse). Die ersten SW 35 (SW = Schwingachswagen;

[21]) FD = Fahrzeug-Diesel; die Ziffern geben das Zehnfache des Hubvolumens (in dm³) an.

Bild 32. Hinterachse und Radaufhängung des Schwingachs- (SW-) Wagens. Der hintere Rahmenquerträger dient als Achsträger und nimmt den Achsantrieb auf. Die pendelnden Halbachsen (»Schwingachsen«) stützen sich über Schraubenfedern an der querliegenden Blattfeder ab.

Bild 33. Vorderradaufhängung des Schwingachs- (SW-) Wagens. Die Vorderräder sind über dreieckförmige Parallelogramm-Lenker am Rahmen angelenkt und wiederum durch Schraubenfedern und eine querliegende Blattfeder abgefedert.

35 = 10 · 3,5 dm^3 Hubvolumen) hatten ZF-Getriebe, später erhielten die SW 35 das halbautomatische Maybach-Viergang-Getriebe (DSG 40).

Der Wartungserleichterung diente eine Zentralschmierung, bestehend aus einem Schmierölbehälter mit einer Druckpumpe, welche über ein Leitungssystem die zu schmierenden Stellen des Fahrzeuges mit Öl versorgte. Anfangs war das Getriebe direkt an das Differential angeflanscht; das wurde aber bald geändert, weil der geschweißte Hinterachskasten als Resonanzboden wirkte und die ganze Anordnung zum Dröhnen neigte, Bild 34.

Für den SW 35 war auch der Motor neu entwickelt worden, der HL 35, der sich stark an den Konstruktionsprinzipien des Flugmotorenbaus orientierte und die für die späteren HL-Motoren charakteristischen Merkmale aufweist: Das Kurbelgehäuse ist weit unter die Kurbelwellenmitte herabgezogen, die Kurbelwelle achtfach gelagert und an allen Wangen mit angeschmiedeten Gegengewichten versehen, die nassen Zylinderbuchsen sind in das Gehäuse eingesetzt. Die schräg hängenden Ventile, welche einen sphärischen Brennraum ermöglichen, werden über Schwinghebel mit Rollen von der im Zylinderkopf gelagerten Nockenwelle betätigt; die Nockenwelle wird über ein Novotex-Rad von der Kurbelwelle angetrieben. Eine Besonderheit sind die Ventilfedern, die nicht wie üblich als Schrauben-, sondern als Blattfedern ausgebildet sind. Die Blattfedern zeigten aber ein schwingungstechnisch ungünstiges Verhalten, weshalb man wieder zu konventionellen Schraubenfedern überging, Bilder 35 und 36. Es ist erwähnenswert, daß die Konstruktionsprinzipien dieses Motors aus dem Jahre 1935 im Pkw-Motorenbau zum Teil erst Ende der siebziger/Anfang der achtziger Jahre Allgemeingut geworden sind!

Mit sechs Zylindern von 90 mm Bohrung und 90 mm Hub leistete der HL 35 bei 4500 min^{-1} (!) 103 kW

Bild 34. In der ursprünglichen Ausführung des Schwingachs- (SW-) Wagens war das Getriebe direkt am Differential angeflanscht. Da der Achsträger als Resonanzboden für die Getriebegeräusche wirkte, wurde das Getriebe konstruktiv vom Differential getrennt.

(140 PS); er übertraf in seinen spezifischen Leistungswerten manchen Flugzeugmotor dieser Zeit. 1936 kam der SW 38 auf den Markt (Bild 37), praktisch das gleiche Fahrzeug mit einem etwas größeren Motor (HL 38). Der HL 38 hatte denselben Bohrungsdurchmesser von 90 mm wie der HL 35, aber einen um 10 mm verlängerten Hub. Wegen der schlechter werdenden Qualität des Kraftstoffes hatte man die Verdichtung um eine Einheit erniedrigt. Um dennoch die Leistung von 103 kW (140 PS) halten zu können, wurde diese Hubverlängerung durchgeführt und die Drehzahl mit Rücksicht auf die mittlere Kolbengeschwindigkeit auf 4000 min^{-1} zurückgenommen. Im Hinblick auf den Autobahnbetrieb – jetzt konnten hohe Geschwindigkeiten auch tatsächlich über eine längere Zeit gefahren werden – erhielt der HL 38 einen Motoröl-Wärmetauscher im Motorkühlwasserkreislauf.

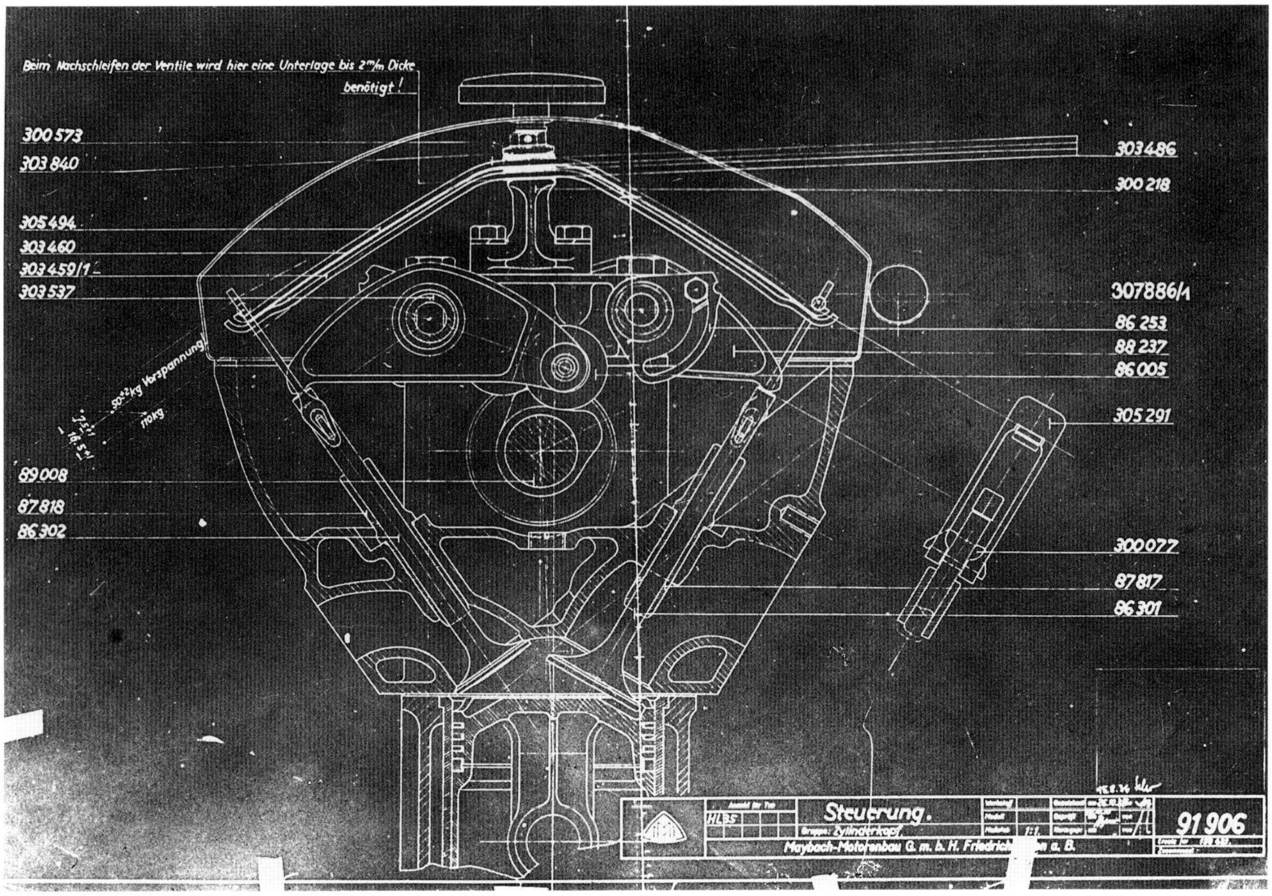

Bild 35. HL-35-Motor (alt): Ventilfedern in Blattfederausführung. Obwohl in der Beschreibung und Betriebsanleitung betont wird, daß »auch bei höchsten Drehzahlen keine Flattererscheinungen« auftreten, so waren es doch Schwingungsprobleme, deretwegen man zu konventionellen Schraubenfedern zurückkehrte.

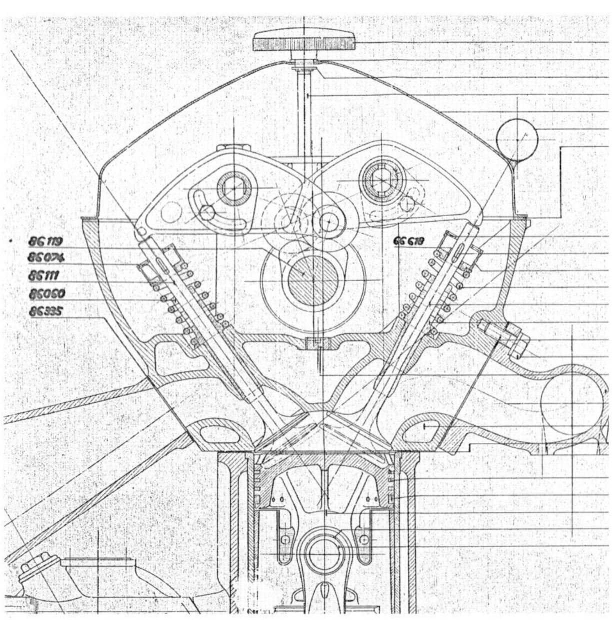

Bild 36. HL-35-Motor (neu): Steuerung mit Schraubenfedern als Ventilfedern.

Als letzter Maybach-Wagen erschien 1939 der SW 42 mit dem HL-42-Motor mit abermals um 10 mm verlängertem Hub. Zum HL 42 ist in der *Automobiltechnischen Zeitschrift* zu lesen:

»... welche Möglichkeiten noch in der Anwendung hängender Ventile bei richtiger Ausgestaltung des Zylinderkopfes liegen, lehren die Beispiele von BMW und Maybach, die bei niedrigem Gewicht auf hohe Hubraumleistungen kommen... Maybach bringt es bei dem auf 4,2 l vergrößerten Sechszylinder auf 33 PS/l (bei 3,8 l Zylinderinhalt und bei Verwendung von klopffestem Treibstoff 36,9 PS/l)...« [32].

Mit Beginn des Zweiten Weltkrieges wurde der Maybachsche Automobilbau eingestellt. Insgesamt sind rund 2300 Maybach-Fahrzeuge gebaut worden, ungefähr die Tagesproduktion eines der heutigen Automobil-Werke. Dem Protokoll einer Bilanzbesprechung zu Beginn des Krieges ist zu entnehmen, daß beabsichtigt war, nach dem Kriege einen neuen, leichteren Wagen mit Zwölfzylinder-Motor herauszubringen. Doch dazu sollte es nach 1945 nicht mehr kommen.

Der Käuferkreis für die Maybach-Fahrzeuge bestand meist aus Personen des öffentlichen Lebens im In- und Ausland: Kaiser wie Haile Selassie von Äthiopien, Fürsten wie Prinz Bernhard der Niederlande, Künstler, bekannte Ärzte, Diplomaten, Großindustrielle und Politiker, deren Lebensstil – und damit natürlich auch deren Fahrzeuge – im Blickpunkt des allgemeinen Interesses standen. Eine Reihe von Maybach-Fahrzeugen hat die Wirren des Krieges und der Nachkriegszeit überstanden. Sie werden von ihren Besitzern liebevoll gepflegt; von Zeit zu Zeit finden Veteranen-Treffen statt, bei denen 20 und mehr Fahrzeuge zusammenkommen, Bild 38. Dem Zeitgenossen, der diese Limousinen, Cabriolets und Roadster in ihrer eindrucksvollen Größe und Schönheit beieinander stehen sieht, kommen unsere heutigen – bequemen, sicheren, schnellen und wirtschaftlichen – Autos geradezu armselig vor!

Bild 37. SW-38-Wagen als fünfsitziges Sport-Cabriolet mit Rechtslenkung, Karosserie von Spohn (Ravensburg), Baujahr 1938.

Tabelle 3. Personenwagen- und Nutzfahrzeug-Motoren 1920 bis 1939.

Motor-Typ	Jahr	Bauart	Bohrung / Hub (mm / mm)	Zylinder-Volumen (dm^3)	Leistung / Drehzahl (kW/PS / min^{-1})	effektive Literarbeit (kJ/dm^3)	mittlere Kolben-Geschwindigkeit (m/s)
W 2 W 3	1921 1922	6 R	95 / 135	0,956	51,5/70 / 2200	0,49	9,9
W 5	1926	6 R	94 / 168	1,165	88/120 / 2400	0,63	13,4
DS 7	1929	12 V	86 / 100	0,58	110/150 / 3000	0,63	10,0
DS 8	1930	12 V	92 / 100	0,66	147/200 / 3200	0,69	10,6
DSO 8	1934	12 V	92 / 100	0,66	110/150 / 2300	0,72	7,7
DSH	1933	6 R	100 / 110	0,864	95,6/130 / 3200	0,69	11,7
HL 52	1934	6 R	100 / 110	0,864	95,6/130 / 2600	0,85	9,5
HL 35	1935	6 R	90 / 90	0,572	103/140 / 4500	0,80	13,5
HL 38	1936	6 R	90 / 100	0,636	103/140 / 4000	0,81	13,3
HL 42	1939	6 R	90 / 110	0,699	103/140 / 4000	0,74	14,7

Bild 38. Treffen der Maybach-Veteranen.

3. Luftschiffmotoren 1923 bis 1930

Der Verbrennungsmotor als »Motor«, als »Beweger«, ist viel mehr als andere Maschinenarten in das nichttechnische Umfeld eingebunden. Nicht nur, daß er es ermöglichte, die Transportgeschwindigkeit auch außerhalb des Schienennetzes weit über die des Pferdes zu beschleunigen; mit dem Flugzeug und dem Luftschiff erschloß er dem Menschen auch die dritte Dimension!

Das gilt in besonderem Maße für Hochleistungsmotoren, wie der Maybach-Motorenbau sie baute. So nimmt es nicht wunder, daß das Unternehmen von den großen politischen und militärischen Ereignissen dieses Jahrhunderts stärker betroffen wurde als z. B. die Hersteller von Textil- oder Verpackungsmaschinen.

Karl Maybach war ein nüchterner, ruhig denkender Mann, dem extreme Anschauungen ebenso fern lagen wie ein überzogener Nationalismus; durch den Bau von Hochleistungsmotoren geriet der Maybach-Motorenbau jedoch zwangsläufig in den Mahlstrom beider Weltkriege und ihrer Folgen. Ein Beispiel, wie sich die politischen Ereignisse auf die Motorenentwicklung auswirkten, ist das Tauziehen um den Bau oder Nicht-Bau von Luftschiffen und damit der Luftschiff-Motoren nach dem Ersten Weltkrieg.

Der Versailler Vertrag von 1919 untersagte dem Deutschen Reich jede militärische Luftfahrt; darüber hinaus wurde mit dem »Londoner Ultimatum« vom 5. Mai 1921 die Entwicklung, Fertigung und sogar die Einfuhr von Luftfahrtgerät aller Art so lange untersagt, bis die Interalliierte Kontrollkommission bestätigt hatte, daß das gesamte militärische Luftfahrtgerät abgeliefert bzw. zerstört sei. Drei Monate nach diesem Stichtag durfte wieder mit dem Bau von Luftfahrzeugen begonnen werden, jedoch mit gravierenden Einschränkungen; so durfte das Volumen der Luftschiffe 30000 m³ nicht übersteigen[22]). Tragfähigkeit und Reichweite waren durch diese Bestimmung bis zur Unwirtschaftlichkeit des Luftschiffes eingeschränkt.

Nun war den USA in den Verhandlungen zum Versailler Vertrag ein Luftschiff als Kriegsbeute zugesprochen worden, das aber nicht ausgeliefert werden konnte, weil die Luftschiff-Mannschaften dieses – wie auch andere Luftschiffe – 1919 zerstört hatten, um eine Übergabe an die Siegermächte zu vereiteln (»Scapa Flow der Luftschiffe«). Die USA waren aber an der Luftschiff-Technik interessiert, so daß man sich dahingehend einigte, daß ein neues Schiff zu Lasten des Reparationskontos des Reiches gebaut und in die USA überführt werden sollte. Gegen den Widerstand Frankreichs hatten die USA durchgesetzt, daß dieses Reparations-Luftschiff mit einem Gasvolumen von 70000 m³ gebaut werden konnte. Dem Luftschiffbau Zeppelin war damit die Möglichkeit gegeben, wieder ein modernes, großes Luftschiff aufzulegen, und der Maybach-Motorenbau konnte die Motoren dafür entwickeln. Das Luftschiff mußte mit eigener Kraft in die USA überführt werden. Obwohl bereits im Sommer 1919 das englische Luftschiff R 34, ein Zeppelin-Nachbau, den Atlantik überquert hatte, wurde eine Überführung des Luftschiffes dennoch als ein solches Risiko angesehen, daß keine Versicherung dieses abdecken wollte. Dem LZ blieb nichts anderes übrig, als mit seinem gesamten Konzernvermögen die Haftung zu übernehmen. Auf dem Maybach-Motorenbau lastete deshalb eine schwere Verantwortung für das Gelingen der Überfahrt und somit für seine und des LZ weitere Zukunft.

Ende des Krieges hatte der Maybach-Motorenbau mit dem Mb VII einen 2 × 6-Zyl.-Reihenmotor von 367 kW (500 PS) entwickelt[22a]), der sich von Größe und Leistung her für das neue Luftschiff geeignet hätte. Doch Karl Maybach entschied sich – aus mehreren Gründen – für die Konstruktion eines neuen Motors. Der Zwei-Wellen-Motor Mb VII hatte schwingungsmäßig ein ungünstiges Verhalten gezeigt, und die Tükken von Drehschwingungen hatte man gerade bei Luftschiffantrieben mit deren langen drehelastischen Wellen und der Anregung durch Luftschraube und Motor zugleich fürchten gelernt. Vorhersehbare Schwingungsprobleme wollte man daher unbedingt vermeiden. Bei diesem Motor, der unter Last über 100 Stunden ununterbrochen laufen sollte, stand Sicherheit weit mehr im Vordergrund als bei den Flugmotoren im Kriege. Der neueste Stand der Technik war zu berücksichtigen, und außerdem sollte der Motor umsteuerbar sein. Zum Manövrieren eines Luftschiffes mußten die Luftschrauben ihre Drehrichtung ändern. Das hatten bislang Reversier- oder Umkehrgetriebe besorgt. Diese waren aber schwer und stellten zudem eine Quelle zusätzlicher Störungen dar.

Die Grundsätze für den neuen Motor, Typ VL 1, sind in einer Beschreibung wie folgt zusammengefaßt:

»... Dieser Motor unterscheidet sich von den bisherigen für Luftschiffe und Flugzeuge gebauten Motoren in mehreren Punkten wesentlich. Er ist dazu bestimmt, alle Anforderungen eines Verkehrsbetriebes über lange Strekken zu erfüllen. Es wird also von den Motoren in erster Linie unbedingte Betriebssicherheit während langer

---

[22]) Die letzten Luftschiffe im Ersten Weltkrieg hatten ein Gasvolumen von 70000 m³.

[22a]) Technische Daten dieses Triebwerkes wie auch der übrigen hier behandelten Luftschiffmotoren vgl. Tabelle 1 auf S. 290.

Flüge von mehrtägiger Dauer gefordert. Gleichzeitig soll entsprechend eines Verkehrsbetriebes eine Überholung erst nach mehreren Monaten notwendig sein ...« [33].

Beim VL 1 handelt es sich um einen Zwölfzylinder-V-Motor von 140 mm Bohrung und 180 mm Hub. Das zweiteilige Kurbelgehäuse ist aus Leichtmetall gegossen; auf das niedrige Kurbelgehäuse-Oberteil sind die Einzelzylinder aufgesetzt und durch Bolzen und Muttern mit diesem verspannt. Das Triebwerk (Kurbelwellen-Grund- und Pleuellager) ist in Rollen gelagert.

Anfang der zwanziger Jahre hatte sich die geringe Tragfähigkeit der damaligen Gleitlagerwerkstoffe (hauptsächlich bei den Pleuellagern) als leistungsbegrenzend für die Flugzeugmotoren herausgestellt, weshalb der Maybach-Motorenbau im Hinblick auf das Lastenheft für den VL-Motor zu den höher belastbaren Rollenlagern überging. Diese Wälzlager zogen konstruktiv beträchtliche Weiterungen nach sich: Wälzlager haben – im Gegensatz zu Gleitlagern – kleine axiale und große radiale Abmessungen. Wegen der deshalb erforderlichen großen Gehäusebohrung wurden die Lagerbrücken für die Kurbelwellenlagerung aus Stahl statt aus Leichtmetall wie das Kurbelgehäuse gefertigt. Aus demselben Grund wurden die Pleuelstangen einteilig ausgeführt, um trotz der großen Bohrungen eine ausreichende Steifigkeit der Stangen zu erhalten (d. h. sie sind nicht, wie sonst üblich, im großen Pleuelauge geteilt). Zur Montage mußten die Pleuelstangen über die Kurbelwelle gestreift werden; das wiederum erforderte eine entsprechende Formgebung der Kurbelwelle. Die Pleuel greifen nebeneinander am Hubzapfen an, was wegen der geringen axialen Breite der Rollenlager mit einem kleinen Pleuelversatz möglich war.

Auch die Nockenwelle im Motorsattel ist rollengelagert; je ein hängendes Ein- und zwei Auslaßventile je Zylinder werden durch Stoßstangen mit Rollenstößel und Kipphebel betätigt. Weil Kolben aus Aluminium-Legierungen damals als noch nicht zuverlässig genug galten, wurden die Kolben aus Grauguß gegossen.

Eine Neuheit für schnellaufende Ottomotoren war die Umsteuerbarkeit. Hierzu wurde die Nockenwelle von Hand axial verschoben, so daß die in den Rollenstößeln zwischen Blattfedern gelagerten Rollen von den Vorwärts- auf die Rückwärts-Nocken glitten. Angelassen wurde der Motor mit Druckluft, erzeugt von einem kleinen, zweistufigen Verdichter mit Zwischenkühlung. Dadurch konnte der Motor in relativ kurzer Zeit von »voll voraus« auf »voll zurück« gebracht werden – ein nicht hoch genug einzuschätzender Vorteil für die Manövrierbarkeit eines Luftschiffes! Zum Umsteuern genügte nicht, daß der Motor seine Drehrichtung ändern konnte, vielmehr mußten auch die vom Motor angetriebenen Hilfsaggregate wie Magnetzünder, Wasser- und Ölpumpen für die wechselnde Drehrichtung ausgelegt sein. Während Magnetzünder und Kühlwasserpumpe in beiden Drehrichtungen betrieben werden konnten, waren für den Ölkreislauf zwei Pumpen vorgesehen, für jede Drehrichtung eine, die sich selbsttätig je nach Richtung des vom Antriebsrad wirkenden Zahndruckes ein- und auskuppelten.

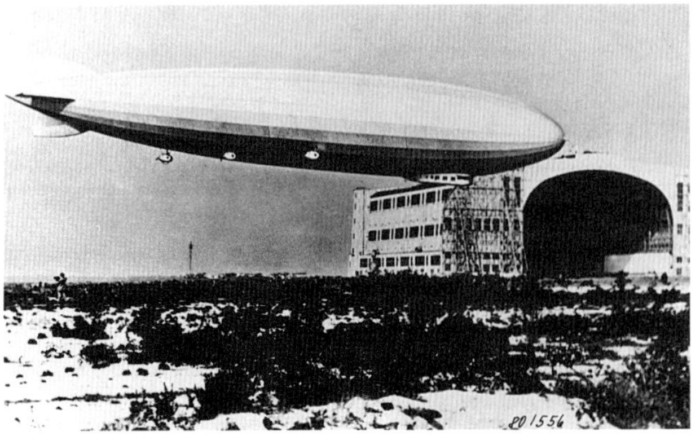

Bild 39. Das »Reparations-Luftschiff« LZ 126 (ZR III) bei der Landung in Lakehurst.

Für den VL-Motor wurde auch ein neuer Vergaser entwickelt, mit mechanischer Steuerung von Kraftstoff, Luft und Gemisch. Eine Sparvorrichtung gestattete, die Gemisch-Zusammensetzung an die jeweiligen Erfordernisse anzupassen. Selbstverständlich war der Vergaser brandsicher. Der Maybachsche Grundsatz, mit Rücksicht auf eine gleiche Gemisch-Zusammensetzung für alle Zylinder je drei Zylinder durch einen Vergaser zu versorgen, wurde beibehalten, so daß der VL 1 insgesamt vier Vergaser hatte; zur Vorwärmung waren die Vergaser an den Motorkühlwasserkreislauf angeschlossen. Der VL 1 leistete bei 1400 min^{-1} 309 kW (420 PS).

Mit dem Bau dieses sogenannten »Reparations-Luftschiffes« (Werft Nr. LZ 126; amerikanische Bezeichnung: Zeppelin Rigid III (Z.R.III)) war 1923 begonnen worden. Es hatte einen (Nenn-)Gasinhalt von 70 000 m^3 und konnte rund 46 000 kg Last tragen[23]), Bild 39. Seine fünf VL-1-Motoren entwickelten eine Nennleistung von 1470 kW (2000 PS) und verliehen dem Schiff die Höchstgeschwindigkeit von 127 km/h; die Marschgeschwindigkeit betrug 113 km/h. Bei einer Fahrzeit von 110 Stunden lag seine Reichweite bei 12 500 km. Nach nur fünf Probefahrten startete das LZ 126 am 12. Oktober 1924 zur Überfahrt nach Amerika. Wenn man bedenkt, was von dieser Fahrt alles abhing, war die Erprobungszeit in der Tat sehr kurz. Ein Zeitgenosse bemerkte in einer Fachzeitschrift hierzu:

»... Rein technisch gesehen ... ist die Gesamtmethode, in der die erste Riesenfahrt des Z.R.3 gehandhabt werden muß, ein sehr großes Unrecht gegen die Erbauer und Erfinder: eine systematische und daher alle Chancen bietende Methode wäre die, mindestens zwei Ballone

[23]) Seine Eigenmasse, die Motoren, Betriebsstoffe, Gondeln und etwa 5000 kg »zahlende« Last: Passagiere und Gepäck.

Bild 40. Luftschiff LZ 127 Graf Zeppelin über Friedrichshafen (etwa 1930). Vorne links im Bild sieht man einen Teil der Fabrikgebäude der Maybach-Motorenbau GmbH.

[Anmerkung: gemeint sind Luftschiffe] *gleichzeitig zu bauen, den einen über Europa so lange fahren zu lassen, bis sich in irgend einem Punkte endlich eine Unzulänglichkeit herausstellen würde...«* [34].

Am 15. Oktober 1924, nach 81 Stunden Fahrt über 8050 km, landete LZ 126 in Lakehurst und wurde der US-Marine übergeben. Die VL-1-Motoren hatten ihre Bewährungsprobe glänzend bestanden. Die gelungene Überführung des LZ 126 löste in dem durch die Härten und kleinlichen Bestimmungen des Versailler Vertrages gedemütigten Deutschland Freude und Begeisterung aus; das Luftschiff wurde als Kontinente verbindendes Element der Völkerverständigung gefeiert. Durch ein weiteres, unter deutscher Flagge fahrendes Luftschiff wollte man diesen Erfolg ausbauen. Eine von Dr. Hugo Eckener initiierte Sammlung zugunsten dieses Projektes, vermehrt durch Zuschüsse der Reichsregierung und durch Eigenaufwendungen des LZ, ermöglichte den Bau des neuen Luftschiffes. Mittlerweile waren in dem Luftfahrt-Abkommen der Botschafter-Konferenz in Paris 1926 die meisten Restriktionen für den Luftfahrzeugbau in Deutschland aufgehoben worden, so daß jetzt ein größeres und damit wirtschaftlicheres Luftschiff gebaut werden konnte.

Das neue Luftschiff, LZ 127, hatte ein Gasvolumen von 105 000 m^3; es wurde von fünf VL-2-Motoren, der leistungsgesteigerten Weiterentwicklung des VL 1, angetrieben und erreichte eine Marschgeschwindigkeit von 118 km/h; seine Höchstgeschwindigkeit lag bei 130 km/h, Bild 40.

Der VL 2 (Bilder 41 und 42) hatte die gleichen Zylinderabmessungen wie der VL 1, war jedoch in vielen Details weiterentwickelt worden. Statt der Grauguß-Kolben hatte er Aluminium-Kolben, eine der Voraussetzungen dafür, daß die Leistung auf 419 kW (570 PS) bei 1600 min^{-1} angehoben werden konnte. Die VL-2-Motoren wiesen eine weitere bemerkenswerte Neuerung auf: Sie konnten wahlweise mit Ottokraftstoff (»Benzin«) oder mit Kraftgas gefahren werden; die Umstellung von der einen auf die andere Kraftstoffart konnte bei laufenden Motoren erfolgen. Der Gasbetrieb war ein nicht zu unterschätzender Vorteil: Durch den verbrauchten (flüssigen) Kraftstoff wurde das Luftschiff leichter[24]); damit es seine Höhe halten konnte, mußte es entweder nach unten gesteuert werden, was einen zusätzlichen Luftwiderstand hervorrief, oder aber man mußte Gas abblasen. In diesem Zusammenhang

[24]) Das LZ 126 hatte auf seiner Überführung in die USA 24 000 kg Kraftstoff verbraucht.

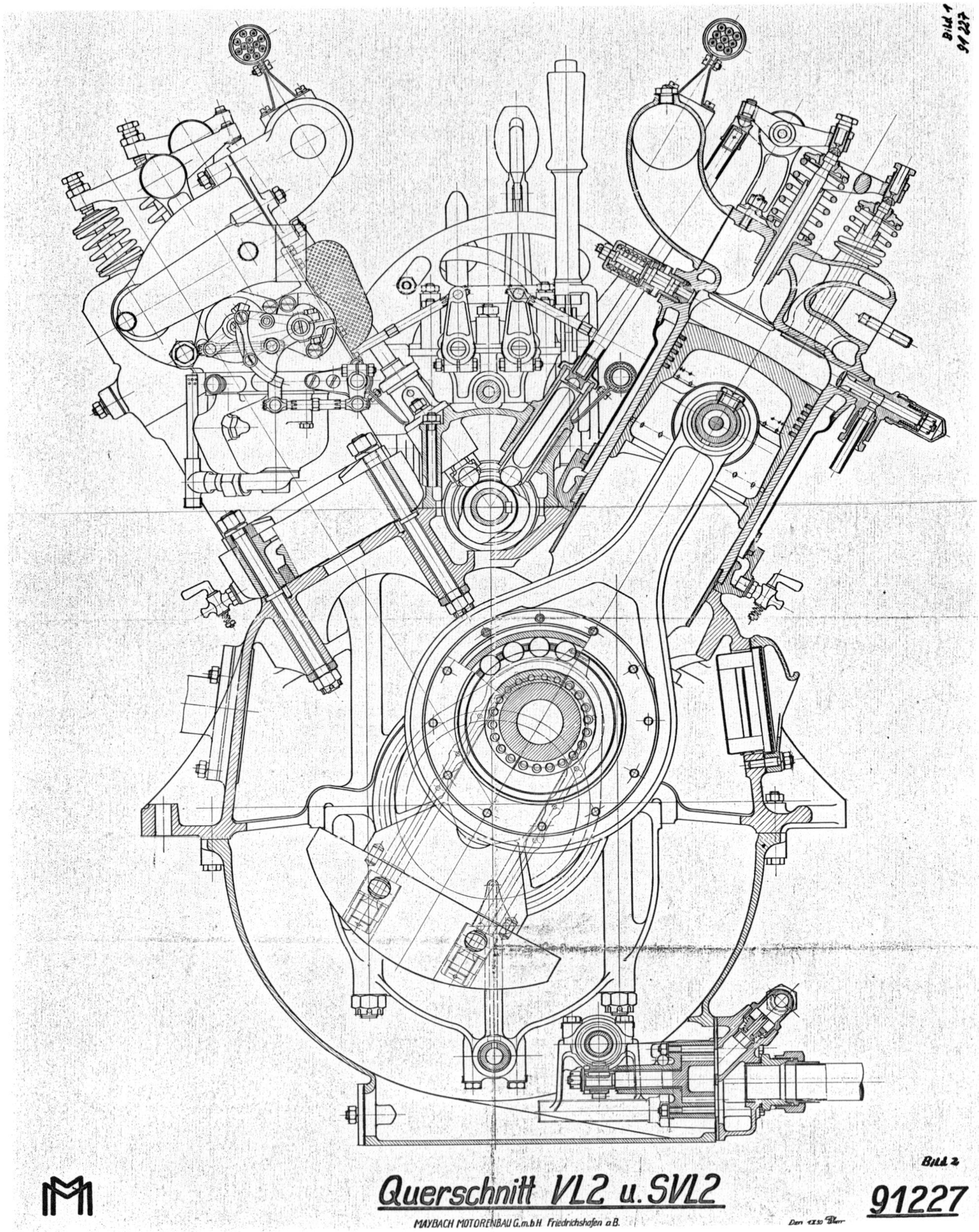

Bild 41. Querschnitt des Luftschiffmotors VL 2 (Schiffsausführung: SVL 2): wassergekühlter Viertakt-Ottomotor in Zwölfzylinder-V-Bauart, umsteuerbar, rollengelagertes Triebwerk; Bohrung 140 mm, Hub 180 mm, Leistung 419 kW (570 PS) bei 1600 min^{-1}.

hatte man auch Überlegungen angestellt, mit dem abzublasenden Wasserstoff die Motoren zu betreiben. Bei dem damaligen Stand der Technik schied diese Lösung aber aus. Da kam der Chefmeteorologe des LZ, Dr. LEMPERTZ, auf die Idee, statt dessen ein Gemisch von gasförmigen Kohlenwasserstoffen zu verwenden. Nach vielen Versuchen stellte sich das nach seinem Erfinder, Dr. BLAU, als Blaugas bezeichnete Gasgemisch als geeignet heraus. Es hat die gleiche Dichte wie Luft, so daß sich sein Verbrauch nicht auf die Aussteuerung des Luftschiffes auswirkte; außerdem ließ sich damit der Aktionsradius des Luftschiffes vergrößern, Bild 43. Später wurde aus Kostengründen anstatt des im LZ hergestellten Blaugases ein anderes Kraftgas, das in seinen Eigenschaften dem Blaugas entsprach, von den Leuna-Werken bezogen.

Die Entwicklung der VL-Motoren war von manchen Rückschlägen begleitet, auf die an anderer Stelle näher eingegangen wird. Am 18. September 1928 war das LZ 127 in Dienst gestellt worden und hatte auf einer Reihe von Fahrten bereits 50 000 km zurückgelegt. Im Mai 1929 stieg es zu seiner zweiten Fahrt in die USA auf; als es sich über Frankreich befand, fielen in kurzer Zeit vier der fünf Motoren aus. Mit nur einem laufenden Motor landete das LZ 127 auf einem Luftschiffhafen bei Toulon. Als Karl Maybach über Funk von den Schäden an den ersten beiden ausgefallenen Motoren benachrichtigt wurde, sagte er: »Wenn jetzt die restlichen Motoren auch ausfallen, weiß ich, daß es nicht an den Motoren liegt.«

So war es denn auch. Die Untersuchung der ausgefallenen Motoren ergab, daß deren Kurbelwellen bzw. Schwunggewichtbügel gebrochen waren. Auch die Welle des fünften Motors zeigte Anrisse, die in kurzer Zeit ebenfalls zum Bruch geführt hätten. Mit Motorlaufzeiten von etwa 500 Stunden konnten eigentlich nur besondere Umstände, nämlich Drehschwingungen, diese Brüche verursacht haben. Es wurden umfangreiche Untersuchungen angestellt; der Maybach-Motorenbau überprüfte die statische und dynamische Beanspruchung der Kurbelwelle; die Deutsche Versuchsanstalt für Luftfahrt (DVL) nahm die Schwingungsmessungen vor, wobei neben dem Geigerschen Torsiographen (einer Vorrichtung zur mechanischen Messung der Schwingungen) auch eine neue, von Prof. H. THOMA (TH Karlsruhe) entwickelte elektrische Meßmethode angewandt wurde.

Übereinstimmend ergab sich, daß Schwingungen höherer Ordnung, bislang als weniger gefährlich angesehen, die Kurbelwelle übermäßig beansprucht und schließlich die Brüche ausgelöst hatten. Verursacher waren übereifrige Monteure des Luftschiffbau Zeppelin (LZ), welche die Federspannung der elastischen Kupplung im Antriebsstrang durch Beilagescheiben erhöht hatten, in der fürsorglichen Absicht, die Abnutzung der Kupplung zu verringern. Dadurch veränderte sich das Schwingungsverhalten der Maschinenanlage derart, daß es zu diesen Brüchen kam. Nachdem die Schadensursache erkannt worden war, konnte leicht Abhilfe geschaffen werden. Danach erwiesen sich die VL-2-Motoren als zuverlässig. Das auf den Namen GRAF ZEPPELIN getaufte LZ 127 wurde zum erfolgreichsten Luftschiff überhaupt.

Der VL 2 war in den zwanziger Jahren der Luftschiffmotor schlechthin; deshalb wurden auch die amerikanischen Luftschiffe AKRON und MACON mit je acht VL 2 ausgerüstet. Da es nur wenige Luftschiffe gab, mithin der Markt für den VL 2 sehr klein war, baute der Maybach-Motorenbau eine Bootsausführung davon, den SVL 2, mit geringfügig reduzierter Leistung, um

Bild 42. Luftschiffmotor VL 2 (Kupplungsseite) in einer Motorgondel von LZ 127 GRAF ZEPPELIN. Deutlich zu erkennen sind die vier Rohre für die Kraftgaszuführung.

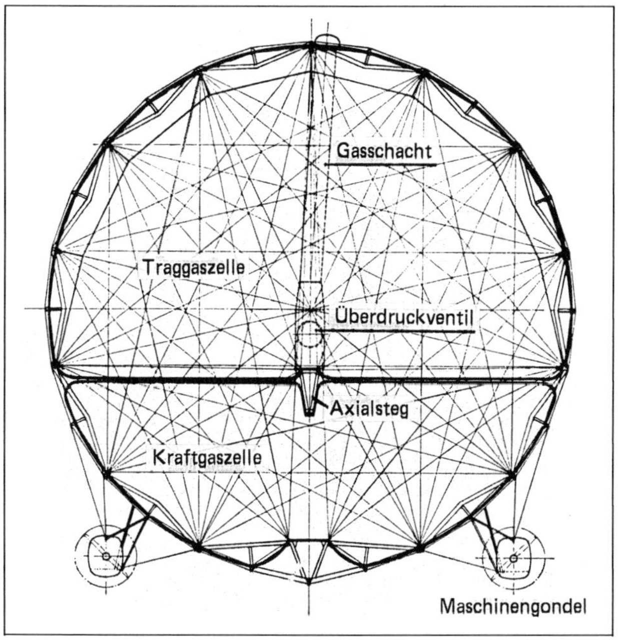

Bild 43. LZ 127: Querschnitt durch das Luftschiff. Oben: Traggaszellen; unten: Kraftgaszellen.

den Anwendungsbereich für diese Motoren zu erweitern. Der SVL 2 diente zum Antrieb schneller Boote und Yachten. Alles in allem wurden von den VL/SVL-Motoren etwa 70 Stück gebaut; eine vergleichsweise kleine Zahl, deren wirtschaftliche Bedeutung in keiner Weise der technischen entsprach, welche diese Luftschiffmotoren für die Motoren-Entwicklung insgesamt hatten.

In dem Bestreben, die Leistung der Luftschiffmotoren weiter zu erhöhen, plante der Maybach-Motorenbau den Bau eines 18-Zylinder-Ottomotors mit 808 kW (1100 PS) bei 1500 min^{-1}. Der projektierte Motor, VL 4, sollte als Drei-Reihen-Sechszylindermotor (W-Motor) ausgeführt werden. Weil aber der LZ wegen des günstigen Kraftstoffverbrauches und der größeren Brandsicherheit Dieselmotoren wünschte, wurde das Konzept dahingehend geändert, daß statt dessen ein Zwölfzylinder-Triebwagendiesel durch Abgasturboaufladung auf diese Leistung gebracht werden sollte. Ein entsprechender Entwicklungsauftrag hierzu war vom LZ erteilt worden. Doch die Entwicklungsarbeiten zogen sich dahin, weil man praktisch zwei widersprüchliche Konzepte vereinen wollte: den robusten Eisenbahnmotor mit dem leichten Flugmotor.

Die Daimler-Benz AG, die gleichfalls an einem Luftschiff-Diesel arbeitete, konnte sich auf einen bereits vorhandenen Flugzeug-Dieselmotor stützen, dessen Konzeption eine bessere Basis für den Luftschiffmotor bot. So kam Daimler-Benz mit dem Luftschiffmotor DB 602 (LOF 6) schneller zum Ziel. Der Maybach-Motorenbau stellte die Arbeiten an dem Luftschiffmotor-Projekt (GO 7), Bild 44, 1933 ein[25]).

[25]) Die Arbeiten an dem Luftschiff-Diesel GO 7 waren natürlich nicht vergebens; sie kamen dem abgasturboaufgeladenen Triebwagen-Diesel GO 6 zugute.

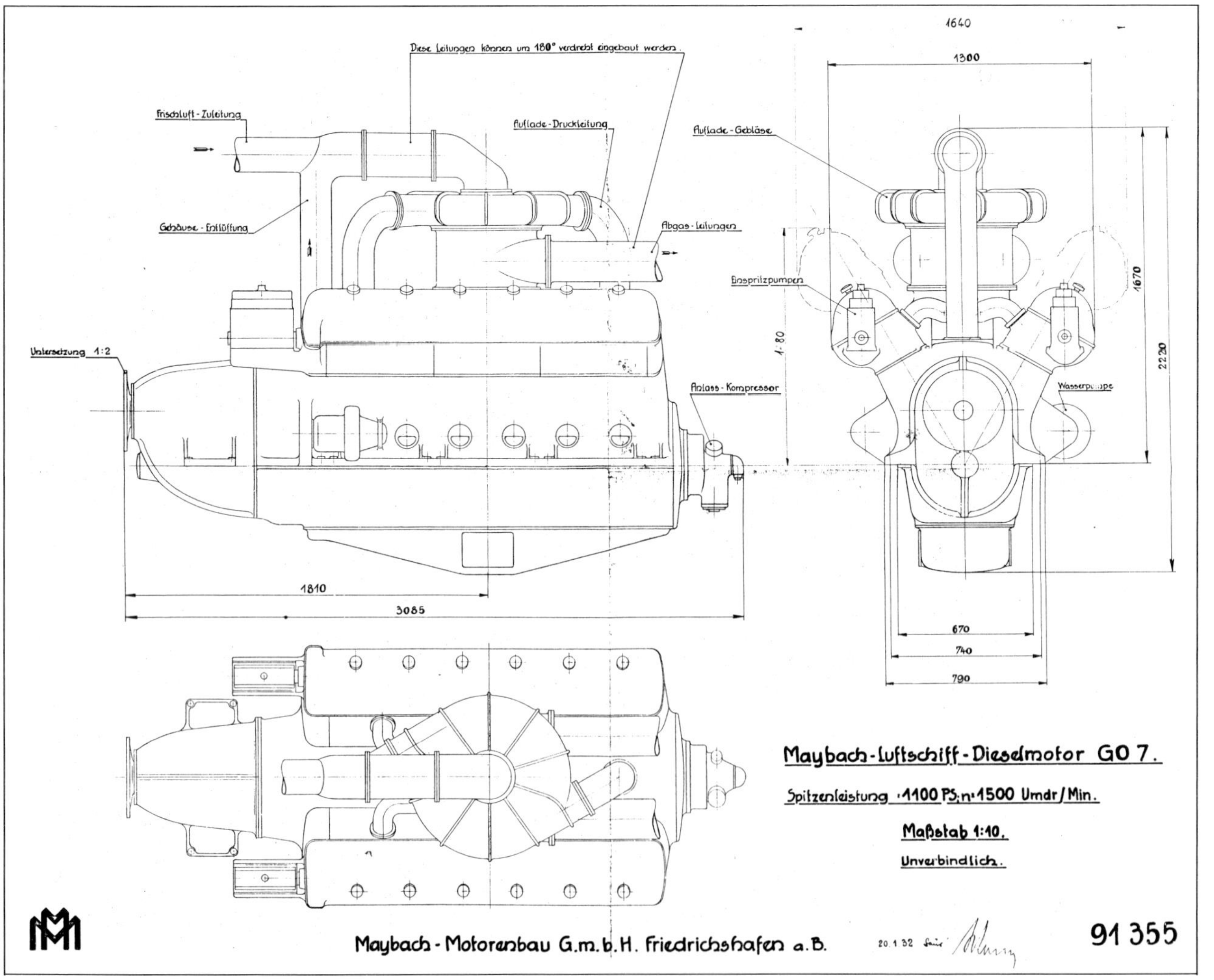

Bild 44. Einbauzeichnung (1932) des projektierten abgasturboaufgeladenen Dieselmotors GO 7 für das Luftschiff LZ 129 HINDENBURG.

4. Hochleistungsmotoren 1933 bis 1950

Die Anfänge

Die technische Philosophie des Maybach-Motorenbaus, nämlich denselben Grundmotor in entsprechenden Versionen für Pkw wie für Nkw zu verwenden, führte fast zwangsläufig zu starken und kompakten Motoren. Denn anders hätten sich die unterschiedlichen Anforderungen dieser beiden Fahrzeugarten nicht erfüllen lassen. Der DS 8, Antrieb eines der exklusivsten und teuersten Pkw, lief ebenso zufriedenstellend als DSO 8 im Omnibus, Kommunalfahrzeug oder Lastkraftwagen, und als DSO 8 spez. trieb er sogar Halbketten-Zugmaschinen (KMZ 100) an!

Dadurch wurde das Interesse der Militärs, genauer gesagt des Heereswaffenamtes, an den Maybach-Motoren geweckt. Für die von den Nationalsozialisten nach ihrer Machtübernahme forcierte Rüstung wurden geeignete Antriebe für die neu zu schaffende Panzerwaffe gebraucht.

Die noch zu Zeiten der Weimarer Republik im geheimen in Rußland erprobten »Großtraktoren«, wie die Panzer mit Rücksicht auf einschlägige Bestimmungen des Versailler Vertrages bezeichnet wurden, hatte man mit Flugzeug- und Nkw-Motoren ausgerüstet. Für den rauhen Panzerbetrieb waren diese aber wenig geeignet. Nach dem DSO 8 spez. wurden der HL 52 (HL = Hochleistung) und der NL 35 (NL = Normalleistung) in Halbketten-Zugmaschinen (Krauss-Maffei KM m 8 und Büssing-NAG BN 1 5) eingebaut. Als sich herausstellte, daß die 44 kW (60 PS) des luftgekühlten Vierzylinder-Boxermotors von Krupp für den neuentwickelten Panzer I (Tarnbezeichnung: »Landwirtschaftlicher Schlepper«, LaS) nicht ausreichten, wurde statt dessen der auf 74 kW (100 PS) leistungsreduzierte HL 38 als NL 38 eingebaut; den HL 42 verwendete man zum Antrieb von leichten Schützenpanzerwagen. Bei den bisher erwähnten Motoren handelt es sich um die militärischen Abarten ursprünglich für zivile Anwendungen konzipierter Motoren. Der erste ausschließlich für (Halb-)Kettenfahrzeuge vorgesehene Typ war der HL 57; er wurde in die Zugmaschinen Krauss-Maffei KM m 8 und KM m 9 und in leichte Panzer (LaS 100; Panzer II) eingebaut. Durch Aufbohren um 5 mm entstand aus dem HL 57 der HL 62, der ebenfalls für verschiedene Versionen des Panzer II und der Halbketten-Zugmaschinen verwendet wurde.

Mit steigenden Fahrzeugmassen wurden stärkere Motoren nötig. Das führte zur Entwicklung von rund 100 verschiedenen Typen der HL-Motoren mit einem Hubvolumen von 1 dm³ bis fast 30 dm³, die teils in Großserie (etwa zehn Typen), teils in mehr oder weniger kleinen Stückzahlen gebaut wurden (etwa 40 Typen), oder nur als Versuchsmotoren liefen. Viele Konstruktionen kamen nicht über das Entwurfsstadium hinaus. Die serienmäßigen HL-Motoren waren ausschließlich Ottomotoren; allerdings wurde im Versuch auch eine ganze Reihe von Dieselvarianten erprobt. Die übliche Ausführung war die Sechszylinder-Reihen- und die Zwölfzylinder-V-60°-Bauart; daneben wurden auch Motoren in Boxer-, H-, X- und 120°-V-Anordnung der Zylinder projektiert und z. T. konstruktiv durchgearbeitet.

Ungeachtet der Typenzahl sind den HL-Motoren wesentliche Merkmale – schon vom Verwendungszweck her – gemeinsam: Motoren für gepanzerte Fahrzeuge werden vorwiegend auf der Vollast-Kennlinie gefahren, d. h. mit vollem Drehmoment, aber mit wechselnden Drehzahlen. Die Fahrwiderstände liegen im Bereich zwischen 2 und 80% der Fahrzeugmasse, deshalb braucht man einen weiten nutzbaren Drehzahlbereich. Der Motor muß schon bei niedrigen Drehzahlen ein großes Moment entwickeln, das aber in Hinblick auf eine hohe Spitzenleistung mit steigender Drehzahl nicht abfallen darf. Auf diese Motorkennung war schon mit der Konzeption der HL-Motoren hingearbeitet worden. Besondere Ansatzpunkte hierzu boten – untrennbar miteinander verbunden – die Gemischbildung, Verbrennung und der Ladungswechsel. Entsprechend den aus dem Leistungsverhalten erwachsenden Belastungen wurden Kurbelgehäuse und Triebwerk gestaltet. Die Eigenarten des harten Geländebetriebes, als da sind: steile Schräglagen, große Wärmeentwicklung schon bei niedrigen Drehzahlen oder extreme Staubentwicklung, wurden bei der Auslegung des Motorzubehörs berücksichtigt. Andere Gesichtspunkte, auf die man bei der Konstruktion großen Wert gelegt hatte, waren einfache Wartungs- und Reparaturmöglichkeiten.

Um eine gute Verbrennung (eine recht allgemeine Umschreibung sehr komplexer Vorgänge!) zu erhalten, ist der Brennraum sphärisch (kugelabschnittförmig) gestaltet, so daß die von der zentral angeordneten Zündkerze sich ausbreitende Flammenfront das Gemisch rasch und gleichmäßig erfassen kann. Das wiederum ermöglicht hohe Verdichtungsverhältnisse (6,3 bis 7), eine der Voraussetzungen für gute Wirkungsgrade, ohne daß die Motoren bei den damals handelsüblichen Otto-Kraftstoffen (Oktanzahl [OZ] 74 bis 78) zum Klopfen neigten. Um von der Batterie unabhängig zu sein und auch um das Startverhalten zu verbessern, haben die Motoren Schnapper-Magnetzünder, die von der Nockenwelle angetrieben werden. Der Zündzeitpunkt

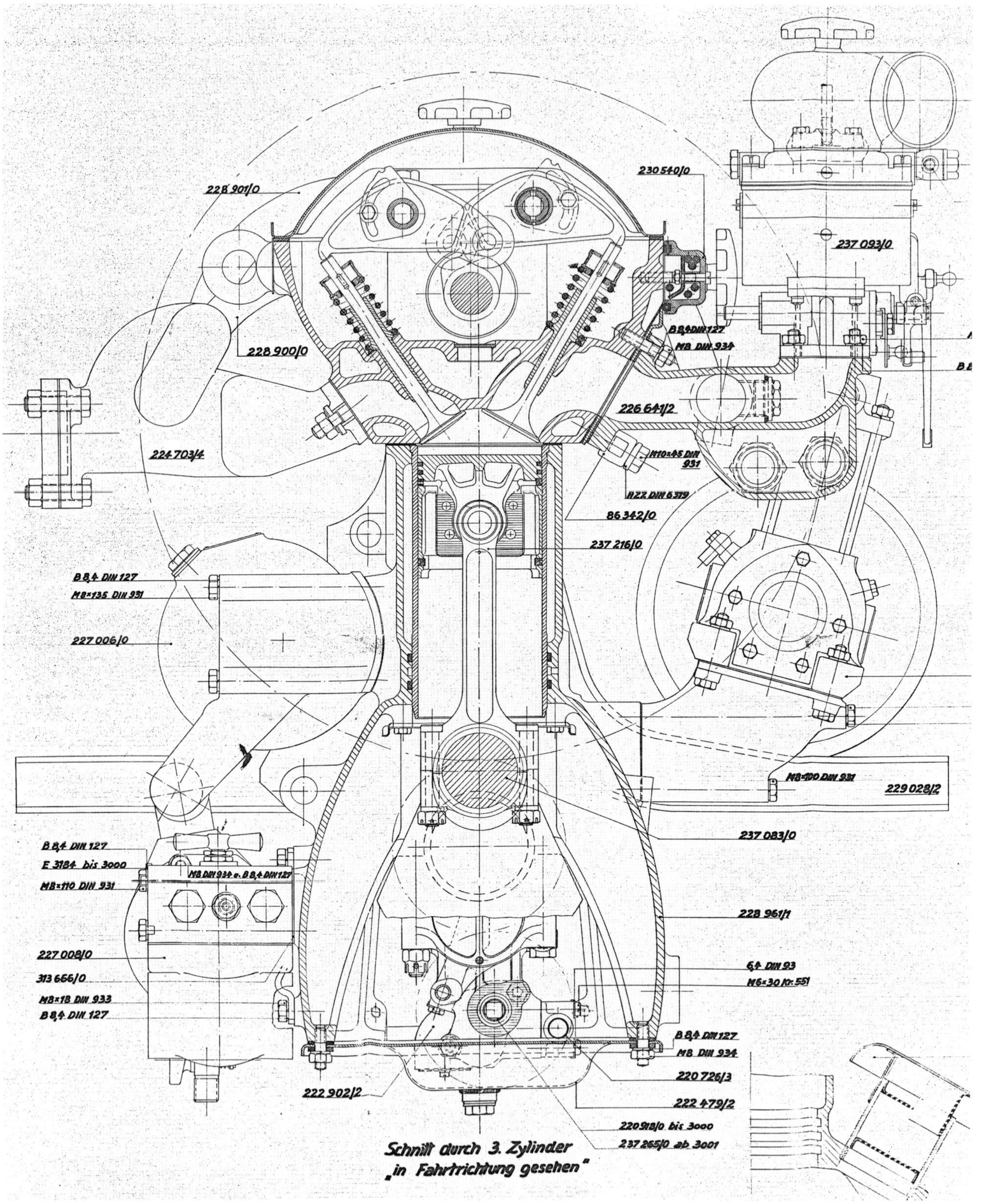

Bild 45. Querschnitt des Fahrzeugmotors HL 42 TRKM: wassergekühlter Viertakt-Ottomotor, Sechszylinder-Reihenbauart; Bohrung 90 mm, Hub 110 mm, Leistung 74 kW (100 PS) bei 3000 min^{-1}. Ausführung mit Trockensumpfschmierung für geländegängige Halbketten-Fahrzeuge.

wird selbsttätig verstellt. Das Gemisch wird in Zweistufen-Vergasern (nach heutiger Lesart: Register-Vergaser) gebildet; damit wird selbst bei relativ geringem Luftdurchsatz im unteren Drehzahlbereich die für eine gute Gemischbildung nötige Luftgeschwindigkeit in der ersten Vergaserstufe erreicht. Bei hohen Drehzahlen treten trotz großen Gesamtluftdurchsatzes dank der zweiten, hinzugeschalteten Stufe keine zu hohen Luftgeschwindigkeiten und somit keine größeren Druckverluste auf. Durch eine vom Auspuff abgezweigte Heizleitung wird der Vergaser vorgewärmt und auf diese Weise das Verdampfen des Kraftstoffes beschleunigt. Ein spezieller Startervergaser sorgt für sicheres Anspringen des Motors auch unter widrigen Umständen.

Der Ladungswechsel selbst, das Füllen und Entleeren der Zylinder, wird durch die großen Querschnitte der schräg hängenden Ventile erleichtert; auch sind die Ein- und Auslaßkanäle im Zylinderkopf einander gegenüber angeordnet (»Querstrom-Zylinderkopf«), so daß sich strömungstechnisch günstige Verhältnisse ergeben. Die Nockenwelle ist im Zylinderkopf gelagert und betätigt, über Zwischenräder angetrieben, die Ventile direkt über Schwinghebel und Rollen; somit entfallen die Stoßstangen, die gesamte Steuerung wird steifer (»drehzahlfest«). Hohe Drehzahlen haben entsprechende Massenkräfte zur Folge, die zu verkleinern bzw. aufzunehmen das Triebwerk und das Kurbelgehäuse entsprechend gestaltet worden sind. Das Grauguß-Kurbelgehäuse (nur wenige HL-Motoren hatten Aluminium-Gehäuse) ist tief unter die Kurbelwellenmitte herabgezogen, die nassen Zylinderbüchsen sind auswechselbar. Nach unten hin ist das Gehäuse durch das als Ölwanne ausgebildete Kurbelgehäuse-Unterteil abgeschlossen oder, wenn extreme Geländegängigkeit verlangt wurde, durch ein flaches Unterteil (Trockensumpf). Die Kurbelwelle mit – je nach Motortyp – angeschmiedeten oder angeschraubten Gegengewichten an allen Wangen ist nach jeder Kröpfung in den mit dem Kurbelgehäuse-Oberteil verschraubten Lagerbrücken in Bleibronze-Lagern gelagert. Ein achtes Lager soll eventuell vom Abtrieb herrührende radiale Kräfte auffangen. Auf der Kupplungsgegenseite sitzt der Schwingungsdämpfer; je nach Motortyp werden die Nockenwelle und die Hilfstriebe von der Kupplungs- oder Kupplungsgegenseite angetrieben. Die kleineren der HL-Motoren haben z. T. Regelkolben (Autothermik-Kolben), die anderen Glattschaft-Kolben, Bild 45.

Für die Ölversorgung sorgt eine Druckumlauf-Schmierung, bei welcher die Ölpumpe mit Rücksicht auf die möglichen Schräglagen der Geländefahrzeuge im tiefen (Kurbelgehäuse-)Unterteil[26]) angebracht ist. Damit wird sichergestellt, daß der Motor auch bei Schräglagen bis zu 30° ausreichend mit Schmieröl versorgt wird, Bild 46. Für Schräglagen bis zu 40° ist die Schmierung als »Trockensumpf-Schmierung«[27]) ausgebildet: Das Öl wird durch zwei Pumpen aus dem (flachen) Unterteil abgesaugt und in einen gesonderten Ölsammelbehälter gedrückt. Aus diesem Behälter wird das Öl dann in den Hauptölkanal des Motors eingespeist. Das Ölfilter, ein Spaltfilter, ist in den Hauptstrom des Ölkreislaufes geschaltet; gekühlt wird das Öl in einem im Motorkühlwasser-Kreislauf liegenden Wärmetauscher.

Bild 46. 12-t-Halbketten-Zugmaschine, Bauart Daimler-Benz DB s 10 mit Maybach-Motor HL 85, im schweren Gelände auf der »Panzerwiese« am Gehrenberg bei Markdorf. Das Bild vermittelt einen Eindruck von den Betriebsbedingungen militärischer Fahrzeuge.

Insgesamt wurde sehr auf die »organische« Anordnung des Zubehörs geachtet, so daß die Motoren keine außenliegenden Öl- oder Wasserleitungen, stete Quelle möglicher Schäden und Störungen, haben. Weil Motoren in gepanzerten Fahrzeugen meist schlecht zugänglich sind, wurde Wert darauf gelegt, daß die wichtigsten Wartungsarbeiten von oben her vorgenommen werden können: Das Ventilspiel wird durch Verdrehen der Exzenter-Buchsen, in denen die Schwinghebel gelagert sind, eingestellt; zum Reinigen des Ölfilters wird ein Handgriff gedreht.

Die rollengelagerte Scheibenkurbelwelle – ein ungewöhnliches Konstruktionsprinzip

Für die geplanten schwereren Panzer brauchte man höhere Leistungen, die nicht mehr lediglich durch größere Zylinderabmessungen dargestellt werden konnten. Im Grunde lag dieselbe Situation vor wie seinerzeit bei den W-5-Pkw-Motoren und den G-4 a/b-Dieselmotoren (auf die im Kapitel »Dieselmotoren« eingegangen wird). Womit schon das Procedere vorgezeichnet war: Verdoppelung der Zylinderzahl. Nun hätte es nahe

[26]) Kennzeichnung dieser Bauart mit der Typenbezeichnung »TU«

[27]) Kennzeichnung: »TR«

gelegen, von den HL/NL 35/38 einfach eine Zwölfzylinder-Version zu bauen. Stattdessen entschloß sich der Maybach-Motorenbau zu einer völligen Neukonstruktion, für die zwei Gesichtspunkte bestimmend waren: Vorhalt für ein größeres Drehmoment und – trotz der V-Bauweise – ein kurzer Zylinderabstand (»Zylindersprung«).

Neben der nötigen Leistung und einer geeigneten Motorkennung (Drehmomenten-Verhalten) kommt es bei Motoren für gepanzerte Fahrzeuge auf ein möglichst geringes Bauvolumen an. Der Motor muß vor allen Dingen kompakt sein, weil sich die Panzerung für den Motor weit stärker auf die Fahrzeugmasse auswirkt als die Masse des Motors. Für die deutschen Panzer des Zweiten Weltkrieges wurde je 1 cm Motorlänge mit einem Mehr an Masse für die Panzerung von 20 kg gerechnet, und wenn die zusätzliche Masse des Laufwerkes berücksichtigt wird, sogar bis zu 100 kg! Daher versuchte man, schon von der Konzeption her das Motorvolumen zu minimieren. Durch die V-Bauweise ergibt sich ohnehin schon eine gedrungene Triebwerksanordnung. Wenn die Pleuel zweier im V gegenüberliegender Zylinder gemeinsam an einem Hubzapfen angreifen, erhöht sich – abhängig von der jeweiligen Konfiguration – der Zylinderabstand[28]). Ein V-Motor ist in den meisten Fällen länger als ein Reihenmotor der halben Zylinderzahl. Eben dieser Zylindersprung sollte klein gehalten werden. Das erreichte der Maybach-Motorenbau durch ein unkonventionelles, gleichwohl nicht neues Bauprinzip: durch die rollengelagerte Scheibenkurbelwelle[29]). Bei einer solchen Kurbelwelle sind jeweils zwei Kurbelwangen und ein Grundlagerzapfen zusammengefaßt und scheibenförmig ausgebildet; die Kurbelwelle stützt sich über diese »Scheiben«

[28]) Unter dem Zylinderabstand oder Zylindersprung versteht man den Abstand zweier nebeneinander liegender Zylinder voneinander, von Mitte zu Mitte der Zylinder gemessen.

[29]) Rollengelagerte Scheibenkurbelwellen wurden bereits von der Firma Saurer (Arbon/Schweiz) serienmäßig für verschiedene Nkw- und Triebwagenmotoren verwendet.

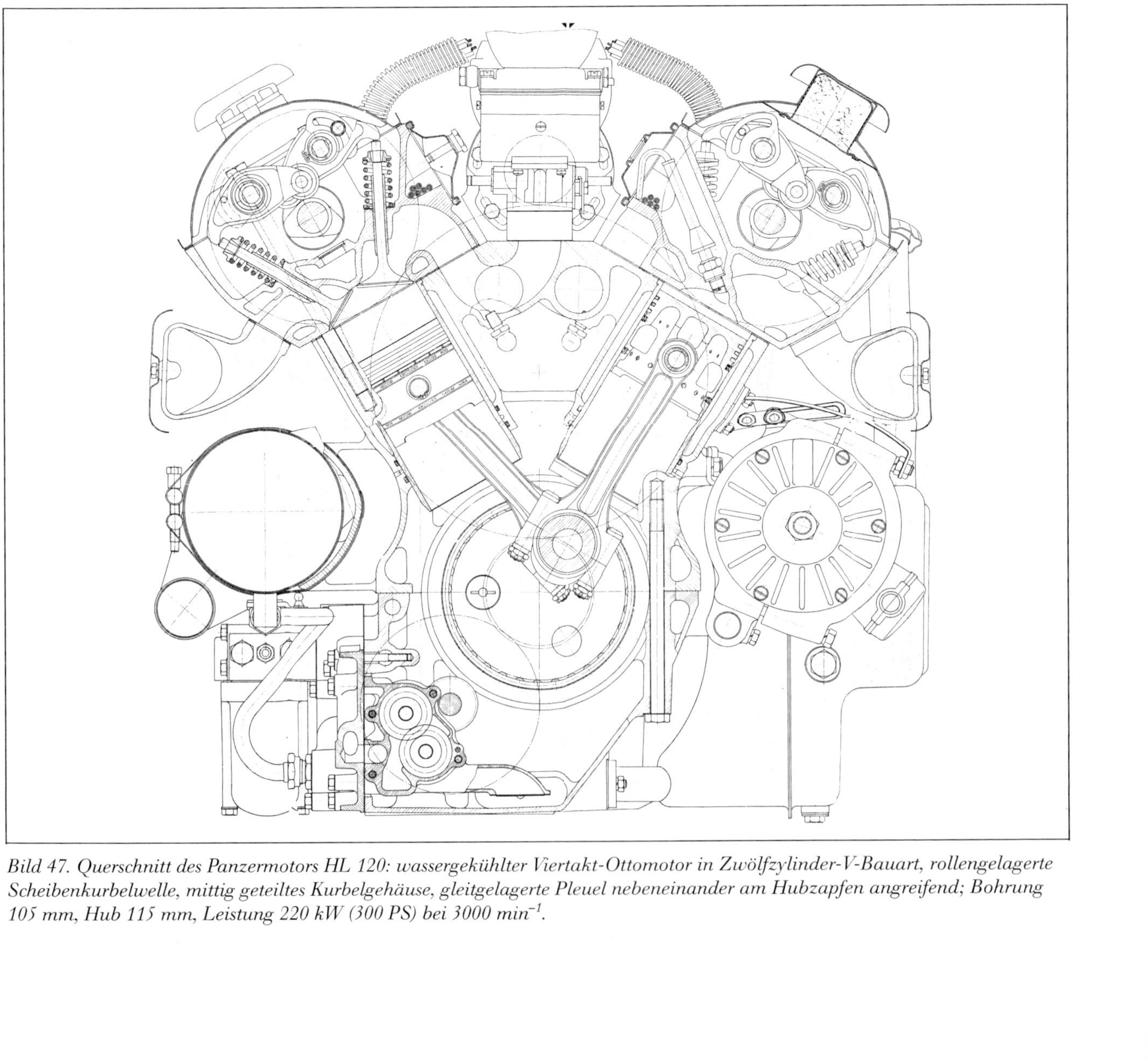

Bild 47. Querschnitt des Panzermotors HL 120: wassergekühlter Viertakt-Ottomotor in Zwölfzylinder-V-Bauart, rollengelagerte Scheibenkurbelwelle, mittig geteiltes Kurbelgehäuse, gleitgelagerte Pleuel nebeneinander am Hubzapfen angreifend; Bohrung 105 mm, Hub 115 mm, Leistung 220 kW (300 PS) bei 3000 min^{-1}.

im Kurbelgehäuse ab. Werden die Scheiben in Rollen gelagert, dann bauen sie sehr kurz. Dadurch wird jetzt der Zylindersprung nur durch die Zylinderabmessungen (einschließlich der Wasserräume zwischen den Zylindern) und nicht mehr durch die Abmessungen der Kurbelwelle bestimmt. Wenn zudem die Wasserräume zwischen den Zylindern eng gehalten werden, dann bekommt man eine außerordentlich kurze Baulänge des Motors. (Siehe hierzu Sonderabschnitt *Scheibenkurbelwelle und Tunnelgehäuse* auf S. 326/27.)

Die Vorteile der rollengelagerten Scheibenkurbelwelle für die Motorlänge werden beim Vergleich des auf die Bohrung bezogenen Zylindersprunges des neuen Motors, HL 100, und des »konventionell« aufgebauten DSO 8 spez. deutlich: Beträgt dieser Quotient (Z_a/d) beim DSO 8 spez. 1,56, so ist er beim HL 100 nur noch 1,27 groß. Der neue Zwölfzylinder-V-Motor HL 100 hat mit 100 mm Bohrung und 106 mm Hub größere Zylinderabmessungen als der DSO 8 spez. bzw. der HL/NL 38; er leistete bei 3000 min^{-1} 220 kW (300 PS). Der große Scheibendurchmesser, der sich schon dadurch ergibt, daß die Scheibe ja die Funktion der Kurbelwange, nämlich die eines Exzenters, übernimmt, verlangt entsprechende Lagerbohrungen im Kurbelgehäuse. Diese müssen um die Abmessungen der Rollenlager größer als die Scheiben sein. Unter solchen Umständen war die Lagerung der Kurbelwelle in Lagerbrücken wie bei den HL-Reihenmotoren nicht zu vertreten, weshalb man sie direkt in dem Unterteil des mittig geteilten Kurbelgehäuses lagerte. Ansonsten weist der HL 100 die zuvor beschriebenen Merkmale der HL-Reihenmotoren auf.

Zunächst wurde eine kleine Vorserie aufgelegt, die man in verschiedenen Panzern erprobte. Auf Grund der Versuchsergebnisse und Betriebserfahrungen nahm der Maybach-Motorenbau mehrere Änderungen vor: Erst wurde der Hub auf 115 mm verlängert (HL 108), und dann wurden die Zylinder auf 105 mm aufgebohrt (HL 120). Die Leistung wurde mit 220 kW (300 PS) beibehalten; die größeren Hubvolumina kamen dem Drehmomenten-Verhalten zugute, Bild 47. Die HL 108/120 wurden in die Panzer III und IV, die »Arbeitspferde der deutschen Panzerwaffe« (wie sie in einer angelsächsischen Publikation bezeichnet wurden) und in deren zahlreiche Abarten sowie in schwere Halbketten-Zugmaschinen (s. Zgkw. 18 to) eingebaut.

In einigen Fällen verwendete man den HL 120 auch für zivile Fahrzeuge, so in Vomag-Bussen der KVG auf den steigungsreichen Strecken des Erzgebirges. Die Leistungsreserve des HL 120 gestattete ein zügiges und wirtschaftliches Fahren, wie aus einer späteren Veröffentlichung hervorgeht:

»... der leistungsstarke Motor hat noch eine Reihe von Vorteilen. Es lohnt sich, bei so großen Motoren die Lagerung der Kurbelwelle in Wälzlagern vorzunehmen, wodurch der innere Widerstand erheblich gesenkt wird und nicht größer sein wird, als der eines weißmetallgelagerten Motors mit etwa 100 PS Leistung. Die bessere Lagerung und die Möglichkeit des Fahrens fast ständig nur in günstigsten Teillastgebieten geben dem Motor eine 3- bis 4-fache Lebensdauer...« [35].

Die HL-Motoren in den Vomag-Bussen wurden übrigens mit Treibgas betrieben.

Typen-Vielfalt

Das Fehlen eines in sich schlüssigen Konzeptes für die Panzer-Entwicklung im Deutschland der dreißiger Jahre wirkte natürlich auch auf die Motoren-Entwicklung zurück. Die vielen Projekte, die in Angriff genommen, teils ausgearbeitet und bis zu den Prototypen vorangetrieben wurden, um dann wieder zugunsten anderer verworfen zu werden, führten laufend zu anderer Aufgabenstellung (»Lastenheft«) mit dementsprechend vielen Motoren-Varianten. So zeichnen sich in der zweiten Hälfte der dreißiger Jahre drei Hauptrichtungen in der HL-Motoren-Entwicklung ab:

- Sechszylinder-Reihenmotoren; Bohrung: 90 bis 105 mm; 74 bis 110 kW (100 bis 150 PS) für Halbketten-Zugmaschinen und leichte Panzer;
- Zwölfzylinder-V-Motoren; Bohrung 90 bis 105 mm; 150 bis 220 kW (200 bis 300 PS) für schwere Halbketten-Zugmaschinen und mittlere Panzer;
- Zwölfzylinder-V-Motoren; Bohrung 120 bis 155 mm; 300 bis 440 kW (400 bis 600 PS) für verschiedene Projekte schwerer Panzer.

Im Gegensatz zu den ersten beiden Motorgruppen arbeitete man bei der Entwicklung der großen Motoren ohne sonderlichen Nachdruck. Trotzdem wurden einige grundsätzliche Fragen geklärt, was späteren Motoren zugute kommen sollte. Aus dem Einbau der Motoren in so viele verschiedene Fahrzeugtypen erwuchs eine Fülle von Aufgaben, meist technisch einfacher Art, die aber bisweilen wegen des beengten Einbauraumes in gepanzerten Fahrzeugen nur sehr aufwendig gelöst werden konnten. Die Zufuhr der Verbrennungsluft, ihre Filterung, die Ableitung des Abgases und die Kühlung der Betriebsmittel mußten in fast jedem Fahrzeugtyp anders geklärt und gelöst werden. Allein durch die große Typenvielfalt der Fahrzeuge, für welche, wie erwähnt, tunlichst ein maßgeschneiderter Motor verlangt wurde, ergab sich ein erheblicher Mehraufwand in der Entwicklung, in der Organisation[30]), in der Fertigung und in der Logistik, die angesichts der überlegten Typenplanung und -Beschränkung auf alliierter Seite geradezu grotesk erscheint.

[30]) Zeichnungs- und Stücklisten-Verwaltung, Arbeitsvorbereitung, Ersatzteillisten, Vorrichtungen und Werkzeuge u. a. mehr.

Tabelle 4. Übersicht über die Halbketten-Zugmaschinen der Deutschen Wehrmacht.

Wehrmacht-bezeichnung[31a])	le. Zgkw. 1 to	le. Zgkw. 3 to	m. Zgkw. 5 to	m. Zgkw. 8 to	s. Zgkw. 12 to	s. Zgkw. 18 to
Kfz-Nr.[31b])	Sd. Kfz. 10	Sd. Kfz. 11	Sd. Kfz. 6	Sd. Kfz. 7	Sd. Kfz. 8	Sd. Kfz. 9
Zugkraft kN (t)	10 (1)	30 (3)	50 (5)	80 (8)	120 (12)	180 (18)
Fahrzeug	D 7	HL kl 6 H8H	KM l 4 DB l 5 BN l 7 DB l 7 BN l 8 DB l 8 BN l 9	BN m 8 DB m 8 KM m 9 KM m 10 HL m 10 KM m 11 HL m 11	DB 9 DB 10	F2 F3
Motor[31c])	NL38TRKM HL42TRKM	NL38TUKR HL42TUKRM HL49TUKRM HL54TRWS	NL35TU NL38TUK NL38TUKRM HL54TUKRM	HL52TU HL57TU HL62TU HL62TUK	HL85TUKRM	HL98TUK HL108-TUKRM HL120-TUKRM

31a) Die Wehrmacht-interne Bezeichnung unterschied nach leichten (le.), mittleren (m.) und schweren (s.) »Zugkraftwagen« (Zgkw.), wobei die Klassifizierung nach Tonnen nicht die Nutzlast, sondern die zulässige Anhängelast im mittleren Gelände bezeichnet.

31b) Die Abkürzung Sd.-Kfz. steht für »Sonder-Kraftfahrzeug«.

31c) Motor-Bezeichnungen: HL Hochleistung; NL Normalleistung; 38 ca. 3,8 dm^3 Hubvolumen; TR Trockensumpf; TU tiefes Unterteil; K Kupplung mit Kupplungsgehäuse; M Schnappermagnet; W Windflügelantrieb. Die Bezeichnungen der Fahrzeuge geben Hinweis auf den Hersteller, die Leistungsklasse und eine Kennziffer: HL Hansa-Lloyd; H Horch; KM Krauss-Maffei; BN Büssing-NAG; DB Daimler-Benz; D Demag; F Famo.

Tabelle 5. Ableitung der Motoren-Baureihen.

Motor	NL 35	NL 38	HL 42	HL 49	HL 52	HL 54	HL 57	HL 62	HL 66	HL 85	HL 98	HL108	HL120
Zylinderzahl	Sechszylinder-Reihe									Zwölfzylinder-V			
Bohrung mm	90	90	90	95	100	100	100	105	105	95	95	100	105
Hub mm	90	100	110	115	110	115	120	120	130	100	115	115	115

Der ganze technische Widersinn der deutschen Militärfahrzeug-Entwicklung zeigt sich schon daran, daß es allein bei den Halbketten-Zugmaschinen sechs verschiedene Größen mit insgesamt elf Motorvarianten gab, Tabelle 4.

Selbst wenn man berücksichtigt, daß sich diese Typenzahl auf einen Zeitraum von zehn Jahren verteilt, und daß die Unterschiede zwischen den einzelnen Typen, z. B. HL 42 und HL 49 oder HL 57 und HL 62, und auch zwischen den Varianten (TRKM, TUKRM) nur gering waren, so läßt sich doch der Mehraufwand, den eine solche Typenpolitik in jeder Hinsicht verursachte, erahnen.

Aus Tabelle 5 läßt sich entnehmen, wie die Motoren durch wechselseitiges Vergrößern von Hub und Bohrung voneinander abgeleitet wurden. Während des Krieges machte der Maybach-Motorenbau wiederholt Anläufe zur Typenbereinigung, die aber durch laufend geänderte Leistungsanforderungen und letztlich auch durch die Kriegsereignisse nicht mehr zum Tragen kamen.

Stärkere Motoren

War die deutsche Panzerwaffe in den ersten beiden Kriegsjahren der ihrer Gegner überlegen gewesen, so änderte sich das schlagartig, als die deutschen Truppen schon einen Monat nach Beginn des Rußlandfeldzuges, im Juli 1941, in dem T-34 auf einen an Feuerkraft,

Panzerung und an Motorleistung (absolut und spezifisch) überlegenen Panzer stießen, vgl. auch Bild 155, S. 171. Als Antrieb diente dem T-34 und den schweren KW-Panzern ein Zwölfzylinder-V-Dieselmotor, Typ W 2 (nicht zu verwechseln mit dem Maybachschen W 2), mit 367 kW (500 PS) bei 1800 min^{-1}.

Nun mußte schnellstens ein ebenbürtiger, nach Möglichkeit sogar ein besserer Panzer mit einem entsprechend starken Motor geschaffen werden. So erhielt der Maybach-Motorenbau vom Heereswaffenamt den Entwicklungsauftrag für einen Motor von 440 bis 515 kW (600 bis 700 PS) Leistung[32]). Acht Monate nach Konstruktionsbeginn waren die ersten Prototypen fertiggestellt! Wegen der beengten Einbauverhältnisse mußte der Motor sehr kompakt sein, weshalb er in Anlehnung an die bisherigen Zwölfzylinder-V-HL-Motoren (HL 85/98/108/120) eine rollengelagerte Scheibenkurbelwelle erhielt. Um weiter an Baulänge zu sparen, andererseits aber eine große tragende Länge für die Pleuellager zu bekommen, ließ man die Pleuel der sich im V gegenüber liegenden Zylinder nicht nebeneinander am Hubzapfen angreifen (»Pleuel-neben-Pleuel«), sondern bildete diese als Gabel- und Innenpleuel aus. Das gabelförmige Hauptpleuel stützt sich über die ganze Hubzapfenlänge mittels des Gabelpleuellagers auf dem Hubzapfen ab und umfaßt dabei gabelförmig (daher der Name!) das Innenpleuel, das auf dem Rücken des Gabelpleuellagers läuft. Ein Vorteil dieser Anordnung ist der zentrische Kraftangriff der beiden Pleuel am Hubzapfen; die Zylinderreihen sind nicht wie bei der Pleuel-neben-Pleuel-Anordnung um eine Pleuelbreite zueinander versetzt, weshalb die Kurbelgehäuse-Zwischenwände nicht gekröpft sein müssen. Das ist bezüglich des Kraftflusses in den Zwischenwänden von großem Vorteil. Mit dieser Bauweise konnte ein extrem kurzer Zylindersprung verwirklicht werden. Das Verhältnis Zylindersprung/Bohrung *(Z_a/d)* des neuen Motors Typ HL 210 lag mit 1,092 unter dem Wert (1,133) des an sich schon sehr gedrängt gebauten HL 120!

Das Kurbelgehäuse des HL 210 wurde als sogenanntes »Tunnelgehäuse« ausgeführt, d. h. es ist ungeteilt, so daß die Kurbelwelle axial in die Lagerbohrungen, wie in einen Tunnel, eingefahren werden muß. Dadurch ist das Gehäuse sehr steif, und die Probleme, welche es anfangs mit den mittig geteilten Gehäusen der HL-108/120-Motoren gegeben hatte, nämlich Undichtigkeiten zwischen Kurbelgehäuse-Ober- und Unterteil und Verformung der Lagerbohrungen, wurden von vorneherein ausgeschlossen. Außerdem läßt sich ein Tunnelgehäuse einfacher fertigen. Das Gehäuse wurde übrigens aus Aluminium abgegossen. (Vgl. auch Kasten auf S. 326/27.)

Um die geforderte Leistung darzustellen, hatte man das Zylindervolumen und die effektive Literarbeit gegenüber dem HL 120 vergrößert. Eingebaut wurde der HL 210 in die ersten 250 Panzer VI (»Tiger«). Wegen dessen großer Fahrzeugmasse von 57 000 kg (zum Vergleich: der T-34 wog 27 000 kg!) wollte man mit der Leistung etwas vorhalten und erhöhte diese durch Aufbohren der Zylinder von 125 auf 130 mm auf 515 kW

32) Schon 1935 waren Gespräche mit dem Heereswaffenamt (HWA) über einen Motor der 440-kW- (600-PS-)Klasse geführt worden. Daraufhin wurden mehrere Projekte ausgearbeitet und Prototypen gebaut und erprobt. In die Serie gingen diese Motoren aber nicht, weil die Fahrzeugkonzepte wieder geändert bzw. ganz aufgegeben worden waren.

Tabelle 6. Vergleich des HL 230 mit dem HL 120.

Typ		Einheit	HL 120	HL 230	HL 230/HL 120 · 100%
Bohrung	d	mm	105	130	123,8
Hub	s	mm	115	145	126,1
Zylinderzahl	z		12 V	12 V	100
Zylindervolumen	V_h	dm^3	0,995	1,92	193
Hubvolumen	V_H	dm^3	11,95	23,09	1,93
Leistung	P	kW/PS	220/300	515/700	233
Drehzahl	n	min^{-1}	3000	3000	100
mittlere Kolbengeschwindigkeit	c_m	m/s	11,5	14,5	126
effektive Literarbeit	w_e	kJ/dm^3	0,74	0,89	120
Zylindersprung	Z_a	mm	127	142	112
Zylindersprung/Bohrung	Z_a/d	mm/mm	1,209	1,092	90
Masse	m	kg	920	1300	141
Leistungsmasse	m/P	kg/kW	4,17	2,52	60,4
Bauvolumen	V_B	dm^3	847	942	111,2
Bauvolumen/Hubvolumen	V_B/V_H	dm^3/dm^3	70,9	40,8	57,5

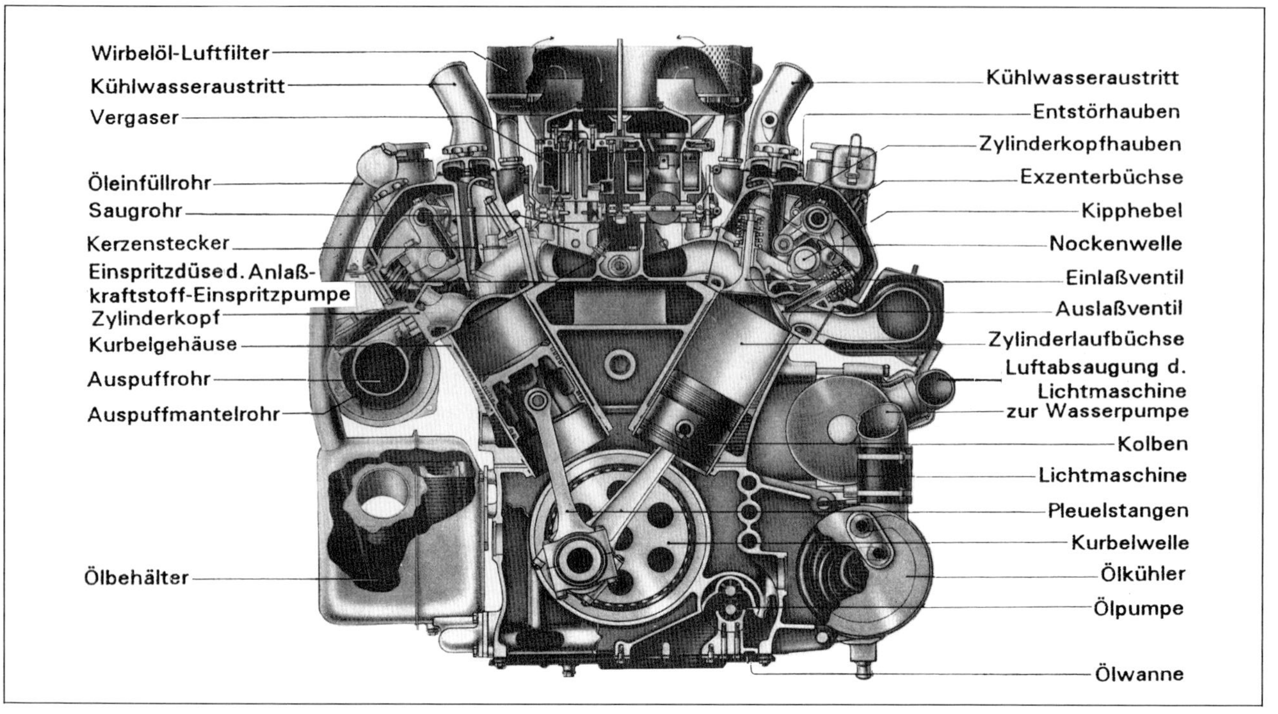

Bild 48. Querschnitt des Panzermotors HL 230: wassergekühlter Viertakt-Ottomotor in Zwölfzylinder-V-Bauart, rollengelagerte Scheibenkurbelwelle, gleitgelagerte Gabel-/Innenpleuel, Tunnelgehäuse; Bohrung 130 mm, Hub 145 mm, Leistung 515 kW (700 PS) bei 3000 min^{-1}.

Bild 49. HL 230, Längsschnitt. Legende siehe Tafel 11, S. 267.

(700 PS). Weil Aluminium knapp war, aber auch aus Festigkeitsgründen wurde das Kurbelgehäuse auf Grauguß (GG) umgestellt. Typenbezeichnung des so überarbeiteten Motors: HL 230, Bilder 48 und 49.

Auf einige dieser Zahlen soll näher eingegangen werden. Die effektive Literarbeit wurde um 20% erhöht; bekanntlich ist dieser Weg der Leistungssteigerung der schwierigste. Die Leistungsmasse (»Leistungsgewicht«) konnte auf 60% der des HL 120 verringert werden, und das auf das Hubvolumen bezogene Bauvolumen des Motors auf rund 58%! In anderen Worten, der HL 230 ist ein ungewöhnlich kompakter, leistungsstarker Motor, wobei noch bedacht werden muß, daß in diesem Bauvolumen auch das Motorzubehör enthalten ist, gemäß dem Maybachschen Grundsatz, das Zubehör möglichst weitgehend in den Motor zu integrieren.

Um bei einem so großvolumigen Motor eine gute Gemischbildung im gesamten Kennfeld zu gewährleisten, wurde auf den Vergaser besonderes Augenmerk gerichtet. In diesem Falle entwickelte der Maybach-Motorenbau den zweistufigen Fallstrom-Vergaser wieder selbst, während er von der Deutschen Vergaser-Gesellschaft gefertigt wurde. Der HL 230 hatte vier dieser zweistufigen Vergaser, betätigt durch ein gemeinsames Gestänge. Die erste Stufe lieferte die Gemisch-Grundmenge, die zweite öffnete – vom Regler betätigt – automatisch im oberen Lastbereich.

Mit dem HL 230 wurden der mittlere Panzerkampfwagen (Pz.-Kpfw.) V »Panther«, Bild 50 und die schweren Pz.-Kpfw. VI »Tiger«, Bild 51, und Tiger II (»Königstiger«), Bild 52 sowie deren Abarten ausgerüstet. Ohne ausreichende Erprobung schickte die militärische Führung die neuen Panzer an die Front, wo ihre ersten Einsätze mit Mißerfolgen endeten. Fahrzeuge wie Motoren wiesen noch Mängel auf, Kleinigkeiten im Grunde, die aber erst hätten beseitigt werden müssen, bevor die Fahrzeuge in den Einsatz kamen. Die Maxime: »Die Erprobung findet an der Front statt«, macht deutlich, wie kritisch die Panzer-Überlegenheit der Sowjets für die deutschen Truppen schon 1942 war. Die HL-210/230-Motoren hatten mehrere Schwach-

Bild 50. Der Panzerkampfwagen V »Panther« war mit 45 000 kg für deutsche Verhältnisse ein mittlerer Panzer, der in der Form mit seinen schrägen Flächen dem T-34 ähnelte. Als Antrieb diente der HL-230-Motor mit dem mechanischen Schaltgetriebe AK 7 (Zahnradfabrik Friedrichshafen).

Bild 51. Der schwere Panzerkampfwagen VI »Tiger« (56 900 kg) mit Maybach-HL-230-Motor und Maybach-Olvar-Getriebe wurde innerhalb eines Jahres (vom Auftrag bis zum Prototyp) als Antwort auf den sowjetischen T-34 entwickelt.

punkte, wie der ehemalige Einsatzleiter des Heereswaffenamtes für die Panzerreparatur in Rußland, ein ehemaliger Maybach-Motorenbau-Mitarbeiter, schildert: *»... Hauptsächliche Probleme an den Motoren waren anfangs die Ölundichtheiten an Kurbelwelle und Lüftergetriebe wegen des hohen Überdruckes im Kurbelgehäuse. Die Folge: Fahrzeugbrände. Je mehr Motoren in den Einsatz kamen, (desto mehr) häuften sich ... die Brüche von Pleuelstangen. Es hat lange gedauert, bis es mir in Rußland gelang, die Ursache zu ermitteln. Bei voll aufgetankten Fahrzeugen lag der max. Kraftstoffspiegel vom Tank wesentlich höher als der Vergaser-Schwimmerstand. Bei undichten Schwimmernadel-Ventilen lief dann der Kraftstoff in den Zylinder (bei einem 12-Zyl.-Motor sind ja immer welche Einlaßventile offen.) Beim Starten des Motors gab es dann die sog. Flüssigkeitsschläge, wobei dann der schwächste Teil, die Pleuelstange, sich verbogen hatte, die dann nach ganz kurzem Motorlauf gebrochen ist. Die Übersetzung vom Anlasser-Ritzel zum Schwungradzahnkranz war so groß, daß der Anlasser bedenkenlos den Motor durchdrehte. Abhilfe wurde geschaffen, indem vor den Vergasern ein öldruckbelastetes Ventil in die Kraftstoffzuleitung dazwischen geschaltet wurde, d. h. bei stehendem Motor kein Öldruck und somit auch kein Kraftstoffdurchgang. Nach diesen Erkenntnissen gab es außer normalem Verschleiß keine Motorprobleme mehr...«* [36].

Der neuralgische Punkt der HL-230-Motoren waren die Pleuellager: Das Gabelpleuellager war beidseitig mit Bleibronze ausgegossen, d. h. auf der Innenseite, mit der es auf dem Hubzapfen lief und auf dem Rücken, auf den sich das Innenpleuel abstützte. Fertigungsbedingt kam es zu Dopplungen, Lunkern, Seigerungen und Bindungsfehlern in den Lagern, die im Motorbetrieb Lagerschäden verursachten. Erst durch eine rigorose Fertigungs- und Qualitätskontrolle bekam man dieses Problem in den Griff.

Bild 52. Der schwerste deutsche Panzer (68 000 kg) im Zweiten Weltkrieg war der »Tiger II« (»Königstiger«). Antrieb durch Maybach-HL-230-Motor und das Maybach-Olvar-Getriebe. Dieses Fahrzeug wurde im »Musée des Blindes« der Ecole d'Application de l'Arme Blindée et Cavalerie in Saumur (Frankreich) mit großem Engagement aller daran Beteiligten restauriert und fahrbereit gemacht. Heute ist dieser »Königstiger« eine der Hauptattraktionen der jährlichen Panzervorführungen in Saumur.

Scheibenkurbelwelle und Tunnelgehäuse

Aus der Notwendigkeit, in dem eng begrenzten Bauraum gepanzerter Kettenfahrzeuge ein Maximum an Leistung unterzubringen, entstanden ab 1934 die HL-Motoren mit Scheibenkurbelwelle. Bei dieser Kurbelwellen-Bauart sind je zwei Kurbelwangen und ein Grundlager zusammengefaßt und scheibenförmig ausgebildet. Die Scheiben stützen sich über Rollenlager im Kurbelgehäuse ab. Die Vorteile dieser Bauart gegenüber der Wangenwelle sind, Bild 1:

- *Der im Vergleich zur Wangenwelle kurze Lagerabstand (Zylindersprung) ermöglicht einen kurzen (und damit leichten) Motor,*
- *die Scheibenwelle ist biegesteifer; wegen der kurzen Lagerabstände sind auch die Biegemomente kleiner,*
- *die Scheibenwelle ist torsionssteifer und weniger drehschwingungsempfindlich,*
- *als Folge der durch den Hub bedingten Scheibenabmessungen sind die Rollenlager überdimensioniert, was ihrer Lebensdauer zugute kommt und*
- *das statische Moment der Kröpfung (Massenausgleich!) ist kleiner.*

Rollengelagerte Scheibenkurbelwellen wurden schon früher von verschiedenen Herstellern verwendet (so z. B. von der Adolph Saurer AG in Arbon/Schweiz); es handelte sich hierbei um gebaute, d. h. aus mehreren Teilstücken zusammengeschraubte Wellen. Der erste Maybach-Motor mit rollengelagerter Scheibenwelle war der HL 100, der Vorläufer der in großen Stückzahlen gebauten HL-85-, HL-108- und HL-120-Motoren. Diese hatten noch mittig geteilte Kurbelgehäuse, in deren Ober- und Unterteil die Wellen gelagert waren.

Weil die zur Aufnahme der Scheiben notwendigerweise groß gehaltenen Lagerbohrungen bei der Montage des Gehäuses zur Unrundheit neigten und Ober- und Unterteil im Betrieb »arbeiteten«, wurden die Kurbelgehäuse der großen Typen, HL 210/HL 230 als Tunnelgehäuse, d. h. mit allseitig umschlossenen Lagerbohrungen, ausgeführt, Bilder 2 bis 4. Die Kurbelwelle wurde daher axial in die tunnelartigen Gehäusebohrungen eingeführt, Bild 5. Um die Hubzapfenlänge kurz zu halten und außerdem gerade Kurbelgehäuse-Zwischenwände zu bekommen, wählte man die Gabel-/Innenpleuel-Ausführung. Die rollengelagerte Scheibenkurbelwelle, Gabel-/Innenpleuel-Anordnung und Tunnelgehäuse wurden zu charakteristischen Merkmalen auch der Maybach-Dieselmotoren MD und GTO. Bei der MD-Baureihe wurden, anders als bei den HL-Motoren, auch die Reihenmotoren in Tunnelbauweise ausgeführt.

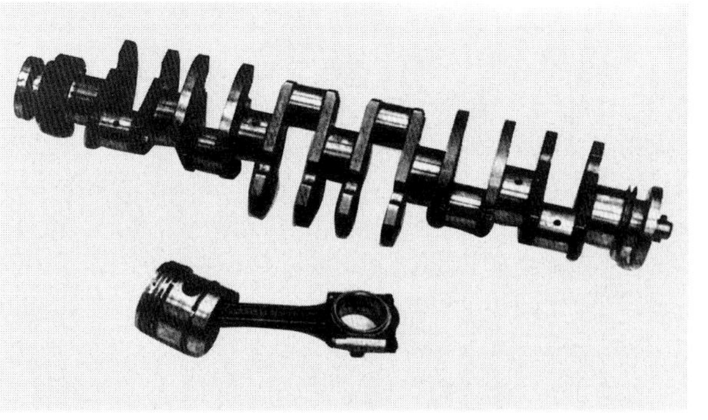

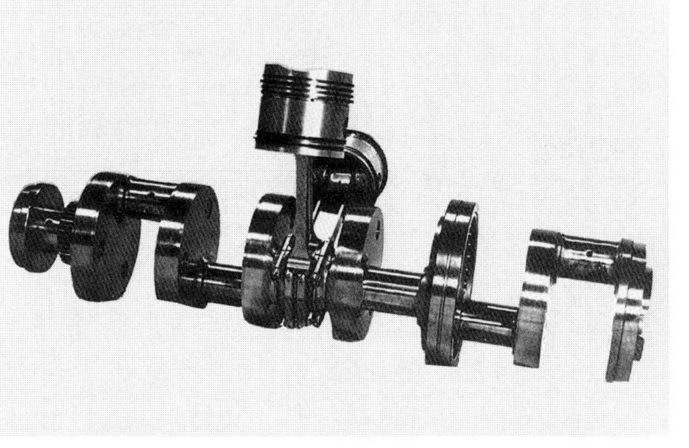

Bild 1. Gleitgelagerte Wangenkurbelwelle mit angeschmiedeten Gegengewichten des sechszylindrigen HL-62-Motors (Bohrung 105 mm, Zylinderabstand 132 mm) und rollengelagerte Scheibenkurbelwelle des Zwölfzylinder-V-Motors HL 230 (Bohrung 130 mm, Zylinderabstand 142 mm). Die Vorteile der Scheibenkurbelwelle für die Motorabmessungen sieht man an dem Verhältnis von Zylinderabstand zu Bohrung. HL 62: $z_a/d = 1{,}26$; HL 230: $z_a/d = 1{,}09$!

Bild 2. Tunnelgehäuse des Motors HL 230. Die Gehäuse des HL 230, der GTO- und anfangs auch der MD-Motoren wurden gegossen. Später wurden die Gehäuse der MD-Motoren aus Stahlgußteilen und Stahlblechen geschweißt, ebenso die der MC-Motoren.

Bild 3. Tunnelgehäuse der V-Motoren-Bauart MD.

Bild 4. Tunnelgehäuse der Bauart MC.

Als die MD-Baureihe um eine 16-Zylinder-Version erweitert werden sollte, entschloß man sich, um Gußproblemen aus dem Weg zu gehen, das Kurbelgehäuse aus einzelnen Stahlgußsegmenten und -Blechen zusammenzuschweißen. Dank der hohen Festigkeit des Stahlgusses konnte die Gehäusemasse gegenüber einer gegossenen Ausführung um 30% gesenkt werden. Der Aufbau des Gehäuses aus Teilstücken ermöglichte eine weitgehende kostengünstige Anwendung des Baukastenprinzips.

Auch die Baureihe größerer Motoren, MC, wurde mit rollengelagerter Scheibenkurbelwelle und Tunnelgehäuse konzipiert, jedoch mit einem markanten Unterschied zu den MD-Motoren: Wegen ihrer Größe wurde die MC-Welle nicht einteilig im Gesenk geschlagen, sondern in Einzelhüben und dann zusammengeschweißt, wobei die Scheiben aus Gewichtsgründen hohl ausgebildet waren (»Hohlscheiben-Bauweise«).

Bild 5. Einbau einer rollengelagerten Scheibenkurbelwelle in das Kurbelgehäuse eines MD-870- (16-V-538-) Motors. Die Welle wird zusammen mit den Wälzlagern von oben in die Lagerbohrungen eingeführt.

Bild 53. Werkstatt- und Ersatzteilwagen (Faun mit Maybach-FD-88-Fahrzeug-Dieselmotor) des Maybach-Motorenbau-Kundendienstes im Zweiten Weltkrieg.

Bild 54. Motorenreparatur in Rußland. Schäden im Gefecht und Verschleiß an den Panzermotoren mußten bei der stets angespannten Versorgungslage der Front schnellstens repariert werden. Motoren und Getriebe wurden mit Gestell und Flaschenzug ausgebaut.

Wieder Kriegsprobleme

Technische Entwicklungen können nicht losgelöst von der Zeit und den Umständen, unter denen sie stattgefunden haben, betrachtet werden. Viele technische Lösungen sind nur aus den jeweiligen Zwängen und Einschränkungen ihrer Zeit verständlich. Die rasch aufeinander folgenden Feldzüge der Wehrmacht in geographisch und klimatisch so verschiedenen Ländern wie Polen, Norwegen, Frankreich, dem Balkan, Nordafrika und schließlich der Krieg in Rußland beanspruchten das Material, in unserem Falle die Motoren, übermäßig und konfrontierten die Entwicklungsingenieure mit technischen Problemen, wie man sie in dieser Schärfe vorher nicht gekannt hatte. Zunächst waren es die Filter, welche – für mitteleuropäische Verhältnisse ausgelegt – dem Staubanfall in der libyschen Wüste nicht gewachsen waren. Die Motoren im Heck der Panzer wurden nicht nur mit dem Staub in der Luft, bei Kolonnenfahrt wahrlich nicht wenig, belastet, sondern noch stärker mit dem vom Fahrzeug selbst aufgewirbelten Staub (»Selbstverstaubung«). Die Folge waren Verschleißraten an Kolbenringen und Zylindern, die z. T. in Millimetern gemessen wurden. Ein englischer Bericht gibt Einblick in die Verhältnisse:

»... *A daily Intelligence Summary Report dated 18th February, 1942, captured in Libya, indicated, that serious failures of Mark III Tank had occurred due mainly to bogies and engines. Engine trouble was chiefly due to sand blocking oil supply pipes causing wreckage of the crankshaft and pistons... It was suggested that the air filters were entirely inadequate...*« [37].

Ähnlich waren die Verhältnisse in Rußland, wie in einem Vortrag berichtet wurde (vgl. auch Tafel 2, S. 407):

»... *sondern auch die Trockenheit wirkt sich sehr schädlich aus, indem sie in ganz kurzer Zeit den Schlamm in eine entsprechende Schicht feinen und feinsten Staubes verwandelt, der einen erhöhten und vorzeitigen Verschleiß aller gleitenden Teile der Kraftfahrzeuge hervorruft. Die Verhältnisse liegen in dieser Beziehung im Osten ähnlich wie in Libyen und erfordern deshalb auch die gleichen Schutzmaßnahmen, insbesondere wirksame Luftfilter...*« [38].

Erschwert wurde die Situation noch dadurch, daß wegen der überdehnten Fronten mit ihren langen, stets gefährdeten und oft unterbrochenen Nachschubwegen die Ersatzteilversorgung gerade den nötigsten Bedarf decken konnte. Häufig mußten deswegen turnusmäßige Wartungsarbeiten oder gar Reparaturen hinausgeschoben werden. Bei Plievier kann man hierzu lesen:

»... *Es war auch die Sorge um ausgeschliffene Motorenzylinder, um Luftfilter, die nicht dicht hielten und den feinen Steppen- und später Wüstenstaub eindringen ließen, und die Maschinen, schneller als Ersatz herankam, dem Verschleiß aussetzten...*« [39].

Eine andere Härte für die Motoren (für die Fahrzeugbesatzungen nicht minder) war die extreme Kälte des russischen Winters. Natürlich waren die Motoren in der Kältekammer erprobt, ihr Startverhalten untersucht und verbessert worden, aber die Wirklichkeit in Rußland übertraf die Versuchsbedingungen bei weitem. In dem vorhin zitierten Vortrag heißt es hierzu:

»... *stellten die außerordentlich niedrigen Temperaturen des Winters 1941/42 jedoch Anforderungen an Motor und Fahrzeuge, die mit den allgemein zur Verfügung stehenden Mitteln nicht erfüllt werden konnten. Insbesondere ist hier der Kaltstart der Motoren anzuführen, der stellenweise bei Temperaturen bis – 40° und darunter bei völlig ausgekühlten Motoren und ebensolchen Batterien durchgeführt werden mußte...*« [38].

Wie es an der Front zuging, schildert u. a. Generaloberst Heinz Guderian so:

»... *Das Anlaufen der Panzermotoren mußte durch Anzünden von Feuern unter den Wannen erleichtert wer-*

Bild 55. Demontage, Reparatur und Wiedermontage der Motoren und Getriebe in Rußland waren fabrikmäßig organisiert und wurden in Taktstraßen durchgeführt.

Bild 56. Nach der Wiedermontage machten die Motoren einen Probelauf (unbelastet), bei dem lediglich die Funktionen überprüft werden konnten.

den. Der Betriebsstoff fror teilweise, das Öl wurde dick. Auch bei dieser Truppe fehlte Glysantin...« [40].

Waren die Motoren erst einmal angesprungen, drohten ihnen neue Gefahren: Der unvollständig verdampfte Kraftstoff wusch den Schmierfilm von der Zylinderlaufbahn, was den Verschleiß der Kolbenringe und Zylinder begünstigte. Das zähe Öl ließ den Druck vor dem Filter so ansteigen, daß das Umgehungsventil öffnete und ungefiltertes Öl in die Lager gelangte. Angesichts dieser Umstände und der großen Ausfälle durch Feindeinwirkung war eine effiziente Reparatur und Instandsetzung von größter Bedeutung. Der Maybach-Motorenbau entsandte zu Beginn des Krieges eigene Reparaturkolonnen unmittelbar hinter die Front (Bild 53), später nach Umorganisation des Reparaturdienstes in die Großinstandsetzungs-Werkstätten des Heeres, Bilder 54 bis 56. In der Heimat machten Engpässe in der Material- und Energieversorgung der Industrie zu schaffen. Schon vor dem Kriege hatten die Nationalsozialisten eine weitgehende Autarkie angestrebt. Der Import von Rohstoffen wurde eingeschränkt: Die Wirtschaft sollte in Hinblick auf den geplanten Krieg von Lieferungen aus dem Ausland unabhängig gemacht werden; außerdem wollte man Devisen sparen. Nun läßt sich der Verbrauch z. B. von Legierungselementen nicht beliebig reduzieren, ohne die Qualität des jeweiligen Werkstoffes zu verschlechtern. Daher wurden, z. T. durchaus mit Erfolg, neue Werkstoffe entwickelt, deren Elemente leichter zu beschaffen waren, sogenannte »Heimstoffe«. Knapp waren vor allem Chrom, Nickel, Kobalt, Kupfer und Zinn. Bei der Durchsicht alter Maybach-Motorenbau-Versuchsberichte findet man viele, welche die Untersuchung von Ausweich- und Ersatzstoffen zum Gegenstand haben; einige Beispiele hierfür:

- V 1427 HL 230 Ventilsteuerung, Austauschmaterial (EC 60 und Alu-Buchsen);
- V 1442 Prüfung des Heimstoff-Reibbelages »Jurid 1807«, früher »Jurid 1428«, auf Reibkegel im Tiger II;
- V 1482 Gummi-Balgdichtungen für Zyklon-Luftreiniger LZ 224–72, Austauschmaterial Lieferfa. Knecht KG, Stuttgart-Bad Cannstatt.

Aus dem Bericht über eine Untersuchung des Flugzeugmotors Rolls-Royce Merlin[33]) im Vergleich zum HL 230 klingt geradezu der Neid der Maybach-Motorenbau-Ingenieure auf die »alliierten Kollegen« heraus, die offensichtlich aus dem Vollen schöpfen konnten:

»*... Zu obiger Materialprüfung ist noch zu erwähnen, dass von einem amerikanischen* [?] *Flugmotor die Blechauspuffrohre geprüft wurden... Mit diesem hohen Chrom- und Nickelgehalt* [Anmerkung: der Cr-Gehalt betrug 17,5%, der Ni-Gehalt: 9,24%] *lassen sich ohne weiteres Auspuffrohre aus Blech herstellen...«* [41].

Auch wirkte sich der Mangel an Treibstoff störend auf die Entwicklungsarbeiten aus, was dazu zwang, die Motoren mit Stadtgas einzufahren. Entsprechende Vorversuche waren bereits 1937 (!) unternommen worden. Dem Stadtgas (Leuchtgas) wurde Luft zugemischt und durch Selas-Kompressoren auf 0,15 bar vorverdichtet. Die Motoren mußten erst von einem an das Leitungsnetz der städtischen Gasversorgung angeschlossenen Motor eine bestimmte Zeit geschleppt werden, um dann mit eigener Kraft (mit dem Gas/Luft-Gemisch) zu laufen. Danach wurden sie in den serien-

---

[33]) Der Rolls Royce Merlin war ein Standard-Motor der englischen Luftwaffe, der gleichermaßen zum Antrieb von Jagdflugzeugen wie von Bombern diente. Mit 137,2 mm Bohrung und 152,4 mm Hub hatte dieser Zwölfzylinder-V-Motor ein Hubvolumen von 27 dm^3. Startleistung 1100 kW (1500 PS) bei 3000 min^{-1}. Die Leistung variierte je nach Ausführung und Baumuster.

mäßigen Zustand umgerüstet und machten noch einen kurzen Kontrollauf mit Otto-Kraftstoff.

Ab 1942/43 machten sich die Aktivitäten der alliierten Luftflotten immer stärker bemerkbar. Zulieferbetriebe in den großen Industriegebieten, aber auch Spezialfabriken wie die der Wälzlager-Hersteller wurden bombardiert; mehr und mehr wirkten sich die Angriffe auf die Transportwege und -Einrichtungen, vor allem auf die Bahnanlagen aus. Da mit Angriffen auf den Maybach-Motorenbau zu rechnen war, wurde mit der Auslagerung einzelner Fertigungsabteilungen in das oberschwäbische Hinterland begonnen (vgl. Bild 189, S. 197).

Am 28. April 1944 fand ein schwerer Luftangriff auf Friedrichshafen statt, in dessen Verlauf die Innenstadt nahezu völlig zerstört wurde und auch das Werk schwere Schäden erlitt. Man beschleunigte die Verlagerung der einzelnen Abteilungen; nun wurden auch die kaufmännischen Abteilungen nach Weingarten, die Entwicklungs-Abteilungen nach Wangen (Allgäu) verlegt. Die Montage mußte in Friedrichshafen verbleiben, ebenso die Prüfstände wegen des Anschlusses an das städtische Gasnetz. Nach fieberhafter Aufbauarbeit konnte am 19. Juli 1944 mit der Montage der HL-120- und HL-230-Motoren wieder begonnen werden. Doch schon am nächsten Tag wurde der Maybach-Motorenbau Ziel eines amerikanischen Tagangriffes, der das Werk schwer traf und über 100 Todesopfer forderte. Unmittelbar danach begann man mit den Aufbauarbeiten, und im September lief die Produktion wieder an! Wegen der akuten Gefahr für die Fertigung wurde geplant, die in Friedrichshafen verbliebenen Bereiche des Werkes in die Stollen bei Überlingen zu verlagern; doch dazu sollte es nicht mehr kommen.

Leistungssteigerung durch Benzin-Einspritzung und Aufladung

Bei den Massen (Gefechtsgewichten) der schweren deutschen Panzer (z. B. Tiger II »Königstiger«: 68000 kg!) wurden dringend höhere Motorleistungen verlangt, bei gleichbleibendem Einbauraum wohlgemerkt! Das schloß größere Hubvolumina aus; bei einer mittleren Kolbengeschwindigkeit von 14,5 m/s ließ sich die Drehzahl kaum noch erhöhen. Als einziger Weg der Leistungssteigerung blieb der über die effektive Literarbeit. Da lag es nahe, Anleihen bei den Flugmotoren zu nehmen, deren hohe spezifische Leistungen hauptsächlich durch die Benzin-Einspritzung und die Aufladung zustandekamen.

Folgerichtig arbeitete der Maybach-Motorenbau, ausgehend vom HL 230, zwei Konzepte aus, die parallel zueinander verfolgt wurden:

- mechanisch aufgeladener Motor mit Benzin-Einspritzung: HL 232;
- Saugmotor mit Benzin-Einspritzung: HL 234.

Bei der Benzin-Einspritzung handelte es sich – im Gegensatz zu den Niederdruck-Einspritzanlagen der heutigen Pkw-Motoren – um eine Hochdruck-Einspritzung; der Kraftstoff wurde wie beim Dieselmotor unter hohem Druck direkt in den Brennraum eingespritzt. Solche Benzin- (»Leichtöl«-) Einspritzanlagen waren in den dreißiger Jahren von Bosch, Deckel und L'Orange aus Diesel-Einspritzgeräten abgeleitet und an die Flugmotoren adaptiert worden.

Die Benzin-Einspritzung bot in der Tat beachtliche Vorteile, nämlich höhere Leistung und niedrigeren spezifischen Kraftstoffverbrauch. Durch das direkte Einspritzen des Kraftstoffes bekamen alle Zylinder Gemisch von gleicher Zusammensetzung; beim Aufladen konnten größere Ventil-Überschneidungen[34]) gewählt werden. Der leistungsmindernde bleibende Druckverlust der Vergaser entfiel ebenso wie die Gefahren der Vergaser-Vereisung oder eines Zurückschlagens der Flamme in den Vergaser, vgl. auch Kasten auf S. 284/85.

Da der HL 230 in seinem Zylindervolumen den kleineren der Flugmotoren entsprach, konnte die Einspritz-Ausrüstung (Einspritzpumpe, Einspritzdüsen) in modifizierter Ausführung von den Flugmotoren übernommen werden. Das sparte Entwicklungsarbeit und -Zeit! Nun war es nicht damit getan, die Nennleistung des Motors durch ein Mehr an Luft und Kraftstoff im Zylinder zu erhöhen; es mußte das Leistungsverhalten über einen möglichst großen Drehzahlbereich verbessert werden. In seiner Bedeutung, wie auch in den damit verbundenen Schwierigkeiten, wird nur allzu oft unterschätzt, daß man den Motor durch flankierende Maßnahmen für die höhere Leistung standfest machen mußte: die Querschnitte mußten verstärkt und die Kühlung intensiviert werden. Dabei genügte es nicht, insgesamt mehr Wärme abzuleiten; mehr noch kam es darauf an, die Wärme gezielt örtlich aus den thermisch hoch belasteten Bauteilen abzuführen. Bei den Auslaßventilen z. B. erreichte man das, indem man den hohlen Schaft partiell mit metallischem Natrium füllte. Durch die Shaker-Wirkung des oszillierenden Ventils wurde der Wärmefluß vom Ventilteller in den Schaft und über die Ventilführung in das Kühlwasser des Zylinderkopfes erhöht. Der Lader für den HL 232 sollte nun nicht direkt (mechanisch) von der Kurbelwelle angetrieben werden, sondern durch einen kleinen Hilfsmotor (HL 10) im Motorsattel des HL 232.

Für diese Lösung gab es mehrere Argumente: Ein Abgasturbolader, aus heutiger Sicht die »richtige« Lösung, ließ sich angesichts der hohen Abgastemperaturen beim Ottomotor wegen der kriegsbedingten Engpässe bei hochlegierten warmfesten Stählen nicht reali-

[34]) Unter der Ventilüberschneidung versteht man die Zeitdauer, während der Ein- und Auslaßventile gleichzeitig geöffnet sind.

sieren. Zudem hätte die Entwicklung der Turbine Zeit gekostet, die nicht mehr zur Verfügung stand. Neben dem Antrieb des Laders sollte der Hilfsmotor weitere Aufgaben erfüllen:

- den Hauptmotor im Stillstand vorwärmen (durch Koppelung der Kühlwasser-Kreisläufe von Hilfs- und Hauptmotor),
- bei stehendem Hauptmotor den Stromerzeuger antreiben und die Batterie aufladen;
- das Rangieren des Fahrzeuges mittels eines Untersetzungsgetriebes und Freilaufes (unter Umgehung des Hauptmotors) ermöglichen und
- verhindern, daß der Hauptmotor im Leerlauf bei plötzlichem Kraftbedarf der Nebenantriebe (Kühlerlüfter, Turmschwenk-Antrieb usw.) abgewürgt wurde.

Beide Versionen, der Saugmotor HL 234 und der aufgeladene HL 232, wurden nebeneinander entwickelt. Mit dem fremdaufgeladenen HL 232 wurden auf dem Prüfstand 735 kW (1000 PS) erreicht, mit dem Saugmotor HL 234 immerhin 691 kW (940 PS), Bild 57. Die hohe Leistung des Saugmotors wurde u. a. durch sorgsames Abstimmen der Ansaug- und Auspuffrohre erreicht, so daß die Schwingungen der Gassäulen zu einer dynamischen Aufladung genutzt wurden. Aus einem Versuchsbericht:

»... *Durch die periodisch erfolgenden Auspuffstöße wird die Gassäule in den Auspuffleitungen zu Schwingungen angeregt. Entspricht die Frequenz der Auspuffstöße der Eigenfrequenz der Gassäule, ergibt sich im Auspuffrohr ein Schwingungsbild, welches je nach Lage zur Spülperiode günstig oder ungünstig für den Spülvorgang sein kann*...« [42].

Der HL 234 wurde Anfang 1945 zur Vorauserprobung in einen Tiger-II-Panzer (»Königstiger«) eingebaut. Man unternahm auch noch Fahrversuche, doch dann setzten die letzten Kriegsereignisse den weiteren Arbeiten ein (vorläufiges) Ende.

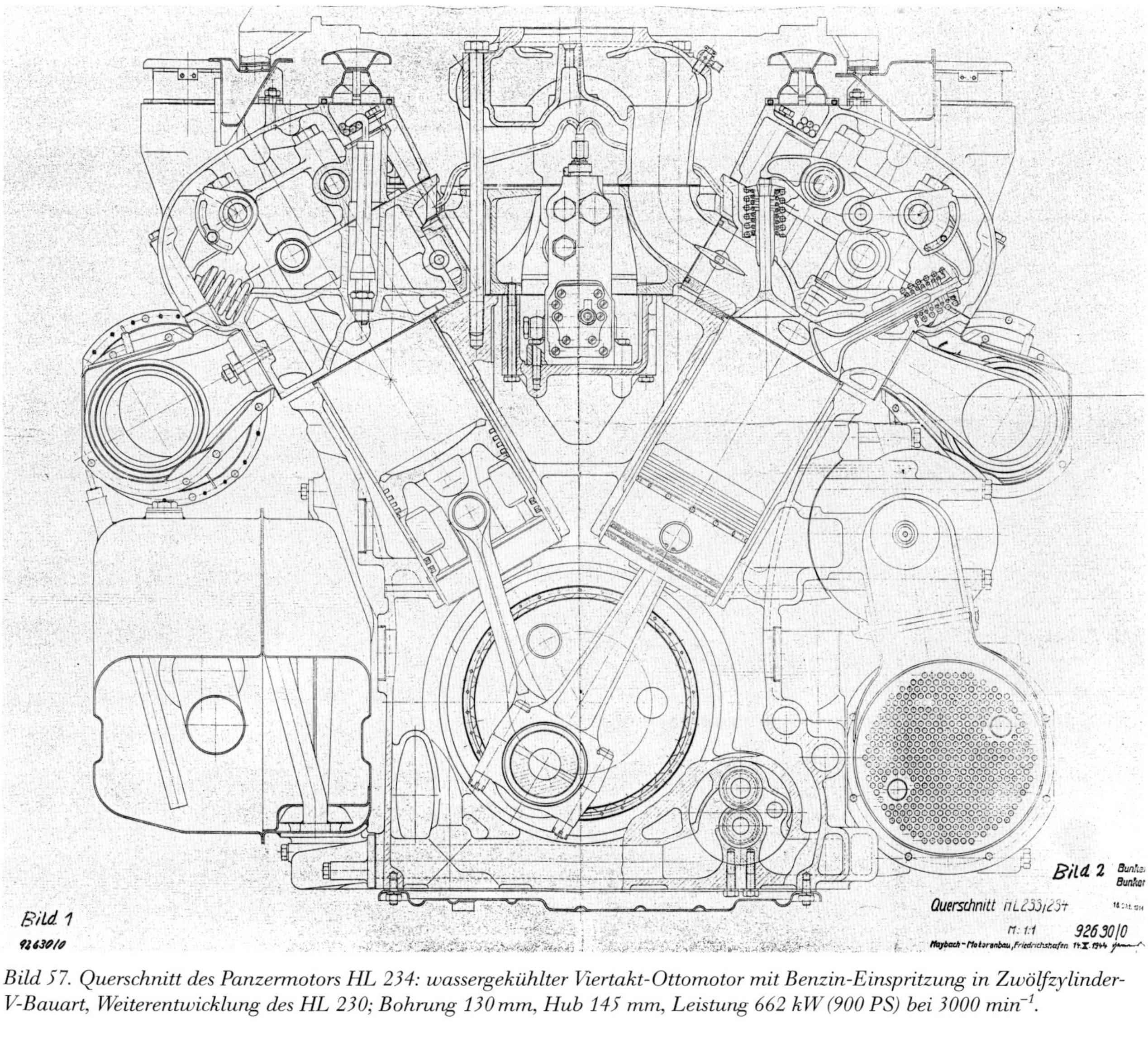

Bild 57. Querschnitt des Panzermotors HL 234: wassergekühlter Viertakt-Ottomotor mit Benzin-Einspritzung in Zwölfzylinder-V-Bauart, Weiterentwicklung des HL 230; Bohrung 130 mm, Hub 145 mm, Leistung 662 kW (900 PS) bei 3000 min^{-1}.

Otto- oder Dieselmotoren für Kettenfahrzeuge?

In Anbetracht der Überlegenheit der sowjetischen Panzer stellt sich die Frage, warum auf deutscher Seite fast nur Ottomotoren für die Ketten- und Halbkettenfahrzeuge verwendet worden sind. Zwar hatten verschiedene Firmen (z. B. Daimler-Benz) an Dieselmotoren für Panzer gearbeitet, doch letztlich haben sich die HL-Ottomotoren behauptet. Dafür gibt es mehrere, wenngleich nicht völlig geklärte Gründe. Das Heereswaffenamt hatte sich – offensichtlich mit Rücksicht auf den damaligen Stand der Technik – schon früh auf Ottomotoren festgelegt. Daneben scheinen auch Fragen der Verfügbarkeit von Dieselkraftstoff eine Rolle gespielt zu haben. In einem Schreiben an das Oberkommando der Wehrmacht zum Thema »Dieselmotor im Panzerkampfwagen« vom 26. Februar 1941 spielt Karl Maybach hierauf an:

»*... Die Bedeutung, welche einem geringeren Brennstoffverbrauch* [Anmerkung: der Dieselmotoren] *bei dem ... Einsatz der Pz. Kpfw. ... zukommt, kann dortseits besser beurteilt werden. In jedem Falle ist es als vorteilhafte Ersparnis zu werten, wenn die Beschaffung von Dieselöl künftig nicht solche Schwierigkeiten bereitet, wie in diesem Kriege ...*« [43].

Der Maybach-Motorenbau verfügte durch die (nachfolgend beschriebene) Entwicklung der schnellaufenden Triebwagen-Dieselmotoren über große Erfahrungen auf diesem Gebiet und entwickelte im Kriege parallel zu den HL-Ottomotoren auch eine Reihe von HL-Dieselmotoren, die in ihren spezifischen Leistungswerten denen des russischen W-2-Motors entsprachen, Bild 58. Der entscheidende Vorteil des T-34 bestand darin, daß Fahrzeug und Motor – um es in Maybachscher Diktion auszudrücken – »organisch« aufeinander abgestimmt waren, d. h. Fahrzeugmasse, Motorleistung und Einbauraum für den Motor standen in Einklang miteinander.

Anders verhielt es sich mit der Fahrzeug- und Motorenentwicklung in Deutschland. Es drängt sich dabei der Vergleich vom Wettlauf zwischen Hase und Igel auf: Immer wenn ein Motor für die ursprünglich geforderte Leistung betriebsreif war, hatte sich die Fahrzeug-Konzeption geändert und das Gewicht so erhöht, daß die Motorleistung im Grunde dafür nicht mehr ausreichte. Nachdem der Maybach-Motorenbau zuvor an HL-Dieselmotoren der Leistungsklasse um 147 kW (200 PS)

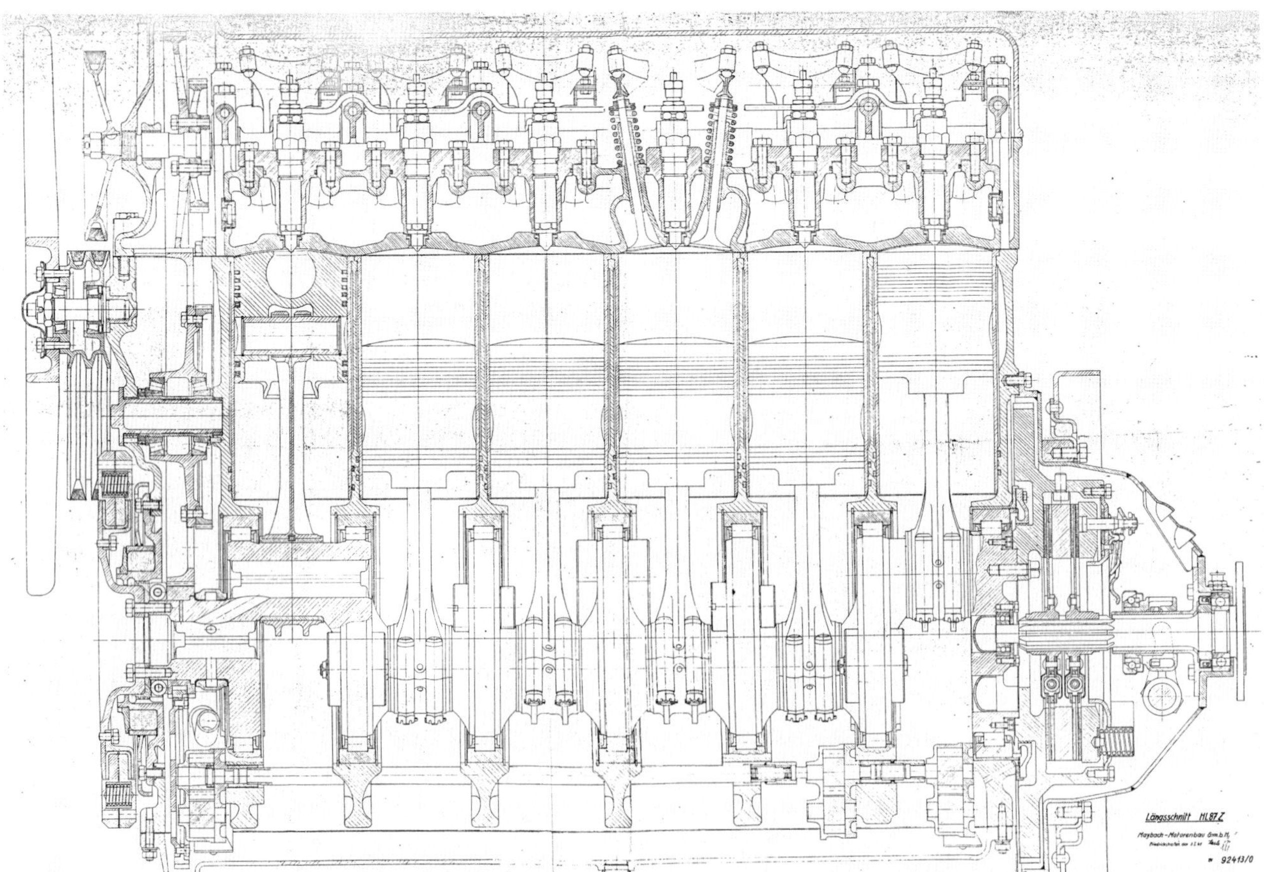

Bild 58. Längsschnitt des Versuchsmotors HL 87 (1941): wassergekühlter Viertakt-Dieselmotor mit direkter Einspritzung in Sechszylinder-Reihenbauart; Bohrung 125 mm, Hub 130 mm, Leistung 121 kW (165 PS) bei 2400 min^{-1}.

gearbeitet hatte, wurden dann in Anlehnung an den HL 210 bzw. HL 230 entsprechende Dieselvarianten entwickelt; zuerst der HL 211, der abgasturboaufgeladen 441 kW (600 PS) bei 3000 min^{-1} leisten sollte[35]). Von diesem HL 211 wurde ein Einzylinder-Aggregat mit Schiebersteuerung gebaut und erprobt. Die Schiebersteuerung bereitete aber solche Schwierigkeiten, daß man das Aggregat auf Ventilsteuerung umbaute (VZ 212). Als Dieselvariante des HL 230 entstand der HL 232 R (R = Rohöl), dessen Lader – analog zum HL-232-(Otto-)Motor – von einem Hilfs-Dieselmotor, HL 25 R, angetrieben werden sollte. Die ersten Versuche wurden wieder mit einem Einzylinder-Aggregat, VZ 234[36]), durchgeführt. Anschließend baute man einen Vollmotor HL 234 R und fuhr ihn auf dem Prüfstand mit einer Leistung von 404 kW (550 PS) bei 3000 min^{-1}. Erste Versuchsfahrten im Fahrzeug (Tiger) waren für den März 1945 geplant, fanden aber wegen des allgemeinen Zusammenbruchs nicht mehr statt.

Zusammenbruch – und Weiterarbeit in Vernon

Im Rückblick auf die letzten Kriegswochen erscheint diese Zeit – sicher nicht nur im Zusammenhang mit dem Maybach-Motorenbau – als eine sonderbare Mischung von Normalität und Abnormität. Zur selben Zeit, als in Deutschland das ganze Staatsgefüge mit seinen Institutionen zusammenbrach, als Umwälzungen von weltpolitischen Dimensionen stattfanden, welche die Menschen unmittelbar betrafen, sei es durch Kampfhandlungen, Bomben- und Tiefflieger-Angriffe, sei es durch letzte Wahnsinnstaten der Nationalsozialisten, gingen in vielen Bereichen die Dinge ihren gewohnten Gang. Beim Maybach-Motorenbau liefen Produktion und Entwicklung weiter. Gleich Ameisen, die sich mit emsigem Gewimmel unverzüglich daran machen, die Schäden, die ihrem Haufen durch den Stock eines mutwilligen Spaziergängers zugefügt wurden, zu beheben, versuchten die Mitarbeiter des Maybach-Motorenbaus trotz der Zerstörungen durch die Bombenangriffe, trotz vielfältiger Widrigkeiten der ins Stocken geratenen Versorgung mit Material, Zulieferteilen und Energie die Produktion für einen – nun wirklich für jedermann erkennbar gewordenen – sinnlosen Krieg aufrecht zu erhalten. Genauso unbeirrt wurden die Arbeiten an Motoren weitergeführt, deren Entwicklung schon längst gegenstandslos geworden war. Ein solches Verhalten hatte natürlich sehr reale Gründe, denn jeder erkennbare Zweifel am »Endsieg« konnte bei dem Fanatismus der Nationalsozialisten tödliche Folgen haben. Einen Eindruck von den Verhältnissen damals vermittelt folgender zeitgenössischer Bericht:

»... *Durch die dauernden Fliegerangriffe bei Tag und bei Nacht auf die Städte, Fabriken und Bahnanlagen im ganzen Reichsgebiet wurde die Materialwirtschaft immer schwerer. Sehr oft wurde die Arbeit durch Fliegeralarm unterbrochen. Zuletzt wurde das Werk zum Heeresausnahmebetrieb erklärt, das heißt, der Alarm der Stadt galt nicht für die Belegschaft, es wurde nur noch bei unmittelbarer Gefahr Alarm gegeben...*

Am 25. Febr. 1945, Sonntag vormittag, an welchem am Band gearbeitet wird, erfolgt wieder ein Fliegerangriff, der Maybach gilt, der aber im Werk wegen des herrschenden Nebels keinen Schaden anrichtet. Es wurden Pläne erwogen, die Montage auf einen Waldweg im Oberdorfer Wald unter Tarnnetzen aufzuziehen. Jagdbomber und Tiefflieger greifen nun Eisenbahnzüge und Fahrzeuge auf der Straße an, weshalb Eisenbahnzüge nur noch morgens und abends fahren. Im April 1945 sollen noch 300 HL 230 und 250 HL 120 Motoren geliefert werden. Bis 19. April waren 144 HL 230 und 188 HL 120 Motoren montiert bei einer Produktion von 12 HL 230 und 15 HL 120 an diesem Tag. Donnerstag, den 19. April wird... für diese Woche die Arbeit beendet. Wegen Materialmangel sollte erst Montag, 23. April wieder gearbeitet werden. In der Nacht zum 22. April wird der Volkssturm aufgerufen. Der Feind soll bis Stockach durchgebrochen sein, Friedrichshafen wird Frontgebiet. Es fahren keine Züge mehr, und die Panzersperren werden vom Volkssturm besetzt. Laufend erfolgen Tieffliegerangriffe. Im Werk sind Pioniere. Vom Kampfkommandanten ist »Aktion Nero« (Zerstörung des Werkes) durchgegeben, welche aber noch nicht ausgeführt wird. Am 26. April werden noch fertig dastehende Motoren gelähmt [Anmerkung: die Motoren werden betriebsunklar gemacht]. *Ein Lastwagen mit Anhänger vom Nibelungenwerk Linz/Donau nimmt an Motoren mit, was er noch laden kann ›für den Endsieg in der Festung Alpen‹. Der Feind steht in Überlingen und Weingarten. Am 29. April wird Friedrichshafen von den Franzosen besetzt...*« [44].

Im Gegensatz hierzu mutet ein Versuchsbericht aus der selben Zeit, datiert auf den 16. April 1945, wie aus einer anderen Welt an:

»... *Die Ejektorwirkung muß durch günstige Ausbildung vertieft werden. Außerdem ist, zur Erzielung einer günstigen Phasenlage im Spülvorgang, festzustellen, an welcher Stelle die Vereinigung der beiden 3er-Auspuffrohre stattfinden muß...*« [45].

Den Verantwortlichen im Maybach-Motorenbau gelang es, den »Führerbefehl« zur Sprengung des Werkes zu unterlaufen, indem sie telefonisch von dem Speer-Beauftragten SCHEERER einen Gegenbefehl ALBERT SPEERS einholten. Mit dem Einmarsch französischer

35) Die Abgastemperaturen von Dieselmotoren liegen wegen des Luftüberschusses niedriger als die der Ottomotoren; sie stellen daher an die Turbinen-Werkstoffe weniger hohe Anforderungen.

36) VZ = Versuchszylinder

Truppen in Friedrichshafen am 29. April 1945 war für den Maybach-Motorenbau der Krieg zu Ende. Lapidar vermerkt der Geschäftsbericht zu der neuen Situation:

»... *Anschließend Plünderungen und Diebstähle durch Ausländer und Deutsche nicht zu vermeiden*...« [46].

Der Maybach-Motorenbau stand nun vor dem Nichts. Die Fertigungsstätten waren zu 70% zerstört, das Werk wurde von der französischen Besatzungsmacht unter Sequestur (Zwangsverwaltung) gestellt, große Teile des Maschinenparkes, soweit noch verwendbar, wurden abgebaut und weggeschafft. Technische Kommissionen der Alliierten kamen nach Friedrichshafen, um sich über den Entwicklungsstand zu informieren, wobei besonders die Benzineinspritzungs-Motoren Interesse erregten. Ende Mai/Anfang Juni 1945 wurde in den in Friedrichshafen verbliebenen Abteilungen mit der Reparatur von Kraftfahrzeugen für die französische Armee die Arbeit wieder aufgenommen. Außerdem nahm man die Montage von Panzermotoren aus den noch vorhandenen Teilen und Teilsätzen der HL-120- und HL-230-Motoren auf. Auftraggeber war die Direction des Études et Fabrications d'Armement (DEFA). Die DEFA veranlaßte auch, daß die Entwicklungsarbeiten am HL 234 (auf ihre Kosten!) weitergeführt wurden. Frankreich wollte seinen technischen Rückstand auf dem Gebiet der Wehrtechnik (verstärkt durch die Zeit der deutschen Besetzung) schnellstens aufholen, indem es sich, wie die anderen Siegermächte auch, deutsches Know-how nutzbar machte. Parallel zum HL 234 sollte mit der Entwicklung eines 735-kW-(1000-PS-) Ottomotors und einer hubraumgleichen Dieselvariante begonnen werden.

Weil aber Entwicklungsarbeiten an Panzermotoren, denn um solche handelte es sich bei diesen Projekten, jetzt in Deutschland verboten waren, bestanden die Franzosen auf einer Verlagerung der Entwicklungsabteilungen mit allen Versuchs-, Werkstatt- und Büro-Einrichtungen im Spätherbst 1946 nach Vernon (Dép. Eure), vgl. hierzu auch S. 60 ff. und 212 ff. Etwa 70 Ingenieure und Techniker siedelten nach Vernon über, wo sie unter der Leitung von Karl Maybach die »Groupe M« des Laboratoire des Recherches Ballistiques et Aerodynamiques (LRBA) bildeten. In Verhandlungen, die sich bis 1946 hinzogen, wurde zwischen dem französischen Staat, genauer: dem Sous-Secrétaire de l'Etat à l'Armement und Dr.-Ing. e. h. Karl Maybach ein Vertrag geschlossen, welcher die Einzelheiten dieser frühen französisch-deutschen Zusammenarbeit regelte.

Bild 59. Französischer Panzerkampfwagen Char AMX 50 (1951) mit Maybach-HL-295-Motor. Auch dieser Panzer im »Museé des Blindes« in Saumur ist fahrbereit.

Bild 60. Panzermotor HL 295: wassergekühlter Viertakt-Ottomotor mit Benzin-Einspritzung in Zwölfzylinder-V-Bauart; Bohrung 140 mm, Hub 160 mm, Leistung 735 kW (1000 PS) bei 2800 min^{-1}, mit Hilfsmotor HL 11 mit 44 kW (60 PS) bei 6000 min^{-1} und Wasserbremse im Motorsattel. Beide Motoren hatten Tunnelgehäuse und Scheibenkurbelwelle.

Durch diese Übereinkunft war eine der Voraussetzungen für die Weiterexistenz des Werkes geschaffen, und – nicht minder wichtig – es konnte in dieser schwierigen Zeit die Kontinuität der Entwicklung des Maybach-Motorenbaus gesichert werden. Karl Maybach beschrieb die Situation aus damaliger Sicht wie folgt:

»... *Herr Staatsrat Schmid*[37]) *empfahl mir dann in eindringlichster Weise eine solche Fortsetzung unserer Entwicklungsarbeiten in Frankreich wenn irgend möglich zu verwirklichen ... und wenn auch erst in einigen Jahren für Deutschland hierdurch die Früchte heranreifen würden. Es komme vor allem darauf an, einen möglichst hohen technischen Stand und Vorsprung gegenüber dem Ausland zu erhalten, zumal mit eigenen Mitteln solche Forschungen in Deutschland nach Wegnahme der Einrichtungen nicht möglich sind und eine Unterbrechung dieser Entwicklungsarbeiten einem gänzlichen Verlust des bisherigen technischen Standes gleichkomme. Es wurde dann auch ganz in diesem Sinne von uns gehandelt*...« [47].

Der zu entwickelnde 735-kW-(1000-PS-) Motor war praktisch eine vergrößerte Version des HL 234, in welche die Erfahrungen der Kriegsjahre eingebracht wurden. Mit 140 mm Bohrung und 160 mm Hub ergibt sich bei zwölf Zylindern ein Hubvolumen von 29,52 dm^3, weshalb der Motor die Typenbezeichnung HL 295 erhielt. Vorgesehen war der HL 295 für die schweren (50 000 kg), stark am Vorbild der deutschen Panzer Panther und Tiger II orientierten Panzer, Char AMX 50 »St. Chamond« und Char AMX 50 »Foch«, Bild 59.

Die wesentlichen Merkmale des HL 295 sind die der HL-234/232-Motoren: Tunnelgehäuse, rollengelagerte Scheibenkurbelwelle, Gabel-/Innenpleuel, Nockenwellen in den Zylinderköpfen gelagert, schräg hängende Ventile, Querstrom-Zylinderköpfe, Benzin-Einspritzung (zwei sechszylindrige Reihenpumpen), Ausnutzung der Schwingungen der Gassäulen zur besseren Füllung der Zylinder, Bilder 60 und 61. Ein Vierzylinder-Hilfsmotor im Motorsattel, HL 11 (Bilder 62 und 63), von 75 mm Bohrung und 60 mm Hub und 44 kW (60 PS) bei 6000 min^{-1} sollte mehrere Aufgaben wahrnehmen:

- Vorwärmen und Warmhalten des Hauptmotors, wobei nicht nur die Kühlwasserwärme des HL 11, sondern auch seine mechanische Leistung – mit einer abschaltbaren Wasserwirbelbremse in Wärme umgewandelt – an den Kühlwasserkreis des Hauptmotors abgegeben werden konnte;

[37]) Carlo Schmid

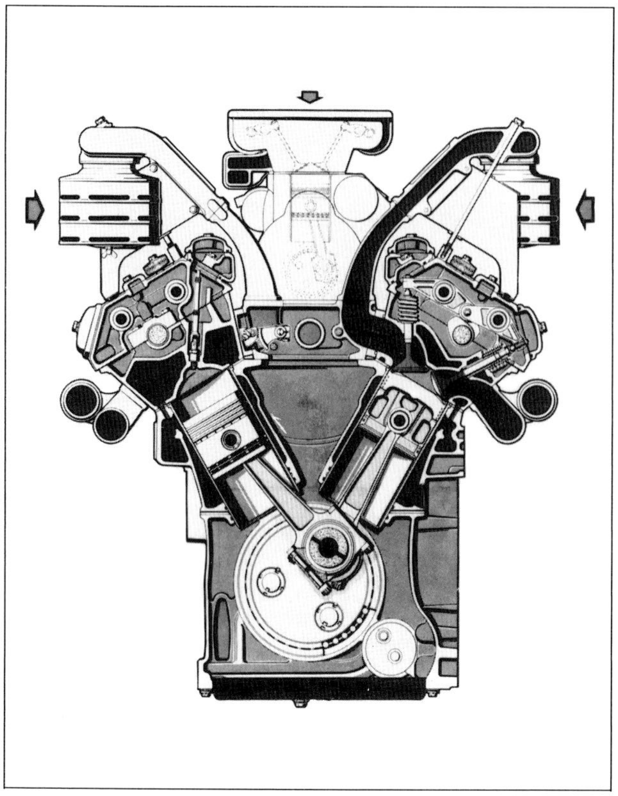

Bild 61. Querschnitt des Panzermotors HL 295 mit dem Hilfsmotor HL 11.

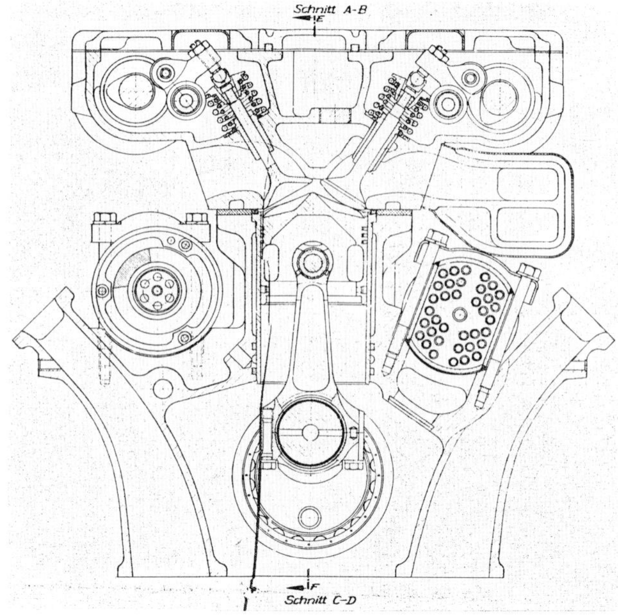

Bild 63. Querschnitt des Hilfsmotors HL 11. Der Motor hat einen gemeinsamen Kühlwasserkreis mit dem Hauptmotor HL 295, um diesen vorzuwärmen bzw. warmzuhalten. In diesem Querschnitt sieht man die groß dimensionierten Kühlwasserkanäle des HL 11 mit den Übertritten zum Kühlkreis des Hauptmotors. Die beiden »Hörner« seitlich sind die an das HL-11-Kurbelgehäuse angegossenen Luftansaugstutzen des HL-295-Hauptmotors.

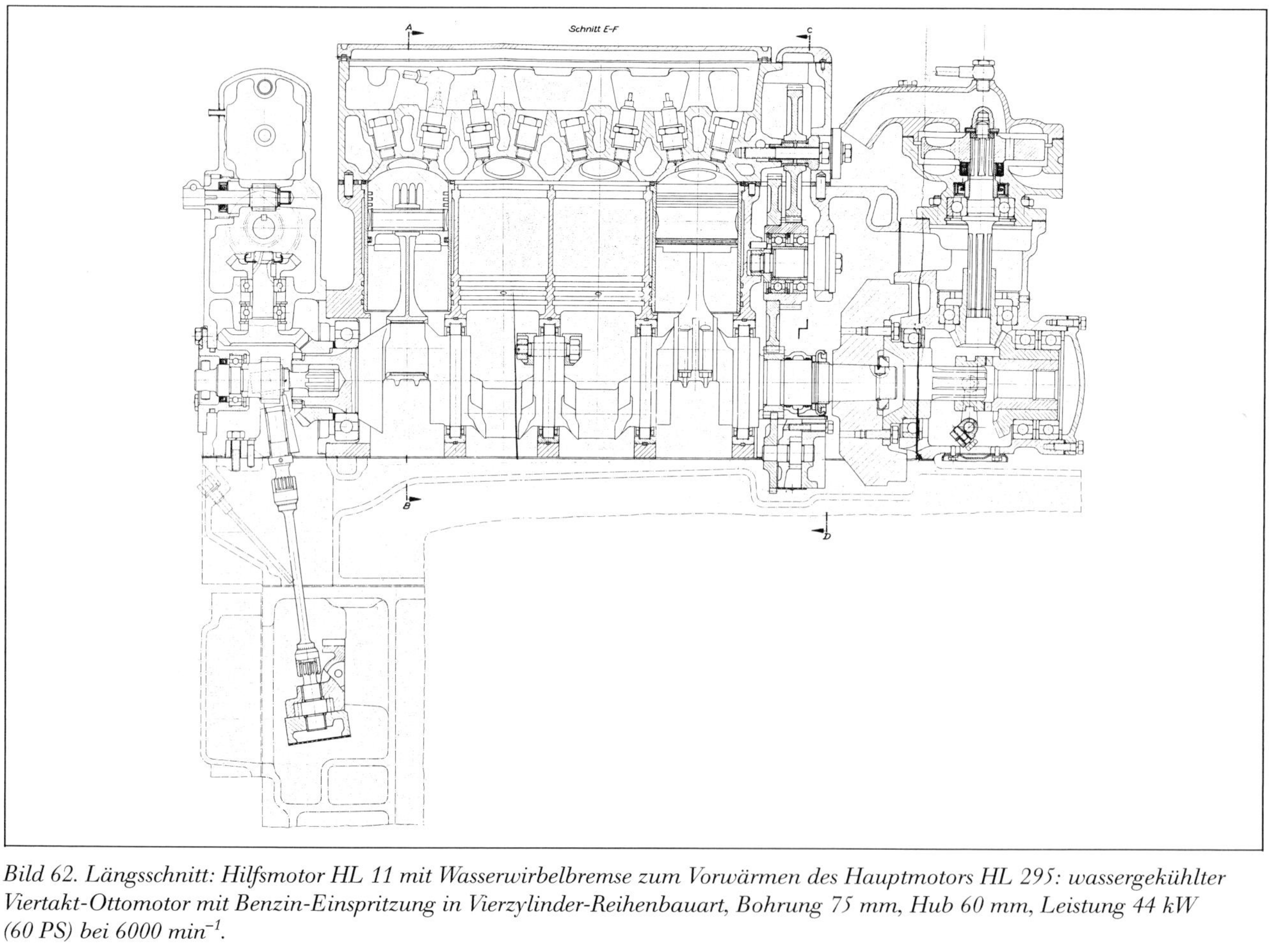

Bild 62. Längsschnitt: Hilfsmotor HL 11 mit Wasserwirbelbremse zum Vorwärmen des Hauptmotors HL 295: wassergekühlter Viertakt-Ottomotor mit Benzin-Einspritzung in Vierzylinder-Reihenbauart, Bohrung 75 mm, Hub 60 mm, Leistung 44 kW (60 PS) bei 6000 min^{-1}.

Tabelle 7. Hochleistungs-(HL-) und Normalleistungs-(NL-)Motoren 1933 bis 1950.

Motor-Typ	Jahr	Bauart	Bohrung / Hub mm / mm	Zylinder-Volumen dm^3	Leistung / Drehzahl kW/PS / min^{-1}	effektive Literarbeit kJ/dm^3	mittlere Kolben-Geschwindigkeit m/s
NL 35	1935	6 R	90 / 90	0,572	66/90 / 3000	0,77	9,0
NL 38	1936	6 R	90 / 100	0,636	74/100 / 3000	0,77	10,0
HL 42	1939	6 R	90 / 110	0,699	74/100 / 3000	0,71	11,0
HL 52	1934	6 R	100 / 110	0,86	88/120 / 2600	0,80	9,5
HL 54	1937	6 R	100 / 115	0,903	84,6/115 / 2600	0,72	10,0
HL 57	1935	6 R	100 / 120	0,942	95,6/130 / 2600	0,78	10,4
HL 62	1935	6 R	105 / 120	1,038	103/140 / 2600	0,76	10,4
HL 66	1938	6 R	105 / 130	1,125	132/180 / 3200	0,73	13,9
HL 85	1938	12 V	95 / 100	0,708	136/185 / 2600	0,74	8,7
HL 108	1936	12 V	100 / 115	0,903	169/230 / 2600	0,72	10,0
HL 120	1936	12 V	105 / 115	0,995	220/300 / 3000	0,74	11,5
HL 210	1942	12 V	125 / 145	1,77	478/650 / 3000	0,9	14,5
HL 230	1943	12 V	130 / 145	1,92	515/700 / 3000	0,89	14,5
HL 234	1945	12 V	130 / 145	1,92	661/900 / 3000	1,15	14,5
HL 295	1948	12 V	140 / 160	2,46	735/1000 / 2800	1,07	14,9

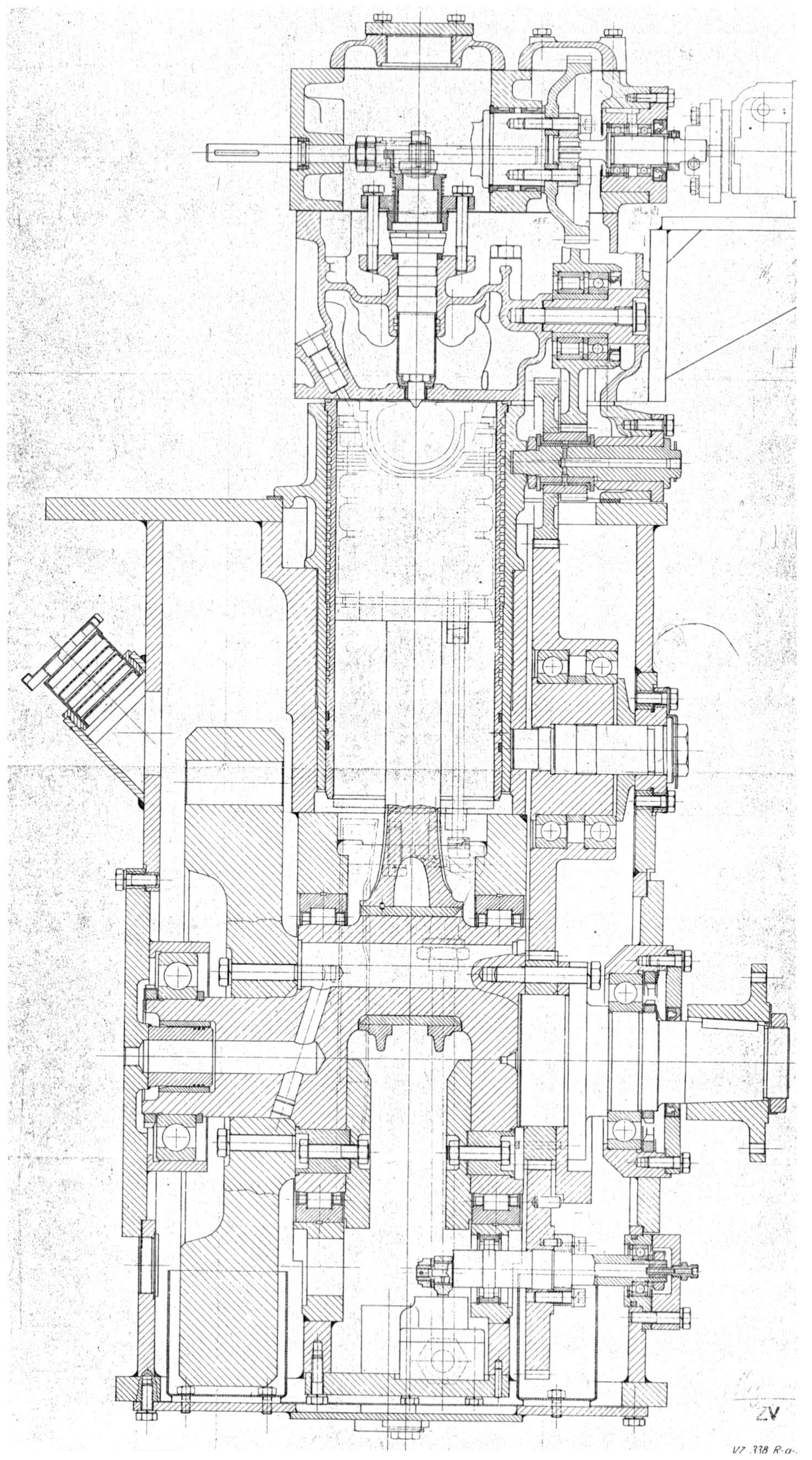

Bild 64. Längsschnitt des Einzylinder-Versuchsmotors VZ 338 R-a-b: wassergekühlter Viertakt-Dieselmotor mit direkter Einspritzung; Bohrung 145 mm, Hub 170 mm, Leistung 61 kW (83 PS) bei 2400 min^{-1}.

- Anlassen des Hauptmotors über ein Anlaßgetriebe;
- zusätzlicher Turmschwenkantrieb;
- Stromerzeugung unabhängig vom Hauptantrieb;
- Antrieb des Fahrzeuges mit voller Zugkraft, aber entsprechend niedriger Geschwindigkeit zum Rangieren und Verladen und bei Schleichfahrt im Gelände.

Das Konzept des HL 295 wurde mehrfach geändert, weil die rasch ansteigenden Kosten des AMX-50-Projektes in Grenzen gehalten werden sollten. Zuerst wurde der HL 295 vereinfacht, indem er statt mit Benzin-Einspritzung als Vergasermotor laufen sollte. Das galt auch für den HL 11. Später ging es darum, den Einbauraum zu verkleinern. Erst durch Weglassen des HL-11-Hilfsmotors, dann wurde er zum sogenannten HL 295 surbaissé weiterentwickelt, mit tiefer gelegten Steuerelementen: Nockenwelle und Schwinghebel. Schließlich entstand ein kleinerer leichter Motor von den Abmessungen des HL 234, Typ HL 235[38]). Dieser war dann das letzte Glied in der langen Kette der HL-Motoren.

1952/53 wurde die HL-Entwicklung endgültig eingestellt, weil man in Frankreich die teure Eigenentwicklung des zu schweren AMX 50 zugunsten des Bezuges preiswerter amerikanischer Panzer aufgegeben hatte.

Dennoch war die HL-295-Entwicklung nicht in eine Sackgasse geraten, weil parallel dazu, bezogen auf den Hubraum, ein gleich großer Dieselmotor entwickelt worden war, als Saug- und als ATL-Motor, der HL 295 R bzw. HL 295 RT (R = Rohöl, RT = Rohöl, [abgas-] turboaufgeladen). Die ursprüngliche Absicht, auf der Basis ein und desselben Grundmotors eine Otto- und eine Diesel-Variante zu bauen, hatte man bald aufgeben müssen, weil das zu technisch wenig sinnvollen Kompromissen gezwungen hätte. Die größeren Kräfte beim Dieselverfahren verlangten verstärkte Bauteile und Funktionsgruppen (z. B. Triebwerk, Zylinderkopf, Kurbelgehäuse), was zu einer schrittweisen Abkehr von dem anfänglichen Konzept des HL 295 führte. Zudem hatte sich das Lastenheft insofern geändert, als nun mit der Schienentraktion zivile Anwendungen in den Vordergrund getreten waren. Insbesondere setzte man sich Laufzeiten, wie sie von mittelschnellaufenden amerikanischen Lokomotiv-Dieselmotoren erreicht wurden, zum Ziel. Eine weitgehende Umkonstruktion wurde unumgänglich. Bei dieser Gelegenheit vergrößerte man die Zylinderabmessungen auf 145 mm Bohrung und 170 mm Hub (HL 337 R/RT bzw. HL 338 R/RT), Bild 64. Stärkere Hubzapfen führten zu größeren Pleuelaugen, so daß man die Kolben zweiteilig ausführte (»gebaute Kolben«), um den Boden mit den Ringen zwecks Kontrolle abschrauben zu können. Statt der Blockpumpen erhielten die HL-337/338-Motoren schließlich Einzeleinspritzgeräte, kombiniert mit den Einspritzdüsen (»Pumpedüsen«), die gemeinsam mit der Firma L'Orange entwickelt worden waren.

Auf diese Art kristallisierte sich nach und nach die Grundkonzeption der späteren MD-Baureihe heraus. Ein erster HL-337-R-Vollmotor[39]) kam im Mai 1949 auf die Bremse und leistete auf Anhieb 368 kW (500 PS) bei 1800 min^{-1}. Mit der Erprobung der einzelnen Komponenten der HL-337/338-Motoren wurden wesentliche Vorarbeiten für die Entwicklung der MD-Baureihe geleistet. Hierauf wird im Kapitel »Dieselmotoren« eingegangen.

---

38) Der HL 235 wurde dann aber für ein anderes Fahrzeug vorgesehen.

39) Es handelt sich hier um einen Zwölfzylinder-V-Motor; zuvor hatte man an Einzelzylinder-Aggregaten, VZ 337 und VZ 338, gearbeitet.

5. Dieselmotoren 1919 bis 1969

Konzeption, Versuchsmotoren und Durchbruch

Als der Maybach-Motorenbau mit der Entwicklung des schnellaufenden Dieselmotors begann, konnte er sich zwar auf seine Erfahrungen im Bau von Flugmotoren stützen, eine Motorenart, bei der wegen ihres Hochleistungs-Charakters Probleme der Massenwirkungen, des Ladungswechsels, der Triebwerkslagerung oder der Kühlung in weit schärferer Form auftraten als bei anderen Motoren; dafür war bei Dieselmotoren, schnellaufenden zudem, mit anderen Schwierigkeiten zu rechnen, insbesondere bei der Gemischbildung. Während Kfz-Otto-Motoren bereits in mannigfaltigen Typen existierten und somit eine Ausgangsbasis für eine Neuentwicklung boten, gab es für den geplanten Diesel-Schnelläufermotor kein Vorbild.

Karl Maybach war sich deshalb von Anfang an im klaren, daß die Entwicklung eines solchen Motors aufwendig und langwierig sein würde, und es spricht für seine Weitsicht und seinen Wagemut gleichermaßen, daß er in der schwierigen Zeit nach dem Ersten Weltkrieg die Entwicklung einer Motorenart in Angriff nahm, von der nicht abzusehen war, wann sie zum Erfolg führen würde. Ein Mitarbeiter Karl Maybachs drückte das später so aus:

»... *Es ist selbstverständlich, daß man innerhalb eines Werkes die Pflicht hat, Erzeugnisse zu entwickeln, die die Weiterexistenz in der Zukunft sicherstellen können. Einer Firma aber, die auf ihrem Gebiet als Pionier an der Spitze marschieren will, bleibt es nicht erspart, technische Aufgaben zu lösen, deren materieller Erfolg durchaus nicht immer in wünschenswerter Bälde sichergestellt ist*...« [48].

Erste Voruntersuchungen, mit denen vor allem der Stand der Technik geklärt werden sollte, waren schon 1918 noch während des Krieges durchgeführt worden. Bei der Konzeption des Dieselmotors ging man von 76 bis 220 kW (100 bis 300 PS) und 1000 bis 1500 min^{-1} aus, was bei einem sechszylindrigen Motor zu Abmessungen ähnlich denen des Höhenmotors Mb IVa führte. Bohrung und Hub wurden zu 140 bzw. 180 mm gewählt. Das Kurbelgehäuse entsprach in seinem Aufbau dem des Mb IVa, wie auch die Kurbelwelle und die Pleuel von diesem Motor übernommen wurden, um Zeit und Kosten zu sparen. Bezeichnend für die Zeitläufte damals war, daß man das Kurbelgehäuse aus Aluminium zerschlagen und neu aus Grauguß abgießen mußte, weil die Entente-Kommission, welche auch den Maybach-Motorenbau überwachte, den Verdacht hegte, es könne sich um eine (verbotene) Flugzeugdiesel-Entwicklung handeln.

Das zentrale Problem der frühen Dieselmotoren war die Gemischbildung. Der Kraftstoff wurde durch hoch verdichtete Luft in den Zylinder »eingeblasen«, was einen mehrstufigen Verdichter mit Zwischenkühlung und aufwendiger Regelung erforderte. Durch den Verdichter wurde der Motor schwerer, teurer und störungsanfälliger. Weil es noch keine hierauf spezialisierten Firmen gab, mußte der Maybach-Motorenbau, wie auch die anderen Motorhersteller, die Einspritzausrüstung selber entwickeln und fertigen, vgl. auch Kasten auf S. 356/57.

Ende 1920 war man dann soweit, daß der Versuchsmotor, Typ G 1a, auf dem Versuchsstand (»Bremse«) seine ersten Umdrehungen machen konnte, Bild 65. Im Verlauf der weiteren Erprobung gab es zahlreiche Schwierigkeiten, prinzipieller Art und solche, die auf konstruktive Schwachstellen des Motors zurückzuführen waren. Deshalb baute man parallel dazu einen zweiten Versuchsmotor als querstromgespülten Zweitakter, Typ G 2. Dessen Verhalten machte aber schnell deutlich, daß angesichts der Schwierigkeiten mit dem Zweitakt-Verfahren der Viertakter doch die besseren Aussichten bot, vgl. auch Kasten auf S. 344/45. Da außerdem die bisherigen Versuche gezeigt hatten, daß das Dieselverfahren den gesamten Motor, vornehmlich aber die Triebwerkslagerung, ungleich höher als beim Ottomotor beanspruchte, wurde der Viertaktmotor völlig umkonstruiert:

Bild 65. Der erste Dieselmotor des Maybach-Motorenbaus, Typ G 1, hier auf dem Prüfstand, wurde durch eine Wasserwirbelbremse »abgebremst«. Der G 1 war ein reiner Versuchsmotor, mit dem grundsätzliche Fragen der Entwicklung von Dieselschnelläufern geklärt werden sollten.

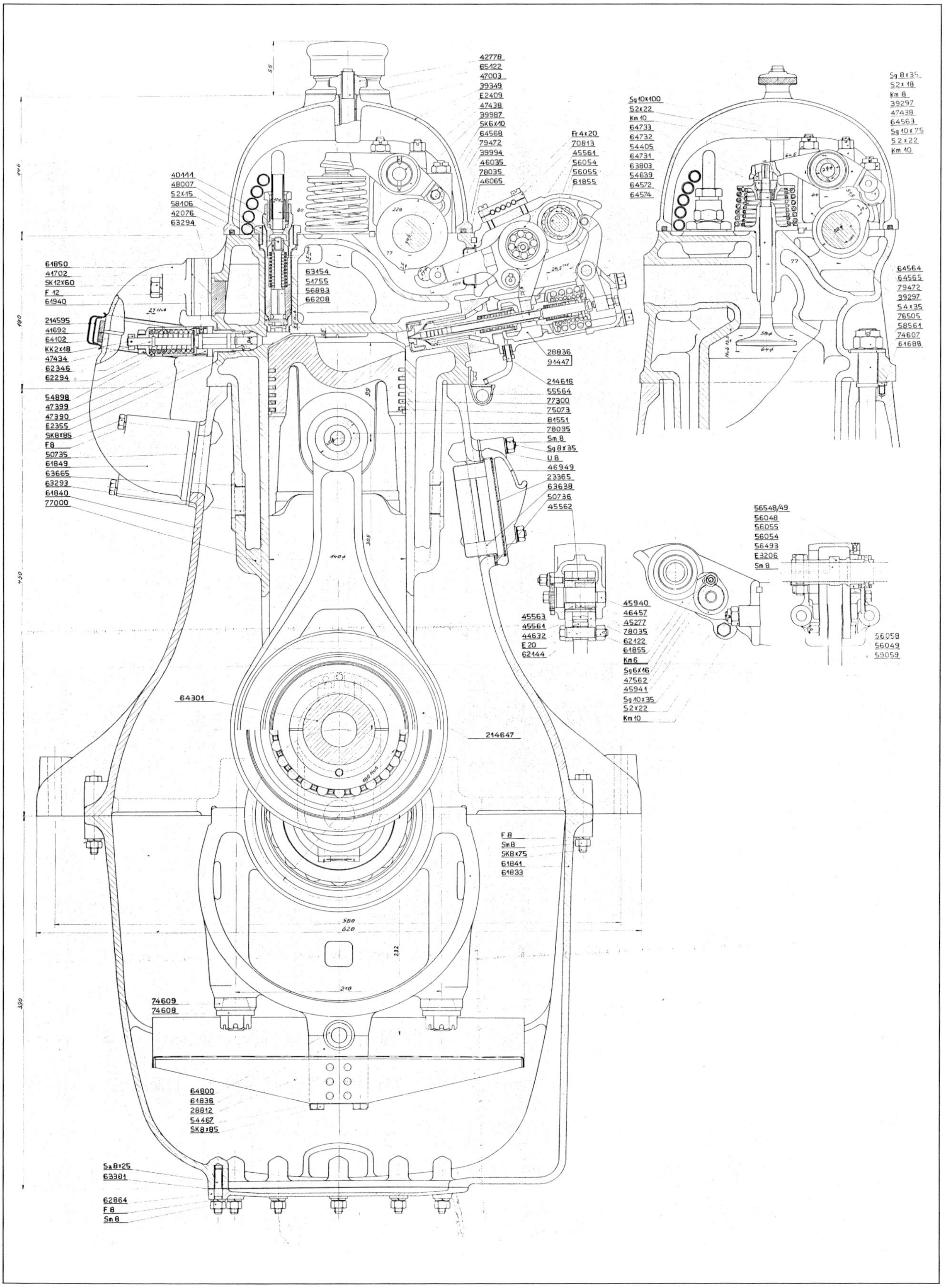

Bild 66. Beispiel für den Querschnitt des Triebwagenmotors G 4 a: erster schnellaufender Dieselmotor größerer Leistung, wassergekühlter Viertakter, Kraftstoffeinblasung mit Druckluft, Sechszylinder-Reihenbauart; Bohrung 140 mm, Hub 180 mm, Leistung 110 kW (150 PS) bei 1300 min^{-1}. (Das Bild zeigt den nahezu baugleichen G 4 b.)

Bild 67. Drehgestell des E.V.A.-Triebwagens mit Maybach-G-4a-Motor, Einblaseluft-Verdichter (»Kompressor«) K 2 a und mechanischem Wechselgetriebe Maybach T 1.

– Das Kurbelgehäuse wurde in Anlehnung an das des Maybach-Kfz-Motors W 2 hochgezogen; Zylinder, Wassermäntel und Zylinderköpfe aller sechs Zylinder wurden in einem Stück als »Blockzylinder« gegossen und in das Kurbelgehäuse-Oberteil eingehängt.
– Das Triebwerk – Kurbelwelle, Pleuel (Hublager) – wurde wälzgelagert, weil die damaligen Gleitlager-Werkstoffe (Zinnbleibronze mit Weißmetall-Ausguß) den Beanspruchungen nicht mehr gewachsen waren.
– Die Nockenwelle wurde in das Zylinderkopf-Oberteil verlegt, so daß die Ein- und Auslaßventile ebenso wie die Einblaseluftventile über Schwinghebel mit Rollen direkt betätigt wurden.
– Auch der Verdichter, die Einblaseventile, ihre Anordnung sowie die Regelung wurden überarbeitet.

Damit weist der so geänderte Motor, Typ G 4 a[40]), Bild 66, bereits die wesentlichen Merkmale der Maybachschen Vorkriegs-Dieselmotoren auf. Mitte 1923 kam der G 4 a auf die Bremse und zeigte schon ein besseres Verhalten als seine Vorgänger G 1 a und G 2. Anfang 1924 war man dann soweit, daß 92 kW (125 PS) bei 1200 min^{-1} gefahren werden konnten.

In der Zwischenzeit waren beim Maybach-Motorenbau Anfragen von verschiedenen Waggonfabriken nach einem Motor als Antrieb von Triebwagen eingegangen, die aber hinhaltend bis ablehnend beantwortet wurden, weil man der Meinung war, daß für einen erfolgreichen Triebwagenantrieb Motor, Kraftübertragung, Zubehör und Fahrzeug sorgsam aufeinander abgestimmt werden mußten. In der Waggonfabrik Wismar der Eisenbahn-Verkehrsmittel AG Berlin (E.V.A.) fand der Maybach-Motorenbau einen für seine Vorstellungen aufgeschlossenen Partner, mit dem Ende Dezember 1922 ein Vertrag über die gemeinsame Entwicklung eines Diesel-Triebwagens geschlossen wurde. Die E.V.A. war für den wagenbaulichen Teil, der Maybach-Motorenbau für die Antriebsanlage zuständig. Im Frühjahr 1924 wurde ein solcher Triebwagen in Friedrichshafen für den Einbau der Maschinenanlage (Motor G 4 a und Getriebe T 1, ein mechanisches Viergang-Getriebe mit druckluftbetätigter Lamellenkupplung), Bild 67, bereitgestellt. Anschließend führte man einige Versuchsfahrten durch, nach deren Abschluß das Fahrzeug im September 1924 nach Seddin (bei Berlin) überführt und auf der Eisenbahn-Ausstellung[41]) der Öffentlichkeit

[40]) Einen G 3 hat es lediglich als konstruktive Studie gegeben.

[41]) Diese Ausstellung war der ergänzende Teil einer vom Verein Deutscher Ingenieure (VDI) veranstalteten Eisenbahntechnischen Fachtagung an der TH Berlin-Charlottenburg. In Seddin wurde das Eisenbahnmaterial ausgestellt; dort wurden auch Versuchsfahrten durchgeführt.

vorgestellt werden sollte. R. LANG, Mitarbeiter des Maybach-Motorenbaus, schildert die Situation anschaulich:

»... Nur wenige Wochen vor dieser Ausstellung konnten wir die ersten Bewegungen mit diesem ersten Triebwagen ausführen... Für uns war es eine mühevolle Probiererei, bis man sich erlauben konnte, die Gleise des Betriebsgeländes zu verlassen. Die ersten eigentlichen Fahrten wurden auf der Teuringer Talbahn ausgeführt. Wir fanden bei der Direktion dieser Bahn weitgehendes Entgegenkommen. Wir durften zu beliebiger Zeit auf dieser Strecke fahren, mußten uns nur verpflichten, eine Viertelstunde vor Eintreffen eines fahrplanmäßigen Zuges auf irgend einem Ausweichgleise zu stehen. Infolge der großen Anfangsschwierigkeiten ist es uns nicht immer gelungen, selbst diese bescheidene Bedingung zu erfüllen, und wir mußten hin und wieder die Geduld des reisenden Publikums in Anspruch nehmen...« [48].

Auf der Ausstellung erregte der E.V.A.-Maybach-Triebwagen die Aufmerksamkeit der Fachwelt. In »Glasers Annalen« kann man hierzu lesen:

»... Von den in Seddin ausgestellten Triebwagen verdient derjenige der Waggonfabrik Wismar besondere Beachtung, weil er in wesentlichen Punkten von den übrigen Triebwagen abweicht... Während andere Firmen den Vergasermotor bevorzugen, hat die Waggonfabrik Wismar einen für diesen Zweck besonders gebauten raschlaufenden Dieselmotor der Maybach-Motorenbau GmbH gewählt. Der 6zylindrige Rohölmotor entwickelt bei 1300 Umdrehungen i. d. Minute 150 PS und wiegt mit Kompressor und Auspuffrohr nur 1200 kg, d. h. 8 kg/PS...« [49].

Es waren bereits vor der Ausstellung mit dem Triebwagen – unter Aufsicht des Maschinenamtes Ulm der Deutschen Reichsbahngesellschaft (»Reichsbahn«) – erfolgreich Probefahrten durchgeführt worden. Als dann nach Abschluß der Ausstellung hochrangigen Vertretern der Reichsbahn der Triebwagen im Betrieb vorgeführt werden sollte, trat prompt der gefürchtete »Vorführeffekt« ein. R. LANG beschrieb das so:

»... Leider fand die Fahrt schon nach wenigen Kilometern durch einen schweren Motordefekt ein unrühmliches Ende. Die Stimmung der zum größten Teil ohnedies den Triebwagen gegenüber noch sehr kritisch eingestellten Herren wurde dadurch nicht gehoben, daß die ganze Gesellschaft in strömendem Regen auf der Bahnstrecke zu Fuß zur nächsten Station gehen mußte...« [48].

Nachträglich lesen sich solche Geschichten recht amüsant, aber für den Maybach-Motorenbau war das eine unangenehme Angelegenheit. Zum Glück verlief die nächste Probefahrt erfolgreich. Die Reichsbahn kaufte den ausgestellten Wagen und bestellte noch einen zweiten. Im Lokomotiv-Versuchsamt (Berlin-) Grunewald wurden die Triebwagen gründlich erprobt mit dem Ergebnis, daß noch sechs Stück davon bestellt wurden. Es folgten mehrere Aufträge, auch aus dem Ausland; der Durchbruch war damit geschafft! Diesen E.V.A.-Maybach-Triebwagen kann man mit Fug und Recht als den ersten funktionstüchtigen Diesel-Triebwagen und – was den Motor anbelangt – als den Vorläufer der deutschen Diesellokomotiv-Motoren bezeichnen.

Zunächst richteten sich die Anstrengungen des Maybach-Motorenbaus darauf, die Standfestigkeit der Maschinenanlagen zu verbessern und die Laufzeiten zu verlängern, denn erst im fahrplanmäßigen Betrieb zeigten sich alle Schwachstellen. Nachdem die anfänglichen Kinderkrankheiten überwunden worden waren, bewährten sich die Triebwagen gut; so wurden z. B. für den Triebwagen VT 853, der im Bereich der Reichsbahn-Direktion Stuttgart lief, Laufzeiten von 9000 km/Monat, d. h. 350 km/Tag ausgewiesen. Wenn man bedenkt, daß die Fahrzeugmasse immerhin 41 t betrug und mit 110 kW (150 PS) Steigungen bis zu 12,5% bewältigt wurden, dann wird deutlich, wie sehr die Motoren gefordert waren. Um hier Entlastung zu schaffen, mußte die Leistung gesteigert werden, das um so mehr, als die Reichsbahn davon die Bestellung 20 weiterer Maschinenanlagen abhängig gemacht hatte.

Durch Verbesserung der Gemischbildung und durch Übergang zu Aluminium-Kolben statt Grauguß-Kolben konnten die Drehzahl auf 1400 min^{-1} und die Leistung auf 128 kW (174 PS) erhöht werden. Mittlerweile war auch der Grund dafür, das Kurbelgehäuse aus Grauguß abzugießen, entfallen, weshalb man dieses ebenfalls auf Aluminium umstellte. Der so weiterentwickelte Motor erhielt die Bezeichnung G 4 b. Die G-4 a/b-Motoren fanden nicht nur als Antrieb von Schienenfahrzeugen, sondern auch von Stromerzeugern Anwendung, so z. B. auf den Leichten Kreuzern KÖNIGSBERG und KARLSRUHE (G 4 a) bzw. KÖLN und LEIPZIG (G 4 b); ferner wurden diese Motoren (G 4 b) in schnellen Booten eingesetzt.

Verdoppelung der Zylinderzahl und Abgasturboaufladung

Um mit den Dieseltriebwagen auch Hauptbahnen fahrplanmäßig zu befahren, bedurfte es weit größerer Leistungen. Die Reichsbahn-Gesellschaft nannte in diesem Zusammenhang 220 kW (300 PS). Der Maybach-Motorenbau hingegen schätzte den künftigen Leistungsbedarf noch höher ein und setzte sich einen neu zu entwickelnden Motor von 294 kW (400 PS) als Ziel. Das stellte einen beträchtlichen Leistungssprung gegenüber dem G 4 a/b dar, wie er nur über das Hubvolumen, und zwar über die Zylinderzahl, verwirklicht werden konnte. Dieser Weg war ja bereits durch den Flugmotor Mb VII und durch die Luftschiffmotoren VL 1 und VL 2 vorgezeichnet.

Mit den Konstruktionsarbeiten an dem Zwölfzylinder-V-Motor, Typ G 5, wurde 1927 begonnen, zu einer

Der Zweitaktmotor – nur ein Zwischenspiel

Bei der Konzeption des schnellaufenden Dieselmotors überlegte man sich im Maybach-Motorenbau natürlich, ob das Zwei- oder das Viertakt-Verfahren vorteilhafter sei. Aus der Leistungsgleichung folgt, daß bei sonst gleichen Bedingungen ein Zweitaktmotor die doppelte Leistung des Viertakters abgibt, oder anders ausgedrückt: Bei gleicher Leistung kann ein Zweitaktmotor kleiner und leichter gebaut werden. Weitere Vorteile sind der ausgeglichenere Drehkraftverlauf, demzufolge der ruhigere Lauf. Dank der Schlitzsteuerung können die Ventile und die zu ihrer Betätigung nötige Mechanik entfallen; somit ergibt sich scheinbar ein einfacherer konstruktiver Aufbau des Motors.

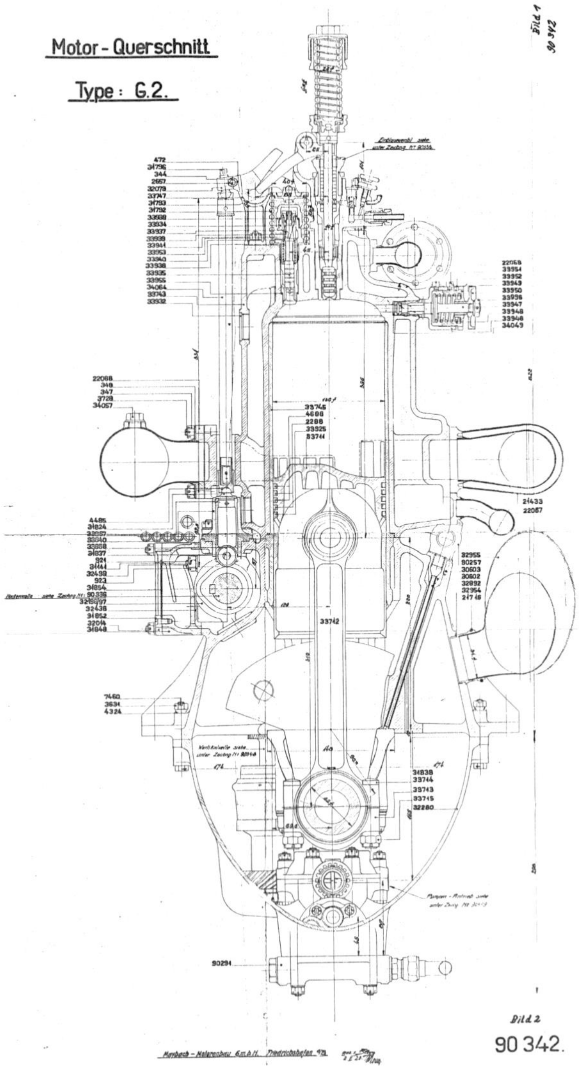

Bild 1. Querschnitt des Maybach-Zweitakt-Diesel- (Versuchs-) Motors G 2 (1920): Sechszylinder-Reihenbauart, Kraftstoff-Einblasung mit Druckluft; Bohrung 130 mm, Hub 180 mm.

Der Maybach-Motorenbau nahm 1920 die Entwicklung eines querstromgespülten Zweitaktmotors (Ein- und Auslaßschlitze im Zylinder gegenüber liegend), des G 2, auf (Bild 1). Im Januar 1921 wurde dann mit den Vorversuchen mit einem elektrisch angetriebenen Spülgebläse begonnen. Nach langen Bemühungen, den Motor überhaupt zum Laufen zu bringen, machte der G 2 im Juni seine ersten Umdrehungen aus eigener Kraft im Leerlauf; im Februar 1922 war man so weit, daß er einen ganzen Tag störungsfrei lief.

Sehr bald wurde aber deutlich, daß die Vorteile des Zweitakt-Verfahrens bei schnellaufenden Dieselmotoren nur theoretischer Art sind:

- *Die Schlitze im Zylinder mindern den wirksamen Hub und damit die erzielbare Leistung;*
- *wegen der nur kurzen für den Ladungswechsel zur Verfügung stehenden Zeit (keine Leerhübe!) gestaltet sich dieser ungleich schwieriger als beim Viertaktmotor, zudem sich bei schlitzgesteuerten Motoren die Steuerzeiten nur in engen Grenzen wählen lassen (»symmetrisches Steuer-Diagramm«);*
- *der Zweitakter ist thermisch und mechanisch höher belastet; besonders davon betroffen sind Kolben, Kolbenbolzen und Zylinderbüchsen.*

Über dreißig Jahre sollten vergehen, bis sich der Maybach-Motorenbau wieder dem Zweitakt-Motor zuwandte. Anfang der fünfziger Jahre sollte auf der Grundlage des MD ein kompakter Motor für marinetechnische Spezialanwendungen mit erheblich höherer Leistungsdichte, nämlich 257 kW/Zylinder (350 PS/Zylinder) entwickelt werden – ein ehrgeiziges Ziel, das man nur mit dem Zweitakt-Verfahren erreichen zu können glaubte. Um für den Ladungswechsel optimale Verhältnisse zu schaffen, entschied man sich für die Gleichstromspülung (Abgas und Frischladung haben dieselbe Strömungsrichtung). Mit der hierfür erforderlichen Ventilsteuerung entfiel der Vorteil des einfachen konstruktiven Aufbaues. Von 1957 bis 1964 entstanden vier Varianten dieses Zweitaktmotors, MZD I bis IV:

- *MZD I: Einlaßventile/Auslaßschlitze, erst mit selbsttätigen Ventilen (Schnüffelventile), dann Versuche mit hydraulischer und pneumatischer Steuerung, Bilder 2 und 3;*
- *MZD II: Umkehrung der Strömungsrichtung: Einlaßschlitze/Auslaßventile mit Zwangssteuerung (»desmodromische Steuerung«);*
- *MZD III: größere Zylinderabmessungen, sonst wie MZD II, jedoch mit Teil-Zwangssteuerung und*
- *MZD IV: wie MZD III, jedoch mit verschiedenen konstruktiven Vereinfachungen und Verbesserungen.*

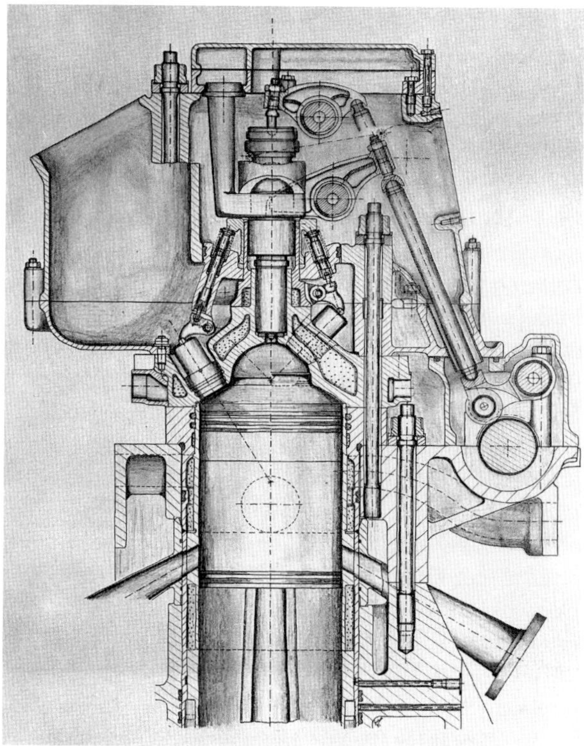

Bild 2. Querschnitt des Maybach-Zweitakt-Diesel- (Versuchs-) Motors MZD I (1954): Bohrung 185 mm, Hub 220 mm.

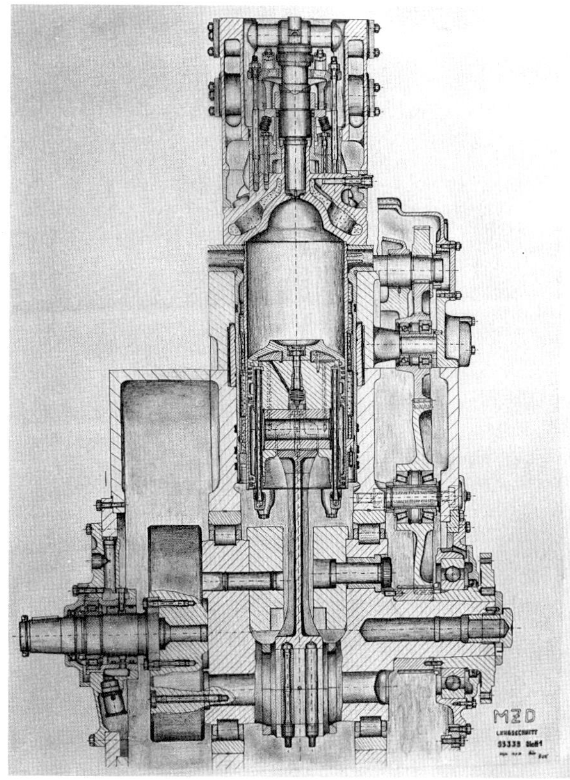

Bild 3. Längsschnitt des Maybach MZD I.

Mit den MZD-Motoren wurde die Erfahrung wiederholt, daß das Zweitakt-Verfahren für schnellaufende Hochleistungs-Dieselmotoren weniger geeignet als das Viertakt-Verfahren ist. Beim MZD gab es vor allem folgende Probleme:

- *Die Kolbenbolzenlagerung verlangte großen Entwicklungsaufwand, weil mangels Anlagewechsels des Bolzens (gleiche Lastrichtung bei Auf- und Abwärtshub) die Schmierung versagte.*
- *Während beim Viertaktmotor die Steuerung mit halber Kurbelwellen-Drehzahl arbeitet, dreht die Nockenwelle beim Zweitakter mit »ganzer« Kurbelwellendrehzahl. Massenkräfte und Schwingungsverhalten der Steuerung waren nur schwer zu beherrschen; dasselbe galt auch für die Einspritz-Einrichtung.*

Insgesamt hatte sich der Weg über den Zweitaktmotor für die Maybach-Schnelläufer als nicht gangbar herausgestellt.

Zeit, als sich die mechanisch-hydraulische Einspritzung (»kompressorlose Einspritzung«) allgemein durchsetzte. Andererseits war nicht abzusehen, wie lange die Entwicklung der Einspritzeinrichtung für einen schnellaufenden Diesel dauern würde. Deshalb entschloß man sich, den G 5 zunächst mit Lufteinblasung des Kraftstoffes zu bauen, gleichzeitig aber auch eine mechanisch-hydraulische Einspritzung zu entwickeln, auf die der G 5 später umgerüstet werden sollte.

Noch eine andere prinzipielle Frage mußte im Vorfeld der eigentlichen Konstruktionsarbeiten geklärt werden, nämlich die der Triebwerkskonfiguration: Sollten die Pleuel einander gegenüberliegender Zylinder nebeneinander oder zentrisch am Hubzapfen angreifen? Im ersten Fall hat man gleiche Pleuel und Pleuellager, wegen des Pleuelversatzes aber gekröpfte Kurbelgehäuse-Zwischenwände mit allen damit verbundenen Gestaltfestigkeits-Nachteilen. Bei zentrischer Anlenkung bekommt man zwar gerade Zwischenwände, doch um den Preis ungleicher Pleuel und Pleuellager für die beiden Motorreihen.

Im Gegensatz zu den Luftschiffmotoren gab man beim G 5 der zentrischen Anlenkung den Vorzug, weil man wegen der hohen Gasdrücke des Dieselverfahrens Schwierigkeiten mit dem Kurbelgehäuse befürchtete. Daß man damit die Probleme lediglich vom Kurbelgehäuse auf das Triebwerk verlagerte, sollte sich erst später herausstellen. Das Hubvolumen des G 5 wurde

Bild 68. Die Triebwagen VT 872 bis 874 mit dem Zwölfzylinder-Dieselmotor G 5 (noch mit Lufteinblasung) und elektrischer Kraftübertragung waren im Bereich der Reichsbahndirektion Frankfurt a. M. eingesetzt. Im Städte-Nahverkehr zwischen Frankfurt und Mainz erreichten sie Tagesleistungen von 350 km. Hier steht der VT 872 auf dem Anschlußgleis vor dem Ledigenheim des LZ-Konzerns in Friedrichshafen.

nicht nur durch die Zylinderzahl, sondern auch durch die Zylinderabmessungen vergrößert, von Bohrung/Hub 140/180 mm (G 4 a/b) auf 150/200 mm. Ausgehend vom Grundaufbau des Reihenmotors war der V-Motor dennoch zu einer echten Neukonstruktion geworden. Mit Rücksicht auf die bei V-Motoren großen Querkomponenten der Grundlagerkräfte lagerte man die Kurbelwelle nicht mehr in angehängten Lagerbrükken, sondern im Unterteil des zweiteiligen Aluminium-Kurbelgehäuses. Aus Gründen der Fertigungstechnik und der Logistik wurden Zylinder, Wassermantel und Zylinderkopf nur noch eines Zylinders zu je einem Block zusammengefaßt. Die Pleuel wurden als rollengelagerte Hauptpleuel mit zweiteiligem Nebenpleuel, mittels (Gleit-)Lagerbüchsen am Hauptpleuel angelenkt, ausgebildet. Der Einblaseluft-Verdichter des G 5, Typ K 5, wurde wieder dreistufig mit Zwischenkühlung ausgeführt, und zwar in V-Bauweise, wobei jeweils eine Verdichterseite eine Motorseite versorgte. Die Nennleistung des G 5 betrug 301 kW (410 PS) bei 1400 min^{-1}. 1930 kam der G 5 auf den Prüfstand, und ein Jahr später machte er in einem E.V.A.-Triebwagen mit elektrischer Kraftübertragung seine ersten Versuchsfahrten. Dieser Triebwagen und noch zwei weitere wurden dann als VT 872 bis VT 874 im Städtenahverkehr zwischen Frankfurt, Wiesbaden und Mainz eingesetzt, Bild 68.

In den zwanziger Jahren bekam die bis dahin konkurrenzlose Eisenbahn, langsam erst, aber doch unverkennbar, im Kraftfahrzeug und – in gewissem Maße auch im Flugzeug – Konkurrenz. Angesichts dieser Entwicklung stellte die Reichsbahn Überlegungen an, wie die Bahnverbindungen zwischen den großen Städten des Reiches durch höhere Reisegeschwindigkeiten verbessert werden konnten. In Besprechungen mit dem Maybach-Motorenbau trug die Bahn ihre Vorstellungen vor, denen zufolge Geschwindigkeiten von 150 km/h angestrebt wurden. Daraufhin durchgeführte Untersuchungen des Maybach-Motorenbaus ergaben, daß bei konventioneller Bauart des ins Auge gefaßten zweiteiligen Triebwagens für 100 Personen eine Antriebsleistung von rund 1470 kW (2000 PS) nötig waren, was damals jenseits aller technisch sinnvollen Möglichkeiten lag. Zusammen mit dem Luftschiffbau Zeppelin, in dessen Windkanal man schon früher den Luftwiderstand verschiedener Triebwagenmodelle gemessen hatte (Bild 69), kam der Maybach-Motorenbau zu dem Schluß, daß die Forderungen der Reichsbahngesellschaft bei geeigneter Form des Triebwagens schon mit einer Antriebsleistung von 603 kW (820 PS) erfüllt werden konnten, was mit zwei G-5-Motoren möglich war. Die Reichsbahn ließ sich überzeugen; im Februar 1931 erteilte dann das Reichsbahn-Zentralamt in Berlin den Entwicklungsauftrag an die im Leichtbau besonders erfahrene Waggon- und Maschinenbau AG, Görlitz, (Wumag) als Generalunternehmer. Der Maybach-Motorenbau erhielt den Auftrag für die Motoren und die Siemens-Schuckert-Werke den für die elektrische Ausrüstung.

Bei diesem zweiteiligen Schnelltriebwagen, VT 877 a/b, war der Leichtbau konsequent verwirklicht worden. Dem kam natürlich die niedrige Leistungsmasse der kompressorlosen GO-5-Motoren entgegen, deren Leistung elektrisch auf die Triebachsen übertragen wurde. In den beiden kopfseitigen Drehgestellen befanden sich – in gesonderten Hilfsrahmen – die Dieselmotoren mit den Stromerzeugern. Die elektrischen Fahrmotoren waren im mittleren Drehgestell (»Jakobs-Drehgestell«), auf dem sich beide Wagenteile abstützten, angeordnet.

Mittlerweile war der G 5 auf die kompressorlose Einspritzung umgestellt worden, Typenbezeichnung GO 5[42]); dadurch entfiel der Einblaseluft-Verdichter, Bild 70. Die mechanisch-hydraulische Einspritzung warf eine Fülle von Problemen auf, welche die Gemischbildung selbst betrafen und solche, die sich aus dem geänderten thermodynamischen Prozeß (»gemischter Prozeß«) mit seinem Gleichraum-Anteil, d. h. hohen Spitzendrücken und Druckgradienten ergaben, vgl. auch Kasten auf S. 350/52. Die kleinen Fördermengen der einzelnen Pumpenelemente mußten exakt eingestellt und an die wechselnden Bedingungen des Bahnbetriebes angepaßt werden. Hinzu kam, daß der Pumpenantrieb mechanisch hoch belastet wurde.

Mit dem GO 5 konnte der Maybach-Motorenbau den damals leistungsstärksten schnellaufenden Triebwagen-Dieselmotor anbieten. Dieser Motor erregte das Interesse auch ausländischer Bahngesellschaften, so

[42]) Das »O« steht für »ohne Kompressor«.

a) b) c) d)

Bild 69. Zusammen mit dem Luftschiffbau Zeppelin hatte der Maybach-Motorenbau den Luftwiderstand verschiedener Triebwagenkopf-Formen untersucht. An Hand der Meßergebnisse wurde die Triebwagenform strömungstechnisch optimiert.

a) 65 km/h: Triebwagen alter Bauart (1924);
b) 80 km/h: Leichttriebwagen (1931);
c) 100 km/h: Eiltriebwagen (1932);
d) 160 km/h: Schnelltriebwagen windschnittiger Bauart (1932).

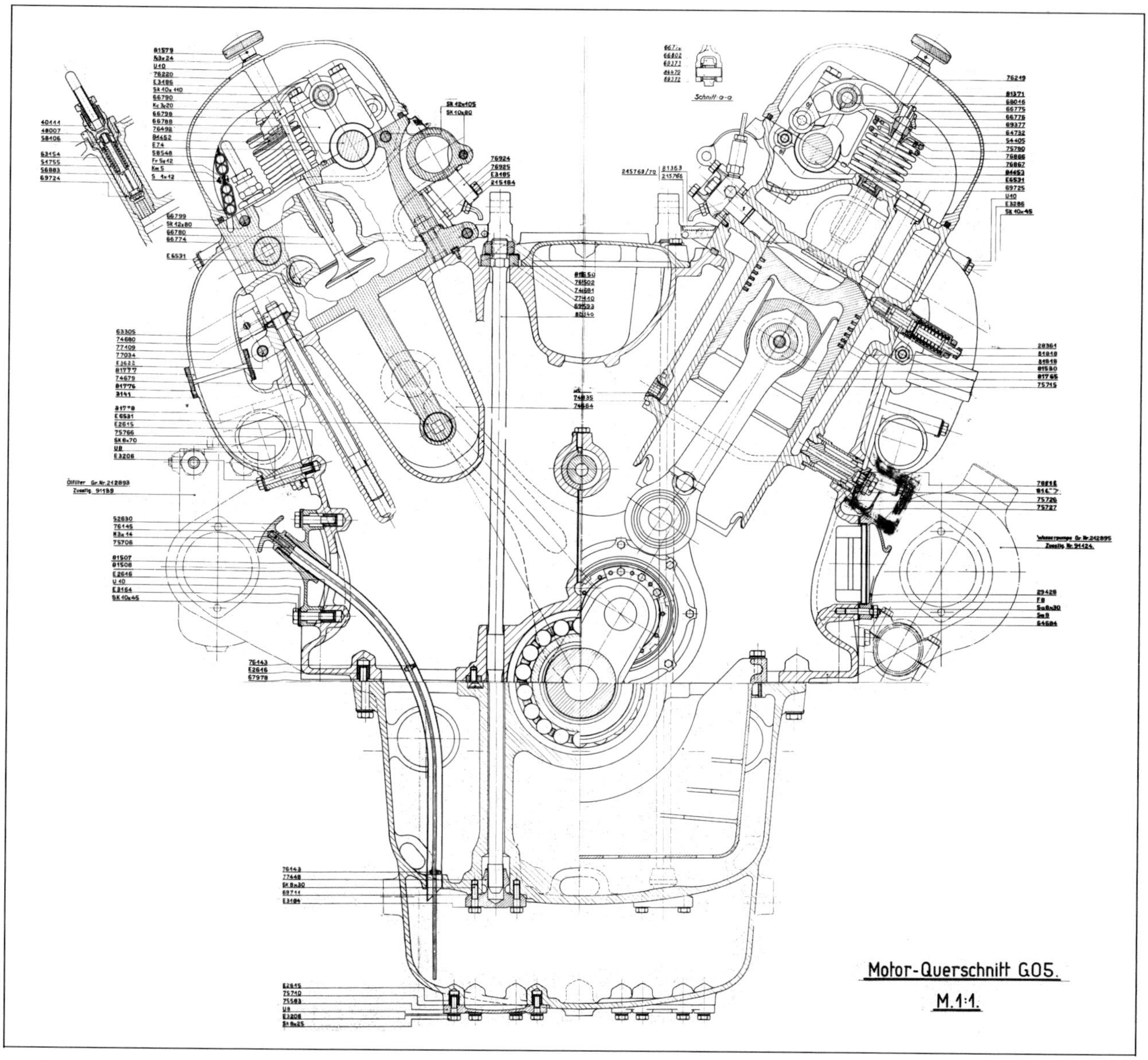

Bild 70. Querschnitt des Triebwagenmotors GO 5: wassergekühlter Viertakt-Dieselmotor, direkte Kraftstoff-Einspritzung (»kompressorlose Einspritzung«), Zwölfzylinder-V-Bauart; Bohrung 150 mm, Hub 200 mm, Leistung 301 kW (410 PS) bei 1400 min^{-1}.

Bild 71. Angetrieben von zwei GO-5-Motoren legte der Schnelltriebwagen VT 877 a/b (»Fliegender Hamburger«) die 287 km lange Strecke von Hamburg nach Berlin 1933 in 138 Minuten zurück. Die Durchschnittsgeschwindigkeit betrug 125 km/h, die Höchstgeschwindigkeit 160 km/h.

Bild 72. Erster schnellaufender Dieselmotor größerer Leistung mit Abgasturboaufladung, Typ GO 6: wassergekühlter Viertakt-Dieselmotor, Zwölfzylinder-V-Bauart, direkte Einspritzung; Bohrung 160 mm, Hub 200 mm, Leistung 441 kW (600 PS) bei 1400 min^{-1}.

daß dem Maybach-Motorenbau in der Folge eine Reihe von Aufträgen erteilt wurde, u. a. von der Société Nationale des Chemins de Fer Belges, der Cie. de Chemin de Fer du Nord Paris und 1933 ein Großauftrag über 80 Motoren von der N.V. Nederlandsche Spoorwegen. Hauptabnehmer für Triebwagen-Dieselmotoren war natürlich die Deutsche Reichsbahngesellschaft. Nach einer für damalige Verhältnisse umfangreichen Erprobung, in deren Verlauf auf der Strecke Friedrichshafen – Ulm bereits Geschwindigkeiten bis 160 km/h erreicht worden waren, wurde der VT 877 a/b im Mai 1933 zwischen Hamburg und Berlin (daher die Bezeichnung »Fliegender Hamburger«) in Dienst gestellt, Bild 71.

Daß man mit den Leistungswerten des GO 5, auch mit der hohen zeitlichen Auslastung dieser Motoren und mit dem Einsatz in Triebwagen verschiedener Konzeption und unter unterschiedlichen Betriebsbedingungen Neuland betreten hatte, wurde an manchen Anständen erkennbar, die bei Fahrzeugen im Rampenlicht der Öffentlichkeit wie dem »Fliegenden Hamburger« oder wegen der großen Zahl davon betroffener Fahrzeuge wie bei der Niederländischen Eisenbahn, beträchtliche Aufmerksamkeit erregten. Oft lag es am Zubehör, seiner Auslegung, seiner Anordnung oder seiner Zuverlässigkeit; in einem Fall war es die Abstimmung der elektrischen Kraftübertragung auf den Motor, die zum Auslöser für Betriebsstörungen oder gar Motorschäden wurde. In enger Zusammenarbeit mit den Unterlieferanten, den Bahngesellschaften und natürlich in eigener, angestrengter Versuchs- und Forschungsarbeit gelang es, die Ursachen zu ermitteln und auszuschalten. Die Erkenntnisse und Erfahrungen gerade des ersten Jahrzehntes der Triebwagenmotoren sollten sich für die weitere Motoren-Entwicklung als außerordentlich wertvoll erweisen. Um auch den geringeren Leistungsbedarf von Triebwagen im Nebenbahnbetrieb abdecken zu können, wurde vom GO 5 ein Sechszylinder-Reihenmotor (GO 5h) abgeleitet, der bei 1400 min^{-1} 154 kW (210 PS) leistete. Zur selben Zeit wurde als Ersatz für G-4 a/b-Motoren eine kompressorlose Ausführung mit Motorüberwachung und Zugsteuerung, der GO 4, gebaut.

Die Schnelltriebwagen, von denen die Reichsbahn weitere 13 Einheiten bestellte, erfreuten sich großer Beliebtheit bei den Reisenden, so daß der Wunsch nach vermehrtem Platzangebot zur Projektierung einer dreiteiligen Einheit führte. Für den Antrieb brauchte man natürlich größere Leistungen. Dem entsprach mit 440 kW (600 PS) bei 1400 min^{-1} der neue, abgasturboaufgeladene GO-6-Motor.

Der Maybach-Motorenbau hatte schon Anfang der dreißiger Jahre Verbindung mit dem Büchi-Syndikat[43]) aufgenommen, weil man die Möglichkeiten, die gerade für Hochleistungsmotoren in der Abgasturboaufladung (ATL) steckten, klar erkannt hatte. Die vereinbarte Zusammenarbeit wurde vertraglich abgesichert und umgehend in die Tat umgesetzt. Um das Potential der Abgasturboaufladung optimal auszunutzen, wurde nicht einfach der GO 5 aufgeladen, sondern ein neuer Motor (GO 6), Bild 72, unter Beachtung aufladetechnischer Belange gebaut; dieser wurde dadurch zum ersten

[43]) Zur Nutzung seiner Patente insbesondere über die Stoßaufladung hatte der Schweizer Ingenieur Alfred Büchi zusammen mit der Schweizer Lokomotiv- und Maschinenfabrik Winterthur und der Brown, Boveri & Cie., Baden/Schweiz, 1926 das »Büchi-Syndikat« gegründet.

Bild 73. Der von der »Flugbahn-Gesellschaft« entwickelte dreiteilige Leichtbau-Schnelltriebzug SVT 137 155 (nach einem der Gründer als KRUCKENBERG-*Zug bezeichnet) hatte zwei Antriebsanlagen, bestehend aus GO-6-Motor und hydraulischem Getriebe. Auf einer Versuchsfahrt zwischen Berlin und Hamburg am 23. Juni 1939 wurden 215 km/h erreicht.*

schnellaufenden, abgasturboaufgeladenen Dieselmotor hoher Leistung. Mit der gegenüber dem GO 5 um 10 mm größeren Bohrung (Ø 160 mm) war eine solide Leistungsreserve vorhanden. In Hinblick auf kurze Gaswege führte man die Ein- und Auslaßkanäle zur Motorinnenseite, durch je zwei Ein- und Auslaßventile je Zylinder wurde der Ladungswechsel verbessert; betätigt wurden diese über Schwinghebel und Rollen, Lenkerhebel und Traverse von den in den Zylinderoberteilen gelagerten Nockenwellen. Beim GO 5 war die Einbaulage der Einspritzdüse durch die ursprünglich vorgesehenen Einblaseventile vorgegeben gewesen. Jetzt brauchte man keine Kompromisse dieser Art mehr zu schließen, weshalb die Düse zentral zwischen den Ventilen angeordnet werden konnte. Ebenfalls abweichend vom GO 5/GO 5h waren beim GO 6 je zwei Zylinder zu einem Doppelblock zusammengefaßt.

Der Abgas-Turbolader, bestehend aus Axialturbine und Radialverdichter mit Innen- (Wälz-) Lagerung, wurde, wie später bei allen serienmäßigen Maybach-Motoren, stehend im Motorsattel angeordnet. Der GO 6 kam u. a. in den dreiteiligen Schnelltriebzügen der Bauarten »Leipzig« und »Köln« zum Einsatz. Am 17. Februar 1936 stellte ein solcher Triebzug mit 205 km/h zwischen Hamburg und Berlin den Weltrekord für serienmäßige Schienenfahrzeuge auf. Drei Jahre später erreichte der mit zwei GO 6 motorisierte SVT 137 155, Bauart Kruckenberg, bei einer Versuchsfahrt zwischen Berlin und Hamburg mit 215 km/h eine neue Rekordgeschwindigkeit, Bild 73.

Parallel zum ATL-Motor GO 6 wurden auch die Saugmotoren weiterentwickelt, wobei man die Zylinderabmessungen und darüber hinaus verschiedene konstruktive Elemente des GO 6 übernahm. Es entstanden der GO 56 und der GO 56h[44]). Weil bei den Saugmotoren keine Notwendigkeit bestand, die Gaskanäle zur Motorinnenseite zu führen, wählte man die Querstrom-Anordnung, was allerdings eine vom GO 6 abweichende Ventilbetätigung erforderte. 1938 wurden die Saug- und die ATL-Motoren auf das Vorkammer-Verfahren umgestellt. Das ließ größere Leistungen ohne höhere Belastung der Motoren zu. In den Typenbezeichnungen sind diese Motoren an dem fehlenden »O« zu erkennen: G 6 (478 kW [650 PS]), G 56 (331 kW [450 PS]) und G 56h (184 kW [250 PS]). Eine leistungsgesteigerte Ausführung des G 6 mit liegend angeordnetem Abgasturbolader, der G 7, wurde erprobt: auf dem Prüfstand wurden 550 kW (750 PS) gemessen. Wegen des Kriegsausbruches 1939 ging der G 7 nicht mehr in Serie.

Der Maybach-Motorenbau hatte in den Jahren von

[44]) Die Typenziffer »56« weist auf die Synthese von GO 5 und GO 6 hin; das »h« bedeutet »halbe Zylinderzahl«, also Sechszylinder-Motor.

Gemischbildung und Verbrennung bei Dieselmotoren

Die ersten Dieselmotoren des Maybach-Motorenbaus arbeiteten mit Druckluft-Einblasung des Kraftstoffes, bei der hochverdichtete Luft den Kraftstoff durch Lochplatten in der Düse in den Zylinder »einbläst«, Bild 1. Der apparative Aufwand für diese Art der Gemischbildung in Gestalt des Einblaseluft-Verdichters, der Einblase-Ventile, der Taumelscheiben-Kraftstoffpumpe und der Regelung der Einblaseluft-Menge war groß, die Entwicklung mit manchen Rückschlägen verbunden. Diese Nachteile förderten nachhaltig die Arbeiten an der Kraftstoff-Einspritzung ohne Einblaseluft.

Schon vor dem Ersten Weltkrieg arbeiteten Vickers in England und die Gasmotoren-Fabrik Deutz an der »kompressorlosen« Einspritzung. Während McKenchie *bei Vickers der direkten Einspritzung den Vorzug gab, entwickelte* Prosper L'Orange *erst bei Deutz, dann bei Benz bzw. bei den Motorenwerken Mannheim (MWM) eine indirekte Einspritzung mittels Vorkammer. Mitte der zwanziger Jahre waren beide Verfahren so weit, daß »kompressorlose« Dieselmotoren für Schlepper und Nutzkraftwagen gebaut werden konnten: Vorkammer-Motoren von Benz bzw. Daimler-Benz und Direkteinspritzer von der MAN.*

Der Maybach-Motorenbau verhielt sich damals noch abwartend; er hatte auch genug andere Probleme zu lösen. Die ersten Zwölfzylinder-Motoren G 5, Entwicklungsbeginn 1927, wurden noch mit Druckluft-Einblasung (Bild 2) gebaut, gleichzeitig arbeitete man aber intensiv an der mechanisch-hydraulischen Einspritzung. Weil man beim »MM« wegen

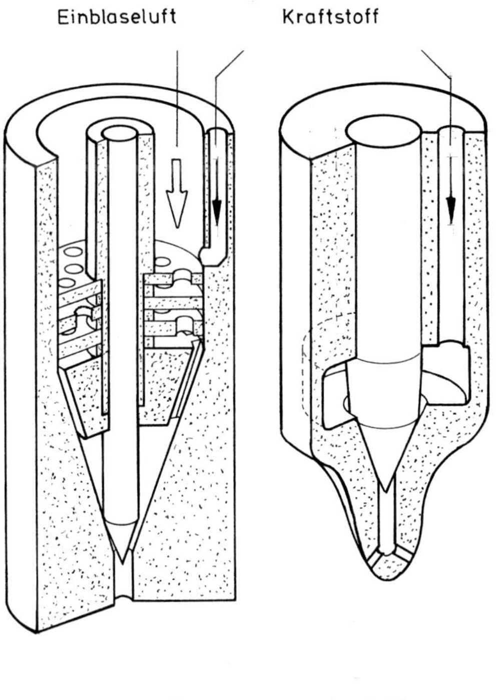

Bild 1. Entwicklungsschritte der dieselmotorischen Gemischbildung.
Links: Kraftstoffeinspritzung mittels Druckluft; Lochplattendüse eines Einblaseventils. Beim Durchtritt durch die Bohrungen der zueinander versetzten Lochplatten vermischte sich die Einblaseluft innig mit dem Kraftstoff und riß diesen, nachdem die Düsennadel – mechanisch betätigt – angehoben wurde, in den Brennraum.
Rechts: direkte Kraftstoffeinspritzung; mechanisch-hydraulisch betätigte Einspritzdüse. Wenn der Kraftstoffdruck soweit angestiegen ist, um die Düsennadel gegen die Kraft einer Feder anzuheben, beginnt die Einspritzung.

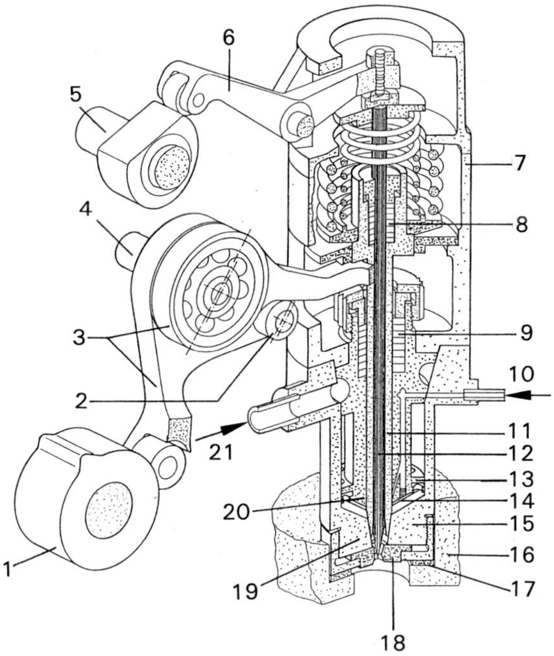

Bild 2. Aufbau eines Einblaseventils für Dieselmotoren mit Drucklufteinblasung des Kraftstoffes, Bauart Maybach (1924). Der komplizierte Aufbau läßt erahnen, welche Probleme solche Düsen in Fertigung, Montage und vor allem im Motorbetrieb bereiteten.

1 Kraftstoffnocken mit konstantem Hub, 2 feste, exzentrisch gelagerte Rolle zur Einstellung des Nadelhubes, 3 zweiteiliger Betätigungshebel für die Kraftstoffnadel (Hubeinstellung durch Verdrehen der Hebelteile gegeneinander), 4 exzentrisch gelagerte Drehachse (Einstellung der Steuerzeiten), 5 Regulierwelle zur Betätigung der Zerstäuberdüse (Luftquerschnitt), 6 Betätigungshebel für Reguliernadel, 7 Ventilgehäuse-Oberteil, 8 Metallringpackung, 9 Metallringpackung mit innenspannenden GG-Kolbenringen, 10 Kraftstoff, 11 Kraftstoffnadel, 12 Reguliernadel, 13 Lochplatten, 14 Spiralnuten, 15 Ventilgehäuse-Unterteil, 16 Zylinderwand, 17 Kupferasbestdichtung, 18 Zerstäuberdüse, 19 Kraftstoffnadelsitz, 20 Zerstäuberkörper, 21 Einblaseluft.

der hohen Pumpendrücke gegen die »Schieber-Pumpe«, d. h. die nach dem Überströmprinzip mit Schrägkanten-Steuerung arbeitende Pumpe, Bedenken hegte, gab man der ventilgesteuerten Pumpe, Bauart Deckel *den Vorzug. Ungeachtet der einfacheren Konstruktion der einzelnen Bauteile der mechanisch-hydraulischen Einspritzung gestaltete sich deren Entwicklung schwierig, nicht nur, was die Einspritzung selbst anbelangt, sondern auch wegen deren Auswirkungen auf den gesamten Motor. Während der thermodynamische Prozeß bei der Druckluft-Einblasung dem »Gleichdruck-Prozeß« (»klassischer Diesel-Prozeß«) mit »weicher« Verbrennung, d. h. relativ niedrigem Spitzendruck und flachem Druckanstieg (»Druckgradient«) entsprach, erfolgt die Verbrennung bei der mechanisch-hydraulischen Einspritzung nach dem »gemischten Prozeß«, wie er von* M. Seiliger *(»Seiliger-Prozeß«) beschrieben worden ist, mit Wärmezufuhr erst bei konstantem Volumen, dann bei konstantem Druck.*

Bei der direkten Einspritzung des Kraftstoffes (Bild 3) in den Zylinder wie bei den GO-Motoren ist der »Gleichraum-Anteil« an der Wärmezufuhr größer als beim Vorkammer-Verfahren. Die Motoren wurden wegen der sich hieraus ergebenden höheren Spitzendrücke und wegen des steilen Druckanstieges mechanisch hoch belastet. Deshalb stellte der Maybach-Motorenbau 1938 seine Dieselmotoren auf das Vorkammer-Verfahren um: Man versprach sich (trotz Leistungssteigerung) wegen der weicheren Verbrennung eine Entlastung der Pleuellager. Im Vorkammer-Motor wird der Kraftstoff in einem kompakten Strahl (daher die Einloch-Zapfendüse) in die vom Hauptbrennraum (Zylinder) abgetrennte Vorkammer eingespritzt. Wegen des relativ zur gesamten Kraftstoffmenge herrschenden Luftmangels in der Vorkammer kann dort nur ein Teil davon verbrennen. Der Gasdruck treibt den unverbrannten Kraftstoff und das brennende Gemisch in den Hauptbrennraum. Durch diese intensive Gemisch-Aufbereitung verläuft die Verbrennung weich, der Zündverzug (Zeit von Einspritzbeginn bis zur Zündung) ist kurz; deshalb eignete sich das Vorkammer-Verfahren besonders für schnelldrehende Motoren.

Nachteilig ist jedoch der gegenüber der Direkt-Einspritzung größere spezifische Kraftstoff-Verbrauch: Die Vorkammer muß intensiv gekühlt werden, was bei dem Verhältnis der Oberfläche zum Volumen entsprechend höhere Wärmeverluste zur Folge hat. Beim Verdichten muß der Kolben die Luft durch die mehr oder weniger engen Übertrittsbohrungen in die Vorkammer schieben (»Überschiebeverluste«). Dabei wird die Luft gedrosselt und abgekühlt; das Startverhalten ist schlechter.

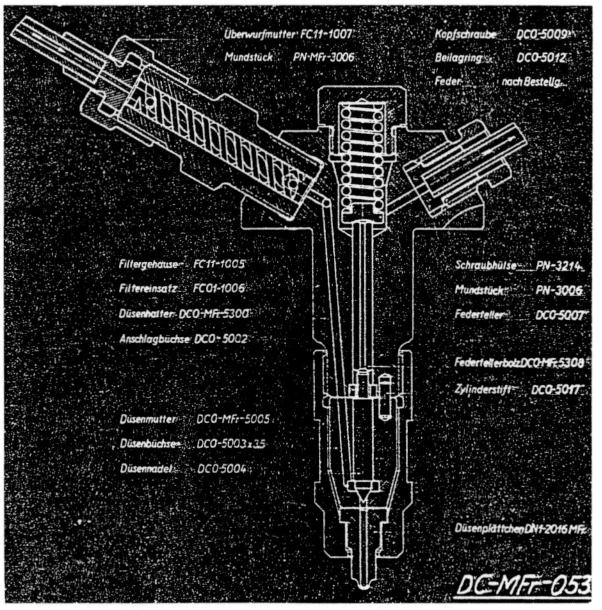

Bild 3. Wenngleich die »kompressorlose Einspritzung« mit Hilfe einer mechanisch-hydraulisch betätigten Einspritzdüse (Motor GO 5) anfänglich auch beträchtliche Schwierigkeiten bereitet hatte, so sind die Vorteile der einfachen Düsen evident; ganz abgesehen davon, daß man keinen Einblaseluft-Verdichter mehr brauchte.

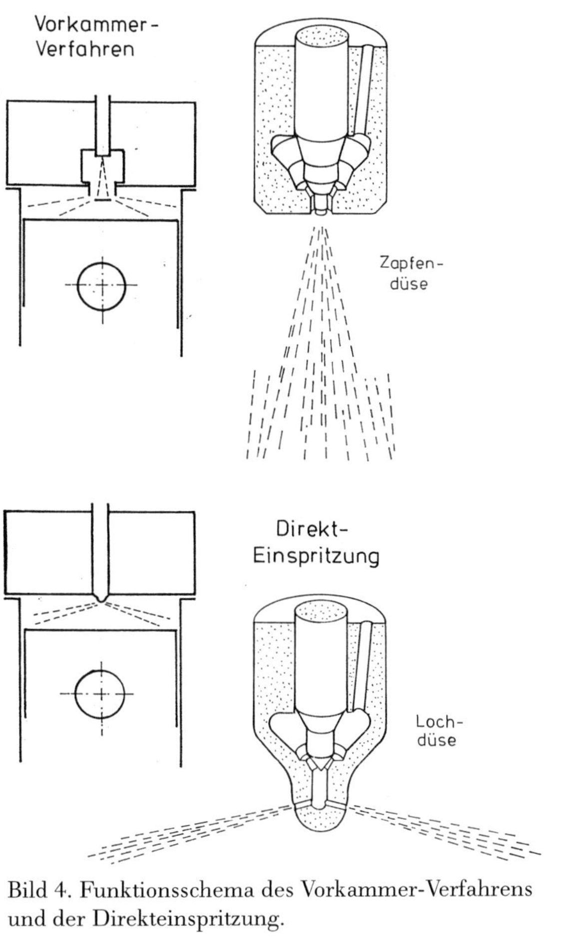

Bild 4. Funktionsschema des Vorkammer-Verfahrens und der Direkteinspritzung.

Auch die Motoren der nach dem Kriege entwickelten MD-Baureihe arbeiteten nach dem Vorkammer-Verfahren, im Gegensatz dazu die GTO-Motoren, bei denen der Kraftstoff direkt in die Zylinder eingespritzt wurde, Bild 4. Eine Besonderheit des MD ist die mit der Firma L'Orange zusammen entwickelte Pumpedüse (Bild 5), in der Einspritzpumpe und -Düse zu einem Gerät vereint sind. Wie der Entwurf von R. Lang (Bild 6) zeigt, beschäftigte man sich beim Maybach-Motorenbau bereits 1945 mit der Pumpedüse. Da Gemischbildung und Verbrennung komplexe Vorgänge sind, wurde eine Vielzahl von Brenner- und Vorkammer-Varianten für die MD-Motoren entwickelt, die zusammen mit den verschiedenen Ausführungsarten der Einspritzdüsen so optimiert werden mußten, daß nicht nur die Leistung, sondern auch der Verbrauch und die Schwärzungsziffer (Abgastrübung) gute Werte annahmen, und zwar über einen möglichst großen Drehzahlbereich. Früher schaffte man das nicht für alle Einsatzfälle des Motors gleichermaßen gut, so daß der MD zeitweise – je nach Einsatzfall – mit unterschiedlicher Einspritz-Ausrüstung geliefert wurde: mit der serienmäßigen Mitstromdüse (die Düse öffnet in Strömungsrichtung) und als Sonderausführung mit einer Gegenstromdüse (die Düse öffnet entgegen der Strömungsrichtung)!

Der höhere spezifische Kraftstoffverbrauch, aber auch sonstige Nachteile des Vorkammer-Verfahrens bei größeren Motoren, führten dazu, daß der als Vorkammermotor projektierte MC, von dem auch der erste Versuchsmotor so gebaut wurde, auf direkte Einspritzung umgestellt wurde. Aus konstruktiven Gründen hatte der MC Einzeleinspritzpumpen statt der bewährten Pumpedüsen.

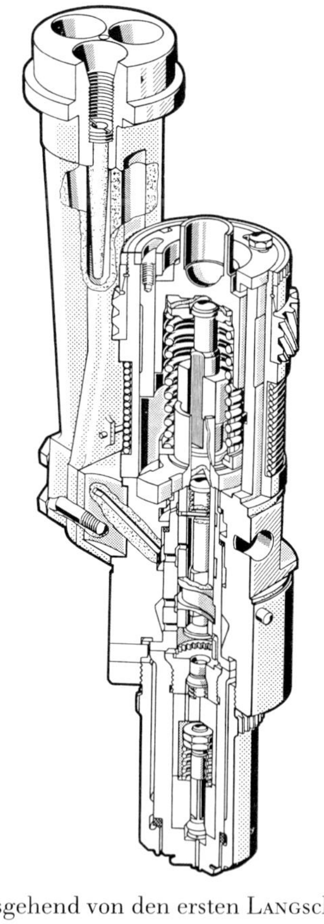

Bild 5. Ausgehend von den ersten Langschen Entwürfen wurde in Zusammenarbeit mit der Firma L'Orange diese Pumpedüse für die MD-Motoren entwickelt.

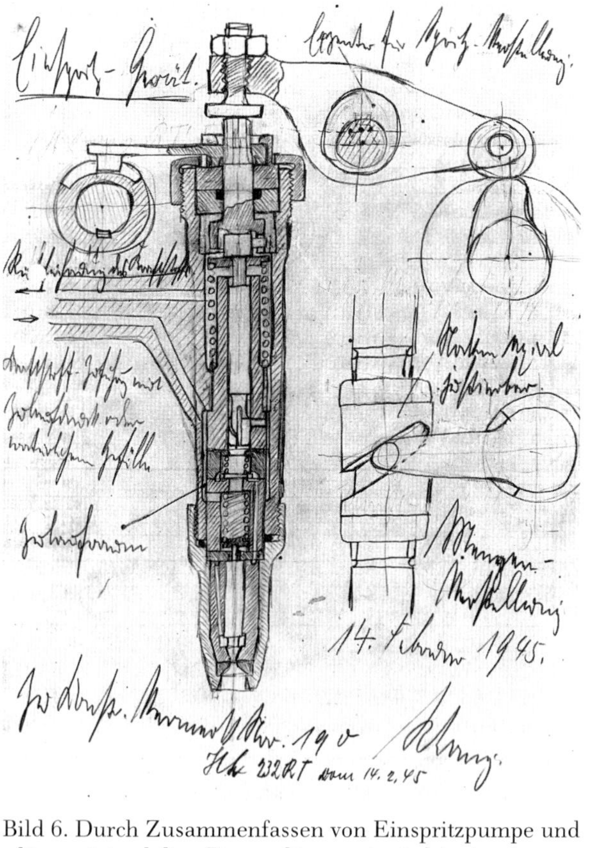

Bild 6. Durch Zusammenfassen von Einspritzpumpe und -düse entstand die »Pumpedüse«, wie sie hier in einem Entwurf von R. Lang aus dem Jahre 1945 zu sehen ist.

1925 bis 1940 über 800 Triebwagenmotoren an die Reichsbahn und andere Bahngesellschaften geliefert. Nach Überwindung der Anfangsschwierigkeiten, die bei der anspruchsvollen Technik der Motoren und der Neuheit des Triebwagenbetriebes nicht ausbleiben konnten, war es in kurzer Zeit gelungen, sich den Ruf als führender Hersteller auf dem Gebiet schnellaufender Dieselmotoren für die Schienentraktion zu erwerben. So war es denn auch eine besondere Genugtuung, als die Niederländischen Eisenbahnen 1938/1940 zwanzig fünfteilige Triebzüge ausschließlich mit insgesamt sechzig G-6-Motoren ausrüsteten:

»... zu dem Bedürfnis nach größeren Zugeinheiten und damit zur Beschaffung von nicht weniger als zwanzig 1950-PS-Triebwagenzügen, für die auf Grund der guten Erfahrungen, die man mit den 35 mit Maybach-Motoren ausgerüsteten Drei-Wagen-Zügen machte, ausschließlich diese Motoren Verwendung fanden...« [50].

Motor, Zubehör und Fahrzeug

Bei der Entwicklung des schnellaufenden Dieselmotors konnte sich der Maybach-Motorenbau nicht nur auf den eigentlichen Motor beschränken, sondern er mußte mangels geeigneter Anbieter neben dem Motorzubehör im engeren Sinne (Einspritz-Einrichtung, Regler usw.) auch das Zubehör im weiteren Sinne (Getriebe, Kühler usw.) entwickeln. Da eine Kette nur so stark ist wie ihr schwächstes Glied, riefen Anstände mit dem Zubehör oft gravierende Funktionsstörungen und auch Schäden an Motor, Kraftübertragung und Fahrzeug hervor. Es blieb dem Maybach-Motorenbau deshalb nichts anderes übrig, als das Zubehör selbst zu entwickeln.

In den Fällen, wo er auf Teile anderer Hersteller zurückgreifen konnte, mußte er die Federführung in der Entwicklung übernehmen, weil die Unterlieferanten mit den besonderen Bedingungen des Motorbetriebes nicht vertraut waren. Die Spannweite der Aufgaben, die sich dem Maybach-Motorenbau somit stellten, wird deutlich, wenn man sich vergegenwärtigt, welche Bereiche beim Einbau des Motors in ein Fahrzeug angesprochen sind: Motorlagerung im Fahrzeug, hier im Drehgestell, Drehmomentenübertragung zum Getriebe oder zum Generator, Luft- und Kraftstoffzu- und Abgasabfuhr, Kühlung des Motorkühlwassers, Überwachung und Anzeige von Motor- und Fahrzeugfunktionen sowie die Motorsteuerung von zwei Führerständen aus. Jeder dieser Bereiche mußte entwickelt, funktional verbessert und – vor allem – für den rauhen Bahnbetrieb standfest gemacht werden. Heute gibt es in jeder Motorenfabrik Projektierungs-Abteilungen, die auf Einbaufragen spezialisiert sind, und es gibt eine leistungsfähige Zulieferindustrie; kurzum, Einbaufragen werden heute routinemäßig gelöst. In den zwanziger und dreißiger Jahren war das anders; damals mußten die Erfahrungen, auf denen man heute aufbaut, erst gesammelt werden.

Ein Vorteil der schnellaufenden und deshalb leichten Maybach-Dieselmotoren war, daß man sie im Drehgestell der Schienenfahrzeuge unterbringen konnte. Das geschah bei den Triebwerken der Reichsbahn in besonderen Hilfsrahmen, die mehrfach konstruktiv abgewandelt werden mußten, bis sie einerseits steif genug waren, um den Motor sicher aufzunehmen, andererseits hinreichend elastisch, um dem Motor nicht die Verformungen des Drehgestells aufzuzwingen.

Die Motoren wurden durch Verkleidungen aus Stahlblech und Holz gegen das Fahrzeug gekapselt, ihre Verbrennungsluft saugten sie aus dem Raum um das Drehgestell an. Bei den ersten Triebwagen bereitete das keinerlei Schwierigkeiten. Als dann aber höhere Geschwindigkeiten gefahren werden konnten, bildeten sich in den Drehgestellnischen Luftwirbel (»Totwasser«), was dazu führte, daß sich die Luft aufheizte und mit dem Metallstaub von den Bremsklötzen anreicherte.

Weil nun die Motoren ihre Verbrennungsluft durch Öffnungen seitlich im Kurbelgehäuse, die nur mit grobmaschigen Drahtsieben abgedeckt waren, durch den Kurbelraum ansaugten, gelangten Schmutz und Metallabrieb in das Schmieröl, was den Zylinderverschleiß in die Höhe trieb. Daraufhin wurde die Verbrennungsluft über eine Druckhutze auf dem Wagendach in den Drehgestellraum geführt, wo sich jetzt ein leichter Überdruck bildete, der den Schmutzzutritt zum Motor verhinderte.

Den Motor mit Kraftstoff zu versorgen, scheint nun wirklich nicht schwierig zu sein. Die einfachste Art ist, den oder die Kraftstoff-Behälter so hoch zu lagern, daß der Kraftstoff dem Motor von alleine zufließt. Es muß aber sichergestellt werden, daß bei Undichtigkeiten oder gar Bruch einer Leitung nicht der ganze Kraftstoff-Vorrat ausläuft und sich entzündet. Nachdem es eben deswegen einige Motorraum- und Fahrzeugbrände gegeben hatte, wurde eine Sicherheits-Vorrichtung geschaffen, die darin bestand, daß ein Sicherheitsventil im Kraftstoff-Behälter durch ein »Schmelzband« gegen die Kraft einer Feder offengehalten werden mußte. Wenn die Temperatur im Motorraum über 120 °C stieg, schmolz das aus einer Legierung mit niedrigem Schmelzpunkt bestehende Verbindungsstück der beiden Schmelzbandhälften; das Band riß, woraufhin die Feder das Kraftstoffventil schloß.

In den Triebwagen einer ausländischen Bahngesellschaft waren die Kraftstoffbehälter aus baulichen Gründen unter dem Wagenboden angeordnet. Weil damals die mechanischen und elektrischen Kraftstoff-Förderpumpen noch recht störanfällig waren, wurde der Kraftstoff stattdessen mittels Druckluft aus dem Bremsluftbehälter zu den Einspritzpumpen gefördert (»Windkessel-Prinzip«). Um die dünnwandigen Kraft-

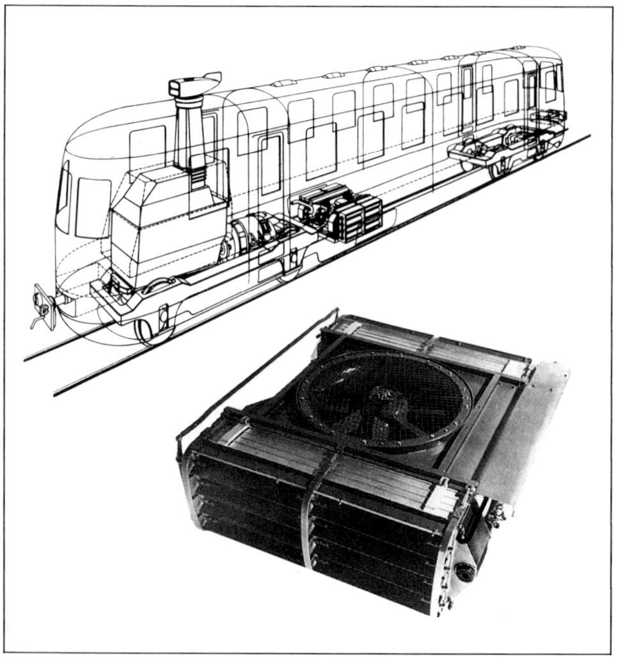

Bild 74. Maybach entwickelte nicht nur Motoren und Getriebe, sondern auch das Motorzubehör wie z. B. diese Kühlergruppe KG 1 mit eingebauter Lüfterkupplung für Motorleistungen von 330 kW (450 PS) und 478 kW (650 PS). Das obere Bild zeigt die Einbaulage (Anordnung) hinter dem Maschinendrehgestell.

stoff-Behälter mit ihren beträchtlichen Flächen durch den Luftdruck nicht zu überlasten, reduzierte man diesen mit dem Ergebnis, daß er bei bestimmten Bedingungen nicht mehr ausreichte, die Einspritzpumpen genügend und gleichmäßig mit Kraftstoff zu versorgen. Außerdem reicherte sich der Kraftstoff mit Luft an, wodurch er »elastischer« wurde, was gleichfalls die Einspritzung beeinträchtigte. Das wiederum wirkte sich auf die Verbrennung aus; die einzelnen Zylinder wurden unterschiedlich belastet, die Drehkraftschwankungen hieraus beanspruchten das Triebwerk zusätzlich. Wie man sieht, ist der Zusammenhang zwischen Ursache und Wirkung bisweilen sehr verschlungen. Das erklärt auch, warum in dem einen Fall die Motoren durchaus zufriedenstellend arbeiteten, im anderen hingegen Schwierigkeiten bereiteten.

Sehr viel Entwicklungsarbeit kosteten die Motorkühlwasser-Rückkühlanlagen. Man muß sich ins Gedächtnis rufen, daß im Kühler etwa die gleiche Leistung umgesetzt wird, wie der Motor an der Kurbelwelle abgibt. Das erfordert leistungsstarke, wegen des Raummangels bei Fahrzeugmotoren aber auch kompakte Kühlanlagen. Nachdem die Kühler der ersten Triebwagenmotoren auf dem Wagendach angeordnet waren, mußten bei größeren Motorleistungen die Kühlanlagen unter dem Wagenkörper untergebracht werden, weil sie für das Dach zu voluminös und zu schwer wurden. Der Lüfter wurde direkt vom Motor angetrieben, eine Regelung war anfangs nicht vorgesehen. Bei niedrigen Außentemperaturen kühlte sich das Kühlwasser dadurch zu stark ab. Wenn jetzt nach Warmlaufen des Motors das Thermostatventil die Bypass-Leitung zwischen Motor und Kühler schloß, gelangte kaltes Wasser in den Motor. Thermische Risse in den Zylindern waren die Folge. Mit einer temperaturgeregelten Lüfterkupplung wurde ermöglicht, daß sich der Lüfter nach Bedarf zu- und abschaltete. Damit hatte man den einen Übelstand beseitigt.

Ein anderer mit gleicher Wirkung war die Koppelung von Kühl- und Heizkreislauf. Es lag ja nahe, die Motorwasserwärme zum Heizen des Fahrgastraumes zu nutzen, doch beim Zuschalten des Heiz- zum Kühlkreislaufes bekam der Motor wieder zu kaltes Wasser. Man trennte deshalb die beiden Kreisläufe konstruktiv; die Wärme wurde jetzt mittels eines Wärmetauschers von dem einen zum anderen Kreislauf übertragen. Bei niedrigen Außentemperaturen ließ man die Motoren im Leerlauf warmlaufen, was – wie man erkennen mußte – den Ölkohleaufbau an Kolben und Ventilen begünstigte. Daraufhin wurde Dampf in das Kühlwasser geblasen, um es schnell auf Temperatur zu bringen. Nun sind Dampfblasen im Kühlwasser alles andere als erwünscht, so daß man einen gesonderten »Heiztauscher« mit einer Umwälzpumpe in den Kühlkreis schaltete, außerdem noch einen regelbaren Ölheizofen, womit das Kühlwasser vorgewärmt und bei Bedarf, z. B. bei längeren Stillstandzeiten, die Fahrgasträume auch unabhängig von der Motorwasserwärme geheizt werden konnten. Das Endprodukt dieses Erfahrungs- und Lernprozesses waren die Maybach-Kühlergruppen (Bild 74), z. B. die KG 2 mit einer Kühlleistung von 407 kW (350 000 WE/h) bei 35 °C Außentemperatur und 80 °C mittlerer Wassertemperatur im Kühler. Diese Kühlergruppe bestand aus dem eigentlichen Motorwasser-Wärmetauscher, dem Heiztauscher, dem Kühlwasserausgleichs-Behälter mit Wasserstandsüberwachung, der Umwälzpumpe, dem Regler, dem Lüfter mit regelbarer Lüfterkupplung und den Kühlerjalousien. Jedes Detail mußte an die Erfordernisse des Bahnbetriebes angepaßt, erprobt und verbessert werden.

Auch auf diesen »Randgebieten« der Motorentechnik leistete der Maybach-Motorenbau Pionierarbeit. Wenn er sich hieraus nach dem Zweiten Weltkrieg zurückzog, weil die Spezialfirmen auf ihren jeweiligen Gebieten mittlerweile auch mit den Belangen der Motorentechnik vertraut waren, so kann das firmeneigene Know-how in seinem Wert nicht hoch genug eingeschätzt werden.

Da die Motorenanlagen in den Triebwagen »wachfrei« gefahren wurden, mußten eigens die dafür nötigen Grenzwertgeber, Überwachungs- und Anzeigegeräte entwickelt werden, ebenso die Zugsteuerung, um mehrere gekuppelte Einheiten von einem Fahrstand aus fahren zu können. Der Maybach-Motorenbau hatte sich immer mehr mit Aufgaben der elektrischen Meß-,

Tabelle 8. Dieselmotoren 1920 bis 1939.

Motor-Typ	Jahr	Bauart	Gemisch-bildung	Bohrung / Hub mm/mm	Zylinder-Volumen dm^3	Leistung / Drehzahl kW/PS / min^{-1}	effektive Literarbeit kJ/dm^3	mittlere Kolben-Geschwindigkeit m/s
G 1a	1920	6 R	Lufteinblasung	140/180	2,77	80,9/110 / 1100	0,53	6,6
G 4a	1923	6 R	Lufteinblasung	140/180	2,77	110/150 / 1300	0,61	7,8
G 4b	1927	6 R	Lufteinblasung	140/180	2,77	129/175 / 1400	0,66	8,4
GO 5	1932	12 V	Direkt-Einspr.	150/200	3,53	301/410 / 1400	0,61	9,33
GO 6	1934	12 V	Direkt-Einspr. ATL	160/200	4,02	441/600 / 1400	0,78	9,33
GO 56	1935	12 V	Direkt-Einspr.	160/200	4,02	331/450 / 1400	0,59	9,33
GO 56h	1936	6 R	Direkt-Einspr.	160/200	4,02	165/225 / 1400	0,59	9,33
G 6	1938	12 V	Vorkammer ATL	160/200	4,02	478/650 / 1400	0,85	9,33
G 56	1938	12 V	Vorkammer	160/200	4,02	331/450 / 1400	0,59	9,33
G 56h	1939	6 R	Vorkammer	160/200	4,02	184/250 / 1400	0,65	9,33

Steuer- und Regeltechnik befaßt, einem Arbeitsgebiet, das damals einer Motorenfabrik an sich fremd war. Hieraus entstand die Maybach-Meßgruppe, auf deren Arbeit später noch eingegangen wird. Die Entwicklung der Triebwagen-Anlagen fand in enger Zusammenarbeit mit den Dienststellen der Reichsbahn statt. Der Ausbau des Schnell- und des Nahverkehrstriebwagen-Netzes in den dreißiger Jahren war durch den Entwicklungsstand der Triebwagen überhaupt erst möglich geworden, wie andererseits die Triebwagen- (und Motoren-) Entwicklung von der Ausweitung dieses Netzes profitierte. Ausbesserungs- und Bahnbetriebswerke (AW, BW) wurden für Überholung und Wartung der Triebwagen eingerichtet; in Bahnschulen wurden die (Dampf-) Lokomotivführer zu Triebwagenführern umgeschult. Der Maybach-Motorenbau richtete einen leistungsfähigen Kundendienst ein, der auch für einen reibungslosen Informationsaustausch mit den Bahndienststellen und für den Erfahrungsrückfluß zum Werk sorgte. Der 1939 beginnende Zweite Weltkrieg bereitete dieser erfolgreichen Arbeit vorläufig ein Ende. Zwar lief in den ersten Kriegsjahren die Entwicklung der Triebwagen-Motoren vorerst weiter, doch setzte der Krieg bald andere Prioritäten.

Der Einblaseluft-Verdichter – ein aufwendiges Motorzubehör

Dem Stand der Technik in den zwanziger Jahren entsprechend arbeiteten die ersten Dieselmotoren des Maybach-Motorenbaus nach dem Prinzip der Druckluft-Einblasung des Kraftstoffes. Hierfür benötigte man einen speziellen Verdichter (»Kompressor«), der die »Einblaseluft« auf Werte deutlich höher als den Verdichtungsenddruck des Motors verdichtete. Solche Gesamtdruckverhältnisse verlangten schon wegen der Rückexpansion und wegen des Wirkungsgrades einen mehrstufigen Verdichter, wobei man mit der dreistufigen Ausführung einen Kompromiß zwischen Bauaufwand und gewünschtem guten Wirkungsgrad fand:

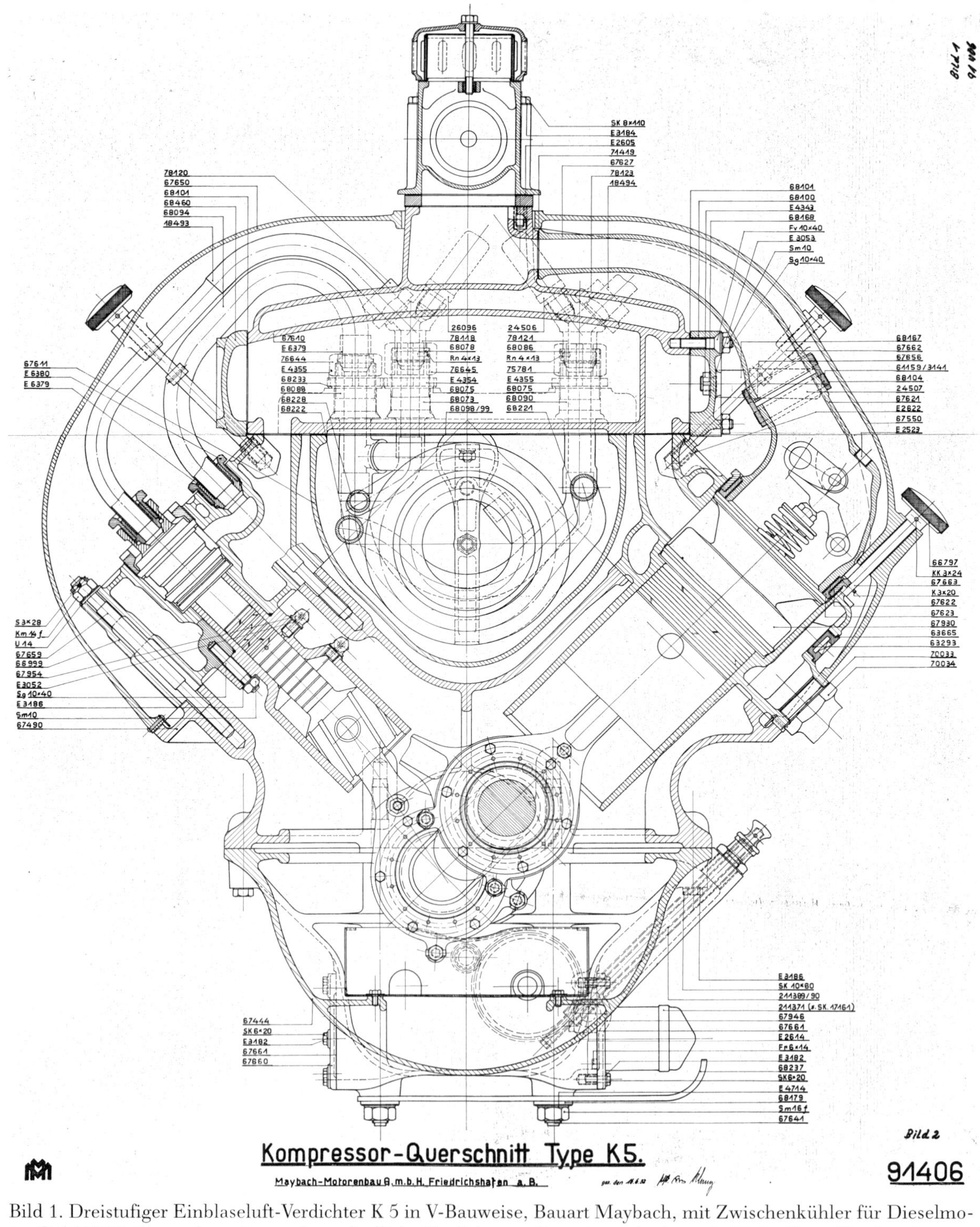

Bild 1. Dreistufiger Einblaseluft-Verdichter K 5 in V-Bauweise, Bauart Maybach, mit Zwischenkühler für Dieselmotor G 5 (1932). Der aufwendige und empfindliche Verdichter stellte seinerzeit eine erhebliche Komplikation des Dieselmotors dar.

Niederdruck-Zylinder	*Bohrung*	*108 mm*
	Hub	*110 mm*
Mitteldruck-Zylinder	*Bohrung*	*60 mm*
	Hub	*70 mm*
Hochdruck-Zylinder	*Bohrung*	*30 mm*
	Hub	*70 mm*

Für die sechs Zylinder der G-4 a/b-Motoren förderte der Maybach-Verdichter, Typ K 2 a/b einen Einblaseluft-Volumenstrom von 16 m^3/s bei 105 bar. Neben dem konstruktiven Aufwand, den der Verdichter erforderte, waren natürlich auch seine Abmessungen und sein Gewicht von Nachteil, ebenso ging seine Antriebsleistung von der Motorleistung ab. Hinzu kam, daß der Verdichter eine sehr empfindliche Maschine war, die vor allem an den Ventilen zu Störungen neigte. Lediglich einen Vorteil hatte die Gemischbildung mit Hilfe der Einblaseluft: Der Motor ließ sich in der Leistung leichter regeln als es bei direkter Einspritzung des Kraftstoffes damals möglich war.

Der K 2 a/b war auf der Gegenkupplungsseite des Motors angeordnet und wurde mittels einer Doppelgelenkwelle angetrieben; er lief dauernd mit. Zur Verbesserung des Wirkungsgrades, auch aus Gründen der Betriebssicherheit, wurde die Luft nach jeder Stufe rückgekühlt. Die Zwischenkühler waren baulich in den Verdichter integriert und so in den Motorwasserkreislauf geschaltet, daß das Wasser erst durch den Verdichter und dann durch den Motor floß.

Das Kurbelgehäuse war zweiteilig ausgeführt, das Triebwerk rollengelagert. Jede Druckstufe hatte einen leicht demontierbaren Ventilsatz, in dem die selbsttätigen Saug- und Druck-Ventile zusammengefaßt waren. Lediglich das Saugventil der Niederdruckstufe wurde mit Rücksicht auf einen guten volumetrischen Wirkungsgrad über einen Exzenter zwangsgesteuert. Ein Regler regelte den Verdichter so, daß bei Nenndrehzahl ein Enddruck von etwas über 100 bar eingehalten wurde. Damit bei niedrigen Drehzahlen, wenn der Motor weniger Einblaseluft brauchte, der Gegendruck nicht unzulässig anstieg, wurde der Druckregler über ein Steuerventil so mit dem Enddruck beaufschlagt, daß er das Ansaugdrosselventil der Niederdruckstufe schloß. Weil der Motor weiterhin, wenn auch weniger Luft verbrauchte, nahm der Gegendruck ab, und das Ansaugdrosselventil wurde wieder geöffnet.

Auch für den Zwölfzylinder-V-Motor G 5 mußte ein Einblaseluft-Verdichter entwickelt und gebaut werden, weil der Maybach-Motorenbau Ende der zwanziger Jahre der »kompressorlosen« Einspritzung (mechanisch-hydraulische Einspritzung) noch nicht voll vertraute. War der Verdichter schon bei den Reihenmotoren ein kompliziertes Zubehör, so galt das noch viel mehr für den V-Motor, dessen Verdichter in V-Bauweise ausgeführt war: Typ K 5, Bild 1.

Neuer Anfang: MD- und GTO-Motoren

Die Entwicklung des Panzermotors HL 295 in Frankreich zu einer Zeit, als man in ganz Europa zu tun hatte, die Trümmer des gerade zu Ende gegangenen Krieges zu beseitigen, konnte – aus damaliger Sicht – nur eine Episode sein. So sahen es auch Karl Maybach und seine leitenden Mitarbeiter. Immerhin gelang es mit der Arbeit am HL 295 in der turbulenten Nachkriegszeit, die Mitarbeiter des Entwicklungsbereiches des Maybach-Motorenbaus zusammenzuhalten, die Entwicklungskontinuität zu bewahren und den Weiterbestand des Werkes in Friedrichshafen zu sichern, vgl. hierzu S. 202f. Sollte sich das Unternehmen aber langfristig behaupten können, mußten diese Arbeiten in zivile Projekte münden. Einen ersten Schritt in diese Richtung stellten – 1947 – die Versuchsmotoren HL 337/338 RT dar, die für Traktionszwecke modifiziert wurden; sie waren der Kristallisationspunkt für die künftige Maybachsche Motoren-Entwicklung.

Die Schienentraktion, ein Gebiet, auf dem der Maybach-Motorenbau vor dem Kriege so erfolgreich gewesen war, ließ, wie die Entwicklung in den USA zeigte, durch den Übergang von der Dampf- zur Diesellokomotive einen großen Bedarf an Motoren erwarten. Somit stand der Verwendungszweck für die neuen Motoren fest.

Die Überlegungen Karl Maybachs bei der Konzeption dieser Motoren sind bekannt. Im MTU-Archiv existieren mehrere Aktenordner Niederschriften aus der Zeit von 1946 bis 1950 mit seinen Betrachtungen über aktuelle motortechnische Fragen und die Folgerungen, die er hieraus für den neuen Motor zog. Es ist faszinierend, mit welcher Gründlichkeit und gedanklichen Schärfe er die einzelnen Probleme angegangen ist, wobei die Aufgeschlossenheit dem Neuen gegenüber vielleicht einer der bemerkenswertesten Züge des damals schon 68jährigen Karl Maybach war:

»... *Es wäre ganz falsch, vor neuen Wegen heute zurückzuschrecken, die schließlich in ihrer Gesamtheit allein die Möglichkeit bieten können, auf diesem gerade jetzt viel bearbeiteten Gebiet überhaupt noch beachtliche Fortschritte zu erzielen* ...« [51].

Bei der Auslegung des neuen Motors, genauer: der neuen Motorbaureihe, waren vor allem drei Aspekte bestimmend gewesen:

- die Erfahrungen mit den Vorkriegs-Dieselmotoren GO/G,

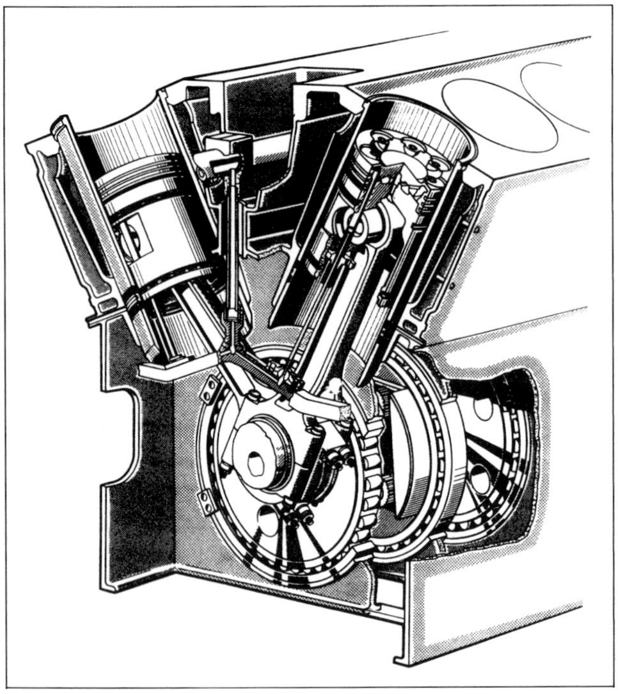

Bild 75. Funktionsgruppen in der für die MD-Motoren charakteristischen Ausführung: Tunnelgehäuse mit rollengelagerter Scheibenkurbelwelle und gleitgelagertem Gabel/Innenpleuel. Weitere Beispiele zeigen die Bilder 76 bis 79.

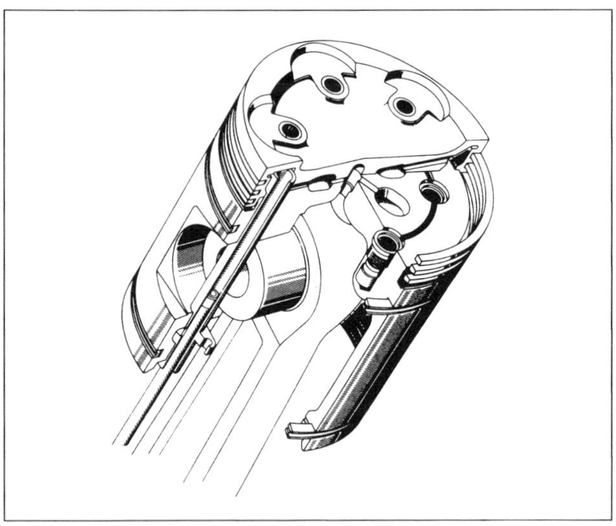

Bild 76. Gebauter Kolben mit Posaunen-Kühlung.

- die Erfahrungen mit den HL-Motoren
- und die Anforderungen, die auf Grund der in den USA im Eisenbahnbetrieb mit Mittelschnelläufern erreichten Ergebnisse an die Lebensdauer von Lokomotivmotoren gestellt werden mußten.

In Anbetracht dessen, daß die damals konzipierten Motoren noch Anfang der neunziger Jahre hergestellt werden, ist es sicher von Interesse, auf die Überlegungen einzugehen, die zu der ebenso unkonventionellen wie erfolgreichen Konzeption der MD-Motoren (später: Baureihe 538) geführt haben.

Die Dieselmotoren in den amerikanischen Lokomotiven waren Mittelschnelläufer mit Drehzahlen zwischen 600 und 1000 min^{-1}; entsprechend groß und schwer waren sie. Als das andere Extrem können die Maybach-HL-337/338-Versuchsmotoren gelten, die mit 2400 min^{-1} schneller als Nutzkraftwagen-Motoren drehten. So verlockend hohe Drehzahlen in Hinblick auf die Motormasse und die Motorabmessungen waren, so nüchtern schätzte Karl Maybach die damit verbundenen entwicklungstechnischen Schwierigkeiten ein, zudem der Lebensdauer bzw. der Laufzeit zwischen zwei Hauptüberholungen ein großer Stellenwert beigemessen wurde.

Aus diesen Gründen entschied man sich, mit 1500 min^{-1} im Drehzahlbereich der Vorkriegsmotoren zu bleiben. Um bei dem damaligen Stand der Technik die gewünschten 74 kW (100 PS) Zylinderleistung mit dem nötigen Vorhalt darstellen zu können, wurde die Bohrung zu 185 mm gewählt, mit 200 mm der Hub der GO/G-Motoren jedoch beibehalten. Die markanten konstruktiven Merkmale der MD-Motoren wurden vom HL 230 und dessen Nachfolger aus Vernon, dem HL 295, übernommen: das Tunnelgehäuse und die rollengelagerte Scheibenkurbelwelle mit gleitgelagertem Gabel-/Innenpleuel, Bild 75.

Allein schon durch den Scheibendurchmesser waren die Rollenlager dieser Kurbelwellen-Bauart überdimensioniert, womit von vornherein Schwierigkeiten mit den Grundlagern, wie es sie bei den GO/G-Motoren gegeben hatte, ausgeschlossen wurden, vgl. auch Kasten auf S. 366. Rollenlager als Hublager sind stets problematisch gewesen: zum einen, weil sich die notwendigerweise leicht gehaltenen Pleuel verformen; zum andern sind Wälzlager für die stoßartigen Belastungen im Pleuel weniger geeignet als Gleitlager. Die Schwierigkeiten mit dem beidseitig ausgegossenen Gabelpleuellager beim HL 230 hatte man mit dem einseitig ausgegossenen, am Rücken gehärteten Lager überwunden. Ein weiterer gravierender Unterschied zu den GO/G-Motoren besteht in der weitgehenden Modulbauweise des MD, die später sogar auf das Kurbelgehäuse ausgedehnt wurde. In den zwanziger Jahren hatte man eine »teilungsfreie Gestaltung der Maschinenglieder« angestrebt, für die Professor K. Kutzbach (TH Dresden) bezeichnenderweise den Sechszylinder-Block des G 4 a/b als Vorbild anführte.

Mittlerweile hatte man gelernt, die Probleme zu beherrschen, welche einst Trennflächen durch Reibrost, Undichtigkeiten und Verformungen bereiteten, weshalb jetzt fertigungstechnische und logistische Gesichtspunkte stärker berücksichtigt werden konnten; so erhielt der MD (Einzel-) Zylinderbuchsen und Einzel-Zylinderköpfe. Seiner Zeit weit voraus war der MD mit den gebauten Kolben und der Kolbenkühlung, Bild 76. Die Entwicklungsarbeiten in Vernon hatten nämlich deutlich gemacht, daß die erreichbare effektive Literarbeit (»effektiver mittlerer Kolbendruck«) der Dieselmotoren vor allem durch die Temperaturen in der ersten Kolbenringnut begrenzt wurde. Von einem bestimmten Wert an »gingen« die Kolbenringe »fest«, d. h. das Öl in der Nut verkokte, die Ringe konnten sich nicht mehr frei bewegen, wurden »brandig« und fraßen. Mit der Kolbenkühlung ließ sich die Ringtemperatur unterhalb jener kritischen Werte halten. Außerdem konnten durch Abschrauben des Kolbenbodens, ohne den ganzen Kolben ziehen zu müssen, die Verdichtungsringe überprüft und ggf. ausgetauscht werden – angesichts der damaligen Ölqualitäten ein nicht zu unterschätzender Vorteil.

Der Ladungswechsel wurde durch drei Ein- und Auslaßventile je Zylinder gesteuert (Bild 77); man hatte sich an den Abmessungen der in den GO/G-Motoren bewährten Ventile orientiert, weil man die wärmeaufnehmenden Flächen (Ventilteller) und die bewegten Massen klein halten wollte, so daß bei der größeren Bohrung des MD sechs statt vier Ventile untergebracht werden konnten. Für eine mechanische Entlastung der Steuerung sorgte der selbsttätig wirkende hydraulische Ventilspielausgleich, Bild 78. Bezüglich der Gemischbildung hatte man sich für das Vorkammer-Verfahren entschieden. Kurze Einspritzzeiten bei dennoch moderaten Pumpendrücken wurden durch die Einzel-Einspritzgeräte (»Pumpedüsen«), bei denen Einspritzpumpen-Element und Einspritzdüse zu einer baulichen Einheit zusammengefaßt sind, erreicht, Bild 79. Diese Einspritzgeräte entwickelte der Maybach-Motorenbau gemeinsam mit der Firma L'Orange. Nachdem man seinerzeit mit den Sechszylinder-Reihen- und Zwölfzylinder-V-Motoren (G- und GO-Typen) erste Ansätze zu einer Baureihe gemacht hatte, verwirklichte man jetzt das Baureihen-Prinzip konsequent. Der MD wurde als Vier- und Sechszylinder-Reihen- und als Acht- und Zwölfzylinder-V-Motor gebaut, darüber hinaus der Leistungsbereich durch die Ausführung als Saug- und als ATL-Motor erweitert. 1951 sah die Planung für die MD-Baureihe insgesamt sieben Typen mit einem sehr breit gefächerten Leistungsspektrum vor, Tabelle 9.

Die ersten Vorentwürfe und Versuche für den MD-Motor waren 1948 in Vernon gemacht worden; die Überlegungen und Pläne hierzu reichen noch weiter zurück, wie Karl Maybach später berichtete:

»... unsere Arbeiten ohne Störungen fortzusetzen und dieselben schon vor Kriegsende auf unser wichtigstes Friedensgebiet von Motoren und Getriebeanlagen für Eisenbahntriebwagen überzulenken. Es war mir deshalb schon unmittelbar nach der Besetzung möglich, den damaligen Gouverneur von Wangen ganz offen über meine Pläne zu orientieren, die über unsere bisherigen Triebwagenanlagen hinaus zu Entwürfen und Berechnungen einer neuartigen Diesellokomotive großer Leistung und universeller Verwendung führten ...« [47].

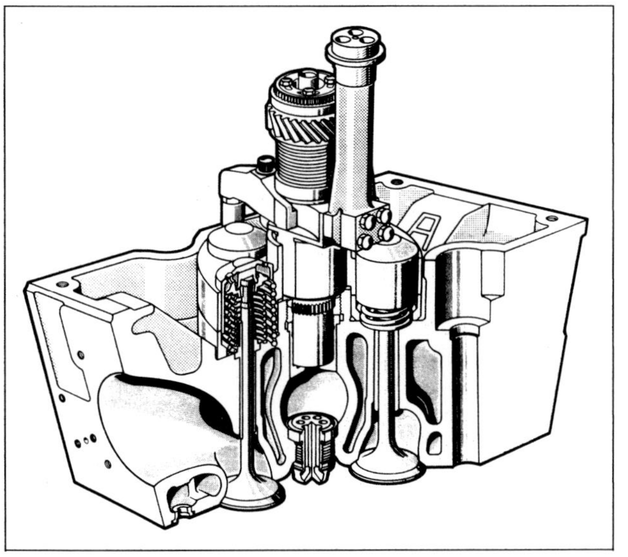

Bild 77. Zylinderkopf mit Vorkammer, Brenner, Einspritzgerät (Pumpedüse) und sechs Ventilen.

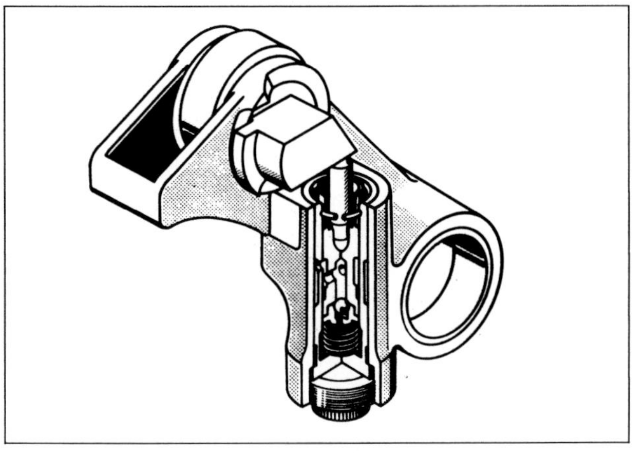

Bild 78. Hydraulischer Ventilspielausgleich.

Bild 79. Anordnung der Nockenwellen im Zylinderkopf-Oberteil mit Ventil- und Einspritzgerät-Betätigung.

Tabelle 9. Planung der MD-Motoren-Baureihe, 1951.

Typ	Hubvolumen dm^3	Zylinderzahl/ Anordnung	Bemerkung	Leistung kW/PS	Drehzahl min^{-1}	Masse kg
MD 215	21,5	4 Reihe	Saugmotor	220/300	1700	1800
MD 320	32,3	6 Reihe	Saugmotor	330/450	1700	2400
MD 325	32,3	6 Reihe	ATL-Motor	478/650	1700	2600
MD 430	43,0	8 V	Saugmotor	404/550	1600	2700
MD 435	43,0	8 V	ATL-Motor	588/800	1600	3000
MD 645	64,5	12 V	Saugmotor	588/800	1600	3300
MD 650	64,5	12 V	ATL-Motor	882/1200	1600	3600

Die Arbeiten an dem MD gingen zügig voran. Bereits Anfang 1950 wurden in Friedrichshafen drei Versuchsmotoren gefertigt. 1951 bekam die Deutsche Bundesbahn (»Bundesbahn«) die ersten fünf MD 650 mit einer Leistung von 735 kW (1000 PS), die in Dieseltriebwagen der Baureihe VT 08.5 eingebaut wurden. Später wurden auch die UIC-Läufe erfolgreich durchgeführt[45]).

Neben dem MD war ein zweiter Motor entstanden, der GTO, eine Synthese aus den GO/G-Motoren und Bauelementen der MD-Baureihe. Die Motoren der Triebwagen, soweit sie den Krieg überstanden hatten, mußten einer Generalüberholung unterzogen werden, bei der man ganze Funktionsgruppen wie das Kurbelgehäuse oder das Triebwerk austauschte. Nun trafen solche Überlegungen, wie sie bei der Konzeption des MD angestellt worden waren, auch für diese Motoren zu. Deshalb ersetzte man das zweiteilige Aluminium-Kurbelgehäuse durch ein Tunnelgehäuse aus Grauguß und die Wangenkurbelwelle mit Haupt/Anlenkpleuel durch eine Scheibenkurbelwelle mit gleitgelagerten Gabel-/Innenpleuel. Weil der MD den selben Zylindersprung wie die GTO-Motoren hat, wurde sogar für beide Motortypen die gleiche Kurbelwelle verwendet. Abweichend vom MD wurden die GTO-Motoren als Direkteinspritzer mit Blockpumpen gebaut. Die ersten GTO-Motoren entstanden durch Umbau alter GO/G-Motoren, später wurden sie vollständig als Neubau gefertigt. Es gab eine Saugversion, den GTO 56, und die Normalausführung mit Abgasturboaufladung, den GTO 6 bzw. den GTO 6A, Bild 80.

Obwohl eigentlich eher als Provisorium gedacht, erwies sich der GTO als ein außerordentlich erfolgreicher Motor, der es dem Maybach-Motorenbau ermöglichte, die wirtschaftlich schwierigen fünfziger Jahre durchzustehen. Zunächst diente der GTO als Ersatz für die Vorkriegs-Triebwagenmotoren und wurde deshalb nur mit einer Leistung von 441 kW (600 PS) eingesetzt. Im Grunde damit nicht ausgelastet, erreichte er Laufzeiten, die neue Maßstäbe setzten. Die guten Betriebser-

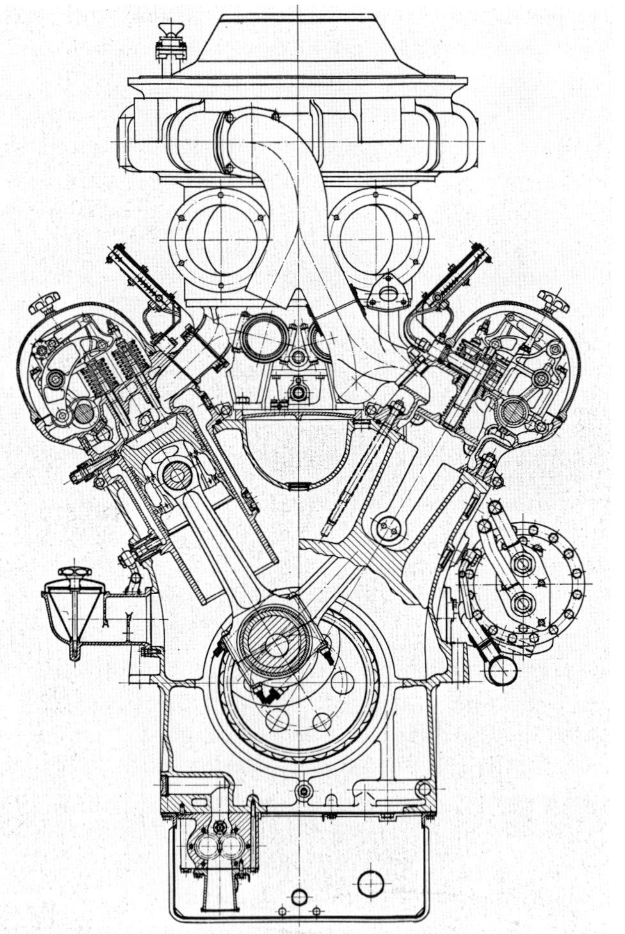

Bild 80. Querschnitt des Lokomotivmotors GTO 6/GTO 6A: wassergekühlter Viertakt-Dieselmotor, direkte Einspritzung, Zwölfzylinder-V-Bauart, rollengelagerte Scheibenkurbelwelle, Tunnelgehäuse, Abgasturboaufladung; Bohrung 160 mm, Hub 200 mm, Leistung 478 kW (650 PS) bzw. 588 kW (800 PS) bei 1400 min^{-1}. Der GTO 6/6A ist eine Weiterentwicklung des GO-6-Motors, wobei das T in der Typenbezeichnung für »Tunnelgehäuse« steht.

[45]) Der 100-Stunden-UIC-Lauf gilt als Nachweis der Betriebsreife für Bahnmotoren. (UIC = Union Internationale des Chemins des Fer).

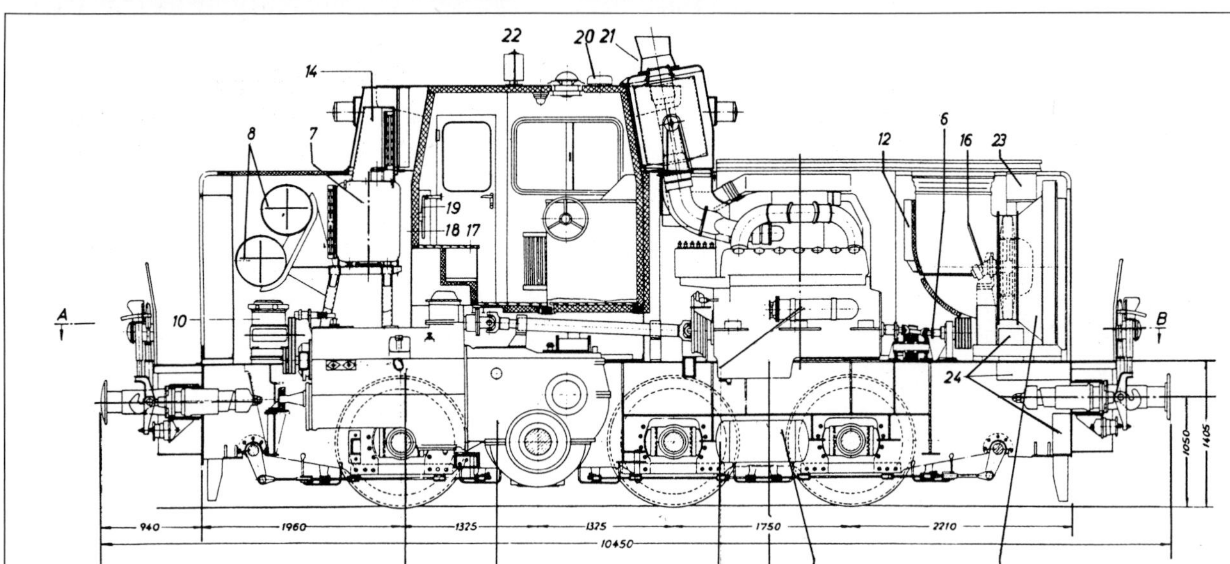

Bild 81. Oben: In den fünfziger und sechziger Jahren sind rund 1000 dieser Rangierlokomotiven V 260/261 (ex: V 60) mit GTO-6/6A-Motor gebaut worden. 800 dieser robusten Fahrzeuge waren mit diesen Motoren zu Anfang der neunziger Jahre noch bei der Bundesbahn im Einsatz.
Unten: Längsschnitt durch die Lokomotive.

1 Maybach-GTO-6/6A-Dieselmotor (als Leistungserzeuger), 2 hydrodynamisches Getriebe (Turbogetriebe), 3 Nachschalt-(Blindwellen-) Getriebe (Stufengang, Wendegang); 4 Kühleranlage, 5 Motor-Schmierölwärmetauscher, 6 Hilfsmaschinenabtrieb (über Gelenkwelle auf zwei Keilriementriebe zur hydrostatischen Pumpe für Kühler-Lüftermotor und zum Generator), 7 Kraftstoffbehälter, 8 Hauptluftbehälter, 10 Bremsluftkompressor, 12 Ausgleichbehälter für Hydrostatik, 14 Kraftstoff-Hochbehälter, 15 Hilfsluftbehälter, 16 hydrostatischer Lüftermotor, 17 Werkzeugkasten, 18 hintere (Maschinen-) Haube (»Vorbau«), 19 Führerhaus-(Wasser-)Heizkörper, 20 Läutewerk (Glocke), 21 Motor-Abgasaustrittsdiffusor (Auspuff), 22 Rangierfunkantenne, 23 Kühlwasser-Ausgleichbehälter, 24 (Ausgleich-) Ballast.

gebnisse in den Triebwagen veranlaßten die Bundesbahn, die neuen dreiachsigen Rangierlokomotiven der Baureihe V 60 (später BR 260/261), Bild 81, mit GTO-6- bzw. GTO-6 A-Motoren auszurüsten:

»... *Seit etwa 1951 hat die Deutsche Bundesbahn eine große Anzahl von Triebwagen in Betrieb, die mit dem modernisierten 600-PS-Maybach-Dieselmotor der sogenannten »Tunnelbauart« (Scheibenkurbelwelle) ausgerüstet sind... Inzwischen haben weitere Untersuchungen ergeben, daß bei diesen 1400tourigen Maschinen die Lagerung nach Laufleistungen von 500 000–600 000 km (rd. 8000 Betriebsstunden) praktisch neuwertig ist, und daß auch alle anderen Verschleißteile so geringe Abnützungen aufweisen, daß für die Hauptüberholung überhaupt noch keine Frist genannt werden kann... Diese für einen schnellaufenden Dieselmotor dieser Leistungsklasse bemerkenswerten Laufleistungen haben die Deutsche Bundesbahn veranlaßt, von den 300 z. Zt. zur Beschaffung gelangenden dieselhydraulischen Rangierlokomotiven in C-Anordnung mit Kuppelstangenantrieb 270 Stück mit dem Maybach GTO-6-Motor auszurüsten. Die erste Bestellung auf 250 Motoren und damit der größte je in Europa auf Lokomotiv-Dieselmotoren erteilte Auftrag liegt der Firma Maybach bereits vor...*« [52].

Die Bestellung wurde noch aufgestockt, so daß im Laufe der Zeit allein bei der Deutschen Bundesbahn 925 GTO-6/6 A-Motoren in Rangierlokomotiven liefen, außerdem noch in respektablen Stückzahlen bei verschiedenen ausländischen Bahnverwaltungen und Industriebahnen. Damit wurde der GTO zu einem Standardmotor für europäische Rangierlokomotiven. Ein anderes Anwendungsgebiet für den robusten GTO waren Stromerzeugungs- und Bohrfeldaggregate.

Weiterentwicklung und betriebliche Bewährung

Ursprünglich für die Schienentraktion entworfen, machte die Verbindung von hoher Leistung und niedrigem Gewicht schnellaufende Dieselmotoren – nachdem sie hinreichende Betriebsreife erreicht hatten – auch für andere Anwendungsfälle attraktiv. Das wiederum beeinflußte die Entwicklung der Motoren, weil nun größere Leistungen verlangt wurden.

1954/55 wurde deshalb die MD-Baureihe um eine 16-Zylinder-Version erweitert (Bild 82), die eine technische Besonderheit aufwies, nämlich das aus Stahlguß-Segmenten geschweißte Kurbelgehäuse. Veranlaßt durch den Wunsch eines Kunden nach Schocksicherheit für marinetechnische Anwendungen, hatte der Maybach-Motorenbau einen Dreizylinder-Reihen-

Bild 82. Die 16-Zylinder-Ausführung der MD-Motoren-Baureihe, MD 870, auf dem Prüfstand des Maybach-Motorenbaus.

und einen Achtzylinder-V-Motor in dieser Bauweise ausgeführt. Als man den 16-Zylinder-Motor projektierte, hatte man Bedenken ob der Gießbarkeit eines Kurbelgehäuses für einen solchen Motor und führte das Gehäuse als Schweißkonstruktion aus. Die höhere Festigkeit des Stahlgusses gestattete dünnere Wände, was sich günstig auf das Gewicht auswirkte. Im Zuge der Leistungssteigerung und aus Gründen der Vereinheitlichung erhielten später alle Motoren der MD-Baureihe geschweißte Stahlgußgehäuse. Für die Minensuch- und Räumboote der Bundesmarine wurden neben den MD 440 und MD 870 bzw. MD 441um und MD 871um teil-amagnetische Motoren mit einem Anteil von 70% an nicht-ferromagnetischen Werkstoffen entwickelt. So hatten diese Acht- und 16-Zylinder-V-Motoren z. B. Aluminium-Kurbelgehäuse und Bronze-Zylinderköpfe. Wegen der niedrigeren Belastbarkeit der nicht-ferromagnetischen Werkstoffe wichen diese Motoren in verschiedenen Punkten konstruktiv von der normalen Serie ab, außerdem wurden sie mit niedrigerer Leistung eingesetzt. 1965 wurde die MD-Baureihe durch einen 20-Zylinder-Motor, MD 1080, abgerundet, Bilder 83 bis 88.

In der Lokomotiv-Entwicklung ging die Deutsche Bundesbahn eigene Wege. Sie hatte sich für schnellaufende Motoren mit hydraulischen Getrieben anstatt für Mittelschnelläufer mit elektrischer Kraftübertragung entschieden, ein Konzept, das sich in den deutschen Triebwagenzügen gut bewährt hatte. Die Weichen für diese Entwicklung waren schon früh (1930) gestellt worden. In einer Besprechung mit Karl Maybach *»... traf Ministerialrat Fuchs von der Hauptverwaltung der Deutschen Reichsbahn in vollem Bewußtsein der Schwierigkeit der Aufgabe den Entschluß, für die geplanten Hauptbahntriebwagen der Reichsbahn nicht etwa langsamlaufende schwere Dieselmotoren zu verwenden, sondern einen von Maybach vorgeschlagenen raschlaufenden 400 PS-Motor entwickeln zu lassen...«* [53].

Weil hierbei das Moment vom Motor zum Getriebe durch Gelenkwellen übertragen wurde, sollte mit zehn Vorauslokomotiven überprüft werden, ob der Gelenkwellen-Antrieb auch für die Leistungen von Strecken-Lokomotiven geeignet war.

»... Um dieses für den Entwurf richtige, rechnerisch schwer zugängliche Gebiet erforschen zu können, wurden umfangreiche Versuche der Deutschen Bundesbahn in Verbindung mit der Firma Maybach, Friedrichshafen, angestellt, die mit dem ergiebigsten Fall, dem Primär- und Sekundärsystem der V 80 für den vierfach gekuppelten Antrieb und für den gekuppelten Zweiachsenantrieb der Bauart VT 08 mit dem Versuchstriebwagen VT 92 501 durchgeführt wurden...« [54].

Als Antrieb für die Loks, Baureihe V 80, diente der MD 650 und sein damaliges Daimler-Benz-Pendant MB 820. Auf der Grundlage der V 80 entstand dann die V 200 (spätere Bezeichnung: V 220) mit zwei unabhän-

Bild 83. Die Motorenbaureihe MD bestand aus Drei-, Vier- und Sechszylinder-Reihen- und Acht-, Zwölf-, 16- und 20-Zylinder-V-Motoren. Es waren wassergekühlte Viertakt-Dieselmotoren mit Vorkammerverfahren, ausgeführt als Saug- und abgasturboaufgeladene Motoren, letztere ohne oder mit Ladeluftkühlung. Bohrung 185 mm, Hub 200 mm, Leistung und Drehzahl je nach Ausführung, maximale Zylinderleistung bis 165 kW (225 PS) bei 1900 min^{-1} (Stand: 1969).
Das Bild zeigt den Vierzylinder-Reihenmotor MD 225 mit Abgasturboaufladung (ATL) und Ladeluftkühlung (LLK).

Bild 84. MD 325 (Sechszylinder-Reihenmotor mit ATL).

Bild 85. MD 440 (Achtzylinder-V-Motor mit ATL und LLK).

Bild 86. MD 655 (Zwölfzylinder-V-Motor mit ATL und LLK).

gig voneinander arbeitenden Motor-Getriebe-Anlagen, bestehend aus MD-650- bzw. MB-820-Motoren und Maybach-Mekydro-K-104- bzw. Voith-LT-306r-Getrieben. 1955 bestellte die Bundesbahn 60 MD/Mekydro-Anlagen für die V 200°, zwei Jahre später folgte ein weiterer Auftrag über 58 Einheiten, vgl. auch Tafel 8, S. 74. Die V 200° erwies sich als gelungene Konstruktion (wozu nicht zuletzt die Motoren beigetragen hatten), wie aus einem Absatz in einer Fachzeitschrift hervorgeht:

»... *In engster Zusammenarbeit mit dem Werkstättendienst der Deutschen Bundesbahn, der die Bewährung aller Motorbauteile durch laufende Anwendung der Schadbefunde systematisch verfolgte, wurde von den Motorherstellern ein Stand der Betriebstüchtigkeit erreicht, der es gestattete, die Richtwerte für die Laufzeit zwischen zwei Hauptüberholungen Schritt für Schritt bis auf 600 000 km (etwa 10 000 Betriebsstunden) heraufzusetzen. Der tatsächlich erreichte Mittelwert aller zur Hauptüberholung angefallenen V-200-Motoren überschreitet diesen Richtwert ganz erheblich. Hauptbauteile wie Kurbelwelle und Triebwerkslagerung sind dabei als Test schon über 1 Million km ohne Nacharbeit durchgelaufen. Die Bedeutung dieses hier Erreichten wird unterstrichen, wenn man sich erinnert, daß es noch im Jahre 1955 besonderes Aufsehen erregte, als der erste Maybach-Motor der Bauart GTO 6 in dem damaligen Schnelltriebwagen VT 06 erstmals eine Laufleistung von 553 000 km ohne zwischenzeitliche Ausbesserung erreichte, wobei er aber einige Male ausgebaut, zerlegt und durchgesehen wurde*...« [55].

Die Konzeption der V 200 wurde auch von Bahngesellschaften anderer Länder übernommen. In England baute das Werk Swindon nach Krauss-Maffei-Lizenzen Lokomotiven mit je zwei MD-650-Motoren, Mekydro-Getrieben (K 104 U) und Maybach-Achstrieben C 33 (Baureihe D 800); es folgten die Baureihe D 1000 mit je zwei MD 655 und die D 7000 mit einem 16-zylindrigen MD 870 und Maybach-K-184-U-Getriebe. Die Motoren und Getriebe wurden anfangs in Friedrichshafen, dann von dem englischen Lizenznehmer, Bristol Siddeley (Motoren) bzw. Stone (Getriebe) gefertigt, vgl. Bild 245, S. 241.

Auch in den USA begann man sich für das deutsche Lokomotiv-Konzept zu interessieren. Es wurden Aufträge erteilt, und 1961 lieferte Krauss-Maffei sechs schwere dieselhydraulische Lokomotiven mit einer UIC-Leistung von 2940 kW (4000 PS) an die Southern Pacific Co. und an die Denver and Rio Grande Western Railroad Co. (Tafel 4, S. 408); es war seit der Jahrhundertwende die erste Lokomotiv-Bestellung US-amerikanischer Bahngesellschaften bei einer europäischen Firma. Nach Erprobung dieser von je zwei MD-870-Motoren und Maybach-C-34-V-Achstrieben angetriebenen Lokomotiven wurden nochmals 15 Loks an die Southern Pacific geliefert. Weitere 2940-kW-(4000 PS-) Lokomotiven mit MD 870 wurden für die brasilianische Erzbahn Cia Vale do Rio Doce als Meterspur- und für die spanische Staatsbahn als Breitspurloks gebaut, Tafeln 5 und 6, S. 409. In den Jahren 1960 bis 1966 setzte die Bundesbahn eine große Zahl vielseitig verwendbarer Lokomotiven für den gemischten, leichten Strek-

Bild 87. MD 870 (16-Zylinder-V-Motor mit ATL und LLK).

kendienst ein, die V 100[1] (später: V 211), ausgerüstet mit MD-650- bzw. MB-820-Motoren.

Wenngleich der MD-Motor schon in den frühen fünfziger Jahren auch in schnelle Boote verschiedener Art eingebaut wurde, so stieß der Schnelläufer in der kommerziellen Seefahrt weitgehend auf Ablehnung, weil dieser Motorenart die nötige Robustheit, Zuverlässigkeit und Lebensdauer nicht zugetraut wurden. Staatliche Stellen hingegen waren weniger skeptisch:

»... *Überzeugt, daß der Schnelläufer im Schiffsmotorenbau einen technischen Fortschritt bringt, hat sich daher der Bundesminister für Verkehr im Einvernehmen mit dem Bundesminister des Inneren für Erprobungen eingesetzt, und diese sogar selbst durchgeführt...*« [56].

Damit bekam der schnellaufende Motor Gelegenheit, sich auch in der Fluß- und Seeschiffahrt zu bewähren, wo sonst nur langsamer laufende Motoren eingesetzt wurden. In diesem Sinne führte die Wasser- und Schiffahrtsverwaltung in dem Pumpwerk Minden von Mai bis Oktober 1954 mit einem MD 325 (Sechszylinder-Version) eine Langzeiterprobung über 3500 Stunden durch, der sich ein zusätzlicher Dauerlauf von 2555 Stunden mit Marine Diesel Fuel (MDF) anschloß. 1955

Bild 88. MD 1080 (20-Zylinder-V-Motor mit ATL und LLK).

Triebwerkslagerung

Triebwerkslager waren bei schnellaufenden Hochleistungsmotoren immer heikle Bauteile gewesen; das Gleichgewicht ihrer Funktion mit den jeweiligen Leistungsanforderungen und Betriebsbedingungen war empfindlich labil. Hatte der Maybach-Motorenbau diesbezügliche Erfahrungen schon mit den HSLu-Luftschiffmotoren im Ersten Weltkrieg machen müssen, so traf das in weit stärkerem Maße für die Triebwagen-Dieselmotoren in den zwanziger und Anfang der dreißiger Jahre zu. Die vom Flugmotor Mb IVa übernommene (Gleit-) Lagerung des Triebwerkes zeigte sich der Belastung in den Versuchs-Dieselmotoren G 1 a und G 2 in keiner Weise gewachsen, was vor allem auf die (für diesen Einsatzfall) unzureichende Tragfähigkeit der damaligen Gleitlager-Werkstoffe zurückzuführen war. Deshalb erhielten der neue Dieselmotor G 4 a und die Luftschiff-Ottomotoren VL 1/ VL 2 Rollenlager. Damit war man zwar ein Stück weiter gekommen, doch bedurfte es noch einer langen Entwicklung, erkennbar an den vielen Ausführungsformen, bis die Triebwerks-Rollenlager den Anforderungen genügten, Bild 1.

Die »kompressorlose« Einspritzung brachte neue Erschwernisse. Als diese behoben waren, wurde man schließlich gewahr, daß auch die in dieser Hinsicht bisher unterschätzten Massenkräfte den Lagern zu schaffen machten. Neben konstruktiven und werkstofftechnischen Änderungen an den Lagern, in vielen Schritten durchgeführt, wurde die Lagerbelastung selbst verringert: durch Umstellung von Grauguß- auf Aluminium-Kolben, durch einen Ausgleich der Massen, durch Maßnahmen an Gemischbildung und Verbrennung und schließlich durch den Übergang zum Vorkammer-Verfahren.

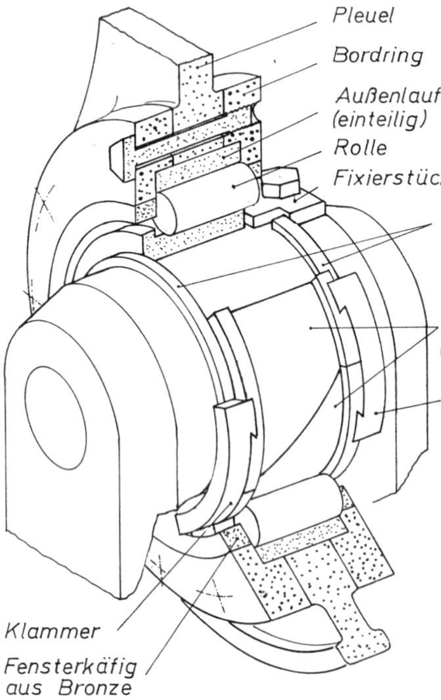

Bild 1. Schematischer Aufbau des Pleuellagers (Hauptpleuel) der GO-6/G-6-Motoren, Entwicklungsstand 1938. Die aufwendige Lagerkonstruktion, Ergebnis zahlreicher Änderungen der ursprünglichen Ausführung, deutet auf erhebliche Schwierigkeiten mit den Triebwerkslagern in diesen Motoren.

Bild 2. Triebwerk der GO/G-Motoren. Zur Montage und Demontage wurden die einteiligen Hauptpleuelstangen über die Kurbelwelle gestreift, weshalb die Kurbelwangen abgerundet gestaltet sein mußten. Die zweiteiligen Nebenpleuel sind an den Hauptpleuelstangen angelenkt.

Die G-/GO-Motoren hatten rollengelagerte Grund- und Pleuellager. Um dem Pleuel trotz der großen Aufnahmebohrung für die Rollenlager die nötige Steifigkeit zu geben, war das große Pleuelauge ungeteilt, was dazu zwang, die Pleuel bei der Montage über die Welle zu streifen. Die zweiteiligen Nebenpleuel waren in schwimmenden Büchsen an die Hauptpleuelstangen angelenkt, Bild 2. Nachdem seit den dreißiger Jahren mit der Bleibronze ein hochbelastbarer Gleitlager-Werkstoff zur Verfügung stand, ging der Maybach-Motorenbau bei Neukonstruktionen, erst bei den HL-Otto-, nach dem Kriege dann bei den Motoren der MD-Baureihe und den zum GTO weiterentwickelten G-/GO-Motoren zu gleitgelagerten Pleueln über. Die MD- und GTO-Motoren erhielten Gabel-/Innenpleuel; die Kurbelwellen wurden auf Grund der guten Erfahrungen bei den HL-Motoren als Scheibenwellen ausgeführt. Bild 3. Durch den großen Durchmesser der Scheiben waren die (Rollen-) Grundlager dieser Motoren zwangsläufig überdimensioniert. Mit den Laufzeiten ihrer Triebwerkslagerung setzten die MD- und GTO-Motoren neue Maßstäbe.

Bild 3. Triebwerk des MD 650: rollengelagerte Scheibenkurbelwelle mit gleitgelagerten Gabel- und Innenpleuelstangen.

wurde mit dem Seebäderschiff Wappen von Hamburg zum ersten Mal eine Antriebsleistung von 4412 kW (6000 PS) durch eine Mehrmotoren-Anlage aus schnellaufenden Motoren dargestellt (fünf MD 655). Es folgten Arbeitsschiffe, Saugbagger, Hopperbagger, Tonnenleger, Trawler u. a. mehr. 1957 wurde das dieselelektrische Fährschiff Theodor Heuss der Deutschen Bundesbahn mit einer Leistung von 8824 kW (12000 PS), die sich auf zwölf (Zwölfzylinder-) MD-655 aufteilte, in Dienst gestellt, Tafel 7, S. 410. Diese Aufstellung ließe sich natürlich noch weiter fortführen.

Nachdem die Besatzungsmächte Anfang der fünfziger Jahre die Einschränkungen für den deutschen Schiffbau aufgehoben hatten, wollte der Maybach-Motorenbau einen schnellaufenden Zweitaktmotor für marinetechnische Spezialanwendungen entwickeln. Bei 185 mm Bohrung und 220 mm Hub war eine Zylinderleistung von 257 kW (350 PS) bei 1800 min^{-1} geplant. Vier Versuchsmotoren, MZD I bis MZD IV, wurden gebaut und auf dem Prüfstand gefahren, wobei diese Versuchsmotoren mehrere Entwicklungsstufen durchliefen. Alles in allem zeigte sich aber, wie schon in den zwanziger Jahren mit dem G 2, daß das angestrebte Ziel mit einem Viertaktmotor eher zu erreichen war, vgl. auch Kasten auf S. 344/45.

Die Entwicklung der MD-Motoren in den fünfziger und sechziger Jahren läßt drei Richtungen erkennen:

- Erweiterung des Leistungsbereiches durch die Sechzehn- und Zwanzig-Zylinder-Versionen,
- Steigerung der Zylinderleistung durch Hochaufladung mit Ladeluftkühlung und
- Verbesserung der einzelnen Bauteile im Detail.

Die Bedeutung der Aufladung für die Leistungsentwicklung gerade der schnellaufenden Motoren hatte man bei Maybach schon früh erkannt, wie am GO 6 zu ersehen ist. Um die Abgasturbolader besser an die Erfordernisse der Maybach-Motoren anpassen zu können, als es mit Turboladern fremder Fabrikate möglich war – die ja so ausgelegt sein mußten, daß sie mit den Motoren möglichst vieler Hersteller zusammenarbeiten konnten – entschloß sich der Maybach-Motorenbau Anfang der fünfziger Jahre, für die eigenen Motoren die Turbolader selber zu entwickeln und zu bauen. Es entstand ein abgestuftes Programm von Turboladern, Tabelle 10.

Charakteristisch für die Maybach-Motorenbau-Turbolader ist die vertikale Anordnung des Läufers, mit motorseitiger Turbine und oben aufgesetztem Verdichterrad. Der Läufer ist in Wälzlagern (außen-)gelagert, Bild 89. Ausgehend von den Grundausführungen (vgl. Tabelle 10) entstand im Laufe der Zeit eine ganze Reihe von Lader-Varianten, abgestimmt auf die speziellen Bedingungen der einzelnen Motortypen und ihre Einsatzbedingungen.

Tabelle 10. Abgasturbolader-(ATL-)Programm des Maybach-Motorenbaus um 1957.

ATL-Typ	AGL 120	AGL 80	AGL 65	AGL 40	AGL 111
Motor-Typ	MD 650	MD 435	MD 325	MD 220	GTO 6 A
Zylinderzahl	12 V	8 V	6 R	4 R	12 V
Jahr	1951	1952	1952	1954	1956/57

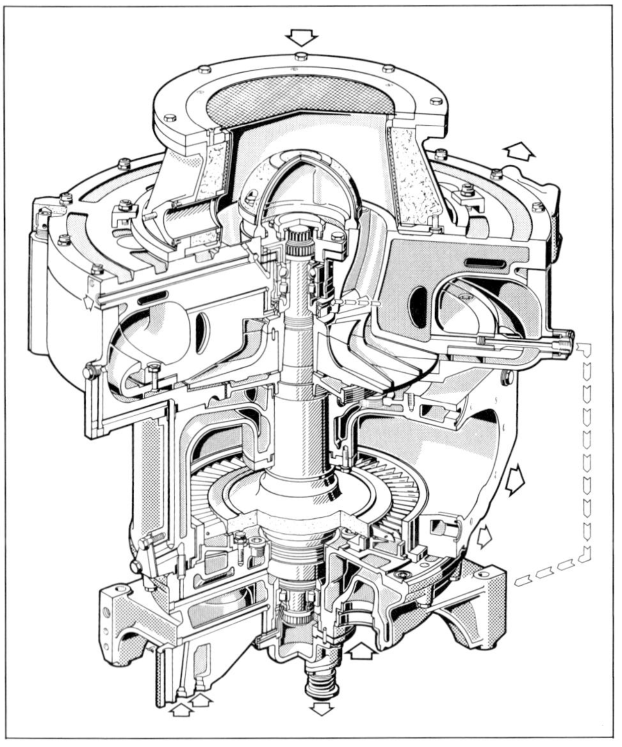

Bild 89. Die für die Abgasturbolader der AGL-Baureihe charakteristische stehende (Wälz-) Lagerung des Laufzeuges (Radialverdichter, Axialturbine) ermöglicht eine für die Stoßaufladung optimale Gasführung.

Bild 90. Marinetechnische Spezialanwendungen wurden ab Ende der fünfziger Jahre bevorzugtes Einsatzgebiet für MD-Motoren. Hier ein Schnellboot der Bundesmarine mit MD-870- (16-V-538-) Motoren bei rauher See.

In der 16-Zylinder-Ausführung wurde der MD vielfach zum Antrieb schneller Boote (Bild 90) eingesetzt (MD 870), bis dahin eine Domäne des Daimler-Benz-Motors MB 518[46]). Um gegen den in vielen Marinen bestens eingeführten MB 518 konkurrieren zu können, mußte der MD 870 mindestens auf dieselbe Leistung (2205 kW [3000 PS]), nach Möglichkeit auf eine noch höhere, gebracht werden. Für schnelle Boote bot der Maybach-Motorenbau 1956 den MD 870 mit 1838 kW (2500 PS) bei 1500 min^{-1} (Höchstleistung) an, ein Jahr später für Sonderanwendungen als MD 871/30 mit 2205 kW (3000 PS) bei 1800 min^{-1}. Die angestrebte Höchstleistung 2647 kW (3600 PS) bei 1900 min^{-1} (Typenbezeichnung: MD 872) ließ erheblich höhere mechanische und thermische Beanspruchungen erwarten, deren Beherrschung umfassende Grundsatz-Untersuchungen voraussetzte. So wurden z. B. die Wärmeverteilung auf die einzelnen Bauteile, die Wärmebelastung der Bauteile insgesamt und vor allem an den kritischen Stellen bei verschiedenen Betriebszuständen gemessen. Auf Grund der Versuchsergebnisse gestaltete man den Zylinderkopf um. Mit Rücksicht auf die höhere Drehzahl wurde das Kolbenunterteil des gebauten Kolbens von Grauguß auf Aluminium umgestellt und die Triebwerkslagerung durch größere Rollen verstärkt, Bilder 91 bis 93. Natürlich führte man diese Verbesserungen dann auch bei den anderen Motoren der MD-Baureihe ein. Die ersten der leistungsgesteigerten Sechzehn-Zylinder-Motoren kamen 1959 an die Bundesmarine zur Auslieferung; sie wurden in die Drei-Wellen-Boote vom Typ Seeschwalbe und in die Vier-Wellen-Boote, Typ Bussard, eingebaut. Ab 1965 setzte man den MD 872 mit 2647 kW (3600 PS) ein, so z. B. in den Schnellbooten des Typs S 148.

Zusammenarbeit mit Daimler-Benz: neue Motoren

Durch den Zusammenarbeitsvertrag mit der Daimler-Benz AG im Jahre 1961 und die sich hieraus entwik-

[46]) Der MB 518 ist die weiterentwickelte 20-Zylinder-Ausführung des 16-Zyl.-Luftschiff-Dieselmotors LOF 6, der in das LZ 129 Hindenburg (später auch in das LZ 130 Graf Zeppelin II) eingebaut worden war. Seine eigentliche Bedeutung erlangte dieser Motor aber in der navalisierten Ausführung (BOF 6) als Schnellbootantrieb.

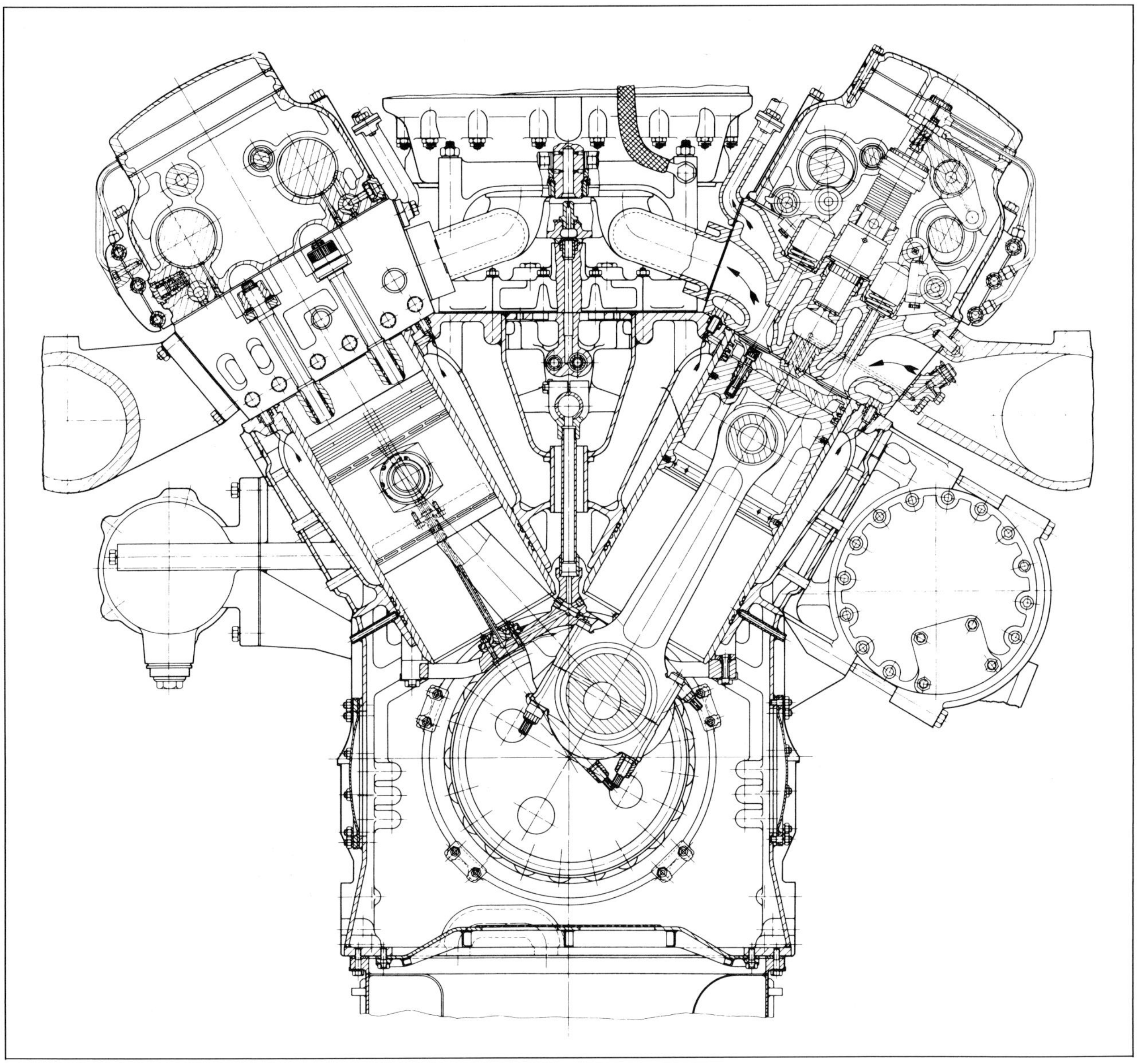

Bild 91. Querschnitt der Zwölf-, 16-, und 20-Zylinder-V-Motoren der MD- (538-) Baureihe.

kelnde Fusion zur Maybach Mercedes-Benz Motorenbau GmbH (1966) kamen die Mercedes-Benz-Großmotoren MB 836/820, MB 835/839 und MB 518 (eine Weiterentwicklung des DB-602-Motors für das Luftschiff LZ 129) nach Friedrichshafen, wo sie gefertigt, weiterentwickelt und durch den Kundendienst betreut wurden. Das Wissen und die Erfahrungen zweier auf dem Gebiet schnellaufender Hochleistungsmotoren führender Firmen konnte nun gemeinsam genutzt werden; vgl. hierzu auch S. 249 ff.

Die Baureihe MB 836/820 (später: Baureihe 493)[47]) bestand aus einem Sechszylinder-Reihen- und einem Zwölfzylinder-V-Motor von 175 mm Bohrung und 205 mm Hub, Bild 94. Mit Motoren dieser Baureihe war es der Daimler-Benz AG gelungen, Fuß in der Seeschiffahrt zu fassen. Deren harte Einsatzbedingungen hatten umfangreiche Entwicklungsarbeiten an den Motoren notwendig gemacht; nach mancherlei Rückschlägen erwiesen sich diese aber als robuste, zuverlässige Antriebe auch in der Seefahrt, Bild 95. Die Baureihe MB 835/839 (später: BR 652) umfaßte Zwölf- und Sechzehnzylinder-V-Motoren von 190 mm Bohrung und 230 mm Hub. Die Motoren der MB-Baureihen waren »konventionell« aufgebaut. Sie hatten Kurbelge-

[47]) Die Mercedes-Benz-Motoren wurden mit den Buchstaben MB und einer Konstruktionszahl (ohne Bezug zu einer motorrelevanten Größe) bezeichnet. Die MMB systematisierte und vereinheitlichte die Nomenklatur: Die Buchstaben MD, MB, MC gaben die konstruktive Herkunft an (Maybach/Mercedes-Benz), dann folgten Zylinderzahl und -Anordnung (6 R; 12 V; 16 V usw.) und schließlich der zehnfache Wert des Volumens eines Zylinders, z. B. MB 12 V 652; MD 16 V 538; MC 12 V 956. Später entfielen die Buchstaben MB, MD und MC.

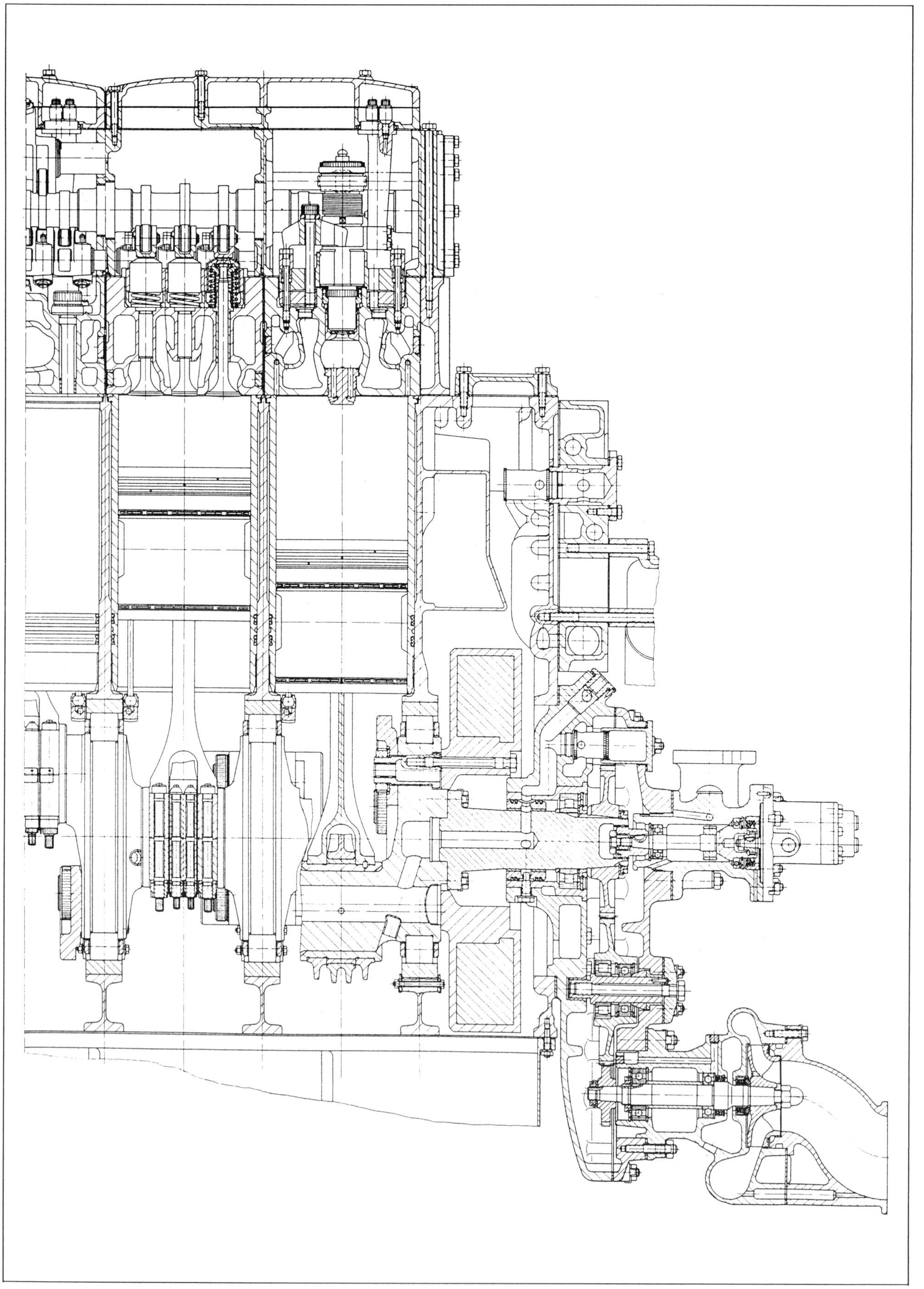

Bild 92. Längsschnitt der V-Motoren der MD-Baureihe, Schwingungsdämpfer-Seite.

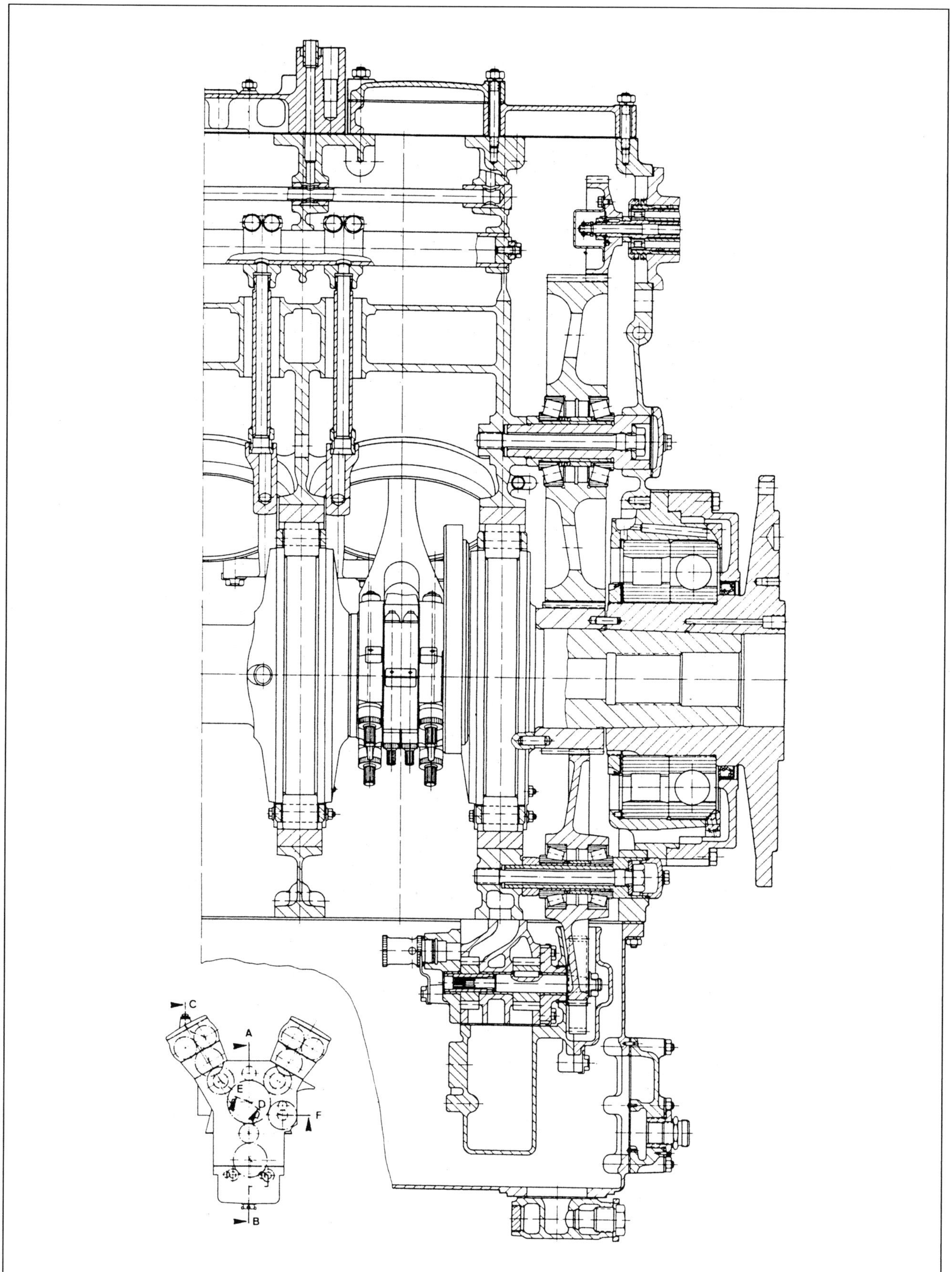

Bild 93. Längsschnitt der V-Motoren der MD-Baureihe, Kupplungsseite. Das Vierpunkt- (Kugel-) Lager und das Rollenlager, über die sich der Abtriebsflansch im Gehäuse abstützt, nehmen den Axialschub und gegebenenfalls radiale Stützkräfte von der angetriebenen Maschine auf.

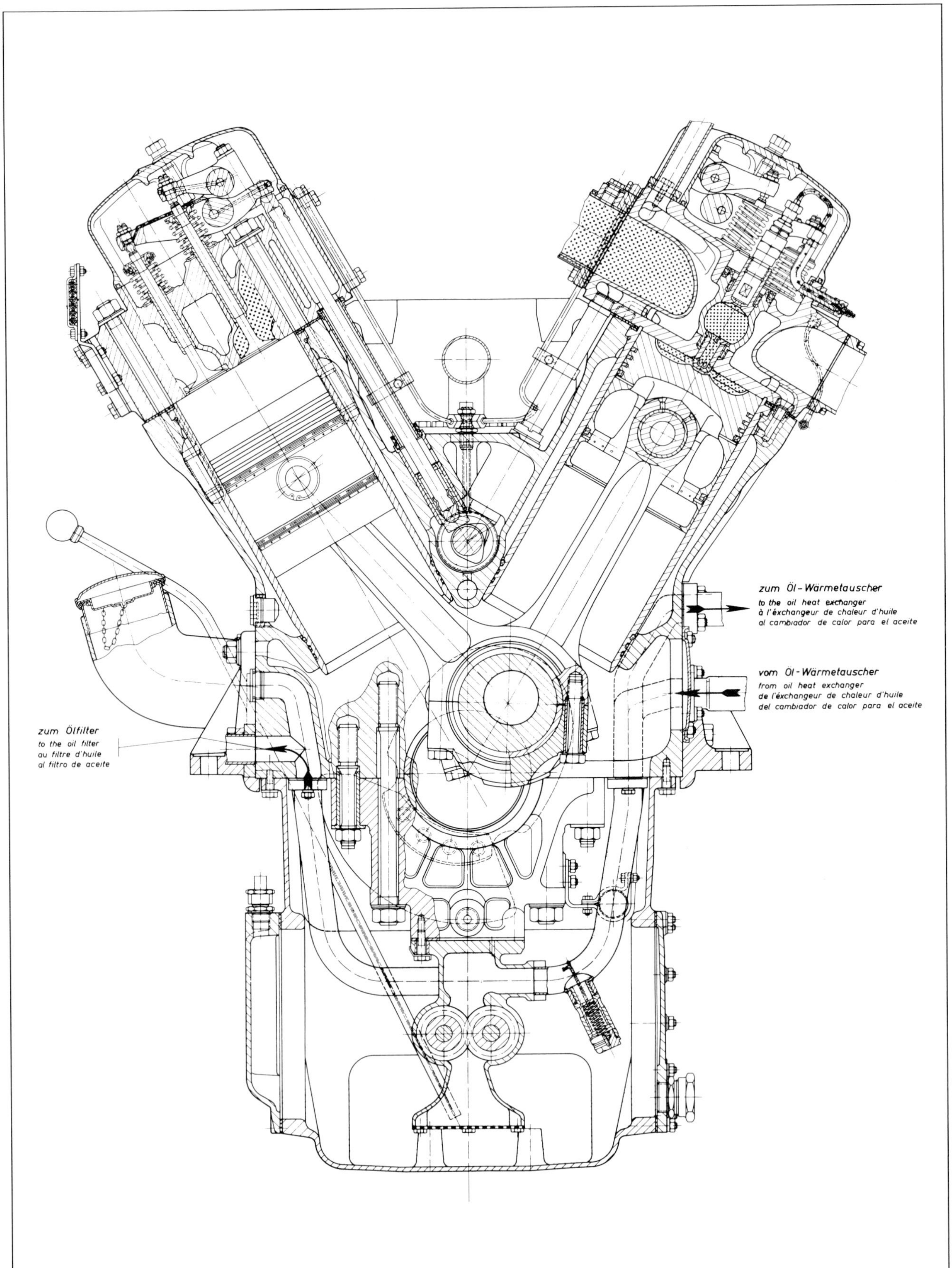

Bild 94. Querschnitt des Dieselmotors MB 820 (12 V 493) (Mercedes-Benz-Konstruktion): wassergekühlter Viertakt-Dieselmotor, Vorkammer-Verfahren, gleitgelagerte Wangenkurbelwelle, Zwölfzylinder-V-Bauart, Abgasturboaufladung und Ladeluftkühlung; Bohrung 175 mm, Hub 205 mm, Leistung bis 993 kW (1350 PS) bei 1500 min^{-1}.

Bild 95. Ab Mitte der fünfziger Jahre wurde eine Reihe von seegehenden Schiffen der Handelsmarine mit schnellaufenden Dieselmotoren ausgerüstet, darunter auch das dieselelektrische Schiff (DES) Burstah mit zwei Mercedes-Benz-MB-820-(12-V-493-) Motoren als Antrieb. Das Bild zeigt DES Burstah bei schwerer See im Nordmeer.

Bild 97. Dieselhydraulische Normalspur-Lokomotive, Bauart Rheinstahl-Henschel DHG 4600, für die Staatsbahn in China mit zwei von der MTU gelieferten Mercedes-Benz-MB-839-(16-V-652-) Motoren.

Bild 96. Diese drei gekuppelten Diesellokomotiven der Baureihe V 215 (ex: V 160) mit Mercedes-Benz-MB-839- (16-V-652-) Motoren auf Lok-Leerfahrt zwischen Lindau und Friedrichshafen vermitteln überzeugend den Eindruck, daß Einigkeit stark macht.

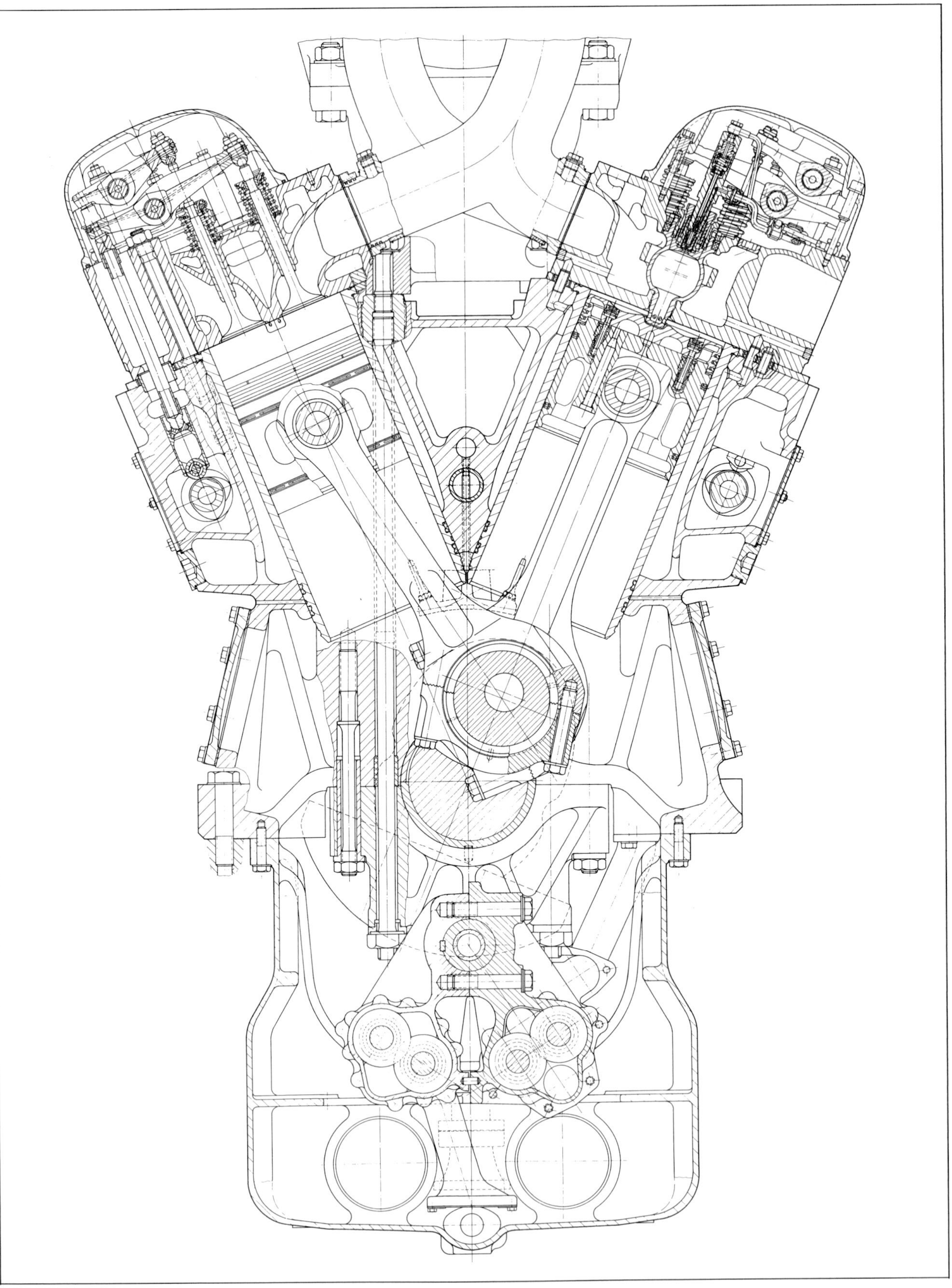

Bild 98. Querschnitt der Dieselmotoren Mercedes-Benz MB 835/839 (12/16 V 652): wassergekühlte Viertakt-Dieselmotoren, Vorkammer-Verfahren, Zwölf- und Sechzehnzylinder-V-Bauart, Abgasturboaufladung, Ladeluftkühlung; Bohrung 190 mm, Hub 230 mm, Zylinderleistung bis 110 kW (150 PS) bei 1500 min^{-1}. (Mercedes-Benz-Konstruktion, Weiterentwicklung durch die Maybach Mercedes-Benz Motorenbau GmbH).

häuse mit angehängten Lagerbrücken, gleitgelagerte Wangenkurbelwellen und Blockeinspritzpumpen. Wie die MD-Motoren arbeiteten sie nach dem Vorkammer-Verfahren. Bei dem mechanisch aufgeladenen, umsteuerbaren MB 518 (später: 20 V 672) (Bohrung/Hub 185/250 mm) war die Wangenkurbelwelle in Rollen im zweiteiligen Aluminium-Kurbelgehäuse gelagert. Zwar deckten sich die Einsatzbereiche der Maybach- und der Mercedes-Benz-Motoren, doch teilten sich allmählich die Aufgaben: Die MD-Motoren wurden immer mehr für marinetechnische Spezialanwendungen, die MB-Motoren hingegen, abgesehen vom MB 518, eher für »normale« Anwendungen eingesetzt.

Die noch aus den fünfziger Jahren stammende Planung der Bundesbahn sah als Standard-Streckenlokomotive eine einmotorige 1400-kW-(1900-PS-)Mehrzweck-Lokomotive vor, die V 160 (später V 215/216), Bild 96. Die ersten zehn dieser Lokomotiven hatten teils MD-870-(16-V-538-), teils MB-839-(16-V-652-) Motoren als Antrieb, vgl. auch Bild 97. Nach der Vorerprobung wurden mehrere Serien mit großer Stückzahl ausschließlich mit MB-839-(16-V-65-2-)Motoren aufgelegt. Die Bahn hatte dem MB 839 (Bild 98) wegen seiner konstruktiven Einfachheit den Vorzug gegeben; aus denselben Gründen wurde auch die leichte Streckenlokomotive V 100^2 (Bild 99) nur mit dem MB 835 (12 V 652) ausgerüstet. Die guten Betriebserfahrungen mit der zweimotorigen Lokomotive V 200° veranlaßten die Bundesbahn, 1962 bis 1965 eine weitere Serie von 50 dieser Lokomotiven in einer leistungsgesteigerten Version, V 200^1 (später: V 221), mit MB-835-(12-V-652-)

Bild 99. Diesellokomotiven V 212 (ex: V 100^2) mit MB-835-(12-V-652-) Motor im Lokschuppen des Bahnbetriebswerkes (BW) Lübeck.

Bild 100. Dieselmotor Mercedes-Benz MB 518 D (20 V 672): wassergekühlter Viertakt-Dieselmotor, Vorkammer-Verfahren, 20-Zylinder-V-Bauart, mit zwei Hispano-Suiza-Abgasturboladern, Ladeluftkühlung; Bohrung 185 mm, Hub 250 mm, Leistung 2573 kW (3500 PS) bei 1700 min^{-1}. Diese Mercedes-Benz-Konstruktion ist ein »Nachfahre« der Luftschiffmotoren LOF 6 (DB 602), mit denen die Zeppelin-Luftschiffe LZ 129 und LZ 130 angetrieben wurden.

Tabelle 11. Dieselmotoren 1950 bis 1969.

Motor-Typ	Jahr	Bauart	Gemischbildung	Bohrung/Hub mm/mm	Zylinder-Volumen dm³	Leistung/Drehzahl kW/PS/min⁻¹	effektive Literarbeit kJ/dm³	mittlere Kolben-Geschwindigkeit m/s
MD 650	1951	12 V	Vorkammer ATL	185/200	5,38	735/1000/1500	0,91	10,0
GTO 6	1951	12 V	Direkteinspritzung ATL	160/200	4,02	478/650/1400	0,85	9,33
GTO 56	1952	12 V	Direkteinspritzung	160/200	4,02	301/410/1400	0,54	9,33
MD 870	1956	16 V	Vorkammer ATL + LLK	185/200	5,38	1397/1900/1500	1,29	10,0
MB 836	1956	6 R	Vorkammer ATL	175/205	4,93	390/530/1500	1,05	10,25
MB 820	1953	12 V	Vorkammer ATL	175/205	4,93	809/1100/1500	1,09	10,25
MB 835	1960	12 V	Vorkammer ATL	190/230	6,52	992/1350/1500	1,01	11,5
MB 839	1964	16 V	Vorkammer ATL + LLK	190/230	6,52	1397/1900/1500	1,07	11,5

Anmerkung: Diese Leistungsangaben beziehen sich auf den Einsatz der Motoren in Triebfahrzeugen der Deutschen Bundesbahn (Ausnahme: GTO 56 und MB 836).
Da die Leistung auch von der Ausrüstung (ATL Abgas-Turboaufladung, LLK Ladeluftkühlung) und von der Anwendung der Motoren (Bahn, Schiff, Generator, Schwerfahrzeug) abhängt, weichen diese Angaben z. T. von denen im Text ab.

Motoren in Dienst zu stellen. Im mittelschweren bis schweren Reise- und Güterzugdienst eingesetzt, bewährten sich diese Lokomotiven vorzüglich.

Außer für die Traktion waren die Motoren MB 820 (12 V 493) und MB 835/839 (12/16 V 652) in teil-amagnetischer Ausführung an die Bundesmarine geliefert worden. Als Saugmotoren dienten der MB 820 und der MB 835 als Antrieb für U-Boote.

Im Zuge der Modernisierung des MB 518 (20 V 672) Mitte der sechziger Jahre wurde dessen Zylinderkonstruktion geändert und verstärkt (»gebauter Zylinder«). Damit war eine Voraussetzung erfüllt, die Leistung zu erhöhen. Durch Umstellung von der mechanischen auf die Abgas-Turboaufladung (Bild 100) kam der MB 518 auf 2573 kW (3500 PS); der Kraftstoffverbrauch konnte spürbar verringert werden. Eine weitere Verbesserung war die Ausrüstung dieses Motors mit Einhebelbedienung.

Anfang der sechziger Jahre war deutlich geworden, daß mit den vorhandenen Motoren der Leistungsbedarf der Diesellokomotiven nicht mehr gedeckt werden konnte. Vor allem in den USA, wo Züge von bis zu 6000 t gefahren werden, wollte man die Zahl der Vorspann-Lokomotiven verringern. In Deutschland wie auch im Ausland wurde mit der Entwicklung von Motoren der 1840-kW-(2500-PS-) Leistungsklasse begonnen. Der Maybach Mercedes-Benz Motorenbau (MMB) und sein schärfster Wettbewerber, die MAN in Augsburg, arbeiteten an Motoren derselben Zylinderabmessungen, den Baureihen MC (MMB) und VV 23/23 (MAN). Die Konzeption der MC-Baureihe läßt deutlich erkennen, welche Elemente aus den Maybach- und welche aus den Mercedes-Benz-Motoren stammen. Vom MD wurde das Tunnelgehäuse, die rollengelagerte Scheibenkurbelwelle und die gebauten Kolben mit Posaunen-Kühlung, von den MB-Motoren die Steuerung, die Einzelzylinderköpfe ohne durchgehendes Oberteil und der angeschraubte Räderkasten übernommen. Statt der Pumpedüsen erhielt der MC Einzeleinspritzpumpen. Ausschlaggebend dafür war, daß die

Tabelle 12. Dieselmotoren 1951 bis 1969, Marinemotoren.

Motor-Typ	Jahr	Bauart	Gemisch-bildung	Bohrung / Hub mm/mm	Zylinder-Volumen dm^3	Leistung / Drehzahl kW/PS / min^{-1}	effektive Literarbeit kJ/dm^3	mittlere Kolben-Geschwindigkeit m/s
MD 655	1952	12 V	Vorkammer ATL + LLK	185/200	5,38	970/1320 / 1500	1,20	10,0
MD 870	1956	16 V	Vorkammer ATL + LLK	185/200	5,38	1838/2500 / 1500	1,71	10,0
MD 872	1968	16 V	Vorkammer ATL + LLK	185/200	5,38	2646/3600 / 1900	1,94	12,7
MB 518 C	1966	20 V	Vorkammer mechan. Aufl. + LLK	185/250	6,72	2205/3000 / 1720	1,14	14,3
MB 518 D	1968	20 V	Vorkammer ATL + LLK	185/250	6,72	2572/3500 / 1700	1,35	14,2

ATL Abgas-Turboaufladung, LLK Ladeluftkühlung

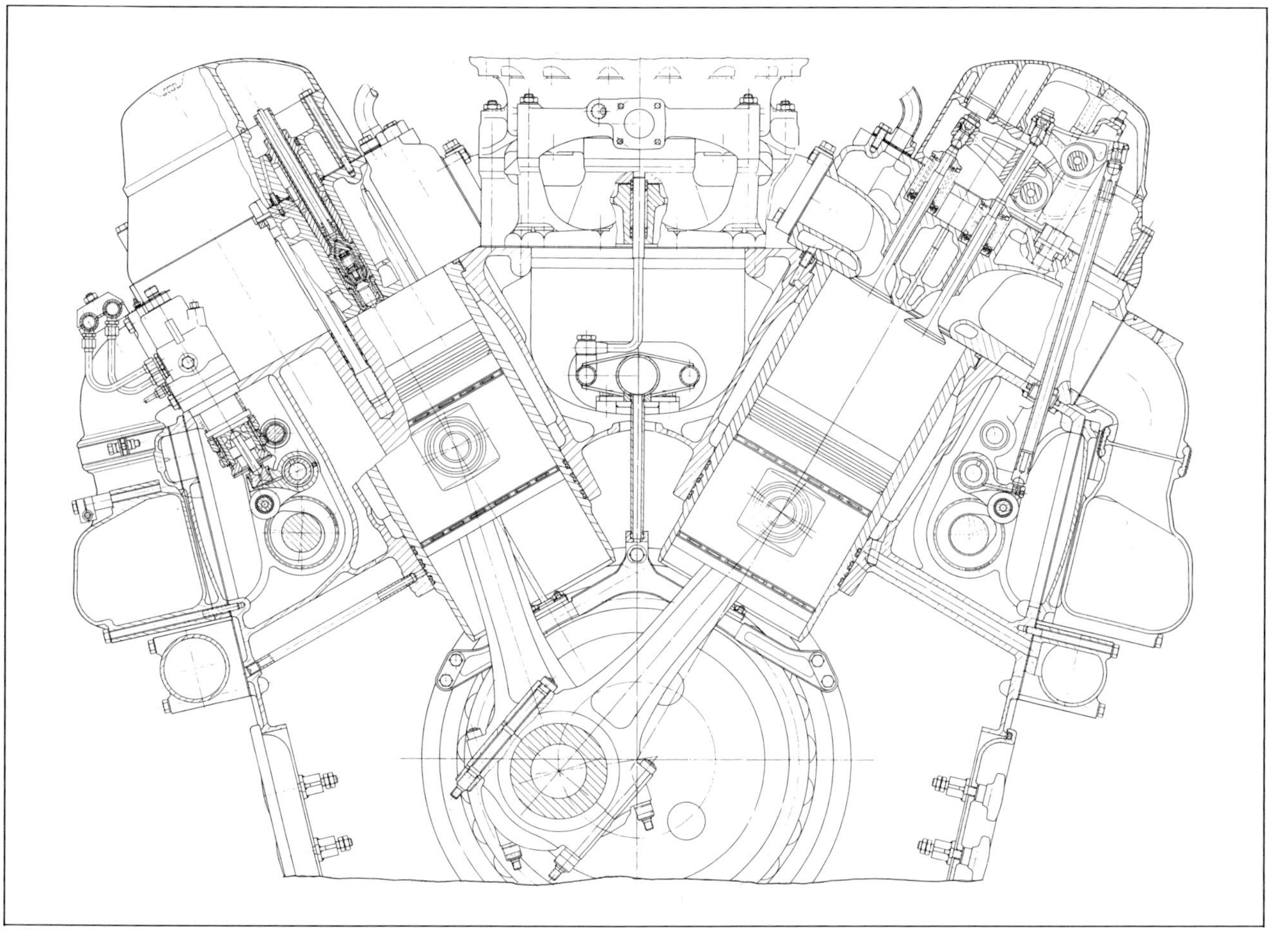

Bild 101. Querschnitt der MMB-Dieselmotoren MC 1060/1410 (MC 12/16 V 956): wassergekühlte Viertakt-Dieselmotoren, Direkteinspritzung, Zwölf- und 16-Zylinder-V-Bauart, rollengelagerte Scheibenkurbelwelle, Tunnelgehäuse, Abgasturboaufladung, Ladeluftkühlung; Bohrung 230 mm, Hub 230 mm, Zylinderleistung 153 kW (208 PS) bei 1500 min^{-1}.

Bild 102. Einbau eines MMB-Motors MC 1060 (MC 12 V 956) in eine Diesellokomotive der Baureihe V 218.

Pumpedüsen des MD von der im Zylinderkopf-Oberteil gelagerten Nockenwelle betätigt wurden. Wollte man einen Kolben ziehen oder auch nur einen Zylinderkopf tauschen, mußte das für je eine Motorreihe gemeinsame Oberteil demontiert werden, was natürlich einen beträchtlichen Aufwand bedeutete.

Die Konstruktionsarbeiten am MC begannen 1964, nachdem man die Entwicklung des Zweitakters MZD aufgegeben hatte. Als Vorkammermotor mit 220 mm Bohrung und 230 mm Hub konzipiert, kam der erste Versuchsmotor 1965 auf die Bremse. Die Versuchsergebnisse zeigten, daß das Vorkammer-Verfahren bei Motoren dieser Größe der direkten Einspritzung unterlegen ist, woraufhin der MC auf Direkteinspritzung umgestellt wurde. Der Maybach Mercedes-Benz Motorenbau trieb die Arbeiten mit Hochdruck voran, weil die MAN mit dem VV 23/23 zeitlich im Vorteil war. 1968 konnte mit der Zwölfzylinder-Ausführung, MC 1060 (Bild 101), der offizielle 100-Stunden-UIC-Lauf durchgeführt werden. Im Zuge einiger konstruktiver Änderungen vergrößerte man die Bohrung auf 230 mm. Vier MC-1060-Motoren wurden von der Deutschen Bundesbahn zur Erprobung in V-160-Lokomotiven angemietet (Bild 102); zwei Sechzehnzylinder-Motoren, MC 1410, wurden als Antrieb in eine Hochseeyacht eingebaut. Nachdem am 11. Juli 1969 die Maybach Mercedes-Benz Motorenbau mit der MAN Turbo GmbH zur MTU zusammengeführt worden war, vgl. hierzu auch S. 254f., mußte das Typenprogramm der MTU Friedrichshafen GmbH bereinigt werden. Die Entscheidung fiel zugunsten der MAN-VV-23/23-Baureihe, weil die Bundesbahn bereits eine größere Zahl dieser Motoren für die Mehrzweck-Lokomotive V 164 (später: V 218) bestellt hatte, Tafel 8, S. 410. Die Motoren der Baureihe VV 23/23 wurden von der MTU zur Doppelbaureihe 956/1163 weiterentwickelt und in großen Stückzahlen in Lokomotiven, Schiffen und auch in stationären Anlagen eingesetzt.

6. Meß- und Versuchstechnik

Der Kurbelwellenschaden an dem ersten (Karl) Maybachschen Luftschiffmotor war ein Menetekel für jene physikalischen Phänomena in der Motorentechnik, deren Erkenntnis und Behebung sich – ungleich mehr als in anderen Sparten des Maschinenbaus – als schwierig und aufwendig erwiesen und auch das Procedere in der Motoren-Entwicklung maßgeblich beeinflussen sollte.

Als Karl Maybach 1909 seinen ersten Luftschiffmotor baute, bestand die Versuchstechnik darin, nachzuweisen, daß der Motor die geforderte Leistung erbrachte, einen bestimmten Verbrauch nicht überschritt und die – noch sehr begrenzte – Laufzeit durchzustehen in der Lage war. Dann galt es, spezielle Eigenschaften von Bauteilen und Baugruppen zu überprüfen, wie die Brandsicherheit des schwimmerlosen Vergasers oder die Kraftstoff-Ersparnis durch die »Sparvorrichtung« am Vergaser. Eine gesonderte Versuchsabteilung gab es noch nicht: Wie dem ersten Versuchsbericht zu entnehmen ist, wurden die Untersuchungen (Probeläufe) in der Werkstatt durchgeführt. Doch das sollte sich im Laufe der Zeit gründlich ändern. Die vielschichtigen Probleme, mit denen sich der »Motorenbau« konfrontiert sah, verlangten immer weitergehende Untersuchungen am Motor, und daraus resultierend – um den Aufwand zu verringern – an den einzelnen Funktionsgruppen und Bauteilen bis hin zum unbearbeiteten Werkstoff. Anstöße hierzu gab es mehrere: Kurbelwellenbrüche, die, wie sich aus der Rechnung (durchgeführt 1915 von Professor Max Tolle, TH Karlsruhe), Tafel 9, S. 411, und aus Messungen (durchgeführt von Dr. J. Geiger, MAN-Augsburg) ergab, vor allem durch die Anregung von der Luftschraube und der Wellenleitung ausgelöst wurden, und die man mangels eigener Möglichkeiten von der Königlichen Materialprüfungsanstalt der TH Berlin metallurgisch und festigkeitsmäßig untersuchen lassen mußte, Bild 103. Die Schäden

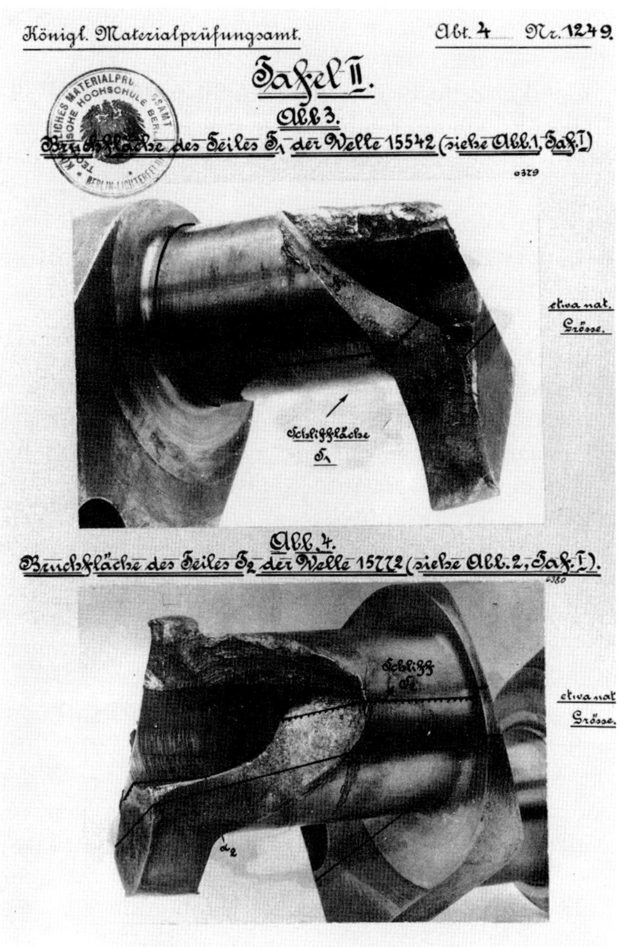

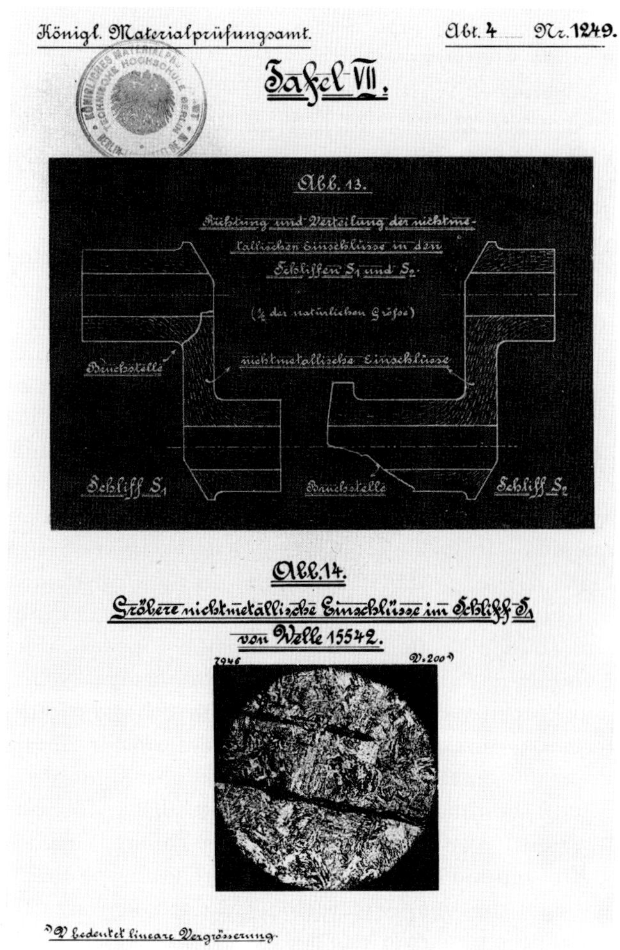

Bild 103. *Zur Klärung von Kurbelwellenbrüchen in Luftschiffmotoren wurde u. a. das Königliche Materialprüfungsamt der Technischen Hochschule in Berlin-Lichterfelde herangezogen. Bei diesem Schaden handelt es sich um einen »klassischen« Torsionsbruch.*

Bild 104. Motor Mb IVa auf dem Unterdruckprüfstand des »Motorenbau Friedrichshafen«. Die Höhenbedingungen wurden bei diesem Prüfstand durch Absenken des Ansaug-Unterdruckes und des Abgas-Gegendruckes dargestellt. Der Luftbehälter auf dem Motor war mit dem Vergaser und der Kraftstoff-Förderanlage verbunden, so daß auch hier der gewünschte Unterdruck herrschte.

an den Luftschiff-Motoren, Typ HSLu, machten deutlich, daß es nicht genügte, die Qualität der eigenen Fertigung zu überwachen, sondern daß auch die Werkstoffe, das Rohmaterial und die Zulieferteile überprüft werden mußten. Hierfür wurde 1916 eigens eine kleine Abteilung eingerichtet, deren Bedeutung rasch zunahm und aus der sich später die »Versuchsanstalt des Maybach-Motorenbau« entwickelte.

Um schon im voraus das Verhalten der Motoren zu erkennen, versuchte man, die Bedingungen ihres Einsatzes zu simulieren: durch schwenkbare Prüfstände, auf denen die Motoren durch einen Propeller belastet wurden, oder durch die – recht aufwendigen und unbequemen – Probeläufe auf dem Wendelstein in 1840 m Höhe. Diese wurden dann zugunsten von Prüfständen mit variierbaren Ansaugunter- und Abgasgegendrükken (Bild 104) und endlich durch die Unterdruck-Kammer des »Luftschiffbau Zeppelin« ersetzt. Neben den Propeller-Prüfständen, bei denen sich die Motorlast aus Größe und Form der Propeller (und der Motordrehzahl) ergab und über das Reaktionsmoment des Motors bestimmt wurde, verwendete der »Motorenbau« auch Wasserwirbelbremsen der Bauart Liebel.

Ein zentrales Problem der Verbrennungsmotoren, mit dem sich der »Motorenbau« in der Folge intensiv befassen mußte, war das der dynamischen Beanspruchung der Bauteile durch die instationären Gas- und Massenkräfte, deren Wirkung zudem durch die – im Vergleich zu den Elementen der klassischen Mechanik: Balken, Scheibe, Kreiszylinder – komplizierten Bauteilformen verstärkt wurde. Die Konstrukteure steckten in einem Dilemma: Einerseits sollte der Motor möglichst leicht gebaut sein, andererseits konnten weder die auftretenden Beanspruchungen berechnet werden, noch kannte man damals überhaupt die vom Werkstoff ertragbaren Beanspruchungen. Um hier Besserung zu schaffen, entwickelte der Maybach-Motorenbau 1921 ein Wechselschlagwerk[48]) (»Biegeschwingungsmaschine«), bei dem ein zylindrischer Probestab durch schlagartige Belastung in Schwingung versetzt wurde. Mittels eines Malteserkreuzes wurde der Probestab in den Ruhepausen zwischen den Schlägen gedreht. Dank der somit möglichen hohen Lastwechselzahl konnten die Prüfzeiten zeitlich stark gerafft werden; gefertigt wurden die einzelnen Modelle dieser Maschine übrigens in der Lehrwerkstatt des Maybach-Motorenbaus.

Die Möglichkeiten, Spannungen an komplizierten Bauteilen wie z. B. dem Zylinderkopf, dem Kolben oder der Kurbelgehäusewand zu bestimmen, waren sehr eingeschränkt, weil die in der Werkstoff-Prüfung verwendeten Feindehnmeßgeräte zum einen zu sperrig für Messungen an den kritischen Stellen, wie z. B. in Hohlkehlen, waren, zum anderen auch die Kenntnis des Spannungsverlaufes voraussetzten, um Aussagen über die jeweils maximalen Werte zuzulassen.

Unerklärliche Brüche an Pleuelstangen von VL-1-Luftschiff-Motoren führten zu der Entwicklung des Maybach-Dehnungslinien-Verfahrens[49]) durch den Leiter der »Versuchsanstalt des Maybach-Motorenbau«, O. Dietrich. Unerklärlich waren diese Brüche deshalb, weil sie nicht – wie nach dem damaligen Stand des Wissens zu erwarten gewesen wären – an der schwächsten, sondern an der stärksten Stelle des Schaftes, nämlich am Übergang zum großen Pleuelauge, auftraten. Das Dehnungslinien-Verfahren beruht darauf, daß das zu untersuchende Bauteil mit einem Lack überzogen wird, der nach dem Trocknen schon bei Beanspruchungen weit unterhalb der Elastizitätsgrenze des Bauteil-Werkstoffes quer zu den größten (positiven) Dehnungen einreißt. Durch Steigern der Belastung läßt sich (über die Dehnungen, d. h. die Risse im Lack) der Spannungsverlauf auch an niedriger beanspruchten Stellen sichtbar machen. Mit vergleichsweise geringem Aufwand konnte man sich jetzt ein Bild vom Spannungszustand auch komplizierter Teile machen. Namhafte Firmen wie Daimler-Benz, Junkers, BMW oder die MAN nahmen eine Lizenz auf dieses Verfahren. Auch Druckspannungen konnte man bestimmen, indem das Bauteil auf Druck vorgespannt, der Lack aufgebracht und dann das Teil entlastet wurde. An den kritischen Stellen, erkennbar an der Häufung der Deh-

[48]) DRP 522 424

[49]) DRP 534 158

nungslinien, wurden dann gezielt die Verformungen gemessen, Bild 105. Das setzte allerdings Feindehnmeßgeräte voraus, mit denen über kleine Längen sehr genau auch an räumlich gekrümmten Flächen gemessen werden konnte. Mangels geeigneter Geräte entwikkelte der Maybach-Motorenbau auch diese selber, so u. a. mechanische bzw. mechanisch-optische Zwei- und Dreispitzengeräte[50]) für Meßlängen von 3 mm bzw. 1 mm, mit einer Genauigkeit von 0,46 µm bzw. 0,2 µm je Teilstrich, Bild 106. Die Maybach-Motorenbau-Versuchs- und Meßabteilung erwarb sich einen so guten Ruf, daß auch Fremdfirmen mit ihren »Problemfällen« zur Untersuchung nach Friedrichshafen kamen.

Im Zuge der Entwicklung der (Rollen-)Triebwerkslager für die VL- und G-/GO-Motoren entstand eine »Vorrichtung zum Ermitteln der infolge der elastischen Formänderung bei belasteten Maschinen- und Baukonstruktionsteilen auftretenden ungleichmäßigen Belastungsverteilung«[51]), deren Funktionsweise darauf beruhte, daß in das zu untersuchende Teil (in diesem Fall in die Wälzlagerrolle) Nuten eingefräst wurden, die sich unter Last verformten. Meßgröße war dann die Abstandsänderung der Nutflanken.

Ende der zwanziger Jahre waren es die bereits beschriebenen Kurbelwellenbrüche in Luftschiffmotoren (VL 2 im LZ 127 Graf Zeppelin), die zum Auslöser für ebenso umfangreiche wie in die Tiefe gehende Untersuchungen (Versuche und Berechnungen) wurden. Kurbelwellenbrüche traten damals ganz allgemein bei Flugzeugmotoren so häufig auf, daß ein weit über den Einzelfall des LZ 127 hinausgehendes Interesse an der Klärung ihrer Ursachen bestand. In beispielhafter Zusammenarbeit zwischen dem Maybach-Motorenbau (Festigkeitsuntersuchungen), der DVL (Messungen mit dem Geiger-Torsiographen) und Prof. H. Thoma von der TH Karlsruhe (elektrisches Meßverfahren) wurde der Vorgang – redundant – erhellt und hieraus allgemeingültige Folgerungen gezogen.

Die kompressorlose Kraftstoff-Einspritzung beim Dieselmotor hatte eine Fülle von Problemen aufgeworfen, die man nur lösen konnte, wenn man Kenntnis über die schnell verlaufenden Vorgänge bei Einspritzung und Verbrennung erhielt. Vor allem mußte man den Gasdruckverlauf im Zylinder messen, was mit mechanischen Indikatoren bei den hohen Drehzahlen der Maybach-Motoren nicht mehr möglich war. Nun wurde in den dreißiger Jahren an mehreren Stellen intensiv an der Entwicklung von Druckgebern (Piezo-Quarz-Geber, ebenso kapazitive und induktive Geber) gearbeitet, mit denen praktisch verzögerungsfrei gemessen werden konnte. Welche Bedeutung solchen Meßgeräten beigemessen wurde, geht aus folgender Beschreibung hervor:

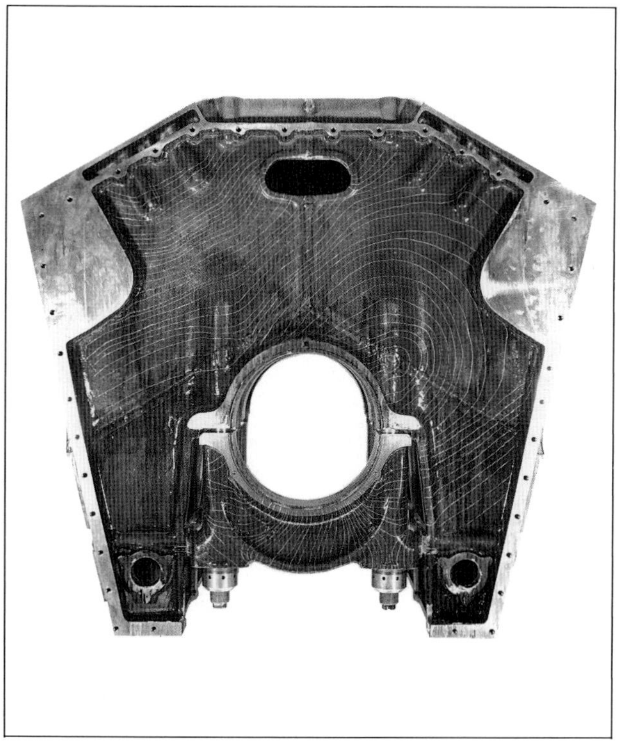

Bild 105. Maybach-Dehnungslinienverfahren: Kurbelgehäuse eines Gleitlager- (Versuchs-) Motors, Bauart MC; linker Zylinder unter Zünddruckbelastung. Der Dehnungslinienverlauf vermittelt ein anschauliches Bild der Spannungsverhältnisse.

Bild 106. Maybach-Dehnungsmeßeinrichtung (1928). Die Meßinstrumente sind auf die Kurbelwelle geklebt.

[50]) DRP 699 177 und DRP 630 548
[51]) DRP 715 916

»... Erst nachdem ein Geber für den an sich bekannten Oszillographen erhältlich war, konnten zuverlässige Diagramme aufgenommen und es konnten damit in der Entwicklung der Verbrennung entscheidende Fortschritte erzielt werden. Der M.M. hatte nur darauf gewartet, dass der Oszillograph zu einem brauchbaren Instrument entwickelt wurde, um sich sofort ohne Rücksicht auf die Anschaffungskosten die modernste Einrichtung zu beschaffen. Mit größtem Nachdruck wurde nach Fertigstellung der Einrichtung daran gegangen, die Geber so zu vervollkommnen, dass unbedingt zuverlässige Vergleichsmessungen mit Hilfe von Diagrammen möglich wurden...« [57].

Wie klar Karl Maybach damals die Bedeutung der elektrischen Meßtechnik erkannt hatte und diese auch in einen größeren Zusammenhang einordnete, geht aus einem späteren Schreiben von ihm hervor:

»... Ähnlich blieb es bei Dampf und Gas wie auch bei den Werkzeugmaschinen aller Art bis in unsere Zeit hinein. Nachdem nun aber diese 3 Maschinenarten ... jetzt mit den verhältnismässig einfachen Mitteln einen gewissen Höhepunkt in ihrer Entwicklung erreicht haben, muß zu anderen Mitteln gegriffen werden, die dem Handwerker nicht mehr zugänglich sind. Wehe dem verantwortlichen Techniker, der dies nicht rechtzeitig erkennt und sich diesem gewaltigen Umschwung in der Technik nicht anpasst, ehe es zu spät ist. Aber nicht nur Anpassen führt zum Erfolg und zu anderen Wegen, sondern im Zuvorkommen und Vorausdenken liegt das Geheimnis für alle weiteren Fortschritte in der Technik. Für mich kann ich in Anspruch nehmen, dass ich diese Wende schon im Jahre 1935 erkannte und durch Einstellung von Herrn ... entsprechend handelte. Es war nicht so selbstverständlich, einen reinen Wissenschaftler und dazu noch auf dem Gebiet der elektrischen Hochfrequenz ohne jede Konstrukteur-Erfahrung auf unserem Gebiet für die Leitung unserer Versuche vorzusehen ... heute ist ein Motorenversuch ohne die Praxis der elektrischen Hochfrequenz einfach undenkbar...« [58].

Elektrische Meßverfahren fanden rasch Eingang in den Motorenversuch, weil mit ihnen schnell verlaufende Vorgänge wie Druckverläufe, Schwingungen oder Strömungsvorgänge erfaßt und übertragen werden konnten. Da Vorgänge in Triebwerksteilen von besonderem Interesse waren, wurden Methoden entwickelt, die Meßergebnisse berührungslos zu übertragen. Auch hier war der Maybach-Motorenbau aktiv: Verfahren zum Messen von Drehschwingungen[52]) oder der Zapfenverlagerung beweisen das.

Weniger auffällig in den Ergebnissen, nichts desto weniger aber genau so wichtig, entstand etwa zur selben Zeit, in der zweiten Hälfte der dreißiger Jahre, in der statistischen Auswertung der Betriebsergebnisse ein neues Instrument für die Motoren-Entwicklung. Man muß sich vergegenwärtigen, daß es damals keine hinreichend gesicherten Kenntnisse über die Verschleißraten der Motoren gab. Man wußte noch nicht, welche Verschleißwerte »normal« und welche unzulässig waren, denn ein solches Wissen konnte nur aus der Erfahrung mit einer genügend großen Zahl von Motoren über längere Laufzeiten erwachsen.

Führend auf dem Gebiet der Auswertung von Betriebserfahrungen war die Reichsbahn, deren Werkstätten-Dienst systematisch den Verschleiß der Triebwagenmotoren verfolgte, statistisch auswertete und in Richtlinien für Wartungsarbeiten und -Intervalle umsetzte. Der Maybach-Motorenbau beteiligte sich an diesen Arbeiten und erstellte dann nach dem Zweiten Weltkrieg eigene Zeitpläne für Wartungs- und Instandsetzungsarbeiten, mit denen auch die verschiedenen Leistungen und Einsatzbedingungen der Motoren berücksichtigt wurden. Diese Arbeit, die dem Laien gar nicht als »Entwicklungsarbeit« erscheinen mag, stellt aber einen Teil des unverzichtbaren Erfahrungsrückflusses dar, ohne den eine technische Entwicklung nicht betrieben werden kann. Dabei spielt der Kundendienst (»Außendienst«) eine wichtige Rolle. In einer Firmenpublikation des Maybach-Motorenbaus wird er deshalb – zu Recht – als »verlängerter Arm der Entwicklung« bezeichnet. Gerade die Pionierarbeit, welche der Maybach-Motorenbau mit dem schnellaufenden Dieselmotor in der Schienentraktion geleistet hat, wäre ohne den Einsatz und das Engagement der Außendienst-Monteure und -Ingenieure nicht denkbar. Nicht nur daß sie Störungen und kleinere Schäden behoben, das Fahr- und Werkstatt-Personal berieten und ausbildeten – sie sorgten auch dafür, daß Informationen und Erfahrungen unverzüglich der Firma zugingen, so daß die Betriebsergebnisse direkt in die Entwicklung einfließen konnten.

Die Bedeutung, welche der Maybach-Motorenbau der Meßtechnik als Instrument der Motoren-Entwicklung beimaß, geht auch daraus hervor, daß Karl Maybach diese zu einem Gegenstand seines Vertrages über seine Tätigkeit in Vernon mit den Franzosen machte. Neben Eigenentwicklungen wie z. B. Quarzgeber und hierauf abgestimmte Gleichstromverstärker (Bild 107), Trägerfrequenzgeräte oder Torsiographen (Tafel 10, S. 412), griff der Maybach-Motorenbau auch die neuesten, aus den USA und England kommenden Verfahren auf; hier war es vor allem die Dehnmeßstreifen-Technik, die der im Motorenbau so wichtigen Bestimmung mechanischer Spannungen neue Impulse gab.

Im Zuge der Steigerung von Leistung, Laufzeiten und Lebensdauer der MD-Motoren rückten Untersuchungen der Dauerfestigkeit und der thermischen Belastbarkeit in den Vordergrund, wobei jetzt durch spezielle Prüfverfahren und Versuchsvorrichtungen die einzelnen Bauteile gezielt analysiert werden konnten.

[52]) DRP 678 707

In den fünfziger und sechziger Jahren bildeten sich – dank der vermehrten Möglichkeiten durch die Meß- und Versuchstechnik – drei Schwerpunkte experimenteller Entwicklung heraus:
- Werkstoffuntersuchungen durch Röntgen- und Ultraschallprüfung;
- Untersuchungen des einzelnen Bauteiles auf bestimmte Eigenschaften hin, z. B. im Hydropulser auf dynamische Belastbarkeit;
- Untersuchung des Motorverhaltens, wobei jetzt nicht nur – wie früher üblich – einzelne Kennlinien, sondern das gesamte Kennfeld gefahren und systematisch alle relevanten Größen gemessen wurden und
- Untersuchung spezieller Bauteil-, Baugruppen- oder/und Motoreigenschaften während des Motorbetriebes im Schiff oder in der Lokomotive.

Somit hatte sich das Spektrum der experimentellen Erprobung durch den Fortschritt in der Meß- und Versuchstechnik, zu dem der Maybach-Motorenbau auf seinem Gebiet nicht unerheblich beigetragen hat, wesentlich erweitert. Konkret bedeutete das, daß der Versuch immer seltener Schwachstellen und Fehlfunktionen nachträglich eruieren und beseitigen mußte, sondern diese – gleichsam »offensiv« – im Vorfeld der Entwicklung ausschließen konnte.

Einen weiteren Schritt in diese Richtung ermöglichte die ab Mitte der fünfziger Jahre aufkommende elektronische Datenverarbeitung, die der »MM« sogleich nutzte. Schon 1948 schrieb Karl Maybach:

»*... Heute ist ein Motorversuch ohne die Praxis der elektrischen Hochfrequenz einfach undenkbar... Morgen wird es genau so sein mit dem Wissenschaftler auf dem Gebiet der mathematischen Physik für das Konstruktionsbüro einer Motorenentwicklung...*« [58].

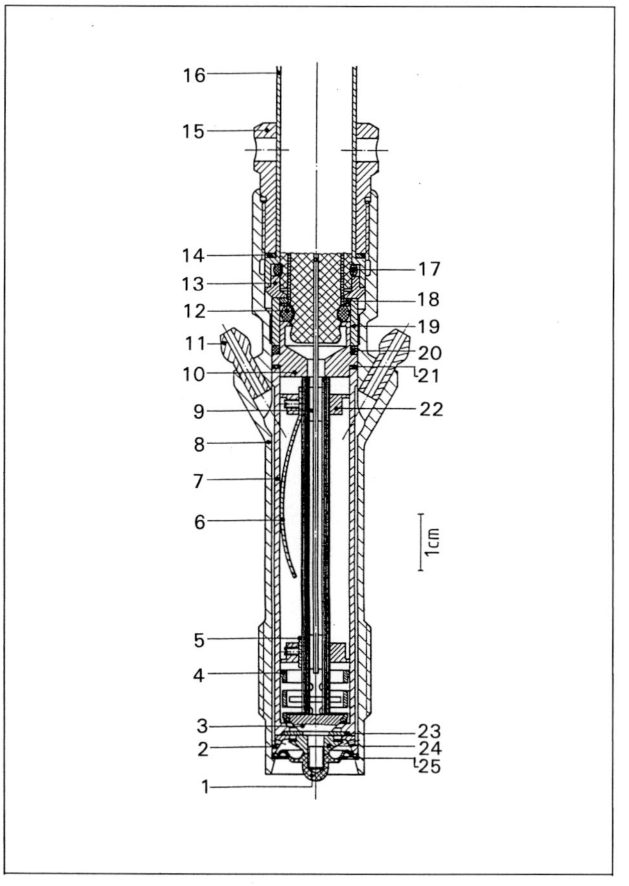

Bild 107. Quarz-Druckgeber, Bauart Maybach (1948).

1 Membrane, 2 Kühlwasserring, 3 Amboß, 4 Federbüchse, 5 Spannplatten, 6 Kontaktfeder, 7 Kühlwasser-Scheiderohr, 8 Gehäuse, 9 Distanzplättchen, 10 Zwischenstück, 11 Kühlwasserrohr, 12 Dichtung (Gummi), 13 Druckring, 14 Gleitring, 15 Druckschraube, 16 Druckbüchse, 17 Dichtung (Gummi), 18 Kontaktring, 19 Büchse, 20 Dichtung (Hartgummi), 21 Kupferdichtung, 22 Quarzhalter, 23 Dichtung, 24 Druckring, 25 Kupferdichtung.

7. Getriebe-Entwicklung

Getriebe für Pkw, Nkw und Kettenfahrzeuge

Das Drehmoment-Drehzahl-Verhalten des Verbrennungsmotors deckt sich nicht mit dem der anzutreibenden Straßen- und Schienen-Fahrzeuge, weshalb es besonderer Vorrichtungen, Getriebe (»Kennungswandler«), bedarf, will man den Motor für den Antrieb dieser Fahrzeuge verwenden. Deshalb mußte der Maybach-Motorenbau, als er mit der Fertigung der Kfz-Otto- und der Dieselmotoren für die Schienentraktion begann, gleichzeitig auch die dazu gehörenden Getriebe entwickeln.

Die Maybachsche Vorstellung von einem »erstklassigen Benzin-Fahrzeugmotor« implizierte natürlich auch eine demgemäße Kraftübertragung, damit Motor und Fahrzeug optimal zusammenarbeiten konnten. Dieses Getriebe konnte nun keineswegs eines der damals üblichen unsynchronisierten Schubrad-Getriebe sein. Wie schon an anderer Stelle erwähnt, darf man die Schwierigkeiten, ein unsynchronisiertes Getriebe zu schalten, nicht unterschätzen: Schwer schaltbare Getriebe wurden weniger häufig geschaltet, was dem Motor ebenso abträglich war wie dem Fahrzeug. Somit war der Wunsch nach einem gewissen Bedienungskomfort auch von der technischen Seite her gerechtfertigt. Von Karl Maybach wird berichtet, daß er ungern schaltete und schon deshalb großen Wert auf leichte Schaltbarkeit legte; es ist von ihm der Ausspruch überliefert:

»... Mir ist an einem Getriebe nichts zu kompliziert, wenn es dem Fahrer die Schaltarbeit erleichtert oder gar ganz abnimmt. Aber sicher funktionieren muß es...«

Der W-3-Wagen erhielt ein Planeten-Getriebe. Diese Getriebeart war nicht neu im Kfz-Bau; so hatte das Ford-Modell »T« ein solches Getriebe. Bei dem Getriebe für den W 3 handelt es sich um ein »reines Stirnräder-Umlaufgetriebe« mit zwei Vorwärtsgängen und dem Rückwärtsgang. Im direkten Gang wird der Planetenträger mit dem umlaufenden Schwungrad gekuppelt, so daß die jetzt starr mit dem antreibenden

1921 stellte Maybach den »schaltungslosen« W-3-Wagen vor, der auf der Berliner Automobilausstellung Aufsehen erregte.

Sonnenrad verbundenen Planetenräder als Mitnehmer für das abtriebsseitige Sonnenrad wirken. Im Berggang wird der Planetenträger gegen das Getriebegehäuse festgebremst, so daß die Sonnen- und Planetenräder als Stirnräder-Untersetzungsgetriebe (2,5 : 1) fungieren. Beim Rückwärtsgang wird ein drittes Sonnenrad (auf der Abtriebsseite) gegen das Getriebegehäuse festgebremst. Der Planetenträger dreht sich, das Getriebe arbeitet als reines Umlaufgetriebe, wodurch sich der Drehsinn der Abtriebswelle umkehrt, Bilder 108 und 109. Weil der Übergang von dem einen in den anderen Gang nicht durch Verschieben der Zahnräder, sondern durch Betätigen bzw. Lösen der jeweiligen Kupplungsbremse erfolgte, verliefen die Schaltvorgänge ruckfrei und unproblematisch.

Für den mit auf 44 kW (60 PS) reduzierter Leistung als Bootsmotor angebotenen W-2-Motor wurde das modifizierte Kfz-Getriebe in zwei Versionen angeboten, mit Untersetzung (1,8 : 1) und Wendestufe für größere Boote (Typenbezeichnung des Motors mit Getriebe: S 1) und mit direktem Abtrieb und Wendestufe für schnelle Sportboote (S 2). Beide Getriebe hatten ein zusätzliches Drucklager zur Aufnahme des Propellerschubes. Das Nachfolgemodell des W 2, der W-5-Motor, erhielt die gleiche Getriebeart, jedoch mit anderer Übersetzung (4,1 : 1 im Berggang). Zur leichteren Bedienung wurde das Schaltgestänge mittels eines öldruckbeaufschlagten Kolbens betätigt. Mittlerweile hatten die Ansprüche an den Fahrkomfort zugenommen, was letztlich zu widersprüchlichen Anforderungen an das Getriebe führte:

»*... Auf der einen Seite wünscht man eine hohe Reisegeschwindigkeit bei ruhigem Motorlauf und auf der anderen will man auf die Elastizität im direkten Gang nicht mehr verzichten. Nach den vorstehenden Erklärungen gebraucht man also eigentlich zwei verschiedene Hinterachsübersetzungen oder mindestens ein Hilfsmittel, das die Übersetzung zu den Hinterrädern ohne Geräuschvermehrung ändert...*« [59].

Diesen Wunsch nach hoher Durchzugskraft in den einzelnen Gängen, d. h. große Achsuntersetzung, und hoher Endgeschwindigkeit (niedrige Achsuntersetzung) erfüllte der Maybach-Motorenbau 1927 mit einem »Schnellgang-Getriebe« (SG-Getriebe). Dieses besteht aus zwei schrägverzahnten Radpaaren. Der Kraftschluß zu dem jeweils kraftübertragenden Zahnradpaar wird durch eine Klauenkupplung (Maybach-»Abweisklauen-Kupplung«) hergestellt, Bild 110. Bei Einschalten des Schnellganges wird die Klauenkupplung des einen Radpaares getrennt und die des anderen in Verbindung gebracht. Diese Abweisklauen erleichterten den Schaltvorgang ungemein: Der Gang wurde vorgewählt, das Gas kurz weggenommen, und anschließend wurde wieder Gas gegeben, der Schnellgang war eingeschaltet:

»*... Man stellt am Lenkrad den kleinen Hebel in die*

Bild 108. Umlaufgetriebe für den Pkw W 3. Mit den beiden nebeneinander angeordneten Bremsen konnte der Planetenträger mit dem Schwungrad bzw. mit dem Kupplungsgehäuse gekuppelt und somit die gewünschte Übersetzung dargestellt werden.

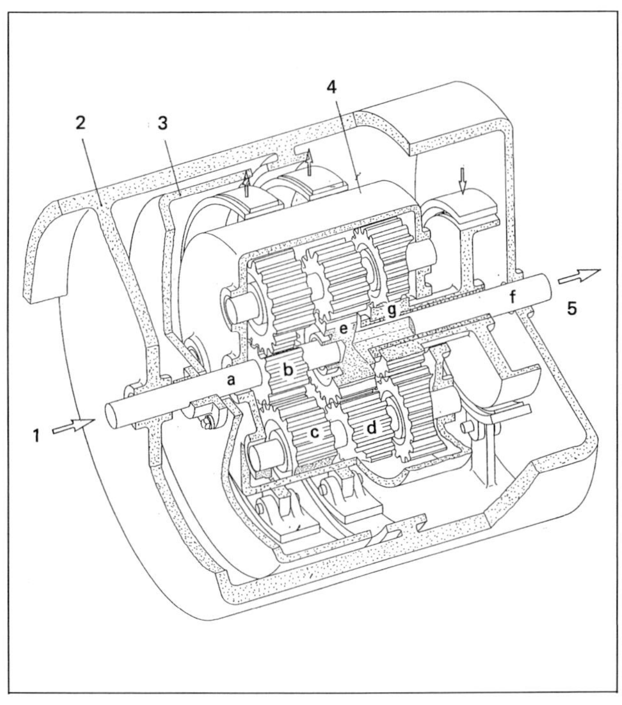

Bild 109. Umlaufgetriebe für Pkw W 3: Schematischer Aufbau und Funktion.

1 Kurbelwelle, 2 Kupplungsgehäuse, 3 Schwungrad, 4 Planetenträger, 5 Kardanwelle.

Räderschema und Kraftfluß:
Direkter Gang: *Das Schwungrad läuft um, der Planetenträger ist mit dem Schwungrad gekuppelt, das Untersetzungsverhältnis der Welle a zur Welle f beträgt 1 : 1 ($n_a = n_f$).*
Berggang: *Der Planetenträger ist mit dem Kupplungsgehäuse gekuppelt, Kraftfluß: a-b-c-d-e-f (Untersetzungsverhältnis 2,5 : 1).*
Rückwärtsgang: *Das Sonnenrad g ist festgebremst, der Planetenträger dreht sich, das Getriebe arbeitet als reines Umlaufgetriebe.*

Bild 110. Das Maybach-Schnellgang-Getriebe (SG) besteht aus zwei schrägverzahnten Radpaaren; der Kraftschluß zu den kraftübertragenden Zahnrädern wird durch die Maybach-Abweisklauen-Kupplung hergestellt.

gewünschte Lage, hebt den Fuß für einen Moment vom Gaspedal und gibt gleich wieder Gas. Währenddessen hat sich der Schaltvorgang selbständig abgespielt, ohne daß die Kupplung betätigt zu werden brauchte... Für das Schalten wird das Motorvacuum benützt... Bisher sind die vielen Versuche, eine solche Vacuumbetätigung für das Getriebe zu verwenden, immer daran gescheitert, daß das Wechseln von Klauen oder Zahnrädern rein mechanisch – also ohne Gefühl – nicht möglich ist. Durch die vom Maybach-Schnellgang her bekannt gewordene Überholungskupplung ist es möglich geworden, eine Klaue – ohne gefühlsmäßiges Schalten – von einem Zahnrad in das andere, trotz verschiedener Drehzahl, bei allen Geschwindigkeiten wechseln zu können...« [60].

Das SG-Getriebe war in der Tat ein großer Wurf. Dadurch, daß die Räderpaare stets im Eingriff blieben und nicht – wie bei konventionellen Schubradgetrieben – zum Gangwechsel verschoben werden mußten, wurden Fehlschaltungen und daraus entstehende Schäden vermieden. Auch bot es die Möglichkeit, dem Fahrer den eigentlichen Schaltvorgang durch vakuum-, druckluft- oder öldruckgesteuerte Mechanismen abzunehmen, weil das Einrasten der Abweisklauen-Kupplungen selbsttätig erfolgte und nicht vom »Gefühl« des Fahrers abhing.

»... *Das Schnellganggetriebe von Maybach löst die Aufgabe, ein Zahnraduntersetzungsgetriebe ohne Auskuppeln zu schalten, auf eine geistvolle und zuverlässige Art. Eine Abnutzung der schrägen Abweisflächen ist nicht zu befürchten, da große Flächen zur Verfügung stehen und sich der ganze Vorgang im Ölbade abspielt... Das Maybach-Schnellganggetriebe ist als ganz selbständiger Maschinenteil entwickelt worden. Es ist daher nicht nur als fester Bestandteil des Modelles W5SG anzusehen, sondern kann nachträglich in jeden 27/120 PS- oder 22/70 PS-Maybachwagen eingebaut werden. Auch für den Einbau in Omnibusse ist es bestimmt, um den verschiedenartigen Ansprüchen im Stadtverkehr und auf weiter Überlandfahrt gerecht zu werden...«* [59].

Die Zahnradfabrik Friedrichshafen (ZF) nahm Lizenz auf das SG-Getriebe, ebenso die Firmen Saurer und Daimler-Benz. Es wurde für vier Leistungsbereiche in ansehnlichen Stückzahlen geliefert: SG32, SG47, SG70 und SG215.

Das gegenüber den W-2/3-Motoren geänderte Konzept des Zwölfzylinder-Motors DS7 verlangte auch eine andere Getriebeauslegung. Das Prinzip der »Überbemessung« wurde aufgegeben, die Motorleistung mußte mit Hilfe des Getriebes besser an den Zugkraftbedarf des Fahrzeuges angepaßt werden. Der »Maybach 12« mit dem DS7 erhielt deshalb ein Dreigang-Handschaltgetriebe, gekuppelt mit dem Maybach-Schnellgang-Getriebe (DSG70) im Kardanschubrohr, so daß insgesamt die doppelte Zahl an (Vorwärts-)Gängen zur Verfügung stand. Als der »Maybach 12« den stärkeren DS-8-Motor bekam (Maybach 12 »Zeppelin«), wurden gleichsam zwei SG-Getriebe zu einem »Doppelschnellgang-Getriebe«, DSG80, zusammengefaßt.

Ein Vorteil dieser Maybachschen Getriebebauart ist bislang noch nicht erwähnt worden: Ab drei Räderpaaren aufwärts kann man damit mehr Gänge darstellen als das Getriebe Radpaare hat, weil sich der Kraftfluß (und damit die Zahl möglicher Übersetzungen) abhängig davon variieren läßt, welche Räder mit den Wellen gekuppelt werden.

Die vier Gänge des DSG80 wurden durch drei schrägverzahnte, ständig im Eingriff befindliche Radpaare realisiert. Das ergab kleine Übersetzungssprünge und dementsprechend kleine »Zugkraftlücken«. Ein zusätzliches geradverzahntes Stirnradpaar mit einem Doppelritzel für den Rückwärtsgang ergab den 1a-Gang, einen zusätzlichen Vorwärtsgang mit extremer Übersetzung. Diese Stirnräder waren als Schubräder ausgebildet und konnten nur im Stillstand geschaltet werden; die Gänge eins bis vier wurden durch Vakuum geschaltet. Es standen also insgesamt zwei mal vier = acht Vorwärtsgänge zur Verfügung, Bild 111. Vom DSG80 wurde eine Nutzfahrzeug-Variante, das DSGO80 für

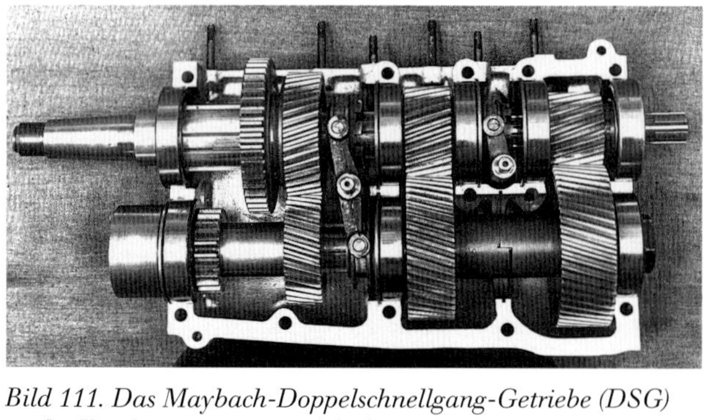

Bild 111. Das Maybach-Doppelschnellgang-Getriebe (DSG) ist die Kombination zweier SG-Getriebe. Das geradverzahnte Stirnradpaar ergibt einen zusätzlichen Vorwärtsgang mit besonders niedriger Untersetzung. Der Rückwärtsgang ergibt sich durch ein drittes Rad.

Tabelle 13. DSG-Getriebe für Kraftfahrzeuge.

Typp		DSG 40	DSG 80	DSGO 80	DSG 110
Anwendung		alle SW-Wagen	W 6 DSG DS 7, DS 8	Omnibusse	DS 8 Zeppelin*)
max. Drehmoment	Nm	200	520	520	720
bei Drehzahl	min^{-1}	1600	1600	1600	1000
max. Leistung	kW (PS)	48 (65)	110 (150)	110 (150)	147 (200)
4. Gang		1:1	1:1	1:1	1,5:1
3. Gang		1:1,144	1:1,5	1:1,53	1:1
2. Gang		1:1,9	1:1,98	1:2,52	1:1,52
1. Gang		1:2,9	1:2,97	1:3,85	1:2,28
1a. Gang		1:4,52	1:4,5	1:5,4	1:4,76
rückwärts		1:3,8	1:3,7	1:4,5	1:3,95

*) Es handelt sich hierbei um die letzte Ausführung des DS 8. Die Übersetzungen geben das Verhältnis von der Ausgangs- zur Eingangs-Drehzahl des Getriebes an.

Omnibusse mit dem DSO-8-Motor abgeleitet. Die DSG-Getriebe wurden als Baureihe für verschiedene Leistungen, Drehmomente und Übersetzungen angeboten, Tabelle 13.

Die nächste Entwicklungsstufe war das Schaltregler-Getriebe mit vier im Eingriff befindlichen Radpaaren, drei davon schräg verzahnt, eines geradverzahnt, mit insgesamt acht Gängen – wie beim DSG-Getriebe! Das ergab kleine Übersetzungssprünge und dementsprechend kleine »Zugkraftlücken«. Die Schaltarbeit für die vielen Gänge wurde dem Fahrer durch den sogenannten Schaltregler abgenommen. Der Fahrer wählte den gewünschten Gang mit dem Gangwählhebel an der Lenksäule vor und löste den Schaltvorgang durch leichtes Antippen des Kupplungspedales aus. Ein weiterer Vorteil dieses Getriebes war die »Neutralstellung«, die als Freilauf verwendet werden konnte. Die letzten Zeppelin-Pkw waren mit dem DSG 110, einem solchen Schaltregler-Getriebe, ausgerüstet. Das Schaltregler-Getriebe wurde ab Mitte der dreißiger Jahre in den »Zeppelin« eingebaut, erlangte seine eigentliche Bedeutung aber als »Variorex-Getriebe« für die Halbketten-Zugmaschinen D 6 und D 7 und für Panzer II (Getriebe-Typ 102 128 H) sowie für Panzer III (328 145).

Die Maybachsche Philosophie vom schnelldrehenden kompakten Hochleistungsmotor verlangte Getriebe, mit denen die Motorleistung auch tatsächlich ausgenutzt werden konnte. Ein Problem des Fahrzeug-Antriebes allgemein ist ja, daß die Kennung von Motor (Drehmoment/Drehzahl-Verhalten) und Fahrzeug (Zugkraft/Geschwindigkeits-Verhalten) nicht übereinstimmen. Nun gibt es verschiedene Möglichkeiten, diese in Einklang zu bringen:

- Durch eine »Büffelcharakteristik« des Motors, d. h. ein mit fallender Drehzahl steigendes Drehmoment, das in seinem Verlauf der Zugkraftkurve ähnelt. Bei einem solchen Motor kommt man mit weniger Gängen aus, verschenkt aber im oberen Drehzahlbereich Leistung (wegen des fallenden Momentes).
- Mit einem schnelldrehenden Hochleistungsmotor, der durch ein vielstufiges (im Idealfall: stufenloses) Getriebe so an das Fahrzeug angepaßt ist, daß die Motorleistung ohne Verlust an Zugkraft (»Zugkraftlücken«) voll ausgenutzt wird. Das setzt aber hohen Schaltkomfort voraus, andernfalls nutzt der Fahrer die vorhandenen Gänge nicht aus.

Der Maybach-Motorenbau und das Heereswaffenamt (HWA) hatten sich für die zweite Option entschieden, eine Lösung, die auch den heutigen deutschen Kettenfahrzeugen zugrundeliegt.

Das Maybach-Variorex-Getriebe 102 128 H, wie es in den Halbketten-Zugmaschinen D 6 und D 7 zusammen mit den 74-kW-(100-PS-)Motoren NL 38 und HL 42 eingebaut wurde, bestand aus den vier Radpaaren (sieben Vorwärts- und drei Rückwärts-Gänge), der Kupplungsbremse und der Variorex-Steuerung. Die Schaltmuffen wurden von einem Schaltkasten aus mit Unterdruck (aus dem Saugrohr) betätigt. Um den Schaltvorgang abzukürzen, wurden die schneller laufenden Teile durch eine Gummimembran-betätigte Kupplungsbremse auf die erforderliche Drehzahl verzögert (»Bremsschaltung«) bzw. die langsam laufenden Teile beschleunigt (»Gasschaltung«), Bilder 112 bis 114.

Das Variorex-Getriebe, Typ 328 145[53]), wurde in die

[53]) Die Typenzahl gibt die übertragbare Leistung (300 PS), das Drehmoment und die Übersetzung (1:14,5) an.

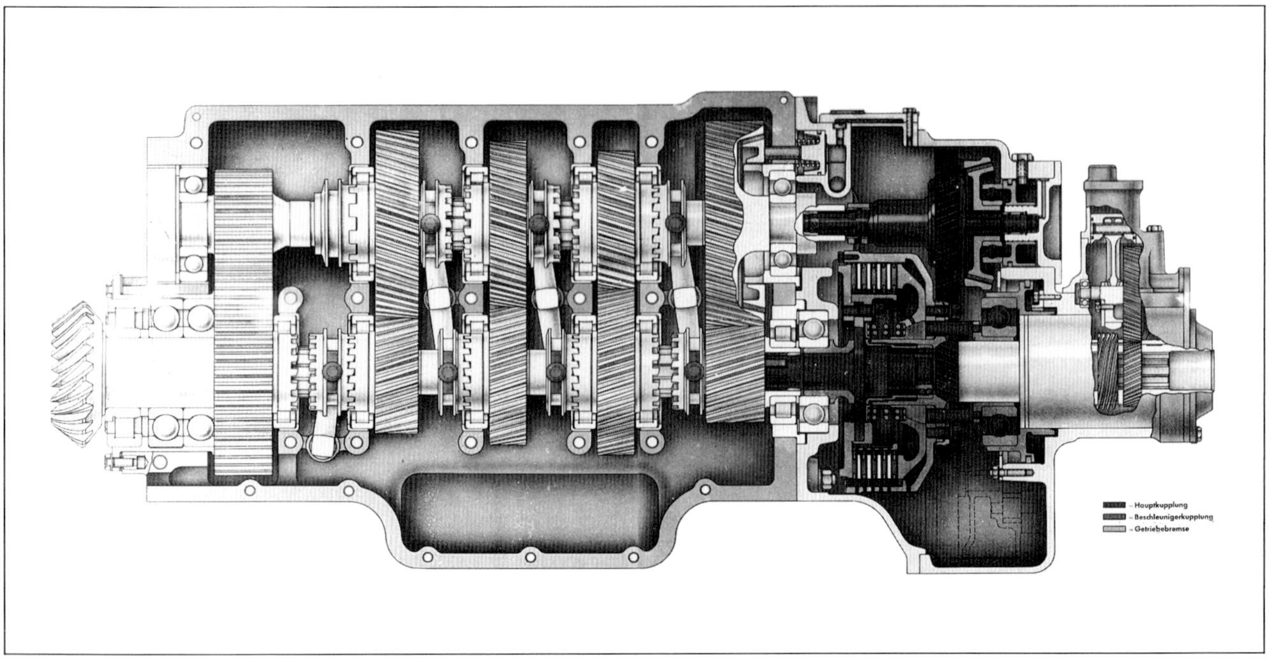

Bild 112. Am Maybach-Variorex-Getriebe 328 145 mit Unterdruck-Steuerung für den Panzer III (Längsschnitt) wird ein wesentlicher Vorteil der Maybach-Getriebe erkennbar: Mit vier Radpaaren ließen sich sieben Vorwärts- und drei Rückwärtsgänge darstellen.

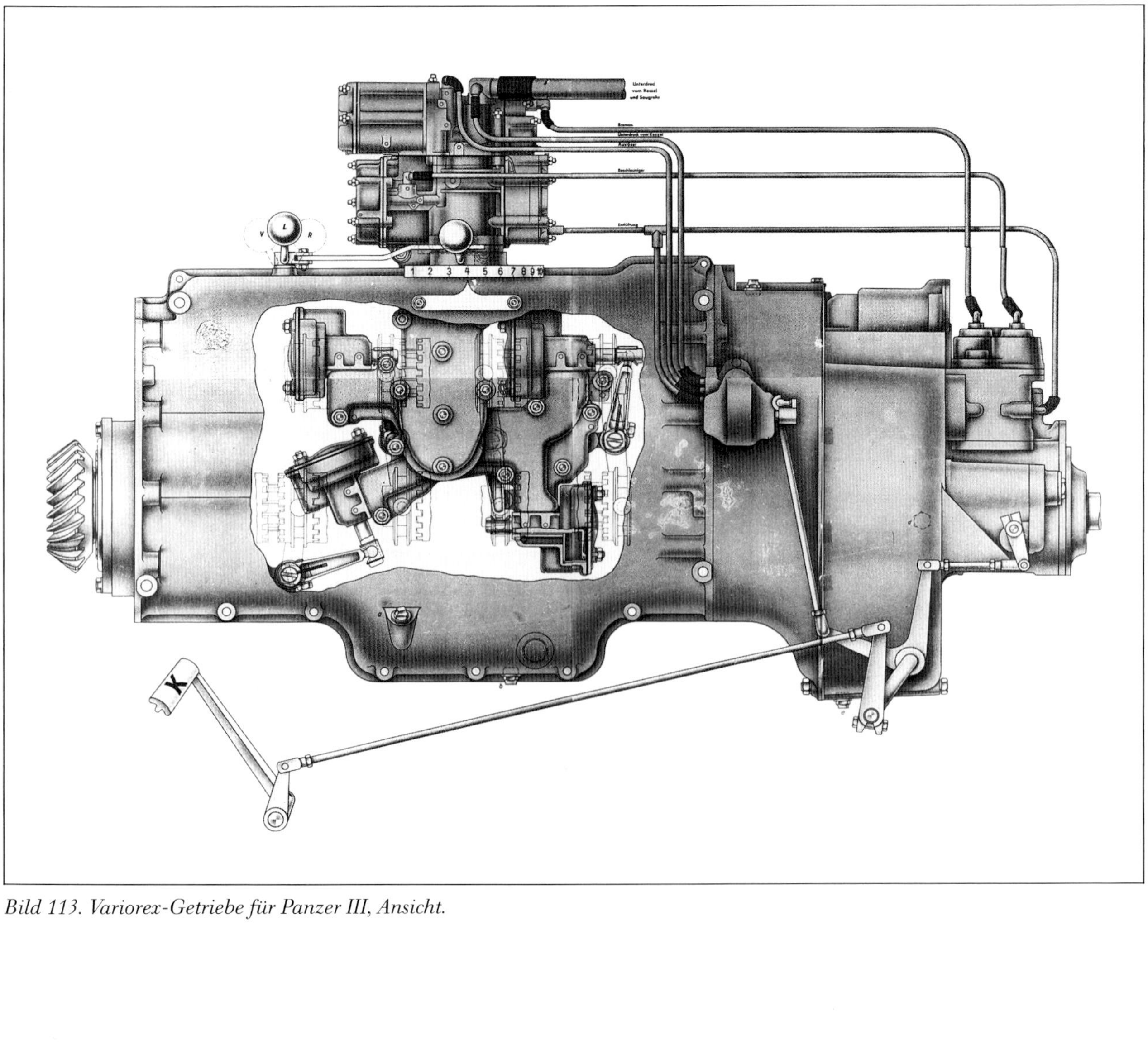

Bild 113. Variorex-Getriebe für Panzer III, Ansicht.

Panzer III, Ausführung D bis G, und in das Sturmgeschütz III, Ausführung A, eingebaut. Mit fünf Radpaaren hatte es zehn Vorwärts- und vier Rückwärts-Gänge. In das Getriebe war die im Ölbad laufende Lamellenkupplung integriert. Das 102 128 H wurde mit einer Zweischeiben-Trockenkupplung verwendet.

Im Zusammenhang mit dem Variorex-Getriebe sei noch erwähnt, daß in England das Royal Arsenal 1938 ein Lenk- und Wechselgetriebe für Panzer entwickelt hatte, dessen Lenkungsteil von dem Leiter des Arsenals, Dr. Merritt, entworfen worden war, und dessen Wechselgetriebe von Maybach Gears Ltd. stammte. Dieses (Variorex-)Getriebe wurde vollständig in England gefertigt, lediglich die Unterdruck-Steuerung kam aus Friedrichshafen. Das – auch so bezeichnete – Merritt-Maybach-Getriebe wurde in den englischen 22-t-Versuchspanzer, Typ A.16.1, eingebaut [61]. Die Zusammenarbeit mit England mußte allerdings 1939 auf Verlangen des OKH aufgegeben werden.

Die HL 210/230-Motoren mit ihren 478 kW (650 PS) bzw. 515 kW (700 PS) verlangten wesentlich stärkere Getriebe. Ein solches wurde mit dem »Olvar-Getriebe« geschaffen:

»... *Das Olvargetriebe ist mithin das letzte Glied einer folgerichtigen Entwicklung des Grundsatzes »acht Gänge aus nur vier Radpaaren«. Es fordert vom Fahrer weder Geschicklichkeit noch Kraftaufwand und gibt somit die Voraussetzungen für richtiges und schnelles Schalten und damit für gute Ausnützung der Motorleistung im gesamten Geschwindigkeitsbereich*...« [62].

Das Olvar[54]) war übrigens das leistungsstärkste mechanische Wechselgetriebe überhaupt; mit ihm waren die schweren Panzer »Tiger« und »Königstiger« ausgerüstet, vgl. auch Falttafel 2. In seinem Aufbau entsprach das Olvar-Getriebe, Typ 401 216, dem Variorex; allerdings wurde es nicht mittels Unterdruck, sondern durch Öldruck geschaltet, Bild 115 und Tafel 11, S. 412. Die Vorteile eines leicht schaltbaren Getriebes in Schwerfahrzeugen, gerade in extremen Situationen, werden in einem Erfahrungsbericht aus dem Jahre 1944 anschaulich geschildert:

»... *Im schweren Gelände hat sich gezeigt, dass der Tiger-E dem leichten Panther im Verfolgen des Feindes überlegen war, weil der Tiger leichter zu schalten war, der Pantherfahrer dagegen schon frühzeitig den dem Gelände angepassten Gang wählte. Bei der Verfolgung des T-34 konnte man besonders im schweren Gelände beobachten, dass derselbe in einem niedrigen Gang fuhr und ein Höherschalten nicht möglich war, der Tiger dagegen konnte durch das leichtere Schalten leicht an den T-34 herankommen*...« [63].

Wegen seiner guten Schaltbarkeit sollte das Olvar-Getriebe auch für den Panther verwendet werden, was auch dem Motor zugute gekommen wäre:

»... *Herr Generaloberst Guderian brachte im Dezember 1943 in einer mündlichen Besprechung mit mir* ...

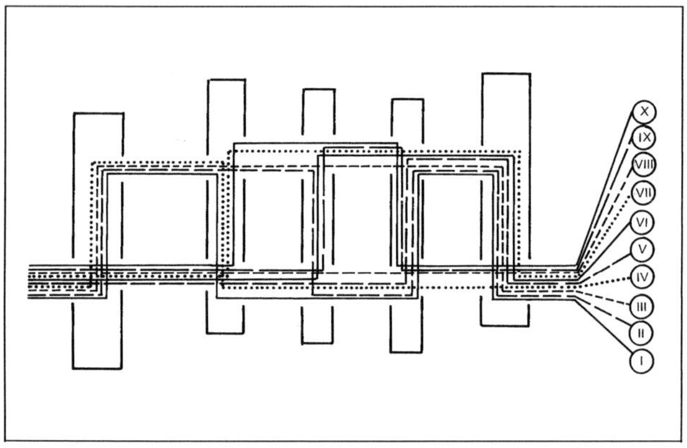

Bild 114. Variorex-Getriebe für Panzer III, Schaltschema bzw. Kraftfluß der zehn Gänge.

Bild 115. Blick in das Cockpit des Panzerkampfwagens VI »Tiger« bei abgenommener Kampfraumdecke. Rechts neben dem Fahrersitz erkennt man das öldruckgesteuerte Achtgang-Getriebe mit eingebauter Hauptkupplung für 515 kW (700 PS) Übertragungsleistung (Maybach-Olvar-Getriebe). Das Getriebe wurde auch in die vom »Tiger« abgeleiteten Fahrzeuge eingebaut.

zum Ausdruck, dass er auf das Olvargetriebe auf keinen Fall verzichten werde, da er die dadurch erzielte höhere Fahrleistung bei gleicher Motorstärke als Vorsprung benötigte und da mit dem Olvargetriebe ausserdem eine wesentliche Schonung der Fahrer durch leichtere Schaltbarkeit verbunden ist...» [64].

Letztlich wurde aber aus Kostengründen für den Panther einem Handschaltgetriebe der Vorzug gegeben.

Getriebe für Schienenfahrzeuge

Voraussetzung für den schnellaufenden Dieselmotor in der Schienentraktion war ein für diese Betriebsart geeignetes Getriebe. Das mußte der Maybach-Motoren-

[54]) Die Bezeichnung »Olvar« ergibt sich aus der Verbindung der Worte »Öl« und »Variorex«.

bau, ebenso wie anderes Motor- und Triebwagen-Zubehör, selbst entwickeln. Nun waren die Arbeitsbedingungen für ein mechanisches Wechselgetriebe im Triebwagen hart. Die große Fahrzeugmasse mußte vorwiegend mit der vollen Motorleistung bewegt und beschleunigt werden, wodurch auch das Getriebe entsprechend gefordert wurde, insbesondere bei den Schaltvorgängen. Hinzu kam, daß die Maschinenanlage, weil weniger gut abgefedert als in Kraftfahrzeugen, den Stößen von der Schiene her oder auch beim Rangieren ausgesetzt war. Das Getriebe mußte also schon von der Auslegung her robust und so gestaltet sein, daß es nicht durch Verformungen des Drehgestelles, Durchbiegungen der Abtriebswellen usw. in Funktion und Festigkeit beeinträchtigt wurde.

Das T-1-Getriebe für den Maybach-E.V.A.-Triebwagen von 1924 war ein mechanisches Viergang-Wechselgetriebe, das mit Kegelradübersetzung, dem Wendegetriebe und der Blindwelle zu einer baulichen Einheit zusammengefaßt war. Es bestand im einzelnen aus zwei parallelen, senkrecht übereinander angeordneten Wellen, nämlich der vom Motor angetriebenen Triebwelle und vier fest damit verbundenen Zahnrädern und der Kupplungswelle, auf welcher sich – frei beweglich – vier Zahnkränze über Lagerschilde und Wälzlager abstützten, so daß die Zahnradpaare dauernd im Eingriff waren. Innerhalb dieser Zahnkränze befanden sich die Drucköl-betätigten Lamellen-Kupplungen, welche jeweils den Kraftschluß zwischen Zahnkranz und Kupplungswelle herstellten, Bilder 116 und 117.

Das Getriebe für den ersten Triebwagen hatte ursprünglich Knickhebel-Kupplungen, die aber in ihrer Funktion nicht befriedigten und deshalb schon nach den ersten Probeläufen zugunsten der Drucköl-Lamellen-Kupplungen aufgegeben worden waren. Das Kegelradritzel auf der Kupplungswelle trieb je nach gewünschter Fahrtrichtung das eine oder das andere (umschaltbare) Tellerrad an, welches seinerseits das Moment über eine Schaltmuffe auf die Blindwelle übertrug. Die Tellerräder stützten sich über Wälzlager im Getriebegehäuse ab, so daß sie von eventuellen Verformungen der Blindwelle unbeeinflußt blieben. Diese Lösung ist insofern elegant, als dank dieser Kegelräder auf eine eigene Zahnradstufe für den Wendetrieb verzichtet und gleichzeitig rückwärts genau so schnell wie vorwärts gefahren werden konnte. Weil bei den Triebwagen Fahrstand und Maschinenraum räumlich getrennt sind, konnte sich der Triebwagenführer beim Schalten nicht – wie im Kraftfahrzeug – auf sein Gehör stützen. Das Schalten mußte also unabhängig von den Sinneseindrücken des Fahrers erfolgen, Fehlschaltungen ausgeschlossen werden. Das wurde durch die Art der Betätigung der Lamellen-Kupplungen erreicht: Durch Bohrungen in der Kupplungswelle gelangte Drucköl in die Druckölzylinder, deren Kolben dann direkt auf die Lamellen wirkten. Der Zufluß des Drucköles für die Betätigungskolben der Lamellen-Kupplungen wurde durch eine Schaltstange im Ölkanal der Kupplungswelle gesteuert. In die Schaltstange waren umlaufende Nuten so eingefräst, daß dem Öl der Weg immer nur zu den Druckkolben der Kupplung des gewünschten Ganges freigegeben wurde. Bei Überschreiten der Höchstgeschwindigkeit des jeweiligen Ganges öffneten die Druckventile den Kreislauf für die Kupplungsbetätigung, so daß ein Überdrehen des Motors, z. B. bei Talfahrt oder Wahl eines falschen Ganges, verhindert wurde. Das Triebwagen-Getriebe T 1 und die Nachfolgeversion T 2 (mit denen übrigens Prinzipien der SG-Getriebe vorweggenommen worden waren) bewährten sich sehr gut. Der mechanische Wirkungsgrad dieser Getriebe erreichte im Maximalpunkt 92%.

Für leichte, zweiachsige Triebwagen und Schienen-Omnibusse entwickelte der Maybach-Motorenbau 1931 eine Abart des DSG-Getriebes, das druckluftgeschaltete DSGL 110 für Drehmomente bis zu 720 Nm bei 1000 min^{-1}.

Die 301 kW (410 PS) der Zwölfzylinder-Motoren G 5 bzw. GO 5 waren damals mit mechanischen Getrieben nicht mehr zu übertragen, weshalb mit diesen Motoren ausgerüstete Triebwagen elektrische Kraftübertragungen erhielten. Für die 154 kW (210 PS) der Sechszylinder-Reihenversion GO 5 h genügte das weiterentwickelte T-1-Getriebe, Typ T 2, wobei jetzt allerdings ein »Flüssigkeits-Schwungrad«, d. h. eine hydraulische Kupplung, zwischen Motor und Getriebe geschaltet wurde:

»... Die Flüssigkeitskupplung ist derart ausgeführt, daß unterhalb der niedersten Betriebsdrehzahl ein Drehmoment von Belang nicht übertragen wird... Erst bei Steigen der Motordrehzahl wächst auch das übertragbare Drehmoment, so daß ein sehr sanftes Anfahren und eine schonende Betriebsweise des Motors erreicht wird...« [65].

Zur selben Zeit, Anfang der dreißiger Jahre, arbeitete die Firma Voith/Heidenheim an einem hydrodynamischen Getriebe, bestehend aus einer Strömungskupplung und einem hydrodynamischen Drehmoment-Wandler (»Wandler«). Die Reichsbahn zeigte Interesse an dieser Getriebeart, denn die elektrische Kraftübertragung hat den prinzipiellen Nachteil, daß sie aus Generator und Fahrmotor(en) besteht, also aufwendig, schwer und teuer ist. Dazu kam, daß in den Schnelltriebwagen bei Ausfall oder bei aus welchen Gründen auch immer notwendigem Abschalten einer Anlage, insbesondere an Steigungen, der elektrische Teil der anderen Anlage überlastet wurde, weil er nicht das erforderliche Wandlungsverhältnis erbrachte, mit der Folge, daß der Fahrmotor durchbrannte; auch gab es bei schwerem Anfahren Kollektorbrände in den Fahrmotoren.

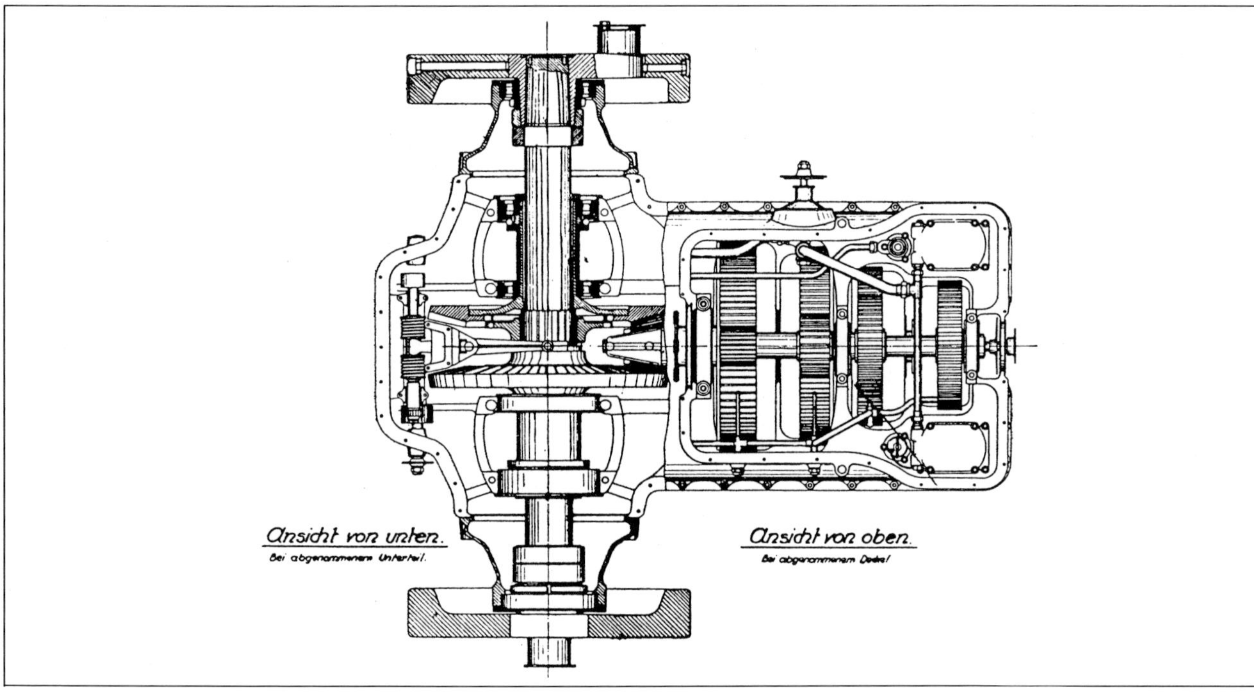

Bild 116. Das Maybach-Getriebe T 1 für den E.V.A.-Maybach-Dieseltriebwagen (1924) ist ein mechanisches Viergang-Wechselgetriebe mit Kegelrad-Übersetzung und Wendegetriebe.

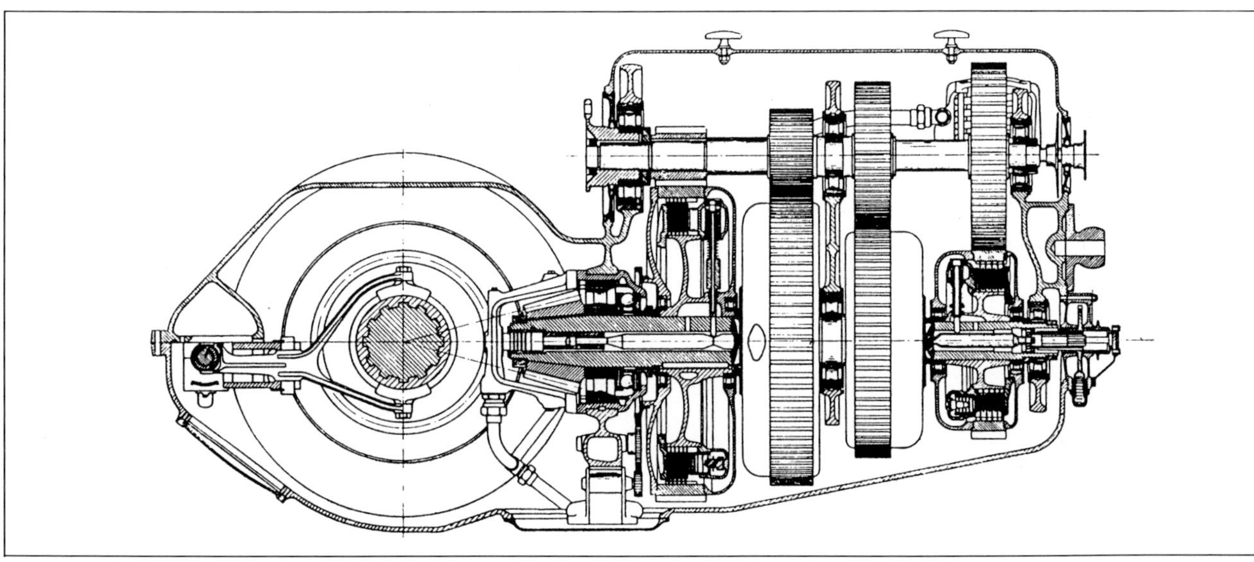

Bild 117. T-1-Getriebe, Längsschnitt.

Voith erhielt einen Auftrag auf drei hydraulische Getriebe für leichte Triebwagen, dem weitere für vierachsige Triebwagen, u. a. auch solche für vier Maschinenanlagen mit GO-6-Motoren, folgten. Weil nun der Maybach-Motorenbau sowohl in motortechnischen als auch in sonstigen Fragen des Triebwagen-Antriebes über die meisten Erfahrungen verfügte, drängte die Reichsbahngesellschaft die Firma Voith und den Maybach-Motorenbau zur Zusammenarbeit. Diese wurde 1934 in einem auf zehn Jahre unkündbaren Vertrag geregelt. Da der Maybach-Motorenbau zu dieser Zeit bei den Antriebsanlagen der Triebwagen einer ausländischen Bahngesellschaft mit dem Problem der Rückwirkung nicht optimal ausgelegter (elektrischer) Kraftübertragungen auf den (Verbrennungs-)Motor konfrontiert wurde, brachte er diese Erfahrungen in das Konzept des hydraulischen Getriebes ein:

»*... Auf Wunsch der Motorenfirma wurde für die Streckenfahrt keine Turbokupplung, sondern ein sogenannter Marschwandler eingebaut. Ein solcher bewirkt, daß die Motorendrehzahl wie beim Anfahrwandler von der Fahrgeschwindigkeit unabhängig ist und dabei ein günstiger Wirkungsgrad bei einem hydraulischen Übersetzungsverhältnis nahe 1 : 1 erreicht wird. Für die schnellaufenden*

Motoren wurden bei längerem Betrieb im Kupplungsbereich unerwünschte Rückwirkungen befürchtet, die im Wandlerbetrieb nicht auftreten...« [66].

Somit wurde dieses Getriebe, Bauart Voith T 2[55]) mit einem Anfahr- und einem Marschwandler ausgeführt. Es kam in den dreiteiligen Schnelltriebzügen SVT 137 153/154 der Bauart »Leipzig« zum Einbau.

Bedingt durch die Füll- und Entleerzeiten der Wandler waren die Schaltzeiten relativ lang, auch arbeiteten solche reinen Strömungsgetriebe damals nur in kleinen Bereichen des Kennfeldes mit guten Wirkungsgraden. Aus diesen Gründen begann der Maybach-Motorenbau 1936 mit der Entwicklung eines kombinierten Getriebes, bestehend aus einem hydrodynamischen Drehmoment-Wandler (»Wandler«) und einem sekundärseitig nachgeordneten mechanischen Viergang-Getriebe. Damit sollten der gute Wirkungsgrad eines mechanischen mit den Vorteilen eines hydraulischen Getriebes vereint werden:

»... *Die Eigenschaft der Flüssigkeitskreisläufe, Schwingungen zu dämpfen und sanft und stoßfrei anzufahren und zu schalten, hat die Verwendung von Flüssigkeitskupplungen zwischen Motor und mechanischen Getrieben begünstigt...«* [67].

Nun war aber die Kombination von hydrodynamischem Wandler und mechanischem Getriebe der AEG patentrechtlich geschützt. Der Maybach-Motorenbau brauchte also eine Lizenz von der AEG, die aber auf Grund vertraglicher Vereinbarungen nur mit Zustimmung von Voith zu bekommen war. Voith war verständlicherweise von den Aktivitäten des Maybach-Motorenbaus auf diesem Getriebesektor wenig erbaut, und es bedurfte langwieriger Verhandlungen zwischen dem Maybach-Motorenbau, Voith und der AEG, bis es zu einer einvernehmlichen Regelung kam und der Maybach-Motorenbau dieses Getriebe 1938 unter der Bezeichnung »Maybach-AEG-Voith-Getriebe ›Mekydro‹«[56]) bauen konnte. Das Mekydro-Getriebe mit der Bezeichnung ST 21 war ein Schalt-Turbo-Getriebe für Motorleistungen bis 330 kW (450 PS) bei 1400 min^{-1}, Bild 118. Über einen Hochtrieb gelangte die Leistung in den Primärteil des (Voith- bzw. AEG-) Wandlers. Sekundärseitig war der Wandler mit einer Lamellen-Hauptkupplung verbunden, welche die Leistung an das mechanische Viergang-Getriebe übertrug. Der mechanische Teil des Getriebes stellte eine Kombination aus SG-Getriebe mit Schaltung durch Abweisklauen und dem T-1-/T-2-Triebwagengetriebe mit Kraftschluß von Welle zu Zahnrad durch eine Lamellen-Kupplung dar. Die Wendeschaltung mittels zweier wahlweise in Eingriff zu bringender Kegelräder stammte ebenfalls vom T 1/T 2. Die Vorteile eines solchen mechanisch-hydraulischen Getriebes[57]) waren:

- daß größere Leistungen als mit rein mechanischen Getrieben übertragen werden konnten,
- der große Wandelbereich (hohe Zugkraft bei niedriger Geschwindigkeit und umgekehrt) und
- die Verkürzung der Schaltzeiten durch die Lamellen-Hauptkupplung zwischen Wandler und Schaltgetriebe und
- Betrieb dauernd im optimalen Wirkungsgradbereich.

---

55) Dieses Voith-Getriebe ist nicht mit dem mechanischen Maybach-Getriebe T 2 zu verwechseln.

56) DRP 661 783 (AEG-Lizenz)

57) Die Bezeichnung »Mekydro« setzt sich aus den Abkürzungen für »mechanisch« und »hydraulisch« zusammen.

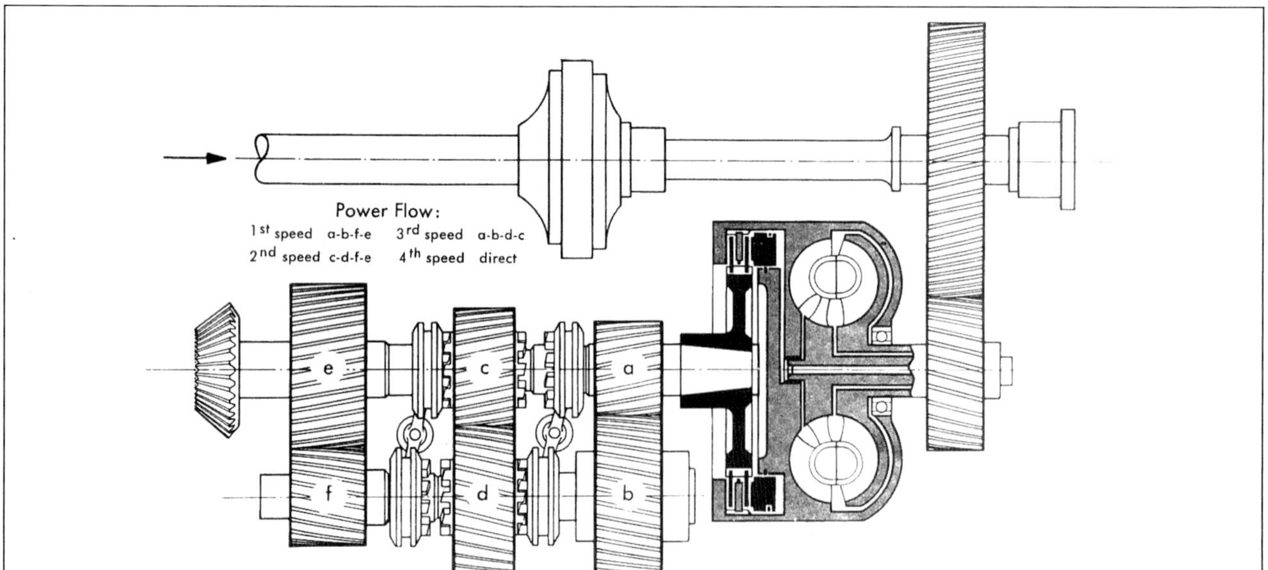

Bild 118. Das mechanisch-hydraulische Getriebe Maybach-»Mekydro« in der ersten Ausführung (ST 21) besteht aus dem hydrodynamischen Drehmomentwandler, der mechanischen Trennkupplung und vier mechanischen Gängen.

Für den Motor wirkte es sich vorteilhaft aus – und darauf wurde beim Maybach-Motorenbau besonderer Wert gelegt – daß er nicht mehr in der Drehzahl »gedrückt« wurde wie im reinen Kupplungsbetrieb, gleichgültig, ob es sich um eine mechanische oder hydraulische Kupplung handelte. Durch den Hochtrieb, d. h. Übersetzung der Motordrehzahl ins Schnelle, baute der hydraulische Teil klein, der mechanische Teil nach Art der SG-Getriebe war sowieso sehr kompakt. 1937 legte die Reichsbahn in Berlin in einer Konferenz in größerem Rahmen die Grundzüge für die weitere Entwicklung ihrer Dieseltraktion fest. Dabei fiel die Entscheidung zugunsten des vom Maybach-Motorenbau vertretenen Konzeptes einer kombinierten hydromechanischen Kraftübertragung[58]). Die Getriebe für die damaligen Motorleistungen (Zwölfzylinder-Saugmotor: 301 kW [410 PS]; Zwölfzylinder-ATL-Motor: 441 kW [600 PS]) sollten einerseits hohe Zugkräfte bei niedrigen Geschwindigkeiten und andererseits hohe Geschwindigkeiten (bei entsprechend niedriger Zugkraft) entwickeln können. Auf diese Art wollte die Bahn mit einer Getriebebauart Güterschlepptriebwagen, ein damals stark favorisiertes Projekt, und Schnelltriebwagen antreiben. Beide Forderungen konnten mit dem Mekydro-Getriebe ST 21 und dessen Nachfolgetyp, dem MO 21 U, erfüllt werden, Bild 119. Das MO-21-U-Getriebe wies gegenüber dem ST 21 einen wesentlichen Unterschied auf: die Lamellen-Hauptkupplung zur Zugkraft-Unterbrechung beim Schalten des nachgeschalteten mechanischen Getriebes war durch einen Ausrückwandler ersetzt worden, d. h. der Sekundärteil des Wandlers mit Turbinenrad mit Vorwärtsbeschaufelung konnte durch einen Öldruckkolben aus dem Strömungskreislauf herausgezogen (»ausgerückt«) werden. Im Gegensatz zu anderen hydraulischen Getrieben brauchte der Wandler zum Schalten also nicht entleert und wieder gefüllt werden. Zusätzlich hatte das Turbinenrad eine (für ein niedriges Moment ausgelegte) Rückwärtsbeschaufelung, die bei ausgerücktem Turbinenrad im Strömungskreislauf lag und dadurch die zu kuppelnden Teile synchronisierte, Bild 120. 1938/39 erteilte die Bahn dem Maybach-Motorenbau Aufträge über die Maschinenanlagen (Motor und Mekydro-Getriebe) für 32 Güterschlepptriebwagen, die aber wegen des 1939 beginnenden Krieges nicht mehr ausgeführt werden konnten. Im Kriege kamen die Arbeiten an den Triebwagen-Getrieben weitgehend zum Erliegen; statt dessen arbeitete der Maybach-Motorenbau an einer Sonderausführung des Mekydro-Getriebes für Kettenfahrzeuge. Schon zu Beginn der Mekydro-Entwicklung hatte man dessen Verwendung für Kettenfahrzeuge ins Auge gefaßt. Für das Projekt eines Panzermotors der Leistungsklasse 735 kW (1000 PS), HL 211, arbeitete der Maybach-Motorenbau den Entwurf eines Mekydro-Getriebes aus. Dieser Entwurf wurde dem OKH (Oberkommando des Heeres) vorgelegt, woraufhin

[58]) Im Sinn der gängigen Diktion handelt es sich hierbei um eine hydraulische Kraftübertragung, weil der Kraftfluß in jedem Gang über den Hydraulikteil verläuft.

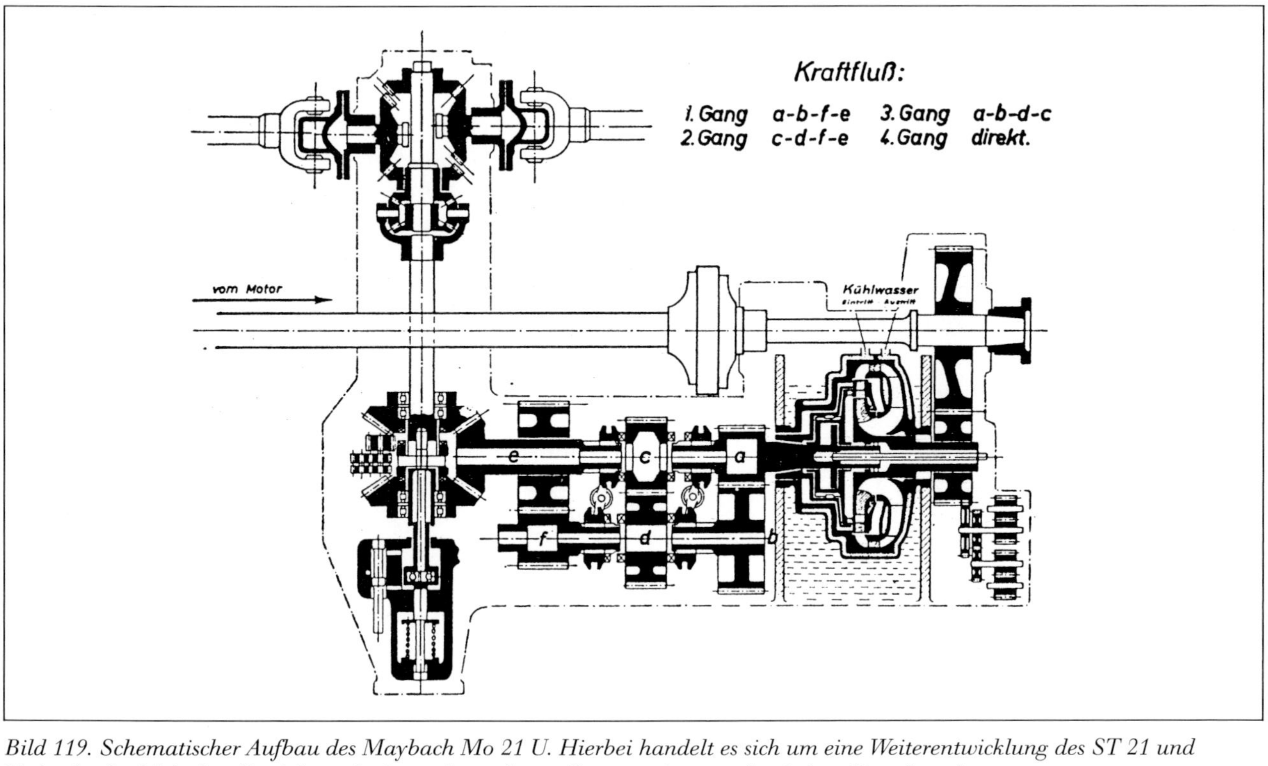

Bild 119. Schematischer Aufbau des Maybach Mo 21 U. Hierbei handelt es sich um eine Weiterentwicklung des ST 21 und Vorläufer des Mekydro-Getriebes mit einem Ausrückwandler statt einer mechanischen Trennkupplung.

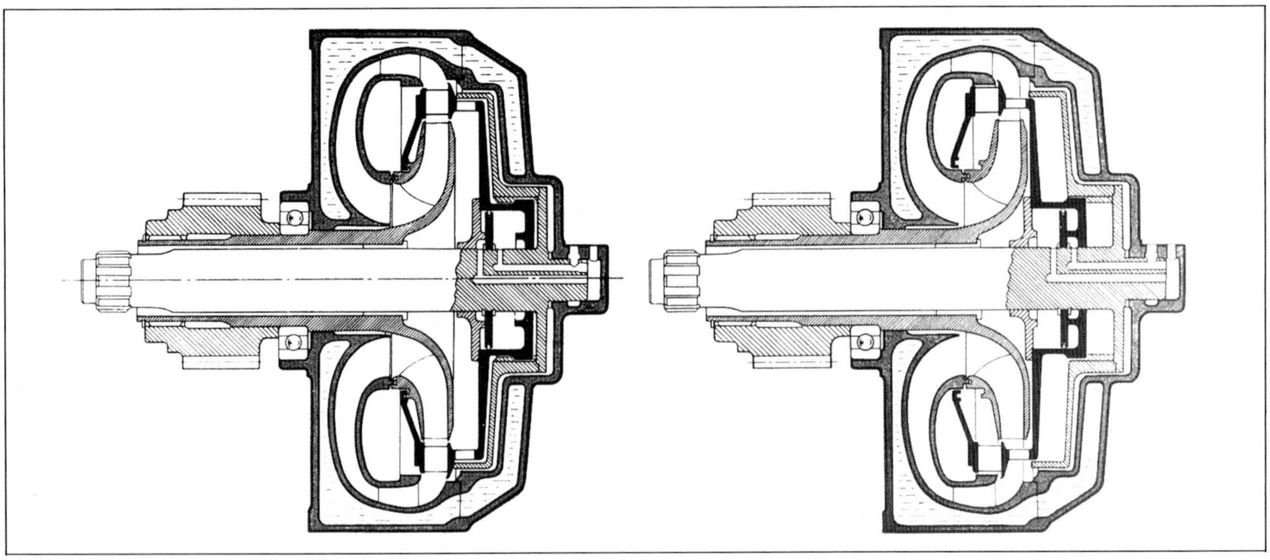

Bild 120. Ausrückwandler: Der Sekundärteil des Wandlers wird automatisch ein- und ausgerückt; er dient zum Synchronisieren und Kuppeln beim Schaltvorgang. Dadurch entfällt das Entleeren und Füllen des Wandlers beim Schalten. Links: Wandler eingerückt, rechts: ausgerückt.

dann das HWA den Maybach-Motorenbau (zusammen mit Voith, AEG und ZF) mit der Entwicklung dieses Getriebes beauftragte. Daneben gab es ein Projekt, das Getriebe mit der Typenbezeichnung MO 120 zusammen mit dem hydrostatischen Lenkgetriebe in einen Pz.-Kpfw. VI »Tiger III« mit vorne liegendem Motor einzubauen.

Zur Abfuhr der Wärme aus dem Wandler, bei solchen Leistungen und der kompakten Konstruktion des Getriebes ein nicht zu unterschätzendes Problem, wurde dieser mit einem Wassermantel versehen. Vom MO 120 wurden fünf Stück gefertigt, die aber nicht mehr eingebaut wurden.

Nach dem Zweiten Weltkrieg wurde die Erprobung der Triebwagen-Ausführung des Mekydro, des MO 21 U, wieder aufgenommen. Um es besonders schweren Bedingungen auszusetzen, wurde das für 154 kW (210 PS) ausgelegte Getriebe mit einem 184-kW-(250-PS-) Motor in einen Güterschlepptriebwagen eingebaut und auf Strecken mit extremer Steigung (1 : 25 !) und solchen mit kurzen Halteabständen gefahren. Die Bewährung des MO 21 U unter diesen Umständen hat sicher die Entscheidung der Deutschen Bundesbahn zugunsten der hydraulischen Kraftübertragung positiv beeinflußt.

Lokomotivgetriebe

Als nach dem Kriege die Entwicklungsarbeiten in Friedrichshafen wieder aufgenommen wurden und man sich Gedanken über einen leistungsstarken Lokomotivmotor machte, war es selbstverständlich, daß auch das dazugehörige Getriebe in die Überlegungen mit einbezogen wurde. Dabei standen im Maybach-Motorenbau zwei Konzeptionen zur Diskussion: das rein mechanische Vielgang-Getriebe und das mechanisch-hydraulische Getriebe. Mit den mechanischen Getrieben hatte man hinreichend Erfahrungen sammeln können, immerhin waren von 1936 bis 1945 rund 30000 Variorex- und 4000 Olvar-Getriebe gebaut worden. Eine Weiterentwicklung des technisch ausgereiften Olvar-Getriebes auf 735 kW (1000 PS) schien zunächst sinnvoll und mit vertretbarem Aufwand realisierbar. Andererseits waren die Bedenken, solche Leistungen über eine mechanische Trennkupplung (Lamellen-Kupplung im Ölbad) zu übertragen, nicht zu entkräften. Nachdem die Entscheidung schließlich für das Mekydro-Getriebe gefallen war, begann der Maybach-Motorenbau 1947 – ausgehend vom MO 21 – mit den Arbeiten an dem 1000-PS-Mekydro-Getriebe K 104.

In seinem grundsätzlichen Aufbau ähnelte dieses neue Getriebe dem MO 21 U. Es bestand aus dem Hochtrieb, dem hydrodynamischen Ausrückwandler (Bauart AEG-EMG), dem nachgeschalteten mechanischen Wechselgetriebe mit den Abweisklauen-Kupplungen, dem Wendetrieb (nun als Stirnradstufe ausgebildet), den Haupt- und Hilfsabtrieben sowie der Öldrucksteuereinrichtung und einem Primär/Sekundär-Regler. Für die vier Vorwärtsgänge standen drei Radpaare und für die Wendeschaltung ein zusätzliches Radpaar zur Verfügung, Bild 121. Die automatische Steuerung des Getriebes erfolgte durch den Schaltregler, der abhängig von der Motordrehzahl und der Fahrgeschwindigkeit die einzelnen Gänge schaltete. Die Steuerimpulse erhielt der Regler von je einem abtriebs- und primärseitigen Drehzahlmeßwerk (Fliehkraftpendelwerk), welche gegeneinander wirkend gemeinsam eine Muffenstange betätigten, deren Stellung auf den Regelschieber in der Steuerung übertragen wurde.

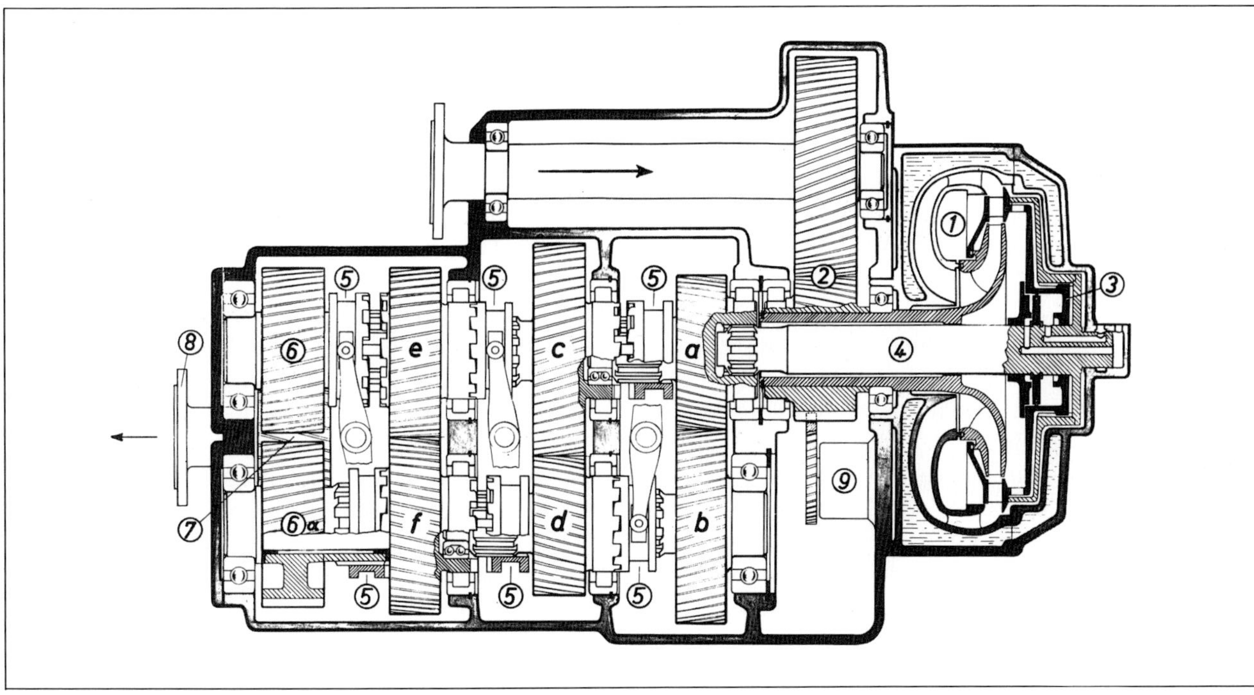

Bild 121. Schematischer Aufbau des Maybach-Mekydro-Getriebes: Kraftfluß der einzelnen Gänge.
1. Gang: a-b-d-c-e-6; 2. Gang: a-b-d-f-e-6; 3. Gang: a-c-e——6; 4. Gang: a-c-d-f-e-6.

1 Drehmomentwandler, 2 Hochtrieb, 3 Öldruckzylinder, 4 Sekundärwelle, 5 Maybach-Abweisklauen-Kupplungen, 6 Wendetrieb, 7 Abtriebsrad, 8 Abtriebsflansch, 9 Ölpumpe.

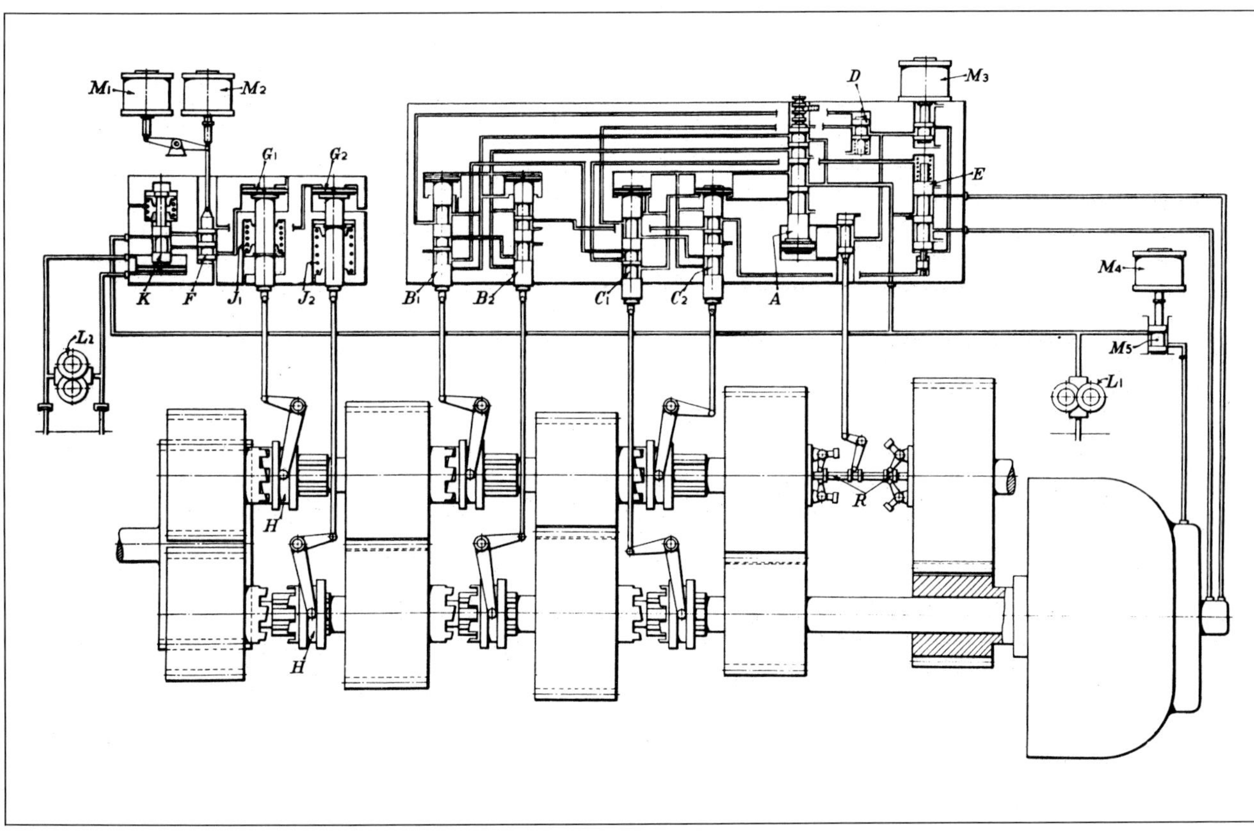

Bild 122. Schema der Öldrucksteuerung des Maybach-Mekydro-Getriebes.

A Gangwähler; B_1, B_2 Schaltzylinder; C_1, C_2 Schaltzylinder, D Steuerschieber, E Wandlerschieber, F Wendeschaltschieber; G_1, G_2 Wendeschaltzylinder, H Wendeschaltklauen; J_1, J_2 Federn, K Sicherungsschieber, L_1 Primärpumpe, L_2 Sekundärpumpe; M_1, M_2, M_3 Hubmagnete für Schieber (Wendeschaltung und Anfahrschieber), M_4 Hubmagnet für Wandler-Entleerventil, M_5 Schieber für Wandler-Entleerventil, R Regler.

Über eine sogenannte Notschaltung konnte das Getriebe auch von Hand betätigt werden, Bild 122. Zusammen mit dem MD 650 wurde das K-104-Getriebe in Schnelltriebzüge der Bauarten VT 08, VT 11 (TEE-Zug) und VT 12 eingebaut. Für den Einsatz in Triebwagen hatte das K 104 einen seitlichen Abtrieb (K 104 S); für die Lokomotiven V 80 und V 200 wie auch für andere Lokomotiven wurde es als K 104 US/SU mit wahlweise seitlichem und unterem Abtrieb angeboten[59]). 1951 kam das K 64 (441 kW [600 PS]) für Motoren der MD-Baureihe bis sechs Zylinder heraus, wurde aber schon bald durch das verbesserte KL 64 abgelöst.

Die hydrodynamischen Getriebe, sowohl Bauart Maybach K 104 oder Bauart Voith LT 306, hatten die in sie gesetzten Erwartungen so gut erfüllt, daß die Bundesbahn auch ihre Streckenlokomotiven, zuerst dieV 80, nachfolgend die V 200 und dann alle weiteren mit dieser Getriebeart ausrüstete. Natürlich gab es anfänglich auch Störungen und Schäden; diese konnten aber bald durch konstruktive oder betriebliche Verbesserungen abgestellt werden. Die Wandlerräder wurden ursprünglich aus einer Aluminium-Legierung gepreßt. An den vergleichsweise dünnwandigen Austrittskanten

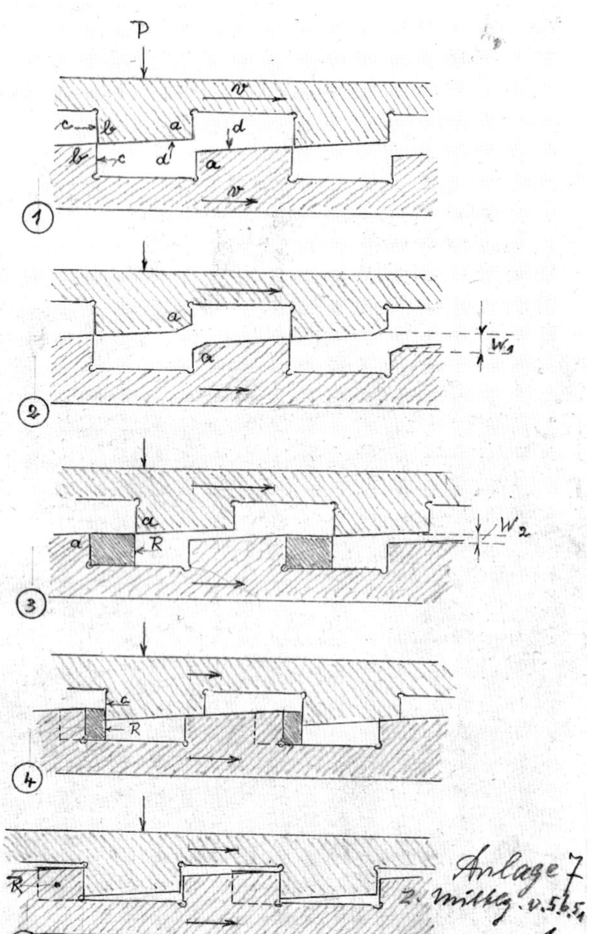

Bild 123. Entwurfsskizze für die Riegelklaue von Karl Maybach, 1951.

traten Risse auf, woraufhin man zu Messingschaufeln überging. Die ebenfalls aus Aluminium gegossenen Wandlergehäuse wurden wassergekühlt. Durch Temperaturspannungen kam es zu Rissen in den Gehäusen; auch verformten sich diese Gehäuse, was zu Undichtigkeiten zwischen dem Öl- und dem Wasserraum führte. Abhilfe wurde dadurch geschaffen, daß die Wandlergehäuse aus Grauguß und ungekühlt, also ohne Wassermantel, ausgeführt wurden. Für die Wärmeabfuhr aus dem Öl sorgte jetzt ein Wärmetauscher.

Anders als die Voith-Getriebe wurden die Mekydro-Getriebe mit Motorenöl von relativ hoher Viskosität (SAE 40) betrieben. Der Versuch, auch die Maybach-Getriebe mit dünnflüssigem Hydrauliköl zu fahren, wurde bald aufgegeben, weil es als Folge ungenügender Schmierung zu Schäden an den Abweisklauen kam. Die Abweisklauen-Kupplung hatte sich auch unter den extremen Bedingungen, denen das Olvar-Getriebe in den schweren Kettenfahrzeugen ausgesetzt war, gut bewährt. Auch im K 104 arbeiteten die Klauen zufriedenstellend. Doch hatten sich mit dem Eisenbahnbetrieb die Anforderungen an den Schaltmechanismus geändert: Die beim Schalten zu bewegenden Massen waren größer, und es herrschten andere Betriebsbedingungen als bei Straßen- und Geländefahrzeugen. In den Kfz- und Kettenfahrzeug-Getrieben waren die Schaltwege der Klauen kurz, und es gab keine Zwischenstellung für den Klauenring. Von den Triebwagen-Getrieben wurde verlangt, daß beim Abschleppen des Fahrzeuges mit stehendem Motor der Kraftfluß vom Getriebe zum Motor unterbrochen werden konnte, damit der Wandler sich nicht unzulässig erwärmte. Ließ sich das noch vergleichsweise einfach realisieren, zumal die entsprechende Schaltung nur bei stehendem Fahrzeug vorgenommen wurde, so sollte bei den zweimotorigen V-200-Lokomotiven eine Motorenanlage auch bei Fahrt zu- und abgeschaltet werden können. Für die Abweisklauen bedeutete das eine ungleich höhere Belastung. Besserung erreichte man durch Maßnahmen an der Klauen-Geometrie wie z. B. durch Klauenstirnflächen mit verschiedener Steigung. Das Problem, die zu schaltenden Massen während des Abweisvorganges über relativ große axiale Wege zu beschleunigen, wurde mit der »Riegelklaue« gelöst, Bild 123:

»... Die Anwendung des genannten Riegelklauenringes vermindert die Axialwege des Klauenringes und sperrt den Umkehrvorgang im engen Bereich an der Klauenspitze. Schaltschwierigkeiten sind nach seinem Einbau nicht mehr aufgetreten. Es ist erstaunlich, mit welcher Sicherheit und Schnelligkeit diese Schalttechnik die bei solch großen Getrieben nicht leicht zu beherrschenden Schaltvorgänge mit ihren großen Massenkräften ein-

[59]) Die Ziffern in der Typenbezeichnung geben die übertragene Leistung an: 100 = 1000 PS, 4 = vier Gänge, K = Kraftübertragung.

Bild 124. Mit der Riegelklauen-Kupplung wurden die axialen Wege beim Schalten verkürzt und dadurch die Belastung der Abweisklauen verringert. Hier im Bild: Riegelklauen-Kupplung links in Sperr- und rechts in Einrückstellung.

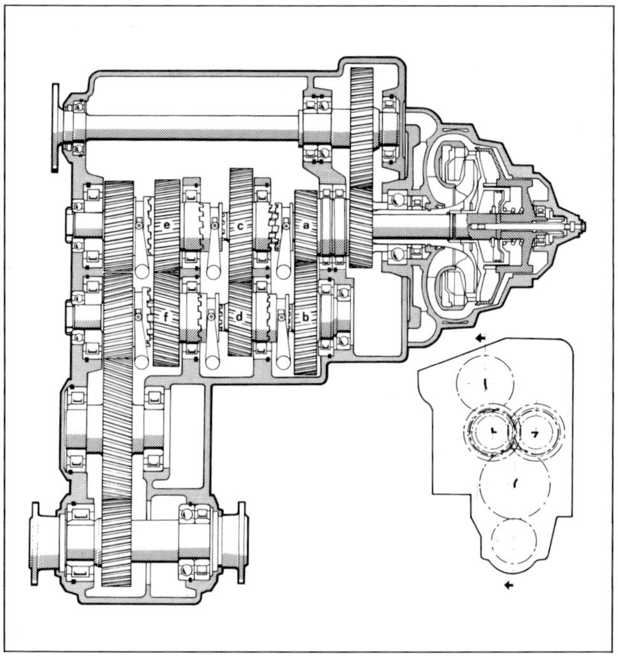

Bild 125. Schema des Maybach-Mekydro-Getriebes K 184 U für 1324 kW (1800 PS) Eingangsleistung. Dieses Getriebe war für die 16-zylindrigen MD-Motoren entwickelt worden.

schließlich Drehbeschleunigung bzw. Verzögerung meistert...« [68].

Weiterhin sollten mit dem Riegelklauenring Spitzenträger, d. h. extreme Belastungen, vermieden und sichergestellt werden, daß die Klauen voll in Eingriff gingen. Zunächst war dieser Riegelklauenring mehrteilig, wurde dann aber, nachdem es zu Brüchen gekommen war, einteilig ausgeführt, Bild 124. In Hinblick auf die Winkelbeschleunigung der zu schaltenden Massen wurde die Klauenzahl von 10 auf 16 vergrößert. (Die Klauenringe der SG-Getriebe hatten erst nur drei Klauen, später wurde die Klauenzahl auf 19 bzw. 29 erhöht!). Untersuchungen hatten ergeben, daß die Schalthäufigkeit zwischen 0,2 (TEE-Züge) und 2,1 (Personenzüge) je km lag; trotzdem zeigten die Klauen auch nach langen Laufzeiten (500000 km) ein einwandfreies Aussehen.

»... Die Schaltvorgänge wurden von einer sinnreichen hydraulisch arbeitenden Steuerung mit Hilfe von Klauenkupplungen (Riegelabweisklauen) in Bruchteilen einer Sekunde ausgeführt; wenn bei Einleitung des Schaltvorganges der Ausrückwandler kurzzeitig ausrückt und damit abgebremst wird, so laufen die Schaltungen, wenn auch hörbar, doch ohne radiale Stoß- oder Schlagbeanspruchungen der Klauenkupplung ab. Damit ist eine betrieblich befriedigende mechanische Schaltung so großer Leistungen technisch anwendbar geworden. Bei der konstruktiven Vervollkommnung wurde die Wandlerentleerung für bestimmte Schaltstufen vorgesehen; sie dient dazu, den Treibstoffverbrauch im Leerlauf herabzusetzen, und stellt eine unbedingte Trennung zwischen Motor und Schiene sicher...« [68].

Zwar wurde die ständige Füllung des Wandlers bislang als ein prinzipieller Vorteil des Mekydro-Getriebes angesehen, doch gab es Betriebszustände, für die das Entleeren des Wandlers wünschenswert war, z. B. im Motorleerlauf, um die hydraulischen Verluste zu verringern. Beim K 104 wurde eine solche Entleerung erst für alle Gänge, dann nur noch für den vierten Gang vorgesehen, um Motor und Getriebe (betriebsmäßig) völlig voneinander trennen zu können.

Mit der Erweiterung der MD-Baureihe durch die Sechzehnzylinder-Version MD 865/870 mußte auch ein Getriebe entsprechender Leistung geschaffen werden. So entstand das K 184 für einen Leistungsbereich von 735 kW (1000 PS) bis 1324 kW (1800 PS), Bild 125. 1958 wurden die ersten zwei K-184-Getriebe in die schwere sechsachsige Krauss-Maffei-Lokomotive ML 3000, deren beide MD-655-Motoren 2200 kW (3000 PS) entwickelten[60]), eingebaut und mit der Lokomotive einer harten Erprobung unterzogen:

»... Auf der Schwarzwaldbahn wurde am 5. 6. 1958 mit einem Güterzug mit 830 t Anhängelast auf einer Steigung von 20‰ eine Anfahrt ohne Sanden durchgeführt... Die Messung des Hangabtriebs ergab 19,3 t am Zughaken. Bei der Leistungsaufschaltung und gleichzeitiger Lösung der Zusatzbremse setzte sich der 830 t schwere Zug ohne Ruck und ohne Schleudern der Lokomotive in Bewegung. Durch zügiges Weiterschalten bis zur Vollaststufe 15 beschleunigte die Lokomotive den Zug bis zu einer Beharrungsgeschwindigkeit von 31 km/h... Am Getriebeausgang wurde hierbei eine maximale Getriebeöltemperatur von 120 °C gemessen, ein Wert, der weit unter der zulässigen Grenze liegt...« [69].

Die Mekydro-Getriebe K 64, KL 64, K 104 und K 184 wurden in viele Triebwagen und Lokomotiven auch ausländischer Bahngesellschaften eingebaut. Die SNCF hatte in mehreren Aufträgen eine große Zahl von Mekydro-Getrieben für Schnelltriebzüge und Triebwagen beschafft; in England liefen K-104- und

[60]) Die ML 3000 war damals die »leistungsstärkste Mehrzweck-Diesel-Lokomotive«.

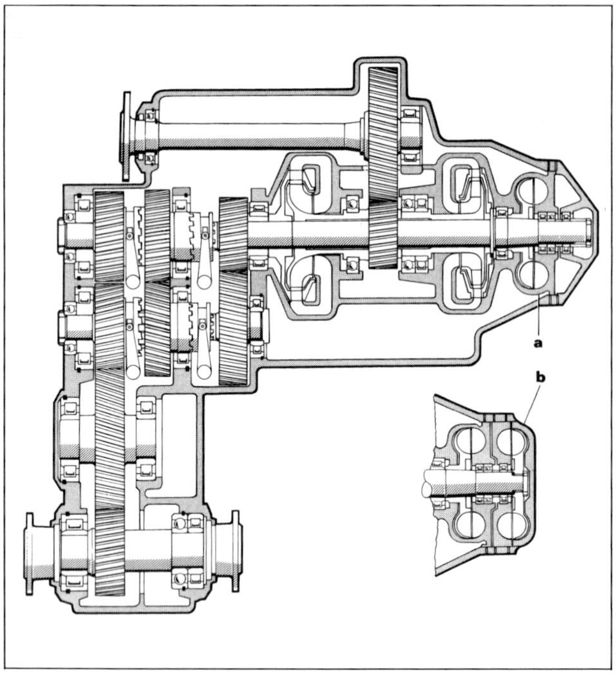

Bild 126. Schema des Maybach-Mekydro-Getriebes K 184 B. Hier Ausführung (a) mit hydrodynamischer Einfachbremse für 588 kW (800 PS) Bremsleistung. Ausführung (b) mit Doppelbremse für 1176 kW (1600 PS) Bremsleistung.

K-184-Getriebe zusammen mit MD-650- und MD-870-Motoren in verschiedenen Lokomotiv-Typen. Die Bundesbahn setzte das K 184 zusammen mit dem Motor MB 835 in der Lokomotive V 200[1] (V 221) ein. Analog zur Entwicklung der Motoren nahmen die Laufleistungen der Getriebe mit der betrieblichen Erfahrung und den daraus resultierenden konstruktiven Verbesserungen zu, wie in diesem Aufsatz in einer Fachzeitschrift hervorgehoben wird:

»... *Die geringe Störanfälligkeit aller bei der Deutschen Bundesbahn eingesetzten hydraulischen Kraftübertragungen der verschiedenen Systeme, d. h. die Zahl der Ausfälle im Dienst, wurde von berufener Seite durch eine störungsfreie Laufleistung von 1,8 Mio. km gekennzeichnet, wobei die Übertragungsorgane bis zur Achse mitgerechnet sind. Der entsprechende Wert für die hydraulischen Getriebe allein wurde mit 3,1 Mio. km angegeben*...« [69].

Anfang der sechziger Jahre wurde im Maybach-Motorenbau das Konzept der Mekydro-Getriebe neu überdacht, und zwar aus verschiedenen Gründen:

Die zum Schalten mechanischer Gangstufen nötige Zugkraftunterbrechung machte sich bei einmotorigen Lokomotiven unangenehm bemerkbar, weil durch die Verzögerung der Lokomotive erst der Zug auflief und nach Einlegen des Ganges beim Beschleunigen der Lok (in den Grenzen des Spieles und der Elastizität der Zugvorrichtungen) wieder auseinanderzog. Bei Zwei-Motoren-Anlagen wirkte sich das nicht so stark aus, weil die Getriebe asynchron schalteten. Es war aber abzusehen, daß sich dieser Effekt bei den projektierten 1838-kW-(2500-PS-) Lokomotiven mit einem Motor weit stärker bemerkbar machen würde. Andererseits war auch im Wandlerbau die Entwicklung weitergegangen, wobei nicht so sehr die etwas besseren Wirkungsgrade als vielmehr der größere Bereich guter Wirkungsgrade entscheidend waren. Beim Abwägen der Vor- und Nachteile der bisherigen Mekydro-Konzeption mit ständig gefülltem Wandler und Ausrückwandler gegenüber dem Zwei-Wandler-Prinzip neigte sich jetzt die Waagschale zugunsten der letztgenannten Version. Anlaß für die Umkonstruktion des K-184-Getriebes war der Wunsch nach einer hydrodynamischen Betriebsbremse. Hierbei handelt es sich praktisch um eine hydrodynamische Kupplung mit feststehendem Sekundärteil, in der die zugeführte mechanische Energie in Wärme umgewandelt und über einen Wärmetauscher abgeführt wird.

»... *Da die im Getriebe eingebaute Bremse die Synchronisier-Aufgabe für die mechanische Schaltung übernehmen konnte, lag es nahe, anstelle des Ausrückwandlers mit seiner doppelten Turbinenbeschaufelung zwei einfache Wandler mit unterschiedlicher Beschaufelung zu verwenden, die in bekannter Weise durch wechselseitiges Füllen und Entleeren in Funktion treten*...« [70].

Das so modifizierte Getriebe, K 184 B, hatte also einen Anfahr- und einen Marschwandler mit nachgeschaltetem mechanischen Viergang-Getriebe und mit hydrodynamischer Bremse, Bild 126. Gründlich erprobt, bildete das K 184 B 1964 die Grundlage für ein leistungsstärkeres Getriebe mit Übertragungsleistungen bis 1838 kW (2500 PS), das K 254 B. Damit war die Ära des »klassischen« Mekydro-Getriebes zu Ende gegangen. Über 900 solcher Getriebe mit – im Schnitt – 735 kW (1000 PS) Leistung waren ausgeliefert worden, vor allem für Streckenlokomotiven.

Das neue K-254-B-Getriebe wurde zusammen mit dem Motor MB 839 in eine 1470-kW-(2000-PS-) Lokomotive V 162 (217) eingebaut und erprobt. Das 184 B kam zusammen mit dem MD 870 in die zweimotorigen 2940-kW-(4000-PS-) Lokomotiven der Spanischen Staatsbahn (RENFE) zum Einbau. Wegen des guten Wandlerwirkungsgrades über einen großen Bereich des Drehzahlkennfeldes konnte die Zahl der mechanischen Gänge ohne Beeinträchtigung der Getriebe-Charakteristik von vier auf zwei verringert werden. So entstanden aus den K 184 B und K 254 B die Getriebe K 182 B und K 252 B mit zwei mechanischen Gangstufen; außerdem wurden noch zwei einfachere Varianten für niedrigere Leistungen entwickelt, das K-72- und das K-102-Getriebe. Das K 182 hatte auf Wunsch, das K 252 serienmäßig eine von Hand zu schaltende Stufe, mittels derer der Geschwindigkeitsbereich gewechselt werden konnte (Güterzug/Schnellzug). Während das K 182 B mit einer hydrodynamischen Einfachbremse (Dauerbremsleistung: 882 kW [1200 PS]) ausgerüstet

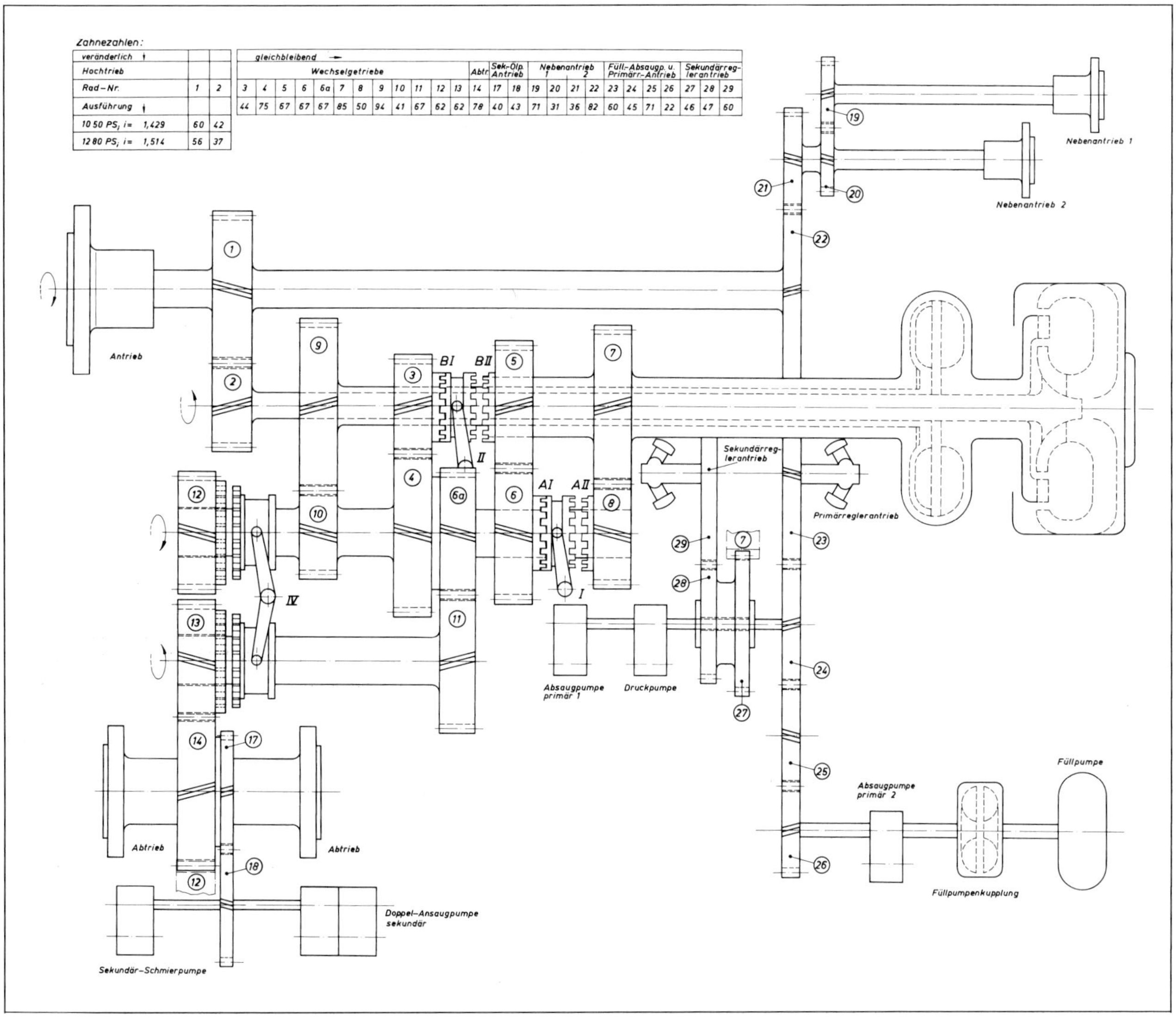

veränderlich ↓		
Hochtrieb		
Rad-Nr.	1	2
Ausführung ↓		
1050 PS, i = 1,429	60	42
1280 PS, i = 1,514	56	37

gleichbleibend →																									
Wechselgetriebe												Abtr.	Sek.-Ölp. Antrieb		Nebenantrieb 1		Nebenantrieb 2		Füll.-Absaugp. u. Primärr.-Antrieb				Sekundärreglerantrieb		
3	4	5	6	6a	7	8	9	10	11	12	13	14	17	18	19	20	21	22	23	24	25	26	27	28	29
44	75	67	67	67	85	50	94	41	67	62	62	78	40	43	71	31	36	82	60	45	71	22	46	47	60

Bild 127. Räderschema des Maybach-K-203-Getriebes für 1470 kW (2000 PS) Übertragungsleistung mit drei mechanischen Gängen.

werden konnte, standen für das K 252 wahlweise eine Einfach- oder eine Doppelbremse (Dauerbremsleistung: 1176 kW [1600 PS]) zur Auswahl. Außerdem war der Anbau eines Einspeiswandlers möglich, über den die Leistung eines zweiten Motors in das Getriebe eingespeist werden konnte[61]), so auch die eines von der Fahrleitung her betriebenen Elektromotors.

Es sei noch kurz auf den hydraulischen Teil des K 252 eingegangen: Ein Hochtrieb treibt die für beide Wandler gemeinsame Pumpenwelle an. Der Marschwandler ist nicht, wie üblich, als normaler »dreikränziger Wandler«, d. h. bestehend aus dem Pumpenrad, der zentrifugal durchströmten Turbine und dem Leitrad ausgebildet, sondern hat eine zweistufige Turbine, deren erster Teil zentrifugal und zweiter Teil zentripetal (d. h. von außen nach innen) durchströmt wird. Der Grund für diese ungewöhnliche Konstruktion war der Wunsch nach einer mit dem Turbinen/Pumpendrehzahl-Verhältnis fallenden Leistungskurve, wie sie unter speziellen Bedingungen für den Motor von Vorteil ist. In der Ausführung K 252 SUEW wurden diese Getriebe in die Bundesbahn-Lokomotiven V 217 und als K 252 SUBB in die V 218 eingebaut, Tafel 12, S. 413.

Eine modifizierte Abart des Mekydro-Getriebes stellte das K 203 dar, bestehend aus dem dreikränzigen Wandler, einer hydraulischen Kupplung und drei nachgeschalteten mechanischen Gängen. Die hydraulische Kupplung diente als Schalthilfe, um die Zugkraftunterbrechung beim Gangwechsel aufzufangen. Außerdem konnte sie als hydrodynamische Bremse fungieren; zu diesem Zweck war in ihren Ölkreis ein Wärmetauscher geschaltet, Bild 127. Einige Exemplare des K 203 wurden gefertigt und an die Bundesbahn vermietet. Trotz guter Bewährung in Lokomotiven der Baureihen V 217/218 gab diese letztlich den K-252-Getrieben den Vorzug.

---

[61]) Das ist im Zusammenhang mit dem Generator-Diesel für die elektrische Zugheizung von Interesse.

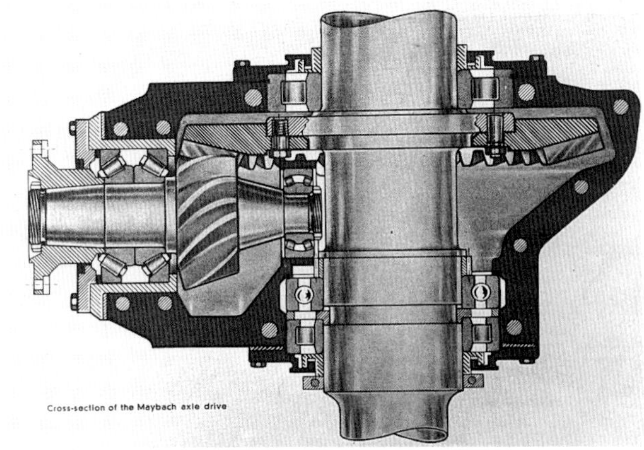

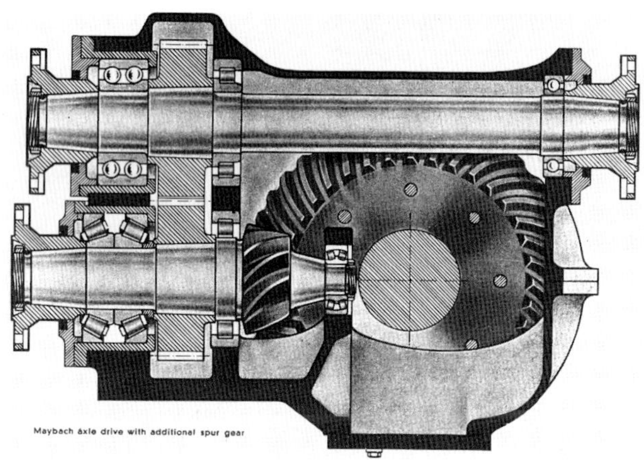

Bild 128. Maybach-Achstrieb. Oben: ohne Vorgelege, unten: mit Vorgelege.

Achstriebe

Zusammen mit den Mekydro-Getrieben für Schienenfahrzeuge hatte der Maybach-Motorenbau auch Achstriebe, Gelenkwellen und Schwingmetall-Kupplungen entwickelt. Die Achstriebe übertragen das vom Getriebe über die Gelenkwellen abgegebene Drehmoment auf die Treibachsen des Schienenfahrzeuges. Der Achstrieb besteht aus dem Achstrieb-Gehäuse, dem Kegelritzel und dem Tellerrad; die Kegelräder haben eine Bogenverzahnung. Das Ritzel ist antriebsseitig in zwei Kegelrollenlagern, auf der anderen Seite in einem Pendelrollenlager gelagert. Die Kegelrollenlager sitzen in einer Bundbüchse, so daß die ganze Einheit komplett montiert und demontiert werden kann. Das Tellerrad ist an einem Flansch der Treibachsen zentriert und verschraubt und beidseitig in Rollen- und Kugellagern im Achstrieb-Gehäuse gelagert. Das Gehäuse stützt sich mit einer Drehmomentenstütze am Fahrzeug ab. Je nach Ausführung ist dem Kegelritzel eine Zwischenstufe vorgeschaltet (erkennbar an dem Nachsetzzeichen »V« = Vorgelege in der Typenbezeichnung), Bild 128, die dazu diente, mehrere Achsen anzutreiben.

Schiffsgetriebe

Bei der Einführung des schnellaufenden Dieselmotors in die Schiffahrt zeigte sich, daß die auf dem Markt befindlichen Getriebe den Anforderungen der Maybach-Motoren hinsichtlich der Übertragungsleistung und der Untersetzungs-Verhältnisse nicht gerecht wurden. Somit mußte der Maybach-Motorenbau auch auf diesem Gebiet aktiv werden und ein auf seine Motoren zugeschnittenes Schiffs-Wende- und Untersetzungsgetriebe entwickeln.

Der Schiffsbetrieb stellt an das Getriebe niedrigere Anforderungen als das Landfahrzeug, weil zum einen der Propeller im Wasser gleichsam eine Strömungskupplung darstellt und zum anderen die Leistungsaufnahme des Propellers – in der Tendenz zumindest – der Kennlinie hochaufgeladener Motoren entgegenkommt; allerdings zwingt der Abgasturbolader bei der Hochaufladung dem Kolbenmotor seine Strömungsmaschinen-Charakteristik auf. Ein Bootsgetriebe muß die Motordrehzahl auf die für den Propeller vorgegebene Drehzahl untersetzen, und für den Fall, daß der Motor wie alle Maybach-Dieselmotoren nicht umsteuerbar ist, den Drehsinn des Propellers umkehren können: »Boots-Wende- und Untersetzungs-Getriebe«.

Schon Anfang der dreißiger Jahre hatte der Maybach-Motorenbau Schiffsgetriebe entwickelt: das UR 1 für die Sechszylinder-Motoren GO 4 und GO 5h (Bild 129) und die UR-3/UR-4-Getriebe für den zwölfzylindrigen GO 5. Im Aufbau gleich, unterschieden sich diese

Tabelle 14. Achstriebe.

Typ	Drehmoment Nm	Untersetzung
C 22 / C 22 V	9000 ÷ 11000	einfache Kegelrad-Antriebe 2,4 ÷ 3,3 : 1
C 32	14000	
C 33 / C 33 V	14000 ÷ 16000	
C 34	14000 ÷ 16000	
C 34 V	14000 ÷ 16000	

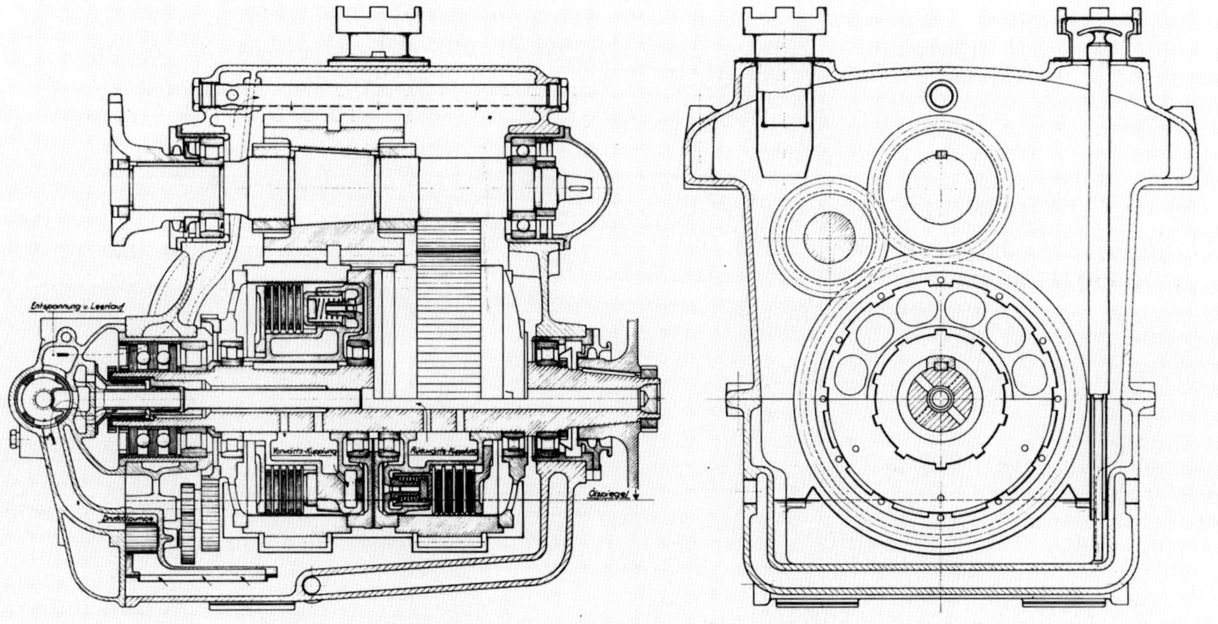

Bild 129. Maybach-Schiffsgetriebe UR 1 (1929) mit Untersetzung und Rückwärtsgang. Die Eingangsleistung betrug mit 110 kW (150 PS) bei 1300 min^{-1} ein Dreißigstel und weniger als die der späteren MTU-Schiffsgetriebe.

Getriebe durch die übertragbare Leistung und die Übersetzung. Je nach Ausführung reduzierten sie die Motordrehzahl (1400 min^{-1}) auf 500, 660 oder 750 min^{-1}. Es handelt sich hierbei um Drei-Wellen-Getriebe mit druckölbetätigter Lamellen-Kupplung, mit welcher der Kraftfluß über die einzelnen, ständig im Eingriff befindlichen Stirnräder geleitet wurde. Passend für die Motoren der MD-Baureihe brachte der Maybach-Motorenbau mit dem KS 1215 das erste einer ganzen Baureihe solcher Getriebe heraus. Ausgelegt für eine Übertragungsleistung von 882 kW (1200 PS) und Eingangsdrehzahlen zwischen 1500 und 1800 min^{-1} ist dieses Getriebe in Drei-Wellen-Bauart mit koaxialer Anordnung der Wellen ausgeführt. Eine öldruckbetätigte Lamellen-Kupplung dient als Hauptkupplung. Zwei Radsätze mit je drei schrägverzahnten Stirnrädern untersetzen die Motordrehzahl und kehren – je nach Schaltung – den Drehsinn der Abtriebswelle um. (In der Maybachschen Typenbezeichnung kommt das durch »gs« (gleichsinnig) und »ugs« (ungleichsinnig) zum Ausdruck. Diese Bauweise gestattet es, die volle Leistung dauernd sowohl in der einen wie auch in der anderen Richtung abzugeben. Das ist nicht so sehr für die Rückwärtsfahrt von Belang, denn schließlich läuft ein Boot, z. B. Schnellboot (Motortorpedoboot) oder Schnelles Minensuchboot nicht längere Zeit mit voller Kraft rückwärts, sondern für Zwei- und Mehrwellen-Anlagen, bei denen die Propeller gegenläufig drehen, um das jeweilige Reaktionsmoment aufzuheben.

Dank dieser Getriebebauart können die Motoren, unabhängig davon, welchen Propeller sie antreiben, mit derselben Drehrichtung laufen. Das ist natürlich für die Fertigung und Logistik von Vorteil. Neben dem Haupt- und dem Nebenabtrieb hat das Getriebe noch Hilfsabtriebe für den Antrieb z. B. von Feuerlöschpumpen. Das Untersetzungsverhältnis ist durch die Zahnrad-Paarung fest vorgegeben; der Kraftfluß zu den einzelnen, ständig in Eingriff befindlichen Radsätzen wird über die Abweisklauen-Kupplungen gesteuert, wobei eine Synchronisiereinrichtung für den Drehzahlausgleich beim Schaltvorgang sorgt. Die im Getriebe entstehende Wärme wird durch einen wassergekühlten Wärmetauscher abgeführt.

Mit der Erweiterung der MD-Baureihe und der Weiterentwicklung dieser Motoren mußten auch die Schiffsgetriebe an diese Leistungen angepaßt werden. Den Schiffsgetrieben kam immer mehr Bedeutung zu, als sich in den sechziger Jahren das Schwergewicht des Einsatzes der MD-Motoren vom Bahnbetrieb zunehmend auf den Schiffssektor, insbesondere auf das Gebiet marinetechnischer Spezialanwendungen, verlagerte. Die Fertigung der »kleinen« MD-Motoren wurde zugunsten der Zwölf-, Sechzehn- und Zwanzigzylinder-Ausführungen eingeschränkt, um dann schließlich ganz aufgegeben zu werden. Die Getriebe mußten nun auf die Leistungen der MD-Marinemotoren (Höchst- und Überleistung), andererseits aber auch für die Dauerleistung bei entsprechend reduzierter Drehzahl ausgelegt sein.

Eine Sonderausführung ist das KS 30 30 als »unmagnetisches« (genauer: teilmagnetisches) Getriebe für den MD 871 »um« ohne Rückwärtskupplung (für Ver-

Tabelle 15. Maybach-Schiffsgetriebe (Stand September 1965).

Typ	Übertragungsleistung kW/PS	Motor-Drehzahl min^{-1}	Untersetzung	Untersetzung bei verminderter Leistung	Masse (trocken mit Wärmetauscher) kg
KS 12	882/1200	1500	1,5:1–3,5:1*	–	1400
KS 13	992/1350	1500	3,00:1	3,5:1	1025
KS 15	1100/1500	1500	1,85:1	3,5:1	1465
KS 22	1654/2250	1800	1,85:1	3,0:1	1250
KS 30	2200/3000	1800	1,85:1	3,0:1	1250
KS 40	2647/3600	1900	1,85:1	3,0:1	1270
KS 50	3309/4500	1900	1,85:1	2,5:1	1600

* je nach Auftrag

stellpropeller). Wie unterschiedlich die Anforderungen an einen Getriebetyp sein können, sieht man an den Ausführungen des KS 40, das in folgenden Grundtypen angeboten worden ist:

- Als KSU 40 ist es ebenfalls ein reines Untersetzungsgetriebe mit Lamellen-Kupplung ohne Wendeteil für Boote mit Verstellpropeller. Die Drehrichtung kann gewählt werden, ist dann aber fest vorgegeben und kann nur durch Tausch der Räder geändert werden.
- In der Ausführung KS 40 handelt es sich um ein Wende- und Untersetzungsgetriebe, welches durch Einbau einer zusätzlichen Kupplung, deren Sekundärteil in umgekehrter Richtung läuft, umsteuerbar ist.

Durch die Hochaufladung nimmt zwar die Motorkennlinie immer mehr die Charakteristik einer Propellerkurve an, was aber nicht heißt, daß sie sich im Einzelfall mit ihr decken muß. Daher müssen die beiden Kennlinien durch getriebeseitige Maßnahmen in Einklang gebracht werden. Ein Mittel hierzu ist der hydrodynamische Wandler, der sich ja im Bahnbetrieb bestens bewährt hatte. Es lag deshalb nahe, auch Schiffsgetriebe mit einem Wandler zu versehen; ebenso bot sich die hydrodynamische Kupplung zum Umsteuern und für die Rückwärtsfahrt an. Zunächst wurde eine hydraulische Rückwärtskupplung in ein dafür besonders vorbereitetes KS 40 eingebaut, wobei der Sekundärteil der Kupplung in umgekehrter Richtung lief. Nach Vorerprobung auf dem Getriebeprüfstand wurde diesem Getriebe noch ein Wandler vorgeschaltet (KSW 40 FU), Bild 130. Damit erreichte man folgendes:

- Angleichung von Motor- und Propeller-Kennlinien,
- Umsteuerbarkeit,
- Veränderung des Untersetzungs-Verhältnisses in weiten Grenzen (wichtig für die »Schleichfahrt« bei bestimmten Marinefahrzeugen).

Von besonderem Interesse ist ein solches Getriebe für Tragflügelboote, deren Widerstand eingetaucht erheblich größer ist als im ausgetauchten Zustand; aber auch für kombinierte Motoren-Gasturbinen-Anlagen (CODOG, CODAG)[62]) sind hydrodynamische Wandler von Vorteil.

[62]) CODOG = Combined Diesel or Gas Turbine
CODAG = Combined Diesel and Gas Turbine

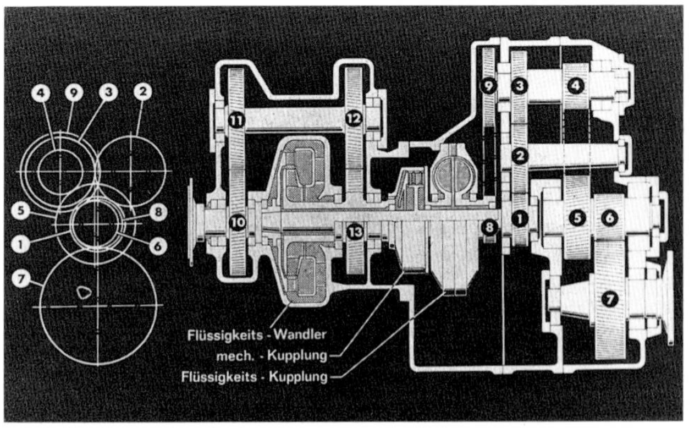

Bild 130. Schema des MTU-Schiffsgetriebes KSW 40 FU mit hydrodynamischem Wandler und hydraulischer Kupplung zum Umsteuern. Eingangsleistung: 2647 kW (3600 PS).

Kraftfluß:
Anfahren und Schleichfahrt: *10-11-12-13, Flüssigkeitswandler 1-2-3-4-5-6-7;*
Dauerfahrt voraus: *10-11-12-13, mechanische Kupplung 1-2-3-4-5-6-7;*
Fahrt zurück: *10-11-12-13, Flüssigkeitskupplung 8-9-4-5-6-7.*

Ausklang

Als 1959 mit dem 80. Geburtstag Karl Maybachs auch das fünfzigjährige Jubiläum der Maybach-Motorenbau GmbH gefeiert wurde, konnte Karl Maybach auf ein erfülltes und erfolgreiches Leben als Konstrukteur und Ingenieur zurückblicken. Ein halbes Jahrhundert hatte er der Motorentechnik wichtige Impulse gegeben und mit seinen Motoren und Getrieben Maßstäbe gesetzt.

Die Entwicklung schnellaufender Hochleistungsmotoren hatte eine Vielzahl von Problemen aufgeworfen. In dieser Erschwernis lag auch ein Grund für den Erfolg der Maybachschen Konstruktionen: hoher entwicklungstechnischer Aufwand im Verein mit hochwertiger Präzisionsfertigung. Hierzu brauchte man fähige und qualifizierte Mitarbeiter, die Karl Maybachs Ideen verwirklichen konnten und die beste Gewähr dafür boten, sein Werk auch in der Zukunft fortzusetzen.

Karl Maybach hatte im Laufe der Jahrzehnte viele Motoren entwickelt: Ottomotoren für Luftschiffe und Flugzeuge, hochwertige Automobilmotoren, aus denen immer stärkere Triebwerke für schwere Nutzfahrzeuge bis hin zu den Motoren für Kettenfahrzeuge abgeleitet wurden. Seine größte Leistung jedoch war der schnelllaufende Dieselmotor größerer Leistung, mit dem die Ära der Diesel-Schienentraktion in Deutschland eingeleitet wurde. Das war nicht nur eine Pioniertat, damit wurden auch die Weichen für die Zukunft gestellt.

Diese Bahnmotoren ermöglichten dem Unternehmen nach den militärischen, politischen und wirtschaftlichen Katastrophen beider Weltkriege das weitere Bestehen und bildeten die Grundlage des Erfolges der Maybach-Motorenbau GmbH und ihrer Nachfolgefirmen. Gerade mit der unter den schwierigen Verhältnissen der Zeit nach dem Zweiten Weltkrieg konzipierten Baureihe von Lokomotiv- und später auch Schiffsmotoren hatte Karl Maybach eine Voraussetzung für den Wiederaufbau seines Unternehmens geschaffen. Eine stimmige Konzeption und eine bis ins Kleinste ausgefeilte Konstruktion sind Gründe, warum diese Motoren über 40 Jahre lang (mit laufend erhöhter Leistung) gebaut wurden. Manche konstruktive Einzelheit, die seinerzeit von der Fachwelt als zu aufwendig, weil nicht erforderlich, abgelehnt wurde, gilt heute als Stand der Technik und wird als unabdingbar angesehen, die Anforderungen der Zukunft zu erfüllen.

Durch Zusammenarbeit mit bisherigen Wettbewerbern gelang es, den Bedingungen einer sich rapide wandelnden Zeit Rechnung zu tragen und der Maybach-Motorenbau GmbH eine tragfähige wirtschaftliche Grundlage zu geben. Damit konnten gleichermaßen die technische Kontinuität gewahrt und neue Perspektiven für die Zukunft eröffnet werden – getreu der Maybachschen Maxime: »... im Zuvorkommen und Vorausdenken liegt das Geheimnis aller weiteren Fortschritte in der Technik ...«.

Anhang

Abkürzungen

ABOAG	Allgemeine Berliner Omnibus-Aktien-Gesellschaft
AEG	Allgemeine Elektricitäts-Gesellschaft
AGL	Abgasturbolader
Al	Aluminium
ATL	Abgasturbolader
AW	Ausbesserungswerk
BBC	Brown, Boveri & Cie.
BR	Baureihe
BVG	Berliner Verkehrs-Betriebe
BW	Bahnbetriebswerk
DB	Daimler-Benz AG
DB	Deutsche Bundesbahn
DBAG	Daimler-Benz AG
DE	Direkteinspritzung
DEFA	Direction des Études et Fabrications d'Armement
DELAG	Deutsche Luftschiffahrts-Aktiengesellschaft
DL	Diesellokomotive
DMG	Daimler-Motoren-Gesellschaft
DSG	Doppelschnellgang-Getriebe
DVL	Deutsche Versuchsanstalt für Luftfahrt
EDV	Elektronische Datenverarbeitung
ERP	European Recovery Programme (Marshallplan)
EVA	Eisenbahn-Verkehrsmittel AG
Famo	Fahrzeug- und Motorenbau GmbH, Breslau
G	Gleichdruckmotor (Dieselmotor)
GG	Grauguß
GO	Gleichdruck-Dieselmotor, ohne Kompressor
GTO	Gleichdruck-Dieselmotor, ohne Kompressor, mit Tunnelgehäuse
HL	Hochleistung
HP	Horse Power
HWA	Heereswaffenamt
Kfz	Kraftfahrzeug
KVG	Kraftverkehrs-Gesellschaft Sachsen
KW	Kurbelwinkel
KwK	Kraftwagenkanone
LaS	Landwirtschaftlicher Schlepper
LLK	Ladeluftkühlung
LMG	Luftfahrzeug-Motorenbau GmbH
Lok	Lokomotive
LRBA	Laboratoire des Recherches Ballistiques et Aerodynamiques
LZ	Luftschiffbau Zeppelin
MAN	Maschinenfabrik Augsburg-Nürnberg
MB	Mercedes-Benz
MD	Maybach-Diesel
MG	Maschinengewehr
MM	Maybach-Motorenbau GmbH
MMB	Maybach Mercedes-Benz Motorenbau GmbH
MO	Mekydro
Motbau	Motorenbau GmbH
MTZ	Motortechnische Zeitschrift
MWM	Motorenwerke Mannheim AG
MZD	Maybach-Zweitakt-Diesel
NAG	Nationale Automobil-Gesellschaft
Nkw	Nutzkraftwagen
NL	Normalleistung
o.a.	oben angeführt
OKH	Oberkommando des Heeres
OZ	Oktanzahl
Pkw	Personenkraftwagen
Pz.-Kpfw.	Panzer-Kampfwagen (Wehrmacht-Abkürzung)
R	Rohöl(-motor)
RENFE	Rede Nacional de los Ferrocarriles Españoles
RT	Rohöl(-motor) mit (Abgas-)Turbolader
RWM	Reichswehrministerium
SAE	Society of Automotive Engineers, Inc.
Sd.-Kfz.	Sonder-Kraftfahrzeug (Wehrmacht-Abkürzung)
SFM	Société Française Maybach
SG	Schnellgang-Getriebe
ST	Schalt-Turbo-(Kraftübertragung)
SVT	Schnelltriebwagen (mit Verbrennungsmotor)
TEE	Trans-Europ-Express
TH	Technische Hochschule
UIC	Union Internationale des Chemins de Fer
V	Diesellokomotive (Vorsatzzeichen der Lokomotiv-Nummer bei der Deutschen Bundesbahn
VDI	Verein Deutscher Ingenieure
VGO	Versuchsbau Gotha Ost
VK	Vollkettenfahrzeug
VK	Vorkammer(-verfahren)
VT	Triebwagen (mit Verbrennungsmotor)
VZ	Versuchs-Zylinder (Einzylinder-Versuchsmotor)
W	Wagen, Wagenmotor
Wumag	Waggon- und Maschinenbau-AG
Zgkw.	Zugkraftwagen (Wehrmacht-Abkürzung)
z. B.	zum Beispiel
z. T.	zum Teil
ZR	Zeppelin Rigid (Zeppelin-Starrluftschiff)

Anmerkungen

1. Luftschiff- und Flugzeugmotoren 1909 bis 1918

[1] *Zeppelin*, Graf von; Dornier: Über Zeppelin-Luftschiffe. Jahrb. STG 16 (1915), S. 178/191.
[2] Bericht über den Stand der Arbeiten am Luftschiffmotor 140 HP vom 22. September 1909.
[3] *Burr sen., G.:* Wie ich zu Maybach kam und wie es weiterging. MTU-Archiv.
[4] Z-VDI 54 (1910) Nr. 25, S. 1038.
[5] Versuchs-Bericht: Über Vergaser-Rückschläge und der hierdurch entstandenen Möglichkeit von Vergaser-Bränden. Undatiert, MTU-Archiv.
[6] Bestimmungen für den zweiten deutschen Kaiserpreis-Wettbewerb für Flugmotoren (1913).
[7] Abschrift zu BX 13407. Der Befehlshaber der Marine-Luftfahrtabteilungen B. Nr. J 19792 vom 5. November 1915. Betr.: Erfahrungen über 160-PS-Maybach-Motore.
[8] *Lehmann, E. A.:* Auf Luftpatrouille und Weltfahrt. Berlin: Wegweiser-Verlag 1936, S. 181.
[9] Abschrift des Schreibens B. No. 1401511 der Flugzeugmeisterei Abt. B Gruppe 3, Versuch, Adlershof vom 17. März 1917: Typenprüfung des 260-PS-Maybach-Motors No. 1204 der Firma Motorenbau-Gesellschaft Friedrichshafen.
[10] Schreiben der Inspektion der Fliegertruppen: Flugzeugmeisterei. Abt. B.B. Nr. 482086 vom 28. August 1917.
[11] Schreiben der Flugzeugwerft GmbH Staaken b. Spandau an Karl Maybach vom 16. Oktober 1917.
[12] Schreiben Flugzeugmeisterei No. 11230 VII MaK Stab vom 30. Juli 1918.
[13] Zeppelin Power Plant Engineering, Part I/II. The Automobile 18. Januar / 25. Januar 1917.
[14] Report on the 300 HP Aero Engine. Ministry of Munitions. Technical Department, Aircraft Production, May 1918.
[15] Rundschreiben Flt. B.B. Nr. 482086 vom 28. August 1917.

2. Pkw- und Nutzfahrzeug-Motoren 1920 bis 1939

[16] Zitiert nach: *Sapper, A.:* Professor Dr.-Ing. e. h. Karl Maybach und die Geschichte seines Motorenbaus. MTU-Archiv. (Dort vermutlich nach der mündlichen Überlieferung abgedruckt.)
[17] Schreiben des Maybach-Motorenbaus an die niederländische Automobil- und Flugzeugfabrik Trompenburg vom 11. Oktober 1919.
[18] *Heller, A.:* Die Deutsche Automobil-Ausstellung 1921. Z-VDI 65 (1921) Nr. 45.
[19] *Kroth, K. A.:* Mit dem Kraftwagen nach Sizilien. Der Motorfahrer (1924) Nr. 19.
[20] *Friedmann, P.:* Der neue Siebenliter-Maybach-Wagen. Motor (1926), Oktober.
[21] [20] ebenda.
[22] *Otte, R.:* Fahren im Schnellgang. Motor (1928), September.
[23] »Maybach 12« Beschreibung und Bedienungsanleitung. Nr. 301 VI. 30 1000.
[24] Gesichtspunkte zur Vermehrung der Zylinderzahl beim Omnibus. Maybach-Motorenbau-Druckschr., ca. 1933.
[25] *Riedel, E.:* Technische Anforderungen an Omnibusse im Fernverkehr. Automobil-Rundschau 35 (1933) Nr. 22/23.
[26] Maybach-Sechszylinder, 120 PS, Type W 6.
[27] [26] ebenda.
[28] Maybach-90- und 110-PS-Fahrzeugmotoren. Signet: D 76. 2. 34. 20.
[29] Maybach-Hochleistungsmotor HL 52. Signet: d. 79. 2. 34. 20.
[30] Maybach-Fahrzeug-Dieselmotoren. Signet: D 82. 2. 34. 30.
[31] DMZ (1935) Nr. 2, S. 34.
[32] ATZ 43 (1940) Nr. 6, S. 131/132.

3. Luftschiffmotoren

[33] Beschreibung des umsteuerbaren 420-PS-Maybach-Luftschiffmotors.
[34] *Conrad, P.:* Das Zeppelin-Luftschiff Z.R. 3 und Aussichten für die weitere Entwicklung der Riesenluftschiffe. Der Motorwagen 27 (1924) Nr. 26.

4. Hochleistungsmotoren 1933 bis 1950

[35] *Stiasni, Chr.:* Omnibusbau. Berlin: VEB Verlag Technik 1952.
[36] Niederschrift von Walter Häring, Leiter des Maybach-Motorenbau-Monteureinsatzes im Heereswaffenamt (HWA) im Kriege, datiert auf den 5. Februar 1984.
[37] Report on Examination of German Tank Type PZKW III. Experimental department. The Associated Equipment Co. Ltd., Southall, Middx.
[38] *Augustin:* Der Einsatz von Kraftfahrzeugen in der Sowjetunion. ATZ 46 (1943) Nr. 3.
[39] *Plievier, Th.:* Stalingrad. München: Verlag Kurt Desch 1958, S. 12.
[40] *Guderian, H.:* Erinnerungen eines Soldaten. 11. Aufl. Stuttgart: Motorbuch-Verlag 1979, S. 225.
[41] Maybach-Motorenbau-Versuchsbericht V 1359/1 a vom 26. Juli 1944. Untersuchung eines Merlin-Motors im Vergleich zum HL 230.
[42] Maybach-Motorenbau-Versuchsbericht V 1528/3 c vom 16. April 1945. HL-234-Auspuffrohrschwingungen.
[43] Schreiben von Karl Maybach an das Oberkommando der Wehrmacht vom 26. Februar 1941: Dieselmotoren in Panzerkampfwagen.
[44] *Burger, W.:* Lieferprogramm, Belegschaftsstand und Aufgaben in Abt. MO Montage Ottomotoren in den Kriegsjahren 1939 bis 1945.
[45] [42] ebenda.
[46] *Rathke, K.:* Entwurf: Geschichte der Maybach-Motorenbau GmbH, MTU-Archiv.
[47] Entwurf eines Schreibens von Karl Maybach an den »Staatskommissar für die politische Säuberung«, undatiert.

5. Dieselmotoren 1919 bis 1969

[48] *Lang, R.:* Einiges über Triebwagen-Entwicklung. Werkszeitschrift der Zeppelin-Betriebe (1940) Nr. 5.

[49] *NN:* Eisenbahntechnische Tagung in Berlin. Glasers Annalen Nr. 1137, 1924.

[50] *Hönig, K.:* Die fünfteiligen 1950-PS-Diesel-Triebwagenzüge der Niederländischen Eisenbahnen. Glasers Annalen 64 (1940) Nr. 17.

[51] *Maybach, K.:* Neue Kolbenkonstruktionen. Niederschrift vom 3. Februar 1947, S. 44, MTU-Archiv.

[52] *NN:* Deutsche Bundesbahn bestellte 250 Rangierlokomotiven mit 600-PS-Maybach-Motoren. MTZ 16 (1955) Nr. 4.

[53] *NN:* Eine denkwürdige Besprechung und ihre Auswirkungen. Maybach-Motorenbau-firmeninterne Niederschrift, undatiert, vermutlich 1950.

[54] *Gößl, N.:* Einbau, Beanspruchung und Versuchsergebnisse von Gelenkwellenantrieben in Lokomotiven und Triebwagen. ETR 3 (1954) Nr. 10.

[55] *Pflug, E.:* Die dieselhydraulische Lokomotive V 200^1 der Deutschen Bundesbahn: Dieselmotoren, Kühlanlagen und el. Ausrüstung der neuen Diesellokomotive V 200^1. Glasers Annalen 87 (1963) Nr. 56.

[56] *Waas, H.:* Dauerprobelauf eines Maybach-Dieselmotors im Pumpwerk Minden. MTZ 17 (1956) Nr. 3 u. 11.

6. *Meß- und Versuchstechnik*

[57] *Lang, R.:* Denkschrift über die Entwicklung des raschlaufenden 410-PS-Maybach-Dieselmotors, Type GO 5 (12. Februar 1936).

[58] Schreiben Karl Maybachs an Jean Raebel vom 18. Juli 1948.

7. *Getriebe-Entwicklung*

[59] *Friedmann, P.:* Der neue Maybach-Wagen mit Schnellganggetriebe Modell W 5 SG. Allgem. Automobil-Ztg. 29 (1928) Nr. 11.

[60] Das neue Maybach-Getriebe. Signet: D. 25. 9. 31. 30.

[61] Department of Tank Design: A 16.E.1 Merritt-Maybach Transmission. Transmission Branch Report No. TN 46; September 1943.

[62] Maybach-Motorenbau-Dokumentation vom Juli 1942: Die Maybach-Motoren in Kampf- und Zugkraftwagen, S. 15.

[63] Reisebericht Frank vom 13. Dezember 1944.

[64] Schreiben Karl Maybachs an Direktor Ochel (HWA) vom 22. Dezember 1944.

[65] Maybach-Triebwagen-Antriebe. Maybach-Motorenbau-Firmenschrift 1933.

[66] *Seibold, E.:* Über die Entwicklung der Föttinger-Antriebe bei Voith unter besonderer Berücksichtigung der Schienenfahrzeugtechnik. ETR 16 (1967) Nr. 9.

[67] *Brand, A.:* Die Kraftübertragungsanlagen für Verbrennungstriebwagen. MTZ 2 (1940) Nr. 5.

[68] *Gaebler, G. A.:* Hydraulische Kraftübertragungsanlagen in Eisenbahn-Dieseltriebfahrzeugen in betrieblicher Bewährung – Rückblick und Vorausschau. ETR (1958) Nr. 2/3.

[69] *Lampe, C.:* Die 6-achsige 3000-PS-Diesellokomotive Bauart ML 3000. MTZ 21 (1960) Nr. 6.

[70] *Puls, A. W.:* Derzeitiger technischer Stand der Antriebsanlagen dieselhydraulischer Streckenlokomotiven. MTZ 26 (1965) Nr. 6.

Literatur

Burr, G.: Von Karl Maybach zur Motoren- und Turbinen-Union Friedrichshafen GmbH (1982). MTU-Archiv.

Burr, G.: Maybach-Luftschiffmotoren von 1909 bis 1929. DGLR-Ber. 87–03.

Dietrich, O.: Die geschichtliche Entwicklung des Maybach-Dehnungslinienverfahrens im Zusammenhang mit der dynamischen Biegewechselprüfung der Baustoffe. 22. Oktober 1931. MTU-Archiv.

Dietrich, O., u. E. Lehr: Das Dehnungslinienverfahren, ein Mittel zur Bestimmung der für die Bruchursache bei Wechselbeanspruchung maßgebenden Spannungsverteilung. Z-VDI 76 (1932) Nr. 41.

Kienlin, M. von: Die Bestimmung der Dauerhaltbarkeit von mechanisch hochbeanspruchten Teilen in Verbrennungsmotoren mit Beispielen aus der Praxis. MTZ 17 (1956) Nr. 2.

Kienlin, M. von, u. G. Maybach: High Speed High-Output Diesel-Engines – 35 Years of Development of Railroad and Marine Applications. SAE (1961) Nr. 367 A.

Kienlin, M. von: Maßnahmen zur Leistungssteigerung eines schnellaufenden Dieselmotors über 3000 PS. MTZ 23 (1962) Nr. 6.

Lang, R.: Betrachtungen über Kraftübertragungsanlagen für Eisenbahn-Motorfahrzeuge. MTZ 7 (1946) Nr. 2/3.

Lang, R.: Einiges über Triebwagen-Entwicklung. In: Werkzeitschrift der Zeppelin-Betriebe, 1940.

Lang, R.: Entwicklung der Anordnung des Triebwagenantriebes zur arteigenen Maschinenanlage. MTZ 2 (1940) Nr. 5/6.

Lutz, K.: Maybach-Motorenbau GmbH, Friedrichshafen a. B. (etwa 1919). MTU-Archiv.

Lippl, E.: Neue hydrodynamische Getriebe für Schienenfahrzeuge. Eisenbahningenieur 13 (1962) Nr. 2.

NN (vermutl. *K. Maybach*): Die Entwicklung der Motoren der Marineluftschiffe von Mitte 1915 bis Ende des Weltkrieges. MTU-Archiv.

NN: Die Lehrwerkstätte des Maybach-Motorenbaus. In: Werkzeitschrift der Zeppelin-Betriebe.

Sapper, A.: Prof. Dr.-Ing. e. h. Karl Maybach und die Geschichte seines Motorenbaus. MTU-Archiv.

Zima, S.: Aus der Entwicklung des schnellaufenden Dieselmotors für die Schienentraktion. MTZ 49 (1988) Nr. 4 u. 7/8.

Zima, S.: Die Kfz-Motoren der Maybach-Motorenbau GmbH von 1920 bis 1940. Automobil-Industrie (1986) Nr. 6.

Zima, S.: Entwicklung schnellaufender Hochleistungsmotoren in Friedrichshafen. Technikgeschichte in Einzeldarstellungen, Bd. 44/1987. Düsseldorf: VDI-Verlag 1987.

Tafel 1. Während die Mechaniker des Luftschiffes angespannt am Motor arbeiten, halten ihre Crewkameraden wachsam und zugleich besorgt Ausschau nach feindlichen Fliegern. Der Marinemaler Felix Schwormstädt betitelte dieses auf Grund von Studien an Bord eines Luftschiffes entstandene Aquarell: »In der hinteren Maschinengondel eines Zeppelin-Luftschiffes während der Fahrt durch die feindliche Luftsperre nach einem erfolgreichen Angriff auf England«.

Tafel 2. Dieses malerisch dargestellte Szenario einer Rollbahn im Osten zeigt den schweren Panzerkampfwagen VI »Tiger« (Maybach-HL-230-Motor und Maybach-Olvar-Getriebe), offensichtlich auf dem Weg zur Front, während der schadhafte Schützenpanzer auf dem Tieflader von einer schweren Halbketten-Zugmaschine (Maybach-HL-108-Motor und Maybach-Variorex-Getriebe) in die Etappe zu einem der Instandsetzungswerke gezogen wird.

Tafel 3. Die sechsachsige ML 3000 C'C' wurde von Krauss-Maffei – auf eigene Kosten – gebaut. Die Leistung wurde durch zwei ladeluftgekühlte Maybach-MD-655-Motoren auf 2200 kW (3000 PS) angehoben. Nach gründlicher Erprobung auf Steigungsstrecken im Schwarzwald kaufte die Bundesbahn die Lokomotive V 300 (später: V 230) an und setzte dieses Unikat zur Beförderung schwerer Erzzüge ein.

Tafel 4. Die sechsachsigen 150-t-Lokomotiven, Bauart Krauss-Maffei ML 4000 C'C' waren 1961 die größten und leistungsstärksten Diesellokomotiven der Welt (2941 kW/4000PS). Als Antrieb dienten zwei Maybach-MD-870-Motoren, Voith-L-830-ru-Turbogetriebe und Maybach-C-33-V1-Achstriebe. Eingesetzt wurden diese Lokomotiven in den USA für die Traktion schwerer Güterzüge von der Denver and Rio Grande Western Railroad Co. (Bild) und von der Southern Pacific Co.

Tafel 5. Für den Erztransport aus dem Minengebiet Itabira im brasilianischen Bundesstaat Espirito Santo zur Küstenstadt Vitoria auf einer 570 km langen Strecke mit Meterspur wurden diese Krauss-Maffei-Lokomotiven M 4000 C'C' eingesetzt. Antrieb durch zwei Maybach-Motoren MD 870, Voith-Turbogetriebe L 830 ru und Maybach-Achstriebe.

Tafel 6. Die spanische Staatsbahn (RENFE) erteilte 1961 einen Auftrag über 50 Lokomotiven der Bauart Krauss-Maffei M 4000 C'C'. Ihre 2941 kW (4000 PS) wurden von zwei Maybach-MD-870-Motoren (16 V 538) dargestellt und durch Maybach-Mekydro-K-184-BT-Getriebe, Maybach-Gelenkwellen und -Achstriebe auf die (Breitspur-)Schiene (1668 mm) gebracht.

Tafel 7. Für den Eisenbahn-Fährverkehr auf der »Vogelfluglinie« zwischen Puttgarden und Rødby setzte die Bundesbahn ab 1957 ein dieselelektrisch angetriebenes Fährschiff, die Theodor Heuss *(5683 BRT), ein. Die Maschinenanlage bestand aus zwölf Maybach-MD-650-(12-V-538-)Motoren von je 882 kW (1200 PS); acht davon trieben die Gleichstrom-Fahrgeneratoren, vier die Drehstrom-Generatoren für das Bordnetz an.*

Tafel 8. Nach einer Vorauslieferung von zwölf Stück wurden ab 1971 weitere 300 der auf dieser Jugendmarke der Deutschen Bundespost abgebildeten Lokomotive der Baureihe V 218 in Dienst gestellt. Diese Lokomotiven wurden erst mit dem Zwölfzylinder-Motor V 6 V 23/23 (MAN-Konstruktion), dann mit dessen von der MTU weiterentwickelter Ausführung, dem 12 V 956-01, ausgerüstet. Die hydraulischen Getriebe kamen von Voith (L 820 brs) und der MTU (K 252 SUBB).

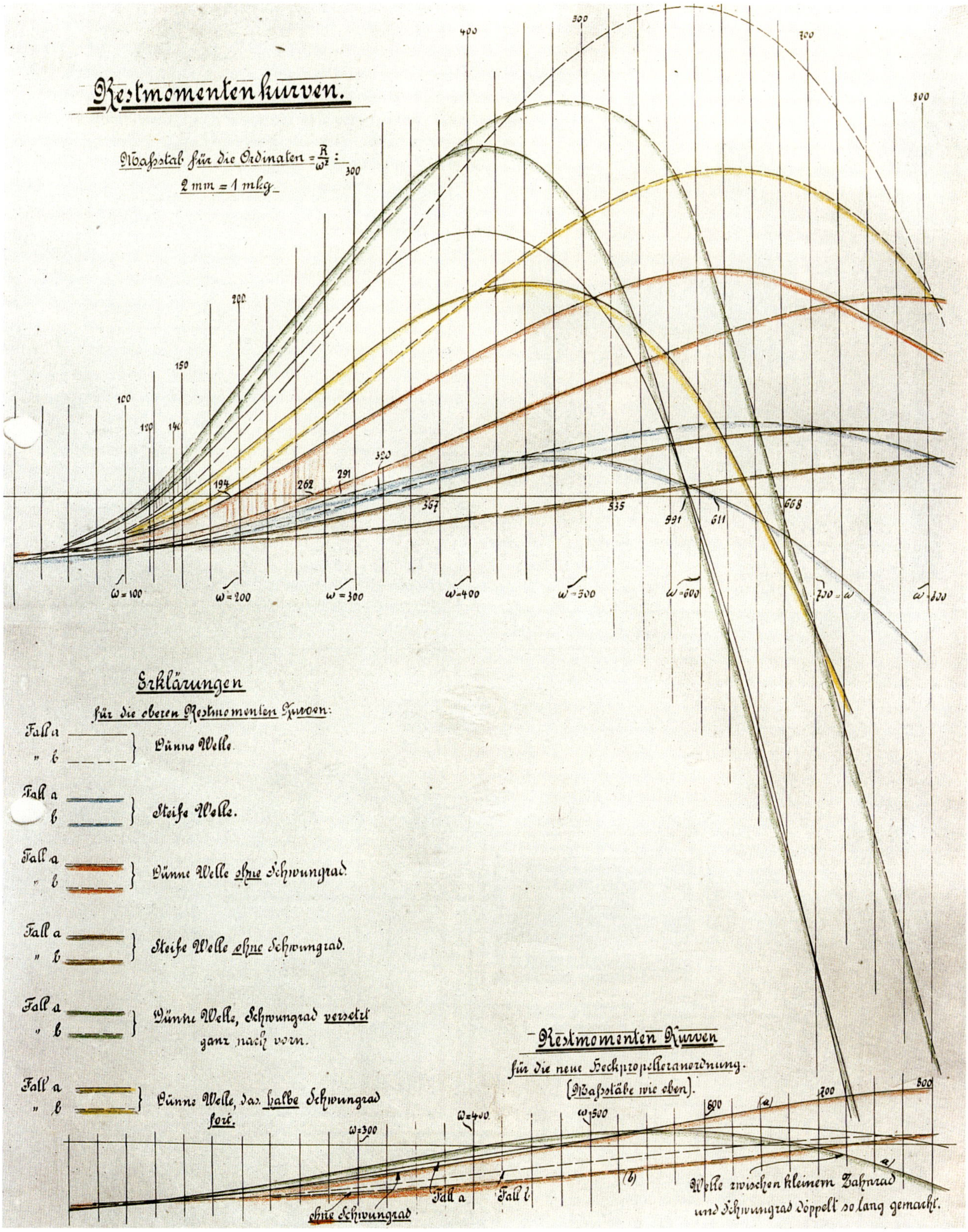

Tafel 9. »Restmomenten-Kurven« aus dem Gutachten von Prof. M. Tolle (1915). Das »Restmoment« ist das zur Aufrechterhaltung eines definierten Schwingungszustandes nötige Moment. Die Schnittpunkte dieser Kurven mit der Abszisse liefern die Eigenfrequenzen des Schwingungssystems.

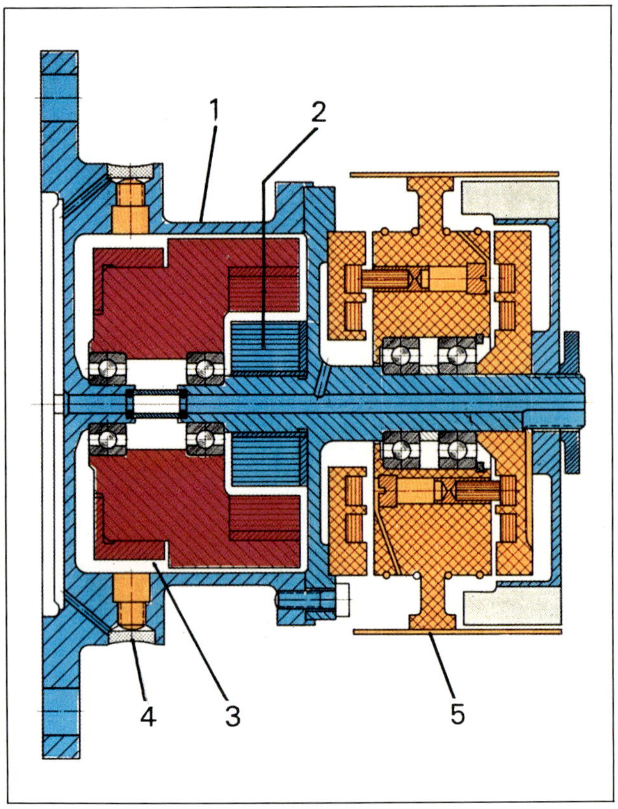

Tafel 10. Torsiograph (Schwingungsmeßgerät), Bauart Maybach. Eine seismische Masse ist mittels einer berührungslosen Magnetkupplung mit der Kurbelwelle gekoppelt. Bei linearen Bewegungen oder Beschleunigungen verharrt diese Masse in Ruhe, bei Winkelbeschleunigungen jedoch bewegt sie sich relativ zum Gehäuse. Zur Dämpfung des Meßsystems ist das Aufnehmergehäuse mit Silikonöl gefüllt. Die Bewegungen der Masse werden induktiv aufgenommen.

1 seismische Masse, 2 berührungslose Magnetkupplung, 3 Dämpfungsflüssigkeit, 4 induktives Abtastsystem, 5 Übertragungssystem.

Tafel 11. Steuerungsschema des Maybach-Olvar-Getriebes.

1 Hauptölpumpe, 2 Zusatzölpumpe, 3 Ölpumpe für Lenkgetriebe, 4 Kupplungsschieber, 5 Ventil, 6 Schmierölleitung zum Schalt- und Lenkgetriebe, 7 Druckregulierventil, 8 Wähl- und Schaltauslösehebel, 9 Schaltauslöser-Hauptschieber, 10 Schaltauslöser-Servoschieber, 11 Entkuppler, 12 Druckstange, 13 Öffnungskolben für Zusatzpumpe, 14 Kupplungskolben, 15 Feder, 16 Sperrschieber für Gangwähler, 17 Steuerschieber, 18 Rätsch-Servoschieber, 19 Steuerschieber, 20 Konusrad des Beschleunigers, 21 Konusrad der Bremse I, 22 Zwischenrad, 23 Haltebremse, 24 Druckknopfschieber für Haltebremse, 25 Anlegeschieber für Bremse II, E Entlüftung, o‹ Meßstellen.

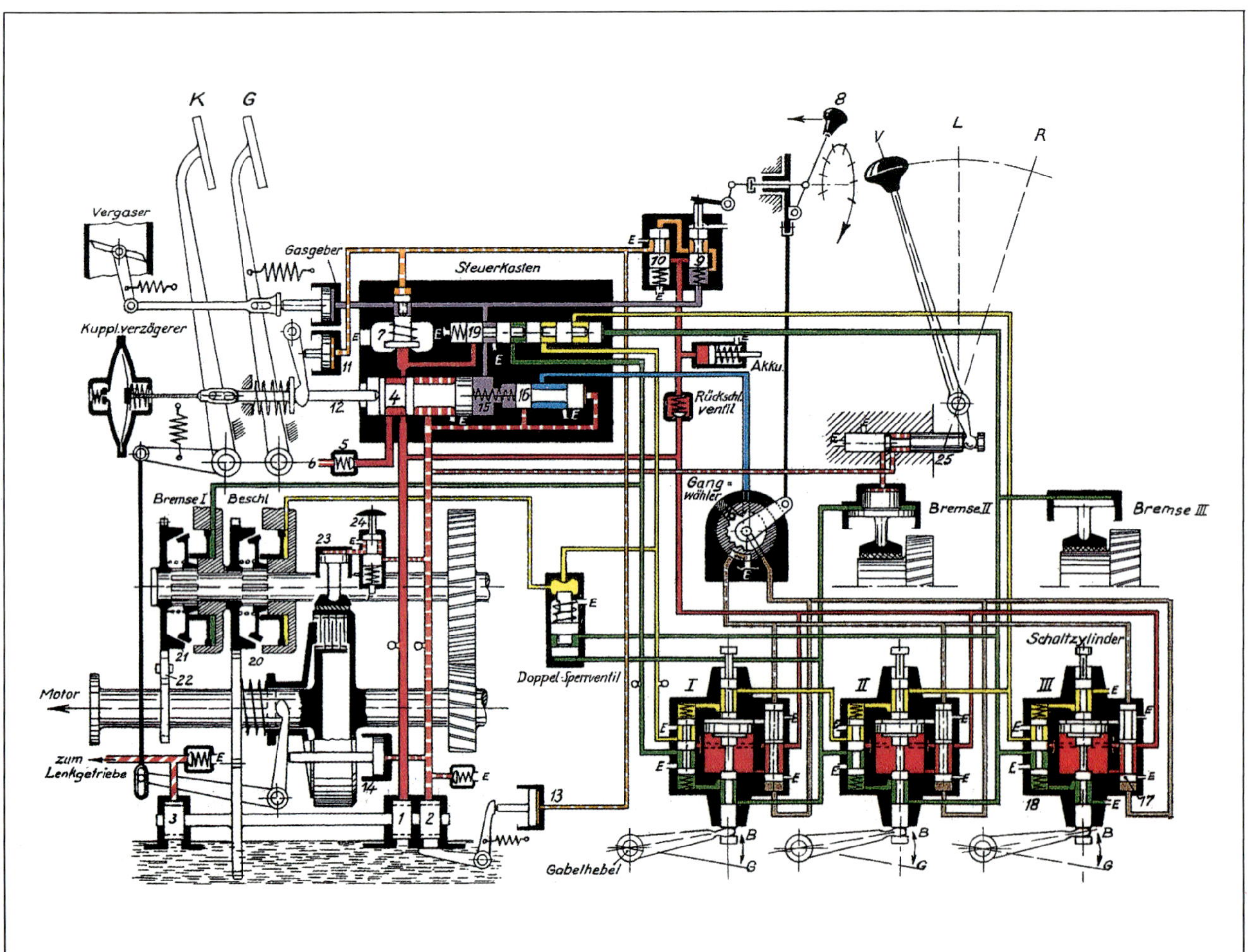

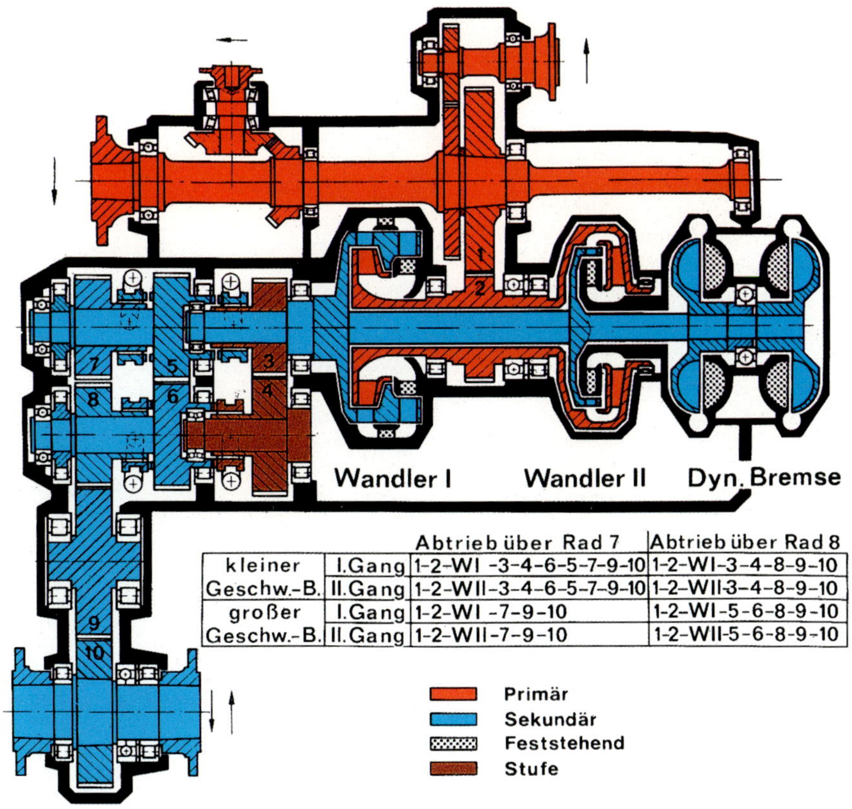

		Abtrieb über Rad 7	Abtrieb über Rad 8
kleiner Geschw.-B.	I. Gang	1-2-WI -3-4-6-5-7-9-10	1-2-WI-3-4-8-9-10
	II. Gang	1-2-WII-3-4-6-5-7-9-10	1-2-WII-3-4-8-9-10
großer Geschw.-B.	I. Gang	1-2-WI -7-9-10	1-2-WI-5-6-8-9-10
	II. Gang	1-2-WII-7-9-10	1-2-WII-5-6-8-9-10

Tafel 12. Aufbau und Kraftfluß des Maybach-K-252-SUBB-Getriebes für 1838-kW-(2500-PS-)Abtrieb seitlich und unten.

Sach- und Schlagwörterverzeichnis

Seitenziffern in kursiver Schrift verweisen auf Bilder bzw. Bildunterschriften.

G

H

M

Personenverzeichnis

Seitenziffern in kursiver Schrift verweisen auf Bilder

Bildquellenverzeichnis

Der Bildnachweis gibt die bekannten Rechteinhaber an. Bei der Fülle der Bilder können Irrtümer nicht ausgeschlossen werden. In einigen Fällen konnten die Rechteinhaber nicht oder nur ungenau ermittelt werden. Sollten hierdurch Urheberrechte verletzt worden sein, wird der Verlag nach Anmeldung berechtigter Ansprüche diese entgelten.

Schutzumschlag: MTU Friedrichshafen GmbH
Vorsätze vorn und hinten: Hintergrundphotos: MTU Friedrichhafen GmbH, Zeichnungen: VDI-Verlag GmbH, Düsseldorf/Ing. Fritz Schönemann, Witten-Annen
Porträt Karl Maybach, S. X: MTU Friedrichshafen GmbH

Erster Teil: Karl Maybach und sein Werk

Archive du Ministère Étrangère, Paris: Bild 52
Bildarchiv Preußischer Kulturbesitz, Berlin: Bilder 51; 75; 102
Siegfried Binder, Haan/Rhld.: Tafel 4
Daimler-Benz AG, Stuttgart: Bilder 2; 4; 5; 7; 11; 12; 71
Deutsches Museum, München: Bild 48
Gustav Burr, Markdorf: Bild 59
Gustav-Werner-Stiftung, Reutlingen: Tafel 1
Klöckner-Humboldt-Deutz AG, Köln: Bild 3
Landesbildstelle Württemberg, Stuttgart: Bild 31
Robert Lebeck, Hamburg: Bilder 55; 76
Luftschiffbau Zeppelin GmbH, Friedrichshafen: Bilder 17; 21; 23 bis 25; 27; 30; 34 bis 36; 39; 43; 64; 67; 68; 88; Tafel 3
Familie Maybach (Privatbesitz): Bilder 6; 8; 9; 14; 40; 41; 70; 96; 97; 111
MTU Friedrichshafen GmbH: Bilder 1; 10; 15; 16; 18 bis 20; 22; 26; 28; 29; 32; 33; 37; 38; 44 bis 46; 49; 54; 56 bis 58; 60 bis 63; 65; 66; 69; 72; 73; 78 bis 87; 89 bis 95; 98 bis 100; 103 bis 109; 112 bis 117; Tafeln 6 bis 10; Plakat »Marineluftschiff L 52«
Stadtarchiv Friedrichshafen: Bilder 47; 101
VDI-Verlag GmbH, Düsseldorf: Bilder 13; 42
Stefan Zima, Bad Nauheim: Bilder 53; 110

Zweiter Teil: Von Maybach bis zur MTU

Air Photo Library, Univ. of Keele, Great Britain: Bild 192
Stadtarchiv Bietigheim-Bissingen: Bild 8
Bildarchiv Foto Marburg: Bild 68
Bildarchiv Preußischer Kulturbesitz, Berlin: Bilder 70; 73; 93; 135; 173; 203
Bundesarchiv, Koblenz: Bilder 123; 127; 150; 152; 167; 171; 184; 185; 187
Bundesgrenzschutz See, Neustadt/Holstein: Bild 264
Daimler-Benz AG, Stuttgart: Bild 5
Deutsche Bundesbahn, Film- und Bildstelle, Mainz: Tafel 12
Walter Dick, Köln: Bild 199
Dornier GmbH, Friedrichshafen: Bilder 30; 69
dpa, Düsseldorf: Bild 224
Helmuth Euler, Werl: Bild 191
Stadtarchiv Friedrichshafen: Bilder 3; 11; 34; 172; 195; 200; 206
Keystone-Pressedienst GmbH, Hamburg: Bild 71
Krauss-Maffei AG, München: Bild 126; 244; 268
Landesbildstelle Berlin: Bild 207
Landesbildstelle Württemberg, Stuttgart: Bilder 6; 133
Bruno Lange, Ludwigshafen: Bild 31
Robert Lebeck, Hamburg: Bilder 17; 35; 88; 154
Luftschiffbau Zeppelin GmbH, Friedrichshafen: Bilder 10; 12; 47; 50; 92; 201; 202; Abschnitt *Die große Zeit der Passagier-Luftschiffahrt,* Bilder 2 bis 3; 5 bis 7; Plakat »Nach Südamerika in drei Tagen«
MAN, Historisches Archiv, Augsburg: Bild 260
Familie Maybach (Privatbesitz): Bild 1
MTU Friedrichshafen GmbH: Bilder 2; 4; 11; 14; 15; 19; 20; 24 bis 29; 33; 36 bis 38; 40; 42 bis 46; 48; 51 bis 66; 72; 74 bis 87; 89 bis 91; 94 bis 99; 101; 103 bis 107; 110 bis 122; 124; 125; 128 bis 132; 134; 136 bis 139; 142 bis 147; 149; 153; 156; 157; 160 bis 166; 168 bis 170; 174 bis 182; 189; 190; 193; 196; 204; 205; 208 bis 211; 213; 215; 217 bis 220; 222; 223; 225 bis 239; 241 bis 243; 245 bis 259; 262; 263; 265 bis 268; 269 bis 273; Abschnitt *Starten eines Eisenbahn-Dieselmotors,* Bilder 1 und 2; Abschnitt *Panzer-Instandsetzung in Rußland,* Bilder 1 bis 6; Abschnitt *Siebzig Jahre Motorenentwicklunq in Friedrichshafen,* Bilder 1 und 2; Plakate »Maybach-Motoren – überdimensioniert und überkomprimiert«; »Maybach – in der Luft, zu Wasser und zu Lande«; »Transmision hidraulica Mekydro«; »Maybach in South East Asia«
W. Seidler, Universität der Bundeswehr, München: Bild 183
Süddeutscher Verlag, München: Bilder 100; 102; 194; 214
Strähle KG, Schorndorf: Abschnitt *Die große Zeit der Passagier-Luftschiffahrt,* Bild 1
Rupert Stuhlemmer, Berlin: Bild 221
Albrecht G. Thaer, Dettingen/Teck: Bild 148
Ullstein-Verlag, Berlin: Bilder 41; 240
Universität der Bundeswehr, München: Bild 155
VDI-Verlag GmbH, Düsseldorf: Bilder 7; 9; 13; 49; 140; 158; 186; 188; 198; 216
Zeppelin-Museum, Neu-Isenburg: Tafel 2
ZF Friedrichshafen AG: Bilder 22; 23
Stefan Zima, Bad Nauheim: Bilder 151; 161; 197

Dritter Teil: Hochleistungsmotoren

Holdermann: Bild 96
Krauss-Maffei AG, München: Tafeln 4 bis 6
MTU Friedrichshafen, GmbH: Bilder 1 bis 14; 16 bis 49; 51; 53 bis 58; 60 bis 80; 82 bis 94; 97; 98; 100 bis 108; 110 bis 130; Plakat »Maybach-Wagen – ohne Schaltung«; Abschnitt *Gemischbildung bei Ottomotoren,* Bild 1; Abschnitt *Scheibenkurbelwelle und Tunnelgehäuse,* Bilder 1 bis 5; Abschnitt *Der Zweitaktmotor,* Bild 1; Abschnitt *Gemischbildung und Verbrennung bei Dieselmotoren,* Bilder 3, 5, 6; Abschnitt *Der Einblaseluft-Verdichter,* Bild 1; Abschnitt *Triebwerkslagerung,* Bilder 2 und 3; Tafeln 2, 3, 7 und 9 bis 12
Stefan Zima, Bad Nauheim: Bilder 15; 50; 52; 59; 95; 99; 109; Abschnitt *Leistung und Hochleistung,* Bilder 1 und 2; Abschnitt *Gemischbildung bei Ottomotoren,* Bilder 2 bis 4; Abschnitt *Der Zweitaktmotor,* Bilder 2 und 3; Abschnitt *Gemischbildung und Verbrennung bei Dieselmotoren,* Bilder 1, 2 und 4; Abschnitt *Triebwerkslagerung,* Bild 1; Tafel 8

Falttafel 1

Familie Maybach (Privatbesitz)

Falttafel 2

MTU Friedrichshafen GmbH/Gustav Burr, Markdorf

Die Autoren

Wilhelm Treue

Prof. Dr. Dr. h. c. Wilhelm Treue VDI zählt zu den angesehensten Wirtschafts- und Technikhistorikern Deutschlands. 1909 in Berlin geboren, studierte er Geschichte und Biologie und war anschließend in der Redaktion des Propyläen-Verlages tätig. Da ihm die Machthaber des Dritten Reiches wegen »politischer Unzuverlässigkeit« die Hochschullaufbahn versagten, wirkte Treue als Mitarbeiter der kriegsgeschichtlichen Abteilung der Marine, später als Lehrer für Seekriegsgeschichte an der Marineschule Flensburg-Mürwik. Nach dem Kriege lehrte er zunächst Wirtschafts- und Neuere Geschichte an den Universitäten Göttingen und Würzburg. 1954 wurde er Professor und später Direktor des Historischen Seminars der TU Hannover, blieb aber zugleich Dozent an der Philosophischen Fakultät der Universität Göttingen. Als Gastdozent lehrte er außerdem in Oxford und als Honorarprofessor 1974/86 an der Universität Salzburg.

Weit über sein Hauptarbeitsgebiet, die Wirtschafts- und Sozialgeschichte Deutschlands hinaus, hat Wilhelm Treue im Bereich der Industrie- und Technikgeschichte grundlegende und beispielhafte Darstellungen gegeben und damit für die historische Wissenschaft wesentliche und wichtige Gebiete erschlossen. Darüber hinaus hat er sich zahlreichen Gemeinschaftsaufgaben gewidmet, u.a. fast zehn Jahre als Vorsitzender der VDI-Hauptgruppe »Technikgeschichte«, des jetzigen Bereiches Technikgeschichte der VDI-Hauptgruppe »Der Ingenieur in Beruf und Gesellschaft«, im Wissenschaftlichen Beirat der Georg-Agricola-Gesellschaft und als Leiter der Sektion Kulturgeschichte der Historischen Kommission zu Berlin. Der VDI ehrte ihn 1974 in Würdigung seiner Verdienste um die Technikgeschichte mit der Ehrenmünze des Vereins Deutscher Ingenieure.

Wilhelm Treue hat bis zu seiner Emeritierung 1974 und auch später eine Fülle hervorragender Arbeiten verfaßt; über 50 Bücher sind von ihm erschienen, darunter eine umfangreiche »Wirtschafts- und Technikgeschichte Preußens« und das technikgeschichtliche Standardwerk »Achse, Rad und Wagen«. Seine »Deutsche Geschichte« erreichte bisher sechs, seine »Wirtschaftsgeschichte der Neuzeit« vier Auflagen. Zuletzt erschien »Wägen und Wagen – Die Geschichte des Bankhauses Oppenheim« (München: Piper-Verlag 1989).

Stefan Zima

Prof. Dr.-Ing. Stefan Zima VDI, Jahrgang 1938, kam schon während seines Maschinenbau-Studiums an der TU Berlin (Schwerpunkt: Kraft- und Arbeitsmaschinen) mit schnellaufenden Hochleistungsmotoren aus Friedrichshafen in Berührung, als er nach dem Vordiplom bei der Deutschen Bundesbahn die Ausbildung zum Lokomotivführer auf Diesellokomotiven der Baureihen V 60, V 100^2, V 160 und V 200^1 absolvierte. Nach dem Humanistischen Examen legte er 1967 die Diplom-Hauptprüfung mit einer Arbeit über die experimentelle Untersuchung eines Wärmeübergangs-Problems ab. Anschließend fuhr Stefan Zima als Ingenieurassistent auf Schiffen der Handelsmarine, wo er Fahrbetrieb, Wartung und Instandsetzung von Schiffsmotorenanlagen, darunter auch solche mit schnellaufenden Motoren, gründlich kennenlernte.

Von 1968 bis 1977 arbeitete Dipl-Ing. Stefan Zima im Bereich Entwicklung der Maybach Mercedes-Benz

Motorenbau (heute: MTU Friedrichshafen GmbH), zuletzt als stellvertretender Leiter einer Konstruktionsabteilung. 1977 folgte er dem Ruf an die FH Gießen-Friedberg als Dozent für das Fach Kolbenmaschinen und Leiter des Brennkraftlabors. 1979 wurde er zum Professor ernannt.

Den Bezug zur motorentechnischen Praxis pflegt Stefan Zima auf mannigfaltige Weise, z. B. durch Fahrten auf Motorschiffen oder eine Fahrausbildung und -prüfung auf Kettenfahrzeugen (Kampfpanzer Leopard 1 A 4). 1985 promovierte Stefan Zima an der TU Berlin mit einer Arbeit über »Die Entwicklung schnellaufender Hochleistungsmotoren in Friedrichshafen« (Düsseldorf: VDI-Verlag 1987) zum Doktor-Ingenieur.

Das vorliegende Werk weist ihn als ebenso kenntnisreichen wie erfahrenen Ingenieur aus, der es dazu noch versteht, technische Sachverhalte und Zusammenhänge anschaulich darzustellen.

Gustav Burr

Obering. Gustav Burr, geboren 1921 in Friedrichshafen, zählt zu den profundesten Kennern der Maybach-Motoren, -Getriebe und -Automobile.

Sein Vater war einer der ersten Mitarbeiter Karl Maybachs. Er selbst trat 1936 in die Maybach-Motorenbau GmbH ein und absolvierte eine Elektromechanikerlehre. Nach dem Kriegsdienst folgte er Karl Maybach nach Vernon in Frankreich, wo dieser zusammen mit einer Gruppe von Mitarbeitern einen Panzermotor für die französische Armee entwickelte und so den Fortbestand seines Werkes in Friedrichshafen sicherte. Gustav Burr war in Vernon als Meßtechniker tätig. 1953 kehrte er zum »Motorenbau« nach Friedrichshafen zurück. 1961 wurde er zum Abteilungsleiter, 1962 zum Oberingenieur ernannt. Als solcher leitete er bis zu seiner Pensionierung im Jahre 1985 verschiedene Abteilungen des Unternehmens.

Seit den sechziger Jahren beschäftigt sich Gustav Burr intensiv mit der Geschichte der Firma Maybach. Er hielt zahlreiche Vorträge zu diesem Thema und veröffentlichte 1981 eine Schrift mit dem Titel »Von Karl Maybach zur MTU«. Seit 1987 sorgt er als Generalsekretär des Maybach-Clubs für die technische Betreuung der rund 150 noch existierenden Maybach-Wagen.

Den Verfassern dieses Buches und dem Verlag stand er während der gesamten Entstehungszeit als »Maybach-Experte« zur Seite und half bei der Klärung zahlreicher Fragen.

Danksagung

Die Verfasser danken der MTU Motoren- und Turbinen-Union Friedrichshafen GmbH für die Erlaubnis zur uneingeschränkten Benutzung des MTU-Zentralarchivs und zur Reproduktion zahlreicher Bilder. Dank gebührt in diesem Zusammenhang vor allem den Mitarbeitern des Photolabors, der Zeichnungsverwaltung, Frau Karin Lechner von der Literaturstelle sowie Frau Sabine Schleidt von der Presseabteilung, die unermüdlich bei der Beschaffung von Archivunterlagen behilflich war.

Zu danken ist ferner Herrn Dr. Harry Niemann vom Mercedes-Benz-Archiv, Herrn Josef Wittmann, Leiter des Historischen Archivs der MAN AG, Herrn Dr. Georg Wieland und seinen Mitarbeitern vom Stadtarchiv Friedrichshafen sowie den Herren Manfred Sauter, Dr. Wolfgang Meighörner-Schardt und Dirk Blübaum vom Archiv der Luftschiffbau Zeppelin GmbH, die zahlreiche Photographien für dieses Buch zur Verfügung gestellt haben.

Ganz besonders zu danken ist Frau Irmgard Schmid-Maybach, die bereitwillig alle Fragen beantwortete und private Photographien zur Verfügung stellte. Darüber hinaus überließ sie den Verfassern das Privatarchiv ihres Vaters zur Auswertung.

Besonderer Dank gilt allen Mitarbeitern von Karl Maybach, die mit ihren Ausführungen zur Klärung vieler Detailfragen beigetragen bzw. Bilddokumente zur Verfügung gestellt haben.

Zu danken ist ferner dem Centre d'Archives de l'Armement in Chàtellerault (Frankreich).

Herrn Siegfried Binder, Lektor des VDI-Verlages, danken die Verfasser für seinen großen Einsatz bei der redaktionellen Bearbeitung der Texte und des Bildteiles sowie für seine fachlichen Anregungen bei der Gestaltung des Buches.

Wilhelm Treue
Stefan Zima

Falttafel 2

Der Kampfwert eines Panzers hängt von der Güte seiner Kraftübertragung – dem Getriebe also – nicht minder ab als von Bewaffnung, Panzerung oder Motor. Ein gut abgestuftes und vor allem leicht zu handhabendes Getriebe ermöglicht überhaupt erst die Ausnutzung der Motorleistung im Gelände unter schwierigen Gefechtsbedingungen. Ein solches Getriebe war das »Maybach-Olvar«, welches im Zweiten Weltkrieg in allen deutschen Panzern des Typs »Tiger« (Pz.-Kpfw. VI Ausf. E), »Königstiger« (Ausf. B) und »Jagdtiger« sowie deren Abarten eingebaut war: ein öldruckgeschaltetes Wechselgetriebe, das z. B. dem 57 000 kg schweren »Tiger« bei der Verfolgung seiner leichteren Gegner fahrtechnische Überlegenheit verlieh, vgl. hierzu auch Bild 115, S. 389, Tafel 11, S. 266/67 sowie das Steuerungsschema (Tafel 11) auf S. 412. Insgesamt wurden rd. 4000 dieser Getriebe gebaut.

Technische Daten
Übertragungsleistung: 515 kW (700 PS);
acht Vorwärts- und vier Rückwärtsgänge;
Gesamt-Getriebesprung: 1 : 16;
Masse: ca. 650 kg;
Ölfüllung: ca. 30 l.

Funktion
Das Olvar-Getriebe ist ein halbautomatisches mechanisches Vorwähl-Untersetzungsgetriebe.

Vier Radpaare sind dauernd im Eingriff, Bild 1.

Bild 1. Olvar-Getriebe, Abtriebseite, Seitenansicht. Deutlich zu erkennen sind die Schaltriegel und Schaltmuffen mit den Abweisklauen; links in der unteren Bildhälfte der Vorwählapparat mit Hebel und Schaltsegmenten; rechts das Gehäuse der Lamellenkupplung.

Die Räder sind mit Maybach-Abweisklauen versehen, Bild 1.

Die Gänge werden mittels Schaltzylindern durch Verschieben von Schiebemuffen, die ebenfalls mit solchen Abweisklauen versehen sind, geschaltet, Bild 2.

Bild 2. Olvar-Getriebe, Ansicht von oben. Im Vordergrund die drei gekröpften Gabelwellen mit Vierkant zum Aufstecken des Notschalthebels.

Bild 3. Olvar-Getriebe, Antriebseite, Ansicht von oben. Links einer der Schaltzylinder; rechts Bremse 1, darunter die Kupplung und rechts davon das Gehäuse des Beschleunigers.

Eine Vielfachlamellen-Ölkupplung, die ihren Anpreßdruck durch das Öl erhält, dient zum Anfahren und Anhalten des Fahrzeuges, Bilder 1 und 3.

Ein automatischer Gasgeber sorgt dafür, daß beim Schalten immer die richtige Motordrehzahl gewährleistet ist.

Bedienung des Getriebes im »Tiger«

Anlassen:	Fahrtrichtungshebel auf Leerlauf stellen. Kupplungsfußhebel durchtreten. Motor anlassen. Kupplungsfußhebel zurücknehmen. Motor und Getriebe kurz warmlaufen lassen.
Anfahren:	ist in den Gängen 1 bis 4 möglich (z. B. Straßenfahrt im 3. Gang). Kupplungsfußhebel durchtreten. Fahrtrichtungshebel auf V (voraus) stellen. 3. Gang vorwählen. Vorwählhebel gegen Getriebe andrükken.

Kupplungsfußhebel loslassen, dabei Gas geben.
Fahrzeug rollt.

Schalten während der Fahrt: Gewünschten höheren Gang mit Vorwählhebel vorwählen.
Vorwählhebel gegen Getriebe andrükken, Gang schaltet automatisch.
(Gas wegnehmen oder Kuppeln nicht erforderlich; je nach Gelände können Gänge übersprungen werden.)

Anhalten: Fahrzeug abbremsen.
Kupplungsfußhebel durchtreten.
Vorwählhebel in 1.-, 2.-, 3.- oder 4.-Gang-Stellung bringen.
Fahrtrichtungshebel in Leerlaufstellung bringen.
Kupplungsfußhebel loslassen.
Motor läuft bei stehendem Fahrzeug im Leerlauf weiter.

Kurzer Halt: Bei kurzem Halt kann ohne Betätigung des Kupplungsfußhebels der Vorwählhebel in jedem beliebigen Gang gegen das Getriebe angedrückt und gehalten werden; dabei wird die Kupplung automatisch hydraulisch gelöst.
Zum Wiederanfahren wird der Vorwählhebel losgelassen; dadurch schließt die Kupplung wieder; das Fahrzeug rollt in dem gehaltenen Gang an.

Notschaltung: Die drei schwarz ausgezogenen Hebel sind Notschalthebel, Bild 4.
Bei Schaltstörung kann nach Abschrauben von Gewindestopfen mit einem Vierkant-Notschalthebel nach einem Schaltschema der entsprechende Gang von Hand geschaltet werden.

Anmerkung: Die im Bild gezeigten Notschalthebel sind am Getriebe im gewöhnlichen Betriebszustand nicht fest angebracht, s. oben. Sie sind in Bild 4 nur eingezeichnet, um die Schaltungen zu demonstrieren.

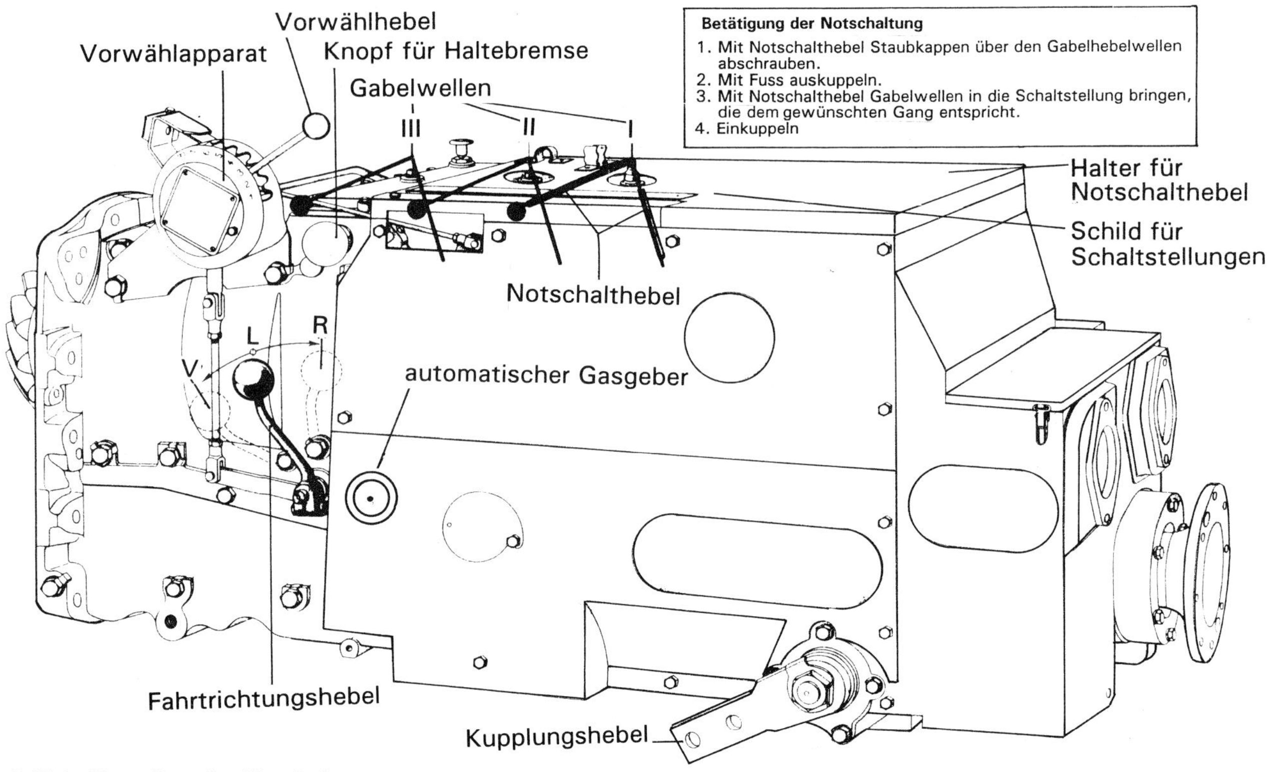

Bild 4. Olvar-Getriebe, Notschaltung.